Maths

Oraux
corrigés et commentés

Concours **MP MP***

Maths

Mines-Ponts
Centrale-Supélec
Mines-Télécom
CCINP

Abdellah Bechata
Professeur de chaire supérieure

ellipses

Collection

Oraux

corrigés et commentés

Retrouvez tous les livres de la collection sur www.editions-ellipses.fr

ISBN 9782340-029620

32, rue Bargue 75740 Paris cedex 15

www.editions-ellipses.fr

À Zakia, Sofiane, Yacoub, Ahmed, Chaima, Gouraya et Lisa.

AVANT-PROPOS

Cet ouvrage propose des énoncés d'oraux des concours CCINP, Mines-Telecom, Mines-Ponts et Centrale-SupElec (dont l'épreuve de mathématiques et d'informatique) pour les années 2015 à 2017.

Après chaque énoncé, vous trouverez un corrigé détaillé ainsi que des commentaires variés sur le sujet traité (difficulté, problématique(s) abordée(s), conseils, autres preuves, lien avec des sujets du même concours ou d'autres concours, etc.).

Les énoncés ont été choisis pour couvrir à la fois les grandes thématiques rencontrées à l'oral du concours visé mais aussi des types de sujets possibles (difficulté, progressivité, longueur, originalité, théorique ou non, etc.).

Chaque énoncé est classé dans la catégorie associée au thème principal du sujet (par exemple, **Algèbre linéaire**) puis dans la section associée au concours où le sujet a été proposé (par ex : **CCINP**). Ainsi, une large part des sujets peuvent être préparés en cours d'année, dès que le chapitre associé a été traité dans votre cours (l'oral se prépare très en amont).

Néanmoins, pour la plupart des concours, il existe des exercices qu'il est impossible de classer dans une seule catégorie du programme (par exemple, chaque question abordant au moins un chapitre différent du programme). Je les ai placé dans la section « **Sujets de synthèse** » et, pour chacun des énoncés, vous trouverez les thématiques fortes de ce sujet (par exemple : **Thème : endomorphismes des espaces euclidiens, calcul différentiel**).

L'épreuve mathématiques et informatique du concours Centrale-SupElec étant à part des autres épreuves, je l'ai placé dans une catégorie dédiée : **Centrale Maths 2** (l'épreuve **Centrale Maths 1** étant une épreuve uniquement de mathématiques). Pour ces sujets, j'ai conservé le même type de choix qu'aux épreuves de mathématiques tout en axant sur la variété des thématiques informatiques abordés.
Pour préparer efficacement cette épreuve, il est impératif que vous vous rendiez à la page

https://www.concours-centrale-supelec.fr/CentraleSupelec/SujetsOral/MP

pour y télecharger les aides Python (proposées par le concours Centrale-SupElec) liées au calcul matriciel, à la réalisation de tracés, à l'analyse numérique, aux polynômes et aux probabilités (les 5 premiers hyper-liens de la page)

Pensez à lire la notice du concours que vous visez pour connaitre les modalités de ou des épreuves orales de mathématiques car elles sont variées. Elles sont généralement d'une durée de 45 mn à 1h, avec ou sans préparation. Je ne suis pas plus précis car elles fluctuent selon les années et les concours. L'existence ou non d'une préparation change la nature de l'épreuve. Sans préparation, l'examinateur sera attentif à votre initiative et votre autonomie mais il pourra vous proposer quelques aides pour progresser (ou changer de questions) donc l'interaction avec l'examinateur sera forte et les exercices seront moins guidés. Avec préparation, les sujets sont plus guidés mais vous n'obtenez aucune aide durant la préparation. Elle est suivie d'une phase de présentation (claire, synthétique et pas trop longue dans la mesure du possible) de vos avancées ou pistes (ou l'examinateur, en général, n'intervient pas ou peu) puis d'une discussion avec vous. L'interaction est alors réduite en général à une durée de 10 à 20 mn en pratique.

Je remercie ma compagne Magaly pour l'immense et inestimable aide qu'elle m'a apportée ainsi que les collègues suivants (par ordre alphabétique) pour leur aimable relecture de parties de cette ouvrage : Alexandre Bardet, Eric Billaut, Antoine Crouzet, Catherine Bouton-Drouhin, Pierre Le Duff, Nicolas de Granrut, Michel Schweitzer.

Table des matières

Chapitre 1

Algèbre linéaire

1.1 CCINP

Exercice 1 (CCINP) Soient L_1 et L_2 deux sous-espaces supplémentaires dans $\mathcal{L}(E)$, où E est de dimension finie n, tels que :

$$\forall (u,v) \in L_1 \times L_2, \quad u \circ v + v \circ u = 0.$$

1. Montrer qu'il existe deux projecteurs p_1 et p_2 dans $L_1 \times L_2$ tels que $\mathrm{Id}_E = p_1 + p_2$.
2. Montrer que $n = \mathrm{rg}(p_1) + \mathrm{rg}(p_2)$.
3. Soit $u \in L_1$. Montrer que, si $x \in \mathrm{Im}(p_2)$ alors $u(x) = 0$ et si $x \in \ker(p_2)$ alors $u(x) \in \ker(p_2)$.
4. En déduire que $\dim(L_1) \leqslant (n - \mathrm{rg}(p_2))^2$. Quelle inégalité a-t-on pour $\dim(L_2)$?
5. Justifier que $\dim(\mathcal{L}(E)) = \dim(L_1) + \dim(L_2)$.
6. Montrer que $\mathrm{rg}(p_1)(n - \mathrm{rg}(p_2)) \leqslant 0$ et en déduire que $\mathrm{rg}(p_1) = 0$ ou $\mathrm{rg}(p_1) = n$ puis que $L_1 = \{0\}$ ou $L_2 = \{0\}$.

Solution 1

1. *Puisque* $L_1 \oplus L_2 = \mathcal{L}(E)$, *il existe* $(p_1, p_2) \in L_1 \times L_2$ *tel que* $\mathrm{Id}_E = p_1 + p_2$. *En choisissant* $u = p_1 \in L_1$ *et* $v = \mathrm{Id}_E - p_1 = p_2 \in L_2$ *dans la relation fournie par l'énoncé, on obtient :*

$$p_1 \circ (\mathrm{Id}_E - p_1) + (\mathrm{Id}_E - p_1) \circ p_1 = 0 \Leftrightarrow p_1 - (p_1)^2 + p_1 - (p_1)^2 = 0 \Leftrightarrow (p_1)^2 = p_1$$

donc p_1 *est un projecteur. Il en est de même de* p_1 $(v = p_2 \in L_2, u = \mathrm{Id}_E - p_2 = p_1 \in L_1)$.

2. *Montrons que* $\ker(p_1) = \mathrm{Im}(p_2)$. *Soit* $x \in \ker(p_1) \Leftrightarrow p_1(x) = 0$ *alors*

$$x = \mathrm{Id}_E(x) = p_1(x) + p_2(x) = p_2(x) \in \mathrm{Im}(p_2)$$

d'où l'inclusion $\ker(p_1) \subset \mathrm{Im}(p_2)$. *Soit* $x \in \mathrm{Im}(p_2)$ *alors* $p_2(x) = x$ *(car* p_2 *est un projecteur) donc*

$$p_1(x) = (\mathrm{Id}_E - p_1)(x) = x - p_2(x) = 0$$

d'où l'inclusion $\mathrm{Im}(p_2) \subset \ker(p_1)$, *ce qui prouve l'égalité* $\mathrm{Im}(p_2) = \ker(p_1)$. *Or, d'après le théorème du rang, on a l'égalité :*

$$n = \mathrm{rg}(p_1) + \dim(\ker(p_1)) = \mathrm{rg}(p_1) + \dim(\mathrm{Im}(p_2)) = \mathrm{rg}(p_1) + \mathrm{rg}(p_2).$$

3. *Puisque* $u \in L_1$ *et* $p_2 \in L_2$, *on a* $u \circ p_2 + p_2 \circ u = 0$. *Si* $x \in \operatorname{Im}(p_2)$ *alors* $p_2(x) = x$. *Or on a :*

$$u(p_2(x)) + p_2(u(x)) = 0 \Leftrightarrow u(x) + p_2(u(x)) = 0 \Rightarrow p_2(u(x)) = -u(x).$$

Si $u(x) \neq 0$ *alors* $u(x)$ *est un vecteur propre de* p_2 *associé à la valeur propre* -1. *Or, on a* $(p_2)^2 = p_2$ *donc le polynôme* $P = X^2 - X$ *annule* p_2 *d'où l'inclusion*

$$\operatorname{Sp}(p_2) \subset \{\textit{racines de } P\} = \{0, 1\}.$$

Par conséquent, on en déduit que $u(x) = 0$.
Si $x \in \ker(p_2)$ *alors* $p_2(x) = 0$. *Or on a :*

$$u(p_2(x)) + p_2(u(x)) = 0 \Leftrightarrow p_2(u(x)) = 0 \Rightarrow u(x) \in \ker(p_2).$$

4. *Il est immédiat que* $u_{|\ker(p_2)}$ *est linéaire et d'après la question précédente, on peut affirmer que :*

$$\forall x \in \ker(p_2),\ u_{|\ker(p_2)}(x) = u(x) \in \ker(p_2)$$

donc $u_{|\ker(p_2)}$ *est bien un endomorphisme de* $\ker(p_2)$. *Considérons alors l'application* Φ *définie sur* $\mathcal{L}(E)$ *par :*

$$\forall u \in \mathcal{L}(E),\ \Phi(u) = u_{|\ker(p_2)} \in \mathcal{L}(\ker(p_2))$$

donc $\Phi : \mathcal{L}(E) \to \mathcal{L}(\ker(p_2))$. *La linéarité de* Φ *est évidente. Montrons que* Φ *est injective. Soit* $u \in \ker(\Phi)$ *alors on a les équivalences suivantes :*

$$\Phi(u) = 0 \Leftrightarrow u_{|\ker(p_2)} = 0 \Leftrightarrow \forall x \in \ker(p_2),\ u(x) = 0.$$

Puisque $E = \ker(p_2) \oplus \operatorname{Im}(p_2)$ *(car* p_2 *est un projecteur), on peut affirmer que, pour tout* $x \in E$, *il existe* $(x_1, x_2) \in \ker(p_2) \times \operatorname{Im}(p_2)$ *tel que* $x = x_1 + x_2$. *Comme* $x_2 \in \operatorname{Im}(p_2)$ *alors* $u(x_2) = 0$ *(question 3) et comme* $x_1 \in \ker(p_2)$, *on a par hypothèse* $u(x_1) = 0$ *donc*

$$u(x) = u(x_1) + u(x_2) = 0 + 0 = 0$$

quelque soit $x \in E$ *d'où* $u = 0_{\mathcal{L}(E)}$. *Ainsi,* Φ *est injective donc, d'après le théorème du rang, on a la formule :*

$$\begin{aligned} \dim(L_1) &= \dim(\ker(\Phi)) + \operatorname{rg}(\Phi) = \operatorname{rg}(\Phi) \underset{(*)}{\leqslant} \dim(\mathcal{L}(\ker(p_2))) = (\dim(\ker(p_2)))^2 \\ &= (n - \operatorname{rg}(p_2))^2 \end{aligned}$$

$(*)$ *: Il est immédiat* $\operatorname{Im}(\Phi) \subset \mathcal{L}(\ker(p_2))$ *d'où* $\operatorname{rg}(\Phi) = \dim(\operatorname{Im}(\Phi)) \leqslant \dim(\mathcal{L}(\ker(p_2)))$.
En échangeant les rôles de p_1 *et* p_2, *on obtient* $\dim(L_2) \leqslant (n - \operatorname{rg}(p_1))^2 = (\operatorname{rg}(p_2))^2$.

5. *Comme* L_1 *et* L_2 *sont supplémentaires dans* $\mathcal{L}(E)$, *la formule de Grassmann fournit l'égalité :*

$$n^2 = \dim(\mathcal{L}(E)) = \dim(L_1 \oplus L_1) = \dim(L_1) + \dim(L_2).$$

6. *On pose* $r = \operatorname{rg}(p_2)$. *Alors, on a :*

$$n^2 = \dim(L_1) + \dim(L_2) \leqslant (n - r)^2 + r^2 \Leftrightarrow n^2 \leqslant n^2 - 2nr + r^2 + r^2 \Leftrightarrow 2r(r - n) \geqslant 0.$$

Or $r - n \leqslant 0$ *et* $r \geqslant 0$ *donc* $r(r - n) \leqslant 0$, *ce qui montre que* $r(r - n) = 0$. *Si* $r = 0$ *alors on obtient :*

$$0 \leqslant \dim(L_2) \leqslant r^2 = 0 \Rightarrow \dim(L_2) = 0 \Rightarrow L_2 = \{0\}.$$

Si $r - n = 0$ *alors on obtient :*

$$0 \leqslant \dim(L_1) \leqslant (n - r)^2 = 0 \Rightarrow \dim(L_1) = 0 \Rightarrow L_1 = \{0\},$$

ce qui permet de conclure.

> **Commentaires 1** *Il s'agit d'un exercice très difficile et très long pour CCINP. Pour l'anecdote, il fut donné originellement à ... Polytechnique ! Seules les questions 1 à 3 sont accessibles aux candidats standards de CCINP, s'ils parviennent à utiliser l'hypothèse d'anti-commutation des éléments de L_1 et L_2. Pour les autres questions, l'aide de l'interrogateur sera indispensable.*

Exercice 2 (CCINP) Soit $E = \mathbb{R}_n(X)$. On considère la suite de polynômes définie par :

$$N_0 = 1 \text{ et } \forall k \in \mathbb{N}^*,\ N_k(X) = \frac{X(X-1)...(X-k+1)}{k!}.$$

On considère l'endomorphisme de E défini par $u(P) = P(X+1) - P(X)$.

1. Déterminer le noyau de u.
2. Montrer que $(N_0, \ldots, N_n)$ est une base de E.
3. Calculer $u(N_k)$.
4. Montrer que u est nilpotent. Quel est son indice de nilpotence ?
5. Soit $P \in \mathbb{R}_{n-1}[X]$ ($n \in \mathbb{N}^*$). Montrer qu'il existe un unique $Q \in E$ tel que $u(Q) = P$ et $Q(0) = 0$.

Solution 2

1. *Soit $P \in \mathbb{R}_n[X]$ tel que $u(P) = 0 \Leftrightarrow P(X+1) = P(X)$. Une récurrence immédiate montre que*

$$\forall n \in \mathbb{N}, \forall x \in \mathbb{R},\ P(x+n) = P(x) \Rightarrow \forall n \in \mathbb{N},\ P(n) = P(0).$$

En faisant tendre n vers $+\infty$, on en déduit que $\lim\limits_{n \to +\infty} P(n) = P(0) \in \mathbb{R}$. Or, si P n'est pas constant alors $\lim\limits_{+\infty} P = \pm\infty$ donc P est nécessairement constant. Réciproquement, si P est constant, il est immédiat que $P(X+1) = P(X)$ donc $u(P) = 0$. Par conséquent, on vient de démontrer l'égalité ensembliste suivante :

$$\ker(u) = \{C,\ C \in \mathbb{R}\} = \text{Vect}(1).$$

2. *La famille $(N_k)_{0 \leqslant k \leqslant n}$ est échelonnée en degré donc elle est libre. Elle est constituée de $n+1 = \dim(\mathbb{R}_n[X])$ éléments de $\mathbb{R}_n[X]$ donc c'est une base de $\mathbb{R}_n[X]$.*
3. *Si $k = 0$, on a $u(N_0) = 1 - 1 = 0$. Si $k \in \{1, ..., n\}$, on a :*

$$\begin{aligned} u(N_k) &= N_k(X+1) - N_k(X) \\ &= \frac{(X+1)X(X-1)\cdots(X+2-k)}{k!} - \frac{X(X-1)...(X-k+2)(X-k+1)}{k!} \\ &= [(X+1)-(X-k+1)]\frac{X(X-1)...(X-k+2)}{k!} \\ &= k \times \frac{X(X-1)...(X-k+2)}{k!} = \frac{X(X-1)...(X-k+2)}{(k-1)!} = N_{k-1}. \end{aligned}$$

4. *En convenant que $N_r = 0$ si $r < 0$, d'après la question précédente, pour tout $k \in \{0, ..., n\}$, on a :*

$$\begin{aligned} u^{n+1}(N_k) &= u^n(u(N_k)) = u^n(N_{k-1}) = u^{n-1}(u(N_{k-1})) \\ &= u^{n-1}(N_{k-2}) = \cdots = u^0\left(N_{k-(n+1)}\right) = N_{k-(n+1)} = 0 \end{aligned}$$

(car $k-(n+1)<0$*). Ainsi,* u^{n+1} *est nul sur la base* $(N_k)_{0\leqslant k\leqslant n}$ *de* $\mathbb{R}_n[X]$ *donc* u^{n+1} *est nul sur* $\mathbb{R}_n[X]$*, ce qui prouve que* u *est nilpotent. Comme* $u^n(N_n)=N_0\neq 0$*, on en déduit que* $u^n\neq 0$ *et comme* $u^{n+1}=0$*, on peut affirmer que* $n+1$ *est l'indice de nilpotence de* u*.*

5. *Déterminons* $\mathrm{Im}(u)$*. Comme* $(N_k)_{0\leqslant k\leqslant n}$ *est une base de* $\mathbb{R}_n[X]$*, on a :*

$$\begin{aligned}\mathrm{Im}(u) &= \mathrm{Vect}(u(N_k),\,k\in\{0,...,n\})=\mathrm{Vect}(N_{k-1},\,k\in\{0,...,n\})\\ &= \mathrm{Vect}(N_j,\,j\in\{0,...,n-1\})\ \textit{(car } N_{-1}=0\textit{)}=\mathbb{R}_{n-1}[X].\end{aligned}$$

Ainsi, pour tout $P\in\mathbb{R}_{n-1}[X]$*, il existe* $P_1\in\mathbb{R}_n[X]$ *tel que* $P=u(P_1)$*. En posant* $Q=P_1-P_1(0)$*, on a :*

$$\begin{aligned}Q(0) &= P_1(0)-P_1(0)=0,\ u(Q)=P_1(X+1)-P_1(0)-(P_1(X)-P_1(0))\\ &= P_1(X+1)-P_1(X)=P,\end{aligned}$$

ce qui prouve l'existence de Q*. Soit* $R\in\mathbb{R}_n[X]$ *vérifiant* $u(R)=P$ *et* $R(0)=0$*. On considère le polynôme* $S=Q-R\in\mathbb{R}_n[X]$ *et*

$$u(S)=u(Q)-u(R)=P-P=0$$

donc $S\in\ker(u)=\mathrm{Vect}(1)$ *c'est-à-dire qu'il existe* $C\in\mathbb{R}$ *tel que* $S=C$*. Comme*

$$C=S(0)=Q(0)-R(0)=0-0=0,$$

on en déduit que $S=0\Leftrightarrow Q=R$*, ce qui démontre l'unicité de* Q*.*

Commentaires 2 *Exercice standard de CCINP qui teste les connaissances fondamentales attendues en algèbre linéaire de première année. En contre-partie, l'interrogateur sera beaucoup plus exigeant sur la rigueur et la clarté du candidat face à cet exercice. N'hésitez pas à passer certaines questions si vous bloquez dessus car les questions sont largement indépendantes. Cela vous permettra d'optimiser votre phase de préparation sur table.*

Exercice 3 (CCINP) Soit $n\in\mathbb{N}$.

1. Montrer qu'il existe au plus un polynôme $P\in\mathbb{R}_n[X]$ tel que :

$$(E):\forall k\in\{0,...,n\},\,P^{(k)}(1)=1.$$

2. (a) Supposons qu'il existe et notons-le P_0. Déterminer l'ensemble des polynômes de $\mathbb{R}[X]$ vérifiant (E), en fonction de P_0.
   (b) Montrer que P_0 existe et écrire sa décomposition dans une base adaptée de $\mathbb{R}_n[X]$.
3. (a) Soient $(a_0,...,a_n)$ et $(b_0,...,b_n)$ des réels. Montrer qu'il existe un unique $P\in\mathbb{R}_n[X]$ tel que $\forall k\in\{0,...,n\}$, $P^{(k)}(a_k)=b_k$.
   (b) Si $m>n$, que dire des polynômes de $\mathbb{R}_m[X]$ vérifiant la condition précédente ?

Solution 3

1. *Soient P et Q appartenant à $\mathbb{R}_n[X]$ vérifiant (E) alors :*

$$\forall k \in \{0, ..., n\},\ (P-Q)^{(k)}(1) = P^{(k)}(1) - Q^{(k)}(1) = 1 - 1 = 0.$$

Ainsi, 1 est une racine d'ordre (au moins) $n+1$ de $P-Q$ qui est un polynôme de degré au plus n donc $P - Q = 0 \Leftrightarrow P = Q$, ce qui démontre l'unicité.

2. (a) *Soit $P \in \mathbb{R}[X]$ alors, d'après le raisonnement effectué à la question précédente, P vérifiant (E) si et seulement si 1 est une racine d'ordre (au moins) $n+1$ de $P - P_0$. Ceci est équivalent à dire que le polynôme $(X-1)^{n+1}$ divise $P - P_0$ ce qui est équivalent à l'existence d'un polynôme $Q \in \mathbb{R}[X]$ tel que :*

$$P - P_0 = (X-1)^{n+1} Q \Leftrightarrow \exists Q \in \mathbb{R}[X],\ P = P_0 + (X-1)^{n+1} Q$$

(b) *Supposons qu'il existe $P \in \mathbb{R}_n[X]$ vérifiant (E). D'après la formule de Taylor (pour les polynômes) en 1, on a :*

$$P = \sum_{k=0}^{n} \frac{P^{(k)}(1)}{k!}(X-1)^k = \sum_{k=0}^{n} \frac{1}{k!}(X-1)^k.$$

Réciproquement, on pose $P_0 = \sum_{k=0}^{n} \frac{(X-1)^k}{k!}$ alors, pour tout entier $j \in \{0, ..., n\}$, on a :

$$\begin{aligned} P_0^{(j)}(X) &= \sum_{k=0}^{n} \frac{\overbrace{\left((X-1)^k\right)^{(j)}}^{=0 \ si\ j>k}}{k!} \\ &= \sum_{k=j}^{n} \frac{\left((X-1)^k\right)^{(j)}}{k!} \sum_{k=j}^{n} \frac{k(k-1)\cdots(k-j+1)}{k!}(X-1)^{k-j}. \end{aligned}$$

Pour tout j vérifiant $k-j>0$, $(X-1)^{k-j}$ s'annule en 1 et si $k - j = 0 \Leftrightarrow j = k$, le polynôme $(X-1)^{k-1}$ est constant et vaut 1 donc on obtient les égalités :

$$\forall j \in \{0, ..., n\},\ P_0^{(j)}(1) = \frac{j(j-1)\cdots(1)}{j!}1 = 1$$

c'est-à-dire P_0 vérifie (E).

3. (a) *On considère l'application*

$$f : \left\{ \begin{array}{lll} \mathbb{R}_n[X] & \to & \mathbb{R}^{n+1} \\ P & \mapsto & \left(P(a_0), P'(a_1), P''(a_2), ..., P^{(n)}(a_n)\right) = \left(P^{(k)}(a_k)\right)_{0 \leqslant k \leqslant n} \end{array} \right. .$$

Si nous démontrons que f est un isomorphisme alors, pour tout $(b_k)_{0\leqslant k \leqslant n} \in \mathbb{R}^{n+1}$, il existe un unique $P \in \mathbb{R}_n[X]$ vérifiant :

$$f(P) = (b_k)_{0\leqslant k\leqslant n} \Leftrightarrow \forall k \in \{0, ..., n\},\ P^{(k)}(a_k) = b_k.$$

On remarque que f est une application linéaire car, pour tout $(P,Q) \in (\mathbb{R}_n[X])^2$ et tout $(\lambda,\mu) \in \mathbb{R}^2$, on a :

$$\begin{aligned} f(\lambda P+\mu Q) &= \left((\lambda P+\mu Q)^{(k)}(a_k)\right)_{0\leqslant k\leqslant n} = \left(\lambda P^{(k)}(a_k)+\mu Q^{(k)}(a_k)\right)_{0\leqslant k\leqslant n} \\ &= \lambda\left(P^{(k)}(a_k)\right)_{0\leqslant k\leqslant n}+\mu\left(Q^{(k)}(a_k)\right)_{0\leqslant k\leqslant n} = \lambda f(P)+\mu f(Q). \end{aligned}$$

Déterminons son noyau. Soit $P \in \mathbb{R}_n[X]$ alors on a les équivalences suivantes :

$$P \in \ker(f) \Leftrightarrow f(P) = 0_{\mathbb{R}^{n+1}} \Leftrightarrow \forall k \in \{0,...,n\},\ P^{(k)}(a_k) = 0.$$

Supposons que P soit non nul alors il possède un degré N i.e. il existe $p_N \neq 0$ tel que $P = p_N X^N + Q$ avec $\deg(Q) < N$. Ainsi, on a $P^{(N)}(X) = N!p_N \neq 0$ ce qui contredit le fait que $P^{(N)}(a_N) = 0$ donc $P = 0$. Par conséquent, $\ker(f) = \left\{0_{\mathbb{R}_n[X]}\right\}$ donc f est injective. Comme $\dim(\mathbb{R}_n[X]) = n+1 = \dim\left(\mathbb{R}^{n+1}\right)$, on peut affirmer que f est un isomorphisme, ce qui permet de conclure.

(b) *On considère l'application*

$$g : \left\{ \begin{array}{lll} \mathbb{R}_m[X] & \to & \mathbb{R}^{n+1} \\ P & \mapsto & \left(P^{(k)}(a_k)\right)_{0\leqslant k\leqslant n} \end{array} \right. .$$

qui est linéaire. Cette application est surjective puisque, pour tout $(b_k)_{0\leqslant k\leqslant n} \in \mathbb{R}^n$, il existe $P \in \mathbb{R}_n[X] \subset \mathbb{R}_m[X]$ tel que $(b_k)_{0\leqslant k\leqslant n} \underset{q2.a}{=} f(P) = g(P)$.

Soit $(b_k)_{0\leqslant k\leqslant n} \in \mathbb{R}^{n+1}$, notons P_n l'unique polynôme de $\mathbb{R}_n[X]$ vérifiant $f(P) = (b_k)_{0\leqslant k\leqslant n}$. Alors, pour tout polynôme P, on a les équivalences suivantes :

$$\begin{aligned} \forall k &\in \{0,...,n\}, P^{(k)}(a_k) = b_k \Leftrightarrow f(P) = f(P_n) \underset{f \text{ linéaire}}{\Leftrightarrow} f(P-P_n) = 0 \\ &\Leftrightarrow P - P_n \in \ker(f) \Leftrightarrow \exists Q \in \ker(f),\ P = P_n + Q \end{aligned}$$

Nous n'irons pas plus loin dans la description (trop complexe pour un oral CCINP, éventuellement l'interrogateur donnera quelques pistes s'il reste du temps).

Commentaires 3 *Exercice de difficulté progressive bien adapté aux candidats de CCINP. Il est tout à fait possible de répondre simultanément aux questions 1 et 2 en utilisant directement la formule de Taylor pour les polynômes. Un candidat de niveau standard pour CCINP doit pouvoir répondre à ces deux questions lors de sa phase de préparation. La question 3 est d'un niveau de difficulté supérieur pour distinguer les meilleurs candidats. Il est possible de répondre à la question 3.a. en écrivant le système linéaire vérifié par les coefficients de ce polynôme P. Comme il est triangulaire à coefficients diagonaux tous non nuls, il possède une et une seule solution. On peut également écrire la matrice de $f : P \mapsto \left(P^{(k)}(a_k)\right)_{0\leqslant k\leqslant n}$ dans les bases canoniques de $\mathbb{R}_n[X]$ et $\mathbb{R}^{n+1}$. Cette matrice est carrée, triangulaire et à coefficients diagonaux tous non nuls donc elle est inversible, ce qui justifie que f est un isomorphisme.*

1.2 Mines-Telecom

Exercice 4 (Mines-Telecom)

1. Donner le théorème du rang. Soient f et g des endomorphismes de E (un espace vectoriel de dimension n).
2. On suppose que $g \circ f = 0$. Montrer que $\mathrm{rg}\,(f) + \mathrm{rg}\,(g) \leqslant n$.
3. On suppose que $f + g$ est bijectif, montrer que $\mathrm{rg}\,(f) + \mathrm{rg}\,(g) \geqslant n$.

Solution 4

1. *Soient E et F deux espaces vectoriels de dimension finie et f une application linéaire de E dans F alors :*
$$\dim(E) = \mathrm{rg}\,(f) + \dim(\ker(f)).$$
2. *On a :*
$$\begin{aligned} \forall x &\in E,\, g(f(x)) = (g \circ f)(x) = 0 \Rightarrow \forall x \in E,\, f(x) \in \ker(g) \\ &\Rightarrow \mathrm{Im}\,(f) \subset \ker(g) \Rightarrow \dim(\mathrm{Im}\,(f)) \leqslant \dim(\ker(f)) \\ &\Leftrightarrow \mathrm{rg}\,(f) \leqslant n - \mathrm{rg}\,(g) \Leftrightarrow \mathrm{rg}\,(f) + \mathrm{rg}\,(g) \leqslant n. \end{aligned}$$
3. *Puisque $f + g$ est bijectif, pour tout $x \in E$, il existe $x' \in E$ tel que :*
$$\begin{aligned} x &= (f+g)(x') = \underbrace{f(x')}_{\in \mathrm{Im}(f)} + \underbrace{g(x')}_{\in \mathrm{Im}(g)} \in \mathrm{Im}\,(f) + \mathrm{Im}\,(g) \\ &\Rightarrow E \subset \mathrm{Im}\,(f) + \mathrm{Im}\,(g). \end{aligned}$$
D'autre part, $\mathrm{Im}\,(f)$ *et* $\mathrm{Im}\,(g)$ *sont deux sous-espaces vectoriels de E donc*
$$\mathrm{Im}\,(f) + \mathrm{Im}\,(g) \subset E \Rightarrow \mathrm{Im}\,(f) + \mathrm{Im}\,(g) = E.$$
D'après la formule de Grassmann, on a :
$$\begin{aligned} \mathrm{rg}\,(f) + \mathrm{rg}\,(g) &= \dim(\mathrm{Im}\,(f)) + \dim(\mathrm{Im}\,(g)) \\ &= \dim(\mathrm{Im}\,(f) + \mathrm{Im}\,(g)) + \dim(\mathrm{Im}\,(f) \cap \mathrm{Im}\,(g)) \\ &\geqslant \dim(\mathrm{Im}\,(f) + \mathrm{Im}\,(g)) = \dim(E) = n. \end{aligned}$$

Commentaires 4 *Exercice standard de MPSI. La première question vise uniquement à donner une aide implicite au candidat .... donc il faudra l'utiliser lors de l'exercice. La deuxième question est très classique et élémentaire donc elle ne doit pas poser de problème au candidat. Si cela n'est pas le cas, il est temps de revoir en profondeur les fondamentaux de l'algèbre linéaire. La troisième question, sans être difficile, permet de distinguer les candidats ayant une bonne maitrise des outils de base de l'algèbre linéaire de première année.*

Exercice 5 (Mines-Telecom) Soient E et F deux espaces vectoriels, u une application linéaire de E dans F, et v une application linéaire de F dans E telles que $v \circ u = \mathrm{Id}_E$.

1. Montrer que $\ker(u \circ v) = \ker(v)$.
2. Montrer que $\mathrm{Im}\,(u \circ v) = \mathrm{Im}\,(u)$.
3. Montrer que $\ker(v) \oplus \mathrm{Im}\,(u) = F$.

Solution 5

1. *Soit* $x \in \ker(u \circ v)$ *alors :*

$$\begin{aligned}(u \circ v)(x) = 0_E &\Leftrightarrow u(v(x)) = 0_E \Rightarrow v(u(v(x))) = v(0_E)\\ &\Leftrightarrow (v \circ u)(v(x)) = 0_E \Leftrightarrow \mathrm{Id}_E(v(x)) = 0_E \Leftrightarrow v(x) = 0\end{aligned}$$

donc $x \in \ker(v)$. *Si* $x \in \ker(v)$ *alors :*

$$v(x) = 0_E \Rightarrow (u \circ v)(x) = u(v(x)) = u(0_E) = 0_E$$

donc $x \in \ker(u \circ v)$, *ce qui prouve l'égalité* $\ker(u \circ v) = \ker(v)$.

2. *Soit* $x \in \mathrm{Im}(u \circ v)$, *il existe* $y \in E$ *tel que :*

$$x = (u \circ v)(y) = u(v(y)) \in \mathrm{Im}(u).$$

Soit $x \in \mathrm{Im}(u)$, *il existe* $y \in E$ *tel que :*

$$x = u(y) = (u \circ \mathrm{Id}_E)(y) = (u \circ v \circ u)(y) = u((v \circ u)(y)) \in \mathrm{Im}(u)$$

d'où l'égalité $\mathrm{Im}(u \circ v) = \mathrm{Im}(u)$.

3. *Soit* $x \in \ker(v) \cap \mathrm{Im}(u)$, *on a :*

$$\left\{\begin{array}{c} v(x) = 0_E \\ \exists y \in E,\, x = u(y)\end{array}\right. \Rightarrow v(u(y)) = v(x) = 0_E \Leftrightarrow (v \circ u)(y) = 0_E$$
$$\Leftrightarrow \mathrm{Id}_E(y) = 0_E \Leftrightarrow y = 0_E \Rightarrow x = u(y) = u(0_E) = 0_E$$

donc $\ker(v) \cap \mathrm{Im}(u) = \{0_E\}$.
Si E est de dimension finie, on a :

$$\dim(\ker(v)) + \dim(\mathrm{Im}(u)) = \dim(\ker(u \circ v)) + \dim(\mathrm{Im}(u \circ v)) = \dim(E)$$

(d'après le théorème du rang) donc $E = \ker(v) \oplus \mathrm{Im}(u)$.
Néanmoins, l'énoncé ne supposant pas que E soit de dimension finie, il nous faut démontrer l'égalité ensembliste :

$$\ker(v) + \mathrm{Im}(u) = E.$$

Comme $\ker(v)$ *et* $\mathrm{Im}(u)$ *sont des sous-espaces vectoriels de* E, *il est immédiat que* $\ker(v) + \mathrm{Im}(u) \subset E$. *Pour l'autre inclusion, on procède classiquement par analyse-synthèse.*
Phase d'analyse. *Soit* $x \in E$. *Supposons qu'il existe* $y_v \in \ker(v)$ *et* $z_u \in \mathrm{Im}(u)$ *tel que* $x = y_v + z_u$. *Il existe* $t \in E$ *tel que* $z_u = u(t)$ *donc :*

$$\begin{aligned} x &= y_v + u(t) \Rightarrow v(x) = \underbrace{v(y_v)}_{=0_E} + v(u(t)) = (v \circ u)(t) = \mathrm{Id}_E(t) = t \\ &\Rightarrow z_u = u(t) = u(v(x)) \text{ et } y_v = x - z_u = x - u(v(x)).\end{aligned}$$

Phase de synthèse. *Soit* $x \in E$, *on pose :*

$$\begin{aligned} z &= u(v(x)) \in \mathrm{Im}(u) \text{ et } y = x - u(v(x)) \Rightarrow v(y) = v(x) - \underbrace{(v \circ u)}_{=\mathrm{Id}_E}(v(x)) \\ &= v(x) - v(x) = 0 \Rightarrow y \in \ker(v) \text{ et } y + z = x\end{aligned}$$

donc $E \subset \ker(v) + \mathrm{Im}(u)$.
Par conséquent, on vient de prouver que $\ker(v) \oplus \mathrm{Im}(u) = F$.

Commentaires 5 *Il s'agit d'un exercice de MPSI de difficulté standard. Les deux premières questions sont élémentaires et ne doivent pas poser de difficulté particulière à un candidat de Mines-Telecom.*
La troisième question peut poser plus de difficulté du fait du raisonnement par analyse-synthèse . Un candidat ne sachant pas traiter le cas général mais prenant de lui-même l'initiative d'une preuve en dimension finie fera bonne impression auprès de l'interrogateur (prise d'initiative, pragmatisme, traitement d'un cas particulier non trivial). Cette démarche sera valorisée lors de l'évaluation par l'interrogateur ... qui demandera probablement une preuve dans le cas général.
Un candidat ayant une bonne maitrise de l'algèbre linéaire pourra même traiter en deux lignes la question 3 en remarquant judicieusement que $u \circ v$ est un projecteur donc son noyau et son image sont supplémentaires (cours de MPSI) et conclure grâce aux deux questions précédentes. Il pourra ainsi répondre à cet exercice en 5 mn avec très peu de calculs.

Exercice 6 (Mines-Telecom) Soit E un espace vectoriel de dimension finie $n \geqslant 1$. Soit u un endomorphisme de E. On suppose qu'il existe $x \in E$ tel que la famille $\left(u(x), u^2(x), ..., u^n(x)\right)$ est une base de E.

1. Montrer que u est un automorphisme de E.
2. Montrer que $\left(x, u(x), ..., u^{n-1}(x)\right)$ est une base de E.

Solution 6

1. *Soit $y \in E$. Comme $\left(u^k(x)\right)_{1 \leqslant k \leqslant n}$ est une base de E, il existe des scalaires $(\alpha_k)_{1 \leqslant k \leqslant n}$ tels que :*
$$y = \sum_{k=1}^{n} \alpha_k u^k(x) = \sum_{k=1}^{n} \alpha_k u\left(u^{k-1}(x)\right) \underset{u \in \mathcal{L}(E)}{=} u\left(\sum_{k=1}^{n} \alpha_k u^{k-1}(x)\right) \in \operatorname{Im}(u).$$
Ainsi, on vient de prouver que u est surjective et comme u est un endomorphisme en dimension finie, u est un automorphisme.
2. *Comme u est un automorphisme de E, u^{-1} est un automorphisme de E. Puisque u^{-1} est un automorphisme de E et que $\left(u^k(x)\right)_{1 \leqslant k \leqslant n}$ est une base de E, on en déduit que*
$$\left(u^{-1}\left(u^k(x)\right)\right)_{1 \leqslant k \leqslant n} = \left(u^{k-1}(x)\right)_{1 \leqslant k \leqslant n} \underset{j=k-1}{=} \left(u^j(x)\right)_{0 \leqslant j \leqslant n-1}$$
est une base de E.

Commentaires 6 *Exercice élémentaire de MPSI sans aucune difficulté pour tout candidat de Mines-Telecom maitrisant les notions fondamentales de l'algèbre linéaire.*

Exercice 7 (Mines-Telecom) Soit E un espace vectoriel et u un endomorphisme de E.

1. On suppose qu'il existe un projecteur p et un automorphisme v de E tels que $u \circ v = v \circ u = p$. Justifier que $\ker(u) = \ker(p)$ et $\operatorname{Im}(u) = \operatorname{Im}(p)$.
2. Montrer que $E = \ker(u) \oplus \operatorname{Im}(u)$ si et seulement s'il existe un projecteur p et un automorphisme v de E tels que $u \circ v = v \circ u = p$.

Solution 7

1. $\ker(u) = \ker(p)$. *Soit* $x \in \ker(u)$ *alors :*

$$u(x) = 0_E \Rightarrow p(x) = v(u(x)) = v(0_E) = 0_E \Rightarrow x \in \ker(p)$$

d'où l'inclusion $\ker(u) \subset \ker(p)$. *Soit* $x \in \ker(p)$ *alors :*

$$p(x) = 0 \Leftrightarrow v(u(x)) = 0_E \Rightarrow u(x) = 0_E$$

car v *est un automorphisme. Ainsi, on a prouvé l'inclusion* $\ker(p) \subset \ker(u)$ *d'où l'égalité* $\ker(p) = \ker(u)$.
$\mathrm{Im}(u) = \mathrm{Im}(p)$. *Soit* $x \in \mathrm{Im}(u)$ *alors il existe* $y \in E$ *tel que* $x = u(y)$. *Comme* v *est un automorphisme, il existe* $z \in E$ *tel que* $y = v(z)$. *Ainsi, on peut écrire :*

$$x = u(y) = u(v(z)) = (u \circ v)(z) = p(z) \in \mathrm{Im}(p),$$

ce qui prouve l'inclusion $\mathrm{Im}(u) \subset \mathrm{Im}(p)$. *Soit* $x \in \mathrm{Im}(p)$, *il existe* $y \in E$ *tel que :*

$$x = p(y) = (u \circ v)(y) = u(v(y)) \in \mathrm{Im}(u),$$

ce qui prouve l'inclusion $\mathrm{Im}(p) \subset \mathrm{Im}(u)$ *d'où l'égalité* $\mathrm{Im}(p) = \mathrm{Im}(u)$.

2. ***Implication réciproque****. Supposons qu'il existe un projecteur* p *et un automorphisme* v *de* E *tels que* $u \circ v = v \circ u = p$. *Comme* p *est un projecteur, on a :*

$$E = \ker(p) \oplus \mathrm{Im}(p)$$

(cf. le cours de MPSI ou de MP sur les projecteurs). D'après la question précédente, on a :

$$\ker(u) = \ker(p),\ \mathrm{Im}(u) = \mathrm{Im}(p) \Rightarrow E = \ker(u) \oplus \mathrm{Im}(u).$$

Implication directe*. Supposons que* $E = \ker(u) \oplus \mathrm{Im}(u)$. *On note* p *le projecteur de* E *sur* $\mathrm{Im}(u)$ *parallèlement à* $\ker(u)$. *Si* $x \in \mathrm{Im}(u)$ *alors* $u(x) \in \mathrm{Im}(u)$ *donc* $w = u_{|\mathrm{Im}(u)}$ *est un endomorphisme de* $\mathrm{Im}(u)$. *Prouvons qu'il s'agit d'un automorphisme de* $\mathrm{Im}(u)$. *Soit* $x \in \ker(w)$ *alors :*

$$\begin{aligned} x &\in \mathrm{Im}(u) \text{ et } w(x) = 0 \Leftrightarrow \begin{cases} x \in \mathrm{Im}(u) \\ u(x) = 0 \end{cases} \Leftrightarrow \begin{cases} x \in \mathrm{Im}(u) \\ x \in \ker(u) \end{cases} \\ &\Rightarrow x \in \mathrm{Im}(u) \cap \ker(u) = \{0_E\} \end{aligned}$$

car $\ker(u)$ *et* $\mathrm{Im}(u)$ *sont supplémentaires. Ainsi,* w *est un endomorphisme injectif en dimension finie donc c'est un isomorphisme.*
Soit $x \in E$. *Il existe un unique couple* $(y_1, y_2) \in \ker(u) \times \mathrm{Im}(u)$ *tel que* $x = y_1 + y_2$. *Par définition, on a les formules suivantes :*

$$\begin{aligned} y_2 &= p(x),\ y_1 = x - y_2 = x - p(x),\ u(y_1) = 0_E \\ \ker(p) &= \ker(u) \text{ et } \mathrm{Im}(p) = \mathrm{Im}(u). \end{aligned}$$

On pose alors :

$$v(x) = y_1 + w^{-1}(y_2) = (x - p(x)) + w^{-1}(p(x))$$

qui est parfaitement définie car $p(x) \in \operatorname{Im}(p) = \operatorname{Im}(u)$ *et que* w *est un automorphisme de* $\operatorname{Im}(u)$. *En outre,* v *est linéaire (laissé au lecteur) et on a :*

$$v(x) = 0 \Leftrightarrow \underbrace{y_1}_{\in \ker(u)} + \underbrace{w^{-1}(y_2)}_{\in \operatorname{Im}(u)} = 0 \underset{E=\ker(u)\oplus\operatorname{Im}(u)}{\Leftrightarrow} \begin{cases} y_1 = 0_E \\ w^{-1}(y_2) = 0_E \end{cases}$$

$$\underset{w\in GL(\operatorname{Im}(u))}{\overset{y_2\in\operatorname{Im}(u)\ et}{\Leftrightarrow}} \begin{cases} y_1 = 0_E \\ y_2 = 0_E \end{cases} \Rightarrow x = y_1 + y_2 = 0_E + 0_E = 0_E$$

L'application v *ainsi définie est un endomorphisme injectif de* E *qui est de dimension finie donc* v *est un automorphisme de* E. *Par définition, on a* $y_2 = p(x)$ *et* $u(y_1) = 0_E$ *donc :*

$$u(v(x)) = u\left(y_1 + w^{-1}(y_2)\right) = u(y_1) + u\left(w^{-1}(y_2)\right) = u\left(w^{-1}(y_2)\right) \underset{(*)}{=} y_2 = p(x).$$

De plus, on a :

$$\begin{aligned} v(u(x)) &= v(u(y_1 + y_2)) = \underbrace{v(u(y_1))}_{=v(0_E)=0_E} + v(u(y_2)) \\ &= \underbrace{v(u(y_2))}_{\in\operatorname{Im}(u)} \underset{déf}{\overset{par}{=}} w^{-1}(u(y_2)) \underset{(*)}{=} y_2 = p(x) \end{aligned}$$

$(*)$ *car* $w = u_{|\operatorname{Im}(u)}$ *donc* $u_{|\operatorname{Im}(u)} \circ w^{-1} = w^{-1} \circ u_{|\operatorname{Im}(u)} = \operatorname{Id}$.
Au final, on a prouvé que v *est un automorphisme de* E *et*

$$v \circ u = p = u \circ v.$$

Commentaires 7 *La question 1 et l'implication réciproque de la question sont élémentaires. Il est attendu d'un candidat à Mines-Telecom traite rapidement ces deux points. Par contre, l'implication directe de la question 2 s'avère être très sélective car elle demande une bonne compréhension des outils fondamentaux de l'algèbre linéaire. En cas de blocage à cette partie, l'interaction avec l'interrogateur sera alors cruciale. L'interrogateur proposera probablement une aide (sous forme d'un questionnement concernant le cours ou d'une indication plus explicite). Rappelons que l'interrogateur n'attend pas que le candidat réponde convenablement dans les secondes qui suivent. Par contre, il sera attentif aux qualités suivantes du candidat : une connaissance solide du cours d'algèbre linéaire, sa capacité à analyser le problème sous un angle nouveau, à une prise d'initiative raisonnée et pertinente (même si elle s'avère ultérieurement incomplète).*

Exercice 8 (Mines-Telecom) Montrez, pour tout $u \in \mathbb{R}\backslash\pi\mathbb{Z}$ et pour tout $n \geqslant 1$, que :

$$\begin{vmatrix} 2\cos(u) & 1 & 0 & \cdots & 0 \\ 1 & 2\cos(u) & \ddots & \ddots & \vdots \\ 0 & \ddots & \ddots & \ddots & 0 \\ \vdots & \ddots & \ddots & 2\cos(u) & 1 \\ 0 & \cdots & 0 & 1 & 2\cos(u) \end{vmatrix} = \frac{\sin((n+1)u)}{\sin(u)}.$$

(le déterminant étant de taille n).

Solution 8 *On note D_n le déterminant en taille n de l'énoncé. Pour tout entier $n \geqslant 2$, en développant selon la la première colonne, on a :*

$$\begin{aligned} D_n &= 2\cos(u)\, D_{n-1} - \begin{vmatrix} 1 & 0 & 0 & \cdots & 0 \\ 1 & 2\cos(u) & 1 & \ddots & \vdots \\ 0 & 1 & \ddots & \ddots & 0 \\ \vdots & \ddots & \ddots & 2\cos u & 1 \\ 0 & \cdots & 0 & 1 & 2\cos u \end{vmatrix} \\ &= 2\cos(u)\, D_{n-1} - D_{n-2} \end{aligned}$$

(en développant selon la première ligne). Démontrons par récurrence double l'assertion :

$$\forall n \geqslant 1,\ (\mathcal{H}_n) : D_n = \frac{\sin((n+1)u)}{\sin(u)}.$$

Initialisation *$n = 1$ et $n = 2$. D'après les fameuses relations trigonométriques :*

$$\begin{aligned} \sin(2u) &= 2\sin(u)\cos(u), \\ \sin(3u) &= \sin(u+2u) = \sin(u)\cos(2u) + \sin(2u)\cos(u) \\ &= \sin(u)\left(2(\cos(u))^2 - 1\right) + 2\sin(u)\cos(u)\cos(u) \\ &= \sin(u)\left(4(\cos(u))^2 - 1\right), \end{aligned}$$

on peut affirmer que :

$$\begin{aligned} D_1 &= 2\cos(u) = \frac{\sin(2u)}{\sin(u)},\ D_2 = \begin{vmatrix} 2\cos(u) & 1 \\ 1 & 2\cos(u) \end{vmatrix} \\ &= 4(\cos(u))^2 - 1 = \frac{\sin(3u)}{\sin(u)}. \end{aligned}$$

Ainsi, $(\mathcal{H}_1)$ et $(\mathcal{H}_2)$ sont vérifiées.
Hérédité. *Supposons $(\mathcal{H}_{n-2})$ et $(\mathcal{H}_{n-1})$ vérifiées pour un certain entier $n \geqslant 3$ alors, d'après la relation de récurrence vérifiée par la suite $(D_n)_n$, on a :*

$$\begin{aligned} D_n &= 2\cos(u)\, D_{n-1} - D_{n-2} \underset{(\mathcal{H}_{n-1})}{\overset{(\mathcal{H}_{n-2})}{=}} 2\cos(u)\frac{\sin(nu)}{\sin(u)} - \frac{\sin((n-1)u)}{\sin(u)} \\ &= \frac{2\cos(u)\sin(nu) - \sin((n-1)u)}{\sin(u)} = \frac{\sin((n+1)u)}{\sin(u)} \end{aligned}$$

grâce à la fameuse relation trigonométrique

$$\begin{aligned} \sin(a+b) + \sin(a-b) &= \sin(a)\cos(b) + \cos(a)\sin(b) \\ &\quad + \sin(a)\cos(b) - \cos(a)\sin(b) \\ &= 2\sin(a)\cos(b). \end{aligned}$$

en choisissant $a = nu$ et $b = u$. Par conséquent, $(\mathcal{H}_n)$ est vraie, ce qui achève la récurrence.

Commentaires 8 *Exercice de MPSI de niveau standard. Il est naturellement attendu du candidat qu'il pense au principe de récurrence et aux règles de développement des déterminants, convenablement appliquées tout de même ! Il est envisageable de trouver la relation de récurrence, de résoudre l'équation caractéristique associée* $r^2 - 2r\cos(u) + 1 = 0$ *(dont les racines sont* $r = \exp(\pm iu)$*), d'en déduire l'existence de deux complexes* α, β *tels que*

$$D_n = \alpha\left(\exp(iu)\right)^n + \beta\left(\exp(-iu)\right)^n = \alpha e^{inu} + \beta e^{-inu}$$

puis de déterminer α *et* β *via les conditions initiales* D_1 *et* D_2*. Malheureusement, cette stratégie choisie par un nombre non négligeable de candidats s'avère longue et très technique, d'où des erreurs très probables. Il est indispensable de tenir compte du contexte : sans préparation, il est possible de résoudre 2 voire 3 exercices en 30 mn donc la plupart des exercices peuvent se résoudre assez rapidement sans trop de calculs. En outre, le résultat étant donné, il faut absolument en tenir compte dans la stratégie à suivre.*

1.3 Centrale Math 1

Exercice 9 (Centrale Math I) Soit $n \in \mathbb{N}^*$. On prend $M \in \mathcal{M}_n(\mathbb{R})$ et $r \in \{1, \ldots, n\}$. On note $J_r = \begin{pmatrix} I_r & 0 \\ 0 & 0 \end{pmatrix}$.

1. Montrer que : $rg(M) = r \Leftrightarrow \exists (P, Q) \in GL_n(\mathbb{R})^2 \,/\, PMQ = J_r$.
   Soit $B \in \mathcal{M}_{r,n-r}(\mathbb{R})$, $C \in \mathcal{M}_{n-r,r}(\mathbb{R})$ et $D \in \mathcal{M}_r(\mathbb{R})$. On pose $M = \begin{pmatrix} I_r & B \\ C & D \end{pmatrix}$.
   Montrer que $rg(M) \geqslant r$ avec égalité si et seulement si $D = CB$.
2. Soit V un sous-espace vectoriel de $\mathcal{M}_n(\mathbb{R})$, contenant J_r, tel que toutes les matrices de V soient de rang inférieur ou égal à r. Soit
   $$W = \left\{ \begin{pmatrix} 0 & B \\ {}^tB & A \end{pmatrix}, A \in \mathcal{M}_{n-r}(\mathbb{R}), B \in \mathcal{M}_{r,n-r}(\mathbb{R}) \right\}.$$
   Montrer que $V \cap W = \{0\}$.
3. Montrer que la dimension d'un sous-espace vectoriel de $\mathcal{M}_n(\mathbb{R})$ dont les éléments sont de rang inférieur ou égal à r est inférieure ou égale à nr.

Solution 9

1. ***Première équivalence.*** *Il s'agit de la caractérisation du rang par la notion de matrice équivalentes (cf. le cours de MPSI pour revoir une preuve)*
   Seconde équivalence. *Soit* $M = \begin{pmatrix} I_r & B \\ C & D \end{pmatrix}$. *La matrice extraite de M en ne conservant que les r premières lignes et les r premières colonnes est la matrice I_r qui est inversible donc* $\mathrm{rg}\,(M) \geqslant r$ *(cf. cours de MPSI de la caractérisation du rang par les matrices extraites).*
   Considérons les matrices
   $$P = \begin{pmatrix} I_r & 0 \\ -C & I_{n-r} \end{pmatrix} \text{ et } Q = \begin{pmatrix} I_r & -B \\ 0 & I_{n-r} \end{pmatrix}.$$
   Ces deux matrices sont inversibles (comme elles sont triangulaires par blocs, leurs déterminants est le produit des déterminants de leurs blocs diagonaux c'est-à-dire $\det(I_r)\det(I_{n-r}) = 1 \neq 0$). *Ainsi, la matrice M a le même rang que la matrice*
   $$PMQ = \begin{pmatrix} I_r & 0 \\ 0 & D - CB \end{pmatrix}.$$
   Si $D = CB$ alors $PMQ = J_r$ qui est de rang r. Si $D \neq CB$, au moins l'une des colonnes de $D - CB$ n'est pas nulle c'est-à-dire qu'il existe (i_0, j_0) tel que $(D - CB)_{i_0,j_0} \neq 0$. La $(r + i_0)^e$ colonne C_{r+i_0} de PMQ n'est pas nulle et elle n'est pas une combinaison linéaire des r premières colonnes de PMQ (puisque
   $$(PMQ)_{r+i_0,r+j_0} = (D - CB)_{i_0,j_0} \neq 0$$
   alors que $(PMQ)_{i,j} = 0$ pour tout $(i, j) \in \{r + 1, .., n\}^2$). Ainsi, la matrice PMQ est de rang au moins $r + 1$ donc M est de rang r si et seulement si $D - CB = 0$.
2. *Soit $M \in V \cap W$ alors, comme $M \in W$, il existe $B \in \mathcal{M}_{r,n-r}(\mathbb{R})$ et $A \in \mathcal{M}_r(\mathbb{R})$ telles que $A \in M = \begin{pmatrix} 0 & B \\ {}^tB & A \end{pmatrix}$. Les matrices J_r et M appartiennent à V qui est un espace*

vectoriel donc la matrice $M + J_r = \begin{pmatrix} I_r & B \\ {}^tB & A \end{pmatrix}$ *appartient à* W*. Ainsi, cette matrice est de rang au plus* r *et, d'après la question précédente, elle est de rang au moins* r *donc la matrice* $M + J_r$ *est de rang* r*, ce qui montre l'égalité*

$$(*) : A = {}^tBB$$

(d'après la question précédente). D'autre part, la matrice

$$M' = -M = \begin{pmatrix} 0 & -B \\ -{}^tB & -A \end{pmatrix}$$

appartient à W *donc, d'après le raisonnement que nous venons de mener avec* M*, on peut affirmer que :*

$$(**) - A = {}^t(-B)(-B) \underset{(**)}{\overset{(*)\ et}{\Rightarrow}} -A = {}^tBB = A \Leftrightarrow 2A = 0 \Leftrightarrow {}^tBB = 0.$$

On munit $\mathfrak{M}_{n-r,1}(\mathbb{R})$ *de son produit scalaire canonique* $\langle X \mid Y\rangle = {}^tXY$*. Pour tout* $X \in \mathfrak{M}_{n-r,1}(\mathbb{R})$*, on a :*

$$\langle BX \mid BX\rangle = {}^t(BX)BX = {}^tX\left({}^tBB\right)X = {}^tXAX = {}^tX0X = 0$$

donc, puisque $\langle\,|\,\rangle$ *est un produit scalaire, on a* $BX = 0$ *pour tout* $X \in \mathfrak{M}_{n-r,1}(\mathbb{R})$*. Pour chaque* $i \in \{1, .., n-r\}$*, en choisissant* $X = E_i$ *(le* i^e *vecteur de la base canonique de* $\mathfrak{M}_{n-r,1}(\mathbb{R})$ *dont tous les coefficients sont nuls sauf le* i^e *qui vaut 1), le produit* BX *est la* i^e *colonne de* B *c'est-à-dire que toutes les colonnes de* B *sont nulles. Par conséquent, on obtient que* $B = 0$ *d'où* $M = 0$*, ce qui prouve l'égalité ensembliste* $V \cap W = \{0\}$*.*

3. *Soit* V' *un sous-espace vectoriel de* $\mathfrak{M}_n(\mathbb{R})$ *dont tous les éléments sont de rang inférieur ou égal à* r*. On note*

$$s = \max\{\mathrm{rg}(M),\quad M \in V'\}$$

alors $s \leqslant r$ *et il existe* $M' \in V'$ *tel que* $\mathrm{rg}(s) = M'$*. D'après la question 1, il existe deux matrices inversibles* P *et* Q *telles que* $PM'Q = J_s$*. On note*

$$V = \{PMQ,\quad M \in V'\}$$

qui est un sous-espace vectoriel de $\mathfrak{M}_n(\mathbb{R})$ *dont tous les éléments sont de rang inférieur ou égal à* s *et* $J_s \in V$*. En outre, on peut affirmer que* $\dim(V') = \dim(V)$ *car l'application*

$$f : \left\{ \begin{array}{ccc} V' & \to & V \\ M & \mapsto & PMQ \end{array} \right.$$

est linéaire, injective (si $f(M) = 0 \Leftrightarrow M = 0$ *par multiplication à gauche des matrices par* P^{-1} *et à droite des matrices par* Q^{-1}*) et surjective (par définition de* V*) donc* f *réalise un isomorphisme de* V' *sur* V *d'où l'égalité de leurs dimensions.*
On note

$$W = \left\{ \begin{pmatrix} 0 & B \\ {}^tB & A \end{pmatrix}, A \in \mathcal{M}_{n-s}(\mathbb{R}), B \in \mathcal{M}_{s,n-s}(\mathbb{R}) \right\}$$

qui est de dimension

$$\begin{aligned} \dim(W) &= \dim(\mathfrak{M}_{n-s}(\mathbb{R}) \times \mathfrak{M}_{s,n-s}(\mathbb{R})) = \dim(\mathfrak{M}_{n-s}(\mathbb{R})) + \dim(\mathfrak{M}_{s,n-s}(\mathbb{R})) \\ &= (n-s)^2 + s(n-s) = (n-s)(n-s+s) = n(n-s). \end{aligned}$$

En effet, l'application

$$g:\left\{\begin{array}{ccc}\mathfrak{M}_{n-s}(\mathbb{R})\times\mathfrak{M}_{s,n-s}(\mathbb{R}) & \to & W\\ (A,B) & \mapsto & \begin{pmatrix}0 & B\\ {}^tB & A\end{pmatrix}\end{array}\right.$$

réalise un isomorphisme de $\mathfrak{M}_{n-s}(\mathbb{R})\times\mathfrak{M}_{s,n-s}(\mathbb{R})$ *sur* W *(même argumentaire que pour* f*).*
D'après la question précédente, on a $V\cap W=\{0\}$ *donc, d'après la formule de Grassmann, on a la formule :*

$$\dim(V)+\dim(W)=\dim(V+W)\underset{(*)}{\leqslant}\dim(\mathfrak{M}_n(\mathbb{R}))=n^2$$

$(*)$ *car* $V+W$ *est un sous-espace vectoriel de* $\mathfrak{M}_n(\mathbb{R})$*.*
Par conséquent, on en déduit que l'inégalité souhaitée :

$$\dim(V')=\dim(V)\leqslant n^2-\dim(W)=n^2-n(n-s)=ns\leqslant nr.$$

Commentaires 9 *Exercice de niveau standard pour le concours Centrale-Supélec.*
La première question est élémentaire (pour le concours Centrale-Supélec) mais elle demande une bonne maitrise de la notion de rang.
La deuxième question est plus discriminante car elle nécessite du candidat de reconnaitre les matrices symétriques lorsqu'elles apparaissent au gré d'un calcul (${}^tBB$ *ici) et d'en tirer les conséquences (utilisation de la structure euclidienne qui est un grand classique dans cette théorie). Une grande attention sera prétée par l'interrogateur quant à la prise d'initiative du candidat et aux quelques automatismes fondamentaux concernant les espaces euclidiens et leurs endomorphismes.*
La troisième question requiert beaucoup plus d'autonomie et d'initiative de la part du candidat donc elles seront valorisées par exemple, si le candidat :

- *considére le cas particulier où* J_r *appartient à* V *pour utiliser la question précédente pour conclure dans ce cas particulier ;*
- *ou bien montre que le problème général se ramène au cas précédent (pour un* r *convenable).*

Il n'est pas nécessairement attendu de construire des isomorphismes pour calculer les dimensions, des bases peuvent suffire (par extraction de la base canonique) voire à minima de deviner les dimensions par comptage des coefficients « libres » (dans ce cas, l'interrogateur demandera peut-être des arguments rigoureux).

Exercice 10 Soient K un corps, E un K-espace vectoriel de dimension finie n, $u\in\mathcal{L}(E)$. On note $C(u)$ le commutant de u et $C^2(u)$ le bicommutant de u, c'est-à-dire l'ensemble des endomorphismes de E qui commutent à tous les éléments de $C(u)$.

1. Vérifier que $C^2(u)$ est une sous-algèbre de $\mathcal{L}(E)$ contenant $K[u]$.
2. On suppose que u est nilpotent d'indice n. Montrer que $C^2(u)=K[u]$.
3. Soient E_1 et E_2 deux sous-espaces de E supplémentaires dans E stables par u. On note u_1 (resp. u_2) l'induit de u sur E_1 (resp. E_2). On suppose que les polynômes minimaux de u_1 et u_2 sont premiers entre eux avec $C^2(u_1)=K[u_1]$ et $C^2(u_2)=K[u_2]$. Montrer que $C^2(u)=K[u]$.

Solution 10

1. *$C^2(u)$ est inclus dans $\mathcal{L}(E)$ qui est un K-espace vectoriel. $0_{\mathcal{L}(E)}$ et $\mathrm{Id}_{\mathcal{L}(E)}$ appartiennent à $C^2(u)$ puisque*

$$\forall v \in C(u), 0_{\mathcal{L}(E)} \circ v = 0_{\mathcal{L}(E)} = v \circ 0_{\mathcal{L}(E)},$$
$$\mathrm{Id}_{\mathcal{L}(E)} \circ v = v = v \circ \mathrm{Id}_{\mathcal{L}(E)}$$

Soient $v, w \in C^2(u)$ et $\lambda, \mu \in K$ alors, pour tout $h \in C(u)$, on a :

$$\begin{aligned}(\lambda v + \mu w) \circ h &= \lambda v \circ h + \mu w \circ h \underset{w \text{ commute à } h}{\overset{v \text{ commute à } h}{=}} \lambda h \circ v + \mu h \circ w \\ &= h \circ (\lambda v + \mu w)\end{aligned}$$

(puisque h est linéaire) donc $\lambda v + \mu w$ commute avec tout élément h de $C(u)$ d'où $\lambda v + \mu w \in C^2(u)$. En outre, pour tout $h \in C(u)$, on a :

$$\begin{aligned}(v \circ w) \circ h &= v \circ (w \circ h) \underset{w \text{ commute à } h}{=} v \circ (h \circ w) \\ &= (v \circ h) \circ w \underset{v \text{ commute à } h}{=} (h \circ v) \circ w = h \circ (v \circ w)\end{aligned}$$

donc $v \circ w \in C(u)$, ce qui prouve que $C^2(u)$ est une sous-algèbre de $\mathcal{L}(E)$.
Pour tout $h \in C(u)$, on a par définition : $h \circ u = u \circ h$ donc $u \in C^2(u)$ (puisque u commute avec tout élément h de $C(u)$). Comme $C^2(u)$ est une K-algèbre, pour tout polynôme $P \in K[X]$, on a $P(u) \in C^2(u)$ d'où l'inclusion $K[u] \subset C^2(u)$.

2. *Soit u nilpotent d'indice n c'est-à-dire $u^n = 0$ et $u^{n-1} \neq 0$.*
Soit $x_0 \in E$ tel que $u^{n-1}(x_0) \neq 0$. Montrons que la famille $\mathcal{B} = \left(u^k(x_0)\right)_{0 \leqslant k \leqslant n-1}$ est une base de E. Pour commencer, elle est de cardinal $n = \dim(E)$ donc il suffit de montrer qu'elle est libre. Soit $(\lambda_k)_{0 \leqslant k \leqslant n-1} \in \mathbb{R}^n$ tel que :

$$\sum_{k=0}^{n-1} \lambda_k u^k(x_0) = 0 \Leftrightarrow \lambda_0 x_0 + \lambda_1 u(x_0) + \cdots + \lambda_{n-1} u^{n-1}(x_0) = 0.$$

En composant cette égalité par u^{n-1}, on obtient l'égalité $\lambda_0 u^{n-1}(x_0) = 0$ donc $\lambda_0 = 0$ (car $u^{n-1}(x_0) \neq 0$). Supposons avoir démontré que $\lambda_0 = \cdots = \lambda_{k-1} = 0$ pour un certain entier $k \in \{1, .., n-1\}$ alors on dispose de l'égalité :

$$\lambda_k u^k(x_0) + \lambda_{k+1} u^{k+1}(x_0) + \cdots + \lambda_{n-1} u^{n-1}(x_0) = 0.$$

En composant cette égalité par u^{n-1-k} (licite car $n-1-k \in \mathbb{N}$), on obtient l'égalité $\lambda_k u^{n-1}(x_0) = 0$ donc $\lambda_k = 0$ (car $u^{n-1}(x_0) \neq 0$). D'après le principe de récurrence, on peut affirmer que $\lambda_0 = \cdots = \lambda_{n-1} = 0$ donc la famille est libre, ce qui prouve qu'il s'agit d'une base de E.
Soit $v \in C(u)$ alors, comme $\mathcal{B}$ est une base de E, il existe $(a_k)_{0 \leqslant k \leqslant n-1} \in \mathbb{R}^n$ tel que $v(x_0) = \sum_{k=0}^{n-1} a_k u^k(x_0)$. Montrons que $v = \sum_{k=0}^{n-1} a_k u^k$. Pour tout $j \in \{0, .., n-1\}$, comme v commute avec u donc avec u^j, on a :

$$\begin{aligned}v\left(u^j(x_0)\right) &= \left(v \circ u^j\right)(x_0) = \left(u^j \circ v\right)(x_0) = u^j(v(x_0)) \\ &= u^j\left(\sum_{k=0}^{n-1} a_k u^k(x_0)\right) = \sum_{k=0}^{n-1} a_k u^{j+k}(x_0) = \left(\sum_{k=0}^{n-1} a_k u^k\right)\left(u^j(x_0)\right).\end{aligned}$$

Ainsi, les endomorphismes v *et* $\sum_{k=0}^{n-1} a_k u^k$ *coïncident sur la base* $\mathcal{B}$ *donc ils sont égaux d'où l'inclusion* $C(u) \subset K[u]$. *L'inclusion* $K[u] \subset C(u)$ *étant immédiate (tout polynôme en* u *commute avec* u*), on obtient l'égalité* $C(u) = K[u]$. *Soit* $h \in C^2(u)$ *alors* h *commute avec tout élément de* $C(u) = K[u]$*. En particulier,* h *commute avec* u *(car* $u \in K[u]$ *) donc* $h \in C(u) = K[u]$ *quel que soit* $h \in C^2(u)$. *Par conséquent, on vient de prouver l'inclusion* $C^2(u) \subset K[u]$ *d'où l'égalité* $C^2(u) = K[u]$ *(d'après la question précédente, l'inclusion réciproque est vraie).*

3. *D'après la question 1, on a l'inclusion* $K[u] \subset C^2(u)$. *Prouvons l'inclusion réciproque.* ***Première étape.*** *Montrons que* $E_i = \ker(\pi_i(u))$ *pour* $i \in \{1,2\}$. *Pour tout* $i \in \{1,2\}$, *comme* π_i *annule* u_i*, pour tout* $x_i \in E_i$*, on a :*

$$\pi_i(u)(x_i) \underset{x_i \in E_i}{=} \pi_i(u_i)(x_i) = 0_{\mathcal{L}(E_i)}(x_i) = 0 \Rightarrow (*) : E_i \subset \ker(\pi_i(u))$$
$$\Rightarrow (**) : \forall i \in \{1,2\}, \dim(E_i) \leqslant \dim(\ker(\pi_i(u)))$$

On en déduit les inclusions suivantes :

$$E = E_1 \oplus E_2 \subset \ker(\pi_1(u)) \oplus \ker(\pi_2(u)) = \ker((\pi_1\pi_2)(u)) \subset E$$

(d'après le lemme des noyaux puisque π_1 *et* π_2 *sont premiers entre eux). On en déduit les égalités*

$$\ker(\pi_1(u)) \oplus \ker(\pi_2(u)) = E$$
$$\Rightarrow (***) : \dim(\ker(\pi_1(u))) + \dim(\ker(\pi_2(u))) = \dim(E)$$

Comme E_1 *et* E_2 *sont supplémentaires dans* E*, on a :*

$$\dim(E) = \dim(E_1) + \dim(E_2) \underset{(**)}{\leqslant} \dim(\ker(\pi_1(u))) + \dim(\ker(\pi_2(u))) = \dim(E)$$

d'où, d'après les inégalités $(**)$, *les égalités valable pour chaque* $i \in \{1,2\}$ *:*

$$\dim(E_i) = \dim(\ker(\pi_i(u))) \Rightarrow E_i = \ker(\pi_i(u))$$

(d'après l'inclusion $(*)$*).*
Deuxième étape. *Montrons que* E_i *est stable par tout élément de* $C^2(u)$ *et tout élément de* $C(u)$. *Soit* $h \in C^2(u)$ *et* $i \in \{1,2\}$. *Comme* $\pi_i(u) \in K[u] \subset C[u]$, *on peut affirmer que* h *commute avec* $\pi_i(u)$ *donc, pour tout* $x_i \in E_i = \ker(\pi_i(u))$, *on a :*

$$\begin{aligned}(h \circ \pi_i(u))(x_i) &= (\pi_i(u) \circ h)(x_i) \Leftrightarrow \underbrace{h(\pi_i(u)(x_i))}_{=0} = \pi_i(u)(h(x)) \\ &\Leftrightarrow \pi_i(u)(h(x)) = 0 \Rightarrow h(x) \in \ker(\pi_i(u)) = E_i,\end{aligned}$$

ce qui permet d'affirmer que F_i *est stable par* h*. Le raisonnement est identique si* h *commute avec* u *donc* E_i *est stable par tout élément de* $C(u)$.
Troisième étape*. Soit* $h \in C^2(u)$ *et, pour tout* $i \in \{1,2\}$, h_i *la restriction de* h *à* E_i*. Montrons que* $h_i \in C^2(u_i)$. *Soit* $v \in C(u_1)$. *On considère l'endomorphisme* p_v *de* $E = E_1 \oplus E_2$ *défini comme suit :*

$$\forall x \in E, \exists! (x_1, x_2) \in E_1 \times E_2, x = x_1 + x_2, p_v(x) \underset{\text{par définition}}{=} v(x_1).$$

Montrons que v commute avec u car, pour $x \in E$, il existe $x_1 \in E_1$ et $x_2 \in E_2$ tels que $x = x_1 + x_2$. Comme E_1 et E_2 sont stables par u, on a $u(x_1) \in E_1$ et $u(x_2) \in E_2$, ce qui nous donne :

$$\begin{aligned}(u \circ p_v)(x) &= u(p_v(x)) = u\underbrace{(v(x_1))}_{\in F_1} = u_1(v(x_1)) \\ &= (u_1 \circ v)(x_1) \underset{v \in C(u_1)}{=} (v \circ u_1)(x_1) = v(u_1(x_1)) = v(u(x_1)).\end{aligned}$$

Comme $u(x_1) \in E_1$ et $u(x_2) \in E_2$ alors, par définition de p_v, on a :

$$p_v(u(x)) = p_v(u(x_1) + u(x_2)) = v(u(x_1)),$$

ce qui permet d'écrire :

$$(u \circ p_v)(x) = p_v(u(x)) = (p_v \circ u)(x).$$

donc $p_v \in C(u)$. Comme $h \in C^2(u)$, h commute avec p_v sur E donc sur E_1 c'est-à-dire :

$$\begin{aligned}\forall x &\in E_1, (h \circ p_v)(x_1) = (p_v \circ h)(x_1) \Leftrightarrow h(p_v(x_1)) = p_v(h(x_1)) \\ &\Leftrightarrow h\underbrace{(v(x_1))}_{\in v(E_1) \subset E_1} = p_v(h(x_1)) \Leftrightarrow h_1(v(x_1)) = v(h_1(x_1)) \\ &\Leftrightarrow (h_1 \circ v)(x_1) = (v \circ h_1)(x_1).\end{aligned}$$

Autrement dit, h_1 commute avec v, quelque soit $v \in C(u_1)$ donc $h_1 \in C^2(u_1)$. De même, on montre que $h_2 \in C^2(u_2)$ (en posant $p_v(x) = v(x_2)$ si $v \in C(u_2)$).

Quatrième étape. *Soit $h \in C^2(u)$ alors, pour tout $i \in \{1,2\}$, $h_i \in C^2(u_i) = K[u_i]$ c'est-à-dire qu'il existe $P_i \in K[X]$ tel que $h_i = P_i(u_i)$. Puisque π_1 et π_2 sont premiers entre eux, le lemme de Bezout montre l'existence de deux polynômes A et B tels que*

$$1 = A\pi_1 + B\pi_2.$$

En particulier, on a :

$$\mathrm{Id}_E = A(u)\pi_1(u) + B(u)\pi_2(u).$$

En évaluant cette relation en $x \in E_i = \ker(\pi_i(u))$, on obtient les égalités suivantes :

$$\begin{aligned}\forall x &\in E_1, x = A(u)\pi_1(u)(x) + B(u)\pi_2(u)(x) = B(u)\pi_2(u)(x) \\ \forall x &\in E_2, x = A(u)\pi_1(u)(x) + B(u)\pi_2(u)(x) = A(u)\pi_1(u)(x)\end{aligned}$$

On pose alors :

$$P = P_2 A\pi_1 + P_1 B\pi_2 \in K[X]$$

et montrons que $P(u) = h$. Pour tout $x \in E_1 = \ker(\pi_1(u))$, on a :

$$\begin{aligned}P(u)(x) &= P_2(u)A(u)\underbrace{\pi_1(u)x}_{=0} + P_1(u)\underbrace{B(u)\pi_2(u)x}_{=x} \\ &= P_1(u)(x) = h_1(x) = h(x).\end{aligned}$$

De même, pour tout $x \in E_2 = \ker(\pi_2(u))$, on a :

$$\begin{aligned}P(u)(x) &= P_2(u)\underbrace{A(u)\pi_1(u)x}_{=x} + P_1(u)B(u)\underbrace{\pi_2(u)x}_{=0} \\ &= P_2(u)(x) = h_2(x) = h(x).\end{aligned}$$

Comme $P(u) = h$ sur E_1 et sur E_2, on obtient l'égalité $P(u) = h$ sur $E_1 \oplus E_2 = E$. Ainsi, on vient de prouver que $h = P(u) \in K[u]$ d'où l'inclusion $C^2(u) \subset K[u]$ qui permet de conclure à l'égalité $C^2(u) = K[u]$.

Commentaires 10 *La première question est rudimentaire. La seconde question est basée sur un résultat très classique de MPSI dont le point clé est l'existence d'une bonne base où la matrice de u est* $N = \begin{pmatrix} 0 & 1 & & (0) \\ & \ddots & \ddots & \\ & & \ddots & 1 \\ (0) & & & 0 \end{pmatrix}$. *Ce verrou étant levé, le candidat peut aussi déterminer le commutant de u en se ramenant à calculer le commutant de N par un calcul matriciel explicite* $AN = NA$. *Le système linéaire associé étant simple à résoudre, on en déduit que* $A = \begin{pmatrix} 0 & a_1 & a_2 & \cdots & a_{n-1} \\ & \ddots & \ddots & \ddots & \\ & & \ddots & \ddots & a_2 \\ & & & \ddots & a_1 \\ (0) & & & & 0 \end{pmatrix}$ *qui est un polynôme en N car* $A = \sum_{k=1}^{n-1} a_k N^k$.

La troisième question est manifestement la plus difficile et les initiatives intéressantes seront valorisées. On peut attendre raisonnablement que le candidat parle des endomorphismes induits $u_i = u_{|F_i}$ *et de sentir qu'il faut se ramener à l'étude du bicommutant des* u_i. *Un bon candidat peut raisonnablement penser à justifier seul que* π_i *est le polynôme minimal pour* u_i. *Une initiative de la part d'un candidat est de raisonner matriciellement :*

— *choisir une base adaptée à la décomposition* $E = F_1 \oplus F_2$ *et la matrice de u dans cette base est* $A = \begin{pmatrix} A_1 & 0 \\ 0 & A_2 \end{pmatrix}$;

— *de justifier que les matrices commutant avec A sont de la forme* $\begin{pmatrix} U & V \\ W & X \end{pmatrix}$ *avec* $U \in C(A_1)$, $V \in C(A_2)$, $A_1V = VA_2$ *et* $A_2W = WA_1$.

Pour les autres questions, la grande majorité des candidats obtiendront des aides significatives de l'interrogateur et une avancée importante ne sera possible que pour les meilleurs candidats.

Exercice 11

1. Soient $a_1, .., a_p$ des réels distincts et $t_1, .., t_p$ des réels non tous nuls.
   On pose $f : x \in]0, +\infty[\mapsto t_1 x^{a_1} + \cdots + t_p x^{a_p}$.
   Montrer que f s'annule en au plus $p - 1$ points. **Indication** : *On pourra raisonner par récurrence.*
2. Soient des n-uplets de réels $a_1 < a_2 < \cdots < a_n$ et $0 < x_1 < x_2 < \cdots < x_n$.
   Soit le déterminant $D = \begin{vmatrix} x_1^{a_1} & \cdots & x_1^{a_n} \\ x_2^{a_1} & \cdots & x_2^{a_n} \\ \vdots & & \vdots \\ x_n^{a_1} & \cdots & x_n^{a_n} \end{vmatrix}$.
   Montrer que D est strictement positif. **Indication** : *On pourra raisonner par récurrence et faire varier* x_n.

Solution 11

1. *Pour tout entier* $p \geqslant 1$, *on considère l'hypothèse* $(\mathcal{H}_p)$: « *pour tous réels* $a_1, .., a_p$ *distincts et* $t_1, .., t_p$ *des réels non nuls, la fonction* $f : x \in]0, +\infty[\mapsto t_1 x^{a_1} + \cdots + t_p x^{a_p}$ *s'annule au plus* $p-1$ *fois* ».
   Initialisation $p = 1$. *Pour tout réel* a_1 *et pour tout réel* t_1 *non nul, la fonction* $f : x \mapsto t_1 x^{a_1}$ *ne s'annule pas sur* $]0, +\infty[$ *donc elle s'annule au plus* $0 = 1 - 1$ *fois. Ainsi,* $(\mathcal{H}_1)$ *est vraie.*
   Hérédité. *Supposons la propriété* $(\mathcal{H}_{p-1})$ *vérifiée pour un certain entier* $p \geqslant 2$. *Soient* $a_1, .., a_p$ *des réels distincts et* $t_1, .., t_p$ *des réels non tous nuls. On pose*
   $$f : x \in]0, +\infty[\mapsto t_1 x^{a_1} + \cdots + t_p x^{a_p}.$$
   Comme la fonction $x \mapsto x^{a_p}$ *ne s'annule pas sur* $]0, +\infty[$, *on peut affirmer que la fonction* f *s'annule en un point* x_0 *de* $]0, +\infty[$ *si et seulement si la fonction*
   $$g : x \mapsto x^{-a_p} f(x) = t_1 x^{a_1 - a_p} + \cdots + t_{p-1} x^{a_{p-1} - a_p} + t_p$$
   s'annule en x_0.
   Premier cas $(t_1, .., t_{p-1}) = (0, .., 0)$. *On peut affirmer que* $t_p \neq 0$ *(car la famille* $(t_i)_{1 \leqslant i \leqslant p}$ *n'est pas identiquement nulle). Ainsi, la fonction* $g : x \mapsto t_p$ *s'annule* 0 *fois donc au plus* p *fois.*
   Second cas $(t_1, .., t_{p-1}) \neq (0, .., 0)$. *Supposons que la fonction* f *s'annule en* $p+1$ *points* $x_1 < x_2 < \cdots < x_{p+1}$ *de* $]0, +\infty[$ *alors la fonction* g *s'annule en ces* $p+1$ *points. La fonction* g *étant dérivable sur* $]0, +\infty[$ *et, pour chaque* $i \in \{1, .., p\}$, $g(x_i) = 0 = g(x_{i+1})$, *le théorème de Rolle appliqué sur chaque intervalle* $[x_i, x_{i+1}]$ *montre que* g' *s'annule sur chaque intervalle* $]x_i, x_{i+1}[$. *Ainsi, la fonction*
   $$g' : x \mapsto \sum_{i=1}^{p-1} (a_i - a_p) t_i x^{a_i - a_p - 1}$$
   s'annule p *fois. Or, comme les réels* $(a_i - a_p)_{1 \leqslant i \leqslant p-1}$ *sont deux à deux distincts (puisque les réels* $(a_i)_{1 \leqslant i \leqslant p-1}$ *sont deux à deux distincts) et que les réels* $((a_i - a_p) t_i)_{1 \leqslant i \leqslant p-1}$ *sont non tous nuls (puisque* $(t_1, .., t_{p-1}) \neq (0, .., 0)$ *et qu'aucun des réels* $(a_i - a_p)_{1 \leqslant i \leqslant p-1}$ *n'est nul car les réels* $(a_i)_{1 \leqslant i \leqslant p}$ *sont deux à deux distincts) donc, d'après l'hypothèse* $(\mathcal{H}_{p-1})$, *la fonction* g *s'annule au plus* $p-1$ *fois, ce qui est absurde. Par conséquent, la fonction* f *s'annule en au plus* p *points de* $]0, +\infty[$ *ce qui prouve* $(\mathcal{H}_p)$ *et achève la récurrence.*

2. *On procède par récurrence sur* n *la propriété* $(\mathcal{H}_n)$: « *pour tout n-uplets de réels* $a_1 < a_2 < \cdots < a_n$ *et* $0 < x_1 < x_2 < \cdots < x_n$, *on a* $\begin{vmatrix} x_1^{a_1} & \cdots & x_1^{a_n} \\ x_2^{a_1} & \cdots & x_2^{a_n} \\ \vdots & & \vdots \\ x_n^{a_1} & \cdots & x_n^{a_n} \end{vmatrix} > 0$ »
   Initialisation $n = 1$. *Soit* $a_1 \in \mathbb{R}$ *et* $x_1 > 0$ *alors* $\left|x_1^{a_1}\right| = x_1^{a_1} > 0$ *donc* $(\mathcal{H}_1)$ *est vraie.*
   Hérédité. *Supposons la propriété* $(\mathcal{H}_{n-1})$ *vérifiée pour un certain entier* $n \geqslant 2$. *Soient* $a_1 < \cdots < a_n$ *et* $0 < x_1 < \cdots < x_n$ *des réels distincts. Fixons* $x_1, .., x_{n-1}$ *et considérons la fonction*
   $$f : x \in]0, +\infty[\mapsto \begin{vmatrix} x_1^{a_1} & \cdots & x_1^{a_n} \\ \vdots & \cdots & \vdots \\ x_{n-1}^{a_1} & & x_{n-1}^{a_n} \\ x^{a_1} & \cdots & x^{a_n} \end{vmatrix} \in \mathbb{R}.$$

Soit $x \in]0,+\infty[$. *En développant le déterminant* $f(x)$ *selon la dernière ligne, on obtient que* $f : x \mapsto \sum_{i=1}^{n} t_i x^{a_i}$ *où, pour chaque* $i \in \{1,..,n\}$, $t_i = (-1)^{n+i}\Delta_{n,i}$ *avec* $\Delta_{n,i}$ *étant le déterminant extrait de* $f(x)$ *en éliminant la* n^e *ligne et la* i^e *colonne. Comme* $t_n = \begin{vmatrix} x_1^{a_1} & \cdots & x_1^{a_{n-1}} \\ \vdots & \cdots & \vdots \\ x_{n-1}^{a_1} & & x_{n-1}^{a_{n-1}} \end{vmatrix} > 0$ *d'après l'hypothèse* $(\mathcal{H}_{n-1})$, *la famille* $(t_i)_{1\leqslant i\leqslant n}$ *n'est pas identiquement nulle et les réels* $(a_i)_{1\leqslant i\leqslant n}$ *sont deux à deux distincts. D'après la question 1, la fonction* f *s'annule au plus* $n-1$ *fois sur* $]0,+\infty[$. *Or, la fonction* f *s'annule en* $x_1, x_2, ..., x_{n-1}$ *(les* i^e *et* n^e *lignes de* $f(x_i)$ *sont identiques donc* $f(x_i)=0$*) donc la fonction* f *ne peut s'annuler sur l'intervalle* $]x_{n-1},+\infty[$. *Etant donné que* $a_i < a_n$ *pour tout* $i \in \{1,..,n-1\}$, *on peut affirmer que :*

$$x^{a_i} \underset{x\to+\infty}{=} o(x^{a_n}) \Rightarrow f(x) = \sum_{i=1}^{n} t_i x^{a_i} \underset{x\to+\infty}{=} t_n x^{a_n} + o(x^{a_n}) \underset{x\to+\infty}{\sim} t_n x^{a_n} \underset{x\to+\infty}{\to} +\infty$$

(car $t_n > 0$ *et* $a_n > 0$*) donc* f *est strictement positive sur l'intervalle* $]x_{n-1},+\infty[$.
En particulier, $f(x_n) > 0$, *ce qui démontre* $(\mathcal{H}_n)$ *et achève la récurrence.*

Commentaires 11 *Exercice de niveau MPSI dont la difficulté est d'obtenir un résultat non trivial sur les déterminants en utilisant a minima l'algèbre linéaire et un maximum d'analyse ! Il est néanmoins résoluble dans le temps imparti par les candidats pouvant intégrer l'une des écoles de ce concours (avec éventuellement quelques petites aides de l'interrogateur).*
Pour la première question, il est attendu du candidat d'invoquer seul le théorème de Rolle. La seule difficulté est de penser à transformer la fonction pour éliminer le zéro trivial (0); ce qui est logique car l'étude se fait sur $\mathbb{R}_+ \setminus \{0\}$.
Pour la seconde question, il est attendu a minima que le candidat pense à développer le déterminant pour se ramener à la forme de la question précédente et à observer, grâce aux propriétés élémentaires du déterminant, son annulation en les zéros triviaux $(x_1,..,x_{n-1})$.

Exercice 12 (Centrale) Soit $n \geq 1$ et $\omega = \exp\left(\frac{2\pi i}{n}\right)$. Pour $P \in \mathbb{C}[X]$, on définit

$$\mathcal{F}(P) = \sum_{k=0}^{n-1} P(\omega^k)X^k \text{ et } \breve{\mathcal{F}}(P) = \sum_{k=0}^{n-1} P(\omega^{-k})X^k.$$

1. Montrer que $\mathcal{F}$ et $\breve{\mathcal{F}}$ définissent des endomorphismes de $\mathbb{C}[X]$.
2. Calculer $\breve{\mathcal{F}} \circ \mathcal{F}$ et en déduire que $\mathcal{F}$ est un automorphisme de $\mathbb{C}_{n-1}[X]$ dont on précisera la réciproque.
3. Soit $P \in \mathbb{Z}[X]$ tel que :
   — pour tout $z \in \mathbb{U}_n$, on ait $|P(z)| \leqslant 1$;
   — il existe $z \in \mathbb{U}_n$ qui soit racine de P.

   Montrer que $X^n - 1$ divise P. **Indication** : on admettra que si P et A sont à coefficients entiers et si A est unitaire, alors le quotient et le reste de la division euclidienne de P par A sont également à coefficients entiers.

Solution 12

1. *Si* $P \in \mathbb{C}[X]$ *alors*

$$\mathcal{F}(P) = \sum_{k=0}^{n-1} P(\omega^k) X^k \in \mathbb{C}_{n-1}[X] \subset \mathbb{C}[X].$$

En outre, pour tout $(P,Q) \in (\mathbb{C}[X])^2$ *et tout* $(\lambda,\mu) \in \mathbb{C}^2$, *on a :*

$$\begin{aligned}\mathcal{F}(\lambda P + \mu Q) &= \sum_{k=0}^{n-1} (\lambda P + \mu Q)(\omega^k) X^k = \sum_{k=0}^{n-1} \left(\lambda P(\omega^k) + \mu Q(\omega^k)\right) X^k \\ &= \lambda \sum_{k=0}^{n-1} P(\omega^k) X^k + \mu \sum_{k=0}^{n-1} Q(\omega^k) X^k = \lambda \mathcal{F}(P) + \mu \mathcal{F}(Q)\end{aligned}$$

donc $\mathcal{F}$ *est linéaire d'où* $\mathcal{F}$ *est un endomorphisme de* $\mathbb{C}[X]$. *On procède de même avec* $\breve{F}$.

2. *Commençons par déterminer* $\left(\breve{\mathcal{F}} \circ \mathcal{F}\right)$ *sur la base canonique de* $\mathbb{C}[X]$. *Pour tout* $\ell \in \mathbb{N}$, *on a :*

$$\begin{aligned}\left(\breve{\mathcal{F}} \circ \mathcal{F}\right)(X^\ell) &= \breve{\mathcal{F}}(\mathcal{F}(X^\ell)) = \breve{\mathcal{F}}\left(\sum_{k=0}^{n-1} (X^\ell)_{X=\omega^k} X^k\right) \\ &= \breve{\mathcal{F}}\left(\sum_{k=0}^{n-1} \omega^{k\ell} X^k\right) \underset{\breve{\mathcal{F}} \text{ linéaire}}{=} \sum_{k=0}^{n-1} \omega^{k\ell} \breve{\mathcal{F}}(X^k) \\ &= \sum_{k=0}^{n-1} \omega^{k\ell} \sum_{j=0}^{n-1} (X^k)_{X=\omega^{-j}} X^j = \sum_{k=0}^{n-1} \omega^{k\ell} \sum_{j=0}^{n-1} \omega^{-kj} X^j \\ &= \sum_{k=0}^{n-1}\sum_{j=0}^{n-1} \omega^{k\ell}\omega^{-jk} X^j = \sum_{k=0}^{n-1}\sum_{j=0}^{n-1} \left(\omega^{\ell-j}\right)^k X^j\end{aligned}$$

On utilise alors Fubini pour les doubles sommes à un nombre fini de termes.

$$\left(\breve{\mathcal{F}} \circ \mathcal{F}\right)(X^\ell) = \sum_{j=0}^{n-1}\sum_{k=0}^{n-1} \left(\omega^{\ell-j}\right)^k X^j = \sum_{j=0}^{n-1} X^j \sum_{k=0}^{n-1} \left(\omega^{\ell-j}\right)^k.$$

Si $\omega^{\ell-j} \neq 1$ *alors, comme* $\omega^n = 1$, *on a l'égalité :*

$$\sum_{k=0}^{n-1} \left(\omega^{\ell-j}\right)^k = \frac{1-\left(\omega^{\ell-j}\right)^n}{1-\omega^{\ell-j}} = \frac{1-(\omega^n)^{\ell-j}}{1-\omega^{\ell-j}} = \frac{1-1^{\ell-j}}{1-\omega^{\ell-j}} = 0.$$

Si $\omega^{\ell-j} = 1$ *alors :*

$$\sum_{k=0}^{n-1} \left(\omega^{\ell-j}\right)^k = \sum_{k=0}^{n-1} 1^k = \sum_{k=0}^{n-1} 1 = n.$$

Soit $s \in \mathbb{Z}$ alors :

$$\begin{aligned} \omega^s &= 1 \Leftrightarrow \exp\left(\frac{2\pi i s}{n}\right) = 1 \Leftrightarrow \exists q \in \mathbb{Z},\ \frac{2\pi i s}{n} = 2\pi i q \\ &\Leftrightarrow \exists q \in \mathbb{Z},\ s = qn \Leftrightarrow s \equiv 0\,[n]. \end{aligned}$$

Par conséquent, on a l'équivalence :

$$\omega^{\ell - j} = 1 \Leftrightarrow \ell - j \equiv 0\,[n] \Leftrightarrow \ell \equiv j\,[n].$$

Or, pour tout $\ell \in \mathbb{N}$, il existe un unique $j(\ell) \in \{0, ..., n-1\}$ tel que $\ell \equiv j(\ell)\,[n]$ ($j(\ell)$ est le reste de la division euclidienne de ℓ par n) donc

$$\left(\breve{\mathcal{F}} \circ \mathcal{F}\right)(X^\ell) = \sum_{j \in \{0,..,n-1\} \setminus \{j(\ell)\}} X^j \underbrace{\sum_{k=0}^{n-1} \left(\omega^{\ell - j}\right)^k}_{=0} + X^{j(\ell)} \underbrace{\sum_{k=0}^{n-1} \left(\omega^{\ell - j(\ell)}\right)^k}_{=n} = nX^{j(\ell)}$$

Soit $P \in \mathbb{C}[X]$. Il existe un entier N et des complexes $(p_k)_{0 \leqslant k \leqslant N}$ tel que $P = \sum_{\ell=0}^{N} p_\ell X^\ell$ donc, par linéarité de $\breve{\mathcal{F}} \circ \mathcal{F}$, on a l'égalité :

$$\left(\breve{\mathcal{F}} \circ \mathcal{F}\right)(P) = \sum_{\ell=0}^{N} p_\ell \left(\breve{\mathcal{F}} \circ \mathcal{F}\right)(X^\ell) = n \sum_{\ell=0}^{N} p_\ell X^{j(\ell)}.$$

Si $P \in \mathbb{C}_{n-1}[X]$ alors, on peut choisir $N = n-1$ et, pour tout $\ell \in \{0, .., n-1\}$, $j(\ell) = \ell$ donc on obtient les formules suivantes :

$$\begin{aligned} \forall P &\in \mathbb{C}_{n-1}[X],\ \left(\breve{\mathcal{F}} \circ \mathcal{F}\right)(P) = nP \Rightarrow \breve{\mathcal{F}} \circ \mathcal{F} = n\,\mathrm{Id}_{\mathbb{C}_{n-1}[X]} \\ &\Leftrightarrow (\mathcal{E}) : \left(\frac{1}{n}\breve{\mathcal{F}}\right) \circ \mathcal{F} = \mathrm{Id}_{\mathbb{C}_{n-1}}[X]. \end{aligned}$$

Comme $\mathcal{F}$ et $\breve{\mathcal{F}}$ sont des endomorphismes de $\mathbb{C}_{n-1}[X]$ ($\mathcal{F}(P)$ et $\breve{\mathcal{F}}(P)$ appartiennent à $\mathbb{C}_{n-1}[X]$ pour tout $P \in \mathbb{C}[X]$ donc pour tout $P \in \mathbb{C}_{n-1}[X]$ et $\mathcal{F}$, $\breve{\mathcal{F}}$ sont linéaires). L'égalité $(\mathcal{E})$ entraine que $\mathcal{F}$ est injective et comme $\mathcal{F}$ est un endomorphisme de $\mathbb{C}_{n-1}[X]$ qui est un espace vectoriel de dimension finie, on peut affirmer que $\mathcal{F}$ est un automorphisme de $\mathbb{C}_{n-1}[X]$ dont la réciproque est $\frac{1}{n}\breve{\mathcal{F}}$.

3. *On effectue la division euclidienne de P par $X^n - 1$: il existe $(Q, R) \in (\mathbb{C}[X])^2$ tel que :*

$$(\mathcal{D}) : P(X) = Q(X)(X^n - 1) + R(X)$$

avec $\deg(R) < \deg(X^n - 1) = n$. Comme P et $X^n - 1$ sont à coefficients entiers avec $X^n - 1$ est unitaire, on peut affirmer que Q et R sont à coefficients entiers. En outre, R étant de degré au plus $n-1$, il existe des entiers $(r_j)_{0 \leqslant j \leqslant n-1}$ tels que $R(X) = \sum_{j=0}^{n-1} r_j X^j$.

En évaluant la relation $(\mathcal{D})$ en les racines $\left(\omega^k\right)_{0 \leqslant k \leqslant n-1}$ de $X^n - 1$, on obtient les égalités suivantes :

$$\forall k \in \{0, .., n-1\},\ R\left(\omega^k\right) = P\left(\omega^k\right).$$

Comme $R \in \mathbb{C}_{n-1}[X]$, *d'après la question précédente, on a l'égalité suivante :*

$$\begin{aligned}
nR &= \left(\breve{\mathcal{F}} \circ \mathcal{F}\right)(R) = \breve{\mathcal{F}}(\mathcal{F}(R)) = \breve{\mathcal{F}}\left(\sum_{k=0}^{n-1} R\left(\omega^k\right) X^k\right) \\
&= \breve{\mathcal{F}}\left(\sum_{k=0}^{n-1} P\left(\omega^k\right) X^k\right) = \sum_{k=0}^{n-1} P\left(\omega^k\right) \breve{\mathcal{F}}\left(X^k\right) \\
&= \sum_{k=0}^{n-1} P\left(\omega^k\right) \sum_{j=0}^{n-1} \left(\omega^{-j}\right)^k X^j = \sum_{k=0}^{n-1}\sum_{j=0}^{n-1} P\left(\omega^k\right)\left(\omega^{-j}\right)^k X^j \\
&\underset{Fubini}{=} \sum_{j=0}^{n-1}\sum_{k=0}^{n-1} P\left(\omega^k\right)\left(\omega^{-j}\right)^k X^j \\
&= \sum_{j=0}^{n-1} X^j \underbrace{\sum_{k=0}^{n-1} P\left(\omega^k\right)\left(\omega^{-j}\right)^k}_{=b_j} = \sum_{j=0}^{n-1} b_j X^j.
\end{aligned}$$

Par unicité des coefficients d'un polynôme, on en déduit que :

$$\forall j \in \{0, .., n-1\}, \; nr_j = b_j = \sum_{k=0}^{n-1} P\left(\omega^k\right) \omega^{-jk}.$$

Par hypothèse, pour tout $k \in \{0, .., n-1\}$, $\left|P\left(\omega^k\right)\right| \leqslant 1$ *et il existe un entier* $k_0 \in \{0, .., n-1\}$ *tel que* $P\left(\omega^{k_0}\right) = 0$. *D'après l'inégalité triangulaire, pour tout* $j \in \{0, .., n-1\}$, *on a :*

$$\begin{aligned}
n\left|r_j\right| &= \left|nr_j\right| \leqslant \sum_{k=0}^{n-1} \left|P\left(\omega^k\right)\right| |\omega|^{-jk} = \sum_{k=0}^{n-1} \underbrace{\left|P\left(\omega^k\right)\right|}_{=0 \; si \; k=k_0} = \sum_{k\in\{0,..,n-1\}\setminus\{k_0\}} \left|P\left(\omega^k\right)\right| \\
&\leqslant \sum_{k\in\{0,..,n-1\}\setminus\{k_0\}} 1 = n-1 < n \underset{\div n>0}{\Rightarrow} \left|r_j\right| < 1.
\end{aligned}$$

Or, pour tout $j \in \{0, .., n-1\}$, $r_j \in \mathbb{Z}$ *donc* $r_j = 0$ *ce qui entraine que* $R = 0$. *Par conséquent, on en déduit que* $X^n - 1$ *divise* P.

Commentaires 12 *Les deux premières questions sont de niveau élémentaire donc il est attendu rigueur, rapidité et autonomie du candidat sur ces deux questions.*
La troisième question est discriminante et nécessite autonomie et initiative de la part du candidat. Un automatisme que l'on peut attendre d'un candidat à ce concours : utiliser l'égalité de division euclidienne et l'évaluer en les racines de $X^n - 1$ *puis en déduire la valeur de* R *à l'aide des questions précédentes.*

1.4 Mines-Ponts

Exercice 13 (Mines-Ponts) Soient u et v deux endomorphismes d'un $\mathbb{K}$-espace vectoriel de dimension n tels que $u + v = \text{Id}_E$ et $\text{rg}(u) + \text{rg}(v) \leqslant n$. Montrer que u et v sont des projecteurs.

Solution 13 *Pour tout* $x \in \ker(v)$, *on a :*

$$(u+v)(x) = \text{Id}_E(x) \Leftrightarrow u(x) + \underbrace{v(x)}_{=0} = x \Leftrightarrow x = u(x) \in \text{Im}(u),$$

ce qui prouve l'inclusion $\ker(v) \subset \text{Im}(u)$. *En passant aux dimensions et en utilisant le théorème du rang, on obtient les majorations suivantes :*

$$\dim(\ker(v)) \leqslant \dim(\text{Im}(u)) = \text{rg}(u) \Leftrightarrow n - \text{rg}(v) \leqslant \text{rg}(u) \Leftrightarrow n \leqslant \text{rg}(u) + \text{rg}(v).$$

Or, par hypothèse, on a la majoration :

$$\text{rg}(u) + \text{rg}(v) \leqslant n \Rightarrow \text{rg}(u) + \text{rg}(v) = n.$$

Par conséquent, on peut écrire :

$$\dim(\ker(v)) = n - \text{rg}(u) = \text{rg}(v) = \dim(\text{Im}(u)),$$

ce qui prouve l'égalité

$$\ker(v) = \text{Im}(u).$$

En échangeant u et v (qui jouent des rôles symétriques), on peut affirmer que :

$$\ker(u) = \text{Im}(v).$$

On en déduit les implications suivantes :

$$\begin{aligned} \forall x &\in E,\ u(x) \in \text{Im}(u) = \ker(v) \Rightarrow v(u(x)) = 0 \Rightarrow v \circ u = 0, \\ \forall x &\in E,\ v(x) \in \text{Im}(v) = \ker(u) \Rightarrow u(v(x)) = 0 \Rightarrow u \circ v = 0. \end{aligned}$$

En composant l'égalité $u + v = \text{Id}_E$ *par u à gauche puis par v à droite, on obtient les égalités :*

$$u^2 + \underbrace{u \circ v}_{=0} = u \Rightarrow u^2 = u \text{ et } \underbrace{v \circ u}_{=0} + v^2 = v \Rightarrow v^2 = v$$

donc u et v sont bien deux projecteurs.

Commentaires 13 *Exercice de difficulté standard pour ce concours. En admettant le résultat, comme u est un projecteur (sur F parallèlement à G) alors* $v = \text{Id} - p$ *est son projecteur « complémentaire » (sur G parallèlement à F) donc son image est l'ensemble de ses points fixes d'où l'égalité* $\text{Im}(u) = \ker(u - \text{Id}) = \ker(v)$ *qui est le point clé de la preuve.*

Exercice 14 (Mines-Ponts) Soient $\mathbb{K}$ un corps et $f : \mathfrak{M}_n(\mathbb{K}) \to \mathbb{K}$ non constante telle que :

$$\forall (A,B) \in (\mathfrak{M}_n(\mathbb{K}))^2, \; f(AB) = f(A)f(B).$$

Montrer que $f(A) = 0 \Leftrightarrow A$ n'est pas inversible.

Solution 14 *Commençons par déterminer $f(I_n)$ et $f(0_n)$.*
En choisissant $A = B = I_n$, on obtient l'égalité :

$$f(I_n) = (f(I_n))^2 \Leftrightarrow f(I_n) \in \{0,1\}.$$

Si $f(I_n) = 0$ alors, pour toute matrice $A \in \mathfrak{M}_n(\mathbb{K})$, on a :

$$f(A) = f(AI_n) = f(A)f(I_n) = f(A).0 = 0$$

donc f est constante, ce qui est absurde. Par conséquent, on peut affirmer que : $f(I_n) = 1$.
En choisissant $A = B = 0_n$, on obtient l'égalité :

$$f(0_n) = (f(0_n))^2 \Leftrightarrow f(0_n) \in \{0,1\}.$$

Si $f(0_n) = 1$ alors, pour toute matrice $A \in \mathfrak{M}_n(\mathbb{K})$, on a :

$$f(A.0_n) = f(A)f(0_n) \Leftrightarrow f(0_n) = f(A)f(0_n) \Leftrightarrow 1 = f(A)$$

donc f est constante, ce qui est absurde. Ainsi, on peut affirmer que $f(0_n) = 0$.
Démontrons maintenant l'équivalence proposée.
***Impplication directe.**. Soit $A \in \mathfrak{M}_n(\mathbb{K})$ telle que $f(A) = 0$. Supposons que A soit inversible alors on peut affirmer que :*

$$AA^{-1} = I_n \Rightarrow 1 = f(I_n) = f\left(AA^{-1}\right) = \underbrace{f(A)}_{=0} f\left(A^{-1}\right) = 0,$$

ce qui est absurde donc A est non inversible.
***Implication réciproque.** Soit $r \in \{1,..,n-1\}$. Considérons la matrice*

$$N_r = \begin{pmatrix} 0 & \cdots & 0 & 1 & & (0) \\ & & & \ddots & \ddots & \\ & & \ddots & & \ddots & 1 \\ & & & & \ddots & 0 \\ (0) & & & & & (0) \end{pmatrix} \in \mathfrak{M}_n(\mathbb{K})$$

dont tous les coefficients sont nuls sauf les coefficients placés sur la « diagonale » des r dernières colonnes. La matrice N_r est nilpotente donc :

$$(N_r)^n = 0_n \Rightarrow f((N_r)^n) = f(0_n) \Leftrightarrow (f(N_r))^n = 0 \Rightarrow f(N_r) = 0.$$

Soit $A \in \mathfrak{M}_n(\mathbb{K})$ non inversible. Elle possède un rang r avec $r \in \{0,..,n-1\}$ et comme la matrice N_r est aussi de rang r, les matrices A et N_r sont équivalentes c'est-à-dire qu'il existe deux matrices inversibles P et Q telles que :

$$A = PN_rQ \Rightarrow f(A) = f(P)\underbrace{f(N_r)}_{=0}f(Q) = 0.$$

Commentaires 14 *Exercice de difficulté standard. Une remarque fondamentale dans cet exercice est d'observer que l'image d'un produit est le produit des images donc, pour une matrice A nilpotente, cela entraine que $f(A) = f(0)$ d'où l'intérêt de s'intéresser à la valeur de $f(0)$. L'étude des matrices inversibles doit aussi amener le candidat à s'intéresser à la valeur de $f(I_n)$. Un candidat se posant toutes ces questions (ou au moins l'une d'elles) sera valorisé (surtout s'il parvient à y répondre seul).*

Exercice 15 (Mines-Ponts) Soit $A \in \mathfrak{M}_n(\mathbb{C})$..

1. Montrer que si A n'est pas une homothétie alors il existe de $x \in \mathfrak{M}_{n,1}(\mathbb{C})$ tel que la famille (x, Ax) est libre.
2. Supposons que $\text{Tr}(A) = 0$. Montrer que A est semblable à une matrice de diagonale nulle.

Solution 15

1. *Soit f l'endomorphisme de $\mathbb{C}^n$ canoniquement associé à A.*
Procédons par l'absurde en supposant que, pour tout vecteur $x \in \mathbb{C}^n$, la famille $(x, f(x))$ est liée. Soit $(e_1, .., e_n)$ une base de $\mathbb{C}^n$. Pour tout $i \in \{1, .., n\}$, on a évidemment $e_i \neq 0$ et, comme la famille $(e_i, f(e_i))$ est liée, on peut affirmer que $f(e_i)$ est colinéaire à e_i donc :
$$(*) : \exists \lambda_i \in \mathbb{C},\ f(e_i) = \lambda_i e_i.$$
En outre, pour tout $i \in \{2, .., n\}$, comme le vecteur $e_i - e_1$ est non nul, $f(e_i - e_1)$ est colinéaire à $e_i - e_1$ donc :
$$(**) : \exists \mu_i \in \mathbb{C},\ f(e_i - e_1) = \mu_i (e_i - e_1).$$
En combinant $(*)$ et $(**)$, pour tout $i \in \{2, .., n\}$, par linéarité de f, on obtient l'égalité :
$$\begin{aligned} f(e_i - e_1) &= \mu_i (e_i - e_1) \Rightarrow f(e_i) - f(e_1) = \mu_i e_i - \mu_i e_1 \\ &\Leftrightarrow \lambda_i e_i - \lambda_1 e_1 = \mu_i e_i - \mu_i e_1. \end{aligned}$$
Comme la famille (e_i, e_1) est libre (car extraite de la base $(e_1, .., e_n)$), on obtient les égalités suivantes :
$$\left\{ \begin{array}{l} \lambda_i = \mu_i \\ -\lambda_1 = -\mu_i \end{array} \right. \Rightarrow \lambda_i = \lambda_1 \Rightarrow \forall i \in \{1, .., n\},\ f(e_i) = \lambda_1 e_i = \lambda_1 \,\text{Id}_E(e_i).$$
Ainsi, les endomorphismes f et $\lambda_1 \text{Id}_E$ sont égaux sur la base $(e_1, .., e_n)$ donc ils sont égaux c'est-à-dire :
$$f = \lambda_1 \text{Id}_E \Rightarrow A = \lambda_1 I_n,$$
ce qui est absurde. Par conséquent, il existe $x \in \mathfrak{M}_{n,1}(\mathbb{C})$ tel que la famille (x, Mx) est libre.
2. *On procède par récurrence sur n en posant $(\mathcal{H}_n)$: « toute matrice de $\mathfrak{M}_n(\mathbb{C})$ de trace nulle est semblable à une matrice de diagonale nulle ».*
Initialisation *$n = 1$. Si $M = (a) \in \mathfrak{M}_1(\mathbb{C})$ est de trace nulle i.e $a = 0 \Rightarrow A = 0$ donc elle est bien semblable à une matrice de diagonale nulle.*
***Hérédité**. Supposons $(\mathcal{H}_n)$ vraie pour un certain entier n et montrons $(\mathcal{H}_{n+1})$.*
Soit $A \in \mathfrak{M}_{n+1}(\mathbb{C})$ de trace nulle. On note a l'endomorphisme de $\mathbb{C}^{n+1}$ canoniquement associé à A (i.e. $a : x \mapsto Ax$ en écrivant les uplets comme des matrices colonnes).

Premier cas. *A n'est pas une homothétie alors, d'après la question 1, il existe un vecteur* $x_0 \in \mathbb{C}^{n+1} \backslash \{0\}$ *tel que la famille* $(x_0, a(x_0))$ *est libre. On la complète en une base* $\mathcal{B} = (x_0, a(x_0), e_3, .., e_{n+1})$ *de* $\mathbb{C}^{n+1}$ *et la matrice B de a dans cette base est donnée par ;*

$$\begin{matrix} \big(a(x_0) & a(a(x_0)) & & a(e_{n+1})\big) \end{matrix}$$
$$B = \begin{pmatrix} 0 & * & \cdots & * \\ 1 & & & \\ 0 & & & \\ \vdots & & (*) & \\ 0 & & & \end{pmatrix} \quad \begin{pmatrix} x_0 \\ a(x_0) \\ \vdots \\ e_{n+1} \end{pmatrix}$$

et B est semblable à A (matrices d'un même endomorphisme dans deux bases différentes) donc elle est aussi de trace nulle. La matrice $C = (b_{i,j})_{2 \leqslant i,j \leqslant n+1} \in \mathfrak{M}_n(\mathbb{C})$ *est une matrice de trace nulle car*

$$\mathrm{Tr}(B) = 0 \text{ et } \mathrm{Tr}(B) = 0 + \mathrm{Tr}(C) \Rightarrow \mathrm{Tr}(C) = 0.$$

D'après $(\mathcal{H}_n)$*, il existe*

$$P_1 \in GL_n(\mathbb{C}) \text{ telles que } P_1^{-1} C P_1 = N_1 \text{ avec } N_1 = \begin{pmatrix} 0 & & (*) \\ & \ddots & \\ (*) & & 0 \end{pmatrix}.$$

Le calcul matriciel par blocs montre que la matrice $P = \begin{pmatrix} 1 & 0 \\ 0 & P_1 \end{pmatrix}$ *est inversible d'inverse* $Q = \begin{pmatrix} 1 & 0 \\ 0 & (P_1)^{-1} \end{pmatrix}$ *car :*

$$PQ = \begin{pmatrix} 1^2 & 0 \\ 0 & P_1 (P_1)^{-1} \end{pmatrix} = \begin{pmatrix} 1 & 0 \\ 0 & I_n \end{pmatrix} = I_{n+1}.$$

En outre, toujours d'après le calcul matriciel par blocs, on a l'égalité :

$$P^{-1} B P = \begin{pmatrix} 1 & 0 \\ 0 & P_1^{-1} \end{pmatrix} \begin{pmatrix} 0 & * \\ * & N_1 \end{pmatrix} \begin{pmatrix} 1 & 0 \\ 0 & P_1 \end{pmatrix} = \begin{pmatrix} 0 & * \\ * & P_1^{-1} N_1 P_1 \end{pmatrix} = \begin{pmatrix} 0 & & & (*) \\ & 0 & & \\ & & \ddots & \\ (*) & & & 0 \end{pmatrix}.$$

Par conséquent, la matrice B est semblable à une matrice de diagonale nulle donc la matrice A aussi (car elle est semblable à B).
Deuxième cas. *A est une homothétie donc :*

$$\exists \lambda \in \mathbb{C},\ A = \lambda I_n \Rightarrow n\lambda = \mathrm{Tr}(A) = 0 \Rightarrow \lambda = 0 \Rightarrow A = 0_n.$$

Ainsi la matrice A est clairement semblable à une matrice de diagonale nulle, ce qui démontre $(\mathcal{H}_{n+1})$ *et achève la récurrence.*

Commentaires 15 *Exercice classique qui peut être traité uniquement avec le cours de MPSI. Remarquons néanmoins que les outils de MP permettent de répondre naturellement et simplement à la première question (je laisse les détails au lecteur) : A est trigonalisable dans* $\mathfrak{M}_n(\mathbb{C})$, *si A admet deux valeurs propres distinctes* λ_1 *et* λ_2 *associées à des vecteurs propres* e_1 *et* e_2 *alors le vecteur* $x = e_1 + e_2$ *convient, si A admet une unique valeur propre* λ *alors* $E_\lambda(A) \neq \mathfrak{M}_{n,1}(\mathbb{C})$ *et* $x \in \mathfrak{M}_{n,1}(\mathbb{C}) \backslash E_\lambda(A)$ *convient.*

Exercice 16 (Mines-Ponts) Soient $A, B \in \mathfrak{M}_n(\mathbb{C})$ Montrer que les polynômes caractéristiques de AB et BA sont égaux :

1. Lorsque A est inversible.
2. Dans le cas général.

Solution 16

1. *Si la matrice A est inversible alors :*

$$\begin{aligned}\chi_{AB}(X) &= \det(XI - AB) = \det\left(A\left(XA^{-1} - B\right)\right) = \det(A)\det\left(XA^{-1}B\right) \\ &= \det\left(XA^{-1} - B\right)\det(A) = \det\left(\left(XA^{-1} - B\right)A\right) \\ &= \det(XI_n - BA) = \chi_{BA}(X).\end{aligned}$$

2. *Si A n'est pas inversible, son polynôme caractéristique* χ_A *est un polynôme de degré* $n \geqslant 1$ *donc il possède un nombre fini de racines. Notons S l'ensemble de ces racines. Pour tout* $\lambda \in \mathbb{C}\backslash S$, *on a :*

$$\chi_A(\lambda) \neq 0 \Leftrightarrow \det(\lambda I_n - A) \neq 0 \Leftrightarrow \lambda I_n - A \in \mathrm{GL}_n(K).$$

D'après la question précédente, on peut affirmer que les polynômes caractéristiques de $(A - \lambda I_n)B$ *et* $B(A - \lambda I)$ *sont identiques c'est-à-dire que :*

$$\chi_{(A-\lambda I)B}(X) = \chi_{B(A-\lambda I_n)}(X) \Leftrightarrow \det(XI_n - B(A - \lambda I_n)) = \det(XI_n - (A - \lambda I_n)B)$$

Soit $z \in \mathbb{C}$. *Considérons la fonction*

$$f : \lambda \mapsto \det(zI_n - B(A - \lambda I_n)) - \det(zI_n - (A - \lambda I_n)B)$$

est une fonction polynomiale (le déterminant est un polynôme en la matrice) qui admet une infinité de racines (tous les éléments de $\mathbb{C}\backslash S$*) donc elle est nulle sur* $\mathbb{C}$, *notamment pour* $\lambda = 0$, *ce qui nous donne l'égalité :*

$$\forall z \in \mathbb{C}, f(0) = 0 \Leftrightarrow \chi_{BA}(z) - \chi_{BA}(z) = 0.$$

Le polynôme $\chi_{BA} - \chi_{AB}$ *admet une infinité de racines donc il est nul, ce qui permet de conclure.*

Commentaires 16 *La première question est une question de cours. La seconde question peut également se traiter en utilisant la notion de densité (*$\mathrm{GL}_n(\mathbb{C})$ *est dense dans* $\mathfrak{M}_n(\mathbb{C})$ *dont il faudra refaire une preuve) et la continuité de l'application* $A \mapsto \chi_A(X)$ *(ses coefficients sont des polynômes en les coefficients de A). L'exercice est de difficulté standard.*

Exercice 17 (Mines-Ponts) Soient $n \in \mathbb{N}\setminus\{0,1\}$ et $A \in \mathfrak{M}_n(\mathbb{C})$ telle que :

$$\forall X \in \mathfrak{M}_n(\mathbb{C}), \det(A+X) = \det(A) + \det(X).$$

1. Montrer que A est non inversible.
2. Montrer que A est nulle.

Solution 17

1. *On choisit $X = A$ dans l'équation vérifiée par A alors on a l'égalité :*

$$\det(2A) = \det(A) + \det(A) \Leftrightarrow 2^n \det(A) = 2\det(A) \Leftrightarrow (2^n - 2)\det(A) = 0$$

(car $A \in \mathfrak{M}_n(\mathbb{R})$ et le déterminant est n-linéaire par rapport à chaque colonne de A). Comme $n \geqslant 2$, on a $2^n \geqslant 4 > 2$ donc $2^n - 2 \neq 0$. Ainsi le nombre $\det(A)$ *vaut* 0 *donc A n'est pas inversible.*

2. *Procédons par l'absurde en supposons que A n'est pas nulle et notons r son rang. Comme A n'est pas inversible, on a $r < n$ et comme A n'est pas nulle, on a $r > 0$. Par conséquent, la matrice A est équivalente à la matrice $\begin{pmatrix} I_r & 0 \\ 0 & 0_{n-r} \end{pmatrix}$ c'est-à-dire qu'il existe deux matrices inversibles P et Q telles que :*

$$A = P\begin{pmatrix} I_r & 0 \\ 0 & 0_{n-r} \end{pmatrix} Q.$$

Considérons la matrice

$$B = P\begin{pmatrix} 0_r & 0 \\ 0 & I_{n-r} \end{pmatrix} Q$$

qui est de rang $n - r < n$ (car $r > 0$) donc elle n'est pas inversible d'où $\det(B) = 0$. *Remarquons alors que la matrice :*

$$A + B = PI_nQ = PQ$$

est inversible (comme produit de deux telles matrices) donc $\det(A+B) \neq 0$. *Or, par hypothèse sur A, on a :*

$$\det(A+B) = \det(A) + \det(B) = 0 + 0 = 0,$$

ce qui est absurde donc $A = 0_n$.

Commentaires 17 *La première question est élémentaire. La seconde demande plus de réflexion. L'utilisation de la réduction des endomorphismes n'est d'aucune utilité. On peut également songer à construire une matrice X de la façon géométrique : on fixe une famille de colonne $(C_{i_1}, .., C_{i_r})$ formant une base des colonnes de A, on la complète en une base de $(B_i)_{1 \leqslant i \leqslant n}$ des matrices colonnes. On construit la matrice X comme suit : la i^e colonne de X vaut B_i sauf si $i \in \{i_1, .., i_r\}$ et dans ce cas, la colonne est nulle. La matrice X est manifestement non inversible et $A + X$ est la matrice des $(B_i)_{1 \leqslant i \leqslant n}$ donc elle est inversible, ce qui fournit une absurdité.*

Exercice 18 (Mines-Ponts) Soient $(A,B)\in(\mathfrak{M}_n(\mathbb{R}))^2$ avec $\operatorname{rg}(B)=1$.
Montrer que $\det(A+B)\det(A-B)\leqslant(\det(A))^2$.

Solution 18 *Comme la matrice B est de rang 1, elle est équivalente à la matrice $B'=E_{1,1}=\begin{pmatrix}1&0\\0&0_{n-1}\end{pmatrix}$ c'est-à-dire qu'il existe deux matrices inversibles P et Q telles que :*

$$B=PB'Q.$$

Soit $A\in\mathfrak{M}_n(\mathbb{R})$ et notons $A'=P^{-1}AQ^{-1}$. On dispose des égalités suivantes :

$$A=PA'Q\Rightarrow A\pm B=P(A'\pm B')Q\Rightarrow\det(A\pm B)=\det(P)\det(A'\pm B')\det(Q)$$

d'où la formule :

$$(*):\det(A+B)\det(A-B)=(\det(P))^2\det(A'+B')\det(A'-B')(\det(P))^2$$

Si on note $A'=\left(a'_{i,j}\right)_{1\leqslant i,j\leqslant n}$ et $B'=\left(b'_{i,j}\right)_{1\leqslant i,j}$ alors, pour chaque $\varepsilon\in\{-1,1\}$, on a l'égalité :

$$\det(A'+\varepsilon B')=\begin{vmatrix}\varepsilon+b'_{1,1}&b'_{1,2}&\cdots&b'_{1,n}\\b'_{2,1}&b'_{2,2}&&b'_{2,n}\\\vdots&\vdots&&\vdots\\b'_{n,1}&b'_{n,2}&\cdots&b'_{n,n}\end{vmatrix}.$$

En développant de déterminant selon la première colonne, on obtient la formule :

$$\det(A'+\varepsilon B')=\left(\varepsilon+b'_{1,1}\right)\Delta_{1,1}+\sum_{i=2}^{n}b'_{i,1}\Delta_{i,1},$$

où, pour chaque $i\in\{2,..,n\}$, $\Delta_{i,1}$ le déterminant de la matrice extraite de $A'+\varepsilon B'$ en éliminant la i^{ε} ligne et la première colonne de $A'+\varepsilon B'$. Autrement dit, pour chaque $i\in\{2,..,n\}$, $\Delta_{i,1}$ est le déterminant extrait de la matrice A'. Or, en développant le déterminant de A' selon la première colonne, on obtient :

$$\det(A')=b'_{1,1}\Delta_{1,1}+\sum_{i=2}^{n}b'_{i,1}\Delta_{i,1},$$

ce qui prouve la formule :

$$\det(A'+\varepsilon B')=\det(A')+\varepsilon\Delta_{1,1}.$$

On en déduit les relations suivantes :

$$\begin{aligned}\det(A'+B')\det(A'-B')&=(\det(A')+\Delta_{1,1})(\det(A')-\Delta_{1,1})\\&=(\det(A'))^2-(\Delta_{1,1})^2\leqslant(\det(A'))^2\end{aligned}$$

c'est-à-dire que :

$$\det(A'+B')\det(A'-B')\leqslant(\det(A'))^2.$$

En multipliant cette inégalité par $(\det(P))^2(\det(Q))^2$ (ce qui est licite car ce nombre est positif), l'égalité $(*)$ permet de conclure.

Commentaires 18 *Exercice original (pour ce concours) donné quelques années avant à Polytechnique et qui s'avère discriminant. Si le candidat n'a pas d'idée pour démarrer, l'interrogateur appréciera fortement que le candidat prenne l'initiative de vérifier cette inégalité dans un cas simple, typiquement pour $B = E_{1,1}$, voire en ajoutant le cas où A est triangulaire (même si au final, le cas triangulaire s'avère sans intérêt).*
La difficulté essentielle de cet exercice est de se plonger dans les calculs du développement du déterminant tout en conservant suffisant de hauteur de vue pour repérer l'apparition du déterminant de A dans les calculs.

Exercice 19 (Mines-Ponts) Soit $n \geqslant 2$.

1. Déterminer un groupe multiplicatif de matrices de $\mathfrak{M}_n(\mathbb{C})$ qui ne soit pas un sous-groupe de $\mathrm{GL}_n(\mathbb{C})$.
2. Montrer que tous les éléments d'un tel sous-groupe ont le même rang.

Solution 19

1. *Pour tout $a \in \mathbb{C}$, on considère la matrice $M(a)$ de $\mathfrak{M}_n(\mathbb{C})$ définie par blocs par :*

$$M(a) = \begin{pmatrix} a & 0_{1,n} \\ 0_{n,1} & 0_{n-1} \end{pmatrix}.$$

Notons $G = \{M(a),\quad a \in \mathbb{C}^*\}$ que l'on munit du produit matriciel (qui est associatif). Pour tout $a \in \mathbb{C}$, la matrice $M(a)$ n'est pas inversible donc G n'est pas inclus dans $\mathrm{GL}_n(\mathbb{C})$.
Un calcul direct montre que :

$$(*) : \forall (a,b) \in (\mathbb{C}^*)^2,\ M(a)\,M(b) = M(ab).$$

Soit $(g,h) \in G^2$, il existe $(a,b) \in (\mathbb{C}^*)^2$ tel que $g = M(a)$ et $h = M(b)$. Notons :

$$e = M(1) \in G \text{ et } g' = M\left(\frac{1}{a}\right) \in G.$$

D'après la formule $(*)$, on a les égalités suivantes :

$$\begin{aligned} gh &= M(a)\,M(b) = M(ab) \in G \\ hg &= M(b)\,M(a) = M(ba) = M(ab) = gh \end{aligned}$$

donc G est stable par produit matriciel et ce produit est commutatif sur G. On dispose également des relations :

$$ge = M(a)\,M(1) = M(a \times 1) = M(a) = g$$

donc e est un élément neutre du produit matriciel. Pour finir, on a :

$$gg' = M(a)\,M\left(\frac{1}{a}\right) = M\left(a \times \frac{1}{a}\right) = M(1) = e$$

donc g', qui appartient à G, est un inverse de g pour le produit matriciel.
Par conséquent, G est un groupe multiplicatif (et même commutatif) qui n'est pas inclus dans $\mathrm{GL}_n(C)$.

2. *Soient G un sous-groupe multiplicatif de $\mathfrak{M}_n(\mathbb{C})$ et e son élément neutre. Notons r le rang de e. Pour tout élément g de G, notons g' l'endomorphisme de $\mathbb{C}^n$ canoniquement associé à g.*
Soit $g \in G$ alors, par définition de e, on a :

$$g = eg \Rightarrow (*) : g' = e' \circ g'.$$

En outre, comme G est un groupe multiplicatif, il existe $h \in G$ tel que :

$$e = gh \Rightarrow (**) : e' = g' \circ h'.$$

Soit $x \in \mathrm{Im}(g')$ alors :

$$\exists y \in \mathbb{C}^n,\ x = g'(y) = (e' \circ g')(y) = e'(g'(y)) \in \mathrm{Im}(e'),$$

ce qui prouve l'inclusion $\mathrm{Im}(g') \subset \mathrm{Im}(e')$. Démontrons l'inclusion réciproque.
Soit $x \in \mathrm{Im}(e')$ alors :

$$\exists y \in \mathbb{C}^n,\ x = e'(y) = (g' \circ h')(y) = g'(h'(y)) \in \mathrm{Im}(g'),$$

ce qui prouve l'inclusion $\mathrm{Im}(e') \subset \mathrm{Im}(g')$ d'où l'égalité ensembliste :

$$\begin{aligned}\mathrm{Im}(g') &= \mathrm{Im}(e') \Rightarrow \dim(\mathrm{Im}(g')) = \dim(\mathrm{Im}(e')) \\ &\Leftrightarrow \mathrm{rg}(g') = \mathrm{rg}(e') \Leftrightarrow \mathrm{rg}(g) = \mathrm{rg}(e).\end{aligned}$$

Ainsi, tous les éléments de G ont même rang.

Commentaires 19 *Exercice déjà posé aux concours X-ENS tant aux écrits qu'aux oraux. La première question teste la compréhension de la notion de groupe du candidat en s'affranchissant des exemples classiques des sous-groupes multiplicatifs de $\mathrm{GL}_n(\mathbb{K})$.*
La seconde question est une question classique sur les rangs d'endomorphismes ($\mathrm{rg}(u \circ v) \leqslant \mathrm{rg}(u)$ et $\mathrm{rg}(u \circ v) \leqslant \mathrm{rg}(v)$) mais les candidats sont généralement déroutés car il ne pense pas que tout élément g de G se factorise par tout élément h de G car $g = \left(g \circ h^{-1}\right) \circ h$ et que $g \circ h^{-1}$ appartient à G (de par sa structure de groupe). Ceci évite de considérer l'élément neutre comme dans la preuve proposée ci-dessus.

Chapitre 2

Réduction des endomorphismes et des matrices

2.1 CCINP

Exercice 20 (CCINP) Soit $A \in \mathfrak{M}_n(\mathbb{R})$ vérifiant $A^3 = A + I_n$.

1. Montrer A que est diagonalisable dans $\mathfrak{M}_n(\mathbb{C})$.
2. Montrer que $X^3 - X - 1$ admet une seule racine réelle et strictement positive.
3. En déduire que $\det(A) > 0$.

Solution 20 1. *Le polynôme $P = X^3 - X - 1$ annule A. Montrons que les racines de P sont simples. Supposons que z soit une racine double de P alors on a les équivalences :*

$$\left\{\begin{array}{l} P(z) = 0 \\ P'(z) = 0 \end{array}\right. \Leftrightarrow \left\{\begin{array}{ll} z^3 - z - 1 = 0 & (1) \\ 3z^2 - 1 = 0 & (2) \end{array}\right. \underset{(2)}{\Rightarrow} z = \pm\frac{1}{\sqrt{3}}.$$

Or, pour cette valeur de z, on a $z^3 - z - 1 \neq 0$. Ainsi, A possède un polynôme annulateur scindé à racines simples dans $\mathbb{C}[X]$ donc A est diagonalisable dans $\mathfrak{M}_n(\mathbb{C})$.

2. *La fonction $f : x \mapsto x^3 - x - 1$ a pour dérivée $f' : x \mapsto 3x^2 - 1$ donc son tableau de variation est :*

x	$-\infty$		$-1/\sqrt{3}$		$1/\sqrt{3}$		$+\infty$
$f'(x)$		$+$		$-$		$+$	
$f(x)$	$-\infty$	$\nearrow$	$f(-1/\sqrt{3}) < 0$	$\searrow$	$f(1/\sqrt{3}) < 0$	$\nearrow$	$+\infty$

La fonction ne s'annule pas sur $]-\infty, 1/\sqrt{3}]$. Elle est continue et strictement croissante sur $[1/\sqrt{3}, +\infty[$ donc elle réalise une bijection de $[1/\sqrt{3}, +\infty[$ sur $f([1/\sqrt{3}, +\infty[) = [f(1/\sqrt{3}), +\infty[$. Puisque $0 \in [f(1/\sqrt{3}), +\infty[$, l'équation $f(x) = 0$ admet une unique solution sur $[1/\sqrt{3}, +\infty[$

3. *Le polynôme P admet une unique racine réelle r et deux racines complexes non réelles conjuguées c et $\overline{c}$ (c'est un polynôme à coefficients réels). Notons respectivement u, v, w*

la dimension de $\dim_r(A)$, $\dim_c(A)$, $\dim_{\overline{c}}(A)$. *En utilisant le calcul matriciel par blocs, il existe une matrice* $Q \in \mathrm{GL}_n(\mathbb{C})$ *telle que*

$$A = Q\,\mathrm{diag}\left(rI_u, cI_v, \overline{c}I_w\right)Q^{-1} \Rightarrow \left\{\begin{array}{c} \mathrm{Tr}(A) = \mathrm{Tr}\left(\mathrm{diag}\left(rI_u, cI_v, \overline{c}I_w\right)\right) = ru + cv + \overline{c}w \\ \det(A) = \det\left(\mathrm{diag}\left(rI_u, cI_v, \overline{c}I_w\right)\right) = r^u c^v \overline{c}^w \end{array}\right. .$$

Comme $A \in \mathfrak{M}_n(\mathbb{R})$, *on a* $\mathrm{Tr}(A) \in \mathbb{R} \Leftrightarrow cv + \overline{c}w \in \mathbb{R}$. *Soit* $(a,b) \in \mathbb{R}^2$ *tel que* $c = a + ib$ *avec* $b \neq 0$ *(car* $c \in \mathbb{C}\backslash\mathbb{R}$*) alors :*

$$\begin{array}{rcl} cv + \overline{c}w & = & a(v+w) + ib(v-w) \in \mathbb{R} \Rightarrow b(v-w) = 0 \underset{\Rightarrow b \neq 0}{\overset{c \notin \mathbb{R}}{\Leftrightarrow}} v = w \\ & \Rightarrow & \det(A) = r^u c^v \overline{c}^v = r^u (c\overline{c})^v = r^u |c|^{2v} > 0 \end{array}$$

car $c \neq 0$ *donc* $|c| > 0$ *et* $r > 0$.

Commentaires 20 *Exercice classique de réduction intervenant régulièrement dans les différents concours traités par cet ouvrage. Son maître mot est le critère de réduction par les polynômes annulateurs. Néanmoins, il présente une difficulté par rapport à ses versions classiques ; le polynôme annulateur* $X^3 - X - 1$ *n'admet pas de racines évidentes ou aisément calculables. Il faut uniquement revenir à la définition des racines simples ou bien, comme à la question 2, montrer que* P *n'admet qu'une seule racine réelle donc il admet deux autres racines complexes non réelles conjuguées (puisque c'est un polynôme à coefficients réels de degré* 3*).*
Cet exercice est bien adapté au public CCINP et il couvre plusieurs chapitres de première et deuxième année.

Exercice 21 (CCINP) Soient $n \in \mathbb{N}^*$ et $A \in \mathfrak{M}_n(\mathbb{C})$. On suppose que $\mathrm{Tr}(A) \neq 0$. On définit l'application

$$f : \left\{\begin{array}{lcl} \mathfrak{M}_n(\mathbb{C}) & \to & \mathfrak{M}_n(\mathbb{C}) \\ M & \mapsto & \mathrm{Tr}(A)M - \mathrm{Tr}(M)A \end{array}\right. .$$

1. Montrer que f est un endomorphisme de $\mathfrak{M}_n(\mathbb{C})$.
2. Déterminer le noyau et l'image de f.
3. Établir que f est diagonalisable.

Solution 21

1. *La linéarité de* f *est immédiate (par linéarité de* Tr *et de* $\lambda \mapsto \lambda A$ *et de* $X \mapsto \lambda X$. *En outre, si* $M \in \mathfrak{M}_n(\mathbb{C})$, $f(M) \in \mathfrak{M}_n(\mathbb{C})$ *donc* f *est bien un endomorphisme de* $\mathfrak{M}_n(\mathbb{C})$.
2. *Soit* $M \in \ker(f)$ *alors on a :*

$$f(M) = 0 \Leftrightarrow \mathrm{Tr}(A)M = \mathrm{Tr}(M)A \underset{\div\,\mathrm{Tr}(A)\neq 0}{\Rightarrow} M = \frac{\mathrm{Tr}(M)}{\mathrm{Tr}(A)}A \in \mathrm{Vect}(A),$$

ce qui prouve l'inclusion $\ker(f) \subset \mathrm{Vect}(A)$. *Puisque* $f(A) = 0$, *on en déduit que* $A \in \ker(f)$ *donc* $\mathrm{Vect}(A) \subset \ker(f)$ *(car* $\ker(f)$ *est un espace vectoriel) d'où l'égalité ensembliste* $\ker(f) = \mathrm{Vect}(A)$. *Remarquons ensuite que :*

$$\forall M \in \mathfrak{M}_n(\mathbb{C}),\ \mathrm{Tr}(f(M)) \underset{\textit{linéaire}}{\overset{\mathrm{Tr}}{=}} \mathrm{Tr}(A)\mathrm{Tr}(M) - \mathrm{Tr}(M)\mathrm{Tr}(A) = 0$$

donc $\text{Im}(f) \subset \ker(\text{Tr})$. *Or* $\text{Im}(\text{Tr}) = \mathbb{K}$ *(car pour tout* $\lambda \in \mathbb{K}$, $\text{Tr}(\text{diag}(\lambda, 0, ..., 0)) = \lambda$*), le théorème du rang montre que*

$$\begin{aligned}\dim(\mathfrak{M}_n(\mathbb{C})) &= \dim(\ker(\text{Tr})) + \dim(\text{Im}(\text{Tr})) \Leftrightarrow \dim(\ker(\text{Tr})) = n^2 - 1 \\ \dim(\mathfrak{M}_n(\mathbb{C})) &= \dim(\ker(f)) + \dim(\text{Im}(f)) \Leftrightarrow \dim(\text{Im}(f)) = n^2 - 1\end{aligned}$$

donc on peut affirmer que $\text{Im}(f) = \ker(\text{Tr})$.

3. Comme $E_0(f) = \ker(f) = \text{Vect}(A) \neq 0$, *on en déduit que* 0 *est valeur propre de* f *et* $\dim(E_0(f)) = 1$. *En outre, pour tout* $M \in \ker(\text{Tr})$, *on a* $f(M) = \text{Tr}(A)M$ *donc* $\text{Tr}(A)$ *est valeur propre de et on peut écrire :*

$$\begin{aligned}\ker(\text{Tr}) &\subset E_{\text{Tr}(A)}(f) \Rightarrow \dim\left(E_{\text{Tr}(A)}(f)\right) \geqslant \dim(\ker(\text{Tr})) = n^2 - 1 \\ &\Rightarrow \dim(E_0(f)) + \dim\left(E_{\text{Tr}(A)}(f)\right) \geqslant n^2.\end{aligned}$$

Or, on a les égalités suivantes :

$$\begin{aligned}\dim(E_0(f)) + \dim\left(E_{\text{Tr}(A)}(f)\right) &\leqslant \dim(\mathfrak{M}_n(\mathbb{C})) = n^2 \Rightarrow \\ \dim(E_0(f)) + \dim\left(E_{\text{Tr}(A)}(f)\right) &= \dim(\mathfrak{M}_n(\mathbb{C})),\end{aligned}$$

ce qui prouve que f *est diagonalisable.*

Commentaires 21 *Exercice relativement simple. La troisième question peut se traiter sans recourir à la question 2 en utilisant les polynômes annulateurs (le polynôme* $X^2 - \text{Tr}(A)X = X(X - \text{Tr}(A))$ *annule* f *et il est scindé à racines simples donc* f *est diagonalisable). Pour la plupart des étudiants, la deuxième question sera la plus difficile car elle exige de faire deux remarques fondamentales : tout élément du noyau est colinéaire à* A *(c'est-à-dire interpréter correctement l'appartenance au noyau) et remarquer que tout élément de l'image est de trace nulle. Avec une petite aide de l'interrogateur, le candidat pourra trouver la solution. Néanmoins, l'exercice étant simple, l'interrogateur sera plus exigeant sur les automatismes et la connaissance du cours.*

Exercice 22 (CCINP) Soit E un espace vectoriel de dimension finie et $u \in \mathcal{L}(E)$. Montrer l'équivalence des trois propositions suivantes :

1. $E = \ker(u) \oplus \text{Im}(u)$.
2. Il existe une base de E dans laquelle la matrice de u est de la forme $\begin{pmatrix} A & (0) \\ (0) & (0) \end{pmatrix}$, avec A inversible.
3. L'endomorphisme u annule un polynôme de la forme $XQ(X)$, où Q est un polynôme n'ayant pas la racine 0.

Solution 22 (1) $\Rightarrow$ (2) *: Soit* $\mathcal{B}_1$ *une base de* $\text{Im}(u)$ *et* $\mathcal{B}_2$ *une base de* $\ker(u)$ *alors* $\mathcal{B} = \mathcal{B}_1 \cup \mathcal{B}_2$ *est une base de* $\text{Im}(u) \oplus \ker(u) = E$. *La matrice de* u *dans cette base est :*

$$Mat(u, \mathcal{B}) = \begin{pmatrix} Mat\left(u_{|\text{Im}(u)}, \mathcal{B}_1\right) & (0) \\ (0) & (0) \end{pmatrix}.$$

car $\text{Im}(u)$ *est stable par* u *et, pour tout* $x \in \ker(u)$, *on a* $u(x) = 0$. *Puisque* $\text{Im}(u)$ *est stable par* u, $u_{|\text{Im}(u)}$ *est un endomorphsime de* $\text{Im}(u)$. *Soit* $x \in \ker\left(u_{|\text{Im}(u)}\right)$ *alors* $x \in \text{Im}(u)$ *donc :*

$$\left(u_{|\text{Im}(u)}\right)(x) = 0 \Leftrightarrow u(x) = 0 \Leftrightarrow x \in \ker(u) \Rightarrow x \in \ker(u) \cap \text{Im}(u) = \{0\}.$$

Par conséquent, $u_{|\mathrm{Im}(u)}$ *est un endomorphisme injectif en dimension finie donc c'est un isomorphisme ce qui prouve que* $Mat\left(u_{|\mathrm{Im}(u)}, \mathcal{B}_1\right)$ *est inversible.*

(2) $\Rightarrow$ (3) *Notons* B *la matrice* $\begin{pmatrix} A & (0) \\ (0) & (0) \end{pmatrix}$. *Comme cette matrice est diagonale par blocs, on a*

$$\forall k \in \mathbb{N}^*,\ B^k = \begin{pmatrix} A^k & (0) \\ (0) & (0) \end{pmatrix}$$

(la forme n'est plus vraie pour $k = 0$ *car* $B^0 = I \neq \begin{pmatrix} I & (0) \\ (0) & (0) \end{pmatrix}$*). Soit* χ_A *le polynôme caractéristique de* A *alors* $\chi_A(0) \neq 0$ *(car* A *est inversible donc* 0 *n'est pas valeur propre de* A*). On l'écrit sous la forme* $\chi_A = \sum_{k=0}^{n} a_k X^k$ *(avec* $n \in \mathbb{N}^*$*). Posons*

$$Q = \chi_A(X) = \sum_{k=0}^{n} a_k X^k \in \mathbb{K}[X] \ \ et\ P = XQ(X) = \sum_{k=0}^{n} a_k X^{k+1} \in \mathbb{K}[X]$$

alors on a les égalités suivantes

$$\begin{aligned} P(A) \underset{Hamilton}{\overset{Cayley}{=}} A0 &= 0 \ et\ P(B) = \sum_{k=0}^{n} a_k B^{k+1} = \sum_{k=0}^{n} a_k \begin{pmatrix} A^{k+1} & (0) \\ (0) & (0) \end{pmatrix} \\ &= \begin{pmatrix} \sum_{k=0}^{n} a_k A^{k+1} & (0) \\ (0) & (0) \end{pmatrix} = \begin{pmatrix} P(A) & (0) \\ (0) & (0) \end{pmatrix} = 0. \end{aligned}$$

Ainsi, le polynôme $P(X) = XQ(X)$ *annule* A*, donc* u*, et* 0 *n'est pas racine de* $Q(X)$.

(3) $\Rightarrow$ (1) *Puisque* X *et* Q *sont premiers entre eux, le lemme des noyaux prouve l'égalité*

$$(\mathcal{S}) : E = \ker(0) = \ker((XQ)(u)) = \ker(u) \oplus \ker(Q(u))$$

Posons $Q = \sum_{k=0}^{N} a_k X^k$ *avec* $a_0 = Q(0) \neq 0$. *Soit* $x \in \ker(Q(u))$ *alors on a les équivalences :*

$$\begin{aligned} Q(u)(x) &= 0 \Leftrightarrow \sum_{k=0}^{N} a_k u^k(x) = 0 \Leftrightarrow a_0 x = -\sum_{k=1}^{N} a_k u^k(x) \\ &\Leftrightarrow\ x = u\left(-\frac{1}{a_0} \sum_{k=1}^{N} a_k u^{k-1}(x)\right) \in \mathrm{Im}(u), \end{aligned}$$

ce qui prouve l'inclusion $\ker(Q(u)) \subset \mathrm{Im}(u)$. *Comme on a l'égalité :*

$$\dim(\ker(Q(u))) \underset{(\mathcal{S})}{=} \dim(E) - \dim(\ker(u)) \underset{rang}{\overset{th\ du}{=}} \dim(\mathrm{Im}(u)),$$

on en déduit que $\ker(Q(u)) = \mathrm{Im}(u)$ *ce qui permet de conclure grâce à l'égalité* $(\mathcal{S})$.

Commentaires 22 *Il s'agit d'un exercice très discriminant en pratique car il exige une bonne maitrise des notions fondamentales du cours d'algèbre linéaire et des polynômes annulateurs. Pour ces étudiants, l'exercice est tout à fait accessible durant la phase de préparation. Pour les autres, la phase d'interaction avec l'interrogateur sera fondamentale. Celui-ci essaiera de raccrocher le candidat grâce à l'invocation d'un théorème du cours d'algèbre linéaire ou des polynômes annulateur. Si le candidat parvient à répondre à l'une d'elles, il sera probablement en mesure de répondre à la question associée, sinon il ne gagnera qu'un nombre infime de points sur ce sujet.*

Exercice 23 (CCINP) On pose $M = (m_{i,j})_{1\leqslant i,j\leqslant n} \in \mathfrak{M}_n(\mathbb{R})$ définie par : si $j = i+1$, $m_{i,j} = 1$, sinon, $m_{i,j} = 0$.

1. Montrer que M est nilpotente. M est-elle diagonalisable ?
2. Montrer que M est semblable à $2M$.
3. Soit une matrice $A \in \mathfrak{M}_n(\mathbb{R})$, semblable à la matrice $2A$. Montrer que A est nilpotente.

Solution 23

1. *Comme la matrice $XI_n - M$ est triangulaire de coefficients diagonaux X, on peut écrire :*

$$\chi_M = \det(XI_n - M) = X^n.$$

D'après le théorème de Cayley-Hamilton, on a $\chi_M(M) = 0 \Leftrightarrow M^n = 0$ donc M est nilpotente et $\mathrm{Sp}(M) = \{0\}$. Si M est diagonalisable, il existe $P \in \mathrm{GL}_n(\mathbb{R})$ tel que

$$M = P\,\mathrm{diag}(0, ..., 0)\,P^{-1} = P0P^{-1} = 0,$$

ce qui est absurde donc M n'est pas diagonalisable. *

2. *Soit $\mathcal{B} = (e_1, ..., e_n)$ la base canonique de $\mathbb{R}^n$ et u l'endomorphisme de $\mathbb{R}^n$ tel que $Mat(u, \mathcal{B}) = M$ alors on a les égalités :*

$$u(e_1) = 0 \text{ et } \forall i \in \{2, ..., n\},\ u(e_i) = e_{i-1}.$$

Notons :

$$\forall i \in \{1, ..., n\},\ \varepsilon_i = 2^i e_i.$$

La famille $\mathcal{B}' = (\varepsilon_i)_{1\leqslant i\leqslant n}$ est une base de $\mathbb{R}^n$ et on a les égalités :

$$u(\varepsilon_1) = 0 \text{ et } \forall i \in \{2, ..., n\},\ u(\varepsilon_i) = 2^i u(e_i) = 2^i e_{i-1} = 2\varepsilon_i.$$

Par conséquent, on obtient l'égalité $Mat(u, \mathcal{B}') = 2M$. Si P désigne la matrice de passage de la base $\mathcal{B}$ à la base $\mathcal{B}'$, on a $M = P(2M)P^{-1}$ donc M et $2M$ sont semblables.

3. *Comme A est semblable à $2A$, on a $\chi_A = \chi_{2A}$. Or, un calcul direct nous donne les égalités :*

$$\begin{aligned}\chi_{2A}(X) &= \det(XI_n - 2A) = \det\left(2\left(\frac{X}{2}I_n - A\right)\right) \\ &= 2^n \det\left(\frac{X}{2}I_n - A\right) = 2^n \chi_A\left(\frac{X}{2}\right).\end{aligned}$$

Par conséquent, on en déduit que $\chi_A(X) = 2^n \chi_A\left(\frac{X}{2}\right)$. *Comme* $\chi_A(X)$ *est un polynôme unitaire de degré* n, *il existe des réels* $(a_k)_{0\leqslant k\leqslant n}$ *avec* $a_n = 1$ *tels que :*

$$\begin{aligned}
\chi_A(X) &= \sum_{k=0}^{n} a_k X^k \Rightarrow \chi_A(X) = 2^n \chi_A\left(\frac{X}{2}\right) \Leftrightarrow \sum_{k=0}^{n} a_k X^k = 2^n \sum_{k=0}^{n} \frac{a_k}{2^k} X^k \\
&\Leftrightarrow \forall k \in \{0,..,n\},\ a_k = 2^{n-k} a_k \text{ (par unicité des coefficients)} \\
&\Rightarrow \forall k \in \{0,..,n-1\},\ a_k = 0 \text{ (car } 2^{n-k} > 1) \Rightarrow \chi_A(X) = a_n X^n = X^n.
\end{aligned}$$

D'après le théorème de Cayley-Hamilton, on a l'égalité $\chi_A(A) = 0 \Leftrightarrow A^n = 0$, *ce qui permet de conclure.*

Commentaires 23 *Bon exercice pour le concours CCINP. Sa difficulté est standard et ses questions sont de niveaux variés dont il est discriminant. La première question est une application directe du cours.*
La deuxième question est la plus difficile pour une fraction notable des candidats car elle nécessite une bonne compréhension de la notion de similitude (point de vue matriciel et endomorphisme).
La troisième question peut être traitée comme suit (je laisse les détails au lecteur) : A est trigonalisable dans $\mathfrak{M}_n(\mathbb{C})$ *et si* λ *est valeur propre de* A *alors* 2λ *est valeur propre de* $2A$ *donc de* A *(car elles sont semblables). Une récurrence immédiate montre que* $(2^k\lambda)_{k\in\mathbb{N}}$ *est une suite constituée de valeurs propres de A. Comme cet ensemble est fini,* λ *vaut* 0 *(sinon le module de la suite tend vers* $+\infty$*) donc* 0 *est son unique valeur propre dans* $\mathbb{C}$ *d'où A est nilpotente (cf. le raisonnement de la question 1).*

Exercice 24 (CCINP) Soient A et B dans $\mathfrak{M}_n(\mathbb{C})$ à spectres disjoints.

1. Montrer que $\chi_A(B)$ est inversible.
2. Soit X dans $\mathfrak{M}_n(\mathbb{C})$ telle que $AX = XB$.
   Montrer, pour P dans $\mathbb{C}[X]$, l'égalité $P(A)X = XP(B)$.
3. Montrer que si $AX = XB$ alors $X = 0$, puis que, pour toute M de $\mathfrak{M}_n(\mathbb{C})$, il existe X dans $\mathfrak{M}_n(\mathbb{C})$ telle que $AX - XB = M$.

Solution 24

1. χ_A *est scindé dans* $\mathbb{C}[X]$ *et* $\chi_A(X) = \prod_{\lambda\in \mathrm{Sp}(A)} (X-\lambda)^{m_\lambda}$ *donc on a les formules :*

$$\chi_A(B) = \prod_{\lambda\in \mathrm{Sp}(A)} (B-\lambda I_n)^{m_\lambda} \Rightarrow$$

$$\det(\chi_A(B)) \underset{(*)}{=} \prod_{\lambda\in \mathrm{Sp}(A)} (\det(B-\lambda I_n))^{m_\lambda} = \prod_{\lambda\in \mathrm{Sp}(A)} (\chi_B(\lambda))^{m_\lambda} \neq 0$$

$(*)$ *par multiplicativité du déterminant*
$(**)$ *si* $\lambda \in \mathrm{Sp}(A)$ *alors* $\lambda \notin \mathrm{Sp}(B)$ *(car* $\mathrm{Sp}(A) \cap \mathrm{Sp}(B) = \emptyset$*) donc* λ *n'est pas racine de* χ_B.

Ainsi, la matrice $\chi_A(B)$ *est inversible (puisque son déterminant est non nul).*

2. *Prouvons par récurrence sur* $k \in \mathbb{N}$ *que* $A^k X = XB^k$. *Pour* $k = 0$, *on a l'égalité :*

$$A^0 X = I_n X = X = XI_n = XB$$

donc l'initialisation est vérifiée. Pour l'héridité, supposons la propriété vérifiée pour un certain entier k *alors on peut écrire :*

$$A^{k+1} X = A\left(A^k X\right) = A\left(XA^k\right) = (AX)\, B^k = (XB)\, B = XB^{k+1},$$

ce qui démontre la propriété au rang $k+1$ *et achève la récurrence. Ainsi, pour tout* $P = \sum_{k=0}^{N} a_k X^k \in \mathbb{C}[X]$ *(ce* X *est l'indéterminée, pas le* X *de* $\mathfrak{M}_n(\mathbb{C})$ *de l'énoncé!) on obtient les égalités suivantes :*

$$\begin{aligned} P(A)\, X &= \left(\sum_{k=0}^{N} a_k A^k\right) X = \sum_{k=0}^{N} a_k A^k X = \sum_{k=0}^{N} a_k X B^k \\ &= X\left(\sum_{k=0}^{N} a_k B^k\right) = XP(B). \end{aligned}$$

3. *Soit* $X \in \mathfrak{M}_n(\mathbb{C})$ *vérifiant l'égalité* $AX = XB$. *Comme* $\chi_A \in \mathbb{C}[X]$, $\chi_A(A) = 0$ *(théorème de Cayley-Hamilton) et* $\chi_A(B)$ *est une matrice inversible, alors en utilisant la question précédente avec* $P = \chi_A$, *on obtient;*

$$\chi_A(A)\, X = X\chi_A(B) \Leftrightarrow 0_n = X\chi_A(B) \underset{\times \chi_A(B)^{-1}}{\overset{q1}{\Rightarrow}} 0_n\left(\chi_A(B)\right)^{-1} = X \Leftrightarrow X = 0_n.$$

L'application $f : X \in \mathfrak{M}_n(\mathbb{C}) \mapsto AX - XB \in \mathfrak{M}_n(\mathbb{C})$ *est un endomorphisme de* $\mathfrak{M}_n(\mathbb{C})$ *(qui est de dimension finie) et* f *est injective car on a les équivalences suivantes :*

$$X \in \ker(f) \Leftrightarrow AX = XB \Rightarrow X = 0 \Rightarrow \ker(f) = \{0\}.$$

Ainsi, on peut affirmer que f *est un automorphisme donc* f *est une bijection c'est-à-dire :*

$$\forall M \in \mathfrak{M}_n(\mathbb{C}), \exists X \in \mathfrak{M}_n(\mathbb{C}), \quad f(X) = M.$$

Commentaires 24 *Exercice nécessitant des connaissances solides sur le cours de réduction et chacune des questions est relativement simple (si on a ces connaissances). Il s'avère en pratique très discriminant et c'est un bon exercice de révision.*
La première question étant probablement la plus discriminante (même si elle n'est pas compliquée en soit, il faut penser à scinder le polynôme caractéristique et à connaitre une des définitions fondamentales des valeurs propres). Pour la seconde question, il faut voir la relation $AX = XB$ *comme une relation dynamique (la multiplication par* A *à gauche revient à multiplier par* B *à droite) c'est-à-dire qu'il faut l'itérer. Dans ce cas, la réponse apparait rapidement. La troisième question nécessite de prendre de la hauteur et d'interpréter l'existence ainsi que l'unicité en terme de bijection. Pour les candidats faisant ce lien, la réponse arrive rapidement.*

Exercice 25 (CCINP) Soient f un endomorphisme de E, espace vectoriel de dimension n, admettant n valeurs propres distinctes et g un endomorphisme de E tel que $f \circ g = g \circ f$.

1. Montrer que tout vecteur propre de f est vecteur propre de g.
2. Montrer que f et g sont diagonalisables dans une même base de vecteurs propres.
3. Montrer qu'il existe un unique polynôme P de degré au plus égal à $n-1$ vérifiant $g = P(f)$.

Solution 25

1. *f possède n valeurs propres distinctes et $n = \dim(E)$ donc f est diagonalisable et*

$$\forall \lambda \in \mathrm{Sp}(f),\ \dim(E_\lambda(f)) = 1.$$

(chaque espace propre est de dimension au moins 1*, leur somme vaut donc au moins n et ne peut dépasser* $\dim(E) = n$ *donc chaque espace est de dimension* 1*).*
Soit x un vecteur propre de f, alors $x \neq 0_E$ et il existe $\lambda \in \mathbb{K}$ tel que $f(x) = \lambda x$. En particulier, x forme une base de $E_\lambda(f)$ et on a :

$$\begin{aligned} (f \circ g)(x) &= (g \circ f)(x) \Leftrightarrow f(g(x)) = g(f(x)) = g(\lambda x) = \lambda g(x) \\ &\Rightarrow g(x) \in E_\lambda(f) = \mathrm{Vect}(x) \Leftrightarrow \exists \mu \in \mathbb{K},\ g(x) = \mu x \end{aligned}$$

donc x est aussi vecteur propre de g.

2. *Puisque f est diagonalisable, il existe une base $\mathcal{B}$ de E formée de vecteurs propres pour f donc, d'après la question précédente, de vecteurs propres pour g. Par conséquent, g est diagonalisable et $\mathcal{B}$ est une base de vecteurs propres pour f et g.*

3. *Soit $\mathcal{B}$ une base commune de diagonalisation de f et g, $(\lambda_1, ..., \lambda_n)$ les n valeurs propres distinctes de g et $(\mu_1, ..., \mu_n)$ les n valeurs propres (pas nécessairement distinctes) de g alors on a :*

$$\begin{gathered} Mat(f, \mathcal{B}) = \mathrm{diag}(\lambda_1, ..., \lambda_n),\ Mat(g, \mathcal{B}) = \mathrm{diag}(\mu_1, ..., \mu_n) \\ \Rightarrow \forall P \in \mathbb{K}_{n-1}[X],\ g = P(f) \Leftrightarrow Mat(g, \mathcal{B}) = P(Mat(f, \mathcal{B})) \\ \Leftrightarrow \mathrm{diag}(\mu_1, ..., \mu_n) = \mathrm{diag}(P(\lambda_1), ..., P(\lambda_n)) \Leftrightarrow \forall i \in \{1, ..., n\},\ P(\lambda_i) = \mu_i \end{gathered}$$

Un tel polynôme existe et il est même unique. En effet, l'application

$$T : P \in \mathbb{K}_{n-1}[X] \mapsto (P(\lambda_1), ..., P(\lambda_n)) \in \mathbb{K}^n$$

est linéaire, on dispose de l'égalité $\ker(f) = 0$ *(un polynôme du noyau possède n racines distinctes en étant de degré $< n$) et* $\dim(\mathbb{K}_{n-1}[X]) = n = \dim(\mathbb{K}^n)$ *donc T est un isomorphisme d'où :*

$$\forall (\mu_i)_{1 \leqslant i \leqslant n} \in \mathbb{K}^n,\ \exists! P \in \mathbb{K}_{n-1}[X],\ T(P) = (\mu_i)_{1 \leqslant i \leqslant n}$$

(le fameux polynôme interpolateur de Lagrange).

Commentaires 25 *Exercice très classique manipulant des liens fondamentaux entre commutation et réduction donc il intervient dans de nombreux concours, d'où l'importance de travailler ce sujet. Il est discriminant pour CCINP tout en étant progressif.*

Exercice 26 (CCINP) Soit A la matrice de $\mathfrak{M}_{2n+1}(\mathbb{R})$ dont l'endomorphisme canoniquement a vérifie : $a(e_1) = e_1 + e_{2n+1}$ et $\forall i \in [\![2, 2n+1]\!], \quad a(e_i) = e_{i-1} + e_i$.

1. Déterminer le polynôme caractéristique de A.
2. Montrer que A est inversible.
3. Ecrire A^{-1} sous la forme d'un polynôme en A.
4. Déterminer les valeurs propres complexes de A. Calculer $\displaystyle\prod_{i=0}^{2n} \cos\left(\frac{k\pi}{2n+1}\right)$.

Solution 26

1. *Commençons par expliciter le déterminant associé puis on le développe selon la première colonne (en notant $I = I_{2n+1}$).*

$$\chi_A(X) = \det(XI - A) = \begin{vmatrix} X-1 & -1 & 0 & \cdots & 0 \\ 0 & X-1 & -1 & \cdots & \vdots \\ \vdots & 0 & \ddots & \ddots & 0 \\ 0 & \cdots & \ddots & \ddots & -1 \\ -1 & 0 & \cdots & 0 & X-1 \end{vmatrix}_{2n+1}$$

$$= (X-1)\begin{vmatrix} X-1 & -1 & 0 & \cdots & 0 \\ 0 & X-1 & -1 & \cdots & \vdots \\ \vdots & 0 & \ddots & \ddots & 0 \\ 0 & \cdots & \ddots & \ddots & -1 \\ -1 & 0 & \cdots & 0 & X-1 \end{vmatrix}_{2n}$$

$$+ (-1)^{2n+1+1}(-1)\begin{vmatrix} -1 & 0 & \cdots & 0 \\ X-1 & -1 & (0) & \vdots \\ & \ddots & \ddots & 0 \\ (0) & & X-1 & -1 \end{vmatrix}_{2n}$$

Ces deux déterminants étant triangulaires, ils valent le produit de leurs coefficients diagonaux ce qui nous donne l'égalité suivante :

$$\chi_A(X) = (X-1)^{2n+1} + (-1)^{2n+3}(-1)^{2n} = (X-1)^{2n+1} - 1.$$

2. *Comme* $\det(-A) = \chi_A(0) = (-1)^{2n+1} - 1 = -1 - 1 = -2 \neq 0$, *la matrice* $-A$ *est inversible donc* A *est aussi inversible.*

3. *D'après le théorème de Caley-Hamilton,* χ_A *annule* A *et, en développant* χ_A *avec la formule du binôme de Newton, on obtient :*

$$\chi_A\ (A) = 0_{2n+1} \Leftrightarrow \sum_{k=0}^{2n+1} \binom{2n+1}{k} A^k (-1)^{2n+1-k} - I = 0.$$

On observe que le terme d'indice $k = 0$ *de cette somme vaut* $(-1)^{2n+1} I = -I$. *En utilisant la relation de Chasles, on peut écrire :*

$$\sum_{k=1}^{2n+} \binom{2n+1}{k} A^k (-1)^{2n+1-k} = 2I \underset{p=k-1}{\Leftrightarrow} \sum_{p=0}^{2n} \binom{2n+1}{p+1} A^{p+1} (-1)^{2n-p} = 2I$$

$$\Leftrightarrow A\left(\frac{1}{2}\sum_{p=0}^{2n} \binom{2n+1}{p+1} A^p (-1)^{2n-p}\right) = I \underset{\times A^{-1}}{\Rightarrow} A^{-1} = \frac{1}{2}\sum_{p=0}^{2n} \binom{2n+1}{p+1} A^p (-1)^{2n-p}.$$

4. *Soit $z \in \mathbb{C}$ alors z est valeur propre de A si et seulement si z est racine de χ_A si et seulement si*

$$\begin{aligned}(z-1)^{2n+1} &= 1 \Leftrightarrow \exists k \in \{0,...,2n\},\ z-1 = \exp\left(\frac{2\pi ik}{2n+1}\right) \Leftrightarrow z = 1+\exp\left(\frac{2\pi ik}{2n+1}\right)\\ &\Rightarrow \ \mathrm{Sp}(A) = \left\{1+\exp\left(\frac{2\pi ik}{2n+1}\right),\ k \in \{0,...,2n\}\right\}\end{aligned}$$

(d'après la description des racines $(2n+1)^e$ de l'unité). Comme χ_A est un polynôme unitaire de degré $2n+1$ et qu'il possède $2n+1$ racines distinctes, on a également :

$$\chi_A(X) = \prod_{k=0}^{2n}\left(X - \left(1+\exp\left(\frac{2\pi ik}{2n+1}\right)\right)\right)$$

Pour la seconde formule demandée, on utilise les formules d'Euler :

$$\begin{aligned}\prod_{k=0}^{2n}\cos\left(\frac{k\pi}{2n+1}\right) &= \prod_{k=0}^{2n}\left[\frac{1}{2}\left(\exp\left(\frac{ik\pi}{2n+1}\right)+\exp\left(-\frac{ik\pi}{2n+1}\right)\right)\right]\\ &= \prod_{k=0}^{2n}\frac{1}{2}\prod_{k=0}^{2n}\left[\exp\left(-\frac{ik\pi}{2n+1}\right)\left(1+\exp\left(\frac{2k\pi i}{2n+1}\right)\right)\right]\\ &= \frac{1}{2^{2n+1}}\prod_{k=0}^{2n}\exp\left(-\frac{ik\pi}{2n+1}\right)\prod_{k=0}^{2n}(-1)\prod_{k=0}^{2n}\left[-\left(1+\exp\left(\frac{2k\pi i}{2n+1}\right)\right)\right]\\ &= \frac{1}{2^{2n+1}}\exp\left(-\frac{i\pi}{2n+1}\sum_{k=0}^{2n}k\right)(-1)^{2n+1}\underbrace{\chi_A(0)}_{=-2 \ (cf.\ q2.)}\\ &= \frac{1}{2^{2n+1}}\exp\left(-\frac{i\pi 2n(2n+1)}{2(2n+1)}\right)2 = \frac{\exp(-\pi in)}{2^{2n}} = \frac{(-1)^n}{2^{2n}}.\end{aligned}$$

Commentaires 26 *Exercice de difficulté standard. Seul le calcul du produit de la question 4 demande un peu d'autonomie et d'initiative.*

Exercice 27 (CCINP) Soit f un endomorphisme d'un $\mathbb{C}$-espace vectoriel E de dimension finie.

1. On suppose que f est diagonalisable.
   Montrer que f^2 est diagonalisable et que $\ker(f) = \ker(f^2)$.
   On s'intéresse désormais à la réciproque.
2. On note $\lambda_1, .., \lambda_p$ les valeurs propres deux à deux distinctes de f^2.
   Montrer que $(X^2-\lambda_1)\cdots(X^2-\lambda_p)$ est un polynôme annulateur de f.

3. On suppose que f^2 est diagonalisable et que f est un automorphisme.
   Montrer que f est diagonalisable.
4. On suppose que f^2 est diagonalisable et que $\ker(f) = \ker(f^2)$.
   Montrer que f est diagonalisable.

Solution 27

1. *Puisque f est diagonalisable, il existe une base $\mathcal{B} = (e_1, ..., e_n)$ telle que la matrice A de f dans la base $\mathcal{B}$ soit diagonale alors la matrice de f^2 dans la base $\mathcal{B}$ est A^2 qui est diagonale donc f^2 est diagonalisable. Soit $x \in E$. Si $x \in \ker(f)$ alors $f(x) = 0_E$ donc :*

$$f^2(x) = f(f(x)) = f(0_E) = 0_E$$

d'où $x \in \ker(f^2)$, ce qui prouve l'inclusion $\ker(f) \subset \ker(f^2)$. Soit $x \in E$, on note $X = \begin{pmatrix} x_1 \\ \vdots \\ x_n \end{pmatrix}$ la matrice de x dans la base $\mathcal{B}$ (i.e. sa matrice des coordonnées de x dans la base $\mathcal{B}$) et on note $A = \operatorname{diag}(\lambda_1, ..., \lambda_n)$ On suppose que

$$\begin{aligned} x \quad &\in \quad \ker(f^2) \Leftrightarrow f^2(x) = 0_E \Leftrightarrow A^2X = 0 \Leftrightarrow \operatorname{diag}(\lambda_1^2, ..., \lambda_n^2) \begin{pmatrix} x_1 \\ \vdots \\ x_n \end{pmatrix} = \begin{pmatrix} 0 \\ \vdots \\ 0 \end{pmatrix} \\ &\Leftrightarrow \quad \begin{pmatrix} \lambda_1^2 x_1 \\ \vdots \\ \lambda_n^2 x_n \end{pmatrix} = \begin{pmatrix} 0 \\ \vdots \\ 0 \end{pmatrix} \Leftrightarrow \forall k \in \{1, ..., n\}, \lambda_k^2 x_k = 0 \\ &\Leftrightarrow \quad \forall k \in \{1, ..., n\}, \lambda_k^2 = 0 \text{ ou } x_k = 0 \Leftrightarrow \forall k \in \{1, ..., n\}, \lambda_k = 0 \text{ ou } x_k = 0 \\ &\Leftrightarrow \quad \forall k \in \{1, ..., n\}, \lambda_k x_k = 0 \Leftrightarrow AX = 0 \Leftrightarrow f(x) = 0_E, \end{aligned}$$

ce qui prouve l'inclusion réciproque $\ker(f^2) \subset \ker(f)$ d'où l'égalité $\ker(f) = \ker(f^2)$.

2. *Comme f^2 est diagonalisable et ses valeurs propres sont $\lambda_1, ..., \lambda_p$, il existe une base $\mathcal{B}$ telle que la matrice de f^2 dans la base $\mathcal{B}$ est la matrice*

$$D = \operatorname{diag}(\lambda_1 I_{r_1}, ..., \lambda_p I_{r_p})$$

où, pour chaque $k \in \{1, ..., p\}$, r_k désigne la dimension de l'espace propre de f^2 associé à la valeur propre λ_k. Le polynôme $P = (X - \lambda_1) \cdots (X - \lambda_p)$ annule D puisque, D étant diagonale, on a :

$$P(D) = \operatorname{diag}(P(\lambda_1) I_{r_1}, ..., P(\lambda_p) I_{r_p}) = \operatorname{diag}(0_{r_1}, ...0_{r_p}) = 0_n$$

car $\lambda_1, ..., \lambda_p$ sont racines de P. Si A désigne la matrice de f dans la base $\mathcal{B}$, A^2 est la matrice de f^2 dans cette base c'est-à-dire que $A^2 = D$. On en déduit que :

$$P(A^2) = P(D) = 0_n$$

c'est-à-dire que le polynôme $P(X^2) = (X^2 - \lambda_1) \cdots (X^2 - \lambda_p)$ annule A donc il annule f.

3. *Pour tout $k \in \{1,...,p\}$, il existe un nombre complexe δ_k tel que $(\delta_k)^2 = \lambda_k$ (tout complexe admet des racines carrées). D'après la question précédente, le polynôme*

$$Q(X) = \prod_{k=1}^{n}(X^2 - \lambda_k) = \prod_{k=1}^{n}\left(X^2 - (\delta_k)^2\right) = \prod_{k=1}^{n}(X - \delta_k)(X + \delta_k)$$

annule f et il est manifestement scindé. Prouvons qu'il est à racines simples. Soient $(\varepsilon, \varepsilon') \in \{-1, 1\}^2$ et $(k, k') \in \{1, ..., n\}^2$ tels que :

$$\varepsilon\delta_k = \varepsilon'\delta_{k'} \Rightarrow (\varepsilon\delta_k)^2 = (\varepsilon'\delta_{k'})^2 \Leftrightarrow \lambda_k = \lambda_{k'} \Rightarrow k = k'$$

(car les racines $\lambda_1, ..., \lambda_p$ sont supposés deux à deux distincts) donc $\varepsilon\delta_k = \varepsilon'\delta_k$. Comme λ_k est non nul (puisque f est un automorphisme, 0 n'est pas valeur propre de f ou bien puisque que $0 \neq \det(f) = \prod_{k=1}^{p}(\lambda_k)^{r_k}$), on est assuré que δ_k est non nul (car $\delta_k^2 = \lambda_k \neq 0$), on peut diviser par δ_k l'égalité $\varepsilon\delta_k = \varepsilon'\delta_k$ donc $\varepsilon = \varepsilon'$.
Ainsi, le polynôme Q est scindé à racines simples et annule f donc f est diagonalisable.

4. *Si f est un automorphisme alors f est diagonalisable d'après la question précédente. Si f n'est pas un automorphisme alors 0 est valeur propre de f. On peut toujours supposé que $\lambda_1 = 0$. D'après la question 2, le polynôme*

$$Q(X) = \prod_{k=1}^{n}(X^2 - \lambda_k) = X^2\prod_{i=2}^{p}(X^2 - \lambda_k)$$

annule f et $\lambda_2, ..., \lambda_p$ sont des valeurs propres de f non nulles et deux à deux distinctes. Pour tout $k \in \{2, ..., p\}$, il existe un nombre complexe δ_k tel que $(\delta_k)^2 = \lambda_k$ (tout complexe admet des racines carrées). On peut alors écrire :

$$Q(X) = X^2\prod_{k=2}^{n}(X - \delta_k)(X + \delta_k).$$

Les polynômes X^2, $(X - \delta_k)_{2\leqslant k\leqslant p}$, $(X + \delta_k)_{2\leqslant k\leqslant p}$ sont deux à deux premiers entre eux (puisqu'ils sont tous scindés et sans racine commune). D'après le lemme des noyaux, on a l'égalité suivante :

$$\ker(Q(f)) = \ker\left(f^2\right)\bigoplus_{k=2}^{p}\left(\ker(f - \delta_k \operatorname{Id}_E) \oplus \ker(f + \delta_k \operatorname{Id}_E)\right).$$

Comme Q annule f, on a $Q(f) = 0_{\mathcal{L}(E)}$ donc $\ker(Q(f)) = E$. En outre, par hypothèse, on a $\ker\left(f^2\right) = \ker(f)$ donc

$$E = \ker(f)\bigoplus_{k=2}^{p}\left(\ker(f - \delta_k \operatorname{Id}_E) \oplus \ker(f + \delta_k \operatorname{Id}_E)\right).$$

Ainsi, E est somme directe des espaces propres de f donc f est diagonalisable.

Commentaires 27 *Exercice classique de nombreux concours et qui sera très discriminant à CCINP. Il requiert une bonne maitrise des méthodes polynomiales du cours de réduction (polynôme annulateur, lemme des noyaux, etc), y compris à la première question. Il s'agit d'un très bon exerice pour tester sa compréhension autour de ce thème. Néanmoins, je vous le déconseille en première étape si vous n'avez pas suffisamment consolider vos connaissances sur le chapitre réduction.*

Exercice 28 (CCINP) Soit $A \in \mathfrak{M}_n(\mathbb{R})$ et $B = \begin{pmatrix} A & 0_n \\ A & A \end{pmatrix} \in \mathfrak{M}_{2n}(\mathbb{R})$.

1. Soit P un polynôme quelconque. Donner la matrice par blocs de B^2 puis de $P(B)$.
2. On suppose que B est diagonalisable.
   (a) Démontrer qu'il existe un polynôme unitaire P scindé à racines simples tel que $P(A) = 0$ et $AP'(A) = 0$.
   (b) Prouver que $P'(A)$ est inversible. En déduire A.

Solution 28

1. À l'aide du calcul matriciel par blocs, on obtient les égalités suivantes :

$$B^2 = \begin{pmatrix} A^2 & 0_n \\ 2A^2 & A^2 \end{pmatrix}, \ B^3 = \begin{pmatrix} A^3 & 0_3 \\ 3A^3 & A^3 \end{pmatrix}.$$

On peut conjecturer que $B^k = \begin{pmatrix} A^k & 0_n \\ kA^k & A^k \end{pmatrix}$ *pour tout entier* k*. Démontrons ceci par récurrence sur* k*. Pour* $k = 0$*, on a l'égalité :*

$$\begin{pmatrix} A^0 & 0_n \\ 0A^0 & A^0 \end{pmatrix} = \begin{pmatrix} I_n & 0_n \\ 0_n & I_n \end{pmatrix} = I_{2n} = B^0$$

Supposons que $B^k = \begin{pmatrix} A^k & 0_n \\ kA^k & A^k \end{pmatrix}$ *pour un certain entier* k *alors, par le produit matriciel par blocs, on a :*

$$\begin{aligned} B^{k+1} &= BB^k = \begin{pmatrix} A & 0_n \\ A & A \end{pmatrix} \begin{pmatrix} A^k & 0_n \\ kA^k & A^k \end{pmatrix} = \begin{pmatrix} A^{k+1} & 0_n \\ A^{k+1} + kA^{k+1} & A^{k+1} \end{pmatrix} \\ &= \begin{pmatrix} A^{k+1} & 0_n \\ (k+1)A^{k+1} & A^{k+1} \end{pmatrix}, \end{aligned}$$

ce qui démontre l'hérédité et achève la récurrence.

Soit $P(X) = \sum_{k=0}^{N} a_k X^k \in \mathbb{R}[X]$ *alors on dispose de l'égalité suivante :*

$$P(B) = \sum_{k=0}^{N} a_k B^k = \sum_{k=0}^{N} a_k \begin{pmatrix} A^k & 0_n \\ kA^k & A^k \end{pmatrix} = \begin{pmatrix} \sum_{k=0}^{n} a_k A^k & 0_n \\ \sum_{k=0}^{n} k a_k A^k & \sum_{k=0}^{n} a_k A^k \end{pmatrix}.$$

On remarque alors que $P'(X) = \sum_{k=0}^{N} k a_k X^{k-1}$ *donc* $XP'(X) = \sum_{k=0}^{N} k a_k X^k$, *ce qui permet d'écrire :*

$$P(B) = \begin{pmatrix} P(A) & 0_n \\ AP'(A) & P(A) \end{pmatrix}.$$

2.

(a) *Comme* B *est diagonalisable, il existe un polynôme* P *scindé à racines simples annulant* B *(quitte à diviser* P *par son coefficient dominant, on peut le supposer unitaire) c'est-à-dire :*

$$P(B) = 0_{2n} \Leftrightarrow \begin{pmatrix} P(A) & 0_n \\ AP'(A) & P(A) \end{pmatrix} = 0_{2n} \Leftrightarrow \begin{cases} P(A) = 0_n \\ AP'(A) = 0_n \end{cases}.$$

(b) *Comme* P *annule* A, *on en déduit que les valeurs propres de* A *(dans* $\mathbb{C}$*) sont incluses dans les racines (dans* $\mathbb{C}$*) de* P. *Le polynôme* P' *est scindé dans* $\mathbb{C}[X]$ *donc il s'écrit* $P' = C\prod_{k=1}^{s}(X - r_k)^{m_k}$ *où* $C \in \mathbb{C}^*$, $r_1, ..., r_s$ *sont deux à deux distincts et* $m_k \in \mathbb{N}^*$.
Remarquons qu'aucune racine r_k *de* P' *n'est racine de* P *(sinon* r_k *serait une racine double de* P, *ce qui est absurde car* P *est scindé à racines simples). Ainsi, aucune racine de* P' *n'est valeur propre de* A *c'est-à-dire, par définition des valeurs propres, pour tout* $k \in \{1, .., s\}$, *la matrice* $A - r_k I$ *est inversible. En particulier, la matrice* $P'(A) = C\prod_{k=1}^{s}(A - r_k I_n)^{m_k}$ *est inversible (comme produit de telles matrices).*
En multipliant à droite l'égalité $AP'(A) = 0_n$ *par* $(P'(A))^{-1}$, *on obtient l'égalité* $A = 0_n$.

Commentaires 28 *Exercice classique de nombreux concours. Cette version est de difficulté et de progressivité tout à fait adaptée au concours CCINP et elle permet de s'entrainer convenablement autour de la thématique des polynômes annulateurs, du calcul matriciel par blocs et de la réduction.*

Exercice 29 (CCINP) Soient $E = \mathcal{C}^0([0, +\infty[, \mathbb{R})$ (ensemble des fonctions continues de $[0, +\infty[$ dans $\mathbb{R}$) et l'application u définie sur E par :

$$\forall f \in E,\ \forall x \in \mathbb{R}_+^*,\ u(f)(x) = \frac{1}{x}\int_0^x f(t)\,dt \text{ et } u(f)(0) = f(0).$$

1. Soit $f \in E$. Montrer que $u(f)$ est continue sur $[0, +\infty[$.
2. Montrer que u est un endomorphisme de E.
3. Prouver que u est injective.
4. u est-elle surjective ?
5. Expliciter les valeurs propres de u (penser à utiliser une équation différentielle).

Solution 29

1. *Soit $f \in E$ alors f est continue sur $[0,+\infty[$ donc elle admet une primitive F sur $[0,+\infty[$ (qui est continue sur $[0,+\infty[$ puisque dérivable sur cet intervalle). Pour tout $x \in \mathbb{R}^*$, on peut écrire :*

$$u(f)(x) = \frac{1}{x}[F]_0^x = \frac{F(x) - F(0)}{x}$$

donc la fonction f est dérivable, donc continue, sur $]0,+\infty[$ comme quotient de deux telles fonctions dont le dénominateur ne s'annule pas sur cet intervalle. En outre, par définition de la dérivabilité de F en 0, on a :

$$\lim_{x\to 0} u(f)(x) = \lim_{x\to 0} \frac{F(x) - F(0)}{x - 0} = F'(0) = f(0) = u(f)(0),$$

ce qui assure la continuité de $u(f)$ en 0 donc sur $[0,+\infty[$.

2. *Pour tout $f \in E$, on a $u(f) \in E$ d'après la question précédente. En outre, pour tout $(f,g) \in E^2$ et tout $(\lambda,\mu) \in \mathbb{R}^2$, on a :*

$$\begin{aligned} u(\lambda f + \mu g) \quad &: \quad x \mapsto \frac{1}{x}\int_0^x (\lambda f + \mu g) = \lambda \frac{1}{x}\int_0^x f + \mu \frac{1}{x}\int_0^x g \\ &= \quad \lambda u(f) + \mu u(g) \end{aligned}$$

donc u est linéaire, ce qui prouve que u un endomorphisme de E.

3. *Soit $f \in E$ alors, avec les notations introduites à la réponse de la question 1, on a :*

$$\begin{aligned} f \quad &\in \quad \ker(u) \Leftrightarrow u(f) = 0 \\ &\Leftrightarrow \quad \begin{cases} \forall x > 0, \ \dfrac{F(x) - F(0)}{x} = 0 \\ f(0) = 0 \end{cases} \Leftrightarrow \begin{cases} \forall x > 0, F(x) = F(0) \\ f(0) = 0 \end{cases}. \end{aligned}$$

Autrement dit, la fonction F est constante sur $]0,+\infty[$ donc sur $[0,+\infty[$ (par continuité de F sur $[0,+\infty[$) donc sa dérivée $F' = f$ est nulle sur $[0,+\infty[$. Ceci prouve l'injectivité de u.

4. *D'après l'argumentaire de la réponse à la question 1, pour tout $f \in E$, la fonction $u(f)$ est dérivable sur $]0,+\infty[$. La fonction $g : x \mapsto |x-1|$ est continue sur $[0,+\infty[$, donc elle appartient à E, mais elle n'est pas dérivable sur $]0,+\infty[$ (précisément en 1). Ainsi, il n'existe aucune fonction $f \in E$ telle que $u(f) = g$ c'est-à-dire que u n'est pas surjective.*

5. *On procède par analyse-synthèse (on n'est pas assuré de l'existence de valeurs propres à priori).*
__Analyse.__ Supposons que $\lambda \in \mathbb{R}$ soit une valeur propre de u alors, il existe un vecteur $f \in E\backslash\{0\}$ tel que $u(f) = \lambda f$.
__Premier cas__ $\lambda = 0$. On a $u(f) = 0$ donc $f \in \ker(f) = \{0\}$ (d'après la question précédente), ce qui est absurde donc 0 n'est pas valeur propre de f.
__Deuxième cas__ $\lambda \neq 0$. D'après l'argumentaire de la réponse à la question 1, comme $f \in E$, la fonction $u(f)$ est dérivable sur $]0,+\infty[$ et comme $\lambda \neq 0$, la fonction $\dfrac{1}{\lambda}u(f) = f$ est aussi dérivable sur $]0,+\infty[$. En utilisant les notations introduites à la réponse de la question 1, on a :

$$u(f) = \lambda f \Leftrightarrow \begin{cases} \forall x > 0, \ \dfrac{F(x) - F(0)}{x} = \lambda f \\ f(0) = \lambda f(0) \end{cases} \Leftrightarrow \begin{cases} \forall x > 0, F(x) = F(0) + \lambda x f(x) \\ \lambda = 1 \ ou \ (\lambda \neq 1 \ et \ f(0) = 0) \end{cases}$$

En dérivant la première équation, on obtient l'équation différentielle

$$\begin{aligned} \forall x &> 0,\ F'(x) = \lambda f(x) + \lambda x f'(x) \Leftrightarrow f(x) = \lambda f(x) + \lambda x f'(x) \\ &\Leftrightarrow f'(x) + \frac{\lambda - 1}{\lambda x} f(x) = 0 \Leftrightarrow \exists C \in \mathbb{R},\ f(x) = C \exp\left(-\frac{\lambda-1}{\lambda}\ln(x)\right) \\ &\Leftrightarrow \exists C \in \mathbb{R},\ f(x) = Cx^{-1+1/\lambda}. \end{aligned}$$

Or, la fonction f est continue en 0 donc

$$f(0) = \lim_{x\to 0^+} f(x) = \lim_{x \to 0^+} Cx^{-1+1/\lambda} \Leftrightarrow f(0) = \begin{cases} \pm\infty & si\ -1+1/\lambda < 0 \\ C & si\ -1+1/\lambda = 0 \\ 0 & si\ -1+1/\lambda > 0 \end{cases},$$

ce qui impose la condition :

$$-1 + 1/\lambda \geqslant 0 \Leftrightarrow \frac{1}{\lambda} \geqslant 1 \Leftrightarrow \lambda \in \left]0,1\right].$$

Synthèse. *Soit $\lambda \in \left]0,1\right]$. On considère la fonction $f_\lambda : x \mapsto x^{-1+1/\lambda}$ qui est continue sur $[0,+\infty[$ (car $-1+1/\lambda \geqslant 0$) et non identiquement nulle c'est-à-dire qu'elle appartient à $E\backslash\{0\}$. On dispose alors de l'égalité suivante :*

$$\forall x > 0,\ u(f_\lambda)(x) = \frac{1}{x}\int_0^x t^{-1+1/\lambda}dt = \frac{1}{x}\left[\frac{t^{1/\lambda}}{1/\lambda}\right]_{t=0}^{t=x} = \lambda x^{-1+1/\lambda} = \lambda f_\lambda(x).$$

En outre, pour $x = 0$, on a l'égalité :

$$\begin{aligned} u(f_\lambda)(0) &= \begin{cases} 0 & si\ -1+1/\lambda > 0 \\ 1 & si\ -1+1/\lambda = 0 \end{cases} \\ &= \begin{cases} \lambda \times 0 & si\ -1+1/\lambda > 0 \\ \lambda \times 1 & si\ -1+1/\lambda = 0\ (car\ \lambda = 1) \end{cases} = \lambda f_\lambda(0) \end{aligned}$$

Ainsi, λ est valeur propre de u et on a établi les égalités suivantes :

$$\mathrm{Sp}(u) = \left]0,1\right] \ et\ \forall \lambda \in \mathrm{Sp}(u),\ E_\lambda(u) = \mathrm{Vect}\left(x \mapsto x^{-1+1/\lambda}\right).$$

Commentaires 29 *Bon exercice de révision sur l'algèbre linéaire en dimension infinie et les éléments propres d'un endomorphisme. Sa difficulté est raisonnable et il s'agit d'un incontournable des révisions. La thématique est tout à fait classique. Le point clé de l'exercice est de reconnaitre que $x \mapsto \int_0^x f$ une primitive de f (ceci doit être un automatisme au concours). Comme d'habitude, la dernière question étant l'étude des éléments propres d'un endomorphisme en dimension infinie sera sélective car elle nécessite au recours au raisonnement par analyse-synthèse et à une bonne compréhension de la notion d'éléments propres.*

Exercice 30 (CCINP) Soit $A = \begin{pmatrix} 5 & 3 \\ 1 & 3 \end{pmatrix}$.

1. Diagonaliser A.
2. Soit $M \in \mathfrak{M}_n(\mathbb{C})$ telle que $M^2 + M = A$.
   Montrer que $\mathrm{Sp}(M) \subset \{1, 2, -2, -3\}$ et que M est diagonalisable.
3. Résoudre $M^2 + M = A$.

Solution 30

1. Déterminons le polynôme caractéristique de A.

$$\begin{aligned} \chi_A(X) &= \det(XI_2 - A) = \begin{vmatrix} X-5 & -3 \\ -1 & X-3 \end{vmatrix} \\ &= (X-5)(X-3) - 3 = X^2 - 8X + 12 \end{aligned}$$

Son discriminant vaut $\Delta = 4^2$ donc ses racines sont 6 et 2 donc χ_A est scindé à racines simples. Ainsi, A est diagonalisable et on a les égalités :

$$\begin{aligned} \mathrm{Sp}(A) &= \{6, 2\} \\ E_2(A) &= \ker(A - 2I_2) = \ker \begin{pmatrix} 3 & 3 \\ 1 & 1 \end{pmatrix} \underset{(*)}{=} \mathrm{Vect}\left(\begin{pmatrix} 1 \\ -1 \end{pmatrix}\right) \\ E_6(A) &= \ker(A - 6I_2) = \ker \begin{pmatrix} -1 & 3 \\ 1 & -3 \end{pmatrix} \underset{(**)}{=} \mathrm{Vect}\left(\begin{pmatrix} 3 \\ 1 \end{pmatrix}\right) \end{aligned}$$

$(*)$ car $C_1 = C_2$ donc, si u désigne l'endomorphisme dont la matrice dans la base canonique (e_1, e_2) de $\mathbb{R}^2$ est $A - 2I$, on a les équivalences suivantes :

$$\begin{aligned} u(e_1) &= u(e_2) \Leftrightarrow u(e_1 - e_2) = 0 \Leftrightarrow e_1 - e_2 \in \ker(u) \\ &\Leftrightarrow \begin{pmatrix} 1 \\ -1 \end{pmatrix} \in \ker(A - 2I_2) \end{aligned}$$

et $\dim(\ker(A - 2I_2)) = m_2$ (multiplicité de 2 dans χ_A) puisque A est diagonalisable.
$(**)$ car $3C_1 + C_2 = 0$ puis on procède comme en $(*)$.
On considère la matrice $P = \begin{pmatrix} 1 & 3 \\ -1 & 1 \end{pmatrix}$ et $D = \begin{pmatrix} 2 & 0 \\ 0 & 6 \end{pmatrix}$ donc $A = PDP^{-1}$.

2. Comme $\chi_A = (X-2)(X-6)$ annule A et que $M^2 + M = A$, on peut écrire :

$$\begin{aligned} \chi_A(A) &= 0_2 \Leftrightarrow (A - 2I_2)(A - 6I_2) = 0_2 \\ &\Leftrightarrow \left(M^2 + M - 2I_2\right)\left(M^2 + M - 6I_2\right) = 0_2 \end{aligned}$$

donc le polynôme $P = \left(X^2 + X - 2\right)\left(X^2 + X - 6\right)$ annule M. Ainsi, les valeurs propres de M sont incluses dans les racines de P c'est-à-dire dans l'union de l'ensemble des racines de $X^2 + X - 2$ (qui est l'ensemble $\{1, -2\}$) et de l'ensemble des racines de $X^2 + X - 6$ (qui est l'ensemble $\{2, -3\}$) d'où l'inclusion souhaitée. En outre, on en déduit que le polynôme P est scindé à racines simples dans $\mathbb{R}[X]$ (il est de degré 4 et possède 4 racines réelles) et il annule M donc M est diagonalisable.

3. Avec les notations introduites à la question 1, on a $A = PDP^{-1}$. Soit $M \in \mathfrak{M}_2(\mathbb{R})$ alors il existe $M' \in \mathfrak{M}_2(\mathbb{R})$ telle que $M = PM'P^{-1}$ (il suffit de poser $M' = P^{-1}MP$) donc :

$$\begin{aligned} M^2 + M &= A \Leftrightarrow \left(PM'P^{-1}\right)^2 + PM'P^{-1} = PDP^{-1} \\ &\Leftrightarrow P(M')^2P^{-1} + PM'P^{-1} = PDP^{-1} \end{aligned}$$

En multipliant cette égalite par P^{-1} à gauche et P à droite, on obtient l'égalité :

$$(*) : (M')^2 + M' = D.$$

On remarque alors que M' commute avec D puisque l'on a :

$$\begin{aligned} M'D &= M'\left((M')^2 + M'\right) = (M')^3 + (M')^2 \\ &= \left((M')^2 + M'\right)M' = DM'. \end{aligned}$$

En posant $M' = \begin{pmatrix} a & b \\ c & d \end{pmatrix}$, on obtient les équivalences suivantes :

$$\begin{aligned} M'D &= DM' \Leftrightarrow \begin{pmatrix} a & b \\ c & d \end{pmatrix}\begin{pmatrix} 2 & 0 \\ 0 & 6 \end{pmatrix} = \begin{pmatrix} 2 & 0 \\ 0 & 6 \end{pmatrix}\begin{pmatrix} a & b \\ c & d \end{pmatrix} \\ &\Leftrightarrow \begin{pmatrix} 2a & 6b \\ 2c & 6d \end{pmatrix} = \begin{pmatrix} 2a & 2b \\ 6c & 6d \end{pmatrix} \Leftrightarrow \left\{ \begin{array}{l} 6b = 2b \\ 2c = 6c \end{array} \right. \Leftrightarrow \left\{ \begin{array}{l} b = 0 \\ c = 0 \end{array} \right. \end{aligned}$$

donc M' est diagonale. Ainsi, l'équation $(*)$ devient l'équation suivante :

$$\begin{aligned} &\begin{pmatrix} a & 0 \\ 0 & d \end{pmatrix}^2 + \begin{pmatrix} a & 0 \\ 0 & d \end{pmatrix} = \begin{pmatrix} 2 & 0 \\ 0 & 6 \end{pmatrix} \Leftrightarrow \begin{pmatrix} a^2 + a & 0 \\ 0 & d^2 + d \end{pmatrix} = \begin{pmatrix} 2 & 0 \\ 0 & 6 \end{pmatrix} \\ &\Leftrightarrow \left\{ \begin{array}{l} a^2 + a = 2 \\ d^2 + d = 6 \end{array} \right. \Leftrightarrow \left\{ \begin{array}{l} a^2 + a - 2 = 0 \\ d^2 + d - 6 = 0 \end{array} \right. \Leftrightarrow \left\{ \begin{array}{l} a \in \{1, -2\} \\ d \in \{2, -3\} \end{array} \right. \end{aligned}$$

Réciproquement, si $M = P\operatorname{diag}(a, d)P^{-1}$ avec $a \in \{1, -2\}$ et $d \in \{2, 3\}$, on a :

$$\begin{aligned} M^2 + M &= P\operatorname{diag}\left(a^2, b^2\right)P^{-1} + P\operatorname{diag}(a, b)P^{-1} = P\operatorname{diag}\left(a^2 + a, d^2 + d\right)P^{-1} \\ &= P\operatorname{diag}(2, 6)P^{-1} = A. \end{aligned}$$

Par conséquent, les matrices vérifiant $(*)$ sont exactement les matrices

$$M = P\operatorname{diag}(a, b)P^{-1},\ a \in \{1, -2\},\ b \in \{2, -3\}.$$

Commentaires 30 *La thématique abordée dans cet exercice est extrêmement classique (la résolution d'équations polynomiales à inconnue matricielle, l'exemple le plus célèbre étant $X^2 = A$). Traditionnellement, la troisième question sera discriminante. Pour cette question, le paradigme à connaitre par coeur est au moins d'essayer de chercher des matrices solutions M de la même forme réduite que A c'est-à-dire de la forme $M = P\Delta P^{-1}$ où $A = PDP^{-1}$ avec D diagonale (par blocs de la forme λI),.et Δ également diagonale par blocs (chaque bloc étant de la taille de la dimension de l'espace propre associé de A). Ceci permet de trouver les solutions « évidentes » de l'équation $M^2 + M = A$. Pour les plus aguerris, la justification résulte de la commutation de M et A donc de D et Δ d'où le caractère diagonale par blocs semblables à celui de D.*

Exercice 31 (CCINP) Soit E un espace vectoriel de dimension n.

1. (a) Soient u et v deux endomorphismes de E tel que $u \circ v - v \circ u = u$.
   Montrer que pour tout k appartenant à $\mathbb{N}$, $u^k \circ v - v \circ u^k = ku^k$.

   (b) On pose $\phi : f \in \mathcal{L}(E) \mapsto f \circ v - v \circ f$.
   ϕ est-il linéaire ? ϕ est-il un endomorphisme de $\mathcal{L}(E)$?

(c) En déduire que u est nilpotent et que $u^n = 0$.

2. (a) On suppose u nilpotente d'indice n, c'est-à dire que $u^n = 0$ et $u^{n-1} \neq 0$. Montrer qu'il existe une base $e = (e_1, e_2, \ldots, e_n)$ telle que :

$$Mat_e(u) = \begin{pmatrix} 0 & 1 & 0 & \cdots & 0 \\ 0 & 0 & \ddots & \ddots & \vdots \\ \vdots & \ddots & \ddots & \ddots & 0 \\ \vdots & & \ddots & 0 & 1 \\ 0 & \cdots & \cdots & 0 & 0 \end{pmatrix}.$$

(b) Montrer qu'il existe un α tel que la base e trigonalise v avec la forme triangulaire supérieure $(\alpha, \alpha+1, \ldots, \alpha+n-1)$

Solution 31

1. (a) *On procède par récurrence en posant, pour tout entier k,*

$$\mathcal{H}_k : \text{« } u^k \circ v - v \circ u^k = ku^k \text{ »}.$$

Initialisation $k = 0$. *Comme $u^0 = \mathrm{Id}$, on a l'égalité :*

$$u^0 \circ v - v \circ u^0 = v - v = 0 = 0u^0$$

donc $(\mathcal{H}_0)$ est vraie.
Hérédité. *Supposons $(\mathcal{H}_k)$ vraie pour un certain entier k alors, comme on a :*

$$u \circ v = u + v \circ u \text{ et } u^k \circ v = ku^k + v \circ u^k$$

et que u est linéaire, on obtient l'égalité :

$$\begin{aligned} u^{k+1} \circ v- &= u^k \circ (u \circ v) = u^k \circ (u + v \circ u) \\ &= u^{k+1} + \left(u^k \circ v\right) \circ u = u^{k+1} + \left(ku^k + v \circ u^k\right) \circ u \\ &= u^{k+1} + ku^{k+1} + v \circ u^{k+1} = (k+1)\, u^{k+1} + v \circ u^{k+1} \end{aligned}$$

donc $(\mathcal{H}_{k+1})$ est vraie, ce qui achève la récurrence.

(b) *Pour tout $(f, g) \in (\mathcal{L}(E))^2$ et tout $(\lambda, \mu) \in \mathbb{K}^2$, comme f, g et v sont linéaires, on a :*

$$\begin{aligned} \phi(\lambda f + \mu g) &= (\lambda f + \mu g) \circ v - v \circ (\lambda f + \mu g) \\ &= \lambda f \circ v + \mu g \circ v - (\lambda v \circ f + \mu v \circ g) \\ &= \lambda (f \circ v - v \circ f) + \mu (g \circ v - v \circ g) \\ &= \lambda \phi(f) + \mu \phi(g) \end{aligned}$$

donc ϕ est linéaire. Pour tout $f \in \mathcal{L}(E)$, $\phi(f)$ est un endomorphisme de E (comme la somme et la composée d'endomorphismes de E).

(c) *On procède par l'absurde en supposant que $u^k \neq 0$ pour tout entier k.*
D'après la question 1.a, on peut affirmer que, pour tout entier k, $\phi\left(u^k\right) = ku^k$ c'est-à-dire que u^k est un vecteur propre de ϕ associée à la valeur propre k. Ainsi, ϕ admet une infinité de valeurs propres distinctes (tous les entiers naturels k), ce qui est absurde car ϕ est un endomorphisme en dimension finie.

Par conséquent, il existe un entier k_0 *tel que* $u^{k_0} = 0$ *c'est-à-dire que* u *est nilpotente. Il est immédiat que* $k_0 \geqslant 1$ *(car* $u^0 = \mathrm{Id}_E \neq 0$*).*
Le polynôme $P = X^{k_0}$ *annule* u *donc* u *est trigonalisable et*

$$\mathrm{Sp}\,(u) \subset \{\textit{racines de } P\} = \{0\} \quad (\textit{car } k_0 \geqslant 1).$$

Or, on a les équivalences suivantes :

$$\det\left(u^{k_0}\right) = \det(0) \Leftrightarrow (\det(u))^{k_0} = 0 \Leftrightarrow \det(u) = 0$$

(car $\mathbb{K}$ *est un corps). On en déduit que* $u = u - 0\,\mathrm{Id}_E$ *n'est pas bijectif donc* 0 *est valeur propre de* u *c'est-à-dire que* $\mathrm{Sp}\,(u) = \{0\}$*. Puisque* u *est trigonalisable, il existe une base* $\mathcal{B}$ *de* E *telle que* $mat\,(u, \mathcal{B})$ *soit triangulaire et tous ses coefficients diagonaux sont nuls (car il s'agit des valeurs propres de* u*) donc* $\chi_u = \chi_{mat(u,\mathcal{B})} = X^n$*. D'après le théorème de Cayley-Hamilton,* χ_u *annule* u *c'est-à-dire :*

$$\chi_u(u) = 0 \Leftrightarrow u^n = 0.$$

2. (a) *Comme* $u^{n-1} \neq 0$*, il existe* $x_0 \in E$ *tel que* $u^{n-1}(x_0) \neq 0$*. Montrons que la famille* $\left(u^k(x_0)\right)_{0 \leqslant k \leqslant n-1}$ *est libre. Soit* $(\lambda_k)_{0 \leqslant k \leqslant n-1} \in \mathbb{K}^n$ *tel que :*

$$(*) : \lambda_0 x_0 + \lambda_1 x_0 + \cdots + \lambda_{n-1} u^{n-1}(x_0) = 0.$$

En composant par u^{n-1} *cette égalité, par linéarité de* u^{n-1} *et du fait que* $u^s = 0$ *si* $s \geqslant n$*, on obtient l'égalité*

$$\lambda_0 u^{n-1}(x_0) = 0 \underset{u^{n-1}(x_0) \neq 0}{\Rightarrow} \lambda_0 = 0.$$

Supposons qu'il existe un entier $q \in \{1, ..., n-1\}$ *tel que* $\lambda_0 = \cdots = \lambda_{q-1} = 0$ *alors l'égalité* $(*)$ *devient l'égalité :*

$$\lambda_q u^q(x_0) + \cdots + \lambda_{n-1} u^{n-1}(x_0) = 0.$$

En composant cette égalité par u^{n-1-q} *(licite car* $n - 1 - q \in \mathbb{N}$*), , par linéarité de* u^{n-1-q} *et du fait que* $u^s = 0$ *si* $s \geqslant n$*, on obtient l'égalité*

$$\lambda_q u^{n-1}(x_0) = 0 \underset{u^{n-1}(x_0) \neq 0}{\Rightarrow} \lambda_q = 0.$$

Ainsi, on vient de montrer (par récurrence) que $\lambda_0 = \cdots = \lambda_{n-1} = 0$ *c'est-à-dire que la famille* $\left(u^k(x_0)\right)_{0 \leqslant k \leqslant n-1}$ *est libre. Or, cette famille est de cardinal* $n = \dim(E)$ *donc il s'agit d'une base de* E*. Comme, pour tout* $k \in \{0, ..., n-2\}$*, on a les relations suivantes :*

$$u\left(u^k(x_0)\right) = u^{k+1}(x_0) \text{ et } u\left(u^{n-1}(x_0)\right) = u^n(x_0) = 0(x_0) = 0,$$

on peut affirmer que la matrice de u *dans la base* $\left(u^{n-1}(x_0), u^{n-2}(x_0), ..., u(x_0), x_0\right)$ *est*

$$\begin{array}{c} \begin{array}{ccccc} u^{n-1}(x_0) & u^{n-2}(x_0) & \cdots & & x_0 \end{array} \\ \begin{pmatrix} 0 & 1 & 0 & \cdots & 0 \\ 0 & 0 & \ddots & \ddots & \vdots \\ \vdots & \ddots & \ddots & \ddots & 0 \\ \vdots & & \ddots & 0 & 1 \\ 0 & \cdots & \cdots & 0 & 0 \end{pmatrix} \begin{array}{c} u^{n-1}(x_0) \\ u^{n-2}(x_0) \\ \vdots \\ u(x_0) \\ x_0 \end{array} \end{array}$$

(b) *On conserve les notations de la question précédente. En évaluant l'égalité* $u \circ v - v \circ u = u$ *en* $u^{n-1}(x_0)$, *on obtient l'égalité :*

$$u\left(v\left(u^{n-1}(x_0)\right)\right) - \underbrace{v(u^n(x_0))}_{=0} = \underbrace{u^n(x_0)}_{=0} \Leftrightarrow u\left(v\left(u^{n-1}(x_0)\right)\right) = 0$$
$$\Leftrightarrow v\left(u^{n-1}(x_0)\right) \in \ker(u) \underset{(*)}{=} \operatorname{Vect}\left(u^{n-1}(x_0)\right)$$

$(*)$: *La matrice* $Mat_e(u)$ *est de rang* $n-1$ *(la première colonne est nulle et les* $n-1$ *colonnes suivantes sont libres car elles sont extraites de la base canonique de* $\mathfrak{M}_{n,1}(\mathbb{K})$*) donc, d'après le théorème du rang,* $\dim(\ker(u)) = n - \operatorname{rg}(u) = 1$. *Comme* $u^{n-1}(x_0)$ *est non nul et appartient à* $\ker(u)$ *(car* $u\left(u^{n-1}(x_0)\right) = u^n(x_0) = 0(x_0) = 0$*) qui est de dimension* 1, *il forme une base de* $\ker(u)$.
Autrement dit, il existe $\alpha \in \mathbb{K}$ *tel que :*

$$v\left(u^{n-1}(x_0)\right) = \alpha u^{n-1}(x_0).$$

Plus généralement, pour $k \in \{1, ..., n-1\}$, *en évaluant l'égalité* $u^k \circ v - v \circ u^k = ku^k$ *en* $u^{n-1-k}(x_0)$, *on obtient l'égalité :*

$$u^k\left(v\left(u^{n-1-k}(x_0)\right)\right) - v\left(u^{n-1}(x_0)\right) = ku^{n-1}(x_0)$$
$$\Leftrightarrow u^k\left(v\left(u^{n-1-k}(x_0)\right)\right) - \alpha u^{n-1}(x_0) = ku^{n-1}(x_0)$$
$$\Leftrightarrow u^k\left(v\left(u^{n-1-k}(x_0)\right) - (\alpha+k)u^{n-1-k}(x_0)\right) = 0$$
$$\Leftrightarrow v\left(u^{n-1-k}(x_0)\right) - (\alpha+k)u^{n-1-k}(x_0) \in \ker\left(u^k\right)$$
$$\underset{(*)}{=} \operatorname{Vect}\left(u^{n-1}(x_0), ..., u^{n-k}(x_0)\right)$$

$$\Leftrightarrow \exists (\mu_i)_{1 \leqslant i \leqslant k} \in \mathbb{K}^k,\ v\left(u^{n-1-k}(x_0)\right) = (\alpha+k)u^{n-1-k}(x_0) + \sum_{i=1}^{k} \mu_i u^{n-i}(x_0)$$

$(*)$ *en effet, on a*

$$Mat_e\left(u^k\right) = (Mat_e(u))^k = \begin{pmatrix} 0_k & J \\ 0_{n-k} & 0_{n-k} \end{pmatrix} \text{ avec } J = \begin{pmatrix} 1 & & (0) \\ & \ddots & \\ (0) & & 1 \end{pmatrix}.$$

La matrice $Mat_e\left(u^k\right)$ *est de rang* $n-k$. *La famille* $\left(u^i(x_0)\right)_{n-k \leqslant i \leqslant n-1}$ *est de cardinal* k, *elle est libre et appartiennent à son noyau qui est de dimension* k *donc il s'agit d'une base de* $\ker\left(u^k\right)$.
Ainsi, la matrice de v *dans la base* e *est de la forme :*

$$\begin{array}{c} \begin{matrix} u^{n-1}(x_0) & u^{n-2}(x_0) & \cdots & x_0 \end{matrix} \\ \begin{pmatrix} \alpha & & & (*) \\ & \alpha+1 & & \\ & & \ddots & \\ (0) & & & \alpha+n-1 \end{pmatrix} \end{array} \begin{matrix} u^{n-1}(x_0) \\ u^{n-2}(x_0) \\ \vdots \\ u(x_0) \\ x_0 \end{matrix}$$

donc e *trigonalise* v *avec la forme triangulaire supérieure* $(\alpha, \alpha+1, \ldots, \alpha+n-1)$.

Commentaires 31 *Chaque question de ce sujet, sauf 1.b, s'avère très discriminante car elle autonomie et initiative du candidat ainsi qu'une solide connaissance de son cours d'algèbre linéaire et de réduction.*

Exercice 32 (CCINP) Soient E un $\mathbb{K}$-espace vectoriel de dimension finie et u un endomorphisme de E vérifiant $u^3 = u$.

1. Montrer que u est diagonalisable et discuter le nombre p de ses valeurs propres que l'on notera $\lambda_1, ..., \lambda_p$.
2. On note E_i le sous-espace associé à la valeur propre λ_i. Montrer qu'un sous-espace F est stable par u si et seulement s'il est somme directe de sous-espaces vectoriels des E_i.

Solution 32

1. *Le polynôme $P = X^3 - X = X(X-1)(X+1)$ est scindé à racines simples et annule u donc u est diagonalisable. En outre, on dispose de l'inclusion suivante :*

$$\mathrm{Sp}(u) \subset \{\textit{racines de } P\} = \{-1, 0, 1\}$$

donc u admet au moins une valeur propre (puisque u est diagonalisable) et au plus 3 valeurs propres c'est-à-dire $1 \leqslant p \leqslant 3$.

2. ***Implication réciproque***. *Soit, pour tout $k \in \{1, .., p\}$, F_k un sous-espace vectoriel de E_k et $F = \bigoplus_{k=1}^{p} F_k$. Montrons que F est stable par u. Pour tout $x \in F$, il existe $(x_1, .., x_p) \in E_1 \times \cdots \times E_p$ tel que $x = \sum_{k=1}^{p} x_k$. Pour tout $k \in \{1, .., p\}$, $u(x_k) = \lambda_k x_k$ (puisque $x_k \in E_k = E_{\lambda_k}(u)$) donc, par linéarité de u, on a :*

$$u(x) = \sum_{k=1}^{p} u(x_k) = \sum_{k=1}^{p} \lambda_k x_k \in \bigoplus_{k=1}^{p} F_k = F$$

(puisque $x_k \in F_k$ et que F_k est un espace vectoriel, $\lambda_k x_k \in F_k$). donc F est stable par u.

Implication directe. *Soit F un sous-espace vectoriel de E stable par u alors $u_{|F}$ (la restriction de u à F) est un endomorphisme de F. Comme u est diagonalisable alors $u_{|F}$ est également diagonalisable c'est-à-dire que F est la somme directe des espaces propres de $u_{|F}$. Or, chaque espace propre de $u_{|F}$ associé à la valeur propre λ est un sous-espace vectoriel de l'espace propre de u associé à λ (si $x \in E_\lambda\left(u_{|F}\right)$ alors $x \neq 0$, $x \in F \subset E$ et $u(x) = u_{|F}(x) = \lambda x$) donc F est la somme directe de sous-espaces vectoriels des E_i.*

Commentaires 32 *Cet exercice caractérise les sous-espaces stables par un endomorphisme diagonalisable dans un cas particulier. La première question est une application directe du cours. La seconde question requiert une connaissance solide du cours de réduction et s'avère disciminante. Il s'agit d'un bon exercice de préparation.*

Exercice 33 (CCINP) Soit $A = \begin{pmatrix} 1 & 1 & 1 \\ 0 & 0 & 1 \\ 0 & -1 & 0 \end{pmatrix}$ dans $\mathfrak{M}_3(\mathbb{C})$.

1. Diagonaliser A.
2. En déduire e^A.

Solution 33

1. *Déterminons le polynôme caractéristique de A.*

$$\begin{aligned}\chi_A(X) &= \det(XI_3 - A) = \begin{vmatrix} X-1 & -1 & -1 \\ 0 & X & -1 \\ 0 & 1 & X \end{vmatrix} \underset{\text{selon } C_1}{\overset{\text{Développement}}{=}} (X-1)\begin{vmatrix} X & -1 \\ 1 & X \end{vmatrix} \\ &= (X-1)\left(X^2+1\right) = (X-1)(X+i)(X-i).\end{aligned}$$

Comme χ_A est scindé à racines simples, A est diagonalisable et on a l'égalité :

$$\mathrm{Sp}(A) = \{\textit{racines de } \chi_A\} = \{1, i, -i\}.$$

En outre, chaque espace propre de A est de dimension 1 (puisque A est diagonalisable, pour chaque valeur propre λ de A, la dimension de l'espace propre associé à λ est égale à la multiplicité de λ comme racine de χ_A). Déterminons une base de chacun de ces espaces propres :

$$\begin{aligned}E_1(A) &= \ker(A - I_3) = \ker\begin{pmatrix} 0 & 1 & 1 \\ 0 & -1 & 1 \\ 0 & -1 & -1 \end{pmatrix} \underset{(*)}{=} \mathrm{Vect}\left(\begin{pmatrix} 1 \\ 0 \\ 0 \end{pmatrix}\right) = \mathrm{Vect}(\varepsilon_1) \\ E_i(A) &= \ker(A - iI_3) = \ker\begin{pmatrix} 1-i & 1 & 1 \\ 0 & -i & 1 \\ 0 & -1 & -i \end{pmatrix} \underset{(**)}{=} \mathrm{Vect}\left(\begin{pmatrix} 1 \\ i \\ -1 \end{pmatrix}\right) = \mathrm{Vect}(\varepsilon_2) \\ E_{-i}(A) &= \ker(A + iI_3) = \ker\begin{pmatrix} 1+i & 1 & 1 \\ 0 & i & 1 \\ 0 & -1 & i \end{pmatrix} \underset{(***)}{=} \mathrm{Vect}\left(\begin{pmatrix} 1 \\ -i \\ -1 \end{pmatrix}\right) = \mathrm{Vect}(\varepsilon_3)\end{aligned}$$

Notons C_1, C_2, C_3 les colonnes des matrices considérées ci-dessous.
$(*)$ *car $C_1 = 0$. En passant à l'endomorphisme u dont la matrice dans la base canonique (e_1, e_2, e_3) de $\mathbb{C}^3$ est $A - I_3$, on a :*

$$u(e_1) = 0 \Leftrightarrow e_1 \in \ker(u) \Leftrightarrow \varepsilon_1 \in \ker(A)$$

$(**)$ *car $C_1 + iC_2 - C_3 = 0$. En passant à l'endomorphisme u dont la matrice dans la base canonique (e_1, e_2, e_3) de $\mathbb{C}^3$ est $A - iI_3$, on a :*

$$u(e_1) + iu(e_2) - u(e_3) = 0 \Leftrightarrow e_1 + ie_2 - e_3 \in \ker(u) \Leftrightarrow \varepsilon_2 \in \ker(A - iI_3)$$

$(***)$ *car $C_1 - iC_2 - C_3 = 0$. En passant à l'endomorphisme u dont la matrice dans la base canonique (e_1, e_2, e_3) de $\mathbb{C}^3$ est $A + iI_3$, on a :*

$$u(e_1) - iu(e_2) - u(e_3) = 0 \Leftrightarrow e_1 - ie_2 - e_3 \in \ker(u) \Leftrightarrow \varepsilon_3 \in \ker(A + iI_3)$$

On note alors $P = \begin{pmatrix} 1 & 1 & 1 \\ 0 & i & -i \\ 0 & -1 & -1 \end{pmatrix}$ *alors* $A = P\begin{pmatrix} 1 & 0 & 0 \\ 0 & i & 0 \\ 0 & 0 & -i \end{pmatrix}P^{-1}$.

2. D'après la définition de l'exponentielle de matrice et d'après la question précédente, on a :

$$\begin{aligned} e^A &= \sum_{n=0}^{+\infty} \frac{A^n}{n!} = \sum_{n=0}^{+\infty} \frac{P\left(\operatorname{diag}(1,i,-i)\right)^n P^{-1}}{n!} = P\left(\sum_{n=0}^{+\infty} \operatorname{diag}\left(1^n, i^n, (-i)^n\right)\right) P^{-1} \\ &= P \operatorname{diag}\left(\sum_{n=0}^{+\infty} \frac{1}{n!}, \sum_{n=0}^{+\infty} \frac{i^n}{n!}, \sum_{n=0}^{+\infty} \frac{(-i)^n}{n!}\right) P^{-1} = P \operatorname{diag}\left(e, e^i, e^{-i}\right) P^{-1}. \end{aligned}$$

Il nous reste à inverser la matrice P. Je procède via les systèmes linéaires.

Soient $X = \begin{pmatrix} x \\ y \\ z \end{pmatrix}$ *et* $Y = \begin{pmatrix} a \\ b \\ c \end{pmatrix}$ *tels que :*

$$PX = Y \Leftrightarrow \left\{ \begin{array}{c} x+y+z=a \\ iy-iz=b \\ -y-z=c \end{array} \right. \Rightarrow \left\{ \begin{array}{c} x=a+c \\ y=-\dfrac{ib}{2}-\dfrac{c}{2} \\ z=-y-c=\dfrac{ib}{2}-\dfrac{c}{2} \end{array} \right. \quad \begin{array}{l} L_1 \leftarrow L_1+L_3 \\ L_2 \leftarrow L_2 - iL_3 \\ \end{array}$$

$$\Leftrightarrow \quad X = \begin{pmatrix} 1 & 0 & 1 \\ 0 & -\dfrac{i}{2} & -\dfrac{1}{2} \\ 0 & \dfrac{i}{2} & -\dfrac{1}{2} \end{pmatrix} Y \Rightarrow P^{-1} = \begin{pmatrix} 1 & 0 & 1 \\ 0 & -\dfrac{i}{2} & -\dfrac{1}{2} \\ 0 & \dfrac{i}{2} & -\dfrac{1}{2} \end{pmatrix}.$$

On effectue alors les produits matriciels consécutifs

$$P \operatorname{diag}\left(e, e^i, e^{-i}\right) = \begin{pmatrix} e & e^i & e^{-i} \\ 0 & ie^i & -ie^{-i} \\ 0 & -e^i & -e^{-i} \end{pmatrix} \Rightarrow$$

$$e^A = \begin{pmatrix} e & i\left(\dfrac{e^{-i}-e^i}{2}\right) & e-\dfrac{e^i+e^{-i}}{2} \\ 0 & \dfrac{e^i+e^{-i}}{2} & i\left(\dfrac{e^{-i}-e^i}{2}\right) \\ 0 & i\left(\dfrac{e^i-e^{-i}}{2}\right) & \dfrac{e^i+e^{-i}}{2} \end{pmatrix} = \begin{pmatrix} e & \sin(1) & e-\cos(1) \\ 0 & \cos(1) & \sin(1) \\ 0 & -\sin(1) & \cos(1) \end{pmatrix}$$

car, d'après les formules d'Euler, on a : $\cos(\theta) = \dfrac{e^{i\theta}+e^{-i\theta}}{2}$ *et* $\sin(\theta) = \dfrac{e^{i\theta}-e^{-i\theta}}{2i}$.

Commentaires 33 *Exercice classique et de difficulté standard. Il nécessite uniquement d'être rigoureux et efficace dans les calculs sous peine de commettre de multiples erreurs. La seconde question peut se traiter en déterminant la division euclidienne de* X^n *par le polynôme caractéristique* χ_A *de* A *(qui annule* A*). Pour cela, il faut écrire l'égalité de division euclidienne* $X^n = \chi_A(X) Q_n(X) + R_n(X)$ *avec* $\deg(R) < 3$*, l'évaluer en les racines de* χ_A*, ce qui amène à un système de trois équations à trois inconnues. Une fois résolu,* $R(X)$ *est connu donc* $A^n = R_n(A) = \alpha + \beta i^n + \gamma(-i)^n$ *. On réinjecte cette formule dans la définition de* e^A*, ce qui amène à calculer la série exponentielle en* 1*,* i *et* $-i$ *puis* *à conclure. Dans cet exercice, cette méthode est aussi longue que la méthode de réduction en général mais dans cet exercice, la réduction est déjà effectuée à la question 1 donc il faut privilégié la réduction pour ne pas perdre trop de temps.*

Exercice 34 (CCINP) Soit $a \in \mathbb{R}$, $n \geqslant 3$ et $M_a = \begin{pmatrix} 1 & a & \cdots & a \\ 1 & 0 & \cdots & 0 \\ \vdots & \vdots & & \vdots \\ 1 & 0 & \cdots & 0 \end{pmatrix} \in \mathfrak{M}_n(\mathbb{R})$.

1. Déterminer le rang de M_a. Donner une valeur propre évidente. Quelle est la dimension de son espace propre associé ?
2. Soit $M \in \mathfrak{M}_n(\mathbb{C})$. On note $\lambda_1, \ldots, \lambda_n \in \mathbb{C}$ ses valeurs propres comptées avec leur multiplicité. Exprimer $\sum_{i=1}^{n} \lambda_i$ et $\sum_{i=1}^{n} \lambda_i^2$ en fonction de M.
3. Donner une condition nécessaire et suffisante sur a pour que M_a soit diagonalisable.

Solution 34

1. ***Rang***. *Si $a = 0$, la matrice M_a est de rang 1 (sa première colonne est non nulle, toutes les autres sont nulles). Si $a \neq 0$, la matrice M_a est de rang 2 (la première colonne est non nulle, la deuxième n'est pas colinéaire à la première, toutes les autres sont colinéaires à la deuxième colonne).*
   Valeur propre. *Comme $n \geqslant 3 > \mathrm{rg}\,(M_a)$, on peut affirmer que la matrice $M_a = M_a - 0I_n$ n'est pas inversible donc 0 est valeur propre de M_a et on a l'égalité :*
   $$\dim\left(E_0\left(M_a\right)\right) = \dim\left(\ker\left(M_a\right)\right) \underset{(*)}{=} n - \mathrm{rg}\left(M_a\right) = \begin{cases} n-1 & \text{si } a = 0 \\ n-2 & \text{si } a \neq 0 \end{cases}.$$
   $(*)$: d'après le théorème du rang.
2. *La matrice M est trigonalisable dans $\mathfrak{M}_n(\mathbb{C})$ puisque son polynôme caractéristique annule A (théorème de Cayley-Hamilton) et qu'il est scindé dans $\mathbb{C}[X]$ (théorème de d'Alembert-Gauss puisqu'il est de degré $n > 0$). Ainsi, il existe une matrice inversible $P \in \mathfrak{M}_n(\mathbb{C})$ telle que*
   $$(*) : M = P \begin{pmatrix} \lambda_1 & & (*) \\ & \ddots & \\ (0) & & \lambda_n \end{pmatrix} P^{-1}$$
   où $\lambda_1, \ldots, \lambda_n$ sont les valeurs propres de M (comptées avec multiplicité). Comme la trace est invariante par conjuguaison ($\mathrm{Tr}\left(PBP^{-1}\right) = \mathrm{Tr}\,(B)$), on obtient l'égalité :
   $$\mathrm{Tr}\,(M) = \mathrm{Tr}\left(\begin{pmatrix} \lambda_1 & & (*) \\ & \ddots & \\ (0) & & \lambda_n \end{pmatrix}\right) = \sum_{i=1}^{n} \lambda_i.$$
   En évalant au carrée l'égalité $(*)$ et comme le carré d'une matrice triangulaire T est triangulaire dont les coefficients diagonaux sont les coefficients diagonaux de T élevés au

carré, on obtient les égalités suivantes :

$$\begin{aligned} M^2 &= P\begin{pmatrix} \lambda_1 & & (*) \\ & \ddots & \\ (0) & & \lambda_n \end{pmatrix}^2 P^{-1} = P\begin{pmatrix} (\lambda_1)^2 & & (*) \\ & \ddots & \\ (0) & & (\lambda_n)^2 \end{pmatrix} P^{-1} \\ \Rightarrow \quad \operatorname{Tr}(M^2) &= \operatorname{Tr}\left(\begin{pmatrix} (\lambda_1)^2 & & (*) \\ & \ddots & \\ (0) & & (\lambda_n)^2 \end{pmatrix}\right) = \sum_{i=1}^{n} (\lambda_i)^2 . \end{aligned}$$

3. ***Premier cas*** *$a = 0$. La matrice M_a est triangulaire donc ses valeurs propres sont ses coefficients diagonaux c'est-à-dire $\operatorname{Sp}(M_a) = \{0,1\}$. D'après la question 1, on a $\dim(E_0(M_a)) = n-1$ et, comme 1 est valeur propre de M_a, on a $\dim(E_1(M_a))$ ce qui fournit l'inégalité*

$$\dim(E_0(M_a)) + \dim(E_1(M_a)) \geqslant n.$$

Or, la somme des dimensions des espaces propres de M_a étant au plus égal à n, on en déduit que

$$\dim(E_0(M_a)) + \dim(E_1(M_a)) = n$$

donc M_a est diagonalisable.

Second cas *$a \neq 0$. Comme M_a est trigonalisable dans $\mathfrak{M}_n(\mathbb{C})$ (cf. l'argumentaire de la question précédente), il existe une matrice triangulaire T et une matrice inversible P telle que $M_a = PTP^{-1}$. Les valeurs propres de M_a sont celles de T c'est-à-dire les coefficients diagonaux de T. D'après la question 1, on a $\dim(E_0(M_a)) = n-2$, donc $n-2$ des coefficients diagonaux valent 0. Notons α et β les deux autres coefficients diagonaux restant de T. D'après la question 2, on a :*

$$\begin{aligned} \operatorname{Tr}(M_a) &= 0 + \cdots + 0 + \alpha + \beta \Leftrightarrow \alpha + \beta = 1 \\ \operatorname{Tr}\left((M_a)^2\right) &= 0^2 + \cdots + 0^2 + \alpha^2 + \beta^2 \Leftrightarrow \alpha^2 + \beta^2 = \operatorname{Tr}\left((M_a)^2\right). \end{aligned}$$

Un calcul direct montre que :

$$(M_a)^2 = \begin{pmatrix} 1+(n-1)a & a & \cdots & a \\ 1 & a & \cdots & a \\ \vdots & \vdots & & \vdots \\ 1 & a & \cdots & a \end{pmatrix} \Rightarrow \operatorname{Tr}\left((M_a)^2\right) = 1 + 2(n-1)a.$$

Ainsi, on dispose du système suivant :

$$\begin{cases} \alpha + \beta = 1 \\ \alpha^2 + \beta^2 = 1 + 2(n-1)a \end{cases} \Leftrightarrow \begin{cases} \beta = 1 - \alpha \\ \alpha^2 + (1-\alpha)^2 = 1 + 2(n-1)a \end{cases} \Leftrightarrow \begin{cases} \beta = 1 - \alpha \\ \alpha^2 - \alpha - (n-1)a = 0 \end{cases}$$

Le discriminant du trinôme de la seconde équation est $\Delta = 1 + 4(n-1)a$.
Si $\Delta > 0$ alors α et β sont distincts, appartiennent à $\mathbb{R}$ et on a :

$$\begin{gathered} \dim(E_\alpha(M_a)) \geqslant 1, \quad \dim(E_\beta(M_a)) \geqslant 1, \\ \dim(E_0(M_a)) + \dim(E_\alpha(M_a)) + \dim(E_\beta(M_a)) \geqslant (n-2) + 1 + 1 = n \end{gathered}$$

Comme la somme des dimensions des espaces propres de M_a vaut au plus n, on en déduit l'égalité :

$$\dim(E_0(M_a)) + \dim(E_\alpha(M_a)) + \dim(E_\beta(M_a)) = n$$

donc M_a est diagonalisable dans $\mathfrak{M}_n(\mathbb{R})$.

Si $\Delta < 0$ alors α et β sont distincts et appartiennent à $\mathbb{C}\backslash\mathbb{R}$ donc M_a n'est pas diagonalisable dans $\mathfrak{M}_n(\mathbb{R})$. Par contre, en utilisant le raisonnement du cas $\Delta > 0$, M_a est diagonalisable dans $\mathfrak{M}_n(\mathbb{C})$.

Si $\Delta = 0$ alors $\alpha = \beta = \dfrac{1 \pm \sqrt{\Delta}}{2} = \dfrac{1}{2}$. La matrice

$$A - \frac{1}{2}I_n = \begin{pmatrix} 1/2 & a & a & \cdots & a \\ 1 & -1/2 & 0 & \cdots & 0 \\ \vdots & 0 & \ddots & \ddots & \vdots \\ \vdots & \vdots & \ddots & \ddots & 0 \\ 1 & 0 & \cdots & 0 & -1/2 \end{pmatrix}$$

est de rang au moins $n-1$. En effet, la matrice $\dfrac{1}{2}I_{n-1}$ extraite de $A-\dfrac{1}{2}I_n$ (en éliminant sa première ligne et sa première colonne) est inversible. Par conséquent, d'après le théorème du rang, on a :

$$\begin{aligned} \dim\left(E_{-1/2}(A)\right) &= \dim\left(\ker\left(A - \frac{1}{2}I_n\right)\right) = n - \operatorname{rg}\left(A - \frac{1}{2}I_n\right) \\ &\leqslant n - (n-1) = 1 \end{aligned}$$

Ainsi, donc la somme des dimensions des espaces de A vaut

$$\dim(E_0(A)) + \dim\left(E_{-1/2}(A)\right) \leqslant n - 2 + 1 = n - 1 < n$$

ce qui prouve que A n'est pas diagonalisable.

***Conclusion** : la matrice A est diagonalisable dans $\mathfrak{M}_n(\mathbb{R})$ si et seulement si*

$$1 + (n-1)a > 0 \Leftrightarrow a > -\frac{1}{n-1}.$$

La matrice A est diagonalisable dans $\mathfrak{M}_n(\mathbb{C})$ si et seulement si

$$1 + (n-1)a \neq 0 \Leftrightarrow a \neq -\frac{1}{n-1}.$$

Commentaires 34 *Exercice classique de nombreux concours et parfaitement adapté à CCINP. Il constitue un très bon sujet de révision pour tester ses connaissances sur le cours de réduction et les méthodes effectives associées.*

Exercice 35 (CCINP) Soit $n \geqslant 2$ et on note $E = \mathfrak{M}_n(\mathbb{R})$. On considère $A \in E$ telle que $A^2 = I_n$.

1. Montrer que $\operatorname{Tr}(A) \equiv n\ [2]$.
2. Montrer que $|\operatorname{Tr}(A)| \leqslant n - 2$ si $A \neq I_n$ et $A \neq -I_n$
3. On note $C(A) = \{M \in \mathfrak{M}_n(\mathbb{R}),\quad AM = MA\}$.

   Prouver que $\dim(C(A))$ est de la parité de n.

Solution 35

1. *Le polynôme* $R(X) = X^2 - 1 = (X+1)(X-1)$ *est scindé à racines simples et annule* A *donc* A *est diagonalisable,* $\mathrm{Sp}(A) \subset \{\text{racines de } R\} = \{-1, 1\}$ *et il existe une matrice inversible* P *telle que :*
$$A = P \operatorname{diag}(I_s, -I_{n-s}) P^{-1}$$
où $s = \dim(E_1(A))$ *et* $n - s = \dim(E_{-1}(A))$. *Par conséquent, on obtient l'égalité :*
$$\begin{aligned} \mathrm{Tr}(A) &= \mathrm{Tr}(\operatorname{diag}(I_r, -I_{n-s})) \\ &= \underbrace{1 + \cdots + 1}_{s \text{ fois}} + \underbrace{(-1) + \cdots + (-1)}_{n-s \text{ fois}} \\ &= s - (n-s) = -n + 2s = n + 2(s-n) \equiv n\,[2]. \end{aligned}$$

2. *On conserve les notations de la réponse à la question précédente. Si* $A \neq I_n$ *alors* $s \neq n$ *(sinon,* $s = n$ *donc* $A = PI_nP^{-1} = I_n$*) et si* $A \neq -I_n$ *alors* $s \neq 0$ *(sinon,* $s = 0$ *donc* $A = P(-I_n)P^{-1} = -I_n$*). Ainsi, comme* s *est un entier, on a l'encadrement* $1 \leqslant s \leqslant n - 1$ *donc :*
$$\begin{aligned} \mathrm{Tr}(A) &= -n + 2s \in \{-n+2, .., -n + 2(n-1)\} = \{-n+2, ..., n-2\} \\ &\Rightarrow -n + 2 \leqslant \mathrm{Tr}(A) \leqslant n - 2 \Rightarrow |\mathrm{Tr}(A)| \leqslant n - 2. \end{aligned}$$

3. *On conserve les notations de la réponse à la question 1 et on note* $D = \operatorname{diag}(I_s, -I_{n-s})$. *Soit* $M \in \mathfrak{M}_n(\mathbb{R})$, *on pose* $M' = P^{-1}MP$ *donc* $M = PM'P^{-1}$ *et on a :*
$$\begin{aligned} M &\in C(A) \Leftrightarrow AM = MA \Leftrightarrow PDP^{-1}PM'P^{-1} = PM'P^{-1}PDP^{-1} \\ &\Leftrightarrow PDM'P^{-1} = PM'DP^{-1} \Leftrightarrow DM' = M'D \end{aligned}$$
(par multiplication à gauche des matrices par P^{-1} *et par multiplication à droite des matrices par* P*). Écrivons* M' *sous forme de matrice blocs*
$$\begin{aligned} M' &= \begin{pmatrix} M'_{1,1} & M'_{1,2} \\ M'_{2,1} & M'_{2,2} \end{pmatrix} \text{ avec } M'_{1,1} \in \mathfrak{M}_s(\mathbb{R}), M'_{2,2} \in \mathfrak{M}_{n-s}(\mathbb{R}), \\ M'_{1,2} &\in \mathfrak{M}_{s,n-s}(\mathbb{R}) \text{ et } M'_{2,1} \in \mathfrak{M}_{n-s,s}(\mathbb{R}). \end{aligned}$$
D'après le calcul matriciel par blocs, on a :
$$\begin{aligned} DM' &= M'D \Leftrightarrow \begin{pmatrix} I_s & 0 \\ 0 & -I_{n-s} \end{pmatrix} \begin{pmatrix} M'_{1,1} & M'_{1,2} \\ M'_{2,1} & M'_{2,2} \end{pmatrix} = \begin{pmatrix} M'_{1,1} & M'_{1,2} \\ M'_{2,1} & M'_{2,2} \end{pmatrix} \begin{pmatrix} I_s & 0 \\ 0 & -I_{n-s} \end{pmatrix} \\ &\Leftrightarrow \begin{pmatrix} M'_{1,1} & M'_{1,2} \\ -M'_{2,1} & -M'_{2,2} \end{pmatrix} = \begin{pmatrix} M'_{1,1} & -M'_{1,2} \\ M'_{2,1} & -M'_{2,2} \end{pmatrix} \Leftrightarrow \begin{cases} M'_{1,2} = -M'_{1,2} \\ M'_{2,1} = -M'_{2,1} \end{cases} \\ &\Leftrightarrow \begin{cases} M'_{1,2} = 0 \\ M'_{1,2} = 0 \end{cases} \Leftrightarrow M' = \begin{pmatrix} M'_{1,1} & 0 \\ 0 & M'_{2,2} \end{pmatrix} \Leftrightarrow M = P \begin{pmatrix} M'_{1,1} & 0 \\ 0 & M'_{2,2} \end{pmatrix} P^{-1}. \end{aligned}$$
L'application
$$f : \begin{cases} \mathfrak{M}_s(\mathbb{R}) \times \mathfrak{M}_{n-s}(\mathbb{R}) & \to \quad \mathfrak{M}_{2n}(\mathbb{R}) \\ (A, B) & \mapsto \quad P \begin{pmatrix} A & 0 \\ 0 & B \end{pmatrix} P^{-1} \end{cases}$$

est linéaire (la vérification est laissée au soin du lecteur). D'après le raisonnement que nous venons de tenir, on peut affirmer que :

$$\begin{aligned}\operatorname{Im}(f) &= \{f(A,B),\ (A,B)\in \mathfrak{M}_s(\mathbb{R})\times\mathfrak{M}_{n-s}(\mathbb{R})\}\\ &= \left\{P\begin{pmatrix}A & 0\\ 0 & B\end{pmatrix}P^{-1},\ (A,B)\in \mathfrak{M}_s(\mathbb{R})\times\mathfrak{M}_{n-s}(\mathbb{R})\right\}\\ &= C(A).\end{aligned}$$

En outre, f est injective puisque l'on a les équivalences suivantes :

$$\begin{aligned}(A,B) &\in \ker(f)\Leftrightarrow f(A,B)=0_{2n}\Leftrightarrow P\begin{pmatrix}A & 0\\ 0 & B\end{pmatrix}P^{-1}=0_{2n}\\ &\Leftrightarrow \begin{pmatrix}A & 0\\ 0 & B\end{pmatrix}=0_{2n}\ \textit{(par multiplication par } P^{-1} \textit{ et } P)\\ &\Leftrightarrow A=0_s \textit{ et } B=0_{n-s}\Leftrightarrow (A,B)=(0_s,0_{n-s}).\end{aligned}$$

Ainsi, f est un isomorphisme de $\mathfrak{M}_s(\mathbb{R})\times\mathfrak{M}_{n-s}(\mathbb{R})$ sur $\operatorname{Im}(f)=C(A)$ donc :

$$\begin{aligned}\dim(C(A)) &= \dim(\mathfrak{M}_s(\mathbb{R})\times\mathfrak{M}_{n-s}(\mathbb{R}))\\ &= \dim(\mathfrak{M}_s(\mathbb{R}))+\dim(\mathfrak{M}_{n-s}(\mathbb{R}))\\ &= s^2+(n-s)^2=2s^2-2ns+n^2\equiv n^2\,[2]\equiv n\,[2]\end{aligned}$$

(si $n\equiv 0\,[2]$ alors $n^2\equiv 0^2\,[2]\equiv 0\,[2]\equiv n\,[2]$ et si $n\equiv 1\,[2]$ alors $n^2\equiv 1^2\,[2]\equiv 1\,[2]\equiv n\,[2]$).

Commentaires 35 *Sous un aspect a priori peu conventionnel, ce sujet traite de questions très classiques liées à la réduction. Il s'avère incontournable pour les révisions, notamment la gestion du commutant d'une matrice diagonalisable par le calcul matriciel par blocs (après réduction au cas diagonale). Comme d'habitude, le calcul de la dimension du commutant sera discriminante et sa justification précise sera sélective.*

Exercice 36 (CCINP) Soit $P\in\mathbb{R}[X]$. On définit l'application ϕ sur $\mathbb{R}[X]$ par :

$$\phi(P)=(2X+1)P-\left(X^2-1\right)P'.$$

1. Montrer que ϕ est un endomorphisme.
2. Soit P un vecteur propre de ϕ. Déterminer le degré de P.
3. Déterminer les vecteurs propres de ϕ.
4. Montrer que la restriction de ϕ à $\mathbb{R}_2[X]$ induit un endomorphisme. Est-il diagonalisable ?

Solution 36

1. *Si $P\in\mathbb{R}[X]$ alors $\phi(P)\in\mathbb{R}[X]$ (comme somme, dérivée et produit de polynômes à coefficients réels). Pour conclure, il suffit de vérifier que ϕ est linéaire. Pour tout*

$(P, Q) \in (\mathbb{R}[X])^2$ *et tout* $(\lambda, \mu) \in \mathbb{R}^2$, *on a :*

$$\begin{aligned}
\phi(\lambda P + \mu Q) &= (2X+1)(\lambda P + \mu Q) - \left(X^2-1\right)(\lambda P + \mu Q)' \\
&= \lambda(2X+1)P + \mu(2X+1)Q - \left(X^2-1\right)(\lambda P' + \mu Q') \\
&= \lambda(2X+1)P + \mu(2X+1)Q - \lambda\left(X^2-1\right)P' - \mu\left(X^2-1\right)Q' \\
&= \lambda\left((2X+1)P - \left(X^2-1\right)P'\right) + \mu\left((2X+1)Q - \left(X^2-1\right)Q'\right) \\
&= \lambda\phi(P) + \mu\phi(Q).
\end{aligned}$$

2. *Soit* $P \in \mathbb{R}[X]$ *un vecteur propre de* ϕ *et* λ *la valeur propre de* ϕ *associée à* P. *Par définition,* P *est non nul donc il possède un degré* N *et il existe un nombre réel* a_N *tel que* $P = a_N X^N + Q$ *avec* $\deg(Q) < N$. *En outre, on a l'égalité :*

$$\begin{aligned}
\phi(P) &= \lambda P \Leftrightarrow (2X+1)\left(a_N X^N + Q\right) - \left(X^2-1\right)\left(N a_N X^{N-1} + Q'\right) = \lambda P \\
&\Leftrightarrow \quad (2-N)\,a_N X^{N+1} + R = \lambda a_N X^N + Q \text{ avec } \deg(R) \leqslant N.
\end{aligned}$$

Par unicité des coefficients d'un polynôme, notamment celui de X^{N+1}, *on en déduit l'égalité suivante :*

$$(2-N)\,a_N = 0 \underset{\div a_N \neq 0}{\Rightarrow} 2 - N = 0 \Leftrightarrow N = 2.$$

Ainsi, tout vecteur propre de ϕ *est de degré* 2.

3. *Soit* P *un vecteur propre de* ϕ *et* λ *la valeur propre associé. D'après la question précédente,* P *est de degré* 2. *Quitte à diviser* P *par son coefficient dominant, on peut toujours supposé qu'il est unitaire (puisque les espaces propres sont stables par multiplication par un réel car se sont des espaces vectoriels). Ainsi, il existe deux réels* b, c *tels que :*

$$\begin{aligned}
P(X) &= X^2 + bX + c,\ P'(X) = 2X + b \\
\phi(P) &= \lambda P \Leftrightarrow (2X+1)P - \left(X^2-1\right)P' = \lambda P \\
&\Leftrightarrow (2X+1)\left(X^2+bX+c\right) - \left(X^2-1\right)(2X+b) = \lambda X^2 + \lambda bX + \lambda c \\
&\Leftrightarrow (1+b)X^2 + (2+b+2c)X + b + c = \lambda X^2 + \lambda bX + \lambda c.
\end{aligned}$$

Par unicité des coefficients d'un polynôme, l'égalité précédente est équivalente au système suivant :

$$\left\{\begin{array}{c} 1+b=\lambda \\ 2+b+2c=\lambda b \\ b+c=\lambda c \end{array}\right. \Leftrightarrow \left\{\begin{array}{c} \lambda=1+b \\ 2+b+2c=b+b^2 \\ b+c=c+bc \end{array}\right. \Leftrightarrow \left\{\begin{array}{c} \lambda=1+b \\ b^2=2+2c \\ b=bc \end{array}\right.$$

$$\Leftrightarrow \left\{\begin{array}{c} b(1-c)=0 \\ b^2=2+2c \\ \lambda=1+b \end{array}\right. \Leftrightarrow \left\{\begin{array}{c} b=0 \\ 2+2c=0 \\ \lambda=1 \end{array}\right. \text{ ou } \left\{\begin{array}{c} c=1 \\ b^2=4 \\ \lambda=1+b \end{array}\right.$$

$$\Leftrightarrow \left\{\begin{array}{c} b=0 \\ c=-1 \\ \lambda=1 \end{array}\right. \text{ ou } \left\{\begin{array}{c} c=1 \\ b=2 \\ \lambda=3 \end{array}\right. \text{ ou } \left\{\begin{array}{c} c=1 \\ b=-2 \\ \lambda=1 \end{array}\right.$$

$$\Leftrightarrow P = X^2 - 1 \text{ ou } P = X^2 + 2X + 3 \text{ ou } P = X^2 - 2X + 1.$$

Au final, les vecteurs propres de ϕ *sont les polynômes :*

$$P = a\left(X^2-1\right) \text{ ou } P = a\left(X^2+2X+3\right) \text{ ou } P = a\left(X^2-2X+1\right),\ a \in \mathbb{R}^*$$

associés respectivement aux valeurs propres 1, 3 *et* 1.

4. Soit $P \in \mathbb{R}_2[X]$, il existe trois réels a, b, c tels que $P(X) = aX^2 + bX + c$. On a :

$$\begin{aligned}\phi(P) &= (2X+1)\left(aX^2+bX+c\right) - \left(X^2-1\right)(2aX+b) \\ &= (a+b)X^2 + (2a+b+2c)X + b + c \in \mathbb{R}_2[X]\end{aligned}$$

et comme ϕ est linéaire, on peut affirmer que ϕ est un endomorphisme de $\mathbb{R}_2[X]$. En outre, d'après la question précédente, les valeurs propres de ϕ sont 1 et 3. Comme $X^2 + 2X + 3$ est un vecteur propre associé à 3, on a $\dim(E_3(\phi)) \geqslant 1$. Comme $X^2 - 1$ et $X^2 - 2X + 1$ sont deux vecteurs propres de ϕ associés à la valeur propre 1 et qu'ils ne sont pas colinéaires, on en déduit que $\dim(E_1(\phi)) \geqslant 2$. Ainsi, on dispose de l'inégalité suivante :

$$\dim(E_3(\phi)) + \dim(E_1(\phi)) \geqslant 1 + 2 = 3 = \dim(\mathbb{R}_2[X]).$$

et comme

$$\dim(E_3(\phi)) + \dim(E_1(\phi)) \leqslant \dim(\mathbb{R}_2[X]),$$

on en déduit l'égalité :

$$\dim(E_3(\phi)) + \dim(E_1(\phi)) = \dim(\mathbb{R}_2[X])$$

donc ϕ est diagonalisable.

Commentaires 36 *Il s'agit d'un bon exercice pour réviser la notion d'éléments propres d'un endomorphisme en dimension infinie et finie ainsi que la gestion des polynômes. Les raisonnements sont classiques et bien adaptés à CCINP.*

Exercice 37 (CCINP) Soient E un $\mathbb{K}$-espace vectoriel et u un endomorphisme de E. On dit que u est cyclique s'il existe un vecteur $x_0 \in E$, tel que $\beta = (x_0, u(x_0), ..., u^{n-1}(x_0))$ soit une base de E. On dit que x_0 est un u-générateur de E.

1. Donner la forme de la matrice de u dans la base β d'un u-générateur de E. Montrer que $\pi_u = \chi_u$.
2. On suppose u est nilpotent. Montrer que : u cyclique $\Leftrightarrow$ u nilpotent d'indice n.
3. On suppose que u admet n valeurs propres 2 à 2 distinctes. Montrer que u est cyclique.
   Indication : *Montrer que $x_0 = x_1 + \cdots + x_n$ est u-générateur de E, où $(x_i)_{1 \leqslant i \leqslant n}$ est une base de vecteurs propres u.*

Solution 37

1. Comme $u^n(x_0) \in E$, il existe des éléments $(a_k)_{0 \leqslant k \leqslant n-1} \in \mathbb{K}^n$ tel que

$u^n(x_0) = \sum_{k=0}^{n-1} a_k u^k(x_0)$. *Ainsi, la matrice de u dans la base β est :*

$$A = \begin{array}{c} \begin{matrix} u(x_0) & \cdots & u^{n-1}(x_0) & u^n(x_0) \end{matrix} \\ \begin{pmatrix} 0 & \cdots & 0 & a_0 \\ 1 & \ddots & \vdots & a_1 \\ & \ddots & 0 & \vdots \\ (0) & & 1 & a_{n-1} \end{pmatrix} \end{array} \begin{matrix} x_0 \\ u(x_0) \\ \vdots \\ u^{n-1}(x_0) \end{matrix}.$$

Le polynôme caractéristique de u étant celui de A, on a :

$$\chi_u(X) = \chi_A(X) = \det(XI_n - A) = \begin{vmatrix} X & \cdots & 0 & -a_0 \\ -1 & \ddots & \vdots & -a_1 \\ & \ddots & X & \vdots \\ (0) & & -1 & X - a_{n-1} \end{vmatrix}_n .$$

En effectuant l'opération $L_1 \leftarrow L_1 + XL_2 + X^2L_3 + \cdots + X^{n-1}L_n$ *(afin d'annuler tous les coefficients de la première ligne, sauf le dernier), on obtient l'égalité :*

$$\chi_u(X) = \begin{vmatrix} 0 & \cdots & \cdots & 0 & -a_0 - a_1X - a_2X^2 - \cdots - a_{n-2}X^{n-2} - a_{,n-1}X^{n-1} + X^n \\ -1 & X & (0) & & a_1 \\ - & \ddots & \ddots & & -\vdots \\ & \ddots & \ddots & X & \vdots \\ (0) & & - & -1 & X - a_{n-1} \end{vmatrix}_n .$$

Si on note $P(X) = X^n - \sum_{k=0}^{n-1} a_k X^k$*, en développant ce déterminant selon la première ligne, on obtient l'égalité :*

$$\chi_u(X) = (-1)^{n+1} P(X) \begin{vmatrix} -1 & X & (0) & \\ - & \ddots & \ddots & \\ & \ddots & \ddots & X \\ (0) & & - & -1 \end{vmatrix}_{n-1} = (-1)^{n+1} P(X) (-1)^{n-1} = P(X)$$

(puisque le dernier déterminant est triangulaire). Comme le polynôme minimal π_u *de u divise tout polynôme annulateur de u et que* χ_u *annule u (d'après le théorème de Cayley-Hamilton), on en déduit que* π_u *divise* χ_u *c'est-à-dire qu'il existe un polynôme Q tel que* $\chi_u = Q\pi_u$*. Supposons que le degré s de* π_u *soit de degré strictement inférieur à n. Il existe* $(b_k)_{0 \leqslant k \leqslant s} \in \mathbb{K}^{s+1}$ *vérifiant* $\pi_u(X) = \sum_{k=0}^{s} b_k X^k$*. Comme* π_u *annule u, on a :*

$$\pi_u(u) = 0 \Leftrightarrow \sum_{k=0}^{s} b_k u^k = 0 \Rightarrow \sum_{k=0}^{s} b_k u^k(x_0) = 0 \Rightarrow \forall k \in \{0, ..., s\}, b_k = 0$$

car la famille $\left(u^k(x)\right)_{0 \leqslant k \leqslant s}$ *est une famille libre (comme famille extraite de la base* β*). Ainsi,* $\pi_u = 0$ *ce qui est absurde donc* $s = n$*, ce qui entraine que Q est une constante. Comme* χ_u *et* π_u *sont unitaires, cette constante vaut 1 c'est-à-dire que* $\chi_u = \pi_u$*.*

2. ***Implication directe.*** *Supposons que u soit cyclique. Comme u est nilpotent, il existe un entier* $k \geqslant 1$ *tel que* $u^k = 0$*. Ainsi, le polynôme* $R(X) = X^k$ *annule u donc* π_u *divise* $R(X)$ *c'est-à-dire qu'il existe un entier* $s \in \{1, .., k\}$ *tel que* $\pi_u(X) = X^s$*. D'après la question précédente, on a* $\chi_u = \pi_u = X^s$ *donc* $s = n$ *puisque* χ_u *est de degré n. Par conséquent,* $u^n = \pi_u(u) = 0$ *et* $u^{n-1} \neq 0$ *(sinon le polynôme* X^{n-1} *annule u donc* $\pi_u = X^n$ *divise* X^{n-1} *ce qui est absurde) donc u est nilpotent d'indice n.*
   Implication réciproque. *Supposons que u soit nilpotent d'indice n c'est-à-dire que*

$u^n = 0$ et $u^{n-1} \neq 0$. Il existe $x_0 \in E$ tel que $u^{n-1}(x_0) \neq 0$ et montrons que la famille $\left(u^k(x_0)\right)_{0 \leqslant k \leqslant n-1}$ est libre. Soit $(\lambda_k)_{0 \leqslant k \leqslant n-1} \in \mathbb{K}^n$ tel que :

$$(*) : \lambda_0 x_0 + \lambda_1 x_0 + \cdots + \lambda_{n-1} u^{n-1}(x_0) = 0.$$

En composant par u^{n-1} cette égalité, par linéarité de u^{n-1} et du fait que $u^s = 0$ si $s \geqslant n$, on obtient l'égalité :

$$\lambda_0 u^{n-1}(x_0) = 0 \underset{u^{n-1}(x_0) \neq 0}{\Rightarrow} \lambda_0 = 0.$$

Supposons qu'il existe un entier $q \in \{1, ..., n-1\}$ tel que $\lambda_0 = \cdots = \lambda_{q-1} = 0$ alors l'égalité $(*)$ devient :

$$\lambda_q u^q(x_0) + \cdots + \lambda_{n-1} u^{n-1}(x_0) = 0.$$

En composant cette égalité par u^{n-1-q} (licite car $n-1-q \in \mathbb{N}$), , par linéarité de u^{n-1-q} et du fait que $u^s = 0$ si $s \geqslant n$, on obtient l'égalité :

$$\lambda_q u^{n-1}(x_0) = 0 \underset{u^{n-1}(x_0) \neq 0}{\Rightarrow} \lambda_q = 0.$$

Ainsi, on vient de montrer (par récurrence) que $\lambda_0 = \cdots = \lambda_{n-1} = 0$ c'est-à-dire que la famille $\left(u^k(x_0)\right)_{0 \leqslant k \leqslant n-1}$ est libre. Or, cette famille est de cardinal $n = \dim(E)$ donc il s'agit d'une base de E, ce qui prouve que u est cyclique.

3. *Comme u admet $n = \dim(E)$ valeurs distinctes, u est diagonalisable et la dimension de chaque espace propre vaut 1. Notons $\lambda_1, .., \lambda_n$ les n valeurs propres distinctes de u et, pour chaque $k \in \{1, .., n\}$, x_k une base de l'espace propre $E_{\lambda_k}(u)$. La famille $\mathcal{B} = (x_1, ..., x_n)$ est une base de E et $\forall k \in \{1, ..., n\}$, $u(x_k) = \lambda_k x_k$. Nous allons montrer que la famille $\left(u^i(x_0)\right)_{0 \leqslant i \leqslant n-1}$ est une base de E (donc u est cyclique) en prouvant que le déterminant de ces n vecteurs dans la base $\mathcal{B}$ est non nulle. Pour cela, nous allons expliciter les coordonnées de $u^i(x_0)$ dans la base $\mathcal{B}$. Soit $k \in \mathbb{N}$, commençons par remarquer que :*

$$\forall i \in \mathbb{N},\ u^{i+1}(x_k) = u^i(u(x_k)) = u^i(\lambda_k x_k) = \lambda_k u^i(x_k).$$

Ainsi, la suite $\left(u^i(x_k)\right)_{i \in \mathbb{N}}$ est géométrique de raison λ_k donc :

$$\forall i \in \mathbb{N},\ u^i(x_k) = (\lambda_k)^i u^0(x_k) = (\lambda_k)^i \operatorname{Id}(x_k) = (\lambda_k)^i x_k.$$

Par conséquent, pour tout $i \in \{0, .., n-1\}$, on a :

$$u^i(x_0) = u^i\left(\sum_{k=1}^{n} x_k\right) = \sum_{k=1}^{n} u^i(x_k) = \sum_{k=1}^{n} (\lambda_k)^i x_k.$$

La matrice P des vecteurs $\left(x_0, u(x_0), .., u^{n-1}(x_0)\right)$ dans la base $\mathcal{B}$ est :

$$\begin{array}{cc} & \begin{array}{cccc} x_0 & u(x_0) \cdots & & u^{n-1}(x_0) \end{array} \\ P = & \begin{pmatrix} 1 & \lambda_1 & \cdots & (\lambda_1)^{n-1} \\ \vdots & \lambda_2 & \cdots & (\lambda_2)^{n-1} \\ 1 & \vdots & \cdots & \vdots \\ 0 & \lambda_n & \cdots & (\lambda_n)^{n-1} \end{pmatrix} \begin{array}{c} x_1 \\ x_2 \\ \vdots \\ x_n \end{array} \end{array}$$

Cette matrice est inversible (matrice de Vandermonde associée aux nombres $\lambda_1, .., \lambda_n$ qui sont deux à deux distinctes) ce qui permet de conclure.

Remarque : *Pour justifier directement l'inversibilité de P, il suffit de montrer que ses colonnes $C_1, .., C_n$ forment une famille libre. Soit $\alpha_0, ..., \alpha_{n-1}$ des éléments de $\mathbb{K}$ tels que :*

$$\alpha_0 C_1 + \cdots + \alpha_{n-1} C_n = 0 \Leftrightarrow \left\{ \sum_{k=0}^{n-1} \alpha_{k+1} (\lambda_1)^k = 0, \cdots \sum_{k=0}^{n-1} \alpha_{k+1} (\lambda_1)^k = 0 \right. .$$

Ainsi, le polynôme $R = \sum_{k=0}^{n-1} \alpha_k X^k$ est de degré au plus $n-1$ et admet n racines distinctes $(\lambda_1, .., \lambda_n)$ donc :

$$R = 0 \Leftrightarrow \alpha_0 = \cdots = \alpha_{n-1} = 0,$$

ce qui prouve la liberté de la famille $(C_1, .., C_n)$.

Commentaires 37 *Chaque question est d'un niveau élevé pour le concours CCINP et seule la réciproque de la question 2 est un classique de MPSI (encore faut-il le voir ... et savoir le faire). Les questions 1 et 3 sont des standards des concours Centrale-Supélec et Mines-Ponts. Je déconseille cet exercice aux étudiants moyens en début de révision (consolidez préalablement vos connaissances en algèbre linéaire et réduction). Pour la question 1, le calcul de ce polynôme caractéristique intervient fréquemment à l'écrit et l'oral de nombreux concours donc n'hésitez pas à le travailler. On peut procéder par récursion (sur le nombre de coefficients) en développant le déterminant selon la première colonne. Les questions 1 et 2 sont très bien pour s'entrainer sur les aspects théoriques du polynôme minimal.*

Exercice 38 (CCINP) Soit, pour $n \in \mathbb{N}^\times$, M_n la matrice de $\mathfrak{M}_n(\mathbb{R})$ dont les coefficients diagonaux sont $1, 2, .., n$ et les autres coefficients sont tous égaux à 1. Soit P_n le polynôme caractéristique de M_n.

1. Montrer que $P_{n+1}(X) = (X - n) P_n(X) - X(X-1) \cdots (X - n + 1)$.
2. Montrer que, pour tout n et pour tout $k \in \{0, .., n-1\}$, on a $(-1)^{n-k} P_n(k) > 0$.
3. En déduire que chaque intervalle $]0, 1[$, $]1, 2[$, ..., $]n-1, +\infty[$ contient exactement une valeur propre de M_n.

Solution 38

1. $$P_{n+1}(X) = \det(XI_{n+1} - M_{n+1}) = \begin{vmatrix} X-1 & -1 & -1 & \cdots & -1 \\ -1 & X-2 & \ddots & \ddots & \vdots \\ -1 & \ddots & \ddots & \ddots & -1 \\ \vdots & \ddots & \ddots & \ddots & -1 \\ -1 & \cdots & -1 & 1 & X-(n+1) \end{vmatrix}_{n+1} .$$

On effectue les opérations élémentaires suivantes : $\forall i \in \{2, ..., n+1\}$, $L_i \leftarrow L_i - L_1$, ce qui nous donne :

$$P_{n+1}(X) = \begin{vmatrix} X-1 & -1 & -1 & \cdots & -1 \\ -X & X-1 & 0 & \cdots & 0 \\ -X & 0 & \ddots & \ddots & \vdots \\ \vdots & \vdots & \ddots & X-n+1 & 0 \\ -X & 0 & \cdots & 0 & X-n \end{vmatrix}_{n+1}$$

On développe ce nouveau déterminant selon la dernière ligne :

$$P_{n+1}(X) = (X-n)\begin{vmatrix} X-1 & -1 & -1 & \cdots \\ -X & X-1 & 0 & \cdots \\ -X & 0 & \ddots & \ddots \\ \vdots & \vdots & \ddots & X-n+1 \end{vmatrix}_n + (-X)(-1)^{1+(n+1)}\begin{vmatrix} -1 & -1 & \cdots & -1 \\ X-1 & 0 & \cdots & 0 \\ 0 & \ddots & \ddots & \vdots \\ \vdots & \ddots & X-n+1 & 0 \end{vmatrix}_n$$

Le premier déterminant vaut P_n *(il suffit de faire les opérations* $L_i \leftarrow L_i + L_1$ *pour tout* $i \in \{2, ..., n\}$, *pour le réobtenir) et on développe le second selon la dernière colonne :*

$$\begin{aligned} P_{n+1}(X) &= (X-n)P_n(X) + (-X)\underbrace{(-1)^{n+2}(-1)^{n+1}}_{=(-1)^{2n+3}=-1}(-1)\begin{vmatrix} X-1 & 0 & \cdots \\ 0 & \ddots & \ddots \\ \vdots & \ddots & X-n+1 \end{vmatrix}_n \\ &= (X-n)P_n(X) - X(X-1)\cdots(X-n+1). \end{aligned}$$

(puisque ce dernier déterminant est triangulaire).

2. *On procède par récurrence sur* n. *Pour* $n = 1$, *pour tout* $k \in \{0\} \Leftrightarrow k = 0$, $P_1(X) = X-1$ *et* $(-1)^{1-0} P_1(0) = 1 > 0$ *donc l'initialisation* $n = 1$ *est vraie. Supposons la propriété vérifiée pour un certain entier* $n \geqslant 1$ *alors, en utilisant la relation de récurrence de la question 1, on a :*

$$\begin{aligned} \forall k &\in \{0, ..., n-1\}, \quad P_{n+1}(k) = (k-n)P_n(k) \\ &\Rightarrow (-1)^{n+1-k} P_{n+1}(k) = \underbrace{(n-k)}_{>0}\underbrace{(-1)^{n-k} P_n(k)}_{>0} > 0 \\ P_{n+1}(n) &= -n(n-1)\cdots 1 = -n! \Rightarrow (-1)^{n+1-n} P_{n+1}(n) = n! > 0, \end{aligned}$$

ce qui démontre la propriété au rang $n+1$ *et achève la récurrence.*

3. *Soit* $n \geqslant 2$. *Pour tout* $k \in \{0, ..., n-2\}$, *on a :*

$$(-1)^{n-k} P_n(k) > 0 \text{ et } (-1)^{n-(k+1)} P_n(k+1) > 0$$

donc

$$(-1)^{n-k} P_n(k)(-1)^{n-(k+1)} P_n(k+1) > 0 \Leftrightarrow P_n(k) P_n(k+1) < 0.$$

Pour chaque $k \in \{0, .., n-1\}$, *la fonction* $x \mapsto P_n(x)$ *étant continue sur l'intervalle* $[k, k+1]$ *et* $P_n(k) P_n(k+1) < 0$, *le théorème des valeurs intermédiaires montre que l'équation* $P_n(x) = 0$ *admet une solution sur l'intervalle* $]k, k+1[$ *(donc sur* $]0,1[$, $]1,2[$, ..., $]n-2, n-1[$*). En outre, d'après la relation de récurrence de la question 1, on a* $\forall n \in \mathbb{N}$, $P_{n+1}(n) = -n! < 0$. *En particulier, pour* $n \geqslant 1$, *on a*

$$P_n(n-1) = -(n-1)! < 0 \text{ et } \lim_{+\infty} P_n = +\infty$$

(polynôme unitaire de degré n*) donc, toujours d'après le théorème des valeurs intermédiaires, l'équation* $P_n(x) = 0$ *admet une solution sur l'intervalle* $]n-1, +\infty[$. *Par*

conséquent, on vient de prouver que P_n admet n racines distinctes sur $\mathbb{R}$. Or P_n est un polynôme de degré n donc il n'admet pas d'autres racines ce qui prouve le résultat attendu.

Commentaires 38 *Exercice non conventionnel mais bien adapté à CCINP. Il est néanmoins discriminant car il requiert de la part du candidat une certaine agilité intellectuelle (calcul de déterminant en grande taille, procéder à une récurrence « sophistiquée », penser à l'analyse pour obtenir des racines). Les questions de ce sujet étant suffisamment autonomes (pour chaque question, la réponse est fournie), le candidat ne doit pas hésiter à admettre une question pour en traiter une autre où il a des idées afin d'optimiser sa phase de préparation. Il s'agit d'un très bon sujet de révision.*

2.2 Mines-Telecom

Exercice 39 (Mines-Telecom)

1. Soit $A \in \mathfrak{M}_2(\mathbb{C})$ non diagonalisable. Montrer qu'on peut écrire $A = \alpha I_2 + N$ avec $\alpha \in \mathbb{C}$ et N telle que $N \neq 0$ et $N^2 = 0$.
2. Résoudre l'équation $M^n = \begin{pmatrix} 2 & -1 \\ 1 & 0 \end{pmatrix}$.

Solution 39

1. *Le polynôme caractéristique de A est un polynôme unitaire du second degré de $\mathbb{C}[X]$ qui est scindé dans $\mathbb{C}[X]$ (d'après le théorème de d'Alembert-Gauss). Comme A est non diagonalisable, χ_A ne peut être scindé à racines simples (sinon A serait diagonalisable) donc χ_A admet une racine double. Notons la α alors $\chi_A(X) = (X-\alpha)^2$. D'après le théorème de Cayley-Hamilton, on a :*

$$\chi_A(A) = 0 \Leftrightarrow (A - \alpha I_2)^2 = 0.$$

On note alors $N = A - \alpha I_2$ qui vérifie $N^2 = 0_2$. En outre, $N \neq 0_2$ (sinon $A = \alpha I_2$ est diagonale donc diagonalisable, ce qui est absurde).

2. *Notons $A = \begin{pmatrix} 2 & -1 \\ 1 & 0 \end{pmatrix}$. Un calcul direct montre que :*

$$\chi_A(X) = \begin{vmatrix} X-2 & 1 \\ -1 & X \end{vmatrix} = X^2 - 2X + 1 = (X-1)^2 \Rightarrow \mathrm{Sp}(A) = \{1\}.$$

Déterminons une base de $E_1(A)$.

$$\begin{aligned} X &= \begin{pmatrix} x \\ y \end{pmatrix} \in E_1(A) \Leftrightarrow AX = X \Leftrightarrow \begin{cases} 2x - y = x \\ x = y \end{cases} \\ &\Leftrightarrow X = \begin{pmatrix} x \\ x \end{pmatrix} = x\begin{pmatrix} 1 \\ 1 \end{pmatrix} \Leftrightarrow E_1(A) = \mathrm{Vect}\begin{pmatrix} 1 \\ 1 \end{pmatrix} \end{aligned}$$

Ainsi, A n'est pas diagonalisable (car $\dim(E_1(A)) \neq 2$ qui est la taille de A) mais on peut la trigonaliser (car χ_A est scindé). On complète $\varepsilon_1 = \begin{pmatrix} 1 \\ 1 \end{pmatrix}$ en une base $(\varepsilon_1, \varepsilon_2)$ de $\mathfrak{M}_{2,1}(\mathbb{R})$ en choisissant $\varepsilon_2 = \begin{pmatrix} 1 \\ 0 \end{pmatrix}$ par exemple. Alors, on a :

$$A\varepsilon_2 = \begin{pmatrix} 2 \\ 1 \end{pmatrix} = \varepsilon_1 + \varepsilon_2 \Rightarrow A = PTP^{-1} \text{ avec } P = \begin{pmatrix} 1 & 1 \\ 1 & 0 \end{pmatrix} \text{ et } T = \begin{pmatrix} 1 & 1 \\ 0 & 1 \end{pmatrix}.$$

Soit $M \in \mathfrak{M}_2(\mathbb{C})$ telle que $M^n = A$ alors :

$$MA = MM^n = M^{n+1} = M^n M = AM.$$

On note $M' = P^{-1}MP \Leftrightarrow M = PM'P^{-1}$ alors on a :

$$\begin{aligned} AM &= MA \Leftrightarrow PTP^{-1}PM'P^{-1} = PM'P^{-1}PTP^{-1} \\ &\Leftrightarrow PTM'P^{-1} = PM'TP^{-1} \Leftrightarrow TM' = M'T \end{aligned}$$

(en multipliant par P^{-1} à gauche et par P à droite). En posant $M' = \begin{pmatrix} a & b \\ c & d \end{pmatrix}$, on en déduit que :

$$\begin{aligned} TM' &= M'T \Leftrightarrow \begin{pmatrix} a+c & b+d \\ c & d \end{pmatrix} = \begin{pmatrix} a & a+b \\ c & c+d \end{pmatrix} \\ &\Leftrightarrow \begin{cases} a+c=a \\ b+d=a+b \\ c=c \\ d=c+d \end{cases} \Leftrightarrow \begin{cases} c=0 \\ a=d \end{cases} \Leftrightarrow M' = \begin{pmatrix} a & b \\ 0 & a \end{pmatrix} = aI_2 + bE_{1,2}. \end{aligned}$$

En réinjectant cette formulation dans l'équation souhaitée, on a :

$$M^n = A \Leftrightarrow \left(PM'P^{-1}\right)^n = PTP^{-1} = P\left(M'\right)^n P^{-1} = PTP^{-1} \Leftrightarrow \left(M'\right)^n = T.$$

Comme la matrice $E_{1,2} = \begin{pmatrix} 0 & 1 \\ 0 & 0 \end{pmatrix}$ est nilpotente (car $\left(E_{1,2}\right)^2 = 0_2$) et qu'elle commute avec I_2, on peut appliquer la formule du binôme de Newton :

$$\begin{aligned} &\left(aI_2 + bE_{1,2}\right)^n = \begin{pmatrix} 1 & 1 \\ 0 & 1 \end{pmatrix} \Leftrightarrow \sum_{k=0}^{n} \underbrace{\left(bE_{1,2}\right)^k}_{=0 \ si \ k \geqslant 2} \left(aI_2\right)^{n-k} = \begin{pmatrix} 1 & 1 \\ 0 & 1 \end{pmatrix} \\ &\Leftrightarrow a^n I_2 + na^{n-1} b E_{1,2} = \begin{pmatrix} 1 & 1 \\ 0 & 1 \end{pmatrix} \Leftrightarrow \begin{pmatrix} a^n & na^{n-1}b \\ 0 & a^n \end{pmatrix} = \begin{pmatrix} 1 & 1 \\ 0 & 1 \end{pmatrix} \\ &\Leftrightarrow \begin{cases} a^n = 1 \\ nb \underbrace{a^{n-1}}_{=a^n/a=1/a} = 1 \end{cases} \Leftrightarrow \begin{cases} a = \exp\left(\dfrac{2\pi ik}{n}\right), \ k \in \{0, ..., n-1\} \\ b = \dfrac{a}{n} = \exp\left(\dfrac{2\pi ik}{n}\right), \ k \in \{0, ..., n-1\} \end{cases}. \end{aligned}$$

Par conséquent, les solutions de l'équation $M^n = A$ forment l'ensemble suivant :

$$\begin{aligned} &\left\{\exp\left(\frac{2\pi ik}{n}\right) P \begin{pmatrix} 1 & 1/n \\ 0 & 1 \end{pmatrix} P^{-1}, \ k \in \{0, ..., n-1\}\right\} \\ = &\left\{\exp\left(\frac{2\pi ik}{n}\right) \begin{pmatrix} 1+1/n & -1/n \\ 1/n & 1-1/n \end{pmatrix}, \ k \in \{0, ..., n-1\}\right\} \end{aligned}$$

(par un calcul direct en remarquant que $\begin{pmatrix} 1 & 1 \\ 1 & 0 \end{pmatrix}^{-1} = \begin{pmatrix} 0 & 1 \\ 1 & -1 \end{pmatrix}$).

Commentaires 39 *Il s'agit d'un problème classique (les racines de matrices) dans un cas moins classique (le cas trigonalisable). La première question est élémentaire. La seconde requiert une bonne maitrise des calculs pour ne pas s'y noyer ainsi que la stratégie générale de la résolution des équations matricielles polynomiales (passer par l'étude du commutant). L'exercice est discriminant.*

Exercice 40 (Mines-Telecom) Soit $A \in \mathfrak{M}_n(\mathbb{R})$ telle que $A^3 + A - I_n = 0$.

1. A est-elle diagonalisable sur $\mathbb{C}$?
2. A est-elle diagonalisable sur $\mathbb{R}$?

Solution 40

1. *Le polynôme $P = X^3 + X - 1 \in \mathbb{C}[X]$ annule A. Il est scindé sur $\mathbb{C}[X]$ (d'après le théorème de d'Alembert-Gauss car P est non constant). Supposons qu'il possède une racine (au moins) double notée z alors :*

$$\begin{cases} P(z) = 0 \\ P'(z) = 0 \end{cases} \Leftrightarrow \begin{cases} z^3 + z - 1 = 0 \\ 3z^2 + 1 = 0 \end{cases} \Leftrightarrow \begin{cases} z^2 = -\dfrac{1}{3} \\ z\left(z^2+1\right) - 1 = 0 \end{cases}$$

$$\Leftrightarrow \begin{cases} z^2 = -\dfrac{1}{3} \\ \dfrac{2}{3}z - 1 = 0 \end{cases} \Leftrightarrow \begin{cases} z = \dfrac{3}{2} \\ z^2 = -\dfrac{1}{3} \end{cases},$$

ce qui est absurde (car $z \in \mathbb{R}$ et z^2 n'est pas possible). Par conséquent, P n'admet aucune racine double donc il est scindé à racines simples d'où A est diagonalisable dans $\mathfrak{M}_n(\mathbb{C})$.

2. *Le polynôme $P = X^3 + X - 1 \in \mathbb{R}[X]$ annule A. D'après la question précédente, il n'admet aucune racine double dans $\mathbb{C}$ donc dans $\mathbb{R}$. La fonction $f : x \mapsto x^3 + x - 1$ est strictement croissante sur $\mathbb{R}$ (comme somme de deux telles fonctions). Comme $\lim_{x \to -\infty} f(x) = -\infty$ et $\lim_{x \to +\infty} f(x) = +\infty$, la fonction f réalise une bijection de $\mathbb{R}$ sur*

$$f(\mathbb{R}) = \left]\lim_{-\infty} f, \lim_{+\infty} f\right[=]-\infty, +\infty[= \mathbb{R}.$$

En particulier, l'équation $f(x) = 0$ admet une unique solution dans $\mathbb{R}$. On la note r donc P admet pour unique racine dans $\mathbb{R}$ le nombre réel r. Comme P annule A, on a l'inclusion ensembliste suivante :

$$\mathrm{Sp}(A) \subset \{\textit{racines de } P \textit{ dans } \mathbb{R}\} = \{r\}.$$

Supposons que A soit diagonalisable alors il existe $P \in \mathrm{GL}_n(\mathbb{R})$ telle que $P^{-1}AP$ est une matrice diagonale, ses coefficients diagonaux étant les valeurs propres de A. D'après l'inclusion précédente, on a nécessairement :

$$P^{-1}AP = \mathrm{diag}(r, .., r) = rI_n \Rightarrow A = P(rI_n)P^{-1} = rPI_nP^{-1} = rI_n.$$

Supposons que $A = rI_n$ avec r l'unique racine réelle de P. Il est manifeste que A est diagonalisable et :

$$A^3 + A - I_n = \left(r^3 + r - 1\right) I_n = 0.$$

Au final, A est diagonalisable si et seulement si $A = rI_n$.

Commentaires 40 *Il s'agit d'un grand classique des concours (équations matricielles polynomiales) qui doit être maitrisé car il est très courant à tous les concours de ce livre. La seule petite difficulté étant l'impossibilité de déterminer les racines donc il faut revenir à la définition des racines simples ou bien exploiter l'étude des fonctions d'une variable réelle à valeurs réelles.*

Exercice 41 (Mines-Telecom) Trouver toute les matrices A de $\mathfrak{M}_n(\mathbb{R})$ telles que $A^3 = A^2$ et $\mathrm{Tr}(A) = n$.

Solution 41 *Le polynôme* $P = X^3 - X^2 = X^2(X-1)$ *annule* A *donc* A *est trigonalisable dans* $\mathfrak{M}_n(\mathbb{R})$ *et on a l'inclusion :*

$$\mathrm{Sp}(A) \subset \{\textit{racines de } P\} = \{0,1\}.$$

Il existe $P \in \mathfrak{M}_n(\mathbb{R})$ *telle que*

$$P^{-1}AP = \begin{pmatrix} 1 & & & & & \\ & \ddots & & & (*) & \\ & & 1 & & & \\ & & & 0 & & \\ & (0) & & & \ddots & \\ & & & & & 0 \end{pmatrix} = T$$

avec 1 *apparaissant* p *fois sur la diagonale et* 0 *apparaissant* $n-p$ *fois sur la diagonale où* $p \in \{0, ..., n\}$. *La trace d'une matrice étant invariante par conjugaison, on a :*

$$\begin{aligned} n &= \mathrm{Tr}(A) = \mathrm{Tr}\left(P^{-1}AP\right) = \mathrm{Tr}(T) = p \times 1 + (n-p) \times 0 = p \\ \Rightarrow & \quad P^{-1}AP = \begin{pmatrix} 1 & & (*) \\ & \ddots & \\ (0) & & 1 \end{pmatrix} \Rightarrow \det(A) = \det\left(P^{-1}AP\right) = 1^n = 1 \neq 0. \end{aligned}$$

Ainsi, la matrice A *étant inversible, on peut multiplier par* $\left(A^2\right)^{-1}$ *l'équation* $A^3 = A^2$ *vérifiée par* A, *on obtient* $A = I_n$.
Réciproquement, la matrice $A = I_n$ *vérifie* $A^3 = A^2$ *et* $\mathrm{Tr}(A) = n$. *Autrement dit, seule la matrice* $A = I_n$ *vérifie* $A^3 = A^2$ *et* $\mathrm{Tr}(A) = n$.

Commentaires 41 *Exercice très classique. N'hésitez pas à le retravailler si vous n'avez pas réussi à le traiter.*

Exercice 42 (Mines-Telecom) Soient $A, B \in \mathfrak{M}_n(\mathbb{C})$ telles que $\exists\, C \in \mathfrak{M}_n(\mathbb{C}) \backslash \{0\}$ vérifiant $AC = CB$.

1. Montrer que $\forall P \in \mathbb{C}[X],\ P(A)C = CP(B)$.
2. Montrer que A et B possèdent une valeur propre commune.

Solution 42

1. *Montrons par récurrence sur* $k \in \mathbb{N}$ *la propriété* $(\mathcal{P}_k)$: « $A^kC = CB^k$ ».
   Initialisation $k = 0$. *On a* $A^0C = I_nC = C = CI_n = CB^0$ *donc* $(\mathcal{P}_0)$ *est vraie.*
   Hérédité. *Supposons la propriété* $(\mathcal{P}_k)$ *vérifiée pour un certain entier* k *alors*

$$A^{k+1}C = A\left(A^kC\right) \underset{(\mathcal{P}_k)}{=} A\left(CB^k\right) = (AC)\,B^k = (CB)\,B^k = CB^{k+1}$$

donc $(\mathcal{P}_{k+1})$ *est vraie, ce qui achève la récurrence.*
Soit $P \in \mathbb{C}[X]$. *Il existe un entier* N *et des nombres complexes* $p_0, p_1, .., p_N$ *tels que* $P(X) = \sum_{k=0}^{N} p_k X^k$. *On peut alors écrire :*

$$P(A)C = \left(\sum_{k=0}^{N} p_k A^k\right) C = \sum_{k=0}^{N} p_k A^k C = \sum_{k=0}^{N} p_k C B^k = C\left(\sum_{k=0}^{N} p_k B^k\right) = CP(B).$$

2. *Comme* $P = \chi_A$ *(le polynôme caractéristique de* A*) annule* A *(d'après le théorème de Cayley-Hamilton), on a* $P(A) = 0_n$ *donc, d'après la question précédente, on obtient l'égalité :*

$$CP(B) = P(A)C = 0_n C = 0_n.$$

Par conséquent, la matrice $P(B)$ *n'est pas inversible (sinon, en multipliant l'égalité précédente par* $(P(B))^{-1}$, *on en déduit que* $C = 0_n$, *ce qui est absurde) donc son déterminant est nul. Le polynôme* $P = \chi_A$ *est scindé dans* $\mathbb{C}[X]$ *(d'après le théorème de d'Alembert-Gauss) et ses seules racines sont les valeurs propres de* A *donc* $P = \prod_{\lambda \in \mathrm{Sp}(A)} (X - \lambda)^{m_\lambda}$ *où, pour chaque valeur propre* λ *de* A, m_λ *désigne la multiplicité de* λ *comme racine de* P. *On en déduit que :*

$$0 = \deg(P(B)) = \det\left(\prod_{\lambda \in \mathrm{Sp}(A)} (B - \lambda I_n)^{m_\lambda}\right) = \prod_{\lambda \in \mathrm{Sp}(A)} (\det(B - \lambda I_n))^{m_\lambda}$$

donc il existe un facteur nul (produit de nombres réels qui vaut 0*) c'est-à-dire qu'il existe une valeur propre* λ_0 *de* A *vérifiant :*

$$\det(B - \lambda_0 I_n) = 0 \Leftrightarrow \chi_B(\lambda_0) = 0 \Leftrightarrow \lambda_0 \in \mathrm{Sp}(B).$$

Ainsi, λ_0 *est valeur propre de* A *et de* B *donc* A *et* B *ont une valeur propre commune.*

Commentaires 42 *Il s'agit d'un exercice commun à plusieurs concours. La première question est rudimentaire. Pour la seconde, il est attendu du candidat de songer à la notion de polynôme annulateur. Le corrigé propose le polynôme caractéristique, on peut également envisager le polynôme minimal.*

Exercice 43 (Mines-Telecom) Soient $n \geqslant 2$ et $A \in \mathfrak{M}_n(\mathbb{R})$ telle que $A^3 + A^2 + A + I_n = 0_n$.

1. On suppose que A est diagonalisable dans $\mathfrak{M}_n(\mathbb{R})$. Que dire de A ?
2. On revient au cas général. A est-elle inversible ? A est-elle nécessairement diagonalisable ?
3. Montrer que $\mathrm{Tr}(A) \leqslant 0$.

Solution 43

1. *La matrice* A *est diagonalisable dans* $\mathfrak{M}_n(\mathbb{R})$ *c'est-à-dire qu'il existe une matrice inversible* P *telle que* $P^{-1}AP$ *est diagonale. Le polynôme*

$$R(X) = X^3 + X^2 + X + 1 = X^2(X+1) + (X+1) = (X^2+1)(X+1)$$

annule A donc les valeurs propres de A sont parmi les racines réelles de R (puisque A est diagonalisable dans $\mathfrak{M}_n(\mathbb{R})$) donc $\mathrm{Sp}(A) \subset \{-1\}$. *Comme* $\mathrm{Sp}(A) \neq \emptyset$ *(puisque A est diagonalisable), on en déduit que* $\mathrm{Sp}(A) = \{-1\}$. *En particulier, on en déduit que* $P^{-1}AP = \mathrm{diag}(-1, ..., -1) = -I_n$ *(puisque les coefficients diagonaux de $P^{-1}AP$ sont les valeurs propres de A) donc* $A = P(-I_n)P^{-1} = -I_n$.
Réciproquement, si $A = -I_n$ alors A est diagonalisable et vérifie maifestement l'équation $A^3 + A^2 + A + I_n = 0_n$.

2. *Le polynôme*
$$R = X^3 + X^2 + X + 1 = (X+1)\left(X^2+1\right)$$
annule A et son coefficient constant est non nul donc A est inversible (ou encore
$$A\left(-A^2 - A - I_n\right) = I_n).$$
Montrons que la matrice A n'est pas toujours diagonalisable. Il suffit de considérer une matrice B dont X^2+1 est un polynôme annulateur donc B ne peut être diagonalisable dans $\mathfrak{M}_n(\mathbb{R})$ (sinon, ses valeurs propres sont réelles et annulent X^2+1, ce qui est absurde) et vérifie l'équation considérée :
$$R(B) = \left(B^2 + I_n\right)(B + I_n) = 0_n (B + I_n) = 0_n.$$
L'exemple le plus célèbre d'une telle matrice est la matrice de rotation d'angle $\frac{\pi}{2}$ du plan $\mathbb{R}^2$ dans la base canonique i.e. $B = \begin{pmatrix} 0 & -1 \\ 1 & 0 \end{pmatrix}$. *On considère alors la matrice*
$$A_0 = \begin{pmatrix} B & 0 \\ 0 & -I_{n-2} \end{pmatrix} \in \mathfrak{M}_n(\mathbb{R}) \text{ (définie par blocs).}$$
La matrice B est annulée par $\chi_B = X^2 + 1$ donc elle est annulée par R. La matrice $-I_{n-2}$ est annulée par $X+1$ donc elle est annulée par R. Montrons que A_0 est annulé par R. Comme A_0 est diagonale par blocs, le calcul matriciel par blocs montre que :
$$\begin{aligned} \forall k \ &\in \ \mathbb{N}, A_0^k = \begin{pmatrix} B^k & 0 \\ 0 & (-I_{n-2})^k \end{pmatrix} \Rightarrow R(A_0) = \begin{pmatrix} R(B) & 0 \\ 0 & R(-I_{n-2}) \end{pmatrix} = 0_n \\ \chi_{A_0}(X) \ &= \ \det(XI_2 - B)\det((X+1)I_{n-2}) = \left(X^2+1\right)(X+1)^{n-2}. \end{aligned}$$
Comme le polynôme caractéristique de A_0 n'est pas scindé dans $\mathfrak{M}_n(\mathbb{R})$, la matrice A n'est pas diagonalisable dans $\mathfrak{M}_n(\mathbb{R})$ bien qu'elle vérifie l'équation $R(A_0) = 0_n$.

3. *Le polynôme*
$$R = X^3 + X^2 + X + 1 = \left(X^2+1\right)(X+1) = (X+i)(X-i)(X+1)$$
annule A et il est scindé à racines simples dans $\mathbb{C}[X]$. *Comme* $A \in \mathfrak{M}_n(\mathbb{R}) \subset \mathfrak{M}_n(\mathbb{C})$, *la matrice A est diagonalisable dans $\mathfrak{M}_n(\mathbb{C})$ et* $\mathrm{Sp}(A) \subset \{\textit{racines de } R\} = \{-1, i, -i\}$. *Ainsi, il existe une matrice* $P \in \mathrm{GL}_n(\mathbb{C})$ *telle que* $A = P\,\mathrm{diag}(iI_r, -iI_s, -I_t)P^{-1}$ *(en regroupant consécutivement les valeurs propres identiques) et en convenant que r, s ou t valent 0 si i, $-i$ ou -1 ne sont pas valeurs propres de A). En outre, on a :*
$$\mathrm{Tr}(A) = \mathrm{Tr}(\mathrm{diag}(iI_r, -iI_s, -I_t)) = ir + (-i)s + (-1)t = i(r-s) - t.$$
Comme A est à coefficients réels, sa trace l'est aussi donc $r - s = 0$ d'où $\mathrm{Tr}(A) = -t \leqslant 0$ *(puisque $t \in \mathbb{N}$).*

Commentaires 43 *Grand classique des oraux des quatre concours de ce livre. Il traite des équations matricielles polynomiales en lien avec la réduction, les polynômes annulateurs et l'influence du corps ($\mathbb{R}$ ou $\mathbb{C}$ ici). Ce type d'exercice doit absolument présent dans la préparation du candidat et travailler soigneusement (l'exercice change toujours, pas les questionnements associés). La seule question sélective sera la seconde question de la question 2 car elle est ouverte et il s'agit de trouver finalement un contre-exemple.*

Exercice 44 (Mines-Telecom) On pose $M = \begin{pmatrix} -2 & -1 & -2 \\ -2 & -5 & -6 \\ 1 & 2 & 2 \end{pmatrix}$.

1. Montrer que son polynôme caractéristique est $(X+1)(X+2)^2$.
2. Est-elle diagonalisable ?
3. Montrer qu'elle est semblable à $A = \begin{pmatrix} -1 & 0 & 0 \\ 0 & -2 & 0 \\ 0 & 1 & -2 \end{pmatrix}$.
4. Prouver que toute solution de $X'(t) = MX(t)$ tend vers $0_{3,1}$ quand $t \to +\infty$.

Solution 44

1. *On procède par un développement du déterminant selon la première colonne :*

$$\begin{aligned}
\chi_M(X) &= \det(XI_3 - M) = \begin{vmatrix} X+2 & 1 & 2 \\ 2 & X+5 & 6 \\ -1 & -2 & X-2 \end{vmatrix} \\
&= (X+2)\begin{vmatrix} X+5 & 6 \\ -2 & X-2 \end{vmatrix} - 2\begin{vmatrix} 1 & 2 \\ -2 & X-2 \end{vmatrix} + (-1)\begin{vmatrix} 1 & 2 \\ X+5 & 6 \end{vmatrix} \\
&= (X+2)\left[(X+5)(X-2)+12\right] - 2\left[X-2+4\right] - (6 - 2(X+5)) \\
&= (X+2)\left[X^2+3X+2\right] \underbrace{-2\left[X+2\right] + 2(X+2)}_{=0} \\
&= (X+2)(X+2)(X+1) = (X+1)(X+2)^2.
\end{aligned}$$

2. *D'après la question précédente, on a* $\mathrm{Sp}(M) = \{$*racines de* $\chi_M\} = \{-2, -1\}$. *Déterminons la dimension de l'espace propre* $E_{-2}(M)$.

$$E_{-2}(M) = \ker(M + 2I_3) = \ker\begin{pmatrix} 0 & -1 & -2 \\ -2 & -3 & -6 \\ 1 & 2 & 4 \end{pmatrix}.$$

La matrice $M + 2I_3$ *est de rang au moins* 2 *(car ses deux premières colonnes sont non nulles et non colinéaires) donc, d'après le théorème du rang, on a :*

$$\dim(E_{-2}(M)) = \dim(\ker(M+2I_3)) = 3 - \mathrm{rg}(M+2I_3) \leqslant 3 - 2 = 1.$$

Ainsi, $\dim(E_{-2}(M))$ *est différent de* 2 *(multiplicité de* -2 *comme racine de* χ_M*) donc* M *n'est pas diagonalisable.*

3. *Soit* u *l'endomorphisme de* $\mathbb{R}^3$ *dont la matrice dans la base canonique est* M. *La matrice* M *est semblable à* A *si et seulement s'il existe une base* $\mathcal{B} = (\varepsilon_1, \varepsilon_2, \varepsilon_3)$ *telle que*

mat $(u, \mathcal{B}) = A$ *c'est-à-dire que :*

$$\left\{\begin{array}{l} (\mathcal{E}_1) : u(\varepsilon_1) = -\varepsilon_1 \\ (\mathcal{E}_2) : u(\varepsilon_2) = -2\varepsilon_2 + \varepsilon_3 \\ (\mathcal{E}_3) : u(\varepsilon_3) = -2\varepsilon_2 \end{array}\right. .$$

Notons E_1, E_2, E_3 *les matrices respectives de* ε_1, ε_2, ε_3 *dans la base canonique de* $\mathbb{R}^3$.

Détermination de E_1. *On pose* $E_1 = \begin{pmatrix} x \\ y \\ z \end{pmatrix}$ *alors l'équation* $(\mathcal{E}_1)$ *est équivalente à l'équation :*

$$AE_1 = -E_1 \Leftrightarrow \left\{\begin{array}{c} -2x - y - 2z = -x \\ -2x - 5y - 6z = -y \\ x + 2y + 2z = -z \end{array}\right. \Leftrightarrow \left\{\begin{array}{c} -x - y - 2z = 0 \\ -2x - 4y - 6z = 0 \\ x + 2y + 3z = 0 \end{array}\right.$$

$$\underset{L_3 \leftarrow L_3 + L_1}{\overset{L_2 \leftarrow L_2 - 2L_1}{\Leftrightarrow}} \left\{\begin{array}{c} -x - y - 2z = 0 \\ -2y - 2z = 0 \\ y + z = 0 \end{array}\right. \Leftrightarrow \left\{\begin{array}{l} z = -y \\ x = -y - 2z = -y + 2y = y \end{array}\right.$$

$$\Leftrightarrow E_1 = \begin{pmatrix} y \\ y \\ -y \end{pmatrix} = y \begin{pmatrix} 1 \\ 1 \\ -1 \end{pmatrix}.$$

On choisit $E_1 = \begin{pmatrix} 1 \\ 1 \\ -1 \end{pmatrix}$.

Détermination de E_3. *On pose* $E_3 = \begin{pmatrix} x \\ y \\ z \end{pmatrix}$ *alors l'équation* $(\mathcal{E}_3)$ *est équivalente à l'équation :*

$$AE_3 = -2E_3 \Leftrightarrow \left\{\begin{array}{c} -2x - y - 2z = -2x \\ -2x - 5y - 6z = -2y \\ x + 2y + 2z = -2z \end{array}\right. \Leftrightarrow \left\{\begin{array}{c} y = 2z \\ -2x - 3y - 6z = 0 \\ x + 2y + 4z = 0 \end{array}\right.$$

$$\Leftrightarrow \left\{\begin{array}{c} y = -2z \\ 2x = -3(y + 2z) = 0 \\ x = -2(y + z) = 0 \end{array}\right. \Leftrightarrow \left\{\begin{array}{l} x = 0 \\ y = -2z \end{array}\right. \Leftrightarrow E_3 = \begin{pmatrix} 0 \\ -2z \\ z \end{pmatrix} = z \begin{pmatrix} 0 \\ -2 \\ 1 \end{pmatrix}.$$

On choisit $E_3 = \begin{pmatrix} 0 \\ -2 \\ 1 \end{pmatrix}$.

Détermination de E_2. *On pose* $E_2 = \begin{pmatrix} x \\ y \\ z \end{pmatrix}$ *alors l'équation* $(\mathcal{E}_2)$ *est équivalente à l'équation :*

$$AE_2 = -2E_2 + E_3 \Leftrightarrow \left\{\begin{array}{c} -2x - y - 2z = -2x \\ -2x - 5y - 6z = -2y - 2 \\ x + 2y + 2z = -2z + 1 \end{array}\right. \Leftrightarrow \left\{\begin{array}{c} y = 2z \\ -2x - 3y - 6z = -2 \\ x + 2y + 4z = 1 \end{array}\right.$$

$$\Leftrightarrow \left\{\begin{array}{c} y = -2z \\ 2x = -3(y + 2z) + 2 = 2 \\ x = -2(y + z) + 1 = 1 \end{array}\right. \Leftrightarrow \left\{\begin{array}{l} x = 1 \\ y = -2z \end{array}\right. \Leftrightarrow E_3 = \begin{pmatrix} 1 \\ -2z \\ z \end{pmatrix}.$$

On choisit $E_2 = \begin{pmatrix} 1 \\ 0 \\ 0 \end{pmatrix}$. *Comme on a :*

$$\det(\varepsilon_1, \varepsilon_2, \varepsilon_3) = \begin{vmatrix} 1 & 1 & 0 \\ 1 & 0 & -2 \\ -1 & 0 & 1 \end{vmatrix} = (-1)^{1+2} 1 \begin{vmatrix} 1 & -2 \\ -1 & 1 \end{vmatrix} = -(1-2) \neq 0$$

(par développement selon la seconde colonne), on en déduit que la famille $\mathcal{B} = (\varepsilon_1, \varepsilon_2, \varepsilon_3)$ *est bien une base de* $\mathbb{R}^3$. *Par construction, la matrice dans la base* $\mathcal{B}$ *est* A, *on en déduit que* M *est équivalente à* A. *D'après nos calculs, on peut même affirmer que :*

$$M = PAP^{-1} \text{ avec } P = \begin{pmatrix} 1 & 1 & 0 \\ 1 & 0 & -2 \\ -1 & 0 & 1 \end{pmatrix}.$$

4. D'après la question précédente, il existe une matrice inversible P *telle que* $M = PAP^{-1}$. *On pose* $Y = P^{-1}X \Leftrightarrow X = PY$ *alors on a les équivalences :*

$$X' = MX \Leftrightarrow (PY)' = PAP^{-1}(PY) \Leftrightarrow P'Y = PAY \Leftrightarrow Y' = AY$$

(en multipliant par P^{-1} *à droite). En posant* $Y = \begin{pmatrix} y_1 \\ y_2 \\ y_3 \end{pmatrix}$, *l'équation différentielle* $Y' = AY$ *est équivalente au système différentiel :*

$$\begin{cases} y_1' = -y_1 \\ y_2' = -2y_2 \\ y_3' = -2y_3' + y_2 \end{cases} \Leftrightarrow \begin{cases} y_1 = C_1 e^{-t},\ C_1 \in \mathbb{R} \\ y_2 = C_2 e^{-2t},\ C_2 \in \mathbb{R} \\ \left(y_3 e^{2t}\right)' = y_2 e^{2t} = C_2 \end{cases}$$

$$\Leftrightarrow \begin{cases} y_1 = C_1 e^{-t},\ C_1 \in \mathbb{R} \\ y_2 = C_2 e^{-2t},\ C_2 \in \mathbb{R} \\ y_3 e^{2t} = C_2 t + C_3,\ C_3 \in \mathbb{R} \end{cases} \Leftrightarrow \begin{cases} y_1 = C_1 e^{-t},\ C_1 \in \mathbb{R} \\ y_2 = C_2 e^{-2t},\ C_2 \in \mathbb{R} \\ y_3 = (C_2 t + C_3)\, e_3^{-2t}\, C_3 \in \mathbb{R}. \end{cases}$$

Il est immédiat que :

$$\lim_{t \to +\infty} y_1(t) = 0, \lim_{t \to +\infty} y_2(t) = 0, \lim_{t \to +\infty} y_3(t) = 0$$

(pour la dernière limite, cela résulte des croissances comparées). Par conséquent, $\lim_{t \to +\infty} Y(t) = 0_{3,1}$ *donc :*

$$\lim_{t \to +\infty} X(t) = \lim_{t \to +\infty} PY(t) = P\left(\lim_{t \to +\infty} Y(t)\right) = P0_{3,1} = 0_{3,1}$$

(par continuité de $Z \mapsto PZ$ *puisque cette application est linéaire en dimension finie).*

Commentaires 44 *Il s'agit d'un exercice très décomposé, les questions sont relativement indépendantes ou alors les réponses sont données explicitement. Ce sujet pourrait tout à fait être un sujet CCINP. Le candidat songera à traiter prioritairement les questions pour lesquelles il a des idées et évitant soigneusement les autres afin d'optimiser le nombre de points qu'il peut acquérir seul. En effet, l'initiative et l'autonomie sont valorisées à Mines-Telecom sachant que l'interrogation est assez « courte ».*
Les deux premières questions sont des applications immédiates du cours. La troisième sera discriminante car elle demande une compréhension sérieuse du candidat concernant la

notion de matrice semblable et de matrice d'un endomorphisme dans une base. La quatrième question est assez classique et il ne faut pas hésiter à résoudre le système différentiel associé.

Exercice 45 (Mines-Telecom) Soit l'équation $M^2 = \begin{pmatrix} 0 & 1 & 0 & 0 \\ 0 & 0 & 1 & 0 \\ 0 & 0 & 0 & 1 \\ 0 & 0 & 0 & 0 \end{pmatrix}$.

Trouver toutes les matrices M solutions.

Solution 45 *Notons* $A = \begin{pmatrix} 0 & 1 & 0 & 0 \\ 0 & 0 & 1 & 0 \\ 0 & 0 & 0 & 1 \\ 0 & 0 & 0 & 0 \end{pmatrix}$ *alors son polynôme caractéristique est* $\chi_A(X) = X^4$.
D'après le théorème de Cayley-Hamilton, on a l'égalité :

$$\chi_A(A) = 0_4 \Leftrightarrow A^4 = 0_4.$$

Supposons qu'il existe une matrice M *telle que* $M^2 = A$ *alors* $M^2 = A^4 = 0_4$. *Notons* m *l'endomorphisme de* $\mathbb{R}^4$ *dont la matrice dans la base canonique est* M *alors :*

$$\begin{aligned} m^2 &= 0 \Rightarrow \forall x \in \mathbb{R}^4, m(m(x)) = m^2(x) = 0(x) = 0 \\ &\Rightarrow \forall x \in \mathbb{R}^4, m(x) \in \ker(m) \Rightarrow \operatorname{Im}(m) \subset \ker(m) \\ &\Rightarrow \dim(\operatorname{Im}(m)) \leqslant \dim(\ker(m)) = 4 - \dim(\operatorname{Im}(m)) \ (*) \\ &\Leftrightarrow 2\dim(\operatorname{Im}(m)) \leqslant 4 \Leftrightarrow \operatorname{rg}(m) = \dim(\operatorname{Im}(m)) \leqslant 2 \end{aligned}$$

$(*)$ *d'après le théorème du rang.*
Nous disposons de l'inclusion $\operatorname{Im}(m^2) \subset \operatorname{Im}(m)$ *car*

$$\forall x \in \operatorname{Im}(m^2), \exists y \in \mathbb{R}^4 \,/\, x = m^2(y) = m(m(y)) \in \operatorname{Im}(m)).$$

On en déduit l'inégalité suivante :

$$\begin{aligned} \dim(\operatorname{Im}(m^2)) &\leqslant \dim(\operatorname{Im}(m)) \Leftrightarrow \operatorname{rg}(m^2) \leqslant \operatorname{rg}(m) = 2 \\ &\Leftrightarrow \operatorname{rg}(M^2) \leqslant 2 \Leftrightarrow \operatorname{rg}(A) \leqslant 2 \end{aligned}$$

(car $M^2 = A$*). Or, il est immédiat que* $\operatorname{rg}(A) = 3$ *(la première colonne de* A *est nulle et les trois dernières colonnes forment une famille libre puisqu'il s'agit d'une sous-famille de la base canonique de* $\mathfrak{M}_{4,1}(\mathbb{R})$*), ce qui est absurde (car* $\operatorname{rg}(A) \leqslant 2$*). Ainsi, l'équation* $M^2 = A$ *n'admet aucune solution.*

Commentaires 45 *Exercice classique de tous les concours de cet ouvrage. Il est donné en petite taille mais le raisonnement général est présent. Il n'est pas très difficile mais requiert une bonne compréhension de son cours d'algèbre linéaire.*

Exercice 46 (Mines-Telecom) Soit u un endomorphisme d'un $\mathbb{C}$-espace vectoriel de dimension finie vérifiant $\operatorname{Tr}(u^k) = 0$ pour tout k de $\mathbb{N}^*$. Montrer que u est nilpotent.

Solution 46 *u est trigonalisable (car $\chi_u \in \mathbb{C}[X]$ qui est scindé d'après le théorème de d'Alembert-Gauss). Il existe une base $\mathcal{B}$ trigonalisant u c'est-à-dire telle que :*

$$mat(u, \mathcal{B}) = \begin{pmatrix} \lambda_1 & & (*) \\ & \ddots & \\ (0) & & \lambda_n \end{pmatrix}$$

où n est la dimension de l'espace, $\lambda_1, ..., \lambda_n$ les valeurs propres de u comptées avec multiplicité (comme racines de χ_u). Pour tout entier $k \in \mathbb{N}^*$, on a :

$$\begin{aligned} mat\left(u^k, \mathcal{B}\right) &= (mat(u, \mathcal{B}))^k = \begin{pmatrix} (\lambda_1)^k & & (*) \\ & \ddots & \\ (0) & & (\lambda_n)^k \end{pmatrix} \\ &\Rightarrow (\mathcal{E}) : \forall k \in \mathbb{N}^*, \sum_{i=1}^{n} (\lambda_i)^k = \operatorname{Tr}\left(u^k\right) = 0. \end{aligned}$$

Supposons que u possède des valeurs propres non nulles. Notons les $\lambda'_1, .., \lambda'_r$ (elles sont deux à deux distinctes) de u et $m_1, ..., m_r$ leurs multiplicités respectives (comme racines de χ_u). Comme $0^k = 0$ pour tout $k \geqslant 1$, l'égalité $(\mathcal{E})$ se réécrit :

$$\begin{aligned} \forall k &\in \mathbb{N}^*, \sum_{i=1}^{r} m_i \left(\lambda'_i\right)^k = 0 \Rightarrow (\mathcal{S}) : \begin{cases} m_1\lambda'_1 + \cdots + m_r\lambda'_r = 0 \\ m_1\left(\lambda'_1\right)^2 + \cdots + m_r\left(\lambda'_r\right)^2 = 0 \\ \vdots \\ m_1\left(\lambda'_1\right)^r + \cdots + m_r\left(\lambda'_r\right)^r = 0 \end{cases} \\ &\Leftrightarrow \quad AX = 0_{r,1} \text{ avec } A = \begin{pmatrix} \lambda'_1 & \cdots & \lambda'_r \\ \left(\lambda'_1\right)^2 & \cdots & \left(\lambda'_r\right)^2 \\ \vdots & & \vdots \\ \left(\lambda'_1\right)^r & \cdots & \left(\lambda'_r\right)^r \end{pmatrix} \text{ et } X = \begin{pmatrix} m_1 \\ m_2 \\ \vdots \\ m_r \end{pmatrix}. \end{aligned}$$

Comme X est non nul (car $m_1, ..., m_r$ ne sont pas nuls), la matrice A n'est pas inversible (si A est inversible alors $X = A^{-1}0_{r,1} = 0_{r,1}$) donc son déterminant est nul. Pour chaque $i \in \{1, ..., r\}$, en factorisant la i^e colonne par λ'_i, on obtient :

$$0 = \det(A) = \lambda'_1 \cdots \lambda'_r \underbrace{\begin{vmatrix} 1 & \cdots & 1 \\ \lambda'_1 & \cdots & \lambda'_r \\ \vdots & & \vdots \\ \left(\lambda'_1\right)^{r-1} & \cdots & \left(\lambda'_r\right)^{r-1} \end{vmatrix}}_{=\Delta}.$$

Comme Δ est non nul (déterminant de Vandermonde de r nombres distincts), on peut affirmer que le produit $\lambda'_1 \cdots \lambda'_r$ est nul c'est-à-dire qu'un des nombres $\lambda'_1, ..., \lambda'_r$ est nul. Ceci est absurde avec l'hypothèse initiale donc u n'admet aucune valeur propre non nulle donc on peut écrire :

$$mat(u, \mathcal{B}) = \begin{pmatrix} 0 & & (*) \\ & \ddots & \\ (0) & & 0 \end{pmatrix} \Rightarrow \chi_u = \chi_{mat(u,\mathcal{B})} = X^n \Rightarrow u^n = \chi_u(u) = 0$$

(d'après le théorème de Cayley-Hamilton), ce qui prouve que u est nilpotente.

Commentaires 46 *Exercice classique du concours Mines-Ponts et bientôt du concours Mines-Telecom. Ce problème intervient aussi dans des sujets du concours Centrale-Supélec (par exemple, pour montrer qu'un sous-groupe* G *de* $\mathrm{GL}_n(\mathbb{C})$ *dont tous les éléments sont d'ordre fini alors* G *est un groupe fini). donc il ne faut pas hésiter à le travailler. En outre, il demande initiative et agilité intellectuelle du candidat. Pour le concours Mines-Telecom, on attend du candidat qu'il envisage seul la réduction de* u *et qu'il existe* $\mathrm{Tr}\left(u^k\right)$ *comme la somme des puissances* k^e *des valeurs de* u*. L'interrogateur pourra alors l'amener à considérer un système (autant d'équations que son nombre d'inconnues) ou que la famille des suites géométriques de raison distinctes forment une famille libre. Développons ce dernier point qui fournit une preuve très rapide et peu coûteuse en calcul. Pour tout* $q \in \mathbb{C}$*, on pose* $u^{(q)} = \left(q^k\right)_{k\in\mathbb{N}^*}$ *qui est une suite géométrique de raison* q*. Notons* $E = \mathbb{C}^{\mathbb{N}^*}$ *(ensemble des suites à valeurs complexes indexées à partir du rang* 1*) et* Δ *l'endomorphisme de* E *définie par* $\Delta u = (u_{n+1})_{n\geqslant 1}$*. Pour tout* $q \in \mathbb{C}^*$, $u^{(q)}$ *est non nul et* $\Delta u^{(q)} = qu^{(q)}$ *donc* $u^{(q)}$ *est un vecteur propre de* Δ *associé à la valeur propre* q*. Les espaces propres d'un endomorphisme donné étant en somme directe, on en déduit que la famille* $\left(u^{(q)}\right)_{q\in\mathbb{C}^*}$ *est libre. En particulier, si* $\lambda'_1, .., \lambda'_r$ *sont des complexes non nuls et deux à deux distincts et* $m_1, .., m_r$ *des entiers vérifiant :*

$$\forall k \geqslant 1, \sum_{i=1}^{r} m_i \left(\lambda'_i\right)^k \Leftrightarrow \sum_{i=1}^{r} m_i u^{(\lambda'_i)} = 0 \Rightarrow \forall i \in \{1, .., r\}, m_i = 0$$

et on conclut comme dans le corrigé.

Exercice 47 (Mines-Telecom) Soit p un nombre premier. On note $\mathbb{K} = \mathbb{Z}/p\mathbb{Z}$.

1. Calculer le cardinal de $\mathbb{K}_2[X]$.
2. Montrer qu'il existe des polynômes de $\mathbb{K}_2[X]$ non constants qui ne sont pas scindés.
3. En déduire qu'il existe des matrices dans $\mathfrak{M}_2(\mathbb{K})$ non trigonalisables.

Solution 47

1. *Un polynôme* $P = aX^2 + bX + c$ *est caractérisé par ses trois coefficients* (a, b, c)*. Chacun de ceux-ci peut prendre* $\mathrm{card}(\mathbb{K}) = p$ *valeurs distinctes donc il y a* p^3 *éléments dans* $\mathbb{K}_2[X]$ *(l'application* $\phi : (a, b, c) \mapsto aX^2 + bX + c$ *est une bijection de* $\mathbb{K}^3$ *sur* $\mathbb{K}_2[X]$*).*
2. *Notons* $\mathcal{S}$ *l'ensemble des polynômes de* $\mathbb{K}_2[X]$ *non constants et non scindés. Son complémentaire* $\mathcal{C}$ *dans* $\mathbb{K}_2[X]$ *est l'ensemble des polynômes constants ou des polynômes scindés de degré au plus deux. Un polynôme appartient à* $\mathcal{C}$ *si et seulement s'il est de la forme :*
   - $(\mathcal{F}_1)$ a *avec* $a \in \mathbb{K}$ *;*
   - $(\mathcal{F}_2) : a(X - r_1)$ *avec* $a \in \mathbb{K}^*$ *et* $r_1 \in \mathbb{K}$ *(premier degré) ;*
   - $(\mathcal{F}_3) : a(X - r_1)^2$ *avec* $a \in \mathbb{K}^*$ *et* $r_1 \in \mathbb{K}$ *(second degré avec racine double) ;*
   - $(\mathcal{F}_4) : a(X - r_1)(X - r_2)$ *avec* $a \in \mathbb{K}^*$ *et* $r_1 \neq r_2 \in \mathbb{K}$ *(second degré avec racines simples) ;*

   Il y a $\mathrm{card}(\mathbb{K}) = p$ *éléments de la forme* $(\mathcal{F}_1)$ *et*

   $$\mathrm{card}(\mathbb{K}^*)\,\mathrm{card}(\mathbb{K}) = (p-1)\,p$$

   éléments de la forme $(\mathcal{F}_2)$ *(car l'application* $\phi : (a, r_1) \mapsto a(X - r_1)$ *est une bijection de* $\mathbb{K}^* \times \mathbb{K}$ *sur les polynômes scindés de degré* 1*).*

   Par le même argument, il y a $(p-1)\,p$ *éléments de la forme* $(\mathcal{F}_3)$*.*

Pour les éléments de la forme $(\mathcal{F}_4)$, *il y a* $p-1$ *choix pour* a *et* $\binom{p}{2}$ *choix pour l'ensemble* $\{r_1, r_2\}$ *(le polynôme* $(X-r_1)(X-r_2)$ *est égal au polynôme* $(X-r_2)(X-r_1)$*) donc il y a :*

$$(p-1)\binom{p}{2} = (p-1)\frac{p(p-1)}{2} = \frac{p(p-1)^2}{2}$$

éléments de la forme $(\mathcal{F}_4)$ *car l'application* $\phi : (a, \{r_1, r_2\}) \mapsto a(X-r_1)(X-r_2)$ *est une bijection de* $\mathbb{K}^* \times \{$*parties à deux éléments de* $\mathbb{K}\}$ *sur les polynômes scindés de degré* 2.

Les ensembles constitués respectivement des éléments de la forme $(\mathcal{F}_k)_{1\leqslant k\leqslant 4}$ *,forment une partition de l'ensemble de* $\mathcal{C}$ *donc son cardinal vaut :*

$$p + (p-1)p + (p-1)p + \frac{p(p-1)^2}{2} = \frac{p}{2}\left(p^2+2p-1\right).$$

Son complémentaire $\mathcal{S}$ *est alors de cardinal :*

$$p^3 - \frac{p}{2}\left(p^2+2p-1\right) = \frac{p}{2}(p-1)^2 > 0.$$

Par conséquent, il existe des des polynômes de $\mathbb{K}_2[X]$ *non constants qui ne soient pas scindés (presque la moitié des polynômes en proportion lorsque* $p \to +\infty$ *!).*

3. *Considère un polynôme* P *de degré* 2 *non scindé sur* $\mathbb{K}_2[X]$ *(il en existe d'après la question précédente). Quitte à le diviser par son coefficient dominant, on peut toujours supposer qu'il est unitaire (de coefficient dominant* 1*) donc qu'il est de la forme* $P = X^2 + aX + b$. *On considère alors la matrice* $M = \begin{pmatrix} 0 & -b \\ 1 & -a \end{pmatrix}$ *(matrice compagnon associée à* P*). Son polynôme caractéristique vaut :*

$$\chi_M = \det(XI_2 - M) = \begin{vmatrix} X & b \\ -1 & X+a \end{vmatrix} = X(X+a) + b = P.$$

Comme le polynôme χ_M *n'est pas scindé sur* $\mathbb{K}$, *on peut affirmer que* M *n'est pas trigonalisable.*

Commentaires 47 *Exercice original et suffisamment progressif. Un premier blocage apparaitra pour un nombre significatif de candidats : la mauvaise maitrise des anneaux* $\mathbb{Z}/n\mathbb{Z}$ *(notamment son cardinal et le fait qu'il s'agisse d'un corps si* p *est un nombre premier). La connaissance de ces deux points sera un élément valorisé par l'interrogateur. Pour les autres candidats, l'interrogateur doit rappeler ces deux faits afin qu'ils ne soient pas bloqués trop précocément dans l'exercice. Comme d'habitude, le dénombrement s'avère très discriminant à ce concours.*

Exercice 48 (Mines-Telecom) Soient E un espace vectoriel, p un projecteur de E (autre que 0 et Id) et φ l'application définie par :

$$\forall u \in \mathcal{L}(E),\ \varphi(u) = \frac{1}{2}(u \circ p + p \circ u).$$

1. Montrer que φ est un endomorphisme de $\mathcal{L}(E)$.
2. Trouver un polynôme annulateur de φ.
3. φ est-elle diagonalisable ?

4. Déterminer les valeurs propres de φ et préciser la dimension de chaque espace propre de φ

Solution 48

1. Soient $(u,v) \in (\mathcal{L}(E))^2$ et $(\lambda,\mu) \in \mathbb{K}^2$. Puisque u, v et p sont des endomorphismes, on a :

$$\begin{aligned}\varphi(\lambda u+\mu v) &= \frac{1}{2}((\lambda u+\mu v)\circ p + p\circ(\lambda u+\mu v)) \\ &= \frac{1}{2}(\lambda u\circ p+\mu v\circ p+\lambda p\circ u+\mu p\circ v) \\ &= \frac{\lambda}{2}(u\circ p+p\circ u)+\frac{\mu}{2}(v\circ p+p\circ v) \\ &= \lambda\varphi(u)+\mu\varphi(v).\end{aligned}$$

2. Comme p est un projecteur, on a $p^2 = p\circ p = p$ donc, pour tout $u \in \mathcal{L}(E)$, on peut écrire :

$$\begin{aligned}\varphi^2(u) &= \varphi(\varphi(u)) = \varphi\left(\frac{1}{2}u\circ p+p\circ u\right) = \frac{1}{2}\varphi(u\circ p)+\frac{1}{2}\varphi(p\circ u) \\ &= \frac{1}{4}u\circ \underbrace{p^2}_{=p} + \frac{1}{4}p\circ u\circ p + \frac{1}{4}p\circ u\circ p + \frac{1}{4}\underbrace{p^2}_{=p}\circ u \\ &= \frac{1}{4}(u\circ p+p\circ u)+\frac{1}{2}p\circ u\circ p = \frac{1}{2}\varphi(u)+\frac{1}{2}p\circ u\circ p\ (\mathcal{E}).\end{aligned}$$

En composant par φ cette nouvelle égalité et en utilisant la linéarité de φ, on obtient;

$$\begin{aligned}\varphi^3(u) &= \frac{1}{2}\varphi^2(u)+\frac{1}{2}\varphi(p\circ u\circ p) \\ &= \frac{1}{2}\varphi^2(u)+\frac{1}{4}\underbrace{p^2}_{=p}\circ\ u\circ p+\frac{1}{4}p\circ u\circ \underbrace{p^2}_{=p} \\ &= \frac{1}{2}\varphi^2(u)+\frac{1}{2}p\circ u\circ p \underset{(\mathcal{E})}{=} \frac{1}{2}\varphi^2(u)+\left(\varphi^2(u)-\frac{1}{2}\varphi(u)\right) \\ &= \frac{3}{2}\varphi^2(u)-\frac{1}{2}\varphi(u) \Rightarrow \varphi^3 = \frac{3}{2}\varphi^2-\frac{1}{2}\varphi.\end{aligned}$$

Ainsi, le polynôme

$$P = X^3-\frac{3}{2}X^2+\frac{1}{2}X = X(X-1)\left(X-\frac{1}{2}\right)$$

annule φ.

3. Comme le polynôme P est scindé à racines simples et qu'il annule φ, on est assuré de la diagonalisabilité de φ.

4. Comme P annule φ, on dispose de l'inclusion ensembliste suivante :

$$\mathrm{Sp}(\varphi) \subset \{\text{racines de } P\} = \left\{0,\frac{1}{2},1\right\}.$$

Pour déterminer les valeurs propres de φ et la dimension des espaces propres associés, il est préférable d'analyser la question sous forme matricielle. Puisque p est un projecteur, on a :

$$E = \ker(p) \oplus \mathrm{Im}(p) \text{ et } \mathrm{Im}(p) = \{x \in E,\, p(x) = x\} = \ker(p - \mathrm{Id}).$$

On considère une base $\mathcal{B}_1$ de $\ker(p)$ et $\mathcal{B}_2$ une base de $\mathrm{Im}(p)$. Comme $\ker(p)$ et $\mathrm{Im}(p)$ sont supplémentaires dans E, la famille $\mathcal{B} = \mathcal{B}_1 \cup \mathcal{B}_2$ est une base de E. Notons

$$n = \dim(E),\, r = \dim(\mathrm{Im}(p)) = \mathrm{rg}(p)$$

alors, d'après le théorème du rang, on a $\dim(\ker(p)) = n - r$. On note P (respectivement U) la matrice de p (respectivement de $u \in \mathcal{L}(E)$) dans la base $\mathcal{B}$ alors on dispose de l'écriture par blocs suivantes :

$$P = \begin{pmatrix} 0_{n-r} & 0_{n-r,r} \\ 0_{r,n-r} & I_r \end{pmatrix},\, U = \begin{pmatrix} U_{1,1} & U_{1,2} \\ U_{2,1} & U_{2,2} \end{pmatrix}$$

avec $U_{1,1} \in \mathfrak{M}_{n-r}(\mathbb{K})$, $U_{1,2} \in \mathfrak{M}_{n-r,r}(\mathbb{K})$, $U_{2,1} \in \mathfrak{M}_{r,n-r}(\mathbb{K})$ et $U_{2,2} \in \mathfrak{M}_r(\mathbb{K})$.
L'écriture de P découle du fait que, pour tout $e \in \mathcal{B}_1 \subset \ker(p)$, $p(e) = 0$ et pour tout $e \in \mathcal{B}_2 \subset \mathrm{Im}(p)$, on a $p(e) = e$. L'application $\varphi \in \mathcal{L}(\mathcal{L}(E))$ devient alors l'application $\Phi \in \mathcal{L}(\mathfrak{M}_n(\mathbb{K}))$ définie, pour tout $U \in \mathfrak{M}_n(\mathbb{R})$, par :

$$\Phi(U) = \frac{1}{2}(UP + PU) = \begin{pmatrix} 0 & \frac{1}{2}U_{1,2} \\ \frac{1}{2}U_{2,1} & U_{2,2} \end{pmatrix}.$$

On peut alors écrire :

$$\begin{aligned} U &= \begin{pmatrix} U_{1,1} & U_{1,2} \\ U_{2,1} & U_{2,2} \end{pmatrix} \in E_0(\Phi) \Leftrightarrow \Phi(U) = 0 \\ &\Leftrightarrow \begin{pmatrix} 0 & \frac{1}{2}U_{1,2} \\ \frac{1}{2}U_{2,1} & U_{2,2} \end{pmatrix} = \begin{pmatrix} 0_{n-r} & 0_{n-r,r} \\ 0_{r,n-r} & 0_r \end{pmatrix} \Leftrightarrow \begin{cases} U_{1,2} = 0_{n-r,r} \\ U_{2,1} = 0_{r,n-r} \\ U_{2,2} = 0_r \end{cases} \\ E_0(\Phi) &= \left\{ \begin{pmatrix} U_{1,1} & 0_{n-r,r} \\ 0_{r,n-r} & 0_r \end{pmatrix},\, U_{1,1} \in \mathfrak{M}_{n-r}(\mathbb{K}) \right\} \\ &\Rightarrow \dim(E_0(\Phi)) = \dim(\mathfrak{M}_{n-r}(\mathbb{K})) = (n-r)^2. \end{aligned}$$

En effet, l'application

$$f : \begin{cases} \mathfrak{M}_{n-r,r}(\mathbb{K}) \times \mathfrak{M}_{r,n-r}(\mathbb{K}) \times \mathfrak{M}_r(\mathbb{K}) & \to & E_0(\Phi) \\ (U_{1,2}, U_{2,1}, U_{2,2}) & \mapsto & \begin{pmatrix} U_{1,1} & 0_{n-r,r} \\ 0_{r,n-r} & 0_r \end{pmatrix} \end{cases}$$

est bien à valeurs dans $E_0(\Phi)$ et elle est surjective (grâce aux équivalences qui ont permis de décrire $E_0(\Phi)$). Il est manifeste qu'elle est linéaire et injective donc il s'agit d'un isomorphisme d'où l'égalité des dimensions des espaces de départ et d'arrivée. Comme $0 < r < n$ (car $p \neq 0$ et $p \neq \mathrm{Id}$), on peut affirmer que diù $(E_0(\Phi)) > 0$ donc 0 est valeur propre de Φ.

En procédant de même pour les autres valeurs propres possibles, on obtient :

$$\begin{aligned}
E_{1/2}(\Phi) &= \left\{ \begin{pmatrix} 0_{n-r} & U_{1,2} \\ U_{2,1} & 0_r \end{pmatrix}, (U_{1,2}, U_{2,1}) \in \mathfrak{M}_{n-r,r}(\mathbb{K}) \times \mathfrak{M}_{r,n-r}(\mathbb{K}) \right\} \\
\dim\left(E_{1/2}(\Phi)\right) &= \dim\left(\mathfrak{M}_{n-r,r}(\mathbb{K}) \times \mathfrak{M}_{r,n-r}(\mathbb{K})\right) \\
&= (n-r)\,r + r\,(n-r) = 2r\,(n-r) > 0 \\
E_1(\Phi) &= \left\{ \begin{pmatrix} 0_{n-r} & 0_{n-r,r} \\ 0_{r,n-r} & U_{2,2} \end{pmatrix}, U_{2,2} \in \mathfrak{M}_r(\mathbb{K}) \right\} \\
\dim\left(E_1(\Phi)\right) &= \dim\left(\mathfrak{M}_r(\mathbb{K})\right) = r^2 > 0 \text{ et } \operatorname{Sp}(\Phi) = \left\{0, \frac{1}{2}, 1\right\}.
\end{aligned}$$

Commentaires 48 *Les trois premières questions sont relativement classiques. Parmi ces trois là, seule la deuxième pose une petite difficulté et nécessite une gestion convenable des calculs (et de la manipulation algébrique des endomorphismes).*
La quatrième question permet de distinguer les meilleurs candidats et demande une meilleure maitrise de l'algèbre linéaire. S'il est immédiat que p et $\mathrm{Id} - p$ sont des vecteurs propres de φ associés respectivement à 2 et à 0, il est bien plus complexe d'exhiber un vecteur propre associé à 1.
Il est probable que l'interrogateur propose de réécrire l'endomorphisme φ en terme d'endomorphisme sur les matrices. Il est alors indispensable de connaitre l'écriture matricielle d'un projecteur dans une base convenable (soit par un raisonnement de MPSI, soit par diagonalisation de ceux-ci). Un candidat le rappellant et le mettant en place sera bonifié, surtout s'il songe par lui-même à utiliser alors le calcul matriciel par blocs (ce qui est une idée naturelle ... normalement).

Exercice 49 (Mines-Telecom) On définit u sur $\mathbb{R}[X]$ par

$$u : P \mapsto P(1)X + P(2)X^2.$$

Étudier les valeurs propres et espaces propres de cet endomorphisme.

Solution 49 *Soit $\lambda \in \mathbb{R}$ alors λ est une valeur propre de u si et seulement s'il existe $P_0 \in \mathbb{R}[X] \setminus \{0\}$ tel que :*

$$u(P_0) = \lambda P_0 \Leftrightarrow P_0(1)\,X + P_0(2)\,X^2 = \lambda P_0$$

Premier cas $\lambda = 0$. *D'après le principe d'identification, on a* $\begin{cases} P_0(1) = 0 \\ P_0(2) = 0 \end{cases}$, *ce qui est équivalent à dire que 1 et 2 sont racines de P_0. Comme $1 \neq 2$, ceci est équivalent à dire que $(X-1)(X-2)$ divise P_0 c'est-à-dire qu'il existe $Q \in \mathbb{R}[X]$ tel que $P = (X-1)(X-2)\,Q$. Ainsi, 0 est valeur propre de u (le polynôme $P_0 = (X-1)(X-2)$ est non nul et vérifie $u(P_0) = 0$) et l'espace propre associé est :*

$$E_0(u) = \{(X-1)(X-2)\,Q(X),\ Q \in \mathbb{R}[X]\}.$$

Second cas $\lambda \neq 0$: *On a* $P_0 = \dfrac{1}{\lambda}\left(P_0(1)\,X + P_0(2)\,X^2\right)$ *donc il existe deux réels a, b tels que*

$P_0(X) = aX + bX^2$ *d'où les égalités suivantes :*

$$\begin{aligned} u(P_0) &= \lambda P_0 \Leftrightarrow (a+b)X + (2a+4b)X^2 = \lambda\left(aX + bX^2\right) \\ &\Leftrightarrow \left\{\begin{array}{l} a+b = \lambda a \\ 2a+4b = \lambda b \end{array}\right. \Leftrightarrow \left\{\begin{array}{c} b = a(\lambda-1) \\ 2a + 4a(\lambda-1) = \lambda a(\lambda-1) \end{array}\right. . \end{aligned}$$

Si $a = 0$ alors $b = 0$ donc $P_0 = 0$, ce qui est absurde. Par conséquent, $a \neq 0$ donc, en divisant par a dans la seconde équation, on obtient le système équivalent suivant :

$$\left\{\begin{array}{c} b = a(\lambda-1) \\ 2 + 4(\lambda-1) = \lambda(\lambda-1) \end{array}\right. \Leftrightarrow \left\{\begin{array}{c} P_0 = a\left(X + (\lambda-1)X^2\right) \\ \lambda^2 - 5\lambda + 2 = 0 \end{array}\right. \Leftrightarrow \left\{\begin{array}{c} P_0 = a\left(X + (\lambda-1)X^2\right) \\ \lambda = \dfrac{5 \pm \sqrt{17}}{2} \end{array}\right.$$

On note $\lambda_+ = \dfrac{5+\sqrt{17}}{2}$ et $\lambda_- = \dfrac{5-\sqrt{17}}{2}$ alors λ_+ et λ_- sont valeurs propres de u (puisque $P_\lambda = X + (\lambda-1)X^2$ est non nul et vérifie $u(P_\lambda) = \lambda P_\lambda$ si $\lambda \in \{\lambda_+, \lambda_-\}$) et on a les égalités ensemblistes suivantes :

$$E_{\lambda_+}(u) = \mathrm{Vect}\left(X + (\lambda_+ - 1)X^2\right),\ E_{\lambda_-}(u) = \mathrm{Vect}\left(X + (\lambda_- - 1)X^2\right).$$

Conclusion *: Les valeurs propres de u sont 0, λ_+, λ_- et les espaces propres ont été explicités précédemment.*

> **Commentaires 49** *Exercice élémentaire mais discriminant car il demande un peu de recul du candidat sur la réduction des endomorphismes, sur les raisonnements par analyse-synthèse ainsi qu'un résultat clé concernant les polynômes (lien racines et divisibilité). Pour la détermination des valeurs propres non nulles, on peut aussi procéder comme suit. Les vecteurs associés aux valeurs propres non nuls appartiennent à $F = \mathrm{Vect}\left(X, X^2\right)$ qui est stable par u. Il suffit alors d'écrire la matrice A de u dans la base $\left(X, X^2\right)$ et d'étudier ses valeurs propres et vecteurs propres. Comme $u(X) = X + 2X^2$ et $u\left(X^2\right) = X + 4X^2$, on peut affirmer que*
>
> $$A = \begin{pmatrix} 1 & 1 \\ 2 & 4 \end{pmatrix} \Rightarrow \chi_A(X) = X^2 - 5X + 2$$
>
> *donc le discriminant vaut $\Delta = 21$ et ses racines sont λ_+ et λ_- (avec les notations du corrigé). Les vecteurs propres associés sont $\begin{pmatrix} 1 \\ \lambda_\pm - 1 \end{pmatrix}$ donc les vecteurs propres associés à u (pour ces valeurs propres) sont $1X + (\lambda_\pm - 1)X^2$.*

Exercice 50 (Mines-Telecom)

1. Soit $A \in \mathfrak{M}_n(\mathbb{R})$. On suppose que A possède n valeurs propres distinctes. On pose $B \in \mathfrak{M}_n(\mathbb{R})$ telle que $B^2 = A$. Montrer que B est diagonalisable.
2. Résoudre $B^2 = A$ pour $A = \begin{pmatrix} 11 & -5 & 5 \\ -5 & 3 & -3 \\ 5 & -3 & 3 \end{pmatrix}$.

Solution 50 *1. Comme A possède n valeurs propres distinctes $\lambda_1, ..., \lambda_n$ et que $A \in \mathfrak{M}_n(\mathbb{R})$ alors on peut affirmer que :*

— *A est diagonalisable;*

— *chaque espace propre est de dimension 1 (chaque espace propre est de dimension au moins 1 et la somme des dimensions des espaces propres est au plus égal à n).*

Comme $B^2 = A$, montrons que B commute avec A :

$$AB = B^2B = B^3 = BB^2 = BA.$$

Ainsi, chaque espace propre de A est stable par B. Pour tout $i \in \{1, ..., n\}$, soit ε_i une base de $E_{\lambda_i}(A)$ alors :

$$\varepsilon_i \in E_{\lambda_i}(A) \Rightarrow B\varepsilon_i \in E_{\lambda_i}(A) = \text{Vect}(\varepsilon_i) \Rightarrow \exists \mu_i \in \mathbb{R},\ B\varepsilon_i = \mu_i \varepsilon_i.$$

Autrement dit, la famille $\mathcal{B} = (\varepsilon_i)_{1 \leqslant i \leqslant n}$ est formée de vecteurs propres pour B et comme $\mathcal{B}$ est une base de $\mathfrak{M}_{n,1}(\mathbb{R})$ (car A est diagonalisable), on en déduit que B est diagonalisable.

Remarque *: Cette base $\mathcal{B}$ est aussi formée de vecteurs propres pour A. Si on note P la matrice de passage de la base canonique à la base $\mathcal{B}$, les matrices $P^{-1}AP$ et $P^{-1}BP$ sont diagonales (car la base $\mathcal{B}$ est une base de diagonalisation de A et B).*

2. La matrice A est symétrique à coefficients réels donc elle diagonalisable (d'après le théorème spectral). Déterminons les valeurs propres de A en calculant son polynôme caractéristique.

$$\begin{aligned}
\chi_A(X) &= \begin{vmatrix} X-11 & 5 & -5 \\ 5 & X-3 & 3 \\ -5 & 3 & X-3 \end{vmatrix} \underset{L_3 \leftarrow L_3+L_2}{=} \begin{vmatrix} X-11 & 5 & -5 \\ 5 & X-3 & 3 \\ 0 & X & X \end{vmatrix} \\
&= X \begin{vmatrix} X-11 & 5 & -5 \\ 5 & X-3 & 3 \\ 0 & 1 & 1 \end{vmatrix} \underset{C_2 \leftarrow C_2 - C_3}{=} X \begin{vmatrix} X-11 & 10 & -5 \\ 5 & X-6 & 3 \\ 0 & 0 & 1 \end{vmatrix} \\
&= X \times 1 \times (-1)^{3+3} \begin{vmatrix} X-11 & 10 \\ 5 & X-6 \end{vmatrix} = X((X-11)(X-6) - 50) \\
&= X\left(X^2 - 17X + 16\right) = X(X-1)(X-16)
\end{aligned}$$

Ainsi, A possède 3 valeurs propres distinctes et chaque espace propre est de dimension 1 (on retrouve ainsi que A est diagonalisable car elle possède 3 valeurs propres distinctes et elle appartient à $\mathfrak{M}_3(\mathbb{R})$). Déterminons une base de chaque espace propre. Pour cela, il suffit de trouver un vecteur non nul dans cet espace propre.

$$E_0(A) = \ker(A) = \text{Vect} \underbrace{\begin{pmatrix} 0 \\ 1 \\ 1 \end{pmatrix}}_{=\varepsilon_1} \quad (*)$$

$$E_1(A) = \ker(A - I_3) = \ker \begin{pmatrix} 10 & -5 & 5 \\ -5 & 2 & -3 \\ 5 & -3 & 2 \end{pmatrix} = \text{Vect} \underbrace{\begin{pmatrix} 1 \\ 1 \\ -1 \end{pmatrix}}_{=\varepsilon_2} \quad (**)$$

$$E_{16}(A) = \ker(A - 16I_3) = \ker \begin{pmatrix} -5 & -5 & 5 \\ -5 & -13 & -3 \\ 5 & -3 & -13 \end{pmatrix} = \text{Vect} \underbrace{\begin{pmatrix} 2 \\ -1 \\ 1 \end{pmatrix}}_{=\varepsilon_3} \quad (***)$$

Notons C_1, C_2, C_3 les colonnes des matrices considérées ci-dessous.
(*) car $C_2 + C_3 = 0$. En passant à l'endomorphisme u dont la matrice dans la base canonique (e_1, e_2, e_3) est A, on a :

$$u(e_2) + u(e_3) = 0 \Leftrightarrow e_2 + e_3 \in \ker(u) \Leftrightarrow \varepsilon_1 \in \ker(A)$$

(**) car $C_1 + C_2 - C_3 = 0$.En passant à l'endomorphisme u dont la matrice dans la base canonique (e_1, e_2, e_3) est $A - I_3$, on a :

$$u(e_1) + u(e_2) - u(e_3) = 0 \Leftrightarrow e_1 + e_2 - e_3 \in \ker(u) \Leftrightarrow \varepsilon_2 \in \ker(A - I_3)$$

(* *) car $2C_1 - C_2 + C_3 = 0$. En passant à l'endomorphisme u dont la matrice dans la base canonique (e_1, e_2, e_3) est $A - 16I_3$, on a :*

$$2u(e_1) - u(e_2) + u(e_3) = 0 \Leftrightarrow 2e_1 - e_2 + e_3 \in \ker(u) \Leftrightarrow \varepsilon_3 \in \ker(A - 16I_3).$$

On note alors $P = \begin{pmatrix} 0 & 1 & 2 \\ 1 & 1 & -1 \\ 1 & -1 & 1 \end{pmatrix}$ *alors* $P^{-1}AP = \operatorname{diag}(0, 1, 16) = D$.
On procède ensuite par analyse-synthèse.
***Phase d'analyse**. Soit $B \in \mathfrak{M}_3(\mathbb{R})$ vérifiant $B^2 = A$. D'après la question précédente ainsi que la remarque finale à la réponse à la question précédente, on peut même affirmer que $P^{-1}BP$ est diagonale. Notons la $\Delta = \operatorname{diag}(\mu_1, \mu_2, \mu_3)$ alors on a :*

$$\begin{aligned} B^2 &= A \Leftrightarrow \left(P\Delta P^{-1}\right)^2 = PDP^{-1} \Leftrightarrow P\Delta^2 P^{-1} = PDP^{-1} \\ &\Leftrightarrow \Delta^2 = D \Leftrightarrow \begin{cases} \mu_1^2 = 0 \\ \mu_2^2 = 1 \\ \mu_3^2 = 16 \end{cases} \Leftrightarrow \begin{cases} \mu_1 = 0 \\ \mu_2 = \pm 1 \\ \mu_3 = \pm 4 \end{cases} \Rightarrow B = P \operatorname{diag}(0, \pm 1, \pm 4) P^{-1}. \end{aligned}$$

***Phase de synthèse**. Il est immédiat que la matrice $B = P \operatorname{diag}(0, \pm 1, \pm 4) P^{-1}$ vérifie :*

$$B^2 = P\left(\operatorname{diag}(0, \pm 1, \pm 4)\right)^2 P^{-1} = P \operatorname{diag}(0, 1, 16) P^{-1} = A.$$

Par conséquent, les matrices B vérifiant $B^2 = A$ sont les matrices $P \operatorname{diag}(0, \pm 1, \pm 4) P^{-1}$.

Commentaires 50 *La première question est un classique de tous les oraux (Mines-Ponts, Centrale-SupElec et CCINP) mais aussi des écrits (e3a inclus). Si vous n'avez pas réussi à le traiter seul, n'hésitez pas à le retravailler.*
La deuxième question est un grand classique de la réduction et intervient fréquemment à l'écrit et à l'oral de CCINP ainsi que, probablement, à l'oral de Mines-Telecom dorénavant.

2.3 Centrale Math 1

Exercice 51 (Centrale) Soit $M \in \mathfrak{M}_n(\mathbb{Z})$. On suppose que toutes les valeurs propres complexes de M sont de module 1. On note $(\lambda_j)_{1\leqslant j\leqslant n}$ les valeurs propres complexes de M et P_k le polynôme caractéristique de M^k $(k \in \mathbb{N})$.

1. Soit $k \in \mathbb{N}$. Montrer que $P_k = \prod_{i=1}^{n}\left(X - \lambda_i^k\right)$
2. Montrer que $\{P_k,\ k \in \mathbb{N}\}$ est fini.
3. En déduire que les valeurs propres de M sont des racines de l'unité.

Solution 51

1. *Le polynôme caractéristique χ_M de M annule M (théorème de Cayley-Hamilton) et il est à coefficients dans $\mathbb{R}$, donc dans $\mathbb{C}$, et de degré $n \geqslant 1$, le théorème de D'Alembert-Gauss affirme que χ_M est scindé dans $\mathbb{C}[X]$, ce qui prouve que M est trigonalisable dans $\mathfrak{M}_n(\mathbb{C})$. Il existe ainsi une matrice inversible P telle que*

$$M = PTP^{-1} \text{ avec } T = \begin{pmatrix} \lambda_1 & & (*) \\ & \ddots & \\ (0) & & \lambda_n \end{pmatrix}.$$

Pour tout entier k, on a :

$$M^k = PT^kP^{-1} = P\begin{pmatrix} \lambda_1^k & & (*) \\ & \ddots & \\ (0) & & \lambda_n^k \end{pmatrix}P^{-1} \underset{(*)}{\Rightarrow} \chi_{M^k} = \chi_{T^k} \underset{(**)}{=} \prod_{i=1}^{n}\left(X - \lambda_i^k\right)$$

$(*)$ car M^k et T^k sont semblables
$(**)$ car T^k est triangulaire.

2. *Pour tout $i \in \{0,..,n-1\}$, on note $a_i^{(k)}$ le coefficient de X^i dans le polynôme P_k. D'après les relations coefficients-racines, pour tout $i \in \{0,..,n-1\}$, on a :*

$$\begin{aligned} a_i^{(k)} &= (-1)^{n-k} \sum_{1\leqslant j_1<j_2<\cdots<j_i\leqslant n} \lambda_{j_1}^k\lambda_{j_2}^k\cdots\lambda_{j_i}^k \Rightarrow |a_i| \leqslant \sum_{1\leqslant j_1<j_2<\cdots<j_i\leqslant n} \left|\lambda_{j_1}^k\lambda_{j_2}^k\cdots\lambda_{j_i}^k\right| \\ &= \sum_{1\leqslant j_1<j_2<\cdots<j_i\leqslant n} |\lambda_{j_1}|^k|\lambda_{j_2}|^k\cdots|\lambda_{j_i}|^k = \sum_{1\leqslant j_1<j_2<\cdots<j_i\leqslant n} 1 = b_i. \end{aligned}$$

Pour chaque $i \in \{0,..,n-1\}$, a_i appartient à $\mathbb{Z}$ et à l'intervalle $[-b_i, b_i]$ (indépendant de k) donc $a_i^{(k)}$ prend un nombre fini de valeurs possibles (au plus $2b_i+1$). Ainsi, le polynôme $P_k = X^n + \sum_{i=0}^{n-1} a_i^{(k)}X^i$ prend un nombre fini de valeurs possibles (au plus $(2b_i+1)^n$) donc l'ensemble $\{P_k,\quad k \in \mathbb{N}\}$ est un ensemble fini.

3. *Comme l'ensemble $Z = \{P_k,\ k \in \mathbb{N}\}$ est fini et que chaque élément de Z possède un nombre fini de racines, l'ensemble S des racines des P_k $(k \in \mathbb{N})$ est un ensemble fini. Soit λ une valeur propre de M alors, pour tout entier k, λ^k est racine de P_k donc $\lambda^k \in Z$. En particulier, l'ensemble $\left\{\lambda^k,\ k \in \mathbb{N}\right\}$ est un ensemble fini et comme l'ensemble $\mathbb{N}$ est infini, il existe deux entiers k, q avec $k < q$ et $\lambda^k = \lambda^q$. En divisant par λ^k (qui est non*

nul car $\left|\lambda^k\right| = |\lambda|^k = 1 \neq 0$), *on obtient l'égalité* $\lambda^{q-k} = 1$ *c'est-à-dire que* λ *est une racine* $((q-k)^e)$ *de l'unité.*

Commentaires 51 *Exercice de niveau standard pour ce concours et progressif.*
Question 1. Il s'agit quasiment d'une question de cours (expression du polynôme caractéristique en fonction des valeurs propres) donc l'interrogateur sera sensible à l'intiative et l'autonomie du candidat.
Question 2. Si le candidat ne voit pas, il sera apprécié par l'interrogateur que le candidat gère des cas particuliers : $n = 2$ *et / ou* $n = 3$. *Il sera alors assez simple d'imaginer le cas général (même si le dénombrement précis des coefficients possibles n'est pas du tout un attendu, par exemple* b_i *vaut* $\binom{n}{i}$ *car un un sous-ensemble* I *à* i *éléments est caractériser la liste strictement croissante* $(j_1, .., j_i)$ *de ses éléments).*
Question 3. L'argumentaire nécessaire s'inspire fondamentalement des arguments sur l'ordre d'un élément dans un groupe fini. En pratique, cette question sera la plus discriminante de l'exercice.

Exercice 52 (Centrale) Soit E un $\mathbb{K}$-ev de dimension n, et G un groupe pour la composition des endomorphismes de $\mathcal{L}(E)$, de neutre j.

1. Que peut-on dire de j en tant qu'élément de $\mathcal{L}(E)$?
2. Montrer que tous les éléments de G ont même rang r.
3. Soit $n \geqslant 3$. On considère maintenant
   — une base $\mathcal{B} = (e_1, .., e_n)$;
   — l'ensemble $G = \{u_\sigma, \sigma \in \mathcal{S}_n\}$ avec $\mathcal{S}_n$ l'ensemble des permutations de $\{1, .., n\}$;
   — u_σ est l'endomorphisme de E défini par :
   $$\forall i \in \{1, .., n\}, \ u_\sigma(e_i) = e_{\sigma(i)}.$$
   (a) Montrer que G est un sous groupe de $GL(E)$.
   (b) Trouver les droites stables par tous les éléments de G.
   (c) Déterminer les hyperplans stables par tous les éléments de G.

Solution 52

1. *Comme* j *est élément neutre pour la composition, on a* $j \circ j = j \Leftrightarrow j^2 = j$ *donc* j *est un projecteur.*
2. *Comme* j *est un projecteur, on a* $\operatorname{Im}(j) \oplus \ker(j) = E$. *On fixe une base* $\mathcal{B}_1 = (e_1, .., e_r)$ *de* $\operatorname{Im}(j)$ *(donc* $j(e_i) = e_i$ *pour tout* $i \in \{1, .., r\}$*) et une base* $\mathcal{B}_0 = (e_{r+1}, .., e_n)$ *de* $\ker(j)$ *(donc* $j(e_i) = 0_E$ *si* $i \in \{r+1, .., n\}$*) alors la famille*
   $$\mathcal{B} = \mathcal{B}_1 \cup \mathcal{B}_0 = (e_1, .., e_r, e_{r+1}, .., e_n)$$
   est une base de E. *Comme on a* $g = g \circ j$, *on obtient :*
   $$\begin{aligned} \forall i &\in \{r+1, .., n\}, \ e_i \in \ker(j) \\ &\Rightarrow g(e_i) = (g \circ j)(e_i) = g(j(e_i)) = g(0) = 0, \end{aligned}$$
   On en déduit l'égalité ensembliste :
   $$\begin{aligned} \operatorname{Im}(g) &= \operatorname{Vect}(g(e_1), .., g(e_r), g(e_{r+1}), .., g(e_n)) \\ &= \operatorname{Vect}(g(e_1), .., g(e_r)) \end{aligned}$$

donc la famille $(g(e_i))_{1\leqslant i\leqslant r}$ *est génératrice de* $\mathrm{Im}(g)$*. Prouvons que cette famille est libre. Soit* $(\lambda_i)_{1\leqslant i\leqslant r}\in\mathbb{K}^r$ *tel que :*

$$(*) : \sum_{i=1}^{r}\lambda_i g(e_i)=0_E.$$

Comme $(G,\circ)$ *est un groupe, il existe* $h\in G$ *tel que* $h\circ g=j$*. En composant l'égalité* $(*)$ *par* h *et en utilisant la linéarité de* h*, on obtient l'égalité :*

$$\sum_{i=1}^{r}\lambda_i j(e_i)=0_E\Leftrightarrow\sum_{i=1}^{r}\lambda_i e_i=0_E\Rightarrow\forall i\in\{1,..,r\},\ \lambda_i=0$$

(car la famille $(e_1,..,e_r)$ *est libre). Par conséquent, la famille* $(g(e_i))_{1\leqslant i\leqslant r}$ *est une base de* $\mathrm{Im}(g)$ *donc* $\mathrm{rg}(g)=r$ *(qui est indépendant de* g*).*

3.

(a) Soit $g\in G$*, il existe* $\sigma\in\mathcal{S}_n$ *tel que* $g=u_\sigma$*. La famille* $(e_i)_{1\leqslant i\leqslant n}$ *est une base de* E *donc la famille*

$$\left(e_{\sigma(i)}\right)_{1\leqslant i\leqslant n}=(u_\sigma(e_i))_{1\leqslant i\leqslant n}$$

est une base de E *(les vecteurs de la famille* $(e_i)_{1\leqslant i\leqslant n}$ *ont simplement été permutés de position). Ainsi,* $u_\sigma=g$ *est un automorphisme de* E *c'est-à-dire que* $g\in\mathrm{GL}(E)$ *quelque soit* $g\in G$ *d'où l'inclusion* $G\subset\mathrm{GL}(E)$*.*
Soit $\sigma=\mathrm{Id}_{\{1,..,n\}}$ *alors :*

$$\forall i\in\{1,..,n\},u_\sigma(e_i)=e_{\sigma(i)}=e_i=\mathrm{Id}_E(e_i)$$

donc $u_\sigma=\mathrm{Id}_E$ *(les deux endomorphismes sont égaux sur une même base), ce qui prouve que* $\mathrm{Id}_E\in G$*.*
Soient $(g,h)\in G^2$*, il existe* $(\sigma,\tau)\in(\mathcal{S}_n)^2$ *tel que* $g=u_\sigma$ *et* $h=u_\tau$*. Pour tout* $i\in\{1,..,n\}$*, on a les égalités suivantes :*

$$\begin{aligned}(g\circ h)(e_i)&=(u_\sigma\circ u_\tau)(e_i)=u_\sigma(u_\tau(e_i))=u_\sigma\underbrace{\left(e_{\tau(i)}\right)}_{=f_i}\\&=u_\sigma(f_i)=f_{\sigma(i)}=e_{\tau(\sigma(i))}=u_{\tau\circ\sigma}(e_i)\end{aligned}$$

donc $g\circ h=u_{\tau\circ\sigma}\in G$ *(car* $\tau\circ\sigma\in\mathcal{S}_n$ *puisque* $(\mathcal{S}_n,\circ)$ *est un groupe). En outre, si on pose* $m=u_{\sigma^{-1}}\in G$*, on a l'égalité :*

$$m\circ g=u_{\sigma^{-1}\circ\sigma}=u_{\mathrm{Id}_{\{1,..,n\}}}=\mathrm{Id}_E$$

donc $g^{-1}=m\in G$*. Par conséquent,* $(G,\circ)$ *est un sous-groupe de* $\mathrm{GL}(E)$*.*

(b) Soit Δ *une droite de* E*. Il existe* $v\in E\backslash\{0\}$ *tel que* $\Delta=\mathrm{Vect}(v)$*. Supposons que* Δ *soit stable par tous les* $g\in G$ *alors* $g(\Delta)\subset\Delta$*. Pour tout* $\sigma\in\mathcal{S}_n$*, on a :*

$$u_\sigma(v)\in u_\sigma(\Delta)\subset\Delta=\mathrm{Vect}(v)\Rightarrow\exists\lambda_\sigma\in\mathbb{K},\ u_\sigma(v)=\lambda_\sigma v$$

donc v *est vecteur propre de* u_σ *et* λ_σ *est la valeur propre associée. Comme* u_σ *est un automorphisme,* 0 *n'est pas valeur propre de* u_σ *donc* $\lambda_\sigma\neq0$ *pour tout* $\sigma\in\mathcal{S}_n$*.*

Notons $(v_1, .., v_n) \in \mathbb{K}^n$ *ses coordonnées dans la base* $\mathcal{B}$ *c'est-à-dire* $v = \sum_{i=1}^{n} v_i e_i$. *Pour tout* $\sigma \in \mathcal{S}_n$, *on a :*

$$u_\sigma(v) \underset{u_\sigma \text{ linéaire}}{=} \sum_{i=1}^{n} v_i u_\sigma(e_i) = \sum_{i=1}^{n} v_i e_{\sigma(i)} \underset{i=\sigma^{-1}(j)}{\overset{j=\sigma(i)}{=}} = \sum_{j=1}^{n} v_{\sigma^{-1}(j)} e_j.$$

Comme $(e_i)_{1 \leqslant i \leqslant n}$ *est une base de* E, *on en déduit l'équivalence suivante valable pour tout* $\sigma \in \mathcal{S}_n$ *:*

$$u_\sigma(v) = \lambda_\sigma v \Leftrightarrow \forall j \in \{1, .., n\}, v_{\sigma^{-1}(j)} = \lambda_\sigma v_j$$

Comme $v \neq 0$, *il existe* $s \in \{1, .., n\}$ *tel que* $v_s \neq 0$. *Soit* $t \in \{1, .., n\} \setminus \{s\}$, *on choisit* $\sigma_0 = (s, t)$ *la transpositon échangeant* s *et* t *alors* $\sigma_0^2 = \mathrm{Id}_{\{1,..,n\}}$ *donc* $\sigma_0^{-1} = \sigma_0$ *et on obtient les égalités suivantes*

$$(*) : \forall i \in \{1, .., n\}, v_i = \lambda_{\sigma_0} v_{\sigma(i)}.$$

En choisissant $i = t$ *dans l'égalité* $(*)$, *on obtient la formule*

$$(**) : v_t = \lambda_\sigma v_s \neq 0$$

(car $v_s \neq 0$ *et* $\lambda_{\sigma_0} \neq 0$*) quelque soit* $t \in \{1, .., n\} \setminus \{s\}$. *Autrement dit, aucune des coordonnées de* v *n'est nulle. Pour tout* $i \in \{1, .., n\} \setminus \{s, t\}$ *(ce qui est possible car* $n \geqslant 3$*) dans l'égalité* $(*)$, *on obtient* $v_i = \lambda_{\sigma_0} v_i$. *Comme* $v_i \neq 0$, *on peut affirmer que* $\lambda_{\sigma_0} = 1$ *donc, d'après l'égalité* $(**)$, *on obtient* $v_t = v_s$ *pour* $t \neq s$. *Si on note* $w = \sum_{i=1}^{n} e_i$, *on a :*

$$v = \sum_{i=1}^{n} v_s e_i = v_s w \Rightarrow \Delta = \mathrm{Vect}(w).$$

Réciproquement, notons $D = \mathrm{Vect}(w)$ *la droite dirigée par* w. *Pour tout* $\sigma \in \mathcal{S}_n$, *on a :*

$$u_\sigma(w) \underset{u_\sigma \text{ linéaire}}{=} \sum_{i=1}^{n} u_\sigma(e_i) = \sum_{i=1}^{n} e_{\sigma(i)} \underset{i=\sigma^{-1}(j)}{\overset{j=\sigma(i)}{=}} = \sum_{j=1}^{n} e_j = w$$
$$\Rightarrow \forall x \in D, \exists k \in \mathbb{K}, x = kw \Rightarrow u_\sigma(x) = k u_\sigma(w) = kw \in D$$

donc $D = \mathrm{Vect}(w)$ *est l'unique droite stable par tous les éléments de* G.

(c) *Soit* $x \in E$, *il existe* $(x_1, .., x_n) \in \mathbb{K}^n$ *tel que* $x = \sum_{i=1}^{n} x_i e_i$. *Soit* H *un hyperplan de* E, *il existe* $(v_1, .., v_n) \in \mathbb{K}^n \setminus \{0_{\mathbb{K}^n}\}$ *tel que :*

$$x \in H \Leftrightarrow \sum_{i=1}^{n} v_i x_i = 0.$$

Supposons que H *est stable par tous les* u_σ, $\sigma \in \mathcal{S}_n$. *Comme* $(v_1, .., v_n) \neq (0, .., 0)$, *il existe un entier* $s \in \{1, .., n\}$ *tel que* $v_s \neq 0$. *On fixe* $t \in \{1, .., n\} \setminus \{s\}$. *Le vecteur*

$$\begin{aligned} x^{ex} &= -v_s e_t + v_t e_s \text{ (de coordonnées } (x_i^{ex})_{1 \leqslant i \leqslant n} \\ \text{avec } x_t^{ex} &= -v_s, x_s^{ex} = v_t \text{ et } x_i^{ex} = 0 \text{ si } i \notin \{s, t\}) \end{aligned}$$

appartient à H car :

$$\sum_{i=1}^{n} v_i x_i^{ex} = v_s x_s^{ex} + v_t x_t^{ex} = v_s v_t + v_t(-v_s) = 0.$$

Pour tout $\sigma \in \mathcal{S}_n$, $u_\sigma(x^{ex})$ admet pour coordonnées $\left(x_{\sigma^{-1}(i)}^{ex}\right)_{1\leqslant i\leqslant n}$ (cf. la réponse à la question 2) et $u_\sigma(x^{ex})$ appartient à H (car H est stable par u_σ) donc :

$$\sum_{i=1}^{n} v_i x_{\sigma^{-1}(i)}^{ex} = 0 \underset{i=\sigma(j)}{\overset{j=\sigma^{-1}(i)}{\Leftrightarrow}} \sum_{j=1}^{n} v_{\sigma(j)} x_j^{ex} = 0.$$

Soit $k \in \{1,..,n\}\setminus\{t\}$, on choisit $\sigma_0 = (t,k)$ la transpositon échangeant s et k alors :

$$0 = \sum_{i=1}^{n} v_{\sigma(j)} \underbrace{x_j^{ex}}_{=0 \text{ si } j\notin\{s,t\}} = v_{\sigma(s)} x_s^{ex} + v_{\sigma(t)} x_t^{ex} = v_s v_t + v_k(-v_s).$$

En divisant par $v_s \neq 0$ cette égalité, on obtient $v_t = v_k$ pour tout $k \in \{1,..,n\}\setminus\{t\}$ donc $(v_1,..,v_n) = (v_t,..,v_t)$. Comme $(v_1,..,v_n)$ est non nul, on en déduit que $v_t \neq 0$ et

$$x \in H \Leftrightarrow \sum_{i=1}^{n} v_t x_i = 0 \underset{\div v_t\neq 0}{\Leftrightarrow} \sum_{i=1}^{n} x_i = 0$$

donc l'hyperplan d'équation $\sum_{i=1}^{n} x_i = 0$ est le seul qui soit stable par tous les éléments de G.
Réciproquement, considèrons l'hyperplan H_0 d'équation $\sum_{i=1}^{n} x_i = 0$. Pour tout $\sigma \in \mathcal{S}_n$ et tout x de E de coordonnées $(x_i)_{1\leqslant i\leqslant n}$ alors $u_\sigma(x)$ est de coordonnées $\left(x_{\sigma^{-1}(i)}\right)_{1\leqslant i\leqslant n}$ (cf. la réponse à la question précédente). On dispose alors de l'égalité suivante :

$$\sum_{i=1}^{n} x_{\sigma^{-1}(i)} \overset{j=\sigma^{-1}(i)}{=\Leftrightarrow} \sum_{j=1}^{n} x_j = 0.$$

donc $u_\sigma(x) \in H_0$ pour tout $\sigma \in \mathcal{S}_n$ c'est-à-dire que H_0 est un hyperplan stable par tous les éléments de G.
***Conclusion** : Il existe un unique hyperplan de E stable par tous les éléments de G et il est d'équation $\sum_{i=1}^{n} x_i = 0$.*

Commentaires 52 *Ce sujet est un mélange de deux exercices classiques : les deux premières questions apparaissent plutôt aux écrits X-ENS. La troisième question est un classique de l'oral Mines-Ponts.*
L'intégralité de ces questions se traite avec les outils de MPSI. Le corrigé est très détaillé mais l'interrogateur n'attendra pas forcément des détails aussi nombreux. Les questions 1 et 3.a) étant les plus simples, il ne faut pas hésiter à les traiter en premier (l'ordre n'est jamais imposé). Pour les questions 3.b) et 3.c), proposé un exemple de sous-espaces stables pour chaque cas sera fortement apprécié. Le traitement du cas très particulier $n = 2$ aussi (il permet une preuve bien plus aisé que dans le cas général). L'interaction avec l'interro-

gateur permettant d'aller plus loin éventuellement.
Au final, l'exercice est discriminant mais il est tout à fait envisageable de l'achever dans le temps imparti.

Exercice 53 (Centrale)

1. On note $\mathcal{E} = \left\{ \begin{pmatrix} -2x+3y & -6x+6y \\ x-y & 3x-2y \end{pmatrix}, (x,y) \in \mathbb{C}^2 \right\}$. Montrer que $\mathcal{E}$ est un plan vectoriel d'éléments tous diagonalisables.
2. Soit $A = \begin{pmatrix} \alpha & 0 \\ 0 & \beta \end{pmatrix}$ et $B = \begin{pmatrix} a & b \\ c & d \end{pmatrix}$ avec $\alpha \neq \beta$. On suppose que pour tout complexe t, $B + tA$ est diagonalisable. Montrer $b = c = 0$.
3. On note $d_n(\mathbb{K})$ la dimension maximale d'un sous-espace de $\mathcal{M}_n(\mathbb{K})$ dont tous les éléments sont diagonalisables. Calculer $d_2(\mathbb{C})$ puis $d_n(\mathbb{R})$.

Solution 53

1. ***Espace vectoriel.*** *Montrons que $\mathcal{E}$ est un sous-espace vectoriel de $\mathfrak{M}_2(\mathbb{C})$. Par définition, $\mathcal{E} \subset \mathfrak{M}_2(\mathbb{C})$ qui est un $\mathbb{C}$-espace vectoriel. En outre, $0_2 \in \mathcal{E}$ (prendre $x = y = 0$). Soient $M, M' \in \mathcal{E}$, il existe $x, y, x', y \in \mathbb{C}$ tels que :*

$$M = \begin{pmatrix} -2x+3y & -6x+6y \\ x-y & 3x-2y \end{pmatrix}, \; M' = \begin{pmatrix} -2x'+3y' & -6x'+6y' \\ x'-y' & 3x'-2y' \end{pmatrix}.$$

Ainsi, pour tout $\lambda, \lambda' \in \mathbb{C}$, on a :

$$\lambda M + \lambda' M' = \begin{pmatrix} -2x''+3y'' & -6x''+6y'' \\ x''-y'' & 3x''-2y'' \end{pmatrix} \quad \text{avec} \quad \left\{ \begin{array}{l} x'' = \lambda x + \lambda' x' \in \mathbb{C} \\ y'' = \lambda y + \lambda' y' \in \mathbb{C} \end{array} \right.$$

donc $\lambda M + \lambda' M' \in \mathcal{E}$, ce qui permet d'affirmer que $\mathcal{E}$ est un sous-espace vectoriel de $\mathfrak{M}_2(\mathbb{C})$.

Diagonalisabilité. *Soit $M \in \mathcal{E}$, il existe $x, y \in \mathbb{C}$ tel que*

$$M = \begin{pmatrix} -2x+3y & -6x+6y \\ x-y & 3x-2y \end{pmatrix}.$$

Déterminons son polynôme caractéristique :

$$\begin{aligned} \chi_M(X) &= \begin{vmatrix} X+2x-3y & 6x-6y \\ y-x & X-3x+2y \end{vmatrix} \\ &= (X+2x-3y)(X-3x+2y) - (6x-6y)(y-x) \\ &= X^2 - (x+y)X + xy = (X-x)(X-y). \end{aligned}$$

Si $x \neq y$ alors χ_M est scindé à racines simples donc M est diagonalisable.
Si $x = y$ alors $M = \begin{pmatrix} x & 0 \\ 0 & x \end{pmatrix}$ qui est diagonale donc diagonalisable. Ainsi, tout élément de $\mathcal{E}$ est diagonalisable.

2. *Commençons par calculer le polynôme caractéristique de $B + tA = \begin{pmatrix} a+t\alpha & b \\ c & d+t\beta \end{pmatrix}$.*

$$\begin{aligned} \chi_{B+tA}(X) &= \begin{vmatrix} X-(a+t\alpha) & -b \\ -c & X-(d+t\beta) \end{vmatrix} \\ &= (X-(a+t\alpha))(X-(d+t\beta)) - bc \\ &= X^2 - (a+d+t(\alpha+\beta))X + (a+t\alpha)(d+t\beta) - bc. \end{aligned}$$

Soit $\Delta(t)$ le discriminant de ce trinôme (par rapport à X) alors :

$$\begin{aligned}\Delta &= (a+d+(\alpha+\beta)t)^2 - 4((a+t\alpha)(d+t\beta)-bc)\\ &= t^2\left((\alpha+\beta)^2-4\alpha\beta\right)+At+B=(\alpha-\beta)^2t^2+At+B\end{aligned}$$

avec $(A,B)\in\mathbb{C}^2$. Comme Δ est un polynôme du second degré par rapport à t (car $(\alpha-\beta)^2\neq 0$), l'équation $\Delta(t)=0$ admet une solution dans $\mathbb{C}$ (d'après d'Alembert-Gauss par exemple). Notons t_0 une de ces solutions. Dans ce cas, χ_{B+t_0A} admet une unique racine $r_0\in\mathbb{C}$ c'est-à-dire que r_0 est l'unique valeur propre de $B+t_0A$. Comme $B+t_0A$ est diagonalisable (par hypothèse), il existe une matrice inversible P telle que :

$$B+t_0A=P\operatorname{diag}(r_0,r_0)P^{-1}=Pr_0I_2P^{-1}=r_0PP^{-1}=r_0I_2.$$

En particulier, en égalisant les coefficients non diagonaux de $B+t_0A$ et de r_0I_2, on obtient les égalités $b=0$ et $c=0$.

3. $\boxed{d_2(\mathbb{C})\,.}$ *Remarquons que l'ensemble*

$$D_2=\left\{\begin{pmatrix}a&0\\0&d\end{pmatrix},\quad (a,b)\in\mathbb{C}^2\right\}=\operatorname{Vect}\left(\begin{pmatrix}1&0\\0&0\end{pmatrix},\begin{pmatrix}0&0\\0&1\end{pmatrix}\right)$$

est un sous-espace vectoriel de $\mathfrak{M}_n(\mathbb{C})$ de dimension 2 formé uniquement de matrices diagonales donc diagonalisables d'om la minoration :

$$d_2(\mathbb{C})\geqslant 2.$$

Soit F un sous-espace vectoriel non nul de $\mathfrak{M}_2(\mathbb{C})$ constitué uniquement de matrices diagonalisables.

***Premier cas** : toute matrice de F admet une unique valeur propre. Soit $M\in F$ alors, comme M est diagonalisable et ne possède qu'une seule valeur propre, que l'on notera α, il existe une matrice inversible P telle que*

$$M=P\operatorname{diag}(\alpha,\alpha)P^{-1}=P\alpha I_2P^{-1}=\alpha I_2.$$

Ainsi, $M\in\operatorname{Vect}(I_2)$ d'où l'inclusion

$$F\subset\operatorname{Vect}(I_2)\Rightarrow\dim(F)\leqslant\dim(\operatorname{Vect}(I_2))=1.$$

***Second cas** : il existe une matrice $M_0\in F$ possédant deux valeurs propres distinctes α et β. Comme M est diagonalisable, il existe une matrice inversible P telle que*

$$M=P\operatorname{diag}(\alpha,\beta)P^{-1}.$$

Soit $N\in F$, on pose $N'=P^{-1}NP=\begin{pmatrix}a&b\\c&d\end{pmatrix}$ alors N' est diagonalisable (car N l'est) et, pour tout complexe t, la matrice $M+tN$ appartient à F donc elle est diagonalisable. Par conséquent, la matrice

$$P^{-1}(M+tN)P=\operatorname{diag}(\alpha,\beta)+N'$$

est aussi diagonalisable pour tout complexe t ce qui entraine, d'après la question précédente, que $b=c=0$ donc

$$N=P\operatorname{diag}(a,b)P^{-1}.$$

On vient ainsi de démontrer l'inclusion

$$\begin{aligned} F &\subset \left\{ P \begin{pmatrix} a & 0 \\ 0 & d \end{pmatrix} P^{-1}, P \in \mathrm{GL}_2(\mathbb{C}) \right\} = D_P \\ &= \mathrm{Vect}\left(P \begin{pmatrix} 1 & 0 \\ 0 & 0 \end{pmatrix} P^{-1}, P \begin{pmatrix} 0 & 0 \\ 0 & 1 \end{pmatrix} P^{-1} \right) \end{aligned}$$

donc $\dim(F) \leqslant 2$.
Au final, tout sous-espace vectoriel de $\mathfrak{M}_2(\mathbb{C})$ *dont tous les éléments sont diagonalisables est de dimension au plus* 2 *donc* $d_2(\mathbb{C}) \leqslant 2$. *Comme* $d_2(\mathbb{C}) \geqslant 2$, *on peut affirmer que*

$$d_2(\mathbb{C}) = 2.$$

$\boxed{d_n(\mathbb{R}).}$ *Soit* F *un sous-espace vectoriel de* $\mathfrak{M}_n(\mathbb{R})$ *dont tous les éléments sont diagonalisables. Notons :*

$$\mathcal{T}_n(\mathbb{R}) = \left\{ T = (t_{i,j})_{1 \leqslant i,j \leqslant n} \in \mathfrak{M}_n(\mathbb{R}), \forall i \geqslant j, t_{i,j} = 0 \right\}$$

l'ensemble des matrices triangulaires supérieures strictes (i.e. tous les coefficients « sous la diagonale, incluse, » sont nuls).
Soit $M \in F \cap \mathcal{T}_n(\mathbb{R})$ *alors* M *est diagonalisable (car* $M \in F$*) et* 0 *est son unique valeur propre (puisqu'elle est triangulaire, ses coefficients diagonaux sont ses valeurs propres). Ainsi, il existe une matrice inversible* P *telle que*

$$M = P \operatorname{diag}(0, .., 0) P^{-1} = 0_n \Rightarrow F \cap \mathcal{T}_n(\mathbb{R}) = \{0_n\}.$$

Comme $\mathcal{T}_n(\mathbb{R})$ *est un espace vectoriel de dimension* $\dfrac{n(n-1)}{2}$ *(les matrices élémentaires* $(E_{i,j})_{1 \leqslant j < i \leqslant n}$ *en forme une base), que* $F + \mathcal{T}_n(\mathbb{R})$ *est une somme directe formant un sous-espace vectoriel de* $\mathfrak{M}_n(\mathbb{R})$, *la formule de Grassmann montre que :*

$$\begin{aligned} \dim(F + \mathcal{T}_n(\mathbb{R})) \leqslant \dim(\mathfrak{M}_n(\mathbb{R})) &\Leftrightarrow \dim(F) + \dim(\mathcal{T}_n(\mathbb{R})) \leqslant n^2 \\ \Leftrightarrow \dim(F) \leqslant n^2 - \dim(\mathcal{T}_n(\mathbb{R})) &= n^2 - \frac{n(n-1)}{2} = \frac{n(n+1)}{2}. \end{aligned}$$

Par conséquent, on en déduit que $d_n(\mathbb{R}) \leqslant \dfrac{n(n+1)}{2}$. *Comme* $\mathcal{S}_n(\mathbb{R})$ *(l'ensemble des matrices symétriques à coefficients réels) est un espace vectoriel de dimension* $\dfrac{n(n+1)}{2}$ *dont tous les éléments sont diagonalisables (d'après le théorème spectral), on peut affirmer que :*

$$d_n(\mathbb{R}) = \frac{n(n+1)}{2}.$$

Commentaires 53 *Exercice original et suffisamment progressif pour ce concours.*
Question 1. Elle ne devrait pas poser de difficulté car elle est basée sur un résultat élémentaire du chapitre de réduction.
Question 2. Cette question s'avère discriminante. Les candidats ont soit peur des calculs, soit ils ne prennent pas de recul sur ceux-ci. Il faut être pragmatique et se dire qu'une matrice de taille 2 *a au plus deux valeurs propres distinctes et que si elle en a deux, elle est diagonalisable donc le point crucial est de traiter le cas où elle a une seule valeur propre. Dans ce cas, elle est forcément diagonale. Ce sont ces faits qui doivent guider le candidat.*
Question 3. La première question ($d_2(\mathbb{C})$) *est la plus difficile du point de vue du raison-*

nement à tenir et demande un bon recul sur l'algèbre linéaire et la réduction. Comme à la question précédente, le nombre de valeurs propres structure le raisonnement.
La deuxième question ($d_n(\mathbb{R})$) est plus astucieuse et possède de nombreuses déclinaisons (dimension du plus grand sous-espace vectoriel dont toutes les matrices sont nilpotentes, etc). N'hésitez pas à retravailler cette question astucieuse, elle pourrait vous resservir.

Exercice 54 (Centrale) Soient f et g des endomorphismes non nuls d'un $\mathbb{C}$-espace vectoriel E de dimension n tels que $f \circ g = 0$.

1. Que peut on dire de $\ker(f)$ et $\mathrm{Im}(g)$?
2. Si g possêde une valeur propre non nulle, montrer qu'il existe un vecteur propre de g qui appartient à $\ker(f)$.
3. Montrer qu'il existe une base commune de trigonalisation pour f et g.

Solution 54

1. *Soit $x \in \mathrm{Im}(g)$, il existe $y \in E$ tel que $x = g(y)$ donc $f(x) = (f \circ g)(y) = 0(y) = 0$ d'où $x \in \ker(g)$. Ainsi, on vient d'établir l'inclusion $\mathrm{Im}(g) \subset \ker(f)$.*
2. *Soit λ une valeur propre non nulle de g et $x_0 \in E \setminus \{0_E\}$ un vecteur propre associé alors :*

$$g(x_0) = \lambda x_0 \underset{\div \lambda \neq 0}{\Rightarrow} x_0 = \frac{1}{\lambda} g(x_0) = g\left(\frac{x_0}{\lambda}\right) \in \mathrm{Im}(g) \subset \ker(f)$$

(d'après la question précédente) donc tout vecteur propre de g appartient à $\ker(f)$.

3. *On procède par récurrence sur n en posant, pour tout entier n, $(\mathcal{H}_n)$: « pour tout $\mathbb{C}$-espace vectoriel E, pour tout $(f, g) \in (\mathcal{L}(\mathbb{C}^n))^2$ tel que $f \circ g = 0$ alors il existe une base $\mathcal{B}$ de E telle que les matrices de f et g soient triangulaires supérieures ».*

Initialisation *$n = 1$. Soit E un $\mathbb{C}$-espace vectoriel de dimension 1 et $(f, g) \in (\mathcal{L}(E))^2$ telle que $f \circ g = 0$. On fixe une base $\mathcal{B}$ de E et on note F et G les matrices respectives de f et g dans cette base alors*

$$A = (a) \in \mathfrak{M}_1(\mathbb{C}) \text{ et } B = (b) \in \mathfrak{M}_1(\mathbb{C}).$$

Ces deux matrices étant triangulaires supérieure, la base $\mathcal{B}$ est une base commune de trigonalisation de f et g donc $(\mathcal{H}_1)$ est vraie.

Hérédité., *Soit $n \in \mathbb{N}^*$ tel que la propriété $(\mathcal{H}_n)$ soit vraie et montrons la propriété $(\mathcal{H}_{n+1})$. Soit E un $\mathbb{C}$-espace vectoriel de dimension $n+1$ et on considère $(f, g) \in (\mathcal{L}(E))^2$ tel que $f \circ g = 0$. Le polynôme caractéristique χ_f (resp. χ_g) de f (resp. de g) étant de degré $n + 1 \geqslant 1$, il est scindé dans $\mathbb{C}[X]$ d'après le théorème de d'Alembert-Gauss.*
***Premier cas** : χ_g possède une racine λ_1 non nulle i.e. g possède une valeur propre non nulle λ_1. D'après la question précédente, il existe un vecteur propre e_1 de g associé à λ_1 (i.e. $g(e_1) = \lambda_1 e_1$) et appartenant à $\ker(f)$ (i.e. $f(e_1) = 0$).*
***Second cas** : χ_g n'admet que 0 comme racine donc 0 est l'unique valeur propre de g et $g^n = \chi_g(g) = 0$ (d'après le théorème de Cayley-Hamilton) c'est-à-dire que g est nilpotente. Remarquons alors que $\ker(f) \neq \{0\}$ (sinon, f serait injectif et comme il s'agit d'un endomorphisme en dimension, f serait un isomorphisme donc*

$$g = f^{-1} \circ (f \circ g) = f^{-1} \circ 0 = 0$$

ce qui est absurde). En outre, si $x \in \ker(f)$ alors :

$$f(g(x)) = (f \circ g)(x) = 0(x) = 0 \Rightarrow g(x) \in \ker(f).$$

Ainsi, $g_{|\ker(f)}$ est un endomorphisme de $\ker(f)$ qui est nilpotent. Son noyau est non nul c'est-à-dire qu'il existe $e_1 \in \ker(f)$ (i.e. $f(e_1) = 0$) tel que $g(e_1) = 0$.

***Conclusion partielle.** Ainsi, dans tous les cas, il existe un vecteur e_1 non nul tel que $f(e_1) = 0$ et $g(e_1) = \lambda e_1$ pour un certain $\lambda \in \mathbb{C}$.*

On complète alors la famille (e_1) en une base $\mathcal{B} = (e_1, .., e_{n+1})$ de E. On note $\mathcal{B}_2 = (e_2, .., e_{n+1})$. Les matrices F et G respectivement de f et g dans la base $\mathcal{B}$ sont de la forme

$$F = \begin{pmatrix} 0 & a \\ 0_{n,1} & F' \end{pmatrix} \begin{matrix} e_1 \\ \mathcal{B}_2 \end{matrix} \quad (\text{colonnes } f(e_1),\ f(\mathcal{B}_2)) \qquad G = \begin{pmatrix} \lambda & b \\ 0_{n,1} & G' \end{pmatrix} \begin{matrix} e_1 \\ \mathcal{B}_2 \end{matrix} \quad (\text{colonnes } g(e_1),\ g(\mathcal{B}_2))$$

où $\lambda \in \mathbb{C}$ avec $F', G' \in \mathfrak{M}_n(\mathbb{C})$ et $a, b \in \mathfrak{M}_{1,n}(\mathbb{C})$. Comme $f \circ g = 0$ et par le calcul matriciel par blocs, on peut affirmer que :

$$\begin{aligned} FG &= 0_{n+1} \Leftrightarrow \begin{pmatrix} 0 & a \\ 0_{n,1} & F' \end{pmatrix} \begin{pmatrix} \lambda_1 & b \\ 0_{n,1} & G' \end{pmatrix} = \begin{pmatrix} 0 & 0_{1,n} \\ 0_{n,1} & 0_n \end{pmatrix} \\ &\Leftrightarrow \begin{pmatrix} 0 & aG' \\ 0 & F'G' \end{pmatrix} = \begin{pmatrix} 0 & 0_{1,n} \\ 0_{n,1} & 0_n \end{pmatrix} \Rightarrow F'G' = 0_n. \end{aligned}$$

On note f' et g' les endomorphismes de $\mathbb{C}^n$ (qui est un $\mathbb{C}$-espace vectoriel de dimension n) dont les matrices dans la base canonique de $\mathbb{C}^n$ sont F' et G'. L'égalité $F'G' = 0_n$ montre que $f' \circ g' = 0$. D'après l'hypothèse de récurrence $(\mathcal{H}_n)$, il existe une base $\mathcal{B}'$ de $\mathbb{C}^n$ telle que les matrices de f' et g' dans la base $\mathcal{B}'$ soient triangulaires supérieures. Si on note P' la matrice de passage de la base canonique de $\mathbb{C}^n$ à la base $\mathcal{B}'$, F'' et G'' les matrices de f' et g' dans la base $\mathcal{B}$ alors F'' et G'' sont triangulaires supérieures et on a :

$$F' = P'F''(P')^{-1}, \quad G' = P'G''(P')^{-1}.$$

On considère alors les matrices $P, Q \in \mathfrak{M}_{n+1}(\mathbb{C})$ définie par blocs par :

$$P = \begin{pmatrix} 1 & 0_{1,n} \\ 0_{n,1} & P' \end{pmatrix}, \quad Q = \begin{pmatrix} 1 & 0_{1,n} \\ 0_{n,1} & (P')^{-1} \end{pmatrix}.$$

Le calcul matriciel par blocs montre que :

$$PQ = \begin{pmatrix} 1 \times 1 & 0_{1,n} \\ 0_{n,1} & P'(P')^{-1} \end{pmatrix} = \begin{pmatrix} 1 & 0_{1,n} \\ 0_{n,1} & I'_n \end{pmatrix} = I_{n+1}$$

donc P est inversible d'inverse Q et

$$F = P \begin{pmatrix} 0 & 0_{1,n} \\ 0_{n,1} & F'' \end{pmatrix} P^{-1}, \quad G = P \begin{pmatrix} \lambda_1 & 0_{1,n} \\ 0_{n,1} & G' \end{pmatrix} P^{-1}.$$

Si on désigne par $\mathcal{B}_0$ la base de E dont la matrice de passage de la base $\mathcal{B}$ à la base $\mathcal{B}_0$ est P, les matrices de f et g dans la base $\mathcal{B}_0$ sont respectivement $\begin{pmatrix} 0 & 0_{1,n} \\ 0_{n,1} & F'' \end{pmatrix}$ et $\begin{pmatrix} \lambda_1 & 0_{1,n} \\ 0_{n,1} & G' \end{pmatrix}$ qui sont bien triangulaires supérieures ce qui démontre $(\mathcal{H}_{n+1})$ et achève la récurrence.

Commentaires 54 *Exercice relativement aisé pour ce concours et de difficulté très progressive. La troisième question est la plus difficile mais le raisonnement est classique (proche de la co-réduction).*

Exercice 55 (Centrale) Soient $P = X^2 + \alpha X + \beta$ un polynôme n'ayant pas de racine réelle, E un $\mathbb{R}$-espace vectoriel de dimension $n \geqslant 1$, et f un endomorphisme de E tel que $P(f) = 0$. On cherche à prouver qu'il existe une base dans laquelle la matrice de f est :

$$\begin{pmatrix} A & 0 & \cdots & 0 \\ 0 & \ddots & \ddots & \vdots \\ \vdots & \ddots & \ddots & 0 \\ 0 & \cdots & 0 & A \end{pmatrix} \quad \text{où } A = \begin{pmatrix} 0 & 1 \\ -\beta & -\alpha \end{pmatrix}.$$

1. Montrer que n est pair et que f n'admet pas de valeur propre.
2. Soit $x \in E$ et $y = f(x) + \alpha x$. On pose $H_x = \operatorname{Vect}\{x, y\}$.
   Montrer que H_x est stable par f.
3. Démontrer le résultat annoncé.

Solution 55

1. *Le polynôme P annule f donc l'ensemble des valeurs propres de f est inclus dans l'ensemble des racines réelles de P (car E est un $\mathbb{R}$-espace vectoriel). Ce dernier ensemble étant vide, on en déduit que f n'admet aucune valeur propre. On fixe une base $\mathcal{B}$ de E et on note $M \in \mathfrak{M}_n(\mathbb{R})$ la matrice de f dans cette base. Notons $\Delta = \alpha^2 - 4\beta$ le discriminant de P. Comme P n'admet aucune racine réelle, on peut affirmer que $\Delta < 0$ donc P admet deux racines distinctes*

$$\lambda = a + ib \text{ et } \overline{\lambda} = a - ib \text{ avec } (a, b) \in \mathbb{R} \times \mathbb{R}^*$$

(car $P \in \mathbb{R}[X]$ et les racines de P sont complexes non réelles). La matrice M peut être vu comme matrice de $\mathfrak{M}_n(\mathbb{C})$ est diagonalisable car P est scindé à racines simples dans $\mathbb{C}$ et que l'on a l'inclusion ensembliste $\operatorname{Sp}(M) \subset \{\lambda, \overline{\lambda}\}$. *Il existe une matrice inversible $Q \in \mathrm{GL}_n(\mathbb{C})$ telle que :*

$$M = P \begin{pmatrix} \lambda I_r & 0 \\ 0 & \overline{\lambda} I_{n-r} \end{pmatrix} P^{-1}$$

(il suffit de regrouper les valeurs propres identiques). En particulier, on a :

$$\begin{aligned} \operatorname{Tr}(M) &= \operatorname{Tr}\left(\begin{pmatrix} \lambda I_r & 0 \\ 0 & \overline{\lambda} I_{n-r} \end{pmatrix}\right) = r\lambda + (n-r)\overline{\lambda} \\ &= r(a+ib) + (n-r)(a-ib) = na + ib(2r-n). \end{aligned}$$

Or, $M \in \mathfrak{M}_n(\mathbb{R})$ donc :

$$\operatorname{Tr}(M) \in \mathbb{R} \Rightarrow 2r - n = 0 \Leftrightarrow n = 2r$$

d'où n est un entier pair.

2. *Soit $z \in H_x$, il existe $(\lambda, \mu) \in \mathbb{R}^2$ tel que :*

$$\begin{aligned} z &= \lambda x + \mu y \Rightarrow f(z) = \lambda f(x) + \mu f(y) = \lambda(y - \alpha x) + \mu\left(f^2(x) + \alpha f(x)\right) \\ &= \lambda(y - \alpha x) + \mu(-\beta x) = \lambda y - (\alpha\lambda + \mu\beta)x \in H_x \end{aligned}$$

donc H_x est stable par f.

3. D'après la question 1, n est un entier pair c'est-à-dire qu'il existe un entier $p \geqslant 1$ tel que $n = 2p$. Soit $x_1 \in E \backslash \{0\}$ alors, d'après la question 2, H_{x_1} est stable par f. Montrons que H_{x_1} est de dimension 2. Posons

$$y_1 = f(x_1) + \alpha x_1.$$

La famille (x_1, y_1) est génératrice de H_{x_1}. Montrons qu'elle est libre. Comme $x_1 \neq 0$, il suffit de montrer que y_1 n'est pas colinéaire à x_1. Supposons qu'il existe un réel k tel que :

$$y_1 = kx_1 \Leftrightarrow f(x_1) = (k - \alpha) x_1.$$

Comme $x_1 \neq 0$, on peut affirmer que $k - \alpha$ est une valeur propre de f, ce qui est absurde d'après la question 1. Par conséquent, y_1 n'est pas colinéaire à x_1 donc (x_1, y_1) est une base de H_{x_1} d'où

$$\dim(H_{x_1}) = 2.$$

Supposons avoir construit une famille $(x_1, .., x_k)$ de E telles que $H_{x_1} + \cdots + H_{x_k}$ soit une somme directe. Notons $H = \bigoplus_{i=1}^{k} H_{x_k}$. Comme on a :

$$\dim(H) = \sum_{i=1}^{k} \dim(H_{x_i}) = \sum_{i=1}^{k} 2 = 2k \leqslant 2(p-1) < 2p = n,$$

il existe $x_{k+1} \in E \backslash H$. Montrons que $H_{x_1} + \cdots + H_{x_{k+1}}$ est une somme directe. Soit $(z_1, .., z_{k+1}) \in H_{x_1} \times \cdots \times H_{x_{k+1}}$ tel que :

$$\sum_{i=1}^{k+1} z_i = 0 \Leftrightarrow (*) : z_{k+1} = -\sum_{i=1}^{k} z_i.$$

Notons $Z = -\sum_{i=1}^{k} z_i \in H$ alors on a la formule :

$$f(Z) = -\sum_{i=1}^{k} \underbrace{f(z_i)}_{\in f(H_{x_i}) \subset H_{x_i}} \in H_{x_1} + \cdots + H_{x_k} = H.$$

Notons également :

$$y_{k+1} = f(x_{k+1}) + \alpha x_{k+1}$$

alors il existe $(\lambda, \mu) \in \mathbb{R}^2$ tel que :

$$z_{k+1} = \lambda x_{k+1} + \mu y_{k+1}.$$

Remarquons que $f(y_{k+1}) = -\beta x_{k+1}$. L'égalité $(*)$ puis l'égalité $(*)$ que l'on a composé par f nous donne le système suivant :

$$\left\{ \begin{array}{lr} \lambda x_{k+1} + \mu y_{k+1} = Z & (1) \\ \lambda (y_{k+1} - \alpha x_{k+1}) - \mu \beta x_{k+1} = f(Z) & (2) \end{array} \right.$$

$$\underset{\lambda(1)-\mu(2)}{\Rightarrow} \left(\lambda^2 + \alpha \lambda \mu + \mu^2 \beta\right) x_{k+1} = \lambda Z - \mu f(Z)$$

Comme Z et $f(Z)$ appartiennent à H qui est un espace vectoriel, $\lambda Z - \mu f(Z) \in H$. Si $\lambda^2 + \alpha\lambda\mu + \mu^2\beta \neq 0$ alors

$$x_{k+1} = \frac{1}{\lambda^2 + \alpha\lambda\mu + \mu^2\beta}(\lambda Z - \mu f(Z)) \in H$$

ce qui est absurde donc $\lambda^2 + \alpha\lambda\mu + \mu^2\beta = 0$. Si $\mu \neq 0$ alors, en divisant par μ^2 cette égalité, on en déduit l'équation :

$$\left(\frac{\lambda}{\mu}\right)^2 + \alpha\left(\frac{\lambda}{\mu}\right) + \beta = 0 \Leftrightarrow P\left(\frac{\lambda}{\mu}\right) = 0$$

avec $\frac{\lambda}{\mu} \in \mathbb{R}$, ce qui est absurde car P n'admet aucune racine réelle. Ainsi, $\mu = 0$ donc, d'après (1), on obtient $\lambda x_{k+1} = Z$. Si $\lambda \neq 0$ alors $x_{k+1} = \frac{1}{\lambda}Z \in H$, ce qui est absude donc $\lambda = 0$. Ceci montre que

$$z_{k+1} = 0 \Rightarrow \sum_{i=1}^{k} z_i = 0 \Rightarrow \forall i \in \{1,..,k\}, z_i = 0$$

(car $\forall i \in \{1,..,k\}$, $z_i \in H_i$ et $H_{x_1} + \cdots + H_{x_k}$ soit une somme directe) donc la somme $H_{x_1} + \cdots + H_{x_{k+1}}$ est directe.
On peut affirmer qu'il existe une famille $(x_1,..,x_p)$ de E telle que $H_{x_1} + \cdots + H_{x_p}$ est une somme directe. En outre, on a :

$$\dim\left(H_{x_1} + \cdots + H_{x_p}\right) = \sum_{i=1}^{p} \dim(H_{x_i}) = \sum_{i=1}^{p} 2 = 2p = n = \dim(E)$$

donc $H_{x_1} + \cdots + H_{x_p} = E$. On pose :

$$\forall i \in \{1,..,p\}, y_i = f(x_i) + \alpha x_i$$

et la famille (y_i, x_i) est une base de H_{x_i} donc la famille

$$\mathcal{B} = (y_1, x_1, y_2, x_2, .., y_p, x_p)$$

est une base de $H_{x_1} + \cdots + H_{x_p} = E$. Comme on a :

$$\forall i \in \{1,..,p\}, f(y_i) = -\beta x_i \text{ et } f(x_i) = y_i - \alpha x_i,$$

la matrice de f dans la base $\mathcal{B}$ est celle proposée par le sujet.

Commentaires 55 *Sujet de niveau standard pour ce concours.*
Question 1 : Il s'agit d'une question très classique et posée dans de nombreux concours (CCINP, Centrale-SupElec, Mines-Ponts, Mines-Telecom) tant à l'écrit qu'à l'oral (pour diverses valeurs de α, β). N'hésitez pas à retravailler cette question si vous n'avez guère avancé dessus.
Question 2. Aucune difficulté.
Question 3. L'idée de justifier l'existence de vecteurs $x_1, .., x_r$ tels que la famille $(x_i, f(x_i))_{1 \leqslant i \leqslant r}$ soit une base de E est la simple traduction géométrique que la matrice de f dans cette base est celle proposée par le sujet. Les candidats mentionnant ce fait seront valorisés (ils traduisent bien la question). La difficulté est alors de prouver qu'il s'agit d'une base est plus difficile mais elle peut se traiter « à la main » pour $n = 4$ (ou du moins, montrer que $(x_1, f(x_1), x_2, f(x_2))$ soit une famille libre). Les candidats le

justifiant seuls seront également bien valorisés.

Exercice 56 Soit $(A, +, \times, .)$ une $\mathbb{R}$-algèbre commutative et intègre de dimension finie $d \geqslant 2$.

1. Soit a un élément non nul de A. Pour tout $x \in A$, on pose $f_a(x) = ax$.
   Montrer que f_a est un automorphisme linéaire de A.
2. Soit $a \in A$. Montrer qu'il existe un polynôme non nul $P \in \mathbb{R}[X]$ tel que $P(a) = 0$.
3. Montrer que A est une $\mathbb{R}$-algèbre isomorphe à $\mathbb{C}$.

Solution 56

1. *Soit $x \in A$. Comme $a \in A$ et que $(A, +, \times, .)$ est une $\mathbb{R}$-algèbre, on a $f_a(x) = ax \in A$ donc $f_a : A \to A$. En outre, pour tout $(\lambda, \mu) \in \mathbb{R}^2$ et pour tout $(x, y) \in A^2$, on a :*

$$f_a(\lambda x + \mu y) = a(\lambda x + \mu y) = \lambda ax + \mu ay = \lambda f_a(x) + \mu f_a(y)$$

donc f_a est linéaire ce qui prouve que f_a est un endomorphisme de A. Comme A est un $\mathbb{R}$-espace vectoriel de dimension finie, f_a est un automorphisme si et seulement si $\ker(f_a) = \{0\}$. *Soit $x \in A$ alors*

$$x \in \ker(f_a) \Leftrightarrow f_a(x) = 0_A \Leftrightarrow ax = 0_A.$$

Par intégrité de A, on peut affirmer que $a = 0_A$ ou $x = 0_A$. Or, comme $a \neq 0_A$, on peut affirmer que $x = 0_A$, ce qui montre l'égalité $\ker(f_a) = \{0_A\}$ *donc f_a est un automorphisme de A.*

2. *D'après le théorème de Cayley-Hamiltion, le polynôme caractéristique χ_{f_a} de f_a annule f_a. Comme χ_{f_a} est de degré d et unitaire, il existe des réels $(p_k)_{0 \leqslant k \leqslant d-1}$ tels que*

$$\chi_{f_a}(X) = \sum_{k=0}^{d} p_k X^k$$

donc :

$$\chi_{f_a}(f_a) = 0_{\mathcal{L}(A)} \Leftrightarrow (*) : \sum_{k=0}^{d} p_k (f_a)^k = 0_{\mathcal{L}(A)}.$$

Remarquons alors que, pour tout entier k et tout $x \in A$, on a :

$$(f_a)^{k+1}(x) = f_a\left((f_a)^k(x)\right) = a(f_a)^k(x).$$

Ainsi, la suite $\left((f_a)^k(x)\right)_{k\in\mathbb{N}}$ est géométrique de raison a donc on a la formule :

$$\forall k \in \mathbb{N},\ (f_a)^k(x) = a^k (f_a)^0(x) = a^k \operatorname{Id}(x) = a^k x.$$

L'égalité $(*)$, évaluée en 1_A (élément neutre de A), fournit l'égalité :

$$\sum_{k=0}^{d} p_k (f_a)^k (1_A) = 0_A \Leftrightarrow \sum_{k=0}^{d} p_k a^k 1_A = 0_A \Leftrightarrow \sum_{k=0}^{d} p_k a^k = 0_A.$$

Le polynôme $P = \chi_{f_a}$ est non nul et $P(a) = 0_A$.

3. *Soit $a \in A$. D'après la question précédente, il existe $P \in \mathbb{R}[X] \setminus \{0\}$, unitaire (cf. la réponse à la question 2) tel que $P(a) = 0_A$. La décomposition en produit d'irréductibles de $\mathbb{R}[X]$ de P est $P = \prod_{i=1}^{r} P_i$ où $r \in \mathbb{N}^*$, P_i est un polynôme unitaire et irréductible de $\mathbb{R}[X]$ (les P_i ne sont pas nécessairement deux à deux distincts). Par intégrité de $(A, +, \times, .)$, on a l'équivalence :*

$$P(a) = 0_A \Leftrightarrow \prod_{i=1}^{r} P_i(a) = 0_A \Leftrightarrow \exists i \in \{1, .., r\}, P_i(a) = 0_A.$$

Or, les polynômes unitaires et irréductibles de $\mathbb{R}[X]$ sont les polynômes $X - \alpha$ avec $\alpha \in \mathbb{R}$ ou $X^2 + \alpha X + \beta$ avec $(\alpha, \beta) \in \mathbb{R}^2$ sans racine dans $\mathbb{R}$ c'est-à-dire son discriminant $\alpha^2 - 4\beta$ est strictement négatif. Par conséquent, pour tout $a \in A$,

— *soit il existe $\alpha \in \mathbb{R}$ tel que :*

$$(X - \alpha)(a) = 0_A \Leftrightarrow \alpha - a1_A = 0_A \Leftrightarrow \alpha = a1_A \Leftrightarrow \alpha \in \mathrm{Vect}(1_A) \ ;$$

— *soit il existe $(\alpha, \beta) \in \mathbb{R}^2$ tel que*

$$\left(X^2 + \alpha X + \beta\right)(a) = 0_A \Leftrightarrow a^2 + \alpha a + \beta 1_A = 0_A \text{ avec } \alpha^2 - 4\beta < 0.$$

Comme $\dim(\mathrm{Vect}(1_A)) = 1 < d = \dim(A)$, il existe $x_0 \in A \setminus \mathrm{Vect}(1_A)$. Pour ce x_0, il existe $(\alpha_0, \beta_0) \in \mathbb{R}^2$ avec $\Delta_0 = \alpha_0^2 - 4\beta_0 < 0$ vérifiant

$$(x_0)^2 + \alpha_0 x_0 + \beta_0 = 0_A \underset{(*)}{\Leftrightarrow} \left(x_0 + \frac{\alpha_0}{2}1_A\right)^2 + \beta_0 - \frac{\alpha_0^2}{4} = 0_A \Leftrightarrow \left(x_0 + \frac{\alpha_0}{2}1_A\right)^2 = \frac{\Delta_0}{4}.$$

$(*)$ par commutativité de la multiplication dans A.

En divisant par $\left(\frac{\sqrt{-\Delta_0}}{2}\right)^2$ cette égalité, on obtient l'égalité :

$$\left(\frac{2}{\sqrt{-\Delta_0}}\left(x_0 + \frac{\alpha_0}{2}1_A\right)\right)^2 = -1_A.$$

Notons $\xi = \frac{2}{\sqrt{-\Delta_0}}\left(x_0 + \frac{\alpha_0}{2}1_A\right) \in A$ alors $\xi^2 = -1$ et, pour tout $t \in A$, on a l'équivalence suivante :

$$t^2 = -1_A \Leftrightarrow t^2 = \xi^2 \Leftrightarrow t^2 - \xi^2 = 0_A \underset{A \text{ commutatif}}{\Leftrightarrow} (t - \xi)(t + \xi) = 0_A$$
$$\underset{A \text{ intègre}}{\Leftrightarrow} t - \xi = 0_A \text{ ou } t + \xi = 0_A \Leftrightarrow t = \xi \text{ ou } t = -\xi \Leftrightarrow t = \pm\xi.$$

On fixe jusqu'à la fin de la question x_0 donc ξ est fixé. Pour tout $x \in A \setminus \mathrm{Vect}(1_A)$, il existe $(\alpha, \beta) \in \mathbb{R}^2$ avec $\alpha^2 - 4\beta < 0$ et $x^2 + \alpha x + \beta 1_A = 0$. En remplaçant x_0 par x, α_0 par α, β_0 par β et Δ_0 par $\Delta = \alpha^2 - 4\beta < 0$, dans le raisonnement précédent, on obtient :

$$\begin{aligned}\left(\frac{2}{\sqrt{-\Delta}}\left(x + \frac{\alpha}{2}1_A\right)\right)^2 &= -1_A \Leftrightarrow \frac{2}{\sqrt{-\Delta}}\left(x + \frac{\alpha}{2}1_A\right) = \pm\xi \\ &\Leftrightarrow \ x = -\frac{\alpha 1_A \pm \xi\sqrt{-\Delta}}{2} \in \mathrm{Vect}(1_A, \xi).\end{aligned}$$

En outre, si $x \in \operatorname{Vect}(1_A)$ *alors* $x \in \operatorname{Vect}(1_A, \xi)$. *Par conséquent, on a démontré l'inclusion* $A \subset \operatorname{Vect}(1_A, \xi)$ *et l'inclusion réciproque étant immédiate (car* A *est une algèbre et* 1_A, ξ *appartiennent à* A*) d'où l'égalité :*

$$A = \operatorname{Vect}(1_A, \xi).$$

Ainsi, la famille $(1_A, \xi)$ *est une famille génératrice de* A. *Montrons qu'elle est libre. Comme* $1_A \neq 0$, *il suffit de montrer que* $\xi \notin \operatorname{Vect}(1_A)$. *Supposons qu'il existe* $k \in \mathbb{R}$ *tel que* $\xi = k1_A$. *En évalant au carré cette égalité, on obtient l'équivalence :*

$$\xi^2 = k^2 1_A \Leftrightarrow -1_A = k^2 1_A \Leftrightarrow \left(k^2+1\right) 1_A = 0_A.$$

Or, k *étant un nombre réel, on a* $k^2 + 1 \geqslant 1 > 0$ *donc en divisant par* k^2+1 *l'égalité précédente, on obtient* $1_A = 0_A$, *ce qui est aburde. Nous en déduisons que* $(1, \xi)$ *est une base du* $\mathbb{R}$*-espace vectoriel* A. *Pour tout* $x \in A$, *il existe un unique couple* $(a_x, b_x) \in \mathbb{R}^2$ *tel que* $x = a_x 1_A + b_x \xi$ *et on pose* $\phi(x) = a_x + ib_x \in \mathbb{C}$. *Démontrons que l'application*

$$\phi : \left\{ \begin{array}{ccc} A & \to & \mathbb{C} \\ x & \mapsto & \phi(x) \end{array} \right.$$

est un isomorphisme d'algèbre c'est-à-dire que ϕ *est un isomorphisme de* $\mathbb{R}$*-espace vectoriel avec :*

$$\phi(1_A) = 1_{\mathbb{C}} \text{ et } \forall (x,y) \in A^2,\ \phi(xy) = \phi(x)\phi(y).$$

D'après le raisonnement précédent, ϕ *est surjective. En outre, si* $z \in \mathbb{C}$, *il existe* $(a,b) \in \mathbb{R}^2$ *tel que* $z = a + ib$. *On pose* $x = a1_A + b\xi \in A$ *alors* $\phi(x) = z$ *donc* ϕ *est surjective, ce qui prouve que* ϕ *est une bijection de* A *sur* $\mathbb{C}$.
Avec les notations précédentes, pour tout $(x,y) \in A^2$ *et tout* $(\lambda, \mu) \in \mathbb{R}^2$, *on a*

$$\left\{ \begin{array}{l} x = a_x 1_A + b_x \xi \\ y = a_y 1_A + b_y \xi \end{array} \right.$$

ce qui entraine l'égalité :

$$\begin{array}{rcl} & \Rightarrow & \\ \lambda x + \mu y & = & (\lambda a_x + \mu a_y) 1_A + (\lambda b_x + \mu b_y)\xi \Rightarrow \\ \phi(\lambda x + \mu y) & = & (\lambda a_x + \mu a_y) + (\lambda b_x + \mu b_y) i \\ & = & \lambda(a_x + b_x i) + \mu(a_y + b_y i) = \lambda\phi(x) + \mu\phi(y). \end{array}$$

Ainsi, on a prouvé la linéarité de ϕ. *En outre, on a les formules suivantes :*

$$\begin{array}{rcl} xy & = & (a_x 1_A + b_x\xi)(a_y 1_A + b_y \xi) \\ & = & a_x a_y \underbrace{(1_A)^2}_{=1_A} + (a_x b_y + b_x a_y)\xi + b_x b_y \underbrace{\xi^2}_{=-1_A} \\ & = & (a_x a_y - b_x b_y) 1_A + (a_x b_y + b_x a_y)\xi \Rightarrow \\ \phi(xy) & = & (a_x a_y - b_x b_y) + (a_x b_y + b_x a_y) i \\ \phi(x)\phi(y) & = & (a_x + b_x i)(a_y + b_y i) = a_x a_y + (a_x b_y + b_x a_y) i + b_x b_y \underbrace{i^2}_{=-1} \\ & = & (a_x a_y - b_x b_y) + (a_x b_y + b_x a_y) i = \phi(xy). \end{array}$$

Pour finir, on a la formule :

$$\phi(1_A) = \phi(1 \times 1_A + 0 \times \xi) = 1 + 0 \times i = 1 = 1_{\mathbb{C}}$$

qui permet de conclure.

Commentaires 56 *Exercice original et progressif.*
Question 1 : Elle ne présente pas de difficulté particulière.
Question 2 : Pensez à la notion de polynôme annulateur est le minimum vu la question. L'interrogateur proposera aux candidats bloqués d'expliciter $P(f)$ lorsque P est un polynôme.
Question 3 : Le point clé de cette question est d'utiliser la décomposition en irréductibles des polynômes (l'interrogateur le proposera très probablement aux candidats ne parvenant pas à démarrer). Les candidats le mentionnant seul et montrant que l'on peut toujours supposer que P est de degré au plus 2 (de la question 2) seront valorisés. L'interrogateur proposera alors l'écriture canonique d'un trinôme (ou « début de carrés »).

Exercice 57 Soit $p \in \mathbb{N}^*$. On considère G un sous-groupe commutatif fini de $\mathrm{GL}_n(\mathbb{C})$ dont tous les éléments M vérifient $M^p = I_n$. On identifiera par ailleurs matrices et endomorphismes canoniquement associés.

1. Montrer que toutes les matrices de G sont diagonalisables, de valeurs propres dans $\mathbb{U}_p$ (ensemble des racines p^{e} de l'unité) .
2. Soient A et B deux matrices diagonalisables, qui commutent.
   (a) Soient a et b les endomorphismes canoniquement associés à A et B. Montrer que tout sous-espace propre de a est stable par b.
   (b) Montrer alors que les matrices A et B sont codiagonalisables (c'est-à-dire qu'il existe une matrice inversible P telle que $P^{-1}AP$ et $P^{-1}BP$ soient des matrices diagonales).
3. Montrer de même que les matrices du groupe G sont codiagonalisables (c'est-à-dire qu'il existe une matrice inversible P telle que, pour tout $A \in G$, $P^{-1}AP$ est une matrice diagonale)
4. Montrer que G est isomorphe à un sous-groupe de $(\mathbb{Z}/p\mathbb{Z})^n$.
5. Montrer que si p est premier alors G est isomorphe à $(\mathbb{Z}/p\mathbb{Z})^m$ pour un certain $m \in \mathbb{N}$.

Solution 57

1. Soit $M \in G$ alors $M^p = I_n$ donc le polynôme $P = X^p - 1$ annule M. Comme il est scindé à racines simples dans $\mathbb{C}$ (il est de degré p et il possède p racines distinctes qui sont les racines p^{e} de l'unité), on peut affirmer que M est diagonalisable dans $\mathfrak{M}_n(\mathbb{C})$ et que $\mathrm{Sp}(M) \subset \{\text{racines de } P\} = \mathbb{U}_p$.

2. (a) Comme A et B commutent, a et b commutent également. Soit $\lambda \in \mathrm{Sp}(a)$ alors, pour tout $x \in E_\lambda(a)$, on a $a(x) = \lambda x$. En composant cette égalité par b, on obtient l'égalité

$$\begin{aligned} b(a(x)) &= \lambda x \Leftrightarrow (b \circ a)(x) = \lambda x \Leftrightarrow (a \circ b)(x) = \lambda b(x) \\ &\Leftrightarrow a(b(x)) = \lambda b(x) \Rightarrow b(x) \in E_\lambda(a), \end{aligned}$$

ce qui prouve la stabilité de $E_\lambda(A)$ par B.

(b) On conserve les notations introduites à la question précédente. Comme a est diagonalisable, on a $\mathbb{C}^n = \bigoplus_{\lambda \in \mathrm{Sp}(a)} E_\lambda(a)$. Soit $\lambda \in \mathrm{Sp}(a)$, comme $E_\lambda(a)$ est stable par b (question 2.a), la restriction $b_{|E_\lambda(a)}$ de b à $E_\lambda(a)$ est un endomorphisme de $E_\lambda(a)$.

Puisque b est diagonalisable, $b_{|E_\lambda(a)}$ *l'est aussi donc il existe une base* $\mathcal{B}_\lambda$ *de* $E_\lambda(a)$ *formée de vecteurs propres de b. Par construction, tout élément de* $\mathcal{B}_\lambda$ *est un vecteur propre également de a (puisqu'il est non nul et appartient à* $E_\lambda(a)$*). La famille* $\mathcal{B} = \bigcup_{\lambda \in \mathrm{Sp}(a)} \mathcal{B}_\lambda$ *est une base de* $\bigoplus_{\lambda \in \mathrm{Sp}(a)} E_\lambda(a) = \mathbb{C}^n$ *formée de vecteurs propres à la fois de a et de b. Si on note P la matrice de passage de la base canonique de* $\mathbb{C}^n$ *à la base* $\mathcal{B}$*,* $P^{-1}AP$ *et* $P^{-1}BP$ *représentent les matrices de a et b dans la base* $\mathcal{B}$ *qui sont diagonales par construction donc A et B sont co-diagonalisables.*

3. *Puisque que* $(G, \circ)$ *est un groupe commutatif, tous les éléments de G commutent deux à deux. En outre, tous les éléments de G sont diagonalisables (d'après la question 1). Il nous suffit alors d'adapter la preuve de la question précédente, Pour cela, on procède par récurrence forte sur n en posant, pour tout entier n,* $(\mathcal{H}_n)$ *: « pour tout* $\mathbb{C}$*-espace vectoriel E de dimension n et pour tout sous-groupe commutatif G de* $\mathrm{GL}(E)$ *dont tous les éléments g sont diagonalisables, il existe une base* $\mathcal{B}$ *de E formée de vecteurs propres pour tous les* $g \in G$ *».*

Initialisation $n = 1$*. Soit G un sous-groupe abélien de* $\mathrm{GL}(E)$ *avec* $\dim(E) = 1$*. On fixe une base* $\mathcal{B}$ *de E alors la matrice de tout élément de G dans la base* $\mathcal{B}$ *sont des matrices de* $\mathfrak{M}_1(\mathbb{C})$ *(qui s'identifient aux nombres de* $\mathbb{C}$*). Par conséquent, elles sont toutes diagonales et la base* $\mathcal{B}$ *convient donc* $(\mathcal{H}_1)$ *est vraie.*

Hérédité.*, Soit* $n \geqslant 2$ *tel que les propriétés* $(\mathcal{H}_k)$ *soient vraies pour tout* $k \in \{1, .., n-1\}$ *et montrons la propriété* $(\mathcal{H}_n)$*. Soient E un* $\mathbb{C}$*-espace vectoriel de dimension n et G un sous-groupe commutatif de* $\mathrm{GL}(E)$*.*

Si tout élément de G est de la forme $\lambda \,\mathrm{Id}_E$ *avec* $\lambda \in \mathbb{C}^*$ *alors toute base* $\mathcal{B}$ *de E convient. Sinon, il existe un élément* $a \in G$ *qui ne soit pas de la forme* $\lambda \,\mathrm{Id}_E$ *avec* $\lambda \in \mathbb{C}^*$*. Comme a est diagonalisable, on a :* $E = \bigoplus_{\lambda \in \mathrm{Sp}(a)} E_\lambda(a)$*. Soit* $\lambda \in \mathrm{Sp}(a)$*. Comme*

$$a \neq \lambda \,\mathrm{Id}_E \Leftrightarrow a_A - \lambda \,\mathrm{Id}_E \neq 0 \Leftrightarrow \ker(a_A - \lambda \,\mathrm{Id}_E) \neq E \Leftrightarrow E_\lambda(a) \neq E,$$

on a

$$\dim(E_\lambda(a_A)) < \dim(E) = n.$$

Comme $(G, \circ)$ *est commutatif, tout élément g de G commute avec a donc* $b_{|E_\lambda(a)}$ *est un endomorphisme de* $E_\lambda(a)$*. On note*

$$H_\lambda = \left\{ b_{|E_\lambda(a)},\, b \in G \right\}$$

qui est un sous-groupe commutatif de $\mathrm{GL}(E_\lambda(a))$ *dont tous les él (cf. (∗) en fin de preuve). En appliquant l'hypothèse de récurrence* $\mathcal{H}_{\dim(E_\lambda(a))}$*, il existe une base* $\mathcal{B}_\lambda$ *de* $E_\lambda(a)$ *formée de vecteurs propres pour tous les éléments de G. La famille* $\mathcal{B} = \bigcup_{\lambda \in \mathrm{Sp}(a)} \mathcal{B}_\lambda$ *est une base de* $\bigoplus_{\lambda \in \mathrm{Sp}(a)} E_\lambda(a) = E$ *formée de vecteurs propres pour tous les éléments de G.*

(∗) Si $b \in G \subset \mathrm{GL}(E)$ *alors b est injectif donc* $b_{|E_\lambda(a)}$ *est aussi injectif. Comme il s'agit d'un endomorphisme en dimension finie,* $b_{|E_\lambda(a)}$ *est un automorphisme de* $E_\lambda(a)$ *donc* $b_{|E_\lambda(a)} \in \mathrm{GL}(E_\lambda(a))$*.*

$\mathrm{Id}_{E_\lambda(a)} \in H_\lambda$ *car* $\mathrm{Id}_E \in G$ *et* $(\mathrm{Id}_E)_{|E_\lambda(a)} = \mathrm{Id}_{E_\lambda(a)}$*.*

Si g et h appartiennent à G alors $g \circ h^{-1} \in G$ *(car* $(G, \circ)$ *est un groupe et*

$$\left(g_{|E_\lambda(a)}\right) \circ \left(h_{|E_\lambda(a)}\right)^{-1} = \left(g \circ h^{-1}\right)_{|E_\lambda(a)} \in H_\lambda$$

Pour finir, comme tous les éléments de G commutent, leurs restrictions à $E_\lambda(a)$ commutent également donc $(H_\lambda, \circ)$ est un sous-groupe commutatif de $\mathrm{GL}(E_\lambda(a))$.

4. *D'après la question précédente, il existe une matrice inversible P telle que, pour tout $A \in G$, $P^{-1}AP$ est une matrice diagonale c'est-à-dire*

$$(\mathcal{R}) : \forall A \in G,\ P^{-1}AP = \mathrm{diag}(\lambda_1(A), .., \lambda_n(A))$$
$$\text{avec } \forall i \in \{1, .., n\},\ \lambda_i(A) \in \mathbb{U}_p$$

(d'après la question 1). Remarquons que si k et k' sont deux entiers (relatifs), on a les équivalences suivantes :

$$\begin{aligned}\exp\left(\frac{2\pi ik}{p}\right) &= \exp\left(\frac{2\pi ik'}{p}\right) \Leftrightarrow \exists m \in \mathbb{Z},\ \frac{2\pi ik}{p} = \frac{2\pi ik'}{p} + 2\pi im \\ \underset{\times p/(2\pi i)}{\Leftrightarrow} k &= k' + mp \Leftrightarrow k \equiv k'\ [p]\end{aligned}$$

Ainsi, pour tout $\overline{k} \in \mathbb{Z}/p\mathbb{Z}$, $\phi(\overline{k}) = \exp\left(\dfrac{2\pi ik}{p}\right)$ est bien définie et ϕ est injective. En outre, elle est surjective car :

$$\mathbb{U}_p = \left\{\exp\left(\frac{2\pi ik}{p}\right),\ k \in \{0, .., p-1\}\right\} = \{\phi(\overline{k}),\ \overline{k} \in \mathbb{Z}/p\mathbb{Z}\}$$

et ϕ est un morphisme de groupe car :

$$\begin{aligned}\forall(\overline{k}, \overline{k'}) &\in (\mathbb{Z}/p\mathbb{Z})^2,\ \phi(\overline{k} + \overline{k'}) = \phi(\overline{k + k'}) = \exp\left(\frac{2\pi i(k + k')}{p}\right) \\ &= \exp\left(\frac{2\pi ik}{p}\right)\exp\left(\frac{2\pi ik'}{p}\right) = \phi(\overline{k})\,\phi(\overline{k'})\end{aligned}$$

donc ϕ réalise un isomorphisme entre $\mathbb{Z}/p\mathbb{Z}$ et $\mathbb{U}_p$. Considérons alors l'application $f : (\mathbb{Z}/p\mathbb{Z})^n \to \mathrm{GL}_n(\mathbb{C})$ définie par :

$$\forall(\overline{k_1}, .., \overline{k_n}) \in (\mathbb{Z}/p\mathbb{Z})^n,\ f(\overline{k_1}, .., \overline{k_n}) = P\,\mathrm{diag}(\phi(\overline{k_1}), .., \phi(\overline{k_n}))\,P^{-1}.$$

f est un morphisme injectif du groupe $((\mathbb{Z}/p\mathbb{Z})^n, +)$ dans le groupe $\mathrm{GL}_n(\mathbb{C})$ donc f réalise un isomorphisme entre $((\mathbb{Z}/p\mathbb{Z})^n, +)$ et $(\mathrm{Im}(f), \times)$. D'après la relation $(\mathcal{R})$, on en déduit que $G \subset \mathrm{Im}(f)$ donc f réalise un isomorphisme entre $f^{-1}(G)$ (qui un sous-groupe de $((\mathbb{Z}/p\mathbb{Z})^n, +)$ et $(G, \times)$.

5. *Comme p est un nombre premier, $(\mathbb{Z}/p\mathbb{Z}, +, \times)$ est un corps commutatif que l'on note désormais K. Alors $((\mathbb{Z}/p\mathbb{Z})^n, +) = (K^n, +)$ est un groupe commutatif. Soient $\overline{k} \in \mathbb{Z}/p\mathbb{Z}$ et $x = (\overline{x_1}, .., \overline{x_n}) \in K^n = (\mathbb{Z}/p\mathbb{Z})^n$, on pose :*

$$\overline{k}.x = (\overline{kx_1}, .., \overline{kx_n}) \in (\mathbb{Z}/p\mathbb{Z})^n = K^n.$$

(d'après les règles de calculs dans $(\mathbb{Z}/p\mathbb{Z})^n$ et dans $\mathbb{Z}/p\mathbb{Z}$).
Justifions que cette notation est bien définie c'est-à-dire ne dépend pas des représentants choisisis. Soient $(k, k', x_1, .., x_n, x'_1, .., x'_n) \in (\mathbb{Z})^{2n+2}$ tel que :

$$\begin{aligned}&\left\{\begin{array}{c}\overline{k'} = \overline{k} \\ (\overline{x'_1}, .., \overline{x'_n}) = (\overline{x_1}, .., \overline{x_n})\end{array}\right. \Leftrightarrow \left\{\begin{array}{rr} & \overline{k'} = \overline{k} \\ \forall i \in \{1, .., n\} & \overline{x'_i} = \overline{x_i}\end{array}\right. \\ \Leftrightarrow &\left\{\begin{array}{rr} & k' \equiv k\ [p] \\ \forall i \in \{1, .., n\} & x'_i \equiv x_i\ [p]\end{array}\right. \underset{(*)}{\Rightarrow} \forall i \in \{1, .., n\},\ k'x'_i \equiv kx_i\ [p] \\ &\Rightarrow \forall i \in \{1, .., n\},\ \overline{k'x'_i} = \overline{kx_i} \Rightarrow (\overline{k'x'_1}, .., \overline{k'x'_n}) = (\overline{kx_1}, .., \overline{kx_n})\end{aligned}$$

$(*)$ *d'après les règles de calculs sur les congruences.*
Ainsi, la notation est bien définie. On en déduit que, pour tout $\overline{k}, \overline{k'} \in K$ *et tous* $(x, y) \in K^2$*, on a :*

$$\overline{k}.(x+y) = \overline{k}.x + \overline{k}.y,\ \overline{k}.\left(\overline{k'}.x\right) = \left(\overline{k} \times \overline{k'}\right).x.$$

(la vérification est aisée et elle est laissée au lecteur). Ainsi, le groupe $(K^n, +)$ *munit de la multiplication externe « . » devient un* K*-espave vectoriel! Ce fait remarquable en entraine un second tout aussi remarquable. Si* $(H, +)$ *est un sous-groupe de* $(K^n, +)$ *alors* $(H, +, .)$ *est un sous-espace vectoriel de* $(K^n, +, .)$*. En effet,* $H \subset K$ *qui est un* K*-espace vectoriel.* $0_{K^n} \in H$ *(car* $(H, +)$ *est un sous-groupe). Si* $\left(\overline{k}, \overline{k'}\right) \in (\mathbb{Z}/p\mathbb{Z})^2$ *et* $(x, y) \in H^2$ *alors :*

$$\overline{k}.x + \overline{k'}.y \underset{\text{au lecteur}}{\overset{\text{laissée}}{=}} \underbrace{x + \cdots + x}_{k \text{ fois}} + \underbrace{y + \cdots + y}_{k' \text{ fois}} \in H$$

car $(H, +)$ *est un sous-groupe.*

D'après la question précédente, il existe un sous-groupe H *de* $(\mathbb{Z}/p\mathbb{Z})^n = K^n$ *et un isomorphisme de groupe* f *de* $(H, +)$ *sur* $(G, \times)$*. Comme* $(K^n, +, .)$ *est un espace vectoriel de dimension* n *(sur* K*) et que* $(H, +, .)$ *est un sous-espace vectoriel de* $(K^n, +, .)$*, on en déduit que* $(H, +, .)$ *est un* K*-espace vectoriel de dimension* $m \in \{0, ..., n\}$*. Ainsi, il existe un isomorphisme de* K*-espace vectoriel* g *de* $(K^m, +, .) = ((\mathbb{Z}/p\mathbb{Z})^m, +, .)$ *sur* $(H, +, .)$*. En particulier,* g *est un isomorphe du groupe* $((\mathbb{Z}/p\mathbb{Z})^m, +)$ *sur* $(H, +)$ *(on oublie la condition sur la seconde loi .) donc* $f \circ g$ *est un isomorphisme du groupe* $((\mathbb{Z}/p\mathbb{Z})^m, +)$ *sur* $(G, \times)$*.*

Commentaires 57 *Exercice assez long, progressif dont toutes les questions (sauf la dernière) sont des classiques des concours Centrale-SupElec et Mines-Ponts. N'hésitez pas à retravailler les questions 1, 2 et 3. Les questions 4 et 5 sont plutôt dans l'esprit X-ENS (donc elles s'adressent aux meilleurs candidats).*

Exercice 58 On dit qu'une matrice $A \in \mathfrak{M}_n(\mathbb{C})$ vérifie la propriété $(\mathcal{P})$ si $A + {}^t Com(A)$ est une matrice scalaire (i.e de la forme λI_n où $\lambda \in \mathbb{C}$).

1. Déterminer les matrices de $\mathfrak{M}_2(\mathbb{C})$ vérifiant $(\mathcal{P})$.
   Dans toute la suite, on suppose $n > 2$.
2. Rappeler le lien entre la comatrice de A et l'inverse de A lorsque A est inversible.
3. Pour tous A et B dans $\mathrm{GL}_n(\mathbb{C})$, montrer que $Com(AB) = Com(A)\,Com(B)$.
4. Montrer que si $A \in \mathrm{GL}_n(\mathbb{C})$ vérifie $(\mathcal{P})$, alors toutes les matrices semblables à A vérifient également $(\mathcal{P})$.
5. Soit $A \in \mathrm{GL}_n(\mathbb{C})$ non scalaire n'ayant qu'une seule valeur propre.
   Montrer que A vérifie $(\mathcal{P})$ si et seulement s'il existe N telle que $N^2 = 0$ et μ une racine $(n-2)^{\text{e}}$ de l'unité avec $A = \mu I_n + N$.
6. On suppose que A vérifiant $(\mathcal{P})$ possède au moins deux valeurs propres distinctes.
   Montrer que A est diagonalisable et conclure.

Solution 58

1. *Rappelons que si* $A = (a_{i,j})_{1 \leqslant i,j \leqslant n} \in \mathfrak{M}_n(\mathbb{C})$ *alors* $Com(A) = \left((-1)^{i+j}\Delta_{i,j}\right)_{1 \leqslant i,j \leqslant n}$ *où* $\Delta_{i,j}$ *est le déterminant extrait de la matrice* A *en enlevant la* i^e *ligne et la* j^e *colonne.*
Soit $A = \begin{pmatrix} a & b \\ c & d \end{pmatrix}$ *alors* $Com(A) = \begin{pmatrix} d & -c \\ -b & a \end{pmatrix}$ *donc*

$$A + {}^tCom(A) = \begin{pmatrix} a & b \\ c & d \end{pmatrix} + \begin{pmatrix} d & -b \\ -c & a \end{pmatrix} = \begin{pmatrix} a+d & 0 \\ 0 & a+d \end{pmatrix} = (a+d) I_2,$$

ce qui prouve que toute matrice de $\mathfrak{M}_2(\mathbb{C})$ *vérifie la propriété* $(\mathcal{P})$.

2. *La formule générale vérifiée par la comatrice est :*

$$A^tCom(A) = \det(A) I_n \Rightarrow {}^tCom(A) = \det(A) A^{-1}$$

lorsque A *est inversible (par multiplication par* A^{-1} *à gauche des matrices).*

3. *Soit* $(A, B) \in (\mathrm{GL}_n(\mathbb{C}))^2$ *alors, d'après la question précédente, on a :*

$$\begin{aligned} Com(AB) &= {}^t\left(\det(AB)(AB)^{-1}\right) = {}^t\left(\det(A)\det(B) B^{-1}A^{-1}\right) \\ &= {}^t\left[\left(\det(B) B^{-1}\right)\left(\det(A) A^{-1}\right)\right] = {}^t\left({}^tCom(B)\left({}^tComA\right)\right) \\ &= Com(A)\, Com(B) \ \ (car\ {}^tC^tD = {}^t(DC)). \end{aligned}$$

4. *Soit* $A \in \mathrm{GL}_n(\mathbb{C})$ *vérifiant* $(\mathcal{P})$ *c'est-à-dire* $A + {}^tCom(A) = \lambda I_n$ *pour un certain* $\lambda \in \mathbb{C}$.
Soit $P \in \mathrm{GL}_n(\mathbb{C})$ *et* $B = PAP^{-1}$ *alors, d'après la question précédente, on a :*

$$Com(B) = Com(P)\, Com(A)\, Com\left(P^{-1}\right).$$

Or, d'après la question 2, on a

$$Com(P) = \det(P)\, {}^t\left(P^{-1}\right) \ \ et\ Com\left(P^{-1}\right) = \det\left(P^{-1}\right) {}^tP,$$

ce qui permet d'écrire les formules suivantes :

$$Com(B) = \underbrace{\det(P)\det\left(P^{-1}\right)}_{=\det(PP^{-1})=\det(I_n)=1} {}^t\left(P^{-1}\right) Com(A)\, {}^tP = {}^t\left(P^{-1}\right) Com(A)\, {}^tP$$

$$\begin{aligned} &\Rightarrow {}^tCom(B) = P\, {}^tCom(A)\, P^{-1} \Rightarrow B + {}^tCom(B) = PAP^{-1} + P\, {}^tCom(A)\, P^{-1} \\ &\qquad = P\left(A + {}^tCom(A)\right) P^{-1} = P(\lambda I_n) P^{-1} = \lambda I_n \end{aligned}$$

donc B *vérifie aussi* $(\mathcal{P})$.

5. *Soit* $A \in \mathrm{GL}_n(\mathbb{C})$ *possédant une unique valeur propre notée* μ. *Comme le polynôme caractéristique* χ_A *de* A *est à coefficients dans* $\mathbb{C}$, *il est scindé dans* $\mathbb{C}[X]$ *(théorème de D'Alembert-Gauss) et comme ses racines sont exactement les valeurs propres de* A, *il ne possède que* μ *comme racine. En outre,* χ_A *étant unitaire de degré* n, *il s'écrit* $\chi_A = (X-\mu)^n$ *donc :*

$$\begin{aligned} \chi_A(0) &= (-\mu)^n \Leftrightarrow \det(-A) = (-1)^n \mu^n \\ &\Leftrightarrow (-1)^n \det(A) = (-1)^n \mu^n \Leftrightarrow \det(A) = \mu^n. \end{aligned}$$

Comme χ_A *annule* A *(théorème de Cayley-Hamilton), on a :*

$$\chi_A(A) = 0_n \Leftrightarrow (A - \mu I_n)^n = 0$$

donc la matrice $N = A - \mu I_n$ *est nilpotente et on a*

$$A = \mu I_n + N \text{ avec } N \neq 0_n$$

(sinon $A = \mu I_n$ *donc* A *est scalaire, ce qui est absurde). D'après la question 3, on a*

$$^t Com\,(A) = \det(A)\, A^{-1}.$$

Ainsi, A *vérifie* $(\mathcal{P})$ *si et seulement s'il existe* $\lambda \in \mathbb{C}$ *tel que :*

$$\begin{aligned} A + {}^t Com\,(A) &= \lambda I_n \Leftrightarrow A + \underbrace{\det(A)}_{=\mu^n} A^{-1} = \lambda I_n \underset{\times A \in \mathrm{GL}_n(\mathbb{C})}{\Leftrightarrow} A^2 + \mu^n I_n = \lambda A \\ &\Leftrightarrow (\mu I_n + N)^2 + \mu^n I_n = \lambda(\mu I_n + N). \end{aligned}$$

Comme I_n *et* N *commutent, on peut utiliser la formule du binôme de Newton donc* A *vérifie* $(\mathcal{P})$ *si et seulement si :*

$$\begin{aligned} &\mu^2 I_n + 2\mu N + N^2 + \mu^n I_n = \lambda\mu I_n + \lambda N \\ \Leftrightarrow\ &\left(\mu^2 + \mu^n - \lambda\mu\right) I_n = \left((\lambda - 2\mu) I_n - N\right) N \end{aligned}$$

Implication directe. *Supposons que* A *vérifie* $(\mathcal{P})$*. Comme* N *est nilpotente, son déterminant vaut* 0 *donc :*

$$\begin{aligned} &\det\left(\left(\mu^2 + \mu^n - \lambda\mu\right) I_n\right) = \det\left((\lambda - 2\mu) I_n - N\right)\det(N) = 0 \\ \Leftrightarrow\ &\left(\mu^2 + \mu^n - \lambda\mu\right)^n = 0 \Leftrightarrow \mu^2 + \mu^n - \lambda\mu = 0 \underset{\div\mu\neq 0}{\Leftrightarrow} (\mathcal{R}_0) : \mu + \mu^{n-1} = \lambda. \end{aligned}$$

Ainsi, on a prouvé l'équation

$$(*) : \left((\lambda - 2\mu) I_n - N\right) N = 0_n.$$

Si $\lambda - \mu \neq \mu$ *alors la matrice* $(\lambda - 2\mu) I_n - N$ *est inversible car :*

$$\det\left((\lambda - 2\mu) I_n - N\right) = \det\left((\lambda - \mu) I_n - A\right) = \chi_A(\lambda - \mu) \neq 0$$

(puisque μ *est l'unique racine de* χ_A*) donc, en multipliant la relation* $(*)$ *par l'inverse de* $(\lambda - 2\mu) I_n - N$*, on obtient que* $N = 0$*, ce qui est absurde. Par conséquent, on est assuré que*

$$\lambda - \mu = \mu \Leftrightarrow \lambda = 2\mu \underset{(\mathcal{R}_0)}{\Leftrightarrow} \mu + \mu^{n-1} = 2\mu \Leftrightarrow \mu^{n-1} = \mu \underset{\div\mu\neq 0}{\Leftrightarrow} \mu^{n-2} = 1.$$

En outre, comme $\lambda = 2\mu$*, l'égalité* $(*)$ *montre que* $N^2 = 0_n$*.*
Implication réciproque*. Supposons* $A = \mu I_n + N$ *avec* $N \neq 0$*,* $N^2 = 0$ *et* $\mu^{n-2} = 1$ *alors en posant* $\lambda = 2\mu$*, on a :*

$$\begin{aligned} \left(\mu^2 + \mu^n - \lambda\mu\right) I_n &= \left(\mu^2 + \mu^{n-2}\mu^2 - 2\mu^2\right) I_n = \left(\mu^2 - \mu^2\right) I_n = 0_n \\ &= -N^2 = \left((\lambda - 2\mu) I_n - N\right) N \end{aligned}$$

donc A *vérifie* $(\mathcal{P})$*.*

6. *Il existe* $\lambda \in \mathbb{C}$ *telle que* $A + {}^t Com(A) = \lambda I_n$. *En multipliant cette égalité par* A, *on obtient l'égalité suivante :*

$$A^2 + \det(A) I_n = \lambda A \Leftrightarrow A^2 - \lambda A + \det(A) I_n = 0.$$

Ainsi, le polynôme $R = X^2 - \lambda X + \det(A)$ *annule* A *donc :*

$$\mathrm{Sp}(A) \subset \{\textit{racines de } R\} \Rightarrow \mathrm{card}(\mathrm{Sp}(A)) \leqslant \mathrm{card}(\{\textit{racines de } R\}) \leqslant 2.$$

Puisque $\mathrm{card}(\mathrm{Sp}(A)) = 2$, *on en déduit que* $\mathrm{card}(\{\textit{racines de } R\}) = 2$ *c'est-à-dire que* P *admet deux racines distinctes et annule* A *donc* A *est diagonalisable. Il existe une matrice inversible* P *et une matrice diagonale* D *telle que* $A = PDP^{-1}$.

Avant de poursuivre, faisons une remarque fondamentale. Si $A \in \mathfrak{M}_n(\mathbb{C})$ *est de rang au plus* $n-2$ *alors tous ses déterminants d'ordre* $n-1$ *sont nuls c'est-à-dire que* $Com(A) = 0_n$. *Si* A *vérifie* $(\mathcal{P})$ *alors il existe* $\lambda \in \mathbb{C}$ *tel que :*

$$A + {}^t Com(A) = \lambda I_n \Leftrightarrow A = \lambda I_n.$$

Comme la matrice A *n'est pas inversible, on est assuré que* $\lambda = 0$ *donc* $A = 0_n$. *Il nous reste à traiter les cas où* A *est de rang* $n-1$ *ou de rang* n. *En outre, comme* $\chi_A \in \mathbb{C}[X]$, *il est scindé dans* $\mathbb{C}[X]$ *donc* A *admet au moins une valeur propre.*
Premier cas : A est de rang n et possède une unique valeur propre . *Dans ce cas,* A *est inversible.*
Premier sous-cas. *S'il existe* $\mu \in \mathbb{C}^*$ *tel que* $A = \mu I_n$ *alors*

$$A + {}^t Com(A) = A + \det(A) A^{-1} = \mu I_n + \mu^n \mu^{-1} I_n = \left(\mu + \mu^{n-1}\right) I_n$$

donc A *vérifie* $(\mathcal{P})$.
Second sous-cas. *S'il n'existe aucun* $\mu \in \mathbb{C}^*$ *tel que* $A = \mu I_n$ *alors, d'après la question précédente,* A *vérifie* $(\mathcal{P})$ *si et seulement s'il existe* $\mu \in \mathbb{C}$ *tel que* $\mu^{n-2} = 1$ *et s'il existe* $N \in \mathfrak{M}_n(\mathbb{C})$ *tel que* $N^2 = 0$ *et* $A = \mu I_n + N$.
Deuxième cas : A est de rang n et possède au moins deux valeurs propres distinctes. *La matrice* A *est inversible et, d'après le début de cette question, elle est diagonalisable donc il existe*

$$P \in \mathrm{GL}_n(\mathbb{C}) \ \textit{et}\ D = \begin{pmatrix} \lambda_1 I_r & 0 \\ 0 & \lambda_2 I_{n-r} \end{pmatrix}$$

(où $\lambda_1, \lambda_2 \in \mathbb{C}^*$ *sont les deux valeurs propres distinctes de* A*) telle que*

$$A = PDP^{-1}.$$

D'après la question 4, la matrice D *(qui est inversible car* A *l'est) vérifie aussi* $(\mathcal{P})$ *si et* *seulement s'il existe $\lambda \in \mathbb{C}$ tel que :*

$$D + {}^t Com\,(D) = \lambda I_n \Leftrightarrow D + \det(D)\, D^{-1} = \lambda I_n$$

$$\Leftrightarrow \begin{pmatrix} \lambda_1 I_r & 0 \\ 0 & \lambda_2 I_{n-r} \end{pmatrix} + (\lambda_1)^r (\lambda_2)^{n-r} \begin{pmatrix} (\lambda_1)^{-1} I_r & 0 \\ 0 & (\lambda_2)^{-1} I_{n-r} \end{pmatrix} = \lambda I_n$$

$$\Leftrightarrow \begin{pmatrix} \left(\lambda_1 + (\lambda_1)^{r-1} (\lambda_2)^{n-r}\right) I_r & 0 \\ 0 & \left(\lambda_2 + (\lambda_1)^r (\lambda_2)^{n-r-1}\right) I_{n-r} \end{pmatrix} = \lambda I_n$$

$$\Leftrightarrow \lambda_1 + (\lambda_1)^{r-1} (\lambda_2)^{n-r} = \lambda_2 + (\lambda_1)^r (\lambda_2)^{n-r-1}$$

$$\Leftrightarrow \lambda_1 - \lambda_2 = (\lambda_1)^r (\lambda_2)^{n-r-1} - (\lambda_1)^{r-1} (\lambda_2)^{n-r}$$

$$\Leftrightarrow \lambda_1 - \lambda_2 = (\lambda_1)^{r-1} (\lambda_2)^{n-r-1-} (\lambda_1 - \lambda_2)$$

$$\underset{\div(\lambda_1-\lambda_2)\neq 0}{\Leftrightarrow} 1 = (\lambda_1)^{r-1} (\lambda_2)^{n-r-1-} \underset{\times\lambda_1\lambda_2\neq 0}{\Leftrightarrow} \lambda_1\lambda_2 = \det(A).$$

Ainsi, sous les hypothèses de ce ***cas****, A vérifie* $(\mathcal{P})$ *si et seulement si* $\lambda_1\lambda_2 = \det(A)$.

Troisième cas : A est de rang $n-1$ et possède une unique valeur propre. *Comme A n'est pas inversible (donc* $\det(A) = 0$*) , elle possède 0 comme valeur propre et c'est la seule (par hypothèse). Supposons que A vérifie* $(\mathcal{P})$ *pour un certain* $\lambda \in \mathbb{C}$*. D'après le début de cette question, le polynôme*

$$R = X^2 - \lambda X = X(X - \lambda)$$

annule A. Si $\lambda \neq 0$ *alors* λ *n'est pas valeur propre de A donc la matrice* $A - \lambda I_n$ *est inversible. On dispose de l'égalité :*

$$R(A) = 0 \Leftrightarrow A(A - \lambda I_n) = 0.$$

En la multipliant (par produit à droite des matrices) par $(A - \lambda I_n)^{-1}$*, on obtient* $A = 0_n$*, ce qui est absurde car A doit être de rang* $n-1$*. Ainsi,* $\lambda = 0$ *donc :*

$$A + {}^t Com\,(A) = 0_n \Leftrightarrow {}^t Com\,(A) = -A \Rightarrow \operatorname{rg}\left({}^t Com\,(A)\right) = \operatorname{rg}(A) = n-1,$$

ce qui est impossible. En effet, l'égalité

$$A\,{}^t Com\,(A) = \det(A)\, I_n = 0$$

entraine l'inclusion $\operatorname{Im}({}^t Com\,(A)) \subset \ker(A)$ *qui fournit l'inégalité suivante :*

$$n - 1 = \operatorname{rg}\left({}^t Com\,(A)\right) = \dim\left(\operatorname{Im}\left({}^t Com\,(A)\right)\right) \leqslant \dim(\ker(A)) = n - \operatorname{rg}(A) = 1,$$

ce qui est absurde car $n > 2$*. Par conséquent, A ne peut vérifier* $(\mathcal{P})$.

Quatrième cas : A est de rang $n-1$ et possède au moins deux valeurs propres distinctes. *D'après le début de raisonnement à cette question, la matrice A est diagonalisable et possède exactement deux valeurs propres. L'une des deux vaut forcément 0 (car A n'est pas inversible) et on a la formule :*

$$\dim(E_0(A)) = \dim(\ker(A)) = n - \operatorname{rg}(A) = 1.$$

Notons μ *la valeur propre non nulle de A. Il existe une matrice inversible P telle que*

$$A = PDP^{-1} \text{ avec } D = \begin{pmatrix} \mu I_{n-1} & 0 \\ 0 & 0 \end{pmatrix}.$$

Explicitons sa comatrice. Pour tout $\varepsilon \neq 0$*, on pose :*

$$A_\varepsilon = P \begin{pmatrix} \mu I_{n-1} & 0 \\ 0 & \varepsilon \end{pmatrix} P^{-1}$$

qui est inversible donc on a la formule :

$$\begin{aligned} {}^t Com(A_\varepsilon) &= \det(A_\varepsilon)(A_\varepsilon)^{-1} = \mu^{n-1}\varepsilon P \begin{pmatrix} \mu^{-1} I_{n-1} & 0 \\ 0 & \varepsilon^{-1} \end{pmatrix} P^{-1} \\ &= P \begin{pmatrix} \mu^{n-2}\varepsilon I_{n-1} & 0 \\ 0 & \mu^{n-1} \end{pmatrix} P^{-1}. \end{aligned}$$

Les fonctions

$$f : \left\{ \begin{array}{ccc} \mathbb{R} & \to & \mathfrak{M}_n(\mathbb{R}) \\ \varepsilon & \to & {}^t Com(A_\varepsilon) \end{array} \right. \quad et\ g : \left\{ \begin{array}{ccc} \mathbb{R} & \to & \mathfrak{M}_n(\mathbb{R}) \\ \varepsilon & \to & P \begin{pmatrix} \mu^{n-2}\varepsilon I_{n-1} & 0 \\ 0 & \mu^{n-1} \end{pmatrix} P^{-1} \end{array} \right.$$

étant continues sur $\mathbb{R}$ *(par, pout tout* $(i,j) \in \{1,..,n\}^2$, $\varepsilon \to (f(\varepsilon))_{i,j}$ *et* $\varepsilon \mapsto (g(\varepsilon))_{i,j}$ *sont des fonctions polynômiales) et égales sur* $\mathbb{R}^*$ *donc :*

$$f(0) = \lim_0 f = \lim_0 g = g(0) \Leftrightarrow {}^t Com(A) = P \begin{pmatrix} 0_{n-1} & 0 \\ 0 & \mu^{n-1} \end{pmatrix} P^{-1}$$

Ainsi, A *vérifie* $(\mathcal{P})$ *si et seulement s'il existe* $\lambda \in \mathbb{C}$ *tel que :*

$$A + {}^t Com(A) = \lambda I_n \Leftrightarrow P \begin{pmatrix} \mu I_{n-1} & 0 \\ 0 & 0 \end{pmatrix} P^{-1} + P \begin{pmatrix} 0_{n-1} & 0 \\ 0 & \mu^{n-1} \end{pmatrix} P^{-1} = \lambda I_n$$

En multipliant par P^{-1} *(par produit à gauche) et par* P *(par produit à droite), l'égalité précédente est équivalente à l'égalité :*

$$\begin{pmatrix} \mu I_{n-1} & 0 \\ 0 & \mu^{n-1} \end{pmatrix} = \begin{pmatrix} \lambda I_{n-1} & 0 \\ 0 & \lambda \end{pmatrix} \Leftrightarrow \left\{ \begin{array}{c} \lambda = \mu \\ \lambda = \mu^{n-1} \end{array} \right. \Leftrightarrow \left\{ \begin{array}{c} \lambda = \mu \\ \mu^{n-2} = 1 \end{array} \right. \div \mu \neq 0$$

Ainsi, A *vérifie* $(\mathcal{P})$ *si et seulement si* A *est diagonalisable et* $\mathrm{Sp}(A) = \{0, \mu\}$ *avec* μ *une racine* $(n-2)^e$ *de l'unité et* $\dim(E_0(A)) = 1$.

Conclusion *: Soit* $A \in \mathfrak{M}_n(\mathbb{C})$ *alors* A *vérifie* $(\mathcal{P})$ *si et seulement si*

— *(*$A = \mu I_n$ *avec* $\mu \in \mathbb{C}$*) ou (*$A = \mu I_n + N$ *avec* $N^2 = 0$ *et* $\mu \in \mathbb{C}^*$*)*

— *ou (*A *est inversible et diagonalisable,* $\mathrm{Sp}(A) = \{\mu_1, \mu_2\}$ *avec* $\mu_1 \neq \mu_2$ *et* $\mu_1\mu_2 = \det(A)$*)*

— *ou (*A *est diagonalisable,* $\mathrm{Sp}(A) = \{0, \mu\}$ *avec* $\mu \in \mathbb{C}$ *vérifiant* $\mu^{n-2} = 1$ *et* $\dim(E_0(A)) = 1$*).*

Commentaires 58 *Exercice assez long et progressif. Les quatre premières questions sont élémentaires et très proches du cours. Les deux dernières questions sont plus difficiles car elles requièrent une plus grande initiative et autonomie des candidats sans être insurmontables. On peut attendre qu'un bon candidat puisse achever cet exercice dans le temps imparti (éventuellement avec quelques aides de l'interrogateur).*

2.4 Mines-Ponts

Exercice 59 (Mines-Ponts) Montrer qu'il existe une suite $(a_1, ..., a_n)$ de réels tels que : $\forall P \in \mathbb{R}_{n-1}[X],\ P(X+n) + \sum_{k=0}^{n-1} a_k P(X+k) = 0.$

Solution 59 *On considère l'application*

$$u : P(X) \mapsto P(X+1)$$

qui est un endomorphisme de $\mathbb{R}_{n-1}[X]$ *(la linéarité est immédiate et si* $P \in \mathbb{R}_{n-1}[X]$ *alors* $u(P)$ *est manifestement un polynôme de degré au plus* $n-1$ *car* $X+1$ *est un polynôme de degré* 1*).*
Une récurrence immédiate montre que :

$$\forall k \in \mathbb{N},\ u^k : P(X) \mapsto P(X+k).$$

Son polynôme caractéristique χ_u *est de degré* $\dim(\mathbb{R}_{n-1}[X]) = n$ *et unitaire donc il existe des réels* $a_1, .., a_n$ *tels que :*

$$\chi_u(X) = X^n + \sum_{k=0}^{n-1} a_k X^k.$$

D'après le théorème de Cayley-Hamilton, χ_u *annule* u *donc :*

$$\chi_u(u) = 0 \Leftrightarrow u^n + \sum_{k=0}^{n-1} a_k u^k = 0$$
$$\Rightarrow \forall P \in \mathbb{R}_{n-1}[X],\ u^n(P) + \sum_{k=0}^{n-1} a_k u^k(P) = 0,$$

ce qui permet de conclure.

Commentaires 59 *On peut résoudre également cet exercice par récurrence (simple ou forte) sur le degré* n *de* P*. Si* $n = 0$*, le résultat est immédiat (prendre* $a_0 = -1$*). Pour l'hérédité, si* P *est de degré au plus* n*, on remarquant que* $\Delta P(X) = P(X+1) - P(X)$ *est un polynôme de degré au plus* $n-1$ *donc, pour l'héridité, il existe des nombres* $(a_k)_{0 \leqslant k \leqslant n-2}$ *tels que ;*

$$\Delta P(X+n-1) + \sum_{k=0}^{n-2} a_k \Delta P(X+k).$$

Comme $\Delta P(X+k) = P(X+k+1) - P(X+k)$*, en regroupant les termes* $P(X+k)$ *entre eux, on obtient la réponse attendue.*
L'exercice étant élémentaire et accessible soit avec les outils de MPSI ou de MP, l'interrogateur sera très attentif aux initiatives du candidat.

Exercice 60 (Mines-Ponts) Soit $n \in \mathbb{N} \backslash \{0\}$. Existe-t-il une forme linéaire λ sur $\mathfrak{M}_n(\mathbb{C})$ telle que $\forall A \in \mathfrak{M}_n(\mathbb{C}),\ \lambda(A) \in \operatorname{Sp}(A)$?

Solution 60 *Procédons par l'absurde en supposant qu'il existe une telle une forme linéaire* λ *sur* $\mathfrak{M}_n(\mathbb{C})$.
Notons $(E_{i,j})_{1\leqslant i,j\leqslant n}$ *la base canonique de* $\mathfrak{M}_n(\mathbb{C})$. *Pour tout* $(i,j)\in\{1,..,n\}^2$ *avec* $i\neq j$, *la matrice* $E_{i,j}$ *est triangulaire donc ses valeurs propres sont ses coefficients diagonaux. Comme ceux-ci sont tous nuls, on en déduit les égalités suivantes :*

$$\forall (i,j)\in\{1,..,n\}^2,\ i\neq j\Rightarrow \lambda(E_{i,j})=0.$$

Considérons la matrice

$$J=\sum_{\substack{(i,j)\in\{1,..,n\}^2\\ i\neq j}} E_{i,j}=\begin{pmatrix} 0 & & (1)\\ & \ddots & \\ (1) & & 0\end{pmatrix}$$

(dont tous les coefficients valent 1 *sauf ceux sur la diagonale qui valent* 0*). Par linéarité de* λ, *on a :*

$$\lambda(J)=\sum_{\substack{(i,j)\in\{1,..,n\}^2\\ i\neq j}}\lambda(E_{i,j})=\sum_{\substack{(i,j)\in\{1,..,n\}^2\\ i\neq j}}0=0$$

donc 0 *est valeur propre de* J *c'est-à-dire que la matrice* J *n'est pas inversible. Or, un calcul matriciel direct montre que :*

$$\begin{aligned} J^2 &= \begin{pmatrix} n-1 & & (n-2)\\ & \ddots & \\ (n-2) & & n-1\end{pmatrix}=I_n+(n-2)J\\ &\Rightarrow\ J^2-(n-2)J=I_n\Leftrightarrow J(J-(n-2)I_n)=I_n\end{aligned}$$

donc J *est inversible, ce qui est absurde.*
Par conséquent, il n'existe aucune telle forme linéaire λ.

Commentaires 60 *On attend du candidat qu'il songe à déterminer les valeurs de* λ *sur des matrices simples mais significatives (formant une base notamment) et qu'il pense par analyse-synthèse (ou qu'il évoque la notion de raisonnement par l'absurde). Un tel candidat obtenant de telles valeurs sera bien valorisé. Sinon, l'"interrogateur lui proposera de le faire. Il demandera éventuellement de construire une matrice inversible qui soit la somme de matrices dont* 0 *est l'unique valeur propre.*
L'exercice est sans difficulté particulière hormis la capacité d'initiative et d'autonomie du candidat.

Exercice 61 (Mines-Ponts) Soient n et p dans $\mathbb{N}^*$, A, B_1, .., B_p des éléments de $\mathfrak{M}_n(\mathbb{C})$, $b_1,..,b_p$ des nombres complexes distincts. On suppose : $\forall k\in\{0,..,p\},\ A^k=\sum_{i=1}^{p} b_i^k B_i$.

1. Montrer que, si $1\leqslant i\leqslant p$, B_i est dans $\mathbb{C}[A]$.
2. Montrer que A est diagonalisable.
3. Pour $k\in\mathbb{N}$, calculer A^k.

Solution 61

1. *Pour tout polynôme P de $\mathbb{C}[X]$ de degré au plus p, il existe des complexes $(p_k)_{0\leqslant k\leqslant p}$ tels que :*

$$P(X)=\sum_{k=0}^{p}p_kX^k.\Rightarrow P(A)=\sum_{k=0}^{p}p_kA^k=\sum_{k=0}^{p}p_k\sum_{i=1}^{p}b_i^kB_i$$
$$=\sum_{k=0}^{p}\sum_{i=1}^{p}p_kb_i^kB_i\underset{Fubini}{=}\sum_{i=1}^{p}\sum_{k=0}^{p}p_kb_i^kB_i=\sum_{i=1}^{p}B_i\sum_{k=0}^{p}p_kb_i^k=\sum_{i=1}^{p}B_iP(b_i).$$

Ainsi, nous venons de prouver la formule :

$$(\mathcal{F}):\forall P\in\mathbb{C}_p[X],\ P(A)=\sum_{i=1}^{p}P(b_i)B_i$$

Soit $i\in\{1,..,p\}$. En choisisant dans la formule $(\mathcal{F})$ le polynôme P_i s'annulant en tous les $(b_k)_{k\in\{1,..,p\}\setminus\{i\}}$ et valant 1 en b_i c'est-à-dire :

$$P_i(X)=\prod_{k\in\{1,..,n\}\setminus\{i\}}\frac{X-b_k}{b_i-b_k},$$

on obtient que $P_i(A)=B_i$ donc B_i appartient à $\mathbb{C}[A]$.

2. *On choisit le polynôme $P_A=\prod_{k=1}^{p}(X-b_k)$ qui s'annule en tous les $b_1,..,b_p$. Il appartient à $\mathbb{C}_p[X]$ donc, d'après la formule $(\mathcal{F})$ obtenu à la question précédente, on a $P(A)=0$ c'est-à-dire que P annule A. Or, ce polynôme est scindé à racines simples dans $\mathbb{C}[X]$ donc A est diagonalisable.*

3. *Nous conservons les notations des questions précédentes. Soient P_A le polynôme annulateur de A défini à la question 2. Soit $k\in\mathbb{N}$. La division euclidienne de X^k par P_A montre l'existence de $(Q,R)\in(\mathbb{C}[X])^2$ avec :*

$$\begin{aligned}\deg(R) &< \deg(P_A)=p \text{ et } (\mathcal{D}):X^k=Q(X)P_A(X)+R(X)\\ &\Rightarrow A^k=Q(A)\underbrace{P_A(A)}_{=0}+R(A)=R(A).\end{aligned}$$

Ainsi, pour calculer A^k, il suffit de connaitre le polynôme R. En évaluant l'égalité $(\mathcal{D})$ en chaque racine de P_A c'est-à-dire en chaque b_i $(1\leqslant i\leqslant p)$, on obtient l'égalité :

$$(\mathcal{R}):\forall i\in\{1,..,p\},\ R(b_i)=(b_i)^k.$$

Soit $(P_i)_{1\leqslant i\leqslant p}$ les polynômes définis à la question 1 et notons :

$$S(X)=\sum_{i=1}^{p}(b_i)^kP_i(X)$$

qui est un polynôme de degré strictement inférieur à p (comme somme de tels polynômes). Pour chaque $j\in\{1,..,p\}$, on a :

$$S(b_j)=\sum_{i=1}^{p}(b_i)^k\underbrace{P_i(b_j)}_{=0\ si\ i\neq j}=(b_j)^k\underbrace{P_j(b_j)}_{=1}=(b_j)^k=R(b_j).$$

Par conséquent, le polynôme $S - R$ possède p racines distincts (tous les $b_1,..,b_p$) et il est de degré strictement inférieur à p (comme somme de tels polynômes) donc il est nul c'est-à-dire :

$$R(X) = S(X) \Rightarrow \forall k \in \mathbb{N},\ A^k = S(A) = \sum_{i=1}^{p} (b_i)^k B_i.$$

Commentaires 61 *Exercice classique pour ce concours. Il a longtemps été proposé pour $p = 3$. Pour toutes ces questions, le seul point clé est l'expression de $P(A)$ en fonction des B_i et la distinction entre les candidats s'opère sur leur maitrise des polynômes d'endomorphismes (et des critères de diagonalisation associés).*

Exercice 62 (Mines-Ponts) Déterminer les matrices $A \in \mathcal{M}_n(\mathbb{Z})$ vérifiant les deux propriétés suivantes :
— il existe $p \in \mathbb{N}^*$ tel que $A^p = I_n$;
— il existe un entier $m \geqslant 3$ tel que, pour tout $(i,j) \in \{1,..,n\}^2$, m divise $(A - I_n)_{i,j}$.

Solution 62 *La matrice A appartient à $\mathfrak{M}_n(\mathbb{C})$ (puisque $\mathbb{Z} \subset \mathbb{C}$) et elle est annulée par le polynôme $X^p - 1$ qui scindé à racines simples dans $\mathbb{C}[X]$. Par conséquent, la matrice A est diagonalisable dans $\mathfrak{M}_n(\mathbb{C})$ et on a l'inclusion ensembliste :*

$$\mathrm{Sp}(A) \subset \{\textit{racines de } X^p - 1\} = \left\{\exp\left(\frac{2\pi i k}{p}\right),\ k \in \{0,..,p-1\}\right\}.$$

En particulier, toutes ses valeurs propres sont de module 1 et il existe une matrice inversible P et des complexes $\lambda_1,..,\lambda_n$ de module 1 (les valeurs propres de A) tels que :

$$A = P\,\mathrm{diag}(\lambda_1,..,\lambda_n)\,P^{-1}.$$

Considérons maintenant la matrice

$$B = \frac{1}{m}(A - I_n)$$

qui est une matrice à coefficients entiers (puisque m divise $(A - I_n)_{i,j}$ pour chaque $(i,j) \in \{1,..,n\}^2$). Cette matrice est diagonalisable puisque :

$$P^{-1}BP = \frac{1}{m}\left(P^{-1}AP - I_n\right) = \mathrm{diag}\left(\frac{\lambda_1 - 1}{m},..,\frac{\lambda_n - 1}{m}\right)$$

est une matrice diagonale. Comme la matrice B est à coefficients entiers, d'après les formules du produit matrice, pour tout entier $k \geqslant 1$, la matrice B^k est à coefficients entiers (chaque coefficient étant somme et produit des coefficients de B). Or, pour tout entier k, on a :

$$B^k = P\underbrace{\mathrm{diag}\left(\left(\frac{\lambda_1 - 1}{m}\right)^k,..,\left(\frac{\lambda_n - 1}{m}\right)^k\right)}_{=D_k}P^{-1}.$$

Remarquons alors que, pour $i \in \{1,..,p\}$, on a les majorations suivantes :

$$\left|\frac{\lambda_i - 1}{m}\right| = \frac{|\lambda_i - 1|}{m} \leqslant \frac{|\lambda_i| + 1}{m} = \frac{2}{m} \leqslant \frac{2}{3} < 1$$

(car $m \geqslant 3 > 2$*) donc la suite* $\left(\left(\frac{\lambda_1 - 1}{m}\right)^k\right)_k$ *converge vers* 0*. Par conséquent, la suite de matrice*

$$(D_k)_k = \left(\operatorname{diag}\left(\left(\frac{\lambda_1 - 1}{m}\right)^k, .., \left(\frac{\lambda_n - 1}{m}\right)^k\right)\right)_k$$

converge vers la matrice nulle (nous sommes en dimension finie donc la convergence est équivalente à la convergence des coordonnées dans la base canonique c'est-à-dire la convergence des coefficients). L'application $f : X \in \mathfrak{M}_n(\mathbb{C}) \mapsto PXP^{-1}$ *étant continue sur* $\mathfrak{M}_n(\mathbb{C})$ *(puisque linéaire en dimension finie), on en déduit la limite suivante :*

$$\lim_{k \to +\infty} f(D_k) = f(0_n) \Leftrightarrow \lim_{k \to +\infty} B^k = 0_n.$$

Munissons alors $\mathfrak{M}_n(\mathbb{C})$ *de sa norme* $\|\|_\infty$ *définie par :*

$$\forall M = (M_{i,j})_{1 \leqslant i,j \leqslant n}, \; \|M\|_\infty = \max_{1 \leqslant i,j \leqslant n} |M_{i,j}|.$$

Comme la suite $(B^k)_{k \in \mathbb{N}}$ *tend vers* 0*, la suite* $\|B^k\|_\infty$ *tend vers* 0 *et comme* $0 < \frac{1}{2}$*, cela nous assure l'existence d'un entier* N *tel que :*

$$\|B^N\|_\infty \leqslant \frac{1}{2} \Rightarrow \forall (i,j) \in \{1, .., n\}^2, \left|(B^N)_{i,j}\right| \leqslant \frac{1}{2}.$$

Or, pour tout $(i,j) \in \{1, .., n\}^2$, $(B^N)_{i,j}$ *est un entier relatif (car* $B^N \in \mathfrak{M}_n(\mathbb{Z})$*) qui est de module inférieur à* $\frac{1}{2}$ *donc il est nul d'où :*

$$B^N = 0_n \Rightarrow PD_NP^{-1} = 0_n \Leftrightarrow D_N = 0_n$$

(en multipliant à gauche par P^{-1} *et à droite par* P *qui est une matrice inversible). Autrement dit, on a prouvé l'égalité :*

$$\begin{aligned} &\operatorname{diag}\left(\left(\frac{\lambda_1 - 1}{m}\right)^N, .., \left(\frac{\lambda_n - 1}{m}\right)^N\right) = 0_n \\ \Leftrightarrow\ &\forall i \in \{1, .., n\}, \frac{\lambda_i - 1}{m} = 0 \Leftrightarrow \forall i \in \{1, .., n\}, \lambda_i = 1 \\ \Rightarrow\ &A = P \operatorname{diag}(1, .., 1) P^{-1} = PI_nP^{-1} = I_n. \end{aligned}$$

Réciproquement, si $A = I_n$ *alors, pour* $p = 1$ *et* $m = 3$*, la matrice* $B = 0_n$ *appartient à* $\mathfrak{M}_n(\mathbb{Z})$.
Conclusion*. La matrice* I_n *est la seule matrice* A *vérifiant les conditions requises.*

Commentaires 62 *Exercice original pour ce concours qui fut originellement donné à l'X et aux ENS de nombreuses années avant. Il s'agit d'un raisonnement classique en arithmétique. Il fait partie des exercices mixant les propriétés de réduction des matrices et le caractère discret des entiers.*
L'interrogateur valorisera les candidats mentionnant le caractère diagonalisable de A*. Il valorisa bien plus les candidats observant que la deuxième condition (les coefficients de* $A - I_n$ *sont divisibles par* 3*) entraine que les valeurs propres de* A *sont de module strictement inférieurs à* 1*. Si ce n'est pas le cas de ces deux points, il proposera une perche en cette direction (« est-ce que* A *est diagonalisable ? », « que dire du module des valeurs propres de* A *? »).*

Ces points étant résolus, il proposera probablement l'étude de la suite $\left(A^k\right)_{k\in\mathbb{N}}$. Si vous bloquez, n'hésitez pas à traiter le cas $n=1$ c'est-à-dire d'un nombre entier a tel que $|a|<1$ donc $a=0$, qui est une bonne initiative même s'il reste du travail en dimension quelconque.

Exercice 63 (Mines-Ponts) Soit

$$E=\left\{f\in C^0(\mathbb{R},\mathbb{R}),\ f \text{ admet une limite finie en } \pm\infty\right\}.$$

Soit $u:E\to E$ qui à $f\in E$ associe $u(f):x\mapsto f(x+1)$.

Trouver les valeurs propres de l'endomorphisme u ainsi que les vecteurs propres associés.

Solution 63 *Soit $\lambda\in\mathbb{R}$ une valeur propre de u alors il existe $f\in E\backslash\{0\}$ tel que*

$$u(f)=\lambda f\Leftrightarrow(\mathcal{E}):\forall x\in\mathbb{R},\ f(x+1)=\lambda f(x).$$

En particulier, pour tout entier naturel n et tout réel x, on a :

$$f(x+n+1)=\lambda f(x+n)$$

donc la suite $(f(x+n))_{n\in\mathbb{N}}$ est géométrique de raison λ d'où la relation

$$(\mathcal{R}):\forall n\in\mathbb{N},\ f(x+n)=\lambda^n f(x+0)=\lambda^n f(x).$$

Comme f est non identiquement nulle, il existe $x_0\in\mathbb{R}$ tel que $f(x_0)\neq 0$ donc :

$$\forall n\in\mathbb{N},\ \lambda^n=\frac{f(x_0+n)}{f(x_0)}.$$

Comme f admet une limite en $+\infty$, la suite $\left(\dfrac{f(x_0+n)}{f(x_0)}\right)_n$ admet également une limite finie quand $n\to+\infty$ donc la suite $(\lambda^n)_n$ aussi. Ainsi, on est assuré que

$$(*):\lambda\in\,]-1,1]$$

(car la suite $(-1)^n$ n'est pas convergente). Pour tout entier n, en appliquant la relation $(\mathcal{R})$ en $x=x_0-n$, on obtient la relation

$$(\mathcal{S}):\forall n\in\mathbb{N},\ f(x_0)=\lambda^n f(x_0-n)$$

Si $\lambda=0$ alors

$$\forall x\in\mathbb{R},\ f(x+1)\underset{t=x+1}{=}0\Rightarrow\forall t\in\mathbb{R},\ f(t)=0\Rightarrow f=0,$$

ce qui est absurde donc $\lambda\neq 0$. En multipliant la relation (S) par $\dfrac{f(x_0)}{\lambda^n}$, on obtient la formule :

$$\forall n\in\mathbb{N},\ \left(\frac{1}{\lambda}\right)^n=\frac{f(x_0-n)}{f(x_0)}.$$

Comme f admet une limite en $-\infty$, la suite $\left(\dfrac{f(x_0-n)}{f(x_0)}\right)_n$ admet également une limite finie quand $n\to+\infty$ donc la suite $\left(\left(\dfrac{1}{\lambda}\right)^n\right)_n$ aussi, ce qui entraine que

$$(**):\frac{1}{\lambda}\in\,]-1,1]\,1\Leftrightarrow\lambda\in\,]-\infty,-1[\,\cup\,[1,+\infty[\,.$$

Les inégalités $(*)$ *et* $(**)$ *montrent que* $\lambda = 1$ *donc* $\mathrm{Sp}(u) \subset \{1\}$. *La fonction* $f : x \mapsto 1$ *appartient manifestement à* E *et* $u(f) = f$ *donc* $1 \in \mathrm{Sp}(u)$.
En outre, si $f \in E_1(u)$ *alors :*

$$\forall x \in \mathbb{R},\ f(x+1) = f(x) \Rightarrow \forall n \in \mathbb{N},\ \forall x \in \mathbb{R},\ f(x+n) = f(x).$$

Notons $L = \lim\limits_{+\infty} f$ *alors, pour tout* $x \in \mathbb{R}$, *en faisant tendre* n *vers* $+\infty$ *dans l'égalité précédente, on obtient* $f(x) = L$. *Autrement dit, la fonction* f *est constante.*
Réciproquement, toute fonction f *constante sur* $\mathbb{R}$ *appartient à* E *et* $u(f) = f$ *donc* $f \in E_1(u)$.
Conclusion *: 1 est l'unique valeur propre de* u *et l'espace propre associé est l'ensemble des fonctions constantes sur* $\mathbb{R}$.

> **Commentaires 63** *Exercice de niveau standard pour ce concours. L'interrogateur sera attentif à la rigueur du candidat (disjonction de cas, analyse-synthèse), à sa connaissance du cours (valeurs et vecteurs propres). En cas de blocage, l'interrogateur proposera d'itérer la relation* $f(x+1) = \lambda f(x)$ *qui est un paradigme classique dans ce type d'équations fonctionnelles.*

Exercice 64 (Mines-Ponts) Soient $n \in \mathbb{N}^*$ et G un sous-groupe de $\mathrm{GL}_n(\mathbb{C})$ tel que :

$$\forall g \in G, g^2 = I_n.$$

1. Montrer que G est abélien, qu'il est fini et que son cardinal est une puissance de 2. Quel est le cardinal maximal d'un tel sous-groupe ?
2. Que peut-on dire de m et n dans $\mathbb{N}^*$ tels que $\mathrm{GL}_m(\mathbb{C})$ et $\mathrm{GL}_n(\mathbb{C})$ soient isomorphes ?

Solution 64

1. *G* ***abélien****. Pour tout* $g \in G$, $g^2 = I_n$ *donc, pour tout* $(g,h) \in G^2$, *on a :*

$$(gh)^2 = I_n \Leftrightarrow ghgh = I_n.$$

En multipliant à gauche cette égalité par g *puis par* h, *on obtient l'égalité :*

$$hg^2hgh = hg \Leftrightarrow \underbrace{hh}_{=h^2=I_n} gh = hg \Leftrightarrow gh = hg$$

donc G *est abélien.*

Cardinal de G. *Démontrons par récurrence forte sur* n *la propriété* $(\mathcal{H}_n)$ *: « tout sous-groupe* G *de* $\mathrm{GL}_n(\mathbb{C})$ *vérifiant, pour tout* $g \in G$, $g^2 = I_n$ *alors* G *est un ensemble fini de cardinal une puissance de 2 ».*
Initialisation $n = 1$. *Soit* G *un sous-groupe de* $\mathrm{GL}_1(\mathbb{C})$ *tel que, pour tout* $g \in G$, $g^2 = I_1$. *Comme* $\mathfrak{M}_1(\mathbb{C})$ *s'identifie à* $\mathbb{C}$, G *est un sous-groupe de* $\mathbb{C}^*$ *et tout élément* g *de* G *est un nombre complexe vérifiant :*

$$g^2 = I_1 = 1 \Rightarrow g = \pm 1 \Rightarrow G \subset \{-1, 1\}.$$

Comme G *est non vide (il contient l'élément neutre 1), il est de cardinal* $1 = 2^0$ *ou* $2 = 2^1$ *donc* G *est un ensemble fini de cardinal une puissance de 2, ce qui prouve* $(\mathcal{H}_1)$.
Hérédité. *Soit* $n > 1$ *et supposons que la propriété* $(\mathcal{H}_k)$ *est vérifiée pour tout entier*

$k < n$. Soit G un sous-groupe de $\mathrm{GL}_n(\mathbb{C})$ vérifiant, pour tout $g \in G$, $g^2 = I_n$.
Soit $g \in G$ alors g est diagonalisable (car il est annulé par le polynôme

$$X^2 - 1 = (X-1)(X+1)$$

qui est scindé à racines simples) avec $\mathrm{Sp}(g) \subset \{-1, 1\}$.
Si $\mathrm{Sp}(g) = \{1\}$ alors, comme g est diagonalisable, il existe une matrice inversible p tel que

$$g = p\,\mathrm{diag}(1, .., 1)\, p^{-1} = pI_np^{-1} = pp^{-1} = I_n.$$

Par le même argumentaire, si $\mathrm{Sp}(g) = \{-1\}$ alors $g = -I_n$.

Supposons que G est inclus dans $\{I_n, -I_n\}$ alors G est un ensemble fini et son cardinal vaut $1 = 2^0$ ou $2 = 2^1$ donc son cardinal est une puissance de 2.

Supposons que G n'est pas inclus dans $\{I_n, -I_n\}$ alors il existe $g_0 \in G\backslash \{I_n, -I_n\}$ donc $\mathrm{Sp}(g_0) = \{-1, 1\}$ (d'après le raisonnement précédent) et chacun des espaces propres $E_1(g_0)$ et $E_{-1}(g_0)$ est non nul et distinct de $\mathfrak{M}_{n,1}(\mathbb{C})$ (rappelons que pour une matrice, les vecteurs propres sont des matrices colonnes). Pour chaque $\varepsilon \in \{-1, 1\}$, notons

$$n_\varepsilon = \dim(E_\varepsilon(g_0)) > 0$$

et fixons une base $\mathcal{B}_\varepsilon$ de $E_\varepsilon(g_0)$. Comme $E_1(g_0)$ et $E_{-1}(g_0)$ sont supplémentaires dans $\mathfrak{M}_{n,1}(\mathbb{C})$ (car g_0 est diagonalisable), on peut affirmer que $\mathcal{B} = \mathcal{B}_1 \cup \mathcal{B}_{-1}$ est une base de $\mathfrak{M}_{n,1}(\mathbb{C})$. Notons P la matrice de passage de la base canonique de $\mathfrak{M}_{n,1}(\mathbb{C})$ à la base $\mathcal{B}$ alors on a l'écriture matricielle par blocs suivante :

$$P^{-1}g_0P = \begin{pmatrix} I_{n_1} & 0 \\ 0 & I_{n_{-1}} \end{pmatrix}$$

Soit $h \in G$ alors, comme G est abélien, h commute avec g_0 donc chaque sous-espace propre de g_0 est stable par h donc la matrice $P^{-1}hP$ est diagonale par blocs. En effet, si u est l'endomorphisme canoniquement associé à h alors la matrice de u dans la base $\mathcal{B}$ est $P^{-1}hP$). Autrement dit, il existe deux matrices carrées $A_1(h)$ et $A_{-1}(h)$ de tailles respectives n_1 et n_{-1} telles que :

$$P^{-1}hP = \begin{pmatrix} A_1(h) & 0 \\ 0 & A_{-1}(h) \end{pmatrix}.$$

Comme la matrice $P^{-1}hP$ est inversible (comme produit de telles matrices), son déterminant est non nul et, d'après le calcul matriciel par blocs, il vaut :

$$\det \begin{pmatrix} A_1(h) & 0 \\ 0 & A_{-1}(h) \end{pmatrix} = \det(A_1(h)) \det(A_{-1}(h))$$
$$\Rightarrow \forall \varepsilon \in \{-1, 1\}, \det(A_\varepsilon(h)) \neq 0 \Rightarrow A_\varepsilon(h) \in \mathrm{GL}_{n_\varepsilon}(\mathbb{C}).$$

Pour chaque $\varepsilon \in \{-1, 1\}$, notons alors

$$G_\varepsilon = \{A_\varepsilon(h), h \in G\} \subset \mathrm{GL}_{n_\varepsilon}(\mathbb{C}).$$

Montrons qu'il s'agit d'un sous-groupe de $\mathrm{GL}_{n_\varepsilon}(\mathbb{C})$ et que, pour tout $u \in G_\varepsilon$, $u^2 = I_{n_{g\varepsilon}}$.
Comme G est un groupe, $I_n \in G$ et comme

$$P^{-1}I_nP = I_n = \begin{pmatrix} I_{n_1} & 0 \\ 0 & I_{n_{-1}} \end{pmatrix},$$

on en déduit que $I_{n_\varepsilon} = A_\varepsilon(I_n) \in G_\varepsilon$. *Soit* $(u,v) \in (G_\varepsilon)^2$, *il existe* $(g,h) \in G^2$ *tel que* $u = A_\varepsilon(g)$ *et* $v = A_\varepsilon(h)$. *D'après le calcul matriciel par blocs, on a :*

$$\begin{aligned} P^{-1}gP &= \begin{pmatrix} A_1(g) & 0 \\ 0 & A_{-1}(g) \end{pmatrix} \text{ et } P^{-1}hP = \begin{pmatrix} A_1(h) & 0 \\ 0 & A_{-1}(h) \end{pmatrix} \Rightarrow \\ P^{-1}ghP &= \left(P^{-1}gP\right)\left(P^{-1}hP\right) = \begin{pmatrix} A_1(g) & 0 \\ 0 & A_{-1}(g) \end{pmatrix} \begin{pmatrix} A_1(h) & 0 \\ 0 & A_{-1}(h) \end{pmatrix} \\ &= \begin{pmatrix} A_1(g)A_1(h) & 0 \\ 0 & A_{-1}(g)A_{-1}(h) \end{pmatrix} \end{aligned}$$

donc nous venons de prouver que :

$$A_\varepsilon(gh) = A_\varepsilon(g)A_\varepsilon(h) \Rightarrow uv = A_\varepsilon(gh) \in G_\varepsilon$$

(car $gh \in G$ *puisque* G *est un groupe). En outre, on en déduit que*

$$u^2 = A_\varepsilon\left(g^2\right) = A_\varepsilon(I_n) = I_{n_\varepsilon}.$$

Pour finir, on a :

$$P^{-1}g^{-1}P = \left(P^{-1}gP\right)^{-1} = \begin{pmatrix} A_1(g) & 0 \\ 0 & A_{-1}(g) \end{pmatrix}^{-1} = \begin{pmatrix} (A_1(g))^{-1} & 0 \\ 0 & (A_{-1}(g))^{-1} \end{pmatrix}$$

donc nous venons de prouver que :

$$(A_\varepsilon(g))^{-1} = A_\varepsilon\left(g^{-1}\right) \Rightarrow u^{-1} = A_\varepsilon\left(g^{-1}\right) \in G_\varepsilon$$

(car $g^{-1} \in G$ *puisque* G *est un groupe). Par conséquent,* G_ε *est bien un sous-groupe de* $\mathrm{GL}_{n_\varepsilon}(\mathbb{C})$ *vérifiant*

$$\forall u \in G_\varepsilon,\ u^2 = I_{n_\varepsilon}.$$

Comme $n_\varepsilon < n$, *l'hypothèse de récurrence* $(\mathcal{H}_{n_\varepsilon})$ *montre que* G_ε *est un ensemble fini de cardinal une puissance de 2 c'est-à-dire qu'il existe un entier* d_ε *tel que* $n_\varepsilon = 2^{d_\varepsilon}$.
L'application :

$$\Phi : \left\{ \begin{array}{ccc} G & \to & G_1 \times G_{-1} \\ g & \mapsto & (A_1(g), A_{-1}(g)) \end{array} \right.$$

est surjective par définition et injective car

$$\begin{aligned} \forall (g,h) \in G^2, \Phi(g) = \Phi(h) &\Leftrightarrow \left\{ \begin{array}{c} A_1(g) = A_1(h) \\ A_{-1}(g) = A_{-1}(h) \end{array} \right. \\ &\Rightarrow \begin{pmatrix} A_1(g) & 0 \\ 0 & A_{-1}(g) \end{pmatrix} = \begin{pmatrix} A_1(h) & 0 \\ 0 & A_{-1}(h) \end{pmatrix} \\ &\Rightarrow g = P^{-1}\begin{pmatrix} A_1(g) & 0 \\ 0 & A_{-1}(g) \end{pmatrix}P = P^{-1}\begin{pmatrix} A_1(h) & 0 \\ 0 & A_{-1}(h) \end{pmatrix}P = h. \end{aligned}$$

Comme l'ensemble $G_1 \times G_{-1}$ *est un ensemble fini (comme produit cartésien de deux tels ensembles), l'ensemble* G *est aussi fini et on a :*

$$\mathrm{card}(G) = \mathrm{card}(G_1 \times G_{-1}) = \mathrm{card}(G_1)\,\mathrm{card}(G_{-1}) = 2^{d_1}2^{d_{-1}} = 2^{d_1+d_{-1}}$$

qui est une puissance de 2, ce qui prouve $(\mathcal{H}_n)$ *et achève la récurrence.*
Cardinal maximal de G. *Montrons par récurrence forte sur* n *que* $\mathrm{card}(G) \leqslant 2^n$. *Ceci*

est vérifié pour $n = 1$ *(cf. la preuve de* $(\mathcal{H}_1)$*). Si* $n > 1$ *alors, avec les notations ci-dessus, on a les majorations suivantes :*

$$\begin{aligned}\operatorname{card}(G_\varepsilon) &\leqslant 2^{n_\varepsilon} \Rightarrow \operatorname{card}(G) = \operatorname{card}(G_1 \times G_{-1}) = \operatorname{card}(G_1)\operatorname{card}(G_{-1}) \\ &\leqslant 2^{n_1}2^{n_{-1}} = 2^{n_1+n_{-1}} = 2^n,\end{aligned}$$

ce qui prouve l'hérédité et permet de conclure. Pour finir, on observe que l'ensemble

$$G_n = \{\operatorname{diag}(\varepsilon_1, .., \varepsilon_n), (\varepsilon_1, .., \varepsilon_n) \in \{-1, 1\}^n\}$$

est un sous-groupe fini de $\mathrm{GL}_n(\mathbb{C})$ *de cardinal* $\operatorname{card}(\{-1,1\}^n) = 2^n$ *donc le cardinal maximal possible est effectivement* 2^n*.*

2. *Soient* $(n, m) \in (\mathbb{N}^*)^2$ *tels que* $\mathrm{GL}_m(\mathbb{C})$ *et* $\mathrm{GL}_n(\mathbb{C})$ *sont isomorphes et considérons un isomorphisme* $f : \mathrm{GL}_m(\mathbb{C}) \to \mathrm{GL}_n(\mathbb{C})$ *entre ces deux groupes. Avec la notation de la fin de la preuve de la question précédente,* G_m *est un sous-groupe de* $\mathrm{GL}_m(\mathbb{C})$ *de cardinal* 2^m *vérifiant, pour tout* $g \in G_m$, $g^2 = I_m$*. L'ensemble* $f(G_m)$ *est alors un sous-groupe de* $\mathrm{GL}_n(\mathbb{C})$ *de cardinal* 2^m *(car* f *est bijective) vérifiant :*

$$\forall g' \in f(G_m), \exists g \in G_m, g' = f(g) \Rightarrow (g')^2 = (f(g))^2 = f(g^2) = f(I_m) = I_n.$$

D'après la question précédente, on peut affirmer que :

$$2^m = \operatorname{card}(f(G_m)) \leqslant 2^n \Rightarrow m \leqslant n.$$

Comme $f^{-1} : \mathrm{GL}_n(\mathbb{C}) \to \mathrm{GL}_m(\mathbb{C})$ *est un isomorphisme, l'argument précédent montre que* $n \leqslant m$ *d'où* $n = m$*.*
Si $n = m$, $\mathrm{Id}_{\mathfrak{M}_n(\mathbb{C})}$ *est un isomorphisme de* $\mathrm{GL}_n(\mathbb{C})$ *sur* $\mathrm{GL}_m(\mathbb{C})$ *!*
Conclusion*. Les groupes* $\mathrm{GL}_n(\mathbb{C})$ *et* $\mathrm{GL}_m(\mathbb{C})$ *sont isomorphes si et seulement si* $n = m$*.*

Commentaires 64 *Exercice relativement classique pour ce concours.*
Question 1 : Le caractère abélien est un résultat général des groupes, probablement déjà vu en MPSI ou revu en MP (si vous ne savez pas le faire, ce n'est pas grave).
Pour le reste de la question, il est indispensable de faire le lien avec la réduction (matrices et polynômes annulateurs doivent vous y faire penser) et de constater que tous les éléments sont diagonalisables.
Le point clé étant alors la stabilité des sous-espaces propres de g *par tout endomorphisme* f *commutant avec* g *(n'hésitez pas à le mentionner, cela sera apprécié car il s'agit d'un résultat important du cours pour la détermination du commutant de* g*).*
La co-diagonalisation en résultant est une question très classique (mais pas forcément facile), tant à l'écrit qu'à l'oral, des concours Mines-Ponts et Centrale-SupElec. Si vous n'y êtes pas parvenu, n'hésitez pas à retravailler ce point.
Le cardinal maximal se lit aisément dans la réduction (le résultat est faux dans un groupe infini quelconque mais reste vrai pour un groupe fini).
Question 2 : Elle sert à distinguer les candidats ayant traité la question 1 (ils sont une minorité).

Chapitre 3

Espaces préhilbertiens

3.1 CCINP

Exercice 65 (CCINP)

1. À quelle(s) condition(s) sur les $n+1$ réels $a_0, ..., a_n$, $\langle P \mid Q\rangle = \sum_{k=0}^{n} P(a_k) Q(a_k)$ définit-il un produit scalaire sur $\mathbb{R}_n[X]$?
2. Lorsque $\langle | \rangle$ défini un produit scalaire sur $\mathbb{R}_n[X]$, expliciter une base orthonormale de $\mathbb{R}_n[X]$.
3. Déterminer l'orthogonal de $F = \left\{ P \in \mathbb{R}_n[X], \quad \sum_{k=0}^{n} P(a_k) = 0 \right\}$ et calculer la distance de X^n à F.

Solution 65

1. *Il est aisé de vérifier que* $\langle | \rangle$ *est bilinéaire, symétrique, positif. Il reste à traiter le caractère défini. Soit* $P \in \mathbb{R}_n[X]$, *on a les équivalences suivantes :*

$$\begin{aligned}\langle P \mid P\rangle &= 0 \Leftrightarrow \sum_{k=0}^{n} \underbrace{(P(a_k))^2}_{\geqslant 0} = 0 \Leftrightarrow \forall k \in \{0, ..., n\}, (P(a_k))^2 = 0 \\ &\Leftrightarrow \forall k \in \{0, ..., n\}, P(a_k) = 0\end{aligned}$$

   Premier cas *: Les réels* $(a_k)_{0 \leqslant k \leqslant n}$ *sont deux à deux distincts alors* P *admet* $n+1$ *racines distinctes et il est de degré* $\leqslant n$ *donc* $P = 0$, *ce qui prouve que* $\langle | \rangle$ *est un produit scalaire.*
   Second cas *: Il existe deux indices distincts* i *et* j *tels que* $a_i = a_j$ *alors le polynôme* $P = \prod_{k \in \{0,...,n\} \setminus \{i\}} (X - a_k)$ *appartient à* $\mathbb{R}_n[X] \setminus \{0\}$ *et* $\langle P \mid P\rangle = 0$ *donc* $\langle | \rangle$ *n'est pas un produit scalaire.*

2. *Il suffit de considérer les polynômes de Lagrange* $(L_i)_{0 \leqslant i \leqslant n}$ *associés à* $a_0, ..., a_n$ *c'est-à-dire qu'ils sont définis par :*

$$\forall i \in \{0, ..., n\}, L_i(X) = \prod_{j \in \{0,...,n\} \setminus \{i\}} \frac{X - a_j}{a_i - a_j}.$$

Ils vérifient les égalités :

$$\forall (i,j) \in \{0,...,n\}, L_i(a_j) = \delta_{i,j} = \begin{cases} 1 & si\ i = j \\ 0 & si\ i \neq j \end{cases}.$$

On en déduit immédiatement que :

$$\begin{aligned}
\forall (i,j) &\in \{0,...,n\}, i \neq j, \langle P_i \mid P_j \rangle = \sum_{k=0}^{n} \underbrace{P_i(a_k)}_{=0\ si\ k\neq i} P_j(a_k) = \underbrace{P_i(a_i)}_{=1} \underbrace{P_j(a_i)}_{=0\ car\ j\neq i} = 0 \\
\forall i &\in \{0,...,n\}, \langle P_i \mid P_i \rangle = \sum_{k=0}^{n} \underbrace{(P_i(a_k))^2}_{=0\ si\ k\neq i} = \underbrace{(P_i(a_i))^2}_{=1} = 1.
\end{aligned}$$

Ainsi, la famille $(P_i)_{0\leqslant i\leqslant n}$ forme une famille orthonormale de $(\mathbb{R}_n[X], \langle | \rangle)$ et comme elle comporte $n+1 = \dim(\mathbb{R}_n[X])$ éléments, on peut affirmer que c'est une base orthonormée de $(\mathbb{R}_n[X], \langle | \rangle)$.

3. *Remarquons que $\sum_{k=0}^{n} P(a_k) = \langle P \mid 1 \rangle$ d'où les égalités*

$$F = (\text{Vect}(1))^{\perp} \Rightarrow F^{\perp} = \text{Vect}(1).$$

Notons d la distance de X^n à F et $p_F(X^n)$ le projeté orthogonal de X^n sur F alors on a l'égalité suivante :

$$\begin{aligned}
d &= \|X^n - p_F(X^n)\| = \|p_{F^{\perp}}(X^n)\| = \left\|p_{\text{Vect}(1)}(X^n)\right\| = \left\| \frac{\langle X^n \mid 1\rangle 1}{\|1\|^2} \right\| \\
&= \frac{|\langle X^n \mid 1\rangle| \|1\|}{\|1\|^2} = \frac{|\langle X^n \mid 1\rangle|}{\|1\|} = \frac{\left|\sum_{k=0}^{n} (a_k)^n\right|}{\sqrt{\sum_{k=0}^{n} 1^2}} = \frac{1}{\sqrt{n+1}} \left|\sum_{k=0}^{n} (a_k)^n\right|.
\end{aligned}$$

Commentaires 65 *Exercice qui est discriminant requiert initiative et bonne maitrise des espaces euclidiens par le candidat. L'interaction avec l'interrogateur sera un élément clé de l'évaluation.*
Question 1 : Elle teste une question classique mais en omettant l'hypothèse habituelle (points deux à deux distincts). Elle permet de distinguer les candidats ayant compris l'argument classique (polynômes ayant trop de racines) des autres.
Question 2 : Elle valorise les candidats ayant de l'intiative et de l'imagination (penser à des polynômes annulant tous les termes du produit scalaire sauf un, d'où l'idée des polynômes interpolateurs de Lagrange). Un candidat y songeant seul sera fortement valorisé.
Question 3 : Elle valorise les candidats ayant un bon recul sur les espaces euclidiens (interprétation de F comme l'orthogonal d'un vecteur, égalité entre $x - p_F(x)$ et $p_{F^{\perp}}(x)$, expression du projeté orthogonal via des bases orthogonales ou orthonormales).

Exercice 66 (CCINP) On note $\langle A \mid B\rangle = \operatorname{Tr}(A^tB)$ et on admet que c'est un produit scalaire sur $\mathfrak{M}_n(\mathbb{R})$.

1. Montrer que $\mathcal{A}_n(\mathbb{R})$ (ensemble des matrices anti-symétriques) et $\mathcal{S}_n(\mathbb{R})$ (ensemble des matrices symétriques) sont des supplémentaires orthogonaux de $\mathfrak{M}_n(\mathbb{R})$.
2. Soit $M = \begin{pmatrix} 0 & 1 & 2 \\ 2 & 0 & 1 \\ -1 & -1 & 0 \end{pmatrix}$. Calculer la distance de M à $\mathcal{S}_3(\mathbb{R})$.
3. Soit $\mathcal{H}$ l'ensemble des matrices de $\mathfrak{M}_n(\mathbb{R})$ de trace nulle.
   (a) Montrer que $\mathcal{H}$ est un sous-espace vectoriel de $\mathfrak{M}_n(\mathbb{R})$ dont on déterminera la dimension.
   (b) Soit J la matrice dont tout les coefficients valent 1. Trouver la distance de J à $\mathcal{H}$.

Solution 66

1. *Soient $A \in \mathcal{A}_n(\mathbb{R})$ et $S \in \mathcal{S}_n(\mathbb{R})$ alors ${}^tA = -A$ et ${}^tS = S$ donc :*

$$\begin{aligned}\langle A \mid S\rangle &= \operatorname{Tr}\left(A^tS\right) = \operatorname{Tr}\left(-{}^tAS\right) = -\operatorname{Tr}\left({}^tAS\right) \underset{\operatorname{Tr}(MN)=\operatorname{Tr}(NM)}{=} -\operatorname{Tr}\left(S^tA\right) \\ &= -\langle S \mid A\rangle = -\langle A \mid S\rangle\end{aligned}$$

(car le produit scalaire est symétrique). On en déduit que $2\langle A \mid S\rangle = 0 \Leftrightarrow \langle A \mid S\rangle$. Ainsi, tout élément $A \in \mathcal{A}_n(\mathbb{R})$ est orthogonal à tout élément de $\mathcal{S}_n(\mathbb{R})$ donc :

$$\forall A \in \mathcal{A}_n(\mathbb{R}),\ A \in (\mathcal{S}_n(\mathbb{R}))^\perp \Rightarrow \mathcal{A}_n(\mathbb{R}) \subset (\mathcal{S}_n(\mathbb{R}))^\perp.$$

En outre, on a :

$$\begin{aligned}\dim\left((\mathcal{S}_n(\mathbb{R}))^\perp\right) &= \dim(\mathfrak{M}_n(\mathbb{R})) - \dim(\mathcal{S}_n(\mathbb{R})) = n^2 - \frac{n(n+1)}{2} \\ &= \frac{n^2-n}{2} = \frac{n(n-1)}{2} = \dim(\mathcal{A}_n(\mathbb{R}))\end{aligned}$$

d'où l'égalité ensembliste $\mathcal{A}_n(\mathbb{R}) = (\mathcal{S}_n(\mathbb{R}))^\perp$. Comme $\mathfrak{M}_n(\mathbb{R})$ est un espace de dimension finie, on a :

$$\mathfrak{M}_n(\mathbb{R}) = \mathcal{S}_n(\mathbb{R}) \oplus (\mathcal{S}_n(\mathbb{R}))^\perp = \mathcal{S}_n(\mathbb{R}) \oplus \mathcal{A}_n(\mathbb{R})$$

donc $\mathcal{A}_n(\mathbb{R})$ et $\mathcal{S}_n(\mathbb{R})$ sont des supplémentaires orthogonaux de $\mathfrak{M}_n(\mathbb{R})$.

2. *Soit $p(M)$ le projeté orthogonal de M sur $\mathcal{S}_3(\mathbb{R})$ alors, d'après le cours, la distance $d(M, \mathcal{S}_3(\mathbb{R}))$ de M à $\mathcal{S}_3(\mathbb{R})$ vaut :*

$$d(M, \mathcal{S}_3(\mathbb{R})) = \|M - p(M)\|.$$

Comme $M = \underbrace{\frac{1}{2}\left(M + {}^tM\right)}_{\in \mathcal{S}_n(\mathbb{R})} + \underbrace{\frac{1}{2}\left(M - {}^tM\right)}_{\in \mathcal{A}_n(\mathbb{R})}$, on peut affirmer que :

$$p(M) = \frac{1}{2}\left(M + {}^tM\right),\ M - p(M) = \frac{1}{2}\left(M - {}^tM\right) = \frac{1}{2}\begin{pmatrix} 0 & 3 & 1 \\ 3 & 0 & 0 \\ 1 & 0 & 0 \end{pmatrix}$$

Puisque, pour toute matrice $A \in \mathfrak{M}_n(\mathbb{R})$, $\|A\| = \sqrt{\sum_{i=1}^{n}\sum_{j=1}^{n}(A_{i,j})^2}$, *on obtient :*

$$d(M, \mathcal{S}_3(\mathbb{R})) = \frac{1}{2}\left\|\begin{pmatrix} 0 & 3 & 1 \\ 3 & 0 & 0 \\ 1 & 0 & 0 \end{pmatrix}\right\| = \frac{1}{2}\sqrt{3^2+1^2+3^2+1^2} = \sqrt{5}.$$

3.

(a) *Notons* Tr *l'application* $M \in \mathfrak{M}_n(\mathbb{R}) \mapsto \mathrm{Tr}(M) \in \mathbb{R}$ *alors* Tr *est linéaire et :*

$$\mathcal{H} = \{M \in \mathfrak{M}_n(\mathbb{R}), \quad \mathrm{Tr}(M) = 0\} = \ker(\mathrm{Tr})$$

est un sous-espace vectoriel de $\mathfrak{M}_n(\mathbb{R})$. *D'après le théorème du rang, on a*

$$\dim(\mathcal{H}) = \dim(\ker(\mathrm{Tr})) = \dim(\mathfrak{M}_n(\mathbb{R})) - \mathrm{rg}(\mathrm{Tr}) = n^2 - 1.$$

En effet, comme Tr *est à valeurs dans* $\mathbb{R}$, *on obtient l'inégalité :*

$$\mathrm{rg}(\mathrm{Tr}) = \dim(\mathrm{Im}(\mathrm{Tr})) \leqslant \dim(\mathbb{R}) = 1$$

et comme Tr *est non nulle (par exemple,* $\mathrm{Tr}(I_n) = n \neq 0$*), on a* $\mathrm{rg}(\mathrm{Tr}) \neq 0$ *donc* $\mathrm{rg}(\mathrm{Tr}) = 1$.

(b) *Soit* $M \in \mathfrak{M}_n(\mathbb{R})$. *Comme* $\mathrm{Tr}(M) = \langle M \mid I_n \rangle$, *on dispose des équivalences suivantes :*

$$M \in \mathcal{H} \Leftrightarrow \langle M \mid I_n \rangle = 0 \Leftrightarrow M \in (\mathrm{Vect}(I_n))^{\perp} \Rightarrow \mathcal{H} = (\mathrm{Vect}(I_n))^{\perp}.$$

Puisque $\mathfrak{M}_n(\mathbb{R})$ *est un espace vectoriel de dimension finie, on a* $\mathcal{H}^{\perp} = \mathrm{Vect}(I_n)$. *Soit* $p(J)$ *le projeté orthogonal de* J *sur* $\mathcal{H}$ *alors* $J - p(J)$ *est le projeté orthogonal de* J *sur* $\mathcal{H}^{\perp} = \mathrm{Vect}(I_n)$. *Or,* I_n *est une base orthogonale de* $\mathcal{H}^{\perp}$ *donc :*

$$\begin{aligned} J - p(J) &= \frac{\langle J \mid I_n \rangle}{\|I_n\|^2} I_n \Rightarrow d(J, \mathcal{H}) = \|J - p(J)\| = \left\| \frac{\langle J \mid I_n \rangle}{\|I_n\|^2} I_n \right\| \\ &= \frac{|\langle J \mid I_n \rangle|}{\|I_n\|^2}\|I_n\| = \frac{|\langle J \mid I_n \rangle|}{\|I_n\|} = \frac{|\mathrm{Tr}(J)|}{\sqrt{\mathrm{Tr}(I_n^2)}} = \frac{n}{\sqrt{n}} = \sqrt{n}. \end{aligned}$$

Commentaires 66 *Exercice assez simple et très proche du cours (voire traité comme exercice de cours ou de TD), sans difficulté particulière pour les candidats maitrisant le chapitre « espaces euclidiens », hormis la toute dernière question.*

Exercice 67 (CCINP) Soit E espace vectoriel euclidien.

1. Soient F un sous espace vectoriel de E et p_F le projecteur orthogonal de E sur F.

   (a) Montrer que : $F = \{x \in E, \quad \|p_F(x)\| = \|x\|\}$.

   (b) Montrer que : $\forall x \in E$, $\|p_F(x)\| \leqslant \|x\|$.

   (c) Montrer que : $\forall (x, y) \in E^2$, $\langle p_F(x), y \rangle = \langle x, p_F(y) \rangle$.

2. Soient F, G et H sous espaces de E, p_F et p_G les projecteurs orthogonaux respectivement sur F et sur G. On suppose que $p_F \circ p_G$ est le projecteur orthogonal sur H.

(a) Montrer que $F \cap G = H$.

(b) Montrer que $p_F \circ p_G = p_G \circ p_F$.

Solution 67

1. (a) *On note* $G = \{x \in E, \quad \|p_F(x)\| = \|x\|\}$. *Soit* $x \in F$ *alors*

$$p_F(x) = x \Rightarrow \|p_F(x)\| = \|x\| \Rightarrow x \in G,$$

ce qui prouve l'inclusion $F \subset G$. *Soit* $x \in G$ *alors* $p_F(x)$ *est le projeté orthogonal de* x *sur* F, $x - p_F(x)$ *est le projeté orthogonal de* x *sur* $F^\perp$ *et :*

$$x = p_F(x) + (x - p_F(x)).$$

Comme les vecteurs $p_F(x)$ *et* $x - p_F(x)$ *sont orthogonaux, le théorème de Pythagore montre que :*

$$\|x\|^2 = \underbrace{\|p_F(x)\|^2}_{=\|x\|^2 \text{ car } x \in G} + \|x - p_F(x)\|^2 \Rightarrow \|x - p_F(x)\|^2 = 0 \Rightarrow x = p_F(x) \in F$$

d'où l'inclusion $G \subset F$, *ce qui démontre l'égalité ensembliste* $F = G$.

(b) *Soit* $x \in E$ *alors* $p_F(x)$ *est le projeté orthogonal de* x *sur* F, $x - p_F(x)$ *est le projeté orthogonal de* x *sur* $F^\perp$ *et*

$$x = p_F(x) + (x - p_F(x)).$$

Comme les vecteurs $p_F(x)$ *et* $x - p_F(x)$ *sont orthogonaux, le théorème de Pythagore montre que*

$$\|x\|^2 = \|p_F(x)\|^2 + \|x - p_F(x)\|^2 \geqslant \|p_F(x)\|^2 \Rightarrow \|x\| \geqslant \|p_F(x)\|$$

(car la fonction $t \mapsto \sqrt{t}$ *est croissante sur* $\mathbb{R}_+$ *et que* $\sqrt{t^2} = t$ *si* $t \in \mathbb{R}_+$).

(c) *Soit* $(x, y) \in E^2$, *on dispose des égalités suivantes :*

$$x = \underbrace{p_F(x)}_{\in F} + \underbrace{(x - p_F(x))}_{\in F^\perp}, \quad y = \underbrace{p_F(y)}_{\in F} + \underbrace{(y - p_F(y))}_{\in F^\perp}.$$

En particulier, les vecteurs $p_F(x)$ *et* $y - p_F(y)$ *sont orthogonaux ainsi que les vecteurs* $p_F(y)$ *et* $y - p_F(y)$, *ce qui nous permet d'écrire :*

$$\begin{aligned}
\langle p_F(x) \mid y \rangle &= \langle p_F(x) \mid p_F(y) + (y - p_F(y)) \rangle \\
&= \langle p_F(x) \mid p_F(y) \rangle + \underbrace{\langle p_F(x) \mid y - p_F(y) \rangle}_{=0} \\
&= \langle p_F(x) \mid p_F(y) \rangle = \langle p_F(x) \mid p_F(y) \rangle + \underbrace{\langle x - p_F(x) \mid p_F(y) \rangle}_{=0} \\
&= \langle p_F(x) + (x - p_F(x)) \mid p_F(y) \rangle = \langle x \mid p_F(y) \rangle.
\end{aligned}$$

2. (a) *Rappelons que si* p *est un projecteur orthogonal sur* Z *alors on a les égalités suivantes :*

$$Z = \{x \in E, p(x) = x\} \text{ et } Z^\perp = \{x \in E, p(x) = 0\}$$

Soit $x \in F \cap G$ *alors :*

$$\begin{aligned} x &\in F \text{ et } x \in G \Rightarrow p_F(x) = x \text{ et } p_G(x) = x \\ &\Rightarrow (p_F \circ p_G)(x) = p_F(p_G(x)) = p_F(x) = x \Rightarrow x \in H, \end{aligned}$$

ce qui prouve l'inclusion $F \cap G \subset H$. *Soit* $x \in H$ *alors*

$$\begin{aligned} (1) &: (p_F \circ p_G)(x) = x \Rightarrow \\ \|x\| &= \|(p_F \circ p_G)(x)\| = \|p_F(p_G(x))\| \leqslant \|p_G(x)\| \leqslant \|x\| \end{aligned}$$

(d'après la question 1.b), ce qui prouve les égalités suivantes :

$$\|p_G(x)\| = \|x\| \underset{q1.a}{\Rightarrow} p_G(x) = x \Rightarrow x \in G.$$

L'égalité $p_G(x) = x$ *combinée à l'égalité* (1) *montrer que* $p_F(x) = x$ *donc* $x \in F$, *ce qui entraine que* $x \in F \cap G$. *On a ainsi établi l'inclusion* $H \subset F \cap G$ *d'où l'égalité attendue.*

(b) Comme $p_F \circ p_G$ *est un projecteur orthogonal, d'après la question 1.c, pour tout* $(x, y) \in E^2$ *on a :*

$$(2) : \langle (p_F \circ p_G)(x) \mid y \rangle = \langle x \mid (p_F \circ p_G)(y) \rangle .$$

Or, comme p_F *et* p_G *sont des projecteurs orthogonaux, la question 1.c. montre que, pour tout* $(x, y) \in E^2$, *on a l'égalité suivante :*

$$\begin{aligned} \langle (p_F \circ p_G)(x) \mid y \rangle &= \langle p_F(p_G(x)) \mid y \rangle = \langle p_G(x) \mid p_F(y) \rangle \\ &= \langle x \mid p_G(p_F(y)) \rangle = \langle x \mid (p_G \circ p_F)(y)) \rangle . \end{aligned}$$

Par conséquent, en combinant la relation (2) *et la formule ci-dessus, pour tout* $(x, y) \in E^2$, *on obtient :*

$$\begin{aligned} &\langle x \mid (p_G \circ p_F)(y)) \rangle = \langle x \mid (p_F \circ p_G)(y) \rangle \\ &\Leftrightarrow \langle x \mid (p_G \circ p_F - p_F \circ p_G)(y) \rangle = 0 \end{aligned}$$

En choisissant $x = (p_G \circ p_F - p_F \circ p_G)(y)$ *dans l'égalité ci-dessus, on obtient :*

$$\begin{aligned} &\forall y \in E, \|(p_G \circ p_F - p_F \circ p_G)(y)\|^2 = 0 \\ &\Leftrightarrow \forall y \in E, (p_G \circ p_F - p_F \circ p_G)(y) = 0 \\ &p_G \circ p_F - p_F \circ p_G = 0 \Leftrightarrow p_G \circ p_F = p_F \circ p_G. \end{aligned}$$

Commentaires 67 *Exercice relativement difficile pour CCINP sans réelle progressivité. Les trois questions de la question 1 sont des résultats du cours qu'il s'agit de redémontrer (les premières sont vu en MPSI et en MP, la deuxième uniquement en MP dans le cadre des endomorphismes symétriques). La question 1.a possède une difficulté supplémentaire en raison de la gestion de la double inclusion (y pense-t-il ?). Un candidat maitrise ces deux chapitres peut très bien traiter ces trois questions seuls.*
Il n'en est pas de même des questions suivantes où l'interaction avec l'interrogateur sera déterminante. La question 2.a pose comme difficulté, outre la gestion de la double inclusion, d'utiliser à bon escient les résultats des questions 1 donc elle s'avère très discriminante. La question 2.b s'adresse aux meilleurs candidats.

Exercice 68 (CCINP) Soient E un espace euclidien muni d'un produit scalaire $(|)$ et $\| \ \|$ la norme euclidienne associée. Soit p un entier naturel, avec $p \geqslant 2$. Soit $(e_1, ..., e_p)$ p vecteurs de E tels que, pour tous $1 \leqslant i, j \leqslant p$, si $i \neq j$, $(e_i \mid e_j) < 0$.

1. Pour $1 \leqslant i, j \leqslant p$, comparer $\lambda_i \lambda_j (e_i \mid e_j)$ et $|\lambda_i| |\lambda_j| (e_i \mid e_j)$.
2. Comparer $\left\| \sum_{k=1}^{p} \lambda_k e_k \right\|^2$ et $\left\| \sum_{k=1}^{p} |\lambda_k| e_k \right\|^2$. Montrer que $\sum_{k=1}^{p} \lambda_k e_k = 0_E \Rightarrow \sum_{k=1}^{p} |\lambda_k| e_k = 0_E$.
3. Montrer que toute sous-famille de $p-1$ vecteurs extraite de $(e_i)_{1 \leqslant i \leqslant p}$ est libre.

Solution 68

1. *Soit* $(i,j) \in \{1, ..., p\}^2$. *Si* $i = j$, *comme* $\lambda_i \in \mathbb{R}$, *on a les égalités suivantes :*

$$\lambda_i \lambda_j (e_i \mid e_j) = \lambda_i^2 (e_i \mid e_i) = |\lambda_i|^2 (e_i \mid e_i).$$

Si $i \neq j$, *on dispose des inégalités suivantes :*

$$\lambda_i \lambda_j \leqslant |\lambda_i \lambda_j| = |\lambda_i| |\lambda_j| \Rightarrow |\lambda_i| |\lambda_j| - \lambda_i \lambda_j \geqslant 0.$$

Comme $(e_i \mid e_j) < 0$, *on en déduit que les majorations suivantes :*

$$(|\lambda_i| |\lambda_j| - \lambda_i \lambda_j)(e_i \mid e_j) \leqslant 0 \Leftrightarrow |\lambda_i| |\lambda_j| (e_i \mid e_j) \leqslant \lambda_i \lambda_j (e_i \mid e_j).$$

Au final, on a démontré que :

$$\forall (i,j) \in \{1, ..., p\}^2, \ |\lambda_i| |\lambda_j| (e_i \mid e_j) \leqslant \lambda_i \lambda_j (e_i \mid e_j)$$

2. *Par définition de la norme euclidienne et par bilinéarité du produit scalaire, on a :*

$$\begin{aligned}
\left\| \sum_{k=1}^{p} \lambda_k e_k \right\|^2 &= \left(\sum_{i=1}^{p} \lambda_i e_i \mid \sum_{j=1}^{p} \lambda_j e_j \right) = \sum_{i=1}^{p} \sum_{j=1}^{p} \lambda_i \lambda_j (e_i \mid e_j) \\
&\geqslant \sum_{i=1}^{p} \sum_{j=1}^{p} |\lambda_i| |\lambda_j| (e_i \mid e_j) \ \textit{(d'après la question précédente)} \\
&= \left(\sum_{i=1}^{p} |\lambda_i| e_i \mid \sum_{j=1}^{p} |\lambda_j| e_j \right) = \left\| \sum_{k=1}^{p} |\lambda_k| e_k \right\|^2
\end{aligned}$$

c'est-à-dire que $\left\| \sum_{k=1}^{p} \lambda_k e_k \right\|^2 \geqslant \left\| \sum_{k=1}^{p} |\lambda_k| e_k \right\|^2$. *En particulier, si* $\sum_{k=1}^{p} \lambda_k e_k = 0_E$ *alors*

$$\underbrace{\left\| \sum_{k=1}^{p} |\lambda_k| e_k \right\|^2}_{\in \mathbb{R}_+} \leqslant 0 \Rightarrow \left\| \sum_{k=1}^{p} |\lambda_k| e_k \right\|^2 = 0 \Leftrightarrow \sum_{k=1}^{p} |\lambda_k| e_k = 0_E.$$

3. Soit $i_0 \in \{1,..,p\}$ *et* $(\lambda_k)_{k\in\{1,..,p\}\setminus\{i_0\}}$ *des réels tels que :*

$$\sum_{k\in\{1,..,p\}\setminus\{i_0\}} \lambda_k e_k = 0_E \underset{q1}{\Rightarrow} \sum_{k\in\{1,..,p\}\setminus\{i_0\}} |\lambda_k|\, e_k = 0_E.$$

En scalairisant cette égalité par e_p, *on peut écrire :*

$$(\mathcal{E}) : \sum_{k\in\{1,..,p\}\setminus\{i_0\}} |\lambda_k|\,(e_k \mid e_{i_0}) = 0.$$

Par hypothèse sur la famille $(e_i)_{1\leqslant i\leqslant p}$, *chaque réel* $(e_k \mid e_{i_0})$ *(*$k \in \{1,..,p\}\setminus\{i_0\}$*) est négatif donc chaque réel* $|\lambda_k|\,(e_k \mid e_{i_0})$ *(*$k \in \{1,..,p\}\setminus\{i_0\}$*) est négatif. Or, la somme de ces réels vaut* 0 *(d'après l'égalité* $(\mathcal{E})$*) donc tous ces réels sont nuls c'est-à-dire, pour tout* $k \in \{1,..,p\}\setminus\{i_0\}$, *on a l'égalité :*

$$|\lambda_k|\,(e_k \mid e_{i_0}) = 0 \underset{\div(e_k|e_{i_0})\neq 0}{\Rightarrow} |\lambda_k| = 0 \Rightarrow \lambda_k = 0.$$

Ces égalités montrent la liberté de la famille $(e_k)_{k\in\{1,..,p\}\setminus\{i_0\}}$, *ce qui permet de conclure.*

Commentaires 68 *Exercice original pour CCINP (mais pas pour Centrale-SupElec) dont le découpage bien pensé est tout à fait adapté au public CCINP et permet à ce sujet d'être suffisamment progressif pour ce concours. L'exercice s'avère discriminant car il offre aucune question classique ou standard (bien qu'aucune ne soit difficile techniquement ou conceptuellement ou ne nécessite de connaissances solides du cours) et demande du candidat initiative, rigueur et recul sur les notions utilisées.*
Il s'agit d'un bon exercice d'entrainement pour affronter des questions moins conventionnelles.

3.2 Mines-Telecom

Exercice 69 (Mines-Telecom) Soit $(E, \langle \mid \rangle)$ un espace euclidien, sa norme associée $\| \ \|$ et $f : E \to E$ telle que :

$$\forall (x,y) \in E^2,\ \|f(x) - f(y)\| = \|x - y\| \text{ et } f(0_E) = 0_E.$$

1. Montrer que f conserve le produit scalaire sur E, c'est-à-dire vérifie l'égalité :

$$\forall (x,y) \in E^2,\ \langle f(x) \mid f(y) \rangle = \langle x \mid y \rangle .$$

2. En déduire que f est linéaire puis que f est bijective.

Solution 69

1. *En choisissant* $y = 0_E$ *dans la formule vérifiée par* f *et comme* $f(0_E) = 0_E$*, on obtient la relation :*

$$\forall x \in E,\ \|f(x)\| = \|x\| .$$

Rappelons la formule de développement :

$$\forall (x,y) \in E^2,\ \|x - y\|^2 = \|x\|^2 - 2\langle x \mid y \rangle + \|y\|^2 .$$

On peut alors écrire pour tout $(x,y) \in E^2$ *:*

$$\begin{aligned} & \|f(x) - f(y)\|^2 = \|x - y\|^2 \\ \Leftrightarrow\ & \underbrace{\|f(x)\|^2}_{=\|x\|} - 2\langle f(x) \mid f(y) \rangle + \underbrace{\|f(y)\|^2}_{=\|y\|} = \|x\|^2 - 2\langle x \mid y \rangle + \|y\|^2 \\ \Leftrightarrow\ & \langle f(x) \mid f(y) \rangle = \langle x \mid y \rangle . \end{aligned}$$

2. *Soit* $(e_1, ..., e_n)$ *une base orthonormale de* E *alors, d'après la question précédente, on a :*

$$\forall (i,j) \in \{1, ..., n\}^2,\ \langle f(e_i) \mid f(e_j) \rangle = \langle e_i \mid e_j \rangle = \begin{cases} 1 & si\ i = j \\ 0 & sinon \end{cases} .$$

En particulier, la famille $(f(e_i))_{1 \leqslant i \leqslant n}$ *est une famille orthonormale de* E*, de cardinal* $n = \dim(E)$ *donc elle forme une base orthonormale de* E*. Par conséquent, pour tout* $x \in E$*, on a les identités suivantes :*

$$\begin{aligned} x &= \sum_{i=1}^{n} \langle x \mid e_i \rangle e_i \ \textit{(car } (e_i)_{1 \leqslant i \leqslant n} \textit{ est une base orthonormale de } E\textit{)} \\ f(x) &= \sum_{i=1}^{n} \langle f(x) \mid f(e_i) \rangle f(e_i) \ \textit{(car } (f(e_i))_{1 \leqslant i \leqslant n} \textit{ est une base orthonormale de } E\textit{)} \\ &= \sum_{i=1}^{n} \langle x \mid e_i \rangle f(e_i) \ \textit{(d'après la question précédente).} \end{aligned}$$

Ainsi, pour tout $(x,y) \in E^2$ *et tout* $(\lambda, \mu) \in \mathbb{R}^2$*, on a :*

$$\begin{aligned} f(\lambda x + \mu y) &= \sum_{i=1}^{n} \langle \lambda x + \mu y \mid e_i \rangle f(e_i) = \sum_{i=1}^{n} (\lambda \langle x \mid e_i \rangle + \mu \langle y \mid e_i \rangle) f(e_i) \\ &= \lambda \sum_{i=1}^{n} \langle x \mid e_i \rangle f(e_i) + \mu \sum_{i=1}^{n} \langle y \mid e_i \rangle f(e_i) = \lambda f(x) + \mu f(y), \end{aligned}$$

ce qui prouve la linéarité de f.

Prouvons la bijectivité de f. Comme f est linéaire, on utilise la caractérisation de la bijectivité en dimension finie. Soit $x \in \ker(f)$ alors on a les implications suiivantes :

$$\begin{aligned} f(x) &= 0_E \Rightarrow 0 = \|f(x)\| = \|f(x) - f(0)\| = \|x - 0\| \\ &\Rightarrow \|x\| = 0 \Rightarrow x = 0_E \end{aligned}$$

donc $\ker(f) = \{0_E\}$, ce qui prouve que f est injective (puisque linéaire). Comme f est un endomorphisme en dimension finie, f est bijective.

Commentaires 69 *Exercice de niveau MPSI prouvant que toute transformation d'un espace euclidien conservant les distances et laissant fixe 0_E est linéaire et orthogonale.*
Les questions 1 et question 2 (bijectivité) sont (quasiment) des questions de cours (les raisonnements sont faits dans le cours sur les endomorphismes orthogonaux des espaces euclidiens).
La linéarité de f est manifestement la question la plus difficile et l'interrogateur sera attentif aux initiatives prises par le candidat (elles seront fortement valorisées si elles sont intéressantes). En cas de blocage du candidat, l'interrogateur proposera des pistes (comme dans le corrigé ou bien calculer $\|f(x+y) - f(x) - f(y)\|^2$ ou $\|f(\lambda x) - \lambda f(x)\|^2$). Il est alors attendu du candidat une autonomie sur la gestion des calculs afférents.

Exercice 70 (CCINP, Mines-Telecom) On considère l'espace vectoriel $E = C^2([0,1], \mathbb{R})$.

1. Justifier que $(f,g) \mapsto \langle f \mid g \rangle = \int_0^1 (fg + f'g')$ est un produit scalaire sur E.
2. Montrer que $F = \{f \in E, \quad f = f''\}$ est un sous-espace vectoriel de E et déterminer sa dimension ainsi qu'une base de F.
3. Prouver que $G = \{f \in E, f(0) = f(1) = 0\}$ est le supplémentaire orthogonal de F dans E.
4. Soit $(\alpha, \beta) \in \mathbb{R}^2$ et $C = \{f \in E, \quad f(0) = \alpha, \quad f(1) = \beta\}$. Calculer $\inf_{f \in C} \int_0^1 (f^2 + f'^2)$.

Solution 70

1. ***Existence***. *Soient $(f,g) \in E$ alors la fonction $fg + f'g'$ est continue sur le segment $[0,1]$ donc elle est y intégrable, ce qui justifie l'existence de $\int_0^1 (fg + f'g') = \langle f \mid g \rangle$.*

   Symétrie. *Soient $(f,g) \in E$, on a :*

$$\langle f \mid g \rangle = \int_0^1 (fg + f'g') = \int_0^1 (gf + g'f') = \langle g \mid f \rangle$$

(car le produit dans les réels est commutatif).

Bilinéarité. *Soient* $(f,g,h) \in E^3$ *et* $(\lambda,\mu) \in \mathbb{R}^2$, *on a :*

$$\begin{aligned}\langle \lambda f + \mu g \mid h \rangle &= \int_0^1 \left((\lambda f + \mu g) h + (\lambda f + \mu g)' h' \right) = \int_0^1 (\lambda f h + \mu g h + \lambda f' h' + \mu g' h') \\ &= \lambda \int_0^1 (fh + f'h') + \mu \int_0^1 (gh + g'h') = \lambda \langle f \mid h \rangle + \mu \langle g \mid h \rangle .\end{aligned}$$

Ainsi, pour tout $h \in E$, *l'application* $f \mapsto \langle f \mid h \rangle$ *est linéaire. Par symétrie de* $\langle | \rangle$, *pour tout* $f \in E$, *l'application* $h \mapsto \langle f \mid h \rangle$ *est linéaire donc* $\langle | \rangle$ *est bilinéaire.*
Positivité. *Soit* $f \in E$ *alors :*

$$\langle f \mid f \rangle = \int_0^1 \left((f(t))^2 + (f'(t))^2 \right) dt \geqslant 0$$

(l'intégrande est positive comme somme de deux positifs puisque tout carré de nombres réels est positif).
Définie. *Soit* $f \in E$ *telle que :*

$$\langle f \mid f \rangle = 0 \Leftrightarrow \int_0^1 \left((f(t))^2 + (f'(t))^2 \right) dt.$$

La fonction $g : t \mapsto (f(t))^2 + (f'(t))^2$ *est continue et positive sur* $[0,1]$ *et son intégrale sur cet intervalle est nulle donc :*

$$\begin{aligned}\forall t &\in [0,1], g(t) = 0 \Leftrightarrow \forall t \in [0,1], \underbrace{(f(t))^2}_{\geqslant 0} + \underbrace{(f'(t))^2}_{\geqslant 0} = 0 \\ &\Rightarrow \forall t \in [0,1], (f(t))^2 = 0 \Rightarrow \forall t \in [0,1], f(t) = 0 \Rightarrow f = 0_E.\end{aligned}$$

Ainsi, $\langle | \rangle$ *est bien un produit scalaire sur* E.

2. *Les éléments de* F *sont exactement les solutions de l'équation différentielle* $(\mathcal{E}) : y'' = y$ *qui est une équation différentielle à coefficients constants du second ordre. Son équation caractéristique est* $r^2 = 1$ *qui admet deux solutions distinctes :* $r = \pm 1$. *Par conséquent,* y *est solution de* $(\mathcal{E})$ *si et seulement si* y *est de la forme :*

$$y : x \mapsto \alpha e^x + \beta e^{-x},\ (\alpha,\beta) \in \mathbb{R}^2.$$

En particulier, on en déduit que :

$$F = \mathrm{Vect}\left(x \mapsto e^x, x \mapsto e^{-x} \right).$$

Les fonctions $x \mapsto e^x$ *et* $x \mapsto e^{-x}$ *forment une famille libre (elles sont non nulles et la première n'est pas proportionnelle à la seconde puisque la première tend vers* $+\infty$ *quand* $x \to +\infty$ *alors que l'autre tend vers* 0 *quand* $x \to +\infty$*). En outre, elles forment une famille génératrice de* F *(par construction) donc elles forment une base de* F *et on a :*

$$\dim(F) = \mathrm{card}\left(x \mapsto e^x, x \mapsto e^{-x} \right) = 2.$$

3. *Soit $g \in G$. Pour tout $f \in F$, on a :*

$$\begin{aligned}\langle f \mid g\rangle &= \int_0^1 (fg + f'g') \underset{f=f''}{\overset{f\in F}{=}} \int_0^1 (f''g + f'g') = \int_0^1 (f'g)' = [f'g]_0^1 \\ &= f'(1)\underbrace{g(1)}_{=0} - f(0)\underbrace{g(0)}_{=0} = 0\end{aligned}$$

donc $g \in F^{\perp}$, ce qui prouve l'inclusion $G \subset F^{\perp}$.
Soit $g \in F^{\perp}$ alors g est orthogonal à $x \mapsto e^x$ et à $x \mapsto e^{-x}$ (puisque ces vecteurs forment une base de F), ce qui nous donne les équations suivantes :

$$\left\{\begin{array}{l}\langle g \mid x \mapsto e^x\rangle = 0 \\ \langle g \mid x \mapsto e^{-x}\rangle = 0\end{array}\right. \underset{(e^{-t})'=-e^{-t}}{\overset{(e^t)'=e^t}{\Leftrightarrow}} \left\{\begin{array}{l}\displaystyle\int_0^1 \left(g(t)e^t + g'(t)e^t\right)dt = 0 \\ \displaystyle\int_0^1 \left(g(t)e^{-t} + g'(t)(-e^{-t})\right)dt = 0\end{array}\right.$$

$$\Leftrightarrow \left\{\begin{array}{l}\displaystyle\int_0^1 \left(g(t)e^t\right)' dt = 0 \\ \displaystyle\int_0^1 \left(-g(t)e^{-t}\right)' dt = 0\end{array}\right. \Leftrightarrow \left\{\begin{array}{l}[g(t)e^t]_0^1 = 0 \\ [-g(t)e^{-t}]_0^1 = 0\end{array}\right.$$

$$\Leftrightarrow \left\{\begin{array}{l}g(1)e - g(0) = 0 \\ -g(1)e^{-1} + g(0) = 0\end{array}\right. \Rightarrow \left\{\begin{array}{ll}g(1) = 0 & L_1 + L_2 \\ g(0) = 0 & L_1 - L_2\end{array}\right. \Rightarrow g \in G.$$

Ainsi, on a établi l'inclusion ensembliste $F^{\perp} \subset G$ d'où l'égalité $G = F^{\perp}$ c'est-à-dire que G est l'orthogonal de F. Comme F est un sous-espace vectoriel de dimension finie de E, on dispose de l'égalité :

$$E = F \oplus F^{\perp} = F \oplus G$$

c'est-à-dire que que G est supplémentaire de F dans E.

4. *Notons $\|\|$ la norme associée au produit scalaire $\langle|\rangle$ et*

$$\delta = \inf_{f\in C} \int_0^1 \left(f^2 + f'^2\right) = \inf_{f\in C} \|f\|^2.$$

On pense alors à la notion de distance d'un point à un sous-espace vectoriel ... mais C n'est pas un espace vectoriel (il ne contient pas la fonction nulle en général).
Déterminons une fonction simple de C, par un exemple une fonction affine $f_0 : t \mapsto ut+v$.

$$\left\{\begin{array}{l}f_0(0) = \alpha \\ f_0(1) = \beta\end{array}\right. \Leftrightarrow \left\{\begin{array}{l}v = \alpha \\ u = \beta - \alpha\end{array}\right. \Rightarrow f_0 : t \mapsto (\beta - \alpha)t + \alpha.$$

Dans ce cas, on a les équivalences suivantes qui permettent de réécrire C :

$$\begin{aligned}f &\in C \Leftrightarrow \left\{\begin{array}{l}f(0) = \alpha \\ f(1) = \beta\end{array}\right. \Leftrightarrow \left\{\begin{array}{l}f(0) = f_0(0) \\ f(1) = f_0(1)\end{array}\right. \Leftrightarrow f_0 - f \in G \\ &\Leftrightarrow \exists g \in G, \quad f_0 - f = g \Leftrightarrow \exists g \in G, \quad f = f_0 - g, \\ &\Rightarrow C = \{f_0 - g, \quad g \in G\}.\end{aligned}$$

Ainsi, on en déduit que :

$$\delta = \inf_{g \in G} \|f_0 - g\|^2 = (d(f_0, G))^2 = \|f_0 - p_G(f_0)\|^2 = \|p_F(f_0)\|^2$$

(d'après le cours du chapitre « espaces préhilbertiens ») où $p_G(f_0)$ (resp. $p_F(f_0)$) est le projeté orthogonal de f_0 sur G (resp. F).
Les vecteurs $e_+ : t \mapsto e^t$ et $e_- : t \mapsto e^{-t}$ forment une base de F et ils sont orthogonaux car :

$$\langle e_+ \mid e_- \rangle = \int_0^1 \left(e^t e^{-t} + e^t\left(-e^{-t}\right)\right) dt = \int_0^1 0 dt = 0.$$

Calculons leurs normes respectives :

$$\begin{aligned}
\|e_+\|^2 &= \int_0^1 \left(e^t e^t + e^t e^t\right) dt = \int_0^1 \left(2e^{2t}\right) dt = \left[e^{2t}\right]_{t=0}^{t=1} = e^2 - 1 \\
\|e_+\|^2 &= \int_0^1 \left(e^{-t}e^{-t} + \left(-e^{-t}\right)\left(-e^{-t}\right)\right) dt = \int_0^1 \left(2e^{-2t}\right) dt = \left[-e^{-2t}\right]_{t=0}^{t=1} = 1 - e^{-2}.
\end{aligned}$$

Le projeté orthogonal $p_F(f_0)$ s'écrit donc

$$p_F(f_0) = \frac{\langle f \mid e_+ \rangle e_+}{\|e_+\|^2} + \frac{\langle f \mid e_- \rangle e_-}{\|e_-\|^2}.$$

Comme les vecteurs e_+ et e_- sont orthogonaux, on en déduit que :

$$\begin{aligned}
\delta &= \frac{\langle f \mid e_+ \rangle^2 \|e_+\|^2}{\|e_+\|^4} + \frac{\langle f \mid e_- \rangle^2 \|e_-\|^2}{\|e_-\|^4} = \frac{|\langle f \mid e_+ \rangle|^2}{\|e_+\|^2} + \frac{|\langle f \mid e_- \rangle|^2}{\|e_-\|^2} \\
&= \frac{(\beta e - \alpha)^2}{(e^2 - 1)^2} + \frac{\left(\alpha - \beta e^{-1}\right)^2}{(1 - e^{-2})^2}
\end{aligned}$$

(après calculs des produits scalaires par intégration par parties, laissé au soin du lecteur).

Commentaires 70 *Exercice classique du concours Mines-Ponts.*
Les deux premières questions sont des questions d'application de cours
Question 3 : Une erreur courante est de montrer que les éléments de G et F sont orthogonaux (cela sera valorisé par l'interrogateur car il y a une petite astuce pour y parvenir) et d'en déduire que $G = F^\perp$ alors qu'en fait elle ne justifie qu'une inclusion $G \subset F^\perp$ (ou $F \subset G^\perp$ selon le point de vue adopté). Il suffit de penser à deux droites de $\mathbb{R}^3$ qui sont orthogonales sans que l'orthogonale de l'une.
Question 4 : Cette question permet de distinguer les bons candidats. Si le candidat ne fait pas le lien avec la notion de distance à un sous-espace vectoriel, l'interrogateur lui proposera de justifier que C est un sous-espace affine i.e. qu'il existe $f_0 \in C$ et D un sous-espace vectoriel tel que $C = \{f_0 + d, \quad d \in D\}$ et d'exprimer $\int_0^1 \left(f^2 + f'^2\right)$ à l'aide de la norme.
Il est alors attendu le lien avec la notion de distance.

Exercice 71 (Mines-Telecom)

1. Montrer que $E = \{f \in \mathcal{C}^0(]0,1],\mathbb{R}) : \ t \mapsto t^2 f^2(t)$ est intégrable sur $]0,1]\}$ est un espace vectoriel.
2. Montrer que $(f,g) \mapsto \int_0^1 t^2 f(t)g(t)\,dt$ est un produit scalaire sur E.
3. Existence et calcul de $\inf_{a,b\in\mathbb{R}} \int_0^1 t^2(\ln t - at - b)^2 dt$.

Solution 71

1. *Par définition, E est inclus dans $C^0\left(]0,1],\mathbb{R}\right)$ qui est un $\mathbb{R}$-espace vectoriel. La fonction nulle $t \mapsto 0$ appartient à E car $t \mapsto t^2 0^2 = 0$ est intégrable sur $]0,1]$. Soient f,g deux éléments de E et λ,μ deux réels. La fonction*

$$h : t \mapsto t^2 \left(\lambda f + \mu g\right)^2 (t) = \lambda^2 t^2 \left(f\left(t\right)\right)^2 + 2\lambda\mu t^2 f\left(t\right) g\left(t\right) + \mu^2 t^2 \left(g\left(t\right)\right)^2$$

est continue sur $]0,1]$ et à valeurs réelles (comme somme et produit de telles fonctions). Par hypothèse sur f et g, les fonctions $t \mapsto t^2\left(f\left(t\right)\right)^2$ et $t \mapsto t^2\left(g\left(t\right)\right)^2$ sont intégrables sur $]0,1]$. En outre, la majoration suivante :

$$\forall\left(a,b\right) \in \mathbb{R}^2, |ab| \leqslant \frac{1}{2}\left(a^2+b^2\right)$$

(il suffit de développer $\left(|a|-|b|\right)^2 \geqslant 0$) permet d'écrire :

$$\begin{aligned} &\forall t \in]0,1], \quad |f\left(t\right)g\left(t\right)| \leqslant \frac{1}{2}\left(\left(f\left(t\right)\right)^2 + \left(g\left(t\right)\right)^2\right) \\ \underset{\times t^2 \geqslant 0}{\Rightarrow} &\forall t \in]0,1], \quad \left|t^2 f\left(t\right)g\left(t\right)\right| \leqslant \frac{1}{2}\left(t^2\left(f\left(t\right)\right)^2 + t^2\left(g\left(t\right)\right)^2\right). \end{aligned}$$

La fonction $t \mapsto \frac{1}{2}\left(t^2\left(f\left(t\right)\right)^2 + t^2\left(g\left(t\right)\right)^2\right)$ étant intégrable sur $]0,1]$, la fonction $t \mapsto t^2 f\left(t\right)g\left(t\right)$ l'est aussi, ce qui entraine l'intégrabilité de la fonction h. Par conséquent, E est un sous-espace vectoriel de $C^0\left(]0,1],\mathbb{R}\right)$ donc E est un espace vectoriel.

2. ***Existence**. Pour tout $(f,g) \in E^2$, la fonction $t \mapsto t^2 f\left(t\right)g\left(t\right)$ est intégrable sur $]0,1]$ (d'après la preuve de la question 1) donc l'intégrale $\int_0^1 t^2 f\left(t\right)g\left(t\right)dt$ converge c'est-à-dire que $\langle f \mid g\rangle$ existe.*
***Symétrie**. Pour tout $(f,g) \in E^2$, on a :*

$$\langle f \mid g\rangle = \int_0^1 t^2 f\left(t\right)g\left(t\right)dt = \int_0^1 t^2 g\left(t\right)f\left(t\right)dt = \langle g \mid f\rangle$$

donc $\langle\,|\,\rangle$ *est symétrique.*
Bilinéarité. *Soit* $f \in E$. *Pour tout* $(g,h) \in E^2$ *et tout* $(\lambda,\mu) \in \mathbb{R}^2$, *on a :*

$$\begin{aligned}\langle f \mid \lambda g + \mu h\rangle &= \int_0^1 t^2 f(t)(\lambda g + \mu h)(t)\,dt = \int_0^1 \left(\lambda t^2 f(t)\,g(t) + \mu t^2 f(t)\,h(t)\right) dt \\ &= \lambda \int_0^1 t^2 f(t)\,g(t)\,dt + \mu \int_0^1 t^2 f(t)\,h(t)\,dt = \lambda \langle f \mid g\rangle + \mu \langle f \mid h\rangle\end{aligned}$$

donc $g \mapsto \langle f \mid g\rangle$ *est linéaire. Par symétrie de* $\langle\,|\,\rangle$, $f \mapsto \langle f \mid g\rangle$ *est également linéaire donc* $\langle\,|\,\rangle$ *est bilinéaire.*

Positivité. *Soit* $f \in E$, *on a* $\langle f \mid f\rangle = \int_0^1 \underbrace{t^2 (f(t))^2}_{\geqslant 0} dt \geqslant 0$ *donc* $\langle\,|\,\rangle$ *est positive.*

Définie. *Soit* $f \in E$ *telle que* $\langle f \mid f\rangle = 0 \Leftrightarrow \int_0^1 t^2 (f(t))^2\,dt = 0$. *La fonction* $t \mapsto t^2 (f(t))^2 = (tf(t))^2$ *étant continue, positive et d'intégrale nulle sur* $]0,1]$, *on peut affirmer qu'elle y est nulle c'est-à-dire que :*

$$\forall t \in]0,1],\ (tf(t))^2 = 0 \Leftrightarrow tf(t) = 0 \underset{\div t \neq 0}{\Leftrightarrow} \forall t \in]0,1],\ f(t) = 0 \Rightarrow f = 0_E.$$

Ainsi, nous venons de prouver que $\langle\,|\,\rangle$ *est un produit scalaire sur* E.

3. *On note* $\Delta = \inf\limits_{a,b\in\mathbb{R}} \int_0^1 t^2(\ln t - at - b)^2 dt$,

$$\begin{aligned} F &= \left\{t \mapsto at + b,\ (a,b) \in \mathbb{R}^2\right\} = \mathrm{Vect}(e_0, e_1) \\ \text{où } e_k &: \ t \mapsto t^k \text{ avec } k \in \{0,1\} \text{ et } x : t \mapsto \ln(t).\end{aligned}$$

Notons $\|\|$ *la norme sur* E *canoniquement associée à* $\langle\,|\,\rangle$ *c'est-à-dire :*

$$\forall f \in E,\ \|f\|^2 = \langle f \mid f\rangle = \int_0^1 t^2 (f(t))^2\,dt$$

Alors, on peut écrire :

$$\Delta = \inf_{(a,b)\in\mathbb{R}^2} \|x - ae_1 - b\|^2 = \inf_{f\in F} \|x - f\|^2 = (d(x,F))^2 = \|x - p_F(x)\|^2$$

où $d(x,F)$ *désigne la distance de* x *au sous-espace vectoriel* F *et* $p_F(x)$ *désigne le projeté orthogonal de* x *sur* F *(d'après le cours sur les espaces préhilbertiens de MPSI ou MP concernant la distance d'un point à un sous-espace vectoriel). Déterminons* $p_F(x)$. *Par définition, ce dernier vérifie les conditions suivantes :*

$$\left\{\begin{array}{c} p_F(x) \in F = \mathrm{Vect}(e_0,e_1) \\ x - p_F(x) \in F^\perp = (\mathrm{Vect}(e_0,e_1))^\perp \end{array}\right. \Leftrightarrow \left\{\begin{array}{c} \exists (a,b) \in \mathbb{R}^2,\ p_F(x) = ae_1 + be_0 \\ \langle x - p_F(x) \mid e_0\rangle = 0 \\ \langle x - p_F(x) \mid e_1\rangle = 0 \end{array}\right.$$

$$\Leftrightarrow (\mathcal{S}) : \left\{\begin{array}{l} \exists (a,b) \in \mathbb{R}^2,\ p_F(x) = ae_1 + be_0 \\ a\langle e_1 \mid e_0\rangle + b\langle e_0 \mid e_0\rangle = \langle x \mid e_0\rangle \\ a\langle e_1 \mid e_1\rangle + b\langle e_0 \mid e_1\rangle = \langle x \mid e_1\rangle \end{array}\right.$$

Déterminons les différents produits scalaires apparaissant dans le système $(\mathcal{S})$ *:*

$$\begin{aligned}
\langle e_i \mid e_j\rangle &= \int_0^1 t^2 t^i t^j dt = \int_0^1 t^{2+i+j} dt = \left[\frac{t^{i+j+3}}{i+j+3}\right]_{t=0}^{t=1} = \frac{1}{i+j+3} \\
\langle e_0 \mid e_0\rangle &= \frac{1}{3},\ \langle e_1 \mid e_0\rangle = \langle e_0 \mid e_1\rangle = \frac{1}{4},\ \langle e_1 \mid e_1\rangle = \frac{1}{5} \\
\langle x \mid e_i\rangle &= \int_0^1 t^{2+i}\ln(t)\,dt \overset{IPP}{=} \underbrace{\left[\frac{t^{2+i}}{2+i}\ln(t)\right]_{t\to 0}^{t=1}}_{=0\ (\textit{par croissances comparées})} - \int_0^1 \frac{t^{2+i}}{2+i}\times\frac{1}{t}dt \\
&= -\frac{1}{2+i}\int_0^1 t^{1+i} dt = \frac{1}{(2+i)^2} \\
\langle x \mid e_0\rangle &= \frac{1}{9},\ \langle x \mid e_1\rangle = \frac{1}{16}.
\end{aligned}$$

Le système $(\mathcal{S})$ *s'écrit alors sous la forme matricielle suivante :*

$$\left\{\exists (a,b)\in\mathbb{R}^2,\ p_F(x) = ae_1 + be_0 \ \textit{et}\ (1) : \frac{a}{4}+\frac{b}{3} = \frac{1}{9}\ \textit{et}\ (2) : \frac{a}{5}+\frac{b}{4} = \frac{1}{16}\right.$$

$$\Leftrightarrow \left\{\begin{array}{l}
(\textit{élimination de } b)\ 3(1)-4(2) : -\frac{a}{20} = \frac{1}{12} \Leftrightarrow a = \frac{20}{12} = \frac{5}{3} \\
(\textit{élimination de } a)\ 4(1)-5(b) : \frac{b}{12} = \frac{19}{12^2} \Leftrightarrow b = \frac{19}{12} \\
p_F(x) = \frac{5}{3}e_1 + \frac{19}{12}e_0
\end{array}\right.$$

On en déduit la formule :

$$\Delta = \int_0^1 t^2\left(\ln(t) - \frac{5}{3}t - \frac{19}{12}\right)^2 dt = \frac{1445}{432}$$

Je vous épargne les calculs : développer $(a-b-c)^2$*, calcul des intégrales* $\int_0^1 t^k(\ln(t))^q\,dt$ *par intégration par parties successives, etc. Il y a peu de chance que l'interrogateur (ou l'interrogatrice) demande la valeur finale, c'est le cheminement et les automatismes fondamentaux qui sont attendus dans cette question.*

Commentaires 71 *Exercice standard d'application du cours. La question la moins conventionnelle est la première où l'astuce fondamentale est la majoration astucieuse* $|ab| \leqslant \frac{1}{2}(a^2+b^2)$*. Ce type d'exercice est tout à fait standard aux oraux et doit être maitrisé par le candidat.*

3.3 Mines-Ponts

Exercice 72 (Mines-Ponts) Soit $n \in \mathbb{N}^*$. Montrer que le minimum de $\sum_{i=0}^{n} (i^n - P(i))^2$ pour $P \in \mathbb{R}_{n-1}[X]$ existe, et le calculer.

Solution 72 *Montrons que :*

$$\forall (P,Q) \in (\mathbb{R}_{n-1}[X])^2, \langle P \mid Q \rangle = \sum_{i=0}^{n} P(i) Q(i)$$

définit un produit scalaire sur $\mathbb{R}_n[X]$. La bilinéarité et le caractère symétrique sont laissés au lecteur. Soit $P \in \mathbb{R}_n[X]$ alors :

$$\langle P \mid P \rangle = \sum_{i=0}^{n} \underbrace{(P(i))^2}_{\geqslant 0} \geqslant 0$$

donc $\langle | \rangle$ est positif. En outre, comme $\langle P \mid P \rangle$ est une somme de termes positifs, on a :

$$\langle P \mid P \rangle = 0 \Leftrightarrow \forall i \in \{0,..,n\}, (P(i))^2 = 0 \Leftrightarrow \forall i \in \{0,..,n\}, P(i) = 0$$

donc P admet $n+1$ racines distinctes et il est de degré au plus n, ce qui prouve l'égalité $P = 0$. Par conséquent, $\langle | \rangle$ est effectivement un produit scalaire sur $\mathbb{R}_n[X]$. Notons $\| \|$ sa norme associée.
Notons δ le minimum de l'énoncé c'est-à-dire :

$$\begin{aligned} \delta &= \min_{P \in \mathbb{R}_{n-1}[X]} \sum_{i=0}^{n} (i^n - P(i))^2 = \min_{P \in \mathbb{R}_{n-1}[X]} \|X^n - P\|^2 \\ &= \left(\min_{P \in \mathbb{R}_{n-1}[X]} \|X^n - P\| \right)^2 \end{aligned}$$

(puisque $\|X^n - P\|$ est un nombre positif et que la fonction $t \mapsto t^2$ est strictement croissante sur $\mathbb{R}_+$). D'après le cours sur la distance d'un point à un sous-espace vectoriel de dimension finie dans un espace préhilbertien, ce minimum existe et il est atteint en le projeté orthogonal $p(X^n)$ de X^n sur $\mathbb{R}_{n-1}[X]$ c'est-à-dire :

$$\delta = \|X^n - p(X^n)\|^2.$$

Pour déterminer ce projeté orthogonal, nous allons déterminer une base de $\mathbb{R}_{n-1}[X]$ adaptée à ce produit scalaire. Montrons que les polynômes interpolateurs de Lagrange associés aux points $\{0,..,n-1\}$ forment une base orthogonale de $\mathbb{R}_{n-1}[X]$. Pour tout $i \in \{0,..,n-1\}$, on note :

$$P_i(X) = \prod_{k \in \{0,..,n-1\} \setminus \{i\}} \frac{X-k}{i-k}$$

alors P_i s'annule sur $\{0,..,n-1\} \setminus \{i\}$ et vaut 1 en i. Pour tout $(i,j) \in \{0,..,n-1\}^2$ avec $i \neq j$, on a :

$$\begin{aligned} \langle P_i \mid P_j \rangle &= \sum_{k=0}^{n} \underbrace{P_i(k)}_{=0 \text{ si } i \neq k} P_j(k) = P_i(i) \underbrace{P_j(i)}_{=0} = 0 \\ \langle P_i \mid P_i \rangle &= \sum_{k=0}^{n} \underbrace{(P_i(k))^2}_{=0 \text{ si } i \neq k} = (P_i(i))^2 = 1^1 = 1. \end{aligned}$$

Ainsi, la famille $(P_i)_{0\leqslant i\leqslant n-1}$ *est orthonormale de* $\mathbb{R}_{n-1}[X]$ *et de cardinal* $n = \dim(\mathbb{R}_{n-1}[X])$ *donc on peut affirmer qu'il s'agit d'une base orthonormée de* $\mathbb{R}_{n-1}[X]$.
Afin de simplifier les calculs, calculons directement le polynôme $Q = X^n - p(X^n)$. *Par définition du projeté orthogonal, on a :*

$$p(X^n) \in \mathbb{R}_{n-1}[X] \text{ et } Q \in (\mathbb{R}_{n-1}[X])^{\perp} = (\text{Vect}(P_0,..,P_{n-1}))^{\perp}$$

donc, pour tout $i \in \{0,..,n\}$, *on a l'égalité :*

$$\langle Q \mid P_i\rangle = 0 \Leftrightarrow \sum_{k=0}^{n} Q(k) \underbrace{P_i(k)}_{=0 \text{ si } i\neq k} = 0 \Leftrightarrow Q(i)P_i(i) = 0 \Leftrightarrow Q(i) = 0.$$

Par conséquent, le polynôme Q *admet* n *racines qui sont* $0, 1, .., n-1$, *il est de degré* n *(car* $\deg(p(X^n)) < n$*) et unitaire donc :*

$$\begin{aligned} Q(X) &= \prod_{i=0}^{n-1}(X-i) \Rightarrow \delta = \|Q\|^2 = \sum_{k=0}^{n}(Q(k))^2 = (Q(n))^2 \\ &= (n(n-1)\cdots 1)^2 = (n!)^2. \end{aligned}$$

Commentaires 72 *Si la thématique de l'exercice est classique, cet exercice reste en pratique discriminant : il faut faire le lien avec la notion de distance dans un espace préhilbertien, poser le produit scalaire, le sous-espace et le point, donner l'expression de la distance en terme de projeté. Les candidats posant ces différents éléments seuls seront valorisés.*
En outre, l'exercice demande d'avoir un peu de recul (pour calculer le projeté sur le sous-espace, il faut une base orthogonale et songer à une base dont toutes les valeurs sur $\{0,..,n-1\}$ *sont nulles sauf en une valeur afin d'avoir une expression simple des produits scalaires, ceci amenant alors naturellement à songer aux polynômes d'interpolation de Lagrange). Un candidat songeant à ces points sera naturellement très fortement valorisés. Pour les autres, l'interrogateur proposera une piste, il attend alors une bonne réactivité du candidat*
Ce type de produit scalaire sur $\mathbb{R}_n[X]$ *(dont les polynômes de Lagrange forment une base orthonormale) est à la mode depuis quelques années donc travailler là.*

Exercice 73 (Mines-Ponts) Soit $(e_1, ..., e_n)$ une famille libre dans $(E, \langle\,|\,\rangle)$, un espace préhilbertien. On suppose que :

$$\forall x \in E,\ \|x\|^2 = \sum_{i=1}^{n} \langle x \mid e_i\rangle^2.$$

1. Montrer que $\forall i \in \{1,..,n\}$, $\|e_i\| \leqslant 1$.
2. Montrer que $\forall i \in \{1,..,n\}$, $\|e_i\| \geqslant 1$.
3. Montrer que $(e_1, ..., e_n)$ est une base orthonormée de E.

Solution 73

1. *Soit* $j \in \{1,..,n\}^2$, *en remplaçant* x *par* e_j *dans l'égalité proposée, on obtient :*

$$\|e_j\|^2 = \sum_{i=1}^{n} \underbrace{\langle e_j \mid e_i\rangle^2}_{\geqslant 0} \geqslant \langle e_j \mid e_j\rangle^2 = \left(\|e_j\|^2\right)^2 \Rightarrow \|e_j\|^2 \geqslant \|e_j\|^4.$$

En divisant cette inégalité par $\|e_j\|^2 > 0$ *(le vecteur* e_j *est non nul car la famille* $(e_1, .., e_n)$ *est libre), on obtient l'inégalité :*

$$1 \geqslant \|e_j\|^2 \Leftrightarrow \|e_j\| \leqslant 1.$$

2. *Notons* $F = \text{Vect}(e_1, .., e_n)$ *qui est un espace vectoriel de dimension* n *(car la famille* $(e_1, .., e_n)$ *est génératrice de* F *et elle est une famille libre d'après l'énoncé).*
Soit $j \in \{1, .., n\}$, *notons* $G = \text{Vect}\left((e_i)_{i\in\{1,..,n\}\setminus\{j\}}\right)$ *qui est un espace vectoriel de dimension* $n-1$ *(même argumentaire) et il est contenu dans* F*. Alors,* $G^{\perp}$*, l'orthogonal de* G *dans* F *(i..e les vecteurs* $x \in F$ *orthogonaux à tous les vecteurs de* G*), est de dimension* 1 *donc il existe* $x_0 \in G^{\perp} \setminus \{0\}$ *et on a :*

$$\|x_0\|^2 = \sum_{i=1}^{n} \underbrace{\langle x_0 \mid e_i\rangle^2}_{=0 \text{ si } i\neq j} = \langle x_0 \mid e_j\rangle^2 \underset{\text{Scwharz}}{\overset{\text{Cauchy-}}{\leqslant}} \|x_0\|^2 \|e_j\|^2.$$

En divisant cette inégalité par $\|x_0\|^2$ *(ce qui est licite car ce nombre est strictement positif puisque* x_0 *est non nul), on obtient l'inégalité :*

$$\forall j \in \{1, .., n\}, \|e_j\|^2 \geqslant 1 \Leftrightarrow \|e_j\| \geqslant 1$$

3. *D'après les deux premières questions, la famille* $(e_1, .., e_n)$ *est orthonormée donc elle forme une base orthonormée de* $\text{Vect}(e_1, .., e_n) = F$*. Soit* $x \in F^{\perp}$ *alors :*

$$\begin{aligned} \forall i \quad &\in \quad \{1, .., n\}, \langle x \mid e_i\rangle = 0 \Rightarrow \|x\|^2 = \sum_{i=1}^{n} \langle x_0 \mid e_i\rangle^2 = 0 \\ &\Rightarrow \quad x = 0_E \Rightarrow F^{\perp} = \{0_E\}. \end{aligned}$$

Comme F *est un sous-espace vectoriel de dimension finie de* E*, on a l'égalité ensembliste suivante :*

$$E = F \oplus F^{\perp} = F,$$

ce qui montre que $(e_i)_{1\leqslant i\leqslant n}$ *est une base orthonormée de* E*.*

Commentaires 73 *Exercice classique pour ce concours. La première question ne pose pas de difficulté particulière (hormis évaluée la relation en un vecteur* e_j*). La deuxième question est beaucoup plus astucieuse et nécessitera probablement une aide de l'interrogateur (évaluer en un vecteur orthogonal à tous les vecteurs* $(e_j)_j$ *sauf à* 1*). La troisième question est beaucoup plus standard dans les espaces préhilbertiens. Un candidat observant que l'orthogonal de* $\text{Vect}\left((e_j)_{1\leqslant j\leqslant n}\right)$ *est réduit à* $\{0_E\}$ *sera bien valorisé.*

Exercice 74 (Mines-Ponts) On munit $\mathbb{R}^n$ de sa norme euclidienne canonique.
Soient $A \in \mathfrak{M}_n(\mathbb{R})$ et $b \in \mathbb{R}^n$. On pose $d = \inf_{x\in\mathbb{R}^n} \|Ax - b\|$.

1. (a) Justifier la définition de d.
   (b) Montrer que d est un minimum.
2. Soit $x_0 \in \mathbb{R}^n$ tel que $d = \|Ax_0 - B\|$. Montrer que ${}^tAy = {}^tAb$ avec $y = Ax_0$.

3. Déterminer d pour $A = \begin{pmatrix} 1 & -1 & 1 \\ 1 & -1 & 1 \\ -1 & 1 & 2 \end{pmatrix}$ et $b = \begin{pmatrix} 1 \\ 0 \\ 0 \end{pmatrix}$.

Solution 74

1. (a) *L'ensemble* $C = \{\|Ax - b\|,\quad x \in \mathbb{R}^n\}$ *est un sous-ensemble de* $\mathbb{R}$, *non vide (car,* $x = 0_{\mathbb{R}^n} \in \mathbb{R}^n$ *donc* $\|A0_{\mathbb{R}^n} - b\| = \|b\| \in C$*) et minorée (par* 0*) donc* C *admet une borne inférieure c'est-à-dire que* d *existe.*

   (b) *Notons*
$$F = \{Ax,\quad x \in \mathbb{R}^n\} = \mathrm{Im}\,(A)$$
alors d *représente la distance de* b *à* $\mathrm{Im}\,(A)$. *Notons* $p\,(b)$ *le projeté orthogonal de* b *sur* $\mathrm{Im}\,(A)$ *alors* $p\,(b) \in \mathrm{Im}\,(A)$ *c'est-à-dire qu'il existe* $x_0 \in \mathbb{R}^n$ *tel que* $p\,(b) = Ax_0$. *Le cours sur les espaces euclidiens affirme que :*
$$d = \|p\,(b) - b\| = \|Ax_0 - b\|$$
donc d *est un minimum.*

2. *Conservons les notations introduites à la réponse de la question précédente. Rappelons que l'écriture matricielle du produit scalaire de* $\mathbb{R}^n$ *(qui est identifié aux matrices colonnes à* n *lignes) est*
$$\forall\,(x, x') \in \mathbb{R}^n,\ \langle x \mid x' \rangle = {}^t x x'.$$
Posons $y = Ax_0 = p\,(b)$ *alors, par définition des projetés orthogonaux, on peut affirmer que :*
$$\begin{aligned} &b - y \in F^{\perp} = (\mathrm{Im}\,(A))^{\perp} \Leftrightarrow \forall z \in \mathrm{Im}\,(A),\ \langle z \mid b - y \rangle = 0 \\ &\Leftrightarrow \forall x \in \mathbb{R}^n,\ \langle Ax \mid b - y \rangle = 0 \Leftrightarrow \forall x \in \mathbb{R}^n,\ {}^t(Ax)\,(b - y) = 0 \\ &\Leftrightarrow \forall x \in \mathbb{R}^n,\ {}^t x\, {}^t A\,(b - y) = 0 \Leftrightarrow \forall x \in \mathbb{R}^n,\ \left\langle x \mid {}^t A\,(b - y)\right\rangle = 0. \end{aligned}$$
Ainsi, le vecteur ${}^t A\,(b - y)$ *est orthogonal à tous les vecteurs de* $\mathbb{R}^n$ *donc il est nul c'est-à-dire :*
$${}^t A\,(b - y) = 0 \Leftrightarrow {}^t Ab = {}^t Ay.$$

3. *Conservons les notations de la question précédente. On recherche* $x_0 \in \mathbb{R}^3$ *tel que, si on pose* $y = Ax_0$, *le vecteur* y *vérifie l'équation* ${}^t Ay = {}^t Ab$ *donc* x_0 *vérifie l'équation :*
$$\begin{aligned} {}^t AAx_0 &= {}^t Ab \Leftrightarrow \begin{pmatrix} 3 & -3 & 0 \\ -3 & 3 & 0 \\ 0 & 0 & 6 \end{pmatrix} \begin{pmatrix} a \\ b \\ c \end{pmatrix} = \begin{pmatrix} 1 \\ -1 \\ 1 \end{pmatrix} \\ &\Leftrightarrow \left\{ \begin{array}{c} 3a - 3b = 1 \\ -3a + 3b = -1 \\ 6c = 1 \end{array} \right. \Leftrightarrow \left\{ \begin{array}{l} c = \dfrac{1}{6} \\ a = \dfrac{1}{3} + b \end{array} \right. . \end{aligned}$$
En choisissant $b = 0$, *on a*
$$x_0 = \begin{pmatrix} \frac{1}{3} \\ 0 \\ \frac{1}{6} \end{pmatrix} \Rightarrow d = \|Ax_0 - b\| = \left\| \begin{pmatrix} \frac{1}{2} \\ \frac{1}{2} \\ 0 \end{pmatrix} - \begin{pmatrix} 1 \\ 0 \\ 0 \end{pmatrix} \right\| = \frac{1}{\sqrt{2}}.$$

Commentaires 74 *Exercice original pour ce concours (donné quelques années auparavant à l'oral de Polytechnique). Il n'est pas difficile techniquement ou ne nécessite pas d'astuce ou d'initiative particulière de la part du candidat mais une très bonne connaissance du chapitre « espaces euclidiens », notamment la notion de distance et l'expression matricielle des produits scalaires et des normes. N'hésitez pas à retravailler cet exercice (il est déjà intervenu dans plusieurs écrits) car il est riche sans être difficile sur le plan technique.*

Exercice 75 (Mines-Ponts) Soit

$$\Delta = \inf_{(x_1,\dots,x_n)\in\mathbb{R}^n}\left(\int_0^1 \left(1 + x_1 t + x_2 t^2 + \cdots + x_n t^n\right)^2 dt\right).$$

On munit $\mathbb{R}[X]$ du produit scalaire

$$\langle A \mid B\rangle = \int_0^1 A(t)B(t)dt.$$

On note Q la projection de 1 sur $\text{Vect}(X, \dots, X^n)$.

1. Justifier l'existence et l'unicité de $(a_1, \dots, a_n) \in \mathbb{R}^n$ tel que $Q = -\sum_{i=1}^{n} a_i X^i$ et montrer que $\Delta = \int_0^1 (1 + a_1 t + \ldots + a_n t^n)^2 dt$.
2. On pose $F(X) = \dfrac{1}{X+1} + \dfrac{a_1}{X+2} + \cdots + \dfrac{a_n}{X+n+1}$.
   (a) Montrer que $\forall k \in \{1, \dots, n\}$, $F(k) = 0$.
   (b) En déduire que $F(0) = \dfrac{1}{(n+1)^2}$.
3. Calculer Δ et $(a_1, \dots, a_n)$.

Solution 75

1. *L'ensemble* $H = \text{Vect}\,(X, .., X^n)$ *est un sous-espace vectoriel de dimension fini du préhilbert* $(\mathbb{R}\,[X]\,, \langle|\rangle)$. *Comme* $(X, .., X^n)$ *est une base de* H *(elle est manifestement génératrice et elle est libre puisqu'elle extraite de la base canonique de* $\mathbb{R}_n\,[X]$*) et que* $Q \in H$ *(par définition d'un projeté), le polynôme* $-Q$ *appartient à* H *donc il existe un unique* n*-uplet* $(a_1, .., a_n)$ *tel que*

$$-Q = \sum_{i=1}^{n} a_i X^i \Leftrightarrow Q = -\sum_{i=1}^{n} a_i X^i.$$

Puisque l'application $(x_1, .., x_n) \mapsto \sum_{i=1}^{n} x_i X^i$ *est une bijection de* $\mathbb{R}^n$ *sur* H *et d'après le cours sur la distance d'un point à un sous-espace vectoriel de dimension finie, on peut écrire :*

$$\begin{aligned}
\Delta &= \inf_{P\in H}\left(\int_0^1 (1+P(t))^2dt\right) = \inf_{P\in H}\|1+P\|^2 \underset{h=-P}{=} \inf_{h\in H}\|1-h\|^2 \\
&= \left(\inf_{h\in H}\|1-h\|\right)^2 = (d(1,H))^2 = \|1-Q\|^2 \\
&= \int_0^1 \left(1+a_1t+a_2t^2+\cdots+a_nt^n\right)^2 dt
\end{aligned}$$

où $d(1,H)$ désigne la distance de 1 à H.

2. (a) *Par définition du projeté orthogonal, le vecteur $1-Q$ est orthogonal à H donc à tous les vecteurs de sa base $(X,..,X^n)$ c'est-à-dire, pour tout $k\in\{1,..,n\}$, on a l'égalité :*

$$\langle 1-Q \mid X^k\rangle = 0 \Leftrightarrow \int_0^1 (1+a_1t+..a_nt^n)t^kdt = 0$$

$$\Leftrightarrow \int_0^1\left(t^k+\sum_{i=1}^n a_it^{i+k}\right)dt = 0 \Leftrightarrow \left[\frac{t^{k+1}}{k+1}+\sum_{i=1}^n\frac{a_it^{i+k}}{i+k+1}\right]_0^1 = 0$$

$$\Leftrightarrow \frac{1}{k+1}+\frac{a_1}{k+2}+..+\frac{a_n}{k+n+1} = 0 \Leftrightarrow F(k)=0.$$

(b) *En mettant au même dénominateur la fraction rationnelle F, on peut affirmer qu'il existe un polynôme Q tel que :*

$$\begin{aligned}
F(X) &= \frac{Q(X)}{(X+1)\cdots(X+n+1)} \text{ avec} \\
Q(X) &= \prod_{i=2}^{n+1}(X+i)+\sum_{i=1}^n a_i\prod_{j\in\{1,..,n+1\}\setminus\{i\}}(X+j).
\end{aligned}$$

Ainsi, le polynôme Q est de degré au plus n (comme somme de tels polynômes). Comme F s'annule sur $\{1,..,n\}$, il est en de même de Q. Le polynôme Q possède ainsi n racines distinctes $1,..,n$ et il est de degré au plus n donc il existe un réel a tel que :

$$\begin{aligned}
Q(X) &= a(X-1)\cdots(X-n) \Rightarrow \\
\frac{1}{X+1}+\sum_{i=1}^n\frac{a_i}{X+i+1} &= F(X) = \frac{a(X-1)\cdots(X-n)}{(X+1)\cdots(X+n+1)}.
\end{aligned}$$

En multipliant cette égalité par $X+1$ puis en faisant tendre X vers -1, on obtient l'égalité :

$$\begin{aligned}
1 &= a\frac{(-1)^n(n+1)!}{n!} \Leftrightarrow a = \frac{(-1)^n}{n+1} \Rightarrow \\
F(X) &= \frac{(-1)^n}{n+1}\times\frac{(X-1)\cdots(X-n)}{(X+1)\cdots(X+n+1)} \Rightarrow \\
F(0) &= \frac{(-1)^n}{n+1}\times\frac{(-1)^n n!}{(n+1)!} = \frac{(-1)^n}{n+1}\times\frac{(-1)^n}{n+1} = \frac{1}{(n+1)^2}.
\end{aligned}$$

3. *D'après la question précédente, on a l'égalité remarquable :*

$$(*) : \frac{1}{X+1} + \sum_{i=1}^{n} \frac{a_i}{X+i+1} = F(X) = \frac{(-1)^n}{n+1} \times \frac{(X-1)\cdots(X-n)}{(X+1)\cdots(X+n+1)}$$

Les vecteurs $1-Q$ *et* Q *sont orthogonaux (l'un appartient à* $H^{\perp}$ *et l'autre à* H*), on peut écrire :*

$$\begin{aligned}\Delta &= \|1-Q\|^2 = \langle 1-Q \mid 1-Q\rangle = \langle 1-Q \mid 1\rangle + \underbrace{\langle 1-Q \mid Q\rangle}_{=0} \\ &= \langle 1-Q \mid 1\rangle \underset{q1}{=} F(0) = \frac{1}{(n+1)^2}.\end{aligned}$$

Pour chaque $i \in \{1,..,n\}$, *en multipliant l'égalité* $(*)$ *par* $X+i+1$ *puis en faisant tendre* X *vers* $-(i+1)$, *on obtient l'égalité :*

$$\begin{aligned}a_i &= \frac{(-1)^n}{n+1} \times \frac{(-i-2)\cdots(-i-n-1)}{(-i)(-i+1)\cdots(-1)(1)(2)\cdots(n-i)} \\ &= \frac{(-1)^n}{n+1} \times \frac{(-1)^n (i+2)\cdots(i+n+1)}{(-1)^i\, i!\,(n-i)!} \\ &= \frac{(-1)^i}{n+1} \times \frac{(i+2)\cdots(i+n+1)}{i! \times (n-i)!}.\end{aligned}$$

Commentaires 75 *Exercice apparaissant assez régulièrement aux concours Mines-Ponts et Centrale-SupElec. Il est très riche sur les notions manipulées et propose une astuce très intéressante pour déterminer un projeté orthogonal et la distance associé. Les conditions géométriques d'orthogonalité sont encodées par la fraction rationnelle*

$$F(X) = \frac{1}{X+1} + \frac{a_1}{X+2} + \cdots + \frac{a_n}{X+n+1}$$

s'annulant en des points particuliers. La théorie des fractions rationnelles permet d'en déduire les coefficients $(a_i)_i$ *et donc le projeté. Cette astuce s'applique pour la minimisation de* $\int_0^{+\infty} (1+a_1t+\cdots+a_nt^n)^2 e^{-t}dt$. *Apparait alors un polynôme* P *encodant les conditions géométriques d'orthogonal avec* P *de la forme*

$$P = 1 + a_1X + a_2X(X+1) + \cdots + a_nX(X+1)\cdots(X+n).$$

L'interaction avec l'interrogateur sera cruciale pour faire le lien entre la fraction rationnelle et les conditions géométriques. Par contre, l'interrogateur attend du candidat la connaissance des conditions géométriques définissant le projeté et son lien avec la notion de distance (et non une formule utilisant des bases orthogonales, compliquées à calculer et ne faisant guère avancer le problème). La capacité à écrire une forme factorisée de $F(X)$ *(même sans savoir traiter les questions 1 et 2) sera valorisé, surtout si le candidat parvient à décomposer effectivement en éléments simples la fraction* F. *Les meilleurs candidats peuvent escompter finir l'exercice (avec quelques petites aides de l'interrogateur).*

Chapitre 4

Endomorphismes des espaces euclidiens

4.1 CCINP

Exercice 76 (CCINP) Soit $(E, \langle , \rangle)$ un espace vectoriel euclidien, et $(u_1, .., u_n)$ une base de E. Soit f l'application definie par : $\forall x \in E,\ f(x) = \sum_{k=1}^{n} \langle x \mid u_k \rangle u_k$.

1. Montrer que f est un endomorphisme de E, symetrique, bijectif et dont toutes les valeurs propres sont strictement positives.
2. Montrer qu'il existe un endomorphisme g de E tel que $g \circ g = f^{-1}$.
3. Montrer que $(g(u_1), ..., g(u_n))$ est une base de E.

Solution 76

1. *Il est immédiat que* $\forall x \in E,\ f(x) \in E$. *Pour tout* $(x, y) \in E^2$, *pour tout* $(\lambda, \mu) \in \mathbb{R}^2$,

$$\begin{aligned} f(\lambda x + \mu y) &= \sum_{i=1}^{n} \langle \lambda x + \mu y \mid u_i \rangle u_i = \sum_{i=1}^{n} (\lambda \langle x \mid u_i \rangle + \mu \langle y \mid u_i \rangle) u_i \\ &= \lambda \sum_{i=1}^{n} \langle x, u_i \rangle u_i + \mu \sum_{i=1}^{n} \langle y, u_i \rangle u_i = \lambda f(x) + \mu f(y) \end{aligned}$$

donc f *est bien un endomorphisme de* E. *Pour tout* $(x, y) \in E^2$, *on a :*

$$\begin{aligned} \langle f(x) \mid y \rangle &= \left\langle \sum_{i=1}^{n} \langle x, u_i \rangle u_i \mid y \right\rangle = \sum_{i=1}^{n} \langle x, u_i \rangle \langle u_i \mid y \rangle \\ \langle x \mid f(y) \rangle &= \left\langle x \mid \sum_{i=1}^{n} \langle y, u_i \rangle u_i \right\rangle = \sum_{i=1}^{n} \langle y \mid u_i \rangle \langle x, u_i \rangle = \langle f(x) \mid y \rangle, \end{aligned}$$

ce qui justifie que f *est symétrique. Soit* λ *une valeur propre de* f *et* x_0 *un vecteur propre associé (donc un vecteur non nul), on a les implications suivantes :*

$$\begin{aligned} f(x_0) &= \lambda x_0 \Rightarrow \langle f(x_0) \mid x_0\rangle = \lambda \langle x_0 \mid x_0\rangle \Leftrightarrow \sum_{i=1}^n \langle x_0, u_i\rangle \langle u_i \mid x_0\rangle = \lambda \|x_0\|^2 \\ &\Leftrightarrow \sum_{i=1}^n \langle x_0 \mid u_i\rangle^2 = \lambda \|x_0\|^2 \underset{\div \|x\|^2 \neq 0}{\Rightarrow} \lambda = \frac{1}{\|x_0\|^2} \sum_{i=1}^n \langle x_0 \mid u_i\rangle^2 \geqslant 0. \end{aligned}$$

Supposons que $\lambda = 0$ alors, d'après la formule précédente, on a :

$$\begin{aligned} \sum_{i=1}^n \underbrace{\langle x_0 \mid u_i\rangle^2}_{\geqslant 0} = 0 &\Rightarrow \forall i \in \{1, ..., n\}, \quad \langle x_0 \mid u_i\rangle^2 = 0 \\ &\Leftrightarrow \forall i \in \{1, ..., n\}, \quad \langle x_0 \mid u_i\rangle = 0 \\ &\Leftrightarrow x_0 \in (\mathrm{Vect}(u_1, ..., u_n))^{\perp} \underset{\textit{base de } E}{\overset{(u_i)_{1\leqslant i\leqslant n}}{=}} E^{\perp} = \{0\}, \end{aligned}$$

ce qui est absurde donc $\lambda > 0$.

2. *Puisque $0 \notin \mathrm{Sp}(f)$, on est assuré que $\ker(f) = E_0(f) = \{0\}$ donc f est un endomorphisme injectif en dimension finie d'où f est un isomorphisme. D'après le théorème spectral, il existe une base orthonormale $\mathcal{B}$ de E formée de vecteurs propres pour f c'est-à-dire que $D = Mat(f, \mathcal{B})$ est une matrice diagonale. On note*

$$\begin{aligned} D &= \mathrm{diag}(\lambda_1, ..., \lambda_n) \text{ avec } \forall i \in \{1, ..., n\}, \lambda_i > 0 \\ \text{et } \Delta &= \mathrm{diag}\left(\frac{1}{\sqrt{\lambda_1}}, ..., \frac{1}{\sqrt{\lambda_n}}\right) \text{ alors } \Delta^2 = D^{-1}. \end{aligned}$$

Soit g l'endomorphisme de E tel que $\Delta = Mat(g, \mathcal{B})$ alors $g^2 = f^{-1}$.

3. *Par construction, $\mathrm{Sp}(g) = \left\{\frac{1}{\sqrt{\lambda_i}}, \quad i \in \{1, ..., n\}\right\}$ donc $0 \notin \mathrm{Sp}(g)$, ce qui montrer que g est un isomorphisme. Puisque $(u_1, ..., u_n)$ est une base de E, on peut affirmer que $(g(u_1), ..., g(u_n))$ est une base de $g(E) = E$.*

Commentaires 76 *Exercice relativement classique et bien adapté à CCINP. La plus grande difficulté de cet exercice réside dans la résolution de la question 1. Si le caractère symétrique ne doit pas poser de problème au candidat, le caractère bijectif sera discriminant (il nécessite une bonne maitrise de l'orthogonalité des espaces euclidiens). La positivité des valeurs propres sera classique pour les candidats qui en ont déjà vu plusieurs*

Exercice 77 (CCINP) Soient E un espace euclidien muni du produit scalaire $\langle , \rangle$ et de sa norme associée $\|\|$. Soient $f \in \mathcal{L}(E)$ tel que $\forall x \in E$, $\|f(x)\| \leqslant \|x\|$, $\mathcal{B}$ une base de E et A la matrice de f dans la base $\mathcal{B}$. Soit $g \in \mathcal{L}(E)$ tel que ${}^tA = Mat(g, \mathcal{B})$.

1. (a) Démontrer que : $\forall (x, y) \in E^2$, $\langle f(x), y\rangle = \langle x, g(y)\rangle$.
   (b) En utilisant l'inégalité de Cauchy-Schwarz, montrer que : $\forall x \in E$, $\|g(x)\| \leqslant \|x\|$.
2. Soit $y \in E$.
   (a) Supposons que $f(y) = y$. Montrer que $\|g(y) - y\|^2 = \|g(y)\|^2 - \|y\|^2$.
   (b) En déduire que : $f(y) = y \Leftrightarrow g(y) = y$.

3. (a) Montrer que : $\ker(f) = (\operatorname{Im}(g))^{\perp}$.

(b) Prouver que : $E = \ker(f - \operatorname{Id}_E) \overset{\perp}{\oplus} \operatorname{Im}(f - \operatorname{Id}_E)$.

Solution 77

1. (a) Posons

$$X = Mat(x, \mathcal{B}),\ Y = Mat(y, \mathcal{B}),\ A = Mat(f, \mathcal{B}) \text{ et } {}^tA = Mat(g, \mathcal{B}),$$

alors, comme $\mathcal{B}$ est une base orthonormale de E, on a les égalités suivantes :

$$\langle f(x) \mid y\rangle = {}^t(AX)Y = {}^tX{}^tAY = {}^tX\left({}^tAY\right) = \langle x \mid g(y)\rangle.$$

(b) Soit $y \in E$. En choisissant $x = g(y)$ dans la question précédente, on obtient :

$$\|g(y)\|^2 = \langle g(y) \mid g(y)\rangle = \langle f(g(y)) \mid y\rangle \underset{Schwarz}{\overset{Cauchy-}{\leqslant}} \|f(g(y))\|\,\|y\| \leqslant \|g(y)\|\,\|y\|$$

Si $g(y) = 0_E$ alors

$$\|g(y)\| = 0 \leqslant \|y\|.$$

Si $g(y) \neq 0_E$ alors $\|g(y)\| > 0$ donc on peut diviser par $\|g(y)\|$ dans l'inégalité précédente, ce qui fournit l'inégalité demandée.

2. (a) Rappelons la règle de développement pour une norme euclidienne :

$$\forall (x, y) \in E^2, \quad \|x - y\|^2 = \|x\|^2 - 2\langle x \mid y\rangle + \|y\|^2$$

donc, pour tout $y \in E$, on a l'égalité :

$$\begin{aligned}\|g(y) - y\|^2 &= \|g(y)\|^2 - 2\langle g(y) \mid y\rangle + \|y\|^2 = \|g(y)\|^2 - 2\langle y \mid f(y)\rangle + \|y\|^2 \\ &= \|g(y)\|^2 - 2\langle y \mid y\rangle + \|y\|^2 = \|g(y)\|^2 - \|y\|^2.\end{aligned}$$

(b) ***Implication directe*** *: Supposons que $f(y) = y$ alors :*

$$\begin{aligned}0 &\leqslant \|g(y) - y\|^2 \underset{q2.a}{=} \|g(y)\|^2 - \|y\|^2 \leqslant 0 \ (\text{car } 0 \leqslant \|g(y)\| \leqslant \|y\|) \\ &\Rightarrow \|g(y) - y\|^2 = 0 \Rightarrow g(y) = y.\end{aligned}$$

Implication réciproque*. Supposons que $g(y) = y$. Comme $g \in \mathcal{L}(E)$, que*

$$\forall x \in E, \|g(x)\| \leqslant \|x\|$$

(cf. question 1.b) et que :

$$Mat(g, \mathcal{B}) = {}^tA \text{ et } Mat(f, \mathcal{B}) = A = {}^t(Mat(g, \mathcal{B})),$$

on peut appliquer l'implication directe, ce qui montre que $f(y) = y$.

3. (a) Soit $x \in \ker(f) \Leftrightarrow f(x) = 0_E$ alors :

$$\begin{aligned}\forall z &\in \operatorname{Im}(g), \exists y \in E, z = g(y) \Rightarrow \\ \langle x \mid z\rangle &= \langle x \mid g(y)\rangle = \langle f(x) \mid y\rangle = \langle 0 \mid y\rangle = 0\end{aligned}$$

donc $x \in (\operatorname{Im}(g))^{\perp}$, ce qui prouve l'inclusion $\ker(f) \subset (\operatorname{Im}(g))^{\perp}$.
Soit $x \in (\operatorname{Im}(g))^{\perp}$ alors on dispose des implications suivantes :

$$\forall y \in E, \langle x \mid g(y)\rangle = 0 \Leftrightarrow \langle f(x) \mid y\rangle = 0 \Rightarrow f(x) \in E^{\perp} = \{0_E\} \Leftrightarrow f(x) = 0_E,$$

ce qui prouve l'inclusion $(\operatorname{Im}(g))^{\perp} \subset \ker(f)$ d'où l'égalité $\ker(f) = (\operatorname{Im}(g))^{\perp}$.

(b) *Montrons que* $\ker(f-\mathrm{Id}_E)\subset(\mathrm{Im}(f-\mathrm{Id}_E))^{\perp}$. *Soit* $x\in\ker(f-\mathrm{Id}_E)$ *c'est-à-dire* $f(x)=x$ *donc, d'après la question 1.b, on a* $g(x)=x$. *On peut alors écrire :*

$$\begin{aligned}&\forall y\in\mathrm{Im}(f-\mathrm{Id}_E),\ \exists z\in E,\ y=f(z)-z\Rightarrow\\&\langle y\mid x\rangle=\langle f(z)-z\mid x\rangle=\langle f(z)\mid x\rangle-\langle z\mid x\rangle\\&\underset{q1/a}{=}\langle z\mid g(x)\rangle-\langle z\mid x\rangle=\langle z\mid x\rangle-\langle z\mid x\rangle=0,\end{aligned}$$

ce qui prouve l'inclusion $\ker(f-\mathrm{Id}_E)\subset(\mathrm{Im}(f-\mathrm{Id}_E))^{\perp}$. *En outre, d'après le théorème du rang et la dimension d'un orthogonal en dimension finie, on a les égalités suivantes :*

$$\dim\left((\mathrm{Im}(f-\mathrm{Id}_E))^{\perp}\right)=\dim(E)-\dim(\mathrm{Im}(f-\mathrm{Id}_E))=\dim(\ker(f-\mathrm{Id}_E)),$$

ce qui prouve l'égalité ensembliste :

$$\ker(f-\mathrm{Id}_E)=(\mathrm{Im}(f-\mathrm{Id}_E))^{\perp}.$$

Puisque E *est un espace vectoriel de dimension finie, on conclut grâce à la célèbre formule :*

$$E=\mathrm{Im}(f-\mathrm{Id}_E)\oplus(\mathrm{Im}(f-\mathrm{Id}_E))^{\perp}=\mathrm{Im}(f-\mathrm{Id}_E)\oplus\ker(f-\mathrm{Id}_E).$$

Commentaires 77 *Exercice original qui posera beaucoup de difficulté à de nombreux candidats de ce concours. Hormis la dernière question (3.b), les questions sont élémentaires mais elles demandent toutes une bonne maitrise des cours « espaces euclidiens » (MPSI) et « endomorphismes des espaces euclidiens » (MP). Cet exercice est un très bon exercice de révision pour l'oral concernant les notions fondamentales de ces chapitres (qui servent dans de nombreux sujets).*

Exercice 78 (CCINP) Soient $(E,\langle|\rangle)$ un espace euclidien de dimension $n\geqslant 3$ et a,b deux vecteurs de E, unitaires et linéairement indépendants. On considère l'application u définie sur E par :

$$\forall x\in E,u(x)=\langle x,a\rangle b+\langle x,b\rangle a$$

1. Montrer que u est un endomorphisme symétrique de E.
2. Déterminer $\ker(u)$
3. En déduire ses valeurs propres et ses vecteurs propres.
4. Déterminer les extrémums de la fonction $f:x\in E\backslash\{0\}\mapsto\dfrac{\langle x\mid a\rangle\langle x\mid b\rangle}{\|x\|^2}$.

Solution 78

1. *Pour tout* $x\in E$, $u(x)\in E$ *(comme combinaison linéaire de deux vecteurs de* E*). Pour tout* $(x,y)\in E^2$ *et tout* $(\lambda,\mu)\in\mathbb{R}^2$, *par bilinéarité du produit scalaire, on a :*

$$\begin{aligned}u(\lambda x+\mu y)&=\langle\lambda x+\mu y\mid a\rangle b+\langle\lambda x+\mu y\mid b\rangle a\\&=(\lambda\langle x\mid a\rangle+\mu\langle y\mid a\rangle)b+(\lambda\langle x\mid b\rangle+\mu\langle y\mid b\rangle)a\\&=\lambda(\langle x,a\rangle b+\langle x,b\rangle a)+\mu(\langle y,a\rangle b+\langle y,b\rangle a)\\&=\lambda u(x)+\mu u(y).\end{aligned}$$

Ainsi, u est un endomorphisme de E. En outre, par symétrie et bilinéarité du produit scalaire, pour tout $(x,y) \in E^2$, on a les équivalences suivantes :

$$\begin{aligned}\langle u(x) \mid y\rangle &= < \underbrace{\langle x,a\rangle}_{\in\mathbb{R}} a + \underbrace{\langle x,b\rangle}_{\in\mathbb{R}} b \mid y > \\ &= \langle x,a\rangle \langle a \mid y\rangle + \langle x,b\rangle \langle b \mid y\rangle \\ &= \langle x,a\rangle \underbrace{\langle y \mid a\rangle}_{\in\mathbb{R}} + \langle x,b\rangle \underbrace{\langle y \mid b\rangle}_{\in\mathbb{R}} \\ &= \langle x \mid a\langle y \mid a\rangle + b\langle y \mid b\rangle\rangle = \langle x \mid u(y)\rangle.\end{aligned}$$

Par conséquent, u est symétrique.

2. *Soit $x \in E$ alors, comme la famille (a,b) est libre, on a les équivalences suivantes :*

$$\begin{aligned}x &\in \ker(u) \Leftrightarrow u(x) = 0 \Leftrightarrow \langle x \mid a\rangle = 0 \text{ et } \langle x \mid b\rangle = 0 \\ &\Leftrightarrow x \in (\operatorname{Vect}(a,b))^\perp \Leftrightarrow \ker(u) = (\operatorname{Vect}(a,b))^\perp\end{aligned}$$

3. *D'après la question précédente, on a :*

$$\dim(E_0(u)) = \dim\left((\operatorname{Vect}(a,b))^\perp\right) = n - \dim(\operatorname{Vect}(a,b)) = n-2 \geqslant 1$$

(puisque la famille (a,b) est libre (d'après l'énoncé) et génératrice de $\operatorname{Vect}(a,b)$ *(par définition) donc c'est une base de* $\operatorname{Vect}(a,b)$*). Ainsi, 0 est valeur propre de u de multiplicité (géométrique) égale à $n-2$ et $F^\perp$ est l'espace propre associé à 0. Notons* $F = \operatorname{Vect}(a,b)$ *alors F est stable par u car :*

$$\begin{aligned}u(a) &= \langle a,a\rangle b + \langle a,b\rangle a = \langle a,b\rangle a + b \in F, \\ u(b) &= \langle b,a\rangle b + \langle b,b\rangle a = a + \langle a,b\rangle b \in F.\end{aligned}$$

Notons v la restriction de u à F alors sa matrice V dans la base (a,b) de F est :

$$V = \begin{array}{c} \begin{matrix} u(a) & u(b) \end{matrix} \\ \begin{pmatrix} \langle a,b\rangle & 1 \\ 1 & \langle a,b\rangle \end{pmatrix} \begin{matrix} a \\ b \end{matrix} \end{array}$$

(car a et b sont supposés unitaires c'est-à-dire de norme 1 par l'énoncé). Son polynôme caractéristique est :

$$\chi_V = \begin{vmatrix} X - \langle a,b\rangle & -1 \\ -1 & X - \langle a,b\rangle \end{vmatrix} = (X - \langle a,b\rangle)^2 - 1 = (X - \langle a,b\rangle - 1)(X - \langle a,b\rangle + 1).$$

Les valeurs propres de V (donc de $u_{|F}$) sont $\lambda_\pm = \langle a \mid b\rangle \pm 1$ qui ne peuvent pas être égales (sinon on obtient $-1 = 1$!). Déterminons une base de chaque espace propre.

$$\begin{aligned}X &= \begin{pmatrix} x \\ y \end{pmatrix} \in E_{\lambda_+}(V) \Leftrightarrow X \in \ker(V - \lambda_+ I_2) \\ &\Leftrightarrow X \in \ker\begin{pmatrix} 1 & -1 \\ -1 & 1 \end{pmatrix} = \operatorname{Vect}\left(\begin{pmatrix} 1 \\ 1 \end{pmatrix}\right)\end{aligned}$$

(puisque la somme des deux colonnes vaut 0). Comme $\begin{pmatrix} 1 \\ 1 \end{pmatrix}$ est vecteur propre de V, le vecteur $e_+ = 1a + 1b = a + b$ est un vecteur propre de $u_{|F}$ donc un vecteur propre de u.

De même, on a :

$$\begin{aligned} X &= \begin{pmatrix} x \\ y \end{pmatrix} \in E_{\lambda_-}(V) \Leftrightarrow X \in \ker(V - \lambda_- I_2) \\ &\Leftrightarrow X \in \ker\begin{pmatrix} -1 & 1 \\ -1 & -1 \end{pmatrix} = \text{Vect}\left(\begin{pmatrix} 1 \\ -1 \end{pmatrix}\right) \end{aligned}$$

(puisque la différence des deux colonnes vaut 0*). Comme* $\begin{pmatrix} 1 \\ -1 \end{pmatrix}$ *est vecteur propre de* V*, le vecteur* $e_- = 1a - 1b = a - b$ *est un vecteur propre de* $u_{|F}$ *donc un vecteur propre de* u*. Comme* $\dim(E_0(u)) = n - 2$*, on a les minorations suivantes :*

$$\begin{aligned} n &\geqslant \dim(E_0(u)) + \dim(E_{\lambda_+}(u)) + \dim(E_{\lambda_-}(u)) \geqslant (n-2) + 1 + 1 = n \\ &\Rightarrow \dim(E_0(u)) + \dim(E_{\lambda_+}(u)) + \dim(E_{\lambda_-}(u)) = n \\ &\Rightarrow \dim(E_{\lambda_+}(u)) = \dim(E_{\lambda_-}(u)) = 1. \end{aligned}$$

On en déduit les égalité suivantes :

$$\begin{aligned} \text{Sp}(u) &= \{0, 1 + \langle a \mid b \rangle, 1 - \langle a \mid b \rangle\}, \ E_0(u) = (\text{Vect}(a,b))^\perp, \\ E_{\langle a|b\rangle+1}(u) &= \text{Vect}(a+b), \ E_{\langle a|b\rangle-1}(u) = \text{Vect}(a-b). \end{aligned}$$

4. Commençons par remarquer, pour tout x *appartenant à* E*, que :*

$$\begin{aligned} \langle u(x) \mid x \rangle &= \langle \langle x \mid a \rangle b + \langle x \mid b \rangle a \mid x \rangle \underset{\text{linéaire}}{\overset{t \mapsto \langle t|s\rangle}{=}} \langle x \mid a \rangle \langle b \mid x \rangle + \langle x \mid b \rangle \langle a \mid x \rangle \\ &= 2 \langle x \mid a \rangle \langle x \mid b \rangle \end{aligned}$$

(par symétrie du produit scalaire). Comme u *est symétrique (question 1), il est diagonalisable dans une base orthonormée* $(\varepsilon_1, ..., \varepsilon_n)$*. Pour tout* $i \in \{1, ..., n\}$*, on note* λ_i *la valeur propre de* u *associée à* ε_i*. D'après les résultats obtenus à la question 2, on supposera que :*

$$\lambda_1 = \cdots = \lambda_{n-2} = 0, \quad \lambda_{n-1} = \lambda_- = \langle a \mid b \rangle - 1, \quad \lambda_n = \lambda_+ = \langle a \mid b \rangle + 1$$

(conformément aux résultats de la question précédente). D'après l'inégalité de Cauchy-Schwarz, on a la majoration :

$$|\langle a \mid b \rangle| \leqslant \|a\| \|b\| = 1 \times 1 \Rightarrow -1 \leqslant \langle a \mid b \rangle \leqslant 1$$

donc $\lambda_{n-1} \leqslant 0 \leqslant \lambda_n$*. Pour tout* $x \in E$*, il existe* $(x_1, ..., x_n) \in \mathbb{R}^n$ *tel que* $x = \sum_{i=1}^{n} x_i \varepsilon_i$*. Comme* $(\varepsilon_i)_{1 \leqslant i \leqslant n}$ *est une base orthonormale de* E*, on obtient les égalités suivantes :*

$$\begin{aligned} \|x\|^2 &= \sum_{i=1}^{n} (x_i)^2 \text{ et } \langle u(x) \mid x \rangle = \left\langle u\left(\sum_{i=1}^{n} x_i \varepsilon_i\right) \mid \sum_{j=1}^{n} x_j \varepsilon_j \right\rangle \\ &= \left\langle \sum_{i=1}^{n} x_i u(\varepsilon_i) \mid \sum_{j=1}^{n} x_j \varepsilon_j \right\rangle = \frac{1}{2} \left\langle \sum_{i=1}^{n} x_i \lambda_i \varepsilon_i \mid \sum_{j=1}^{n} x_j \varepsilon_j \right\rangle \\ &= \sum_{i=1}^{n} \sum_{j=1}^{n} \lambda_i x_i x_j \underbrace{\langle \varepsilon_i \mid \varepsilon_j \rangle}_{=1 \text{ si } i=j \text{ et } =0 \text{ sinon}} = \sum_{i=1}^{n} \lambda_i (x_i)^2 = \lambda_{n-1} (x_{n-1})^2 + \lambda_n (x_n)^2. \end{aligned}$$

Il est immédiat que :

$$\underbrace{\lambda_{n-1}(x_{n-1})^2}_{\leqslant 0} + \lambda_n (x_n)^2 \leqslant \lambda_n (x_n)^2 \underset{(x_i)^2 \geqslant 0\ \forall i}{\overset{\lambda_n \geqslant 0}{\leqslant}} \lambda_n \left((x_1)^2 + \cdots + (x_n)^2\right) = \lambda_n \|x\|^2 .$$

Lorsque $x \neq 0$*, en divisant par* $2\|x\|^2 > 0$*, on obtient :*

$$\forall x \in E \backslash \{0_E\},\ f(x) \leqslant \frac{\lambda_n}{2}.$$

D'autre part, on a la minoration

$$\lambda_{n-1}(x_{n-1})^2 + \underbrace{\lambda_n (x_n)^2}_{\geqslant 0} \geqslant \lambda_{n-1}(x_{n-1})^2$$

et comme

$$\begin{aligned} (x_{n-1})^2 &\leqslant (x_1)^2 + \cdots + (x_n)^2 \underset{\times \lambda_{n-1} \leqslant 0}{\Rightarrow} \\ \lambda_{n-1}\|x\|^2 &= \lambda_{n-1}\left((x_1)^2 + \cdots + (x_n)^2\right) \leqslant \lambda_{n-1}(x_{n-1})^2 , \end{aligned}$$

on en déduit la minoration :

$$\forall x \in E \backslash \{0_E\},\ f(x) \geqslant \frac{\lambda_{n-1}\|x\|^2}{2\|x\|^2} = \frac{\lambda_{n-1}}{2}.$$

C'esst-à-dire on vient de prouver l'encadrement suivant :

$$\forall x \in E \backslash \{0_E\},\ \frac{\lambda_{n-1}}{2} \leqslant f(x) \leqslant \frac{\lambda_n}{2}.$$

En outre, pour tout $i \in \{n-1, n\}$*, on a les égalités suivantes :*

$$f(\varepsilon_i) = \frac{1}{2} \times \frac{\langle u(\varepsilon_{i-}) \mid \varepsilon_i \rangle}{\|\varepsilon_i\|^2} = \frac{1}{2}\langle \lambda_i \varepsilon_i \mid \varepsilon_i \rangle = \frac{\lambda_i}{2}\langle \varepsilon_i \mid \varepsilon_i \rangle = \frac{\lambda_i}{2}\|\varepsilon_i\|^2 = \frac{\lambda_i}{2}$$

donc $f(\varepsilon_{n-1}) = \lambda_{n-1}$ *et* $f(\varepsilon_n) = \lambda_n$*. Par conséquent, on peut affirmer que :*

$$\min_{E \backslash \{0\}} f = \lambda_{n-1} \text{ et } \max_{E \backslash \{0\}} f = \lambda_n .$$

Commentaires 78 *Exercice classique et très discriminant. La première question ne doit pas poser de difficulté aux candidats.*
La seconde sera discriminante car elle nécessite du candidat une maitrise suffisante de la notion d'orthogonalité dans les espaces euclidiens (notamment comment traduire que x *est orthogonal à* a *et à* b *?).*
Pour la troisième question, l'examinateur appréciera que le candidat fasse remarquer que 0 *est valeur propre car le noyau de* u *est non nul (grand classique de tous les oraux qu'il faut absolument connaitre). La détermination des valeurs propres non nulles sera sélective et nécessitera certainement l'aide de l'interrogateur. Il sera alors attendu du candidat qu'il sache construire seul la matrice de* $u_{|\mathrm{Vect}(a,b)}$ *(à la demande de l'interrogateur) et il sera fortement valoriser que le candidat songe à déterminer seul ses valeurs propres et vecteurs propres. Le piège habituel sera de faire le lien entre les vecteurs propres de la matrice et ceux de l'endomorphisme.*
Pour la quatrième question, l'interrogateur donnera l'astuce : considérer $\langle f(x) \mid x \rangle$*. Il est*

très classique (et très sélectif pour ce concours) l'expression de $\langle f(x) \mid x\rangle$ en somme de carrées via le théorème spectral. Ce type de raisonnement intervient régulièrement à l'écrit et à l'oral des divers concours.

Exercice 79 (CCINP) Soient E un espace euclidien de dimension n et $w \in E\backslash\{0\}$. On pose
$H = (\mathbb{R}u)^{\perp}$. Soient s la réflexion (i.e. la symétrie orthogonale) par rapport à H et $f \in \mathcal{O}(E)$.

1. Montrer que $f \circ s \circ f^{-1}$ est une symétrie et déterminer ses espaces caractéristiques.
2. Montrer que f et s commutent si, et seulement si, u est vecteur propre de f.
3. En déduire l'ensemble $\mathcal{C} = \{f \in \mathcal{O}(E) \quad / \quad \forall g \in \mathcal{O}(E), g \circ f = f \circ g\}$.

Solution 79

1. *On note $s' = f \circ s \circ f^{-1}$. Comme s est une symétrie, on a les implications suivantes :*

$$\begin{aligned} s^2 &= \mathrm{Id}_E \Rightarrow (s')^2 = f \circ s \circ \underbrace{f^{-1} \circ f}_{=\mathrm{Id}_E} \circ s \circ f^{-1} = f \circ s^2 \circ f^{-1} \\ &= f \circ \mathrm{Id}_E \circ f^{-1} = f \circ f^{-1} = \mathrm{Id}_E \end{aligned}$$

donc s' est une symétrie. Puisque s est la symétrie par rapport à $\ker(s - \mathrm{Id}_E) = H$ parallèlement à $\ker(s + \mathrm{Id}_E) = H^{\perp}$ (car c'est une symétrie orthogonale), déterminons les deux espaces caractéristiques de s'.

$$\begin{aligned} x &\in \ker(s' - \mathrm{Id}_E) \Leftrightarrow s'(x) = x \Leftrightarrow f\left(s\left(f^{-1}(x)\right)\right) = x \underset{\text{à gauche}}{\overset{\circ f^{-1}}{\Leftrightarrow}} s\left(f^{-1}(x)\right) = f^{-1}(x) \\ &\Leftrightarrow f^{-1}(x) \in \ker(s - \mathrm{Id}_E) = H \Leftrightarrow x \in f(H) \Rightarrow \ker(s' - \mathrm{Id}_E) = f(H). \end{aligned}$$

Par le même raisonnement, on a l'égalité ensembliste :

$$\ker(s' + \mathrm{Id}_E) = f(\ker(s' + \mathrm{Id}_E)) = f\left(H^{\perp}\right).$$

En outre, on a l'égalité :

$$f\left(H^{\perp}\right) = f(\mathrm{Vect}(u)) = \mathrm{Vect}(f(u))$$

et comme f est une isométrie (c'est-à-dire un endomorphisme orthogonal), elle conserve l'orthogonalité donc :

$$f(H) = f\left(\left(H^{\perp}\right)^{\perp}\right) = \left(f\left(H^{\perp}\right)\right)^{\perp} = (\mathrm{Vect}(f(u)))^{\perp}.$$

Autrement dit, s' est la réflexion par rapport à $H' = (\mathrm{Vect}(f(u)))^{\perp}$.

2. ***Implication directe.** Supposons que f et s commutent alors, chaque espace propre de s est stable par f. Comme*

$$u \in H^{\perp} = \ker(s + \mathrm{Id}_E) = E_{-1}(s)$$

(puisque s est la symétrie orthogonale par rapport à H), on peut affirmer l'équivalence suivante :

$$f(u) \in E_{-1}(u) = \text{Vect}(u) \Leftrightarrow \exists k \in \mathbb{R},\ f(u) = ku$$

c'est-à-dire que u est un vecteur propre de f (car u est un vecteur non nul).

Implication réciproque. *Supposons que u soit un vecteur propre de f alors* $\text{Vect}(u) = H^{\perp}$ *est stable par f (puisqu'il existe* $k \in \mathbb{R}$ *tel que* $f(u) = ku \in \text{Vect}(u)$*). Comme f est orthogonal, cela entraine que* $(H^{\perp})^{\perp} = H$ *est stable par f. Comme* $E = H \oplus H^{\perp}$*, pour tout* $x \in E$*, il existe un unique couple* $(x_H, x_{H^{\perp}}) \in H \times H^{\perp}$ *tel que* $x = x_H + x_{H^{\perp}}$*. On peut alors écrire :*

$$(f \circ s)(x) = f(s(x)) = f(x_H - x_{H^{\perp}}) = f(x_H) - f(x_{H^{\perp}}).$$

Comme $x_H \in H$*, on a* $f(x_H) \in H$ *et* $x_{H^{\perp}} \in H^{\perp}$*,* $f(x_{H^{\perp}}) \in H^{\perp}$ *(par stabilité de H et* $H^{\perp}$ *par f) donc*

$$\begin{aligned} s(f(x_H)) &= f(x_H) \text{ et } s(f(x_{H^{\perp}})) = -f(x_{H^{\perp}}) \text{ d'où} \\ f(x_H) - f(x_{H^{\perp}}) &= s(f(x_H)) + s(f(x_{H^{\perp}})) = s(f(x_H) + f(x_{H^{\perp}})) \\ &= s(f(x_H + x_{H^{\perp}})) = s(f(x)) = (s \circ f)(x). \end{aligned}$$

Autrement dit, on a établi l'égalité $(f \circ s)(x) = (s \circ f)(x)$ *valable pour tout* $x \in E$ *c'est-à-dire que* $f \circ s = s \circ f$*.*

3. *Soit* $f \in \mathcal{C}$*. Pour tout* $u \in E \setminus \{0\}$*, on note s la réflexion par rapport à* $H = (\text{Vect}(u))^{\perp}$ *qui est une isométrie (puisqu'il s'agit d'une symétrie orthogonale) de E. Elle commute avec f donc, d'après la question précédente, f (u) est un vecteur propre de u c'est-à-dire qu'il existe un réel* k_u *tel que* $f(u) = ku$*. Comme f est une isométrie, on a :*

$$\|f(u)\| = \|u\| \Leftrightarrow \|ku\| = \|u\| \Leftrightarrow |k|\,\|u\| = \|u\| \underset{\div\|u\|\neq 0}{\Leftrightarrow} |k| = 1$$

donc, pour tout $u \in E\setminus\{0\}$*, il existe* $k_u \in \{-1, 1\}$ *tel que* $f(u) = k_u u$*. On considère une base orthonormée* $(\varepsilon_1, ..., \varepsilon_n)$ *de E. Pour chaque* $i \in \{1, ..., n\}$*, il existe* $k_i \in \{-1, 1\}$ *tel que* $f(\varepsilon_i) = k_i \varepsilon_i$*. Pour tout* $i \neq 1$*, le vecteur* $\varepsilon_i + \varepsilon_1$ *est non nul donc il existe* $\alpha_i \in \{-1, 1\}$ *tel que*

$$f(\varepsilon_i + \varepsilon_1) = \alpha_i(\varepsilon_i + \varepsilon_1) \underset{f \text{ linéaire}}{\Leftrightarrow} f(\varepsilon_i) + f(\varepsilon_1) = \alpha_i \varepsilon_i + \alpha_i \varepsilon_1$$

$$\Leftrightarrow k_i \varepsilon_i + k_1 \varepsilon_1 = \alpha_i \varepsilon_i + \alpha_i \varepsilon_1 \overset{(\varepsilon_i, \varepsilon_1)}{\underset{\text{libre}}{\Leftrightarrow}} \begin{cases} k_i = \alpha_i \\ k_1 = \alpha_i \end{cases} \Rightarrow k_i = k_1.$$

En particulier, pour tout $i \in \{1, ..., n\}$*, on a* $k_i = k_1$ *donc* $f(\varepsilon_i) = k_1 \varepsilon_i$*. Ainsi, les endomorphismes f et* $k_1 \text{Id}_E$ *coïncide sur la base* $(\varepsilon_1, ..., \varepsilon_n)$ *donc* $f = k_1 \text{Id}_E$*.*
Réciproquement, si $f = k\,\text{Id}_E$ *avec* $k \in \{-1, 1\}$ *alors* $f \in \mathcal{O}(E)$ *(car, pour tout* $x \in E$*,* $\|f(x)\| = |k|\,\|x\| = \|x\|$*) et f commute avec tout endomorphisme de E donc avec tout* $g \in \mathcal{O}(E)$*, ce qui prouve l'appartenance* $f \in \mathcal{C}$*.*
Par conséquent, on a démontré l'égalité ensembliste $\mathcal{C} = \{\pm \text{Id}_E\}$*.*

Commentaires 79 *Exercice original et sélectif pour CCINP, les questions 1 et 3 sont des classiques du concours Mines-Ponts.*
La première question posera difficulté à de nombreux candidats car elle nécessite une bonne connaissance de la notion de symétrie et des manipulations ensemblistes (sans compter l'orthogonalité et les isométries des espaces euclidiens)..Remarques similaires pour les deux autres questions.
Il s'agit typiquement du sujet d'oral où une faible maitrise du cours est irratrapable donc n'hésitez pas à consolider votre connaissance du cours concernant tous les grands chapitres du programme.

Ce sujet est à aborder uniquement lorsque les grandes notions d'algèbre ont déjà été travaillées.

4.2 Mines-Telecom

Exercice 80 (CCINP, Mines-Telecom) Soit $A \in \mathfrak{M}_n(\mathbb{R})$ telle que $A^tAA = I_n$.

1. Montrer que A est inversible.
2. Montrer que A est symétrique.
3. Montrer que $A = I_n$.
4. Soient $B, C \in \mathrm{GL}_n(\mathbb{R})$ tels que ${}^t(BC) = C^{-1}B^{-1}C^{-1}B^{-1}$. Montrer que $B = C^{-1}$.

Solution 80

1. *On note $B = A^tA \in \mathfrak{M}_n(\mathbb{R})$ alors $BA = I_n$ donc la matrice A est inversible d'inverse B (en particulier, $A = B^{-1}$).*
2. *Avec la notation de la question précédente, on remarque que la matrice B est symétrique car ${}^tB = {}^t({}^tA)^t A = A^tA = B$. En transposant l'égalité $BA = I_n$, on obtient :*

$$I_n = {}^tA^tB = {}^tAB \Rightarrow B^{-1} = {}^tA.$$

Or, on a établi précédemment que $B^{-1} = A$ donc ${}^tA = A$ c'est-à-dire que A est une matrice symétrique.

3. *D'après la question précédente, on obtient l'équivalence suivante :*

$$A^tAA = I_n \Leftrightarrow AAA = I_n \Leftrightarrow A^3 = I_n.$$

Or, la matrice A est symétrique à coefficients réels donc, d'après le théorème spectral, elle est diagonalisable en base orthonormale. Ainsi, il existe une matrice orthogonale à coefficients réels P et une matrice diagonale à coefficients réels $D = \mathrm{diag}(\lambda_1, ..., \lambda_n)$ telle que $A = PDP^{-1}$. On en déduit les équivalences suivantes :

$$\begin{aligned} A^3 = I_n &\Leftrightarrow PD^3P^{-1} = I_n \Leftrightarrow D^3 = P^{-1}I_nP = I_n \\ &\Leftrightarrow \mathrm{diag}\left(\lambda_1^3, ..., \lambda_n^3\right) = \mathrm{diag}(1, ..., 1) \Leftrightarrow \forall i \in \{1, ..., n\},\ \lambda_i^3 = 1 \\ &\underset{(*)}{\Leftrightarrow} \forall i \in \{1, ..., n\},\ \lambda_i = 1 \Rightarrow D = I_n \Rightarrow A = PDP^{-1} = I_n. \end{aligned}$$

$(*)$ car la fonction $x \mapsto x^3$ est bijective de $\mathbb{R}$ sur $\mathbb{R}$).

4. *En multipliant l'égalité proposée par BC (à gauche et à droite), on obtient l'égalité :*

$$BC\,{}^t(BC)\,BC = BCC^{-1}B^{-1}C^{-1}B^{1}BC = I_n.$$

D'après la question précédente, on obtient $BC = I_n$ donc $B = C^{-1}$.

Commentaires 80 *Exercice assez simple, bien guidé qui ne doit pas poser de difficulté particulière aux candidats ayant une maitrise convenable de leur cours (sauf pour la dernière question nécessitant un peu de réflexion). La version Mines-Telecom se résume à la question 3 (la version originelle des Mines-Ponts demandait simplement la résolution de l'équation).*

Exercice 81 (Mines-Telecom) Soit $A \in \mathcal{S}_n(\mathbb{R})$ telle que $A^{2014} = A^{2016}$.

1. Montrer que $\sum_{1 \leqslant i,j \leqslant n} a_{i,j}^2 = \mathrm{rg}\,(A)$.
2. Ce résultat demeure-t-il vrai si A est seulement diagonalisable sur $\mathbb{R}$?

Solution 81

1. *Le polynôme*

$$Q = X^{2016} - X^{2014} = X^{2014}\left(X^2 - 1\right) = X^{2014}\,(X-1)\,(X+1)$$

annule A, *ce qui prouve l'inclusion :*

$$\mathrm{Sp}\,(A) \subset \{racines\ de\ P\} = \{0, 1, -1\}.$$

La matrice A *est symétrique à coefficients réels donc, d'après le théorème spectral, il existe* $P \in \mathcal{O}_n\,(\mathbb{R})$ *telle que :*

$$P^{-1}AP = \underbrace{\mathrm{diag}\,(0_p, I_q, -I_r)}_{=D} \text{ avec } p, q, r \in \mathbb{N}$$

(éventuellement nuls). Il est immédiat que :

$$\mathrm{rg}\,(A) = \mathrm{rg}\left(P^{-1}AP\right) = \mathrm{rg}\,(\mathrm{diag}\,(0_p, I_q, -I_r)) = q + r.$$

En effet, le rang d'une matrice diagonale est le nombre de ses coefficients diagonaux non nuls (puisque ses colonnes non nulles sont échelonnées). Rappelons nous alors que le produit scalaire canonique sur $\mathfrak{M}_n\,(\mathbb{R})$ *est défini par :*

$$\forall\,(M, N) \in (\mathfrak{M}_n\,(\mathbb{R}))^2,\ \langle M \mid N\rangle = \mathrm{Tr}\left({}^tMN\right) = \sum_{1 \leqslant i,j \leqslant n} m_{i,j} n_{i,j}.$$

On peut alors écrire :

$$\begin{aligned}
\sum_{1 \leqslant i,j \leqslant n} a_{i,j}^2 &= \mathrm{Tr}\left({}^tAA\right) = \mathrm{Tr}\,(AA) = \mathrm{Tr}\left(A^2\right) = \mathrm{Tr}\left(\left(PDP^{-1}\right)^2\right) \\
&= \mathrm{Tr}\left(PD^2P^{-1}\right) = \mathrm{Tr}\left(D^2\right) = \mathrm{Tr}\left(\mathrm{diag}\,(0_p, I_q, -I_r)^2\right) \\
&= \mathrm{Tr}\left(\mathrm{diag}\left((0_p)^2, (I_q)^2, (-I_r)^2\right)\right) = \mathrm{Tr}\,(\mathrm{diag}\,(0_p, I_q, I_r)) \\
&= p + q = \mathrm{rg}\,(A)
\end{aligned}$$

2. *Le résultat est faux si* A *est seulement diagonalisable. Par exemple, la matrice* $A = \begin{pmatrix} 1 & 2 \\ 0 & -1 \end{pmatrix}$ *est diagonalisable car son polynôme caractéristique :*

$$\chi_A\,(X) = \begin{vmatrix} X-1 & -2 \\ 0 & X+1 \end{vmatrix} = (X-1)\,(X+1) = X^2 - 1$$

est scindé à racines simples. D'après le théorème de Cayley-Hamilton, on a :

$$\chi_A\,(A) = 0 \Leftrightarrow A^2 = I_2 \Rightarrow A^{2016} = A^2A^{2014} = A^{2014}.$$

Le rang de A *vaut* 2 *(car elle est inversible puisque* $\det\,(A) = -1 \neq 0$ *et de taille* 2) *et*

$$\sum_{1 \leqslant i,j \leqslant 2} a_{i,j}^2 = 1^2 + 2^2 + 0^2 + (-1)^2 = 6 \neq \mathrm{rg}\,(A).$$

Commentaires 81 *Exercice original où l'essentiel de la difficulté se résume à la question 1. Cette dernière requiert du candidat une bonne maitrise du chapitre de réduction (générale et des matrices symétriques). Il est attendu du candidat qu'il songe à la notion de polynômes annulateurs et au théorème spectral. La remarque cruciale* $\sum_{1\leqslant i,j\leqslant n} a_{i,j}^2 = \mathrm{Tr}\left({}^tAA\right)$ *sera le fait des candidats ayant des connaissances solides ou d'une aide de l'interrogateur (exprimer* $\mathrm{Tr}\left({}^tAA\right)$ *en fonction des coefficients de* A*).*
La seconde question nécessite une petite initiative du candidat (rechercher à la main un contre-exemple, prendre une petite taille et une matrice non diagonale mais diagonalisable).
Il s'agit typiquement du sujet où l'on attend que le candidat réfléchisse posément, qu'il explique sa stratégie (même partielle, par exemple : théorème spectral, etc), qu'il mène seul quelques étapes significatives du raisonnement, qu'il soit apte à rebondir sur une aide de l'interrogateur (par exemple, exprimer $\mathrm{Tr}\left({}^tAA\right)$ *en fonction des coefficients de* A*).*

Exercice 82 (Mines-Telecom) Soient $A, B \in \mathfrak{M}_n(\mathbb{R})$ avec A antisymétrique et B symétrique telles que $AB = BA$. On note $\|\|$ la norme euclidienne canonique sur $\mathfrak{M}_{n,1}(\mathbb{R})$.

1. Soit $X \in \mathfrak{M}_{n,1}(\mathbb{R})$, montrez que ${}^t(AX)(BX) = 0$ puis que
$$\|(A+B)X\| = \|(A-B)X\|.$$
On suppose désormais B inversible.
2. Montrez que $A+B$ et $A-B$ sont inversibles.
3. Montrez ensuite que $(A+B)(A-B)^{-1}$ est orthogonale.

Solution 82

1. Rappelons que
$$\langle X \mid Y\rangle = {}^tXY$$
est le produit scalaire canonique sur $\mathfrak{M}_{n,1}(\mathbb{R})$ *(où* X *et* Y *appartiennent à* $\mathfrak{M}_{n,1}(\mathbb{R})$*). Soient* X *et* Y *appartenant à* $\mathfrak{M}_{n,1}(\mathbb{R})$ *alors* AX *et* AY *appartiennent à* $\mathfrak{M}_{n,1}(\mathbb{R})$*. Par symétrie du produit scalaire, on a :*
$$(1) : {}^t(AX)(BX) = \langle AX \mid BX\rangle = \langle BX \mid AX\rangle = {}^t(BX)(AX).$$
Puisque
$${}^t(UV) = {}^tV\,{}^tU$$
si U *et* V *sont deux matrices (telles que le produit* UV *existe), que* A *est antisymétrique et que* B *est symétrique, on a :*
$$\begin{aligned}(2) \quad &: \quad {}^t(AX)(BX) = {}^tX{}^tABX = {}^tX(-AB)X = -{}^tXABX\\(3) \quad &: \quad {}^t(BX)(AX) = {}^tX{}^tBAX = {}^tXBAX = {}^tXBAX = {}^tXABX\end{aligned}$$
(car $AB = BA$*). En combinant* (1), (2) *et* (3), *on obtient l'égalité :*
$$\begin{aligned}-{}^tXABX &= {}^tXABX \Leftrightarrow 2\,{}^tXABX = 0 \Leftrightarrow {}^tXABX = 0\\&\Rightarrow {}^t(AX)(BX) = 0 \Leftrightarrow \langle AX \mid BX\rangle = 0.\end{aligned}$$

Comme la norme $\|\|$ *est définie par :*

$$\forall X \in \mathfrak{M}_{n,1}(\mathbb{R}),\ \|X\| = \sqrt{{}^tXX},$$

les formules de développements des normes euclidiennes montrent que, pour tout $X \in \mathfrak{M}_{n,1}(\mathbb{R})$, *les égalités suivantes :*

$$\begin{aligned} \|(A+B)X\|^2 &= \|AX+BX\|^2 = \|AX\|^2 + 2\underbrace{\langle AX \mid BX\rangle}_{=0} + \|BX\|^2 \\ &= \|AX\|^2 - 2\underbrace{\langle AX \mid BX\rangle}_{=0} + \|BX\|^2 = \|AX-BX\|^2. \end{aligned}$$

On conclut en composant par la racine carrée et en utilisant le fait que toute norme est positive.

2. *Soit* $X \in \ker(A+B)$ *alors :*

$$(A+B)X = 0 \Leftrightarrow AX = -BX \Rightarrow \langle AX \mid BX\rangle = -\langle BX \mid BX\rangle.$$

D'après la question précédente, on a $\langle AX \mid BX\rangle = 0$ *donc :*

$$0 = -\langle BX \mid BX\rangle \Leftrightarrow \|BX\|^2 = 0 \Leftrightarrow BX = 0 \Rightarrow X = 0_{n,1}$$

(car B *est inversible). Par conséquent,* $\ker(A+B) = \{0_{n,1}\}$ *et comme* $A+B$ *est une matrice carrée, on peut affirmer que* $A+B$ *est inversible. Il en est de même de* $A-B$ *(il suffit de remplacer* B *par* $-B$*, ce qui ne change pas les hypothèses).*

3. *Soit* $X \in \mathfrak{M}_{n,1}(\mathbb{R})$. *Comme* $A-B$ *est inversible, on pose :*

$$Y = (A-B)^{-1}X \Rightarrow X = (A-B)Y.$$

En utilisant la question 1, on a :

$$\|(A+B)Y\| = \|(A-B)Y\| \Leftrightarrow \left\|(A+B)(A-B)^{-1}X\right\| = \|X\|$$

donc $(A+B)(A-B)^{-1}$ *est une matrice orthogonale (car elle conserve la norme).*

Commentaires 82 *Il s'agit d'un exercice classique des concours Mines-Ponts et Centrale-SupElec (où seule la question 3 subsiste, en ajoutant l'existence de l'inverse, lorque* $A = I_n$*). L'exercice est bien découpé pour être discriminant et accessible pour les candidats Mines-Telecom. Il ne demande pas d'imagination particulière mais une connaissance solide du cours (espaces euclidiens et leurs isométries). C'est un bon sujet de révision.*

Exercice 83 (Mines-Telecom) Soit $A \in \mathfrak{M}_n(\mathbb{R})$ et posons :

$$S = \frac{1}{2}\left(A + {}^tA\right).$$

Notons α et β respectivement la plus petite et la plus grande valeur propre de S.
Soit λ une valeur propre réelle de A. Montrer que :

$$\alpha \leqslant \lambda \leqslant \beta.$$

Solution 83 *Considérons le produit scalaire* $\langle | \rangle$ *canonique sur* $\mathfrak{M}_{n,1}(\mathbb{R})$ *défini par :*

$$\forall (X,Y) \in (\mathfrak{M}_{n,1}(\mathbb{R}))^2, \ \langle X \mid Y \rangle = {}^tXY.$$

Pour tout vecteur $X \in \mathfrak{M}_{n,1}(\mathbb{R})$, *on a les égalités suivantes :*

$$\begin{aligned} 2\langle X \mid SX \rangle &= \langle X \mid AX + {}^tAX \rangle = \langle X \mid AX \rangle + \langle X \mid {}^tAX \rangle \\ &= \langle X \mid AX \rangle + \langle {}^tAX \mid X \rangle = {}^tXAX + {}^t({}^tAX)X \\ &= {}^tXAX + {}^tXAX = 2\,{}^tXAX = 2\langle X \mid AX \rangle, \end{aligned}$$

ce qui nous assure que :

$$\forall X \in \mathfrak{M}_{n,1}(\mathbb{R}), \ \langle X \mid SX \rangle = \langle X \mid AX \rangle.$$

Puisque l'on a :

$${}^tS = \frac{1}{2}\left({}^tA + {}^t({}^tA)\right) = \frac{1}{2}\left({}^tA + A\right) = S,$$

on peut affirmer que $S \in \mathcal{S}_n(\mathbb{R})$. *D'après le théorème spectral, il existe* $P \in \mathcal{O}_n(\mathbb{R})$ *et* $\lambda_1, ..., \lambda_n \in \mathrm{Sp}(A)$ *tels que :*

$$A = P\,\mathrm{diag}(\lambda_1, ..., \lambda_n)\,P^{-1}.$$

Soit $X \in \mathfrak{M}_{n,1}(\mathbb{R})$. *En posant* $Y = P^{-1}X \Leftrightarrow X = PY$, *on a :*

$$\begin{aligned} {}^tXAX &= {}^tXP\,\mathrm{diag}(\lambda_1, ..., \lambda_n)\,P^{-1}X = {}^t(PY)\,P\,\mathrm{diag}(\lambda_1, ..., \lambda_n)\,Y \\ &= Y \underbrace{{}^tPP}_{=I_n \ car \ P\in\mathcal{O}_n(\mathbb{R})} \mathrm{diag}(\lambda_1, ..., \lambda_n)\,Y = {}^tY\,\mathrm{diag}(\lambda_1, ..., \lambda_n)\,Y. \end{aligned}$$

Puisque $Y \in \mathfrak{M}_{n,1}(\mathbb{R})$, *il existe des réels* $y_1, ..., y_n$ *tels que* $Y = \begin{pmatrix} y_1 \\ \vdots \\ y_n \end{pmatrix}$. *Par calcul matriciel, on obtient :*

$$\mathrm{diag}(\lambda_1, ..., \lambda_n)\,Y = \begin{pmatrix} \lambda_1 y_1 \\ \vdots \\ \lambda_n y_n \end{pmatrix} \Rightarrow {}^tXAX = {}^tY\,\mathrm{diag}(\lambda_1, ..., \lambda_n)\,Y = \sum_{i=1}^{n} \lambda_i (y_i)^2.$$

On en déduit les encadrements suivants :

$$\begin{aligned} \forall i &\in \{1, ..., n\}, \ \alpha \leqslant \lambda_i \leqslant \beta \underset{\times (y_i)^2 \geqslant 0}{\Rightarrow} \alpha (y_i)^2 \leqslant \lambda_i (y_i)^2 \leqslant \beta (y_i)^2 \\ &\Rightarrow \sum_{i=1}^{n} \alpha (y_i)^2 \leqslant \sum_{i=1}^{n} \lambda_i (y_i)^2 \leqslant \sum_{i=1}^{n} \beta (y_i)^2 \\ &\Leftrightarrow \alpha\,{}^tYY = \alpha \sum_{i=1}^{n} (y_i)^2 \leqslant {}^tXAX \leqslant \beta \sum_{i=1}^{n} (y_i)^2 = \beta\,{}^tYY. \end{aligned}$$

Comme ${}^tP = P^{-1}$ *(car* $P \in \mathcal{O}_n(\mathbb{R})$*), on peut alors remarquer que :*

$$\|Y\|^2 = {}^tYY = {}^t\left(P^{-1}X\right)P^{-1}X = {}^t\left({}^tPX\right)P^{-1}X = {}^tXPP^{-1}X = {}^tXX = \|X\|^2.$$

Par conséquent, on a démontré l'encadrement suivant :

$$\forall X \in \mathfrak{M}_{n,1}(\mathbb{R}),\ \alpha \|X\|^2 \leqslant \langle X \mid AX\rangle \leqslant \beta \|X\|^2.$$

Soient λ *une valeur propre de* A *et* $X_\lambda \in \mathfrak{M}_{n,1}(\mathbb{R}) \setminus \{0_{n,1}\}$ *un vecteur propre de* A *associé à la valeur propre* λ *alors on a les égalités suivantes :*

$$AX_\lambda = \lambda X_\lambda \Rightarrow \langle X_\lambda \mid AX_\lambda\rangle = \langle X_\lambda \mid \lambda X_\lambda\rangle = \lambda \langle X_\lambda \mid X_\lambda\rangle = \lambda \|X_\lambda\|^2.$$

D'après l'encadrement précédent, on obtient l'encadrement :

$$\alpha \|X_\lambda\|^2 \leqslant \langle X_\lambda \mid AX_\lambda\rangle \leqslant \beta \|X_\lambda\|^2 \Leftrightarrow \alpha \|X_\lambda\|^2 \leqslant \lambda \|X_\lambda\|^2 \leqslant \beta \|X_\lambda\|^{2\cdot}.$$

En divisant par $\|X_\lambda\|^2 > 0$ *(car* $X_\lambda \neq 0_{n,1}$*), on obtient l'encadrement demandée.*

Commentaires 83 *Le paradigme pour minorer ou majorer les valeurs propres d'une matrice symétrique* U *est d'étudier l'expression* $\langle UX \mid X\rangle$ *(*X *matrice colonne) puis d'évaluer cette inégalité en un vecteur propre. Il est probable que, pour l'immense majorité des candidats, l'interrogateur demande au candidat d'étudier* $\langle X \mid SX\rangle$. *Deux idées seront valorisées ; le candidat ramenant cette expression à* $\langle X \mid AX\rangle$ *et, surtout, celle d'exprimer* $\langle X \mid SX\rangle$ *en somme de carrés (démarche très classique et à connaitre). Cette dernière expression fournissant quasiment à elle-seule la réponse. Ce qui compte dans cet exercice est la démarche suivie et non pas le résultat en lui-même.*

Exercice 84 (Mines-Telecom) Sur $\mathbb{R}^n$, muni du produit scalaire défini par

$$\langle (x_1, ..., x_n) \mid (y_1, ..., y_n)\rangle = \sum_{i=1}^{n} x_i y_i.$$

Soit $A \in \mathfrak{M}_n(\mathbb{R})$.

1. Montrer que $\mathbb{R}^n = \ker(A) \oplus \operatorname{Im}({}^tA)$.
2. On suppose $A^2 = 0$.
   (a) Montrer que $\ker(A + {}^tA) = \ker(A) \cap \ker({}^tA)$.
   (b) Montrer que $\operatorname{Im}(A + {}^tA) = \operatorname{Im}(A) + \operatorname{Im}({}^tA)$.

Solution 84

1. *On utilise la caractérisation des supplémentaires en dimension finie. D'après le théorème du rang et le fait que* $\operatorname{rg}({}^tA) = \operatorname{rg}(A)$, *on a :*

$$\begin{aligned}\dim(\ker(A)) + \dim\left(\operatorname{Im}\left({}^tA\right)\right) &= \dim(\ker(A)) + \operatorname{rg}\left({}^tA\right)\\ &= \dim(\ker(A)) + \operatorname{rg}(A) = n = \dim(\mathbb{R}^n).\end{aligned}$$

Soit $X \in \mathbb{R}^n$ *(identifié à une matrice colonne) avec* $X \in \ker(A) \cap \operatorname{Im}({}^tA)$ *alors* $AX = 0_{n,1}$ *et il existe* $Y \in \mathbb{R}^n$ *(identifié à une matrice colonne) tel que* $X = {}^tAY$. *On peut donc écrire :*

$$\langle X \mid X\rangle = {}^tXX = {}^tX\left({}^tAY\right) = \left({}^tX{}^tA\right)Y = {}^t(AX)Y = {}^t0_{n,1}Y = 0.$$

Puisque $\langle | \rangle$ *est un produit scalaire, on en déduit que* $X = 0_{\mathbb{R}^n}$ *donc* $\ker(A) \cap \operatorname{Im}({}^tA) = \{0_{n,1}\}$, *ce qui prouve l'égalité ensembliste :*

$$\mathbb{R}^n = \ker(A) \oplus \operatorname{Im}({}^tA).$$

2. (a) *On procède par double inclusion. Soit* $X \in \ker(A) \cap \ker({}^tA)$ *alors on a :*

$$\begin{cases} AX = 0_{n,1} \\ {}^tAX = 0_{n,1} \end{cases} \Rightarrow \left(A + {}^tA\right) X = AX + {}^tAX = 0_{n,1} + 0_{n,1} = 0_{n,1}$$

donc $X \in \ker(A + {}^tA)$, *ce qui prouve l'inclusion :*

$$\ker(A) \cap \ker\left({}^tA\right) \subset \ker\left(A + {}^tA\right)$$

Soit $X \in \ker(A + {}^tA)$ *alors on a :*

$$\left(A + {}^tA\right) X = 0_{n,1} \Leftrightarrow AX = -{}^tAX \underset{\times A}{\Rightarrow} A^2X = -A^tAX \Leftrightarrow 0_{n,1} = A^tAX$$

$$\Rightarrow {}^tXA^tAX = {}^tX0_{n,1} = 0 \Leftrightarrow {}^t\left({}^tAX\right)\left({}^tAX\right) = 0 \Leftrightarrow \left\|{}^tAX\right\|^2 = 0$$

$$\Leftrightarrow {}^tAX = 0 \Leftrightarrow X \in \ker\left({}^tA\right) \text{ et } AX = -\left({}^tAX\right) = 0_{n,1} \Rightarrow X \in \ker(A).$$

Ainsi, on a démontré l'inclusion :

$$\ker\left(A + {}^tA\right) \subset \ker(A) \cap \ker\left({}^tA\right),$$

ce qui démontre l'égalité attendue.

(b) *Commençons par établir deux résultats préalables.*
Premier résultat. *Soit* $B \in \mathfrak{M}_n(\mathbb{R})$, *montrons l'égalité*

$$(\mathcal{E}_1) : \mathrm{Im}(B) = \left(\ker\left({}^tB\right)\right)^\perp.$$

Soit $X \in \mathrm{Im}(B)$, *il existe* $Y \in \mathbb{R}^n$ *(identifié à une matrice colonne) tel que* $X = BY$. *Pour tout* $Z \in \ker({}^tB)$ *(c'est-à-dire que* ${}^tBZ = 0_{n,1}$*), on a :*

$$\langle X \mid Z\rangle = {}^tXZ = {}^t(BY)Z = {}^tY^tBZ = {}^tY0_{n,1} = 0.$$

Ainsi, on vient de démontrer l'inclusion ensembliste suivante :

$$\mathrm{Im}(B) \subset \left(\ker\left({}^tB\right)\right)^\perp.$$

Comparons la dimension de ces deux sous-espaces vectoriels en utilisant le théorème du rang, la dimension d'un orthogonal et la formule $\mathrm{rg}(B) = \mathrm{rg}({}^tB)$.

$$\dim\left(\left(\ker\left({}^tB\right)\right)^\perp\right) = n - \dim\left(\ker\left({}^tB\right)\right) = \mathrm{rg}\left({}^tB\right) = \mathrm{rg}(B) = \dim(\mathrm{Im}(B)).$$

Par conséquent, l'égalité ensembliste $(\mathcal{E}_1)$ *est démontrée.*
Second résultat. *Si* F *et* G *sont deux sous-espaces vectoriels d'un espace euclidien* $(E, \langle|\rangle)$ *alors on a la formule :*

$$(\mathcal{E}_2) : (F + G)^\perp = F^\perp \cap G^\perp.$$

Soit $x \in (F + G)^\perp$ *alors* x *est orthogonal à tout élément de* $F+G$. *Comme* $F \subset F+G$ *car*

$$f \in F \Rightarrow f = \underbrace{f}_{\in F} + \underbrace{0_E}_{\in G} \in F + G$$

et que $G \subset F+G$ *(pour le même argumentaire), on peut affirmer que* x *est orthogonal à tout élément de* F *et à tout élément de* G *c'est-à-dire que* $x \in F^\perp \cap G^\perp$.

Soit $x \in F^\perp \cap G^\perp$ *alors* x *est orthogonal à tout élément de* F *et* x *est orthogonal à tout élément de* G*. Pour tout* $z \in F+G$*, il existe* $f \in F$ *et* $g \in G$ *tels que :*

$$z = f + g \Rightarrow \langle x \mid z\rangle = \underbrace{\langle x \mid f\rangle}_{=0 \text{ car } x\in F^\perp} + \underbrace{\langle x \mid g\rangle}_{=0 \text{ car } x\in G^\perp} = 0$$

donc $x \in (F+G)^\perp$*, ce qui démontre l'égalité ensembliste* $(\mathcal{E}_2)$*.*
Retour à la preuve. *En appliquant la formule* $(\mathcal{E}_1)$ *à* $B = A$*, à* $B = {}^tA$ *et à* $B = A + {}^tA$ *(qui est symétrique), on obtient les trois égalités suivantes :*

$$\mathrm{Im}\,(A) = \left(\ker\left({}^tA\right)\right)^\perp, \ \mathrm{Im}\left({}^tA\right) = \left(\ker(A)\right)^\perp, \ \mathrm{Im}\left(A + {}^tA\right) = \left(\ker\left(A + {}^tA\right)\right)^\perp.$$

En utilisant la question précédente et la relation $(\mathcal{R}_2)$*, on peut affirmer que :*

$$\begin{aligned}\mathrm{Im}\left(A + {}^tA\right) &= \left(\ker\left(A + {}^tA\right)\right)^\perp = \left(\ker(A) \cap \ker\left({}^tA\right)\right)^\perp \\ &= \left(\ker(A)\right)^\perp + \left(\ker\left({}^tA\right)\right)^\perp = \mathrm{Im}\,(A) + \mathrm{Im}\left({}^tA\right).\end{aligned}$$

Commentaires 84 *Exercice original, initialement donné à Polytechnique quelques années auparavant (seule la question 2.b étant présente). Ce sujet s'avère sélectif.*
La première question est discriminante mais largement accessible aux candidats ayant une bonne maitrise de leur cours d'algèbre linéaire et d'espaces euclidiens en suivant les démarches standards.
La question 2.a est essentiellement astucieuse et demande un peu d'imagination de la part du candidat (multiplier par A *pour utiliser la nilpotence, observer que* ${}^tAAX$ *ressemble à un produit scalaire). Elle est tout à fait accessible aux candidats du concours Mines-Telecom.*
La question 2.b s'adresse aux meilleurs candidats et l'inter-action avec l'examinateur sera probablement importante.

Exercice 85 (Mines-Telecom) Soient E un espace vectoriel de dimension finie n et $A = (a_{i,j})_{1\leqslant i,j\leqslant n} \in O(n)$ une matrice orthogonale.

1. Montrer que : $\displaystyle\sum_{1\leqslant i,j\leqslant n} a_{i,j}^2 = n.$
2. Montrer que : $\displaystyle n \leqslant \sum_{1\leqslant i,j\leqslant n} |a_{i,j}| \leqslant n\sqrt{n}.$

Solution 85

1. *Chaque colonne* $(a_{i,j})_{1\leqslant i\leqslant n}$ *de* A *est normée c'est-à-dire de norme* 1 *ce qui s'écrit :*

$$\forall i \in \{1,...,n\}, \sum_{i=1}^n a_{i,j}^2 = 1 \Rightarrow \sum_{j=1}^n\sum_{i=1}^n a_{i,j}^2 = \sum_{j=1}^n 1 = n.$$

2. *Puisque* A *est orthogonale, pour tout* $i \in \{1,...,n\}$*, on a :*

$$\sum_{i=1}^n \underbrace{a_{i,j}^2}_{\geqslant 0} = 1 \Rightarrow \forall (i,j) \in \{1,...,n\}^2, \ a_{i,j}^2 \leqslant 1 \Rightarrow |a_{i,j}| \leqslant 1.$$

Comme $x^2 \leqslant x$ si $x \in [0,1]$, on peut écrire :

$$\forall (i,j) \in \{1,...,n\}^2, \ |a_{i,j}|^2 \leqslant |a_{i,j}| \Leftrightarrow a_{i,j}^2 \leqslant |a_{i,j}|.$$

En sommant cette inégalité sur (i,j), on obtient :

$$\sum_{j=1}^{n}\sum_{i=1}^{n} a_{i,j}^2 \leqslant \sum_{1\leqslant i,j\leqslant n} |a_{i,j}| \Leftrightarrow n = \sum_{j=1}^{n} 1 \leqslant \sum_{1\leqslant i,j\leqslant n} |a_{i,j}|.$$

D'autre part, l'inégalité de Cauchy-Schwarz pour le produit scalaire canonique de $\mathbb{R}^n$ montre, pour tout $j \in \{1,..,n\}$, que :

$$\begin{aligned}\sum_{i=1}^{n} |a_{i,j}| &= \left\langle (|a_{i,j}|)_{1\leqslant i\leqslant n} \mid (1)_{1\leqslant i\leqslant n}\right\rangle \leqslant \left\|(|a_{i,j}|)_{1\leqslant i\leqslant n}\right\| \left\|(1)_{1\leqslant i\leqslant n}\right\| \\ &= \sqrt{\sum_{i=1}^{n} |a_{i,j}|^2}\sqrt{\sum_{i=1}^{n} 1} = \sqrt{\sum_{i=1}^{n} a_{i,j}^2}\sqrt{n} = 1\sqrt{n} = \sqrt{n}.\end{aligned}$$

En sommant sur i cette inégalité, on aboutit à l'inégalité :

$$\sum_{j=1}^{n}\sum_{i=1}^{n} |a_{i,j}| \leqslant \sum_{j=1}^{n} \sqrt{n} = n\sqrt{n}.$$

Commentaires 85 *Exercice très classique, donné dans de nombreux concours à de nombreuses époques. Il ne pose aucune difficulté aux candidats maitrisant le cours sur les matrices orthogonales et les espaces euclidiens.*

Exercice 86 (Mines-Telecom) Soit f un endomorphisme bijectif de l'espace euclidien E, vérifiant : $\forall x, y \in E, \ \langle f(x) \mid y \rangle = -\langle x \mid f(y) \rangle$.

1. Montrer que $s = f \circ f$ est symétrique.
2. Soit a une valeur propre de s et V_a l'espace propre associé.
   (a) Soit $x \in V_a \backslash \{0_E\}$, montrer que $\langle s(x) \mid x \rangle = a\|x\|^2 = -\|f(x)\|^2$.
   (b) En déduire que $a < 0$.
   (c) Soit $F = \text{Vect}(x, f(x))$. Montrer que F et $F^{\perp}$ sont stables par f.
   (d) Montrer que $\dim F = 2$.

Solution 86

1. *Pour tout $(x,y) \in E^2$, on a les égalités suivantes :*

$$\langle s(x) \mid y \rangle = \langle f(f(x)) \mid y \rangle = -\langle f(x) \mid f(y) \rangle = -(-\langle x \mid f(f(y)) \rangle) = \langle x \mid s(y) \rangle$$

donc s est symétrique.

2. (a) *Soit $x \in V_a \backslash \{a\}$, on a $s(x) = ax$ donc :*

$$-\|f(x)\|^2 = -\langle f(x) \mid f(x) \rangle = \langle f(f(x)) \mid x \rangle = \langle s(x) \mid x \rangle = \langle ax \mid x \rangle = a\|x\|^2.$$

(b) *Puisque x est non nul, on a $\|x\|^2 \neq 0$ donc, en divisant par $\|x\|^2$ l'égalité de la question précédente, on obtient :*

$$a = -\frac{\|f(x)\|^2}{\|x\|^2} < 0.$$

En effet, f étant bijective et x étant non nul, on a $f(x) \neq 0$ donc $\|f(x)\|^2 > 0$.

(c) *Soit $y \in F$, il existe $(\lambda, \mu) \in \mathbb{R}^2$ tel que :*

$$y = \lambda x + \mu f(x) \Rightarrow f(y) = \lambda f(x) + \mu f^2(x) = \lambda f(x) + a\mu x \in F$$

donc F est stable par f. Pour tout $z \in F^\perp$, on a $\langle y \mid z\rangle = 0$ quel que soit $y \in F$. On en déduit, pour tout $y \in F$, que :

$$\langle f(z) \mid y\rangle = -\langle z \mid f(y)\rangle = 0$$

car $f(y) \in F$ (puisque F est stable par f). Ainsi, $F^\perp$ est stable par f.

(d) *En choisissant $y = x$ dans la relation initiale vérifiée par f (donnée par l'énoncé), on peut écrire :*

$$\langle f(x) \mid x\rangle = -\langle x \mid f(x)\rangle \underset{symétrique}{\overset{\langle|\rangle}{\Leftrightarrow}} 2\langle f(x) \mid x\rangle = 0 \Rightarrow \langle f(x) \mid x\rangle = 0.$$

Ainsi, les vecteurs x et $f(x)$ sont orthogonaux et comme ils sont non nuls (car $x \neq 0$ et comme f est bijectif, $f(x) \neq f(0_E) = 0_E$), on en déduit que la famille $(x, f(x))$ est libre. Comme cette famille est par définition génératrice de F, on peut affirmer qu'il s'agit d'une base de F donc $\dim(F) = \operatorname{card}(x, f(x)) = 2$.

Commentaires 86 *Exercice très classique donné dans tous les concours (CCINP, Mines-Ponts, Centrale) sous des formats divers et variés. Le but étant de prouver un théorème de réduction des endomorphismes anti-symétriques (ou des matrices anti-symétriques). Le sujet actuel n'y aboutit pas mais fournit la clé : signe des valeurs propres de $f \circ f$ (donc f n'admet aucune valeur propre non nulle), $\dim(F) = 2$, enclenchement de la récurrence via la question 2.c (comme pour le théorème spectral).*
Outre son caractère standard, ce sujet est à travailler car il permet une révision efficace des fonctions des endomorphismes des espaces euclidiens. Il ne doit pas poser de difficultés importantes pour les candidats Mines-Telecom.

4.3 Centrale Maths 1

Exercice 87 On considère $(E, \langle\,|\,\rangle)$ un espace euclidien de dimension n.

1. Donner la définition d'un endomorphisme symétrique et énoncer le théorème spectral.
2. Soit f un endomorphisme symétrique de E à valeurs propres positives. Soit $x \in E$ tel que $\langle x \mid f(x)\rangle = 0$. Montrer que $f(x) = 0$.
3. Soient $f, g \in \mathcal{S}(E)$ à valeurs propres positives. Montrer $E = \ker(f \circ g) \oplus \operatorname{Im}(f \circ g)$.
4. Soient $f, g \in \mathcal{S}(E)$ à valeurs propres positives. Montrer que $f \circ g$ est diagonalisable. **Indication** : Poser $F = \operatorname{Im}(f)$, $f_1 = f_{|F}$, $h = (f \circ g)_{|F}$ et considérer le produit scalaire sur F défini par $\varphi(x, y) = \left\langle (f_1)^{-1}(x) \mid y \right\rangle$.

Solution 87

1. *Soit f un endomorphisme de E alors f est symétrique si et seulement si*

$$\forall (x, y) \in E^2,\ \langle f(x) \mid y\rangle = \langle x \mid f(y)\rangle.$$

Tout endomorphisme symétrique est diagonalisable en base orthonormale.

2. *D'après le théorème spectral, il existe une base orthonormée $\mathcal{B} = (\varepsilon_i)_{1 \leqslant i \leqslant n}$ de E formée de vecteurs propres pour f. Pour tout $i \in \{1, .., n\}$, on note $\lambda_i \geqslant 0$ la valeur propre de f associée à ε_i. Soient $x \in E$ et $(x_i)_{1 \leqslant i \leqslant n} \in \mathbb{R}^n$ ses coordonnées dans la base $\mathcal{B}$, on a $x = \sum_{i=1}^{n} x_i \varepsilon_i$ et, par linéarité de f et bilinéarité du produit scalaire, on a :*

$$\begin{aligned} f(x) &= \sum_{i=1}^{n} x_i f(\varepsilon_i) = \sum_{i=1}^{n} \lambda_i x_i \varepsilon_i \Rightarrow 0 = \langle f(x) \mid x\rangle = \left\langle \sum_{i=1}^{n} \lambda_i x_i \varepsilon_i \mid \sum_{j=1}^{n} x_j \varepsilon_j \right\rangle \\ &= \sum_{i=1}^{n} \sum_{j=1}^{n} \lambda_i x_i x_j \underbrace{\langle \varepsilon_i \mid \varepsilon_j\rangle}_{=0 \text{ si } i \neq j} = \sum_{i=1}^{n} \lambda_i (x_i)^2 \underbrace{\langle \varepsilon_i \mid \varepsilon_i\rangle}_{=\|\varepsilon_i\|^2 = 1} = \sum_{i=1}^{n} \underbrace{\overbrace{\lambda_i}^{\geqslant 0} \overbrace{(x_i)^2}^{\geqslant 0}}_{\geqslant 0}. \end{aligned}$$

Comme $\langle f(x) \mid x\rangle = 0$, on a $\sum_{i=1}^{n} \lambda_i (x_i)^2 = 0$ et comme chaque terme de la somme est positif, on en déduit que tous les termes sont nuls c'est-à-dire :

$$\begin{aligned} \forall i &\in \{1, .., n\},\ \lambda_i (x_i)^2 = 0 \Leftrightarrow \forall i \in \{1, .., n\},\ \lambda_i = 0 \text{ ou } x_i = 0 \\ &\Leftrightarrow \forall i \in \{1, .., n\},\ \lambda_i x_i = 0 \Rightarrow f(x) = \sum_{i=1}^{n} \underbrace{\lambda_i x_i}_{=0} \varepsilon_i = 0_E \end{aligned}$$

3. *D'après le théorème du rang appliqué à l'endomorphisme $f \circ g$, on a :*

$$\dim(E) = \dim(\ker(f \circ g)) + \dim(\operatorname{Im}(f \circ g))$$

donc il suffit de montrer que

$$\ker(f \circ g) \cap \operatorname{Im}(f \circ g) = \{0_E\}.$$

Soit $x \in \ker(f \circ g) \cap \operatorname{Im}(f \circ g)$ *c'est-à-dire :*

$$\begin{cases} (f \circ g)(x) = 0_E \\ \exists y \in E,\ x = (f \circ g)(y) \end{cases} \Leftrightarrow \begin{cases} f(g(x)) = 0_E \\ \exists y \in E,\ x = f(g(y)) \end{cases}$$
$$\Rightarrow \langle f(g(x)) \mid g(x) \rangle = \langle 0_E \mid g(x) \rangle = 0.$$

Comme $f \in \mathcal{S}(E)$ *est à valeurs propres positives, d'après la question précédente, cela entraine que* $g(x) = 0_E$ *donc :*

$$\langle g(x) \mid y \rangle = \langle 0_E \mid y \rangle = 0 \underset{g \in \mathcal{S}(E)}{\Leftrightarrow} \langle x \mid g(y) \rangle = 0 \Leftrightarrow \langle f(g(y)) \mid g(y) \rangle = 0.$$

Pour la même raison, cela entraine que :

$$g(y) = 0_E \Rightarrow x = f(g(y)) = f(0_E) = 0_E,$$

ce qui permet de conclure.

4. *Notons* $F = \operatorname{Im}(f)$. *Le sous-espace vectoriel* F *est stable par* f *(si* $x \in F = \operatorname{Im}(f)$ *alors* $f(x) \in \operatorname{Im}(f) = F$ *!) donc* $f_1 = f_{|F}$ *est un endomorphisme de* $\operatorname{Im}(f)$. *Montrons qu'il est symétrique :*

$$\forall (x, y) \in F^2,\ \langle f_1(x) \mid y \rangle = \langle f(x) \mid y \rangle \underset{f \in \mathcal{S}(E)}{=} \langle x \mid f(y) \rangle = \langle x \mid f_1(y) \rangle.$$

En outre, si $x \in F$ *alors*

$$(f \circ g)(x) = f(g(x)) \in \operatorname{Im}(f) = F$$

donc $h = (f \circ g)_{|F}$ *est aussi un endomorphisme de* F.
Montrons que f_1 *est un automorphisme de* $\operatorname{Im}(f)$. *Soit* $x \in \ker(f_1)$ *alors :*

$$\begin{cases} x \in \operatorname{Im}(f) \\ f(x) = 0_E \end{cases} \Leftrightarrow \begin{cases} \exists y \in E,\ x = f(y) \\ f(x) = 0_E \end{cases} \Rightarrow \|f(y)\|^2 = \langle f(y) \mid f(y) \rangle$$
$$= \langle f(y) \mid x \rangle \underset{f \in \mathcal{S}(E)}{=} \langle y \mid f(x) \rangle = \langle y \mid 0_E \rangle = 0$$
$$\Rightarrow \|f(y)\|^2 = 0 \Rightarrow f(y) = 0_E \Rightarrow x = f(y) = 0_E$$

donc $\ker(f_1) = \{0_E\}$ *et comme* f_1 *est un endomorphisme de* $\operatorname{Im}(f)$ *qui est un espace vectoriel de dimension finie, on peut affirmer que* f_1 *est un automorphisme de* $\operatorname{Im}(f)$.
Montrons que l'application

$$\varphi : \begin{cases} F \times F & \to & \mathbb{R} \\ (x, y) & \mapsto & \left\langle (f_1)^{-1}(x) \mid y \right\rangle \end{cases}$$

est un produit scalaire sur F. *La bilinéarité de* φ *est immédiate par la bilinéarité du produit scalaire* $\langle \mid \rangle$ *et par la linéarité de* $(f_1)^{-1}$. *Montrons que* φ *est symétrique. Pour tout* $(x, y) \in F^2$, *comme* f_1 *est un automorphisme de* F, *il existe* $(x_1, y_1) \in F^2$ *tel que* $x = f_1(x_1)$ *et* $y = f_1(y_1)$ *donc :*

$$\begin{aligned} \varphi(x, y) &= \varphi(f_1(x_1), f_1(y_1)) = \langle x_1 \mid f_1(y_1) \rangle \underset{f_1 \in \mathcal{S}(F)}{=} \langle f_1(x_1) \mid y_1 \rangle \\ &= \left\langle x \mid (f_1)^{-1}(y) \right\rangle \underset{\textit{symétrique}}{\overset{\langle \mid \rangle}{=}} \left\langle (f_1)^{-1}(y) \mid x \right\rangle = \varphi(y, x). \end{aligned}$$

Prouvons que φ est positive. Pour tout $x \in F$, il existe $x_1 \in F_1$ tel que $x = f_1(x_1) = f(x_1)$ donc :

$$\varphi(x,x) = \varphi(f_1(x_1), f(x_1)) = \langle x_1 \mid f(x_1)\rangle \underset{\text{symétrique}}{=} \langle f(x_1) \mid x_1\rangle \geqslant 0$$

(d'après la remarque faite à la réponse à la question 2 car $f \in \mathcal{S}(E)$ à valeurs propres positives). Pour finir, avec les mêmes notations, on a :

$$\varphi(x,x) = 0 \Leftrightarrow \langle f(x_1) \mid x_1\rangle = 0 \underset{(*)}{\Rightarrow} f(x_1) = 0 \Leftrightarrow f_1(x_1) = 0 \Rightarrow x_1 \in \ker(f_1) = \{0_E\}$$

$(*)$ d'après la question 2 car $f \in \mathcal{S}(E)$ à valeurs propres positives.
Par conséquent, nous venons de montrer que φ est définie donc φ est un produit scalaire sur F.
Vérifions que h est symétrique pour ce produit scalaire. Pour tout $(x,y) \in F^2$, il existe $(x_1,y_1) \in F^2$ tel que $x = f_1(x_1) = f(x_1)$ et $y = f_1(y_1)$. On peut alors écrire :

$$\begin{aligned}
\varphi(h(x),y) &= \left\langle (f_1)^{-1}(f(g(x))) \mid f_1(y_1)\right\rangle \underset{f_1\in\mathcal{S}(F)}{=} \left\langle f_1\left((f_1)^{-1}(f(g(x)))\right) \mid y_1\right\rangle \\
&= \langle (f(g(x))) \mid y_1\rangle \underset{f\in\mathcal{S}(E)}{=} \langle g(x) \mid f(y_1)\rangle = \langle g(x) \mid y\rangle \underset{g\in\mathcal{S}(E)}{=} \langle x \mid g(y)\rangle \\
&= \left\langle f_1\left((f_1)^{-1}(x)\right) \mid g(y)\right\rangle = \left\langle f\left((f_1)^{-1}(x)\right) \mid g(y)\right\rangle \\
&= \left\langle (f_1)^{-1}(x) \mid f(g(y))\right\rangle (f \in \mathcal{S}(E)) = \varphi(x, h(y)).
\end{aligned}$$

Comme h est symétrique pour le produit scalaire φ, d'après le théorème spectral, il existe une base $\mathcal{B}_F$ de F formée de vecteurs propres pour $h = (f \circ g)_{|F}$ donc de vecteurs propres poiur $f \circ g$. On considère une base $\mathcal{B}_0$ de $\ker(f \circ g)$ donc tous ses éléments sont des vecteurs propres de $f \circ g$ (associés à la valeur propre 0). D'après la question 3, on peut affirmer que $\mathcal{B}_0 \cup \mathcal{B}_F$ est une base de E formée de vecteurs propres pour $f \circ g$ c'est-à-dire que $f \circ g$ est diagonalisable.

Commentaires 87 *Sujet de difficulté standard et relativement classique pour ce concours. La deuxième question est un grand classique : l'expression de $\langle f(x) \mid x\rangle$ comme somme de carrés via le théorème spectral. La troisième question est une conséquence assez simple de la précédente, elle ne doit pas poser de problème particulier. La dernière question est de difficulté bien supérieure. Il s'agit de la question privilégiée pour inter-agir avec l'interrogateur. Il sera apprécié et valorisé que le candidat prouve (ou au moins essaye) que φ est effectivement un produit scalaire.*

Exercice 88 Sur $\mathbb{R}_n[X]$, on pose $\langle P \mid Q\rangle = \int_0^1 PQ$ et $u(P)(X) = \int_0^1 (X+t)^n P(t)\,dt$.

1. Montrer que $u \in \mathcal{L}(E)$.
2. Montrer que u est diagonalisable en base orthonormée.
   On note $(P_0, ..., P_n)$ une telle base de vecteurs propres, P_i étant attaché à la valeur propre λ_i.
3. Montrer que : $\forall (x,y) \in \mathbb{R}^2, (x+y)^n = \sum_{k=0}^{n} \lambda_k P_k(x) P_k(y)$.
4. Calculer $\mathrm{Tr}(u)$.

Solution 88

1. *Soit $P \in \mathbb{R}_n[X]$, en utilisant la formule du binôme de Newton, on a :*

$$u(P)(X) = \int_0^1 \sum_{k=0}^{n} \binom{n}{k} X^k t^{n-k} P(t)\,dt = \sum_{k=0}^{n} X^k \binom{n}{k} \underbrace{\int_0^1 t^{n-k} P(t)\,dt}_{\in\mathbb{R}} \in \mathbb{R}_n[X] = E.$$

En outre, pour tout $(P,Q) \in (\mathbb{R}_n[X])^2$ et tout $(\lambda,\mu) \in \mathbb{R}^2$, on a :

$$\begin{aligned} u(\lambda P + \mu Q) &= \int_0^1 (X+t)^n (\lambda P + \mu Q)(t)\,dt \\ &= \lambda \int_0^1 (X+t)^n P(t)\,dt + \mu \int_0^1 (X+t)^n Q(t)\,dt = \lambda u(P) + \mu u(Q) \end{aligned}$$

donc u est linéaire de E dans E d'où $u \in \mathcal{L}(E)$.

2. *La diagonalisation en base orthonormée est le résultat du théorème spectral donc il suffit de montrer que u est un endomorphisme symétrique pour le produit scalaire $\langle\,|\,\rangle$. Pour tout $(P,Q) \in (\mathbb{R}_n[X])^2$, en utilisant le calcul de la réponse à la question précédente, on a :*

$$\begin{aligned} \langle u(P) \mid Q\rangle &= \left\langle \sum_{k=0}^{n} X^k \binom{n}{k} \langle X^{n-k} \mid P\rangle \mid Q \right\rangle = \sum_{k=0}^{n} \binom{n}{k} \langle X^{n-k} \mid P\rangle \langle X^k \mid Q\rangle \\ &\underset{k=n-j}{\overset{j=n-k}{=}} \sum_{j=0}^{n} \underbrace{\binom{n}{n-j}}_{=\binom{n}{j}} \langle X^j \mid P\rangle \langle X^{n-j} \mid Q\rangle \\ &= \sum_{j=0}^{n} \binom{n}{j} \langle X^j \mid P\rangle \langle X^{n-j} \mid Q\rangle = \sum_{j=0}^{n} \binom{n}{j} \langle X^{n-j} \mid Q\rangle \langle X^j \mid P\rangle \\ &= \langle P \mid u(Q)\rangle. \end{aligned}$$

3. *On fixe (provisoirement) $x \in \mathbb{R}$ et on considère le polynôme $P(X) = (x+X)^n \in \mathbb{R}_n[X]$. Comme la famille $(P_i)_{0\leqslant i\leqslant n}$ est une base orthonormée de $(E, \langle|\rangle)$, on peut écrire :*

$$\begin{aligned} (x+X)^n &= P(X) = \sum_{i=0}^{n} \langle P \mid P_i\rangle P_i(X) = \sum_{i=0}^{n} P_i(X) \int_0^1 P(t) P_i(t)\,dt \\ &= \sum_{i=0}^{n} P_i(X) \int_0^1 (x+t)^n P_i(t)\,dt = \sum_{i=0}^{n} P_i(X) u(P_i)(x) \\ &= \sum_{i=0}^{n} P_i(X) \lambda_i P_i(x). \end{aligned}$$

En évaluant en « $X = y$ » cette égalité, on obtient l'égalité voulue.

4. Soit A la matrice de u dans la base canonique de $\mathbb{R}_n[X]$ alors $\mathrm{Tr}(u) = \mathrm{Tr}(A)$. D'après la réponse à la question 1, pour tout entier $j \in \{0,..,n\}$, on a :

$$\begin{aligned} u\left(X^j\right) &= \sum_{i=0}^{n} X^i \binom{n}{i} \int_0^1 t^{n-i} t^j dt = \sum_{i=0}^{n} X^i \binom{n}{i} \left[\frac{t^{n+j-i+1}}{n+j-i+1}\right]_{t=0}^{t=j} \\ &= \sum_{i=0}^{n} \frac{1}{n+j-i+1} \binom{n}{i} X^i \Rightarrow A = \left(\frac{1}{n+j-i+1}\binom{n}{i}\right)_{0\leqslant i,j\leqslant n}. \end{aligned}$$

On peut alors écrire :

$$\begin{aligned} \mathrm{Tr}(u) &= \mathrm{Tr}(A) = \sum_{i=0}^{n} A_{i,i} = \sum_{i=0}^{n} \frac{1}{n+1}\binom{n}{i} = \frac{1}{n+1}\sum_{i=0}^{n}\binom{n}{i} 1^i 1^{n-i} \\ &= \frac{1}{n+1}(1+1)^n = \frac{2^n}{n+1}. \end{aligned}$$

Commentaires 88 *Exercice classique et de difficulté tout à fait standard pour ce concours. Pour la première question, l'argument consistant à affirmer que « l'intégrale d'un polynôme est un polynôme » est vide de sens (une intégrale est un nombre). Pour la seconde question, la difficulté étant bien entendu le caractère symétrique de u pour le produit scalaire proposé. L'erreur à ne pas commettre est de calculer la matrice A de u dans la base canonique de $\mathbb{R}_n[X]$, d'observer qu'elle n'est pas symétrique pour en conclure que u n'est pas symétrique. En effet, la base canonique de $\mathbb{R}_n[X]$ n'est manifestement pas orthogonale pour le produit scalaire proposé. La troisième question est certainement la plus difficile, non pas techniquement parlant, mais de penser en termes de vecteurs dans un espace euclidien et non en termes d'identités. Une bonne connaissance de son cours sur les espaces euclidiens est fondamentale. La quatrième question est, contre toute attente, presque aussi simple que la première.*

Exercice 89 (Centrale)

1. Soit $(n,p) \in \mathbb{Z}^2$. Calculer $\int_{-\pi}^{\pi} e^{i(n-p)\theta} d\theta$.
2. Montrer que : $\forall P \in \mathbb{R}[X]$, $\int_0^{\pi} P\left(e^{i\theta}\right) e^{i\theta} d\theta = i \int_{-1}^{1} P(t)\, dt$.
3. Soit $n \in \mathbb{N}$. Soient $a_0, a_1, \cdots, a_n$ réels. Montrer que :
$$\sum_{(i,j)\in\{1,..,n\}^2} \frac{a_i a_j}{i+j+1} \leqslant \pi \sum_{k=0}^{n} a_k^2.$$
4. On définit $H_n = \left(\frac{1}{1+i+j}\right)_{(i,j)\in\{0,..,n\}^2} \in \mathcal{S}_{n+1}(\mathbb{R})$.
   (a) Montrer que $\mathrm{Sp}(H_n) \subset \mathbb{R}_+^*$.
   (b) Est-il possible de montrer que $\mathrm{Sp}(H_n) \subset]0,\pi]$? que $\mathrm{Sp}(H_n) \subset]0,\pi[$?

Solution 89

1. *Si $n-p\neq 0$ alors :*

$$\int_{-\pi}^{\pi} e^{i(n-p)\theta}d\theta = \left[\frac{e^{i(n-p)\theta}}{i(n-p)}\right]_{\theta=-\pi}^{\theta=\pi} = \frac{1}{i(n-p)}\left(e^{i(n-p)\pi}-e^{-i(n-p)\pi}\right)$$
$$= \frac{1}{i(n-p)}\left(2i\sin\left((n-p)\pi\right)\right) = 0 \text{ (car } n-p\in\mathbb{Z}).$$

Si $n-p=0$ alors :

$$\int_{-\pi}^{\pi} e^{i(n-p)\theta}d\theta = \int_{-\pi}^{\pi} 1d\theta = [\theta]_{\theta=-\pi}^{\theta=\pi} = 2\pi.$$

2. *Soit $P\in\mathbb{R}[X]$, il existe un entier N et des réels $(p_k)_{0\leqslant k\leqslant N}$ tel que $P(X)=\sum_{k=0}^{N} p_k X^k$ donc :*

$$\int_{0}^{\pi} P\left(e^{i\theta}\right)e^{i\theta}d\theta = \int_{0}^{\pi}\sum_{k=0}^{N} p_k e^{i(k+1)\theta}d\theta = \sum_{k=0}^{N} p_k\int_{0}^{\pi} e^{i(k+1)\theta}d\theta$$
$$= \sum_{k=0}^{N} p_k\left[\frac{e^{i(k+1)\theta}}{i(k+1)}\right]_{\theta=0}^{\theta=\pi} = \frac{1}{i}\sum_{k=0}^{N}\frac{p_k}{k+1}\left[e^{i(k+1)\pi}-1\right].$$

Or, comme $k+1\in\mathbb{Z}$, d'après les formules d'Euler, on a :

$$e^{i(k+1)\pi} = \left(e^{i\pi}\right)^{k+1} = (-1)^{k+1}$$

et comme $\frac{1}{i}=-i$, on peut écrire :

$$\int_{0}^{\pi} P\left(e^{i\theta}\right)e^{i\theta}d\theta = i\sum_{k=0}^{N}\frac{p_k}{k+1}\left[1-(-1)^{k+1}\right] = i\left[\sum_{k=0}^{N} p_k\frac{t^{k+1}}{k+1}\right]_{t=-1}^{t=1}$$
$$= i\int_{-1}^{1}\sum_{k=0}^{N} p_k t^k dt = i\int_{-1}^{1} P(t)\,dt.$$

3. *Commençons par remarquer que $\forall (i,j)\in\{0,..,n\}^2$, $\frac{1}{i+j+1}=\int_0^1 t^{i+j}dt$ donc :*

$$\sum_{(i,j)\in\{1,..,n\}^2}\frac{a_ia_j}{i+j+1} = \sum_{(i,j)\in\{1,..,n\}^2} a_ia_j\int_0^1 t^{i+j}dt = \int_0^1\sum_{(i,j)\in\{1,..,n\}^2} a_ia_jt^it^jdt$$
$$= \int_0^1\sum_{i=1}^{n} a_it^i\sum_{j=1}^{n} a_jt^jdt \text{ (Fubini) } = \int_0^1 (P(t))^2\,dt$$

où $P(X) = \sum_{i=1}^{n} a_i t^i$. *Or, la fonction* P^2 *étant positive sur* $[-1,1]$ *(car* P *est à valeurs réelles), on a l'inégalité suivante :*

$$\int_0^1 (P(t))^2 dt \leqslant \underbrace{\int_{-1}^{1} (P(t))^2 dt}_{\geqslant 0} \underset{astuce}{=} \left| \int_{-1}^{1} (P(t))^2 dt \right| \underset{q.2}{=} \left| \frac{1}{i} \int_0^{\pi} \left(P\left(e^{i\theta}\right)\right)^2 e^{i\theta} d\theta \right|$$

$$= \left| \int_0^{\pi} \left(P\left(e^{i\theta}\right)\right)^2 e^{i\theta} d\theta \right| \leqslant \int_0^{\pi} \left|P\left(e^{i\theta}\right)\right|^2 \left|e^{i\theta}\right| d\theta = \int_0^{\pi} \left|P\left(e^{i\theta}\right)\right|^2 d\theta$$

Comme on a l'égalité :

$$\overline{P\left(e^{i\theta}\right)} = \overline{\sum_{k=1}^{n} a_k e^{ik\theta}} = \sum_{k=1}^{n} \overline{a_k e^{ik\theta}} \underset{a_k \in \mathbb{R}}{=} \sum_{k=1}^{n} a_k e^{-ik\theta} = P\left(e^{-i\theta}\right),$$

le changement de variable $\theta = -\theta'$ *montre l'égalité :*

$$\int_0^{\pi} \left|P\left(e^{i\theta}\right)\right|^2 d\theta = \int_0^{-\pi} \left|P\left(e^{-i\theta'}\right)\right|^2 (-d\theta') = -\int_0^{-\pi} \left|\overline{P\left(e^{i\theta'}\right)}\right|^2 d\theta' = \int_{-\pi}^{0} \left|P\left(e^{i\theta'}\right)\right|^2 d\theta',$$

ce qui permet d'écrire :

$$\int_{-\pi}^{\pi} \left|P\left(e^{i\theta}\right)\right|^2 d\theta = \int_{-\pi}^{0} \left|P\left(e^{i\theta}\right)\right|^2 d\theta + \int_0^{\pi} \left|P\left(e^{i\theta}\right)\right|^2 d\theta = 2\int_0^{\pi} \left|P\left(e^{i\theta}\right)\right|^2 d\theta.$$

Par conséquent, on peut majorer $\int_0^1 (P(t))^2 dt$ *comme suit :*

$$\int_0^1 (P(t))^2 dt \leqslant \frac{1}{2}\int_{-\pi}^{\pi} \left|P\left(e^{i\theta}\right)\right|^2 d\theta = \frac{1}{2}\int_{-\pi}^{\pi} P\left(e^{i\theta}\right) \overline{P\left(e^{i\theta}\right)} d\theta = \frac{1}{2}\int_{-\pi}^{\pi} P\left(e^{i\theta}\right) P\left(e^{-i\theta}\right) d\theta$$

$$= \frac{1}{2}\int_{-\pi}^{\pi} \sum_{j=1}^{n} a_j e^{ij\theta} \sum_{k=1}^{n} a_k e^{-ik\theta} d\theta = \frac{1}{2}\int_{-\pi}^{\pi} \sum_{j=1}^{n}\sum_{k=1}^{n} a_j a_k e^{i(j-k)\theta} d\theta$$

$$= \frac{1}{2}\sum_{j=1}^{n}\sum_{k=1}^{n} a_j a_k \underbrace{\int_{-\pi}^{\pi} e^{i(j-k)\theta} d\theta}_{=0 \text{ si } j\neq k \text{ d'après q1.}} = \frac{1}{2}\sum_{k=1}^{n} a_k^2 \int_{-\pi}^{\pi} d\theta = \pi \sum_{k=1}^{n} a_k^2.$$

Au final, on a établi l'inégalité :

$$\sum_{(i,j)\in\{1,..,n\}^2} \frac{a_i a_j}{i+j+1} = \int_0^1 (P(t))^2 dt \leqslant \pi \sum_{k=1}^{n} a_k^2.$$

4. (a) *Soit λ une valeur propre de H_n et $X = \begin{pmatrix} x_1 \\ \vdots \\ x_{n+1} \end{pmatrix} \in \mathfrak{M}_{n+1,1}(\mathbb{R}) \setminus \{0_{n+1,1}\}$ un vecteur propre associé alors $H_n X = \lambda X$. On munit $\mathfrak{M}_{n+1,1}(\mathbb{R})$ de son produit scalaire canonique*

$$\langle X \mid Y \rangle = {}^t XY = \sum_{k=1}^{n+1} x_k y_k.$$

On en déduit les égalités suivantes :

$$\forall i \in \{1,..,n+1\},\ (H_n X)_i = \sum_{j=1}^{n+1} (H_n)_{i,j}\, x_j = \sum_{j=1}^{n+1} \frac{x_j}{1+i+j} \Rightarrow$$

$$\lambda \langle X \mid X \rangle = \langle H_n X \mid X \rangle = \sum_{i=1}^{n+1}\sum_{j=1}^{n+1} \frac{x_i x_j}{1+i+j}$$

$$\underset{q2}{\overset{\text{réponse}}{=}} \int_0^1 \left(\sum_{k=1}^{n+1} x_k t^k \right)^2 dt > 0.$$

En effet, l'intégrale est positive sur $[0,1]$ car la fonction intégrée $t \mapsto \left(\sum_{k=1}^{n+1} x_k t^k \right)^2$) et non identiquement nulle sur $[0,1]$ (sinon, le polynôme $P = \sum_{k=1}^{n+1} x_k X^k$ admet tous les réels de $[0,1]$ comme racines donc il admet une infinité de racines donc il est nul c'est-à-dire que $x_1 = \cdots = x_{n+1} = 0$ donc $X = 0$, ce qui est absurde). En divisant l'inégalité obtenue par $\|X\|^2 > 0$ (car $X \neq 0$), on en déduit que $\lambda > 0$ donc $\mathrm{Sp}(H_n) \subset \mathbb{R}_+^*$.

(b) *On conserve les notations introduites à la réponse de la question précédente ainsi que les calculs effectués. Soit λ une valeur propre de H_n et*

$$X = \begin{pmatrix} x_1 \\ \vdots \\ x_{n+1} \end{pmatrix} \in \mathfrak{M}_{n+1,1}(\mathbb{R}) \setminus \{0_{n+1,1}\}$$

un vecteur propre associé. D'après la question précédente, on a $\lambda > 0$ et :

$$\lambda \|X\|^2 = \sum_{i=1}^{n}\sum_{j=1}^{n} \frac{x_i x_j}{1+i+j} \underset{q3}{\leqslant} \pi \sum_{k=1}^{n+1} (x_k)^2 = \pi \|X\|^2.$$

En divisant cette inégalité par $\|X\|^2 > 0$, on en déduit que $\lambda \leqslant \pi$ donc ;

$$\mathrm{Sp}(H_n) \subset \left]0, \pi\right]$$

Supposons qu'il existe une valeur propre λ telle que $\lambda = \pi$. En reprenant les notations et calculs effectués lors de la réponse à la question 3, toutes les inégalités doivent être des égalités. En particulier, la première :

$$\int_0^1 (P(t))^2\, dt = \int_{-1}^1 (P(t))^2\, dt \Leftrightarrow \int_{-1}^0 (P(t))^2\, dt = 0$$

qui entraine que $P = 0$, ce qui est absurde (même argumentaire qu'à la réponse à q4.b) donc on peut affirmer que :

$$\mathrm{Sp}\,(H_n) \subset \left]0, \pi\right[.$$

Commentaires 89 *Sujet assez classique pour les concours Centrale-SupElec et Mines-Ponts. Il est essentiellement calculatoire et demande un peu de recul sur ceux-ci.*
La deuxième question est souvent déroutante pour les candidats alors qu'un calcul « bête et méchant » règle le problème !
La troisième question est la plus difficile du sujet car elle est astucieuse, nécessite une dextérité dans les calculs et de la hauteur vis-à-vis de ceux ci. L'interrogateur donnera sûrement l'astuce classique $\dfrac{1}{\alpha+1} = \displaystyle\int_0^1 t^\alpha dt.$
La question 4.a est un grand classique qu'il est bon de travailler pour les oraux. Le raisonnement s'applique plus généralement à toutes les matrices de Gram c'est-à-dire toutes les matrices de la forme $G = (\langle e_i \mid e_j \rangle)_{i,j}$, *où* $\langle | \rangle$ *est un produit scalaire sur un espace euclidien et* $(e_i)_i$ *une famille libre de vecteurs.*
Il en est de même de la question 4.b qui consister à minorer ou majorer les valeurs d'endomorphismes symétriques u via des majorations ou minoration de $\langle u(x) \mid x \rangle$.

Exercice 90 (Centrale-SupElec) Soit $d > 1$. On note $\mathcal{S}_d(\mathbb{R})$ (resp. $\mathcal{O}_d(\mathbb{R})$) l'ensemble des matrices symétriques (resp. orthogonales) de $\mathfrak{M}_d(\mathbb{R})$.

1. Soient E un $\mathbb{R}$-espace vectoriel, $(a_1, ..., a_n, b_1, .., b_n, c_1, .., c_n) \in E^{3n}$ et $(\lambda_1, ..., \lambda_n) \in (\mathbb{R}_+)^n$ tel que $\lambda_1 + \cdots + \lambda_n = 1$. On pose $x = \sum_{i=1}^{n} \lambda_i a_i$.
   On suppose que, pour tout $i \in \{1, .., n\}$, a_i est combinaison convexe de b_i et c_i. Montrer que x est combinaison convexe de $(b_1, .., b_n, c_1, .., c_n)$.
2. Soit $S \in \mathcal{S}_d(\mathbb{R})$ telle que $\mathrm{Sp}(S) \subset [-1, 1]$.
   Montrer que S s'écrit comme combinaison convexe de matrices orthogonales.
3. On admet le lemme suivant :
   $$\forall M \in \mathfrak{M}_d(\mathbb{R}), \exists (O, S) \in \mathcal{O}_d(\mathbb{R}) \times \mathcal{S}_d(\mathbb{R}), M = OS.$$
   Montrer que, pour toute $M \in \mathfrak{M}_d(\mathbb{R})$ telle que les valeurs propres de ${}^tMM$ sont inférieures ou égales à 1, M s'écrit comme combinaison convexe de matrices orthogonales.
4. Soit $M \in \mathfrak{M}_d(\mathbb{R})$. Montrer qu'une matrice M est combinaison convexe de matrices orthogonales si et seulement si $\mathrm{Sp}({}^tMM) \subset [0, 1]$.

Solution 90

1. *Pour tout $i \in \{1, .., n\}$, il existe $t_i \in [0, 1]$ tel que $a_i = t_i b_i + (1 - t_i) c_i$ alors :*

$$x = \sum_{i=1}^{n} \lambda_i (t_i b_i + (1 - t_i) c_i) = \sum_{i=1}^{n} \lambda_i t_i b_i + \sum_{i=1}^{n} (1 - t_i) \lambda_i c_i.$$

Pour tout $i \in \{1,..,n\}$, $\lambda_i t_i$ *et* $(1-t_i)\lambda_i$ *sont des nombres positifs et on a l'égalité :*

$$\sum_{i=1}^{n}(\lambda_i t_i + (1-t_i)\lambda_i) = \sum_{i=1}^{n}\lambda_i = 1$$

donc x *est combinaison convexe de* $(b_1,..,b_n,c_1,..,c_n)$.

2. *D'après le théorème spectral, il existe* $P \in \mathcal{O}_d(\mathbb{R})$ *et* $\lambda_1,..,\lambda_d \in \mathrm{Sp}(S) \subset [-1,1]$ *tels que :*

$$S = P\,\mathrm{diag}(\lambda_1,..,\lambda_d)\,P^{-1} = P\left(\sum_{i=1}^{d}\lambda_i E_{i,i}\right)P^{-1} = \sum_{i=1}^{d}\lambda_i P E_{i,i} P^{-1}$$

où $E_{i,i} \in \mathfrak{M}_d(\mathbb{R})$ *est la matrice dont tous les coefficients sont nuls sauf celui d'indice* (i,i) *qui vaut* 1.
Pour chaque $i \in \{1,..,n\}$, $\lambda_i \in [-1,1]$ *alors* λ_i *est un barycentre de* -1 *et* 1 *car il existe* t_i *tel que :*

$$\lambda = t_i(-1) + (1-t_i)(1) = 1 - 2t_i \Leftrightarrow t_i = \frac{1-\lambda_i}{2}$$

et $t_i = \dfrac{1-\lambda_i}{2}$ *est un nombre compris entre* $\dfrac{1-1}{2} = 0$ *et* $\dfrac{1-(-1)}{2} = 1$ *donc* $t_i \in [0,1]$.
Pour tout $\varepsilon_1 \in \{-1,1\}$, *posons :*

$$D_{\varepsilon_1} = \mathrm{diag}(\varepsilon_1, \lambda_2, .., \lambda_d)$$

alors D *est combinaison convexe de* D_{-1} *et* D_1 *car :*

$$\begin{aligned} t_1 D_{-1} + (1-t_1) D_1 &= \mathrm{diag}(t_1(-1) + (1-t_1), t_1\lambda_2 + (1-t_1)\lambda_2, .., t_1\lambda_d + (1-t_1)\lambda_d) \\ &= \mathrm{diag}(\lambda_1, \lambda_2, .., \lambda_d) = D. \end{aligned}$$

Plus généralement, pour tout $r \in \{1,..,n\}$ *et tout* $(\varepsilon_1,..,\varepsilon_r) \in \{-1,1\}^r$, *posons :*

$$D_{\varepsilon_1,..,\varepsilon_r} = \mathrm{diag}(\varepsilon_1,..,\varepsilon_r,\lambda_{r+1},..,\lambda_d)$$

Supposons que D *soit combinaison convexe des matrices* $(D_{\varepsilon_1,..,\varepsilon_r})_{(\varepsilon_1,..,\varepsilon_r)\in\{-1,1\}^r}$.
Si $r < n$, *pour chaque* $(\varepsilon_1,..,\varepsilon_r) \in \{-1,1\}^r$, *la matrice* $D_{\varepsilon_1,..,\varepsilon_r}$ *est combinaison convexe de* $D_{\varepsilon_1,..,\varepsilon_r,-1}$ *et de* $D_{\varepsilon_1,..,\varepsilon_r,1}$ *car :*

$$t_{r+1}D_{\varepsilon_1,..,\varepsilon_r,-1} + (1-t_{r+1})\,D_{\varepsilon_1,..,\varepsilon_r,-1} = D_{\varepsilon_1,..,\varepsilon_r}.$$

donc, d'après la question précédente, on en déduit que D *est combinaison convexe des matrices* $\left(D_{\varepsilon_1,..,\varepsilon_r,\varepsilon_{r+1}}\right)_{(\varepsilon_1,..,\varepsilon_r,\varepsilon_{r+1})\in\{-1,1\}^{r+1}}$.
Ainsi, nous venons de prouver (par récurrence sur r*) que* D *est combinaison convexe des matrices* $(D_{\varepsilon_1,..,\varepsilon_d})_{(\varepsilon_1,..,\varepsilon_d)\in\{-1,1\}^d}$. *Or, pour chaque* $(\varepsilon_1,..,\varepsilon_d) \in \{-1,1\}^d$, *la matrice* $D_{\varepsilon_1,..,\varepsilon_d}$ *est orthogonale car*

$${}^tD_{\varepsilon_1,..,\varepsilon_d}D_{\varepsilon_1,..,\varepsilon_d} = (D_{\varepsilon_1,..,\varepsilon_d})^2 = D_{(\varepsilon_1)^2,..,(\varepsilon_d)^2} = D_{1,..,1} = I_n.$$

Il existe une famille $\left(\lambda_{(\varepsilon_1,..,\varepsilon_d)}\right)_{(\varepsilon_1,..,\varepsilon_d)\in\{-1,1\}}$ *de réels positifs et de somme* 1 *vérifiant :*

$$D = \sum_{(\varepsilon_1,..,\varepsilon_d)\in\{-1,1\}^d}\lambda_{(\varepsilon_1,..,\varepsilon_d)}D_{(\varepsilon_1,..,\varepsilon_d)}.$$

En multipliant (à gauche) par P et (à droite) par P^{-1}, on obtient que $PDP^{-1} = S$. Ainsi, S est combinaison convexe des matrices $\left(PD_{(\varepsilon_1,..,\varepsilon_d)}P^{-1}\right)_{(\varepsilon_1,..,\varepsilon_d)\in\{-1,1\}}$ qui sont des matrices orthogonales (comme produit de matrices orthogonales et l'ensemble des matrices orthogonales forment un groupe pour le produit matriciel).

3. *Soit $M \in \mathfrak{M}_d(\mathbb{R})$. Il existe une matrice orthogonale O et une matrice symétrique S telles que $M = OS$. Par conséquent, on a :*

$$^tMM = {}^t(OS)\,OS = {}^tS^tOOS \underset{O\in\mathcal{O}_d(\mathbb{R})}{=} {}^tSS \underset{S\in\mathcal{S}_d(\mathbb{R})}{=} S^2.$$

D'après le théorème spectral, il existe une matrice orthogonale et des réels $\lambda_1,..,\lambda_n$ tels que :

$$\begin{aligned} S &= P\operatorname{diag}(\lambda_1,..,\lambda_n)P^{-1} \Rightarrow {}^tMM = S^2 = P(\operatorname{diag}(\lambda_1,..,\lambda_n))^2P^{-1} \\ &= P\operatorname{diag}\left((\lambda_1)^2,..,(\lambda_n)^2\right)P^{-1}. \end{aligned}$$

Comme les valeurs propres de ^tMM, c'est-à-dire les réels $\left((\lambda_i)^2\right)_{1\leqslant i\leqslant d}$ (donc les valeurs propres de ^tMM sont positives) sont inférieurs ou égaux à 1, on a les inégalités suivantes :

$$\begin{aligned} \forall i &\in \{1,..,d\},\ (\lambda_i)^2 \leqslant 1 \underset{\sqrt{}\nearrow}{\Rightarrow} |\lambda_i| = \sqrt{(\lambda_i)^2} \leqslant \sqrt{1} = 1 \\ &\Rightarrow \forall i \in \{1,..,d\},\ \lambda_i \in [-1,1]. \end{aligned}$$

Autrement dit, les valeurs propres de S (qui sont les réels $(\lambda_i)_{1\leqslant i\leqslant d}$) appartiennent à $[-1,1]$. D'après la question précédente, S est combinaison convexe de matrices orthogonales c'est-à-dire qu'il existe un entier $s \in \mathbb{N}^*$, des matrices orthogonales $O_1,..,O_s$ et des réels positifs $(t_i)_{1\leqslant i\leqslant s}$ tels que $\sum_{i=1}^{s} t_i = 1$ et

$$S = \sum_{i=1}^{s} t_iO_i \Rightarrow M = OS = \sum_{i=1}^{s} t_iOO_i.$$

Ainsi, la matrice M est combinaison convexe des matrices $(OO_i)_{1\leqslant i\leqslant s}$ qui sont orthogonales (comme produit de deux matrices orthogonales car les matrices orthogonales forment un groupe pour le produit matriciel).

4. *L'implication réciproque est conséquence de la question précédente (puisque, lors de sa preuve, on a établi que toutes les valeurs propres de ^tMM sont positives). Traitons l'implication directe.*
Soit $M \in \mathfrak{M}_d(\mathbb{R})$ qui soit combinaison convexe de matrices orthogonales c'est-à-dire qu'il existe un entier $s \in \mathbb{N}^*$, des matrices orthogonales $O_1,..,O_s$ et des réels positifs $(t_i)_{1\leqslant i\leqslant s}$ tels que $\sum_{i=1}^{s} t_i = 1$ et $M = \sum_{i=1}^{s} t_iO_i$. La matrice ^tMM est symétrique à coefficients réels donc, d'après le théorème spectral, toutes ses valeurs propres sont réelles et, d'après la preuve de la question précédente, ses valeurs propres sont positives. Soit λ une valeur propre de ^tMM, il existe $X_\lambda \in \mathfrak{M}_{n,1}(\mathbb{R}) \setminus \{0_{n,1}\}$ tel que $^tMMX_\lambda = \lambda X_\lambda$. Munissons $\mathfrak{M}_{n,1}(\mathbb{R})$ de son produit scalaire canonique $\langle|\rangle$ et de sa norme associée qui sont définis par :

$$\begin{aligned} \forall (X,Y) &\in (\mathfrak{M}_{n,1}(\mathbb{R}))^2,\ \langle X \mid Y\rangle = {}^tXY, \\ \|X\| &= \sqrt{\langle X \mid X\rangle} = \sqrt{^tXX}. \end{aligned}$$

On peut alors écrire :

$$\langle X_\lambda \mid {}^tMMX_\lambda \rangle = \langle X_\lambda \mid \lambda X_\lambda \rangle \Leftrightarrow {}^tX_\lambda {}^tMMX_\lambda = \lambda \langle X_\lambda \mid X_\lambda \rangle$$
$$\Leftrightarrow {}^t(MX_\lambda) MX_\lambda = \lambda \|X_\lambda\|^2 \Leftrightarrow (1) : \|MX_\lambda\|^2 = \lambda \|X_\lambda\|^2$$

(on retrouve ainsi le caractère positif des valeurs propres de ${}^tMM$*). D'autre part, pour tout* $O \in \mathcal{O}_d(\mathbb{R})$ *(i.e.* ${}^tOO = I_n$*) et tout* $X \in \mathfrak{M}_d(\mathbb{R})$*, on a :*

$$\|OX\| = \sqrt{{}^t(OX)OX} = \sqrt{{}^tX{}^tOOX} = \sqrt{{}^tXX} = \|X\|.$$

Comme, pour chaque $i \in \{1,..,s\}$, $O_i \in \mathcal{O}_d(\mathbb{R})$ *et* $t_i \in \mathbb{R}_+$*, l'égalité ci-dessus et l'inégalité triangulaire montre l'inégalité suivante :*

$$\|MX_\lambda\| = \left\|\sum_{i=1}^{s} t_i O_i X_\lambda\right\| \leqslant \sum_{i=1}^{s} |t_i| \|O_i X_\lambda\| = \sum_{i=1}^{s} t_i \|X_\lambda\| = \|X_\lambda\|$$

(car $\sum_{i=1}^{s} t_i = 1$*). En élevant au carré cette inégalité (ce qui est licite car chacun des membres est un nombre positif) puis en divisant par* $\|X_\lambda\|^2$ *(ce qui est licite puiqu'il s'agit d'un nombre strictement positif car* X_λ *est non nul) et en utilisant l'égalité* (1)*, on obtient que* $\lambda \leqslant 1$*, ce qui permet de conclure.*

Commentaires 90 *Exercice original pour ce concours. Si la première question est une application directe du cours de convexité, la seconde sera très sélective : penser à une récurrence non triviale et non standard. L'interrogateur appréciera et valorisera certainement un candidat tentant de prouver le résultat en dimension* 1 *(tout nombre de* $[-1,1]$ *est combinaison convexe de* 1 *et* -1*, qui sont les seules matrices orthogonales en taille* 1*) puis la dimension* 2*.*
La troisième question est plus classique et standard même si elle est discriminante. La décomposition polaire ($M = OS$*) étant admise (exercice classique des concours Centrale-SupElec et Mines-Ponts), son étape clé est nécessaire : l'expression de* S *en fonction de* M *:* $S^2 = {}^tMM$*. L'interrogateur la demandera certainement aux candidats blocants.*
La quatrième question utilise des ingrédients très classiques des oraux : minoration ou majoration des valeurs propres des matrices symétriques S *par minoration ou majoration de* $\langle SX \mid X \rangle$*, diagonalisation et signe des valeurs propres des matrices* ${}^tMM$*.*
L'inter-action avec l'examinateur sera un élément important de la progression du candidat sur ce sujet donc elle n'est pas à négliger.

4.4 Mines-Ponts

Exercice 91 (Mines-Ponts) Soit $A \in \mathfrak{M}_n(\mathbb{R})$ telle que $A^3 = A^T A$.
Montrer que A est diagonalisable sur $\mathbb{C}$.

Solution 91 *La matrice $A^T A$ est symétrique à coefficients réels car*

$$\left(A^T A\right)^T = A^T \left(\left(A^T\right)^T\right) = A^T A)$$

donc elle est diagonalisable dans $\mathfrak{M}_n(\mathbb{R})$. Ainsi, il existe un polynôme $Q_1 \in \mathbb{R}[X]$ scindé à racines simples dans $\mathbb{R}[X]$ annulant $AA^T = A^3$. On peut toujours supposer Q_1 unitaire. Soient $r_1, .., r_s$ les racines de Q_1 alors :

$$Q_1 = \prod_{k=1}^{s} (X - r_k) \Rightarrow Q_1\left(A^3\right) = 0 \Leftrightarrow \prod_{k=1}^{s} \left(A^3 - r_k \operatorname{Id}\right) = 0$$

c'est-à-dire que le polynôme $Q_2 = \prod_{k=1}^{s} \left(X^3 - r_k\right)$ annule A. Posons $j = \exp\left(\frac{2\pi i}{3}\right)$. Pour toute racine r_k non nulle de Q_2, les racines du $X^3 - r_k$ sont les racines 3e du nombre r_k c'est-à-dire les nombres $\left(r_k^{1/3} j^q\right)_{0 \leqslant q \leqslant 2}$.

Premier cas *: 0 n'est pas racine de Q_1. Le polynôme Q_2 s'écrit*

$$Q_2 = \prod_{k=1}^{s} \prod_{q=0}^{2} \left(X - r_k^{1/3} j^q\right)$$

qui est scindé à racines simples dans $\mathbb{C}$. En effet, si (k, q) et (k', q') appartiennent à $\{1, ..., s\} \times \{0, 1, 2\}$ vérifient :

$$r_k^{1/3} j^q = r_{k'}^{1/3} j^{q'} \Rightarrow \left(r_k^{1/3} j^q\right)^3 = \left(r_{k'}^{1/3} j^{q'}\right)^3 \Leftrightarrow r_k = r_{k'} \Rightarrow k = k.$$

(car les racines de Q_1 sont deux à deux distinctes). On en déduit les implications suivantes :

$$r_k^{1/3} j^q = r_k^{1/3} j^{q'} \underset{\div r_k \neq 0}{\Rightarrow} j^q = j^{q'} \Rightarrow q = q'$$

(car $(q, q') \in \{0, 1, 2\}^2$). Comme Q_2 annule en outre A, on peut affirmer que A est diagonalisable dans $\mathbb{C}$.

Second cas *: 0 est racine de Q_1. Quitte à réordonner les racines de Q_1, on peut toujours suppose que $r_1 = 0$. Le polynôme Q_2 s'écrit :*

$$Q_2 = X^3 \prod_{k=2}^{s} \prod_{q=0}^{2} \left(X - r_k^{1/3} j^q\right).$$

Les polynômes

$$\left\{X^3, X - r_k^{1/3} j^q, (k, q) \in \{2, .., s\} \times \{0, 1, 2\}\right\}$$

sont deux à deux premiers entre eux donc, d'après le lemme des noyaux, on a :

$$\mathbb{C}^n = \ker\left(A^3\right) \bigoplus_{(k,q) \in \{2,..,s\} \times \{0,1,2\}} \ker\left(A - r_k^{1/3} j^q I_n\right).$$

Si on démontre que $\ker(A^3) = \ker(A)$ *alors on obtient l'égalité ensembliste suivante :*

$$\mathbb{C}^n = \ker(A) \bigoplus_{(k,q)\in\{2,..,s\}\times\{0,1,2\}} \ker\left(A - r_k^{1/3} j^q I_n\right).$$

c'est-à-dire que A est diagonalisable (la somme des espaces propres vaut $\mathbb{C}^n$). L'inclusion

$$\ker(A) \subset \ker(A^3)$$

est immédiate, pour tout $X \in \ker(A)$, *on a :*

$$AX = 0 \Rightarrow A^3X = A^2(AX) = A^2 0 = 0 \Rightarrow X \in \ker(A^3).$$

Soit $X \in \mathbb{C}^n$ *alors on a les équivalences suivantes :*

$$X \in \ker(A^3) \Leftrightarrow A^3X = 0 \Leftrightarrow A^TAX = 0.$$

On note $\overline{X} = (\overline{x_k})_{1\leqslant k\leqslant n}$ *où* $X = (x_k)_{1\leqslant k\leqslant n}$ *alors on a :*

$$\overline{X}^T A^T AX = \overline{X}^T 0 = 0 \Leftrightarrow \left(A\overline{X}\right)^T (AX) = 0.$$

Posons $Y = AX = \left(\sum_{j=1}^{n} a_{i,j}x_j\right)$ *alors on dispose de la formule*

$$\overline{Y} = \overline{\left(\sum_{j=1}^{n} a_{i,j}x_j\right)} = \sum_{j=1}^{n} \overline{a_{i,j}x_j} \underset{a_{i,j}\in\mathbb{R}}{=} \sum_{j=1}^{n} a_{i,j}\overline{x_j} = A\overline{X}.$$

Si on note $Y = (y_k)_{1\leqslant k\leqslant n}$ *alors on obtient :*

$$0 = \left(A\overline{X}\right)^T (AX) = \overline{Y}^T Y = \sum_{k=1}^{n} \overline{y_k} y_k = \sum_{k=1}^{n} |y_k|^2.$$

Cette somme étant nulle et constituée de termes positifs, tous ces termes sont nuls c'est-à-dire :

$$\forall k \in \{1, ..., n\}, \, y_k = 0 \Rightarrow Y = 0 \Leftrightarrow AX = 0 \Rightarrow X \in \ker(A).$$

Ainsi, on a démontré l'inclusion $\ker(A^3) \subset \ker(A)$ *d'où l'égalité souhaitée, ce qui permet de conclure.*

Commentaires 91 *Exercice de difficulté standard pour ce concours. Ce sujet se résout avec les grands classiques des oraux : théorème spectral et caractéristisation des matrices diagonalisables via les polynômes annulateurs. Un candidat affirmant la classique égalité* $\ker({}^tAA) = \ker(A)$ *pour conclure à la diagonalisation (l'inclusion* $\ker({}^tAA) \subset \ker(A)$ *est immédiate et l'égalité* $\|AX\|^2 = \langle {}^tAAX \mid X\rangle$ *permet de justifier l'inclusion réciproque) fera une erreur de raisonnement (il considère le noyau dans $\mathbb{R}^n$ et non dans $\mathbb{C}^n$) mais cela sera probablement bien valorisé par l'interrogateur (initiative intéressante et bonne autonomie du candidat).*
Il s'agit d'un très bon sujet d'entrainement pour les oraux des différents concours.

Exercice 92 (Mines-Ponts) On considère un espace euclidien E de dimension $n \geqslant 2$, ainsi qu'une base orthonormale $(e_1, \ldots, e_n)$ de E.

1. Soit f un endomorphisme de E. Vérifier que $\operatorname{Tr}(f) = \sum_{k=1}^{n} \langle f(e_k) \mid e_k \rangle$.
2. Soit f et g deux endomorphismes symétriques de E ayant leurs valeurs propres positives. Montrer que :
$$0 \leqslant \operatorname{Tr}(f \circ g) \leqslant \operatorname{Tr}(f)\operatorname{Tr}(g).$$
3. On suppose de plus f inversible.
Dans quel cas a-t-on : $\operatorname{Tr}(f \circ g) = 0$? $\operatorname{Tr}(f \circ g) = \operatorname{Tr}(f)\operatorname{Tr}(g)$?

Solution 92

1. Soit $A = \begin{pmatrix} a_{1,1} & \cdots & a_{1,n} \\ \vdots & & \vdots \\ a_{n,1} & \cdots & a_{n,n} \end{pmatrix}$ *la matrice de f dans la base $(e_1, ..., e_n)$ alors :*

$$\forall j \in \{1, ..., n\}, , f(e_j) = \sum_{i=1}^{n} a_{i,j} e_i \Rightarrow$$

$$\langle f(e_j) \mid e_j \rangle = \sum_{i=1}^{n} a_{i,j} \underbrace{\langle e_i \mid e_j \rangle}_{=0 \text{ si } i \neq j} = a_{j,j} \underbrace{\langle e_j \mid e_j \rangle}_{=1} = a_{j,j}$$

$$\Rightarrow \operatorname{Tr}(f) = \operatorname{Tr}(A) = \sum_{j=1}^{n} a_{j,j} = \sum_{j=1}^{n} \langle f(e_j) \mid e_j \rangle.$$

2. Comme g est symétrique, d'après le théorème spectral, il existe une base orthonormale $\mathcal{B} = (e_1, ..., e_n)$ de E formée de vecteurs propres pour g. Pour tout $i \in \{1, ..., n\}$, on note μ_i la valeur propre associée à e_i alors, d'après l'énoncé, $\mu_i \geqslant 0$ donc on a :

$$\begin{aligned} \operatorname{Tr}(g) &= \sum_{k=1}^{n} \langle g(e_k) \mid e_k \rangle = \sum_{k=1}^{n} \langle \mu_k e_k \mid e_k \rangle = \sum_{k=1}^{n} \mu_k \underbrace{\langle e_k \mid e_k \rangle}_{=1} \\ &= \sum_{k=1}^{n} \mu_k = \mu_i + \sum_{k \neq i} \underbrace{\mu_k}_{\geqslant 0} \Rightarrow (1) : \operatorname{Tr}(g) = \sum_{k=1}^{n} \mu_k \geqslant \mu_i. \end{aligned}$$

D'après la question précédente, on a :

$$\begin{aligned} (2) \quad : \quad \operatorname{Tr}(f \circ g) &= \sum_{k=1}^{n} \langle (f \circ g)(e_k) \mid e_k \rangle = \sum_{k=1}^{n} \langle f(g(e_k)) \mid e_k \rangle \\ &= \sum_{k=1}^{n} \langle f(\mu_k e_k) \mid e_k \rangle = \sum_{k=1}^{n} \mu_k \langle f(e_k) \mid e_k \rangle. \end{aligned}$$

Comme f est symétrique, d'après le théorème spectral, il existe une base orthonormale $\mathcal{B}' = (e'_1, ..., e'_n)$ de E formée de vecteurs propres pour f. Pour tout $i \in \{1, ..., n\}$, on *note* λ_i *la valeur propre associée à* e_i *et, d'après l'énoncé, on a* $\lambda_i \geqslant 0$. *Pour tout* $x \in E$, *il existe* $(x_1, ..., x_n) \in \mathbb{R}^n$ *tel que* $x = \sum_{i=1}^{n} x_i e'_i$ *donc on peut écrire :*

$$\begin{aligned}
\langle f(x) \mid x \rangle &= \left\langle \sum_{i=1}^{n} x_i f(e'_i) \mid \sum_{j=1}^{n} x_j e'_j \right\rangle = \left\langle \sum_{i=1}^{n} x_i \lambda_i e'_i \mid \sum_{j=1}^{n} x_j e'_j \right\rangle \\
&= \sum_{i=1}^{n} \sum_{j=1}^{n} \lambda_i x_i x_j \underbrace{\langle e'_i \mid e'_j \rangle}_{0 \text{ si } i \neq j} = \sum_{i=1}^{n} \lambda_i x_i^2 \underbrace{\langle e'_i \mid e'_i \rangle}_{1} \\
&= \sum_{i=1}^{n} \underbrace{\lambda_i}_{\geqslant 0} \underbrace{x_i^2}_{\geqslant à} \Rightarrow (3) : \forall x \in E, \langle f(x) \mid x \rangle \geqslant 0
\end{aligned}$$

En combinant les relations $(1), (2), (3)$, *on peut affirmer que* $\operatorname{Tr}(f \circ g) \geqslant 0$ *et*

$$\forall k \in \{1, ..., n\}, \mu_k \leqslant \sum_{j=1}^{n} \mu_j = \operatorname{Tr}(g)$$

$$\underset{\times \langle f(e_k) | e_k \rangle}{\Rightarrow} \quad \forall k \in \{1, ..., n\}, \mu_k \langle f(e_k) \mid e_k \rangle \leqslant \operatorname{Tr}(g) \langle f(e_k) \mid e_k \rangle$$

$$\Rightarrow \operatorname{Tr}(f \circ g) = \sum_{k=1}^{n} \lambda_k \langle f(e_k) \mid e_k \rangle \leqslant \operatorname{Tr}(g) \sum_{k=1}^{n} \langle f(e_k) \mid e_k \rangle = \operatorname{Tr}(g) \operatorname{Tr}(f),$$

ce qui permet de conclure.

3. *On conserve les notations et les résultats de la réponse à la question précédente.*

Étude de $\operatorname{Tr}(f \circ g) = 0$.*Puisque* f *est inversible,* 0 *n'est pas valeur propre de* f *c'est-à-dire*

$$\forall i \in \{1, ..., n\}, \lambda_i > 0.$$

En outre, on a :

$$\operatorname{Tr}(f \circ g) = 0 \Leftrightarrow \sum_{k=1}^{n} \mu_k \langle f(e_k) \mid e_k \rangle = 0.$$

Comme cette somme est nulle et chaque terme la composant est positif, on en déduit que chaque terme est nul c'est-à-dire :

$$(4) : \forall k \in \{1, ..., n\}, \mu_k \langle f(e_k) \mid e_k \rangle = 0.$$

Or, pour tout $x = \sum_{i=1}^{n} x_i e_i \in E \setminus \{0\}$ *c'est-à-dire qu'il existe* i_0 *tel que* $x_{i_0} \neq 0$, *on a :*

$$\langle f(x) \mid x \rangle = \sum_{i=1}^{n} \underbrace{\lambda_i}_{>0} \underbrace{x_i^2}_{\geqslant à} \geqslant \underbrace{\lambda_{i_0}}_{>0} \underbrace{x_{i_0}^2}_{>0} > 0$$

D'après la relation (4) *et comme* $e_k \neq 0$ *pour tout* $k \in \{1, ..., n\}$ *(ce vecteur est unitaire par exemple), on en déduit que* $\mu_k = 0$ *pour tout* $k \in \{1, ..., n\}$. *Comme la matrice de* g

dans la base $(e_1, ..., e_n)$ *est* $\operatorname{diag}\left((\mu_k)_{1\leqslant k\leqslant n}\right) = 0_n$, *on en déduit que* $g = 0$.

Étude de $\operatorname{Tr}(f \circ g) = \operatorname{Tr}(f)\operatorname{Tr}(g)$. *D'après la réponse à la question précédente, on a :*

$$\begin{aligned}
\operatorname{Tr}(f)\operatorname{Tr}(g) &= \operatorname{Tr}(f \circ g) \Leftrightarrow \operatorname{Tr}(g)\sum_{k=1}^{n}\langle f(e_k) \mid e_k\rangle = \sum_{k=1}^{n}\mu_k \langle f(e_k) \mid e_k\rangle \\
&\Leftrightarrow \sum_{k=1}^{n}\underbrace{(\operatorname{Tr}(g) - \mu_k)}_{\geqslant 0}\underbrace{\langle f(e_k) \mid e_k\rangle}_{\geqslant 0} = 0. \\
&\Rightarrow \forall k \in \{1, .., n\}, (\operatorname{Tr}(g) - \mu_k)\underbrace{\langle f(e_k) \mid e_k\rangle}_{>0} = 0 \\
&\Leftrightarrow \forall k \in \{1, .., n\}, \operatorname{Tr}(g) - \mu_k = 0 \Leftrightarrow \sum_{i\in\{1,...,n\}\setminus\{k\}}\underbrace{\mu_i}_{\geqslant 0} = 0 \\
&\Rightarrow \forall k \in \{1, .., n\}, \forall i \in \{1, .., n\} \setminus \{k\}, \mu_i = 0.
\end{aligned}$$

Autrement dit, toutes les valeurs propres de g *sont nulles donc* $g = 0$.

Commentaires 92 *Exercice standard et relativement classique pour ce concours mais qui s'avère néanmoins très discriminant. Ce sujet nécessite du candidat une importante connaissance du cours sur les espaces euclidiens et leurs endomorphismes. La première question étant un marqueur manifeste de cette connaissance en pratique.*
Les deux points clés pour la deuxième question sont de choisir une base orthonormée fournit par le théorème spectral et de savoir exprimer $\langle f(x) \mid x\rangle$ *en somme de carrées si* f *est un endomorphisme symétrique.*
La troisième question est très sélective car les raisonnements de la deuxième question perdurent mais elle demande aussi du candidat un recul certain sur les calculs qu'il mène (les raisonnements sont simples, somme de termes positifs est nulle si et seulement si tous ses termes sont nuls, encore faut-il le remarquer et l'utiliser à bon escient).

Exercice 93 (Mines-Ponts) Soit $M \in \mathcal{S}_n(\mathbb{R})$ à valeurs propres dans $\mathbb{R}_+$. Montrer que :

$$(\det(M + I_n))^{1/n} \geqslant 1 + (\det(M))^{1/n}.$$

Solution 93 *D'après le théorème spectral,* M *est diagonalisable donc il existe une matrice inversible* P *et des réels positifs (car* $\operatorname{Sp}(M) \subset \mathbb{R}_+$*) tel que*

$$\begin{aligned}
M &= \underbrace{P\operatorname{diag}(\lambda_1, .., \lambda_n)}_{D}P^{-1} \Rightarrow \det(M) = \det(D) = \prod_{i=1}^{n}\lambda_i. \\
\det(M + I_n) &= \det\left(PDP^{-1} + I_n\right) = \det\left(P(D + I_n)P^{-1}\right) = \det(D + I_n) = \prod_{i=1}^{n}(1 + \lambda_i).
\end{aligned}$$

Si $\det(M) = 0$ *alors*

$$\det(M + I_n) = \prod_{i=1}^{n}(1 + \lambda_i) \underset{\lambda_i \geqslant 0}{\geqslant} \prod_{i=1}^{n} 1 = 1 = 1 + (\det(M))^{1/n}.$$

Si $\det(M) \neq 0$ *alors tous les réels* $(\lambda_i)_{1 \leqslant i \leqslant n}$ *sont non nuls et comme ils sont positifs, on peut dire qu'ils sont strictement positifs.*
La fonction $f : t \mapsto \ln(1 + e^t)$ *est convexe sur* $\mathbb{R}$ *car elle est deux fois dérivable sur* $\mathbb{R}$ *et*

$$f' : t \mapsto \frac{e^t}{1 + e^t} = 1 - \frac{1}{1 + e^t},\ f'' : t \mapsto \frac{e^t}{(1 + e^t)^2}$$

est positive sur $\mathbb{R}_+^*$. *En particulier, en choisissant les réels* $(\ln(\lambda_i))_{1 \leqslant i \leqslant n}$ *et la famille* $\left(\frac{1}{n}\right)_{1 \leqslant i \leqslant n}$ *formée de réels positifs de somme* 1, *on peut écrire :*

$$\begin{aligned} f\left(\sum_{i=1}^{n} \frac{1}{n} \ln(\lambda_i)\right) \leqslant \sum_{i=1}^{n} \frac{1}{n} f(\ln(\lambda_i)) \Leftrightarrow f\left(\ln\left[\left(\prod_{i=1}^{n} \lambda_i\right)^{1/n}\right]\right) &\leqslant \frac{1}{n} \sum_{i=1}^{n} \ln(1 + \lambda_i) \\ \Leftrightarrow \ln\left(1 + \left(\prod_{i=1}^{n} \lambda_i\right)^{1/n}\right) &\leqslant \ln\left(\left(\prod_{i=1}^{n} (1 + \lambda_i)\right)^{1/n}\right) \\ \Leftrightarrow 1 + \left(\prod_{i=1}^{n} \lambda_i\right)^{1/n} &\leqslant \left(\prod_{i=1}^{n} (1 + \lambda_i)\right)^{1/n}, \end{aligned}$$

ce qui permet de conclure.

Commentaires 93 *Exercice classique et relativement simple pour ce concours. Les points clés étant le théorème spectral et la convexité.*

Exercice 94 (Mines-Ponts) Soient $(E, \langle | \rangle)$ un espace euclidien de dimension $n \in \mathbb{N}^*$ et $\| \ \|$ la norme associée. Soient $p \in \mathbb{N}$ avec $p > n$, $d \in \mathbb{R}_+^*$ et $(x_1, \ldots, x_p)$ une famille de vecteurs unitaires de E tels que pour $i \neq j$, $\|x_i - x_j\| = d$.

1. Déterminer les valeurs propres de la matrice $A = (\langle x_i \mid x_j \rangle)_{1 \leqslant i,j \leqslant p}$.
2. En déduire la valeur de d, puis que $p = n + 1$.

Solution 94

1. *D'après les formules de développements des normes euclidiennes, pour* $(i, j) \in \{1, .., n\}^2$ *avec* $i \neq j$, *on a :*

$$\begin{aligned} \|x_i - x_j\|^2 &= d^2 \Leftrightarrow \underbrace{\|x_i\|^2}_{=1} - 2\langle x_i \mid x_j \rangle + \underbrace{\|x_j\|^2}_{=1} = d^2 \\ &\Leftrightarrow \langle x_i \mid x_j \rangle = 1 - \frac{d^2}{2}. \end{aligned}$$

Par simplicité, notons $\alpha = 1 - \frac{d^2}{2}$. *Par conséquent, la matrice* A *s'écrit :*

$$A = \begin{pmatrix} 1 & & (\alpha) \\ & \ddots & \\ (\alpha) & & \ddots \end{pmatrix} = \alpha J + (1 - \alpha) I_n \text{ avec } J = (1)_{1 \leqslant i,j \leqslant p} \in \mathfrak{M}_p(\mathbb{R}).$$

(tous les coefficients de J valent 1). Il est immédiat que J est symétrique à coefficients réels donc elle est diagonalisable. Son rang vaut 1 (toutes ses colonnes sont colinéaires à la première qui est non nul) donc elle n'est pas inversible, ce qui prouve que 0 est valeur propre de J. En outre, d'après le théorème du rang, on a :

$$\dim(E_0(J)) = \dim(\ker(J)) = p - \operatorname{rg}(J) = p - 1.$$

Comme J est diagonalisable, sa trace est la somme de ses valeurs propres dont la dernière valeur propre λ vérifie :

$$0 + \cdots + 0 + \lambda = p \Rightarrow \lambda = p.$$

Ainsi, il existe une matrice inversible P telle que

$$\begin{aligned} J &= P\underbrace{\operatorname{diag}(0, .., 0, p)}_{=D}P^{-1} \Rightarrow A = \alpha PDP^{-1} + (1-\alpha) I_n \\ &= P(\alpha D + (1-\alpha) I_n) P^{-1} = P \operatorname{diag}(1-\alpha, .., 1-\alpha, \alpha(p-1)+1) P^{-1} \\ &= P \operatorname{diag}\left(\frac{d^2}{2}, .., \frac{d^2}{2}, \left(1 - \frac{d^2}{2}\right)(p-1)+1\right) P^{-1}, \end{aligned}$$

ce qui démontre l'égalité ensembliste :

$$\operatorname{Sp}(A) = \left\{\frac{d^2}{2}, \left(1 - \frac{d^2}{2}\right)(p-1)+1\right\}.$$

2. *Comme $p > n = \dim(E)$, la famille $(x_1, .., x_p)$ est liée donc il existe une famille de réels $(\mu_i)_{i\in\{1,..,p\}}$ non identiquement nuls tels que :*

$$\begin{aligned} &\sum_{i=1}^{p} \mu_i x_i = 0 \Rightarrow \forall j \in \{1, .., p\}, \left\langle \sum_{i=1}^{p} \mu_i x_i \mid x_j \right\rangle = 0 \\ &\Leftrightarrow \forall j \in \{1, .., p\}, \sum_{i=1}^{p} \mu_i \langle x_i \mid x_j \rangle = 0 \Rightarrow \sum_{i=1}^{p} \mu_i L_i = 0 \end{aligned}$$

où, pour chaque $i \in \{1, .., p\}$, L_i est le i^e ligne de la matrice A. Par conséquent, la famille des lignes de A est liée donc A n'est pas inversible, ce qui prouve que son déterminant vaut 0. Or, d'après la question précédente, la matrice A est diagonalisable donc son déterminant est le produit de ses valeurs propres (comptées avec multiplicité). Ainsi, on obtient l'égalité :

$$\begin{aligned} 0 = \det(A) &= \left(\frac{d^2}{2}\right)^{p-1} \left(\left(1 - \frac{d^2}{2}\right)(p-1)+1\right) \\ \underset{d\neq 0}{\Leftrightarrow} \left(1 - \frac{d^2}{2}\right)(p-1) + 1 = 0 &\Leftrightarrow 1 - \frac{d^2}{2} = -\frac{1}{p-1} \quad (\text{car } p > n \geqslant 1) \\ \Leftrightarrow \frac{d^2}{2} = 1 + \frac{1}{p-1} &= \frac{p}{p-1} \Rightarrow d = \sqrt{\frac{2p}{p-1}} \quad (d > 0) \end{aligned}$$

Prouvons que la famille $(x_1, .., x_{p-1})$ est libre en procédant par l'absurde. Supposons que la famille $(x_1, .., x_{p-1})$ soit liée. Comme, pour tout $(i, j) \in \{1, .., p-1\}^2$ avec $i \neq j$, on a $\|x_i - x_j\| = d$. On peut appliquer rigoureusement tout l'argumentaire de la question 2 à la matrice $B = (\langle x_i \mid x_j \rangle)_{1\leqslant i,j\leqslant p-1}$ (il suffit de remplacer p par $p-1$) donc

$$0 = \det(B) \Rightarrow d = \sqrt{\frac{2(p-1)}{(p-1)-1}}.$$

En particulier, si on pose

$$f : x \mapsto \sqrt{\frac{x}{x-1}} = \sqrt{1 + \frac{1}{x-1}}$$

qui est une fonction strictement décroissante sur $[1, +\infty[$ *on en déduit que*

$$\sqrt{\frac{2p}{p-1}} = d = \sqrt{\frac{2(p-1)}{(p-1)-1}} \Rightarrow f(p) = f(p-1),$$

ce qui est absurde. Ainsi, la famille $(x_1, .., x_{p-1})$ *est libre, elle est de cardinal* $p-1$ *et appartient à* E *qui est de dimension* n *donc*

$$p - 1 \leqslant n \Leftrightarrow p \leqslant n + 1.$$

Comme, par hypothèse, on a $p > n \Leftrightarrow p \geqslant n+1$*, on en déduit l'égalité attendue :* $p = n + 1$.

Commentaires 94 *Exercice étudiant le nombre maximal de points que l'on peut placer sur une sphère euclidienne et qui soient équidistants. Il n'est pas difficile techniquement et ne demande pas d'astuce particulière. Par contre, il demande une solide connaissance du cours d'espaces euclidiens et des raisonnements fondamentaux d'algèbre linéaire ainsi que des automatismes attendus sur ces chapitres. Il s'agit d'un bon sujet de préparation à l'oral sur ces thématiques.*

Exercice 95 (Mines-Ponts) On munit $\mathfrak{M}_{n,1}(\mathbb{R})$ de sa structure euclidienne canonique. Soient $p \in \mathbb{N}$ avec $p \geqslant 2$ et $A \in \mathfrak{M}_n(\mathbb{R})$. On suppose que $A^p = {}^tA$. On pose $B = A^{p+1}$.

1. Montrer que $B^p = B$ et $\forall X \in \mathfrak{M}_{n,1}(\mathbb{R}), \langle BX \mid X \rangle = \|AX\|^2$. Que dire des valeurs propres de B ?
2. Montrer que $B^2 = B$ et comparer $\mathrm{Im}(A)$, $\mathrm{Im}(B)$, $\ker(A)$ et $\ker(B)$.
3. Montrer que $\forall X \in \mathrm{Im}(A)$, $\|AX\| = \|X\|$.

Solution 95

1. *Commençons par la remarque fondamentale de cet exercice :*

$$B = A^p A = {}^tAA.$$

$\boxed{B^p = B}$ *La matrice* A *commute avec* ${}^tA$ *car :*

$$A{}^tA = AA^p = A^{p+1} = A^pA = {}^tAA.$$

On peut alors appliquer la règle de calcul suivante :

$$\begin{aligned} B^p &= \left({}^tA\right)^p A^p = {}^t\left(A^p\right) A^p \ (car\ {}^t(UV) = {}^tV{}^tU) \\ &= {}^t\left({}^tA\right)^t A = A{}^tA = {}^tAA = B. \end{aligned}$$

$\boxed{\langle BX \mid X \rangle = \|AX\|^2.}$ *Rappelons que le produit scalaire et la norme euclidienne canonique sur* $\mathfrak{M}_{n,1}(\mathbb{R})$ *sont définis par :*

$$\forall (X, Y) \in \left(\mathfrak{M}_{n,1}(\mathbb{R})\right)^2, \langle X \mid Y \rangle = {}^tXY, \|X\| = \sqrt{\langle X \mid X \rangle}.$$

Ainsi, pour tout $X \in \mathfrak{M}_{n,1}(\mathbb{R})$, *comme le produit scalaire est symétrique, on peut écrire :*

$$\langle BX \mid X\rangle = \langle X \mid BX\rangle = {}^tXBX = {}^tX{}^tAAX = {}^t(AX)\,AX = \|AX\|^2.$$

$\boxed{\mathrm{Sp}(B).}$ *La matrice* B *est symétrique à coefficients réels car :*

$${}^tB = {}^tA^t\left({}^tA\right) = {}^tAA = B$$

donc, d'après le théorème spectral, elle est diagonalisable (en base orthonormale) et ses valeurs propres sont réelles. En outre, si λ *est une valeur propre de* B *et* $X_0 \in \mathfrak{M}_{n,1}(\mathbb{R})$, *la formule précédente montre que :*

$$\langle BX_0 \mid X_0\rangle = \|AX_0\|^2 \Leftrightarrow \langle \lambda X_0 \mid X_0\rangle = \|AX_0\|^2$$

$$\Leftrightarrow \lambda\langle X_0 \mid X_0\rangle = \|AX_0\|^2 \underset{\div\|X_0\|^2\neq 0}{\Leftrightarrow} \lambda = \frac{\|AX_0\|^2}{\|X_0\|^2} \geqslant 0.$$

Par conséquent, toutes les valeurs propres de B *sont réelles et positives.*

2. $\boxed{B^2 = B.}$ *D'après la question précédente, le polynôme*

$$P = X^p - X = X\left(X^{p-1} - 1\right)$$

annule B *donc*

$$\mathrm{Sp}(B) \subset \{\textit{racines de } P\} \subset \{0, 1, -1\}$$

(selon la parité de $p-1$*). Or, les valeurs propres de* B *sont positives (cf. question 1) donc*

$$\mathrm{Sp}(B) \subset \{0, 1\}$$

et comme B *est diagonalisable (cf. question 1), il existe une matrice inversible* P *telle que*

$$B = P\underbrace{\mathrm{diag}(0, .., 0, 1, .., 1)}_{=D}P^{-1} \Rightarrow B^2 = PD^2P^{-1} = PDP^{-1} = B$$

(car $0^2 = 0$ *et* $1^2 = 1$*).*

Comparaison*. Soit* $X \in \ker(A)$ *alors*

$$AX = 0 \Rightarrow BX = {}^tAAX = {}^tA0 = 0 \textit{ donc } \ker(A) \subset \ker(B).$$

Soit $X \in \ker(B)$ *alors, d'après la question précédente, on a l'égalité :*

$$\|AX\|^2 = \langle BX \mid X\rangle = \langle 0 \mid X\rangle = 0 \Rightarrow AX = 0 \Rightarrow X \in \ker(A),$$

ce qui prouve l'inclusion

$$\ker(B) \subset \ker(A) \Rightarrow \ker(B) = \ker(A).$$

Soit $X \in \mathrm{Im}(B)$ *alors il existe* Y *tel que*

$$X = BY = A^{p+1}Y = A\left(A^pY\right) \in \mathrm{Im}(A)$$

d'où l'inclusion $\mathrm{Im}(B) \subset \mathrm{Im}(A)$. *Or, d'après le théorème du rang, on a :*

$$\begin{aligned}\dim(\mathrm{Im}(B)) &= \mathrm{rg}(B) = n - \dim(\ker(B)) = n - \dim(\ker(A)) \\ &= \mathrm{rg}(A) = \dim(\mathrm{Im}(A)),\end{aligned}$$

ce qui prouve l'égalité ensembliste :

$$\mathrm{Im}(B) = \ker(B).$$

3. *Soit* $X \in \mathrm{Im}(A)$. *D'après la question précédente, on a l'égalité* $\mathrm{Im}(B) = \mathrm{Im}(A)$ *donc* $X \in \mathrm{Im}(B)$. *Comme* B *est un projecteur et que* $X \in \mathrm{Im}(B)$, *on peut affirmer que* $BX = X$. *En utilisant la question 1, on en déduit que :*

$$\|AX\|^2 = \langle BX \mid X\rangle = \langle X \mid X\rangle = \|X\|^2,$$

ce qui permet de conclure (en passant à la racine carrée).

Commentaires 95 *Exercice très (trop ?) détaillé pour le concours Mines-Ponts. Il ne teste pas l'autonomie ou l'imagination du candidat mais uniquement sa bonne compréhension des notions fondamentales concernant les espaces euclidiens et leurs endomorphismes, de la réduction des endomorphismes ainsi que celles d'algèbre linéaire. L'interrogateur sera également attentif à la rigueur du candidat (dans l'énonciation des résultats et la mise en place de ceux-ci). Ce sujet est originellement issu du concours Centrale-SupElec.*

Exercice 96 (Mines-Ponts) Soit E un espace vectoriel euclidien et p, q deux projecteurs orthogonaux.

1. Montrer que $p + q$ admet des vecteurs propres.
2. Montrer que, pour vecteur propre x de $p + q$, l'espace vectoriel $\mathrm{Vect}(x, p(x))$ est stable par p et q.
3. Montrer que E peut se décomposer en somme directe de plans ou droites stables par p et q.

Solution 96

1. *Comme* p *et* q *sont des projecteurs orthogonaux, ce sont deux endomorphismes symétriques donc leur somme* $p + q$ *est également un endomorphisme symétrique. D'après le théorème spectral,* $p + q$ *est diagonalisable en base orthonormale donc il possède des vecteurs propres.*
2. *Soit* x *un vecteur propre de* $p + q$, *il existe un réel* λ *tel que*

$$(p + q)(x) = \lambda x \Leftrightarrow (*) : p(x) + q(x) = \lambda x.$$

Notons $F = \mathrm{Vect}(x, p(x))$. *Comme* p *est un projecteur, on a* $p^2 = p$, *ce qui nous permet d'écrire :*

$$p(F) = p(\mathrm{Vect}(x, p(x))) = \mathrm{Vect}\left(p(x), p^2(x)\right) = \mathrm{Vect}(p(x)) \subset F.$$

D'après $(*)$, *on peut affirmer que*

$$\begin{aligned} q(x) &= \lambda x - p(x) \in \mathrm{Vect}(x, p(x)) = F \\ q(p(x)) &= q(\lambda x - q(x)) = \lambda q(x) - q^2(x) = \lambda q(x) - q(x) \\ &= (\lambda - 1)\underbrace{q(x)}_{\in F} \in F \end{aligned}$$

donc on a l'égalité ensembliste suivante :

$$q(F) = q(\mathrm{Vect}(x, p(x))) = \mathrm{Vect}(q(x), q(p(x))) \subset F.$$

3. *On procède par récurrence forte en posant pour tout entier $n \geqslant 1$ $(\mathcal{H}_n)$: « pour tout espace vectoriel euclidien E de dimension n et tous projecteurs orthogonaux p et q de E, E est somme directe orthogonale de plans stables par p et q ».*
Initialisation *$n = 1$. Soient E espace vectoriel euclidien de dimension 1, p et q deux projecteurs orthogonaux de E. Alors E est une droite et il est stable par p et q sont $(\mathcal{H}_1)$ est vraie.*
Hérédité. *Soit $n \geqslant 2$ et supposons la propriété $(\mathcal{H}_k)$ vérifiée pour tout entier $k \in \{1, .., n-1\}$. Soient E espace vectoriel euclidien de dimension 1, p et q deux projecteurs orthogonaux de E.*
D'après la question 1, il existe un vecteur propre x de $p+q$ et $F = \mathrm{Vect}\,(x, p(x))$ est stable par p et q. Comme $x \neq 0$ (puisque c'est un vecteur propre), on peut affirmer que $\dim(F) \geqslant 1$ et comme $(x, p(x))$ est une famille génératrice de F, on peut affirmer que $\dim(F) \leqslant 2$. Ainsi, F est une droite ou un plan stable par p et q. Comme $p+q$ est symétrique et que F est stable par $p+q$, on peut affirmer que $F^\perp$ est stable par $p+q$ (résultat de cours).
Si $F = E$ alors E est un plan stable (car $\dim(E) = n \geqslant 2$ et $\dim(E) = \dim(F) \leqslant 2$) par $p+q$ et $(\mathcal{H}_n)$ est vraie.
Si $F \neq E$ alors $F^\perp \neq \{0\}$. Notons p_1 (respectivement) q_1 la restriction de p (resp. q) à $F^\perp$. Il est immédiat que $F^\perp$ est un espace euclidien de dimension $k \in \{1, .., n-1\}$ et p, q sont deux endomorphismes de $F^\perp$. Comme p (resp. q) est un projecteur orthogonal de E, on peut affirmer que p_1 (resp. q_1) est un projecteur orthogonal de $F^\perp$ puisque :

$$\forall x \in F^\perp,\ (p_1)^2(x) = p_1(p_1(x)) = p(p(x)) = p(x) = p_1(x)$$

(donc p_1 est un projecteur) et, pour tout $(x, y) \in \left(F^\perp\right)^2$, on a :

$$\langle p_1(x) \mid y\rangle = \langle p(x) \mid y\rangle \underset{p \in \mathcal{S}(E)}{=} \langle x \mid p(y)\rangle = \langle x \mid p_1(y)\rangle$$

donc $p_1 \in \mathcal{S}\left(F^\perp\right)$, ce qui prouve que p_1 (idem pour q_1) est un projecteur orthogonal (caractérisation des projecteurs orthogonaux comme projecteurs qui sont des endomorphismes symétriques). L'hypothèse de récurrence montre qu'il existe des droites ou plans $(F_i)_{1 \leqslant i \leqslant s}$ tels que

$$F^\perp = \bigoplus_{i=1}^{s} F_i \text{ avec } \forall (i,j) \in \{1, .., s\}^2,\ i \neq j \Rightarrow F_i \perp F_j.$$

Comme E est de dimension finie, on peut affirmer que :

$$E = F \oplus F^\perp = F \oplus \left(\bigoplus_{i=1}^{s} F_i\right).$$

Comme les espaces $(F, F_1, .., F_s)$ sont deux à deux orthogonaux (pour tout i, $F_i \subset F^\perp$ donc F_i est orthogonal à F et les F_i sont orthogonaux entre eux), ils sont en somme directe. En outre, d'après les formules de Grassmann et de l'orthogonal d'un sous-espace vectoriel, on a la formule suivante :

$$\begin{aligned} \dim(E) &= \dim(F) + \dim\left(F^\perp\right) = \dim(F) + \dim\left(\bigoplus_{i=1}^{s} F_i\right) \\ &= \dim(F) + \sum_{i=1}^{s} \dim(F_i). \end{aligned}$$

Par conséquent, les sous-espaces $(F, F_1, .., F_s)$ sont en somme directe et leur somme vaut E. Chacun de ces sous-espaces étant une droite ou un plan, on en déduit que $(\mathcal{H}_n)$ est vraie.

Ainsi, dans tous les cas, $(\mathcal{H}_n)$ est vraie, ce qui achève la récurrence et permet de conclure.

La troisième question est en partie une recopie de cours (très proche de la preuve par récurrence du théorème spectral, une fois démontré l'existence d'une valeur propre réelle à tout endomorphisme symétrique). Le point clé étant le lemme de cours suivant : si u est symétrique, si F est un sous-espace stable par u alors $F^{\perp}$ est stable par u (ceci est aussi vraie pour les endomorphismes orthogonaux des espaces euclidiens). A l'oral, il n'est pas attendu une rigueur aussi importante que dans ce corrigé. Un candidat solide l'invoquant et indiquant que le résultat est vraie en dimension 1 et 2 (il devra l'expliquer) puis affirmer qu'une récurrence sur la dimension suffit (l'appliquer à F et à $F^{\perp}$) convaincra probablement un nombre important d'interrogateurs.

Commentaires 96 *La première question pose difficulté à de nombreux candidats qui oublient le caractère symétrique des projections orthogonales (qui est inscrit au programme officiel de MP). L'interrogateur se fera certainement un plaisir de demander au candidat l'ayant oublié de le redémontré. Cet oubli ne sera probablement pas sanctionné (si le candidat parvient à faire la preuve de façon autonome néanmoins).*

La deuxième question ne doit pas poser de difficulté particulière à un candidat au concours Mines-Ponts.

Exercice 97 (Mines-Ponts) On considère le système

$$(\mathcal{S}) : \left\{ \begin{array}{l} M^2 + I_n = 0_n \\ M^t M = {}^t M M \end{array} \right.$$

d'inconnue $M \in \mathfrak{M}_n(\mathbb{R})$.

1. Résoudre le système pour n impair.
2. Résoudre le système pour n pair.

Solution 97

1. *Supposons que $(\mathcal{S})$ admet une solution $M \in \mathfrak{M}_n(\mathbb{R})$.*
   Première méthode (MPSI). *On peut écrire :*

   $$M^2 = -I_n \Rightarrow \det(M^2) = \det(-I_n) \Leftrightarrow (\det(M))^2 = (-1)^n.$$

   Comme $\det(M) \in \mathbb{R}$, on peut affirmer que $(\det(M))^2$ est positif et comme n est impair, on a $(-1)^n = -1 < 0$, ce qui absurde.
   Seconde méthode (MP). *Le polynôme caractéristique χ_M étant de degré impair et à coefficients réels, il admet (au moins) une racine (théorème des valeurs intermédiaires car χ_M est continue sur $\mathbb{R}$, tend vers $-\infty$ en $-\infty$ et $+\infty$ en $+\infty$). Ainsi, M admet des valeurs propres. Or, le polynôme $P = X^2 + 1$ annule M donc ses valeurs propres sont racines de P. Ce dernier n'admettant aucune racine dans $\mathbb{R}$, on obtient une contradiction.*
   Conclusion *: $(\mathcal{S})$ n'admet aucune solution.*
2. *Comme n est pair, il existe un entier p tel que $n = 2p$. On procède par analyse-synthèse.*
   Phase d'analyse. *On considère la matrice*

   $$A = M^t M = {}^t M M$$

qui est symétrique à coefficients réels (car ${}^tA = A$*) donc, d'après le théorème spectral, elle est diagonalisable donc il existe une matrice inversible* P *telle que* $P^{-1}AP$ *est diagonale. Comme* M *commute avec* ${}^tM$*, on peut écrire l'égalité suivante :*

$$A^2 = {}^tMM^2\,{}^tM = {}^tM\,(-I_n)^t\,M = -{}^t(MM) = -{}^t(-I_n) = I_n,$$

donc le polynôme $P = X^2 - 1$ *annule* A*, ce qui prouve l'inclusion ensembliste*

$$\mathrm{Sp}\,(A) \subset \{\textit{racines de } P\} = \{-1, 1\}.$$

Munissons $\mathfrak{M}_{n,1}(\mathbb{R})$ *de son produit scalaire canonique*

$$\forall\,(X,Y) \in (\mathfrak{M}_{n,1}(\mathbb{R}))^2,\ \langle X \mid Y\rangle = {}^tXY.$$

Supposons que -1 *soit valeur propre de* A*, il existe* $X \in \mathfrak{M}_{n,1}(\mathbb{R}) \setminus \{0\}$ *tel que :*

$$\begin{aligned} AX = -X &\Rightarrow \langle AX \mid X\rangle = \langle -X \mid X\rangle \Leftrightarrow {}^tX\,{}^tAX = -\|X\|^2 \\ &\Leftrightarrow {}^tX^tMMX = -\|X\|^2 \Leftrightarrow {}^t(MX)\,MX = -\|X\|^2 \\ &\Leftrightarrow \underbrace{\|MX\|^2}_{\geqslant 0} = \underbrace{-\|X\|^2}_{\leqslant 0} \leqslant 0 \Rightarrow \|X\|^2 = 0 \Rightarrow X = 0, \end{aligned}$$

ce qui absurde donc -1 *n'est pas valeur propre de* A*. Ainsi,* 1 *est l'unique valeur propre de* A *donc on peut écrire :*

$$P^{-1}AP = \mathrm{diag}\,(1,..,1) = I_n \Rightarrow A = PI_nP^{-1} = I_n \Leftrightarrow M^tM = I_n$$

donc M *est une matrice orthogonale. D'après le théorème de réduction des isométries, il existe une matrice orthogonale* P*, des entiers* r, s, t *(éventuellement nuls) et des réels* $\theta_1, .., \theta_t$ *tels que :*

$$M = P\,\mathrm{diag}\,(-I_r, I_s, R_{\theta_1}, .., R_{\theta_t})\,P^{-1} \textit{ avec } \forall\theta \in \mathbb{R},\ R_\theta = \begin{pmatrix} \cos(\theta) & -\sin(\theta) \\ \sin(\theta) & \cos(\theta) \end{pmatrix}.$$

Remarquons également que $(R_\theta)^2 = R_{2\theta}$ *(composée deux fois une rotation d'angle* θ *donne une rotation d'angle* 2θ*). D'après le calcul matriciel par blocs, l'équation* $M^2 + I_n = 0$ *se réécrit :*

$$\begin{aligned} M^2 &= -I_n \Leftrightarrow P\,\mathrm{diag}\left((-I_r)^2, (I_s)^2, (R_{\theta_1})^2, .., (R_{\theta_t})^2\right) = -I_n \\ &\Leftrightarrow \mathrm{diag}\,(I_r, I_s, R_{2\theta_1}, .., R_{2\theta_t}) = I_n \Leftrightarrow r = s = 0 \textit{ et } \forall i \in \{1,..,t\},\ R_{2\theta_i} = -I_2 \\ &\Leftrightarrow r = s = 0 \textit{ et } \forall i \in \{1,..,t\},\ 2\theta_i = \pi \bmod (2\pi) \quad (*) \\ &\Leftrightarrow \forall r = s = 0 \textit{ et } i \in \{1,..,t\},\ \theta_i = \frac{\pi}{2} \bmod (\pi) \\ &\Leftrightarrow r = s = 0 \Rightarrow \forall i \in \{1,..,t\},\ R_{\theta_i} = \pm\begin{pmatrix} 0 & -1 \\ 1 & 0 \end{pmatrix} \\ &\Rightarrow M = P\,\mathrm{diag}\,(\varepsilon_1 R, .., \varepsilon_p R)\,P^{-1} \textit{ avec } R = \begin{pmatrix} 0 & -1 \\ 1 & 0 \end{pmatrix} \textit{ et } \varepsilon_1, .., \varepsilon_p \in \{-1, 1\}. \end{aligned}$$

$(*)$ *les seules rotations du plan qui sont des symétries par rapport à* O *sont celles d'angle* π *(à* 2π *près).*

Synthèse. *Soient* $P \in \mathcal{O}_n(\mathbb{R})$ *et* $\varepsilon_1, .., \varepsilon_p \in \{-1, 1\}$*, posons :*

$$R = \begin{pmatrix} 0 & -1 \\ 1 & 0 \end{pmatrix} \textit{ et } M = P\,\mathrm{diag}\,(\varepsilon_1 R, .., \varepsilon_p R)\,P.$$

Alors, par le calcul matriciel par blocs, on a :

$$\begin{aligned} M^2 &= P\operatorname{diag}\left(\left(\varepsilon_i R\right)^2\right)_{1\leqslant i\leqslant p} P^{-1} = P\operatorname{diag}\left(R^2\right)_{1\leqslant i\leqslant p} P^{-1} = P\operatorname{diag}\left(-I_2\right)P^{-1} \\ &= P\left(-I_n\right)P^{-1} = -I_n \Rightarrow M^2 + I_n = 0_n. \end{aligned}$$

En outre, comme P est orthogonale, on a

$${}^tP = P^{-1} \Rightarrow {}^t\left(P^{-1}\right) = P \text{ et } {}^tR = \begin{pmatrix} 0 & 1 \\ -1 & 0 \end{pmatrix} = \begin{pmatrix} 0 & 1 \\ -1 & 0 \end{pmatrix} = -R.$$

Toujours par calcul matriciel par blocs, on a la formule suivante :

$$\begin{aligned} {}^tM &= {}^t\left(P^{-1}\right)\operatorname{diag}\left({}^t\left(\varepsilon_1 R\right),..,{}^t\left(\varepsilon_p R\right)\right)P^{-1} \\ &= P\operatorname{diag}\left(-\varepsilon_1 R,..,-\varepsilon_p R\right)P^{-1} = -M \\ &\Rightarrow {}^tMM = -M^2 = M\left(-M\right) = M{}^tM. \end{aligned}$$

Conclusion *: Les solutions du système $(\mathcal{S})$ sont exactement les matrices :*

$$\begin{aligned} M &= P\operatorname{diag}\left(\varepsilon_1 R,..,\varepsilon_p R\right)P^{-1} \text{ avec} \\ P &\in \mathcal{O}_n\left(\mathbb{R}\right),\ R = \begin{pmatrix} 0 & -1 \\ 1 & 0 \end{pmatrix} \text{ et } \varepsilon_1,..,\varepsilon_p \in \left\{-1,1\right\}. \end{aligned}$$

Commentaires 97 *La première question est assez astucieuse (et sans grand intérêt d'apprentissage, hormis de montrer que le système n'admet aucune solution).*
La seconde question est par contre très intéressante car elle fait un tour d'horizon des notions clés du chapitre des endomorphismes des espaces euclidiens (théorème spectral, diagonalisation et signe des valeurs propres de ${}^tMM$, observer la commutation pour en déduire une équation vérifiée par celle-ci, utiliser le théorème de structure des endomorphismes orthogonaux pour trouver tous ceux vérifiant $R^2 = -I_n$).

Chapitre 5

Structures algébriques et arithmétique

5.1 CCINP

Exercice 98 (CCINP) Soit I un idéal de l'anneau commutatif A, on appelle radical de A l'ensemble

$$\sqrt{I} = \{x \in A, \quad \exists n \in \mathbb{N}^* \ / \ x^n \in I\}.$$

1. Montrer que $\sqrt{0} = \{x \in A, \quad \exists n \in \mathbb{N}^*, \, x^n = 0\}$ est un idéal de A.
2. Montrer que $\sqrt{I}$ est un idéal et qu'il contient I.
3. Soit I et J des idéaux de A.
   (a) Montrer que : $(I \subset J) \Rightarrow \left(\sqrt{I} \subset \sqrt{J}\right)$.
   (b) Montrer que : $\sqrt{I \cap J} = \sqrt{I} \cap \sqrt{J}$.
4. Soit I un idéal de A. Montrer que $\sqrt{\sqrt{I}} = \sqrt{I}$.

Solution 98

1. *Soient $a \in A$ et $x \in \sqrt{0}$. Il existe un entier $n \geqslant 1$ tel que $x^n = 0$. Comme A est commutatif, on a*

$$(ax)^n = a^n x^n = a^n 0 = 0 \Rightarrow ax \in \sqrt{0}.$$

Soient x et y appartenant à $\sqrt{0}$. Il existe $n \geqslant 1$ et $m \geqslant 1$ tels que $x^n = 0$ et $y^m = 0$. Comme x et y commutent (puisque A est commutatif), la formule du binôme de Newton montre que :

$$(x+y)^{n+m} = \sum_{k=0}^{n+m} \binom{n+m}{k} x^k y^{n+m-k}.$$

Si $k \in \{n, ..., n+m\}$ alors $n-k \in \mathbb{N}$ donc

$$x^k = x^n x^{k-n} = 0x^{k-n} = 0.$$

Si $k \in \{0, ..., n-1\}$ alors $k < n$ donc $n-k \in \mathbb{N}$ donc

$$y^{n+m-k} = y^m y^{n-k} = 0y^{n-k} = 0.$$

Par conséquent, quelque soit $k \in \{0, ..., n+m\}$, $x^k y^{n+m-k} = 0$ *donc* $(x+y)^{n+m} = 0$ *avec* $n + m \geqslant 1$, *ce qui prouve que* $x + y \in \sqrt{0}$. *Ainsi,* $\sqrt{0}$ *est un idéal de* A.

2. *Soit* $x \in I$, *on a* $x^1 = x \in I$ *donc* $x \in \sqrt{I}$, *ce qui prouve l'inclusion* $I \subset \sqrt{I}$.
Soient $a \in A$ *et* $x \in \sqrt{I}$. *Il existe un entier* $n \geqslant 1$ *tel que* $x^n \in I$. *Comme* A *est commutatif, on a*

$$(ax)^n = \underbrace{a^n}_{\in A} \underbrace{x^n}_{\in I} \in I \Rightarrow ax \in \sqrt{I}.$$

Soient x *et* y *appartenant à* $\sqrt{I}$. *Il existe* $n \geqslant 1$ *et* $m \geqslant 1$ *tels que* $x^n \in I$ *et* $y^m \in I$. *Comme* x *et* y *commutent (puisque* A *est commutatif), la formule du binôme de Newton montre que :*

$$(x+y)^{n+m} = \sum_{k=0}^{n+m} \binom{n+m}{k} x^k y^{n+m-k}.$$

Si $k \in \{n, ..., n+m\}$ *alors* $n - k \in \mathbb{N}$ *donc*

$$x^k y^{n+m-k} = \underbrace{x^n}_{\in I} \underbrace{x^{k-n} y^{n+m-k}}_{\in A} \in I.$$

Si $k \in \{0, ..., n-1\}$ *alors* $k < n$ *donc* $n - k \in \mathbb{N}$ *donc*

$$x^k y^{n+m-k} = \underbrace{x^k y^{n-k}}_{\in A} \underbrace{y^m}_{aI} \in I.$$

Par conséquent, quelque soit $k \in \{0, ..., n+m\}$, $x^k y^{n+m-k} \in I$ *donc*

$$\binom{n+m}{k} x^k y^{n+m-k} = \underbrace{x^k y^{n+m-k} + \cdots + x^k y^{n+m-k}}_{\binom{n+m}{k} \text{ fois}} \in I$$

(car I *est un idéal de* A *donc il est stable par addition). Par conséquent, on a :*

$$(x+y)^{n+m} = \sum_{k=0}^{n+m} \binom{n+m}{k} x^k y^{n+m-k} \in I$$

(car I *est un idéal donc il est stable par addition) avec* $n + m \geqslant 1$, *ce qui prouve que* $x + y \in \sqrt{I}$. *Ainsi,* $\sqrt{I}$ *est un idéal de* A.

3.

(a) *Soit* $x \in \sqrt{I}$, *il existe un entier* n *tel que* $x^n \in I$ *et comme* $I \subset J$, *on a* $x^n \in J$ *donc* $x \in \sqrt{J}$ *d'où l'inclusion* $\sqrt{I} \subset \sqrt{J}$.

(b) *Comme* $I \cap J \subset I$ *et* $I \cap J \subset J$, *d'après la question précédente, on a les inclusions :*

$$\begin{cases} \sqrt{I \cap J} \subset \sqrt{I} \\ \sqrt{I \cap J} \subset \sqrt{J} \end{cases} \Rightarrow \sqrt{I \cap J} \subset \sqrt{I} \cap \sqrt{J}.$$

Soit $x \in \sqrt{I} \cap \sqrt{J}$. *Comme* $x \in \sqrt{I}$, *il existe un entier* $n \geqslant 1$ *tel que* $x^n \in I$ *et comme* $x \in \sqrt{J}$, *il existe un entier* $m \geqslant 1$ *tel que* $x^m \in J$ *donc*

$$x^{n+m} = \begin{cases} \underbrace{x^n}_{\in I} \underbrace{x^m}_{\in A} \in I \\ \underbrace{x^n}_{\in A} \underbrace{x^m}_{\in J} \in J \end{cases} \Rightarrow x^{n+m} \in I \cap J \text{ avec } n + m \geqslant 2 \geqslant 1.$$

d'où $x \in \sqrt{I \cap J}$. *Ainsi, on a prouvé l'inclusion* $\sqrt{I} \cap \sqrt{J} \subset \sqrt{I \cap J}$ *d'où l'égalité* $\sqrt{I} \cap \sqrt{J} = \sqrt{I \cap J}$.

4. *D'après la question 2, on a l'inclusion* $I \subset \sqrt{I}$. *D'après la question 3.a, on en déduit l'inclusion* $\sqrt{I} \subset \sqrt{\sqrt{I}}$.
Soit $x \in \sqrt{\sqrt{I}}$. *Il existe un entier* $n \geqslant 1$ *tel que* $x^n \in \sqrt{I}$ *donc il existe un entier* $m \geqslant 1$ *tel que* $(x^n)^m \in I \Leftrightarrow x^{nm} \in I$. *Comme* $nm \geqslant 1 \times 1 = 1$, *on en déduit que* $x \in \sqrt{I}$, *ce qui prouve l'inclusion* $\sqrt{\sqrt{I}} \subset \sqrt{I}$. *Ainsi, on a démontré l'égalité* $\sqrt{\sqrt{I}} = \sqrt{I}$.

Commentaires 98 *A priori, l'exercice est difficile pour CCINP car les structures algébriques sont peu questionnées à ses oraux et peu maitrisées par les candidats. En effet, en pratique un candidat CCINP en a peu pratiqué tant en MPSI qu'en MP (ces notions sont plus présentes aux concours Mines-Ponts et surtout X-ENS). Il est fort probable qu'une part importante des candidats ne se souvienne plus de la notion d'idéal donc soit dans l'impossibilité de traiter les questions 1 et 2. Il ne faut pas paniquer dans ce type de configuration et lire intégralement le sujet. Heureusement, le concepteur a paré à cette éventualité car les questions 3.a et 4 peuvent se résoudre sans connaitre la notion d'idéal. La phase d'interaction sera primordiale : l'interrogateur rappellera la définition d'un idéal et attendra alors que le candidat soit apte à traiter seul la question 2.*

5.2 Centrale Math 1

Exercice 99 Soit $I = [-1,1]$. On considère l'ensemble A des fonctions de I dans $\mathbb{C}$ de la forme $t \mapsto P(t) + iQ(t)\sqrt{1-t^2}$, avec P et Q dans $\mathbb{R}[X]$. On pose $\omega : t \mapsto t + i\sqrt{1-t^2}$.

1. Montrer que A est un sous-anneau de $C^0(I,\mathbb{C})$. Est-il intègre ?
2. Soit $(\alpha_1,..,\alpha_n) \in \mathbb{R}^n$ distincts deux à deux. Montrer que la famille $t \mapsto \left(e^{i\alpha_k t}\right)_{1\leqslant k\leqslant n}$ est libre.
3. Montrer que les éléments inversibles de A sont les fonctions $a\omega^n$ avec $a \in \mathbb{R}^*$ et $n \in \mathbb{Z}$.

Solution 99

1. ***Sous-anneau***. *On utilise la caractérisation des sous-anneaux.*
Soient f,g appartenant à A. Il existe P_1,Q_1,P_2,Q_2 dans $\mathbb{R}[X]$ tels que, pour tout réel $t\in I$, on a :

$$f(t) = P_1(t) + iQ_1(t)\sqrt{1-t^2},\ g : t \mapsto P_2(t) + iQ_2(t)\sqrt{1-t^2}$$

Comme les fonctions $t \mapsto P_1(t)$, $t \mapsto Q_1(t)$ et $t \mapsto \sqrt{1-t^2}$ sont continues sur I, la fonction f est continue sur I d'où l'inclusion $A \subset C^0(I,\mathbb{C})$. En outre, un calcul direct nous donne :

$$\begin{aligned}(f-g)(t) &= f(t) - g(t) = (P_1 - P_2)(t) + i(Q_1 - Q_2)(t)\sqrt{1-t^2}\\ (fg)(t) &= f(t)g(t) = \left(P_1(t)P_2(t) - \left(1-t^2\right)Q_1(t)Q_2(t)\right)\\ &\quad +i\left(P_1(t)Q_2(t) + P_2(t)Q_1(t)\right)\sqrt{1-t^2}.\end{aligned}$$

Comme $P_1 - P_2$, $Q_1 - Q_2$, $P_1P_2 - \left(1-X^2\right)Q_1Q_2$, $P_1Q_1 + P_2Q_1$ appartiennent à $\mathbb{R}[X]$, on peut affirmer que $f-g$ et fg appartiennent à A.
$0_{\mathcal{F}(I,\mathbb{C})}$ *(la fonction identiquement nulle sur I) appartient à A car, en choisissant $P = Q = 0_{\mathbb{R}[X]}$ (qui appartiennent à $\mathbb{R}[X]$), on a :*

$$t \mapsto P(t) + iQ(t)\sqrt{1-t^2} = 0 = 0_{\mathcal{F}(I,\mathbb{C})}.$$

$1_{\mathcal{F}(I,\mathbb{C})}$ *(la fonction identiquement égale à 1 sur I) appartient à A car, en choisissant $P = 1$ et $Q = 0_{\mathbb{R}[X]}$ (qui appartiennent à $\mathbb{R}[X]$), on a :*

$$t \mapsto P(t) + iQ(t)\sqrt{1-t^2} = 1 = 1_{\mathcal{F}(I,\mathbb{C})}.$$

Ainsi, $(A,+,\times)$ est un sous-anneau de $\mathcal{C}^0(I,\mathbb{C})$.
Intégrité. *On conserve les notations ci-dessus. Supposons que :*

$$\begin{aligned} f &= 0 \Leftrightarrow \forall t\in I,\ \underbrace{P(t)}_{\in\mathbb{R}} + i\underbrace{Q(t)\sqrt{1-t^2}}_{\in\mathbb{R}} = 0\\ &\Leftrightarrow \forall t\in I,\ P(t) = 0 \text{ et } Q(t)\sqrt{1-t^2} = 0\\ &\Leftrightarrow \forall t\in I,\ P(t) = 0 \text{ et } \forall t\in\,]-1,1[,\ Q(t) = 0\end{aligned}$$

(en divisant par $\sqrt{1-t^2}\neq 0$). Les polynômes P et Q admettent une infinité de racines (tous les réels de $]-1,1[$) donc $P = 0 = Q$.
Supposons que $fg = 0$ alors, pour tout $t\in I$, on a :

$$f(t)g(t) = 0 \Rightarrow |f(t)|^2|g(t)|^2 = |f(t)g(t)|^2 = 0$$
$$\Leftrightarrow \left[(P_1(t))^2 + \left(1-t^2\right)(Q_1(t))^2\right]\left[(P_2(t))^2 + \left(1-t^2\right)(Q_2(t))^2\right] = 0$$

Le polynôme $\left[(P_1)^2+\left(1-X^2\right)(Q_1)^2\right]\left[(P_2)^2+\left(1-X^2\right)(Q_2)^2\right]$ *a une infinité de racines (tous les éléments de* I*) donc il est nul. Comme* $\mathbb{R}[X]$ *est intègre, on en déduit que :*

$$(P_1)^2+\left(1-X^2\right)(Q_1)^2=0 \text{ ou } (P_2)^2+\left(1-X^2\right)(Q_2)^2=0.$$

Si $(P_1)^2+\left(1-X^2\right)(Q_1)^2=0$*, on peut affirmer que :*

$$\forall t\in\left]-1,1\right[,\ (P_1(t))^2+\left(1-t^2\right)(Q_1(t))^2=0.$$

Chaque terme de la somme est positif (car $t\in I$ *donc* $1-t^2\geqslant 0$*), on en déduit que chaque terme est nul c'est-à-dire :*

$$\forall t\in\left]-1,1\right[,\ \left\{\begin{array}{c}(P_1(t))^2=0\\ \underbrace{\left(1-t^2\right)}_{\neq 0}(Q_2(t))^2=0\end{array}\right. \Leftrightarrow \left\{\begin{array}{l}(P_1(t))^2=0\\ (Q_1(t))^2=0\end{array}\right. \Leftrightarrow \left\{\begin{array}{l}P_1(t)=0\\ Q_1(t)=0\end{array}\right. .$$

Ainsi, les polynômes P_1 *et* Q_1 *ont une infinité de racines donc ils sont nuls ce qui entraine que* $f=0$*. De même, si* $(P_2)^2+\left(1-X^2\right)(Q_2)^2=0$ *alors* $g=0$ *donc* $(A,+,\times)$ *est un anneau intègre.*

2. *La méthode la plus simple est la suivante. On note* $E=C^\infty(\mathbb{R},\mathbb{C})$ *le* $\mathbb{C}$*-espace vectoriel des fonctions de* $\mathbb{R}$ *dans* $\mathbb{C}$ *de classe* C^∞ *sur* $\mathbb{R}$*. L'application* $D: f\mapsto f'$ *est un endomorphisme de* E*. Pour chaque* $k\in\{1,..,n\}$*, la fonction* $e_k: t\mapsto e^{i\alpha_k t}$ *appartient à* E*, elle est non identiquement nulle et* $D(e_k)=i\alpha_k e_k$ *c'est-à-dire que* e_k *est un vecteur propre de* D *associé à la valeur propre* $i\alpha_k$*. Les nombres* $(i\alpha_k)_{1\leqslant k\leqslant n}$ *étant deux à deux distincts, leurs espaces propres correspondants* $(E_{i\alpha_k}(D))_{1\leqslant k\leqslant n}$ *sont en somme directe, ce qui prouve la liberté des vecteurs* $(e_k)_{1\leqslant k\leqslant n}$.

3. *On procède par double inclusion.*
On note $\overline{\omega}: t\mapsto t-i\sqrt{1-t^2}$ *(le conjugué de* ω*) alors :*

$$\omega\overline{\omega}: t\mapsto \omega(t)\overline{\omega(t)}=|\omega(t)|^2=t^2+\left(1-t^2\right)=1$$

donc ω *est inversible dans* $(A,+,\times)$ *d'inverse* $\overline{\omega}$ *c'est-à-dire :*

$$\omega^{-1}=\overline{\omega}.$$

En outre, si $\alpha\in\mathbb{R}^*$ *alors, en posant* $P=\alpha$ *et* $Q=0$*, la fonction*

$$f: t\mapsto P(t)+iQ(t)\sqrt{1-t^2}=\alpha$$

appartient à A *et elle est inversible dans* $(A,+,\times)$ *d'inverse* $g: t\mapsto \dfrac{1}{\alpha}$ *(posant* $P_1=\dfrac{1}{\alpha}$ *et* $Q=0$*) car* $fg=1$*.*
Les inversibles d'un anneau formant un groupe, on déduit que les fonctions $(\alpha\omega^n)_{\alpha\in\mathbb{R}^*,n\in\mathbb{Z}}$ *appartiennnent à* A *et sont inversibles dans* $(A,+,\times)$*.*
Soit $f_1: t\mapsto P_1(t)+iQ_1(t)\sqrt{1-t^2}$*, avec* $(P_1,Q_1)\in(\mathbb{R}[X])^2$*, un élément inversible de* A*. Il existe* $f_2: t\mapsto P_2(t)+iQ_2(t)\sqrt{1-t^2}$*, avec* $(P_2,Q_2)\in(\mathbb{R}[X])^2$*, un élément de* A *tel que :*

$$\begin{aligned} fg &= 1\Rightarrow \forall t\in I,\ f(t)g(t)=1\Rightarrow \forall t\in I,\ |f(t)|^2|g(t)|^2=1\\ &\Leftrightarrow \forall t\in I,\ \left[(P_1(t))^2+\left(1-t^2\right)(Q_1(t))^2\right]\left[(P_2(t))^2+\left(1-t^2\right)(Q_2(t))^2\right]=1. \end{aligned}$$

Le polynôme $\left[(P_1)^2+\left(1-X^2\right)(Q_1)^2\right]\left[(P_2)^2+\left(1-X^2\right)(Q_2)^2\right]-1$ *admet une infinité de racines (tous les réels de I) donc il est nul d'où l'égalité :*

$$\left[(P_1)^2+\left(1-X^2\right)(Q_1)^2\right]\left[(P_2)^2+\left(1-X^2\right)(Q_2)^2\right]=1.$$

Le produit de deux polynômes est un polynôme constant (non nuls) donc ces deux polynômes sont constants (non nuls). En particulier, il existe un réel β non nul tel que :

$$(P_1)^2+\left(1-X^2\right)(Q_1)^2=\beta$$

En évaluant en 1 cette égalité, on obtient $\beta=(P_1(1))^2\geqslant 0$. On note alors $\alpha=\sqrt{\beta}$, $P=\dfrac{P_1}{\alpha}$, $Q=\dfrac{Q_1}{\alpha}$ et $f=\dfrac{1}{\alpha}f_1$ alors on peut écrire :

$$P^2+\left(1-X^2\right)Q^2=\frac{1}{\alpha^2}\left[(P_1)^2+\left(1-X^2\right)(Q_1)^2\right]=1.$$

Si $Q=0$ alors

$$P^2=1\Leftrightarrow P^2-1=0\Leftrightarrow(P-1)(P+1)=0$$

donc, par intégrité de $\mathbb{R}[X]$, on obtient les égalités :

$$\left\{\begin{array}{c}P-1=0\\ ou\\ P+1=0\end{array}\right.\Leftrightarrow\left\{\begin{array}{c}P=1\\ ou\\ P=-1\end{array}\right.\Rightarrow f=\pm1\Leftrightarrow f_1=\pm\alpha=\gamma\omega^0$$

avec $\gamma=\pm\alpha\in\mathbb{R}^*$.
Supposons que Q possède un degré $n\geqslant 0$. On a :

$$\begin{aligned}(\mathcal{R})\quad:\quad & P^2=1-\left(1-X^2\right)Q^2\Rightarrow\deg\left(P^2\right)=\deg\left(1-\left(1-X^2\right)Q^2\right)\\ \Leftrightarrow\quad & 2\deg(P)=\deg\left(\left(1-X^2\right)Q^2\right)=2+2\deg(Q)\\ \Leftrightarrow\quad & \deg(P)=1+\deg(Q)=n+1.\end{aligned}$$

Étudions les deux termes de plus haut degré de P et Q. On a :

$$\begin{aligned}P&=p_{n+1}X^{n+1}+p_nX^n+\underbrace{\cdots}_{\deg<n},Q=q_nX^n+q_{n-1}X^{n-1}+\underbrace{\cdots}_{\deg<n-1}\\ P^2&=(p_{n+1})^2X^{2n+2}+2p_{n+1}p_nX^{2n+1}+\underbrace{\cdots}_{\deg<2n+1}\\ Q^2&=(q_n)^2X^{2n}+2q_nq_{n-1}X^{2n-1}+\underbrace{\cdots}_{\deg<2n-1}\\ \left(X^2-1\right)Q^2&=(q_n)^2X^{2n+2}+2q_nq_{n-1}X^{2n+1}+\underbrace{\cdots}_{\deg<2n+1}\end{aligned}$$

La relation $(\mathcal{R})$ et le principe d'identification des polynômes permettent d'affirmer que :

$$\left\{\begin{array}{c}(p_{n+1})^2=(q_n)^2\\ 2p_{n+1}p_n=2q_nq_{n-1}\end{array}\right.\Rightarrow\left\{\begin{array}{c}q_n=\varepsilon_np_{n+1}\\ q_{n-1}=\varepsilon_np_n\end{array}\right.\quad\text{avec }\varepsilon_n\in\{-1,1\}$$

(en divisant par p_{n+1} qui est non nul car P est de degré n). Si $\varepsilon_n=1$ alors $q_n-p_{n+1}=0$ et $q_{n-1}-p_n=0$. Comme $\overline{\omega}=\omega^{-1}=\omega^{-\varepsilon_n}$, on considère la fonction $g=f\omega^{-\varepsilon_n}$ qui est

inversible dans $(A, +, \times)$ *avec :*

$$\begin{aligned} g &= f\omega^{-\varepsilon_n} = f\overline{\omega} : t \mapsto P_2(t) + iQ_2(t)\sqrt{1-t^2} \text{ où} \\ P_2 &= -XP_1 + \left(1 - X^2\right) Q \text{ et} \\ Q_2 &= P - XQ = (p_{n+1} - q_n) X^{n+1} + (p_n - q_{n-1}) X^n + \underbrace{\cdots}_{\deg < n} \end{aligned}$$

donc $\deg(Q_2) < n$. *Si* $\varepsilon_n = -1$ *alors* $q_n + p_{n+1} = 0$ *et* $q_{n-1} + p_n = 0$. *Comme* $\omega = \omega^{-\varepsilon_n}$, *on considère la fonction* $g = f\omega^{-\varepsilon_n}$ *qui est inversible dans* $(A, +, \times)$ *avec*

$$\begin{aligned} g &= f\omega^{-\varepsilon_n} = f\omega : t \mapsto P_2(t) + iQ_2(t)\sqrt{1-t^2} \text{ avec} \\ P_2 &= XP_1 - \left(1 - X^2\right) Q \text{ et} \\ Q_2 &= P + XQ = (p_{n+1} + q_n) X^{n+1} + (p_n + q_{n-1}) X^n + \underbrace{\cdots}_{\deg < n} \end{aligned}$$

donc $\deg(Q_2) < n$.
Nous venons de prouver que si $f \in A$ *est inversible et s'écrit*

$$f : t \mapsto P(t) + iQ(t)\sqrt{1-t^2}$$

avec $(P, Q) \in (\mathbb{R}[X])^2$ *avec* $\deg(Q) = n$ *et* $P^2 + \left(1 - X^2\right) Q^2 = 1$. *Ainsi, il existe un entier* $\varepsilon_n \in \{-1, 1\}$ *tel que* $f\omega^{-\varepsilon_n}$ *soit inversible dans* $(A, +, \times)$ *avec*

$$f : t \mapsto P_2(t) + iQ_2(t)\sqrt{1-t^2}$$

où $\deg(Q_2) < n$ *et :*

$$(P_2)^2 + \left(1 - X^2\right)(Q_2)^2 = 1$$

car

$$\forall t \in I, \ \left|f\omega^{-\varepsilon_n}(t)\right|^2 = |f(t)|^2 |\omega(t)|^2 = 1 \times 1 = 1$$

(argumentaire déjà tenu). Supposons qu'il existe un entier relatif k *tel que :*

$$f\omega^{-\varepsilon_n} = \omega^k \Rightarrow f = \omega^k \omega^{\varepsilon_n} = \omega^{k'} \text{ avec } k' = k + \varepsilon_n \in \mathbb{Z}.$$

Ainsi, nous venons de démontrer, par une récurrence forte sur le degré de Q, *l'existence d'un entier relatif* k *tel que*

$$f = \omega^k \Rightarrow f_1 = \alpha f = \alpha\omega^k, \ \alpha \in \mathbb{R}^*, \ k \in \mathbb{Z}.$$

Commentaires 99 *Exercice de difficulté bien graduée pour cette épreuve.*
Question 1 : Le fait que A *soit un sous-anneau est une application directe du cours donc elle ne doit pas vous poser de difficulté particulière. L'intégrité de* A *est plus difficile (certains candidats ont oublié cette définition peu usuitée en CPGE) et la gestion du produit* $fg = 0$ *nécessite une petite astuce pour être gérable (passer au module et utiliser les règles de calculs sur les modules). Les candidats ne parvenant pas à progresser disposeront d'une aide dans cette direction de la part de l'interrogateur. Il attend alors à ce que les raisonnements standards soient connus (somme de termes positives qui vaut* 0 *donc chaque terme est nul, polynôme ayant une infinité de racines).*
Question 2 : Il s'agit d'une question relativement classique. Elle peut se résoudre comme dans le corrigé ou bien en dérivant p *fois la relation* $\sum_{k=0}^{n} \lambda_k e^{ia_k t} = 0$ *et en évaluant en*

$t=0$, ce qui donne la formule :

$$\forall p \in \mathbb{N}, \sum_{k=0}^{n} \lambda_k (ia_k)^p = 0.$$

En conservant uniquement ces équations lorsque $p \in \{0,..,n-1\}$, on observe que la matrice associée à ce système linéaire (par rapport aux inconnues $(\lambda_k)_{0 \leqslant k \leqslant n-1}$) est la matrice de Vandermonde associée aux complexes $(ia_k)_{0 \leqslant k \leqslant n-1}$ qui sont deux à deux distincts. Par conséquent, ce système est de Cramer donc $\lambda_k = 0$ pour tout $k \in \{0,..,n-1\}$, ce qui justifie la liberté.
Question 3. L'implication réciproque est « évidente » ($a\omega^n$ est inversible si $a \neq 0$ et $n \in \mathbb{Z}$), l'interrogateur proposant éventuellement le calcul du module de ω pour permettre au candidat de se lancer. L'implication directe est bien plus subtile, elle nécessitera plusieurs aides de l'interrogateur et s'adresse aux meilleurs candidats.

Exercice 100 Une suite $(u_n)_{n\in\mathbb{N}}$ est périodique s'il existe $T \in \mathbb{N}^*$ tel que $\forall n \in \mathbb{N}, u_{n+T} = u_n$. Le plus petit tel entier T est alors appelé période de la suite. Soit $m \in \mathbb{N}\setminus\{0,1\}$. On définit la suite $(F_n)_{n\in\mathbb{N}}$ de $\mathbb{Z}/m\mathbb{Z}$ par $F_0 = F_1 = \overline{1}$ et, pour $n \in \mathbb{N}$, $F_{n+2} = F_{n+1} + F_n$.

1. Lorsque $m \in \{2,3,7,21\}$, montrer que cette suite est périodique et trouver sa période.
2. Montrer que $f : (x,y) \mapsto (y, x+y)$ est une bijection de $(\mathbb{Z}/m\mathbb{Z})^2$ dans lui-même.
3. Montrer que $(F_n)_{n\in\mathbb{N}}$ est périodique de période $T \leqslant m^2 - 1$.
4. Dans $\mathbb{Z}/49\mathbb{Z}$, montrer qu'une suite $(v_n)_{n\in\mathbb{N}}$ vérifiant : $\forall n \in \mathbb{N}, v_{n+1} = \overline{8}v_n + \overline{11}$ prend toutes les valeurs de $\mathbb{Z}/49\mathbb{Z}$.

Solution 100

1. $\boxed{m=2}$ *Voici les valeurs consécutives de $(F_n)_{n\in\mathbb{N}}$*

n	0	1	2	3	4	5
F_n	$\overline{1}$	$\overline{1}$	$\overline{0}$	$\overline{1}$	$\overline{1}$	$\overline{0}$

On observe que $F_3 = F_0$, $F_4 = F_1$, $F_5 = F_2$ et la suite $(F_n)_n$ sera périodique de période 3. Pour une preuve rigoureuse, on observe que la suite $G = (F_{n+3})_{n\in\mathbb{N}}$ vérifie la même relation de récurrence que $(F_n)_{n\in\mathbb{N}}$ et que G possède les mêmes conditions initiales que $(F_n)_{n\in\mathbb{N}}$ donc elles sont toujours égales.
$\boxed{m=3}$ *Voici les valeurs consécutives de $(F_n)_{n\in\mathbb{N}}$*

n	0	1	2	3	4	5	6	7	8	9
F_n	$\overline{1}$	$\overline{1}$	$\overline{2}$	$\overline{0}$	$\overline{2}$	$\overline{2}$	$\overline{1}$	$\overline{0}$	$\overline{1}$	$\overline{1}$

On observe que $F_8 = F_0$, $F_9 = F_1$ donc la suite $(F_n)_{n\in\mathbb{N}}$ est périodique de période 8 (même argumentaire que pour $m=2$ avec $G = (F_{n+8})_{n\in\mathbb{N}}$).
$\boxed{m=7}$ *Voici les valeurs consécutives de $(F_n)_{n\in\mathbb{N}}$*

n	0	1	2	3	4	5	6	7	8	9	10	11	12	13	14	15	16	17
F_n	$\overline{1}$	$\overline{1}$	$\overline{2}$	$\overline{3}$	$\overline{5}$	$\overline{1}$	$\overline{6}$	$\overline{0}$	$\overline{6}$	$\overline{6}$	$\overline{5}$	$\overline{4}$	$\overline{2}$	$\overline{6}$	$\overline{1}$	$\overline{0}$	$\overline{1}$	$\overline{1}$

On observe que $F_{16} = F_0$, $F_{17} = F_1$ *donc la suite* $(F_n)_{n\in\mathbb{N}}$ *est périodique de période* 16 *(même argumentaire que pour* $m = 2$ *avec* $G = (F_{n+16})_{n\in\mathbb{N}}$*).*

$\boxed{m = 21}$ *Voici les valeurs consécutives de* $(F_n)_{n\in\mathbb{N}}$

n	0	1	2	3	4	5	6	7	8	9	10	11	12	13	14	15	16	17
F_n	$\overline{1}$	$\overline{1}$	$\overline{2}$	$\overline{3}$	$\overline{5}$	$\overline{8}$	$\overline{13}$	$\overline{0}$	$\overline{13}$	$\overline{13}$	$\overline{5}$	$\overline{18}$	$\overline{2}$	$\overline{20}$	$\overline{1}$	$\overline{0}$	$\overline{1}$	$\overline{1}$

On observe que $F_{16} = F_0$, $F_{17} = F_1$ *donc la suite* $(F_n)_{n\in\mathbb{N}}$ *est périodique de période* 16 *(même argumentaire que pour* $m = 2$ *avec* $G = (F_{n+16})_{n\in\mathbb{N}}$*).*

2. *Soit* $(a, b) \in (\mathbb{Z}/m\mathbb{Z})^2$. *Cherchons* $(x, y) \in (\mathbb{Z}/m\mathbb{Z})^2$ *tel que :*

$$f(x, y) = (a, b) \Leftrightarrow (y, x + y) = (a, b) \Leftrightarrow \begin{cases} y = a \\ x + y = b \end{cases} \Leftrightarrow \begin{cases} x = b - a \\ y = a \end{cases}$$

donc tout élément $(a, b) \in (\mathbb{Z}/m\mathbb{Z})^2$ *possède un antécédent et un seul donc* f *est une bijection de* $(\mathbb{Z}/m\mathbb{Z})^2$ *dans lui-même.*

3. *On considère la suite* U *de* $(\mathbb{Z}/m\mathbb{Z})^2$ *définie par :* $\forall n \in \mathbb{N}$, $U_n = (F_n, F_{n+1})$. *Une récurrence immédiate montre que :*

$$\forall n \in \mathbb{N},\ U_n = f^n(U_0, U_1) = f^n(\overline{1}, \overline{1}).$$

avec $f^n = \underbrace{f \circ \cdots \circ f}_{n \text{ fois}}$. *Comme* f *est une bijection de* $(\mathbb{Z}/m\mathbb{Z})^2$ *sur lui-même et que* $f(\overline{0}, \overline{0}) = (\overline{0}, \overline{0})$, *on en déduit que* f *réalise une bijection de* $F = (\mathbb{Z}/m\mathbb{Z})^2 \setminus \{(\overline{0}, \overline{0})\}$ *sur* F. *Comme* $(\overline{1}, \overline{1}) \in F$, *on peut affirmer que la suite* U *est à valeurs dans* F *qui est de cardinal* $m^2 - 1$. *Supposons que* $\forall (k, q) \in \{0, .., m^2 - 1\}^2$ *avec* $k \neq q$ *alors* $U_k \neq U_q$. *Dans ce cas, les* m^2 *éléments* $(U_n)_{0 \leqslant n \leqslant m^2-1}$ *sont deux à deux distincts et appartiennent à* F *qui est de cardinal* $m^2 - 1$. *Ceci est absurde donc il existe* $(k, q) \in \{0, .., m^2 - 1\}^2$ *avec* $k \neq q$ *tels que* $U_k = U_q$. *Quitte à échanger* k *et* q, *on peut supposer que* $k < q$. *Puisque, pour tout entier* n, *on a* $U_n = f^n(U_0)$ *et que* f *est une bijection de* $(\mathbb{Z}/m\mathbb{Z})^2$ *sur lui-même, on a :*

$$\begin{aligned} U_k &= U_q \Leftrightarrow f^k(U_0) = f^q(U_0) \Rightarrow (f^{-1})^k (f^k(U_0)) = (f^{-1})^k (f^q(U_0)) \\ &\Leftrightarrow U_0 = f^{q-k}(U_0) = U_{q-k} \Leftrightarrow (F_0, F_1) = (F_{q-k}, F_{q-k+1}). \end{aligned}$$

Par le même argumentaire qu'à la question 1 (pour $m = 2$ *et* $G = (U_{n+q-k})_{n\in\mathbb{N}}$*), on en déduit que la suite* $(U_n)_{n\in\mathbb{N}}$ *est périodique de période* $T = q - k \leqslant q \leqslant m^2 - 1$.

4. *Le plus simple serait de calculer les* 49 *premières valeurs de* $(v_n)_{0\leqslant n\leqslant 49}$ *pour le constater ... mais cela serait un peu long et il est probable que l'examinateur demande une autre méthode. En voici une.*
Comme 8 *et* $49 = 7^2$ *sont premiers entre eux,* $\overline{8}$ *est inversible dans* $\mathbb{Z}/49\mathbb{Z}$ *et son inverse est* 9 *car* $\overline{8} * \overline{(-6)} = -\overline{48} = \overline{1}$ *(obtenu via la relation de Bezout* $9 * 8 - 2 * 49 = 1$ *résultant de l'algorithme d'Euclide). Par conséquent, l'application*

$$f : \begin{cases} \mathbb{Z}/49\mathbb{Z} & \to & \mathbb{Z}/49\mathbb{Z} \\ x & \mapsto & \overline{8}x + \overline{11} \end{cases}$$

est une bijection de $\mathbb{Z}/49\mathbb{Z}$ *sur* $\mathbb{Z}/49\mathbb{Z}$. *En effet, pour tout* $a \in \mathbb{Z}/49\mathbb{Z}$, *on a les équivalences suivantes :*

$$f(x) = a \Leftrightarrow \overline{8}x + \overline{11} \underset{\times\overline{-6}}{\Leftrightarrow} \overline{-6}a = x - \overline{66} \Leftrightarrow x = \overline{66} - \overline{-6}a = \overline{17} - \overline{-6}a$$

donc tout élément $a \in \mathbb{Z}/49\mathbb{Z}$ admet un antécédent et un seul par f. Les 50 éléments $(v_n)_{0\leqslant n\leqslant 49}$ appartiennent à $\mathbb{Z}/49\mathbb{Z}$ qui est de cardinal 49 donc il existe $(k,q)\in\{0,..,49\}$ avec $k<q$ et :

$$v_k = v_q \Leftrightarrow f^k(v_0) = f^q(v_0) \underset{\circ(f^{-1})^k}{\Leftrightarrow} v_0 = f^{q-k}(v_0) = v_{q-k}.$$

Les suites $(v_n)_{n\in\mathbb{N}}$ et $(v_{n+q-k})_{n\in\mathbb{N}}$ vérifient la même relation de récurrence et la même condition initiale donc elles sont égales, ce qui prouve la périodicité. Notons T sa période minimale alors $T\in\{1,..,49\}$ (car $T\leqslant q-k\leqslant q\leqslant 49$) et, par construction, les éléments $(v_k)_{0\leqslant k\leqslant T-1}$ sont deux à deux distincts. Montrons que $T=49$, ce qui prouvera que la suite $(v_n)_{n\in\mathbb{N}}$ prend les 49 valeurs possibles de $\mathbb{Z}/49\mathbb{Z}$.
Pour simplifier les calculs, on présumera que $v_0=\overline{0}$ donc $v_T=v_0=\overline{0}$ et, pour tout $n<T$, $v_n\neq v_0=\overline{0}$. Explicitons la suite $(v_n)_{n\in\mathbb{N}}$. Pour tout $n\geqslant 1$, on a :

$$\begin{aligned} v_n &= \overline{8}v_{n-1}+\overline{11} = \overline{8}\left(\overline{8}v_{n-2}+\overline{11}\right)+\overline{11} = \overline{8}^2 v_{n-2}+\overline{11}\left(\overline{1}+\overline{8}\right) \\ &= \overline{8}^2\left(\overline{8}v_{n-3}+\overline{11}\right) = \overline{8}^3 v_{n-3}+\overline{11}\left(\overline{1}+\overline{8}+\overline{8}^2\right) = \cdots \\ &= \overline{8}^n v_0 + \overline{11}\sum_{k=0}^{n-1}\overline{8}^k = 11\sum_{k=0}^{n-1}\overline{8}^k \end{aligned}$$

(par une récurrence laissée au lecteur). Comme 11 est premier à $49=7^2$, $\overline{11}$ est inversible dans $\mathbb{Z}/49\mathbb{Z}$ donc on a les équivalences suivantes :

$$v_T=\overline{0} \Leftrightarrow \overline{11}\sum_{k=0}^{T-1}\overline{8}^k=\overline{0} \underset{\times\overline{11}^{-1}}{\Leftrightarrow} (\mathcal{E}_0) : \sum_{k=0}^{T-1}\overline{8}^k=\overline{0}.$$

On est tenté d'utiliser la formule sur les sommes géométriques (valable dans un corps) mais $\overline{1}-\overline{8}$ (le dénominateur potentiel) vaut $-\overline{7}$ qui n'est pas inversible dans $\mathbb{Z}/49\mathbb{Z}$ (car 7 n'est pas premier à $7^2=49$). On contourne le problème en remarque $\overline{7}$ est nilpotent dans $\mathbb{Z}/49\mathbb{Z}$ car $\overline{7}^2=\overline{49}=\overline{0}$ dans $\mathbb{Z}/49\mathbb{Z}$ donc $\overline{7}^q=\overline{0}$ pour tout $q\geqslant 2$ et que $\overline{8}=\overline{7}+\overline{1}$. D'après la formule du binôme de Newton, pour tout $k\geqslant 2$, on a les formules :

$$\overline{8}^k = \left(\overline{7}+\overline{1}\right)^k = \sum_{q=0}^{k}\binom{k}{q}\underbrace{\overline{7}^q}_{=\overline{0}\ si\ q\geqslant 2} = \overline{1}+k\overline{7}.$$

L'équation $(\mathcal{E}_0)$ s'écrit alors :

$$\sum_{k=0}^{T-1}\left(\overline{1}+k\overline{7}\right)=\overline{0} \Leftrightarrow \overline{T}+\overline{7}\sum_{k=0}^{T-1}k=\overline{0} \Leftrightarrow \overline{T}+\overline{7}\times\overline{\frac{T(T-1)}{2}}=\overline{0}.$$

En multipliant l'équation précédente $\overline{2}$, on obtient la nouvelle équation

$$\overline{T}+\overline{7}\times\overline{T(T-1)}=\overline{0} \Leftrightarrow \overline{T}\times\overline{1+7(T-1)}=\overline{0}.$$

Comme $1+7(T-1)$ est premier avec 7 (car $1+7(T-1)\equiv 1\,[7]$) donc avec 7^2, on peut multiplier l'équation précédente par l'inverse de $\overline{1+7(T-1)}$ donc $\overline{T}=\overline{0}$ dans $\mathbb{Z}/49\mathbb{Z}$ c'est-à-dire que 49 divise T. Comme $T\in\{1,..,49\}$, la seule possibilité est $T=49$, ce qui permet de conclure.

Commentaires 100 *Exercice original et progressif.*
Question 1 et 2 : Elles sont sans difficulté particulière.
Question 3 : La preuve proposée est tout à fait semblable à l'existence de l'ordre d'un élément g dans un groupe fini G (et sa majoration). On peut également invoqué le fait que l'ensemble des bijections de $(\mathbb{Z}/m\mathbb{Z})^2$ *sur lui-même est un groupe G fini pour la composition et que f appartient à G donc il possède un ordre fini (d'au plus* $\text{card}\,(G)$*). Cela ne fournit pas la réponse complète mais cette avancée est très significative et cela sera valorisé par l'interrogateur.*
Question 4 : La question est sélective mais des avancées significatives peuvent être faites par le candidat avec une ou deux aides bien senties de l'interrogateur. Les meilleurs candidats peuvent finir cette planche.

Exercice 101 (Centrale Math I) Soit p un nombre premier avec $p \geqslant 3$. On note : $F_p = \mathbb{Z}/p\mathbb{Z}$, F_p^* le groupe des inversibles de $\mathbb{Z}/p\mathbb{Z}$ et $F_p^{*2} = \{\overline{x}^2 \,/\, \overline{x} \in F_p^*\}$

1. Montrer que si $\bar{x} = \bar{y}$ alors $\exp\left(\dfrac{2\pi i x}{p}\right) = \exp\left(\dfrac{2\pi i y}{p}\right)$.

   Si $\overline{a} \in F_p$, on note $\tau(\overline{a}) = \displaystyle\sum_{\overline{k}\in F_p} \exp\left(\dfrac{2\pi i a k^2}{p}\right)$.
2. Montrer que si $\overline{a} \in F_p^{*2}$, alors $\tau\left(\overline{a}\right) = \tau\left(\overline{1}\right)$.
3. Montrer que si $\overline{b} \in F_p^*\backslash F_p^{*2}$, $\tau\left(\overline{b}\right) + \tau\left(\overline{1}\right) = 0$.

Solution 101

1. *Par définition des classes, on a l'équivalence suivante :*

$$\begin{aligned} \overline{x} &= \overline{y} \Leftrightarrow x \equiv y\,[p] \Leftrightarrow \exists k \in \mathbb{Z},\, x = y + kp \\ &\Rightarrow \exp\left(\frac{2\pi i x}{p}\right) = \exp\left(\frac{2\pi i\,(y+kp)}{p}\right) = \exp\left(\frac{2\pi i y}{p}\right)\exp\left(2\pi i k\right) \\ &= \exp\left(\frac{2\pi i y}{p}\right) \ \textit{(car } k \in \mathbb{Z}\textit{)}. \end{aligned}$$

2. *On considère l'application*

$$\varphi : \left\{ \begin{array}{ccc} F_p & \to & \mathbb{C} \\ \overline{x} & \mapsto & \exp\left(\dfrac{2\pi i x}{p}\right) \end{array} \right.$$

(qui est bien définie d'après la question précédente) alors on peut écrire la formule :

$$\forall \overline{a} \in F_p,\, \tau(\overline{a}) = \sum_{k\in F_p} \varphi\left(\overline{a}.\overline{k}^2\right).$$

Si $\overline{a} \in F_p^{*2}$*, il existe* $\overline{y} \in F_p^*$ *tel que* $\overline{a} = \overline{y}^2$ *donc :*

$$(\mathcal{S}) : \tau(\overline{a}) = \sum_{\overline{k}\in F_p} \varphi\left(\overline{y}^2.\overline{k}^2\right) = \sum_{\overline{k}\in F_p} \varphi\left(\left(\overline{y}\overline{k}\right)^2\right).$$

Comme p est un nombre premier, F_p *est un corps donc tout élément de* F_p^* *est inversible, en particulier* $\overline{y}$*. Ainsi, l'application* $\psi : \overline{k} \to \overline{y}.\overline{k}$ *est une bijection de* F_p *sur* F_p *de* *réciproque* $\psi' : \overline{k} \to \overline{y}^{-1}\overline{k}$ $(\psi \circ \psi' = \psi' \circ \psi = \mathrm{Id})$. *Dès lors, on peut effectuer le changement de variable* $\overline{z} = \overline{y}\overline{k} = \psi\left(\overline{k}\right)$ *dans la somme de la relation* $(\mathcal{S})$, *ce qui nous donne :*

$$\tau(\overline{a}) = \sum_{\overline{z} \in \psi(F_p) = F_p} \varphi\left(\overline{z}^2\right) = \tau\left(\overline{1}\right).$$

3. *Soit* $\overline{b} \in F_p^* \backslash F_p^{*2}$. *On note* $V = \left\{\overline{b}\overline{x}, \quad \overline{x} \in F_p^{*2}\right\}$. *Nous allons montrer que* $F_p^{*2} \cup V$ *est une partition de* F_p^*. *Comme* F_p *est un corps,* F_p^* *est un groupe pour la multiplication donc* F_p^{*2} *et* V *sont des sous-ensembles de* F_p^*. *Montrons que* $\left(F_p^{*2}, V\right)$ *forme une partition de* F_p^*. *Supposons qu'il existe* $\overline{z} \in F_p^{*2} \cap V$ *alors :*

$$\left\{ \begin{array}{l} \exists \overline{x} \in F_p^*, \, \overline{z} = \overline{x}^2 \\ \exists \overline{y} \in F_p^*, \, \overline{z} = \overline{b}\overline{y}^2 \end{array} \right. \Rightarrow \overline{b}\overline{y}^2 = \overline{x}^2 \underset{\div y^2}{\Rightarrow} \overline{b} = \left(\frac{\overline{x}}{\overline{y}}\right)^2 \in F_p^{*2},$$

ce qui est absurde donc $F_p^{*2} \cap V = \emptyset$. *Comme* $\overline{b} \in F_p^*$, *si* $\overline{x} \in F_p^{*2}$ *alors* $\overline{b}\overline{x} \in V$, *ce qui permet de définir l'application*

$$\psi : \left\{ \begin{array}{ccc} F_p^{*2} & \to & V \\ \overline{x} & \mapsto & \overline{b}\overline{x} \end{array} \right. .$$

Par construction de V, *elle est surjective. En outre, elle est injective car si* $\overline{x}, \overline{y} \in F_p^{*2}$ *alors on a les équivalences suivantes :*

$$\psi\left(\overline{x}\right) = \psi\left(\overline{y}\right) \Leftrightarrow \overline{b}\overline{x} = \overline{b}\overline{y} \underset{\div \overline{b} \neq \overline{0}}{\Leftrightarrow} \overline{x} = \overline{y}.$$

Par conséquent, ψ *réalise une bijection de* F_p^{*2} *sur* V *donc* $\mathrm{card}\left(F_p^{*2}\right) = \mathrm{card}\left(V\right)$. *Calculons le cardinal de* F_p^{*2}. *On remarque que :*

$$F_p^* = \left\{\overline{k}, \, k \in \{1, ..., p-1\}\right\} = \left\{\overline{k}, -\overline{k}, \, k \in \left\{1, ..., \frac{p-1}{2}\right\}\right\}$$

(car $\overline{p-k} = -\overline{k}$*) et comme* $\overline{k}^2 = \left(-\overline{k}\right)^2$ *pour tout* $\overline{k} \in \mathbb{F}_p$*), on en déduit les égalités ensemblistes suivantes :*

$$F_p^{*2} = \left\{\overline{k}^2, \left(\overline{-k}\right)^2 / \, k \in \left\{1, ..., \frac{p-1}{2}\right\}\right\} = \left\{\overline{k}^2, \, k \in \left\{1, ..., \frac{p-1}{2}\right\}\right\}$$

Soit $(k, q) \in \left\{1, .., \frac{p-1}{2}\right\}^2$ *tel que :*

$$\begin{aligned} \overline{k}^2 &= \overline{q}^2 \Leftrightarrow \overline{k}^2 - \overline{q}^2 = \overline{0} \Leftrightarrow \left(\overline{k} - \overline{q}\right)\left(\overline{k} + \overline{q}\right) = \overline{0} \\ &\Leftrightarrow \left\{ \begin{array}{c} \overline{k} - \overline{q} = \overline{0} \\ ou \\ \overline{k} + \overline{q} = \overline{0} \end{array} \right. (*) \Leftrightarrow \left\{ \begin{array}{c} \overline{k-q} = \overline{0} \\ ou \\ \overline{k+q} = \overline{0} \end{array} \right. \Leftrightarrow \left\{ \begin{array}{c} (1) : p \mid k - q \\ ou \\ (2) : p \mid k + q \end{array} \right. \end{aligned}$$

$(*)$ *car* F_p *est un corps puisque* p *est un nombre premier.*
Comme $k - q \in \left\{-\frac{p-1}{2}, .., \frac{p-1}{2}\right\}$, *la relation* (1) *entraine que* $k - q = 0$ *(le nombre* $\frac{k-q}{p}$ *est entier et compris entre* $-\frac{1}{2}$ *et* $\frac{1}{2}$*). Comme* $k + q \in \{2, .., p-1\}$, *la relation* (2)

est impossible (le nombre $\dfrac{k+q}{p}$ *est entier strictement positif et strictement inférieur à* 1). *Au final, la seule possibilité est* $k-q=0 \Leftrightarrow k=q$ *donc*

$$\operatorname{card}(V)=\operatorname{card}\left(F_p^{*2}\right)=\operatorname{card}\left\{1,...,\frac{p-1}{2}\right\}=\frac{p-1}{2}.$$

L'union $F_p^{*2}\cup V$ *est disjointe, on peut écrire la formule :*

$$\operatorname{card}\left(F_p^{*2}\cup V\right)=\operatorname{card}\left(F_p^{*2}\right)+\operatorname{card}(V)=p-1=\operatorname{card}\left(F_p^{*}\right).$$

Comme $F_p^{*2}\cup V$ *est inclus dans* F_p^*, *on en déduit l'égalité ensembliste :*

$$F_p^{*2}\cup V=F_p^*.$$

Ainsi, $\left(F_p^{*2},V\right)$ *est une partition de* F_p^* *donc* $\left(\{0\},F_p^{*2},V\right)$ *est une partition de* F_p. *D'après la relation de Chasles, on obtient :*

$$\begin{aligned}
\tau\left(\overline{b}\right) &= \sum_{k=-(p-1)/2}^{(p-1)/2}\varphi\left(\overline{b}.\overline{k}^2\right)=\varphi\left(\overline{0}\right)+\sum_{k=1}^{(p-1)/2}\varphi\left(\overline{b}.\overline{k}^2\right)+\sum_{q=1}^{(p-1)/2}\underbrace{\varphi\left(\overline{b}.\overline{-q}^2\right)}_{=\varphi\left(\overline{b}.\overline{q}^2\right)}\\
&= \varphi\left(\overline{0}\right)+2\sum_{k=1}^{(p-1)/2}\varphi\left(\overline{b}.\overline{k}^2\right)=\varphi\left(\overline{0}\right)+2\sum_{\overline{k}\in V}\varphi\left(\overline{k}\right)\\
\tau\left(\overline{1}\right) &= \sum_{k=-(p-1)/2}^{(p-1)/2}\varphi\left(\overline{k}^2\right)=\varphi\left(\overline{0}\right)+\sum_{k=1}^{(p-1)/2}\varphi\left(\overline{k}^2\right)+\sum_{q=1}^{(p-1)/2}\underbrace{\varphi\left(\overline{-q}^2\right)}_{=\varphi\left(\overline{q}^2\right)}\\
&= \varphi\left(\overline{0}\right)+2\sum_{k=1}^{(p-1)/2}\varphi\left(\overline{k}^2\right)=\varphi\left(\overline{0}\right)+2\sum_{\overline{k}\in F_p^{*2}}\varphi\left(\overline{k}\right)
\end{aligned}$$

On en déduit l'égalité :

$$\begin{aligned}
\frac{\tau\left(\overline{b}\right)+\tau\left(\overline{1}\right)}{2} &= \varphi\left(\overline{0}\right)+\sum_{\overline{k}\in V}\varphi\left(\overline{k}\right)+\sum_{\overline{k}\in F_p^{*2}}\varphi\left(\overline{k}\right)=\sum_{\overline{k}\in F_p}\varphi\left(\overline{k}\right)\\
&= \sum_{k=0}^{p-1}\exp\left(\frac{2\pi ik}{p}\right)\underset{\zeta=e^{2\pi i/p}}{=}\sum_{k=0}^{p-1}\zeta^k\underset{\zeta\neq 1}{=}\frac{1-\zeta^p}{1-\zeta}=0
\end{aligned}$$

(car ζ *est une racine* p^e *de l'unité), ce qui permet de conclure.*

Commentaires 101 *Exercice original et progressif.*
Question 1 : Il s'agit d'une application du cours (par exemple, la bonne définition de la somme dans $\mathbb{Z}/n\mathbb{Z}$*).*
Question 2 : L'idée clé est d'effectuer un changement de variable (elle peut éventuellement être proposée par l'interrogateur). L'interrogateur sera attentif à la bonne compréhension de la notion de changement de variable dans une somme (bijectivité et justification).
Question 3 : L'idée maitresse est que $F_p^{*2}\cup bF_p^{*2}$ *est une partition de* F_p^* *et l'interrogateur proposera probablement cette piste (éventuellement de façon détournée). Un candidat observant que ces deux ensembles ont même cardinaux sera valorisé (surtout s'il le justifie)*

ainsi que celui calculant le cardinal de F_p^{*2} (exercice classique à Centrale-SupElec et à Mines-Ponts).

Exercice 102 Soit H l'ensemble des points $\begin{pmatrix} x \\ y \end{pmatrix}$ de $\mathfrak{M}_{2,1}(\mathbb{R})$ tels que $x^2 - 3y^2 = 1$.

1. Montrer qu'il existe une unique matrice $A = \begin{pmatrix} a & b \\ 1 & c \end{pmatrix}$ à coefficients dans $\mathbb{N}$ telle que $A(H) \subset H$.
2. Montrer que $H \cap \mathbb{N}^2$ est infini.
3. Montrer $H \cap \mathbb{N}^2 = \{A^k X_0, \quad k \in \mathbb{N}\}$ où $X_0 = \begin{pmatrix} 1 \\ 0 \end{pmatrix}$.

Solution 102

1. *On procède par analyse-synthèse.*

Phase d'analyse*. Supposons qu'il existe une matrice* $A = \begin{pmatrix} a & b \\ 1 & c \end{pmatrix}$ *à coefficients dans* $\mathbb{N}$ *telle que* $A(H) \subset H$. *Comme* $\begin{pmatrix} 1 \\ 0 \end{pmatrix} \in H$ *(car* $1^2 - 3 \times 0^2 = 1$*), on peut affirmer que* $A\begin{pmatrix} 1 \\ 0 \end{pmatrix} = \begin{pmatrix} a \\ 1 \end{pmatrix} \in H$ *c'est-à-dire :*

$$a^2 - 3 = 1 \Leftrightarrow a^2 = 4 \Leftrightarrow a = 2$$

(car $a \in \mathbb{N}$*). Comme* $\begin{pmatrix} 2 \\ 1 \end{pmatrix} \in H$ *et* $\begin{pmatrix} -2 \\ 1 \end{pmatrix} \in H$ *(car* $(\pm 2)^2 - 3 \times 1^2 = 1$*), on peut affirmer que :*

$$\left\{ \begin{array}{l} A\begin{pmatrix} 2 \\ 1 \end{pmatrix} = \begin{pmatrix} b+4 \\ c+2 \end{pmatrix} \in H \\ A\begin{pmatrix} -2 \\ 1 \end{pmatrix} = \begin{pmatrix} b-4 \\ c-2 \end{pmatrix} \in H \end{array} \right. \Leftrightarrow \left\{ \begin{array}{l} (b+4)^2 - 3(c+2)^2 = 1 \\ (b-4)^2 - 3(c-2)^2 = 1 \end{array} \right.$$

$$\Leftrightarrow \left\{ \begin{array}{ll} (1): & b^2 + 8b + 16 - 3c^2 - 12c - 12 = 1 \\ (2): & b^2 - 8b + 16 - 3c^2 + 12c - 12 = 1 \end{array} \right.$$

$$\Rightarrow \left\{ \begin{array}{ll} (1) - (2): & 2b = 3c \\ (1) + (2): & b^2 - 3c^2 + 3 = 0 \end{array} \right.$$

$$\Rightarrow \left\{ \begin{array}{l} b = \dfrac{3c}{2} \\ \left(\dfrac{3c}{2}\right)^2 - 3c^2 + 3 = 0 \end{array} \right. \Leftrightarrow \left\{ \begin{array}{l} b = \dfrac{3c}{2} \\ c^2 = 4 \end{array} \right. \Leftrightarrow \left\{ \begin{array}{l} c = 2 \\ b = 3 \end{array} \right.$$

(car $c \geqslant 0$*) donc* $A = \begin{pmatrix} 2 & 3 \\ 1 & 2 \end{pmatrix}$.

Phase de synthèse. *On pose* $A = \begin{pmatrix} 2 & 3 \\ 1 & 2 \end{pmatrix}$. *Soit* $\begin{pmatrix} x \\ y \end{pmatrix} \in H$ *c'est-à-dire* $x^2 - 3y^2 = 1$ *alors* $A\begin{pmatrix} x \\ y \end{pmatrix} = \begin{pmatrix} 2x+3y \\ x+2y \end{pmatrix}$ *et on a la formule :*

$$(2x + 3y)^2 - 3(x + 2y)^2 = x^2 - 3y^2 = 1$$

donc $A\begin{pmatrix} x \\ y \end{pmatrix} \in H$.

2. *On considère la suite* $(u_k)_{k\in\mathbb{N}} = \left(\begin{pmatrix} x_k \\ y_k \end{pmatrix}\right)_{k\in\mathbb{N}}$ *définie par la relation de récurrence :*

$$u_0 = \begin{pmatrix} 1 \\ 0 \end{pmatrix}, \quad \forall k \in \mathbb{N},\, u_{k+1} = Au_k \Leftrightarrow \begin{cases} x_{k+1} = 2x_k + 3y_k \\ y_{k+1} = x_k + 2y_k \end{cases}.$$

Prouvons par récurrence la propriété $(\mathcal{P}_k)$: « $u_k \in H$, $x_k \in \mathbb{N}$, $y_k \in \mathbb{N}$ ». $(\mathcal{P}_0)$ *est manifestement vraie. Supposons* $(\mathcal{P}_k)$ *vérifiée pour un certain entier* k. *Comme* $u_k \in H$ *alors, d'après la question précédente, on peut affirmer que* $u_{k+1} = Au_k \in H$. *En outre,* x_{k+1} *et* y_{k+1} *sont des entiers naturels (comme somme et produit d'entiers naturels), ce qui prouve* $(\mathcal{P}_{k+1})$ *et achève la récurrence.*
En particulier, pour tout entier k, y_k *est positif donc*

$$x_{k+1} \geqslant 2x_k \Rightarrow x_k \geqslant 2^k x_0 = 2^k$$

(par une récurrence immédiate). Par conséquent, on peut affirmer que $\lim\limits_{k\to+\infty} x_k = +\infty$, *ce qui nous assure que la suite* $(u_k)_{k\in\mathbb{N}}$ *prend une infinité de valeurs distinctes. Comme elle est à valeurs dans* $H \cap \mathbb{N}^2$, *l'ensemble* $H \cap \mathbb{N}^2$ *est infini.*

3. *D'après la réponse à la question précédente, on a l'inclusion :*

$$\{A^k X_0, \quad k \in \mathbb{N}\} \subset H \cap \mathbb{N}^2.$$

Prouvons l'inclusion réciproque. Soit $X = \begin{pmatrix} x \\ y \end{pmatrix} \in H \cap \mathbb{N}^2$. *Si* $y = 0$ *alors :*

$$x^2 = 1 + 3y^2 = 1 \underset{x\in\mathbb{N}}{\Rightarrow} x = 1 \Rightarrow X = X_0 = A^0 X_0.$$

Avant de poursuivre, remarquons que la matrice A *est inversible d'inverse*

$$A^{-1} = \frac{1}{\det(A)}{}^t Com\,(A) = \begin{pmatrix} 2 & -3 \\ -1 & 2 \end{pmatrix} \text{ et } A^{-1}X = \begin{pmatrix} 2x - 3y \\ 2y - x \end{pmatrix},$$
$$\text{avec } (2x-3y)^2 - 3(2y-x)^2 = x^2 - 3y^2 = 1$$

donc $A^{-1}X \in H$. *Si* $y > 0$, *vérifions que* $2x - 3y$ *et* $2y - x$ *sont deux entiers naturels. Comme* y *est un entier naturel non nul, on a* $y \geqslant 1$ *donc* $y^2 \geqslant 1$, *ce qui nous donne les inégalités suivantes :*

$$\begin{aligned} x^2 &= 1 + 3y^2 \leqslant y^2 + 3y^2 = 4y^2 \text{ i.e. } x^2 \leqslant 4y^2 \underset{x,y\in\mathbb{N}}{\Rightarrow} (*) : x \leqslant 2y \\ x^2 &= 1 + 3y^2 \geqslant 3y^2 \Rightarrow x \geqslant \sqrt{3}y. \end{aligned}$$

En outre, on a $\sqrt{3} \geqslant \dfrac{3}{2}$ *car, ces deux nombres étant positifs, on a les équivalences suivantes :*

$$\sqrt{3} \geqslant \frac{3}{2} \Leftrightarrow 3 \geqslant \left(\frac{3}{2}\right)^2 \underset{\times 4>0}{\Leftrightarrow} 4 \times 3 \geqslant 3^2 \underset{\div 3>0}{\Leftrightarrow} 4 \geqslant 3$$

et cette dernière inégalité est vraie. Ainsi, on peut affirmer que $x \geqslant \sqrt{3}y \geqslant \dfrac{3}{2}y$. *Cette inégalité combinée à l'inégalité* $(*)$ *montrent les inégalités :*

$$2x - 3y \geqslant 0 \text{ et } 2y - x \geqslant 0$$

Ainsi, on vient de montrer que $A^{-1}X \in H \cap \mathbb{N}^2$ *et comme on a :*

$$(2x-3y)+(2y-x)=x-y<x+y,$$

cela nous permet d'envisager une récurrence forte sur la valeur de $x+y$.
Pour tout entier $n \geqslant 1$, *montrons la propriété* $(\mathcal{P}_n)$: « *pour tout* $X=\begin{pmatrix}x\\y\end{pmatrix} \in H \cap \mathbb{N}^2$ *tel que* $x+y=n$, *il existe* $k \in \mathbb{N}$ *tel que* $X=A^kX_0$ ».
Initialisation $n=1$. *Soit* $X=\begin{pmatrix}x\\y\end{pmatrix} \in H \cap \mathbb{N}^2$ *tel que* $x+y=1$. *Comme* $x=0$ *est impossible (car* $x^2=1+3y^2 \geqslant 1$*), on est assuré que* $x=1$ *donc* $y=0$ *d'où* $X=\begin{pmatrix}1\\0\end{pmatrix}=A^0X_0$, *ce qui prouve* $(\mathcal{P}_1)$.
Hérédité. *Soit* $n \geqslant 2$ *et supposons la propriété* $(\mathcal{P}_s)$ *vérifiée pour tout entier* $s \in \{1,..,n-1\}$. *Soit* $X=\begin{pmatrix}x\\y\end{pmatrix} \in H \cap \mathbb{N}^2$ *tel que* $x+y=n$. *On peut affirmer que* $y>0$ *(sinon, on a* $y=0$ *donc* $x^2=1 \underset{x\in\mathbb{N}}{\Leftrightarrow} x=1$ *d'où* $x+y=1<n$, *ce qui est absurde). On pose* $X_1=A^{-1}X=\begin{pmatrix}x_1\\y_1\end{pmatrix}$ *avec :*

$$\begin{cases} x_1=2x-3y \\ y_1=2y-x \end{cases} \quad \text{et } x_1+y_1=x-y \underset{y>0}{<} x+y=n$$

D'après la propriété $(\mathcal{P}_{x_1+y_1})$, *il existe* $k \in \mathbb{N}$ *tel que :*

$$X_1=A^kX_0 \Rightarrow X=AX_1=A^{k+1}X_0,$$

ce qui démontre $(\mathcal{P}_n)$ *et achève la récurrence.*
Ainsi, on vient de démontrer l'inclusion réciproque d'où l'égalité ensembliste attendue.

Commentaires 102 *Exercice progressif. Il s'agit de la version matricielle d'un classique : l'ensemble*

$$G=\left\{x+y\sqrt{3},\quad (x,y)\in\mathbb{N}^2 \text{ et } x^2-3y^2=1\right\}$$

est un sous-groupe monogène de $\mathbb{R}_+^*$ *(c'est-à-dire de la forme* $\{a^n,\quad a\in\mathbb{Z}\}$ *pour un certain* a .. *valant* $2+\sqrt{3}$ *donc associé à* $\begin{pmatrix}2\\1\end{pmatrix}=A\begin{pmatrix}1\\0\end{pmatrix}$*) qui est un grand classique du concours Mines-Ponts.*
Question 1 : Elle demande un peu de rigueur et d'initiative pour aboutir. L'interrogateur valorisera fortement les candidats ayant ces qualités.
Question 2 : Il s'agit de la question la plus simple du sujet, elle requiert surtout de voir le processus dynamique (itérer la matrice A *sur le point de base* $\begin{pmatrix}1\\0\end{pmatrix}$*) et de disposer d'un peu de bon sens.*
Question 3 : Il est attendu du candidat qu'il justifie seul l'implication évidente. Pour l'"implication réciproque, l'idée principale est de minorer les éléments de $H\cap\mathbb{N}^2$ *autre que* $(0,0)$. *L'interaction avec l'interrogateur sera cruciale car peu de candidats seront capables de poursuivre seuls (sauf s'ils ont déjà traités le groupe* G *ou les équations de Pell-Fermat et connaissent le point clé du raisonnement, félicitations à eux).*

Exercice 103 (Centrale) Une application N de $\mathbb{Q}$ dans $\mathbb{R}_+$ est appelée valeur absolue si

— $\forall x \in \mathbb{Q}, N(x) = 0 \Leftrightarrow x = 0$;

— $\forall (x,y) \in \mathbb{Q}^2, N(xy) = N(x)N(y)$;

— $\forall (x,y) \in \mathbb{Q}^2, N(x+y) \leqslant N(x) + N(y)$.

Une valeur absolue N est dite ultramétrique si $\forall x, y \in \mathbb{Q}^2, N(x+y) \leq \max(N(x), N(y))$; N est dite triviale si elle est constante sur $\mathbb{Q}^*$.
Si p est un nombre premier, on note $\nu_p(n)$ la valuation p-adique de n c'est-à-dire le plus grand entier naturel k tel que p^k divise n. On pose par convention $\nu_p(0) = +\infty$ et $p^{-\infty} = 0$.

1. Soit N une valeur absolue. Déterminer $N(1)$ et $N(-1)$.
2. Soit $q = \dfrac{a}{b} \in \mathbb{Q}^*$, où $a, b \in \mathbb{Z}^{*2}$, et p un nombre premier.
   Montrer que $\nu_p(a) - \nu_p(b)$ ne dépend que de q. On le notera $\nu_p(q)$.
3. On définit, pour $q \in \mathbb{Q}$, $|q|_p = p^{-\nu_p(q)}$.
   Montrer que $| \, |_p$ est une valeur absolue ultramétrique.
4. Soit N une valeur absolue ultramétrique non triviale.
   Montrer qu' il existe $\alpha \in \mathbb{R}_+^*$ et p premier tels que $N = |.|_p^\alpha$.

Solution 103

1. *Comme* $1 \times 1 = 1$, $(-1) \times (-1) = 1$*et* $N(1) \neq 0$ *(car* $1 \neq 0$*), on a les égalités suivantes :*

$$\begin{aligned} N(1) &= N(1 \times 1) = N(1) N(1) \underset{\div N(1) \neq 0}{\Rightarrow} 1 = N(1) \\ 1 &= N(1) = N((-1)(-1)) = N(-1) N(-1) = (N(-1))^2 \end{aligned}$$

   donc $N(-1) \in \{-1, 1\}$. *Or,* $N(-1) \geqslant 0$ *donc* $N(-1) = 1$.

2. *Soient* $q \in \mathbb{Q}^*$ *et* $(a_1, b_1, a_2, b_2) \in (\mathbb{Z}^*)^2$ *tels que* $q = \dfrac{a_1}{b_1}$ *et* $q = \dfrac{a_2}{b_2}$ *donc :*

$$\frac{a_1}{b_1} = \frac{a_2}{b_2} \Leftrightarrow (\mathcal{E}_1) : a_1 b_2 = b_1 a_2.$$

   Soit $i \in \{1, 2\}$. *Par définition, pour tout* $i \in \{1, 2\}$, $p^{v_p(a_i)} \mid a_i$ *et* $p^{v_p(b_i)} \mid b_i$ *avec* $p^{v_p(a_i)+1} \nmid a_i$ *et* $p^{v_p(b_i)+1} \nmid b_i$. *C'est-à-dire qu'il existe des entiers* a_i' *et* b_i' *tels que* $a_i = a_i' p^{v_p(a_i)}$ *et* $b_i = b_i' p^{v_p(b_i)}$ *avec* p *ne divisant ni* a_i' *ni* b_i'. *Comme* p *est un nombre premier, cela signifie que* p *est premier avec* a_i' *et* b_i'. *L'égalité* $(\mathcal{E}_1)$ *devient :*

$$\begin{aligned} & a_1' p^{v_p(a_1)} b_2' p^{v_p(b_2)} = b_1' p^{v_p(b_1)} a_2' p^{v_p(a_2)} \\ \Leftrightarrow & (\mathcal{E}_2) : a_1' b_2' p^{v_p(a_1)+v_p(b_2)} = b_1' a_2' p^{v_p(b_1)+v_p(a_2)}. \end{aligned}$$

   Ainsi, on obtient la divisibilité suivante :

$$p^{v_p(a_1)+v_p(b_2)} \mid a_1' b_2' p^{v_p(a_1)+v_p(b_2)} = b_1' a_2' p^{v_p(b_1)+v_p(a_2)}.$$

   Comme p *est premier avec* a_2' *et* b_1', *le lemme de Gauss montre qu'il est premier avec* $b_1' a_2'$ *donc* $p^{v_p(a_1)+v_p(b_2)}$ *est premier avec* $b_1' a_2'$. *D'après le lemme de Gauss, on en déduit la divisibilité :*

$$p^{v_p(a_1)+v_p(b_2)} \mid p^{v_p(b_1)+v_p(a_2)} \Rightarrow v_p(a_1) + v_p(b_2) \leqslant v_p(b_1) + v_p(a_2).$$

   De même, l'égalité $(\mathcal{E}_2)$ *entraine la divibilité suivante :*

$$p^{v_p(b_1)+v_p(a_2)} \mid b_1' a_2' p^{v_p(b_1)+v_p(a_2)} = a_1' b_2' p^{v_p(a_1)+v_p(b_2)}$$

et le même argumentaire (en échangeant a_2' avec a_1' ainsi que b_1' avec b_2'), on obtient l'inégalité :

$$\begin{aligned} v_p(b_1) + v_p(a_2) &\leqslant v_p(a_1) + v_p(b_2) \Rightarrow v_p(a_1) + v_p(b_2) = v_p(b_1) + v_p(a_2) \\ &\Leftrightarrow v_p(a_1) - v_p(b_1) = v_p(a_2) - v_p(b_2). \end{aligned}$$

Ainsi, on a prouvé que $v_p(a) - v_p(b)$ ne dépend pas des réprésentations (a, b) de q mais seulement de q.

3. *Par convention, $|0|_p = p^{-\infty} = 0$. Soit $(x, y) \in \mathbb{Q}^2$, il existe $(a_1, b_1, a_2, b_2) \in (\mathbb{Z}^*)^4$ tels que $x = \dfrac{a_1}{b_1}$ et $y = \dfrac{a_2}{b_2}$. D'après les règles de calculs sur les fractions, on a :*

$$xy = \frac{a_1 a_2}{b_1 b_2},\ x + y = \frac{a_1 b_2 + a_2 b_1}{b_1 b_2}.$$

D'après le raisonnement tenu à la réponse de la question 2, il existe $(a_1', b_1', a_2', b_2') \in (\mathbb{Z}^*)^4$ tel que :

$$\begin{aligned} \forall i &\in \{1, 2\},\ a_i = a_i' p^{v_p(a_i)},\ b_i = b_i' p^{v_p(b_i)} \text{ avec } p \text{ premier avec } a_i' \text{ et } b_i' \\ \Rightarrow\ & |x|_p = p^{v_p(b_1) - v_p(a_1)},\ |y|_p = p^{v_p(b_2) - v_p(a_2)} \end{aligned}$$

On en déduit que :

$$a_1 a_2 = p^{v_p(a_1) + v_p(a_2)} a_1' a_2',\ b_1 b_2 = p^{v_p(b_1) + v_p(b_2)} b_1' b_2'$$

Le lemme de Gauss montre que p est premier avec $a_1' a_2'$ donc :

$$v_p(a_1 a_2) = v_p(a_1) + v_p(a_2),\ v_p(b_1 b_2) = v_p(b_1) + v_p(b_2),$$

ce qui montre l'égalité suivante :

$$\begin{aligned} |xy|_p &= p^{(v_p(b_1) + v_p(b_2)) - (v_p(a_1) + v_p(a_2))} \\ &= p^{v_p(b_1) - v_p(a_1)} p^{v_p(b_2) - v_p(a_2)} = |x|_p |y|_p. \end{aligned}$$

Ensuite, on a l'égalité :

$$\begin{aligned} a_1 b_2 + a_2 b_1 &= a_1' p^{v_p(a_1)} b_2' p^{v_p(b_2)} + a_2' p^{v_p(a_2)} b_1' p^{v_p(b_1)} \\ &= p^{v_p(a_1) + v_p(b_2)} a_1' b_2' + p^{v_p(a_2) + v_p(b_1)} a_2' b_1'. \end{aligned}$$

Supposons que :

$$\begin{aligned} v_p(a_1) + v_p(b_2) &\leqslant v_p(a_2) + v_p(b_1) \Leftrightarrow v_p(b_2) - v_p(a_2) \leqslant v_p(b_1) - v_p(a_1) \\ \underset{p \geqslant 1}{\Leftrightarrow} p^{v_p(b_2) - v_p(a_2)} &\leqslant p^{v_p(b_1) - v_p(a_1)} \Leftrightarrow |y|_p \leqslant |x|_p. \end{aligned}$$

Alors $p^{v_p(a_1) + v_p(b_2)}$ divise $a_1 b_2 + a_2 b_1$ donc :

$$v_p(a_1 b_2 + a_2 b_1) \geqslant v_p(a_1) + v_p(b_2),$$

ce qui entraine l'inégalité suivante :

$$\begin{aligned} |x + y|_p &= p^{v_p(b_1 b_2) - v_p(a_1 b_2 + a_2 b_1)} = p^{v_p(b_1) + v_p(b_2) - v_p(a_1 b_2 + a_2 b_1)} \\ &\leqslant p^{v_p(b_1) + v_p(b_2) - (v_p(a_1) + v_p(b_2))} = p^{v_p(b_1) - v_p(a_1)} = |x|_p = \max\left(|x|_p, |y|_p\right). \end{aligned}$$

Si $v_p(a_1) + v_p(b_2) \geqslant v_p(a_2) + v_p(b_1)$ alors, en échangeant les rôles de x et y, on obtient par le même raisonnement l'inégalité

$$|x + y|_p \leqslant |y|_p = \max\left(|x|_p, |y|_p\right).$$

4. Soit N une telle norme. Pour tout entier naturel $n \geqslant 1$, on a :

$$N(n) = N((n-1)+1) \leqslant \max(N(n-1), N(1)) = \max(N(n-1), 1).$$

Une récurrence immédiate sur n montre que $\forall n \in \mathbb{N}$, $N(n) \leqslant 1$. Comme, pour tout $n \in \mathbb{Z}_-$, on a $-n \in \mathbb{N}$, on obtient la majoration :

$$N(-n) \leqslant 1 \Leftrightarrow \underbrace{N(-1)}_{=1} N(n) \leqslant 1 \Leftrightarrow N(n) \leqslant 1.$$

Ainsi, l'ensemble $\mathbb{Z}$ des entiers relatifs borné pour N.
On note $G = \{n \in \mathbb{Z}, \quad N(n) < 1\}$. Montrons que G est un sous-groupe de $(\mathbb{Z}, +)$. Il est immédiat que $G \subset \mathbb{Z}$. $0 \in G$ car $N(0) = 0 < 1$. Soient $(x, y) \in G^2$ alors

$$\begin{aligned} N(x+y) &\leqslant \max(N(x), N(y)) < 1 \Rightarrow x+y \in G \\ N(-x) &= \underbrace{N(-1)}_{=1} N(x) = N(x) < 1 \Rightarrow -x \in G \end{aligned}$$

donc G est bien un sous-groupe de $\mathbb{Z}$. Ainsi, il existe un entier p tel que $G = p\mathbb{Z}$. Montrons que p est un nombre premier. Supposons qu'il existe deux entiers a et b tels que $p = ab$ alors on peut écrire :

$$N(a) N(b) = N(ab) = N(p) < 1$$

donc $N(a) < 1$ ou $N(b) < 1$. Si $N(a) < 1$ alors $a \in G = p\mathbb{Z}$ donc p divise a et comme a divise p, cela entraine que $a = p$ (car a et p sont des entiers naturels). Si $N(b) < 1$, par le même raisonnement, on obtient que $b = p$. Ainsi, dans tous les cas, on peut affirmer que $a = p$ ou $b = p$ donc p est un nombre premier.
Soit $n \in \mathbb{Z}^*$ alors $n = p^{v_p(n)} n'$ avec n' premier avec p et $N(n') \leqslant 1$ (car $N \leqslant 1$ sur $\mathbb{Z}$). Si $N(n') < 1$ alors $n' \in G = p\mathbb{Z}$ donc p divise n' ce qui est absurde donc $N(n') = 1$. Par multiplicativité de N, on a :

$$N(n) = (N(p))^{v_p(n)} N(n') = (N(p))^{v_p(n)}.$$

Si $N(p) = 1$ alors $N(n) = 1$ pour tout $n \in \mathbb{Z}^*$. Ainsi, pour tout $x \in \mathbb{Q}^*$, il existe $(n, m) \in (\mathbb{Z}^*)^2$ tel que :

$$\begin{aligned} x &= \frac{n}{m} \Leftrightarrow mx = n \Rightarrow N(mx) = N(n) \Leftrightarrow N(m) N(x) = N(n) \\ &\Leftrightarrow N(x) = \frac{N(n)}{N(m)} = \frac{1}{1} = 1. \end{aligned}$$

Ceci est absurde car N n'est pas constante donc on est assuré que $N(p) > 0$ (car $p \neq 0$). On pose $\alpha = -\dfrac{\ln(N(p))}{\ln(p)} \in \mathbb{R}_+^*$ et, pour tout $n \in \mathbb{Z}^*$, on a :

$$\begin{aligned} N(n) &= (N(p))^{v_p(n)} = (\exp(\ln(N(p))))^{v_p(n)} = (\exp(-\alpha \ln(p)))^{v_p(n)} \\ &= \left(p^{-\alpha}\right)^{v_p(n)} = p^{-\alpha v_p(n)} = \left(p^{-v_p(n)}\right)^{\alpha} = |n|_p^{\alpha}. \end{aligned}$$

Par conséquent, pour tout $x \in \mathbb{Q}^*$, il existe $(n, m) \in (\mathbb{Z}^*)^2$ tel que $x = \dfrac{n}{m}$ donc

$$N(x) = \frac{N(n)}{N(m)} = \frac{|n|_p^{\alpha}}{|m|_p^{\alpha}} = \left|\frac{n}{m}\right|_p^{\alpha} = |x|_p^{\alpha}.$$

Commentaires 103 *Exercice original et difficile pour ce concours. Il s'agit habituellement d'un exercice plutôt ENS (caractérisation d'Ostrowki des normes ultra-métriques sur* $\mathbb{Q}$*) qui fut posée il y a de nombreuses années à l'oral de l'ENS Ulm (sous forme brute de la question 4 tout de même).*
Question 1 : Elle est élémentaire.
Question 2 : Il s'agit d'une question discriminante d'arithmétique.
Question 3 : Elle est relativement simple si on fait les calculs un peu formellement (ce que feront un nombre significatif de candidats). Heureusement, la question précédente valide le calcul formel et les bons candidats s'en apercevront (et seront valorisés par l'interrogateur).
Question 4 : C'est incontestablement la question la plus difficile du sujet. L'interaction avec l'interrogateur sera primordiale. Il introduira probablement

$$G = \{n \in \mathbb{Z}, \quad N(n) < 1\}$$

et le fait de prouver qu'il s'agit d'un sous-groupe de $\mathbb{Z}$ *et d'en déduire sa forme sera très valorisée.*

5.3 Mines-Ponts

Exercice 104 (Mines-Ponts) Soit a un nombre impair.

1. Soit n un entier supérieur ou égal à 3. Montrer $a^{2^{n-2}} \equiv 1\ [2^n]$.
2. En déduire les entiers $n \in \mathbb{N}^*$ pour lesquels le groupe des inversibles de l'anneau $\mathbb{Z}/2^n\mathbb{Z}$ est cyclique.

Solution 104 *1. Comme a est un entier impair positif, il existe un entier naturel q tel que $a = 2q+1$. Prouvons par récurrence sur $n \geqslant 3$ l'assertion $(\mathcal{H}_n)$: « $a^{2^{n-2}} \equiv 1\ [2^n]$ »*

Initialisation *$n = 3$. Un calcul direct nous donne :*

$$a^{2^{3-2}} = a^2 = (2q+1)^2 = 4q^2 + 4q + 1 \equiv 1\ \left[2^2\right]$$

donc $(\mathcal{H}_3)$ est vrai.

Hérédité*. Supposons que $(\mathcal{H}_n)$ soit vraie pour un certain entier $n \geqslant 3$ alors l'égalité $a^{2^{n-2}} \equiv 1\ [2^n]$ signifie qu'il existe un entier k tel que*

$$\begin{aligned} a^{2^{n-2}} &= 1 + 2^n k \Rightarrow a^{2^{n-1}} = a^{2\times 2^{n-2}} = \left(a^{2^{n-2}}\right)^2 = (1+2^n k)^2 \\ &= 1 + 2^{n+1}k + 2^{2n}k^2 \equiv 1\ \left[2^{n+1}\right] \end{aligned}$$

(car $2n = n+n \geqslant n+3 \geqslant n+1$ donc 2^{2n} est divisible par 2^{n+1}), ce qui démontre $(\mathcal{H}_{n+1})$ et achève la récurrence.

2. Notons U l'ensemble des inversibles de $\mathbb{Z}/2^n\mathbb{Z}$ c'est-à-dire :

$$U = \left\{\overline{k},\ \text{pgcd}\,(k, 2^n) = 1 \text{ et } k \in \{0, .., 2^n - 1\}\right\}.$$

Soit $k \in \left\{0, .., 2^{n-1}\right\}$ Comme $n \geqslant 1$ et que 2 est un nombre premier, k est premier avec 2^n si et seulement si k est premier avec 2 c'est-à-dire si et seulement si k est un nombre impair si et seulement s'il existe un entier q tel que $k = 2q+1$. On peut alors écrire

$$\begin{aligned} U &= \left\{\overline{2q+1},\ 0 \leqslant 2q+1 \leqslant 2^n - 1\right\} \\ &= \left\{\overline{2q+1},\ -1/2 \leqslant q \leqslant \frac{2^n-2}{2}\right\} \\ &= \left\{\overline{2q+1},\ 0 \leqslant q \leqslant 2^{n-1} - 1\right\}. \end{aligned}$$

Ainsi, l'ensemble U est de cardinal 2^{n-1}. Supposons que U soit cyclique c'est-à-dire qu'il existe un entier a tel que :

$$\overline{a} \in U \text{ et } U = \langle\overline{a}\rangle = \left\{\overline{a}^k,\ k \in \mathbb{N}\right\}.$$

La condition $\overline{a} \in U$ entraine que a est un entier impair. Si $n \geqslant 3$, la question précédente montre l'égalité :

$$a^{2^{n-2}} \equiv 1\ [2^n] \Rightarrow \overline{a}^{2^{n-2}} = \overline{1}$$

donc l'ordre m de a divise 2^{n-2}. Ainsi, le groupe $\langle\overline{a}\rangle$ engendré par $\overline{a}$ est de cardinal

$$\text{card}\,(\langle\overline{a}\rangle) = m \leqslant 2^{n-2} < \text{card}\,(U),$$

ce qui est absurde car $\langle\overline{a}\rangle = U$. Par conséquent, si $n \geqslant 3$, le groupe U n'est pas cyclique.

Si $n = 1$ alors $U = \left\{\overline{1}\right\}$ est cyclique car engendré par $\overline{1}$.

Si $n = 2$ alors $U = \left\{\overline{1}, \overline{3}\right\}$ est cyclique car engendré par $\overline{3}$ (puisque $\overline{3}^0 = \overline{1}$).

Conclusion*. Le groupe U est cyclique si et seulement si $n \in \{1, 2\}$.*

Commentaires 104 *Exercice original.*
Question 1 : Contre toute attente, cette question se traite par récurrence (le modulo variant avec n, cette méthode est peu usuitée par les candidats et il faut revenir dans $\mathbb{Z}$ pour le raisonnement, ce qui est aussi peu commun dans le traitement des congruences par les candidats). Si le candidat n'y songe pas, l'interrogateur lui proposera. Par contre, il attendra que le candidat avance très significativement dans l'argumentaire, voire qu'il conclut seul.
Question 2 : Une part significative des candidats ne se rappellera pas nécessairement du terme « cyclique » et l'interrogateur redonnera la définition (sans dévalorisation du candidat). Par contre, il est attendu du candidat de connaitre la caractérisation des inversibles de $\mathbb{Z}/2^n\mathbb{Z}$ et d'être en mesure de les décrire précisément.

Exercice 105 (Mines-Ponts)

1. Le polynôme $X^4 + 4$ est-il irréductible sur $\mathbb{Q}$?
2. En déduire les entiers n tels que $n^4 + 4$ est premier.

Solution 105

1. *Utilisons l'astuce du début de carré puis une identité remarquable :*

$$X^4 + 4 = \left(X^2 + 2\right)^2 - 4X^2 = \left[X^2 + 2 - 2X\right]\left[X^2 + 2 + 2X\right].$$

Ainsi, le polynôme $X^4 + 4$ est le produit de deux polynômes non constants de $\mathbb{Q}[X]$ donc il n'est pas irréductible dans $\mathbb{Q}[X]$.

2. *Soit $n \in \mathbb{N}$. L'égalité précédente montre que :*

$$n^4 + 4 = \left(n^2 - 2n + 2\right)\left(n^2 + 2n + 2\right).$$

Comme

$$n^2 + 2n + 2 \geqslant 2 > 1 \text{ et } n^2 - 2n + 2 = (n-1)^2 + 1 > 1$$

si $n - 1 \neq 0 \Leftrightarrow n \neq 1$, on en déduit $n^4 + 4$ n'est pas un nombre premier (il est le produit de deux entiers différents de 1).
Si $n = 1$ alors $n^4 + 4 = 5$ est un nombre premier.
Conclusion. *$n^4 + 4$ est un nombre premier si et seulement si $n = 1$.*

Commentaires 105 *Exercice dans difficulté particulière, accessible dès la MPSI.*

Exercice 106 (Mines-Ponts) Soit $P = (X+1)^7 - X^7 - 1$.

1. Calculer $P(j)$ (avec $j = \exp\left(\frac{2\pi i}{3}\right)$). En déduire la factorisation de P en facteurs irréductibles dans $\mathbb{R}[X]$.
2. Donner la décomposition en éléments simples dans $\mathbb{R}[X]$ de $\dfrac{\left(X^3 - 1\right)^4}{\left((X+1)^7 - X^7 - 1\right)^2}$.

Solution 106

1. *Rappelons que* $j^3 = 1$ *et, comme* $j \neq 1$*, on a également :*

$$1 + j + j^2 = \frac{1 - j^3}{1 - j} = 0 \Rightarrow 1 + j = -j^2.$$

On en déduit les égalités suivantes :

$$\begin{aligned} P(j) &= \left(-j^2\right)^7 - j\left(j^3\right)^2 - 1 = -j^{14} - j - 1 \\ &= -j^2\left(j^3\right)^4 - j - 1 = -\left(1 + j + j^2\right) = 0 \end{aligned}$$

donc j *est racine de* P*. Déterminons sa multiplicité.*

$$\begin{aligned} P'(j) &= 7\left((1+j)^6 - j^6\right) = 7\left(\left(-j^2\right)^6 - \left(j^3\right)^2\right) = 7\left(j^{12} - 1\right) \\ &= 7\left(\left(j^3\right)^4 - 1\right) = 7\left(1^4 - 1\right) = 0 \\ P''(j) &= 42\left((1+j)^5 - j^5\right) = 42\left(\left(-j^2\right)^5 - j^2 j^3\right) = 42\left(-j^{10} - j^2\right) \\ &= 42\left(-j\left(j^3\right)^3 - j^2\right) = 42\left(-j - j^2\right) \neq 0 \end{aligned}$$

donc j *est racine double de* P*. Comme* P *est à coefficients réels, on en déduit que* $\overline{j}$ *est racine double de* P *car*

$$P\left(\overline{j}\right) = \overline{P(j)} = 0,\ P'\left(\overline{j}\right) = \overline{P'(j)} = 0,\ P''\left(\overline{j}\right) = \overline{P''(j)} \neq 0.$$

Il est immédiat que 0 *et* -1 *sont racines de* P*. En outre, d'après la formule du binôme de Newton, on a :*

$$P(X) = X^7 + \sum_{k=1}^{6} \binom{7}{k} X^k + 1 - X^7 - 1 = \sum_{k=1}^{6} \binom{7}{k} X^k$$

donc P *est un polynôme de degré* 6 *et de coefficients dominant*

$$\binom{7}{6} = \binom{7}{7-6} = \binom{7}{1} = 7.$$

Par conséquent, on dispose de toutes les racines de P*, ce qui prouve l'égalité :*

$$P(X) = 7X(X+1)\underbrace{(X-j)^2\left(X-\overline{j}\right)^2}_{=Q(X)}.$$

On remarque alors que :

$$Q(X) = \left((X-j)\left(X-\overline{j}\right)\right)^2 = \left(X^2 - 2\operatorname{Re}(j)X + |j|^2\right)^2 = \left(X^2 + X + 1\right)^2$$

(car $\operatorname{Re}(j) = \cos\left(\dfrac{2\pi}{3}\right) = -\dfrac{1}{2}$*) d'où l'égalité :*

$$P(X) = 7X(X+1)\left(X^2 + X + 1\right)^2.$$

Il s'agit bien de la décomposition de P *en irréductibles de* $\mathbb{R}[X]$ *car chaque facteur est de degré* 1 *ou de degré* 2 *sans racines réelles.*

2. *Notons $F(X)$ la fraction rationnelle de l'énoncé. On dispose de la factorisation célèbre*

$$X^3 - 1 = (X-1)\left(X^2 + X + 1\right)$$

et de la factorisation obtenue à la question précédente, ce qui nous donne :

$$F(X) = \frac{(X-1)^4 \left(X^2+X+1\right)^4}{7^2 X^2 (X+1)^2 \left(X^2+X+1\right)^4} = \frac{1}{7^2} \times \frac{(X-1)^4}{X^2 (X+1)^2} = \frac{1}{7^2}\left(\frac{(X-1)^2}{X(X+1)}\right)^2.$$

Comme le numérateur et le dénominateur de $\frac{(X-1)^2}{X(X+1)}$ *sont de même degré, nous allons effectuer la division euclidienne de* $(X-1)^2$ *par* $X(X+1)$. *Il est immédiat que :*

$$(X-1)^2 = X^2 - 2X + 1 = X(X+1) + (-3X+1).$$

En divisant cette égalité par $X(X+1)$ *et en distribuant la division, on obtient la formule :*

$$F(X) = \frac{1}{7^2}\left(1 - \frac{3}{X+1} + \frac{1}{X(X+1)}\right)^2.$$

En utilisant la décomposition en élements simples suivantes :

$$(*) : \frac{1}{X(X+1)} = \frac{1}{X} - \frac{1}{X+1}$$

(par la méthode préférée du lecteur), on a :

$$\begin{aligned} F(X) &= \frac{1}{7^2}\left(1 - \frac{4}{X+1} + \frac{1}{X}\right)^2 \\ &= \frac{1}{7^2}\left(1 + \frac{1}{X^2} + \frac{16}{(X+1)^2} - \frac{8}{X+1} + \frac{2}{X} - \frac{8}{X(X+1)}\right) \\ &= \frac{1}{7^2}\left(1 + \frac{1}{X^2} + \frac{16}{(X+1)^2} - \frac{8}{X+1} + \frac{2}{X} - \frac{8}{X} + \frac{8}{X+1}\right) \\ &= \frac{1}{7^2}\left(1 - \frac{6}{X} + \frac{1}{X^2} + \frac{16}{(X+1)^2}\right) \end{aligned}$$

qui est la décomposition en éléments simples recherchée.

Commentaires 106 *Si la première question est relativement standard (même si elle est demande un peu d'initiative et d'autonomie du candidat en utilisant les propriétés des racines des polynômes à coefficients réels et de deviner d'autres racines immédiates), la seconde partie sera sélective. En effet, la méthode générale de décomposition en éléments simples n'est pas proposée par le programme (uniquement l'existence est énoncée sans preuve) et seul le cas des polynômes scindés à racines simples est enseigné par tous (éventuellement des idées pour les racines doubles). L'interaction avec l'interrogateur sera probablement importante pour cette question (il guidera le candidat sur une stratégie efficace si celui-ci n'en a pas) et la maitrise des calculs par le candidat sera un élément essentiel de la réussite à cette deuxième question.*

Exercice 107 (Mines-Ponts) Soit $n \in \mathbb{N}^*$. On pose $M_n = 2^n - 1$.

1. Montrer que, si M_n est un nombre premier alors n est un nombre premier.
2. Soit $p \geqslant 3$ un nombre premier. Montrer que, si q est un nombre premier et si q divise M_p, alors q est de la forme $2kp + 1$ avec $k \in \mathbb{N}^*$.

Solution 107

1. *On procède par contraposée. Soit n un entier qui n'est pas un nombre premier alors il existe deux entiers a, b différents de 1 et n tels que $n = ab$. On peut alors écrire :*

$$M_n = 2^{ab} - 1 = (2^a)^b - 1.$$

Comme $1 < a < n$, on a

$$1 = 2^1 - 1 < 2^a - 1 < 2^n - 1 = M_n$$

donc le nombre $m = 2^a - 1$ est différent de 1 et n. Or, on dispose des congruences suivantes :

$$\begin{aligned} 2^a - 1 &= m \equiv 0\ [m] \Rightarrow 2^a \equiv 1\ [m] \Rightarrow (2^a)^b \equiv 1^b\ [m] \\ &\Leftrightarrow 2^{ab} \equiv 1\ [m] \Rightarrow M_n \equiv 0\ [m] \end{aligned}$$

donc m divise M_n, ce qui prouve que M_n n'est pas un nombre premier. Par contraposée, si M_n est un nombre premier, on peut affirmer que n est un nombre premier.

2. *Comme q divise M_p, on a les congruences suivantes :*

$$M_p \equiv 0\ [q] \Leftrightarrow (\mathcal{E}_1) : 2^p \equiv 1\ [q].$$

Plaçons nous dans l'anneau $\mathbb{Z}/q\mathbb{Z}$. Comme q est un nombre premier, $\mathbb{Z}/q\mathbb{Z}$ est un corps donc $G = (\mathbb{Z}/q\mathbb{Z}) \setminus \{\overline{0}\}$ est un groupe multiplicatif fini de cardinal $q - 1$. L'égalité $(\mathcal{E}_1)$ s'écrit dans ce groupe

$$(\mathcal{E}_2) : \overline{2}^p = \overline{1}$$

donc $\overline{2}$ est un élément d'ordre fini et comme G est un groupe fini, on obtient la divisibilité suivante

$$(\mathcal{E}_3) : m \mid \operatorname{card}(G) = q - 1$$

Par définition d'un ordre, on a $m \geqslant 1$ et l'égalité $(\mathcal{E}_2)$ entraine que m divise p. Comme p est un nombre premier, on peut affirmer que $m = 1$ ou $m = p$. Si $m = 1$ alors l'égalité $(\mathcal{E}_1)$ montre que

$$2 \equiv 1\ [q] \Leftrightarrow 1 \equiv 0\ [q] \Rightarrow q \mid 1,$$

ce qui est absurde donc $m = p$. Cette égalité combinée à la divisibilité $(\mathcal{E}_3)$ montre que :

$$p \mid q - 1 \Leftrightarrow \exists s \in \mathbb{Z},\ q - 1 = sp \Leftrightarrow q = sp + 1.$$

Comme $p > 0$, M_p est un nombre impair et q le divise donc q est impair (si q est pair alors 2 divise q, q divise M_p donc 2 divise M_p d'où M_p est pair, ce qui est absurde). Ainsi, $q - 1$ est un nombre pair c'est-à-dire que sp est un nombre pair.
Comme $p \geqslant 3$ est un nombre premier, il est nécessairement impair donc s est nécessairement un nombre pair c'est-à-dire qu'il existe un entier (relatif) k tel que :

$$s = 2k \Rightarrow q = 2kp + 1.$$

En outre, puisque q est un nombre premier impair, on a :

$$q \geqslant 3 \Leftrightarrow 2kp+1 \geqslant 3 \Leftrightarrow kp \geqslant 1 \Rightarrow k \geqslant \frac{1}{p} > 0 \Rightarrow k \in \mathbb{N}^*.$$

Remarque. *Si $p=2$ alors $M_p = 3$ dont le seul diviseur premier est $q=3$ qui n'est pas de la forme $2kp+1 = 4k+1$.*

Commentaires 107 *La première question est assez élémentaire. Par contre, la seconde sera sélective car elle demande une maitrise importante des résultats sur l'ordre d'un élément (dans un groupe) et de faire le lien avec cette notion. Les meilleurs candidats penseront à travailler dans $\mathbb{Z}/q\mathbb{Z}$, pour les autres, l'interrogateur l'indiquera et une discussion s'entamera sur la structure de $\mathbb{Z}/q\mathbb{Z}$.*

Exercice 108 (Mines-Ponts) Soit P un polynôme non constant à coefficients entiers. On note l'ensemble

$$\mathcal{D} = \{d \in \mathbb{N}^*, \exists m \in \mathbb{Z} \text{ tel que } d \mid P(m)\}$$

(l'ensemble formé par les divisieurs des différentes valeurs de P sur les entiers relatifs). Montrer que $\mathcal{D}$ contient une infinité de nombres premiers.

Solution 108 *Comme $P(0) \in \mathbb{Z}$, il possède un diviseur premier p donc $p \in \mathcal{D}$ et $\mathcal{D}$ est non vide.*
Supposons qu'il n'existe qu'un nombre fini $p_1, .., p_s$ de nombres premiers distincts appartenant à $\mathcal{D}$.
Si r désigne le degré de P et a_r son coefficient dominant, on dispose des dominations suivantes :

$$\begin{aligned} & P(n) \underset{n\to+\infty}{\sim} a_r n^r \underset{n\to+\infty}{=} O(n^r) \\ \Rightarrow \quad & \exists A \in \mathbb{R}_+, \exists M \in \mathbb{R}_+, \forall n \geqslant A, |P(n)| \leqslant Mn^r. \end{aligned}$$

Comme P n'admet qu'un nombre fini de racines, quitte à augmenter A, on peut supposer que, pour tout $n \geqslant A$, $P(n)$ est non nul.
Soit $n \in \mathbb{N}$ avec $n \geqslant N$. L'entier $P(n)$, qui est non nul, admet uniquement des diviseurs premiers appartenant à $\{p_1, .., p_r\}$. Ainsi, sa décomposition en produit de nombres premiers est de la forme

$$P(n) = \pm \prod_{i=1}^{s} p_i^{a_i(n)} \text{ avec } \forall i \in \{1, .., s\}, a_i(n) \in \mathbb{N}.$$

En outre, pour chaque $i \in \{1, .., s\}$, comme p_i est un nombre premier, on peut affirmer que :

$$\begin{aligned} p_i^{a_i(n)} & \leqslant \prod_{i=1}^{s} p_i^{a_i(n)} = |P(n)| \underset{\ln\nearrow}{\Rightarrow} \ln\left(p_i^{a_i(n)}\right) \leqslant \ln(|P(n)|) \leqslant \ln(Mn^r) \\ & \Rightarrow \quad a_i(n)\ln(p_i) \leqslant \ln(M) + r\ln(n) \underset{\div \ln(p_i)>0}{\Rightarrow} a_i(n) \leqslant \frac{\ln(M) + r\ln(n)}{\ln(p_i)}. \end{aligned}$$

Pour tout entier $k \geqslant N$, posons :

$$A_k = \{P(n), n \in \{N, N+1, .., k\}\}.$$

D'après les inégalités précédentes et comme

$$\forall n \in \{N, .., k\}, \ 0 \leqslant a_i(n) \leqslant \frac{\ln(M) + r\ln(n)}{\ln(p_i)} \leqslant \frac{\ln(M) + r\ln(k)}{\ln(p_i)},$$

on dispose de l'inclusion ensembliste valable pour tout $k \geqslant N$:

$$\begin{aligned} A_k &= \{P(n), \ n \in \{N, N+1, .., k\}\} \\ &\subset \left\{\pm \prod_{i=1}^{s} p_i^{m_i}, \ \forall i \in \{1, .., s\}, \ m_i \in \left\{0, .., \frac{\ln(M) + r\ln(k)}{\ln(p_i)}\right\}\right\}. \end{aligned}$$

En passant aux cardinaux, on en déduit la majoration :

$$\operatorname{card}(A_k) \leqslant \operatorname{card}\left(\{-1, 1\} \times \prod_{i=1}^{s} \left\{0, .., \frac{\ln(M) + r\ln(k)}{\ln(p_i)}\right\}\right)$$

$$= 2\prod_{i=1}^{s}\left(1 + \frac{\ln(M) + r\ln(k)}{\ln(p_i)}\right) \underset{k\to+\infty}{=} 2\prod_{i=1}^{s} O(\ln(k)) \underset{k\to+\infty}{=} O((\ln(k))^s)$$

$$\Rightarrow (*) : \operatorname{card}(A_k) \underset{k\to+\infty}{=} O((\ln(k))^s)$$

D'autre part, chaque $m \in A_k$ possède au maximum r antécédents par P (le polynôme $P - m$ est de degré r donc il admet au plus r racines) donc l'ensemble A_k possède au moins

$$\frac{\operatorname{card}(\{N, N+1, .., k\})}{r} = \frac{k - N + 1}{r}$$

éléments. On en déduit la minoration suivante

$$\operatorname{card}(A_k) \geqslant \frac{k - N + 1}{r}.$$

En divisant cette inégalité par $(\ln(k))^s$, l'égalité $(*)$ montre que la suite $\left(\frac{\operatorname{card}(A_k)}{(\ln(k))^s}\right)_k$ est bornée donc la suite $\left(\frac{k - N + 1}{r(\ln(k))^s}\right)_k$ l'est aussi. Or, d'après les croissances comparées, on a :

$$\frac{k - N + 1}{r(\ln(k))^s} \underset{k\to+\infty}{\sim} \frac{1}{r} \times \frac{k}{(\ln(k))^s} \underset{k\to+\infty}{\to} +\infty,$$

ce qui est absurde. Par conséquent, l'ensemble $\mathcal{D}$ contient une infinité de nombres premiers.

Commentaires 108 *Exercice original, posé initialement aux ENS. L'interaction avec l'interrogateur sera importante et le sujet d'adresse à priori à des candidats de bon niveau.*

Exercice 109 (Mines-Ponts) Soit $\mathbb{U} = \{z \in \mathbb{C}, \quad |z| = 1\}$.

1. Déterminer les $P \in \mathbb{C}[X]$ tels que $P(\mathbb{U}) \subset \mathbb{U}$.
2. Déterminer les $F \in \mathbb{C}(X)$ (fractions rationnelles à coefficients complexes) telles que $F(\mathbb{U}) \subset \mathbb{U}$.

Solution 109

1. *On procède par analyse-synthèse.*
Phase d'analyse*. Soit $P \in \mathbb{C}[X]$ tels que $P(\mathbb{U}) \subset \mathbb{U}$ alors P est non nul donc il possède un degré $n \in \mathbb{N}$ et il existe des complexes $(p_k)_{0\leqslant k\leqslant n}$ tel que $P(X) = \sum_{k=0}^{n} p_k X^k$. Soit $z \in \mathbb{U}$, il existe $\theta \in \mathbb{R}$ tel que $z = e^{i\theta}$.*
Rappelons que si $z \in \mathbb{C}$, $\overline{z}$ désigne son conjugué, on dispose des règles de calculs suivantes :
$$\forall (z, z') \in \mathbb{C}^2,\ |z|^2 = z\overline{z},\ \overline{z+z'} = \overline{z} + \overline{z'},\ \overline{zz'} = \overline{z}\,\overline{z'}.$$
Par hypothèse, $P\left(e^{i\theta}\right) \in \mathbb{U}$ donc on a l'égalité suivante :
$$\left|P\left(e^{i\theta}\right)\right|^2 = 1 \Leftrightarrow (*) : P\left(e^{i\theta}\right)\overline{P\left(e^{i\theta}\right)} = 1.$$
Réécrivons $\overline{P\left(e^{i\theta}\right)}$ en utilisant les règles de calculs citées précédemment :
$$\begin{aligned}\overline{P\left(e^{i\theta}\right)} &= \overline{\sum_{k=0}^{n} p_k \left(e^{i\theta}\right)^k} = \overline{\sum_{k=0}^{n} p_k e^{ik\theta}} = \sum_{k=0}^{n} \overline{p_k}\left(\overline{e^{ik\theta}}\right) = \sum_{k=0}^{n} \overline{p_k} e^{-ik\theta} \\ &= \sum_{k=0}^{n} \overline{p_k}\frac{1}{e^{ik\theta}} = \frac{1}{e^{in\theta}}\sum_{k=0}^{n} \overline{p_k} e^{i(n-k)\theta} = \frac{1}{\left(e^{i\theta}\right)^n}\sum_{k=0}^{n} \overline{p_k}\left(e^{i\theta}\right)^{n-k}.\end{aligned}$$
Si l'on note $A_P(X) = \sum_{k=0}^{n} \overline{p_k} X^{n-k} \in \mathbb{C}[X]$, la relation $(*)$ se réécrit :
$$\begin{aligned}P\left(e^{i\theta}\right)\frac{1}{\left(e^{i\theta}\right)^n}A_P\left(e^{i\theta}\right) = 1 &\Leftrightarrow P\left(e^{i\theta}\right)A_P\left(e^{i\theta}\right) = \left(e^{i\theta}\right)^n \\ &\Rightarrow \left(P(X)A_P(X) - X^n\right)\left(e^{i\theta}\right) = 0.\end{aligned}$$
Ainsi, le polynôme $P(X)A_P(X) - X^n$ possède une infinité de racines (tous les éléments de $\mathbb{U}$) donc il est nul c'est-à-dire :
$$P(X)A_P(X) - X^n = 0 \Leftrightarrow P(X)A_P(X) = X^n.$$
Par conséquent, le polynôme $P(X)$ divise X^n et comme P est de degré n, il existe $a \in \mathbb{C}^*$ tel que $P(X) = aX^n$. En outre, $a \in \mathbb{U}$ car, pour tout $z \in \mathbb{U}$, on a :
$$|P(z)| = 1 \Leftrightarrow |az^n| = 1 \Leftrightarrow |a|\,|z|^n = 1 \Leftrightarrow |a| = 1.$$
Phase de synthèse. *Soit $a \in \mathbb{C}$ et $m \in \mathbb{N}$, le polynôme $P(X) = aX^m$ vérifie :*
$$\forall z \in \mathbb{U},\ |P(z)| = |a|\,|z|^m = 1 \times 1^m = 1.$$
Conclusion *: Les polynômes $P \in \mathbb{C}[X]$ tels que $P(\mathbb{U}) \subset \mathbb{U}$ sont exactement les polynômes $P(X) = aX^m$ avec $a \in \mathbb{U}$ et $m \in \mathbb{N}$.*

2. *On procède également par analyse-synthèse.*
Phase d'analyse*. Soit $F \in \mathbb{C}(X)$, il existe deux polynômes P, Q de $\mathbb{C}[X]$ premiers entre eux avec $Q \neq 0$ tels que :*
$$F(X) = \frac{P(X)}{Q(X)}$$

(forme irréductible de F).

Réduction du problème. *Si on note s et r les multiplicités respectives de 0 dans P et Q, il existe deux polynômes P_1 et Q_1 tels que*

$$P(X) = X^s P_1(X) \text{ et } Q(X) = X^r Q_1(X) \text{ avec } P_1(0) \neq 0 \text{ et } Q_1(0) \neq 0.$$

Les polynômes P_1 et Q_1 sont premiers entre eux car P et Q le sont. On en déduit une nouvelle expression de F :

$$F(X) = X^{s-r} \frac{P_1(X)}{Q_1(X)}.$$

Supposons que $F(\mathbb{U}) \subset \mathbb{U}$ alors F est définie sur $\mathbb{U}$ donc Q_1 ne s'annule pas sur $\mathbb{U}$ et P_1 ne s'annule pas sur $\mathbb{U}$ (s'il existe $z_0 \in \mathbb{U}$ tel que $P_1(z_0) = 0$ alors $|F(z_0)| = 0 \neq 1$). La fraction

$$F_1(X) = X^{r-s} F(X) = \frac{P_1(X)}{Q_1(X)}$$

appartient à $\mathbb{C}(X)$, elle est définie sur $\mathbb{U}$ et $F_1(\mathbb{U}) \subset \mathbb{U}$ car :

$$\forall z \in \mathbb{U}, |F_1(z)| = |z|^{r-s} |F(z)| = 1^{r-s} \times 1 = 1.$$

Quitte à échanger F_1 en $G = \dfrac{1}{F_1} = \dfrac{Q_1}{P_1}$ (qui est définie sur $\mathbb{U}$, puisque P_1 et Q_1 ne s'y annule pas, vérifie encore $G(\mathbb{U}) \subset \mathbb{U}$), on peut toujour supposer que $\deg(P_1) \leqslant \deg(Q_1)$. Notons n_1 et m_1 les degrés respectifs des polynômes P_1 et Q_1 alors $n_1 \leqslant m_1$.

***Étude de** F_1. Pour tout réel θ, le complexe $e^{i\theta}$ appartient à $\mathbb{U}$ donc $F_1(e^{i\theta})$ aussi c'est-à-dire :*

$$\forall \theta \in \mathbb{R}, \left|F_1\left(e^{i\theta}\right)\right|^2 = 1 \Leftrightarrow (\mathcal{E}_1) : \forall \theta \in \mathbb{R}, \left|P_1\left(e^{i\theta}\right)\right|^2 = \left|Q_1\left(e^{i\theta}\right)\right|^2$$

Avec les notations et calculs effectués dans la preuve de la réponse à la question 1. on peut affirmer que :

$$\left|P_1\left(e^{i\theta}\right)\right|^2 = \frac{P_1\left(e^{i\theta}\right) A_{P_1}\left(e^{i\theta}\right)}{\left(e^{i\theta}\right)^{n_1}} \text{ et } \left|Q_1\left(e^{i\theta}\right)\right|^2 = \frac{Q_1\left(e^{i\theta}\right) A_{Q_1}\left(e^{i\theta}\right)}{\left(e^{i\theta}\right)^{m_1}}.$$

L'équation $(\mathcal{E}_1)$ se réécrit :

$$\begin{aligned}
\forall \theta \in \mathbb{R}, \ & \frac{P_1\left(e^{i\theta}\right) A_{P_1}\left(e^{i\theta}\right)}{\left(e^{i\theta}\right)^{n_1}} = \frac{Q_1\left(e^{i\theta}\right) A_{Q_1}\left(e^{i\theta}\right)}{\left(e^{i\theta}\right)^{m_1}} \\
\Leftrightarrow \ & \left(e^{i\theta}\right)^{m_1} P_1\left(e^{i\theta}\right) A_{P_1}\left(e^{i\theta}\right) = \left(e^{i\theta}\right)^{n_1} Q_1\left(e^{i\theta}\right) A_{Q_1}\left(e^{i\theta}\right) \\
\Leftrightarrow \ & \left(X^{m_1} P_1(X) A_{P_1}(X) - X^{n_1} Q_1(X) A_{Q_1}(X)\right)\left(e^{i\theta}\right) = 0.
\end{aligned}$$

Ainsi, le polynôme $X^{m_1} P_1(X) A_{P_1}(X) - X^{n_1} Q_1(X) A_{Q_1}(X)$ possède une infinité de racines (tous les éléments de $\mathbb{U}$) donc il est nul c'est-à-dire :

$$\begin{gathered}
X^{m_1} P_1(X) A_{P_1}(X) - X^{n_1} Q_1(X) A_{Q_1}(X) = 0 \\
\Leftrightarrow (\mathcal{E}_2) : X^{m_1} P_1(X) A_{P_1}(X) = X^{n_1} Q_1(X) A_{Q_1}(X)
\end{gathered}$$

Par définition, Il existe des complexes $(p_k)_{0\leqslant k\leqslant n_1}$ *et* $(q_k)_{0\leqslant k\leqslant m_1}$ *avec*

$$\begin{aligned} P_1(X) &= \sum_{k=0}^{n_1} p_k X^k \text{ avec } p_{n_1}\neq 0 \text{ et } Q_1(X)=\sum_{k=0}^{m_1} q_k X^k \text{ avec } q_{m_1}\neq 0 \\ A_{P_1}(X) &= \sum_{k=0}^{n_1} \overline{p_k} X^{n_1-k} = \overline{p_0}X^{n_1}+\overline{p_1}X^{n_1-1}+\cdots+\overline{p_{n_1}} \\ A_{Q_1}(X) &= \sum_{k=0}^{m_1} \overline{q_k} X^{m_1-k} = \overline{q_0}X^{m_1}+\overline{q_1}X^{m_1-1}+\cdots+\overline{q_{m_1}}. \end{aligned}$$

Comme $\overline{p_0}=\overline{P_1(0)}\neq 0$ *(car 0 n'est pas racine de* P_1*) et* $\overline{q_0}\neq 0$ *(car 0 n'est pas racine de* Q_1*), on peut affirmer que* A_{P_1} *et* A_{Q_1} *sont de degré respectifs* n_1 *et* m_1*. En passant au degré dans la relation* $(\mathcal{E}_2)$ *, on obtient l'égalité :*

$$\begin{gathered} m_1+n_1+n_1=n_1+m_1+m_1 \Rightarrow n_1=m_1 \\ \Leftrightarrow \deg(P_1)=\deg(A_{P_1})=\deg(Q_1)=\deg(A_{Q_1}) \end{gathered}$$

Comme $\mathbb{C}[X]$ *est un anneau intègre, on peut simplifier* $X^{n_1}=X^{m_1}$ *dans l'équation* $(\mathcal{E}_2)$*, ce qui nous donne la formule :*

$$(\mathcal{F}) : P_1(X)\,A_{P_1}(X)=Q_1(X)\,A_{Q_1}(X)$$

Ainsi, le polynôme P_1 *divise* $Q_1A_{Q_1}$ *et comme* P_1 *est premier avec* Q_1*, le lemme de Gauss montre que* P_1 *divise* A_{Q_1} *c'est-à-dire qu'il existe un polynôme* R *tel que*

$$A_{Q_1}=RP_1 \underset{(\mathcal{F})}{\Rightarrow} P_1A_{P_1}=Q_1RP_1 \Rightarrow A_{P_1}=RQ_1$$

(car $\mathbb{C}[X]$ *est un anneau intègre). Comme* A_{Q_1} *et* P_1 *sont de même degré, le polynôme* R *est constant et comme* A_{Q_1} *est non nul, cette constante est non nulle. Ainsi, il existe* $\alpha\in\mathbb{C}^*$ *tel que :*

$$A_{P_1}=\alpha Q_1 \Rightarrow F_1(X)=\frac{\alpha P_1(X)}{A_{P_1}(X)} \Rightarrow F(X)=\alpha X^{r-s}\frac{P_1(X)}{A_{P_1}(X)}.$$

D'après les calculs menés à la question 1, Pour tout réel θ*, on a :*

$$\begin{aligned} \overline{P_1(e^{i\theta})} &= \frac{A_{P_1}(e^{i\theta})}{(e^{i\theta})^{n_1}} \Rightarrow \left|P_1(e^{i\theta})\right| = \left|\overline{P_1(e^{i\theta})}\right| = \left|\frac{A_{P_1}(e^{i\theta})}{(e^{i\theta})^{n_1}}\right| = \left|A_{P_1}(e^{i\theta})\right| \\ \left|\frac{P_1(e^{i\theta})}{A_{P_1}(e^{i\theta})}\right| &= 1 \text{ donc } \left|F(e^{i\theta})\right|=1 \Leftrightarrow 1=|\alpha|\left|e^{i\theta}\right|^{2(r-s)}\left|\frac{P_1(e^{i\theta})}{A_{P_1}(e^{i\theta})}\right| \Leftrightarrow |\alpha|=1. \end{aligned}$$

Synthèse. *Soient* $\alpha\in\mathbb{U}$, $P\in\mathbb{C}[X]\setminus\{0\}$ *de coefficient constant non nul et n'ayant aucune racine dans* $\mathbb{U}$ *et* $k\in\mathbb{Z}$*. Si* n *est le degré de* P*, il existe des complexes* $(p_k)_{0\leqslant k\leqslant n}$ *tels que :*

$$P(X)=\sum_{k=0}^{n} p_k X^k \text{ avec } p_0\neq 0.$$

On pose

$$A_P(X)=\sum_{k=0}^{n}\overline{p_k}X^{n-k}=\overline{p_0}X^n+\overline{p_1}X^{n-1}+\cdots+\overline{p_n}$$

qui est un polynôme de degré n car $\overline{p_0} \neq 0$. *Supposons que* A_P *admet une racine* $z \in \mathbb{U}$ *alors il existe un réel* θ *tel que* $z = e^{i\theta}$. *On dispose alors des équivalences suivantes :*

$$A_P(z) = 0 \Leftrightarrow A_P\left(e^{i\theta}\right) = 0 \Leftrightarrow \left(e^{i\theta}\right)^n \overline{P\left(e^{i\theta}\right)} = 0 \Leftrightarrow P\left(e^{i\theta}\right) = 0,$$

ce qui est absurde (P n'admet aucune racine dans $\mathbb{U}$*) donc* A_P *n'admet aucune racine dans* $\mathbb{U}$. *Ainsi, pour tout* $a \in \mathbb{U}$ *et* $k \in \mathbb{Z}$, *la fraction*

$$F = aX^k \frac{P(X)}{A_P(X)}$$

est bien définie sur $\mathbb{U}$ *et, pour tout* $\theta \in \mathbb{R}$, *on a* $\left|F\left(e^{i\theta}\right)\right| = 1$ *(cf. les calculs de la fin de la phase d'analyse) donc* $F(\mathbb{U}) \subset \mathbb{U}$.

Conclusion *: les fractions rationnelles vérifiant* $F(\mathbb{U}) \subset \mathbb{U}$ *sont les fractions rationnelles de la forme*

$$\begin{aligned} F(X) &= \alpha X^k \frac{P(X)}{A_P(X)} \text{ avec } |\alpha| = 1,\ k \in \mathbb{Z},\ P \in \mathbb{C}[X] \setminus \{0\} \\ \text{et } P(0) &\neq 0 \text{ et } P(\mathbb{U}) \subset \mathbb{C}^*. \end{aligned}$$

Commentaires 109 *Exercice dont la première question posée relativement régulièrement à ce concours (et la thématique est plutôt celle des concours X-ENS).*
Question 1 : Le point clé est d'interpréter algébriquement l'inclusion $P(\mathbb{U}) \subset \mathbb{U}$ *(ce qui n'est pas standard pour les concours visés par cet ouvrage). L'interrogateur proposera probablement une indication du type suivant : donner un polynôme Q tel que*

$$\forall \theta \in \mathbb{R},\ \left|P\left(e^{i\theta}\right)\right|^2 - 1 = Q\left(e^{i\theta}\right).$$

L'interrogateur sera alors attentif à la capacité du candidat à gérer convenablement les modules et les complexes de module 1. Il est aussi attendu du candidat qu'il justifie aisément la nullité du polynôme Q. Si le candidat ne parvient à conclure, il sera guider vers l'interprétation de l'égalité $PA_P = X^m$ *en terme de divisibilité. Bien entendu, la réciproque sera attendue (ou bien le candidat travaille explicitement par analyse-synthèse).*
Question 2 : Un candidat observant que les fractions X^m $(m \in \mathbb{Z})$ *et/ ou* $\frac{P}{A_P}$ *et/ou* $X^m \frac{P}{A_P}$ *conviennent sera fortement valorisé (la première car elle est facile à deviner, les deux suivantes par recul sur les calculs de la question 1). L'étude de l'implication directe est réservée aux meilleurs candidats.*

Exercice 110 (Mines-Ponts) Soit $(G, \cdot)$ un groupe abélien de neutre e. On suppose qu'il existe $n \in \mathbb{N}^*$ tel que, pour tout $x \in G$, $x^n = e$.

1. On suppose que $n = ab$, avec a et b premiers entre eux. On note

$$G_a = \{x^a,\ x \in G\} \text{ et } G_b = \left\{x^b,\ x \in G\right\}$$

   Montrer que G_a est un sous-groupe de G. Montrer que, pour tout $x \in G$, il existe un unique couple $(u, v) \in G_a \times G_b$ tel que $x = uv$.

2. On suppose n impair.

(a) Montrer que $\phi_2 : x \mapsto x^2$ est un automorphisme et déterminer l'application réciproque.

(b) Même question avec $\phi_k : x \mapsto x^k$, avec k et n premiers entre eux.

Solution 110

1. *Comme G est abélien, l'application* $f_a : \left\{ \begin{array}{ccc} G & \to & G \\ x & \mapsto & x^a \end{array} \right.$ *est un morphisme de groupe car ;*

$$\forall (x,y) \in G^2,\ f(xy) = (xy)^a \underset{\text{abélien}}{\overset{G}{=}} x^a y^a = f(x) f(y).$$

Ainsi, l'ensemble $f_a(G) = G_a$ *est un sous-groupe de* G.
Comme a *et* b *sont premier entre eux, le théorème de Bezout montre qu'il existe* $(s,t) \in \mathbb{Z}^2$ *tel que*

$$1 = as + bt \Rightarrow x = x^1 = x^{as+bt} = (x^s)^a \left(x^t\right)^b.$$

Si l'on pose $u = (x^s)^a \in G_a$ *(car* $x^s \in G$*) et* $v = \left(x^t\right)^b \in G_b$ *(car* $x^t \in G$*), on a bien* $x = uv$.
Supposons qu'il existe $u' \in G_a$ *et* $v' \in G_b$ *tel que*

$$x = u'v' \Rightarrow uv = u'v' \Leftrightarrow (u')^{-1} u = v'v^{-1}.$$

Notons $y = (u')^{-1} u$ *et* $z = v'v^{-1}$. *Comme* u *et* u' *appartiennent à* G_a, y *appartient à* G_a *(car* G_a *est un groupe) donc il existe* $y' \in G$ *tel que* $y = (y')^a$. *On en déduit que*

$$y^b = (y')^{ab} = (y')^n = e.$$

De même, on justifie que $z \in G_b$ *puis que* $z^a = e$. *Comme* $y = z$, *on peut alors écrire :*

$$\begin{array}{rcl} y & = & y^{as+bt} = (y^a)^s \left(y^b\right)^t = (z^a)^s (e)^t = (e)^s e = e \\ & \Rightarrow & u = u'y = u' \text{ et } v' = vz = vy = v, \end{array}$$

ce qui prouve l'unicité.

2. (a) *Comme* n *est impair, il existe un entier* m *tel que*

$$n = 2m + 1 \Leftrightarrow m = \frac{n-1}{2}.$$

Par hypothèse, on a :

$$\forall x \in G,\ x^n = e \Leftrightarrow x^{2m+1} = e \underset{\times x}{\Rightarrow} x^{2m+2} = x \Leftrightarrow \left(x^{m+1}\right)^2 = x.$$

Si l'on note

$$\psi_2 : x \in G \mapsto x^{m+1} = x^{(n+1)/2} \in G$$

alors :

$$\begin{array}{rcl} \forall x & \in & G,\ \phi_2(\psi_2(x)) = x \text{ et } \psi_2(\phi_2(x)) = \left(x^2\right)^{m+1} = x^{2m+2} = x \\ & \Rightarrow & \phi_2 \circ \psi_2 = \mathrm{Id}_G \text{ et } \psi_2 \circ \phi_2 = \mathrm{Id}_G \end{array}$$

donc ϕ_2 *est une bijection de* G *sur* G *de réciproque* ψ_2.

(b) *Comme k et n sont premiers entre eux, d'après la relation de Bezout, il existe deux entiers relatifs (a,b) tels que*

$$1 = ak + bn \Rightarrow \forall x \in G,\, x = x^{ak+bn} = (x^a)^k (x^n)^b = (x^a)^k (e)^b = (x^a)^k .$$

Si l'on note

$$\psi_a : x \in G \mapsto x^a \in G$$

alors :

$$\begin{aligned} \forall x &\in G,\, \phi_k(\psi_a(x)) = x \text{ et } \psi_a(\phi_k(x)) = \left(x^k\right)^a = x \\ &\Rightarrow \phi_k \circ \psi_a = \mathrm{Id}_G \text{ et } \psi_a \circ \phi_k = \mathrm{Id}_G \end{aligned}$$

donc ϕ_k est une bijection de G sur G de réciproque ψ_a.

Commentaires 110 *Exercice de niveau standard. Le fait que G_a est un sous-groupe et l'unicité du couple (u,v) à la question 1 sont des questions d'application directe du cours sur les groupes et ordre d'un élément.*

Chapitre 6

Dénombrement

6.1 CCINP

Exercice 111 (CCINP) Soit $n \in \mathbb{N}^*$. Déterminer le nombre de surjections de $\{1, .., n+1\}$ sur $\{1, ..., n\}$.

Solution 111 *Soit*

$$f : \{1, .., n+1\} \to \{1, ..., n\}$$

alors f est surjective si et seulement si, pour tout $k \in \{1, ..., n\}$, il existe (au moins) un entier $q \in \{1, ..., n+1\}$ tel que $f(q) = k$. Comme l'ensemble $\{1, ..., n+1\}$ possède $n+1$ éléments, cela signifie qu'il existe exactement $n-1$ entiers $k \in \{1, ..., n\}$ qui possède un seul antécédent par f et un unique entier $k_f \in \{1, .., n+1\}$ possédant exactement deux antécédents par f. Pour déterminer une telle application surjective f, on choisit un entier k_0 parmi les n entiers de $\{1, .., n\}$ (n choix). Pour cet entier k_0, on choisit 2 entiers q_0 et q_0' appartenant à $\{1, ..., n+1\}$ ($\binom{n+1}{2} = \dfrac{n(n+1)}{2}$ choix possibles). On pose alors $f(q_0) = f(q_0') = k_0$. On note

$$k_1 < k_2 < \cdots < k_{n-1}$$

les $n-1$ entiers de $\{1, ..., n\} \setminus \{k_0\}$. On choisit un entier q_1 parmi les $n-1$ entiers de $\{1, ..., n+1\} \setminus \{q_0, q_0'\}$ et on pose $f(q_1) = k_1$. On choisit un entier q_2 parmi les $n-2$ entiers de $\{1, ..., n+1\} \setminus \{q_0, q_0', q_1\}$ ($n-2$ choix possibles) et on pose $f(q_2) = k_2$ (comme $k_2 \neq k_1$ et $k_2 \neq k_0$, il est impératif que $q_2 \neq q_0$, $q_2 \neq q_0'$ et $q_2 \neq q_1$). Plus généralement, si on construit des entiers deux à deux distincts

$$q_0, q_0', q_1, ..., q_r \text{ tels que } \forall i \in \{1, .., r\}, f(q_r) = k_r,$$

on choisit un entier

$$q_{r+1} \in \{1, .., n+1\} \setminus \{q_0, q_0', q_1, ..., q_r\}$$

($n+1-(r+1) = n-r$ choix possibles) et on pose

$$f(q_{r+1}) = k_{r+1}.$$

Au final, pour déterminer f, on dispose de

$$n\binom{n+1}{2}(n-1)(n-2)\cdots 1 = \frac{n(n+1)\,n(n-1)\cdots 1}{2} = \frac{n[(n+1)!]}{2}$$

choix possibles c'est-à-dire qu'il y a $\dfrac{n*(n+1)!}{2}$ telles surjections.

Commentaires 111 *En général, les exercices de dénombrement sont sélectifs aux oraux CCINP et ce sujet ne fait pas exception. Il n'est pas nécessairement attendu des dénombrements utilisant la notion de bijection ou une formalisation très importante mais de convaincre l'interrogateur que les comptages sont bien exhaustifs et non redondants.*

6.2 Mines-Telecom

Exercice 112 (Mines-Ponts, Mines-Telecom) Soient $(a, b, n) \in \mathbb{N}^3$. Montrer que :

$$\sum_{k=0}^{n} \binom{a}{k}\binom{b}{n-k} = \binom{a+b}{n}.$$

Solution 112 *Par définition, pour tous entiers n, k, $\binom{n}{k}$ étant le nombre de parties à k éléments d'un ensemble à n éléments, on a $\binom{n}{k} = 0$ si $k > n$ ou $k \leqslant 0$ et $\binom{n}{k} = \dfrac{n!}{k!\,(n-k)!}$ sinon.*
On considère une urne composée de a boules blanches et b boules noires dans laquelle on pioche simultanément n boules. Combien y a-t-il de pioches possibles ? On procède par deux comptages distincts.
Premier comptage. *Une pioche dans l'urne correspond à la sélection d'un sous-ensemble de n boules parmi l'ensemble des $a+b$ boules donc il y a $\binom{a+b}{n}$ pioches possibles.*
Second comptage. *Une pioche donnée contient k boules blanches et $n-k$ boules noire. Pour chaque $k \in \{0, .., n\}$, on note P_k : « la pioche contient k boules blanches et $n-k$ boules noires ». Les ensembles $(P_k)_{0 \leqslant k \leqslant n}$ sont deux à deux disjoints (éventuellement vide) et l'ensemble des pioches correspond à l'ensemble $\bigcup_{k=0}^{n} P_k$ donc le nombre total de pioches possibles est :*

$$\operatorname{card}\left(\bigcup_{k=0}^{n} P_k\right) = \sum_{k=0}^{n} \operatorname{card}(P_k) = \sum_{k=0}^{n} \tbinom{a}{k}\tbinom{b}{n-k}.$$

En effet, notons B_k l'ensemble des parties à k éléments de l'ensemble des boules blanches et N_{n-k} l'ensemble des parties à $n-k$ éléments de l'ensemble des boules noires. Alors l'application ψ_k qui à un couple $(U, V) \in B_k \times N_{n-k}$ associe $U \cup V$ est une bijection de $B_k \times N_{n-k}$ sur P_k, ce qui permet de conclure.

Commentaires 112 *Exercice astucieux (ou du moins, les tentatives par récurrence élémentaires échouent en général) ou plutôt à interpréter la formule du point de vue combinatoire (c'est-à-dire en combinant convenablement des objets).*

Exercice 113 (Mines-Telecom) Dénombrer les applications $f : \{1, ..., n\} \to \{1, ..., n\}$ telles que

$$f \circ f = f.$$

Solution 113 *Notons*

$$I_n = \{1, ..., n\} \text{ et } S = \{f : I_n \to I_n \text{ telles que } f \circ f = f\}.$$

Soit $f \in S$. pour tout $k \in f(I_n)$, il existe $q \in I_n$ tel que :

$$k = f(q) \Rightarrow f(k) = f(f(q)) = f(q) = k.$$

Ainsi, tout élément dans l'image de f est un point fixe de f et, il est immédiat, tout point fixe de f est dans l'image de f.

Réciproquement, soit $f : I_n \to I_n$ telle que un élément appartient à l'image de f si et seulement si cet élément est un point fixe de f alors :

$$\forall i \in I_n,\ f(i) \in f(I_n) \Rightarrow f(f(i)) = f(i) \Leftrightarrow f \circ f = f \Rightarrow f \in S.$$

Autrement dit, on vient de montrer que S est l'ensemble des applications $f : I_n \to I_n$ dont les points fixes sont exactement les images de f.
Fixons un ensemble $J \subset I_n$ de cardinal $r \in I_n$ et notons

$$S_J = \{f \in S \text{ telles que } f(I_n) = J\}.$$

Soit $f \in S_J$. Pour chaque $i \in J$, on a $f(i) = i$. Pour tout $i \in I_n \backslash J$, $f(i) \in f(I_n) = J$ donc il existe r choix possibles pour $f(i)$. Par conséquent, S_J est de cardinal $r^{\operatorname{card}(I_n \backslash J)} = r^{n-r}$ (l'application

$$\psi_J : f \in S_J \mapsto (f(i))_{i \in I_n \backslash J} \in J^{n-r}$$

est une bijection). La famille $(S_J)_{J \in \mathcal{P}(I_n) \backslash \{\emptyset\}}$ est une partition de S donc :

$$\begin{aligned}\operatorname{card}(S) &= \sum_{J \subset \mathcal{P}(I_n) \backslash \{\emptyset\}} \operatorname{card}(S_J) = \sum_{J \subset \mathcal{P}(I_n) \backslash \{\emptyset\}} (\operatorname{card}(J))^{n-\operatorname{card}(J)} \\ &= \sum_{r=1}^{n} \sum_{\operatorname{card}(J)=r} r^{n-r} = \sum_{r=1}^{n} r^{n-r} \sum_{\operatorname{card}(J)=r} 1 = \sum_{r=1}^{n} r^{n-r} \binom{n}{r}.\end{aligned}$$

Commentaires 113 *Les dénombrements d'applications sont généralement sélectifs pour les candidats du concours Mines-Telecom et cet exercice en fait partie. Le point clé est de comprendre les conséquences de l'équation $f \circ f = f$ sur les liens entre les diverses valeurs prises par f. Le point clé ici est de comprendre que les éléments de l'image sont fixes par f et tous les autres doivent être envoyés sur l'image. Cet exercice est sélectif.*

Exercice 114 (Mines-Telecom) Déterminer Card $(\mathcal{O}_n(\mathbb{R}) \cap \mathcal{M}_n(\mathbb{Z}))$.

Solution 114 *Soit $A \in \mathfrak{M}_n(\mathbb{Z})$ (c'est-à-dire une matrice à coefficients entiers relatifs). Notons $C_1, ..., C_n$ les colonnes de A. La matrice A appartient à $\mathcal{O}_n(\mathbb{R})$ si et seulement si ses colonnes forment une famille orthonormale de $\mathfrak{M}_{n,1}(\mathbb{R})$ muni du produit scalaire canonique*

$$\langle X \mid Y \rangle = \sum_{i=1}^{n} x_i y_i \text{ où } X = \begin{pmatrix} x_1 \\ \vdots \\ x_n \end{pmatrix} \text{ et } Y = \begin{pmatrix} y_1 \\ \vdots \\ y_n \end{pmatrix}.$$

Une colonne $C_j = \begin{pmatrix} a_{1,j} \\ \vdots \\ a_{n,j} \end{pmatrix}$ est normée si et seulement si $\sum_{i=1}^{n} a_{i,j}^2 = 1$. Comme chaque $a_{i,j}^2$ appartient à $\mathbb{N}$ et que la somme $\sum_{i=1}^{n} a_{i,j}^2 = 1$, cela signifie qu'il existe un unique indice

$$\varphi(j) \in \{1, ..., n\} \text{ tel que } a_{\varphi(j),j}^2 = 1 \text{ et que } a_{i,j}^2 = 0 \text{ si } i \neq \varphi(j).$$

Autrement dit, tous les coefficients de C_j sont nuls sauf celui en $\varphi(j)^e$ ligne qui vaut ± 1 c'est-à-dire que $C_j = \pm E_{\varphi(j)}$ (où E_j est la matrice colonne dont tous les coefficients sont nuls sauf celui de la j^e ligne qui vaut 1). Comme la matrice A est inversible, pour tout $(j,k) \in \{1,...,n\}^2$ avec $j \neq k$, les colonnes C_j et C_k ne peuvent être proportionnelles donc $\varphi(j) \neq \varphi(k)$ (sinon $C_j = \pm E_{\varphi(j)} = \pm E_{\varphi(k)} = \pm C_k$). Par conséquent,

$$\varphi : j \mapsto \varphi(j)$$

est une application injective de $\{1,...,n\}$ dans $\{1,...,n\}$ c'est-à-dire que φ est une bijection de $\{1,...,n\}$ i.e. φ est une permutation de $\{1,...,n\}$ et

$$A = (C_1 \mid \cdots \mid C_n) \text{ avec } \forall j \in \{1,..,n\},\ C_j = \varepsilon_j E_{\varphi(j)} \text{ et } \varepsilon_j \in \{-1,1\}.$$

Réciproquement, si A est de cette forme alors ses colonnes forment une famille orthonormale de $\mathfrak{M}_{n,1}(\mathbb{R})$ (car la base canonique de $\mathfrak{M}_{n,1}(\mathbb{R})$ est une famille orthonormale et que φ est injective) donc $A \in \mathcal{O}_n(\mathbb{R}) \cap \mathfrak{M}_n(\mathbb{Z})$.
Ainsi, on a :

- *n choix possibles pour disposer l'unique coefficient non nul de la première colonne de A et 2 choix pour lui attribuer la valeur du coefficient en cette position ;*
- *$n-1$ possibles (autre que celui choix effectué pour la colonne précédente) pour disposer l'unique coefficient non nul de la deuxième colonne de A et 2 choix pour lui attribuer la valeur du coefficient en cette position ;*
- *$n-2$ possibles (autre que les choix effectués pour les deux premières colonnes) pour disposer l'unique coefficient non nul de la troisième colonne de A et 2 choix pour lui attribuer la valeur du coefficient en cette position ;*
- *etc ;*
- *1 possible (autre que les choix effectués pour les $n-1$ premières colonnes) pour disposer l'unique coefficient non nul de la dernière colonne de A et 2 choix pour lui attribuer la valeur du coefficient en cette position ;*

Au total, il a

$$(2n)(2(n-1))(2(n-2))\cdots(2\times 1) = 2^n n!$$

possibilités pour A donc $\text{card}(\mathcal{O}_n(\mathbb{R}) \cap \mathfrak{M}_n(\mathbb{Z})) = 2^n n!$. *Pour une preuve rigoureuse, il suffit d'utiliser l'application*

$$\psi : \left\{ \begin{array}{ccc} \{-1,1\}^n \times \mathcal{S}_n & \to & \mathcal{O}_n(\mathbb{R}) \cap \mathfrak{M}_n(\mathbb{Z}) \\ \left((\varepsilon_j)_{1\leqslant j\leqslant n}, \sigma\right) & \mapsto & \left(\varepsilon_1 E_{\sigma(1)} \mid \cdots \mid \varepsilon_n E_{\sigma(n)}\right) \end{array} \right.$$

qui est une bijection de $\mathcal{S}_n \times \{-1,1\}^n$ sur $\mathcal{O}_n(\mathbb{R}) \cap \mathfrak{M}_n(\mathbb{Z})$ (d'après l'analyse précédente) donc

$$\text{card}(\mathcal{O}_n(\mathbb{R}) \cap \mathfrak{M}_n(\mathbb{Z})) = \text{card}(\{-1,1\}^n \times \mathcal{S}_n) = (\text{card}(\{-1,1\}))^n \text{card}(\mathcal{S}_n) = 2^n n!$$

Commentaires 114 *Le point clé de cet exercice est de se rappeler que les colonnes d'une matrice orthogonale sont de norme 1 pour en déduire qu'il existe un unique coefficient non nul par colonne. L'orthogonalité des colonnes (ou l'inversibilité de la matrice) entraine qu'il n'existe alors qu'un coefficient non nul par ligne (sinon deux colonnes sont colinéaires). Il n'est pas impératif de savoir formaliser le comptage (même si cela sera valorisé) mais il est indispensable de montrer que l'on a tenu compte de tous les cas sans redondance (choix de $n!$ positions pour les coefficients non nuls, pour chacun de ces coefficients, deux fois de valeurs d'où le $2^n n!$).*

Chapitre 7

Suites et séries numériques

7.1 CCINP

Exercice 115 (CCINP) Soit $a \in \mathbb{R}$. On pose

$$\forall n \in \mathbb{N}^*,\ u_n = \frac{1}{\ln(n) + (-1)^n n^a} \text{ et } v_n = \frac{(-1)^n}{n^a}.$$

1. Déterminer, selon les valeurs de a, la nature de la série de terme général v_n.
   On choisit désormais a pour que la série de terme général v_n soit convergente.
2. Déterminer les valeurs de a pour lesquelles la série de terme général $u_n - v_n$ est convergente.
3. En déduire les valeurs de a pour lesquelles la série de terme général u_n est convergente.

Solution 115

1. *Si $a \leqslant 0$ alors, pour $n \in \mathbb{N}^*$, on a $|v_n| = \dfrac{1}{n^a} \geqslant \dfrac{1}{n^0} = 1$ donc la suite $(v_n)_n$ ne peut tendre 0 d'où la divergence grossière de la série $\sum\limits_n v_n$.*

   Si $a > 0$, la suite $(|v_n|)_n = \left(\dfrac{1}{n^a}\right)_n$ est positive et décroissante donc, d'après le critère spécial des séries alternées, la série $\sum\limits_n (-1)^n |v_n| = \sum\limits_n v_n$ converge.

   ***Conclusion** : La série $\sum\limits_n v_n$ converge si et seulement si $a > 0$.*

2. *D'après l'énoncé, on suppose que $a > 0$. On simplifie $u_n - v_n$ afin d'en déterminer un équivalent quand n tend vers $+\infty$.*

$$u_n - v_n = \frac{n^a - (-1)^n (\ln(n) + (-1)^n n^a)}{n^a (\ln(n) + (-1)^n n^a)} = \frac{(-1)^n \ln(n)}{n^a (\ln(n) + (-1)^n n^a)}.$$

   D'après les croissances comparées, on a $\ln(n) \underset{n\to+\infty}{=} o(n^a)$, ce qui nous donne l'équivalent suivant ;

$$u_n - v_n \underset{n\to+\infty}{\sim} \frac{(-1)^n \ln(n)}{n^a (-1)^n n^a} = \frac{\ln(n)}{n^{2a}}.$$

Si $2a \leqslant 1 \Leftrightarrow a \leqslant \frac{1}{2}$, *on dispose de la minoration suivante valable pour tout* $n \geqslant 2$ *:*

$$\begin{cases} \ln(n) \geqslant \ln(2) \\ n^{2a} \leqslant n \end{cases} \Rightarrow \begin{cases} \ln(n) \geqslant \ln(2) & (1) \\ 1/n^{2a} \geqslant 1/n & (2) \end{cases} \underset{(1)*(2)}{\Rightarrow} \frac{\ln(n)}{n^{2a}} \geqslant \frac{\ln(2)}{n} \geqslant 0.$$

La série $\sum_n \frac{\ln(2)}{n} = \ln(2) \sum_n \frac{1}{n}$ *diverge (série de Riemann de paramètre* $\alpha = 1 \leqslant 1$*) donc la série* $\sum_n (u_n - v_n)$ *aussi.*

Si $2a > 1$, *on fixe* $\delta \in]1, 2a[$ *et on a la comparaison :*

$$\frac{\ln(n)}{n^{2a}} \underset{n\to+\infty}{=} o\left(\frac{1}{n^\delta}\right) \quad car\ n^\delta \frac{\ln(n)}{n^{2a}} = \frac{\ln(n)}{n^{2a-\delta}} \underset{n\to+\infty}{\to} 0$$

(d'après les croissances comparées puisque $2a - \delta > 0$*). La série* $\sum_n \frac{1}{n^\delta}$ *converge (série de Riemann de paramètre* $\alpha = \delta > 1$*) donc la série* $\sum_n (u_n - v_n)$ *converge.*

Conclusion : *La série* $\sum_n (u_n - v_n)$ *converge si et seulement si* $a > \frac{1}{2}$.

3. *Si* $a \leqslant 0$, *la suite* $((-1)^n n^a)_n$ *est bornée alors que la suite* $(\ln(n))_n$ *tend vers* $+\infty$ *donc :*

$$u_n - v_n \underset{n\to+\infty}{\sim} \frac{(-1)^n \ln(n)}{n^a (\ln(n))} = \frac{(-1)^n}{n^a} = v_n.$$

Comme la suite $(v_n)_n$ *ne tend pas vers 0, la suite* $(u_n - v_n)_n$ *non plus d'où la divergence grossière de la série* $\sum_n (u_n - v_n)$.

Si $a > 0$, *comme la série* $\sum_n v_n$ *converge alors la série* $\sum_n u_n$ *converge si et seulement si la série* $\sum_n (u_n - v_n)$ *converge si et seulement si* $a > \frac{1}{2}$.

Conclusion : la série $\sum_n u_n$ *converge si et seulement si* $a > \frac{1}{2}$.

Commentaires 115 *Exercice bien progressif sans difficulté particulière.*

Exercice 116 (CCINP) On considère la suite $(u_n)_{n\geqslant 1}$ définie par : $\forall n \geqslant 1, u_n = \sum_{k=n}^{+\infty} \frac{(-1)^k}{k^2}$.

1. Montrer que cette suite est bien définie et que $u_n \underset{n\to+\infty}{=} O\left(\frac{1}{n^2}\right)$.

2. Montrer que $\forall N \in \mathbb{N}^*, \sum_{n=1}^{N} \left(\sum_{k=n}^{N} \frac{(-1)^k}{k^2}\right) = \sum_{k=1}^{N} \frac{(-1)^k}{k}$.

3. Exprimer, pour tout $N \in \mathbb{N}^*$, $\sum_{n=1}^{N} u_n$ en fonction de Nu_{N+1} et de $\sum_{k=1}^{N} \frac{(-1)^k}{k}$.

4. Montrer que $\sum_{n=1}^{+\infty} u_n = -\ln(2)$.

Solution 116

1. *La suite* $\left(\frac{1}{k^2}\right)_{k\geqslant 1}$ *est positive, décroissante et tend vers* 0 *quand* $k \to +\infty$ *donc, d'après le critère spécial des séries alternées, la série* $\sum_{k\geqslant 1} \frac{(-1)^k}{k^2}$ *converge. Ainsi, on est assuré de l'existence de* u_n *et, toujours d'après le critère spécial des séries alternées, on a :*

$$\forall n \geqslant 1,\ |u_n| \leqslant \left|\frac{(-1)^n}{n^2}\right| = \frac{1}{n^2} \underset{n\to+\infty}{=} O\left(\frac{1}{n^2}\right).$$

2. *On va utiliser le théorème de Fubini en posant :*

$$\forall (k,n) \in \{1,...,N\}^2,\ a_{k,n} = \begin{cases} \frac{(-1)^k}{k^2} & si\ n \leqslant k \leqslant N \\ 0 & sinon \end{cases}.$$

On obtient alors :

$$\begin{aligned}\sum_{n=1}^{N}\left(\sum_{k=n}^{N}\frac{(-1)^k}{k^2}\right) &= \sum_{n=1}^{N}\sum_{k=1}^{N} a_{k,n} = \sum_{k=1}^{N}\sum_{n=1}^{N} \underbrace{a_{k,n}}_{=0\ si\ n>k} = \sum_{k=1}^{N}\sum_{n=1}^{k} a_{k,n} \\ &= \sum_{k=1}^{N}\sum_{n=1}^{k}\frac{(-1)^k}{k^2} = \sum_{k=1}^{N}\frac{(-1)^k}{k^2}\underbrace{\sum_{n=1}^{k} 1}_{=k} = \sum_{k=1}^{N}\frac{(-1)^k}{k}.\end{aligned}$$

3. *Pour tout entier* $n \geqslant 1$, *on a :*

$$u_n = \sum_{k=n}^{N}\frac{(-1)^k}{k^2} + \sum_{k=N+1}^{+\infty}\frac{(-1)^k}{k^2} = \sum_{k=n}^{N}\frac{(-1)^k}{k^2} + u_{N+1}.$$

En sommant sur $n \in \{1,...,N\}$, *on obtient les égalités :*

$$\begin{aligned}\sum_{n=1}^{N} u_n &= \sum_{n=1}^{N}\sum_{k=n}^{N}\frac{(-1)^k}{k^2} + \sum_{n=1}^{N} u_{N+1} \underset{q2}{=} \sum_{k=1}^{N}\frac{(-1)^k}{k} + u_{N+1}\sum_{n=1}^{N} 1 \\ &= \sum_{k=1}^{N}\frac{(-1)^k}{k} + Nu_{N+1}.\end{aligned}$$

4. *D'après la question 1, on a :* $|u_n| \underset{n\to+\infty}{=} O\left(\frac{1}{n^2}\right)$. *La série* $\sum_n \frac{1}{n^2}$ *est à termes positifs et converge (série de Riemann de paramètre* $\alpha = 2 > 1$), *on peut affirmer que la série*

$\sum |u_n|$ converge donc la série $\sum_n u_n$ converge. Ainsi, la suite $\left(\sum_{n=1}^{N} u_n\right)_n$ converge ainsi que la suite $\left(\sum_{k=1}^{N} \frac{(-1)^k}{k}\right)_N$ (série vérifiant le critère spécial des séries alternées). En outre, d'après la question 1, on a les dominations suivantes :

$$Nu_{N+1} \underset{N\to+\infty}{=} NO\left(\frac{1}{(N+1)^2}\right) \underset{N\to+\infty}{=} O\left(\frac{N}{N^2}\right) \underset{N\to+\infty}{=} O\left(\frac{1}{N}\right) \underset{N\to+\infty}{\to} 0$$

donc, en faisant tendre N dans l'égalité de la question précédente, on obtient l'égalité :

$$\sum_{n=1}^{+\infty} u_n = \sum_{k=1}^{+\infty} \frac{(-1)^k}{k}.$$

Il reste à démontrer l'égalité $\sum_{k=1}^{+\infty} \frac{(-1)^k}{k} = -\ln(2)$. On considère le développement en série entière de $x \mapsto \ln(1+x)$ donné par :

$$(\mathcal{E}) : \forall x \in \left]-1,1\right[,\ \ln(1+x) = \sum_{k=1}^{+\infty} \frac{(-1)^{k-1} x^k}{k} = -\sum_{k=1}^{+\infty} \frac{(-1)^k x^k}{k}.$$

Moralement, on peut conclure en remplaçant x par 1 mais cela n'est pas possible. Pour cela, on contourne la difficulté en faisant tendre x vers 1 par valeurs inférieures. Le membre de gauche de l'égalité $(\mathcal{E})$ tend vers $\ln(2)$ (par continuité de $x \mapsto \ln(1+x)$ en 1). Il reste à déterminer la limite du membre de droite. Pour cela, on utilise le théorème de permutation limite-série. Pour tout $n \geqslant 1$, on pose $f_n : x \mapsto \frac{(-1)^n x^n}{n}$. La série $\sum_n f_n$ converge simplement sur $[0,1[$ (d'après l'égalité $(\mathcal{E})$) et, pour chaque $n \geqslant 1$, $\lim_{x\to1^-} f_n(x)$ existe. En outre, pour chaque $x \in [0,1[$, la suite $(f_n(x))_{n\geqslant1}$ est alternée, la suite $(|f_n(x)|)_{n\geqslant1} = \left(\frac{x^n}{n}\right)_{n\geqslant1}$ est décroissante et tend vers 0 donc, d'après le critère spécial des séries alternées, on a :

$$\begin{aligned}\forall N \in \mathbb{N}^*, \forall x \in [0,1[,\ \left|\sum_{n=N+1}^{+\infty} f_n(x)\right| &\leqslant |f_{N+1}(x)| = \frac{x^{N+1}}{N+1} \leqslant \frac{1}{N+1}\\ \Rightarrow\ \forall N \in \mathbb{N}^*, 0 \leqslant \sup_{x\in[0,1[} \left|\sum_{n=N+1}^{+\infty} f_n(x)\right| &\leqslant \frac{1}{N+1} \underset{N\to+\infty}{\to} 0.\end{aligned}$$

Ainsi, la suite $\left(\sup_{x\in[0,1[} \left|\sum_{n=N+1}^{+\infty} f_n(x)\right|\right)_N$ converge vers 0 c'est-à-dire que la série de fonctions $\sum_{n\geqslant1} f_n$ converge uniformément sur $[0,1[$. On peut alors appliquer le théorème *de permutation série-intégrale :*

$$\begin{aligned}\lim_{x\to 1^-}\sum_{n=1}^{+\infty} f_n(x) &= \sum_{n=1}^{+\infty}\lim_{x\to 1^-} f_n(x) \Leftrightarrow \lim_{x\to 1^-}\ln(1+x) = \sum_{n=1}^{+\infty}\frac{(-1)^{n-1}}{n}\\ &\Leftrightarrow \ln(2) = -\sum_{n=1}^{+\infty}\frac{(-1)^n}{n} \Leftrightarrow \sum_{n=1}^{+\infty}\frac{(-1)^n}{n} = -\ln(2).\end{aligned}$$

Commentaires 116 *Exercice original et très progressif.*
Question 1 : Il s'agit d'une question d'application direct du cours. Si elle vous a posé difficulté, revoyez attentivement le critère spécial des séries alternées.
Question 2 : Elle est discriminante car une fraction notable des candidats ne songe pas à Fubini ou ne sait pas le mettre en place. A retravailler si vous n'avez pas su traiter cette question.
Question 3 : Elle est uniquement astucieuse (l'interrogateur proposera une petite aide éventuellement).
Question 4 : Il s'agit de la question la plus difficile du sujet et elle permet de récompenser les candidats ayant de l'initiative et de l'autonomie. L'interaction avec l'interrogateur sera cruciale.

Exercice 117 (CCINP) Soit $u_n = \left(\sum_{k=1}^{n}\frac{k}{k^2+1}\right) - \ln(n)$.

1. Donner un équivalent de $u_{n-1} - u_n$. En déduire que la suite $(u_n)_{n\geqslant 1}$ converge. On note α sa limite.
2. Étudier la nature de la série $\sum_{n\geqslant 1}(-1)^n(u_n - \alpha)$.
3. Proposer un équivalent simple de $u_n - \alpha$.

Solution 117

1. *Simplifions pour commencer $u_{n-1} - u_n$:*

$$\begin{aligned}u_{n-1} - u_n &= \left(\left(\sum_{k=1}^{n-1}\frac{k}{k^2+1}\right) - \ln(n-1)\right) - \left(\left(\sum_{k=1}^{n}\frac{k}{k^2+1}\right) - \ln(n)\right)\\ &= -\frac{n}{n^2+1} + \ln(n) - \ln(n-1) = -\frac{n}{n^2\left(1+\frac{1}{n^2}\right)} - (\ln(n-1) - \ln(n))\\ &= -\frac{1}{n}\times\frac{1}{1+\frac{1}{n^2}} - \ln\left(\frac{n-1}{n}\right) = -\frac{1}{n}\times\frac{1}{1+\frac{1}{n^2}} - \ln\left(1-\frac{1}{n}\right).\end{aligned}$$

En utilisant le développement limité à l'ordre 0 *en* 0 *de* $x \mapsto \frac{1}{1+x}$ *ainsi que le dévelop-*

pement limité à l'ordre 2 en 0 de $x \mapsto \ln(1+x)$, on obtient :

$$u_{n-1} - u_n \underset{n\to+\infty}{=} \frac{1}{n}\left(1 + O\left(\frac{1}{n^2}\right)\right) - \left(-\frac{1}{n} - \frac{1}{2}\left(-\frac{1}{n}\right)^2 + o\left(\frac{1}{n^2}\right)\right)$$

$$\underset{n\to+\infty}{=} \frac{1}{2n^2} + o\left(\frac{1}{n^2}\right) + \underbrace{O\left(\frac{1}{n^3}\right)}_{=o(1/n^2)} \underset{n\to+\infty}{=} \frac{1}{2n^2} + o\left(\frac{1}{n^2}\right) \underset{n\to+\infty}{\sim} \frac{1}{2n^2}.$$

Comme la série $\sum_n \frac{1}{2n^2} = \frac{1}{2}\sum_n \frac{1}{n^2}$ *est à termes positifs et convergente (série de Riemann de paramètre* $\alpha = 2 > 1$) *donc la série* $\sum_n (u_{n-1} - u_n)$ *converge, ce qui prouve la convergence de la suite* $(u_n)_n$.

2. *La suite* $(v_n)_n = (u_n - \alpha)_n$ *converge par 0 (d'après la question précédente). Étudions sa monotonie. Pour tout* $n \geqslant 1$, *on a :*

$$v_n - v_{n-1} = u_n - u_{n-1} = -(u_{n-1} - u_n) \underset{n\to+\infty}{\sim} -\frac{1}{2n^2}.$$

Comme la suite $\left(-\frac{1}{2n^2}\right)_n$ *est négative, la suite* $(v_n - v_{n-1})_n$ *est négative à partir d'un certain rang N donc la suite* $(v_n)_n$ *est décroissante à partir du rang N. En outre, cette suite tend vers 0 donc, d'après le critère spécial des séries alternées, la série* $\sum_{n\geqslant N} (-1)^n (u_n - \alpha)$ *converge d'où la convergence de la série* $\sum_{n\geqslant 1} (-1)^n (u_n - \alpha)$.

3. *D'après la question 1, on a l'équivalent suivant :*

$$u_{n-1} - u_n \underset{n\to+\infty}{\sim} \frac{1}{2n^2} \underset{n\to+\infty}{\sim} \frac{1}{2n(n-1)} = \frac{1}{2}\left(\frac{1}{n-1} - \frac{1}{n}\right).$$

Comme la série $\sum_n \left(\frac{1}{n-1} - \frac{1}{n}\right)$ *est à termes positifs et convergente (série télescopique associée à la suite convergente* $\left(\frac{1}{n}\right)_n$ *), le théorème de sommation des restes partielles des séries convergentes montre que :*

$$\sum_{n=N+1}^{+\infty} (u_{n-1} - u_n) \underset{n\to+\infty}{\sim} \sum_{n=N+1}^{+\infty} \frac{1}{2}\left(\frac{1}{n-1} - \frac{1}{n}\right)$$

$$\Leftrightarrow\ u_N - \lim_{n\to+\infty} u_n \underset{n\to+\infty}{\sim} \frac{1}{2N} - \lim_{n\to+\infty} \frac{1}{2n} \Leftrightarrow u_N - \alpha \underset{n\to+\infty}{\sim} \frac{1}{2N}.$$

Commentaires 117 *Exercice original et très progressif.*
Question 1 : Le point clé est d'utiliser les séries télescopiques (à connaitre impérativement, c'est l'une des grandes méthodes d'étude des suites). Il existe une preuve plus rapide via le théorème de comparaison série-intégrale. La fonction $f : t \mapsto \frac{t}{t^2+1}$ *est continue, positive*

et décroissante sur $[1,+\infty[$ *(puisque sa dérivée est* $t \mapsto \dfrac{1-t^2}{(t^2+1)^2}$ *donc la suite*

$$\begin{aligned}\sum_{k=1}^{n} f(k) - \int_1^n f(t)\,dt &= \sum_{k=1}^{n} \frac{k}{k^2+1} - \left[\frac{1}{2}\ln\left(1+t^2\right)\right]_{t=1}^{t=n} \\ &= u_n + \ln\left(\frac{n}{\sqrt{1+n^2}}\right) + \frac{\ln(2)}{2}\end{aligned}$$

converge. Comme

$$\frac{n}{\sqrt{1+n^2}} \underset{n\to+\infty}{\sim} \frac{n}{\sqrt{n^2}} = 1 \Rightarrow \lim_{n\to+\infty} \ln\left(\frac{n}{\sqrt{1+n^2}}\right) = \ln(1) = 0,$$

on en déduit que la suite $(u_n)_n$ *converge.*
Question 2 : Bien entendu, il faut songer au critère spécial. La difficulté étant la monotonie. N'oubliez pas que les équivalents en un point fournissent le signe des suites ou des fonctions au point considéré. Si vous n'y pensez pas, l'interrogateur vous menera sur cette piste.
Question 3 : Il s'agit de la question la plus discriminante de ce sujet car les sommations des relations de comparaison n'est acquise que par une minorité (forte toute de même) de candidats. Pour obtenir un équivalent de $\sum_{k=n}^{+\infty} \frac{1}{k^2}$*, on peut également utiliser une comparaison série-intégrale en considérant la fonction* $t \mapsto \frac{1}{t^2}$ *(continue, positive et décroissante) sur* $[n,+\infty]$ *pour obtenir l'encadrement :*

$$\frac{1}{n} = \int_n^{+\infty} \frac{dt}{t^2} \leqslant \sum_{k=n}^{+\infty} \frac{1}{k^2} \leqslant \int_{n-1}^{+\infty} \frac{dt}{t^2} = \frac{1}{n-1}.$$

Exercice 118 (CCINP)

1. Montrer que $\sum_{n\geqslant 1} \dfrac{1}{n(n+1)}$ converge et calculer sa somme.
2. Soit $(a,b) \in \mathbb{R}^2$. Pour tout $n \in \mathbb{N}^*$, on pose $u_n = \ln(n) + a\ln(n+1) + b\ln(n+2)$. Étudier la convergence de la série $\sum_{n\geqslant 1} u_n$ en fonction de a et b.
3. Calculer sa somme en cas de convergence.

Solution 118

1. *On décompose en éléments simples la fraction rationnelle* $x \mapsto \dfrac{1}{x(x+1)}$ *c'est-à-dire qu'il existe deux réels* (a,b) *tels que :*

$$\forall x \in \mathbb{R}\setminus\{0,1\},\ \frac{1}{x(x+1)} = \frac{a}{x} + \frac{b}{x+1}.$$

En multipliant par x *(resp.* $x+1$*) l'égalité précédente puis en faisant tendre* x *vers* 0

(resp. -1), on en déduit que $a = 1$ (resp. $b = -1$) d'où

$$\forall x \in \mathbb{R}\setminus\{0,1\},\ \frac{1}{x(x+1)} = \frac{1}{x} - \frac{1}{x+1}.$$

Ainsi, pour tout entier $N \geqslant 1$, on a :

$$S_N = \sum_{n=1}^{N} \frac{1}{n(n+1)} = \sum_{n=1}^{N} \left(\frac{1}{n} - \frac{1}{n+1}\right) \underset{\text{télescopique}}{\overset{\text{somme}}{=}} \frac{1}{1} - \frac{1}{N+1} \underset{N\to+\infty}{\longrightarrow} 1$$

donc la série $\sum_{n\geqslant 1} \frac{1}{n(n+1)}$ converge et sa somme vaut 1.

2. *Déterminons un développement asymptotique de u_n quand $n \to +\infty$ en factorisant le terme dominant (i.e. n) dans chaque logarithme.*

$$\begin{aligned} u_n &= \ln(n) + a\ln\left(n\left(1+\frac{1}{n}\right)\right) + b\ln\left(n\left(1+\frac{2}{n}\right)\right) \\ &= \ln(n) + a\left(\ln(n) + \ln\left(1+\frac{1}{n}\right)\right) + b\left(\ln(n) + \ln\left(1+\frac{2}{n}\right)\right) \\ &= (1+a+b)\ln(n) + a\ln\left(1+\frac{1}{n}\right) + b\ln\left(1+\frac{2}{n}\right). \end{aligned}$$

***Premier cas** ; Si $1+a+b \neq 0$ alors on a l'équivalent suivant :*

$$u_n \underset{n\to+\infty}{\sim} (1+a+b)\ln(n) \underset{n\to+\infty}{\longrightarrow} \pm\infty$$

(selon le signe de $1+a+b$) donc la série $\sum_n u_n$ diverge grossièrement ce qui entraine sa divergence.

***Second cas** : Si $1+a+b = 0$ alors, en utilisant le développement limité à l'ordre 2 de $x \mapsto \ln(1+x)$ quand $x \to 0$, on a le développement asymptotique :*

$$\begin{aligned} u_n &= a\ln\left(1+\frac{1}{n}\right) + b\ln\left(1+\frac{2}{n}\right) \underset{n\to+\infty}{=} a\left(\frac{1}{n} + O\left(\frac{1}{n^2}\right)\right) + b\left(\frac{2}{n} + O\left(\frac{1}{n^2}\right)\right) \\ &\underset{n\to+\infty}{=} \frac{a+2b}{n} + O\left(\frac{1}{n^2}\right). \end{aligned}$$

***Premier sous-cas** : Si $a+2b \neq 0$ alors $u_n \underset{n\to+\infty}{\sim} \frac{a+2b}{n}$. Comme la série $\sum_n \frac{a+2b}{n} = (a+2b)\sum_n \frac{1}{n}$ est à termes de signe constant et divergente (série de Riemann de paramètre $\alpha = 1 \leqslant 1$), on en déduit que la série $\sum_n u_n$ diverge.*

***Second sous-cas** : Si $a+2b = 0$ alors $u_n \underset{n\to+\infty}{=} O\left(\frac{1}{n^2}\right)$. Comme la série $\sum_n \frac{1}{n^2}$ est à termes positifs et convergente (série de Riemann de paramètre $\alpha = 2 > 1$), on peut affirmer que la série $\sum_n u_n$ converge.*

***Conclusion** : La série $\sum_n u_n$ converge si et seulement si*

$$\begin{cases} 1+a+b=0 \\ a+2b=0 \end{cases} \Leftrightarrow \begin{cases} a=-2b \\ 1-2b+b=0 \end{cases} \Leftrightarrow \begin{cases} b=1 \\ a=-2 \end{cases}.$$

3. D'après la question précédente, la série $\sum_n u_n$ converge si et seulement si

$$\forall n \in \mathbb{N}^*,\ u_n = \ln(n) - 2\ln(n+1) + \ln(n+2).$$

Pour tout entier $N \in \mathbb{N}^*$, on a :

$$\sum_{n=1}^{N} u_n = \sum_{n=1}^{N} \ln(n) - 2\sum_{n=1}^{N} \ln(n+1) + \sum_{n=1}^{N} \ln(n+2).$$

En effectuant les changements de variable $p = n+1$ et $q = n+2$ respectivement dans la deuxième et la troisième somme, on obtient, pour tout entier $N \geqslant 1$, les égalités :

$$\begin{aligned} \sum_{n=1}^{N} u_n &= \underbrace{\sum_{n=1}^{N} \ln(n)}_{=A_N} - 2\sum_{p=2}^{N+1} \ln(p) + \sum_{q=3}^{N+2} \ln(q) \\ &= A_N - 2\left(A_N + \ln(N+1) - \ln(1)\right) \\ &\quad + \left(A_N + \ln(N+1) + \ln(N+2) - \ln(1) - \ln(2)\right) \\ &= -2\ln(N+1) + \ln(N+1) + \ln(N+2) - \ln(2) \\ &= -\ln(2) + \ln\left(\frac{N+2}{N+1}\right) \underset{N\to+\infty}{\longrightarrow} -\ln(2). \end{aligned}$$

Par conséquent, la série $\sum_n u_n$ converge vers $-\ln(2)$.

Commentaires 118 *Exercice d'application du cours sans difficulté majeur et bien progressif.*

7.2 Mines-Telecom

Exercice 119 (Mines-Telecom) On pose :

$$\forall n \in \mathbb{N}^*,\ u_n = \sum_{k=n}^{2n} \frac{1}{k} \text{ et } v_n = \sum_{k=n}^{2n} \left(\arctan\left(\frac{1}{\sqrt{k}}\right)\right)^2.$$

1. Déterminer la monotonie de la suite (u_n) et prouver qu'elle converge.
2. Montrer que $\forall x \geqslant 0,\ \arctan(x) \leqslant x$. En déduire que $\forall n \in \mathbb{N}^*,\ v_n \leqslant u_n$.
3. Démontrer que $\lim\limits_{n\to+\infty} (u_n - v_n) = 0$.
4. Expliciter $\lim\limits_{n\to+\infty} u_n$.

Solution 119

1. *Pour tout entier $n \geqslant 1$, on a :*

$$\begin{aligned} u_{n+1} - u_n &= \sum_{k=n+1}^{2n+2} \frac{1}{k} - \sum_{k=n}^{2n} \frac{1}{k} = \left(\sum_{k=n}^{2n} \frac{1}{k}\right) + \frac{1}{2n+1} + \frac{1}{2n+2} - \frac{1}{n} - \sum_{k=n}^{2n} \frac{1}{k} \\ &= \frac{1}{2n+1} + \frac{1}{2n+2} - \frac{1}{n} = \frac{n(2n+2) + n(2n+1) - (2n+1)(2n+2)}{n(2n+1)(2n+2)} \\ &= -\frac{3n+2}{n(2n+1)(2n+2)} \leqslant 0. \end{aligned}$$

Ainsi, la suite $(u_n)_{n\geqslant 1}$ est décroissante. Comme elle est manifestement positive donc minorée par 0, on peut affirmer que la suite $(u_n)_{n\geqslant 1}$ converge.

2. *La fonction $f : x \mapsto \arctan(x) - x$ est dérivable sur $\mathbb{R}_+$ et sa dérivée est $f' : x \mapsto \dfrac{1}{1+x^2} - 1$ est négative sur $\mathbb{R}_+$. Comme $f(0) = 0$, on peut affirmer que :*

$$\forall x \in \mathbb{R}_+,\ f(x) \leqslant 0 \Leftrightarrow \arctan(x) \leqslant x.$$

En choisissant $x = \dfrac{1}{\sqrt{k}}$ avec $k \in \mathbb{N}^*$, on obtient la majoration :

$$\forall k \in \mathbb{N}^*,\ 0 \leqslant \arctan\left(\frac{1}{\sqrt{k}}\right) \leqslant \frac{1}{\sqrt{k}} \Rightarrow \left(\arctan\left(\frac{1}{\sqrt{k}}\right)\right)^2 \leqslant \left(\frac{1}{\sqrt{k}}\right)^2 = \frac{1}{k}$$

(car la fonction $t \mapsto t^2$ est croissante sur $\mathbb{R}_+$). En sommant sur $k \in \{n, ..., 2n\}$, on obtient l'inégalité demandée.

3. *La fonction $f : x \mapsto (\arctan(x))^2$ est de classe C^3 sur $[0,1]$ donc $f^{(3)}$ est bornée sur $[0,1]$ (puisqu'elle est continue sur le segment $[0,1]$). On note $M = \sup\limits_{[0,1]} \left|f^{(3)}\right|$. D'après l'inégalité de Taylor-Lagrange en 0 à l'ordre 2, on a :*

$$\left|f(x) - \sum_{k=0}^{2} \frac{f^{(k)}(0)}{k} (x-0)^k\right| \leqslant \frac{M|x-0|^3}{3!} \Leftrightarrow \left|(\arctan(x))^2 - x^2\right| \leqslant \frac{M|x|^3}{6}$$

par un calcul direct des dérivées. En choisissant $x = \dfrac{1}{\sqrt{k}}$ *pour* $k \in \mathbb{N}^*$, *on obtient la majoration :*

$$\forall k \in \mathbb{N}^*, \left|\left(\arctan\left(\frac{1}{\sqrt{k}}\right)\right)^2 - \left(\frac{1}{\sqrt{k}}\right)^2\right| \leqslant \frac{M}{6}\left(\frac{1}{\sqrt{k}}\right)^3 = \frac{M}{6k^{3/2}}.$$

Pour tout entier $n \geqslant 1$, *en utilisant l'inégalité triangulaire, on obtient :*

$$\begin{aligned}
|u_n - v_n| &= \left|\sum_{k=n}^{2n}\left(\arctan\left(\frac{1}{\sqrt{k}}\right)\right)^2 - \left(\frac{1}{\sqrt{k}}\right)^2\right| \\
&\leqslant \sum_{k=n}^{2n}\left|\left(\arctan\left(\frac{1}{\sqrt{k}}\right)\right)^2 - \left(\frac{1}{\sqrt{k}}\right)^2\right| \\
&\leqslant \sum_{k=n}^{2n}\frac{M}{6k^{3/2}} \leqslant \sum_{k=n}^{2n}\frac{M}{6n^{3/2}} = \frac{M}{6n^{3/2}}\sum_{k=n}^{2n} 1 = \frac{M}{6n^{3/2}}(2n-n+1) \\
&= \frac{M(n+1)}{6n^{3/2}} \underset{n\to+\infty}{\sim} \frac{Mn}{6n^{3/2}} = \frac{M}{6\sqrt{n}} \underset{n\to+\infty}{\to} 0.
\end{aligned}$$

D'après le théorème d'encadrement, on peut affirmer que $\lim\limits_{n\to+\infty}(u_n - v_n) = 0$.

4. *La fonction* $f : t \mapsto \dfrac{1}{t}$ *est continue, positive et décroissante sur* $[1, +\infty[$. *En utilisant la comparaison série-intégrale, on obtient les encadrements suivants :*

$$\begin{aligned}
\forall k &\in \mathbb{N}^*, \forall t \in [k, k+1], f(k+1) \leqslant f(t) \leqslant f(k) \Rightarrow \\
\int_k^{k+1} f(k+1)\,dt &\leqslant \int_k^{k+1} f(t)\,dt \leqslant \int_k^{k+1} f(k)\,dt \Leftrightarrow f(k+1) \leqslant \int_k^{k+1} f(t)\,dt \leqslant f(k)\,dt.
\end{aligned}$$

Soit $n \in \mathbb{N}^*$. *En sommant pour* $k \in \{n..., 2n\}$, *on obtient l'encadrement suivant :*

$$\begin{aligned}
\sum_{k=n}^{2n}\frac{1}{k+1} &\leqslant \int_n^{2n+1}\frac{1}{t}dt \leqslant \sum_{k=n}^{2n}\frac{1}{k} \Leftrightarrow \sum_{k=n+1}^{2n+1}\frac{1}{k} \leqslant [\ln(t)]_n^{2n+1} \leqslant u_n \\
&\Leftrightarrow u_n + \frac{1}{2n+1} - \frac{1}{n} \leqslant \ln\left(2 + \frac{1}{n}\right) \leqslant u_n \\
&\Leftrightarrow \frac{1}{2n+1} - \frac{1}{n} \leqslant \ln\left(2 + \frac{1}{n}\right) - u_n \leqslant 0.
\end{aligned}$$

Puisque $\lim\limits_{n\to+\infty}\left(\dfrac{1}{2n+1} - \dfrac{1}{n}\right) = 0$, *le théorème d'encadrement montre que :*

$$\lim_{n\to+\infty}\left(\ln\left(2 + \frac{1}{n}\right) - u_n\right) = 0.$$

Comme $\lim\limits_{n\to+\infty}\ln\left(2 + \dfrac{1}{n}\right) = \ln(2)$, *on peut affirmer que* $\lim\limits_{n\to+\infty} u_n = \ln(2)$.

Remarque *: comme* $\lim\limits_{n\to+\infty}(u_n - v_n) = 0$, *on en déduit que* $\lim\limits_{n\to+\infty} v_n = \ln(2)$.

Commentaires 119 *Exercice original et progressif.*
Question 1 et 4 : Il existe de multiples autres justifications. La comparaison série-intégrale de la question 4 permet d'obtenir directement la question 1. On peut aussi utiliser la suite

$$v_n = \sum_{k=1}^{n} \frac{1}{k} - \ln(n) = \sum_{k=1}^{n} f(k) - \int_1^n f(t)\, dt$$

qui converge vers $L \in \mathbb{R}$ *grâce au théorème de comparaison série-intégrale avec la fonction* $f : t \mapsto \frac{1}{t}$ *sur* $[1, +\infty[$ *qui y est continue, positive et décroissante. On remarque alors que*

$$u_n = v_{2n} - v_n + \ln(2) \underset{n \to +\infty}{\to} L - L + \ln(2) = \ln(2).$$

Question 2 : Pour la première inégalité, on peut également invoqué la concavité de la fonction arctan *sur* $\mathbb{R}_+$.
Question 3 : Il s'agit de la question la plus difficile du sujet (tout en étant accessible). L'idée force étant d'approximer le terme général de la somme par un développement puis d'estimer l'erreur commise par l'inégalité de Taylor (rappellons que celle-ci justifie les développements limités usuelles donc il s'agit d'une idée naturelle). Elle permet de récompenser les candidats autonomes ou rapides et ayant une connaissance solide de leur cours.

Exercice 120 (Mines-Telecom) On considère la suite définie par $u_0 \in \mathbb{R}$ et, pour tout $n \geqslant 1$, $u_n = (-1)^n \frac{\cos(u_{n-1})}{n}$. Déterminer la nature de la série de terme général u_n.

Solution 120 *Pour tout* $n \geqslant 1$, *on a :*

$$|u_n| = \frac{|\cos(u_{n-1})|}{n} \leqslant \frac{1}{n} \underset{n \to +\infty}{\to} 0 \Rightarrow \lim_{n \to +\infty} u_n = 0$$

(d'après le théorème d'encadrement). En outre, on a établi la domination suivante :

$$u_n \underset{n \to +\infty}{=} O\left(\frac{1}{n}\right).$$

En utilisant le développement limité de la fonction cos *à l'ordre* 2 *en* 0, *on a les comparaisons suivantes :*

$$u_n \underset{n \to +\infty}{=} \frac{(-1)^n}{n}\left(1 + O\left((u_n)^2\right)\right) \underset{n \to +\infty}{=} \frac{(-1)^n}{n}\left(1 + O\left(\frac{1}{n^2}\right)\right) \underset{n \to +\infty}{=} \frac{(-1)^n}{n} + O\left(\frac{1}{n^3}\right)$$

La série $\sum_n \frac{(-1)^n}{n}$ *converge (par application du critère spécial des séries alternées puisque la série est alternée et que la suite* $\left(\frac{1}{n}\right)_{n \geqslant 1}$ *est postive, décroissante et tend vers* 0). *La série* $\sum_n \frac{1}{n^3}$ *est à termes positifs et convergente (série de Riemann de paramètre* $\alpha = 3 > 1$) *donc la série* $\sum_n O\left(\frac{1}{n^3}\right)$ *converge. Par conséquent, la série* $\sum_n u_n$ *converge (comme somme de deux telles séries).*

Commentaires 120 *Exercice original qui permet de distinguer facilement les candidats ayant une bonne connaissance de leur cours et sachant mettre en place les stratégies efficaces d'étude des séries numériques (terme général tendant vers* 0*, équivalent, domination, critère spécial, convergence absolue).*

Exercice 121 (Mines-Telecom) Soit $\alpha \in \mathbb{R}$. Étudiez la série de terme général $u_n = \exp\left(-\left(\ln(n)\right)^\alpha\right)$ lorsque $n \geqslant 2$.

Solution 121 ***Premier cas*** $\alpha \leqslant 0$. *On a :*

$$\forall n \geqslant 3,\ \ln(n) \geqslant \ln(3) > 1 \Rightarrow (\ln(n))^\alpha \leqslant 1 \Rightarrow u_n \geqslant \exp(-1)$$

(par décroissance de la fonction $x \mapsto e^{-x}$*) donc la suite* $(u_n)_{n\geqslant 1}$ *ne peut tendre vers* 0 *quand* n *tend vers* $+\infty$. *Par conséquent, la série* $\sum_n u_n$ *est grossièrement divergente.*

Deuxième cas $\alpha \in]0,1]$. *On dispose des inégalités suivantes :*

$$\forall n \geqslant 3,\ \ln(n) \geqslant 1 \Rightarrow (\ln(n))^\alpha \leqslant \ln(n) \Rightarrow u_n \geqslant \exp(-\ln(n)) = \frac{1}{n}$$

(par décroissance de la fonction $x \mapsto e^{-x}$*). La série* $\sum_n \frac{1}{n}$ *étant à termes positifs et divergente, on en déduit que la série* $\sum_n u_n$ *diverge.*

Troisième cas $\alpha \in]1,+\infty[$. *Remarquons que :*

$$n^2 u_n = \exp\left(2\ln(n) - (\ln(n))^\alpha\right).$$

Comme $\alpha > 1$, *on dispose des dominations suivantes :*

$$\begin{aligned} & x \underset{x\to+\infty}{=} o(x^\alpha) \underset{x=\ln(n)\to+\infty}{\Rightarrow} \ln(n) \underset{n\to+\infty}{=} o((\ln(n^\alpha))) \\ \Rightarrow\ & 2\ln(n) - (\ln(n))^\alpha \underset{n\to+\infty}{\sim} -(\ln(n))^\alpha \underset{n\to+\infty}{\to} -\infty \Rightarrow \lim_{n\to+\infty} n^2 u_n = 0 \end{aligned}$$

(car $\lim_{x\to-\infty} e^x = 0$*). Ainsi, on vient de montrer que* $u_n \underset{n\to+\infty}{=} o\left(\frac{1}{n^2}\right)$. *Comme la série* $\sum_n \frac{1}{n^2}$ *est à termes positifs et converge (série de Riemann de paramètre* $2 > 1$*), on peut affirmer que la série* $\sum_n u_n$ *converge.*

Conclusion *: La série* $\sum_n u_n$ *converge si et seulement si* $\alpha > 1$.

Commentaires 121 *La thématique est assez classique. Les sujets choisissent souvent* n^a *au lieu de* $(\ln(n))^a$ *mais la stratégie est de même nature. Le terme général tend-il vers* 0 *? Si oui, rapidement ? Utilisation alors d'une domination à l'aide d'une série de Riemann convenablement choisie. Si cet exercice vous a posé difficulté, n'hésitez pas à le retravailler.*

Exercice 122 (Mines-Telecom) Donner la nature de la série $\sum_n \frac{a^n 2^{\sqrt{n}}}{b^n + 2^{\sqrt{n}}}$ selon les valeurs de $(a, b) \in (\mathbb{R}_+^*)^2$

Solution 122 *Procédons par disjonction des cas.*
Premier cas $b \in [0, 1]$. *La suite* $(b^n)_n$ *est bornée et* $\lim_{n \to +\infty} 2^{\sqrt{n}} = +\infty$ *donc :*

$$b^n + 2^{\sqrt{n}} \underset{n \to +\infty}{\sim} 2^{\sqrt{n}} \Rightarrow \frac{a^n 2^{\sqrt{n}}}{b^n + 2^{\sqrt{n}}} \underset{n \to +\infty}{\sim} \frac{a^n 2^{\sqrt{n}}}{2^{\sqrt{n}}} = a^n.$$

La série $\sum_n a^n$ *est à termes positifs et géométrique de raison* a *donc elle converge si et seulement si* $a \in]0, 1[$ *(car* $a \in \mathbb{R}_+^*$*). Ainsi, la série* $\sum_n \frac{a^n 2^{\sqrt{n}}}{b^n + 2^{\sqrt{n}}}$ *si et seulement si* $a \in]0, 1[$.
Second cas $b \in]1, +\infty[$. *Commençons par déterminer le terme dominant au dénominateur du terme général de cette série :*

$$\frac{2^{\sqrt{n}}}{b^n} = \frac{\exp\left(\sqrt{n} \ln(2)\right)}{\exp\left(n \ln(b)\right)} = \exp\left(\sqrt{n} \ln(2) - n \ln(b)\right) \underset{n \to +\infty}{\to} 0.$$

En effet, on a :

$$\sqrt{n} \underset{n \to +\infty}{=} o(n) \Rightarrow \sqrt{n} \ln(2) - n \ln(b) \underset{n \to +\infty}{\sim} -n \ln(b) \underset{n \to +\infty}{\to} -\infty$$

et $\lim_{x \to -\infty} e^x = 0$. *Par conséquent, on a les dominations suivantes :*

$$\begin{aligned} 2^{\sqrt{n}} \underset{n \to +\infty}{=} o(b^n) &\Rightarrow b^n + 2^{\sqrt{n}} \underset{n \to +\infty}{\sim} b^n \\ &\Rightarrow \frac{a^n 2^{\sqrt{n}}}{b^n + 2^{\sqrt{n}}} \underset{n \to +\infty}{\sim} \frac{a^n 2^{\sqrt{n}}}{b^n} = \left(\frac{a}{b}\right)^n 2^{\sqrt{n}}. \end{aligned}$$

Premier sous-cas $\frac{a}{b} \geqslant 1$. *Pour tout entier* n*, on a :*

$$\left(\frac{a}{b}\right)^n 2^{\sqrt{n}} \geqslant 2^{\sqrt{n}} \to +\infty \Rightarrow \lim_{n \to +\infty} \left(\frac{a}{b}\right)^n 2^{\sqrt{n}} = +\infty$$

et la série $\sum_n \frac{a^n 2^{\sqrt{n}}}{b^n + 2^{\sqrt{n}}}$ *diverge grossièrement.*
Second sous-cas $\frac{a}{b} \in]0, 1[$. *On a :*

$$\begin{aligned} n^2 \left(\frac{a}{b}\right)^n 2^{\sqrt{n}} &= \exp\left(2 \ln(n)\right) \exp\left(n \ln\left(\frac{a}{b}\right)\right) \exp\left(\sqrt{n} \ln(2)\right) \\ &= \exp\left(2 \ln(n) + n \ln\left(\frac{a}{b}\right) + \sqrt{n} \ln(2)\right) \underset{n \to +\infty}{\to} 0. \end{aligned}$$

En effet, on a $\ln(n) \underset{n \to +\infty}{=} o(n)$ *et* $\sqrt{n} \underset{n \to +\infty}{=} o(n)$ *donc :*

$$2 \ln(n) + n \ln\left(\frac{a}{b}\right) + \sqrt{n} \ln(2) \underset{n \to +\infty}{\sim} n \ln\left(\frac{a}{b}\right) \underset{n \to +\infty}{\to} -\infty$$

puisque $\ln\left(\frac{a}{b}\right) < 0$. *Ainsi, on vient de démontrer la domination :*

$$\left(\frac{a}{b}\right)^n 2^{\sqrt{n}} \underset{n\to+\infty}{=} o\left(\frac{1}{n^2}\right).$$

La série $\sum_n \frac{1}{n^2}$ *est à termes positifs et convergente (série de Riemann de paramètre* $2 > 1$*) donc la série* $\sum_n \left(\frac{a}{b}\right)^n 2^{\sqrt{n}}$ *converge, ce qui prouve la convergence de la série* $\sum_n \frac{a^n 2^{\sqrt{n}}}{b^n + 2^{\sqrt{n}}}$.

Conclusion *: La série* $\sum_n \frac{a^n 2^{\sqrt{n}}}{b^n + 2^{\sqrt{n}}}$ *converge si et seulement si ((*$a < 1$ *et* $b \leqslant 1$*) ou (*$b > 1$ *et* $a < b$*)).*

Commentaires 122 *Exercice original qui permet de distinguer facilement les candidats ayant une bonne connaissance de leur cours et sachant mettre en place les stratégies efficaces d'étude des séries numériques (terme général tendant vers 0, équivalent, domination). Si cet exercice vous a posé difficulté, n'hésitez pas à le retravailler.*

Exercice 123 (Mines-Telecom) Pour tout $n \geqslant 1$, on note c_n le nombre de chiffres dans l'écriture décimale de n. Montrer que la série $\sum_{n\geqslant 1} \frac{c_n}{n(n+1)}$ converge et calculer sa somme.

Solution 123 *Soit* $k \in \mathbb{N}$. *Remarquons que si* $n \in [\![10^k, 10^{k+1}[\![$ *alors* $c_n = k+1$ *(un nombre entre 1 et 9 admet un chiffre, un nombre entre 10 et 99 possède deux chiffres, etc.).*
Voici deux méthodes pour prouver la convergence de la série et déterminer sa somme.
Première méthode. *Soient* $k \in \mathbb{N}$ *et* $n \in [\![10^k, 10^{k+1}[\![$. *On dispose des encadrements suivants :*

$$\begin{aligned} 10^k &\leqslant n < 10^{k+1} \Leftrightarrow \ln\left(10^k\right) \leqslant \ln(n) < \ln\left(10^{k+1}\right) \Leftrightarrow k\ln(10) \leqslant \ln(n) < (k+1)\ln(10) \\ &\Leftrightarrow \quad k \leqslant \frac{\ln(n)}{\ln(10)} < k+1 \Rightarrow k = \left\lfloor \frac{\ln(n)}{\ln(10)} \right\rfloor \Rightarrow c_n = \left\lfloor \frac{\ln(n)}{\ln(10)} \right\rfloor + 1. \end{aligned}$$

On en déduit immédiatement les dominations suivantes :

$$\frac{c_n}{n(n+1)} \underset{n\to+\infty}{\sim} \frac{c_n}{n^2} \underset{n\to+\infty}{=} \frac{O(\ln(n))}{n^2} \underset{n\to+\infty}{=} O\left(\frac{\ln(n)}{n^2}\right) \underset{n\to+\infty}{=} o\left(\frac{1}{n^{3/2}}\right)$$

car $n^{3/2}\frac{\ln(n)}{n^2} = \frac{\ln(n)}{n^{1/2}} \underset{n\to+\infty}{\to} 0$ *(d'après les croissances comparées). Comme la série* $\sum_n \frac{1}{n^{3/2}}$ *est à termes positifs et converge (série de Riemann de paramètre* $\frac{3}{2} > 1$*), on peut affirmer que la série* $\sum_n \frac{c_n}{n(n+1)}$ *converge. Soit* $N \in \mathbb{N}^*$, *on pose :*

$$\begin{aligned} S_N &= \sum_{n=1}^{10^N} c_n \times \frac{1}{n(n+1)} = \sum_{n=1}^{10^N} c_n \left(\frac{1}{n} - \frac{1}{n+1}\right) = \sum_{n=1}^{10^N} \frac{c_n}{n} - \sum_{n=1}^{10^N} \frac{c_n}{n+1} \\ &= \sum_{n=1}^{10^N} \frac{c_n}{n} - \sum_{j=2}^{10^N+1} \frac{c_{j-1}}{j} = \frac{c_1}{1} + \left(\sum_{n=2}^{10^N} \frac{c_n - c_{n-1}}{n}\right) - \frac{c_{10^N+1}}{10^{N+1}}. \end{aligned}$$

Comme $c_n = c_{n-1}$ *si* $n-1$ *et* n *appartiennent au même intervalle* $[\![10^k, 10^{k+1}[\![$. *Par contre, si* $n = 10^k$ *(avec* $k \geqslant 1$ *car* $n \geqslant 2$*), on a* $n-1 = 10^k - 1$ *donc :*

$$c_n - c_{n-1} = k+1-k = 1 \Rightarrow S_N = c_1 + \sum_{k=1}^{N} \frac{1}{10^k} - \frac{N+1}{10^{N+1}}.$$

En faisant tendre N *vers* $+\infty$ *et comme* $\lim_{N\to+\infty} \frac{N+1}{10^{N+1}} = 0$ *(d'après les croissances comparées), on obtient :*

$$\sum_{n=1}^{+\infty} \frac{c_n}{n(n+1)} = c_1 + \sum_{k=1}^{+\infty} \frac{1}{10^k} = 1 + \frac{\frac{1}{10}}{1-\frac{1}{10}} = \frac{10}{9}.$$

Seconde méthode. *On observe que la famille* $\left([\![10^k, 10^{k+1}[\![\right)_{k\in\mathbb{N}}$ *est une partition de* $\mathbb{N}^*$. *Pour tout* $k \in \mathbb{N}$, *si* $n \in [\![10^k, 10^{k+1}[\![$ *alors* $c_n = k+1$ *et la famille*

$$\left(\frac{c_n}{n(n+1)}\right)_{n\in[\![10^k,10^{k+1}[\![} = \left(\frac{k+1}{n(n+1)}\right)_{n\in[\![10^k,10^{k+1}[\![}$$

est sommable (car elle ne contient qu'un nombre fini de termes). Pour tout $k \in \mathbb{N}$, *on pose :*

$$\begin{aligned} S_k &= \sum_{n\in[\![10^k,10^{k+1}[\![} \frac{c_n}{n(n+1)} = (k+1) \sum_{n=10^k}^{10^{k+1}-1} \frac{1}{n(n+1)} \\ &= (k+1) \sum_{n=10^k}^{10^{k+1}-1} \left(\frac{1}{n} - \frac{1}{n+1}\right) = (k+1)\left(\frac{1}{10^k} - \frac{1}{10^{k+1}}\right) \\ &= \frac{k+1}{10^{k+1}}(10-1) = \frac{9(k+1)}{10^{k+1}}. \end{aligned}$$

La série $\sum_{k\geqslant 0} \frac{9(k+1)}{10^{k+1}} \underset{j=k+1}{=} \frac{9}{10} \sum_{j\geqslant 1} j \left(\frac{1}{10}\right)^{j-1}$ *converge (série dérivée de la série entière* $\sum_j x^j$ *de rayon de convergence 1 et* $\left|\frac{1}{10}\right| < 1$*). Ainsi, la série* $\sum_k S_k$ *converge donc, d'après le théorème de sommation par paquets, la famille* $\left(\frac{c_n}{n(n+1)}\right)_{n\in\mathbb{N}^*}$ *est sommable. Par conséquent, la série* $\sum_n \frac{c_n}{n(n+1)}$ *converge et on a l'égalité :*

$$\begin{aligned} \sum_{n=1}^{+\infty} \frac{c_n}{n(n+1)} &= \sum_{k=0}^{+\infty} S_k = \frac{9}{10} \sum_{j=1}^{+\infty} j \left(\frac{1}{10}\right)^{j-1} = \frac{9}{10}\left(\frac{d}{dx}\left(\sum_{j=0}^{+\infty} x^j\right)\right)_{|x=1/10} \\ &= \frac{9}{10}\left(\frac{d}{dx}\left(\frac{1}{1-x}\right)\right)_{|x=1/10} = \frac{9}{10}\left(\frac{1}{(1-x)^2}\right)_{|x=1/10} = \frac{10}{9}. \end{aligned}$$

Commentaires 123 *Exercice original (modérément) difficile pour ce concours. L'interrogateur sera attentif aux initiatives du candidat. Il valorisera les candidats sachant que c_n est de l'ordre de grandeur en $\log_2(n)$ ou $\ln(n)$ (puisque vu en informatique, IPT ou option) mais aussi les candidats utilisant la décomposition en éléments simples de $\dfrac{1}{n(n-1)}$ puis en transformant la somme partielle (à défaut, la somme de la série pour les candidats les moins rigoureux). Les candidats doivent savoir traiter rapidement la convergence de la série $\sum_n \dfrac{\ln(n)}{n^2}$ ou bien savoir calculer rapidement la somme de la série dérivée de la série géométrique. Si cela n'est pas le cas, retravailler les car ils sont très classiques et interviennent dans de nombreuses questions d'écrits et d'oraux.*

Exercice 124 (Mines-Telecom) Étudier la nature de la série de terme général

$$u_n = \cos\left(n^2\pi\ln\left(\frac{n}{n+1}\right)\right).$$

Solution 124 *Déterminons un développement asymptotique de u_n en utilisant, pour commencer, le développement limité de $x \mapsto \ln(1+x)$. Comme $\ln(t) = -\ln\left(\dfrac{1}{t}\right)$ avec $t = \dfrac{n}{n+1}$, on obtient :*

$$\ln\left(\frac{n}{n+1}\right) = -\ln\left(\frac{n+1}{n}\right) = -\ln\left(1+\frac{1}{n}\right).$$

On effectue un développement limité à un ordre suffisant pour que, après multiplication par n^2, le terme en $o()$ forme une série absolument convergente (pour utiliser à terme les théorèmes de comparaison des séries numériques). Pour cela, il faut utiliser un développement limité de $x \mapsto \ln(1+x)$ à l'ordre 4 et en utilisant la parité de cos, *on obtient :*

$$\begin{aligned} u_n &= \cos\left(n^2\pi\ln\left(1+\frac{1}{n}\right)\right) \underset{n\to+\infty}{=} \cos\left(n^2\pi\left(\frac{1}{n}-\frac{1}{2n^2}+\frac{1}{3n^3}+O\left(\frac{1}{n^4}\right)\right)\right) \\ &\underset{n\to+\infty}{=} \cos\left(n\pi-\frac{\pi}{2}+\frac{\pi}{3n}+O\left(\frac{1}{n^2}\right)\right). \end{aligned}$$

Simplifions cette expression grâce aux relations trigonométriques :

$$\begin{aligned} \cos\left(n\pi-\frac{\pi}{2}+x\right) &= \operatorname{Re}\left(\exp\left(i\left(n\pi-\frac{\pi}{2}+x\right)\right)\right) = \operatorname{Re}\left(\left(e^{i\pi}\right)^n e^{-i\pi/2}e^{ix}\right) \\ &= \operatorname{Re}\left((-1)^n(-i)e^{ix}\right) = -(-1)^n\operatorname{Re}\left(i(\cos(x)+i\sin(x))\right) \\ &= -(-1)^n(-\sin(x)) = (-1)^n\sin(x). \end{aligned}$$

On peut alors écrire :

$$u_n \underset{n\to+\infty}{=} (-1)^n\sin\left(\frac{\pi}{3n}+O\left(\frac{1}{n^2}\right)\right).$$

Comme $x = \dfrac{\pi}{3n}+O\left(\dfrac{1}{n^2}\right)$ tend vers 0 et que $x = O\left(\dfrac{1}{n}\right)$, en utilisant le développement limité suivant (toujours pour minimiser les calculs) :

$$\sin(x) \underset{x\to0}{=} x+O\left(x^3\right) \underset{x\to0}{=} \frac{\pi}{3n}+O\left(\frac{1}{n^2}\right)+O\left(\frac{1}{n^3}\right) \underset{x\to0}{=} \frac{\pi}{3n}+O\left(\frac{1}{n^2}\right),$$

ce qui prouve le développement suivant :

$$u_n \underset{n\to+\infty}{=} (-1)^n \left[\frac{\pi}{3n} + O\left(\frac{1}{n^2}\right)\right] = \frac{(-1)^n \pi}{3n} + O\left(\frac{1}{n^2}\right).$$

La série $\sum_n \frac{(-1)^n \pi}{3n}$ *vérifie le critère spécial des séries alternées (elle est alternée, son terme général tend vers* 0 *et sa valeur absolue décroit vers* 0*) donc elle converge. La série* $\sum \frac{1}{n^2}$ *est à termes positifs et converge (série de Riemann de paramètre* $2 > 1$*) donc la série* $\sum_n O\left(\frac{1}{n^2}\right)$ *converge. Par addition, on peut affirmer que la série* $\sum_n u_n$ *converge.*

> **Commentaires 124** *Exercice classique pour les concours Mines-Telecom et CCINP. L'idée principale étant de faire des développements asymptotiques (revoir ceux préparés en MPSI et en MP) et ... de connaitre les règles élémentaires de calculs sur les fonctions trigonométriques circulaires. Pour les développements limités, songer à atteindre un terme qui soit absolument convergent si possible (à défaut, de signe fixe).*

Exercice 125 (Mines-Telecom) Soit $(a, b) \in \mathbb{R}^2$. On suppose que la suite $u_n = \tan\left(\pi\sqrt{n^2 + an + b}\right)$ est définie à partir d'un certain rang.
Quelle est la nature de la série de terme général u_n en fonction des valeurs de a et b ?

Solution 125 *On commence par déterminer un développement asymptotique de* $\sqrt{n^2 + an + b}$ *jusqu'au terme général d'une série absolument convergente.*

$$\sqrt{n^2 + an + b} = \sqrt{n^2\left(1 + \frac{a}{n} + \frac{b}{n^2}\right)} = n\sqrt{1 + \frac{a}{n} + \frac{b}{n^2}}.$$

On utilise alors le développement limité de $x \mapsto \sqrt{1+x} = (1+x)^{1/2}$ *à l'ordre* 3 *avec :*

$$x = \frac{a}{n} + \frac{b}{n^2} \underset{n\to+\infty}{=} O\left(\frac{1}{n}\right) \underset{n\to+\infty}{\to} 0,$$

ce qui nous donne ;

$$\sqrt{1 + \frac{a}{n} + \frac{b}{n^2}} \underset{n\to+\infty}{=} 1 + \frac{1}{2}\left(\frac{a}{n} + \frac{b}{n^2}\right) - \frac{1}{8}\left(\frac{a}{n} + \frac{b}{n^2}\right)^2 + \underbrace{O\left(\left(\frac{a}{n} + \frac{b}{n^2}\right)^3\right)}_{=O(1/n^3)}$$

$$\underset{n\to+\infty}{=} 1 + \frac{a}{2n} + \frac{1}{n^2}\left(\frac{b}{2} - \frac{a^2}{8}\right) + O\left(\frac{1}{n^3}\right).$$

Ainsi, on peut écrire ;

$$u_n \underset{n\to+\infty}{=} \tan\left(\pi n\left(1 + \frac{a}{2n} + \frac{1}{n^2}\left(\frac{b}{2} - \frac{a^2}{8}\right) + O\left(\frac{1}{n^3}\right)\right)\right)$$

$$\underset{n\to+\infty}{=} \tan\left(\pi n + \frac{a\pi}{2} + \frac{\pi}{n}\left(\frac{b}{2} - \frac{a^2}{8}\right) + O\left(\frac{1}{n^2}\right)\right).$$

Par π-péridiocité de tan, *on a le développement suivant :*

$$u_n \underset{n\to+\infty}{=} \tan\left(\frac{a\pi}{2}+\frac{\pi}{n}\left(\frac{b}{2}-\frac{a^2}{8}\right)+O\left(\frac{1}{n^2}\right)\right).$$

Premier cas $\frac{a\pi}{2} \in \left\{\frac{\pi}{2}+k\pi,\quad k\in\mathbb{Z}\right\}$. *Dans ce cas,* $\lim\limits_{n\to+\infty} u_n = \pm\infty$ *(selon le signe de* $\frac{b}{2}-\frac{a^2}{8}$*) donc la série* $\sum\limits_n u_n$ *diverge grossièrement.*

Deuxième cas $\tan\left(\frac{a\pi}{2}\right) \neq 0$. *Dans ce cas,* $\lim\limits_{n\to+\infty} u_n = \tan\left(\frac{a}{2}\right) \neq 0$ *donc la série* $\sum\limits_n u_n$ *diverge grossièrement.*

Troisième cas $\tan\left(\frac{a\pi}{2}\right) = 0 \Leftrightarrow \frac{a\pi}{2} = k\pi$, $k\in\mathbb{Z}$. *Dans ce cas, par π-périodicité de la fonction* tan, *on a le développement suivants :*

$$\begin{aligned} u_n &\underset{n\to+\infty}{=} \tan\left(k\pi+\frac{\pi}{n}\left(\frac{b}{2}-\frac{a^2}{8}\right)+O\left(\frac{1}{n^2}\right)\right)\\ &\underset{n\to+\infty}{=} \tan\left(\frac{\pi}{n}\left(\frac{b}{2}-\frac{a^2}{8}\right)+O\left(\frac{1}{n^2}\right)\right).\end{aligned}$$

Premier sous-cas $\frac{b}{2}-\frac{a^2}{8} \neq 0$. *Dans ce cas, en utilisant que* $\tan(x) \underset{x\to0}{\sim} x$, *on obtient l'équivalent suivant :*

$$u_n \underset{n\to+\infty}{\sim} \frac{\pi}{n}\left(\frac{b}{2}-\frac{a^2}{8}\right)+O\left(\frac{1}{n^2}\right) \underset{n\to+\infty}{\sim} \frac{\pi}{n}\left(\frac{b}{2}-\frac{a^2}{8}\right).$$

La série $\sum\limits_n \frac{\pi}{n}\left(\frac{b}{2}-\frac{a^2}{8}\right) = \pi\left(\frac{b}{2}-\frac{a^2}{8}\right)\sum\limits_n \frac{1}{n}$ *étant de signe fixe et divergente (série de Riemann de paramètre* $1 \leqslant 1$*), on en déduit que la série* $\sum\limits_n u_n$ *diverge.*

Deuxième sous-cas $\frac{b}{2}-\frac{a^2}{8} = 0$. *Dans ce cas, en utilisant que* $\tan(x) \underset{x\to0}{=} O(x)$, *on obtient la domination suivante :*

$$u_n \underset{n\to+\infty}{=} \tan\left(O\left(\frac{1}{n^2}\right)\right) u_n \underset{n\to+\infty}{=} O\left(O\left(\frac{1}{n^2}\right)\right) = O\left(\frac{1}{n^2}\right).$$

La série $\sum\limits_n \frac{1}{n^2}$ *étant à termes positifs et convergente (série de Riemann de paramètre* $2>1$*), on en déduit que la série* $\sum\limits_n u_n$ *converge.*

Conclusion : *La série* $\sum\limits_n u_n$ *converge si et seulement si*

$$\left\{\begin{array}{c} \exists k\in\mathbb{Z}, \frac{a\pi}{2}=k\pi \\ \text{et} \\ \frac{b}{2}-\frac{a^2}{8}=0 \end{array}\right. \Leftrightarrow \left\{\begin{array}{c} \exists k\in\mathbb{Z}, a=2k \\ \text{et} \\ b=\frac{(2k)^2}{4}=k^2 \end{array}\right. .$$

Commentaires 125 *Exercice classique pour les concours Mines-Telecom et CCINP. L'idée principal étant de faire des développements asymptotiques (revoir ceux préparé en MPSI et en MP) et ... de connaitre les règles élémentaires de calculs sur les fonctions trigonométriques circulaires. Pour les développements limités, songer à atteindre un terme qui soit absolument convergent si possible (à défaut, de signe fixe). Il faut également être rigoureux pour effectuer convenablement les disjonctions de cas et traiter les cas immédiats (typiquement, si le terme général ne tend pas vers* 0).

Exercice 126 (Mines-Telecom) Soit $\sum u_n$ une série à termes strictement positifs.

1. On suppose qu'il existe $\ell \geqslant 0$ tel que $\lim\limits_{n\to+\infty} (u_n)^{1/n} = \ell$.
   Montrer que si $\ell < 1$ alors $\sum u_n$ converge et si $\ell > 1$ alors $\sum u_n$ diverge.
2. On suppose qu'il existe $\ell \geqslant 0$ tel que $\lim\limits_{n\to+\infty} \dfrac{u_{n+1}}{u_n} = \ell$. Montrer que $\lim\limits_{n\to+\infty} (u_n)^{1/n} = \ell$.

Solution 126

1. *Supposons que* $\ell < 1$. *Fixons un réel* $q \in \left]\ell, 1\right[$. *Puisque* $\lim\limits_{n\to+\infty} (u_n)^{1/n} = \ell < q$, *il existe un rang* N *tel que :*
$$\forall n \geqslant N,\ (u_n)^{1/n} \leqslant q \Rightarrow u_n \leqslant q^n$$
(car la fonction $x \mapsto x^n$ *est croissante sur* $\mathbb{R}_+$ *et que* $u_n \in \mathbb{R}_+$*). La série* $\sum\limits_n q^n$ *étant convergente (série géométrique de raison* $q \in \left]-1, 1\right[$*) et la suite* $(u_n)_n$ *étant positive, on en déduit que la série* $\sum\limits_n u_n$ *converge.*
   Supposons que $\ell > 1$. *Fixons un réel* $q \in \left]1, \ell\right[$. *Puisque* $\lim\limits_{n\to+\infty} (u_n)^{1/n} = \ell > q$, *il existe un rang* N *tel que :*
$$\forall n \geqslant N,\ (u_n)^{1/n} \geqslant q \Rightarrow u_n \geqslant q^n$$
(car la fonction $x \mapsto x^n$ *est croissante sur* $\mathbb{R}_+$ *et que* $u_n \in \mathbb{R}_+$*). Puisque* $q > 1$, *on a* $\lim\limits_{n\to+\infty} q^n = +\infty$ *donc, par théorème d'encadrement, on a* $\lim\limits_{n\to+\infty} u_n = +\infty$. *Ainsi, la série* $\sum\limits_n u_n$ *diverge grossièrement.*
2. ***Premier cas*** $\ell > 0$. *Comme* $\lim\limits_{n\to+\infty} \dfrac{u_{n+1}}{u_n} = \ell$ *et que la fonction* $\ln$ *est continue en* ℓ, *on peut affirmer que :*
$$\lim_{n\to+\infty} \ln\left(\frac{u_{n+1}}{u_n}\right) = \ln(\ell) \Leftrightarrow \lim_{n\to+\infty} \left(\ln(u_{n+1}) - \ln(u_n)\right) = \ln(\ell).$$
   Si en outre $\ln(\ell) \neq 0 \Leftrightarrow \ell \neq 1$, *on dispose de l'équivalent suivant :*
$$\ln(u_{n+1}) - \ln(u_n) \underset{n\to+\infty}{\sim} \ln(\ell).$$
   La série $\sum\limits_n \ln(\ell)$ *étant de signe constant et divergente (puisque son terme général ne tend pas vers* 0*), le théorème de sommation des sommes partielles de séries divergentes*

permet d'affirmer que :

$$\sum_{n=0}^{N-1}\left(\ln\left(u_{n+1}\right)-\ln\left(u_n\right)\right) \underset{N\to+\infty}{\sim} \sum_{n=0}^{N-1}\ln(\ell) \Leftrightarrow \ln\left(u_N\right)-\ln\left(u_0\right) \underset{N\to+\infty}{\sim} N\ln(\ell)$$

$$\Leftrightarrow \ln\left(u_N\right)-\ln\left(u_0\right) \underset{N\to+\infty}{=} N\ln(\ell)+o(N) \Leftrightarrow \ln\left(u_N\right) \underset{N\to+\infty}{=} N\ln(\ell)+o(N)+\ln\left(u_0\right)$$

$$\Rightarrow \ln\left(u_N\right) \underset{N\to+\infty}{\sim} N\ln(\ell) \Leftrightarrow \frac{\ln\left(u_N\right)}{N} \underset{N\to+\infty}{\sim} \ln(\ell) \Leftrightarrow \ln\left(\left(u_N\right)^{1/N}\right) \underset{N\to+\infty}{\sim} \ln(\ell)$$

$$\Rightarrow \lim_{N\to+\infty}\ln\left(\left(u_N\right)^{1/N}\right)=\ln(\ell) \Rightarrow \lim_{N\to+\infty}\left(u_N\right)^{1/N}=\ell$$

(par continuité de la fonction $\ln$ *en* ℓ*). Si* $\ell=1$*, on pose, pour tout entier* n*,* $v_n=2^n u_n$ *alors :*

$$\frac{v_{n+1}}{v_n}=\frac{2^{n+1}u_{n+1}}{2^n u_n}=2\frac{u_{n+1}}{u_n} \underset{n\to+\infty}{\to} 2\neq 1 \Rightarrow \lim_{n\to+\infty}\left(v_n\right)^{1/n}=2$$

$$\Leftrightarrow \lim_{n\to+\infty}\left(2^n u_n\right)^{1/n}=2 \Leftrightarrow \lim_{n\to+\infty}2\left(u_n\right)^{1/n}=2 \Leftrightarrow \lim_{n\to+\infty}\left(u_n\right)^{1/n}=1=\ell.$$

Second cas $\ell=0$*. Soit* $\varepsilon>0$*. Puisque* $\lim\limits_{n\to+\infty}\frac{u_{n+1}}{u_n}=0$*, il existe un rang* N_ε *tel que :*

$$\forall n\geqslant N_\varepsilon,\ \left|\frac{u_{n+1}}{u_n}\right|\leqslant\varepsilon \Leftrightarrow 0\leqslant\frac{u_{n+1}}{u_n}\leqslant\varepsilon$$

(car la suite $\left(u_n\right)_n$ *est à valeurs positives). Pour tout entier* $k\geqslant N_\varepsilon+1$*, en multipliant les inégalités ci-dessus pour* $n\in\{N_\varepsilon+1,...,k\}$*, on obtient la majoration :*

$$\forall k\geqslant N_\varepsilon,\ 0\leqslant\prod_{n=N_\varepsilon}^{k-1}\frac{u_{n+1}}{u_n}\leqslant\prod_{n=N_\varepsilon}^{k-1}\varepsilon \Leftrightarrow 0\leqslant\frac{u_k}{u_{N_\varepsilon}}\leqslant\varepsilon^{k-1-N_\varepsilon}$$

$$\underset{\times u_{N_\varepsilon}\geqslant 0}{\Leftrightarrow} 0\leqslant u_k\leqslant\varepsilon^{k-1-N_\varepsilon}u_{N_\varepsilon} \Rightarrow 0\leqslant\left(u_k\right)^{1/k}\leqslant\left(\varepsilon^{k-1-N_\varepsilon}u_{N_\varepsilon}\right)^{1/k}=\varepsilon^{1-(1+N_\varepsilon)/k}u_{N_\varepsilon}^{1/k}$$

(par croissance sur $\mathbb{R}_+$ *de la fonction* $x\mapsto x^{1/k}$*). Puisque l'on a :*

$$\lim_{k\to+\infty}\varepsilon^{1-(1+N_\varepsilon)/k}u_{N_\varepsilon}^{1/k}=\varepsilon^1 u_{N_\varepsilon}^0=\varepsilon<2\varepsilon,$$

il existe un rang N'_ε *tel que :*

$$\forall k\geqslant N'_\varepsilon,\ \varepsilon^{1-(1+N_\varepsilon)/k}u_{N_\varepsilon}^{1/k}\leqslant 2\varepsilon.$$

Par conséquent, pour tout entier $k\geqslant N''_\varepsilon=\max\left(N_\varepsilon,N'_\varepsilon\right)$*, on obtient :*

$$0\leqslant\left(u_k\right)^{1/k}\leqslant 2\varepsilon.$$

Ainsi, on a établi l'assertion suivante :

$$\forall\varepsilon>0,\ \exists N''_\varepsilon\in\mathbb{N},\ \forall k\geqslant N''_\varepsilon,\ \left|\left(u_k\right)^{1/k}\right|=\left(u_k\right)^{1/k}\leqslant 2\varepsilon$$

c'est-à-dire que $\lim\limits_{k\to+\infty}\left(u_k\right)^{1/k}=0=\ell.$

Commentaires 126 *Exercice classique pour les concours Mines-Telecom et Mines-Ponts. Question 1 : Elle est très proche de la preuve de cours concernant le critère de D'Alembert. Si elle vous a posé problème, retravailler la preuve du cours (et celle-ci). Question 2 : Il est possible de faire une preuve à la « epsilonite » mais il me semble préférable, si* $\ell > 0$, *de voir le lemme de Césaro :*

$$\ln\left(\frac{u_{n+1}}{u_n}\right) \underset{n\to+\infty}{\to} \ln(\ell) \Rightarrow \lim_{n\to+\infty} \frac{1}{n}\sum_{k=0}^{n-1} \ln\left(\frac{u_{k+1}}{u_k}\right) = \ln(\ell) \Leftrightarrow \lim_{n\to+\infty} \frac{1}{n}\ln\left(\frac{u_n}{u_0}\right) = \ln(\ell)$$

$$\Rightarrow (u_n)^{1/n} = \left(\frac{u_n}{u_0}\right)^{1/n} (u_0)^{1/n} \to \exp(\ln(\ell)) \times (u_0)^0 = \ell$$

ou bien les théorèmes de sommation des relations de comparaison des séries. Un candidat faisant une telle initiative et concluant sera fortement valorisé même s'il ne songe pas à traiter le cas $\ell = 0$. *L'interrogateur le questionnera ensuite sur ce cas résiduel (ou la « epsilonite » est indispensable).*

Exercice 127 (Mines-Telecom) Soit $(u_n)_{n\in\mathbb{N}}$ à valeurs dans $\mathbb{R}_+$ telle que $\sum_{n\geqslant 0} u_n$ converge.

Soit $(v_n)_{n\in\mathbb{N}}$ définie par : $\forall n \in \mathbb{N}$, $v_n = \sum_{k=0}^{n} \frac{u_{n-k}}{2^k}$.

Montrer $v_n \underset{n\to+\infty}{\to} 0$ et que la série $\sum_{n\geqslant 0} v_n$ converge et calculer sa somme.

Solution 127 *On reconnait le produit de Cauchy des séries* $\sum_n u_n$ *et* $\sum_n \frac{1}{2^n}$. *Ces deux séries sont absolument convergentes car elles convergent (la première par hypothèse, la seconde car il s'agit d'une série géométrique de raison* $\frac{1}{2} \in]-1,1[$) *et sont à termes positifs (donc, pour tout entier* n, $|u_n| = u_n$ *et* $\left|\frac{1}{2^n}\right| = \frac{1}{2^n}$). *D'après le produit de Cauchy, si, pour tout entier* n, *on pose :*

$$c_n = \sum_{k=0}^{n} \frac{1}{2^k} u_{n-k} = v_n,$$

alors la série $\sum_n c_n = \sum_n v_n$ *converge (donc son terme général* v_n *tend vers* 0) *et sa somme vaut :*

$$\sum_{n=0}^{+\infty} v_n = \sum_{n=0}^{+\infty} c_n = \sum_{n=0}^{+\infty} u_n \sum_{n=0}^{+\infty} \frac{1}{2^n} = \sum_{n=0}^{+\infty} u_n \times \frac{1}{1-\frac{1}{2}} = 2\sum_{n=0}^{+\infty} u_n.$$

Commentaires 127 *Exercice d'application direct du cours.*

7.3 Centrale Math 1

Exercice 128 (Centrale-SupElec)

1. Pour $n \in \mathbb{N}^*$, montrer que l'équation $\sum_{k=1}^{n} \frac{x^k}{k} = 1$ admet une unique solution x_n dans $\mathbb{R}_+$.
2. Étudier la convergence de la suite $(x_n)_{n \geqslant 1}$.
3. Calculer sa limite.

Solution 128

1. *Soit $n \in \mathbb{N}^*$. La fonction $f_n : x \mapsto \sum_{k=1}^{n} \frac{x^k}{k}$ est continue et strictement croissante sur $\mathbb{R}_+$ (comme somme de telles fonctions). Comme $f_n(0) = 0$ et $\lim_{x \to +\infty} f_n(x) = +\infty$, on en déduit que f_n réalise une bijection de $\mathbb{R}_+$ sur $\mathbb{R}_+$. Comme $1 \in \mathbb{R}_+$, on est assuré de l'existence et de l'unicité d'une solution à l'équation $f_n(x) = 1$.*
2. *Montrons que la suite $(x_n)_n$ est monotone. Pour tout entier $n \geqslant 1$ et tout réel $x \geqslant 0$, on a :*
$$f_{n+1}(x) = f_n(x) + \underbrace{\frac{x^{n+1}}{n+1}}_{\geqslant 0} \geqslant f_n(x).$$
En particulier, pour $x = x_n$, on obtient l'inégalité :
$$f_{n+1}(x_n) \geqslant f_n(x_n) = 1 = f_{n+1}(x_{n+1}) \Rightarrow f_{n+1}(x_n) \geqslant f_{n+1}(x_{n+1}).$$
Comme f_{n+1} est strictement croissante, on en déduit que $x_n \geqslant x_{n+1}$ pour tout entier n donc la suite $(x_n)_n$ est décroissante. Comme elle est positive, elle converge.
3. *On conserve les notations introduites à la question 1. On remarque que f_n est la somme des n premiers termes du développement en série entière de $x \mapsto -\ln(1-x)$. Pour tout $x \in [0, 1[$, on a :*
$$-\ln(1-x) = \sum_{k=1}^{+\infty} \frac{x^k}{k} \Leftrightarrow -\ln(1-x) = \lim_{n \to +\infty} f_n(x).$$
Comme la suite $(f_n)_n$ est croissante, pour tout entier n et tout $x \in [0, 1[$, on a :
$$f_n(x) \leqslant \lim_{N \to +\infty} f_N(x) = -\ln(1-x).$$
En évaluant cette égalité en x_n, on obtient les inégalités suivantes :
$$\begin{aligned} -\ln(1-x_n) &\geqslant f_n(x_n) = 1 \Rightarrow \ln(1-x_n) \leqslant -1 \\ &\Leftrightarrow 1 - x_n \leqslant e^{-1} \Leftrightarrow 1 - e^{-1} \leqslant x_n. \end{aligned}$$
Soit $\varepsilon > 0$. Comme $f_n\left(1 - e^{-1} + \varepsilon\right) \underset{n \to +\infty}{\to} -\ln\left(e^{-1} - \varepsilon\right) > -\ln\left(e^{-1}\right) = 1$, il existe un rang N_ε tel que :
$$\forall n \geqslant N_\varepsilon, f_n\left(1 - e^1 + \varepsilon\right) \geqslant 1 = f_n(x_n).$$
Par stricte croissance de f_n, on peut affirmer que $\forall n \geqslant N_\varepsilon$, $1 - e^{-1} + \varepsilon \geqslant x_n$. En résumé, on vient de montrer que :
$$\forall \varepsilon > 0, \exists N_\varepsilon \in \mathbb{N}, \forall n \geqslant N_\varepsilon, 1 - e^{-1} \leqslant x_n \leqslant 1 - e^{-1} + \varepsilon,$$
ce qui est la définition de la convergence de la suite $(x_n)_n$ vers $1 - e^{-1}$.

Commentaires 128 *Exercice classique sans difficulté particulière.*

Exercice 129 (Centrale-SupElec) On pose : $\forall n \in \mathbb{N}^*,\ z_n = \prod_{k=1}^{n}\left(1+\frac{i}{k}\right)$.

1. Rappeler le théorême de sommation des relations de comparaison.
2. Montrer que la suite $(|z_n|)_{n\in\mathbb{N}^*}$ converge.
3. Déterminer l'ensemble des valeurs d'adhérence de la suite $(z_n)_{n\in\mathbb{N}^*}$.

Solution 129

1. *Soient $(u_n)_{n\in\mathbb{N}}$ et $(v_n)_{n\in\mathbb{N}}$ deux suites à valeurs positives avec $u_n \underset{n\to+\infty}{\sim} v_n$.*

   Si la série $\sum_{n\geqslant 0} v_n$ diverge alors $\sum_{n=0}^{N} u_n \underset{N\to+\infty}{\sim} \sum_{n=0}^{N} v_n$.

   Si la série $\sum_{n\geqslant 0} v_n$ converge alors $\sum_{n=N}^{+\infty} u_n \underset{N\to+\infty}{\sim} \sum_{n=N}^{+\infty} v_n$.

   Ces résultats perdurent si on remplace « $\sim$ » par « $=o(\,)$ » ou « $=O(\,)$»

2. *D'après les règles de calculs sur le module, pour tout entier $n \geqslant 1$, on a :*

$$|z_n| = \prod_{k=1}^{n}\left|1+\frac{i}{k}\right| = \prod_{k=1}^{n}\sqrt{1^2+\left(\frac{1}{k}\right)^2} = \sqrt{\prod_{k=1}^{n}\left(1+\frac{1}{k^2}\right)}.$$

   D'après les règles de calcul du logarithme, on en déduit l'égalité :

$$\ln(|z_n|) = \frac{1}{2}\sum_{k=1}^{n}\ln\left(1+\frac{1}{k^2}\right).$$

   Puisque $\ln\left(1+\frac{1}{k^2}\right) \underset{k\to+\infty}{\sim} \frac{1}{k^2}$ et que la série $\sum_{k\geqslant 1}\frac{1}{k^2}$ est à termes positifs et convergente (série de Riemann de paramètre $2>1$), on peut affirmer que la série $\sum_{k\geqslant 1}\frac{1}{k^2}$ converge.

   En particulier, la suite $\left(\sum_{k=1}^{n}\ln\left(1+\frac{1}{k^2}\right)\right)_n$ converge, ce qui prouve la convergence de la suite $(\ln|z_n|)_n$ vers un certain réel L. On peut alors affirmer que

$$|z_n| = \exp(\ln(|z_n|)) \underset{n\to+\infty}{\to} \exp(L)$$

   (par continuité de exp sur $\mathbb{R}$) donc la suite $(|z_n|)_n$ converge vers un réel strictement positif.

3. *Notons A l'ensemble des valeurs d'adhérence de la suite $(z_n)_{n\in\mathbb{N}}$ c'est-à-dire l'ensemble des limites des suites extraites convergentes de $(z_n)_{n\in\mathbb{N}}$. Soit $\varphi : \mathbb{N}\to\mathbb{N}$ une fonction strictement croissante telle que la suite $(z_{\varphi(n)})_n$ soit convergente vers $L\in\mathbb{C}$ (qui n'est pas le L de la réponse à la question 2). Alors, par continuité du module, la suite $\left(|z_{(\varphi)n}|\right)_n$*

converge vers $|L|$. *Or, la suite* $(|z_n|)_n$ *converge vers un réel* $\alpha > 0$ *donc, par unicité de la limite,* $|L| = \alpha$, *ce qui prouve l'inclusion suivante :*

$$A \subset \{z \in \mathbb{C},\ |z| = \alpha\} = S(0,\alpha).$$

Afin d'affiner notre analyse, nous allons étudier le comportement asymptotique de la suite des arguments de z_n.

Déterminons l'écriture exponentielle de $a_k = 1 + \frac{i}{k}$. *Pour tout entier* $n \geqslant 1$, *on a*

$$|a_n| = \sqrt{1 + \frac{1}{k^2}} > 0$$

donc il existe un réel $\theta_n \in [-\pi, \pi[$ *tel que :*

$$\begin{aligned} a_k &= |a_k| e^{i\theta_k} \Leftrightarrow 1 + \frac{i}{k} = \sqrt{1 + \frac{1}{k^2}} (\cos(\theta_k) + i \sin(\theta_k)) \\ &\Leftrightarrow \begin{cases} \sqrt{1 + \frac{1}{k^2}} \cos(\theta_k) = 1 & (1) \\ \sqrt{1 + \frac{1}{k^2}} \sin(\theta_k) = \frac{1}{k} & (2) \end{cases} \underset{(2)/(1)}{\Rightarrow} (3) : \tan(\theta_k) = \frac{1}{k}. \end{aligned}$$

Comme $\operatorname{Re}(a_k) = 1 > 0$ *et* $\operatorname{Im}(a_k) = \frac{1}{k} > 0$, *on peut affirmer que* $\theta_k \in \left]0, \frac{\pi}{2}\right[$ *donc* $\theta_k = \arctan\left(\frac{1}{k}\right)$ *(d'après (3) et que* arctan *est la bijection réciproque de* tan *sur* $\left]-\frac{\pi}{2}, \frac{\pi}{2}\right[$.

On en déduit l'écriture exponentielle de z_n. :

$$z_n = \prod_{k=1}^{n} a_k = \prod_{k=1}^{n} |a_k| e^{i\theta_k} = \prod_{k=1}^{n} |a_k| \prod_{k=1}^{n} e^{i\theta_k} = |z_n| \exp\left(i \sum_{k=1}^{n} \theta_k\right).$$

On a l'équivalent suivant :

$$\theta_k = \arctan\left(\frac{1}{k}\right) \underset{k \to +\infty}{\sim} \frac{1}{k} \geqslant 0$$

et la série $\sum_{k \geqslant 1} \frac{1}{k}$ *diverge (série de Riemann de paramètre* $2 > 1$*) donc la série* $\sum_k \theta_k$ *diverge vers* $+\infty$. *Ainsi, la suite* $S_n = \sum_{k=1}^{n} \theta_k$ *est strictement croissante (car* $S_{n+1} - S_n = \theta_{n+1} > 0$ *pour tout* n*), tend vers* $+\infty$ *et* $S_{n+1} - S_n \underset{n \to +\infty}{\to} 0$. *Les angles polaires de* z_n *tend vers* $+\infty$ *en changeant très peu de valeur (lorsque* n *est grand) par incrémentation de l'indice. On sent que l'on pourra s'approcher autant que l'on veut de tout angle polaire si on accepte de se décaler suffisamment de fois par* 2π *(ce qui ne change rien sur la position géométrique du point). Ceci nous incite à prouver que* $S(0,\alpha) \subset A$.

Soit $z \in S(0,\alpha)$, *il existe* $\theta \in \mathbb{R}_+$ *(le caractère positif sera utile dans la suite) tel que* $z = \alpha e^{i\theta}$. *Faisons une remarque fondamentale : Pour tout réel* $b \geqslant 1$, *il existe un entier* N *tel que* $\forall n \geqslant N$, $S_N \geqslant b$ *(car la suite* $(S_n)_n$ *tend vers* $+\infty$*). Comme* $S_1 = \theta_1 = \frac{\pi}{4} \leqslant 1 \leqslant b$, *l'ensemble* $B = \{n \in \mathbb{N}^*, \quad S_n \leqslant b\}$ *est non vide et majoré (par* N*) donc il possède un maximum. Notons le* N_b. *Par définition,* $S_{N_b} \leqslant b$ *et* $S_{N_b+1} > b$ *car :*

$$N_b + 1 > \max(B) = N_b \Rightarrow N_b + 1 \notin B.$$

Ainsi, on dispose de l'encadrement suivant :

$$S_{N_b} \leqslant b < S_{N_b+1} \Leftrightarrow 0 \leqslant b - S_{N_b} < S_{N_b+1} - S_{N_b} = \theta_{N_b+1}.$$

Par conséquent, pour tout entier $k \geqslant 1$, en choisissant $b_k = \theta + 2\pi k$, il existe un entier N_k tel que :

$$(*) : 0 \leqslant b_k - S_{N_k} \leqslant \theta_{N_k}.$$

Remarquons que :

$$S_{N_k+1} = \underbrace{S_{N_k}}_{\leqslant b} + \theta_{N_k+1} \leqslant b_k + 1 < b_k + 2\pi = b_{k+1}$$

donc $N_k + 1 \leqslant N_{k+1}$ (par définition $N_{k+1} = \max\{n, \quad S_n \leqslant b_{k+1}\}$, ce qui prouve que la suite $(N_k)_k$ est strictement croissante. En outre, l'inégalité précédente entraine que $\forall k \geqslant 1$, $N_k \geqslant k$ (par une récurrence immédiate) donc $\lim\limits_{k\to+\infty} N_k = +\infty$. Ceci résultat combiné à l'inégalité $(*)$ montre que $\lim\limits_{k\to+\infty} (b_k - S_{N_k}) = 0$. Par continuité sur $\mathbb{R}$ de la fonction $x \mapsto e^{ix}$, on peut écrire :

$$\begin{aligned} z_{N_k} &= |z_{N_k}| \exp(iS_{N_k}) = |z_{N_k}| \exp(i(S_{N_k} - b_k)) \exp(ib_k) \\ &= \underbrace{|z_{N_k}|}_{\underset{k\to\infty}{\to}\alpha} \underbrace{\exp(i(S_{N_k} - b_k))}_{\underset{k\to+\infty}{\to}\exp(i0)=1} \exp(i\theta) \underbrace{\exp(2\pi ik)}_{=1} \underset{k\to\infty}{\to} \alpha e^{i\theta} = z. \end{aligned}$$

Ainsi, $z \in A$, ce qui montre l'inclusion $S(0,\alpha) \subset A$ d'où l'égalité $S(0,\alpha) = A$.

Commentaires 129 *Exercice original et progressif.*
Question 1 et 2 : Il s'agit d'une question de cours et d'une question relativement standard pour la deuxième (faire le lien avec les séries via le logarithme).
Question 3 : Cette question est difficile (la notion valeur d'adhérence dans $\mathbb{C}$ est bien plus complexe à manipuler que dans $\mathbb{R}$) et l'interaction avec l'interrogateur sera cruciale. Toute avancée significative du candidat (même avec une aide de l'interrogateur) sera bien valorisée.

Exercice 130 (Centrale-SupElec) Soit $n \in \mathbb{N}^*$. On note $H_n = \sum_{k=1}^{n} \frac{1}{k}$ et $u_n = \frac{(-1)^n}{n} \left\lfloor \frac{\ln(n)}{\ln(2)} \right\rfloor$, où $\lfloor x \rfloor$ désigne la partie entière de x.

1. Soit $(v_n)_n$ une suite réelle telle que : $v_n \underset{n\to+\infty}{=} O\left(\frac{1}{n^2}\right)$. Que dire de $\sum_{k=n}^{\infty} v_k$? Le démontrer.
2. Montrer qu'il existe un réel γ tel que : $H_n \underset{n\to+\infty}{=} \ln(n) + \gamma + O\left(\frac{1}{n}\right)$.
3. Montrer que $\sum_{n\geqslant 2} u_n$ converge et calculer sa somme.

Solution 130

1. *Comme la série* $\sum_n \frac{1}{n^2}$ *est à termes positifs et converge (série de Riemann de paramètre* $2 > 1$*), on en déduit que la série* $\sum_n v_n$ *converge et que :*

$$\sum_{k=n}^{+\infty} v_k \underset{n\to+\infty}{=} O\left(\sum_{k=n}^{+\infty} \frac{1}{k^2}\right) = O\left(\frac{1}{n}\right).$$

Justifions ces deux dominations. Comme $v_n \underset{n\to+\infty}{=} O\left(\frac{1}{n^2}\right)$, *il existe un rang* N *et un réel positif* M *tel que*

$$\forall n \geqslant N,\ |v_n| \leqslant \frac{M}{n^2} \Rightarrow \left|\sum_{k=n}^{+\infty} v_k\right| \leqslant \sum_{k=n}^{+\infty} |v_k| \leqslant \sum_{k=n}^{+\infty} \frac{M}{k^2} = M\sum_{k=n}^{+\infty} \frac{1}{k^2}$$

(donc $\sum_{k=n}^{+\infty} v_k \underset{n\to+\infty}{=} O\left(\sum_{k=n}^{+\infty} \frac{1}{k^2}\right)$*). On remarque ensuite que :*

$$\forall k \geqslant 2,\ \frac{1}{k^2} \leqslant \frac{1}{k(k-1)} = \frac{1}{k-1} - \frac{1}{k}$$

donc, en utilisant les sommes télescopiques et le fait que la suite $\left(\frac{1}{k}\right)_k$ *converge, on obtient la majoration suivante valable pour tout* $n \geqslant N$ *:*

$$\left|\sum_{k=n}^{+\infty} v_k\right| \leqslant M\sum_{k=n}^{+\infty}\left(\frac{1}{k-1} - \frac{1}{k}\right) = M\left(\frac{1}{n-1} - \lim_{k\to+\infty}\frac{1}{k}\right) = \frac{M}{n-1}$$

donc $\sum_{k=n}^{+\infty} v_k \underset{n\to+\infty}{=} O\left(\frac{1}{n-1}\right) = O\left(\frac{1}{n}\right)$ *car* $\frac{1}{n-1} \underset{n\to+\infty}{\sim} \frac{1}{n}$.

2. *On considère la suite* $(v_n)_{n\geqslant 1} = (H_n - \ln(n))_{n\geqslant 1}$. *Pour tout entier* $n \geqslant 1$, *on a :*

$$\begin{aligned} v_{n+1} - v_n &= H_{n+1} - H_n - (\ln(n+1) - \ln(n)) \\ &= \frac{1}{n+1} - \ln\left(\frac{n+1}{n}\right) = \frac{1}{n+1} - \ln\left(1 + \frac{1}{n}\right). \end{aligned}$$

On utilise alors le développement limité de $x \mapsto \ln(1+x)$ *en* 0 *pour obtenir :*

$$v_{n+1} - v_n \underset{n\to+\infty}{=} \frac{1}{n+1} - \left(\frac{1}{n} + O\left(\frac{1}{n^2}\right)\right) \underset{n\to+\infty}{=} \underbrace{\frac{1}{n(n+1)}}_{=O(1/n^2)} + O\left(\frac{1}{n^2}\right) \underset{n\to+\infty}{=} O\left(\frac{1}{n^2}\right)$$

(car $\frac{1}{n(n+1)} \underset{n\to+\infty}{\sim} \frac{1}{n^2}$*). D'après la question précédente, on peut affirmer que la série* $\sum_n (v_{n+1} - v_n)$ *converge donc, d'après le théorème sur les séries télescopiques, la suite* $(v_n)_n$ *converge. Notons* γ *sa limite alors, pour tout entier* $n \geqslant 1$, *on a :*

$$\gamma - v_n = \lim_{k\to+\infty} v_k - v_n = \sum_{k=n}^{+\infty} (v_{k+1} - v_k) \underset{n\to+\infty}{=} O\left(\frac{1}{n}\right)$$

(d'après la question précédente) donc :

$$v_n \underset{n\to+\infty}{=} \gamma + O\left(\frac{1}{n}\right) \Rightarrow H_n = \ln(n) + v_n \underset{n\to+\infty}{=} \ln(n) + \gamma + O\left(\frac{1}{n}\right)$$

3. *Pour tout entier* $N \geqslant 1$, *on pose* $S_N = \sum_{n=1}^{N} u_n$. *Rappelons que, pour tout réel* x, $\lfloor x \rfloor$ *désigne l'unique réel* k *tel que* $k \leqslant \lfloor x \rfloor < k+1$. *Pour tout* $n \geqslant 2$, *on a*

$$\frac{\ln(n)}{\ln(2)} \geqslant \frac{\ln(2)}{\ln(2)} = 1$$

donc $\left\lfloor \frac{\ln(n)}{\ln(2)} \right\rfloor$ *est un entier strictement positif. En outre, pour tout entier* $k \geqslant 1$, *on a les équivalences suivantes :*

$$\begin{aligned} \left\lfloor \frac{\ln(n)}{\ln(2)} \right\rfloor &= k \Leftrightarrow k \leqslant \frac{\ln(n)}{\ln(2)} < k+1 \underset{\times \ln(2)>0}{\Leftrightarrow} k\ln(2) \leqslant \ln(n) \leqslant (k+1)\ln(2) \\ &\Leftrightarrow \ln\left(2^k\right) \leqslant \ln(n) < \ln\left(2^{k+1}\right) \Leftrightarrow 2^k \leqslant n < 2^{k+1}. \end{aligned}$$

Ainsi, la suite $\left(\left\lfloor \frac{\ln(n)}{\ln(2)} \right\rfloor\right)_n$ *est constante sur chaque intervalle entier* $\left[2^k, 2^{k+1}\right[$ *(*$k \in \mathbb{N}^*$*). On partitionne tout intervalle entier* $[2, N]$ *en*

$$[2, N] = \left(\bigcup_{k=1}^{r(N)} \left[2^k, 2^{k+1} - 1\right[\right) \cup \left[2^{r(N)}, N\right].$$

où $r(N)$ *est l'unique entier* r *tel que* $2^r \leqslant N < 2^{r+1}$ *(i.e.* $r = \left\lfloor \frac{\ln(N)}{\ln(2)} \right\rfloor$*). Cette union étant disjointe, la relation de Chasles (ou Fubini) montre que :*

$$\begin{aligned} S_N &= \sum_{n=2}^{N} \frac{(-1)^n}{n} \left\lfloor \frac{\ln(n)}{\ln(2)} \right\rfloor \\ &= \sum_{k=1}^{r(N)-1} \left(\sum_{n=2^k}^{2^{k+1}-1} \frac{(-1)^n}{n} \left\lfloor \frac{\ln(n)}{\ln(2)} \right\rfloor \right) + \sum_{n=2^{r(N)}}^{N} \frac{(-1)^n}{n} \left\lfloor \frac{\ln(n)}{\ln(2)} \right\rfloor \\ &= \sum_{k=1}^{N} \left(\sum_{n=2^k}^{2^{k+1}-1} \frac{(-1)^n}{n} k \right) + \sum_{n=2^{r(N)}}^{N} \frac{(-1)^n}{n} r(N) \\ &= \sum_{k=1}^{N} k \sum_{n=2^k}^{2^{k+1}-1} \frac{(-1)^n}{n} + r(N) \sum_{n=2^{r(N)}}^{N} \frac{(-1)^n}{n}. \end{aligned}$$

Cette relation va nous permettre de prouver la convergence de la série $\sum_n u_n$. *On pose*

$$z_n = \frac{(-1)^n}{n} \text{ si } n \in \left[2^k, 2^{k+1}\right[\text{ et } z_n = 0 \text{ si } n \geqslant 2^{k+1}.$$

La série $\sum_n z_n$ *est alternée et la suite* $(|z_n|)_{n\geqslant 2^k}$ *est positive, décroissante et convergeant vers* 0 *donc, d'après le critère spécial des séries alternées, on a :*

$$\left|\sum_{n=2^k}^{+\infty} z_n\right| \leqslant |z_{2^k}| \Leftrightarrow \left|\sum_{n=2^k}^{2^{k+1}} \frac{(-1)^n}{n}\right| \leqslant \frac{1}{2^k} \Rightarrow (\mathcal{I}) : \left|k\sum_{n=2^k}^{2^{k+1}-1} \frac{(-1)^n}{n}\right| \leqslant \frac{k}{2^k} \underset{k\to+\infty}{=} o\left(\frac{1}{k^2}\right).$$

(d'après les croissances comparées). La série $\sum_k \frac{1}{k^2}$ *étant convergente (série de Riemann de paramètre* $2 > 1$*) donc la série* $\sum_k k \sum_{n=2^k}^{2^{k+1}-1} \frac{(-1)^n}{n}$ *converge absolument donc elle converge. Par conséquent, la suite* $\left(\sum_{k=1}^{N} k \sum_{n=2^k}^{2^{k+1}-1} \frac{(-1)^n}{n}\right)_N$ *converge et comme la suite* $\left(r(N) \sum_{n=2^{r(N)}}^{N} \frac{(-1)^n}{n}\right)_N$ *tend vers* 0 *(majoration* $(\mathcal{I})$ *adaptée à l'intervalle de sommation), on en déduit que la suite* $(S_N)_N$ *converge c'est-à-dire que la série* $\sum_n u_n$ *converge. En outre, on peut affirmer que :*

$$\sum_{n=2}^{+\infty} u_n = \lim_{N\to+\infty}\left(\sum_{k=1}^{N} k \sum_{n=2^k}^{2^{k+1}-1} \frac{(-1)^n}{n} + r(N) \sum_{n=2^{r(N)}}^{N} \frac{(-1)^n}{n}\right) = \sum_{k=1}^{+\infty} k \sum_{n=2^k}^{2^{k+1}-1} \frac{(-1)^n}{n}.$$

Pour tout entier $k \geqslant 1$, *on pose*

$$v_k = \sum_{n=2^k}^{2^{k+1}-1} \frac{(-1)^n}{n} \quad \text{et } w_k = \sum_{n=2^k}^{2^{k+1}-1} \frac{1}{n}$$

et exprimons la suite v *en fonction de la suite* w. *On découpe la somme* v_k *selon les indices pairs et impairs grâce à la relation de Chasles. Pour tout* $k \geqslant 2$, *on a :*

$$\begin{aligned}
v_k &= \sum_{\substack{n\in\{2^k,..,2^{k+1}-1\}\\ n \text{ pair}}} \frac{1}{n} + \sum_{\substack{n\in\{2^k,..,2^{k+1}-1\}\\ n \text{ impair}}} \frac{-1}{n} = \sum_{\substack{n\in\{2^k,..,2^{k+1}-1\}\\ n \text{ pair}}} \frac{1}{n} - \sum_{\substack{n\in\{2^k,..,2^{k+1}-1\}\\ n \text{ impair}}} \frac{1}{n} \\
&= \sum_{\substack{n\in\{2^k,..,2^{k+1}-1\}\\ n \text{ pair}}} \frac{1}{n} - \Big(\sum_{n\in\{2^k,..,2^{k+1}-1\}} \frac{1}{n} - \sum_{\substack{n\in\{2^k,..,2^{k+1}-1\}\\ n \text{ pair}}} \frac{1}{n}\Big) \\
&= 2 \sum_{\substack{n\in\{2^k,..,2^{k+1}-1\}\\ n \text{ pair}}} \frac{1}{n} - w_k = 2 \sum_{\substack{n=2q\\ \text{et } 2^k\leqslant 2q<2^{k+1}}} \frac{1}{2q} - -w_k = \sum_{q=2^{k-1}}^{2^k-1} \frac{1}{q} - -w_k \\
&= w_{k-1} - w_k
\end{aligned}$$

Alors, pour tout entier N, on a :

$$\begin{aligned}
\sum_{k=1}^{N} k \sum_{n=2^k}^{2^{k+1}-1} \frac{(-1)^n}{n} &= \sum_{k=1}^{N} k v_k = v_1 + \sum_{k=2}^{N} k v_k = v_1 + \sum_{k=2}^{N} k\left(w_{k-1} - w_k\right) \\
&= v_1 + \sum_{k=2}^{N} k w_{k-1} - \sum_{k=2}^{N} k w_k \underset{j=k-1}{=} v_1 + \sum_{j=1}^{N-1} (j+1) w_j - \sum_{k=2}^{N} k w_k \\
&= v_1 + 2w_1 + \sum_{j=2}^{N-1} (j+1) w_j - \sum_{k=2}^{N-1} k w_k - N w_N \\
&= v_1 + 2w_1 + \sum_{j=2}^{N-1} w_j - N w_N \\
&= v_1 + 2w_1 + H_{2^N-1} - H_{2^2-1} - N\left(H_{2^{N+1}-1} - H_{2^N-1}\right) \\
&= H_{2^N-1} - N\left(H_{2^{N+1}-1} - H_{2^N-1}\right)
\end{aligned}$$

car $w_j = H_{2^{j+1}-1} - H_{2^j-1}$ (somme télescopique) et $v_1 + 2w_1 - H_3 = 0$. En utilisant la question 1, on obtient :

$$H_{2^N-1} = H_{2^N} - \frac{1}{2^N} \underset{N\to+\infty}{=} \ln\left(2^N\right) + \gamma + O\left(\frac{1}{2^N}\right) - \frac{1}{2^N}$$

$$\underset{N\to+\infty}{=} N\ln(2) + \gamma + O\left(\frac{1}{2^N}\right) \Rightarrow H_{2^{N+1}-1} - H_{2^N-1} \underset{N\to+\infty}{=} \ln(2) + O\left(\frac{1}{2^N}\right)$$

$$\Rightarrow \sum_{k=1}^{N} k \sum_{n=2^k}^{2^{k+1}-1} \frac{(-1)^n}{n} \underset{N\to+\infty}{=} \gamma + O\left(\frac{N}{2^N}\right) \underset{N\to+\infty}{\to} \gamma \Rightarrow \sum_{n=2}^{+\infty} u_n = \gamma.$$

Commentaires 130 *Exercice original et progressif. Les deux premières questions sont des questions de cours ou des applications directes du cours. La deuxième question est très classique. N'hésitez pas à la retravailler si vous avez bloqué dessus.*
La troisième question est la plus difficile. Les initiatives intéressantes du candidat seront valorisées. Par exemple, cela sera le cas d'un candidat résolvant correctement l'équation $\left\lfloor \frac{\ln(n)}{\ln(2)} \right\rfloor = k$ ou partitionnant $\mathbb{N}^*$ selon les valeurs prises par $\left\lfloor \frac{\ln(n)}{\ln(2)} \right\rfloor$ (d'où la résolution de l'équation) ou bien justifiant que chaque paquet $\sum_{n=2^k}^{2^{k+1}-1} \frac{(-1)^n}{n}$ est majoré en module par son premier terme. Pour les candidats n'ayant pas ces initiatives, l'interrogateur proposera ces pistes mais il attendra que le candidat sache y répondre seul (il s'agit à chaque fois d'application du cours).

Exercice 131 Soit P un polynôme à coefficients dans $\mathbb{R}$, à partir duquel on définit la suite u par : $\forall n \in \mathbb{N},\ u_n = e^{2i\pi P(n)}$.

1. Montrer que la suite u converge si et seulement si : $\forall n \in \mathbb{N},\ P(n) - P(0) \in \mathbb{Z}$.
2. On suppose que la suite $\left(P(n) - \lfloor P(n) \rfloor\right)_{n\in\mathbb{N}}$ converge. Montrer qu'elle est constante.

Solution 131

1. ***Implication réciproque.*** *Supposons que* $\forall n \in \mathbb{N},\ P(n) - P(0) \in \mathbb{Z}$ *alors, pour tout entier* n*, il existe un entier relatif* q_n *tel que :*

$$\begin{aligned}\forall n &\in \mathbb{N},\ P(n) - P(0) = q_n \Leftrightarrow P(n) = P(0) + q_n \Rightarrow \\ u_n &= \exp(2\pi i P(n)) = \exp(2\pi i (P(0) + q_n)) \\ &= \underbrace{\exp(2\pi i P(0))}_{=u_0} \underbrace{\exp(2\pi i q_n)}_{=1 \text{ car } q_n \in \mathbb{Z}} = u_0\end{aligned}$$

donc la suite $(u_n)_{n\in\mathbb{N}}$ *est constante.*

Implication directe. *On procède par récurrence forte sur le degré de P. Pour tout entier* $k \in \mathbb{N}$*, on pose* $(\mathcal{H}_k)$ *: « Pour tout* $P \in \mathbb{R}_k[X]$*, si la suite* $\left(e^{2\pi i P(n)}\right)_n$ *converge alors* $\forall n \in \mathbb{N},\ P(n) - P(0) \in \mathbb{Z}$ *».*

Initialisation $k = 0$*. Soit* $P \in \mathbb{R}_0[X]$ *alors P est constant donc la suite* $\left(e^{2\pi i P(n)}\right)_n$ *est constante, ce qui entraine sa convergence. Pour tout entier n, on a* $P(n) - P(0) = 0 \in \mathbb{Z}$ *donc* $(\mathcal{H}_0)$ *est vraie.*

Hérédité. *Supposons la propriété* $(\mathcal{H}_k)$ *vérifiée pour un certain entier k. Soit* $P \in \mathbb{R}_{k+1}[X]$ *et supposons que la suite* $u_n = \exp(2\pi i P(n))$ *converge. Notons L sa limite. Comme, pour tout entier n,* $|u_n| = 1$*, on a :*

$$|L| = \left|\lim_{n\to+\infty} u_n\right| = \lim_{n\to+\infty} |u_n| = \lim_{n\to+\infty} 1 = 1$$

(par continuité de la fonction $z \mapsto |z|$ *sur* $\mathbb{C}$*) donc* $L \neq 0$*. En outre, on a* $\lim\limits_{n\to+\infty} u_{n+1} = L$ *(suite extraite de la suite convergente* $(u_n)_n$*) donc :*

$$\begin{aligned}\lim_{n\to+\infty} \frac{u_{n+1}}{u_n} &= \frac{L}{L} = 1 \Leftrightarrow \lim_{n\to+\infty} \frac{\exp(2\pi i P(n+1))}{\exp(2\pi i P(n))} = 1 \\ &\Leftrightarrow \lim_{n\to+\infty} \exp(2\pi i (P(n+1) - P(n))) = 1.\end{aligned}$$

On considère alors le polynôme $Q(X) = P(X+1) - P(X) \in \mathbb{R}_k[X]$ *car :*

$$\begin{aligned}P(X) &= aX^{k+1} + \underbrace{\cdots}_{\deg \leqslant k},\ P(X+1) = a(X+1)^{k+1} + \underbrace{\cdots}_{\deg \leqslant k} \\ &= a(X^{k+1} + \underbrace{\cdots}_{\deg \leqslant k}) + \underbrace{\cdots}_{\deg \leqslant k} = aX^{k+1} + \underbrace{\cdots}_{\deg \leqslant k} \Rightarrow Q(X) = \underbrace{\cdots}_{\deg \leqslant k} \in \mathbb{R}_k[X].\end{aligned}$$

La suite $(\exp(2\pi i Q(n)))_n$ *convergeant vers 1 avec* $Q \in \mathbb{R}_k[X]$*, l'hypothèse de récurrence* $(\mathcal{H}_k)$ *montre que :*

$$\forall n \in \mathbb{N},\ Q(n) - Q(0) \in \mathbb{Z}.$$

Or, pour tout entier naturel $N \geqslant 1$*, on a :*

$$\begin{aligned}P(N) - P(0) &= \sum_{k=0}^{N-1} (P(k+1) - P(k)) = \sum_{k=0}^{N-1} Q(k) \\ &= \sum_{k=0}^{N-1} (Q(k) - Q(0)) + \sum_{k=0}^{N-1} Q(0) \\ &= \underbrace{\sum_{k=0}^{N-1} \overbrace{(Q(k) - Q(0))}^{\in\mathbb{Z}}}_{\in\mathbb{Z}} + NQ(0)\end{aligned}$$

Ainsi, pour tout entier $N \geqslant 1$, il existe $q_N \in \mathbb{Z}$ tel que :

$$P(N) - P(0) = q_N + NQ(0) \Leftrightarrow P(N) = P(0) + q_N + NQ(0).$$

Cette formule restant valable pour $N = 0$ si on choisit $q_0 = 0$. Grâce aux règles de calculs sur l'exponentielle, on peut alors écrire pour tout entier n :

$$\begin{aligned} u_n &= \exp(2\pi i P(0) + 2\pi i q_n + 2\pi i n Q(0)) \\ &= \exp(2\pi i P(0)) \underbrace{\exp\overbrace{(2\pi i q_n)}^{\in 2\pi i\mathbb{Z}}}_{=1} (\exp(2\pi i Q(0)))^n. \end{aligned}$$

Or, on dispose de la limite suivante :

$$\begin{aligned} \lim_{n\to+\infty} \frac{u_{n+1}}{u_n} &= 1 \Leftrightarrow \lim_{n\to+\infty} \exp(2\pi i Q(0)) = 1 \Leftrightarrow \exp(2\pi i Q(0)) = 1 \\ &\Leftrightarrow \exists k \in \mathbb{Z},\ 2\pi i Q(0) = 2\pi i k \underset{\div 2\pi i \neq 0}{\Leftrightarrow} \exists k \in \mathbb{Z},\ Q(0) = k \in \mathbb{Z}. \end{aligned}$$

Ainsi, pour tout entier n, on a :

$$P(n) - P(0) = \underbrace{q_N}_{\in\mathbb{Z}} + \underbrace{\overbrace{N}^{\in\mathbb{Z}}\ \overbrace{Q(0)}^{\in\mathbb{Z}}}_{\in\mathbb{Z}} \in \mathbb{Z},$$

ce qui démontre $(\mathcal{H}_{k+1})$ et achève la récurrence.

2. *Considérons la suite $v_n = P(n) - \lfloor P(n) \rfloor$ qui converge vers une limite L. Comme la fonction*

$$f : x \in \mathbb{R} \mapsto e^{2\pi i x} = \cos(x) + i\sin(x)$$

est continue sur $\mathbb{R}$, on en déduit que la suite $(f(v_n))_n$ converge vers $f(L)$. Or, pour tout entier n, $\lfloor P(n) \rfloor$ est un entier, on peut écrire :

$$f(v_n) = \exp(2\pi i P(n)) \exp(-2\pi i \lfloor P(n) \rfloor) = \exp(2\pi i P(n))$$

donc la suite $(\exp(2\pi i P(n)))_n$ est convergente. D'après la question précédente, cela entraine que la suite $(P(n) - P(0))_{n\in\mathbb{N}}$ est à valeurs dans $\mathbb{Z}$. Ainsi, pour tout entier n, il existe un entier relatif q_n tel que :

$$P(n) - P(0) = q_n \Rightarrow P(n) = P(0) + q_n \Rightarrow \lfloor P(n) \rfloor = \lfloor P(0) \rfloor + q_n$$

(par 1-périodicité de la fonction $x \mapsto \lfloor x \rfloor$) donc, pour tout entier n, on a :

$$P(n) - \lfloor P(n) \rfloor = P(0) - \lfloor P(0) \rfloor,$$

ce qui prouve la constante de la suite $(P(n) - \lfloor P(n) \rfloor)_{n\in\mathbb{N}}$.

Commentaires 131 *Exercice original sans difficulté particulière hormis la réciproque de la première question. Pour celle-ci, l'interrogateur observera les initiatives du candidat et proposera une récurrence si ce dernier n'a pas d'idée intéressante.*

Exercice 132 On définit une suite $(u_n)_{n\geqslant 1}$ par $u_1 = a \in \mathbb{R}_+^*$ et, pour $n \geqslant 1$, $u_{n+1} = \dfrac{u_n^2}{\sqrt{n}}$.

On définit une suite $(S_n)_{n\geqslant 1}$ par : $\forall n \geqslant 1$, $S_n = \displaystyle\sum_{k=1}^{n} \frac{\ln(k)}{2^{k+1}}$.

1. Relier S_{n-1} et $\dfrac{\ln(u_n)}{2^n}$.
2. Discuter de la limite de la suite (u_n), sauf pour une certaine valeur de a, notée a_0, qu'on ne cherchera pas à calculer.
3. Donner la limite de $(u_n)_{n\geqslant 1}$ quand $a = a_0$.

Solution 132

1. *Pour tout $n \geqslant 1$, $u_n > 0$ (vraie pour $n = 1$, si $u_n > 0$ alors $u_{n+1} = \dfrac{u_n^2}{\sqrt{n}} > 0$) alors on peut considérer la suite $v_n = \ln(u_n)$ qui satisfait à la relation de récurrence suivante :*

$$v_{n+1} = \ln(u_{n+1}) = \ln\left(\frac{u_n^2}{\sqrt{n}}\right) = 2\ln(u_n) - \frac{\ln(n)}{2} = 2v_n - \frac{\ln(n)}{2}.$$

En divisant par 2^{n+1} cette relation, on obtient

$$\forall n \geqslant 1,\ \frac{v_{n+1}}{2^{n+1}} = \frac{v_n}{2^n} - \frac{\ln(n)}{2^{n+1}} \Leftrightarrow \frac{v_{n+1}}{2^{n+1}} - \frac{v_n}{2^n} = -\frac{\ln(n)}{2^{n+1}}.$$

Pour tout entier $N \geqslant 2$, en sommant la relation précédente pour $n \in \{1, .., N-1\}$ qui fournit une somme télescopique, on obtient l'égalité :

$$\frac{v_N}{2^N} - \frac{v_1}{2^1} = -\sum_{n=1}^{N-1} \frac{\ln(n)}{2^{n+1}} = -S_{N-1} \Leftrightarrow S_{N-1} = \frac{v_1}{2} - \frac{v_N}{2^N} = \frac{\ln(a)}{2} - \frac{\ln(u_N)}{2^N}.$$

2. *La série $\displaystyle\sum_{k\geqslant 1} \frac{\ln(k)}{2^{k+1}}$ est à termes positifs et*

$$\frac{\ln(k)}{2^{k+1}} \underset{k\to+\infty}{=} o\left(\frac{1}{k^2}\right) \quad car \quad \frac{k^2\ln(k)}{2\times 2^k} \underset{k\to+\infty}{\to} 0$$

(d'après les croissances comparées). La série $\displaystyle\sum_{k} \frac{1}{k^2}$ étant convergente (série de Riemann de paramètre $2 > 1$), on peut affirmer que la série $\displaystyle\sum_{k\geqslant 1} \frac{\ln(k)}{2^{k+1}}$ est convergente. Ainsi, la suite $S_n = \displaystyle\sum_{k=1}^{n} \frac{\ln(k)}{2^{k+1}}$ de ses sommes partielles converge dans $\mathbb{R}$. Notons L sa limite. D'après la question précédente, on a :

$$\ln(u_N) = \underbrace{2^N}_{\underset{N\to+\infty}{\to}+\infty} \underbrace{\left(\frac{\ln(a)}{2} - S_{N-1}\right)}_{\underset{N\to+\infty}{\to}\ln(a)/2-L} \underset{N\to+\infty}{\to} \begin{cases} +\infty & si\ \ln(a)/2 - L > 0 \Leftrightarrow a > e^{2L} \\ -\infty & si\ \ln(a)/2 - L < 0 \Leftrightarrow a < e^{2L} \end{cases}$$

$$\Rightarrow \quad u_N = \exp(\ln(u_N)) \underset{N\to+\infty}{\to} \begin{cases} +\infty & si\ a > e^{2L} \\ 0 & si\ a < e^{2L} \end{cases}.$$

3. On conserve les notations de la question précédente alors $a_0 = e^{2L} \Leftrightarrow \dfrac{\ln(a_0)}{2} = L$. *D'après la question 1, la série* $\displaystyle\sum_{k\geqslant 1} \frac{\ln(k)}{2^k}$ *est convergente et*

$$L = \lim_{N\to+\infty} S_N = \sum_{k=1}^{+\infty} \frac{\ln(k)}{2^k}$$

donc :

$$\begin{aligned}\frac{\ln(a)}{2} - S_{N-1} &= L - S_{N-1} = \sum_{k=1}^{+\infty} \frac{\ln(k)}{2^{k+1}} - \sum_{k=1}^{N-1} \frac{\ln(k)}{2^{k+1}} = \sum_{k=N}^{+\infty} \frac{\ln(k)}{2^{k+1}} \\ &\geqslant \sum_{k=N}^{+\infty} \frac{\ln(N)}{2^{k+1}} = \ln(N) \sum_{k=N}^{+\infty} \left(\frac{1}{2}\right)^{k+1} = \ln(N) \frac{\left(\frac{1}{2}\right)^{N+1}}{1-\frac{1}{2}} = \frac{\ln(N)}{2^N}.\end{aligned}$$

En multipliant par 2^N *cette inégalité et d'après la relation obtenue à la question 1, on obtient l'inégalité :*

$$\forall N \geqslant 1,\ \ln(u_N) \geqslant \ln(N) \Leftrightarrow u_N \geqslant N \underset{N\to+\infty}{\to} +\infty$$

d'où $\displaystyle\lim_{n\to+\infty} u_n = +\infty$.

Commentaires 132 *Exercice original et progressif.*
Question 1 : Le point clé est d'observer que $\ln(n)$ *dépend de* $\ln(u_{n+1})$ *et* $\ln(u_n)$ *d'après la relation de récurrence vérifiée par la suite* $(u_n)_n$. *Si le candidat ne l'observe pas, l'interrogateur le guidera dans une telle direction. Le reste est sans difficulté particulière hormis une certaine rigueur dans les calculs. Les candidats parvenant à répondre seuls à cette question seront fortement valorisés par rapport aux autres.*
Question 2 : Elle ne présente pas de difficulté particulière.
Question 3 : Elle permet de récompenser les meilleurs candidats. L'interrogateur sera particulièrement attentif aux initiatives du candidat et proposera peu d'aides (hormis de faire le lien avec le reste de la série de première question).

7.4 Mines-Ponts

Exercice 133 (Mines-Ponts) Soient $\alpha > 0$ et $a > 0$. Pour tout $n \geqslant 1$, on pose $S_n = \sum_{k=1}^{n} \frac{1}{k^\alpha}$ et $u_n = a^{S_n}$. Étudier la nature de la série $\sum_{n \geqslant 1} u_n$ en fonction de α et a.

Solution 133 *Nous allons procéder par disjoinction de cas.*
Premier cas *$a \geqslant 1$. Comme, pour tout entier $n \geqslant 1$, on a $S_n \geqslant 1$ et comme $a \geqslant 1$, on peut affirmer que $u_n = a^{S_n} \geqslant a > 0$. En particulier, la suite $(u_n)_n$ ne peut tendre vers 0 donc la série $\sum_n u_n$ diverge grossièrement.*

Deuxième cas *$a \in [0,1[$ et $\alpha > 1$. La série $\sum_{k \geqslant 1} \frac{1}{k^\alpha}$ converge (série de paramètre $\alpha > 1$) donc, par définition de la convergence des séries, la suite $(S_n)_n$ converge. Notons L sa limite alors la suite $(u_n)_n$ converge vers $a^L \neq 0$ donc la série $\sum_n u_n$ diverge grossièrement.*

Troisième cas *$a \in]0,1[$ et $\alpha = 1$. La série $\sum_{k \geqslant 1} \frac{1}{k}$ diverge (série de paramètre 1) et, comme elle est à termes positifs, la suite $(S_n)_n$ diverge vers $+\infty$. Comme $a \in [0,1[$, la suite $(u_n)_n$ tend vers 0. Nous allons utiliser le théorème de comparaison série-intégrale pour obtenir un équivalent asymptotique de la suite $(S_n)_n$ afin d'étudier plus finement la suite u_n.*
Considérons la fonction $f : t \mapsto \frac{1}{t}$ qui est continue, positive et décroissante sur $[1,+\infty[$. D'après le théorème de comparaison série-intégrale (qui est au programme), la série

$$\sum_{n \geqslant 2} \left(f(n) - \int_{n-1}^{n} f(t)\, dt \right)$$

converge c'est-à-dire la suite

$$T_N = \sum_{n=2}^{N} \left(f(n) - \int_{n-1}^{n} f(t)\, dt \right) = \sum_{n=2}^{N} f(n) - \int_{1}^{N} f(t)\, dt.$$

converge. Notons L sa limite alors :

$$T_N \underset{N \to +\infty}{=} L + o(1) \Leftrightarrow S_N = 1 + \sum_{n=2}^{N} f(n) \underset{N \to +\infty}{=} \int_{1}^{N} f(t)\, dt + L + 1 + o(1)$$
$$\underset{N \to +\infty}{=} [\ln(t)]_{t=1}^{t=N} + L + 1 + o(1) \underset{N \to +\infty}{=} \ln(N) + C + o(1)$$

avec $C = L + 1 \in \mathbb{R}$. Réécrivons alors u_n à l'aide de l'exponentielle, du développement asymptotique précédent et des règles de calcul de l'expontielle et du logarithme. Pour tout entier $n \geqslant 1$, *on a :*

$$\begin{aligned} u_n = \exp(\ln(a) S_n) &\underset{n\to+\infty}{=} \exp(\ln(a)\ln(n) + \ln(a) C + o(1)) \\ &\underset{n\to+\infty}{=} \exp\left(\ln\left(n^{\ln(a)} a^C\right) + o(1)\right) \underset{n\to+\infty}{=} \exp\left(\ln\left(n^{\ln(a)} a^C\right)\right) \exp(o(1)) \\ &\underset{n\to+\infty}{=} a^C n^{\ln(a)} \underbrace{\exp(o(1))}_{\underset{n\to+\infty}{\to} \exp(0)=1} \underset{n\to+\infty}{\sim} a^C n^{\ln(a)} = \frac{a^C}{n^{-\ln(a)}}. \end{aligned}$$

La série $\sum_n \frac{a^C}{n^{-\ln(a)}} = a^C \sum_n \frac{1}{n^{-\ln(a)}}$ *est à termes positifs et converge si et seulement si* $-\ln(a) > 1$ *(série de Riemann) donc la série* $\sum_n u_n$ *converge si et seulement si*

$$-\ln(a) > 1 \Leftrightarrow \ln(a) < -1 \Leftrightarrow a < \exp(-1) = \frac{1}{e}.$$

Quatrième cas $a \in]0,1[$ *et* $\alpha \in]0,1[$. *On procède comme au troisième cas en considérant la fonction* $f : t \mapsto \frac{1}{t^\alpha}$. *Il existe un réel* C *tel que :*

$$S_N \underset{N\to+\infty}{=} \int_1^N f(t)\,dt + L + 1 + o(1)$$

Explicitons cette dernière intégrale :

$$\int_1^N f(t)\,dt = \int_1^N t^{-\alpha} dt = \left[\frac{t^{1-\alpha}}{1-\alpha}\right]_{t=1}^{t=N} = \frac{N^{1-\alpha}}{1-\alpha} - \frac{1}{1-\alpha}.$$

Ainsi, on obtient l'équivalent suivant

$$S_N \underset{N\to+\infty}{\sim} \frac{N^{1-\alpha}}{1-\alpha}.$$

L'exposant dans u_n *explosant rapidement, on est tenté de croire que la série* $\sum_n u_n$ *converge . Nous allons le justifier en comparant* u_n *au terme général d'une série de Riemann convergente. Pour tout entier* $n \geqslant 1$, *on a l'égalité :*

$$n^2 u_n = \exp(2\ln(n) + \ln(a) S_n).$$

Comme $1 - \alpha > 0$, *les croissances comparées montre que*

$$\ln(n) \underset{N\to+\infty}{=} o\left(n^{1-\alpha}\right) \Rightarrow 2\ln(n) + \ln(a) S_n \underset{N\to+\infty}{\sim} \ln(a) S_n.$$

Puisque $\lim_{n\to+\infty} S_n = +\infty$ *et que* $\ln(a) < 0$ *(car* $a \in]0,1[$*), on en déduit les limites suivantes :*

$$\begin{aligned} \lim_{n\to+\infty} (\ln(a) S_n) &= -\infty \Rightarrow \lim_{n\to+\infty} (2\ln(n) + \ln(a) S_n) = -\infty \\ &\Rightarrow \lim_{n\to+\infty} n^2 u_n = 0 \Rightarrow u_n \underset{n\to+\infty}{=} o\left(\frac{1}{n^2}\right). \end{aligned}$$

La série $\sum_n \frac{1}{n^2}$ *est à termes positifs et converge (série de Riemann de paramètre* $2>1$*) donc la série* $\sum_n u_n$ *converge.*

Conclusion *: La série* $\sum_n u_n$ *converge si et seulement si* $\alpha \in]0,1[$ *ou* ($\alpha = 1$ *et* $a \in \left]0, \frac{1}{e}\right[$).

Commentaires 133 *Exercice classique pour ce concours. L'interrogateur sera attentif aux initiatives du candidat. Par exemple, il valorisera fortement le traitement des cas* $\alpha > 1$ *et / ou* $a \geqslant 1$*. Pour les autres questions, si le candidat n'a pas d'idée significative, il propose l'étude asymptotique de* S_n*. L'obtention d'un équivalent de* S_n *peut se faire par la méthode de comparaison série-intégrale, ce qui suffit pour conclure lorsque* $\alpha < 1$ *et* $a < 1$*.*

Exercice 134 (Mines-Ponts) Soit $(u_n)_{n\geqslant 0}$ la suite définie par :

$$u_0 > 0 \text{ et pour tout } \in \mathbb{N},\ u_{n+1} = \frac{1}{2}\arctan(u_n).$$

1. Montrer que la suite $(u_n)_{n\geqslant 0}$ converge.
2. Prouver que suite la suite $(2^n u_n)_{n\geqslant 0}$ converge vers une limite ℓ que l'on ne déterminera pas.
3. Donner un équivalent en l'infini de $u_n - \frac{\ell}{2^n}$.

Solution 134

1. *La fonction* $f = \frac{1}{2}\arctan$ *est strictement positive sur* $\mathbb{R}_+^*$ *c'est-à-dire que* $\mathbb{R}_+^*$ *est un intervalle stable par* f*. Comme* $u_0 \in \mathbb{R}_+^*$ *et que* $u_{n+1} = f(u_n)$*, on peut affirmer que, pour tout entier* n*,* $u_n \in \mathbb{R}_+^*$*. En outre, la fonction*
$$f' : x \mapsto \frac{1}{2} \times \frac{1}{1+x^2}$$
étant majorée par $\frac{1}{2}$ *sur* $\mathbb{R}$*, l'inégalité des accroissements finis montre l'inégalité suivante :*
$$\forall x \in \mathbb{R},\ |f(x) - f(0)| \leqslant \frac{1}{2}|x-0| \Leftrightarrow |f(x)| \leqslant \frac{1}{2}|x|.$$
En choisissant $x = u_n$ *dans l'inégalité précédente et compte tenu que* u_n *est positif, on obtient la majoration suivante valable pour tout entier* n *:*
$$0 \leqslant u_{n+1} \leqslant \frac{1}{2}u_n \Rightarrow 0 \leqslant u_n \leqslant \frac{1}{2^n}u_0$$
(par une récurrence immédiate). Comme $\lim_{n\to+\infty} \frac{1}{2^n}u_0 = 0$*, le théorème d'encadrement montre que* $\lim_{n\to+\infty} u_n = 0$*.*
2. *À la question précédente, nous avons démontré, pour tout entier* n*, que :*
$$0 \leqslant u_{n+1} \leqslant \frac{1}{2}u_n \underset{\times 2^{n+1}}{\Rightarrow} 0 \leqslant 2^{n+1}u_{n+1} \leqslant 2^n u_n.$$
Ainsi, la suite $(2^n u_n)_{n\in\mathbb{N}}$ *est décroissante et minorée par* 0 *donc elle converge.*

3. Posons, pour tout entier n, $w_n = 2^n u_n \underset{n\to+\infty}{\to} \ell$. *En utilisant la relation de récurrence vérifiée par la suite* $(u_n)_{n\in\mathbb{N}}$, *le fait que la suite* $(u_n)_n$ *tende vers 0 et le développement limité à deux termes de* arctan *en 0, on obtient :*

$$\begin{aligned} u_{n+1} &= \frac{1}{2}\arctan(u_n) \underset{n\to+\infty}{=} \frac{u_n}{2} + \frac{(u_n)^3}{6} + o\left((u_n)^3\right) \\ \Leftrightarrow\ & (*) : \frac{w_{n+1}}{2^{n+1}} \underset{n\to+\infty}{=} \frac{1}{2}\times\frac{w_n}{2^n} + \frac{1}{6}\left(\frac{w_n}{2^n}\right)^3 + o\left(\left(\frac{w_n}{2^n}\right)^3\right) \end{aligned}$$

Comme la suite $(w_n)_n$ *converge, elle est bornée donc*

$$o\left(\left(\frac{w_n}{2^n}\right)^3\right) \underset{n\to+\infty}{=} o\left(\left(\frac{1}{2^n}\right)^3\right) \underset{n\to+\infty}{=} o\left(\frac{1}{8^n}\right).$$

En multipliant par 2^{n+1} *le développement* $(*)$ *puis en retranchant* w_n, *on obtient :*

$$w_{n+1} - w_n \underset{n\to+\infty}{=} \frac{(w_n)^3}{3\times 4^n} + o\left(\frac{1}{8^n}\right) \underset{n\to+\infty}{\sim} \frac{\ell^3}{3\times 4^n}$$

si $\ell \neq 0$ *(nous démontrons ceci à la fin de la preuve). La série* $\sum_n (w_{n+1} - w_n)$ *est convergente (série télescopique associée à la suite convergente* $(w_n)_n$*) ainsi que la série*

$$\sum_n \frac{\ell^3}{3\times 4^n} = \frac{\ell^3}{3}\sum_n \left(\frac{1}{4}\right)^n$$

converge (série géométrique de raison $\frac{1}{4} \in]-1,1[$*). Le théorème de sommation des restes de séries convergentes à termes positifs montre que :*

$$\begin{aligned} &\sum_{n=N}^{+\infty} (w_{n+1} - w_n) \underset{n\to+\infty}{\sim} \sum_{n=N}^{+\infty} \frac{\ell^3}{3\times 4^n} \Leftrightarrow w_{N+1} - w_N \underset{n\to+\infty}{\sim} \frac{\ell^3}{3}\sum_{n=N}^{+\infty}\left(\frac{1}{4}\right)^n \\ &\Leftrightarrow \ell - 2^N u_N \underset{n\to+\infty}{\sim} \frac{\ell^3}{3}\frac{\left(\frac{1}{4}\right)^N}{1-\frac{1}{4}} \underset{\times(-1/2^n)\neq 0}{\Leftrightarrow} u_N - \frac{\ell}{2^N} \underset{n\to+\infty}{\sim} -\frac{4\ell^3}{9}\left(\frac{1}{8}\right)^N. \end{aligned}$$

Preuve succincte que $\ell \neq 0$. *Comme*

$$u_n \underset{n\to+\infty}{=} O\left(\frac{1}{2^n}\right) \text{ et } u_n^2 \underset{n\to+\infty}{=} O\left(\frac{1}{4^n}\right),$$

les séries $\sum_n u_n$ *et* $\sum_n u_n^2$ *convergent. Considérons la suite* $t_n = \ln(2^n u_n)$. *Si on prouve que la suite* $(t_n)_n$ *converge alors, en notant* K *sa limite, on peut affirmer que :*

$$2^n u_n = e^{t_n} \underset{n\to+\infty}{\to} e^K > 0,$$

ce qui permettra de conclure. Pour montrer que la suite $(t_n)_n$ *converge, il suffit de montrer que sa série télescopique converge. En utilisant les développements limités de* arctan *et* $x \mapsto \ln(1+x)$ *en 0, on a :*

$$t_{n+1} - t_n = \ln\left(\frac{2u_{n+1}}{u_n}\right) = \ln\left(\frac{\arctan(u_n)}{u_n}\right) \underset{n\to+\infty}{=} \ln\left(1 + O\left(u_n^2\right)\right) \underset{n\to+\infty}{=} O\left(u_n^2\right),$$

ce qui permet de conclure.

Commentaires 134 *Exercice relativement classique pour ce concours et progressif. Les deux premières questions sont des applications de cours de MPSI. Pour la première, on peut aussi remarquer que f est croissante donc la suite $(u_n)_n$ est monotone et comme $f(x) \leqslant x$ sur $\mathbb{R}$ (via l'étude de la fonction $x \mapsto f(x) - x$), ce qui justifie sa convergence. Sa limite est un point fixe de f donc il s'agit de 0 d'après l'étude des variations de $x \mapsto f(x) - x$.*
Pour la troisième question, l'idée force est de passer de la suite $v_n = 2^n u_n$ à l'étude de la série télescopique $\sum_n (v_{n+1} - v_n)$ et d'interpréter $v_n - \ell$ comme le reste partielle de la série précédente puis d'utiliser les théorèmes de sommation des comparaisons. Cette stratégie sert dans de nombreux exercices d'oraux.

Exercice 135 (Mines-Ponts) Soient $\alpha \in \,]0,1[$ et les suites $(a_n)_{n\in\mathbb{N}^*}$, $(b_n)_{n\in\mathbb{N}^*}$ définies par :

$$\forall n \in \mathbb{N}^*,\ a_n = \sum_{k=1}^{n} (-1)^k k^\alpha \text{ et } b_n = a_{n+1} + a_n.$$

1. La suite $(a_n)_{n\geqslant 1}$ converge-t-elle ?
2. Montrer que la suite $(b_n)_{n\geqslant 1}$ converge vers un réel $\ell < 0$.
3. Déterminer la nature de la série $\sum_{n\geqslant 1} \frac{1}{a_n}$.

Solution 135

1. *Comme $\left|(-1)^k k^\alpha\right| = k^\alpha \underset{k\to+\infty}{\to} +\infty$ (car $\alpha > 0$), la série $\sum_k (-1)^k k^\alpha$ diverge (grossièrement) donc la suite $\sum_{k=1}^{n} (-1)^k k^\alpha = a_n$ ne converge pas (par définition de la convergence des séries).*
2. *D'après le théorème sur les séries télescopiques, la suite $(b_n)_{n\geqslant 1}$ converge si et seulement si la série $\sum_{n\geqslant 2} (b_n - b_{n-1})$ converge. Cherchons un équivalent de son terme général. Pour tout entier $n \geqslant 1$, on a :*

$$b_n - b_{n-1} = a_{n+1} - a_{n-1} = (-1)^{n+1} \left[(n+1)^\alpha - n^\alpha\right].$$

Comme $\alpha > 0$, pour tout entier n, on a

$$n + 1 \geqslant n \Rightarrow (n+1)^\alpha \geqslant n^\alpha \Rightarrow (n+1)^\alpha - n^\alpha \geqslant 0.$$

Ainsi, la suite $(b_n - b_{n-1})_{n\geqslant 2}$ est alternée. Montrons que la suite

$$(|b_n - b_n|)_{n\geqslant 2} = ((n+1)^\alpha - n^\alpha)_{n\geqslant 2}$$

est décroissante et tend vers 0. On considère la fonction

$$f : x \mapsto (x+1)^\alpha - x^\alpha$$

qui est dérivable sur $[2,+\infty[$ *et possède pour dérivée*

$$f' : x \mapsto \alpha\left((x+1)^{\alpha} - x^{\alpha-1}\right) \leqslant 0$$

car $\alpha - 1 < 0$ *et* $x+1 \geqslant x$ *quand* $x \geqslant 2$. *Par conséquent, la fonction* f *est décroissante sur* $[2,+\infty[$ *donc la suite* $(f(n))_{n\geqslant 2} = (|b_n - b_{n-1}|)_{n\geqslant 2}$ *l'est aussi. En outre, en utilisant le théorème des accroissements à la fonction* $g : t \mapsto t^{\alpha}$ *entre* x *et* $x+1$, *pour tout* $x \geqslant 1$, *il existe* $c_x \in [x, x+1]$ *(donc* $\lim\limits_{x\to+\infty} c_x = +\infty$*) tel que :*

$$f(x) = g(x+1) - g(x) = (x+1-x)\, g'(c_x) = \alpha\,(c_x)^{\alpha-1} \underset{x\to+\infty}{\to} 0$$

(car $\alpha - 1 < 0$ *et* $\lim\limits_{x\to+\infty} c_x = +\infty$*). En particulier, la suite* $(f(n))_{n\geqslant 2}$ *converge vers* 0. *Le critère spécial des séries alternées permet d'affirmer que la série*

$$\sum_{n\geqslant 2} (-1)^n f(n) = \sum_{n\geqslant 2} (b_n - b_{n-1})$$

converge d'où la convergence de la suite $(b_n)_{n\geqslant 1}$. *Notons* ℓ *sa limite alors, d'après les séries télescopiques, on a :*

$$\begin{aligned}
\sum_{n=2}^{+\infty} (b_n - b_{n-1}) &= \lim_{n\to+\infty} b_n - b_1 = \ell - b_1 \Rightarrow \ell = b_1 + \sum_{n=2}^{+\infty} (b_n - b_{n-1}) \\
&= b_1 + \sum_{n=2}^{+\infty} (-1)^{n+1} f(n).
\end{aligned}$$

Pour tout entier N, *on a :*

$$\begin{aligned}
\sum_{n=2}^{2N} (-1)^{n+1} f(n) &= \sum_{\substack{n\in\{2,..,2N\} \\ n \text{ pair}}} (-f(n)) + \sum_{\substack{n\in\{2,..,2N\} \\ n \text{ impair}}} f(n) \\
&= -\sum_{k=1}^{N} f(2k) + \sum_{k=1}^{N} f(2k+1) = \sum_{k=1}^{N} (f(2k+1) - f(2k))
\end{aligned}$$

La fonction g *est concave sur* $[1,+\infty[$ *car elle y est deux fois dérivable et*

$$g'' : x \mapsto \alpha(\alpha-1)\, x^{\alpha-2} \leqslant 0$$

(car $x \geqslant 0$, $\alpha < 0$ *et* $\alpha - 1 < 0$*). En particulier, pour tout entier* $k \geqslant 1$, *comme* $2k+1$ *est le milieu de* $2k$ *et* $2k+2$, *on a la minoration suivante :*

$$\begin{aligned}
g(2k+1) &= g\left(\frac{1}{2}(2k) + \frac{1}{2}(2k+2)\right) \geqslant \frac{1}{2} g(2k) + \frac{1}{2} g(2k+2) \\
&\Leftrightarrow\; 2g(2k+1) \geqslant g(2k) + g(2k+2) \\
&\Leftrightarrow\; g(2k+1) - g(2k) \geqslant g(2k+2) - g(2k+1) \\
&\Leftrightarrow\; f(2k) \geqslant f(2k+1) \Leftrightarrow f(2k+1) - f(2k) \leqslant 0.
\end{aligned}$$

Ainsi, pour tout entier N, *la somme*

$$\sum_{k=1}^{N} (f(2k+1) - f(2k)) = \sum_{n=2}^{2N} (-1)^{n+1} f(n)$$

est négative. En passant à la limite quand $N \to +\infty$, *on en déduit que :*

$$\sum_{n=2}^{+\infty} (-1)^{n+1} f(n) \leqslant 0 \Rightarrow \ell = b_1 + \sum_{n=2}^{+\infty} (-1)^{n+1} f(n) \leqslant b_1$$

et comme $b_1 = 2^\alpha - 2 < 0$ *(car* $2 \geqslant 1$ *et* $\alpha < 1$*), on peut affirmer que* ℓ *est strictement négatif.*

3. D'après la question précédente, on a :

$$\lim_{n\to+\infty} b_n = \ell \Leftrightarrow b_n \underset{n\to+\infty}{=} \ell + o(1) \Leftrightarrow a_n + a_{n+1} \underset{n\to+\infty}{=} \ell + o(1).$$

Or, d'après la relation de Chasles, pour tout entier n, *on a :*

$$\begin{aligned} a_{n+1} &= a_n + (-1)^{n+1}(n+1)^\alpha \underset{+a_{n+1}}{\Rightarrow} 2a_{n+1} \underset{n\to+\infty}{=} (-1)^{n+1}(n+1)^\alpha + \ell + o(1) \\ &\Rightarrow 2a_n \underset{n\to+\infty}{=} (-1)^n n^\alpha + \ell + o(1) \end{aligned}$$

Ceci va nous permettre d'obtenir un développement asymptotique de $\frac{1}{a_n}$ *en factorisant par son terme dominant* ($(-1)^n n^\alpha$) *et en utilisant le développement limité à l'ordre 1 en 0 de la fonction* $x \mapsto \frac{1}{1+x}$.

$$\begin{aligned} \frac{1}{2a_n} &\underset{n\to+\infty}{=} \frac{1}{(-1)^n n^\alpha + \ell + o(1)} \underset{n\to+\infty}{=} \frac{1}{(-1)^n n^\alpha} \times \frac{1}{1 + \frac{\ell}{(-1)^n n^\alpha} + o\left(\frac{1}{n^\alpha}\right)} \\ &\underset{n\to+\infty}{=} \frac{1}{(-1)^n n^\alpha}\left(1 - \left(\frac{\ell}{(-1)^n n^\alpha} + o\left(\frac{1}{n^\alpha}\right)\right) + o\left(\frac{\ell}{(-1)^n n^\alpha} + o\left(\frac{1}{n^\alpha}\right)\right)\right) \\ &\underset{n\to+\infty}{=} \frac{(-1)^n}{n^\alpha} - \frac{\ell}{n^{2\alpha}} + o\left(\frac{1}{n^{2\alpha}}\right) \Rightarrow \frac{1}{2a_n} - \frac{(-1)^n}{n^\alpha} \underset{n\to+\infty}{=} -\frac{\ell}{n^{2\alpha}} + o\left(\frac{1}{n^{2\alpha}}\right) \underset{n\to+\infty}{\sim} \frac{-\ell}{n^{2\alpha}} \end{aligned}$$

La série $\sum_n \frac{(-1)^n}{n^\alpha}$ *converge (d'après le critère spécial dont les hypothèses sont laissées en vérification au lecteur) donc la série* $\sum_n \frac{1}{a_n}$ *converge si et seulement si la série* $\sum_n \frac{1}{2a_n}$ *converge si et seulement si la série* $\sum_n \frac{-\ell}{n^{2\alpha}} = (-\ell)\sum_n \frac{1}{n^{2\alpha}}$ *converge (d'après l'équivalent précédent et qu'il s'agit d'une série à termes positifs). Or, cette dernière série converge si et seulement si* $2\alpha > 1$ *(série de Riemann) si et seulement si* $\alpha > \frac{1}{2}$.

Par conséquent, la série $\sum_n \frac{1}{a_n}$ *converge si et seulement si* $\alpha > \frac{1}{2}$.

Commentaires 135 *Exercice progressif où l'initiative du candidat sera fortement valorisé car les stratégies nécessaires sont standards. Par exemple, pour la deuxième question, si le candidat fait le lien avec les séries télescopiques et pour la troisième question, s'il devine l'équivalent de* a_n *et / ou songe à interpréter la limite précédente pour avoir un développement asymptotique à deux termes de* a_n *et / ou à expliciter un développement asymptotique à deux termes de* a_n*. Pour les autres candidats, l'interrogateur guidera le candidat vers ces stratégies.*

La détermination du signe de ℓ ou la vérification de la décroissance de la suite $|b_{n+1} - b_n|$ sont les points les plus délicats.

Exercice 136 (Mines-Ponts) Soit $(u_n)_{n\geqslant 0}$ une suite réelle bornée telle que $\left(u_n + \frac{u_{2n}}{2}\right)_n$ converge. Montrer que $(u_n)_{n\geqslant 0}$ converge.

Solution 136 *Notons K la limite de la suite $\left(u_n + \frac{u_{2n}}{2}\right)_n$. Comme la suite $(u_n)_n$ est bornée, le théorème de Bolzano-Weierstrass montre qu'elle admet au moins une valeur d'adhérence ℓ i.e. il existe une suite extraite $(u_{\varphi(n)})_n$ de $(u_n)_n$ qui converge vers ℓ. Comme la suite $\left(u_{\varphi(n)} + \frac{u_{2\varphi(n)}}{2}\right)_n$ est extraite de la suite $\left(u_n + \frac{u_{2n}}{2}\right)_n$ qui converge vers K, on a :*

$$\lim_{n\to+\infty}\left(u_{\varphi(n)} + \frac{u_{2\varphi(n)}}{2}\right) = K.$$

Or, la suite $\left(u_{\varphi(n)}\right)_n$ convergeant vers ℓ, on peut écrire :

$$\lim_{n\to+\infty}\frac{u_{2\varphi(n)}}{2} = K - L \Rightarrow \lim_{n\to+\infty} u_{2\varphi(n)} = 2\,(K - L)\,.$$

La suite $(u_{2\varphi(n)})_n$ étant clairement extraite de $(u_n)_n$, on en déduit que $2(K-\ell)$ est également une valeur d'adhérence de $(u_n)_n$. On constate alors que l'ensemble $\mathcal{A}$ des valeurs d'adhérence de $(u_n)_n$ est stable par la fonction $f : x \mapsto 2(K-x)$ donc la suite récurrente

$$\begin{cases} x_0 = \ell \in \mathcal{A} \\ x_{n+1} = f(x_n) = 2K - 2x_n \end{cases}$$

est à valeurs dans $\mathcal{A}$ (par une récurrence immédiate). Explicitons cette suite arithmético-géométrique x_n. Cherchons une constante L vérifiant :

$$L = 2K - 2L \Leftrightarrow L = \frac{2}{3}K$$

alors la suite $y_n = x_n - L$ est géométrique de raison 2 donc, pour tout entier n, on a :

$$y_n = 2^n y_0 \Leftrightarrow x_n - L = 2^n\,(\ell - L)\,.$$

Or, la suite $(u_n)_n$ étant bornée, l'ensemble $\mathcal{A}$ de ses valeurs d'adhérence est aussi borné donc la suite $(x_n)_n$ est également bornée. Par conséquent, la suite $\left(\frac{x_n - L}{2^n}\right)_n$ tend vers 0 quand $n \to +\infty$ et comme elle vaut constamment $\ell - L$, ce qui prouve l'égalité :

$$\ell - L = 0 \Leftrightarrow L = \ell.$$

Par conséquent, $\mathcal{A} = \{\ell\}$ et la suite $(u_n)_n$ admet une unique valeur d'adhérence et, comme elle est bornée, elle converge (c'est un théorème peu usuité du cours, chapitre « espaces vectoriels normés de dimension finie »).

Commentaires 136 *Exercice plutôt difficile qui était donné originellement aux concours X ou ENS. L'interrogateur valorisera significativement les candidats songeant d'eux même au théorème de Bolzano ou bien observant un système dynamique dans l'affirmation « si L eset une valeur d'adhérence alors $2(K-L)$ l'est aussi » (c'est-à-dire une suite associée à ce processus).*

Exercice 137 (Mines-Ponts) Soit $(u_n)_{n\in\mathbb{N}^*}$ une suite de nombres réels strictement positifs telle que :

$$\forall n \in \mathbb{N}^*,\ u_{n+1} = u_n + \frac{1}{nu_n}.$$

1. Déterminer la limite de $(u_n)_{n\in\mathbb{N}^*}$.
2. Donner un équivalent de u_n.

Solution 137

1. *Pour tout entier n, on a $u_{n+1} - u_n = \dfrac{1}{u_n} > 0$ (car la suite est strictement positive par hypothèse) donc la suite $(u_n)_n$ est croissante. D'après le théorème de convergence monotone, elle converge vers $L \in \mathbb{R} \cup \{+\infty\}$. Supposons que $L \in \mathbb{R}$ alors, par croissance de la suite, on a $L \geqslant u_0 > 0$. On peut alors écrire :*

$$u_{n+1} - u_n = \frac{1}{nu_n} \underset{n\to+\infty}{\sim} \frac{1}{nL}.$$

La série $\dfrac{1}{L}\sum_n \dfrac{1}{n}$ étant à termes positifs et diverge donc la série $\sum_n (u_{n+1} - u_n)$ diverge. D'après le théorème sur les séries télescopiques, la suite $(u_n)_n$ diverge, ce qui est absurde (on a supposé qu'elle converge). Ainsi, l'hypothèse émise est fausse donc $L = +\infty$, ce qui montre que

$$\lim_{n\to+\infty} u_n = +\infty.$$

2. *Commençons par une remarque fondamentale. Pour tout entier $n \geqslant 1$, on a :*

$$u_{n+1}^2 = u_n^2 + \frac{2}{n} + \frac{1}{n^2u_n^2} \Rightarrow u_{n+1}^2 - u_n^2 = \frac{2}{n} + \frac{1}{n^2u_n^2} \underset{n\to+\infty}{\sim} \frac{2}{n}$$

(car $\dfrac{n}{n^2u_n^2} = \dfrac{1}{nu_n^2} \underset{n\to+\infty}{\to} 0$ puisque $\lim\limits_{n\to+\infty} u_n^2 = +\infty$). On remarque alors que :

$$\ln\left(1+\frac{1}{n}\right) \underset{n\to+\infty}{\sim} \frac{1}{n} \Rightarrow u_{n+1}^2 - u_n^2 \underset{n\to+\infty}{\sim} 2\ln\left(1+\frac{1}{n}\right) = 2\left(\ln(n+1) - \ln(n)\right).$$

Comme la série

$$\sum_n \left(u_{n+1}^2 - u_n^2\right) \ \ et \ \sum_n \left(\ln(n+1) - \ln(n)\right)$$

sont à termes positifs et divergentes (séries télescopiques associées à des suites divergentes), le théorème de sommation des séries divergentes montre que :

$$\begin{aligned} &\sum_{n=1}^{N-1} \left(u_{n+1}^2 - u_n^2\right) \underset{n\to+\infty}{\sim} \sum_{n=1}^{N-1} 2\left(\ln(n+1) - \ln(n)\right) \\ \Leftrightarrow\ & u_N^2 - u_1^2 \underset{n\to+\infty}{\sim} 2\ln(N) - 2\ln(1) = 2\ln(N). \end{aligned}$$

Comme $u_N^2 \to +\infty$, *on peut affirmer que* $u_N^2 - u_1^2 \underset{n\to+\infty}{\sim} u_N^2$ *et, par transitivité de la relation l'équivalence, on obtient l'équivalent suivante :*

$$u_N^2 \underset{n\to+\infty}{\sim} 2\ln(N) \Rightarrow \sqrt{u_N^2} \underset{n\to+\infty}{\sim} \sqrt{2\ln(N)} \underset{u_n>0}{\Rightarrow} u_N \underset{n\to+\infty}{\sim} \sqrt{2\ln(N)}.$$

Commentaires 137 *Exercice classique pour ce concours dont l'élément clé est le lien entre suite et série télescopique associée. L'interrogateur attendra du candidat qu'il songe à la monotonie de la suite (ou à la série télescopique associée) et qu'il justifie (au moins succinctement) le signe de celle-ci. Pour la première question, un raisonnement par l'absurde est une idée naturelle. Pour la seconde question, l'interrogateur proposera d'étudier la série télescopique associée à* $(u_n^2)_n$.

Exercice 138 (Mines-Ponts) Soit $n \in \mathbb{N}^*$.

1. Montrer qu'il existe un unique $x_n \in \mathbb{R}$ vérifiant $x_n \exp(nx_n) = 1$.
2. Limite et équivalent de la suite $(x_n)_{n\in\mathbb{N}}$.
3. Nature des séries $\sum_n x_n$ et $\sum_n x_n^2$.

Solution 138

1. *En divisant par* $e^{nx} \neq 0$, *on observe l'équivalence suivante :*

$$xe^{nx} = 1 \Leftrightarrow x = e^{-nx} \Leftrightarrow x - e^{-nx} = 0.$$

La fonction $f_n : x \mapsto x + (-e^{-nx})$ *est continue et strictement croissante (comme somme de deux telles fonctions) donc elle réalise une bijection de* $\mathbb{R}$ *sur*

$$f_n(\mathbb{R}) = \left]\lim_{-x\to-\infty} f_n(x), \lim_{x\to+\infty} f_n(x)\right[=]-\infty, +\infty[= \mathbb{R}.$$

(la limite en $+\infty$ *est évidente, en* $-\infty$, *cela résulte des croissances comparées). Comme* $1 \in \mathbb{R} = f_n(\mathbb{R})$, *on en déduit que l'équation*

$$f_n(x) = x \Leftrightarrow xe^{nx} = 1$$

admet une et une seule solution sur $\mathbb{R}$.

2. ***Limite***. *Pour commencer, on observe que*

$$(*) : x_n = e^{-nx_n} > 0 \Rightarrow -nx_n < 0 \Rightarrow x_n = e^{-nx_n} < 1$$

donc $x_n \in]0,1[$. *Ne pouvant pas aller plus loin dans cette démarche, nous allons deviner des valeurs de* f_n *(définie à la question précédente) qui soient le plus proche possible de* 0. *Après tatonnements, on constate que :*

$$\forall n \geqslant 3,\ f_n\left(\frac{\ln(n)}{n}\right) = \frac{\ln(n)}{n} - \frac{1}{e} \geqslant 0 = f_n(x_n)$$

et comme f_n *est strictement croissante sur* $\mathbb{R}$, *on en déduit que :*

$$\forall n \geqslant 3,\ 0 \leqslant x_n \leqslant \frac{\ln(n)}{n} \underset{n\to+\infty}{\to} 0 \Rightarrow \lim_{n\to+\infty} x_n = 0.$$

Équivalent. *Comme $x_n > 0$ pour tout entier n, en divisant l'équation originelle par x_n, on obtient :*

$$e^{nx_n} = \frac{1}{x_n} \underset{n\to+\infty}{\to} +\infty \Rightarrow \lim_{n\to+\infty} (nx_n) = +\infty.$$

Nous allons transformer l'équation originelle vérifiée par x_n en la multipliant par n (pour considérer la suite $y_n = nx_n$) puis la composer par le logarithme afin de mieux contrôler les divergences vers ∞.

$$nx_n = ne^{-nx_n} \underset{y_n=nx_n}{\Leftrightarrow} y_n = ne^{-y_n} \Rightarrow \ln(y_n) = \ln(n) - y_n \Leftrightarrow y_n + \ln(y_n) = \ln(n).$$

Comme la suite $(y_n)_n$ tend vers $+\infty$ et que, d'après les croissances comparées, on a $x + \ln(x) \underset{x\to+\infty}{\sim} x$, on en déduit que :

$$y_n \underset{n\to+\infty}{\sim} \ln(n) \Leftrightarrow x_n = \frac{y_n}{n} \underset{n\to+\infty}{\sim} \frac{\ln(n)}{n}.$$

3. D'après la question précédente, on a l'équivalent $x_n \underset{n\to+\infty}{\sim} \dfrac{\ln(n)}{n}$ et comme, pour tout entier $n \geqslant 3$, $\dfrac{\ln(n)}{n} \geqslant \dfrac{1}{n}$, la série $\sum_n \dfrac{1}{n}$ étant à termes positifs et divergente (série de Riemann de paramètre 1), on peut affirmer que la série $\sum_n \dfrac{\ln(n)}{n}$ diverge donc la série $\sum_n x_n$ diverge.

Ensuite, on dispose des dominations suivantes :

$$x_n^2 \underset{n\to+\infty}{\sim} \left(\frac{\ln(n)}{n}\right)^2 \underset{n\to+\infty}{=} o\left(\frac{1}{n^{3/2}}\right) \text{ car } n^{3/2}\left(\frac{\ln(n)}{n}\right)^2 = \frac{(\ln(n))^2}{n^{1/2}} \underset{n\to+\infty}{\to} 0$$

(d'après les croissances comparées). Comme la série $\sum_n \dfrac{1}{n^{3/2}}$ est à termes positifs et convergente, on en déduit que la série $\sum_n x_n^2$ converge.

Commentaires 138 *Exercice original et progressif. Hormis pour la question 2 où l'interrogateur proposera de l'aide pour deviner l'équivalent, les thématiques abordées et leurs stratégies de résolution sont standards (et probablement vu déjà en MPSI).*

Exercice 139 (Mines-Ponts) Soient $a \in \mathbb{R}_+^*$ et $(x_n)_{n\in\mathbb{N}^*}$ la suite réelle telle que $x_1 = 1$ et $\forall n \geqslant 1,\ x_{n+1} = x_n + \dfrac{a}{(x_1 \cdots x_n)^{1/n}}$.

1. Déterminer la limite de la suite $(x_n)_{n\in\mathbb{N}^*}$.
2. Déterminer la limite de la suite de terme général $\dfrac{x_n}{\ln(n)}$.

Solution 139

1. *Une récurrence forte montre que* $\forall n \geqslant 1$, x_n *existe et* $x_n > 0$ *donc la suite* $(x_n)_n$ *est croissante car*
$$(*) : \forall n \geqslant 1,\, x_{n+1} - x_n = \frac{a}{(x_1 \cdots x_n)^{1/n}} \geqslant 0.$$
D'après le théorème de limite monotone, elle possède une limite dans $\mathbb{R} \cup \{+\infty\}$. *Notons là* L *alors* $L \geqslant x_1 = 1$ *(par croissance de* $(x_n)_n$*). Supposons uqe* $L \in \mathbb{R}$ *alors la suite* $(x_{n+1} - x_n)_n$ *tend vers* 0 *et la suite*
$$(x_1 \cdots x_n)^{1/n} = \exp\left(\frac{1}{n}(\ln(x_1) + \cdots + \ln(x_n))\right) \underset{n\to+\infty}{\to} \exp(\ln(L)) = L$$
(en appliquant le lemme de Cesàro à la suite $\ln(x_n)$ *qui converge vers* $\ln(L)$. *En faisant tendre* n *vers* $+\infty$ *dans l'égalité* $(*)$, *on obtient l'égalité* $0 = \frac{a}{L}$, *ce qui est absurde donc* $L = +\infty$ *c'est-à-dire que* $\lim\limits_{n\to+\infty} x_n = +\infty$.

2. *Comme, pour tout entier* $n \geqslant 1$, $x_n > 0$ *(cf. question précédente), on peut appliquer l'inégalité arithmético-géométrique :*
$$\forall n \geqslant 1,\, (x_1 .., x_n)^{1/n} \leqslant \frac{x_1 + .. + x_n}{n} \leqslant \frac{x_n + \cdots + x_n}{n} = x_n$$
(par croissance de la suite $(x_n)_n$*), ce qui prouve la minoration suivante :*
$$\begin{aligned}
\forall n &\geqslant 1,\, x_{n+1} - x_n = \frac{a}{(x_1 .., x_n)^{1/n}} \geqslant \frac{a}{x_n} \Leftrightarrow x_{n+1} \geqslant x_n + \frac{a}{x_n} > 0 \\
&\Rightarrow x_{n+1}^2 \geqslant \left(x_n + \frac{a}{x_n}\right)^2 = x_n^2 + 2a + \frac{a^2}{x_n^2} \geqslant x_n^2 + 2a \Rightarrow x_{n+1}^2 \geqslant x_n^2 + 2a \\
&\Rightarrow x_n^2 \geqslant x_1^2 + 2(n-1)a \text{ (par récurrence)} \Rightarrow x_n \geqslant \sqrt{1 + 2(n-1)a} \\
&\Rightarrow \frac{x_n}{\ln(n)} \geqslant \frac{\sqrt{1+2(n-1)a}}{\ln(n)} \underset{n\to+\infty}{\sim} \frac{\sqrt{2na}}{\ln(n)} \underset{n\to+\infty}{\to} +\infty \text{ (croissances comparées).}
\end{aligned}$$
Le théorème d'encadrement permet de conclure :
$$\lim_{n\to+\infty} \frac{x_n}{\ln(n)} = +\infty.$$

Commentaires 139 *Exercice original et les techniques nécessaires à la résolution des questions sont peu standards (mais tout à fait dans le programme de MPSI-MP). Cet exercice permet de tester les candidats sur leur initiative et autonomie. L'interaction avec l'interrogateur sera probablement importante.*

Exercice 140 (Mines-Ponts) Soit $f(x) = \sum\limits_{n=0}^{\infty} x^{\lfloor \sqrt{n} \rfloor}$. Donner l'ensemble de définition de f et calculer la somme.

Solution 140 ***Domaine de définition.*** *Si* $|x| \geqslant 1$ *alors, pour tout* $n \in \mathbb{N}$, $\lfloor \sqrt{n} \rfloor \in \mathbb{N}$ *donc*
$$\left|x^{\lfloor \sqrt{n} \rfloor}\right| = |x|^{\lfloor \sqrt{n} \rfloor} \geqslant 1 \Rightarrow \lim_{n\to+\infty} \left|x^{\lfloor \sqrt{n} \rfloor}\right| \neq 0,$$

ce qui prouve la divergence (grossière) de la série.
Si $|x|<1$, *nous allons montrer que la famille* $\left(x^{\lfloor\sqrt{n}\rfloor}\right)_{n\in\mathbb{N}}$ *est sommable par le théorème de sommation par paquets et obtenir également la somme de la série.*
Pour tout entier k, *on pose*

$$I_k=\{n\in\mathbb{N},\ \lfloor\sqrt{n}\rfloor=k\}=\left\{k^2,..,(k+1)^2-1\right\}.$$

En effet, par définition de la partie entière, pour tout entier k, *on a :*

$$\sqrt{n}\rfloor=k\Leftrightarrow k\leqslant\sqrt{n}<k+1\Leftrightarrow k^2\leqslant n<(k+1)^2.$$

La famille $(I_k)_{k\in\mathbb{N}}$ *forme une partition de* $\mathbb{N}$. *Pour chaque entier* k, *la famille* $\left(|x|^{\sqrt{n}\rfloor}\right)_{n\in I_k}$ *est sommable car elle ne contient qu'un nombre fini de termes. On pose alors*

$$\begin{aligned}S_k&=\sum_{n\in I_k}|x|^{\sqrt{n}\rfloor}=\sum_{n\in I_k}|x|^k=|x|^k\operatorname{card}(I_k)=|x|^k\left((k+1)^2-k^2\right)\\&=(2k+1)|x|^k\underset{k\to+\infty}{\sim}2k|x|^k\underset{k\to+\infty}{=}o\left(\frac{1}{k^2}\right)\end{aligned}$$

(d'après les croissances comparées puisque $|x|<1$*). La série* $\sum_k\frac{1}{k^2}$ *étant à termes positifs et convergente (série de Riemann de paramètre* $2>1$*), on en déduit que la série* $\sum_k S_k$ *converge.*

Par conséquent, la famille $\left(x^{\lfloor\sqrt{n}\rfloor}\right)_{n\in\mathbb{N}}$ *est sommable donc la série* $\sum_{n\in\mathbb{N}}x^{\lfloor\sqrt{n}\rfloor}$ *est absolument convergente donc convergente, ce qui assure l'existence de* $f(x)$.
Ainsi, le domaine de définition de f *est* $]-1,1[$.
Somme. *Soit* $x\in\,]-1,1[$.*D'après le théorème de sommation par paquets, on a :*

$$f(x)=\sum_{k=0}^{+\infty}\left(\sum_{n\in I_k}x^{\lfloor\sqrt{n}\rfloor}\right)=\sum_{k=0}^{+\infty}(2k+1)x^k=2x\sum_{k=0}^{+\infty}kx^{k-1}+\sum_{k=0}^{+\infty}x^k.$$

La série $\sum_k z^k$ *étant une série entière de rayon de convergence* $R=1$, *on peut la dériver terme à terme sur son intervalle ouvert de convergence* $]-R,R[$. *Par conséquent, on peut écrire :*

$$\begin{aligned}f(x)&=2x\left(\sum_{k=0}^{+\infty}x^k\right)'+\frac{1}{1-x}=2x\left(\frac{1}{1-x}\right)'+\frac{1}{1-x}\\&=\frac{2x}{(1-x)^2}+\frac{1}{1-x}=\frac{2x+1-x}{(1-x)^2}=\frac{x+1}{(1-x)^2}.\end{aligned}$$

Commentaires 140 *Exercice original sans difficulté majeure, hormis de savoir résoudre l'équation* $\lfloor\sqrt{n}\rfloor=k$. *Les stratégies de résolution étant tout à fait standard. Pour la convergence de la série, il est possible d'utiliser directement un théorème de comparaison comme suit. Si* $|x|\geqslant1$ *alors, comme* $\lfloor\sqrt{n}\rfloor$ *est un entier naturel, on a* $|x|^{\lfloor\sqrt{n}\rfloor}\geqslant1$ *quel que soit* n

donc la série $\sum_n x^{\lfloor\sqrt{n}\rfloor}$ *diverge grossièrement. Si* $|x|<1$ *alors*

$$n^2\,|x|^{\lfloor\sqrt{n}\rfloor}=\exp\left(2\ln(n)+\lfloor\sqrt{n}\rfloor\ln|x|\right)$$

et, par les croissances comparées, on a :

$$2\ln(n)+\lfloor\sqrt{n}\rfloor\ln|x|\underset{n\to+\infty}{\sim}\lfloor\sqrt{n}\rfloor\ln|x|\underset{n\to+\infty}{\to}-\infty.$$

Comme l'exponentielle tend vers 0 *en* $-\infty$, *on obtient :*

$$n^2\,|x|^{\lfloor\sqrt{n}\rfloor}\underset{n\to+\infty}{\to}0\Leftrightarrow^2|x|^{\lfloor\sqrt{n}\rfloor}\underset{n\to+\infty}{=}o\left(\frac{1}{n^2}\right).$$

La série $\sum_n\frac{1}{n^2}$ *étant à termes positifs et convergente, on peut affirmer que la série* $\sum_n^2|x|^{\lfloor\sqrt{n}\rfloor}$ *converge d'où la convergence de la série* $\sum_n x^{\lfloor\sqrt{n}\rfloor}$. *Pour le calcul de la somme, l'interrogateur acceptera, dans un premier temps au moins, que le candidat regroupe les termes selon les valeurs de* $\lfloor\sqrt{n}\rfloor$ *pour se ramener à des séries entières usuelles.*

Exercice 141 (Mines-Ponts) Si $(a,b)\in\left(\mathbb{R}_+^\times\right)^2$, on définit $(u_n)_{n\geqslant0}\in\left(\mathbb{R}_+^\times\right)^{\mathbb{N}}$ en posant : $u_0=a$, $u_1=b$ et pour $n\geqslant1$, $u_{n+1}=\dfrac{u_n^2}{1+u_nu_{n-1}}$.

1. On suppose que $\forall n\geqslant1, u_n\geqslant1$. Établir la convergence de la suite $(u_n)_n$ et préciser sa limite. Conclusion ?
2. Établir la convergence de la suite $(u_n)_n$.

Solution 141

1. *Une récurrence double montre que* $\forall n\in\mathbb{N}$, $u_n>0$ *(vraie pour* $n\in\{0,1\}$, *si* $u_n>0$ *et* $u_{n-1}>0$ *alors* $u_{n+1}>0$ *comme somme, produit et quotient de nombres strictement positifs). La suite* $(u_n)_{n\in\mathbb{N}}$ *est décroissante puisque, par hypothèse* $u_n\geqslant1$ *pour tout entier* $n\geqslant1$, *on peut écrire :*

$$u_{n+1}-u_n=\frac{u_n^2-u_n(1+u_nu_{n-1})}{1+u_nu_{n-1}}=\frac{\overbrace{u_n^2}^{\geqslant0}\overbrace{(1-u_{n-1})}^{\leqslant0}-\overbrace{u_n}^{\geqslant0}}{\underbrace{1+u_nu_{n-1}}_{\geqslant0}}\leqslant0.$$

La suite $(u_n)_{n\in\mathbb{N}}$ *étant décroissante et minorée par* 1, *elle converge. Si on note* L *sa limite, on est assuré que* $L\geqslant1$. *En faisant tendre* n *vers* $+\infty$, *dans la relation de récurrence vérifiée par* $(u_n)_n$ *et comme les suites extraites* $(u_{n-1})_{n\geqslant1}$ *et* $(u_{n+1})_n$ *tendent aussi vers* L, *on obtient l'équation :*

$$L=\frac{L^2}{1+L^2}\underset{\div L\neq0}{\Leftrightarrow}1=\frac{L}{1+L^2}\Leftrightarrow1+L^2=L\Leftrightarrow L^2-L+1=0,$$

ce qui est impossible car le trinôme $1 + X^2 - X$ *n'admet pas de racines réelles (son discriminant vaut* $-3 < 0$*). Par conséquent, l'hypothèse* $u_n \geqslant 1$ *pour tout entier* n *est fausse c'est-à-dire qu'il existe un entier* $N \geqslant 1$ *tel que* $u_N < 1$.

2. *D'après la question précédente, il existe un entier* $N \geqslant 1$ *tel que* $u_N < 1$ *donc*

$$u_{N+1} = \frac{u_N^2}{\underbrace{1 + u_N u_{N-1}}_{\geqslant 1}} \leqslant u_N^2 < 1^2 = 1.$$

On en déduit par récurrence (simple) que $u_n < 1$ *pour tout entier* $n \geqslant N$ *(l'hérédité est identique à l'étude de* u_{N+1}*). Par conséquent, pour tout entier* $n \geqslant N$*, on a :*

$$u_{n+1} = \frac{u_n^2}{\underbrace{1 + u_n u_{n-1}}_{\geqslant 1}} \leqslant u_n^2 \leqslant u_n$$

(car $u_n < 1$*) donc la suite* $(u_n)_{n \geqslant N}$ *est décroissante et comme elle est minorée par* 0 *(cf. la preuve de la question précédente), on en déduit qu'elle converge. D'après la question précédente, sa limite* L *vaut nécessairement* 0 *(*$L \neq 0$ *étant impossible).*

Commentaires 141 *Exercice original sans difficulté particulière. L'interrogateur sera attentif aux initiatives pertinentes du candidat.*

Exercice 142 (Mines-Ponts) Les familles $\left(\dfrac{1}{(p+q)^\alpha}\right)_{(p,q)\in(\mathbb{N}^*)^2}$ et $\left(\dfrac{1}{(p^2+q^2)^\alpha}\right)_{(p,q)\in(\mathbb{N}^*)^2}$ sont-elles sommables ($\alpha \in \mathbb{R}$) ?

Solution 142 ***Étude de la première famille.*** *Pour la première famille, on utilise le théorème de sommation par paquets à la famille de nombres positifs* $\left(\dfrac{1}{(p+q)^\alpha}\right)_{(p,q)\in(\mathbb{N}^*)^2}$. *Pour tout entier* $n \geqslant 2$*, on pose*

$$I_n = \left\{(p,q) \in (\mathbb{N}^*)^2, p+q = n\right\} = \{(0,n), (1,n-1), .., (n,0)\}.$$

La famille $(I_n)_{n\geqslant 2}$ *forme une partition de* $(\mathbb{N}^*)^2$. *Pour tout entier* $n \geqslant 2$*, la famille* $\left(\dfrac{1}{(p+q)^\alpha}\right)_{(p,q)\in I_n}$ *est sommable puisqu'elle ne contient qu'un nombre fini d'éléments et on pose*

$$\begin{aligned} S_n &= \sum_{(p,q)\in I_n} \frac{1}{(p+q)^\alpha} = \sum_{(p,q)\in I_n} \frac{1}{n^\alpha} = \frac{1}{n^\alpha} \sum_{(p,q)\in I_n} = \frac{1}{n^\alpha} \operatorname{card}(I_n) \\ &= \frac{n+1}{n^\alpha} \underset{n\to+\infty}{\sim} \frac{n}{n^\alpha} = \frac{1}{n^{\alpha-1}}. \end{aligned}$$

La série $\displaystyle\sum_n \frac{1}{n^{\alpha-1}}$ *est à termes positifs et elle converge si et seulement si* $\alpha - 1 > 1 \Leftrightarrow \alpha > 2$ *(série de Riemann de paramètre* $\alpha - 1$*) donc la série* $\displaystyle\sum_n S_n$ *converge si et seulement si* $\alpha > 2$.

D'après le théorème de sommation par paquets, la famille $\left(\dfrac{1}{(p+q)^{\alpha}}\right)_{(p,q)\in(\mathbb{N}^*)^2}$ *est sommable si et seulement si* $\alpha > 2$.

Étude de la seconde famille. *Comme* $\mathbb{R}^2$ *est un espace vectoriel normé de dimension finie, les normes*

$$\|(x,y)\|_1 = |x| + |y| \text{ et } \|(x,y)\|_2 = \sqrt{x^2+y^2}$$

sont équivalentes donc il existe deux réels A *et* B *tels que :*

$$\forall (x,y) \in \mathbb{R}^2,\ A\|(x,y)\|_1 \leqslant \|(x,y)\|_2 \leqslant B\|(x,y)\|_1.$$

En choisissant $(p,q) \in (\mathbb{N}^*)^2$ *dans cette inégalité (donc* $|p| = p$ *et* $|q| = q$*), puis en élevant à la puissance* 2α *et enfin en passant à l'inverse, on obtient l'encadrement :*

$$\forall (p,q) \in (\mathbb{N}^*)^2,\ 0 \leqslant \frac{1}{B^{\alpha}}\frac{1}{(p+q)^{2\alpha}} \leqslant \frac{1}{(p^2+q^2)^{\alpha}} \leqslant \frac{1}{A^{\alpha}}\frac{1}{(p+q)^{2\alpha}}.$$

Si $\alpha > 1 \Leftrightarrow 2\alpha > 2$, *la famille* $\left(\dfrac{1}{(p+q)^{2\alpha}}\right)_{(p,q)\in(\mathbb{N}^*)^2}$ *est sommable donc la famille* $\left(\dfrac{1}{(p^2+q^2)^{\alpha}}\right)_{(p,q)\in(\mathbb{N}^*)^2}$ *l'est aussi (par la seconde inégalité).*

Si la famille $\left(\dfrac{1}{(p^2+q^2)^{\alpha}}\right)_{(p,q)\in(\mathbb{N}^*)^2}$ *est sommable donc, d'après la première inégalité, la famille* $\left(\dfrac{1}{(p+q)^{2\alpha}}\right)_{(p,q)\in(\mathbb{N}^*)^2}$ *l'est aussi donc* $2\alpha > 2 \Leftrightarrow \alpha > 1$.

Par conséquent, la famille $\left(\dfrac{1}{(p^2+q^2)^{\alpha}}\right)_{(p,q)\in(\mathbb{N}^*)^2}$ *est sommable si et seulement si* $\alpha > 1$.

Commentaires 142 *Exercice classique pour tous les concours de cet ouvrage. Il est possible de répondre à la première famille via le théorème de Fubini. Pour chaque* q, *la série*

$$\sum_{p\geqslant 1}\frac{1}{(p+q)^{\alpha}} \underset{k=p}{=} \sum_{k\geqslant p+1}\frac{1}{k^{\alpha}}$$

converge. Sa somme S_p *peut s'encadrer via la comparaison série-intégrale avec la fonction* $f : t \mapsto \dfrac{1}{t^{\alpha}}$ *qui est continue, positive et décroissante sur* $[1,+\infty[$. *On obtient, pour tout entier* $p \geqslant 2$,

$$\int_p^{+\infty}\frac{1}{t^{\alpha}}dt \leqslant S_p \leqslant \int_{p-1}^{+\infty}\frac{1}{t^{\alpha}}dt \Leftrightarrow \frac{1}{(\alpha-1)\,p^{\alpha-1}} \leqslant S_p \leqslant \frac{1}{(\alpha-1)\,(p-1)^{\alpha-1}}.$$

On en déduit que S_p *est équivalent à* $\dfrac{1}{(\alpha-1)\,p^{\alpha-1}}$ *quand* $p \to +\infty$ *puis, par théorème de comparaison, on obtient que la série* $\sum\limits_p S_p$ *converge si et seulement si* $\alpha - 1 > 1$.

La deuxième question est plus subtile mais un candidat parvenant à comparer les termes de deux suites (encadrement ou une seule majoration) sera bien valorisé par l'interrogateur. Dans le cas contraire, l'interrogateur lui demandera une telle comparaison.

Exercice 143 (Mines-Ponts) Quelle est la nature de la série de terme général $u_n = \dfrac{(-1)^{\lfloor \ln(n) \rfloor}}{n}$, $n \in \mathbb{N}^*$?

Solution 143 *Soit $k \in \mathbb{N}^*$. Par définition de la partie entière, pour tout entier n, on a :*

$$\lfloor \ln(n) \rfloor = k \Leftrightarrow k \leqslant \ln(n) < k+1 \Leftrightarrow e^k \leqslant n < e^{k+1}$$
$$\underset{\text{donc } k \in \mathbb{N}^*}{\overset{n \in \mathbb{N}^*}{\Leftrightarrow}} \lfloor e^k \rfloor + 1 \leqslant n \leqslant \lfloor e^{k+1} \rfloor$$

Explicitons v_k la somme u_n lorsque n varie sur une tranche $\left\{\lfloor e^k \rfloor + 1, .., \lfloor e^{k+1} \rfloor\right\}$ où $\lfloor \ln(n) \rfloor$ est constant.

$$v_k = \sum_{n=\lfloor e^k \rfloor + 1}^{\lfloor e^{k+1} \rfloor} u_n = (-1)^k \sum_{n=\lfloor e^k \rfloor + 1}^{\lfloor e^{k+1} \rfloor} \frac{1}{n} \Rightarrow |v_k| = \sum_{n=\lfloor e^k \rfloor + 1}^{\lfloor e^{k+1} \rfloor} \frac{1}{n}.$$

Chaque terme de la somme étant supérieur au plus petit terme de la somme, on obtient la minoration suivante :

$$(*) : v_k \geqslant \sum_{n=\lfloor e^k \rfloor + 1}^{\lfloor e^{k+1} \rfloor} \frac{1}{\lfloor e^{k+1} \rfloor} = \frac{1}{\lfloor e^{k+1} \rfloor} \sum_{n=\lfloor e^k \rfloor + 1}^{\lfloor e^{k+1} \rfloor} 1 = \frac{\lfloor e^{k+1} \rfloor - \lfloor e^k \rfloor}{\lfloor e^{k+1} \rfloor} = 1 - \frac{\lfloor e^k \rfloor}{\lfloor e^{k+1} \rfloor}.$$

Puisque $\lfloor x \rfloor \underset{x \to +\infty}{\sim} x$, on en déduit l'équivalent suivant :

$$\lfloor e^k \rfloor \underset{k \to +\infty}{\sim} e^k \Rightarrow \frac{\lfloor e^k \rfloor}{\lfloor e^{k+1} \rfloor} \underset{k \to +\infty}{\sim} \frac{e^k}{e^{k+1}} = \frac{1}{e} \Rightarrow \lim_{k \to +\infty} 1 - \frac{\lfloor e^k \rfloor}{\lfloor e^{k+1} \rfloor} = 1 - \frac{1}{e} > 0.$$

En particulier, la suite $(v_k)_{k \in \mathbb{N}}$ ne peut tendre vers 0, (sinon, en faisant tendre k vers $+\infty$ dans l'inégalité $(*)$, on obtient $\lim\limits_{+\infty} v_k \geqslant 1 - \dfrac{1}{e} > 0$, ce qui est absurde). Supposons que la série $\sum\limits_n u_n$ converge alors, pour tout entier $N \geqslant 1$, on pose

$$R_n = \sum_{n=N}^{+\infty} u_n \underset{N \to +\infty}{\to} 0 \Rightarrow \forall k \in \mathbb{N},\ v_k = R_{\lfloor e^{k+1} \rfloor} - R_{\lfloor e^k \rfloor} \underset{k \to +\infty}{\to} 0 - 0 = 0,$$

ce qui fournit une contradiction donc la série $\sum\limits_n u_n$ diverge.

Commentaires 143 *Exercice classique pour ce concours dont le point clé est de regrouper les termes par paquets selon les valeurs de $\lfloor \ln(n) \rfloor$ c'est-à-dire de résoudre l'équation $\lfloor \ln(n) \rfloor = k$.*

Le raisonnement mené par le corrigé s'étend à la suite $u_n = \dfrac{(-1)^{\lfloor \sqrt{n} \rfloor}}{n}$ qui est aussi un grand classique de ce concours mais qui est une série convergente. En effet, en suivant la *même stratégie, on obtient :*

$$\begin{aligned}\lfloor\sqrt{n}\rfloor &= k \Leftrightarrow n \in \left\{k^2, .., (k+1)^2 - 1\right\} \text{ donc} \\ v_k &= \sum_{n=k^2}^{(k+1)^2-1} u_n = (-1)^k \sum_{n=k^2}^{(k+1)^2-1} \frac{1}{n} = (-1)^k \sum_{n=k^2}^{k^2+2k} \frac{1}{n}.\end{aligned}$$

Montrons qu'elle vérifie le critère spécial des séries alternées, ce qui prouvera la convergence de la série $\sum_k v_k$ *donc de la série* $\sum_n u_n$. *Avec le développement asymptotique de la question 2 de l'exercice 130, on obtient :*

$$|v_k| = \sum_{n=k^2}^{k^2+2k} \frac{1}{n} = \sum_{n=1}^{k^2+2k} \frac{1}{n} - \sum_{n=1}^{k^2-1} \frac{1}{n} = \frac{2}{k} + O\left(\frac{1}{k^2}\right)$$

puis on en déduire que la série $\sum_k v_k = \sum_k (-1)^k v_k$ *converge.*

Exercice 144 (Mines-Ponts) Pour tout n dans $\mathbb{N}^*$, soit $u_n = \frac{(-1)^n}{n} \sum_{k=1}^{n} \frac{1}{k}$. Déterminer la nature de la série $\sum_{n \geqslant 1} u_n$.

Solution 144 *La suite* $(u_n)_n$ *est manifestement alternée. La suite* $\left(\frac{1}{n}\right)_n$ *tend vers* 0 *donc, d'après le lemme de Césaro, on a :*

$$\lim_{n \to +\infty} \frac{1}{n} \sum_{k=1}^{n} \frac{1}{k} = 0 \Rightarrow \lim_{n \to +\infty} |u_n| = 0 \Rightarrow \lim_{n \to +\infty} u_n = 0.$$

Vérifions la décroissance de la suite $(|u_n|)_n$, *ce qui permettra d'appliquer le critère spécial des séries alternées et de prouver la convergence de la série* $\sum_n u_n$. *Si, pour tout entier* $n \geqslant 1$, *on pose* $H_n = \sum_{k=1}^{n} \frac{1}{k}$, *alors, pour tout entier* $n \geqslant 2$, *on a :*

$$\begin{aligned}|u_{n+1}| - |u_n| &= \frac{1}{n+1}\left(H_n + \frac{1}{n+1}\right) - \frac{H_n}{n} = -\frac{H_n}{n(n+1)} + \frac{1}{(n+1)^2} \\ &= -\frac{1 + \sum_{k=2}^{n} \frac{1}{k}}{n(n+1)} + \frac{1}{(n+1)^2} = -\frac{1}{n(n+1)} \sum_{k=2}^{n} \frac{1}{k} - \frac{1}{n(n+1)^2} \leqslant 0.\end{aligned}$$

Commentaires 144 *Exercice assez simple pour ce concours. Pour la convergence vers 0 de u_n, on peut aussi utiliser l'équivalent classique* $\displaystyle\sum_{k=1}^{n}\frac{1}{k}\underset{n\to+\infty}{\sim}\ln(n)$ *(par comparaison série-intégrale ou le théorème de comparaison série-intégrale avec la fonction* $f : t\mapsto\dfrac{1}{t}$ *qui est continue, positive et décroissante).*

Exercice 145 (Mines-Ponts) Pour tout $n\geqslant 2$, on pose $a_n=\displaystyle\prod_{k=2}^{n}\left(2-e^{1/k}\right)$.

1. La série $\displaystyle\sum_{n\geqslant 2}(-1)^n a_n$ converge-t-elle ?
2. Trouver $\alpha>0$ 0 tel que la suite $(n^\alpha a_n)_{n\geqslant 2}$ admette une limite dans $\mathbb{R}_+^*$.

Solution 145

1. *Pour tout entier $k\geqslant 2$, on a :*

$$0\leqslant\frac{1}{k}\leqslant\frac{1}{2}\Rightarrow 1\leqslant e^{1/k}\leqslant e^{1/2}<2\ (car\ e<4=2^2)$$

donc, pour tout entier $n\geqslant 2$, a_n est positif (comme produit de tels facteurs). En outre, la suite $(a_n)_{n\geqslant 2}$ est décroissante car :

$$\forall n\geqslant 2,\ \frac{a_{n+1}}{a_n}=2-e^{1/(n+1)}\leqslant 1.$$

La fonction exp *étant convexe sur* $\mathbb{R}$ *(sa dérivée seconde est* exp *qui est positive sur* $\mathbb{R}$*) donc son graphe est au-dessus de sa tangente en 0 c'est-à-dire :*

$$\begin{aligned}\forall x &\in \mathbb{R},\ e^x\geqslant 1+x\Rightarrow\forall k\geqslant 2,\ e^{1/k}\geqslant 1+\frac{1}{k}\Rightarrow 0\leqslant 2-e^{1/k}\leqslant 1-\frac{1}{k}\\ &\Rightarrow \forall n\geqslant 2,\ 0\leqslant a_n\leqslant\prod_{k=2}^{n}\left(1-\frac{1}{k}\right)=\prod_{k=2}^{n}\frac{k-1}{k}=\frac{2-1}{n}=\frac{1}{n}\end{aligned}$$

(d'après les produits télescopiques). La suite $\left(\dfrac{1}{n}\right)_n$ *tendant vers 0, le théorème d'encadrement montre que* $\displaystyle\lim_{n\to+\infty}a_n=0$ *donc, d'après le critère spécial des séries alternées, la série* $\displaystyle\sum_{n\geqslant 2}(-1)^n a_n$ *converge.*

2. *On considère la suite $v_n=\ln(n^\alpha a_n)$ qui converge si et seulement la série télescopique* $\displaystyle\sum_{n\geqslant 2}(v_{n+1}-v_n)$ *converge. Explicitons une domination de son terme général. Pour tout entier $n\geqslant 2$, on a alors*

$$\begin{aligned}v_{n+1}-v_n &= \ln\left(\left(\frac{n+1}{n}\right)^\alpha\frac{a_{n+1}}{a_n}\right)=\ln\left(\left(1+\frac{1}{n}\right)^\alpha\left(2-e^{1/(n+1)}\right)\right)\\ &= \alpha\ln\left(1+\frac{1}{n}\right)+\ln\left(2-e^{1/(n+1)}\right).\end{aligned}$$

On utilise alors les développements limités de $x \mapsto \ln(1+x)$ et $x \mapsto e^x$.

$$\ln\left(1+\frac{1}{n}\right) \underset{n\to+\infty}{=} \frac{1}{n}+O\left(\frac{1}{n^2}\right),\ e^{1/(n+1)} \underset{n\to+\infty}{=} 1+\frac{1}{n+1}+O\left(\frac{1}{(n+1)^2}\right)$$

$$\ln\left(2-e^{1/(n+1)}\right) \underset{n\to+\infty}{=} \ln\left(1-\frac{1}{n+1}+O\left(\frac{1}{(n+1)^2}\right)\right)$$

$$\underset{n\to+\infty}{=} \left(-\frac{1}{n+1}+O\left(\frac{1}{(n+1)^2}\right)\right)+O\left(\left(-\frac{1}{n+1}+O\left(\frac{1}{(n+1)^2}\right)\right)^2\right)$$

$$\underset{n\to+\infty}{=} -\frac{1}{n+1}+O\left(\frac{1}{(n+1)^2}\right) \underset{n\to+\infty}{=} -\frac{1}{n+1}+O\left(\frac{1}{n^2}\right).$$

Puisque

$$\frac{1}{n+1}+O\left(\frac{1}{(n+1)^2}\right) \underset{n\to+\infty}{\sim} \frac{1}{n+1} \text{ et } \frac{1}{n+1} \underset{n\to+\infty}{\sim} \frac{1}{n}.$$

on peut alors écrire :

$$v_{n+1}-v_n \underset{n\to+\infty}{=} \frac{\alpha}{n}-\frac{1}{n+1}+O\left(\frac{1}{n^2}\right).$$

Si $\alpha = 1$ alors

$$v_{n+1}-v_n \underset{n\to+\infty}{=} \frac{1}{n}-\frac{1}{n+1}+O\left(\frac{1}{n^2}\right) \underset{n\to+\infty}{=} \frac{1}{n(n+1)}+O\left(\frac{1}{n^2}\right) \underset{n\to+\infty}{=} O\left(\frac{1}{n^2}\right).$$

La série $\sum_n \frac{1}{n^2}$ étant à termes positifs et convergente (série de Riemann de paramètre $2>1$), on en déduit que la série $\sum_n (v_{n+1}-v_n)$ converge, ce qui assure la convergence de la suite $(v_n)_n = (\ln(na_n))_n$. Notons L sa limite alors

$$na_n = e^{v_n} \underset{n\to+\infty}{\to} e^L > 0.$$

Commentaires 145 *Exercice original pour ce concours mais les stratégies sont relativement classiques. Pour la première question, il est possible de procéder comme suit : $\ln(a_n)$ est la somme partielle de la série de terme général $\ln\left(2-e^{1/k}\right)$. D'après le développement limité, de la question 2, ce terme général est équivalent à $-\frac{1}{k}$ qui est le terme général d'une série divergente et de signe constant. Ainsi, la série $\sum_k \ln\left(2-e^{1/k}\right)$ diverge et sa somme partielle tend vers $-\infty$ (elle est décroissante et non convergente) donc a_n tend vers 0 (puisque l'exponentielle tend vers 0 en $-\infty$).*
La méthodologie pour la deuxième question est très classique et intervient dans un nombre important d'exercices oraux de ce concours. N'hésitez pas à la retravailler si nécessaire.

Chapitre 8

Suites et séries de fonctions

8.1 CCINP

Exercice 146 (CCINP) Soit $\alpha \in [0,2[$.

1. Existence et continuité sur $\mathbb{R}_+^*$ de $f(x) = \sum_{n=1}^{+\infty} x^{2-\alpha} e^{-nx}$.
2. Trouver une condition nécessaire et suffisante sur α pour que la série converge normalement sur $\mathbb{R}_+$.
3. Si $\alpha = 1$, a-t-on convergence uniforme sur $\mathbb{R}_+$?

Solution 146

1. *Pour tout entier $n \geqslant 2$, on pose $f_n : x \mapsto x^{2-\alpha} e^{-nx}$ qui est continue sur $\mathbb{R}_+^*$. Pour tout segment $[a,b]$ de $\mathbb{R}_+^*$ (i.e. $0 < a \leqslant b$), on dispose des majorations suivantes :*

$$\forall x \in [a,b], |f_n(x)| \leqslant b^{2-\alpha} e^{-na} \Rightarrow \sup_{[a,b]} |f_n| \leqslant b^{2-\alpha} e^{-na}.$$

La série $\sum_n b^{2-\alpha} e^{-na} = b^{2-\alpha} \sum_n (e^{-a})^n$ converge (série géométrique de raison $e^{-a} \in]-1,1[$ (car $a > 0$) donc la série $\sum_n \sup_{[a,b]} |f_n|$ converge. En particulier, la série $\sum_n f_n$ converge normalement donc uniformément (et simplement) sur tout segment de $\mathbb{R}_+^*$, ce qui assure l'existence et la continuité de $\sum_{n=2}^{+\infty} f_n = f$ sur $\mathbb{R}_+^*$.

2. *Il s'agit de trouver une condition nécessaire et suffisante pour que la série $\sum_n \sup_{x \in \mathbb{R}_+} |f_n|$ converge. À l'aide du changement de variable $s = nx \Leftrightarrow x = \frac{s}{n}$, quand x décrit $\mathbb{R}_+$, s décrit $\mathbb{R}_+$ donc on obtient les égalités :*

$$\sup_{x \in \mathbb{R}_+} |f_n(x)| = \sup_{s \in \mathbb{R}_+} \left| \left(\frac{s}{n}\right)^{2-\alpha} e^{-s} \right| = \frac{1}{n^{2-\alpha}} \sup_{s \in \mathbb{R}_+} |f_1(s)|.$$

La fonction f_1 *est continue sur* $[0,+\infty[$ *et tend vers* 0 *quand* s *tend vers* $+\infty$ *(d'après les croissances comparées) donc la fonction* f_1 *est bornée sur* $\mathbb{R}_+$*, ce qui assure l'existence de* $\sup_{\mathbb{R}_+}|f_1|$. *En outre, comme* f_1 *n'est pas identiquement nulle sur* $\mathbb{R}_+$*, on est assuré que* $\sup_{\mathbb{R}_+}|f_1|>0$. *Ainsi, la série* $\sum_n \sup_{x\in\mathbb{R}_+}\left|x^{2-\alpha}e^{-nx}\right| = \sup_{s\in\mathbb{R}_+}|f_1|\sum_n \frac{1}{n^{2-\alpha}}$ *converge si et seulement si* $2-\alpha>1 \Leftrightarrow \alpha<1$. *Par conséquent, la série* $\sum_n f_n$ *converge normalement sur* $\mathbb{R}_+$ *si et seulement si* $\alpha\in[0,1[$ *(car l'énoncé impose que* α *soit positif).*

3. *On procède par l'absurde en supposant que la série* $\sum_{n\geqslant 0} f_n$ *converge uniformément sur* $\mathbb{R}_+$. *Or, pour tout entier* $n\geqslant 1$*, la fonction* f_n *est continue sur* $\mathbb{R}_+$ *donc la fonction* $\sum_{n=1}^{+\infty} f_n = f$ *est continue sur* $\mathbb{R}_+$. *Si* $x=0$*, pour tout* $n\geqslant 1$*, on a* $f_n(0)=0$ *donc* $f(0)=0$. *Si* $x>0$*, on a :*

$$f(x) = x\sum_{n=1}^{+\infty}\left(e^{-x}\right)^n = \frac{xe^{-x}}{1-e^{-x}}.$$

Par continuité de f *en* 0*, on peut affirmer l'égalité :*

$$\lim_{x\to 0} f(x) = f(0) \Leftrightarrow \lim_{x\to 0}\frac{xe^{-x}}{1-e^{-x}} = 0.$$

Or, on dispose de l'équivalent suivant :

$$\left\{\begin{array}{l} e^{-x} \underset{x\to 0}{\sim} 1 \\ 1-e^{-x} \underset{x\to 0}{\sim} x \end{array}\right. \Rightarrow \frac{xe^{-x}}{1-e^{-x}} \underset{x\to 0}{\sim} \frac{x\times 1}{x} = 1 \Rightarrow \lim_{x\to 0} f(x) = 1,$$

ce qui est absurde. Par conséquent, la série $\sum_n f_n$ *ne converge pas uniformément sur* $\mathbb{R}_+$.

Commentaires 146 *Exercice de niveau standard et progressif.*
Question 1 : Il s'agit d'une question d'application du cours.
Question 2 : Pour cette question, il est indispensable de déterminer la borne supérieure de $f_n : x \mapsto x^{2-\alpha}e^{-nx}$ *sur* $\mathbb{R}_+$. *On peut mener une étude de variation de la fonction* f_n *via sa dérivée*

$$f_n' : x \mapsto (2-\alpha)\,x^{1-\alpha}e^{-nx} - nx^{2-\alpha}e^{-nx} = e^{-nx}x^{1-\alpha}\,(2-\alpha-nx)\,.$$

Si on pose $x_n = \dfrac{2-\alpha}{n} > 0$ *(car* $\alpha<2$*), le tableau de variation de* f_n *est le suivant :*

x	0		x_n		$+\infty$
$f_n'(x)$		$+$		$-$	
	0	$\nearrow$	$f_n(x_n)$	$\searrow$	0

En effet, comme $2-\alpha>0$, *la fonction* $x\mapsto x^{2-\alpha}$ *est définie en* 0 *et* $\lim\limits_{x\to+\infty} f_n(x)=0$ *d'après les croissances comparées. Par conséquent, on peut affirmer que :*

$$\sup_{\mathbb{R}_+}|f_n| = f_n(x_n) = \left(\frac{2-\alpha}{n}\right)^{2-\alpha} e^{-(2-\alpha)} = \frac{C}{n^{2-\alpha}}$$

Question 3 : Il s'agit de la question la plus difficile du sujet. Il est envisageable de revenir à la définition originale de la convergence uniforme de la série sur $\mathbb{R}_+$ *c'est-à-dire que :*

$$\sup_{x\in\mathbb{R}_+}\left|\sum_{k=n+1}^{+\infty} xe^{-kx}\right| \underset{x\to+\infty}{\to} 0 \Leftrightarrow \sup_{x\in\mathbb{R}_+}\frac{xe^{-(n+1)x}}{1-e^{-x}} \underset{n\to+\infty}{\to} 0.$$

(somme d'une série géométrique de raison e^{-x} *dont le premier terme est* $xe^{-(n+1)x}$*). L'étude des extrémums de la fonction*

$$g_n : x\mapsto \frac{xe^{-(n+1)x}}{1-e^{-x}}$$

est compliquée à étudier (faites la pour vous en convaincre si vous avez un doute). Pour contourner ce problème, nous allons minorer cette borne supérieure à la main en évaluant g_n *en un point judicieux dépendant de* n. *On choisit* $x=\dfrac{1}{n+1}$ *(afin d'éliminer la dépense en* n *de l'exponentielle du numérateur) alors*

$$\forall n\in\mathbb{N},\ \sup_{x\in\mathbb{R}_+} g_n(x) \geqslant g_n\left(\frac{1}{n+1}\right) = \frac{\dfrac{1}{n+1}e^{-1}}{1-e^{-1/(n+1)}} \underset{n\to+\infty}{\sim} \frac{\dfrac{1}{n+1}e^{-1}}{\dfrac{1}{n+1}} = e^{-1}$$

(puisque $1-e^{-x}\underset{x\to 0}{\sim} x$ *grâce au développement limité à l'ordre* 1 *de l'exponentielle). La suite* $\left(\sup\limits_{x\in\mathbb{R}_+} g_n(x)\right)_n$ *est minorée par* e^{-1} *qui est strictement positif donc cette suite ne peux tendre vers* 0 *donc la série* $\sum\limits_n f_n$ *ne converge pas uniformément sur* $\mathbb{R}_+$.

Exercice 147 (CCINP) Soit $\delta\in\,]0,\pi]$. Pour tout $n\in\mathbb{N}^*$, on pose $S_n(\delta)=\sum\limits_{k=1}^{n}\cos(k\delta)$.

1. Donner une expression simplifiée de $S_n(\delta)$. Exhiber un réel $M(\delta)$ indépendant de n tel que $|S_n(\delta)|\leqslant M(\delta)$.
2. Pour tout $n\in\mathbb{N}$ avec $n\geqslant 2$, on pose $u_n(\delta)=\dfrac{\sqrt{n}}{n-1}\cos(n\delta)$.
   (a) Montrer que la fonction $x\mapsto\dfrac{\sqrt{x}}{x-1}$ est décroissante sur $[2,+\infty[$.
   (b) Montrer que la série $\sum\limits_n u_n$ converge simplement sur $]0,\pi]$. On pourra écrire

$\cos(n\delta) = S_n(\delta) - S_{n-1}(\delta)$.

3. Étudier la convergence uniforme sur tout segment inclus dans $]0,\pi]$ de la série de fonctions $\sum_n u_n$.

Solution 147

1. *On utilise les formules d'Euler.*

$$S_n(\delta) = \sum_{k=1}^{n} \mathrm{Re}\left(e^{ik\delta}\right) = \mathrm{Re}\left(\sum_{k=1}^{n} e^{ik\delta}\right) = \mathrm{Re}\left(\sum_{k=1}^{n} \left(e^{i\delta}\right)^k\right) = \mathrm{Re}\left(e^{i\delta}\frac{1-e^{in\delta}}{1-e^{i\delta}}\right).$$

Or, pour tout complexe z, on a $|\mathrm{Re}(z)| \leqslant |z|$ d'où les majorations suivantes :

$$|S_n(\delta)| \leqslant \left|e^{i\delta}\frac{1-e^{in\delta}}{1-e^{i\delta}}\right| = \frac{\overbrace{\left|e^{i\delta}\right|}^{=1}}{\left|1-e^{i\delta}\right|}\underbrace{\left|1-e^{in\delta}\right|}_{\leqslant |1|+|e^{i\delta}|=2} \leqslant \frac{2}{\left|1-e^{i\delta}\right|} = M(\delta) \text{ convient.}$$

2. (a) *La fonction $f : x \mapsto \dfrac{\sqrt{x}}{x-1}$ est dérivable sur $[2,+\infty[$ comme quotient de deux telles fonctions et, pour tout $x \in [2,+\infty[$, on a :*

$$f'(x) = \frac{\frac{1}{2\sqrt{x}}(x-1) - \sqrt{x}}{(x-1)^2} = \frac{(x-1)-2x}{2\sqrt{x}(x-1)^2} = \frac{-(x+1)}{2\sqrt{x}(x-1)^2} \leqslant 0.$$

Ainsi, f est décroissante sur $[2,+\infty[$.

(b) *La seule majoration naturelle est la suivante :*

$$\forall n \geqslant 2,\ |u_n| \leqslant f(n) \underset{n\to+\infty}{\sim} \frac{\sqrt{n}}{n} = \frac{1}{n^{1/2}}$$

mais la série $\sum_n \frac{1}{n^{1/2}}$ n'est pas convergente (série de Riemann de paramètre $\frac{1}{2} \leqslant 1$). Revenons alors à la définition originale de la convergence des séries c'est-à-dire à la convergence des sommes partielles. Pour tout $n \geqslant 2$, on a les égalités :

$$\begin{aligned}
\sum_{n=2}^{N} u_n(\delta) &= \sum_{n=2}^{N} f(n)\cos(n\delta) = \sum_{n=2}^{N} f(n)\left(S_n(\delta) - S_{n-1}(\delta)\right) \\
&= \sum_{n=2}^{N} f(n) S_n(\delta) - \sum_{n=2}^{N} f(n) S_{n-1}(\delta) \\
&= \sum_{n=2}^{N} f(n) S_n(\delta) - \sum_{k=1}^{N-1} f(k+1) S_k(\delta) \quad (k = n-1) \\
&= f(N) S_N(\delta) - f(2) S_1(\delta) + \sum_{n=2}^{N-1} \left(f(n) - f(n+1)\right) S_n(\delta).
\end{aligned}$$

La suite $(S_N)_N$ *étant bornée et la suite* $(f(N))_N$ *convergeant vers* 0, *on est assuré que* $\lim_{N\to+\infty} f(N)S_N = 0$. *On peut également affirmer, pour tout* $n \geqslant 2$, *que :*

$$\begin{aligned}|(f(n)-f(n+1))S_n(\delta)| &= |f(n)-f(n+1)|\,|S_n(\delta)| \\ &\underset{(*)}{=} (f(n)-f(n+1))\,|S_n(\delta)| \underset{q1}{\leqslant} (f(n)-f(n+1))\,M(\delta)\end{aligned}$$

$(*)$ *car* f *est décroissante donc* $f(n)-f(n+1) \geqslant 0$.
La série

$$\sum_n (f(n)-f(n+1))\,M(\delta) = M(\delta)\sum_n (f(n)-f(n+1))$$

converge (série télescopique associé à la suite $(f(n))_n$ *qui converge) donc la série* $\sum_n |(f(n)-f(n+1))S_n(\delta)|$ *converge. Ceci entraine la convergence de la série* $\sum_n (f(n)-f(n+1))S_n(\delta)$ *donc de la suite* $\left(\sum_{n=2}^{N-1}(f(n)-f(n+1))S_n(\delta)\right)_N$.

On en déduit que la suite $\left(\sum_{n=2}^{N} u_n(\delta)\right)_N$ *converge c'est-à-dire que la série* $\sum_n u_n(\delta)$ *converge.*

3. *Soit* $[a,b]$ *un segment inclus dans* $]0,\pi]$ *c'est-à-dire* $0 < a \leqslant b \leqslant \pi$. *D'après la question 1, pour tout* $\delta \in [a,b]$, *on a :*

$$\forall n \geqslant 2,\ |S_n(\delta)| \leqslant \frac{1}{|1-e^{i\delta}|} = g(\delta).$$

La fonction g *est continue sur* $[a,b]$ *(comme inverse d'une telle fonction qui ne s'annule pas sur cet intervalle) et comme* $[a,b]$ *est un segment, elle y est bornée. En particulier, on en déduit l'inégalité :*

$$\forall n \geqslant 2,\ \sup_{\delta\in[a,b]} |S_n(\delta)| \leqslant \sup_{[a,b]} g.$$

D'après les inégalités obtenues à la question précédente, on peut affirmer que :

$$\forall N \geqslant 2,\ \sup_{\delta\in[a,b]} |f(N)S_N(\delta)| \leqslant f(N)\sup_{[a,b]} g \underset{N\to+\infty}{\to} 0$$

donc la suite de fonctions $(f(N)S_N)_N$ *converge uniformément vers* 0. *En outre, on a :*

$$\forall n \geqslant 2,\ \sup_{\delta\in[a,b]} |(f(n)-f(n+1))S_n(\delta)| \leqslant (f(n)-f(n+1))\sup_{[a,b]} g.$$

Comme la série $\sup_{[a,b]} g \sum_n (f(n)-f(n+1))$ *converge, on peut affirmer que la série*

$$\sum_n \sup_{\delta\in[a,b]} |(f(n)-f(n+1))S_n(\delta)|$$

converge c'est-à-dire que la série $\sum_n (f(n)-f(n+1))S_n$ *converge normalement, donc uniformément, sur* $[a,b]$. *Ainsi, la suite de fonctions* $\left(\sum_{n=2}^{N-1}(f(n)-f(n+1))S_n\right)_N$

converge uniformément sur $[a,b]$, *ce qui prouve la convergence uniforme sur* $[a,b]$ *de la suite de fonctions*

$$f(N)\,S_N - f(2)\,S_1 + \sum_{n=2}^{N-1} \left(f(n) - f(n+1)\right) S_n = \sum_{n=2}^{N} u_n.$$

Autrement dit, la série $\sum_n u_n$ *converge uniformément sur* $[a,b]$.

Commentaires 147 *L'exercice traite d'une thématique classique : La transformation d'Abel (version discrète de l'intégration par parties) sur un cas particulier. L'exercice est classique pour les concours Centrale-SupElec et Mines-Ponts, moins pour CCINP. Néanmoins, l'exercice est suffisamment progressif pour être tout à fait adapté au public du concours CCINP.*
Question 1. La première question est un grand classique, vu en MPSI et probablement revu en MP.
Question 2. La question 2.a est rudimentaire. La seconde est beaucoup plus sélective car le candidat doit songer à penser aux sommes partielles, à utiliser l'indication du texte pour aboutir à une nouvelle somme puis à utiliser les théorèmes de comparaison des séries. Pour l'immense majorité des candidats, toutes ces démarches ne seront pas faites (sauf pour ceux connaissant la transformation d'Abel et ... s'en rappelant). Un candidat songeant à transformer les sommes partielles et se ramenant à la somme

$$\sum_{n=2}^{N-1} \left(f(n) - f(n+1)\right) S_n(\delta)$$

sera valorisé. Pour les autres, l'interaction avec l'interrogateur sera cruciale. Celui-ci donnera l'indication des sommes partielles et de leurs transformations puis demandera l'étude de la nouvelle série.
Question 3 : Elle récompense les candidats les plus rapides (en général, les meilleurs ou bien ceux ayant eu une très bonne réactivité à la question précédente).

Exercice 148 (CCINP) Pour tous $n \in \mathbb{N}^*$ et $x \in \mathbb{R}_+$, on pose :

$$f_n(x) = \frac{(-1)^n \sin(x)}{\sqrt{n\pi + x}} \text{ et } U_n = \int_{n\pi}^{(n+1)\pi} \frac{\sin(x)}{\sqrt{x}}\,dx.$$

1. Étudier la convergence simple, uniforme et normale de $\sum_{n\geqslant 1} f_n$ sur $\mathbb{R}_+$.
2. Prouver la convergence de la série $\sum_{n\geqslant 1} U_n$.
3. Proposer un équivalent simple de U_n quand $n \to +\infty$.

Solution 148

1. ***Étude de la convergence simple.*** *Soit* $x \in \mathbb{R}_+$. *Pour tout* $n \geqslant 1$, *on pose* $a_n = \dfrac{(-1)^n}{\sqrt{n\pi + x}}$. *Il s'agit d'une suite alternée et la suite* $(|a_n|)_n = \left(\dfrac{1}{\sqrt{n\pi + x}}\right)_n$ *est*

décroissante et converge vers 0. D'après le critère spécial des séries alternées, la série $\sum_n a_n$ *converge donc la série* $\sin(\pi x)\sum_n a_n = \sum_n f_n(x)$ *converge également c'est-à-dire que la série de fonctions* $\sum_n f_n$ *converge simplement sur* $\mathbb{R}_+$.

Étude de la convergence uniforme. *D'après le critère spécial des séries alternées, on a :*

$$\begin{aligned}\forall N &\geqslant 0, \forall x \in \mathbb{R}_+, \left|\sum_{n=N+1}^{+\infty} f_n(x)\right| = |\sin(x)| \left|\sum_{n=N+1}^{+\infty} \frac{(-1)^n}{\sqrt{n\pi + x}}\right| \\ &\leqslant \left|\sum_{n=N+1}^{+\infty} \frac{(-1)^n}{\sqrt{n\pi + x}}\right| \leqslant \left|\frac{(-1)^{N+1}}{\sqrt{(N+1)\pi + x}}\right| = \frac{1}{\sqrt{(N+1)\pi + x}} \\ &\leqslant \frac{1}{\sqrt{(N+1)\pi}} \Rightarrow \sup_{\mathbb{R}_+}\left|\sum_{n=N+1}^{+\infty} f_n\right| \leqslant \frac{1}{\sqrt{(N+1)\pi}}.\end{aligned}$$

La suite $\left(\frac{1}{\sqrt{(N+1)\pi}}\right)_N$ *convergeant vers 0, le théorème d'encadrement montre que* $\lim_{N\to+\infty} \sup_{\mathbb{R}_+}\left|\sum_{n=N+1}^{+\infty} f_n\right| = 0$ *c'est-à-dire que la série* $\sum_n f_n$ *converge uniformément sur* $\mathbb{R}_+$.

Étude de la convergence normale. *On remarque que :*

$$\forall n \geqslant 1, \sup_{\mathbb{R}_+}|f_n| \geqslant \left|f_n\left(\frac{\pi}{2}\right)\right| = \frac{1}{\sqrt{n\pi + \pi/2}} \underset{n\to+\infty}{\sim} \frac{1}{\sqrt{\pi n}}.$$

Or la série $\sum_n \frac{1}{\sqrt{\pi n}} = \frac{1}{\sqrt{\pi}}\sum_n \frac{1}{n^{1/2}}$ *diverge (série de Riemann de paramètre* $\frac{1}{2} \leqslant 1$*) donc la série* $\sum_n \left|f_n\left(\frac{\pi}{2}\right)\right|$ *diverge, ce qui prouve la divergence de la série* $\sum_n \sup_{\mathbb{R}_+}|f_n|$.

Ainsi, la série $\sum_n f_n$ *ne converge pas normalement sur* $\mathbb{R}_+$.

2. *Soit* $n \geqslant 1$. *On utilise le changement de variable* $t = x - n\pi$ *pour donner une autre expression à* U_n. *Quand* $x = n\pi$ *alors* $t = 0$, *quand* $x = (n+1)\pi$ *alors* $t = \pi$ *et on a* $dt = dx$. *En utilisant la formule d'addition du sinus, on peut écrire :*

$$\sin(t + n\pi) = \sin(t)\underbrace{\cos(n\pi)}_{=(-1)^n} + \cos(t)\underbrace{\sin(n\pi)}_{=0} = (-1)^n \sin(t).$$

donc :

$$U_n = \int_0^\pi \frac{\sin(t + n\pi)}{\sqrt{t + n\pi}}dt = \int_0^\pi \frac{(-1)^n \sin(t)}{\sqrt{n\pi + t}}dt = \int_0^\pi f_n(t)\,dt.$$

Première méthode. *La série* $\sum_n f_n$ *étant uniformément convergente sur* $\mathbb{R}_+$, *elle est aussi uniformément convergente sur* $[0,\pi]$. *En outre, pour tout entier* n, f_n *est continue* *sur* $[0,\pi]$ *donc la série* $\sum_n \int_0^\pi f_n$ *converge (d'après le théorème de permutation série-intégrale pour les segments), ce qui prouve la convergence de la série* $\sum_n U_n$.

Deuxième méthode. *Montrons que la série* $\sum_n U_n$ *vérifie le critère spécial des séries alternées, ce qui prouvera la convergence de cette série.*
La suite $(U_n)_n$ *est alternée (la fonction* $t \mapsto \dfrac{\sin(t)}{\sqrt{n\pi + t}}$ *est positive sur* $[0,\pi]$, *son intégrale est aussi positive).*
Pour tout entier n, *on dispose de la majoration suivante :*

$$0 \leqslant |U_n| = \int_0^\pi \frac{\sin(t)}{\sqrt{n\pi+t}}dt \leqslant \int_0^\pi \frac{1}{\sqrt{n\pi}}dt = \frac{\pi}{\sqrt{n\pi}} \underset{n\to+\infty}{\to} 0$$

donc la suite $(|U_n|)_n$ *converge vers* 0. *En outre, on a l'égalité suivante :*

$$|U_n| - |U_{n+1}| = \int_0^\pi \left(\frac{1}{\sqrt{n\pi+t}} - \frac{1}{\sqrt{(n+1)\pi+t}}\right)\sin(t)\,dt \geqslant 0$$

car l'intégrande (la fonction à intégrer) est positive sur l'intervalle $[0,\pi]$ *(puisque, pour chaque* t, *la suite* $\left(\dfrac{1}{\sqrt{n\pi+t}}\right)_n$ *est décroissante et la fonction* $\sin$ *positive sur* $[0,\pi]$), *ce qui permet de conclure.*

3. *Intuitivement, on a* $f_n(t) \underset{n\to+\infty}{\sim} \dfrac{(-1)^n \sin(t)}{\sqrt{n\pi}}$ *donc, si on peut permuter les symboles* $\sim$ *et intégrale, on obtient :*

$$U_n \underset{n\to+\infty}{\sim} \int_0^\pi \frac{(-1)^n \sin(t)}{\sqrt{n\pi}}dt = \frac{(-1)^n}{\sqrt{n\pi}}\int_0^\pi \sin(t)\,dt = \frac{(-1)^n}{\sqrt{n\pi}}\left[-\cos(t)\right]_0^\pi = \frac{2(-1)^n}{\sqrt{n\pi}}.$$

Pour rendre rigoureusement cette intuition, il suffit de montrer que la suite $\left((-1)^n\sqrt{n\pi}U_n\right)_n$ *converge vers* $\int_0^\pi \sin(t)\,dt$. *Pour cela, nous allons utiliser le théorème de convergence dominée. Pour tout* $n \geqslant 1$ *et pour tout* $t \in [0,\pi]$, *on pose :*

$$g_n(t) = (-1)^n\sqrt{n\pi}f_n(t) = \sqrt{\frac{n\pi}{n\pi+t}}\sin(t) \underset{n\to+\infty}{\to} \sin(t).$$

Pour chaque $n \geqslant 1$, *la fonction* g_n *est continue sur* $[0,\pi]$ *et on dispose de la domination suivante :*

$$\forall n \geqslant 1, \forall t \in [0,\pi], |g_n(t)| \leqslant \sqrt{\frac{n\pi}{n\pi+t}}\sin(t) \leqslant 1\times 1 = 1.$$

La fonction $t \mapsto 1$ *étant indépendante de* n *et intégrable sur* $[0,\pi]$, *le théorème de convergence dominée prouve que :*

$$\lim_{n\to+\infty}\int_0^\pi g_n = \int_0^\pi \lim_{n\to+\infty} g_n \Leftrightarrow \lim_{n\to+\infty}(-1)^n\sqrt{n\pi}U_n = \int_0^\pi \sin(t)\,dt.$$

Commentaires 148 *Exercice original couvrant une part importante du chapitre d'analyse de deuxième année et les questions sont largement indépendantes. Il s'agit d'un sujet de niveau standard pour ce concours et sans difficulté particulière pour ceux connaissant bien leur cours ou, du moins, ils pourront être très réactif aux indications de l'interrogateur durant la phase d'interaction et pourront avancer très significativement dans ce sujet. Un élément clé des réponses aux questions 1 et 2 est les différents résultats du critère spécial (convergence et majoration du reste partiel).*

Exercice 149 (CCINP) Soient $n \in \mathbb{N}^*$ et $f_n(x) = \dfrac{\ln(1+n^2x^2)}{n^3}$ définie sur $\mathbb{R}$.

1. Montrer que $S = \sum_{n=1}^{+\infty} f_n$ est définie sur $\mathbb{R}$.
2. Prouver que S est de classe C^1 sur $\mathbb{R}$.
3. Démontrer que S est deux fois dérivable sur $]0, +\infty[$.

Solution 149

1. *Cela revient à montrer que la série* $\sum_n f_n(x)$ *converge quelque soit le réel* x.

   Si $x = 0$ *alors* $f_n(0) = 0$ *pour tout entier* n *donc la série* $\sum_n f_n(0)$ *converge.*

   Si $x \neq 0$ *alors*

$$\begin{aligned}\ln(1+n^2x^2) &= \ln\left(n^2x^2\left(1+\frac{1}{n^2x^2}\right)\right)\\ &= 2\ln(n) + \ln(x^2) + \ln\left(1+\frac{1}{n^2x^2}\right)\end{aligned}$$

   Comme $\lim_{n\to+\infty} 2\ln(n) = +\infty$ *et* $\lim_{n\to+\infty} \ln(x^2) + \ln\left(1+\frac{1}{n^2x^2}\right) = \ln(x^2)$, *on en déduit les comparaisons suivants :*

$$\ln(1+n^2x^2) \underset{n\to+\infty}{\sim} 2\ln(n) \Rightarrow f_n(x) \underset{n\to+\infty}{\sim} \frac{2\ln(n)}{n^3} \underset{n\to+\infty}{=} o\left(\frac{1}{n^2}\right)$$

   puisque $n^2 \times \dfrac{2\ln(n)}{n^3} = \dfrac{2\ln(n)}{n} \underset{n\to+\infty}{\to} 0$ *(d'après les croissances comparées). Comme la série* $\sum_n \frac{1}{n^2}$ *est à termes positifs et convergente (série de Riemann de paramètre* $2 > 1$*),*

   on peut affirmer que la série $\sum_n f_n(x)$ *converge.*

2. *Pour chaque entier* $n \geqslant 1$, *la fonction* f_n *est de classe* C^1 *sur* $\mathbb{R}$ *(comme composée de la fonction* $\ln$ *qui est* C^1 *sur* $\mathbb{R}_+^*$ *et de la fonction* $x \mapsto 1+n^2x^2$ *qui est de classe* C^1 *sur* $\mathbb{R}$ *et à valeurs strictement positives donc à valeurs dans* $\mathbb{R}_+^*$*). La série* $\sum_n f_n$ *converge simplement sur* $\mathbb{R}$ *(d'après la question précédente). Pour tout entier* $n \geqslant 1$ *et tout réel* $x \geqslant 0$, *on a :*

$$\sup_{x\in\mathbb{R}} |f_n'(x)| \underset{f_n \text{ paire}}{=} \sup_{x\in\mathbb{R}_+} |f_n'(x)| \underset{f_n' \geqslant 0}{=} \sup_{x\in\mathbb{R}_+} \frac{1}{n^3} \times \frac{2n^2x}{1+n^2x^2} \underset{2/n\geqslant 0}{=} \sup_{x\in\mathbb{R}_+} \frac{2x}{n(1+n^2x^2)}.$$

La fonction f_n' est dérivable sur $\mathbb{R}_+$ et sa dérivée est donnée pour tout réel positif x par :

$$\begin{aligned} f_n''(x) &= \frac{2}{n} \times \frac{1\left(1+n^2x^2\right) - x\left(2n^2x\right)}{\left(1+n^2x^2\right)^2} = \frac{1-n^2x^2}{\left(1+n^2x^2\right)^2} \geqslant 0 \\ &\Leftrightarrow 1 \geqslant n^2x^2 \underset{\div n^2>0}{\Leftrightarrow} \frac{1}{n^2} \geqslant x^2 \underset{t\mapsto\sqrt{t}\nearrow}{\Leftrightarrow} \frac{1}{n} \geqslant x. \end{aligned}$$

On en déduit son tableau de variation :

x	0		$1/n$		$+\infty$
$f_n''(x)$		$+$		$-$	
$f_n'(x)$	0	$\nearrow$	$1/n$	$\searrow$	0

On en déduit que la série $\sum_{n\geqslant 1} \sup_{x\in\mathbb{R}} |f_n'(x)| = \sum_{n\geqslant 1} \frac{2}{n} \times \frac{1}{n} = 2\sum_{n\geqslant 1} \frac{1}{n^2}$ *converge (série de Riemann de paramètre $2 > 1$) c'est-à-dire que la série* $\sum_n f_n'$ *converge normalement, donc uniformément, sur $\mathbb{R}$. Par conséquent, la fonction* $\sum_{n=1}^{+\infty} f_n = f$ *est de classe C^1 sur $\mathbb{R}$.*

3. *Pour tout entier $n \geqslant 1$, la fonction f_n est de classe C^2 sur $\mathbb{R}_+^*$. Les séries* $\sum_n f_n$ *et* $\sum_n f_n'$ *convergent simplement sur $\mathbb{R}_+^*$ (d'après les deux questions précédentes). Pour tout segment $[a, b]$ de $\mathbb{R}_+^*$ (c'est-à-dire $0 < a \leqslant b$), on a :*

$$\begin{aligned} \forall n &\geqslant 1, \forall x \in [a,b], \left|f_n''(x)\right| = \left|\frac{2}{n} \times \frac{1-n^2x^2}{\left(1+n^2x^2\right)^2}\right| \\ &= \frac{2}{n} \times \frac{\left|1-n^2x^2\right|}{\left(1+n^2x^2\right)^2} \underset{\text{triangulaire}}{\overset{\text{inégalité}}{\leqslant}} \frac{2}{n} \times \frac{1+n^2x^2}{\left(1+n^2x^2\right)^2} = \frac{2}{n} \times \frac{1}{1+n^2x^2} \\ &\leqslant \frac{2}{n} \times \frac{1}{1+n^2a^2} \leqslant \frac{2}{n} \times \frac{1}{n^2a^2} = \frac{2}{n^3a^2} \Rightarrow \sup_{x\in[a,b]} \left|f_n''(x)\right| \leqslant \frac{2}{n^3a^2}. \end{aligned}$$

La série $\sum_n \frac{2}{n^3a^2} = \frac{2}{a^2}\sum_n \frac{1}{n^3}$ *converge (série de Riemann de paramètre $3 > 1$) donc la série* $\sum_n \sup_{x\in[a,b]} |f_n''|$ *aussi. Ainsi, la série* $\sum_n f_n''$ *converge normalement, donc uniformément, sur tout segment de $\mathbb{R}_+^*$. D'après le théorème de dérivation des sommes de séries de fonctions, la fonction* $\sum_{n=1}^{+\infty} f_n = f$ *est de classe C^2 sur $\mathbb{R}_+^*$.*

Commentaires 149 *Exercice concernant des thématiques très classiques et des questions qui sont des applications directes du cours. Elles ne doivent pas vous poser de difficulté particulière (éventuellement à la question 1 pour le domaine de définition et la gestion du logarithme).*

Exercice 150 (CCINP) On pose $F(x) = \sum_{n=0}^{+\infty} \frac{(\sin(nx))^4}{n!}$ pour tout $x \in \mathbb{R}$.

1. Étudier la convergence de cette série (simple, uniforme).
2. Calculer l'intégrale $\int_0^{\pi} F(x)\, dx$.
3. Exprimer $F(x)$ sans symbole $\sum$.

Solution 150

1. *Pour tout* $n \geqslant 0$, *on pose* $f_n : x \mapsto \frac{(\sin(nx))^4}{n!}$. *On a la majoration suivante :*

$$\forall n \in \mathbb{N},\ \forall x \in \mathbb{R},\ |f_n(x)| \leqslant \frac{1}{n!} \Rightarrow \sup_{\mathbb{R}_+} |f_n| \leqslant \frac{1}{n!}.$$

Or, la série $\sum_n \frac{1}{n!}$ *converge (série exponentielle) donc la série* $\sum_n \sup_{\mathbb{R}_+} |f_n|$ *converge c'est-à-dire que la série* $\sum_n f_n$ *converge normalement sur* $\mathbb{R}$. *Par conséquent, elle converge uniformément, donc simplement, sur* $\mathbb{R}$.

2. *On conserve les notations de la question précédente. Pour tout entier* n, f_n *est continue sur* $[0, \pi]$ *et la série* $\sum_n f_n$ *converge uniformément sur* $[0, \pi]$ *(car elle converge uniformément sur* $\mathbb{R}$*). D'après le théorème de permutation série-intégrale (sur les segments), on a :*

$$\int_0^{\pi} F(x)\, dx = \int_0^{\pi} \sum_{n=0}^{+\infty} f_n = \sum_{n=0}^{+\infty} \int_0^{\pi} f_n = \sum_{n=0}^{+\infty} \frac{1}{n!} \int_0^{\pi} (\sin(nx))^4\, dx.$$

Si $n = 0$, *on a* $\int_0^{\pi} (\sin(nx))^4\, dx = \int_0^{\pi} 0 dx = 0$. *Si* $n \geqslant 1$, *pour calculer cette intégrale, il suffit de trouver une primitive de* $\sin^4$. *On procède par linéarisation en utilisant les fomules trigonométriques suivantes :*

$$\cos(2\theta) = 2(\cos(\theta))^2 - 1 = 1 - 2(\sin(\theta))^2 \Leftrightarrow (\sin(x))^2 = \frac{1 - \cos(2\theta)}{2}$$

Pour tout $x \in \mathbb{R}$, *on a :.*

$$\begin{aligned}(\sin(x))^4 &= \left((\sin(x))^2\right)^2 = \left(\frac{1 - \cos(2x)}{2}\right)^2 = \frac{1}{4}\left(1 - 2\cos(2x) + (\cos(2x))^2\right) \\ &= \frac{1}{4}\left(1 - 2\cos(2x) + \frac{\cos(4x) + 1}{2}\right) = \frac{3}{8} - \frac{\cos(2x)}{2} + \frac{\cos(4x)}{8}.\end{aligned}$$

Ainsi, si $n \geqslant 1$, on obtient :

$$\int_0^\pi (\sin(nx))^4 \, dx = \left[\frac{3}{8}x - \frac{\sin(2nx)}{4n} + \frac{\sin(4nx)}{32n}\right]_0^\pi = \frac{3\pi}{8}$$

d'où l'égalité :

$$\int_0^\pi F(x) \, dx = \frac{3\pi}{8}\sum_{n=1}^{+\infty}\frac{1}{n!} = \frac{3\pi}{8}\left(\sum_{n=0}^{+\infty}\frac{1}{n!} - \frac{1}{0!}\right) = \frac{3\pi}{8}(e-1).$$

3. Pour calculer la somme, on utilise la linéarisation de $\sin^4$ *obtenue à la question précédente, la formule d'Euler* $\cos(\theta) = \mathrm{Re}\left(e^{i\theta}\right)$ *ainsi que la relation* $e^{ik\theta} = \left(e^{i\theta}\right)^k$ *(pour* $k \in \mathbb{N}$*). Pour tout réel* x*, on a :*

$$\begin{aligned} F(x) &= \frac{3}{8}\sum_{n=0}^{+\infty}\frac{1}{n!} - \frac{1}{2}\sum_{n=0}^{+\infty}\frac{\cos(2nx)}{n!} + \frac{1}{8}\sum_{n=0}^{+\infty}\frac{\cos(4nx)}{n!} \\ &= \frac{3}{8}e - \frac{1}{2}\mathrm{Re}\left(\sum_{n=0}^{+\infty}\frac{\left(e^{2ix}\right)^n}{n!}\right) + \frac{1}{8}\mathrm{Re}\left(\sum_{n=0}^{+\infty}\frac{\left(e^{4ix}\right)^n}{n!}\right). \end{aligned}$$

Or, d'après la somme de série exponentielle dans $\mathbb{C}$*, pour tout réel* x*, on a :*

$$\begin{aligned} \sum_{n=0}^{+\infty}\frac{\left(e^{ix}\right)^n}{n!} &= \exp\left(e^{ix}\right) = \exp(\cos(x) + i\sin(x)) \\ &= e^{\cos(x)}e^{i\sin(x)} = e^{\cos(x)}(\cos(\sin(x)) + i\sin(\sin(x))) \\ \mathrm{Re}\left(\sum_{n=0}^{+\infty}\frac{\left(e^{ix}\right)^n}{n!}\right) &= e^{\cos(x)}\cos(\sin(x)), \end{aligned}$$

ce qui nous donne la formule :

$$F(x) = \frac{3}{8}e - \frac{1}{2}e^{\cos(2x)}\cos(\sin(2x)) + \frac{1}{8}e^{\cos(4x)}\cos(\sin(4x)).$$

Commentaires 150 *Exercice concernant des thématiques très classiques et des questions qui sont des applications directes du cours, au moins pour les deux premières questions. La principale difficulté du sujet est la linéarisation de* $\sin^4$ *qui est néanmoins une question classique de MPSI donc à revoir si vous vous ne souvenez plus de la stratégie générale.*

Exercice 151 (CCINP) On pose $f_n(x) = \dfrac{(-1)^n}{x+n}$ pour tout entier naturel n et pour tout $x > 0$, .

1. Démontrer la convergence simple de la série de terme général f_n.
2. On note f la somme des fonctions f_n pour $n \in \mathbb{N}$.
   La fonction f est-elle continue sur $\mathbb{R}_+^*$? dérivable sur $\mathbb{R}_+^*$?

3. Soit $x > 0$. Montrer que $f(x) = \int_0^1 \frac{t^{x-1}}{1+t} dt$.

Solution 151

1. *Soit $x \in \mathbb{R}_+^*$. La suite $(f_n(x))_{n\in\mathbb{N}}$ est alternée et la suite $(|f_n(x)|)_{n\geqslant 1} = \left(\frac{1}{x+n}\right)_{n\in\mathbb{N}}$ est décroissante et tend vers 0 donc, d'après le critère spécial des séries alternées, la série $\sum_{n\geqslant 0} f_n(x)$ converge c'est-à-dire que la série $\sum_{n\geqslant 0} f_n$ converge simplement sur $\mathbb{R}_+^*$.*

2. *Pour tout entier n, f_n est de classe C^1 sur $\mathbb{R}_+^*$ et la série $\sum_{n\geqslant 0} f_n$ converge simplement sur $\mathbb{R}_+^*$. En outre, pour tout segment $[a,b]$ dans $\mathbb{R}_+^*$, on a :*

$$\sup_{x\in[a,b]} |f_n'(x)| = \sum_{n\in\mathbb{N}} \sup_{x\in[a,b]} \frac{1}{(x+n)^2} \underset{(*)}{=} \frac{1}{(n+a)^2} \underset{n\to+\infty}{\sim} \frac{1}{n^2}.$$

$(*)$ car la fonction $x \mapsto \frac{1}{(x+n)^2}$ est décroissante sur $[a,b]$.

La série $\sum_n \frac{1}{n^2}$ étant convergente (série de Riemann de paramètre $2 > 1$), on peut affirmer que la série $\sum_{n\geqslant 0} \sup_{x\in[a,b]} |f_n'(x)|$ converge c'est-à-dire que la série $\sum_n f_n'$ converge normalement sur $[a,b]$. Ainsi, la série $\sum_n f_n'$ converge uniformément sur tout segment $[a,b]$ de $\mathbb{R}_+^*$ donc la fonction $\sum_{n=0}^{+\infty} f_n = f$ est de classe C^1 sur $\mathbb{R}_+^*$. En particulier, elle y est continue et dérivable.

3. *Soit $x > 0$. Pour obtenir la formule attendue, on développe la fonction $t \mapsto \frac{1}{1+t}$ en série entière pour obtenir un développement en série $\sum_n g_n$ de l'intégrande. Ensuite, on souhaite utiliser un thèorème de permutations série-intégrale pour obtenir la formule demandée. Malheureusement, la série $\sum_n g_n$ ne converge pas uniformément sur $]0,1[$ et la série $\sum_n \int_0^1 |g_n|$ diverge donc il faudra revenir aux suites de fonctions pour appliquer le théorème de convergence dominée.*

D'après le développement en série entière de la fonction $z \mapsto \frac{1}{1-z}$, pour tout $t \in]0,1[$, on a :

$$|-t| = t < 1 \Rightarrow \frac{1}{1+t} = \frac{1}{1-(-t)} = \sum_{n=0}^{+\infty} (-t^n) \Rightarrow \frac{t^{x-1}}{1+t} = \sum_{n=0}^{+\infty} (-1)^n t^{x+n-1}.$$

Pour tout entier N, on note $S_N : t \mapsto \sum_{n=0}^{N} (-1)^n t^{x+n-1}$ qui est continue sur $]0,1]$. Pour *tout* $t \in]0,1[$, *la suite* $(S_N(t))_N$ *converge vers* $S(t) = \dfrac{t^{x-1}}{1+t}$ *(par construction) qui est continue sur* $]0,1]$. *En outre, d'après le critère spécial des séries alternées, on dispose de la domination suivante valable pour tout* $N \in \mathbb{N}$ *et tout* $t \in]0,1]$ *:*

$$|S_N(t)| \leqslant \left|(-1)^0 t^{x+0-1}\right| = t^{x-1} = \frac{1}{t^{1-x}} = \varphi(t).$$

La fonction φ *est intégrable sur* $]0,1]$ *(intégrale de Riemann de paramètre* $1-x<1$*) donc, d'après le théorième de convergence dominée, on a :*

$$\begin{aligned}\int_0^1 \frac{t^{x-1}}{1+t}dt &= \int_0^1 \lim_{N\to+\infty} S_N = \lim_{N\to+\infty}\int_0^1 S_N = \lim_{N\to+\infty}\sum_{n=0}^{N}(-1)^n\int_0^1 t^{x+n-1}dt \\ &= \lim_{N\to+\infty}\sum_{n=0}^{N}(-1)^n\left[\frac{t^{x+n}}{x+n}\right]_{t=0}^{t=1} = \lim_{N\to+\infty}\sum_{n=0}^{N}\frac{(-1)^n}{x+n} = f(x).\end{aligned}$$

Commentaires 151 *Exercice de niveau standard pour ce concours et suffisamment progressif.*
Question 1 : Question d'application directe du cours.
Question 2 : La continuité est plus difficile à gérer que la dérivabilité car la série considérée ne converge pas normalement (sur aucun intervalle en fait !). Il faut revenir à la définition de la convergence uniforme des séries de fonctions et à la majoration du reste via le critère spécial des séries alternées, ce qui posera difficulté à un nombre significatif de candidats. Les candidats ayant un peu de recul se rappeleront que la dérivabilité entraine la continuité et ils ne traiteront que la dérivabilité.
Exercice 3 : Il s'agit de la question la plus difficile du sujet. Si le candidat ne songe pas au développement en série entière de $t \mapsto \dfrac{1}{1+t}$ *ou à l'astuce* $\dfrac{1}{\alpha+1} = \displaystyle\int_0^1 t^{\alpha}dt$, *l'interrogateur l'amènera sur l'une de ces deux pistes. Aucun théorème de permutation série-intégrale ne s'applique hormis le théorème de convergence dominée pour les suites de fonctions. Une erreur récurrente de la part d'un nombre important de candidat est de penser que le théorème de permutation série-intégrale du chapitre « suites et séries de fonctions » requiert uniquement la convergence uniforme sur tout segment inclus dans l'intervalle d'intégration (ici* $]0,1[$*). Ceci est faux et vous pouvez vous en convaincre en considérant la suite de fonctions*

$$f_n : x \mapsto (n+1)x^n$$

qui converge uniformément vers 0 *sur tout segment* $[a,b]$ *de* $[0,1[$ *alors que*

$$\int_0^1 f_n = \left[x^{n+1}\right]_{x=0}^{x=1} = 1 \underset{n\to+\infty}{\to} 1 \neq \int_0^1 0 = 0.$$

8.2 Mines-Telecom

Exercice 152 (Mines-Telecom) Si $n \in \mathbb{N}$, on note

$$f_n : x \in [0,1] \mapsto \frac{e^{-x}}{1+n^2x^2} \text{ et } u_n = \int_0^1 f_n(x)\,dx.$$

1. (f_n) converge t-elle simplement sur $[0,1]$? uniformément sur $[0,1]$? Y-a-t-il convergence uniforme sur $[a,1]$ lorsque $0 < a \leqslant 1$?
2. Donner la limite de (u_n).

Solution 152

1. *Soit $x \in \left]0,1\right]$. On dispose de l'équivalent suivant :*

$$f_n(x) \underset{n\to+\infty}{\sim} \frac{e^{-x}}{n^2x} \underset{n\to+\infty}{\to} 0 \Rightarrow \lim_{n\to+\infty} f_n(x) = 0.$$

Si $x = 0$, on a $f_n(0) = 1 \underset{n\to+\infty}{\to} 1$. Autrement dit, la suite $(f_n)_{n\in\mathbb{N}}$ converge simplement sur $[0,1]$ vers la fonction

$$f : x \mapsto \begin{cases} 0 & si\ 0 < x \leqslant 1 \\ 1 & si\ x = 1 \end{cases}.$$

Pour tout entier n, f_n est continue sur $[0,1]$. Supposons que $(f_n)_{n\in\mathbb{N}}$ converge uniformément vers f sur $[0,1]$ alors f est continue sur $[0,1]$. Ceci est absurde donc $(f_n)_{n\in\mathbb{N}}$ ne converge pas uniformément sur $[0,1]$. Soit $a \in \left]0,1\right]$, on a :

$$\begin{aligned} \forall x &\in [a,1], |f_n(x) - f(x)| = |f_n(x)| = f_n(x) \leqslant \frac{1}{1+n^2a^2} \\ &\Rightarrow \sup_{[a,1]} |f_n - f| \leqslant \frac{1}{1+n^2a^2} \underset{n\to+\infty}{\to} 0 \Rightarrow \lim_{n\to+\infty} \sup_{[a,1]} |f_n - f| = 0 \end{aligned}$$

c'est-à-dire que la suite de fonctions $(f_n)_{n\in\mathbb{N}}$ converge uniformément vers f sur $[a,1]$.

2. *Pour tout entier n, f_n est continue sur le segment $[0,1]$ donc elle y est intégrable. La suite $(f_n)_{n\in\mathbb{N}}$ converge simplement vers f sur $[0,1]$. On dispose de la domination suivante :*

$$\forall n \in \mathbb{N}, \forall x \in [0,1], |f_n(x)| = f_n(x) \leqslant \frac{1}{1} = 1 = \varphi(x).$$

La fonction φ est continue et intégrable sur $[0,1]$. D'après le théorème de convergence dominée, on a l'égalité :

$$\lim_{n\to+\infty} u_n = \lim_{n\to+\infty} \int_0^1 f_n = \int_0^1 \lim_{n\to+\infty} f_n = \int_0^1 f = 0.$$

Commentaires 152 *Exercice de difficulté standard dont les questions sont des applications directes du cours.*

Exercice 153 (Mines-Telecom) Soit $f_n(x) = \dfrac{x^n e^{-x}}{n!}$ pour tout $n \in \mathbb{N}$ et $x \in [0, +\infty[$.

1. Montrer que f_n converge simplement vers une fonction g.
2. Montrer que f_n converge uniformément sur $[0, +\infty[$. On utilisera la formule de Stirling.
3. Calculer $\displaystyle\int_0^{+\infty} f_n(x)\, dx$.
4. Calculer $\displaystyle\lim_{n\to\infty} \int_0^{+\infty} f_n(x)\, dx$ et $\displaystyle\int_0^{+\infty} \lim_{n\to\infty} f_n(x)\, dx$. Que peut-on en conclure ?

Solution 153

1. Soit $x \in [0, +\infty[$. D'après les croissances comparées, on a :

$$\lim_{n\to+\infty} \frac{x^n}{n!} = 0 \Rightarrow \lim_{n\to+\infty} g_n(x) = 0$$

donc $(g_n)_{n\in\mathbb{N}}$ converge simplement sur $[0, +\infty[$ vers la fonction $g : x \mapsto 0$.

2. Soit $n \in \mathbb{N}$. La fonction g_n est dérivable sur $[0, +\infty[$ et, pour tout $x \in [0, +\infty[$, on a :

$$g_n'(x) = \frac{nx^{n-1}}{n!}e^{-x} - \frac{x^n}{n!}e^{-x} = \frac{x^{n-1}}{n!}e^{-x}(n-x).$$

Ainsi, le tableau de variations de g_n est :

x	0		n		$+\infty$
$g_n'(x)$		$+$		$-$	
$g_n(x)$	0	$\nearrow$	$g_n(n)$	$\searrow$	0

(d'après les croissances comparées, $\lim_{x\to+\infty} x^n e^{-x} = 0$). Par conséquent, on a :

$$\sup_{x\in[0,+\infty[} |g_n(x) - g(x)| = \sup_{x\in[0,+\infty[} g_n(x) = g_n(n) = \frac{n^n}{n!}e^{-n} \underset{n\to+\infty}{\sim} \frac{1}{\sqrt{2\pi n}} \underset{n\to+\infty}{\to} 0$$

(d'après la formule de Stirling) et la suite $(g_n)_{n\in\mathbb{N}}$ converge uniformément vers g sur $[0, +\infty[$.

3. Soit $n \in \mathbb{N}^*$. Les fonctions $u : x \mapsto \dfrac{x^n}{n!}$ et $v : x \mapsto -e^{-x}$ sont de classe C^1 sur $\mathbb{R}_+$ et on a : $\lim_{x\to+\infty} u(x)v(x) = 0$ (d'après les croissances comparées). D'après le théorème d'intégration par parties, les intégrales $\displaystyle\int_0^{+\infty} uv' = \int_0^{+\infty} f_n$ et $\displaystyle\int_0^{+\infty} u'v = -\int_0^{+\infty} f_{n-1}$ sont de même nature. Puisque $\displaystyle\int_0^{+\infty} f_0 = \int_0^{+\infty} e^{-x}dx$ converge (d'après le cours puisque $a = 1 > 0$), *on peut affirmer que* $\int_0^{+\infty} f_n$ *converge pour tout* $n \in \mathbb{N}$*. En outre, pour tout entier* $n \in \mathbb{N}^*$*, on a :*

$$\int_0^{+\infty} f_n = \lim_{X \to +\infty} [uv]_0^X + \int_0^{+\infty} f_{n-1} = \int_0^{+\infty} f_{n-1}$$

c'est-à-dire que la suite $\left(\int_0^{+\infty} f_n\right)_n$ *est constante et cette constante vaut* $\int_0^{+\infty} f_0 = 1$.

4. D'après la question précédente, pour tout entier n*, on a :*

$$\int_0^{+\infty} f_n = 1 \Rightarrow \lim_{n \to +\infty} \int_0^{+\infty} f_n = 1 \neq 0 = \int_0^{+\infty} 0 = \int_0^{+\infty} \lim_{n \to +\infty} f_n.$$

La conclusion est que le théorème de permutation limite-intégrale (si $(h_n)_n$ *converge uniformément vers* h *sur un segment* $[a, b]$ *alors* $\lim_{n \to +\infty} \int_a^b h_n = \int_a^b h$*) est faux si l'intervalle d'intégration n'est pas un segment.*

Commentaires 153 *Exercice de difficulté standard dont les questions sont des applications directes du cours (ou quasiment comme la question 3).*

Exercice 154 (Mines-Telecom) Soit la série de fonctions de terme général définie par

$$\forall n \geqslant 1, \quad u_n : x \mapsto e^{-x\sqrt{n}}.$$

1. Donner le domaine de définition de la fonction $S = \sum_{n=1}^{+\infty} u_n$.
2. Étudier la continuité et la limite en $+\infty$ de S.

Solution 154

1. Si $x \leqslant 0$ *alors, pour tout* $n \geqslant 1$*, on a* $u_n(x) \geqslant e^0 = 1$ *donc la série* $\sum_n u_n(x)$ *diverge grossièrement.*

Si $x > 0$ *alors, d'après les croissances comparées, on a*

$$\lim_{t \to +\infty} t^4 e^{-xt} = 0 \underset{t=\sqrt{n}}{\Rightarrow} \lim_{n \to +\infty} n^2 e^{-x\sqrt{n}} = 0 \Leftrightarrow u_n(x) \underset{n \to +\infty}{=} o\left(\frac{1}{n^2}\right).$$

La série $\sum_n \frac{1}{n^2}$ *est à termes positifs et converge (série de Riemann de paramètre* $2 > 1$*) donc la série* $\sum_n u_n(x)$ *converge.*

Au final, la série $\sum_n u_n$ *converge simplement sur* $\mathbb{R}_+^*$.

2. ***Continuité de*** S. *Pour tout entier* $n \geqslant 1$, *la fonction* u_n *est continue sur* $\mathbb{R}_+^*$. *Pour tout segment* $[a,b]$ *inclus dans* $\mathbb{R}_+^*$ *(c'est-à-dire que* $a > 0$*), la série*

$$\sum_n \sup_{x\in[a,b]} |u_n(x)| = \sum_n \sup_{x\in[a,b]} u_n(x) = \sum_n u_n(a)$$

(car u_n *est positive et décroissante sur* $\mathbb{R}_+^*$*) converge (d'après la question 1). Ainsi, la série* $\sum_n u_n$ *converge normalement, donc uniformément, sur tout segment de* $\mathbb{R}_+^*$, *ce qui prouve que* $\sum_{n=1}^{+\infty} u_n = S$ *est continue sur* $\mathbb{R}_+^*$.

Limite de S ***en*** $+\infty$. *Pour tout entier* $n \geqslant 1$, *on a* $\lim_{x\to+\infty} u_n(x) = 0$. *La série*

$$\sum_n \sup_{x\in[1,+\infty[} |u_n(x)| = \sum_n \sup_{x\in[1,+\infty[} u_n(x) = \sum_n u_n(1)$$

(car u_n *est positive et décroissante sur* $\mathbb{R}_+^*$*) converge (d'après la question 1). Ainsi, la série* $\sum_n u_n$ *converge normalement, donc uniformément, sur* $[1,+\infty[$, *ce qui prouve l'égalité suivante :*

$$\lim_{x\to+\infty} S(x) = \lim_{x\to+\infty} \sum_{n=1}^{+\infty} u_n(x) = \sum_{n=1}^{+\infty} \lim_{x\to+\infty} u_n(x) = \sum_{n=1}^{+\infty} 0 = 0.$$

Commentaires 154 *Pour la première question, il est attendu du candidat certains automatismes (théorème de comparaison) ce qui distinguera les candidats. La précision des théorèmes utilisés (positivité, justification de la domination) sera un élément important dans la notation.*
La deuxième question est sans difficulté pour les candidats connaissant leur cours.

Exercice 155 (Mines-Telecom) On considère la fonction $f : x \mapsto \sum_{n=1}^{+\infty} \frac{1}{\operatorname{sh}(nx)}$

1. Déterminer le domaine de définition de f, noté D_f.
2. Montrer que f est continue sur D_f.
3. Déterminer la limite, puis un équivalent de f en $+\infty$.
4. Déterminer un équivalent de f en 0^+.

Solution 155

1. *Soit* $x \in \mathbb{R}$. *Pour que* $f(x)$ *existe, il est indispensable que* $\operatorname{sh}(nx)$ *soit non nul pour tout entier* n *c'est-à-dire que* x *soit non nul et que la série* $\sum_n \frac{1}{\operatorname{sh}(nx)}$ *soit convergente. Par imparité de* sh, *on suppose désormais que* $x > 0$. *On détermine un équivalent du terme général lorsque* n *tend vers* $+\infty$ *:*

$$\operatorname{sh}(nx) = \frac{e^{nx} - e^{-nx}}{2} \underset{n\to+\infty}{\sim} \frac{e^{nx}}{2}$$

(car $e^{nx} \underset{n\to+\infty}{\to} +\infty$ *et* $e^{-nx} \underset{n\to+\infty}{\to} 0$ *puisque* $x > 0$*) donc* $\frac{1}{\operatorname{sh}(nx)} \underset{n\to+\infty}{\sim} \frac{2}{e^{nx}}$*. La série* $\sum_n \frac{2}{e^{nx}} = 2\sum_n (e^{-x})^n$ *est une série à termes positifs et convergente (série géométrique de raison* $e^{-x} \in]-1,1[$*) donc la série* $\sum_n \frac{1}{\operatorname{sh}(nx)}$ *converge quelque soit* $x > 0$*. Ainsi, par imparité de* sh*, la série* $\sum_n \frac{1}{\operatorname{sh}(nx)}$ *converge quelque soit* $x \in \mathbb{R}^*$ *d'où* $\mathcal{D}_f = \mathbb{R}^*$ *(et la fonction* f *est impaire).*

2. *Par imparité de* f*, il suffit de montrer qu'elle est continue sur* $\mathbb{R}_+^*$*. Pour tout entier* $n \geqslant 1$*, on pose* $f_n : x \mapsto \frac{1}{\operatorname{sh}(nx)}$ *qui est continue sur* $\mathbb{R}_+^*$*. Cette fonction est positive et décroissante (comme inverse d'une fonction strictement positive et croissante sur* $\mathbb{R}_+^*$*). En particulier, pour tout segment* $[a,b]$ *inclus dans* $\mathbb{R}_+^*$ *(i.e.* $0 < a \leqslant b$*), on a :*

$$\sup_{x\in[a,b]} |f_n(x)| = \sup_{x\in[a,b]} f_n(x) = f_n(a)$$

donc la série $\sum_n \sup_{x\in[a,b]} |f_n(x)| = \sum_n f_n(a)$ *converge (d'après la question 1). Ainsi, la série* $\sum_n f_n$ *converge normalement, donc uniformément, sur tout segment de* $\mathbb{R}_+^*$*. Ceci prouve la continuité de* $\sum_{n=1}^{+\infty} f_n = f$ *sur* $\mathbb{R}_+^*$ *donc, par imparité, sa continuité sur* $\mathbb{R}^*$*.*

3. *Nous conservons les notations de la réponse à la question précédente. Pour tout entier* $n \geqslant 1$*, on a* $\lim_{x\to+\infty} f_n(x) = 0$ *(car* $\lim_{+\infty} \operatorname{sh} = +\infty$*) et la série*

$$\sum_{n\geqslant 1} \sup_{x\in[1,+\infty[} |f_n(x)| = \sum_{n\geqslant 1} f_n(1)$$

converge (d'après la question 1) donc la série $\sum_n f_n$ *converge normalement, donc uniformément, sur* $[1,+\infty[$*. Le théorème de permutation limite-série montre que :*

$$\lim_{x\to+\infty} f(x) = \lim_{x\to+\infty} \sum_{n=1}^{+\infty} f_n(x) = \sum_{n=1}^{+\infty} \lim_{x\to+\infty} f_n(x) = \sum_{n=1}^{+\infty} 0 = 0.$$

La recherche de l'équivalent demande un peu de prospective. On remarque que

$$f(x) = f_1(x) + f_2(x) + \cdots$$

et que

$$(*) : \forall n \geqslant 2,\ f_n(x) \underset{x\to+\infty}{\sim} 2e^{-nx} = o\left(e^{-x}\right) = o\left(f_1(x)\right)$$

donc on peut espérer que $f_1(x)$ *soit le terme dominant de* $f(x)$*. Ceci serait vrai si* f *était une somme d'un nombre fini de termes mais pas, a priori, si* f *est une somme possédant un nombre infini de termes. Prouvons néanmoins que notre conjecture est fondée c'est-à-dire montrons que :*

$$\lim_{x\to+\infty} \frac{f(x)}{f_1(x)} = 1 \Leftrightarrow \lim_{x\to+\infty} \sum_{n=1}^{+\infty} \frac{f_n(x)}{f_1(x)} = 1$$

en utilisant le théorème de permutation limite-série. Pour tout entier $n \geqslant 1$, *on a :*

$$\lim_{x\to+\infty} \frac{f_n(x)}{f_1(x)} = \begin{cases} 1 & si\ n=1 \\ 0 & si\ n>1 \end{cases}$$

(d'après $(*)$*). Prouvons que la série* $\sum_n \frac{f_n}{f_1}$ *converge normalement, donc uniformément, sur* $[1,+\infty[$. *La détermination directe de* $\sup_{[1,+\infty[} \left|\frac{f_n}{f_1}\right|$ *s'avère trop complexe donc nous allons effectuer des majorations « à la main » en utilisant les formules de trigonométrie hyperbolique (qui ne sont plus au programme mais s'obtiennent aisément en considérant* $\mathrm{sh}(x)$ *comme la partie paire de* e^x *et en utilisant la formule* $e^x e^y = e^{x+y}$*) . Pour tout* $n \geqslant 1$ *et tout* $x \geqslant 1$, *on a :*

$$\begin{aligned} \mathrm{sh}(nx) &= \mathrm{sh}((n-1)x+x) = \underbrace{\mathrm{sh}((n-1)x)\,\mathrm{ch}(x)}_{\geqslant 0} + \mathrm{ch}((n-1)x)\,\mathrm{sh}(x) \\ &\geqslant \mathrm{ch}((n-1)x)\,\mathrm{sh}(x) \underset{\mathrm{ch}\nearrow \ et\ \mathrm{sh}\geqslant 0}{\overset{x\geqslant 1}{\geqslant}} \mathrm{ch}((n-1))\,\mathrm{sh}(x), \end{aligned}$$

ce qui fournit les encadrements suivants :

$$\begin{aligned} 0 &\leqslant f_n(x) \leqslant \frac{1}{\mathrm{sh}(x)\,\mathrm{ch}((n-1))} \\ &\Rightarrow 0 \leqslant \left|\frac{f_n(x)}{f_1(x)}\right| = \frac{f_n(x)}{f_1(x)} \leqslant \frac{1}{\mathrm{ch}((n-1))} \\ &\Rightarrow \sup_{[1,+\infty[} \left|\frac{f_n}{f_1}\right| \leqslant \frac{1}{\mathrm{ch}((n-1))} = \frac{2}{e^{n-1}+e^{-(n-1)}} \leqslant \frac{2}{e^{n-1}} = 2e\left(\frac{1}{e}\right)^n. \end{aligned}$$

La série $\sum_n 2e\left(\frac{1}{e}\right)^n = 2e\sum_n \left(\frac{1}{e}\right)^n$ *converge (série géométrique de raison* $\frac{1}{e} \in]-1,1[$*) donc la série* $\sum \sup_{[1,+\infty[} \left|\frac{f_n}{f_1}\right|$ *aussi ce qui prouve la convergence normale, donc uniforme, sur* $[1,+\infty[$ *de la série* $\sum_n \frac{f_n}{f_1}$. *D'après le théorème de permutation limite-série, on a :*

$$\begin{aligned} \lim_{x\to+\infty} \frac{f(x)}{f_1(x)} &= \lim_{x\to+\infty} \sum_{n=1}^{+\infty} \frac{f_n(x)}{f_1(x)} = \sum_{n=1}^{+\infty} \lim_{x\to+\infty} \frac{f_n(x)}{f_1(x)} = 1 + \sum_{n=2}^{+\infty} 0 = 1 \\ &\Leftrightarrow f(x) \underset{x\to+\infty}{\sim} f_1(x) = \frac{2}{e^x - e^{-x}} \underset{x\to+\infty}{\sim} \frac{2}{e^x} = 2e^{-x}. \end{aligned}$$

4. *On procède par comparaison série-intégrale. Soit* $x > 0$ *(fixé provisoirement). On considère la fonction* $g : t \mapsto \frac{1}{\mathrm{sh}(tx)}$ *qui est continue, positive et décroissante sur* $[1,+\infty[$. *Comme la série* $\sum_n g(n)$ *converge (d'après la question 1), le théorème de comparaison série-intégrale montre que l'intégrale* $\int_1^{+\infty} g(t)\,dt = \int_1^{+\infty} \frac{dt}{\mathrm{sh}(tx)}$ *converge. Remarquons que*

$\sum_{n=1}^{+\infty} g(n) = f(x)$. *Pour tout entier* $n \geqslant 1$, *on a :*

$$\forall t \in [n, n+1], \ g(n+1) \leqslant g(t) \leqslant g(n) \Rightarrow \int_n^{n+1} g(n+1)\,dt \leqslant \int_n^{n+1} g(t)\,dt \leqslant \int_n^{n+1} g(n)\,dt$$

$$\Leftrightarrow \quad g(n+1) \leqslant \int_n^{n+1} g(t)\,dt \leqslant g(n) \Rightarrow \sum_{n=1}^{+\infty} g(n+1) \leqslant \sum_{n=1}^{+\infty} \int_n^{n+1} g = \int_1^{+\infty} g \leqslant \sum_{n=1}^{+\infty} g(n)$$

$$\Leftrightarrow \quad \sum_{k=2}^{+\infty} g(k) \leqslant \int_1^{+\infty} \frac{dt}{\operatorname{sh}(tx)} \leqslant f(x) \underset{s=tx}{\Leftrightarrow} f(x) - g(1) \leqslant \int_x^{+\infty} \frac{ds/x}{\operatorname{sh}(s)} \leqslant f(x)$$

$$\Leftrightarrow \quad -\frac{1}{\operatorname{sh}(x)} \leqslant \frac{1}{x} \int_x^{+\infty} \frac{ds}{\operatorname{sh}(s)} - f(x) \leqslant 0 \Rightarrow \frac{1}{x} \int_x^{+\infty} \frac{ds}{\operatorname{sh}(s)} - f(x) \underset{x \to 0}{=} O\left(\frac{1}{\operatorname{sh}(x)}\right)$$

Comme $\frac{1}{\operatorname{sh}(x)} \underset{x \to 0}{\sim} \frac{1}{x}$ *donc* $O\left(\frac{1}{\operatorname{sh}(x)}\right) \underset{x \to 0}{=} O\left(\frac{1}{x}\right)$, *on obtient la comparaison suivante :*

$$\frac{1}{x} \int_x^{+\infty} \frac{ds}{\operatorname{sh}(s)} - f(x) \underset{x \to 0}{=} O\left(\frac{1}{x}\right) \Leftrightarrow (\mathcal{C}_1) : f(x) \underset{x \to 0}{=} \frac{1}{x} \left(\int_x^{+\infty} \frac{ds}{\operatorname{sh}(s)} + O(1) \right)$$

On remarque que l'intégrale $\int_0^1 \frac{1}{\operatorname{sh}(s)} ds$ *diverge car* $\frac{1}{\operatorname{sh}(s)} \underset{s \to 0}{\sim} \frac{1}{s} \geqslant 0$ *et* $\int_0^1 \frac{1}{s} ds$ *diverge (intégrale de Riemann de paramètre* $\alpha = 1 \geqslant 1$*). Néanmoins, le théorème de sommation des intégrales divergentes permet d'affirmer que :*

$$\int_x^1 \frac{ds}{\operatorname{sh}(s)} \underset{x \to 0}{\sim} \int_x^1 \frac{1}{s} ds = [\ln(s)]_{s=x}^{s=1} = -\ln(x)$$

$$\Rightarrow (\mathcal{C}_2) : \int_x^{+\infty} \frac{ds}{\operatorname{sh}(s)} = \int_x^1 \frac{ds}{\operatorname{sh}(s)} + \underbrace{\int_1^{+\infty} \frac{ds}{\operatorname{sh}(s)}}_{\in \mathbb{R}} \underset{x \to 0}{\sim} -\ln(x)$$

Comme $-\ln(x) \underset{x \to 0}{\to} +\infty$ *et que* $O(1)$ *est bornée au voisinage de* 0, *les comparaisons* $(\mathcal{C}_1)$ *et* $(\mathcal{C}_2)$ *prouvent l'équivalent suivant :*

$$f(x) \underset{x \to 0}{\sim} \frac{1}{x} \times (-\ln(x)) = -\frac{\ln(x)}{x}.$$

Commentaires 155 *Exercice relativement difficile mais les questions sont suffisamment progressives. Les deux premières questions ainsi que le début de la question 3 (la limite en $+\infty$) sont des applications directes du cours qui ne devraient pas poser de difficulté particulière au candidat du concours Mines-Telecom. L'équivalent en $+\infty$ est une question plus discriminante mais, avec une petite indication de l'interrogateur, le candidat peut le trouver et le justifier rapidement.*
La quatrième question est manifestement la plus difficile du sujet et s'adresse aux bons candidats de ce concours. L'interrogateur proposera à la plupart des candidats d'utiliser une comparaison série-intégrale. Il valorisera les candidats considérant seul la bonne fonction ($t \mapsto \dfrac{1}{\operatorname{sh}(xt)}$ pour x fixé) et proposant (rigoureusement ou via un dessin) un encadrement convenable de $f(x)$. L'obtention de l'équivalent permet de récompenser les meilleurs candidats.

Exercice 156 (Mines-Telecom) Pour toute fonction $f : [0,1] \to \mathbb{R}$ bornée sur $[0,1]$, on note $\|f\| = \sup\limits_{[0,1]} |f|$. On définit la suite de fonctions $(g_n)_n$ de $[0,1]$ dans $\mathbb{R}$ par :

$$\begin{cases} g_0 = 1 \\ \forall n \in \mathbb{N}, \forall x \in [0,1], \, g_{n+1}(x) = \displaystyle\int_0^x g_n(1-t)dt \end{cases}$$

1. Montrer que pour tout n, g_n est bornée et que : $\forall n \in \mathbb{N}$, $\|g_{n+2}\| \leqslant \dfrac{1}{2} \|g_n\|$.
2. On pose : $G : x \mapsto \displaystyle\sum_{n=0}^{+\infty} g_n(x)$. Montrer que G est bien définie sur $[0,1]$ et déterminer une équation différentielle vérifiée par G.
3. En déduire l'expression de G.

Solution 156

1. *Montrons par récurrence la propriété $(\mathcal{P}_n)$: « g_n est une fonction continue sur $[0,1]$ ».*
Initialisation *$n = 0$. $g_0 = 1$ est continue sur $[0,1]$ donc $(\mathcal{P}_0)$ est vraie.*
Hérédité. *Supposons $(\mathcal{P}_n)$ vraie pour un certain entier n alors la fonction $h_n : t \mapsto g_n(1-t)$ est continue sur $[0,1]$ car les fonctions g_n et $\varphi : x \mapsto 1-x$ le sont et $\varphi([0,1]) = [0,1] \subset [0,1]$. Ainsi, la fonction $x \mapsto \displaystyle\int_0^x h_n = g_{n+1}(x)$ est une primtive de h_n donc g_{n+1} est continue (et même dérivable) sur $[0,1]$, ce qui démontre $(\mathcal{P}_{n+1})$ et achève la récurrence.*
Pour tout entier n et tout $x \in [0,1]$, on a :

$$g_{n+2}(x) = \int_0^x g_{n+1}(1-t)\,dt.$$

Comme g_{n+1} est l'unique primitive de $t \mapsto g_n(1-t)$ s'annulant en 0, g_{n+1} est dérivable et $g'_{n+1} : x \mapsto g_n(1-x)$. En utilisant une intégration par parties en primitivant $t \mapsto 1$

et en dérivant $t \mapsto g_{n+1}(1-t)$, tout en tenant compte que $g_{n+1}(0) = 0$, on obtient la formule suivante valable pour tout $x \in [0,1]$:

$$\begin{aligned} g_{n+2}(x) &= [tg_{n+1}(1-t)]_{t=0}^{t=1} - \int_0^x t\,(g_{n+1}(1-t))'\,dt \\ &= -\int_0^x t\left(-g'_{n+1}(1-t)\right)dt = -\int_0^x tg'_{n+1}(1-t)\,dt \\ &= -\int_0^x tg_n(1-(1-t))\,dt = -\int_0^x tg_n(t)\,dt. \end{aligned}$$

Par conséquent, on en déduit que :

$$\begin{aligned} \forall x &\in [0,1],\ |g_{n+2}(x)| = \left|\int_0^x tg_n(t)\,dt\right| \leqslant \int_0^x |tg_n(t)|\,dt = \int_0^x t\,|g_n(t)|\,dt \\ &\leqslant \int_0^x t\,\|g_n\|\,dt = \|g_n\|\int_0^x tdt = \|g_n\|\left[\frac{t^2}{2}\right]_{t=0}^{t=x} = \|g_n\|\frac{x^2}{2} \leqslant \|g_n\|\frac{1}{2} \\ &\Rightarrow \|g_{n+2}\| = \sup_{x\in[0,1]} |g_{n+2}(x)| \leqslant \frac{1}{2}\|g_n\|. \end{aligned}$$

2. *La relation de récurrence allant de 2 en 2, on introduit les suites extraites correspondant aux indices pairs et impairs. Pour tout entier n, on pose $a_n = \|g_{2n}\|$ et $b_n = \|g_{2n+1}\|$ alors :*

$$\forall n \in \mathbb{N}, \left\{ \begin{array}{l} a_{n+1} = \|g_{2n+2}\| \leqslant \frac{1}{2}\|g_{2n}\| = \frac{1}{2}a_n \\ b_{n+1} = \|g_{2n+3}\| \leqslant \frac{1}{2}\|g_{2n+1}\| = \frac{1}{2}b_n \end{array} \right. \Rightarrow \left\{ \begin{array}{l} a_n \leqslant \frac{1}{2^n}a_0 \\ b_n \leqslant \frac{1}{2^n}b_0 \end{array} \right.$$

(par une récurrence immédiate) donc :

$$\forall n \in \mathbb{N}, \left\{ \begin{array}{l} \|g_{2n}\| \leqslant \frac{1}{2^n}\|g_0\| = \left(\frac{1}{2^{1/2}}\right)^{2n}\|g_0\| \\ \|g_{2n+1}\| \leqslant \frac{1}{2^{n+1}}\|g_1\| = \left(\frac{1}{2^{1/2}}\right)^{2n+1}\frac{1}{2^{1/2}}\|g_1\| \end{array} \right. .$$

Si on pose $M = \max\left(\|g_0\|, \frac{1}{2^{1/2}}\|g_1\|\right)$ et $q = \frac{1}{2^{1/2}}$, on a :

$$\forall n \in \mathbb{N}, \left\{ \begin{array}{c} \|g_{2n}\| \leqslant q^{2n}M \\ \|g_{2n+1}\| \leqslant q^{2n+1}M \end{array} \right. \Rightarrow \forall n \in \mathbb{N}, \|g_n\| \leqslant Mq^n.$$

La série $\sum_n q^n$ étant convergente (série géométrique de raison $q \in]-1,1[$), on peut affirmer que la série $\sum_n \|g_n\|$ converge. Autrement dit, la série $\sum_n g_n$ converge normalement, *donc simplement, sur* $[0,1]$. *On en déduit que la fonction* $G=\sum_{n=0}^{+\infty} g_n$ *est définie sur* $[0,1]$ *et continue sur* $[0,1]$ *(puisque chaque fonction* g_n *est continue sur* $[0,1]$ *et que la série* $\sum_n g_n$ *converge uniformément, puisque normalement, sur* $[0,1]$*).*

Pour tout $x\in[0,1]$, *on a :*

$$\begin{aligned} G(x) &= g_0(x)+\sum_{n=1}^{+\infty} g_n(x) = 1+\sum_{n=1}^{+\infty}\int_0^x g_{n-1}(1-t)\,dt \underset{(*)}{=} 1+\int_0^x \sum_{n=1}^{+\infty} g_{n-1}(1-t)\,dt \\ &= 1+\int_0^x \sum_{k=0}^{+\infty} g_k(1-t)\,dt = 1+\int_0^x G(1-t)\,dt \underset{dt=-ds}{\overset{s=1-t}{=}} 1-\int_1^{1-x} G(s)\,ds. \end{aligned}$$

$(*)$ *pour chaque entier* $n\geqslant 1$, *la fonction* $h_n : t\mapsto g_{n-1}(1-t)$ *est continue sur* $[0,1]$. *Comme* $t\mapsto 1-t$ *est une bijection de* $[0,1]$ *sur* $[0,1]$, *on a l'égalité suivante :*

$$\|h_n\| = \sup_{t\in[0,1]} |g_{n-1}(1-t)| \underset{s=1-t}{=} \sup_{s\in[0,1]} |g_{n-1}(s)| = \|g_{n-1}\|$$

donc la série $\sum_{n\geqslant 1}\|h_n\| = \sum_{n\geqslant 1}\|g_{n-1}\| \underset{k=n-1}{=} \sum_{k\geqslant 0}\|g_k\|$ *converge. Par conséquent, on vient de prouver que la série de fonctions* $\sum_n h_n$ *converge normalement (donc uniformément) sur le segment* $[0,1]$ *(donc sur* $[0,x]$*) de la série de fonctions* $\sum_n h_n$, *ce qui justifie la permutation série-intégrale. Autrement dit, la fonction continue* G *vérifie la relation :*

$$(\mathcal{R}_1) : \forall x\in[0,1],\ G(x) = 1-\int_1^{1-x} G(s)\,ds.$$

Notons H *une primitive de* G *alors* H *est dérivable sur* $[0,1]$ *et on a :*

$$\forall x\in[0,1],\ \int_1^{1-x} G(s) = H(1-x)-H(1)$$

donc la fonction $x\mapsto \int_1^{1-x} G(s)\,ds$ *est dérivable sur* $[0,1]$ *(car les fonctions* H *et* $\varphi : x\mapsto 1-x$ *sont dérivables sur* $[0,1]$ *avec* $\varphi([0,1])=[0,1]\subset[0,1]$*). Ainsi, la fonction* $x\mapsto 1-\int_1^{1-x} G(s)\,ds = G(x)$ *est dérivable sur* $[0,1]$. *En dérivant la relation* $(\mathcal{R}_1)$, *on obtient :*

$$\begin{aligned} \forall x &\in [0,1],\ G'(x) = -(H(1-x)-H(1))' = -(1-x)'H'(1-x) = G(1-x) \\ &\Rightarrow (\mathcal{R}_2) : \forall x\in[0,1],\ G'(x) = G(1-x). \end{aligned}$$

Comme les fonctions G et $\varphi : x \mapsto 1-x$ sont dérivables sur $[0,1]$ avec $\varphi([0,1]) = [0,1] \subset [0,1]$, on peut affirmer que $x \mapsto G(1-x) = G'(x)$ est dérivable sur $[0,1]$. En dérivant la relation $(\mathcal{R}_2)$, on obtient :

$$\begin{aligned}\forall x &\in [0,1], G''(x) = (1-x)' G'(1-x) = -G'(1-x) \underset{(\mathcal{R}_2)}{=} -G(1-(1-x)) = -G(x) \\ &\Rightarrow (\mathcal{R}_3) : \forall x \in [0,1], G''(x) + G(x) = 0.\end{aligned}$$

3. *D'après la question précédente, G vérifie l'équation différentielle $y'' + y = 0$ donc il existe deux réels a, b tels que :*

$$G : x \mapsto a\cos(x) + b\sin(x)$$

(via l'équation caractéristique par exemple ou en invoquant le théorème de structure des équations différentielles linéaires, en remarquant que sin *et* cos *sont deux solutions de celle-ci et qu'elles forment une famille libre (car l'une est paire et l'autre est impaire) donc une base de l'ensemble des solutions de cette équation différentielle).*
Déterminons a et b. En conservant les notations introduites lors de la résolution de la question 2, en évaluant $(\mathcal{R}_1)$ en $x = 0$, on obtient $G(0) = 1$ et en évaluant $(\mathcal{R}_2)$ en $x = 1$, on obtient $G'(1) = G(0) = 1$ d'où le système :

$$\left\{\begin{array}{l} G(0) = 1 \\ G'(1) = 1 \end{array}\right. \Leftrightarrow \left\{\begin{array}{l} a = 1 \\ b = \dfrac{1+\sin(1)}{\cos(1)} \end{array}\right. \Rightarrow G : x \mapsto \cos(x) + \frac{1+\sin(1)}{\cos(1)}\sin(x).$$

Commentaires 156 *Exercice original et relativement difficile pour ce concours. Néanmoins, les questions sont de niveaux très variées.*
Question 1 : Il est attendu que le candidat songe à procéder par récurrence. Le caractère borné est aisé à justifier (ne pas confondre majorer et borner comme le font un nombre trop important de candidats). Un candidat indiquant que g_{n+1} est une primitive (de ..., à completer) sera valorisé car c'est un point crucial pour obtenir l'inégalité proposée. L'interrogateur guidera éventuellement le candidat sur cette piste s'il ne la pas fait lui même.
Question 2 : Pour le caractère défini de G, il est attendu l'étude de la convergence simple de la série et proposer un théorème de domination. Les bons candidats verront la décroissance géométrique (en $\dfrac{1}{2^{n/2}}$) en distinguant les cas pairs des cas impairs (ou en sentant une majoration convenable). Ils seront fortement valorisés et, pour les autres, l'interrogateur les amènera sur cette piste. Pour l'équation différentielle, l'interrogateur proposera d'écrire $\sum_{n=1}^{+\infty} g_n$ sous forme intégrale. Les candidats le justifiant convenablement seront valorisés et ils obtiendront une équation fonctionnelle. Le raisonnement est alors classique et utilisée couramment (par exemple pour la recherche de vecteurs d'endomorphismes sur les fonctions définis via des intégrales). Si vous n'avez pas l'habitude, retravaillez le (il sert à la fois aux écrits et oraux des différents concours de cet ouvrage).
Question 3 : Elle ne pose pas de difficulté particulière, si le candidat a trouvé l'équation différentielle. En pratique, elle sert à récompenser les candidats les plus rapides et les plus autonomes ou bien à permettre aux candidats les plus faibles de répondre à des questions mathématiques plus aisées (l'équation différentielle sera alors donnée par l'interrogateur).

8.3 Centrale Math 1

Exercice 157 (Centrale) On définit, pour $x \in \mathbb{R}_+^*$, la suite $(U_n(x))_{n\in\mathbb{N}}$ par

$$U_0(x) = x \text{ et } \forall n \in \mathbb{N},\ U_{n+1}(x) = (U_n(x))^2 + U_n(x).$$

On définit également la suite $(V_n(x))_{n\in\mathbb{N}}$ par :

$$\forall n \in \mathbb{N},\ V_n(x) = \frac{\ln(U_n(x))}{2^n}.$$

1. Soit $x \in \mathbb{R}_+^*$. Montrer que $(U_n(x))_{n\in\mathbb{N}}$ est strictement croissante et tend vers $+\infty$.
2. Soit $x \in \mathbb{R}_+^*$. Montrer que la série $\sum_{n\geqslant 0}(V_{n+1}(x) - V_n(x))$ converge et qu'il existe $\alpha(x) \in \mathbb{R}$ tel que $\alpha(x) - V_n(x) \underset{n\to+\infty}{=} o\left(\frac{1}{2^n}\right)$. En déduire un équivalent de $U_n(x)$ quand $n \to +\infty$.
3. Montrer que α est continue sur $\mathbb{R}_+^*$.

Solution 157

1. *Soit $x \in \mathbb{R}_+^*$. Pour tout entier n,*

$$U_{n+1}(x) - U_n(x) = (U_n(x))^2 \geqslant 0$$

donc la suite $(U_n(x))_{n\in\mathbb{N}}$ est croissante. Comme $U_0(x) = x > 0$, la suite $(U_n(x))_{n\in\mathbb{N}}$ est à valeurs strictement positives donc, pour tout entier n,

$$U_{n+1}(x) - U_n(x) = (U_n(x))^2 > 0,$$

ce qui prouve la stricte croissance de la suite $(U_n(x))_{n\in\mathbb{N}}$. Par conséquent, d'après le théorème de limite monotone, elle converge dans $\mathbb{R} \cup \{+\infty\}$. Supposons que sa limite L appartient à $\mathbb{R}$ alors, en faisant tendre n vers $+\infty$ dans la relation de récurrence vérifiée par $(U_n(x))_{n\in\mathbb{N}}$, on obtient l'égalité :

$$L = L^2 + L \Leftrightarrow L^2 = 0 \Leftrightarrow L = 0.$$

Ceci est absurde car, la suite $(U_n(x))_n$ étant croissante, on a $L \geqslant U_0(x) > 0$ donc $L = +\infty$ c'est-à-dire que $U_n(x) \underset{n\to+\infty}{\to} +\infty$.

2. *Déterminons un équivalent simple de $V_{n+1}(x) - V_n(x)$ lorsque $n \to +\infty$.*

$$\begin{aligned} V_{n+1}(x) - V_n(x) &= \frac{\ln(U_{n+1}(x))}{2^{n+1}} - \frac{\ln(U_n(x))}{2^n} = \frac{\ln(U_{n+1}(x))}{2^{n+1}} - \frac{\ln\left((U_n(x))^2\right)}{2^{n+1}} \\ &= \frac{1}{2^{n+1}}\ln\left(\frac{U_{n+1}(x)}{(U_n(x))^2}\right) = \frac{1}{2^{n+1}}\ln\left(1 + \frac{1}{U_n(x)}\right) \underset{n\to+\infty}{=} o\left(\frac{1}{2^{n+1}}\right) \end{aligned}$$

car

$$\ln\left(1 + \frac{1}{U_n(x)}\right) \underset{n\to+\infty}{\to} \ln(1+0) = 0.$$

La série $\sum_n \frac{1}{2^{n+1}} = \frac{1}{2}\sum_n \left(\frac{1}{2}\right)^n$ *étant à termes positifs et convergente (série géométrique de raison* $\frac{1}{2} \in]-1,1[$*), on en déduit que la série* $\sum_n (V_{n+1}(x) - V_n(x))$ *converge.*
D'après le théorème sur les séries télescopiques, on peut affirmer que la suite $(V_n(x))_{n\in\mathbb{N}}$ *converge. Notons* $\alpha(x)$ *sa limite.*
Puisque

$$V_{n+1}(x) - V_n(x) \underset{n\to+\infty}{=} o\left(\frac{1}{2^{n+1}}\right),$$

que les séries $\sum_n (V_{n+1}(x) - V_n(x))$ *et* $\sum_n \frac{1}{2^{n+1}}$ *sont à termes positifs et que cette dernière série converge, le théorème de sommation des restes partiels de séries convergentes montre que :*

$$\sum_{k=n}^{+\infty} (V_{k+1}(x) - V_k(x)) \underset{n\to+\infty}{=} o\left(\sum_{k=n}^{+\infty} \frac{1}{2^{k+1}}\right).$$

Or, on sait que

$$\sum_{k=n}^{+\infty} \frac{1}{2^{k+1}} = \frac{1}{2^{n+1}} \times \frac{1}{1-\frac{1}{2}} = \frac{1}{2^n}$$

et d'après les sommes de séries télescopiques, on a :

$$\sum_{k=n}^{+\infty} (V_{k+1}(x) - V_k(x)) = \lim_{k\to+\infty} V_k(x) - V_n(x) = \alpha(x) - V_n(x)$$

donc on obtient les dominations suivantes :

$$\alpha(x) - V_n(x) \underset{n\to+\infty}{=} o\left(\frac{1}{2^n}\right) \Leftrightarrow V_n(x) \underset{n\to+\infty}{=} \alpha(x) + o\left(\frac{1}{2^n}\right)$$

$$\Leftrightarrow \frac{\ln(U_n(x))}{2^n} \underset{n\to+\infty}{=} \alpha(x) + o\left(\frac{1}{2^n}\right) \underset{\times 2^n}{\Leftrightarrow} \ln(U_n(x)) \underset{n\to+\infty}{=} 2^n\alpha(x) + o(1),$$

$$\Leftrightarrow U_n(x) \underset{n\to+\infty}{=} \exp(2^n\alpha(x) + o(1)) \underset{n\to+\infty}{=} \exp(2^n\alpha(x)) \underbrace{\exp(\overbrace{o(1)}^{\underset{\to+\infty}{\to} 0})}_{\underset{n\to+\infty}{\to} 1},$$

ce qui assure que

$$U_n(x) \underset{n\to+\infty}{\sim} \exp(2^n\alpha(x))$$

(par définition des équivalents).

3. *Pour tout* $x \in \mathbb{R}_+^*$*, soit* $\alpha(x)$ *la limite de la suite* $(V_n(x))_{n\in\mathbb{N}}$ *alors, d'après le théorème sur les séries télescopiques, on a la formule :*

$$\sum_{n=0}^{+\infty} (V_{n+1}(x) - V_n(x)) = \lim_{n\to+\infty} V_n(x) - V_0(x) = \alpha(x) - V_0(x)$$

$$\Leftrightarrow \alpha(x) = V_0(x) + \sum_{n=0}^{+\infty} (V_{n+1}(x) - V_n(x)) = \ln(x) + \sum_{n=0}^{+\infty} (V_{n+1}(x) - V_n(x)).$$

$U_0 : x \mapsto x$ est continue sur $\mathbb{R}_+^*$ et, si pour un entier n, U_n est continue sur $\mathbb{R}_+$ alors la fonction

$$(U_n)^2 + U_n = U_{n+1}$$

est continue sur $\mathbb{R}_+^*$ (comme somme et produit de telles fonctions) alors on peut affirmer que U_n est continue sur $\mathbb{R}_+$ pour tout entier n. En outre, pour tout entier n, U_n est à valeurs strictement positives donc la fonction

$$V_{n+1} - V_n = \ln(U_{n+1}) - \ln(U_n)$$

est continue sur $\mathbb{R}_+^*$. Montrons que la série $\sum_n (V_{n+1} - V_n)$ converge normalement (donc uniformément) sur tout segment de $\mathbb{R}_+^*$, ce qui démontrera la continuité de $\sum_{n=1}^{+\infty} (V_{n+1} - V_n)$ sur $\mathbb{R}_+^*$ donc la continuité de α sur $\mathbb{R}_+^*$.
Soit $[a, b]$ un segment de $\mathbb{R}_+^*$ (i.e. $0 < a \leqslant b$). Pour tout $x \in [a, b]$, comme la suite $(U_n(x))_n$ est croissante, la suite $(V_n(x))_n$ l'est aussi donc la suite $(V_{n+1}(x) - V_n(x))$ est positive. D'après les calculs menés à la réponse de la question 2, pour tout $x \in [a, b]$, on a :

$$\begin{aligned}
|V_{n+1}(x) - V_n(x)| &= V_{n+1}(x) - V_n(x) = \frac{1}{2^{n+1}} \ln\left(1 + \frac{1}{U_n(x)}\right) \\
&\leqslant \frac{1}{2^{n+1}} \ln\left(1 + \frac{1}{x}\right) (*) \leqslant \frac{1}{2^{n+1}} \ln\left(1 + \frac{1}{a}\right) \\
&\Rightarrow \sup_{[a,b]} |V_{n+1} - V_n| \leqslant \frac{1}{2^{n+1}} \ln\left(1 + \frac{1}{a}\right).
\end{aligned}$$

$(*)$: la suite $(U_n(x))_n$ étant croissante, on a la minoration : $U_n(x) \geqslant U_0(x) = x > 0$.
La série $\sum_n \frac{1}{2^{n+1}} \ln\left(1 + \frac{1}{a}\right)$ étant convergente (série géométrique de raison $\frac{1}{2} \in]-1, 1[$), on peut affirmer que la série $\sum_n \sup_{[a,b]} |V_{n+1} - V_n|$ converge pour tout segment $[a, b]$ de $\mathbb{R}_+^*$.
Autrement dit, la série $\sum_n (V_{n+1} - V_n)$ converge normalement sur tout segment de $\mathbb{R}_+^*$, ce qui permet de conclure.

Commentaires 157 *Exercice original, les questions sont suffisamment détaillées et progressives. Les questions sont des applications du cours.*

Exercice 158 Soit $f \in \mathcal{C}^2([1, +\infty[, \mathbb{R})$. Si $n \in \mathbb{N}^*$, on définit

$$f_n : \left\{ \begin{array}{ccc} [1, +\infty[& \to & \mathbb{R} \\ x & \mapsto & \frac{n}{x}\left(f(x + \frac{x}{n}) - f(x)\right) \end{array} \right. .$$

1. Montrer la convergence simple de la suite $(f_n)_{n\geqslant 1}$ sur $[1, +\infty[$.
2. On se place dans des cas particuliers.
   (a) Cas $f = \ln$. Montrer la convergence uniforme de $(f_n)_{n\geqslant 1}$ sur $[1, +\infty[$

(b) Cas $f = \sin$. Montrer que $(f_n)_{n\geqslant 1}$ ne converge pas uniformément sur $[1,+\infty[$.

3. (a) On suppose que $x \mapsto xf''(x)$ est bornée sur $[1,+\infty[$.
Montrer la convergence uniforme de la suite $(f_n)_{n\geqslant 1}$ sur $[1,+\infty[$.

(b) On suppose que $\dfrac{f(x)}{x} \to \ell$ quand $x \to +\infty$ et que la suite (f_n) converge uniformément sur $[1,+\infty[$.
Que peut-on dire du comportement de f' en $+\infty$?

Solution 158

1. *Soit* $x \in [1,+\infty[$. *Comme* $\dfrac{x}{n} \underset{n\to+\infty}{\to} 0$ *et que* f *est dérivable en* x, *on a :*

$$\lim_{n\to+\infty} f_n(x) \underset{s=x/n}{=} \lim_{s\to 0} \frac{f(x+s)-f(x)}{s} = f'(x)$$

donc la suite de fonctions $(f_n)_{n\in\mathbb{N}^*}$ *converge vers* f' *simplement sur* $[1,+\infty[$.

2. (a) *D'après la question précédente, la suite* $(f_n)_n$ *converge simplement vers* $f' : x \mapsto \dfrac{1}{x}$ *sur* $[1,+\infty[$. *Pour tout* $n \geqslant 1$ *et tout* $x \in [1,+\infty[$, *on a :*

$$f_n(x) = \frac{n}{x}\left(\ln\left(x+\frac{x}{n}\right) - \ln(x)\right) = \frac{n}{x}\ln\left(\frac{x+x/n}{x}\right) = \frac{n}{x}\ln\left(1+\frac{1}{n}\right)$$

ce qui nous permet d'écrire :

$$\begin{aligned}
|f_n(x) - f'(x)| = \frac{1}{x}\left|n\ln\left(1+\frac{1}{n}\right)-1\right| &\underset{x\geqslant 1}{\leqslant} \left|n\ln\left(1+\frac{1}{n}\right)-1\right| = |f_n(1) - f'(1)| \\
\Rightarrow \sup_{x\in[1,+\infty[} |f_n(x) - f_n(x)| &\leqslant |f_n(1) - f'(1)| \underset{n\to+\infty}{\to} 0\ (*) \\
\Rightarrow \lim_{n\to+\infty} \sup_{x\in[1,+\infty[} |f_n(x) - f_n| &= 0
\end{aligned}$$

$(*)$ *d'après la convergence simple de* $(f_n)_n$ *vers* f' $[1,+\infty[$.
Ainsi, la suite $(f_n)_n$ *converge uniformément vers* f' *sur* $[1,+\infty[$.

(b) *D'après la question précédente, la suite* $(f_n)_{n\in\mathbb{N}^*}$ *converge simplement vers* $f' = \cos$ *sur* $[1,+\infty[$. *Pour tout* $n \geqslant 1$ *et tout* $x \in [1,+\infty[$, *on a :*

$$|f_n(x) - f'(x)| = \left|\frac{n}{x}\sin\left(x+\frac{x}{n}\right) - \cos(x)\right|.$$

En choisissant $x_n = 2\pi n$ *(pour annuler le* sin *sans annuler le* cos), *on obtient :*

$$\begin{aligned}
|f_n(x_n) - f'(x_n)| &= \left|\frac{1}{2\pi}\sin(2\pi n + 2\pi) - \cos(2\pi)\right| = 1 \\
&\Rightarrow \sup_{x\in[1,+\infty[} |f_n(x) - f'(x)| \geqslant 1
\end{aligned}$$

donc la suite $\left(\displaystyle\sup_{x\in[1,+\infty[} |f_n(x) - f'(x)|\right)_{n\geqslant 1}$ *ne peut tendre vers* 0. *Par conséquent, la suite* $(f_n)_{n\in\mathbb{N}^*}$ *ne converge pas uniformément vers* f' *sur* $[1,+\infty[$.

3.

(a) *Soit* $x \in [1,+\infty[$. *D'après l'inégalité de Taylor à l'ordre 2 en* x, *pour tout* $h > 0$, *on a :*

$$\begin{aligned} |f(x+h) - f(x) - hf'(x)| &\leqslant \frac{h^2}{2} \sup_{y\in[x,x+h]} |f''(y)| \\ \underset{\div h>0}{\Leftrightarrow} \left|\frac{f(x+h)-f(x)}{h} - f'(x)\right| &\leqslant \frac{h}{2} \sup_{y\in[x,x+h]} |f''(y)| \end{aligned}$$

Comme $y \mapsto yf''(y)$ *est bornée sur* $[1,+\infty[$, *il existe un réel* M *tel que :*

$$\begin{aligned} \forall y &\in [1,+\infty[, |yf''(y)| \leqslant M \Rightarrow \forall y \in [x,x+h], |f''(y)| \leqslant \frac{M}{y} \leqslant \frac{M}{x} \\ &\Rightarrow \sup_{y\in[x,x+h]} |f''(y)| \leqslant \frac{M}{x}. \end{aligned}$$

Ainsi, pour tout $x \in [1,+\infty[$ *et tout* $h \geqslant 0$, *on a l'inégalité :*

$$\left|\frac{f(x+h)-f(x)}{h} - f'(x)\right| \leqslant \frac{h}{2} \times \frac{M}{x}.$$

Pour tout $n \in \mathbb{N}^*$, *en choisissant* $h = \frac{x}{n} > 0$ *dans l'inégalité ci-dessus on obtient :*

$$\begin{aligned} \forall x &\in [1,+\infty[, \forall n \in \mathbb{N}^*, |f_n(x) - f'(x)| \leqslant \frac{M}{2n} \\ &\Rightarrow \sup_{x\in[1,+\infty[} |f_n(x) - f'(x)| \leqslant \frac{M}{2n} \underset{n\to+\infty}{\to} 0 \Rightarrow \lim_{n\to+\infty} \sup_{x\in[1,+\infty[} |f_n(x) - f'(x)| = 0 \end{aligned}$$

c'est-à-dire que la suite $(f_n)_{n\in\mathbb{N}^*}$ *converge uniformément vers* f' *sur* $[1,+\infty[$.

(b) *Par hypothèse, on a* $\lim_{x\to+\infty} \frac{f(x)}{x} = \ell$ *donc*

$$\frac{f(x)}{x} \underset{x\to+\infty}{=} \ell + o(1) \underset{\times}{\Leftrightarrow} f(x) \underset{x\to+\infty}{=} \ell x + o(x).$$

On en déduit, pour tout entier $n \in \mathbb{N}^*$, *le développement asymptotique :*

$$f\left(x+\frac{x}{n}\right) \underset{x\to+\infty}{=} \ell\left(x+\frac{x}{n}\right) + o\left(x+\frac{x}{n}\right) \underset{x\to+\infty}{=} \ell\left(x+\frac{x}{n}\right) + o(x)$$

(car $x + \frac{x}{n} \underset{x\to+\infty}{=} O(x)$*) donc :*

$$f_n(x) = \frac{n}{x}\left(f\left(x+\frac{x}{n}\right) - f(x)\right) \underset{x\to+\infty}{=} \frac{n}{x}\left(\ell \times \frac{x}{n} + o(x)\right) \underset{x\to+\infty}{=} \ell + o(1)$$

c'est-à-dire que $\lim_{x\to+\infty} f_n(x) = \ell$ *pour tout* $n \in \mathbb{N}^*$. *Comme la suite* $(f_n)_n$ *converge uniformément vers* f' *sur* $[1,+\infty[$, *le théorème de permutation de doubles limites montre que :*

$$\lim_{x\to+\infty}\left(\lim_{n\to+\infty} f_n(x)\right) = \lim_{n\to+\infty}\left(\lim_{x\to+\infty} f_n(x)\right) \Leftrightarrow \lim_{x\to+\infty} f'(x) = \lim_{n\to+\infty} \ell = \ell.$$

Commentaires 158 *Exercice original faisant la part belle à l'étude de la convergence de suites de fonctions sur des exemples variés à la fois pratiques et théoriques.*

Exercice 159 (Centrale) Soit $q \in \left]-1,1\right[$. On pose :

$$\forall n \in \mathbb{N}^*,\ \forall x \in \mathbb{R},\ f_n(x) = \prod_{k=1}^{n} \left(1 - q^k x\right).$$

1. Montrer que $(f_n)_{n\in\mathbb{N}^*}$ converge vers une fonction f continue.
2. Montrer qu'il existe une unique fonction g continue en 0 qui vérifie

$$g(0) = 1 \text{ et } \forall x \in \mathbb{R},\ g(x) = (1 - qx)\, g(qx).$$

3. Montrer que f est développable en série entière et expliciter ce développement.

Solution 159

1. *Soit $x \in \mathbb{R}$. Comme $q \in \left]-1,1\right[$, $\lim\limits_{k\to+\infty} \left(1 - q^k x\right) = 1$, il existe un rang N tel que*

$$\forall k \geqslant N,\ 1 - q^k x > 0$$

alors on peut écrire :

$$\ln\left(\prod_{k=N}^{n} \left(1 - q^k x\right)\right) = \sum_{k=N}^{n} \ln\left(1 - q^k x\right).$$

Grâce à l'équivalent de $x \mapsto \ln(1+x)$ en 0, on a l'équivalent suivant :

$$\left|\ln\left(1 - q^k x\right)\right| \underset{k\to+\infty}{\sim} \left|-q^k x\right| = |q|^k\, |x|.$$

La série $\sum\limits_{k\geqslant N} |q|^k\,|x| = |x| \sum\limits_{n\geqslant N} |q|^k$ est à termes positifs et converge (série géométrique de raison $|q| \in \left]-1,1\right[$) donc la série $\sum\limits_{k\geqslant N} \left|\ln\left(1 - q^k x\right)\right|$ converge, ce qui entraine la convergence de la série $\sum\limits_{k\geqslant N} \ln\left(1 - q^k x\right)$. Par conséquent, la suite

$$\left(\sum_{k=N}^{n} \ln\left(1 - q^k x\right)\right)_{n\geqslant N} = \left(\ln\left(\prod_{k=N}^{n} \left(1 - q^k x\right)\right)\right)_{n\geqslant N}$$

converge. Notons L sa limite alors, par continuité de l'exponentielle sur $\mathbb{R}$ (donc en L), on a les limites suivantes :

$$\prod_{k=N}^{n} \left(1 - q^k x\right) = \exp\left(\ln\left(\prod_{k=N}^{n} \left(1 - q^k x\right)\right)\right) \underset{n\to+\infty}{\to} e^L$$

$$\Rightarrow f_n(x) = \prod_{k=0}^{N-1} \left(1 - q^k x\right) \prod_{k=N}^{n} \left(1 - q^k x\right) \underset{n\to+\infty}{\to} e^L \prod_{k=0}^{N-1} \left(1 - q^k x\right),$$

ce qui prouve la convergence simple de la suite $(f_n)_n$ *sur* $\mathbb{R}$. *Notons* f *sa limite simple. En outre, pour tout segment* $[-a,a]$ *de* $\mathbb{R}$, *on dispose des majorations :*

$$\forall k \in \mathbb{N}, \forall x \in [-a,a], \left|q^k x\right| \leqslant |q|^k |x| \leqslant |q|^k a.$$

Comme $\lim\limits_{k\to+\infty} q^k a = 0$, *il existe un rang* $N_a \in \mathbb{N}$ *tel que :*

$$\forall k \geqslant N_a, \left|q^k\right| a \leqslant \frac{1}{2} \forall k \geqslant N_a, \forall x \in [-a,a], \left|q^k x\right| \leqslant \frac{1}{2}.$$

La fonction $y \mapsto \ln(1+y)$ *est dérivable sur* $\left[-\frac{1}{2}, \frac{1}{2}\right]$ *et sa dérivée* $y \mapsto \dfrac{1}{1+y}$ *est bornée par* $\dfrac{1}{1-1/2} = 2$ *sur ce segment donc, d'après l'inégalité des accroissements finis, on a :*

$$\forall y \in \left[-\frac{1}{2}, \frac{1}{2}\right], |\ln(1+y) - \ln(1+0)| \leqslant 2|y-0| \Leftrightarrow |\ln(1+y)| \leqslant 2|y|.$$

Par conséquent, on obtient l'inégalité suivante :

$$\begin{aligned}\forall k &\geqslant N_a, \forall x \in [-a,a], \left|\ln\left(1-q^k x\right)\right| \leqslant 2\left|-q^k x\right| = 2|q|^k |x| \leqslant 2|q|^k a \\ &\Rightarrow \forall k \geqslant N_a, \sup_{x\in[-a,a]} \left|\ln\left(1-q^k x\right)\right| \leqslant 2|q|^k a.\end{aligned}$$

La série $\sum\limits_k 2|q|^k a = 2a \sum\limits_k |q|^k$ *converge (série géométrique de raison* $|q| \in \left]-1,1\right[$*) donc la série* $\sum\limits_{k\geqslant N_a} \sup\limits_{x\in[-a,a]} \left|\ln\left(1-q^k x\right)\right|$. *Autrement dit, la série* $\sum\limits_{k\geqslant N_a} \ln\left(1-q^k x\right)$ *converge normalement donc uniformément sur le segment* $[-a,a]$. *Or, pour tout* $k \geqslant N_a$, *la fonction* $x \mapsto \ln\left(1-q^k x\right)$ *est continue sur* $[-a,a]$ *donc la fonction*

$$g_{N_a} : x \mapsto \sum_{k=N_a}^{+\infty} \ln\left(1-q^k x\right)$$

est continue sur $[-a,a]$. *Remarquons alors que, pour tout* $x \in [-a,a]$, *on a :*

$$\begin{aligned}f(x) &= \lim_{n\to+\infty} f_n(x) = \lim_{n\to+\infty} \prod_{k=1}^{N_a-1}\left(1-q^k x\right) \prod_{k=N_a}^{n}\left(1-q^k x\right) \\ &= \prod_{k=1}^{N_a-1}\left(1-q^k x\right) \lim_{n\to+\infty} \prod_{k=N_a}^{n}\left(1-q^k x\right) \\ &= \prod_{k=1}^{N_a-1}\left(1-q^k x\right) \lim_{n\to+\infty} \exp\left(\sum_{k=N_a}^{n} \ln\left(1-q^k x\right)\right) \\ &= \prod_{k=1}^{N_a-1}\left(1-q^k x\right) \exp\left(\lim_{n\to+\infty} \sum_{k=N_a}^{n} \ln\left(1-q^k x\right)\right) \\ &= \prod_{k=1}^{N_a-1}\left(1-q^k x\right) \exp\left(g_{N_a}(x)\right).\end{aligned}$$

Ainsi, la fonction f *est continue sur* $[-a,a]$ *(comme produit et composée de telles fonctions). Ceci étant vrai pour tout* $a \in \mathbb{R}_+$, *on peut affirmer que* f *est continue sur* $\mathbb{R}$.

2. *Supposons qu'une telle fonction g existe et soit $x \in \mathbb{R}$. On a les égalités suivantes :*

$$\begin{aligned} g(x) &= (1-qx)\,g(qx) = (1-qx)\left(1-q^2x\right)g\left(q^2x\right) \\ &= (1-qx)\left(1-q^2x\right)\left(1-q^3x\right)g\left(q^3x\right) = \cdots \Rightarrow \\ (\mathcal{R}) &: \quad g(x) = \prod_{k=1}^{n}\left(1-q^kx\right)g\left(q^nx\right) = f_n(x)\,g\left(q^nx\right), \end{aligned}$$

valables pour tout entier n (par une récurrence immédiate laissée au lecteur). Comme $\lim_{n\to+\infty} q^nx = 0$ (suite géométrique de raison $q \in \left]-1,1\right[$), par continuité de g en 0, on obtient l'égalité :

$$\lim_{n\to+\infty} g\left(q^nx\right) = g(0) = 1.$$

En outre, comme $\lim_{n\to+\infty} f_n(x) = f(x)$, en faisant tendre n vers $+\infty$ dans la relation $(\mathcal{R})$, on obtient l'égalité :

$$g(x) = \lim_{n\to+\infty} f_n(x)\,g\left(q^nx\right) = f(x)\times 1 = f(x).$$

Ainsi, $g = f$, ce qui montre son unicité. En outre, pour tout $x \in \mathbb{R}$, pour tout entier n, on a :

$$\begin{aligned} f_{n+1}(x) &= \prod_{k=1}^{n+1}\left(1-q^kx\right) = (1-qx)\prod_{k=2}^{n+1}\left(1-q^kx\right) \\ &= (1-qx)\prod_{k=2}^{n+1}\left(1-q^{k-1}(qx)\right) \underset{j=k-1}{=} (1-qx)\prod_{j=1}^{n}\left(1-q^j(qx)\right) \\ &= (1-qx)\,f_n(qx). \end{aligned}$$

En faisant tendre n vers $+\infty$, on obtient l'égalité :

$$\forall x \in \mathbb{R},\ f(x) = (1-qx)\,f(qx),$$

ce qui prouve l'existence d'une telle fonction g.

3. *Nous allons démontrer que f est de classe C^∞ sur $\left]-1,1\right[$ puis nous allons majorer ses dérivées n^e afin de prouver que le reste de Taylor de f en 0 tend vers 0 lorsque $n \to +\infty$, ce qui prouvera l'existence du développement en série entière de f au voisinage de 0.*
$\boxed{f\ C^\infty}$ *Pour tout entier $k \geqslant 1$, on note $g_k : x \mapsto \ln\left(1-q^kx\right)$ qui est de classe C^∞ sur $\left]-1,1\right[$ (comme composée de deux telles fonctions et la fonction $x \mapsto 1-q^kx$ est strictement positive sur $\left]-1,1\right[$ car*

$$\left|q^kx\right| = |q|^k\,|x| < 1^k 1 = 1$$

sur cet intervalle). La série $\sum_k g_k$ converge uniformément sur tout segment $[-a,a]$ de

$]-1,1[$ *(cf. la réponse à la question 1). Pour tout entier $n \in \mathbb{N}$ et tout entier k, on a :*

$$g_k^{(n+1)} = (g_k')^{(n)} : x \mapsto \left(\frac{-q^k}{1-q^k x}\right)^{(n)} = \frac{n!\left(q^k\right)^n\left(-q^k\right)}{\left(1-q^k x\right)^{n+1}}$$

$$\Rightarrow \forall x \in [-a,a], \left|g_k^{(n+1)}(x)\right| = \frac{n!\left(|q|^k\right)^{n+1}}{\left(1-q^k x\right)^{n+1}} \underset{(*)}{\leqslant} \frac{n!\left(|q|^k\right)^{n+1}}{\left(1-|q|^k a\right)^{n+1}}$$

$$\Rightarrow \sup_{x\in[-a,a]}\left|g_k^{(n+1)}(x)\right| \leqslant \frac{n!\left(|q|^k\right)^{n+1}}{\left(1-|q|^k a\right)^{n+1}} = \frac{n!\left(|q|^{n+1}\right)^k}{\left(1-|q|^k a\right)^{n+1}}$$

$(*)$: car $q^k x \leqslant \left|q^k x\right| = |q|^k|x| \leqslant |q|^k a$ puis on utilise la croissance de la fonction $t \mapsto \dfrac{1}{(1-t)^{n+1}}$.

Comme $\lim\limits_{k\to+\infty}\left(1-|q|^k a\right)=1$, on a $\dfrac{n!\left(|q|^{n+1}\right)^k}{\left(1-|q|^k a\right)^{n+1}} \underset{k\to+\infty}{\sim} n!\left(|q|^{n+1}\right)^k$. La série $\sum\limits_k n!\left(q^{n+1}\right)^k = n!\sum\limits_k\left(q^{n+1}\right)^k$ est à termes positifs et converge (série géométrique de raison $|q|^{n+1} \in]-1,1[$) donc la série $\sum\limits_k \sup\limits_{x\in[-a,a]}\left|g_k^{(n+1)}(x)\right|$ converge c'est-à-dire que la série $\sum\limits_k g_k^{(n+1)}$ converge normalement (donc uniformément) sur tout segment $[-a,a]$ de $]-1,1[$. D'après le théorème de dérivation des séries de fonctons, on peut affirmer que la fonction $\sum\limits_{k=1}^{+\infty} g_k = \ln(f)$ est C^∞ sur $]-1,1[$. Comme la fonction $\exp(\ln(f))$ est de classe C^∞ sur $]-1,1[$.

Majoration de $f^{(n)}$

Soit $n \in \mathbb{N}^*$, en dérivant n fois la relation

$$f(x) = (1-qx)\,f(qx),$$

la formule de Leibniz montre, pour tout $x \in]-1,1[$, que :

$$\begin{aligned} f^{(n)}(x) &= (1-qx)\,q^n f^{(n)}(qx) - \tbinom{n}{1} q q^{n-1} f^{(n-1)}(qx) \\ &= (1-qx)\,q^n f^{(n)}(x) - nq^n f^{(n-1)}(qx) \Rightarrow \\ (\mathcal{S}) \quad &: \quad f^{(n)}(x) = -\frac{nq^n f^{(n-1)}(qx)}{1-q^n(1-qx)}. \end{aligned}$$

Soit $a \in [0,1[$. Pour tout entier n, la fonction $f^{(n)}$ est continue sur le segment $[-a,a]$ donc elle y est bornée et on note :

$$M_a^{(n)} = \sup_{x\in[-a,a]}\left|f^{(n)}(x)\right|.$$

D'après l'égalité ci-dessus, on a pour tout $x \in [-a,a]$:

$$\left|f^{(n)}(x)\right| = \frac{n|q|^n\left|f^{(n-1)}(qx)\right|}{1-q^n(1-qx)} \leqslant \frac{n|q|^n M_a^{(n-1)}}{1-q^n(1-qx)} \leqslant C_a n |q|^n M_a^{(n-1)}$$

avec $C_a = \dfrac{1}{1-|q|(1+|q|a)}$ *car la fonction* $t \mapsto \dfrac{1}{1-t}$ *est croissante et que :*

$$q^n(1-qx) \leqslant |q^n(1-qx)| \leqslant |q|^n(1+|q||x|) \leqslant |q|(1+|q|a).$$

Par conséquent, on en déduit la majoration suivante :

$$M_a^{(n)} = \sup_{x\in[-a,a]} \left|f^{(n)}(x)\right| \leqslant C_a n|q|^n M_n^{(n-1)} \underset{\div n!>0}{\Rightarrow} \frac{M_a^{(n)}}{n!} \leqslant C_a q^n \frac{M_a^{(n-1)}}{(n-1)!}.$$

Une récurrence immédiate (laissée au lecteur) montre, pour tout entier n*, que :*

$$\frac{M_a^{(n)}}{n!} \leqslant (C_a)^n q^{n+(n-1)+\cdots+1} M_a^{(0)} = (C_a)^n q^{n(n+1)/2} M_a^{(0)}.$$

DSE de f *Soit* $a \in [0,1[$. *D'après l'inégalité de Taylor, pour tout* $x \in [-a,a]$, *pour tout* $n \geqslant 1$, *on a la majoration :*

$$\left|f(x) - \sum_{k=0}^{n-1} \frac{f^{(k)}(0)}{k!}x^k\right| \leqslant \frac{M_a^{(n)}|x|^n}{n!} \leqslant (C_a)^n q^{n(n+1)/2} a^n = u_n.$$

Comme $\dfrac{u_{n+1}}{u_n} = C_a q^{n+1} a \underset{n\to+\infty}{\to} 0 < 1$ *alors, d'après le critère de D'Alembert, la série* $\sum_n u_n$ *converge donc* $\lim\limits_{n\to+\infty} u_n = 0$. *Par le théorème d'encadrement, on en déduit que :*

$$\lim_{n\to+\infty} \sum_{k=0}^{n-1} \frac{f^{(k)}(0)}{k!}x^k = f(x)$$

c'est-à-dire que la série $\sum_{k\geqslant 0} \dfrac{f^{(k)}(0)}{k!}x^k$ *converge et sa somme vaut* $f(x)$ *lorsque* $x \in [-a,a]$ *quelque soit* $a \in [0,1[$. *Autrement dit, on a prouvé que :*

$$\forall x \in]-1,1[,\ f(x) = \sum_{k=0}^{+\infty} \frac{f^{(k)}(0)}{k!}x^k$$

c'est-à-dire que f *est développable en série entière sur* $]-1,1[$. *En outre, d'après la relation* $(\mathcal{S})$ *évaluée en* $x = 0$, *pour tout entier* $n \geqslant 1$, *on a*

$$f^{(n)}(0) = -\frac{nq^n f^{(n-1)}(0)}{1-q^n} \underset{\div n!}{\Rightarrow} \frac{f^{(n)}(0)}{n!} = -\frac{q^n}{1-q^n} \times \frac{f^{(n-1)}(0)}{(n-1)!}.$$

Une récurrence immédiate montre que :

$$\forall n \geqslant 1,\ \frac{f^{(n)}(0)}{n!} = (-1)^n \prod_{k=1}^{n} \frac{q^k}{1-q^k}$$

(laissée au lecteur) et comme $f(0) = 1$, *on obtient la formule :*

$$\forall x \in]-1,1[,\ f(x) = 1 + \sum_{n=1}^{+\infty} (-1)^n x^n \prod_{k=1}^{n} \frac{q^k}{1-q^k}.$$

Commentaires 159 *Exercice relativement classique, difficile et progressif.*
Question 1 : On peut aborder l'étude de la convergence simple uniquement à l'aide du théorème de convergence monotone des suites numériques. Comme la suite $\left(1-q^k x\right)_k$ *converge vers* 1, *à partir d'un certain rang* k_0, $1-q^k x$ *est strictement positif et inférieur à* 1 *donc la suite*

$$v_n = \prod_{k=k_0}^{n} \left(1-q^k x\right)$$

est positive et décroissante (car $\dfrac{v_n}{v_{n-1}} = 1-q^n x < 1$*) donc elle converge.*
Pour la continuité, il est indispensable d'utiliser le théorème dédié aux suites de fonctions. Comme il s'agit d'un produit, le passage au logarithme permet d'utiliser la théorie des séries. Cette dernière est plus efficace car elle ajoute une notion de convergence très efficace et simple d'utilisation (la convergence absolue pour les séries numériques et la convergence normale pour les séries de fonctions). N'hésitez pas à retenir cette stratégie, elle vous sera bien utile pour la gestion des produits infinis.
Pour les candidats n'y songeant pas, l'interrogateur les amènera sur cette piste. Il est alors attendu certains automatismes concernant la convergence des séries numériques ainsi que sur la justification de la continuité d'une somme de série de fonctions.
Question 2 : Comme d'habitude sur ce type d'équations fonctionnelles l'idée majeure est d'itérer le processus induit par l'équation fonctionnelle puis de passer à la limite Les candidats y songeant seront fortement valorisés et les autres seront orientés dans cette direction.
Question 3 : Elle s'adresse aux bons candidats. L'argument clé dans ce type de question est de montrer que la série de Taylor en 0 *de* f *converge (un candidat le justifiant sera fortement valorisé). Malheureusement, cela n'est pas suffisant (par exemple, la fonction*

$$g : x \mapsto \begin{cases} e^{-1/x^2} & si\ x \neq 0 \\ 0 & si\ x = 0 \end{cases}$$

est de classe C^∞ *sur* $\mathbb{R}$, *pour tout entier* n, $g^{(n)}(0) = 0$ *donc sa série de Taylor est*

$$\sum_{n \geqslant 0} \frac{g^{(n)}(0)}{n!} x^n = \sum_{n \geqslant 0} 0$$

qui converge mais sa somme n'est pas g. *Il faut ensuite montrer que la somme de la série de Taylor vaut* f *c'est-à-dire, d'après la formule de Taylor, que le reste de Taylor tend vers* 0 *quand* n *tend vers* $+\infty$. *Ceci s'adresse aux meilleurs candidats.*

Exercice 160 (Centrale) On pose

$$f : x \mapsto \sum_{n=0}^{+\infty} \frac{(-1)^n}{n!} \frac{1}{x+n}.$$

1. Trouver l'ensemble de définition D. Montrer que f est de classe C^∞ sur D.
2. Soit $x \in D$. Montrer que $e * f(x) = \sum_{n=0}^{+\infty} \dfrac{1}{x(x+1)\dots(x+n)}$ et calculer $xf(x) - f(x+1)$.

3. Soit $x > 0$. Montrer que $f(x) = \int_0^1 t^{x-1}e^{-t}dt$.

Solution 160

1. ***Domaine de définition.*** *Pour $f(x)$ existe, il est impératif que*

$$x + n \neq 0 \Leftrightarrow x \neq -n$$

pour tout $n \in \mathbb{N}$ c'est-à-dire que $x \in \mathbb{R} \backslash \mathbb{Z}_-$. Pour tout $n \in \mathbb{N}$, on considère la fonction

$$f_n : \begin{cases} \mathbb{R}\backslash\mathbb{Z}_- & \to & \mathbb{R} \\ x & \mapsto & \dfrac{(-1)^n}{n!\,(x+n)} \end{cases}$$

Soit $x \in \mathbb{R}\backslash\mathbb{Z}_-$, chaque terme $f_n(x)$ étant non nul, on peut appliquer le critère de d'Alembert.

$$\left|\frac{f_{n+1}(x)}{f_n(x)}\right| = \left|\frac{x+n}{x+n+1}\right| \times \frac{1}{n+1} \underset{n\to+\infty}{\sim} \frac{n}{n} \times \frac{1}{n} = \frac{1}{n} \underset{n\to+\infty}{\to} 0 < 1$$

donc la série $\sum_n f_n(x)$ converge absolument donc converge. Ainsi, le domaine de définition de f est $D = \mathbb{R}\backslash\mathbb{Z}_-$.

Caractère C^∞ ***de*** f. *Pour tout entier n, f_n est de classe C^∞ sur $\mathbb{R}\backslash\mathbb{Z}_-$. Pour tout entier k, on a l'égalité suivante :*

$$f_n^{(k)}(x) = \frac{(-1)^n}{n!} \times \frac{(-1)^k k!}{(x+n)^{k+1}}$$

(par une récurrence aisée). Soit $[a,b]$ un segment de $\mathbb{R}\backslash\mathbb{Z}$. Comme $\lim\limits_{n\to+\infty}(a+n) = +\infty$, il existe un entier N_a tel que $\forall n > N_a$, $a + n \geqslant 1$. On en déduit les majorations :

$$\begin{aligned} \forall n &> N_a, \forall x \in [a,b], x+n \geqslant a+n \geqslant 1 \Rightarrow \\ \left|f_n^{(k)}(x)\right| &= \frac{k!}{n!} \times \frac{1}{(x+n)^k} \leqslant \frac{k!}{n!} \Rightarrow \sup_{x\in[a,b]} \left|f_n^{(k)}(x)\right| \leqslant \frac{k!}{n!}. \end{aligned}$$

La série $\sum\limits_{n>N_a} \dfrac{k!}{n!} = k! \sum\limits_{n>N_A} \dfrac{1}{n!}$ converge (série exponentielle ou par le critère de D'Alembert). Ainsi, pour tout entier k, la série $\sum\limits_{n>N_a} f_n^{(k)}$ converge normalement (donc uniformément) sur le segment $[a,b]$. D'après le théorème de dérivation des séries de fonctions, la fonction $\sum\limits_{n=N_a+1}^{+\infty} f_n$ est de classe C^∞ sur $[a,b]$ et comme la fonction $\sum\limits_{n=0}^{N_a} f_n$ est C^∞ sur $[a,b]$ (comme somme d'un nombre fini de telle fonctions), on en déduit que

$$\sum_{n=N_a+1}^{+\infty} f_n + \sum_{n=0}^{N_a} f_n = f$$

est C^∞ sur $[a,b]$, quelque soit le segment $[a,b]$ de $\mathbb{R}\backslash\mathbb{Z}_-$ donc f est C^∞ sur $\mathbb{R}\backslash\mathbb{Z}_-$.

2. *Effectuons la décomposition en éléments simples de la fraction rationnelle* $\dfrac{1}{x(x+1)..(x+n)}$.

Il existe des réels $\alpha_0, .., \alpha_n$ *tels que :*

$$\frac{1}{x(x+1)..(x+n)} = \sum_{k=0}^{n} \frac{\alpha_k}{x+k}.$$

Pour chaque $q \in \{0, .., n\}$, *en multipliant cette égalité par* $x+q$ *puis en faisant tendre* x *vers* $-q$, *on obtient la formule :*

$$\begin{aligned} \alpha_q &= \frac{1}{-q(-q+1)\cdots(-q+(q-1))(-q+(q+1))\cdots(-q+n)} \\ &= \frac{1}{(-1)^q\,(q(q-1)\cdots 1)\,(1\cdots(n-q))} = \frac{(-1)^q}{q!(n-q)!}. \end{aligned}$$

On en déduit l'égalité :

$$\frac{1}{x(x+1)..(x+n)} = \sum_{k=0}^{n} \frac{(-1)^k}{k!(n-k)!} * \frac{1}{x+k} = \sum_{k=0}^{n} \frac{(-1)^k}{k!(x+k)} * \frac{1}{(n-k)!}$$

On remarque alors que la série $\sum_{n\geqslant 0} \dfrac{1}{x(x+1)..(x+n)}$ *est le produit de Cauchy des deux séries absolument convergentes*

$$\sum_{n\geqslant 0} \frac{(-1)^n}{n!(x+n)} = \sum_{n\geqslant 0} f_n(x)$$

et $\sum_{n\geqslant 0} \dfrac{1}{n!}$. *D'après le théorème du produit de Cauchy. pour tout* $x \in D$, *on peut écrire :*

$$\sum_{n=0}^{+\infty} \frac{1}{x(x+1)..(x+n)} = \left(\sum_{n=0}^{+\infty} \frac{1}{n!}\right)\left(\sum_{n=0}^{+\infty} \frac{(-1)^n}{n!(x+n)}\right) = ef(x).$$

Grâce à cette formule, on obtient la relation :

$$\begin{aligned} xf(x) &= \frac{x}{e}\left(\frac{1}{x} + \sum_{n=1}^{+\infty} \frac{1}{x(x+1)..(x+n)}\right) = \frac{1}{e} + \frac{1}{e}\sum_{n=1}^{+\infty} \frac{1}{(x+1)..(x+n)} \\ f(x+1) &= \frac{1}{e}\sum_{n=0}^{+\infty} \frac{1}{(x+1)(x+2)..(x+n+1)} \\ &\underset{k=n+1}{=} \frac{1}{e}\sum_{k=1}^{+\infty} \frac{1}{(x+1)(x+2)..(x+k)}. \end{aligned}$$

donc :

$$xf(x) - f(x+1) = \frac{1}{e}.$$

3. *On développe en série entière* $t \mapsto e^{-t}$ *puis on justifie la possibilité de permuter les symboles série et intégrale. Pour tout réel* t, *on a les égalités suivantes :*

$$\begin{aligned} e^{-t} &= \sum_{n=0}^{+\infty} \frac{(-t)^n}{n!} = \sum_{n=0}^{+\infty} \frac{(-1)^n}{n!} t^n \Rightarrow \\ \forall (x,t) &\in \mathbb{R} \times]0,1],\ t^{x-1}e^{-t} = \sum_{n=0}^{+\infty} \frac{(-1)^n}{n!} t^{n+x-1}. \end{aligned}$$

Soit $x > 0$ (fixé). Pour tout entier n, on considère la fonction

$$f_n : t \mapsto \frac{(-1)^n}{n!} t^{n+x-1}$$

qui est continue et intégrable sur $]0,1]$ car l'intégrale

$$\int_0^1 |f_n(t)|\, dt = \frac{1}{n!} \int_0^1 \frac{1}{t^{1-(x+n)}} dt$$

est une intégrale de Riemann de paramètre $1-(x+n) < 1$. La série $\sum_n f_n$ converge simplement sur $]0,1]$ et sa somme $\sum_{n=0}^{+\infty} f_n : t \mapsto t^{x-1}e^{-t}$ est continue sur $]0,1]$. Pour finir, la série

$$\sum_{n\geqslant 0} \int_0^1 |f_n(t)|\, dt = \sum_{n\geqslant 0} \frac{1}{n!} \int_0^1 t^{n+x-1} dt = \sum_{n\geqslant 0} \frac{1}{n!} \left[\frac{t^{x+n}}{x+n} \right]_{t=0}^{t=1} = \sum_{n\geqslant 0} \frac{1}{n!\,(x+n)}$$

converge (son terme général est majoré par $\frac{1}{n!}$ qui est la série exponentielle réputée être convergente). D'après le théorème de permutation série-intégrale, on peut affirmer que la fonction

$$\sum_{n=0}^{+\infty} f_n : t \mapsto e^{-t} t^{x-1}$$

est intégrable sur $]0,1]$ et on a la formule :

$$\int_0^1 \sum_{n=0}^{+\infty} f_n = \sum_{n=0}^{+\infty} \int_0^1 f_n \Leftrightarrow \int_0^1 e^{-t} t^{x-1} dt = \sum_{n=0}^{+\infty} \frac{(-1)^n}{n!} \times \frac{1}{n+x} = f(x).$$

Commentaires 160 *Exercice de niveau standard et assez progressif. La principale difficulté étant la preuve de la première formule*

$$e * f(x) = \sum_{n=0}^{+\infty} \frac{1}{x(x+1)\dots(x+n)}.$$

Elle est astucieuse et nécessitera, pour l'immense majorité des candidats, au moins une indication de l'interrogateur (utilisation du développement en série entière de l'exponentielle pour écrire e comme somme d'une série). Il est attendu du candidat l'application rigoureuse du produit de Cauchy (et sa connaissance !). Il est probable également que l'interrogateur demande la décomposition en éléments simples de

$$\frac{1}{x(x+1)\dots(x+n)}.$$

8.4 Mines-Ponts

Exercice 161 (Mines-Ponts) Soit f_0 une fonction continue de $\mathbb{R}_+$ dans $\mathbb{R}$. On pose :

$$\forall n \in \mathbb{N},\ \forall x \in \mathbb{R}_+,\ f_{n+1}(x) = \int_0^x f_n(t)dt.$$

Montrer que la fonction $g = \sum_{n=0}^{+\infty} f_n$ est définie sur $\mathbb{R}_+$ et la calculer en fonction de f_0.

Solution 161 *Commençons par justifier par récurrence sur n que f_n est continue sur $\mathbb{R}_+$. Ceci est immédiat par définition de f_0. Supposons que f_n soit continue sur $\mathbb{R}_+$ alors la fonction*

$$x \mapsto \int_0^x f_n(t)dt = f_{n+1}(x)$$

est l'unique primitive de f_n s'annulant en 0 donc f_{n+1} est dérivable sur $\mathbb{R}_+$ et à fortiori continue.
Soit $a > 0$, la fonction f étant continue sur le segment $[0, a]$, elle y est bornée donc le nombre $M(a) = \sup_{[0,a]} |f|$ existe. Pour tout $x \in [0, a]$ et tout entier n, on a les majorations suivantes :

$$\begin{aligned}
|f_0(x)| &= |f(x)| \leqslant M(a) \\
|f_1(x)| &= \left|\int_0^x f_0(t)dt\right| \underset{0\leqslant x}{\leqslant} \int_0^x |f_0(t)|\, dt \leqslant \int_0^x M(a)dt = M(a)x \\
|f_2(x)| &= \left|\int_0^x f_1(t)dt\right| \underset{0\leqslant x}{\leqslant} \int_0^x |f_1(t)|\, dt \leqslant \int_0^x M(a)tdt = \frac{M(a)x^2}{2} \\
|f_3(x)| &= \left|\int_0^x f_2(t)dt\right| \underset{0\leqslant x}{\leqslant} \int_0^x |f_2(t)|\, dt \leqslant \int_0^x \frac{M(a)t^2}{2}dt = \frac{M(a)x^3}{6}
\end{aligned}$$

Démontrons alors par récurrence sur n la propriété

$$(\mathcal{H}_n) : \text{« } \forall x \in [0, a],\ |f_n(x)| \leqslant \frac{M(a)x^n}{n!} \text{ ».}$$

Initialisation *$n = 0$. Ceci a été vérifiée précédemment donc $(\mathcal{H}_0)$ est vraie.*
Hérédité. *Supposons $(\mathcal{H}_n)$ vraie pour un certain entier n et montrons $(\mathcal{H}_{n+1})$. Pour tout $x \in [0, a]$, on a :*

$$\begin{aligned}
|f_{n+1}(x)| &= \left|\int_0^x f_n(t)dt\right| \underset{0\leqslant x}{\leqslant} \int_0^x |f_n(t)|\, dt \leqslant \int_0^x \frac{M(a)t^n}{n!}dt \\
&= \frac{M(a)x^{n+1}}{n!(n+1)} = \frac{M(a)x^{n+1}}{(n+1)!},
\end{aligned}$$

ce qui démontre $(\mathcal{H}_{n+1})$ *et achève la récurrence.*
Par conséquent, on dispose des majorations suivantes :

$$\forall n \in \mathbb{N},\ \forall x \in [0,a],\ |f_n(x)| \leqslant \frac{M(a)x^n}{n!} \leqslant \frac{M(a)a^n}{n!} \Rightarrow \sup_{[0,a]} |f_n| \leqslant \frac{M(a)a^n}{n!}.$$

La série $\sum_n \frac{M(a)a^n}{n!} = M(a)\sum_n \frac{a^n}{n!}$ *converge (série exponentielle) donc la série de fonctions* $\sum_n f_n$ *converge normalement, donc uniformément, sur tout segment* $[0,a]$ *de* $\mathbb{R}_+$.

En particulier, la série $\sum_n f_n$ *converge simplement sur* $\bigcup_{a>0} [0,a] = \mathbb{R}_+$ *et sa somme* $S = \sum_{n=0}^{+\infty} f_n$ *est continue sur* $\mathbb{R}_+$. *Explicitons celle-ci. Pour tout réel* $x \in \mathbb{R}_+$, *on a :*

$$\begin{aligned} S(x) &= f_0(x) + \sum_{n=1}^{+\infty} f_n(x) = f(x) + \sum_{n=1}^{+\infty} \int_0^x f_{n-1}(t)\,dt \underset{(*)}{=} f_0(x) + \int_0^x \sum_{n=1}^{+\infty} f_{n-1}(t)\,dt \\ &= f_0(x) + \int_0^x \sum_{k=0}^{+\infty} f_k(t)\,dt = f_0(x) + \int_0^x S(t)\,dt \Rightarrow (E) : S(x) = f_0(x) + \int_0^x S(t)\,dt.. \end{aligned}$$

$(*)$ *car, pour chaque entier* $n \geqslant 1$, *la fonction* f_{n-1} *est continue sur le segment* $[0,x]$ *et la série* $\sum_{n\geqslant 1} f_{n-1} = \sum_{k\geqslant 0} f_k$ *converge uniformément sur ce segment.*

La fonction $T : x \mapsto \int_0^x S(t)\,dt$ *est l'unique primitive de* S *s'annulant en* 0 *donc* $T' = S$ *et l'équation* (E) *s'écrit pour tout* $t \in \mathbb{R}_+$ *:*

$$T'(t) = f_0(t) + T(t) \Leftrightarrow T'(t) - T(t) = f_0(t).$$

Résolvons cette équation différentielle. Le plus rapide est de la multiplier par e^{-t} *pour observer la dérivée d'un produit :*

$$T'(t)\,e^{-t} - e^{-t}T(t) = f_0(t)\,e^{-t} \Leftrightarrow \left(T(t)\,e^{-t}\right)' = f_0(t)\,e^{-t}.$$

Pour tout $x \in \mathbb{R}_+$, *en primitivant cette égalité sur* $[0,x]$, *on obtient :*

$$\begin{aligned} &\int_0^x \left(T(t)\,e^{-t}\right)' dt = \int_0^x f_0(t)\,e^{-t}dt \Leftrightarrow \left[T(t)\,e^{-t}\right]_0^x = \int_0^x f_0(t)\,e^{-t}dt \\ &\Leftrightarrow T(x)\,e^{-x} - \underbrace{T(0)}_{=0} = \int_0^x f_0(t)\,e^{-t}dt \Leftrightarrow T(x) = e^x \int_0^x f_0(t)\,e^{-t}dt. \end{aligned}$$

On en déduit l'expression de $S(x)$ *pour tout* $x \in \mathbb{R}_+$ *:*

$$S(x) = T'(x) = f_0(x) + T(x) = f_0(x) + e^x \int_0^x f_0(t)\,e^{-t}dt.$$

Commentaires 161 *Exercice classique pour ce concours. Le point clé est d'observer que f_{n+1} est l'unique primitive de f_n s'annulant en 0. Une récurrence immédiate montre alors que f_n est de classe C^n et*

$$\forall n \in \mathbb{N}^*, f_n' = f_{n-1} \Rightarrow \forall k \in \{0,..,n\}, f_n^{(k)} = f_{n-k}.$$

En évaluant en 0 cette dernière égalité, si $n \in \mathbb{N}^*$, on obtient que

$$\forall k \in \{0,..,n-1\}, f_n^{(k)}(0) = f_{n-k}(0) = 0$$

(car $n-k>0$ donc f_{n-k} est une primitive s'annulant en 0). Certains candidats songent alors à l'inégalité de Taylor à l'ordre $n-1$ pour majorer $|f_n|$.

$$\forall x \in \mathbb{R}, \left| f_n(x) - \sum_{k=0}^{n-1} \frac{f_n^{(k)}(0)}{k!} x^k \right| \leqslant \frac{|x-0|^n}{n!} \sup_{[0,x]} \left| f_n^{(n)} \right| \Leftrightarrow |f_n(x)| \leqslant \frac{|x|^n}{n!} \sup_{[0,x]} |f_0|.$$

La convergence de la série $\sum_n f_n(x)$ est alors immédiate (cf. le corrigé). De tels candidats sont fortement valorisés. Sinon, l'interrogateur proposera une indication, probablement celle du corrigé. Dans ce cas, on attend que le candidat conclut seul à la récurrence et à la convergence.
Pour le calcul de la somme, les candidats songeant à sommer sur tous les entiers n la relation de récurrence de $(f_n)_n$ et à justifier la permutation série-intégrale, seront fortement valorisés par l'interrogateur. Pour les autres, il proposera une indication similaire.
Pour la résolution de l'équation « intégrale », si le candidat songe à la notion de primitive, cela sera un plus. Pour la plupart des candidats, l'interrogateur proposera de noter $y = \int_0^x S$ et de trouver son équation différentielle. La résolution de celle-ci ne doit pas poser de difficulté particulière au candidat (il s'agit essentiellement d'une question de cours de MPSI).

Exercice 162 (Mines-Ponts) On pose $S : x \mapsto \sum_{n=1}^{+\infty} \frac{1}{n(1+nx)}$.

1. Montrer que S est continue sur $]0,+\infty[$.
2. Étudier la monotonie, les limites et équivalents de S en 0^+ et en $+\infty$.

Solution 162

1. *Pour tout entier $n \geqslant 1$, la fonction $u_n : x \mapsto \frac{1}{n(1+nx)}$ est continue sur $\mathbb{R}_+^*$. En outre, elle est positive et décroissante sur $\mathbb{R}_+^*$ donc, pour tout segment $[a,b] \subset \mathbb{R}_+^*$ (c'est-à-dire $0 < a \leqslant b$), on peut écrire :*

$$\sup_{x\in[a,b]} |u_n(x)| = u_n(a) = \frac{1}{n+n^2a} \leqslant \frac{1}{n^2a}$$

La série $\sum_{n\geqslant 1} \frac{1}{n^2a} = \frac{1}{a}\sum_{n\geqslant 1}\frac{1}{n^2}$ converge (série de Riemann de paramètre $2>1$) donc la *série* $\sum_n \sup_{x\in[a,b]} |u_n(x)|$ *converge. Autrement dit, la série* $\sum_n u_n$ *converge normalement sur tout segment de* $[a,b]$ *de* $\mathbb{R}_+^*$ *donc sa somme* $\sum_{n=1}^{+\infty} u_n = S$ *est continue sur* $\mathbb{R}_+^*$.

2. **Monotonie.** *Pour chaque* $n \geqslant 1$, *la fonction* $u_n : x \mapsto \dfrac{1}{n(1+nx)}$ *est décroissante donc :*

$$\forall (x,y) \in \left]0,+\infty\right[^2 \text{ avec } x \leqslant y \Rightarrow \forall n \geqslant 1,\ u_n(y) \leqslant u_n(x).$$

En sommant sur $n \in \mathbb{N}^*$, *on obtient l'inégalité* $S(y) \leqslant S(x)$ *donc* S *est décroissante sur* $]0,+\infty[$.

Limite en $+\infty$. *Nous allons utiliser le théorème permutation limite-série. Pour tout entier* $n \geqslant 1$, *on a* $\lim_{x\to+\infty} u_n(x) = 0$ *et la série*

$$\sum_{n\geqslant 1} \sup_{x\in[1,+\infty[} |u_n(x)| = \sum_{n\geqslant 1} \sup_{x\in[1,+\infty[} u_n(x) = \sum_{n\geqslant 1} u_n(1) = \sum_{n\geqslant 1} \left(\frac{1}{n} - \frac{1}{n+1}\right)$$

converge (série télescopique associée à la suite convergente $\left(\frac{1}{n}\right)_{n\geqslant 1}$*). Ainsi, la série* $\sum_{n\geqslant 1} u_n$ *converge normalement, donc uniformément, sur* $[1,+\infty[$ *d'où l'égalité :*

$$\lim_{x\to+\infty} \sum_{n=1}^{+\infty} u_n(x) = \sum_{n=1}^{+\infty} \lim_{x\to+\infty} u_n(x) \Leftrightarrow \lim_{x\to+\infty} S(x) = 0.$$

Équivalent en $+\infty$. *Formellement, pour tout entier* $n \geqslant 1$, *on a l'équivalent suivant :*

$$u_n(x) = \frac{1}{n+n^2x} \underset{x\to+\infty}{\sim} \frac{1}{n^2x}.$$

En sommant sur $n \in \mathbb{N}^*$ *ces équivalents (ce qui est illicite), on obtient :*

$$S(x) = \sum_{n=1}^{+\infty} u_n(x) \underset{x\to+\infty}{\sim} \sum_{n=1}^{+\infty} \frac{1}{n^2x} = \frac{1}{x}\sum_{n=1}^{+\infty} \frac{1}{n^2}.$$

Prouvons rigoureusement cet équivalent en montrant que

$$\lim_{x\to+\infty} xS(x) = \sum_{n=1}^{+\infty} \frac{1}{n^2}$$

Grâce au théorème de permutation limite-série. Pour tout entier $n \geqslant 1$, *on considère la fonction*

$$v_n : x \mapsto \frac{x}{n(1+nx)}$$

qui tend vers $\dfrac{1}{n^2}$ *lorsque* $n \to +\infty$. *En outre, on dispose de la majoration suivante valable pour tout* $n \geqslant 1$ *:*

$$\forall x \in \left]0,+\infty\right[,\ |v_n(x)| = v_n(x) \leqslant \frac{x}{n(nx)} = \frac{1}{n^2} \Rightarrow \sup_{]0,+\infty[} |v_n| \leqslant \frac{1}{n^2}.$$

La série $\sum_n \frac{1}{n^2}$ *étant convergente (série de Riemann de paramètre* $2 > 1$*), on en déduit que la série* $\sum_{n\geqslant 1} \sup_{]0,+\infty[} |v_n|$ *converge. Ainsi, la série* $\sum_{n\geqslant 1} v_n$ *converge normalement, donc uniformément, sur* $]0, +\infty[$ *et le le théorème de permutation série limite permet de conclure.*

Limite en 0. *La fonction* S *est décroissante sur* $]0, +\infty[$ *donc elle admet une limite* $L \in \mathbb{R} \cup \{+\infty\}$ *en* 0^+. *Supposons que* $L \in \mathbb{R}$. *Pour tout* $x \in \mathbb{R}_+^*$, *chaque terme de la somme* $S(x)$ *étant positif, on dispose de la majoration suivante :*

$$\forall N \in \mathbb{N}^*, \sum_{n=1}^{N} u_n(x) \leqslant \sum_{n=1}^{+\infty} u_n(x) \Leftrightarrow \sum_{n=1}^{N} u_n(x) \leqslant S(x).$$

En faisant tendre x *vers* 0 *(ce qui est licite car les deux membres de l'inégalité possède une limite en* 0^+*), on obtient :*

$$\forall N \in \mathbb{N}^*, \sum_{n=1}^{N} u_n(0) \leqslant L \Leftrightarrow \sum_{n=1}^{N} \frac{1}{n} \leqslant L.$$

Ainsi, la suite $\left(\sum_{n=1}^{N} \frac{1}{n}\right)_N$ *est majorée (par* L*) et croissante donc elle converge ce qui signifie que la série* $\sum_{n\geqslant 1} \frac{1}{n}$ *converge. Ceci est absurde car il s'agit d'une série de Riemann de paramètre* 1 *donc* $L = +\infty$ *c'est-à-dire* $\lim_{0^+} S = +\infty$.

Équivalent en 0. *On utilise la comparaison série intégrale. Soit* $x \in \mathbb{R}^*$, *on considère la fonction*

$$f : t \mapsto \frac{1}{t(1+tx)}$$

qui est continue, positive et décroissante sur $[1, +\infty[$. *En outre, la fonction* f *est intégrable sur* $[1, +\infty[$ *car :*

$$\begin{aligned}
\forall A \geqslant 1, \int_1^A f(t)\,dt &= \int_1^A \left(\frac{1}{t} - \frac{x}{1+tx}\right) dt = [\ln(t) - \ln(1+tx)]_{t=1}^{t=A} \\
&= \left[\ln\left(\frac{t}{1+tx}\right)\right]_{t=1}^{t=A} = \ln\left(\frac{A}{1+Ax}\right) - \ln\left(\frac{1}{1+x}\right) \\
&\underset{A\to+\infty}{\to} \ln\left(\frac{1}{x}\right) - \ln(1+x) = -\ln(x) - \ln(1+x).
\end{aligned}$$

Pour tout entier $n \geqslant 1$, *on dispose des encadrements suivants :*

$$\begin{aligned}
\forall t &\in [n, n+1], \quad f(n+1) \leqslant f(t) \leqslant f(n) \\
&\Rightarrow \int_n^{n+1} f(n+1)dt \leqslant \int_n^{n+1} f(t)dt \leqslant \int_n^{n+1} f(n)dt \\
&\Leftrightarrow f(n+1) \leqslant \int_n^{n+1} f(t)dt \leqslant f(n)
\end{aligned}$$

En sommant cet encadrement sur $n \in \mathbb{N}^*$, on obtient l'encadrement :

$$\begin{aligned} S(x) - f(1) &\leqslant \int_1^{+\infty} f(t)\,dt \leqslant S(x) \\ &\Leftrightarrow\ S(x) - \frac{1}{1+x} \leqslant -\ln(x) - \ln(1+x)\,. \leqslant S(x) \\ &\Leftrightarrow\ -\frac{1}{1+x} + \ln(1+x) \leqslant -\ln(x) - S(x) \leqslant 0. \end{aligned}$$

Comme la fonction $x \mapsto -\dfrac{1}{1+x} + \ln(1+x)$ est bornée au voisinage de 0, on en déduit que :

$$-\ln(x) - S(x) = O(1) \Leftrightarrow S(x) = \underbrace{-\ln(x)}_{\underset{x\to 0^+}{\to} +\infty} + O(1) \underset{x\to 0^+}{\sim} -\ln(x)\,.$$

Commentaires 162 *Exercice de difficulté standard pour ce concours. La continuité, les variations et la limite de f en $+\infty$ ne doivent pas poser de difficulté particulière. La différenciation des candidats se fera sur l'équivalent en $+\infty$ mais surtout son asymptotique en 0^+.*
Pour la limite en 0^+, l'argument est classique pour ce concours (valable pour toute somme de fonctions positives et monotones). On peut se passer de cet argumentaire dans le cas présent en cherchant directement un équivalent. Si on procède comme en $+\infty$, le terme général est équivalent, quand x tend vers 0, à $\dfrac{1}{n}$ donc, si on somme sur tous les entiers $n \geqslant 1$, on obtient que $S(x)$ est équivalent à $\displaystyle\sum_{n=1}^{+\infty} \frac{1}{n}$ qui est une expression n'existant pas (la série diverge comme série de Riemann de paramètre 1). Ainsi, il faut une autre stratégie et la comparaison série-intégrale doit être une idée naturelle pour le candidat afin d'encadrer finement la somme. Par exemple, la minoration de S par comparaison-série intégrale suffit à obtenir la limite en 0^+.

Exercice 163 (Mines-Ponts) Soit $\alpha \in \mathbb{R}$ et, pour tout $n \in \mathbb{N}$, la fonction $u_n : [0,1] \to \mathbb{R}$ définie par

$$\forall x \in [0,1]\,,\ u_n(x) = n^\alpha x^n (1-x).$$

Étudier la convergence simple, normale et uniforme sur $[0,1]$ de la série de fonctions $\displaystyle\sum_n u_n$.

Solution 163 ***Étude de la convergence simple.*** *Si $x = 1$ alors, pour tout entier n, $u_n(1) = 0$ donc la série $\displaystyle\sum_n u_n(1)$ converge.*
Si $x \in [0,1[$, d'après les croissances comparées, on a :

$$n^2 u_n(x) = n^{\alpha+2} x^n \underset{n\to+\infty}{\to} 0 \Rightarrow u_n(x) \underset{n\to+\infty}{=} o\left(\frac{1}{n^2}\right).$$

Comme la série $\sum_n \frac{1}{n^2}$ *est à termes positifs et convergente (série de Riemann de paramètre* $2 > 1$*), on peut affirmer que la série* $\sum_n u_n(x)$ *converge.*

Ainsi, la série $\sum_n u_n$ *converge simplement sur* $[0,1]$*.*

Étude de la convergence normale. *Pour tout entier* n*, la fonction* u_n *est dérivable sur* $[0,1]$ *et sa dérivée vaut :*

$$u_n'(x) = n^\alpha \left(nx^{n-1}(1-x) - x^n\right) = n^\alpha x^{n-1}\left(n(1-x) - x\right) = n^\alpha x^n \left(n - (n+1)x\right).$$

On en déduit le tableau des variations de f_n*.*

x	0		$n/(n+1)$		1
$u_n'(x)$		$+$	0	$-$	
$u_n(x)$		$\nearrow$	$u_n(n/(n+1))$	$\searrow$	
	0				0

Par conséquent, on a les égalités suivantes :

$$\sup_{[0,1]} |u_n| = \sup_{[0,1]} u_n = u_n\left(\frac{n}{n+1}\right) = \frac{n^\alpha}{n+1}\left(\frac{n}{n+1}\right)^n = \frac{n^\alpha}{n+1}\left(1 - \frac{1}{n+1}\right)^n.$$

À l'aide de l'écriture exponentielle et de l'équivalent $x \mapsto \ln(1+x)$*, on obtient :*

$$\begin{aligned} n\ln\left(1 - \frac{1}{n+1}\right) &\underset{n\to+\infty}{\sim} n \times \left(-\frac{1}{n+1}\right) \underset{n\to+\infty}{\sim} n \times \left(-\frac{1}{n}\right) = -1 \\ \Rightarrow \left(1 - \frac{1}{n+1}\right)^n &= \exp\left(n\ln\left(1 - \frac{1}{n+1}\right)\right) \underset{n\to+\infty}{\to} \exp(-1) = e^{-1} \neq 0 \\ &\Rightarrow \sup_{[0,1]} |u_n| \underset{n\to+\infty}{\sim} \frac{n^\alpha}{n} e^{-1} = \frac{e^{-1}}{n^{1-\alpha}}. \end{aligned}$$

La série $\sum_n \frac{e^{-1}}{n^{1-\alpha}} = e^{-1}\sum_n \frac{1}{n^{1-\alpha}}$ *converge si et seulement si*

$$1 - \alpha > 1 \Leftrightarrow \alpha < 0$$

(série de Riemann) donc la série $\sum_n \sup_{[0,1]} |u_n|$ *converge si et seulement si* $\alpha < 0$ *c'est-à-dire que la série de fonctions* $\sum_n u_n$ *converge normalement sur* $[0,1]$ *si et seulement si* $\alpha < 0$*.*

Étude de la convergence uniforme. *Si* $\alpha < 0$ *alors la série* $\sum_n u_n$ *converge normalement, donc uniformément, sur* $[0,1]$*.*

Supposons $\alpha \geqslant 0$ *alors, pour tout entier* $n \geqslant 1$ *et tout* $x \in [0,1[$*, on a* $n^\alpha \geqslant 1$ *donc on dispose* *de la minoration suivante :*

$$\begin{aligned} u_n(x) &\geqslant x^n(1-x) \Rightarrow \sum_{n=0}^{+\infty} \underbrace{u_n(x)}_{\geqslant 0} \geqslant \sum_{n=1}^{+\infty} u_n(x) \geqslant \sum_{n=1}^{+\infty} x^n(1-x) \\ &= \sum_{n=1}^{+\infty} \left(x^n - x^{n+1}\right) = x \Rightarrow (*) : \forall x \in [0,1[, \sum_{n=0}^{+\infty} u_n(x) \geqslant x. \end{aligned}$$

(d'après les sommes télescopiques comme $\lim_{n\to+\infty} x^n = 0$*). Supposons que la série* $\sum_{n\geqslant 0} u_n$ *converge uniformément sur* $[0,1]$*. Pour tout entier* n*,* $\lim_{x\to 1^-} u_n(x)$ *existe et vaut* 0 *donc, d'après le théorème de permutation limite-série, on peut affirmer que :*

$$\lim_{x\to 1^-} \sum_{n=0}^{+\infty} u_n(x) = \sum_{n=0}^{+\infty} \lim_{x\to 1^+} u_n(x) = \sum_{n=0}^{+\infty} 0 = 0.$$

Ainsi, en faisant tendre x *vers* 1^- *dans la minoration* $(*)$*, on obtient* $0 \geqslant 1$*, ce qui est absurde. Par conséquent, la série* $\sum_n u_n$ *ne converge pas uniformément sur* $[0,1]$*.*

Conclusion*. La série* $\sum_n u_n$ *converge uniformément sur* $[0,1]$ *si et seulement si* $\alpha < 0$*.*

Commentaires 163 *Exercice classique pour ce concours de difficulté bien graduée. La convergence simple ne doit pas poser de difficulté particulier (l'argumentaire doit être précis et rigoureux pour une question aussi simple).*
La convergence normale discriminera les candidats. Il est attendu du candidat d'établir convenablement la borne supérieure de $|u_n|$*. Le piège classique étant d'affirmer que la suite* $\left(\left(\frac{n}{n+1}\right)^n\right)_n$ *converge vers 1. Ceci est faux sans altérer fondamentalement la contrainte sur* α *mais l'interrogateur tiquera forcément et attendra un argument plus sérieux.*
La convergence uniforme permettra de distinguer les meilleurs candidats. Une méthode pour justifier une non-convergence uniforme sur un intervalle est de nier la continuité (si chaque terme est continue) ou le théorème de permutation limite-série (si chaque terme admet une limite finie).

Exercice 164 (Mines-Ponts) Pour tout entier n, on pose $f_n : x \in \mathbb{R} \mapsto \dfrac{2^n x^{2^n - 1}}{1 + x^{2^n}}$.

1. Domaine de définition de $f : x \mapsto \sum_{n=0}^{+\infty} f_n(x)$
2. Calculer $f(x)$ sur son ensemble de définition.

Solution 164

1. *Soit* $x \in \mathbb{R}$ *alors* $f(x)$ *existe si et seulement si la série* $\sum_n f_n(x)$ *converge. Remarquons que, pour chaque entier* $n \geqslant 1$*, la fonction* $x \mapsto x^{2^n - 1}$ *est impaire (exposant impair) et*

la fonction $x \mapsto x^{2^n}$ est paire (exposant pair) donc la fonction f_n est impaire, ce qui permet d'effectuer l'étude uniquement sur $\mathbb{R}_+$.

Si $x \in [0,1[$ alors

$$f_n(x) \underset{n\to+\infty}{=} o\left(\frac{1}{2^n}\right)$$

car on a :

$$0 \leqslant 2^n f_n(x) \leqslant 2^n 2^n x^{2^n-1} = 4^n x^{2^n-1} = \exp\left(n\ln(4) + (2^n-1)\ln(x)\right)$$

et, d'après les croissances comparées, on a :

$$n\ln(4) + (2^n-1)\ln(x) \underset{n\to+\infty}{\sim} \underbrace{(2^n-1)}_{\underset{n\to+\infty}{\to}+\infty}\underbrace{\ln(x)}_{<0} \underset{n\to+\infty}{\to} -\infty.$$

Comme la série $\sum_n \frac{1}{2^n}$ est à termes positifs et converge (série géométrique de raison $\frac{1}{2} \in]-1,1[$), on peut affirmer que la série $\sum_n f_n(x)$ converge.

Si $x=1$ alors, pour tout entier n, on a :

$$f_n(1) = \frac{2^n}{2} \underset{n\to+\infty}{\to} +\infty$$

donc la série $\sum_n f_n(1)$ diverge (grossièrement).

Si $x>1$ alors $x^{2^n} \underset{n\to+\infty}{\to} +\infty$ (suite extraite de la suite $(x^n)_n$ qui tend vers $+\infty$), ce qui donne l'équivalent suivant :

$$f_n(x) \underset{n\to+\infty}{\sim} \frac{2^n x^{2^n-1}}{x^{2^n}} = \frac{2^n}{x} \underset{n\to+\infty}{\to} +\infty$$

donc la série $\sum_n f_n(1)$ diverge (grossièrement).

***Conclusion** : la fonction f est définie sur $]-1,1[$.*

2. *Commençons par la remarque clé. Pour tout entier n et tout $x \in]-1,1[$, on a l'égalité :*

$$f_n(x) = \left(\ln\left(1+x^{2^n}\right)\right)' \Rightarrow f(x) = \sum_{n=0}^{+\infty}\left(\ln\left(1+x^{2^n}\right)\right)'.$$

Considérons, pour tout entier n, la fonction

$$g_n : x \in]-1,1[\mapsto \ln\left(1+x^{2^n}\right).$$

Pour tout entier n, la fonction g_n est de classe C^1 sur $]-1,1[$.
Soit $x \in]-1,1[$. Comme la suite $\left(x^{2^n}\right)_n$ converge vers 0, l'équivalent de $t \mapsto \ln(1+t)$ en 0 montre que :

$$g_n(x) \underset{n\to+\infty}{\sim} x^{2^n} \underset{n\to+\infty}{=} o\left(\frac{1}{2^n}\right)$$

(d'après les croissances comparées $mx^m \underset{m\to+\infty}{\longrightarrow} 0$ *puis remplacer* m *par* $2^n \underset{n\to+\infty}{\longrightarrow} +\infty$*).*
La série $\sum_n \frac{1}{2^n}$ *est à termes positifs et converge (série géométrique de raison* $\frac{1}{2} \in]-1,1[$*) donc la série* $\sum_n g_n(x)$ *converge. Ainsi, la série* $\sum_n g_n$ *converge simplement sur* $]-1,1[$*.*
Pour tout $a \in [0,1[$ *et tout entier* n*, on a les majorations suivantes :*

$$\begin{aligned}\forall x &\in [-a,a],\ |g_n'(x)| = |f_n(x)| = \frac{2^n |x|^{2^n-1}}{1+x^{2^n}} \leqslant 2^n |x|^{2^n-1} \\ &\leqslant 2^n a^{2^n-1} \Rightarrow \sup_{[-a,a]} |g_n'| \leqslant 2^n a^{2^n-1} \underset{n\to+\infty}{=} o\left(\frac{1}{2^n}\right)\end{aligned}$$

(cette dernière domination ayant été justifiée à la question précédente). On en déduit immédiatement que la série $\sum_n \sup_{[-a,a]} |g_n'|$ *converge c'est-à-dire que la série* $\sum_n g_n'$ *converge normalement, donc uniformément, sur tout segment* $[-a,a]$ *de* $]-1,1[$*.*
Par conséquent, on peut affirmer que la fonction $G = \sum_{n=0}^{+\infty} g_n$ *est de classe* C^1 *sur* $]-1,1[$ *et que :*

$$G' = \sum_{n=0}^{+\infty} g_n' = f.$$

Calculons maintenant G *en réécrivant astucieusement ses sommes partielles. Pour tout entier* N *et tout* $x \in]-1,1[$*, d'après les règles de calculs sur les logarithmes, on a :*

$$\sum_{n=0}^{N} \ln\left(1+x^{2^n}\right) = \ln\Bigg(\underbrace{\prod_{n=0}^{N}\left(1+x^{2^n}\right)}_{=P_N(x)}\Bigg) = \ln\left(P_N(x)\right).$$

Explicitons ces produits étranges $P_N(x)$ *pour les différentes valeurs.*

$$\begin{aligned}P_0(x) &= 1+x^{2^0} = 1+x,\\ P_1(x) &= (1+x)(1+x^2) = 1+x+x^2+x^3,\\ P_2(x) &= P_1(x)\left(1+x^{2^2}\right) = (1+x+x^2+x^3)(1+x^4)\\ &= 1+x+x^2+x^3+x^4+x^5+x^6+x^7\\ P_3(x) &= P_2(x)\left(1+x^{2^3}\right) = \left(1+x+x^2+x^3+x^4+x^5+x^6+x^7\right)\left(1+x^8\right)\\ &= 1+x+x^2+x^3+x^4+x^5+x^6+x^7+x^8+x^9\\ &\quad +x^{10}+x^{11}+x^{12}+x^{13}+x^{14}+x^{15}\end{aligned}$$

En remarquant que les valeurs consécutives de 2^n-1 *sont 1, 3, 7, 15, montrons par récurrence sur* n *l'assertion*

$$(\mathcal{H}_n) : \text{« } P_n(x) = \sum_{k=0}^{2^{n+1}-1} x^k \text{ ».}$$

Initialisation *$n = 0$. Puisque*

$$\sum_{k=0}^{2^{0+1}-1} x^k = \sum_{k=0}^{1} x^k = 1 + x = P_0(x),$$

l'hypothèse $(\mathcal{H}_0)$ est vraie.
Hérédité. *Supposons $(\mathcal{H}_n)$ vraie pour un certain entier n et montrons $(\mathcal{H}_{n+1})$. Pour tout réel x, on a :*

$$\begin{aligned}
P_{n+1}(x) &= P_n(x)\left(1 + x^{2^{n+1}}\right) = \sum_{k=0}^{2^{n+1}-1} x^k \left(1 + x^{2^{n+1}}\right) = \sum_{k=0}^{2^{n+1}-1} x^k + x^{2^{n+1}} \sum_{k=0}^{2^{n+1}-1} x^k \\
&= \sum_{k=0}^{2^{n+1}-1} x^k + \sum_{k=0}^{2^{n+1}-1} x^{k+2^{n+1}} \underset{j=k+2^{n+1}}{=} \sum_{k=0}^{2^{n+1}-1} x^k + \sum_{j=2^{n+1}}^{2^{n+1}+2^{n+1}-1} x^j \\
&= \sum_{k=0}^{2^{n+1}-1} x^k + \sum_{l=2^{n+1}}^{2\times 2^{n+1}-1} x^k = \sum_{k=0}^{2^{n+1}-1} x^k + \sum_{l=2^{n+1}}^{2^{n+2}-1} x^k = \sum_{k=0}^{2^{n+2}-1} x^k,
\end{aligned}$$

ce qui démontre $(\mathcal{H}_{n+1})$ et achève la récurrence.
En faisant tendre N vers $+\infty$ et en utilisant la continuité du logarithme, on obtient la formule suivante valable pour tout $x \in]-1, 1[$:

$$\begin{aligned}
G(x) &= \ln\left(\sum_{n=0}^{+\infty} x^n\right) = \ln\left(\frac{1}{1-x}\right) = -\ln(1-x) \\
&\Rightarrow \quad f(x) = G'(x) = \frac{1}{1-x}.
\end{aligned}$$

Commentaires 164 *Exercice difficile pour ce concours et l'interaction avec l'interrogateur sera un élément clé de progression dans le sujet pour de nombreux candidats.*
Question 1 : Cette question requiert une bonne compréhension des dominations usuelles et discriminera un nombre significatif de candidats. Voici une autre réponse possible à cette question. On observe que la suite $u_n = \dfrac{2^n x^{2^n-1}}{1+x^{2^n}}$ est une suite extraite de la suite $v_n = \dfrac{nx^{n-1}}{1+x^n}$. Si $|x| > 1$ alors $|x|^n \underset{n\to+\infty}{\to} +\infty$, on dispose de l'équivalent suivant :

$$|v_n| \underset{n\to+\infty}{\sim} \left|\frac{nx^{n-1}}{x^n}\right| = \frac{n}{|x|} \underset{n\to+\infty}{\to} +\infty \Rightarrow |u_n| \underset{n\to+\infty}{\to} +\infty$$

(car $(u_n)_n$ est une suite extraite de $(v_n)_n$). Si $|x| < 1$ alors $|x|^n \underset{n\to+\infty}{\to} 0$, on dispose de l'équivalent suivant :

$$|v_n| \underset{n\to+\infty}{\sim} \left|nx^{n-1}\right| = n|x|^{n-1}.$$

La série $\sum_n n|x|^{n-1}$ converge comme série dérivée de la série entière $\sum_n x^n$ dont le rayon de convergence est $R = 1$ et que $|x| < 1$. Ainsi, la série $\sum_n v_n$ converge absolument donc la famille $(v_n)_{n\in\mathbb{N}}$ est sommable. D'après le théorème de sommation par paquets, on en *déduit que la sous-famille* $(u_n)_n$ *est sommable (choisir* $I = \{2^n, \quad n \in \mathbb{N}\}$ *comme sous-ensemble de sommation de* $\mathbb{N}$*) c'est-à-dire que la série* $\sum_n u_n$ *est absolument convergente donc convergente.*

Question 2 : Le point crucial est de remarquer que le terme général de la série admet pour primitive la fonction $x \mapsto \ln\left(1 + x^{2^n}\right)$ *puis d'utiliser soit un théorème de dérivation ou d'intégration terme à terme du chapitre « suites et séries de fonctions ». Un candidat ayant cette idée et la menant à son terme convenable sera bien valorisé par l'interrogateur. Pour les autres, l'interrogateur proposera une telle piste mais il attendra alors des énoncés précis et une mise en place convenable. Le calcul du produit* $\prod_{n=0}^{N}\left(1 + x^{2^n}\right)$ *peut se conjecturer en testant l'expression pour divers N assez petit. Une telle démarche sera valorisée si le candidat conjecture la bonne formule, même s'il n'a pas le temps de la prouver.*

Exercice 165 (Mines-Ponts) Pour $\alpha > 0$, on pose $I(\alpha) = \sum_{n=0}^{+\infty} \frac{e^{-n\alpha}}{\sqrt{n^2+1}}$.
Déterminer un équivalent simple de $I(\alpha)$ quand α tend vers 0.

Solution 165 *Si le théorème de permutation série-limite pouvait appliquer, on obtient :*

$$\lim_{\alpha \to 0} I(\alpha) = \sum_{n=0}^{+\infty} \lim_{\alpha \to 0} \frac{e^{-n\alpha}}{\sqrt{n^2+1}} = \sum_{n=0}^{+\infty} \frac{1}{\sqrt{n^2+1}}$$

mais cette dernière série diverge (terme général équivalent à $\frac{1}{n}$*). Il va falloir affiner le raisonnement en éliminant la divergence asymptotique en* $\frac{1}{n}$*. Pour cela, on considère la fonction*

$$J(\alpha) = \sum_{n=1}^{+\infty} e^{-n\alpha}\left(\frac{1}{\sqrt{n^2+1}} - \frac{1}{n}\right)$$

(le terme $n = 0$ *pose problème, on le traitera plus tard) sur laquelle nous allons appliquer le théorème de permutation série-limite. Pour tout entier* $n \geqslant 1$*, on pose*

$$f_n : \alpha \mapsto u_n e^{-n\alpha} \text{ avec } u_n = \frac{1}{\sqrt{n^2+1}} - \frac{1}{n}.$$

Pour chaque entier $n \geqslant 1$, $\lim_{\alpha \to 0^+} f_n(\alpha)$ *existe. Montrons que la série* $\sum_n f_n$ *converge normalement sur* $\mathbb{R}_+^*$*. Pour tout entier* n*, on a :*

$$\sup_{\alpha \in \mathbb{R}_+} |f_n(\alpha)| = |u_n| = \frac{1}{n} - \frac{1}{\sqrt{n^2+1}} = \frac{1}{n} - \frac{1}{n\sqrt{1+1/n^2}}$$

$$= \frac{1}{n} - \frac{1}{n}\left(1 - \frac{1}{n^2}\right)^{-1/2} \underset{n\to+\infty}{=} \frac{1}{n} - \frac{1}{n}\left(1 + O\left(\frac{1}{n^2}\right)\right) \underset{n\to+\infty}{=} O\left(\frac{1}{n^3}\right).$$

Comme la série $\sum_n \frac{1}{n^3}$ *est à termes positifs et convergente (série de Riemann de paramètre* $3 > 1$*), on en déduit que la série* $\sum_{n\geqslant 1} \sup_{\alpha\in\mathbb{R}_+} |f_n(\alpha)|$ *converge. Ainsi, la série* $\sum_{n\geqslant 1} f_n$ *converge* *normalement, donc uniformément, sur* $\mathbb{R}_+$. *D'après le théorème de permutation série-limite, on a :*

$$\lim_{\alpha\to 0} J(\alpha) = \sum_{n=1}^{+\infty} \lim_{\alpha\to 0} f_n(\alpha) = \sum_{n=1}^{+\infty} u_n.$$

Or, pour tout $\alpha > 0$, *on a l'égalité suivante :*

$$J(\alpha) = \sum_{n=1}^{+\infty} \frac{e^{-n\alpha}}{\sqrt{n^2+1}} - \sum_{n=1}^{+\infty} \frac{(e^{-\alpha})^n}{n} = I(\alpha) + \ln\left(1 - e^{-\alpha}\right)$$

(d'après le développement en série entière de $x \mapsto -\ln(1-x)$ *dont le rayon de convergence est* $R = 1$ *et on a* $|e^{-\alpha}| = e^{-\alpha} < 1$ *si* $\alpha > 0$*). Comme* J *possède une limite finie* L *en* 0^+ *et que* $\alpha \mapsto \ln(1-e^{-\alpha})$ *tend vers* $-\infty$ *quand* α *tend vers* 0^+, *l'égalité précédente montre que :*

$$I(\alpha) = -\ln\left(1-e^{-\alpha}\right) + J(\alpha) \underset{\alpha\to 0^+}{\sim} -\ln\left(1-e^{-\alpha}\right).$$

Utilisons alors le développement limité de l'exponentielle en 0 *pour trouver un équivalent plus simple.*

$$\begin{aligned} -\ln\left(1-e^{-\alpha}\right) &\underset{\alpha\to 0^+}{=} -\ln(\alpha + o(\alpha)) \underset{\alpha\to 0^+}{=} -\ln(\alpha(1+o(1))) \\ &\underset{\alpha\to 0^+}{=} \underbrace{-\ln(\alpha)}_{\to+\infty} - \underbrace{\ln(1+o(1))}_{\to\ln(1)=0} \underset{\alpha\to 0^+}{\sim} -\ln(\alpha). \end{aligned}$$

Ainsi, on en déduit l'équivalent recherché :

$$I(\alpha) \underset{\alpha\to 0^+}{\sim} -\ln(\alpha).$$

Commentaires 165 *Exercice difficile pour un candidat seul ... mais ce n'est pas le cas à Mines-Ponts où l'interaction avec l'interrogateur peut-être rapide. L'interaction avec l'interrogateur et la réactivité du candidat seront cruciaux pour avancer significativement dans ce sujet.*

Chapitre 9

Intégration

9.1 CCINP

Exercice 166 (CCINP)

1. Soit $(x, y) \in (\mathbb{R}_+^*)^2$. Justifier la convergence de l'intégrale
$$G(x,y) = \int_0^y \frac{t - \lfloor t \rfloor}{t(t+x)} dt$$
où $\lfloor t \rfloor$ désigne la partie entière de t.
2. Soit $x \in \mathbb{R}_+^*$. Montrer que la fonction $y \mapsto G(x,y)$ tend vers une limite finie $G(x)$ quand $y \to +\infty$.
3. Soit $y \in \mathbb{R}_+^*$. Montrer que :
$$\forall n \in \mathbb{N}^*, G(n,y) = \frac{1}{n}\left(\int_0^n \frac{t - \lfloor t \rfloor}{t} dt - \int_n^{y+n} \frac{t - \lfloor t \rfloor}{t} dt\right)$$
4. Pour tout entier $n \geqslant 1$, on note $H_n = nG(n)$. Montrer que la série $\sum_{n \geqslant 2} \left(H_n - H_{n-1} - \frac{1}{2n}\right)$ converge et en déduire un équivalent de $G(n)$.

Solution 166

1. *La fonction* $f : t \mapsto \dfrac{t - \lfloor t \rfloor}{t(t+x)}$ *est continue par morceaux sur* $]0, y]$ *comme quotient de deux telles fonctions dont le démoninateur ne s'annule pas sur cet intervalle. En outre, pour tout* $t \in]0,1[$, *on a* $\lfloor t \rfloor = 0$ *donc*
$$f(t) = \frac{t}{t(t+x)} = \frac{1}{t+x} \underset{t \to 0}{\to} \frac{1}{x}.$$
Ainsi, f *étant prolongeable en une fonction continue par morceaux sur le segment* $[0, y]$, *elle y est intégrable, ce qui assure l'existence de l'intégrale* $G(x,y)$.

2. *On souhaite appliquer le théorème de convergence dominée mais le domaine d'intégration est variable. On contourne le problème en considérant la fonction*

$$h : \left\{ \begin{array}{ccl} \mathbb{R}_+^* \times \mathbb{R}_+^* & \to & \mathbb{R} \\ (y,t) & \mapsto & \left\{ \begin{array}{ll} \dfrac{t-\lfloor t \rfloor}{t\,(t+x)} & si\ t \in [0,y] \\ 0 & si\ t > y \end{array} \right. \end{array} \right. ,$$

qui permet d'écrire :

$$\forall y \in \mathbb{R}_+^*, \int_0^{+\infty} h\,(y,t)\,dt = \int_0^{y} h\,(y,t)\,dt = \int_0^{y} \frac{t-\lfloor t \rfloor}{t\,(t+x)}dt = G\,(x,y)\,.$$

On peut alors utiliser le théorème de convergence dominée.
Pour tout $y \in \mathbb{R}_+^*$, la fonction $t \mapsto h\,(y,t)$ est continue par morceaux sur $\mathbb{R}_+^*$.
Pour tout $t \in \mathbb{R}_+^*$, si $y \geqslant t$, on a $t \in [0,y]$ donc :

$$\forall y \geqslant t,\, t \in [0,y] \Rightarrow h\,(y,t) = \frac{t-\lfloor t \rfloor}{t\,(t+x)} \Rightarrow \lim_{y \to +\infty} h\,(y,t) = \frac{t-\lfloor t \rfloor}{t\,(t+x)} = f\,(t)\,.$$

La fonction f est continue par morceaux sur $\mathbb{R}_+^*$.
On dispose également de la domination suivante :

$$\forall\,(y,t) \in \left(\mathbb{R}_+^*\right)^2, |h\,(y,t)| = \left\{ \begin{array}{ll} \dfrac{t-\lfloor t \rfloor}{t\,(t+x)} & si\ t \in [0,y] \\ 0 & si\ t > y \end{array} \right. \leqslant \frac{t-\lfloor t \rfloor}{t\,(t+x)} = f\,(t)\,.$$

Prouvons que la fonction f est intégrable sur $]0,+\infty[$. À la question précédente, nous avons prouvé l'intégralité de f sur $]0,1]$ (pour $y=1$). Étudions maintenant son intégrabilité sur $[1,+\infty[$. Pour tout réel t, on a les encadrements suivants :

$$\lfloor t \rfloor \leqslant t < \lfloor t \rfloor + 1 \Rightarrow 0 \leqslant t - \lfloor t \rfloor < 1 \underset{\div t(t+x)>0}{\Rightarrow} 0 \leqslant f\,(t) \leqslant \frac{1}{t\,(t+x)} \underset{x \geqslant 0}{\leqslant} \frac{1}{t^2}.$$

La fonction $t \mapsto \dfrac{1}{t^2}$ étant intégrable sur $[1,+\infty[$ (intégrale de Riemann de paramètre $\alpha = 2 > 1$) donc la fonction f l'est aussi.
Ainsi, f est intégrable sur $\mathbb{R}_+^*$ donc on peut utiliser le théorème de convergence dominée ce qui nous donne :

$$\lim_{y \to +\infty} G\,(x,y) = \lim_{y \to +\infty} \int_0^{+\infty} h\,(y,t)\,dt = \int_0^{+\infty} \lim_{y \to +\infty} h\,(y,t)\,dt = \int_0^{+\infty} f\,(t)\,dt.$$

3. *On remarque que $\dfrac{1}{t\,(t+n)} = \dfrac{1}{n}\left(\dfrac{1}{t} - \dfrac{1}{t+n}\right)$ donc on peut écrire :*

$$G\,(n,y) = \frac{1}{n}\int_0^{y} (t - \lfloor t \rfloor)\left(\frac{1}{t} - \frac{1}{t+n}\right)dt = \frac{1}{n}\int_0^{y} \frac{t-\lfloor t \rfloor}{t}dt - \frac{1}{n}\int_0^{y} \frac{t-\lfloor t \rfloor}{t+n}dt.$$

(chacune des intégrales considérées est bien convergente). Dans la dernière intégrale, on effectue le changement de variable $s = t + n$ (donc $ds = dt$). Comme la fonction $t \mapsto t - \lfloor t \rfloor$ est 1-périodique, on obtient l'égalité :

$$\int_0^y \frac{t - \lfloor t \rfloor}{t + n} dt = \int_n^{y+n} \frac{(s-n) - \lfloor s - n \rfloor}{s} ds = \int_n^{y+n} \frac{s - \lfloor s \rfloor}{s} ds$$

ce qui nous donne :

$$G(n, y) = \frac{1}{n} \int_0^y \frac{t - \lfloor t \rfloor}{t} dt - \frac{1}{n} \int_n^{y+n} \frac{t - \lfloor t \rfloor}{t} dt.$$

4. Commençons par expliciter $G(n)$ pour $n \geqslant 1$. Soit $n \in \mathbb{N}^*$. Pour tout $y \in \mathbb{R}_+^*$ tel que $y \geqslant n$, la relation de Chasles montre que :

$$\begin{aligned} \int_0^y \frac{t - \lfloor t \rfloor}{t} dt &= \int_0^n \frac{t - \lfloor t \rfloor}{t} dt + \int_n^y \frac{t - \lfloor t \rfloor}{t} dt \Rightarrow \\ (*) \quad : \quad nG(n, y) &= \int_0^n \frac{t - \lfloor t \rfloor}{t} dt - \int_y^{y+n} \frac{t - \lfloor t \rfloor}{t} dt. \end{aligned}$$

Justifier que la seconde intégrale tend vers 0 quand y tend vers $+\infty$ via un encadrement. Lors de la réponse à la question, on a établi que $0 \leqslant t - \lfloor t \rfloor < 1$ si $t \in \mathbb{R}_+^*$ donc, pour tout $n \geqslant 1$ et tout $y \geqslant n$, on a :

$$\begin{aligned} 0 &\leqslant \frac{t - \lfloor t \rfloor}{t} \leqslant \frac{1}{t} \Rightarrow 0 \leqslant \int_y^{y+n} \frac{t - \lfloor t \rfloor}{t} dt \leqslant \int_y^{y+n} \frac{1}{t} dt = [\ln(t)]_{t=y}^{t=y+n} \\ &= \ln(y+n) - \ln(y) = \ln\left(\frac{y+n}{y}\right) = \ln\left(1 + \frac{n}{y}\right) \underset{y \to +\infty}{\to} \ln(1) = 0 \end{aligned}$$

En faisant tendre y vers $+\infty$ dans la relation $(*)$, on obtient l'égalité :

$$G(n) = \frac{1}{n} \int_0^n \frac{t - \lfloor t \rfloor}{t} dt$$

On peut alors écrire :

$$H_n - H_{n-1} = \int_0^n \frac{t - \lfloor t \rfloor}{t} dt - \int_0^{n-1} \frac{t - \lfloor t \rfloor}{t} dt = \int_{n-1}^n \frac{t - \lfloor t \rfloor}{t} dt.$$

Comme $n - 1$ est un entier, la fonction $t \mapsto \lfloor t \rfloor$ vaut $n - 1$ sur tout intervalle $[n-1, n[$ (par définition de la partie entière) donc :

$$\begin{aligned} H_n - H_{n-1} &= \int_{n-1}^n \frac{t - (n-1)}{t} dt = \int_{n-1}^n \left(1 - \frac{n-1}{t}\right) dt = [t - (n-1)\ln(t)]_{n-1}^n \\ &= n - (n-1)\ln(n) - (n-1) + (n-1)\ln(n-1) \\ &= 1 + (n-1)\ln\left(\frac{n-1}{n}\right) = 1 + (n-1)\ln\left(1 - \frac{1}{n}\right). \end{aligned}$$

En utilisant le développement limité à l'ordre 2 de $x \mapsto \ln(1+x)$, on peut écrire quand n tend vers $+\infty$:

$$H_n - H_{n-1} - \frac{1}{2n} \underset{n\to+\infty}{=} 1 + (n-1)\left(-\frac{1}{n} - \frac{1}{2}\left(-\frac{1}{n}\right)^2 + O\left(\left(-\frac{1}{n}\right)^3\right)\right) - \frac{1}{2n}$$

$$\underset{n\to+\infty}{=} O\left(\frac{1}{n^2}\right).$$

La série $\sum_{n\geqslant 1} \frac{1}{n^2}$ étant à termes positifs et convergente (série de Riemann de paramètre $\alpha = 2 > 1$), on peut affirmer que la série $\sum_{n\geqslant 2}\left(H_n - H_{n-1} - \frac{1}{2n}\right)$ converge c'est-à-dire que la suite $S_N = \sum_{n=2}^{N}\left(H_n - H_{n-1} - \frac{1}{2n}\right)$ converge (quand $N \to +\infty$). On note L sa limite. Pour tout entier $N \geqslant 1$, on a :

$$S_N \underset{N\to+\infty}{=} L + o(1) \Leftrightarrow \sum_{n=2}^{N}(H_n - H_{n-1}) - \frac{1}{2}\sum_{n=2}^{N}\frac{1}{n} \underset{N\to+\infty}{=} L + o(1)$$

$$\Leftrightarrow H_N - H_1 - \frac{1}{2}\sum_{n=2}^{N}\frac{1}{n} \underset{N\to+\infty}{=} L + o(1)$$

$$\Leftrightarrow H_N \underset{N\to+\infty}{=} \frac{1}{2}\sum_{n=2}^{N}\frac{1}{n} + L + H_1 + o(1) \underset{N\to+\infty}{\sim} \frac{1}{2}\sum_{n=2}^{N}\frac{1}{n} \underset{N\to+\infty}{\sim} \frac{1}{2}\ln(N)$$

En effet, en utilisant la comparaison série-intégrale avec la fonction $t \mapsto \frac{1}{t}$ qui est continue, positive et décroissante sur $[1, +\infty[$.

$$\begin{aligned}
\forall k &\in [1,+\infty[,\ \forall t \in [k,k+1],\ \frac{1}{k+1} \leqslant \frac{1}{t} \leqslant \frac{1}{k} \\
&\Rightarrow \int_k^{k+1}\frac{1}{k+1}dt \leqslant \int_k^{k+1}\frac{1}{t}dt \leqslant \int_k^{k+1}\frac{1}{k}dt \Leftrightarrow \frac{1}{k+1} \leqslant \int_k^{k+1}\frac{1}{t}dt \leqslant \frac{1}{k} \\
&\Rightarrow \sum_{k=1}^{N-1}\frac{1}{k+1} \leqslant \sum_{k=1}^{N-1}\int_k^{k+1}\frac{1}{t}dt = \int_1^N\frac{1}{t}dt \leqslant \sum_{k=1}^{N-1}\frac{1}{k} \\
&\Leftrightarrow \sum_{k=2}^{N}\frac{1}{k} \leqslant \ln(N) \leqslant \sum_{k=1}^{N-1}\frac{1}{k} \Rightarrow -1 \leqslant \ln(N) - \sum_{k=1}^{N}\frac{1}{k} \leqslant -\frac{1}{N} \\
&\Rightarrow \ln(N) - \sum_{k=1}^{N}\frac{1}{k} \underset{N\to+\infty}{=} O(1) \\
&\Rightarrow \sum_{k=1}^{N}\frac{1}{k} \underset{N\to+\infty}{=} \ln(N) + O(1) \underset{N\to+\infty}{\sim} \ln(N).
\end{aligned}$$

Pour finir, on en déduit que :

$$G(n) = \frac{1}{n}H(n) \underset{n\to+\infty}{\sim} \frac{1}{2n}\ln(n).$$

Commentaires 166 *Exercice sans difficulté particulière, hormis la dernière qui permet de distinguer les meilleurs candidats.*

Exercice 167 (CCINP) Soit $(\alpha, \beta) \in \mathbb{R}^2$, on pose

$$I_1 = \int_0^{+\infty} \frac{(\ln(1+x))^\alpha}{x^\beta} dx \text{ et } I_2 = \int_0^{+\infty} \frac{(1+t)^\alpha - t^\alpha}{t^\beta} dt.$$

1. Pour quelles valeurs de (α, β), l'intégrale I_1 est-elle convergente ?
2. Même question avec I_2.

Solution 167

1. *La fonction* $f : x \mapsto \dfrac{(\ln(1+x))^\alpha}{x^\beta}$ *est continue sur* $]0, +\infty[$. *Quand* $x \to 0$, *on dispose de l'équivalent*

$$f(x) \underset{x\to 0}{\sim} \frac{x^\alpha}{x^\beta} = \frac{1}{x^{\beta-\alpha}} \geqslant 0.$$

Or, l'intégrale $\displaystyle\int_0^1 \frac{1}{x^{\beta-\alpha}} dx$ *converge si et seulement si* $\beta - \alpha < 1$ *(intégrale de Riemann).*
Supposons désormais que $\beta - \alpha < 1$. *Quand* $x \to +\infty$, *on dispose de l'équivalent suivant :*

$$\ln(1+x) = \ln\left(x\left(1+\frac{1}{x}\right)\right) = \underbrace{\ln(x)}_{\to\infty} + \underbrace{\ln\left(1+\frac{1}{x}\right)}_{\to 0} \underset{x\to+\infty}{\sim} \ln(x)$$

$$\Rightarrow f(x) \underset{x\to+\infty}{\sim} \frac{(\ln(x))^\alpha}{x^\beta}.$$

Si $\beta > 1$, *on fixe* $\gamma \in]1, \beta[$ *alors on a la domination suivante :*

$$\frac{(\ln(x))^\alpha}{x^\beta} \underset{x\to+\infty}{=} o\left(\frac{1}{x^\gamma}\right) \text{ car } x^\gamma \frac{(\ln(x))^\alpha}{x^\beta} = \frac{(\ln(x))^\alpha}{x^{\beta-\gamma}} \underset{x\to+\infty}{\to} 0$$

(d'après les croissances comparées puisque $\beta - \gamma > 0$*). La fonction* $x \mapsto \dfrac{1}{x^\gamma}$ *étant positive et intégrable sur* $[1, +\infty[$ *(intégrale de Riemann de paramètre* $\gamma > 1$*), on peut affirmer que la fonction* $x \mapsto \dfrac{(\ln(x))^\alpha}{x^\beta}$ *est intégrable sur* $[1, +\infty[$. *On en déduit que la fonction* f *est également intégrable sur* $[1, +\infty[$.
Si $\beta < 1$, *on fixe* $\gamma \in]\beta, 1[$ *alors on a la domination suivante :*

$$\frac{1}{x^\gamma} \underset{x\to+\infty}{=} o\left(\frac{(\ln(x))^\alpha}{x^\beta}\right) \text{ car } \frac{1}{x^\gamma} \times \frac{x^\beta}{(\ln(x))^\alpha} = \frac{x^{\beta-\gamma}}{(\ln(x))^\alpha} \underset{x\to+\infty}{\to} 0$$

(d'après les croissances comparées puisque $\beta - \gamma < 0$*). La fonction* $x \mapsto \dfrac{1}{x^\gamma}$ *étant positive et l'intégrale* $\displaystyle\int_1^{+\infty} \frac{1}{x^\gamma} dx$ *étant divergente, on peut affirmer que* $\displaystyle\int_1^{+\infty} \frac{(\ln(x))^\alpha}{x^\beta} dx$ *diverge donc*

$\int_1^{+\infty} f$ *aussi.*

Si $\beta = 1$, *on effectue le changement de variable* $y = \ln(x)$ *(qui est de classe* C^1 *sur* $[1, +\infty[$, *strictement croissant sur* $[1, +\infty[$ *et réalisant une bijection de* $[1, +\infty[$ *sur* $[0, +\infty[$). *Quand* $x = 1$ *alors* $y = 0$, *quand* $x \to +\infty$ *alors* $y \to +\infty$. *En outre,* $x = e^y$ *et* $dx = e^y dy$ *donc les intégrales*

$$\int_1^{+\infty} \frac{(\ln(x))^\alpha}{x} dx \text{ et } \int_0^{+\infty} \frac{y^\alpha}{e^y} e^y dy = \int_0^{+\infty} y^\alpha dy = \int_0^{+\infty} \frac{1}{y^{-\alpha}} dy$$

sont de même nature.

Si $-\alpha \geqslant 1$ *alors* $\int_0^1 \frac{1}{y^{-\alpha}} dy$ *diverge (intégrale de Riemann avec* $-\alpha \geqslant 1$) *donc l'intégrale* $\int_0^{+\infty} \frac{1}{y^{-\alpha}} dy$ *aussi.*

Si $-\alpha < 1$ *alors* $\int_1^{+\infty} \frac{1}{y^{-\alpha}} dy$ *diverge (intégrale de Riemann avec* $-\alpha < 1$) *donc* $\int_0^{+\infty} \frac{1}{y^{-\alpha}} dy$ *aussi.*

Par conséquent, $\int_1^{+\infty} \frac{(\ln(x))^\alpha}{x} dx$ *diverge quelque soit* $\alpha \in \mathbb{R}$.

Conclusion *: l'intégrale* I_1 *converge si et seulement si* $\beta - \alpha < 1$ *et* $\beta > 1$ *c'est-à-dire si et seulement si* $1 < \beta < 1 + \alpha$.

2. *La fonction* $f : t \mapsto \frac{(1+t)^\alpha - t^\alpha}{t^\beta}$ *est continue sur* $]0, +\infty[$.
Si $\alpha = 0$, *la fonction* f *est identiquement nulle quel que soit le réel* β *donc* f *intégrable sur* $]0, +\infty[$. *Nous supposerons désormais que* $\alpha \neq 0$.
Étude de l'intégrabilité de f *sur* $[1, +\infty[$. *Recherchons un équivalent de* f *en* $+\infty$ *en utilisant le développement à l'ordre 1 en 0 de* $z \mapsto (1+z)^\alpha$:

$$\begin{aligned}(1+t)^\alpha &= \left(t\left(1+\frac{1}{t}\right)\right)^\alpha = t^\alpha\left(1+\frac{1}{t}\right)^\alpha \underset{t\to+\infty}{=} t^\alpha\left(1+\frac{\alpha}{t}+o\left(\frac{1}{t}\right)\right)\\ &\underset{t\to+\infty}{=} t^\alpha + \alpha t^{\alpha-1} + o\left(t^{\alpha-1}\right)\\ \Rightarrow\quad f(t) &\underset{t\to+\infty}{=} \frac{\alpha t^{\alpha-1} + o\left(t^{\alpha-1}\right)}{t^\beta} \underset{t\to+\infty}{\sim} \frac{\alpha t^{\alpha-1}}{t^\beta} = \frac{\alpha}{t^{\beta-\alpha+1}}.\end{aligned}$$

La fonction $t \mapsto \frac{\alpha}{t^{\beta-\alpha+1}}$ *étant de signe fixe sur* $[1, +\infty[$, *on en déduit que* $\int_1^{+\infty} f$ *converge si et seulement* $\int_1^{+\infty} \frac{\alpha}{t^{\beta-\alpha+1}} dt$ *converge si et seulement si* $\int_1^{+\infty} \frac{1}{t^{\beta-\alpha+1}} dt$ *converge (car* $\alpha \neq 0$).
Or, cette dernière intégrale converge si et seulement si $\beta - \alpha + 1 > 1 \Leftrightarrow \beta - \alpha > 0$ *(intégrale*

de Riemann) donc $\displaystyle\int_1^{+\infty} f$ *converge si et seulement si* $\beta > \alpha$.

Étude de l'intégrabilité de f *sur* $]0,1]$.

Premier cas $\alpha > 0$. *Recherchons un équivalent de* f *en* 0. *On a*

$$\lim_{t\to 0^+} \left((1+t)^\alpha - t^\alpha\right) = 1 \Rightarrow f(t) \underset{t\to 0^+}{\sim} \frac{1}{t^\beta}.$$

La fonction $t \mapsto \dfrac{1}{t^\beta}$ *est positive sur* $]0,1]$ *et elle est intégrable sur* $]0,1]$ *si et seulement si* $\beta < 1$ *(intégrale de Riemann de paramètre* β*) donc* f *est intégrable sur* $]0,1]$ *si et seulement si* $\beta < 1$.

Deuxième cas $\alpha < 0$. *On a* $\lim\limits_{t\to 0^+} t^\alpha = +\infty$ *et* $\lim\limits_{t\to 0^+} (1+t)^\alpha = 1$ *donc*

$$f(t) \underset{t\to 0}{\sim} \frac{-t^\alpha}{t^\beta} = -\frac{1}{t^{\beta-\alpha}}.$$

La fonction $t \mapsto -\dfrac{1}{t^{\beta-\alpha}}$ *est de signe fixe sur* $]0,1]$ *et elle est intégrable sur* $]0,1]$ *si et seulement si* $\beta - \alpha < 1$ *(intégrale de Riemann) donc* f *est intégrable sur* $]0,1]$ *si et seulement si* $\beta - \alpha < 1$

Conclusion : *L'intégrale* I_2 *converge si et seulement si* $\alpha = 0$ *ou* ($\beta > \alpha$ *et* $\alpha > 0$ *et* $\beta > 0$) *ou* ($\beta > \alpha$ *et* $\alpha < 0$ *et* $\beta - \alpha < 1$).

Commentaires 167 *Exercice sans progressivité et portant sur la même thématique. De tels sujets peuvent tomber (heureusement rarement) d'où l'importance de pas faire l'impasse sur les grands chapitres de MPSI et MP. Cet exercice nécessite une bonne maitrise du chapitre intégration ainsi qu'une certaine rigueur (pour une gestion convenable des disjonctions de cas).*

9.2 Mines-Telecom

Exercice 168 (Mines-Telecom) Justifier l'existence de l'intégrale suivante : $\displaystyle\int_0^{+\infty} \frac{\ln(t)}{1+t^2}\,dt.$

Solution 168 *La fonction* $f : t \mapsto \dfrac{\ln(t)}{1+t^2}$ *est continue sur* $]0,+\infty[$ *(comme quotient de deux telles fonctions dont le dénominateur ne s'annule pas sur cet intervalle).*
Intégrabilité *sur* $]0,1[$. *On dispose des dominations suivantes :*

$$f(t) \underset{t\to 0^+}{\sim} \ln(t) \underset{t\to 0^+}{=} o\left(\frac{1}{\sqrt{t}}\right)$$

car $\lim\limits_{t\to 0^+} \sqrt{t}\ln(t) = 0$ *(d'après les croissances comparées). La fonction* $t \mapsto \dfrac{1}{\sqrt{t}} = \dfrac{1}{t^{1/2}}$ *est positive et intégrable sur* $]0,1[$ *donc la fonction* f *est intégrable sur* $]0,1[$, *ce qui assure l'existence de l'intégrale* $\displaystyle\int_0^1 f$.
Intégrabilité *sur* $]1,+\infty[$. *On dispose des dominations suivantes :*

$$f(t) \underset{t\to +\infty}{\sim} \frac{\ln(t)}{t^2} \underset{t\to 0^+}{=} o\left(\frac{1}{t^{3/2}}\right)$$

car $\lim\limits_{t\to +\infty} t^{3/2}\dfrac{\ln(t)}{t^2} = \lim\limits_{t\to +\infty} \dfrac{\ln(t)}{t^{1/2}} = 0$ *d'après les croissances comparées. La fonction* $t \mapsto \dfrac{1}{t^{3/2}}$ *est positive et intégrable sur* $]1,+\infty[$ *donc la fonction* f *est intégrable sur* $]1,+\infty[$, *ce qui assure l'existence de l'intégrale* $\displaystyle\int_1^{+\infty} f$.

Ainsi, l'intégrale $\displaystyle\int_0^{+\infty} f$ *existe.*

Commentaires 168 *Exercice sans difficulté particulière pour ce concours.*

Exercice 169 (Mines-Telecom) Étudier l'existence de $\displaystyle\int_{2/\pi}^{+\infty} \ln\left(\cos\left(\frac{1}{x}\right)\right) dx.$

Solution 169 *Pour tout* $x > \dfrac{2}{\pi}$, *comme* $\dfrac{1}{x} \in \left]0,\dfrac{\pi}{2}\right[$ *alors* $\cos(x) > 0$. *Ainsi, la fonction* $f : x \mapsto \ln\left(\cos\left(\dfrac{1}{x}\right)\right)$ *est continue sur* $\left]\dfrac{2}{\pi},+\infty\right[$ *(comme composée de fonctions continues).*
Étude sur $[1,+\infty[$. *En utilisant le développement limité de* $\cos$ *en* 0 *et de* $x \mapsto \ln(1+x)$, *on obtient un équivalent de* f *quand* $x \to +\infty$.

$$\cos(s) \underset{s\to 0}{=} 1 - \frac{s^2}{2} + o\left(s^2\right),\ \ln(1+s) \underset{s\to 0}{\sim} s,\ \frac{1}{x} \underset{x\to+\infty}{\to} 0$$
$$f(x) \underset{x\to+\infty}{=} \ln\left(1 - \frac{1}{2x^2} + o\left(\frac{1}{x^2}\right)\right) \underset{x\to 0}{\sim} -\frac{1}{2x^2} + o\left(\frac{1}{x^2}\right) \underset{x\to 0}{\sim} -\frac{1}{2x^2}.$$

La fonction $x \mapsto -\dfrac{1}{2x^2}$ *est de signe fixe et intégrable sur* $[1,+\infty[$ *(intégrale de Riemann de paramètre* $2>1$*) donc* f *est également intégrable sur* $[1,+\infty[$*, ce qui assure la convergence de l'intégrale* $\displaystyle\int_1^{+\infty} f$.

Étude sur $\left]\dfrac{2}{\pi},1\right]$. *On utilise le changement de variable* $s=\dfrac{1}{x}$ *(réalisant une bijection de classe* C^1 *et strictement décroissante de* $\left]\dfrac{2}{\pi},1\right]$ *sur* $\left[1,\dfrac{\pi}{2}\right[$*). On a :*

$$x=\frac{1}{s}\Rightarrow dx=-\frac{1}{s^2}ds,\ x\to\frac{2}{\pi}\Rightarrow s\to\frac{\pi}{2},\ x=1\Rightarrow s=1.$$

Le théorème de changement de variable montre que les intégrales :

$$\int_{2/\pi}^{1} f \text{ et } \int_{\pi/2}^{1}\ln(\cos(s))\left(-\frac{ds}{s^2}\right)=\int_{1}^{\pi/2}\frac{\ln(\cos(s))}{s^2}ds$$

sont de même nature. La fonction $g: s\mapsto \dfrac{\ln(\cos(s))}{s^2}$ *est continue sur* $\left[1,\dfrac{\pi}{2}\right[$ *et dispose de l'équivalent suivant :*

$$\begin{aligned}g(s) &\underset{s\to(\pi/2)^-}{\sim}\frac{\ln(\cos(s))}{(\pi/2)^2}\underset{t=\pi/2-s}{=}\frac{\ln(\cos(\pi/2-t))}{(\pi/2)^2}=\frac{\ln(\sin(t))}{(\pi/2)^2}\underset{t\to0^+}{=}\frac{\ln(t+o(t))}{(\pi/2)^2}\\ &=\frac{\ln(t(1+o(1)))}{(\pi/2)^2}=\frac{\ln(t)+\ln(1+o(1))}{(\pi/2)^2}\underset{t\to0^+}{\sim}\frac{\ln(t)}{(\pi/2)^2}=\frac{\ln(\pi/2-s)}{(\pi/2)^2}.\end{aligned}$$

Le changement de variable $t=\dfrac{\pi}{2}-s$ *montre que les intégrales*

$$\int_1^{\pi/2}\ln(\pi/2-s)\,ds \text{ et } \int_{\pi/2-1}^{0}\ln(t)(-dt)=\int_0^{\pi/2-1}\ln(t)\,dt$$

sont de même nature. Puisque $\ln(t)\underset{t\to0^+}{=}o\left(\dfrac{1}{\sqrt{t}}\right)$ *(car* $\sqrt{t}\ln(t)\underset{t\to0^+}{\to}0$ *d'après les croissances comparées) et que* $t\mapsto\dfrac{1}{\sqrt{t}}=\dfrac{1}{t^{1/2}}$ *est positive intégrable sur* $\left[0,\dfrac{\pi}{2}-1\right[$ *(intégrale de Riemann de paramètre* $\dfrac{1}{2}<1$*), on peut affirmer que* $t\mapsto\ln(t)$ *est intégrable sur* $\left[0,\dfrac{\pi}{2}-1\right[$. *Par conséquent, la fonction* $t\mapsto\dfrac{\ln(\pi/2-t)}{(\pi/2)^2}$ *est intégrable sur* $\left[1,\dfrac{\pi}{2}\right[$ *donc la fonction* g *est intégrable sur* $\left]\dfrac{2}{\pi},1\right]$.

Conclusion *:* g *étant intégrable sur* $\left]\dfrac{2}{\pi},+\infty\right[$*, l'intégrale* $\displaystyle\int_{2/\pi}^{+\infty}\ln\left(\cos\left(\frac{1}{x}\right)\right)dx$ *existe.*

Commentaires 169 *Exercice original qui permet de tester les différentes facettes du chapitre intégration. Il est indispensable de savoir justifier rapidement et rigueurement l'existence de l'intégrale entre* 1 *et* $+\infty$ *(c'est un attendu pour les candidats intégrant potentiellement les écoles de ce concours). L'existence entre* $\frac{2}{\pi}$ *et* 1 *permet de distinguer les bons candidats à l'aide avec les développements asymptotiques en un point autre que* 0 *et à l'aise sur le chapitre intégration.*

Exercice 170 (Mines-Telecom) Existence et valeur de $\int_0^{+\infty} xe^{-\lfloor x\rfloor}dx$.

Solution 170 ***Existence.*** *La fonction* $f : x \mapsto xe^{-\lfloor x\rfloor}$ *est continue par morceaux sur* $\mathbb{R}_+$. *Par définition de la partie entière, pour tout réel* x, *on a :*

$$\lfloor x\rfloor \leqslant x < \lfloor x\rfloor + 1 \underset{\times(-1)}{\Rightarrow} -\lfloor x\rfloor - 1 \leqslant -x \Leftrightarrow -\lfloor x\rfloor \leqslant 1 - x.$$

La fonction exponentielle étant croissante, on obtient :

$$\forall x \in \mathbb{R}_+,\ 0 \leqslant f(x) \leqslant xe^{1-x} = exe^{-x} \underset{x\to+\infty}{=} o\left(e^{-x/2}\right)$$

puisque $\frac{xe^{-x}}{e^{-x/2}} = xe^{-x/2} \underset{x\to+\infty}{\to} 0$ *(d'après les croissances comparées). La fonction* $x \mapsto e^{-x/2}$ *étant intégrable sur* $\mathbb{R}_+$ *(car* $-\frac{1}{2} < 0$*), on peut affirmer que la fonction* f *est intégrable sur* $\mathbb{R}_+$ *d'où l'existence de l'intégrale* $\int_0^{+\infty} f$.

Valeur. *Observons que la fonction* $x \mapsto \lfloor x\rfloor$ *vaut* k *sur tout intervalle* $[k, k+1[$ *avec* $k \in \mathbb{N}$. *Pour tout entier* $N \geqslant 1$, *d'après la relation de Chasles, on a :*

$$\begin{aligned}\int_0^N f &= \sum_{k=0}^{N-1}\int_k^{k+1} f = \sum_{k=0}^{N-1}\int_k^{k+1} xe^{-k}dx = \sum_{k=0}^{N-1} e^{-k}\int_k^{k+1} xdx = \sum_{k=0}^{N-1} e^{-k}\left[\frac{x^2}{2}\right]_{x=k}^{x=k+1}\\ &= \frac{1}{2}\sum_{k=0}^{N-1} e^{-k}\left((k+1)^2 - k^2\right) = \frac{1}{2}\sum_{k=0}^{N-1}(2k+1)\left(\frac{1}{e}\right)^k.\end{aligned}$$

En faisant tendre N *vers* $+\infty$, *on obtient l'égalité :*

$$\int_0^{+\infty} f = \frac{1}{2}\sum_{k=0}^{+\infty}(2k+1)\left(\frac{1}{e}\right)^k = \frac{1}{e}\sum_{k=0}^{+\infty} k\left(\frac{1}{e}\right)^{k-1} + \frac{1}{2}\sum_{k=0}^{+\infty}\left(\frac{1}{e}\right)^k.$$

Rappelons que la série entière $\sum_{k\geqslant 0} x^k$ *a un rayon de convergence* $R = 1$ *dont la somme est la fonction* $x \mapsto \frac{1}{1-x}$ *sur* $]-1, 1[$. *Sa série dérivée* $\sum_k kx^{k-1}$ *a un rayon de convergence* $R = 1$

dont la somme est la fonction $x \mapsto \dfrac{d}{dx}\left(\dfrac{1}{1-x}\right) = \dfrac{1}{(1-x)^2}$ *sur* $]-1,1[$. *En choisissant* $x = \dfrac{1}{e}$, *on obtient :*

$$\int_0^{+\infty} f = \frac{1}{e} \times \frac{1}{\left(1-\frac{1}{e}\right)^2} + \frac{1}{2} \times \frac{1}{1-\frac{1}{e}} = \frac{e}{(e-1)^2} + \frac{1}{e-1} = \frac{e^2+e}{2\,(e-1)^2}.$$

Commentaires 170 *Exercice original. L'existence de l'intégrale ne doit pas poser de problème particulier aux candidats connaissant les fondamentaux du chapitre intégration. Le calcul de l'intégrale nécessite un peu d'initiave (penser à la relation de Chasles pour gérer la partie entière, cela sera valorisé par l'interrogateur) et d'autonomie du candidat (gestion des séries dérivées de la série géométrique). Cette seconde question permet de distinguer disposant le candidat d'aisance et de recul en analyse.*

9.3 Centrale Math 1

Exercice 171

1. Pour $n \geqslant 1$, on pose $u_n = \dfrac{1}{n}\sum_{k=0}^{n-1}\sqrt{1-\dfrac{k^2}{n^2}}$. Montrer que la suite u converge et déterminer sa limite.
2. Soit q la fonction de $\mathbb{R}_+$ vers $\mathbb{N}$ telle que $q(x) = \text{card}\left(\left\{(i,j) \in \mathbb{N}^2, \quad i^2+j^2 \leqslant x\right\}\right)$. Donner un équivalent de q au voisinage de $+\infty$.
3. Soit f la fonction définie sur $]-1,1[$ par l'égalité $f(t) = \dfrac{1}{\sqrt{1-t}}\sum_{n=0}^{+\infty} t^{n^2}$.

   Donner un équivalent de f au voisinage de 1^-.

Solution 171

1. *La fonction $f : x \mapsto \sqrt{1-x^2}$ est continue sur $[0,1]$. Soit $n \geqslant 1$, sa n^e somme de Riemann $S_n(f)$ est définie par :*

$$S_n(f) = \frac{1}{n}\sum_{k=0}^{n-1} f\left(\frac{k}{n}\right) = u_n$$

qui converge vers $\int_0^1 \sqrt{1-x^2}dx$. Pour calculer cette intégrale, on utilise le changement de variable $x = \sin(t)$. La fonction $t \in \left[0,\frac{\pi}{2}\right] \mapsto \sin(t)$ est de classe C^1 sur $\left[0,\frac{\pi}{2}\right]$ et réalise une bijection de $\left[0,\frac{\pi}{2}\right]$ sur $[0,1]$. Quand $t=0$ alors $x=0$, quand $t=\frac{\pi}{2}$ alors $x=1$. En outre, on a $dx = \cos(t)\,dt$ donc

$$\begin{aligned}
\int_0^1 f &= \int_0^1 \sqrt{1-x^2}dx = \int_0^{\pi/2} \sqrt{1-(\sin(t))^2}\cos(t)\,dt = \int_0^{\pi/2}\sqrt{(\cos(t))^2}\cos(t)\,dt \\
&= \int_0^{\pi/2} \underbrace{|\cos(t)|}_{=\cos(t)}\cos(t)\,dt = \int_0^{\pi/2}(\cos(t))^2\,dt \\
&= \int_0^{\pi/2}\left(\frac{1+\cos(2t)}{2}\right)dt = \left[\frac{t}{2}+\frac{\sin(2t)}{4}\right]_{t=0}^{t=\pi/2} = \frac{\pi}{4},
\end{aligned}$$

ce prouve l'égalité :

$$\lim_{n\to+\infty} u_n = \frac{\pi}{4}.$$

2. *Soit $x \in \mathbb{R}_+$. On note :*

$$\begin{aligned}
A_x &= \left\{(i,j) \in \mathbb{N}^2, \quad i^2+j^2 \leqslant x\right\}, \\
A_{x,j} &= \left\{(i,j) \in \mathbb{N}^2, i \leqslant \sqrt{x-j^2}\right\} \underset{i\in\mathbb{N}}{=} \left\{(i,j), i \in \left\{0,..,\left\lfloor\sqrt{x-j^2}\right\rfloor\right\}\right\} \\
&\Rightarrow \text{card}(A_{x,j}) = 1 + \left\lfloor\sqrt{x-j^2}\right\rfloor.
\end{aligned}$$

.Soit $(i,j) \in A_x$ *alors on a les inégalités suivantes :*

$$j^2 \leqslant i^2 + j^2 \leqslant x \Rightarrow \left\{ \begin{array}{c} j = \sqrt{j^2} \leqslant \sqrt{x} \underset{j\in\mathbb{N}}{\Rightarrow} j \leqslant \lfloor \sqrt{x} \rfloor \\ \text{et } i = \sqrt{i^2} \leqslant \sqrt{x - j^2} \end{array} \right.$$

$$\Rightarrow j \in \{0, .., \lfloor \sqrt{x} \rfloor\} \text{ et } (i,j) \in A_{x,j} \Rightarrow (i,j) \in \bigcup_{j=0}^{\lfloor \sqrt{x} \rfloor} A_{x,j}.$$

Réciproquement, soit $(i,j) \in \bigcup_{j=0}^{\lfloor \sqrt{x} \rfloor} A_{x,j}$ *alors* $i^2 + j^2 \leqslant x - j^2 + j^2 = x$ *donc* $(i,j) \in A_x$.
Ainsi, nous venons de montrer que l'égalité ensembliste :

$$A_x = \bigcup_{j=0}^{\lfloor \sqrt{x} \rfloor} A_{x,j}.$$

En outre, cette union est manifestement disjointe donc :

$$q(x) = \operatorname{card}(A_x) = \sum_{j=0}^{\lfloor \sqrt{x} \rfloor} \operatorname{card}(A_{x,j}) = \sum_{j=0}^{\lfloor \sqrt{x} \rfloor} \left(1 + \left\lfloor \sqrt{x - j^2} \right\rfloor \right).$$

Par définition de la partie entière $\lfloor a \rfloor$ *d'un réel* a*, on a l'encadrement :*

$$\lfloor a \rfloor \leqslant a < \lfloor a \rfloor + 1$$

donc on en déduit l'encadrement suivant de $q(x)$ *:*

$$q(x) = \sum_{j=0}^{\lfloor \sqrt{x} \rfloor} \left(1 + \left\lfloor \sqrt{x - j^2} \right\rfloor \right) \leqslant \sum_{j=0}^{\lfloor \sqrt{x} \rfloor} \left(1 + \sqrt{x - j^2} \right) \leqslant \sum_{j=0}^{\lfloor \sqrt{x} \rfloor} \left(2 + \left\lfloor \sqrt{x - j^2} \right\rfloor \right)$$

$$\underset{-q(x)}{\Leftrightarrow} 0 \leqslant \sum_{j=0}^{\lfloor \sqrt{x} \rfloor} 1 + \underbrace{\sum_{j=0}^{\lfloor \sqrt{x} \rfloor} \sqrt{x - j^2}}_{=A(x)} - q(x) \leqslant \sum_{j=0}^{\lfloor \sqrt{x} \rfloor} 1 = 1 + \lfloor \sqrt{x} \rfloor$$

$$\Rightarrow -\left(1 + \lfloor \sqrt{x} \rfloor\right) \leqslant A(x) - q(x) \leqslant 0 \Rightarrow A(x) - q(x) \underset{x \to +\infty}{=} O\left(\lfloor \sqrt{x} \rfloor\right)$$

$$\Rightarrow (\mathcal{E}_1) : q(x) \underset{x \to +\infty}{=} A(x) + O\left(\lfloor \sqrt{x} \rfloor\right)$$

D'autre part, comme $\lfloor \sqrt{x} \rfloor \leqslant \sqrt{x} \leqslant \lfloor \sqrt{x} \rfloor + 1$*, on obtient un encadrement de* $A(x)$*.*

$$(\mathcal{I}_1) \quad : \quad \underbrace{\sum_{j=0}^{\lfloor \sqrt{x} \rfloor} \sqrt{\lfloor \sqrt{x} \rfloor^2 - j^2}}_{=B(\lfloor \sqrt{x} \rfloor)} \leqslant A(x) \leqslant \sum_{j=0}^{\lfloor \sqrt{x} \rfloor} \underbrace{\sqrt{\left(\lfloor \sqrt{x} \rfloor + 1\right)^2 - j^2}}_{\geqslant 0}$$

$$\leqslant \underbrace{\sum_{j=0}^{\lfloor \sqrt{x} \rfloor + 1} \sqrt{\left(\lfloor \sqrt{x} \rfloor + 1\right)^2 - j^2}}_{=B(\lfloor \sqrt{x} \rfloor + 1)}$$

Or, pour tout entier n, on a :

$$\sum_{j=0}^{n}\sqrt{n^2-j^2}=\sum_{j=0}^{n}\sqrt{n^2}\sqrt{1-\frac{j^2}{n^2}}=n\sum_{j=0}^{n}\sqrt{1-\frac{j^2}{n^2}}=n^2u_n\underset{n\to+\infty}{\sim}n^2\frac{\pi}{4}$$

(d'après la question précédente). En particulier, on dispose des deux équivalents suivants :

$$B\left(\lfloor\sqrt{x}\rfloor\right)\underset{x\to+\infty}{\sim}\frac{\pi}{4}\lfloor\sqrt{x}\rfloor^2,\ B\left(\lfloor\sqrt{x}\rfloor+1\right)\underset{x\to+\infty}{\sim}\frac{\pi}{4}\left(\lfloor\sqrt{x}\rfloor+1\right)^2\underset{n\to+\infty}{\sim}\frac{\pi}{4}\lfloor\sqrt{x}\rfloor^2.$$

En divisant l'inégalité $(\mathcal{I}_1)$ *par* $\frac{\pi}{4}\lfloor\sqrt{x}\rfloor^2$, *le membre de gauche et de droite de l'encadrement obtenu tendent vers 1. Le théorème d'encadrement montre que :*

$$\lim_{x\to+\infty}\frac{A(x)}{\frac{\pi}{4}\lfloor\sqrt{x}\rfloor^2}=1\Leftrightarrow A(x)\underset{n\to+\infty}{\sim}\frac{\pi}{4}\lfloor\sqrt{x}\rfloor^2\Rightarrow A(x)\underset{n\to+\infty}{=}\frac{\pi}{4}\lfloor\sqrt{x}\rfloor^2+o\left(\lfloor\sqrt{x}\rfloor^2\right)$$

D'après le développement $(\mathcal{E}_1)$, *on peut écrire :*

$$\begin{aligned}&q(x)\underset{x\to+\infty}{=}\frac{\pi}{4}\lfloor\sqrt{x}\rfloor^2+o\left(\lfloor\sqrt{x}\rfloor^2\right)+O\left(\lfloor\sqrt{x}\rfloor\right)\underset{x\to+\infty}{=}\frac{\pi}{4}\lfloor\sqrt{x}\rfloor^2+o\left(\lfloor\sqrt{x}\rfloor^2\right)\\ \Rightarrow\ &q(x)\underset{x\to+\infty}{\sim}\frac{\pi}{4}\lfloor\sqrt{x}\rfloor^2\underset{x\to+\infty}{\sim}\frac{\pi}{4}\sqrt{x}^2=\frac{\pi}{4}x\end{aligned}$$

3. *Pour tout* $t\in\left]-1,1\right[$, *la famille* $\left(t^{n^2}\right)_{n\in\mathbb{N}}$ *est sommable car la série* $\sum_n\left|t^{n^2}\right|=\sum_n|t|^{n^2}$ *converge puisque, pour tout entier n, on a* $\left|t^{n^2}\right|=|t|^{n^2}\leqslant|t|^n$ *(car* $|t|<1$ *et* $n\leqslant n^2$ *pour* $n\in\mathbb{N}$*) et la série* $\sum_n|t|^n$ *est convergente (série géométrique de raison* $|t|\in\left]-1,1\right[$*). D'après le théorème de Fubini pour les familles sommables, pour tout* $t\in\left]-1,1\right[$, *on a :*

$$(f(t))^2=\frac{1}{1-t}\sum_{i=0}^{+\infty}t^{i^2}\sum_{j=0}^{+\infty}t^{j^2}=\frac{1}{1-t}\sum_{(i,j)\in\mathbb{N}^2}t^{i^2+j^2}.$$

On partitionne $\mathbb{N}^2$ *comme suit :*

$$\mathbb{N}^2=\bigcup_{n=0}^{+\infty}B_n\text{ avec }\forall n\in\mathbb{N},\ B_n=\left\{(i,j)\in\mathbb{N}^2,\ i^2+j^2=n\right\}$$

donc :

$$\begin{aligned}(f(t))^2&=\frac{1}{1-t}\sum_{n=0}^{+\infty}\sum_{(i,j)\in B_n}t^{i^2+j^2}=\frac{1}{1-t}\sum_{n=0}^{+\infty}\sum_{(i,j)\in B_n}t^n\\&=\frac{1}{1-t}\sum_{n=0}^{+\infty}t^n\sum_{(i,j)\in B_n}1=\frac{1}{1-t}\sum_{n=0}^{+\infty}\operatorname{card}(B_n)\,t^n\\&=\sum_{n=0}^{+\infty}t^n\sum_{n=0}^{+\infty}\operatorname{card}(B_n)\,t^n\overset{\text{produit de}}{\underset{\text{Cauchy}}{=}}\sum_{n=0}^{+\infty}c_nt^n\end{aligned}$$

où, pour tout entier n, on a posé :

$$\begin{aligned} c_n &= \sum_{k=0}^{n} \operatorname{card}(B_k) \underset{disjointe}{\overset{union}{=}} \operatorname{card}\left(\bigcup_{k=0}^{n} B_k\right) \\ &= \operatorname{card}\left\{(i,j) \in \mathbb{N}^2,\ i^2+j^2 \leqslant n\right\} = q(n). \end{aligned}$$

Par conséquent, pour tout $t \in]-1,1[$, on vient de montrer que :

$$(f(t))^2 = \sum_{n=0}^{+\infty} q(n)\, t^n.$$

D'après la question précédente, on dispose des dominations suivantes :

$$q(n) \underset{n\to+\infty}{\sim} \frac{\pi n}{4} \Leftrightarrow q(n) \underset{n\to+\infty}{=} \frac{\pi n}{4} + o(n).$$

Notons

$$a_n = q(n) - \frac{\pi n}{4} \underset{n\to+\infty}{=} o(n)$$

alors $q(n) = \frac{\pi n}{4} + a_n$ pour tout entier n et on a :

$$\begin{aligned} (f(t))^2 &= \sum_{n=0}^{+\infty} \underbrace{\frac{\pi n}{4} t^n}_{=0 \text{ si } n=0} + \sum_{n=0}^{+\infty} a_n t^n = \frac{\pi t}{4} \sum_{n=1}^{+\infty} n t^{n-1} + \sum_{n=0}^{+\infty} a_n t^n \\ &= \frac{\pi t}{4}\left(\sum_{n=0}^{+\infty} t^n\right)' + \sum_{n=0}^{+\infty} a_n t^n = \frac{\pi t}{4}\left(\frac{1}{1-t}\right)' + \sum_{n=0}^{+\infty} a_n t^n \\ &= \frac{\pi t}{4(1-t)^2} + \sum_{n=0}^{+\infty} a_n t^n. \end{aligned}$$

Pour finir, montrons que :

$$g(t) = \sum_{n=0}^{+\infty} a_n t^n \underset{t\to1^-}{=} o\left(\sum_{n=0}^{+\infty} n t^n\right) \underset{t\to1^-}{=} o\left(\frac{t}{(1-t)^2}\right),$$

ce qui démontrera l'équivalent :

$$(f(t))^2 \underset{t\to1^-}{\sim} \frac{\pi t}{4(1-t)^2} \underset{t\to1^-}{\sim} \frac{\pi}{4(1-t)^2}.$$

Soit $\varepsilon > 0$, comme $\frac{a_n}{n} \underset{n\to+\infty}{=} o(1) \underset{n\to+\infty}{\to} 0$, il existe un rang N_ε tel que :

$$\begin{aligned} \forall n &\geqslant N_\varepsilon, \quad \left|\frac{a_n}{n}\right| \leqslant \varepsilon \Leftrightarrow |a_n| \leqslant \varepsilon n \Rightarrow \forall t \in [0,1[, \\ |g(t)| &\leqslant \sum_{n=0}^{+\infty} |a_n|\,|t|^n = \sum_{n=0}^{N_\varepsilon-1} |a_n|\, t^n + \sum_{n=N_\varepsilon}^{+\infty} \varepsilon n t^n \leqslant \sum_{n=0}^{N_\varepsilon-1} |a_n|\, t^n + \varepsilon \sum_{n=0}^{+\infty} n t^n \\ &= \sum_{n=0}^{N_\varepsilon-1} |a_n|\, t^n + \frac{\varepsilon t}{(1-t)^2} \leqslant \sum_{n=0}^{N_\varepsilon-1} |a_n|\, t^n + \frac{\varepsilon}{(1-t)^2} \\ &\Rightarrow (1-t)^2 |g(t)| \leqslant \varepsilon + (1-t)^2 \sum_{n=0}^{N_\varepsilon-1} |a_n|\, t^n \end{aligned}$$

Comme $\lim_{t\to 1^-} (1-t)^2 \sum_{n=0}^{N_\varepsilon - 1} |a_n| t^n = 0$ *(car* ε *et* N_ε *sont fixés) et que* $\varepsilon > 0$*, il existe* $\alpha_\varepsilon > 0$ *tel que* $\forall t \in [0,1[$ *tel que* $|t-1| \leqslant \alpha_\varepsilon$ *alors on a la majoration :*

$$(1-t)^2 \sum_{n=0}^{N_\varepsilon - 1} |a_n| t^n \leqslant \varepsilon \Rightarrow (1-t)^2 |g(t)| \leqslant 2\varepsilon.$$

Autrement dit, on vient de prouver que :

$$\forall \varepsilon > 0, \exists \alpha_\varepsilon > 0, \forall t \in [0,1[, |t-1| \leqslant \alpha_\varepsilon \Rightarrow (1-t)^2 |g(t)| \leqslant 2\varepsilon$$

c'est-à-dire que $\lim_{t\to 1^-} (1-t)^2 g(t) = 0 \Leftrightarrow g(t) \underset{t\to 1^-}{=} o\left(\frac{1}{(1-t)^2}\right)$.

Commentaires 171 *Exercice de difficulté convenable graduée pour ce concours.*
Question 1 : Elle ne doit pas poser de difficulté particulière.
Question 2 : On peut la résoudre comme le corrigé en découpant en tranche le cercle selon les valeurs possibles de l'ordonnée j*. Une justification plus géométrique existe et elle est basée sur un fait visuel. À chaque point* $(i,j) \in A_x$ *(notation du corrigé), on associé le carré* $C_{i,j}$ *de côté de longueur 1 (donc d'aire* $1^2 = 1$*) et dont* (i,j) *est le point « le plus bas et le plus à gauche ». Les carrés* $(C_{i,j})_{(i,j)\in A_x}$ *recouvrent le quart de disque* $\mathcal{D}_x$ *de centre* $(0,0)$ *et de rayon* $\sqrt{x}$ *(la partie dont abscisse et ordonnée sont positives) et leur réunion* $C = \bigcup_{(i,j)\in A_x} C_{i,j}$ *est incluse dans le quart de disque* D_{x+1} *de centre* $(0,0)$ *et de rayon* $\sqrt{x+1}$ *(faites un petit dessin pour vous en convaincre, par exemple pour* $x = 4$*). Le nombre de points de* A_x *vaut :*

$$q(x) = \sum_{(i,j)\in A_x} 1 = \sum_{(i,j)\in A_x} aire\,(C_{i,j}) = aire\left(\bigcup_{(i,j)\in A_x} C_{i,j}\right) = aire\,(C).$$

L'inclusion $\mathcal{D}_x \subset C \subset \mathcal{D}_x$ *entraine l'encadrement :*

$$\text{card}\,(\mathcal{D}_x) \leqslant \text{card}\,(C) \leqslant \text{card}\,(\mathcal{D}_{x+1}) \Leftrightarrow \frac{\pi x}{4} \leqslant q(x) \leqslant \frac{\pi(x+1)}{4}.$$

En divisant par x*, le théorème d'encadrement montre que*

$$\lim_{x\to+\infty} \frac{q(x)}{x} = \frac{\pi}{4} \Leftrightarrow q(x) \underset{x\to+\infty}{\sim} \frac{\pi x}{4}.$$

Cette preuve convaincra à coup sûr l'interrogateur (qui s'en félicitera).
Question 3 : Question difficile et il y a de très forte chance que l'interrogateur demande d'expliciter les coefficients de la série entière $(1-t)(f(t))^2$*. Les candidats faisant le lien avec* $q(n)$ *seront valorisés. Si ce n'est pas le cas, l'interrogateur demandera de le prouver. Cette partie est réservé aux bons candidats.*

Exercice 172 Soient $n \in \mathbb{N}^*$, $p_1,..,p_n \in \mathbb{R}_+^*$, $a_1,..,a_n \in \mathbb{R}$ avec $a_1 < a_2 < \cdots < a_n$. On considère la fonction

$$\varphi : x \in \mathbb{R}\backslash \{a_1,..,a_n\} \mapsto x - \sum_{i=1}^{n} \frac{p_i}{x-a_i}.$$

1. Soit $y \in \mathbb{R}$. Déterminer le nombre de solutions de $\varphi(x) = y$. Calculer leur somme.
2. Soit $f \in C^0(\mathbb{R},\mathbb{R})$ intégrable sur $\mathbb{R}$. On pose $a_0 = -\infty$, $a_{n+1} = +\infty$.
   (a) Soit $k \in \{0,..,n\}$. Montrer que l'intégrale $\int_{a_k}^{a_{k+1}} f(\varphi(t))\,dt$ est convergente.
   (b) Montrer que $\int_{-\infty}^{+\infty} f = \sum_{k=0}^{n} \int_{a_k}^{a_{k+1}} f(\varphi(t))\,dt.$

Solution 172

1. ***Nombres de solutions.*** *Posons $a_0 = -\infty$ et $a_{n+1} = +\infty$. La fonction φ est continue sur $\mathbb{R}\backslash \{a_1,..,a_n\} = \bigcup_{k=0}^{n}]a_k, a_{k+1}[$. En outre, pour chaque $k \in \{0,..,n,\}$, φ est strictement croissante sur l'intervalle $]a_k, a_{k+1}[$ (sa dérivée est*

$$x \mapsto 1 + \sum_{i=1}^{p} \frac{p_i}{(x-a_i)^2} > 0$$

car $p_i > 0$ pour tout $i \in \{1,..,n\}$) donc elle réalise une bijection de $]a_k, a_{k+1}[$ sur

$$\varphi(]a_k, a_{k+1}[) = \left] \lim_{a_k^+} \varphi(x), \lim_{a_{k+1}^-} \varphi \right[=]-\infty, +\infty[$$

(y compris pour $k = 0$ et $k = n$, je laisse le soin au lecteur de faire la vérification). Ainsi, pour tout $y \in \mathbb{R}$ et pour chaque $k \in \{0,..,n\}$, l'équation $\varphi(x) = y$ admet une unique solution sur l'intervalle $]a_k, a_{k+1}[$ donc l'équation $\varphi(x) = y$ admet $n+1$ solutions sur $\mathbb{R}\backslash \{a_1,..,a_n\}$.
Somme des solutions. *Notons $x_1,..,x_{n+1}$ les $n+1$ solutions de l'équation $\varphi(x) = y$. En multipliant cette équation par $\prod_{i=1}^{n}(x-a_i)$, on obtient l'équation :*

$$\underbrace{x\prod_{i=1}^{n}(x-a_i) - \sum_{i=1}^{n} p_i \prod_{j\in\{1,..,n\}\backslash\{i\}} (x-a_j) - y\prod_{i=1}^{n}(x-a_i)}_{=P(x)} = 0.$$

Le polynôme P est unitaire de degré $n+1$, il possède $n+1$ racines qui sont les $x_1,..,x_{n+1}$ donc il ne peut avoir d'autres racines dans $\mathbb{C}$. D'après les relations coefficients-racines, l'opposé de la somme de ses racines (i.e. $-\sum_{i=1}^{n+1} x_i$) vaut le coefficient devant x^n qui vaut *ici* $-y-\sum_{i=1}^{n} a_i$. *En effet, le coefficient de* x^n *dans* $x\prod_{i=1}^{n}(x-a_i)$ *est le coefficient de* x^{n-1} *dans* $\prod_{i=1}^{n}(x-a_i)$ *c'est-à-dire vaut ici* $-\sum_{i=1}^{n} a_i$) *et le coefficient de* x^n *dans* $-y\prod_{i=1}^{n}(x-a_i)$ *vaut ici* $-y$ *et les autres termes n'apportent pas de termes en* x^n. *Par conséquent, on obtient l'égalité :*

$$\sum_{i=1}^{n+1} x_i = y + \sum_{i=1}^{n} a_i.$$

2. (a) *Soit* $k \in \{0,..,n\}$. *On note* φ_k *la restriction de* φ *à l'intervalle* $]a_k, a_{k+1}[$. *On utilise le changement de variable* $x = \varphi_k(t)$ *qui de classe* C^1 *sur* $]a_k, a_{k+1}[$ *et réalise une bijection de* $]a_k, a_{k+1}[$ *sur* $]-\infty, +\infty[$. *Quand* $t \to a_k^+$ *alors* $x \to -\infty$, *quand* $t \to a_{k+1}^-$ *alors* $x \to +\infty$. *Comme* $x = \varphi(t)$, *on a* $t = \varphi_k^{-1}(x)$ *donc :*

$$dt = \left((\varphi_k)^{-1}\right)'(x)\,dx = \frac{1}{\varphi_k'\left(\varphi_k^{-1}(x)\right)}dx = \frac{1}{\varphi'\left(\varphi_k^{-1}(x)\right)}dx.$$

Ainsi, les intégrales

$$\int_{a_k}^{a_{k+1}} f(\varphi_k(t))\,dt = \int_{a_k}^{a_{k+1}} f(\varphi(t))\,dt \text{ et } \int_{-\infty}^{+\infty} f(x)\frac{1}{\varphi'\left(\varphi_k^{-1}(x)\right)}dx$$

sont de même natures. Or, pour tout $t \in]a_k, a_{k+1}[$, *on a :*

$$\begin{aligned}\varphi'(t) &= 1+\underbrace{\sum_{i=1}^{n}\frac{p_i}{(x-a_i)^2}}_{\geqslant 0} \geqslant 1 \Rightarrow 0 \leqslant \frac{1}{\varphi'(t)} \leqslant 1 \\ &\Rightarrow \forall x\in\mathbb{R}, \left|f(x)\frac{1}{\varphi'\left(\varphi_k^{-1}(x)\right)}\right| = |f(x)|\frac{1}{\varphi'\left(\varphi_k^{-1}(x)\right)} \leqslant |f(x)|.\end{aligned}$$

Comme l'intégrale $\int_{-\infty}^{+\infty}|f|$ *converge (car* f *est intégrable sur* $\mathbb{R}$*), on en déduit que l'intégrale* $\int_{-\infty}^{+\infty} f(x)\frac{1}{\varphi'\left(\varphi_k^{-1}(x)\right)}dx$ *est convergente, ce qui assure la convergence de l'intégrale* $\int_{a_k}^{a_{k+1}} f(\varphi(t))\,dt$.

(b) *En conservant les notations introduites à la réponse de la question précédente, on a :*

$$\begin{aligned}\sum_{k=0}^{n}\int_{a_k}^{a_{k+1}} f(\varphi(t))\,dt &= \sum_{k=0}^{n}\int_{-\infty}^{+\infty} f(y)\left((\varphi_k)^{-1}\right)'(y)\,dy = \int_{-\infty}^{+\infty} f(y)\sum_{k=0}^{n}\left((\varphi_k)^{-1}\right)'(y)\,dy \\ &= \int_{-\infty}^{+\infty} f(y)\left(\sum_{k=0}^{n}(\varphi_k)^{-1}(y)\right)'dy\end{aligned}$$

Soit $y \in \mathbb{R}$. *Pour tout* $k \in \{0,..,n\}$, $\varphi_k^{-1}(y)$ *est l'unique solution de* $\varphi(x) = y$ *appartenant à l'intervalle donc* $\sum_{k=0}^{n} (\varphi_k)^{-1}(y)$ *représente la somme des racines de l'équation* $\varphi(x) = y$. *Or, d'après la question 1, cette somme vaut* $y + \sum_{i=1}^{n} a_i$ *donc sa dérivée vaut* 1, *ce qui permet de conclure.*

Commentaires 172 *Exercice original et progressif. Il fut donné initialement et quelques années auparavant à l'X.*
Question 1. Le nombre de solutions est une question standard de MPSI et ne doit pas poser de problème (le paradigme étant d'étudier les variations de la fonction associée). La seconde question est astucieuse (se ramener à un polynôme et utiliser les relations coefficients racines) et l'interrogateur amènera le candidat sur cette piste s'il n'y songe pas. Il attend alors que le candidat conclut par lui-même (il sera alors valorisé).
Question 2.a : Il s'agit de la question la plus difficile du sujet car il faut songer à effectuer le changement de variable dont on ne peut expliciter la réciproque. Cette question nécessite du candidat une certaine hauteur sur ses calculs (sans compter les fondamentaux de l'intégration).
Question 2.b : Elle est relativement aisée ... si on a traité la question précédente (afin d'éviter le grapillage). Encore faut-il faire le lien avec la première question.

Exercice 173

1. Pour $x > -1$, calculer $\varphi(x) = \int_0^\pi \frac{dt}{1 + x(\sin(t))^2}$. **Indication** : utiliser le changement de variable $u = \tan(t)$.
2. Donner une condition nécessaire et suffisante sur $\alpha, \beta > 0$ pour que l'intégrale $\int_0^{+\infty} \frac{x^\alpha}{1 + x^\beta (\sin(x))^2} dx$ converge ?

Solution 173

1. *On remarque que* $\sin(\pi - t) = \sin(t)$ *donc, par symétrie (faire un dessin pour s'en convaincre), on a l'égalité :*

$$\int_0^\pi \frac{dt}{1 + x(\sin(t))^2} = 2 \int_0^{\pi/2} \frac{dt}{1 + x(\sin(t))^2}.$$

Il est alors possible d'effectuer le changement de variable $u = \tan(t)$ *car* tan *est* C^1 *sur* $\left[0, \frac{\pi}{2}\right[$ *et réalise une bijection de* $\left[0, \frac{\pi}{2}\right[$ *sur* $[0, +\infty[$. *Quand* $t = 0$ *alors* $u = 0$, *quand* $t \to \left(\frac{\pi}{2}\right)^-$ *alors* $u \to +\infty$. *On a :*

$$t = \arctan(u) \Rightarrow dt = \frac{1}{1 + u^2}$$

Pour finir, on utilise la formule remarquable :

$$1+(\tan(\theta))^2=\frac{1}{(\cos(\theta))^2}\Leftrightarrow(\cos(\theta))^2=\frac{1}{1+(\tan(\theta))^2}$$

pour exprimer $(\sin(t))^2$ *en fonction de* u.

$$(\sin(t))^2=1-\cos((t))^2=1-\frac{1}{1+(\tan(t))^2}=\frac{u^2}{1+u^2}.$$

On peut alors écrire l'égalité :

$$\begin{aligned}\varphi(x) &= 2\int_0^{+\infty}\frac{1}{1+x\dfrac{u^2}{1+u^2}}\times\frac{1}{1+u^2}du=2\int_0^{+\infty}\frac{du}{1+u^2(x+1)}\\ &= 2\left[\frac{1}{\sqrt{x+1}}\arctan\left(u\sqrt{x+1}\right)\right]_{u=0}^{u\to+\infty}=\frac{\pi}{\sqrt{x+1}}.\end{aligned}$$

2. *La fonction* $f:x\mapsto\dfrac{x^\alpha}{1+x^\beta(\sin(x))^2}$ *est continue sur* $\mathbb{R}_+$ *et positive donc son intégrale* $\int_0^{+\infty}f$ *converge si et seulement si* $\lim_{n\to+\infty}\int_0^{n\pi}f$ *existe dans* $\mathbb{R}$. *En effet, la fonction* $g:x\mapsto\int_0^x f$ *étant croissante sur* $\mathbb{R}_+$ *(car* f *y est positive), elle admet une limite finie en* $+\infty$ *si et seulement si la suite* $(g(n))_n$ *admet une limite finie en* $+\infty$ *(je laisse le soin au lecteur de le rédiger). Or, pour tout entier* n, *par la relation de Chasles,on a la formule :*

$$\begin{aligned}\int_0^{n\pi}f(x)\,dx &= \sum_{k=0}^{n-1}\int_{k\pi}^{(k+1)}f(x)\,dx\underset{t=x-k\pi}{=}\sum_{k=0}^{n-1}\int_0^{\pi}f(t+k\pi)\,dt\\ &= \sum_{k=0}^{n-1}\underbrace{\int_0^{\pi}\frac{(t+k\pi)^\alpha}{1+(t+k\pi)^\beta(\sin(t))^2}dt}_{=u_k}\end{aligned}$$

(car la fonction $\sin^2$ *est* π*-périodique) donc* $\int_0^{+\infty}f$ *converge si et seulement si la série* $\sum_k u_k$ *converge. Nous allons encadrer son terme général pour étudier sa convergence.*
Pour tout entier k, *on a :*

$$(\mathcal{I}_1):\forall t\in[0,\pi],\ (k\pi)^\alpha\leqslant(t+k\pi)^\alpha\leqslant((k+1)\pi)^\alpha.$$

En remplaçant α *par* β *et en multipliant cet encadrement par* $(\sin(t))^2$, *on obtient :*

$$\begin{aligned}&\forall t\in[0,\pi],\ (k\pi)^\alpha(\sin(t))^2\leqslant(t+k\pi)^\beta(\sin(t))^2\leqslant((k+1)\pi)^\beta(\sin(t))^2\\ \Rightarrow(\mathcal{I}_2):\ &\frac{1}{1+((k+1)\pi)^\beta(\sin(t))^2}\leqslant\frac{1}{1+(t+k\pi)^\beta(\sin(t))^2}\leqslant\frac{1}{1+(k\pi)^\beta(\sin(t))^2}.\end{aligned}$$

En multipliant les inégalités $(\mathcal{I}_1)$ *et* $(\mathcal{I}_2)$ *(licites car chaque membre est positif) puis en intégrant sur* $[0,\pi]$, *on obtient l'encadrement suivant :*

$$\forall k \in \mathbb{N},\ (k\pi)^{\alpha}\varphi\left(((k+1)\pi)^{\beta}\right) \leqslant u_k \leqslant ((k+1)\pi)^{\alpha}\varphi\left((k\pi)^{\beta}\right)$$

$$\Leftrightarrow (\mathcal{I}_3) : \forall k \in \mathbb{N},\ \frac{(k\pi)^{\alpha}}{\sqrt{((k+1)\pi)^{\beta}+1}} \leqslant u_k \leqslant \frac{((k+1)\pi)^{\alpha}}{\sqrt{(k\pi)^{\beta}+1}}.$$

Déterminons la nature des séries encadrantes :

$$\frac{((k+1)\pi)^{\alpha}}{\sqrt{(k\pi)^{\beta}+1}} \underset{k\to+\infty}{\sim} \frac{(k\pi)^{\alpha}}{(k\pi)^{\beta/2}} = \frac{1}{(k\pi)^{\beta/2-\alpha}}$$

$$\frac{(k\pi)^{\alpha}}{\sqrt{((k+1)\pi)^{\beta}+1}} \underset{k\to+\infty}{\sim} \frac{(k\pi)^{\alpha}}{(k\pi)^{\beta/2}} = \frac{1}{(k\pi)^{\beta/2-\alpha}}$$

Le théorème de comparaison appliqué aux deux inégalités de $(\mathcal{I}_3)$ *montrer que la série* $\sum_k u_k$ *converge si et seulement si* $\sum_k \frac{1}{k^{\beta/2-\alpha}}$ *converge c'est-à-dire si et seulement si* $\frac{\beta}{2}-\alpha > 1$. *Par conséquent, L'intégrale* $\int_0^{+\infty} \frac{x^{\alpha}}{1+x^{\beta}(\sin(x))^2}dx$ *converge si et seulement si* $\frac{\beta}{2}-\alpha > 1$.

Commentaires 173 *Il s'agit d'un exercice relativement classique (il est présent depuis des dizaines d'années) mais il n'apparait que par à-coup.*
Question 1 : Un candidat inattentif mais débrouillard remarquera que $u=0$ *quand* $t=0$ *et* $u=0$ *quand* $t=\pi$ *donc conclura que l'intégrale vaut* 0, *ce qui doit l'interloquer (pourquoi ?). Pour lever la difficulté, le plus simple est de tracer la fonction* $t \mapsto 1+x(\sin(t))^2$ *pour observer la symétrique (l'interrogateur le proposera peut-être). Le calcul nécessite alors une bonne connaissance des formules trigonométriques.*
Question 2 : En l'état, peu de candidats pensent à faire des relations de Chasles afin de tenir compte de la π*-périodicité de* $t \mapsto (\sin(t))^2$. *Ceux qui le font seront valorisés. Si ce n'est pas le cas, l'interrogateur le proposera et demandera de faire apparaitre des intégrales correspondant à la question 1. Les candidats parvenant à des encadrements du type* $(\mathcal{I}_3)$ *(ou à l'une des deux inégalités) seront très valorisés. Pour les autres, l'interrogateur donnera l'encadrement et demandera de le prouver. L'encadrement étant obtenu, l'interrogateur attend que le candidat étudie la convergence de la série* $\sum_k u_k$ *(notation du corrigé). S'il le fait seul, il sera valorisé, sinon il lui demandera. Les meilleurs candidats peuvent finir cet exercice complètement (en montrant le lien avec la convergence de l'intégrale).*

9.4 Mines-Ponts

Exercice 174 (Mines-Ponts) Soit $a \in \mathbb{R}$ avec $|a| \neq 1$.

1. Montrer, pour $n \geqslant 2$, que : $a^{2n} - 1 = (a^2 - 1) \prod_{k=1}^{n-1} \left(a^2 - 2a\cos\left(\frac{k\pi}{n}\right) + 1\right)$.
2. On pose $I(a) = \int_0^\pi \ln\left(a^2 - 2a\cos(t) + 1\right) dt$. Calculer $I(a)$ en distinguant les cas $|a| < 1$ et $|a| > 1$.

Solution 174

1. *Considérons les polynômes*

$$\begin{aligned} P(X) &= (X^2 - 1) \prod_{k=1}^{n-1} \left(1 - 2X\cos\left(\frac{k\pi}{n}\right) + X^2\right) = \prod_{k=0}^{n-1} \left(1 - 2X\cos\left(\frac{k\pi}{n}\right) + X^2\right) \\ Q(X) &= X^{2n} - 1. \end{aligned}$$

Les racines de P sont les racines de l'un de ses facteurs et comme ceux-ci sont des trinômes de discriminants

$$\Delta = -\left(\sin\left(\frac{k\pi}{2}\right)\right)^2 = \left(i\sin\left(\frac{k\pi}{n}\right)\right)^2,$$

on en déduit l'équivalence suivante :

$$P(z) = 0 \Leftrightarrow \exists k \in \{0, .., n-1\},\ z = \cos\left(\frac{k\pi}{n}\right) \pm i\sin\left(\frac{k\pi}{n}\right) = \exp\left(\pm\frac{ik\pi}{n}\right).$$

Lorsque $k \in \{0, .., n-1\}$, l'angle $\pm\frac{k\pi}{n}$ appartient à l'intervalle $]-\pi, \pi[$ donc les complexes

$$\left(\exp\left(\pm\frac{ik\pi}{n}\right)\right)_{0 \leqslant k \leqslant n-1}$$

sont deux à deux distincts et ces complexes sont des racines du polynôme $Q = X^{2n} - 1$ puisque :

$$Q\left(\exp\left(\pm\frac{ik\pi}{n}\right)\right) = \exp\left(\pm\frac{ik\pi(2n)}{n}\right) - 1 = \exp(\pm 2ik\pi) - 1 = 1 - 1 = 0.$$

Comme les polynômes P et Q sont de degré $2n$, unitaires et possédant $2n$ racines distinctes communes, on en déduit que $P = Q$.

2. *Soit $a \in \mathbb{R} \setminus \{\pm 1\}$. Considérons la fonction*

$$g : \left\{ \begin{array}{ccc} [0, \pi] & \to & \mathbb{R} \\ t & \mapsto & a^2 - 2a\cos(t) + 1 \end{array} \right. .$$

Comme cos *est décroissante sur $[0, \pi]$, la fonction g est monotone sur $[0, \pi]$ (la monotonie dépendant du signe de a). Comme*

$$g(0) = (a-1)^2 > 0 \text{ et } g(\pi) = (a+1)^2 > 0$$

(car $a-1$ et $a+1$ sont non nuls), on peut affirmer que g est strictement positive sur $[0,\pi]$. Puisqu'elle est continue sur $[0,\pi]$, la fonction

$$f=\ln(g): t\mapsto \ln\left(a^2-2a\cos(t)+1\right)$$

est continue sur $[0,\pi]$. D'après le théorème sur les sommes de Riemann (associée à une subdivision régulière de $[0,\pi]$), on a :

$$\begin{aligned} I(a) &= \int_0^\pi f(t)dt=\lim_{n\to+\infty}\frac{\pi}{n}\sum_{k=°}^{n-1} f\left(\frac{k\pi}{n}\right)=\lim_{n\to+\infty}\frac{\pi}{n}\sum_{k=1}^{n-1}\ln\left(a^2-2a\cos\left(\frac{k\pi}{n}\right)+1\right)\\ &= \lim_{n\to+\infty}\frac{\pi}{n}\ln\left(\prod_{k=1}^{n-1}\left(a^2-2a\cos\left(\frac{k\pi}{n}\right)+1\right)\right)=\lim_{n\to+\infty}\frac{\pi}{n}\ln\left(\frac{a^{2n}-1}{a^2-1}\right).\end{aligned}$$

Premier cas *$|a|<1$. Dans ce cas, on a $\lim\limits_{n\to+\infty} a^{2n}=0$ donc :*

$$\frac{a^{2n}-1}{a^2-1}\underset{n\to+\infty}{\to}\frac{-1}{a^2-1}=\frac{1}{1-a^2}\text{ et }\frac{1}{n}\underset{n\to+\infty}{\to}0\Rightarrow\frac{1}{n}\ln\left(\frac{a^{2n}-1}{a^2-1}\right)\underset{n\to+\infty}{\to}0,$$

ce qui prouve que $I(a)=0$.

Second cas *$|a|>1$. Dans ce cas, $a^2>1$ donc $\lim\limits_{n\to+\infty}\left(a^2\right)^n=+\infty$. On factorise alors dans le logarithme le terme dominant (a^{2n}), ce qui nous donne :*

$$\begin{aligned}\ln\left(\frac{a^{2n}-1}{a^2-1}\right) &= \ln\left(a^{2n}-1\right)-\ln\left(a^2-1\right)=\ln\left(a^{2n}\left(1-\frac{1}{a^{2n}}\right)\right)-\ln\left(a^2-1\right)\\ &=\ln\left(a^{2n}\right)+\ln\left(1-\frac{1}{a^{2n}}\right)-\ln\left(a^2-1\right)\\ &= n\ln\left(a^2\right)+\underbrace{\ln\left(1-\frac{1}{a^{2n}}\right)}_{\underset{n\to+\infty}{\to}\ln(1)=0}-\ln\left(a^2-1\right)\underset{n\to+\infty}{\sim} n\ln\left(a^2\right)\Rightarrow\end{aligned}$$

$$\frac{1}{n}\ln\left(\frac{a^{2n}-1}{a^2-1}\right)\underset{n\to+\infty}{\sim}\ln\left(a^2\right)\Rightarrow I(a)=\ln\left(a^2\right)=\ln\left(|a|^2\right)=2\ln(|a|)$$

Conclusion *: On vient de démontrer la formule :*

$$\int_0^\pi \ln\left(a^2-2a\cos(t)+1\right)dt=\begin{cases}0 & si\ |a|<1\\ 2\ln(|a|) & si\ |a|>1\end{cases}.$$

Commentaires 174 *Exercice classique, éventuellement déjà traité en MPSI et/ou MP.*
Question 1 : Question très classique de MPSI.
Question 2 : L'astuce est de faire le lien avec les sommes de Riemann. Ceux qui le font seront valorisés. Pour les autres, l'interrogateur demandera de faire le lien. Il est alors attendu du candidat une certaine rigueur : poser convenablement la fonction associée et la somme de Riemann adéquate. La distinction des candidats se fera ensuite sur la capacité à gérer correctement la limite seule (distinction des cas, gestion des asymptotiques).

Exercice 175 (Mines-Ponts) Soit $f \in C^0(\mathbb{R}_+, \mathbb{R})$ telle qu'il existe $s_0 \in \mathbb{R}_+$ de sorte que $\int_0^{+\infty} f(t)e^{-s_0 t}\,dt$ existe. Montrer que $\forall s > s_0$, $\int_0^{+\infty} f(t)e^{-st}\,dt$ existe.

Solution 175 *Comme* $\int_0^{+\infty} f(t)\,e^{-s_0 t}$ *converge, on considère la fonction*

$$G : x \in \mathbb{R}_+ \mapsto -\int_x^{+\infty} f(t)\,e^{-s_0 t}dt = \int_0^x f(t)\,e^{-s_0 t}dt - \int_0^{+\infty} f(t)\,e^{-s_0 t}dt$$

qui est une primitive de la fonction continue $g : x \mapsto f(x)\,e^{-s_0 x}$ *donc* G *est de classe* C^1 *sur* $\mathbb{R}_+$ *et* $\lim\limits_{+\infty} G = 0$ *(reste partielle d'une intégrale convergente). Soit* $s > s_0$, *on remarque que :*

$$\int_0^{+\infty} f(t)\,e^{-st}dt = \int_0^{+\infty} g(t)\,e^{-(s-s_0)t}dt = \int_0^{+\infty} G'(t)\,e^{-(s-s_0)t}dt.$$

Pour établir sa convergence, on utilise le théorème d'intégration par parties en considérant les fonctions $u = G$ *et* $v : t \mapsto e^{-(s-s_0)t}$ *qui sont de classe* C^1 *sur* $\mathbb{R}_+$. *Comme* $\lim\limits_{+\infty} uv = 0$ *(produit de deux fonctions tendant vers* 0 *car* $s - s_0 > 0$*), le théorème d'intégration par parties montre que les intégrales*

$$\int_0^{+\infty} u'v = \int_0^{+\infty} f(t)\,e^{-st}dt \text{ et } \int_0^{+\infty} uv' = -(s-s_0)\int_0^{+\infty} G(t)\,e^{-(s-s_0)t}dt$$

sont de même natures. La fonction $h : t \mapsto G(t)\,e^{-(s-s_0)t}$ *est continue sur* $\mathbb{R}_+$. *Puisque* G *est continue sur* $\mathbb{R}_+$ *et qu'elle tend vers* 0 *en* $+\infty$, *on peut affirmer que* G *est bornée sur* $\mathbb{R}$ *c'est-à-dire qu'il existe un réel* M *tel que :*

$$\forall t \in \mathbb{R}_+,\ |G(t)| \leqslant M \Rightarrow |h(t)| \leqslant Me^{-(s-s_0)t}.$$

La fonction $t \mapsto e^{-(s-s_0)t}$ *étant intégrable sur* $\mathbb{R}_+$ *(puisque* $s - s_0 > 0$*), on en déduit que l'intégrale* $\int_0^{+\infty} h$ *converge, ce qui permet de conclure.*

Commentaires 175 *Question originale. Si le candidat prouve le résultat lorsque l'intégrale* $\int_0^{+\infty} f(t)e^{-s_0 t}\,dt$ *converge absolument, il sera valorisé.*

Exercice 176 (Mines-Ponts)

1. Soit $p \in \mathbb{N}$, montrer que $\sum_{k=1}^{n} k^p \sim \frac{n^{p+1}}{p+1}$ quand $n \to +\infty$.
2. Soit $f : [0,1] \to \mathbb{R}$ continue et $d \in \mathbb{N}^*$, montrer que $S_n(f) = \frac{1}{n} \sum_{\substack{0 \leqslant k \leqslant n \\ d \mid k}} f\left(\frac{k}{n}\right)$ tend

   vers $\frac{1}{d} \int_0^1 f(t)\, dt$ quand $n \to +\infty$.

Solution 176

1. *On considère la fonction continue $f : t \in [0,1] \mapsto t^p$. Pour tout entier $n \geqslant 1$, on note $T_n(f)$ sa n^e somme de Riemann (associée à la subdivision régulière de $[0,1]$) :*

$$T_n(f) = \frac{1}{n} \sum_{k=1}^{n} f\left(\frac{k}{n}\right) = \frac{1}{n} \sum_{k=1}^{n} \frac{k^p}{n^p} = \frac{1}{n^{p+1}} \sum_{k=1}^{n} k^p.$$

D'après le théorème sur les sommes de Riemann, on a :

$$\lim_{n \to +\infty} T_n(f) = \int_0^1 t^p dt = \left[\frac{t^{p+1}}{p+1}\right]_{t=0}^{t=1} = \frac{1}{p+1} \neq 0$$

$$\Rightarrow T_n(f) \underset{n \to +\infty}{\sim} \frac{1}{p+1} \underset{\times n^{p+1}}{\Leftrightarrow} \sum_{k=1}^{n} k^p \underset{n \to +\infty}{\sim} \frac{n^{p+1}}{p+1}.$$

2. *Nous allons démontrer la formule sur les monômes puis, par linéarité, sur les polynômes puis, par le théorème de Weierstrass, sur les fonctions continues. Notons*

$$I : g \in C^0([0,1], \mathbb{R}) \mapsto \frac{1}{d} \int_0^1 g$$

qui est une application linéaire sur $C^0([0,1], \mathbb{R})$ et munissons $C^0([0,1], \mathbb{R})$ de la norme

$$\| \|_\infty : g \in C^0([0,1], \mathbb{R}) \mapsto \sup_{[0,1]} |g|.$$

Monômes. *Soit $p \in \mathbb{N}$ et $f : x \mapsto x^p$. Commençons par remarquer qu'un entier $k \in \{0, .., n\}$ est divisible par d si et seulement s'il existe un entier q tel*

$$k = qd \text{ avec } 0 \leqslant qd \leqslant n \underset{\div d > 0}{\Leftrightarrow} 0 \leqslant q \leqslant \frac{n}{d} \underset{q \in \mathbb{N}}{\Leftrightarrow} 0 \leqslant q \leqslant \left\lfloor \frac{n}{d} \right\rfloor.$$

Ainsi, pour tout entier $n \geqslant 1$, la somme S_n se réécrit :

$$S_n = \frac{1}{n} \sum_{q=0}^{\lfloor n/d \rfloor} \left(\frac{qd}{n}\right)^p = \frac{d^p}{n^{p+1}} \sum_{q=0}^{\lfloor n/d \rfloor} k^p.$$

Comme $\left\lfloor \frac{n}{d} \right\rfloor \sim \frac{n}{d} \underset{n\to+\infty}{\to} +\infty$ *(car* $\frac{n}{d} - \left\lfloor \frac{n}{d} \right\rfloor$ *est borné par* 1*), l'équivalent de la question 1 fournit l'équivalent suivant :*

$$S_n \underset{n\to+\infty}{\sim} \frac{d^p}{n^{p+1}} \times \frac{\lfloor n/d \rfloor^{p+1}}{p+1} \underset{n\to+\infty}{\sim} \frac{d^p}{n^{p+1}} \times \frac{(n/d)^{p+1}}{p+1} = \frac{1}{d} \times \frac{1}{p+1} = I(f).$$

Polynômes*. Soit* $f : [0,1] \to \mathbb{R}$ *une fonction polynomiale, il existe un entier* N *et des réels* $(a_p)_{0\leqslant p\leqslant N}$ *tels que :*

$$f = \sum_{p=0}^{N} a_p f_p \text{ avec } \forall p \in \{0,..,N\},\ f_p : x \mapsto x^p.$$

Pour tout entier n*, on a :*

$$S_n = \frac{1}{n} \sum_{\substack{0\leqslant k\leqslant n \\ d|k}} f\left(\frac{k}{n}\right) = \frac{1}{n} \sum_{\substack{0\leqslant k\leqslant n \\ d|k}} \sum_{p=0}^{N} a_p f_p\left(\frac{k}{n}\right) \underset{Fubini}{=} \sum_{p=0}^{N} a_p (\frac{1}{n} \sum_{\substack{0\leqslant k\leqslant n \\ d|k}} f_p\left(\frac{k}{n}\right))$$

$$\underset{n\to+\infty}{\to} \sum_{p=0}^{N} a_p I(f_p) = I\left(\sum_{p=0}^{N} a_p f_p\right) = I(f).$$

Cas général*. Soit* $f : [0,1] \to \mathbb{R}$ *une fonction continue. Soit* $\varepsilon > 0$*, d'après le théorème de Weierstrass, il existe une fonction polynomiale* P *telle que* $\|f - P\|_\infty \leqslant \varepsilon$*. Pour cette fonction polynomiale* P*, on peut affirmer que* $\lim_{n\to+\infty} S_n(P) = I(P)$ *donc il existe un rang* N_ε *tel que :*

$$\forall n \geqslant N_\varepsilon,\ |S_n(P) - I(P)| \leqslant \varepsilon.$$

Remarquons ensuite que, pour toute fonction continue g *sur* $[0,1]$*, on a la majoration suivante valable pour tout* $n \geqslant 1$ *:*

$$\begin{aligned} |S_n(g)| &\leqslant \frac{1}{d} \sum_{\substack{0\leqslant k\leqslant n \\ d|k}} \left| g\left(\frac{k}{d}\right) \right| \leqslant \frac{1}{n} \sum_{\substack{0\leqslant k\leqslant n \\ d|k}} \|g\|_\infty \leqslant \frac{1}{n} \sum_{0\leqslant k\leqslant n} \|g\|_\infty \\ &= \frac{\|g\|_\infty}{n}(n+1) \leqslant 2\|g\|_\infty \end{aligned}$$

En outre, on a la majoration :

$$|I(g)| \leqslant \frac{1}{d} \int_0^1 |g(t)|\, dt \leqslant 1 \int_0^1 \|g\|_\infty\, dt = \|g\|_\infty.$$

On en déduit l'écart entre $S_n(f)$ *et* $I(f)$ *à l'aide des inégalités précédentes ainsi que la linéarité des applications* $f \mapsto S_n(f)$ $(n \geqslant 1)$ *et* I*. Pour tout entier* $n \geqslant N_\varepsilon$*, on a les majorations suivantes :*

$$\begin{aligned} |S_n(f) - I(f)| &= |S_n(f-P) + S_n(P) - I(P) + I(P-f)| \\ &\leqslant |S_n(f-P)| + |S_n(P) - I(P)| + |I(P-f)| \\ &\leqslant \|f-P\|_\infty + \varepsilon + \|P-f\|_\infty \leqslant \varepsilon + \varepsilon + \varepsilon = 3\varepsilon. \end{aligned}$$

Ainsi, nous venons de prouver que :

$$\forall \varepsilon > 0,\ \exists N_\varepsilon \in \mathbb{N},\ \forall n \geqslant N_\varepsilon,\ |S_n(f) - I(f)| \leqslant 3\varepsilon$$

c'est-à-dire que $\lim_{n\to+\infty} S_n(f) = I(f)$*, ce qui permet de conclure.*

Commentaires 176 *Exercice original et de difficulté graduée.*
Question 1 : On peut également utiliser la méthode de comparaison série-intégrale (valable lorsque f est monotone, pas nécessairement décroissante). La fonction $f : t \mapsto t^p$ est croissante sur $\mathbb{R}_+$ et, pour tout entier k, $f(k) \leqslant \int_k^{k+1} f \leqslant f(k+1)$ donc, en sommant sur $k \in \{1, .., N-1\}$, on obtient l'encadrement :

$$\sum_{k=1}^{N-1} f(k) \leqslant \int_1^N f \leqslant \sum_{k=2}^{N} f(k),$$

ce qui permet de conclure.
Question 2 : Il s'agit d'une question requièrant initiative et autonomie du candidat. L'étude générale est compliquée donc un candidat traitant convenablement un cas particulier mais significatif sera valorisé. Les polynômes sont une bonne idée surtout si le candidat indique la densité de ceux-ci via le théorème de Weierstrass (pour une extension possible). La linéarité de $f \mapsto S_n(f)$ et de $f \mapsto \frac{1}{d}\int_0^1 f$ permette de se limiter aux monômes (afin de ne pas se noyer sous les paramètres, même si cela ne posera pas de difficulté à un candidat rigoureux).
Le traitement convenable des monômes et/ou polynômes sera valorisé.

Exercice 177 (Mines-Ponts) Convergence et valeur de $\int_1^{+\infty} \left(\frac{1}{t} - \arcsin\left(\frac{1}{t}\right)\right) dt$.

Solution 177 ***Existence***. *La fonction $f : t \mapsto \frac{1}{t} - \arcsin\left(\frac{1}{t}\right)$ est continue sur $[1, +\infty[$. Déterminons le développement limité à l'ordre 2 en 0 de la fonction* arcsin *en utilisant celui de sa dérivée :*

$$\arcsin'(x) = \frac{1}{\sqrt{1-x^2}} \underset{x\to 0}{=} 1 + O(x) \Rightarrow \arcsin(x) - \underbrace{\arcsin(0)}_{=0} \underset{x\to 0}{=} x + O\left(x^2\right).$$

Puisque $\frac{1}{t} \underset{t\to+\infty}{\to} 0$, on en déduit la domination suivante de f :

$$f(t) \underset{t\to+\infty}{=} \frac{1}{t} - \left(\frac{1}{t} + O\left(\frac{1}{t^2}\right)\right) \underset{t\to+\infty}{=} O\left(\frac{1}{t^2}\right).$$

La fonction $t \mapsto \frac{1}{t^2}$ est positive intégrable sur $[1, +\infty[$ (intégrale de Riemann de paramètre $2 > 1$) donc la fonction f est intégrable sur cet intervalle, ce qui assure l'exitence de $\int_1^{+\infty} f$.

Valeur. *On effectue le changement de variable $x = \frac{1}{t}$ qui est de classe C^1 sur $[1, +\infty[$ et réalise une bijection strictement décroissante de $[1, +\infty[$ sur $]0, 1]$. Comme $t = \frac{1}{x}$, on a $dt = -\frac{1}{x^2}dx$.*

Quand $t = 1$ *alors* $x = 1$ *et quand* $t \to +\infty$ *alors* $x \to 0$. *Comme l'intégrale* $\int_1^{+\infty} f$ *converge alors :*

$$\int_1^{+\infty} f(t)\,dt = \int_1^0 (x - \arcsin(x))\left(-\frac{1}{x^2}dx\right) = \int_0^1 \frac{1}{x^2}(x - \arcsin(x))\,dx.$$

Notons I *cette intégrale. On procède ensuite par intégration par parties en considérant les fonctions*

$$u : x \mapsto -\frac{1}{x} \text{ et } v : x \mapsto x - \arcsin(x)$$

qui sont de classe C^1 *sur* $[1, +\infty[$. *D'après le développement limité de* arcsin *en* 0 *obtenu précédemment, on a :*

$$u(x)\,v(x) \underset{t\to+\infty}{=} \frac{1}{x}O\left(x^3\right) = O\left(x^2\right) \underset{x\to 0}{\to} 0.$$

En outre, on a l'égalité :

$$v' : x \mapsto 1 - \frac{1}{\sqrt{1-x^2}}.$$

Comme l'intégrale $\int_1^{+\infty} u'v = I$ *converge, le théorème d'intégration par parties montre que :*

$$\begin{aligned}
I &= \int_0^1 u'v = [u(x)\,v(x)]_{x\to 0}^{x=1} - \int_0^1 uv' \\
&= \arcsin(1) - 1 - \int_0^1 -\frac{1}{x}\left(1 - \frac{1}{\sqrt{1-x^2}}\right)dx = \frac{\pi}{2} - 1 + \int_0^1 \frac{1}{x}\left(\frac{\sqrt{1-x^2}-1}{\sqrt{1-x^2}}\right)dx \\
&= \frac{\pi}{2} - 1 + \int_0^1 \frac{1}{x} \times \frac{1 - x^2 - 1^2}{\sqrt{1-x^2}\left(\sqrt{1-x^2}+1\right)}dx \text{ (quantité conjuguée)} \\
&= \frac{\pi}{2} - 1 + \int_0^1 \left(-\frac{x}{\sqrt{1-x^2}} \times \frac{1}{\sqrt{1-x^2}+1}\right)dx \\
&= \frac{\pi}{2} - 1 + \int_0^1 \left(\sqrt{1-x^2}+1\right)' \frac{1}{\sqrt{1-x^2}+1}dx \\
&= \frac{\pi}{2} - 1 + \left[\ln\left(1 + \sqrt{1-x^2}\right)\right]_0^1 = \frac{\pi}{2} - 1 - \ln(2)
\end{aligned}$$

Commentaires 177 *La question de convergence ne doit pas être une difficulté à un candidat à ce concours. Pour le calcul, l'interrogateur attend des pistes du candidat : un changement de variable (comme le corrigé) ou une intégration par partie (en intégrant* 1 *et en dérivant* $t \mapsto \int_1^{+\infty} \frac{1}{t} - \arcsin\left(\frac{1}{t}\right)dt$*). Dans les deux cas, la nouvelle intégrande apparaissant devra être transformée comme dans le corrigé (via la quantité conjuguée) et* *une dérivée de composée sera présente. L'interrogateur donnera la ou les indications si nécessaire.*

Exercice 178 (Mines-Ponts) Soit P un polynôme de degré supérieur ou égal à 2.

1. Déterminer la nature de $I = \int_0^{+\infty} \cos(P(x))\, dx$.
2. Déterminer la nature de $J = \int_0^{+\infty} |\cos(P(x))|\, dx$.

Solution 178

1. *On identifiera un polynôme et sa fonction polynomiale associée. Soit n le degré de P, il existe des réels $(p_k)_{0\leqslant k\leqslant n}$ tels que $P(X) = \sum_{k=0}^{n} p_k X^k$. Comme P et P' sont des polynômes non constant (car de degré $\geqslant 1$), ils tendent vers $+\infty$ ou $-\infty$ en $+\infty$ (selon le signe du coefficient dominant p_n de P). Comme la fonction* cos *est impair, quitte à remplacer P par $-P$, on peut supposer que*

$$\lim_{+\infty} P = \lim_{+\infty} P' = +\infty.$$

Par conséquent, il existe un réel $A \geqslant 0$ tel que

$$\forall x \geqslant A, P(x) \geqslant 1 \text{ et } P'(x) \geqslant 1.$$

Ainsi, la fonction P est strictement croissante et continue sur $[A, +\infty[$ -donc elle réalise une bijection strictement croissante de $[A, +\infty[$ sur $[P(A), +\infty[$ et $\lim_{+\infty} P^{-1} = +\infty$. En outre, comme P' ne s'annule pas sur $[A, +\infty[$ et que P y est de classe C^∞, on peut affirmer que P^{-1} est de classe C^∞ sur $[P(A), +\infty[$ et

$$\forall t \in [P(A), +\infty[,\ \left(P^{-1}\right)'(t) = \frac{1}{P'(P^{-1}(t))} \underset{t\to+\infty}{\rightarrow} 0.$$

La fonction $x \mapsto \cos(P(x))$ étant continue sur le segment $[0, A]$, elle y est intégrable, ce qui assure l'existence de $\int_0^A \cos(P(x))\, dx$. Il reste à étudier la convergence de l'intégrale $I_A = \int_A^{+\infty} \cos(P(x))\, dx$. On effectuer alors le changement de variable $x = P^{-1}(t)$ ($t \in [P(A), +\infty[$). Quand $t = P(A)$ alors $x = A$ et quand $t \to +\infty$ alors $x \to +\infty$. On en déduit que l'intégrale I_A converge si et seulement si l'intégrale suivante converge :

$$I'_A = \int_{P(A)}^{+\infty} \cos(t) \left(P^{-1}\right)'(t)\, dt.$$

Nous allons utiliser une intégration par partie pour justifier l'existence de cette dernière intégrale. Les fonctions $u =$ sin et $v = \left(P^{-1}\right)'$ sont de classe C^1 sur $[P(A), +\infty[$ et

$\lim\limits_{+\infty} uv = 0$ *(produit d'une fonction bornée par une fonction qui tend vers 0). Ainsi, l'intégrale* $\int\limits_{P(A)}^{+\infty} u'v = I'_A$ *converge si et seulement si l'intégrale suivante converge :*

$$I''_A = \int\limits_{P(A)}^{+\infty} \sin(t)\left(P^{-1}\right)''(t)\,dt.$$

Déterminons un équivalent asymptotique $\left(P^{-1}\right)''$ *en* $+\infty$*. Pour tout* $t \geqslant P(A)$, *on a l'égalité :*

$$\left(P^{-1}\right)''(t) = \left(\frac{1}{P'\left(P^{-1}(t)\right)}\right)' = -\frac{\left(P^{-1}\right)'(t)\,P''\left(P^{-1}(t)\right)}{\left(P'\left(P^{-1}(t)\right)\right)^2} = \frac{P''\left(P^{-1}(t)\right)}{\left(P'\left(P^{-1}(t)\right)\right)^3}.$$

On dispose des équivalents suivants :

$$P'(x) = \sum_{k=0}^{n} kp_k x^{k-1} \underset{x\to+\infty}{\sim} np_n x^{n-1}$$

$$P''(x) = \sum_{k=0}^{n} k(k-1)p_k x^{k-1} \underset{x\to+\infty}{\sim} n(n-1)p_n x^{n-2} \Rightarrow$$

$$(*) : \frac{P''(x)}{\left(P'(x)\right)^3} \underset{x\to+\infty}{\sim} \frac{n(n-1)p_n x^{n-2}}{\left(np_n x^{n-1}\right)^3} = \frac{n-1}{\left(np_n\right)^2} \times \frac{1}{x^{2n-1}}.$$

Déterminons maintenant un équivalent de $P^{-1}(t)$ *quand* $t \to +\infty$.

$$P(x) \underset{x\to+\infty}{\sim} p_n x^n \Leftrightarrow \lim_{x\to+\infty} \frac{P(x)}{p_n x^n} = 1 \underset{t=P^{-1}(x)\to+\infty}{\Rightarrow} \lim_{t\to+\infty} \frac{t}{p_n\left(P^{-1}(t)\right)^n} = 1$$

$$\Leftrightarrow p_n\left(P^{-1}(t)\right)^n \underset{t\to+\infty}{\sim} t \Leftrightarrow (**) : P^{-1}(t) \underset{t\to+\infty}{\sim} \frac{t^{1/n}}{p_n^{1/n}}$$

(par composition par $x \mapsto x^{1/n}$*). En choisissant* $x = P^{-1}(t) \underset{t\to+\infty}{\to} +\infty$ *dans l'équivalent* $(*)$ *et en utilisant l'équivalent* $(**)$, *on obtient :*

$$\left(P^{-1}\right)''(t) \underset{t\to+\infty}{\sim} \frac{n-1}{\left(np_n\right)^2} \times \frac{1}{\left(P^{-1}(t)\right)^{2n-1}} \underset{t\to+\infty}{\sim} \frac{n-1}{\left(np_n\right)^2} \times \left(\frac{p_n^{1/n}}{t^{1/n}}\right)^{2n-1}$$

$$\Rightarrow \left(P^{-1}\right)''(t) \underset{t\to+\infty}{=} O\left(\frac{1}{t^{(2n-1)/n}}\right) \underset{t\to+\infty}{=} O\left(\frac{1}{t^{2-1/n}}\right) \overset{n\geqslant 2}{\underset{t\to+\infty}{=}} O\left(\frac{1}{t^{3/2}}\right).$$

Comme la fonction sin *est bornée sur* $\mathbb{R}$, *on dispose de la domination suivante :*

$$\sin(t)\left(P^{-1}\right)''(t) \underset{t\to+\infty}{=} O\left(\frac{1}{t^{3/2}}\right)$$

La fonction $t \mapsto \dfrac{1}{t^{3/2}}$ *étant positive et intégrable sur* $[1, +\infty[$ *(intégrale de Riemann de paramètre* $\dfrac{3}{2} > 1$*) donc elle l'est sur* $[P(A), +\infty[$ *(car* $P(A) \geqslant 1$*). Par conséquent, la fonction* $t \mapsto \sin(t)\left(P^{-1}\right)''(t)$ *est intégrable sur* $[P(A), +\infty[$, *ce qui prouve l'existence de l'intégrale* I''_A *donc des intégrales* I'_A *puis* I_A.
Au final, l'intégrale I *converge.*

2. On conserve les notations et résultats de la réponse à la question précédente. La convergence de l'intégrale J est équivalente à la convergence de l'intégrale

$$J_A = \int_{P(A)}^{+\infty} |\cos(t)| \left(P^{-1}\right)'(t)\,dt = \int_{P(A)}^{+\infty} \frac{|\cos(t)|}{P'\left(P^{-1}(t)\right)}dt.$$

On dispose de l'équivalent en $+\infty$ suivant :

$$P'\left(P^{-1}(t)\right) \underset{t\to+\infty}{\sim} np_n\left(P^{-1}(t)\right)^{n-1} \underset{t\to+\infty}{\sim} np_n\left(\frac{t^{1/n}}{p_n^{1/n}}\right)^{n-1} = \frac{C}{t^{1-1/n}}$$

(pour une constante convenable strictement positive), ce qui prouve :

$$\frac{|\cos(t)|}{P'\left(P^{-1}(t)\right)} \underset{t\to+\infty}{\sim} \frac{C\,|\cos(t)|}{t^{1-1/n}}.$$

Ainsi, l'intégrale J_A converge si et seulement si l'intégrale suivante converge :

$$J'_A = \int_{P(A)}^{+\infty} \frac{|\cos(t)|}{t^{1-1/n}}dt.$$

Notons $\alpha = 1 - \dfrac{1}{n} \in \left]0,1\right[$. Pour tout entier $k \geqslant 1$, la fonction $t \mapsto t^\alpha$ étant croissante sur $\mathbb{R}_+$, on dispose des minorations suivantes :

$$\begin{aligned} \forall t &\in [k\pi, (k+1)\pi],\ k\pi \leqslant t \Rightarrow 0 < (k\pi)^\alpha \leqslant t^\alpha \\ &\Rightarrow \frac{1}{t^\alpha} \geqslant \frac{1}{(k\pi)^\alpha} \underset{\times|\cos(t)|\geqslant 0}{\Rightarrow} \frac{|\cos(t)|}{t^\alpha} \geqslant \frac{|\cos(t)|}{(k\pi)^\alpha} \end{aligned}$$

En intégrant cette inégalité sur l'intervalle $[k\pi, (k+1)\pi]$, on obtient pour tout $k \geqslant 1$:

$$\begin{aligned} \int_{k\pi}^{(k+1)\pi} \frac{|\cos(t)|}{t^\alpha}dt &\geqslant \int_{k\pi}^{(k+1)\pi} \frac{|\cos(t)|}{(k\pi)^\alpha}dt = \frac{E}{(k\pi)^\alpha} \\ \text{avec } E &= \int_{k\pi}^{(k+1)\pi} |\cos(t)|\,dt = \int_0^\pi |\cos(t)|\,dt > 0 \end{aligned}$$

(par π périodicité de la fonction $|\cos|$ et par positivité et non annulation de cette fonction sur $[0,\pi]$). En sommant sur $k \in \{1,..,N-1\}$ $(N \geqslant 2)$ et en utilisant la relation de Chasles, on obtient la minoration suivante :

$$\int_\pi^{N\pi} \frac{|\cos(t)|}{t^\alpha}dt \geqslant \frac{C}{\pi^\alpha}\sum_{k=1}^{N-1}\frac{1}{k^\alpha}.$$

La série $\sum\limits_k \dfrac{1}{k^\alpha}$ étant divergente (série de Riemann de paramètre $\alpha < 1$) et à termes positifs, on peut affirmer que :

$$\lim_{N\to+\infty}\sum_{k=1}^{N-1}\frac{1}{k^\alpha} = +\infty \Rightarrow \lim_{N\to+\infty}\int_\pi^{N\pi}\frac{|\cos(t)|}{t^\alpha}dt = +\infty$$

(par le théorème d'encadrement) donc l'intégrale $\displaystyle\int_{\pi}^{+\infty} \frac{|\cos(t)|}{t^\alpha} dt$ *diverge, ce qui assure la diverge de l'intégrale* J'_A*. Ainsi, l'intégrale* J_A *diverge donc l'intégrale* J *diverge également.*

Commentaires 178 *Il s'agit d'une extension d'un exercice classique : la convergence de l'intégrale de Fresnel* $\displaystyle\int_0^{+\infty} \cos(x^2)\, dx$*. On justifie cette convergence en utilisant le changement de variable* $t = x^2$*, ce qui ramène à étudier l'intégrale* $\displaystyle\int_0^{+\infty} \frac{\cos(t)}{\sqrt{t}} dt$*. On procède alors comme pour l'intégrale* $\displaystyle\int_0^{+\infty} \frac{\sin(t)}{t} dt$ *via une intégration par parties (primitiver* cos*, dériver* $\frac{1}{t}$*). Un candidat proposant d'étudiant le cas* $P = X^2$ *(ou un monôme* aX^k*) par la méthode que je viens d'exposer sera valorisé, surtout s'il justifie la convergence (il sera très bien valorisé). Si le candidat n'y songe pas, l'interrogateur lui proposera d'étudier ce cas. Pour l'absolue convergence, on procède comme pour* $\displaystyle\int_0^{+\infty} \frac{|\sin(t)|}{t} dt$ *en utilisant la relation de Chasles et en minorant* $\frac{1}{t}$ *par* $\frac{1}{(n+1)\pi}$ *sur chaque intervalle* $[n\pi, (n+1)\pi]$*, ce qui fournit la minoration* $\displaystyle\int_{n\pi}^{(n+1)\pi} \frac{|\sin(t)|}{t} dt \geqslant \frac{1}{(n+1)\pi} \int_{n\pi}^{(n+1)\pi} |\sin|$*. Comme* $\displaystyle\int_{n\pi}^{(n+1)\pi} |\sin|$ *est une constante (la fonction* $|\sin|$ *étant* π*-périodique, cette intégrale vaut* $\displaystyle\int_0^{\pi} |\sin|$ *qui est non nulle puisque l'intégrande est continue, positive et non nulle sur cet intervalle).*
Le cas général (de la convergence et de la convergence absolue) est destiné aux meilleurs candidats car il demande une bonne connaissance de l'analyse.

Exercice 179 (Mines-Ponts) Soit $f \in \mathcal{C}^1([a,b], \mathbb{R})$ telle que

$$f(a) = 0 \text{ et } \forall t \in [a,b],\ 0 \leqslant f'(t) \leqslant 1.$$

1. Montrer que : $\forall x \in [a,b],\ (f(x))^2 \leqslant 2\displaystyle\int_a^x f(t)\, dt$.
2. Montrer que : $\displaystyle\int_a^b (f(t))^3\, dt \leqslant \left(\int_a^b f(t)\, dt\right)^2$.
3. Cas d'égalité dans l'inégalité précédente ?

Solution 179

1. *La fonction f' étant positive sur $[a,b]$, la fonction f est croissante sur ce segment. Comme $f(a)=0$, on en déduit que f est positive sur $[a,b]$. On remarque alors que :*

$$\forall t \in [a,b],\ \left((f(t))^2\right)' = 2\underbrace{f'(t)}_{\leqslant 1}\underbrace{f(t)}_{\geqslant 0} \leqslant 2f(t).$$

Pour tout $x \in [a,b]$, on intègre en a et x cette inégalité, ce qui nous donne :

$$\int_a^x \left((f(t))^2\right)' dt \leqslant 2\int_a^x f(t)\,dt \Leftrightarrow \left[(f(t))^2\right]_a^x \leqslant 2\int_a^x f(t)\,dt,$$

ce qui permet de conclure car $f(a)=0$.

2. *Soit $x \in [a,b]$. Comme $f(x)$ est positif, on peut multiplier l'inégalité précédente par $f(x)$, ce qui nous donne :*

$$(f(x))^3 \leqslant 2f(x)\int_a^x f(t)\,dt.$$

Notons $F : x \mapsto \int_a^x f$ qui est l'unique primitive de f s'annulant en a alors, en intégrant sur $[a,b]$ l'inégalité précédente, on obtient :

$$\int_a^b (f(x))^3\,dx \leqslant \int_a^b 2F'(x)F(x)\,dx = \left[(F(x))^2\right]_a^b = (F(b))^2 = \left(\int_a^b f(x)\,dx\right)^2.$$

3. *Soit $f \in C^1([a,b],\mathbb{R})$ telle que*

$$\int_a^b (f(t))^3\,dt = \left(\int_a^b f(t)\,dt\right)^2.$$

On conserve les notations introduites à la réponse de la question 2 et on considère la fonction

$$G : x \mapsto (f(x))^3 - 2f(x)F(x)$$

qui est de classe C^1 sur $[a,b]$ (comme produit et somme de telles fonctions) et négative (d'après la question précédente). Son intégrale sur $[a,b]$ vaut

$$\int_a^b G = \int_a^b (f(t))^3\,dt - \left(\int_a^b f(t)\,dt\right)^2 = 0$$

donc la fonction G est identiquement nulle sur $[a,b]$ c'est-à-dire, pour tout $x \in [a,b]$, on a :

$$(f(x))^3 = 2f(x)\int_a^x f(t)\,dt \Leftrightarrow (\mathcal{E}_1) : f(x)\left((f(x))^2 - 2\int_a^x f(t)\,dt\right) = 0.$$

Supposons qu'il existe $x_0 \in [a,b]$ tel que :

$$(f(x_0))^2 - 2\int_a^{x_0} f(t)\,dt \neq 0$$

alors, d'après l'égalité $(\mathcal{E}_1)$, on a $f(x_0) = 0$. Comme la fonction f est croissante sur $[a,b]$, on a :

$$\begin{aligned}\forall t &\in [a,x_0],\ 0 = f(a) \leqslant f(t) \leqslant f(x_0) = 0 \Rightarrow f(t) = 0\\ &\Rightarrow \int_a^{x_0} f(t)\,dt = \int_a^{x_0} 0dt = 0 \Rightarrow (f(x_0))^2 - 2\int_a^{x_0} f(t)\,dt = 0^2 - 2\times 0 = 0,\end{aligned}$$

ce qui est absurde. Par conséquent, on a :

$$(\mathcal{E}_2) : \forall x \in [a,b],\ (f(x))^2 - 2\int_a^{x} f(t)\,dt = 0.$$

La fonction f identiquement nulle convient. Supposons que f n'est pas identiquement nulle c'est-à-dire qu'il existe $x_0 \in \,]a,b]$ tel que $f(x_0) > 0$ (puisque f est positive). Notons

$$A = \{x \in [a,b],\quad f(x) > 0\}$$

qui est un ensemble non vide (car $x_0 \in A$) et minorée (par a) donc il possède une borne inférieure α.
Si $c > \alpha$ alors il existe $x_1 \in \,]\alpha, c[$ tel que $x_1 \in A$ (car c n'est pas un minorant de A) donc

$$f(x_1) > 0 \underset{f\nearrow}{\Rightarrow} f(c) \geqslant f(x_1) > 0$$

donc f est strictement positive sur $]\alpha, b]$.
Si $\alpha > a$ alors, pour tout $c \in [a,\alpha[$, c n'appartient pas à A donc $f(c) \leqslant 0$ et comme f est positive sur $[a,b]$, on en déduit que $f(c) = 0$ c'est-à-dire que f est identiquement nulle sur $[a,\alpha[$. Comme f est continue en α, on a :

$$f(\alpha) = \lim_{\substack{x\to\alpha\\ x<\alpha}} f(x) = \lim_{\substack{x\to\alpha\\ x<\alpha}} 0 = 0$$

Si $\alpha = a$ alors $f(\alpha) = f(a) = 0$. Si $\alpha > a$ alors, comme f est continue en a, on a

$$f(\alpha) = \lim_{\substack{x\to\alpha\\ x<\alpha}} f(x) = \lim_{\substack{x\to\alpha\\ x<\alpha}} 0 = 0.$$

Au final, on vient de montrer que $f(\alpha) = 0$ quelque soit la valeur de α.
Si $\alpha = b$ alors f est identiquement nulle sur $[a,b]$. Si $\alpha < b$, en dérivant la relation $(\mathcal{E}_2)$ sur l'intervalle $]\alpha,b]$, on obtient :

$$\begin{aligned}\forall x &\in \,]\alpha,b],\ 2f'(x)f(x) - 2f(x) = 0 \underset{\div f(x)\neq 0}{\Leftrightarrow} \forall x \in \,]\alpha,b],\ f'(x) = 1\\ &\Rightarrow \exists C \in \mathbb{R},\ \forall x \in \,]\alpha,b],\ f(x) = x + C.\end{aligned}$$

Par continuité de f en α, on obtient :

$$0 = f(\alpha) = \lim_{\substack{x\to\alpha\\ x>\alpha}} f(x) = \lim_{\substack{x\to\alpha\\ x>\alpha}} (x + C) = \alpha + C \Rightarrow C = -\alpha.$$

Ainsi, on vient de montrer que :

$$f(x) = \begin{cases} 0 & si\ a \leqslant x \leqslant \alpha \\ x-\alpha & si\ \alpha < x \leqslant b \end{cases}.$$

Si $\alpha > a$ alors $f' = 0$ sur $[a, \alpha[$ et $f' = 1$ sur $]\alpha, b[$. Or, nous avons supposé que f est de classe C^1 sur $[a, b]$ donc

$$0 = \lim_{\substack{x\to\alpha \\ x<a}} f'(x) = f'(\alpha) = \lim_{\substack{x\to\alpha \\ x>a}} f'(x) = 1,$$

ce qui est absurde donc $\alpha = a$.
Réciproquement, considérons la fonction $f : x \mapsto x - a$. Cette fonction est de classe C^1 sur $[a, b]$, vérifie $f(a) = 0$ et $0 \leqslant f' \leqslant 1$ et on a :

$$\begin{aligned} \int_a^b (f(t))^3\, dt &= \int_a^b (t-a)^3\, dt = \left[\frac{(t-a)^4}{4}\right]_a^b = \frac{(b-a)^4}{4} \\ \left(\int_a^b f(t)\, dt\right)^2 &= \left(\int_a^b (t-a)\, dt\right)^2 = \left(\left[\frac{(t-a)^2}{2}\right]_a^b\right)^2 = \left(\frac{(b-a)^2}{2}\right)^2 \\ &= \frac{(b-a)^4}{4} = \int_a^b (f(t))^3\, dt. \end{aligned}$$

Par conséquent, le cas d'égalité est réalisé uniquement pour la fonction identiquement nulle ou la fonction $f : x \mapsto x - a$.

Commentaires 179 *Exercice progressif (ce qui est rare à Mines-Ponts).*
Question 1 : Question est aisée.
Question 2 : Il n'y a pas de difficulté particulière, hormis que le candidat analyse un peu la situation afin de lier la première question à celle-ci.
Question 3 : Cette question est la plus difficile et elle permet de distinguer les bons candidats. Chaque point clé justifié par le candidat (avec aide ou non) sera valorisé.

Exercice 180 (Mines-Ponts) Soit $f \in C^1(\mathbb{R}_+, \mathbb{R})$. On suppose que les fonctions $x \mapsto (f(x))^2$ et $x \mapsto (f'(x))^2$ sont intégrables sur $\mathbb{R}_+$. Montrer que f tend vers 0 en $+\infty$.

Solution 180 *Pour tout $(a, b) \in \mathbb{R}^2$, on dispose de la majoration*

$$|ab| \leqslant \frac{1}{2}\left(a^2 + b^2\right) \ \ (car\ \ (|a| - |b|)^2 \geqslant 0 \ et\ on\ développe).$$

En particulier, la fonction ff' est continue sur $\mathbb{R}_+$ et on a la majoration suivante :

$$\forall x \in \mathbb{R}_+,\ |f(x) f'(x)| \leqslant \frac{1}{2}\left((f(x))^2 + (f'(x))^2\right).$$

La fonction $x \mapsto (f(x))^2 + (f'(x))^2$ étant intégrable sur $\mathbb{R}_+$ (comme somme de deux telles fonctions), on en déduit que $x \mapsto f(x) f'(x)$ est aussi intégrable. En particulier, l'intégrale

$$\int_0^{+\infty} 2f(x) f'(x)\, dx = \int_0^{+\infty} \left((f(x))^2\right)' dx$$

converge c'est-à-dire que :

$$\lim_{A\to+\infty}\int_0^A \left((f(x))^2\right)' dx = \lim_{A\to+\infty}\left[(f(x))^2\right]_0^A = \lim_{A\to+\infty}\left((f(A))^2-(f(0))^2\right)$$

existe donc $\lim\limits_{+\infty} f^2$ *existe dans* $\mathbb{R}$*. Notons* L *cette limite (qui est positive). Si* $L\neq 0$ *alors on dispose de l'équivalent* $(f(x))^2 \underset{x\to+\infty}{\sim} L$*. Comme la fonction* $x\mapsto L$ *est positive et non intégrable sur* $\mathbb{R}_+$ *(car* $L\neq 0$*), on en déduit que la fonction* $x\mapsto (f(x))^2$ *n'est pas intégrable sur* $\mathbb{R}_+$*, ce qui est absurde. Par conséquent, on en déduit que :*

$$\lim_{x\to+\infty}(f(x))^2 = 0 \Rightarrow \lim_{x\to+\infty}|f(x)| = \lim_{x\to+\infty}\sqrt{(f(x))^2} = \sqrt{0} = 0 \Rightarrow \lim_{+\infty} f = 0.$$

Commentaires 180 *Exercice très classique pour ce concours. N'hésitez pas à le retravailler si vous avez eu des difficultés.*

Exercice 181 (Mines-Ponts)

1. Soit f une fonction continue de $\mathbb{R}$ dans $\mathbb{R}$. Étudier le comportement en $+\infty$ de $F : x \mapsto \dfrac{1}{x}\displaystyle\int_0^x f(t)\,dt$ si f admet une limite finie en $+\infty$, puis si f est périodique.
2. On suppose que f est monotone et que F a une limite finie en $+\infty$. Que dire de f ?

Solution 181

1. *On suppose que* $\lim\limits_{+\infty} f = L \in \mathbb{R}$ *alors*

$$f(t) \underset{t\to+\infty}{=} L + o(1) \Rightarrow |f(t)-L| \underset{t\to+\infty}{=} o(1).$$

La fonction $t\mapsto 1$ *étant non intégrable sur* $\mathbb{R}_+$*, le théorème de sommation des intégrales divergentes montre que*

$$\int_0^x |f(t)-L|\,dt \underset{x\to+\infty}{=} o\left(\int_0^x 1dt\right) \underset{x\to+\infty}{=} o(x).$$

D'après l'inégalité triangulaire, pour tout $x\in\mathbb{R}_+$*, on a :*

$$\left|\int_0^x f(t)\,dt - \int_0^x Ldt\right| = \left|\int_0^x (f(t)-L)\,dt\right| \leqslant \int_0^x |f(t)-L|\,dt \underset{x\to+\infty}{=} o(x).$$

En divisant par $x>0$*, on obtient pour tout* $x>0$ *:*

$$|F(x)-L| \underset{x\to+\infty}{=} o(1) \underset{x\to+\infty}{\to} 0 \Rightarrow \lim_{+\infty} F = L.$$

On suppose que f *est* T*-périodique avec* $T>0$*. Pour tenir compte de la* T*-périodicité de* f*, on découpe l'intervalle* $[0,x]$ *en une réunion d'intervalles* $[kT,(k+1)T]$ *(*$k\in\mathbb{N}$*)*

(de longueur la période) auquel on ajoute un « résidu » de longueur moindre que T. Soit $x > T$, on pose

$$\begin{aligned} N_x &= \left\lfloor \frac{x}{T} \right\rfloor \geqslant 1 \Rightarrow N_x \leqslant \frac{x}{T} < N_x + 1 \Leftrightarrow N_x T \leqslant x < (N_x + 1) T \\ &\Rightarrow \quad 0 \leqslant x - N_x T < T \Rightarrow [0, x] = \left(\bigcup_{k=0}^{N_x - 1} [kT, (k+1) T] \right) \cup [N_x T, x] . \end{aligned}$$

D'après la relation de Chasles, on a :

$$\begin{aligned} \int_0^x f(t) &= \sum_{k=0}^{N_x - 1} \int_{kT}^{(k+1)T} f(t)\, dt + \int_{N_x T}^{x} f(t)\, dt \underset{(*)}{=} \sum_{k=0}^{N_x - 1} \int_0^T f(t)\, dt + \int_{N_x T}^{x} f(t)\, dt \\ &= N_x \int_0^T f(t)\, dt + \int_{N_x T}^{x} f(t)\, dt. \end{aligned}$$

$(*)$ l'intégrale d'une fonction T-périodique sur un intervalle de longueur T ne dépend pas de l'intervalle de longueur T choisi.
En divisant par $x > T$, on obtient la relation :

$$(*) : F(x) = \frac{N_x}{x} \int_0^T f(t)\, dt + \frac{1}{x} \int_{N_x T}^{x} f(t)\, dt.$$

On observe alors que :

$$x - N_x T \underset{x \to +\infty}{=} O(1) \underset{\div x}{\Rightarrow} \frac{N_x}{x} \underset{x \to +\infty}{=} \frac{1}{T} + O(1) \underset{x \to +\infty}{\sim} \frac{1}{T} \Rightarrow \lim_{x \to +\infty} \frac{N_x}{x} = \frac{1}{T}.$$

La fonction f étant continue sur le segment $[0, T]$, elle y est bornée donc, par T-périodicité, elle est bornée sur $\mathbb{R}$. Notons $M = \sup_{\mathbb{R}} |f|$ alors on a la majoration suivante :

$$\begin{aligned} \left| \int_{N_x T}^{x} f(t)\, dt \right| &\leqslant \int_{N_x T}^{x} |f(t)|\, dt \leqslant \int_{N_x T}^{x} M dt = M(x - N_x T) \leqslant MT \\ \Rightarrow \left| \frac{1}{x} \int_{N_x T}^{x} f(t)\, dt \right| &\leqslant \frac{M}{x} \underset{x \to +\infty}{\to} 0 \Rightarrow \frac{1}{x} \int_{N_x T}^{x} f(t)\, dt \underset{x \to +\infty}{\to} 0. \end{aligned}$$

D'après ces limites et la formule $(*)$, on en déduit que :

$$\lim_{x \to +\infty} F(x) = \frac{1}{T} \int_0^T f(t)\, dt.$$

2. *Quitte à échanger f en $-f$ (donc F est remplacée par $-F$), on peut supposer que la fonction f est croissante sur $\mathbb{R}$. La fonction $g = f - f(0)$ est croissante sur $\mathbb{R}_+$ et comme $g(0) = 0$, g est positive sur $\mathbb{R}_+$. Si l'on considère la fonction*

$$G : x \mapsto \frac{1}{x} \int_0^x g(t)\, dt \text{ donc } \forall x > 0,\ G(x) = \frac{1}{x} \int_0^x (f(t) - f(0))\, dt = F(x) - f(0)$$

(en développant l'intégrale). Ainsi, la fonction G admet une limite en $+\infty$ (car F en possède une). Notons L la limite de G en $+\infty$ alors, comme G est continue sur $[1,+\infty[$, elle y est bornée sur cet intervalle et on pose $M = \sup_{[1,+\infty[} G$. Pour tout $x > 0$, on a les minorations suivantes :

$$\forall t \in [x, 2x]\,,\; t \geqslant x \underset{g\nearrow}{\Rightarrow} g(t) \geqslant g(x) \Rightarrow 2xG(2x) = \int_0^{2x} g(t)\,dt$$

$$\underset{[x,2x]\subset[0,2x]}{\overset{g\geqslant 0 \text{ et}}{\geqslant}} \int_x^{2x} g(t)\,dt \geqslant \int_x^{2x} g(x)\,dt = g(x)\int_x^{2x} dt = g(x)(2x-x) = xg(x)\,.$$

En divisant par $x \geqslant 1$, on obtient la majoration :

$$\forall x \geqslant 1,\; g(x) \leqslant 2G(2x) \leqslant 2M$$

donc la fonction g est majorée sur $[1,+\infty[$ et comme elle y est croissante, g admet une limite finie en $+\infty$. Ainsi, la fonction $f = g + f(0)$ admet une limite finie en $+\infty$ et, d'après la question précédente, on en déduit que $\lim_{+\infty} f = \lim_{+\infty} F$.

Commentaires 181 *Si la première question ne présente pas de difficulté particulière (elle peut être traitée via les ε en redémontrant le théorème d'intégration des intégrales divergentes), la seconde est plus subtile et testant l'esprit d'initiative du candidat.*

Chapitre 10

Intégrales à paramètres

10.1 CCINP

Exercice 182 (CCINP)

1. Existence et valeur de $\int_0^1 x^n \ln(x)\, dx$ $(n \in \mathbb{N})$.
2. Montrer que $\int_0^1 \frac{x \ln(x)}{1-x} dx = \sum_{n=0}^{+\infty} \frac{1}{(n+2)^2}$.
3. Prouver que $\int_0^{+\infty} \frac{\sqrt{t}}{e^t - 1} dt = \sum_{n=1}^{+\infty} \frac{C}{n^{3/2}}$ pour un certain réel C.

Solution 182

1. ***Existence***. *Soit $n \in \mathbb{N}$. La fonction $f_n : x \mapsto x^n \ln(x)$ est continue sur $]0,1]$ et*

$$f_n(x) \underset{x \to 0^+}{=} o\left(\frac{1}{x^{1/2}}\right) \quad car \ x^{1/2} f_n(x) = x^{n+1/2} \ln(x) \underset{x \to 0}{\to} 0$$

(d'après les croissances comparées car $n + \frac{1}{2} > 0$). Or, la fonction $x \mapsto \frac{1}{x^{1/2}}$ est positive et intégrable sur $]0,1]$ (intégrale de Riemann de paramètre $\frac{1}{2} < 1$) donc $\int_0^1 f_n$ converge.

Calcul. *On utilise une intégration par parties. On pose*

$$u : t \mapsto \frac{t^{n+1}}{n+1} \quad et \ v : t \mapsto \ln(t)$$

qui sont deux fonctions de classe C^1 sur $]0,1]$. Comme $\lim_{t \to 0} u(t) v(t) = 0$ (d'après les *croissances comparées car* $n+1>0$) *et que* $\int_0^1 u'v$ *converge, on peut affirmer que :*

$$\begin{aligned}\int_0^1 f_n(x)\,dx &= \int_0^1 u'v = [u(t)\,v(t)]_{t\to 0}^{t=1} - \int_0^1 uv' = -\int_0^1 \frac{t^{n+1}}{n+1}\times\frac{1}{t}dt \\ &= -\frac{1}{(n+1)}\int_0^1 t^n dt = -\frac{1}{(n+1)}\left[\frac{t^{n+1}}{n+1}\right]_{t=0}^{t=1} = -\frac{1}{(n+1)^2}.\end{aligned}$$

2. *On utilise le développement en série entière de la fonction* $x\mapsto \dfrac{1}{1-x}$.
Pour tout $x\in[0,1[$, *on a les égalités :*

$$\frac{1}{1-x}=\sum_{n=0}^{+\infty}x^n \underset{\times x\ln(x)}{\Rightarrow} \forall x\in\,]0,1[,\ \frac{x\ln(x)}{1-x}=\sum_{n=0}^{+\infty}f_{n+1}(x).$$

Pour tout entier n, *la fonction* f_n *est continue et intégrable sur* $]0,1]$. *La série*

$$\sum_{n\geqslant 0} f_{n+1} \underset{k=n+1}{=} \sum_{k\geqslant 1} f_k$$

converge simplement sur $]0,1[$ *et sa somme*

$$\sum_{k=1}^{+\infty} f_k : x\mapsto \frac{x\ln(x)}{1-x}$$

est continue sur $]0,1[$. *En outre, la série*

$$\sum_{n\geqslant 0}\int_0^1 |f_n| \underset{f_n\leqslant 0}{=} \sum_{n\geqslant 0}\int_0^1(-f_n) = -\sum_{k\geqslant 1}\int_0^1 f_k = \sum_{k\geqslant 1}\frac{1}{(k+1)^2} \underset{j=k+1}{=} \sum_{j\geqslant 2}\frac{1}{j^2}$$

converge (série de Riemann de paramètre $2>1$). *D'après le théorème de permutation série-intégrale, la fonction*

$$\sum_{n=0}^{+\infty} f_{n+1} : x\mapsto \frac{x\ln(x)}{1-x}$$

est intégrable sur $]0,1[$ *et on a :*

$$\int_0^1 \frac{x\ln(x)}{1-x}dx = \int_0^{+\infty}\sum_{n=0}^{+\infty} f_{n+1} = \sum_{n=0}^{+\infty}\int_0^1 f_{n+1} = -\sum_{n=0}^{+\infty}\frac{1}{(n+2)^2}.$$

3. *On procède comme précédemment en écrivant* $t\mapsto\dfrac{\sqrt{t}}{e^t-1}$ *comme une somme de séries de fonctions puis en appliquant un théorème de permutation série-intégrale. On pense au*

développement en série entière de $z \mapsto \dfrac{1}{1-z}$ *avec* $|z| < 1$. *Comme* $e^t > 1$, *on factorise le dénominateur* $e^t - 1$ *par* e^t *pour se ramener au cas* $|z| < 1$. *Pour tout* $t > 0$, *on a :*

$$\begin{aligned} \frac{1}{e^t - 1} &= \frac{1}{e^t} \times \frac{1}{1 - e^{-t}} = e^{-t} \sum_{n=0}^{+\infty} \left(e^{-t}\right)^n = \sum_{n=0}^{+\infty} e^{-(n+1)t} \underset{k=n+1}{=} \sum_{k=1}^{+\infty} e^{-kt} \\ \frac{\sqrt{t}}{e^t - 1} &= \sqrt{t} \sum_{k=1}^{+\infty} e^{-kt} = \sum_{k=1}^{+\infty} \sqrt{t} e^{-kt}. \end{aligned}$$

Pour tout $k \in \mathbb{N}^*$, *on considère la fonction* $f_k : t \mapsto \sqrt{t} e^{-kt}$ *qui est continue sur* $[0, +\infty[$. *La série* $\sum_{k \geqslant 1} f_k$ *converge simplement sur* $]0, +\infty[$ *et sa somme*

$$\sum_{k=1}^{+\infty} f_k : t \mapsto \frac{\sqrt{t}}{e^t - 1}$$

est continue sur $]0, +\infty[$. *Soit* $k \in \mathbb{N}^*$, *on dispose de la domination suivante :*

$$f_k(t) \underset{t \to +\infty}{=} o\left(e^{-t/2}\right) \quad car\ e^{t/2} f_k(t) = t^{1/2} e^{-(k-1/2)t} \underset{t \to +\infty}{\to} 0$$

(d'après les croissances comparées car $k - \dfrac{1}{2} > 0$ *puisque* $k \geqslant 1$*). La fonction* $t \mapsto e^{-t/2}$ *est positive et intégrable sur* $\mathbb{R}_+$ *donc la fonction* f_k *est intégrable sur* $\mathbb{R}_+$.

Étudions $\displaystyle\int_0^{+\infty} |f_k(t)|\, dt = \int_0^{+\infty} f_k(t)\, dt$ *(car* f_k *est positive sur* $\mathbb{R}_+$*). On effectue le changement de variable* $s = kt$ *(qui de classe* C^1 *sur* $\mathbb{R}_+$ *et réalise une bijection de* $\mathbb{R}_+^*$ *sur* $\mathbb{R}_+^*$*). Quand* $t = 0$ *alors* $s = 0$, *quand* $t \to +\infty$ *alors* $s \to +\infty$ *et* $t = \dfrac{s}{k}$, $dt = \dfrac{1}{k} ds$. *On en déduit que :*

$$\begin{aligned} \int_0^{+\infty} f_k(t)\, dt &= \int_0^{+\infty} \sqrt{t} e^{-kt} dt = \int_0^{+\infty} \sqrt{\frac{s}{k}} e^{-s} \frac{ds}{k} = \frac{1}{k\sqrt{k}} \int_0^{+\infty} \sqrt{s} e^{-s} ds \\ &= \frac{C}{k^{3/2}} \ avec\ C = \int_0^{+\infty} \sqrt{s} e^{-s} ds. \end{aligned}$$

La série $\displaystyle\sum_k \int_0^{+\infty} f_k = C \sum_k \frac{1}{k^{3/2}}$ *converge (série de Riemann de paramètre* $\dfrac{3}{2} > 0$*). D'après le théorème de permutation-série intégrale, on peut affirmer que la fonction*

$$\sum_{k=1}^{+\infty} f_k : t \mapsto \frac{\sqrt{t}}{e^t - 1}$$

est intégrable sur $[0, +\infty[$ *et on a :*

$$\int_0^{+\infty} \frac{\sqrt{t}}{e^t - 1} dt = \int_0^{+\infty} \sum_{k=1}^{+\infty} f_k = \sum_{k=1}^{+\infty} \int_0^{+\infty} f_k = C \sum_{k=1}^{+\infty} \frac{1}{k^{3/2}}.$$

Commentaires 182 *Exercice peu progressif demandant une certaine initiative et autonomie du candidat. Il nécessite une très bonne connaissance des chapitres « intégration » et « intégrales à paramètre ». Il s'avère très discriminant durant la phase de préparation et la phase d'interaction avec l'interrogateur sera cruciale. Cet exercice est un bon entrainement de révision à ces deux chapitres.*
Question 1 : question classique et sans aucune difficulté particulière.
Question 2 : Une part significative des candidats songera à utiliser le développement en série entière de $\frac{1}{1-x}$. *La permutation série-intégrale fera le tri entre les candidats. Remarquer que la série* $\sum_n x^{n+1}\ln(x)$ *ne converge pas normalement sur* $[0,1]$. *Les candidats les plus au fait de leur cours invoqueront l'un des deux théorèmes de permutation série-intégrale du chapitre « intégrales à paramètre », celui du corrigé ou la convergence dominée pour les séries de fonctions (la somme partielle de la série est bornée indépendamment de* n*). Ce dernier choix est tout à fait convenable car, d'après la formule donnant la somme d'une suite géométrique, on a :*

$$\forall n\in\mathbb{N},\ \forall x\in\,]0,1]\,,\ \left|\sum_{k=0}^{n}x^{k+1}\ln(x)\right| = |\ln(x)|\times\frac{1-x^{n+1}}{1-x}\leqslant\frac{|\ln(x)|}{1-x}=\varphi(x)\,.$$

L'intégrabilité de φ *sur* $]0,1[$ *est laissée au lecteur.*
Question 3 : elle sera l'apanage des tous meilleurs candidats (qui le traiteront significativement seuls) ou bien, avec l'aide de l'interrogateur, des candidats suffisamment rapides. Comme pour la question 2, on peut traiter cette question avec le théorème de convergence dominée pour les séries de fonctions.

Exercice 183 (CCINP)

1. Montrer que la fonction $g : x\mapsto \int_0^{+\infty}\frac{e^{-tx}}{t+1}dt$ est continue sur $\mathbb{R}_+^*$.
2. Montrer que g est dérivable sur $\mathbb{R}_+^*$. Donner une équation différentielle vérifiée par g.
3. Proposer un équivalent de g en $+\infty$ et donner une nouvelle expression de g.

Solution 183

1. *On considère la fonction*

$$f:\left\{\begin{array}{ccc}\mathbb{R}_+^*\times\mathbb{R}_+ & \to & \mathbb{R}\\ (x,t) & \mapsto & \dfrac{e^{-tx}}{1+t}\end{array}\right..$$

Pour tout $x\in\mathbb{R}_+^*$, *la fonction* $t\mapsto f(x,t)$ *est continue sur* $\mathbb{R}_+$ *et, pour tout* $t\in\mathbb{R}_+$, *la fonction* $x\mapsto f(x,t)$ *est continue sur* $\mathbb{R}_+^*$. *Pour tout segment* $[a,b]$ *de* $\mathbb{R}_+^*$ *(i.e.* $0<a\leqslant b$*), on dispose de la domination :*

$$\forall x\in[a,b]\,,\ \forall t\in\mathbb{R}_+,\ |f(x,t)|=\frac{e^{-tx}}{1+t}\leqslant e^{-tx}\leqslant e^{-ta}=\varphi(t)\,.$$

La fonction φ est indépendante de x et intégrable sur $\mathbb{R}_+$ (puisque $a > 0$) donc la fonction

$$x \mapsto \int_0^{+\infty} f(x,t)\,dt = g(x)$$

est (définie et) continue sur $\mathbb{R}_+^*$.

2. *On conserve les notations de la question précédente. Pour tout $t \in \mathbb{R}_+$, la fonction $x \mapsto f(x,t)$ est de classe C^1 sur $\mathbb{R}_+^*$. Pour tout $x \in \mathbb{R}_+^*$, les fonctions $t \mapsto f(x,t)$ et $t \mapsto \dfrac{\partial f}{\partial x}(x,t) = \dfrac{-te^{-tx}}{1+t}$ sont continues sur $\mathbb{R}_+$. Pour tout $x \in \mathbb{R}_+^*$, la fonction $t \mapsto f(x,t)$ est intégrable sur $\mathbb{R}_+$ (d'après la question précédente). Pour tout segment $[a,b]$ de $\mathbb{R}_+^*$ (i.e. $0 < a \leqslant b$), on dispose de la domination suivante :*

$$\forall x \in [a,b],\ \forall t \in \mathbb{R}_+,\ \left|\frac{\partial f}{\partial x}(x,t)\right| = \frac{t}{1+t}e^{-tx} \leqslant e^{-tx} \leqslant e^{-ta} = \varphi(t).$$

La fonction φ est indépendante de x et intégrable sur $\mathbb{R}_+$ (puisque $a > 0$) donc la fonction

$$x \mapsto \int_0^{+\infty} f(x,t)\,dt = g(x)$$

est de classe C^1 sur $\mathbb{R}_+^*$ et on a :

$$\forall x \in \mathbb{R}_+^*,\ g'(x) = \int_0^{+\infty} \frac{\partial f}{\partial x}(x,t)\,dt = -\int_0^{+\infty} \frac{te^{-tx}}{1+t}dt.$$

Il est alors immédiat que, pour tout $x \in \mathbb{R}_+^*$, on a :

$$g'(x) - g(x) = -\int_0^{+\infty} \frac{1+t}{1+t}e^{-tx}dt = -\int_0^{+\infty} e^{-tx}dt = \left[\frac{e^{-tx}}{x}\right]_{t=0}^{t\to+\infty} = -\frac{1}{x}.$$

3. *On utilise le changement de variable $s = tx \Leftrightarrow t = \dfrac{s}{x}$. Quand $t = 0$ alors $s = 0$, quand $t \to +\infty$ alors $s \to +\infty$ et $dt = \dfrac{ds}{x}$ donc :*

$$g(x) = \int_0^{+\infty} \frac{e^{-s}}{\frac{s}{x}+1} \times \frac{ds}{x} = \int_0^{+\infty} \frac{e^{-s}}{x+s}ds.$$

Intuitivement, pour chaque $s \in \mathbb{R}_+$, on a :

$$\frac{e^{-s}}{x+s} \underset{x\to+\infty}{\sim} \frac{e^{-s}}{x}.$$

Si on peut intégrer par rapport à s sur $\mathbb{R}_+$ (ce qui est illicite a priori), on obtient l'équivalent :

$$g(x) \underset{x\to+\infty}{\sim} \int_0^{+\infty} \frac{e^{-s}}{x}ds = \frac{1}{x}\int_0^{+\infty} e^{-s}ds = \frac{1}{x}\left[-e^{-s}\right]_{s=0}^{s\to+\infty} \frac{1}{x}.$$

Prouvons cet équivalent en montrant que $\lim_{x\to+\infty} xg(x) = 1$. *On considère la fonction* $h : \begin{cases} \mathbb{R}_+^* \times \mathbb{R}_+ & \to & \mathbb{R} \\ (x,s) & \mapsto & \dfrac{xe^{-s}}{s+x} \end{cases}$. *Pour tout* $x \in \mathbb{R}_+^*$, *la fonction* $s \mapsto h(x,s)$ *est continue sur* $\mathbb{R}_+$ *et :*

$$\forall s \in \mathbb{R}_+, \lim_{x\to+\infty} h(x,s) = e^{-s} = \psi(s).$$

La fonction ψ *est continue sur* $\mathbb{R}_+$ *et on dispose de la domination suivante :*

$$\forall x \in \mathbb{R}_+, \forall s \in \mathbb{R}_+, |h(x,t)| = \frac{x}{s+x}e^{-s} \leqslant e^{-s} = \psi(s).$$

La fonction ψ *est indépendante de* x *et intégrable sur* $\mathbb{R}_+$ *(puisque* $-1 < 0$*) donc :*

$$\lim_{x\to+\infty} \int_0^{+\infty} h(x,s)\,ds = \int_0^{+\infty} \lim_{x\to+\infty} h(x,s)\,ds \Leftrightarrow \lim_{x\to+\infty} xg(x) = \int_0^{+\infty} e^{-s}ds = 1.$$

D'après la question précédente, pour tout $x \in \mathbb{R}_+^*$, *on a*

$$g'(x) - g(x) = -\frac{1}{x}.$$

Afin de gagner du temps, on revient à la preuve de MPSI de la résolution de ces équations différentielles. En divisant par e^x *(solution fondamentale de l'équation homogène associée) cette équation, on obtient l'équation*

$$(*) : \forall x \in \mathbb{R}_+^*, \left(g(x)e^{-x}\right)' = -\frac{e^{-x}}{x}.$$

Comme $\lim_{x\to+\infty} g(x)e^{-x} = 0$ *(car* $\lim_{+\infty} g(x) = 0$*) et que la fonction* $x \mapsto \dfrac{e^{-x}}{x}$ *est intégrable sur* $[1,+\infty[$ *(car continue sur* $[1,+\infty[$ *et négligeable en* $+\infty$ *devant* $x \mapsto e^{-x}$ *qui est positive et intégrable sur* $[1,+\infty[$*), en intégrant l'équation* $(*)$ *entre* s *et* $+\infty$ *(avec* $s > 0$*), on obtient :*

$$\begin{aligned}\left[g(x)e^{-x}\right]_{x=s}^{x\to+\infty} &= -\int_s^{+\infty} \frac{e^{-x}}{x}dx \Leftrightarrow -g(s)e^{-s} = -\int_s^{+\infty} \frac{e^{-x}}{x}dx \\ &\Leftrightarrow g(s) = e^s \int_s^{+\infty} \frac{e^{-x}}{x}dx.\end{aligned}$$

Commentaires 183 *Exercice de niveau standard et bien progressif pour le concours CCINP. Question 1 et 2 : Il s'agit de deux questions extrêmement classiques et relativement simples donc l'interrogateur sera exigeant sur la qualité et la rigueur de l'argumentaire, ce qui fait trop défaut à une part significative des candidats. L'obtention de l'équation différentielle pourra poser problème à certains candidats durant la phase de préparation mais une petite aide de l'interrogateur comblera cette lacune.*
Question 3 : Cette question s'avère sélective car elle demande aux candidats de l'initiative (deviner au minimum l'équivalent), de connaitre l'expression exacte des solutions d'une équation différentielle linéaire homogène d'ordre 1 (notamment l'expression explicite des primitives) et de déterminer l'unique solution ayant l'équivalent voulue. Même avec l'aide de l'interrogateur, chacune de ses sous-questions sera fortement discriminante.

Exercice 184 (CCINP) On pose $f(x) = \int_0^1 \frac{\ln(1+xt)}{1+t^2} dt$.

1. Montrer que f est dérivable sur $]-1,+\infty[$ et trouver f'.
2. Montrer, pour tout x dans $]-1,+\infty[$, que $f(x) = -\int_0^x \frac{\ln(1+t)}{1+t^2} dt + g(x)$ où $g(x)$ est à déterminer.
3. En déduire la valeur de $f(1)$.

Solution 184

1. On considère la fonction

$$g : \left\{ \begin{array}{ccc}]-1,+\infty[\times [0,1] & \to & \mathbb{R} \\ (x,t) & \mapsto & \frac{\ln(1+xt)}{1+t^2} \end{array} \right. .$$

Pour tout $t \in [0,1]$, la fonction $x \mapsto g(x,t)$ est de classe C^1 sur $]-1,+\infty[$ (puisque ln *est de classe C^1 sur $]0,+\infty[$, que $x \mapsto 1+xt$ est de classe C^1 sur $[0,1]$ et strictement positive sur $]-1,+\infty[$). Pour tout $x \in]-1,+\infty[$, les fonctions*

$$t \mapsto g(x,t) \text{ et } t \mapsto \frac{\partial g}{\partial x}(x,t) = \frac{t}{(1+xt)(1+t^2)}$$

sont continues sur $]-1,+\infty[$ (argumentaire semblable au caractère C^1 de $x \mapsto f(x,t)$). La fonction $t \mapsto g(x,t)$ est intégrable sur $[0,1]$ (car elle est continue sur ce segment). Soit $[a,b]$ un segment $[a,b]$ de $]-1,+\infty[$ (i.e. $-1 < a \leqslant b$), on dispose de la domination suivante :

$$\forall x \in [a,b], \forall t \in [0,1], \left| \frac{\partial g}{\partial x}(x,t) \right| \leqslant \frac{1}{1+at} = \varphi(t).$$

La fonction φ est indépendante de x et intégrable sur $[0,1]$ (car continue sur ce segment puisque son dénominateur ne s'annule pas sur cet intervalle) donc la fonction

$$x \mapsto \int_0^1 g(x,t)\, dt = f(x)$$

est (définie et) de classe C^1 sur $]-1,+\infty[$. En outre, sa dérivée est donnée, pour tout $x \in]-1,+\infty[$, par :

$$f'(x) = \int_0^1 \frac{\partial g}{\partial x}(x,t)\, dt = \int_0^1 \frac{t}{(1+xt)(1+t^2)} dt.$$

2. Fixons $x \in]-1,+\infty[\setminus \{0\}$. Pour calculer cette intégrale, on décompose en éléments simples la fraction rationnelle (par rapport à t) sous l'intégrale. Comme le numérateur est de degré strictement inférieur au numérateur, il existe trois réels a, b, c tels que

$$(*) : \frac{t}{(1+xt)(1+t^2)} = \frac{a}{1+xt} + \frac{bt+c}{1+t^2}.$$

En multipliant $(*)$ *par* $1+xt$ *(resp.* $1+t^2$*) puis en faisant tendre* t *vers* $-\dfrac{1}{x}$ *(resp.* $-i$ *et* $+i$*), on obtient les égalités suivantes :*

$$\left\{\begin{array}{l}\dfrac{-\dfrac{1}{x}}{1+\dfrac{1}{x^2}}=a\\ \dfrac{i}{1+ix}=bi+c\\ \dfrac{-i}{1-ix}=-bi+c\end{array}\right. \Leftrightarrow \left\{\begin{array}{ll}a=-\dfrac{x}{x^2+1} & \\ b=\dfrac{1}{2}\left(\dfrac{1}{1+ix}+\dfrac{1}{1-ix}\right) & (1)-(2)\\ c=\dfrac{i}{2}\left(\dfrac{1}{1+ix}-\dfrac{1}{1-ix}\right) & (1)+(2)\end{array}\right. \Leftrightarrow \left\{\begin{array}{l}a=-\dfrac{x}{x^2+1}\\ b=\dfrac{1}{1+x^2}\\ c=\dfrac{x}{1+x^2}\end{array}\right.$$

On en déduit que :

$$\begin{aligned}\frac{t}{(1+xt)(1+t^2)} &= -\frac{x}{x^2+1}\times\frac{1}{1+xt}+\frac{1}{1+x^2}\times\frac{t}{1+t^2}\\ &\quad+\frac{x}{1+x^2}\times\frac{1}{1+t^2}.\end{aligned}$$

Cette égalité reste manifestement vraie pour $x=0$*. En intégrant (par rapport à* t*) entre* 0 *et* 1 *cette égalité, on obtient, pour tout* $x\in\,]-1,+\infty[$ *:*

$$\begin{aligned}f'(x) &= \left[-\frac{1}{x^2+1}\ln(1+xt)\right]_{t=0}^{t=1}+\frac{1}{x^2+1}\left[\frac{1}{2}\ln\left(1+t^2\right)\right]_{t=0}^{t=1}+\frac{x}{1+x^2}\left[\arctan(t)\right]_{t=0}^{t=1}\\ &= -\frac{\ln(1+x)}{x^2+1}+\frac{\ln(2)}{2}\times\frac{1}{1+x^2}+\frac{\pi}{4}\times\frac{x}{1+x^2}.\end{aligned}$$

En intégrant cette égalité entre 0 *et* s *(*$s\in\,]-1,+\infty[$*), on obtient :*

$$\begin{aligned}\left[f(x)\right]_{x=0}^{x=s} &= -\int_0^s\frac{\ln(1+x)}{1+x^2}dx+\frac{\ln(2)}{2}\left[\arctan(x)\right]_{x=0}^{x=s}+\frac{\pi}{4}\left[\frac{1}{2}\ln\left(1+x^2\right)\right]_{x=0}^{x=s}\\ f(s)-\underbrace{f(0)}_{=0} &= -\int_0^s\frac{\ln(1+x)}{1+x^2}dx+\frac{\ln(2)}{2}\arctan(s)+\frac{\pi}{8}\ln\left(1+s^2\right),\end{aligned}$$

ce qui permet de conclure avec $g:s\mapsto\dfrac{\ln(2)}{2}\arctan(s)+\dfrac{\pi}{8}\ln\left(1+s^2\right)$.

3. *En choisissant* $x=1$ *dans l'égalité précédente, on en déduit que :*

$$f(1)=\underbrace{-\int_0^1\frac{\ln(1+x)}{1+x^2}dx}_{=f(1)}+\frac{\ln(2)}{2}\times\frac{\pi}{4}+\frac{\pi}{8}\ln\left(1+1^2\right)\Leftrightarrow f(1)=\frac{\pi\ln(2)}{8}.$$

Commentaires 184 *Exercice progressif et assez technique pour ce concours. Il est une variation d'un sujet Mines-Ponts (où l'intégration portait sur* $\mathbb{R}_+$*, les questions étant identiques) donné quelques années auparavant.*
Question 1 : La question est classique, elle ne requiert peu de technicité mais elle demande que le candidat connaisse le fait fondamental : toute fonction continue sur un segment I *est intégrable sur* I*. L'interrogateur percevra très mal les candidats effectuant des compa-*

raisons de l'intégrande (la fonction à intégrer) aux bornes du domaine d'intégration (qui montrent que le candidat ne maitrise manifestement pas la méthode).
Question 2 : Il s'agit de la question la plus difficile du sujet. Elle requiert une solide maitrise des calculs et ... la reconnaissance d'une fraction rationnelle. La méthode de détermination des coefficients doit être connue (appelée parfois « méthode par occultation ») car elle est efficace et sert dans de nombreux sujets de nombreux concours (CCINP, Mines-Telecom, Centrale-SupElec, Mines-Ponts). Même avec aide de l'interrogateur, cette question sera très discriminante.
Question 3 : aucune difficulté particulière.

Exercice 185 (CCINP) Soit f continue de $\mathbb{R}_+$ dans $\mathbb{C}$ et $0 < a < b$.

1. Calculer $\lim\limits_{x \to 0^+} \int_a^b \frac{f(xt)}{t} dt$ et $\ell = \lim\limits_{x \to 0^+} \int_{ax}^{bx} \frac{f(t)}{t} dt$.
2. On suppose que $\int_1^{+\infty} \frac{f(t)}{t} dt$ converge. Montrer que $\lim\limits_{x \to 0^+} \int_x^{+\infty} \frac{f(at) - f(bt)}{t} dt = \ell$.
3. Montrer que $\int_0^1 \frac{1-t}{\ln(t)} dt = \ln(2)$.

Solution 185

1. $\boxed{\lim\limits_{x \to 0^+} \int_a^b f(xt)\, dt.}$ *On considère la fonction*

$$g : \left\{ \begin{array}{ccc} [0,1] \times [a,b] & \to & \mathbb{R} \\ (x,t) & \mapsto & \dfrac{f(xt)}{t} \end{array} \right. .$$

Pour chaque $t \in [a,b]$, *on a*

$$\lim_{x \to 0^+} g(x,t) = \frac{f(0)}{t} = h(t)$$

(par continuité de f *en* 0*). La fonction* h *est continue sur* $[a,b]$. *Pour chaque* $x \in [0,1]$, *la fonction* $t \mapsto g(x,t)$ *est continue sur* $[a,b]$ *(par continuité de* f *sur* $\mathbb{R}_+$*). En outre, lorsque* $x \in [0,1]$ *et* $t \in [a,b]$, *on a* $xt \in [0,b]$. *La fonction* f *étant continue sur le segment* $[0,b]$, *elle y est bornée. On note*

$$M = \sup_{[0,b]} |f|$$

alors on dispose de la domination suivante :

$$\forall (x,t) \in [0,1] \times [a,b],\ |g(x,t)| = |f(xt)| \leqslant M = \varphi(t).$$

La fonction φ *étant indépendante de* x *et intégrable sur* $[0,b]$, *le théorème de convergence dominé montre que :*

$$\begin{aligned}\lim_{x\to 0^+}\int_a^b \frac{f(xt)}{t}dt &= \lim_{x\to 0^+}\int_0^b g(x,t)\,dt = \int_0^b \lim_{x\to 0^+} g(x,t)\,dt = \int_0^b \frac{f(0)}{t}dt \\ &= f(0)\int_a^b \frac{1}{t}dt = f(0)\left[\ln(t)\right]_{t=a}^{t=b} = f(0)\ln\left(\frac{b}{a}\right).\end{aligned}$$

$\boxed{\lim_{x\to 0^+}\int_{ax}^{bx}\frac{f(t)}{t}dt.}$ *Soit* $x>0$. *On utilise le changement de variable* $s=\dfrac{t}{x}$ *qui est de classe* C^1 *et réalise une bijection de* $[ax,bx]$ *sur* $[a,b]$, *Quand* $t=ax$ *alors* $s=a$, *quand* $t=bx$ *alors* $s=b$, $t=sx$ *et* $dt=xds$ *donc :*

$$\int_{ax}^{bx}\frac{f(t)}{t}dt = \int_a^b \frac{f(xs)}{xs}xds = \int_a^b \frac{f(xs)}{s}ds \underset{x\to 0}{\to} f(0)\ln\left(\frac{b}{a}\right) = \ell.$$

2. *Soit* $x>0$. *En utilisant la relation de Chasles, on a :*

$$\int_x^{+\infty}\frac{f(at)-f(bt)}{t}dt = \int_x^{+\infty}\frac{f(at)}{t}dt - \int_x^{+\infty}\frac{f(bt)}{t}dt.$$

En utilisant les changements de variables $u=at$ *et* $v=bt$, *on obtient :*

$$\int_x^{+\infty}\frac{f(at)}{t}dt = \int_{ax}^{+\infty}\frac{f(u)}{\frac{u}{a}}\frac{du}{a} = \int_{ax}^{+\infty}\frac{f(u)}{u}du,\quad \int_x^{+\infty}\frac{f(bt)}{t}dt = \int_{bx}^{+\infty}\frac{f(v)}{v}dv$$

ce qui permet d'écrire :

$$\int_x^{+\infty}\frac{f(bt)-f(at)}{t}dt = \int_{ax}^{+\infty}\frac{f(u)}{u}du - \int_{bx}^{+\infty}\frac{f(u)}{u}du = \int_{bx}^{bx}\frac{f(u)}{u}du$$

(d'après la relation de Chasles). La question précédente permet de conclure.

3. *On utilise le changement de variable* $s=-\ln(t)$ *qui est de classe* C^1 *sur* $]0,1[$ *et réalise une bijection de* $]0,1[$ *sur* $]0,+\infty[$. *Quand* $t\to 0$ *alors* $s\to+\infty$; *quand* $t=1$ *alors* $s=0$. *On a* $t=e^{-s}$ *et* $dt=-e^{-s}ds$ *donc on obtient l'égalité :*

$$\begin{aligned}\int_0^1 \frac{1-t}{\ln(t)}dt &= \int_{+\infty}^0 \frac{1-e^{-s}}{s}\left(-e^{-s}\right)ds = \int_0^{+\infty}\frac{e^{-s}-e^{-2s}}{s}ds \\ &= \lim_{x\to 0}\int_x^{+\infty}\frac{e^{-s}-e^{-2s}}{s}ds = e^0\ln\left(\frac{2}{1}\right) = \ln(2)\end{aligned}$$

d'après la question précédente. En effet, la fonction $f : t \mapsto e^{-t}$ *est continue sur* $\mathbb{R}_+$ *et*

$$\forall t \geqslant 1,\, 0 \leqslant \frac{e^{-t}}{t} \leqslant e^{-t}.$$

La fonction $t \mapsto e^{-t}$ *étant intégrable sur* $[1, +\infty[$ *(car* $-1 < 0$*) donc* $\int_1^{+\infty} \frac{f(t)}{t} dt$ *converge.*

Commentaires 185 *Il s'agit d'un exercice très ancien et classique, reformulé dans le cadre des intégrales à paramètre pour éviter des versions epsilonesques précédente.*
Question 1 : Formellement, de très nombreux candidats devineront la réponse mais la justification sera beaucoup plus discriminante. Une part importante de candidats pensent que

$$\forall x \in [u, v],\, \forall t \in [a, b],\, |f(xt)| \leqslant |f(vt)|$$

c'est-à-dire pense implicitement que la fonction $x \mapsto |f(xt)|$ *est croissante, ce qui est aberrant. La justification convenable du caractère borné nécessite du candidat une petite connaissance théorique (toute fonction continue sur un segment y est bornée) mais surtout de visualiser le domaine que parcourt* xt *lorsque* x *et* t *décrivent chacun un intervalle (ce qui s'avère être le problème principal d'un grand nombre d'entre eux pour ce concours). Il est bon de travailler ce point s'il vous a posé problème car il s'agit d'une méthode générale.*
Question 2 : L'unique difficulté de cette question est d'utiliser la relation de Chasles et un changement de variable utilsé à la question précédente. Une petite aide de l'interrogateur lèvera cette difficulté.
Question 3 : Il s'agit d'une question sélective qui teste l'initiative du candidat et sa capacité à se ramener aux résultats des questions précédentes. N'attendez pas d'aide rapide de l'interrogateur qui teste alors cette qualité, au mieux, il indiquera un changement de variable. Dans ce cas, la capacité du candidat à finir seul et convenable la question sera l'élément clé de l'évaluation de cette question.

Exercice 186 (CCINP) Soit la fonction $F : x \mapsto \int_0^{+\infty} \frac{\arctan(xt) - \arctan(t)}{t} dt.$

1. (a) Montrer que F est bien définie sur $\mathbb{R}_+^*$.
   (b) La fonction F est-elle dérivable sur $\mathbb{R}_+^*$?
2. En déduire une expression simplifiée de F.
3. Calculer $I = \int_0^{+\infty} \frac{\arctan(at) - \arctan(bt)}{t} dt$ avec $a > 0$ et $b > 0$.

Solution 186

1.

(a) Soit $x \in \mathbb{R}_+^*$*. La fonction*

$$f : t \mapsto \frac{\arctan(xt) - \arctan(t)}{t}$$

est continue sur $]0,+\infty[$. *En utilisant le développement limité de* arctan *en* 0, *on obtient :*

$$f(t) \underset{t\to 0}{=} \frac{(xt+o(t))-(t+o(t))}{t} \underset{t\to 0}{=} x-1+o(1) \underset{t\to 0}{=} O(1).$$

La fonction $t\mapsto 1$ *étant positive et intégrable sur* $]0,1]$, *la fonction* f *est intégrable sur* $]0,1]$.
D'après l'inégalité des accroissements finis appliquée à la fonction arctan, *pour tout* $t\in[1,+\infty[$ *et tout* $x\in\mathbb{R}_+^*$, *on a :*

$$\begin{aligned}|\arctan(xt)-\arctan(t)| &\leqslant \sup_{[xt,t]}|\arctan'|\,|xt-t| \\ &= t\,|x-1|\sup_{s\in[xt,t]}\frac{1}{1+s^2} \underset{(*)}{=} t\,|x-1|\times\frac{1}{1+a^2t^2} \leqslant t\,|x-1|\,\frac{1}{a^2t^2}\end{aligned}$$

avec $a=x$ *si* $x\geqslant 1$ *(car* $xt\geqslant t$*) et* $a=1$ *si* $x\leqslant 1$ *(car* $xt\leqslant t$*) puisque la fonction* $s\mapsto\dfrac{1}{1+s^2}$ *est croissante sur* $\mathbb{R}_+$. *Ainsi, on dispose de la majoration suivante :*

$$\forall t\in[1,+\infty[,\ |f(t)|\leqslant\frac{|x-1|}{a^2t^2}\underset{t\to+\infty}{=}O\left(\frac{1}{t^2}\right).$$

Comme la fonction $t\mapsto\dfrac{1}{t^2}$ *est positive et intégrable sur* $[1,+\infty[$ *(intégrale de Riemann de paramètre* $2>1$*), la fonction* f *est intégrable sur* $[1,+\infty[$. *Ainsi, la fonction* f *est intégrable sur* $]0,+\infty[$, *ce qui assure l'existence de* $\displaystyle\int_0^{+\infty} f = F(x)$ *quel que soit* $x\in\mathbb{R}_+^*$.

(b) *On considère la fonction*

$$g:\left\{\begin{array}{ccc}]0,+\infty[\times]0,+\infty[& \to & \mathbb{R}\\ (x,t) & \mapsto & \dfrac{\arctan(xt)-\arctan(t)}{t}\end{array}\right..$$

Pour tout $t\in]0,+\infty[$, *la fonction* $x\mapsto g(x,t)$ *est de classe* C^1 *sur* $]-1,+\infty[$.
Pour tout $x\in]0,+\infty[$, *les fonctions*

$$t\mapsto g(x,t)\ \text{ et } t\mapsto\frac{\partial g}{\partial x}(x,t)=\frac{1}{1+x^2t^2}$$

sont continues sur $]0,+\infty[$.
Pour tout $x\in]0,+\infty[$, *la fonction* $x\mapsto g(x,t)$ *est intégrable sur* $]0,+\infty[$ *(d'après la question précédente).*
Soit $[a,b]$ *un segment* $[a,b]$ *de* $\mathbb{R}_+^*$ *(i.e.* $-1<a\leqslant b$*), on dispose de la domination suivante :*

$$\forall x\in[a,b],\ \forall t\in]0,+\infty[,\ \left|\frac{\partial g}{\partial x}(x,t)\right|\leqslant\frac{1}{1+x^2t^2}\leqslant\frac{1}{1+a^2t^2}=\varphi(t).$$

La fonction φ *est intégrable sur* $[0,1]$ *(car continue sur ce segment) et sur* $[1,+\infty[$ *(car*

$$\varphi(t)\underset{t\to+\infty}{\sim}\frac{1}{a^2t^2}$$

qui est une fonction positive et intégrable sur $[1,+\infty[$ comme intégrale de Riemann de paramètre $2>1$) donc φ est intégrable sur $]0,+\infty[$. Ainsi, la fonction

$$x \mapsto \int_0^{+\infty} g(x,t)\,dt = F(x)$$

est (définie et) de classe C^1 sur $\mathbb{R}_+^*$. En outre, sa dérivée est donnée, pour tout $x \in]0,+\infty[$, par :

$$F'(x) = \int_0^{+\infty} \frac{\partial g}{\partial x}(x,t)\,dt = \int_0^{+\infty} \frac{1}{1+x^2t^2}dt.$$

2. *D'après la question précédente, pour tout $x>0$, on a :*

$$F'(x) = \int_0^{+\infty} \frac{1}{1+x^2t^2}dt = \left[\frac{\arctan(xt)}{x}\right]_{t=0}^{t\to+\infty} = \frac{\pi}{2x}$$

Ainsi, il existe un réel C tel que :

$$\forall x>0,\ F(x) = \frac{\pi}{2}\ln(x) + C.$$

En évaluant cette égalité en $x=1$, on obtient :

$$F(1) = C \Leftrightarrow C = 0 \Rightarrow \forall x>0,\ F(x) = \frac{\pi}{2}\ln(x).$$

3. *En utilisant le changement de variable $s=bt$ ($t=\frac{s}{b}$, $dt=\frac{ds}{b}$), on obtient :*

$$I = \int_0^{+\infty} \frac{\arctan\left(\frac{a}{b}s\right) - \arctan(s)}{\frac{s}{b}} \times \frac{ds}{b} = F\left(\frac{a}{b}\right) = \frac{\pi}{2}\ln\left(\frac{a}{b}\right).$$

Commentaires 186 *Contre toute attente, la question la plus difficile de cet exercice est la question 1.a).*
Question 1.a). Si l'étude de l'intégrabilité sur $[0,1]$ est aisée, celle sur $[1,+\infty[$ s'avère très sélective (l'argumentaire n'est pas conventionnel et demande la maitrise de l'inégalité des accroisssements finis, ce qui n'est pas le cas de tous les candidats à ce concours). Bien entendu, l'interrogateur indiquera éventuellement au candidat d'utiliser cette inégalité des accroissements finis. Sa facilité d'énonciation et d'application sera un élément déterminant dans la discrimination des candidats.
Les autres questions ne présentent aucune difficulté particulière donc l'interrogateur attend du candidat précision et rigueur dans l'argumentaire utilisé.

10.2 Mines-Telecom

Exercice 187 (Mines-Telecom) Soit $n \in \mathbb{N}$, et $I_n = \int_0^{+\infty} e^{-x^2} \sin^{2n}(x)\, dx$.

1. Montrez que, pour tout $n \in \mathbb{N}$, I_n est bien définie.
2. Étudiez la convergence de la suite $(I_n)_{n\in\mathbb{N}}$.

Solution 187

1. *Soit $n \in \mathbb{N}$. On pose*
$$f_n : x \mapsto e^{-x^2} (\sin(x))^{2n}$$
qui est continue sur $\mathbb{R}_+$. On dispose de la domination suivante :
$$f_n(x) \underset{x\to+\infty}{=} o\left(e^{-x}\right).$$
En effet, on a :
$$e^x f_n(x) = e^{x-x^2} (\sin(x))^{2n} \underset{x\to+\infty}{\to} 0$$
car
$$x - x^2 \underset{x\to+\infty}{\sim} -x^2 \underset{x\to+\infty}{\to} -\infty \text{ avec } \lim_{t\to-\infty} e^t = 0$$
et, pour finir, la fonction $x \mapsto (\sin(x))^{2n}$ est bornée sur $\mathbb{R}_+$.
Comme la fonction $x \mapsto e^{-x}$ est positive et intégrable sur $\mathbb{R}_+$ (car $-1 < 0$), on peut affirmer que f_n est intégrable sur $\mathbb{R}_+$. Ainsi, l'intégrale $\int_0^{+\infty} f_n = I_n$ converge.

2. *On conserve les notations de la réponse à la question précédente. Pour tout entier n, la fonction f_n est continue sur $\mathbb{R}_+$.Soit $x \in \mathbb{R}_+$ alors on a :*
$$\lim_{n\to+\infty} f_n(x) = \begin{cases} 0 & \text{si } |\sin(x)| < 1 \\ e^{-x^2} & \text{si } |\sin(x)| = 1 \end{cases} = \begin{cases} e^{-x^2} & \text{si } x = k\pi,\ k \in \mathbb{N} \\ 0 & \text{sinon} \end{cases} = g(x).$$
La fonction g est continue par morceaux sur $\mathbb{R}_+$ et on dispose de la domination suivante :
$$\forall n \in \mathbb{N}, \forall x \in \mathbb{R}_+, |f_n(x)| = f_n(x) \leqslant e^{-x^2} = f_0(x).$$
La fonction f_0 étant indépendante de n et intégrable sur $\mathbb{R}_+$ (d'après la question précédente), le théorème de convergence dominée montre que :
$$I_n = \int_0^{+\infty} f_n(x)\, dx \underset{n\to+\infty}{\to} \int_0^{+\infty} \lim_{n\to+\infty} f_n(x) = \int_0^{+\infty} g(x)\, dx = 0.$$

Commentaires 187 *Exercice classique et de difficulté standard. La seule petite difficulté apparaissant dans la limite simple de la suite $(f_n)_n$. Comme d'habitude, il est attendu rigueur et précision dans les justifications d'intégrabilité.*

Exercice 188 (Mines-Telecom) Pour $n \in \mathbb{N}^*$, on pose $u_n = \int_0^n \left(1 - \frac{x}{n}\right)^n \cos x \, dx$.

La suite $(u_n)_{n \in \mathbb{N}^*}$ converge t-elle ? Si oui, trouver sa limite.

Solution 188 *Pour tout entier $n \geqslant 1$, on considère la fonction*

$$f_n : x \mapsto \begin{cases} \left(1 - \frac{x}{n}\right)^n & \text{si } x \in [0, n] \\ 0 & \text{sinon} \end{cases}$$

de sorte que $u_n = \int_0^{+\infty} f_n$. On peut alors invoquer le théorème de convergence dominée de Lebesgue.

Convergence simple. *Soit $x \in \mathbb{R}_+$. Grâce à l'écriture exponentielle et au développement limité à l'ordre 1 en 0 de la fonction $t \mapsto \ln(1+t)$, pour tout entier $n \geqslant x$, on a :*

$$\begin{aligned} f_n(x) &= \left(1 - \frac{x}{n}\right)^n \cos(x) = \exp\left(n \ln\left(1 - \frac{x}{n}\right)\right) \cos(x) \\ &\underset{n \to +\infty}{=} \exp\left(n\left(-\frac{x}{n} + o\left(\frac{1}{n}\right)\right)\right) \cos(x) \\ &\underset{n \to +\infty}{=} \exp(-x + o(1)) \cos(x) \underset{n \to +\infty}{\to} \exp(-x) \cos(x). \end{aligned}$$

Ainsi, la suite $(f_n)_{n \in \mathbb{N}^*}$ converge simplement sur $\mathbb{R}_+$ vers la fonction

$$f : x \mapsto \exp(-x) \cos(x)$$

qui y est continue.

Domination. *On remarque (astucieusement) l'inégalité suivante :*

$$\forall t \in \mathbb{R}, 1 + t \leqslant e^t$$

(utiliser la convexité de $t \mapsto e^t$ ou bien dresser le tableau de variation de la fonction

$$t \mapsto e^t - (1+t)$$

en plaçant la valeur en $t = 0$). En choisissant $t = -\frac{x}{n}$, on en déduit que :

$$\begin{aligned} \forall n &\geqslant 1, \forall x \in [0, n], 0 \leqslant 1 - \frac{x}{n} \leqslant \exp\left(-\frac{x}{n}\right) \\ \underset{(*)}{\Rightarrow} 0 &\leqslant \left(1 - \frac{x}{n}\right)^n \leqslant \left(\exp\left(-\frac{x}{n}\right)\right)^n = \exp\left(-n \times \frac{x}{n}\right) = \exp(-x) \end{aligned}$$

$(*)$: par croissance de $t \mapsto t^n$ sur $\mathbb{R}_+$.
Dès lors, pour tout entier $n \geqslant 1$, on peut affirmer que :

$$\begin{aligned} \forall x &\in [0, n], |f_n(x)| = \left(1 - \frac{x}{n}\right)^n |\cos(x)| \leqslant \exp(-x) 1 = \exp(-x) \\ \forall x &> n, |f_n(x)| = 0 \leqslant \exp(-x) \\ &\Rightarrow \forall x \in \mathbb{R}, |f_n(x)| \leqslant \exp(-x) = \varphi(x). \end{aligned}$$

La fonction φ est indépendante de n et intégrable sur $\mathbb{R}_+$ donc, d'après le théorème de convergence dominée de Lebesgue, on peut affirmer que :

$$\lim_{n\to+\infty} u_n = \lim_{n\to+\infty} \int_0^{+\infty} f_n = \int_0^{+\infty} \lim_{n\to+\infty} f_n = \int_0^{+\infty} f = \int_0^{+\infty} e^{-x}\cos(x)\,dx.$$

Pour calculer cette dernière intégrale, on utilise la relation d'Euler $\cos(\theta) = \operatorname{Re}\left(e^{i\theta}\right)$.

$$\int_0^{+\infty} e^{-x}\cos(x)\,dx = \int_0^{+\infty} e^{-x}\operatorname{Re}\left(e^{ix}\right)dx \underset{e^{-x}\in\mathbb{R}}{=} \int_0^{+\infty} \operatorname{Re}\left(e^{-x}e^{ix}\right)dx$$

$$= \operatorname{Re}\left(\int_0^{+\infty} e^{x(-1+i)}dx\right) = \operatorname{Re}\left(\left[\frac{e^{x(-1+i)}}{-1+i}\right]_{x=0}^{x\to+\infty}\right)$$

$$\underset{(**)}{=} \operatorname{Re}\left(-\frac{1}{-1+i}\right) = -\operatorname{Re}\left(\frac{-1-i}{|-1+i|^2}\right) = \frac{1}{2}$$

(**) car $\left|e^{x(-1+i)}\right| = \left|e^{-x}e^{ix}\right| = \left|e^{-x}\right|\left|e^{ix}\right| = e^{-x}$ *puisque ix est un imaginaire pur.*

Par conséquent, on peut conclure : $\lim_{n\to+\infty} u_n = \frac{1}{2}$.

Commentaires 188 *Il s'agit d'une version revisitée d'un exercice classique (remplacer* $\cos(t)$ *par* t^{x-1}*).*
L'interaction avec l'interrogateur sera un élément majeur de la progression du candidat. Ce dernier attend la mention du théorème de convergence dominée (qui est le coeur du sujet). Le piège étant que ce théorème exige que le domaine d'intégration soit fixe d'où l'introduction d'une intégrande définie par deux formules. Le calcul de la limite simple de $(f_n)_n$ étant un grand classique de MPSI, les candidats sachant le déterminer seuls seront fortement valorisés ainsi que les candidats pensant à la majoration $1 + x \leqslant e^x$ (par convexité ou par dessin, etc) pour obtenir la domination.
Le calcul de l'intégrale limite peut se faire également par une double intégration par parties (en dérivant sucessivement cos *puis* sin*), ce qui fournit l'égalité $I = 1 - I$ qui donne la valeur de I.*

Exercice 189 (Mines-Telecom)

1. Montrer l'existence de $I_n = \int_0^1 t^n (\ln(t))^2\,dt$ pour tout $n \in \mathbb{N}$.
2. On pose $I = \int_0^{+\infty} \frac{(\ln(x))^2}{1+x^2}\,dx$. Montrer l'existence de I, puis que $I = 2\int_0^1 \frac{(\ln(x))^2}{1+x^2}\,dx$.
3. Montrer que $I = 4\sum_{n=0}^{+\infty} \frac{(-1)^n}{(2n+1)^3}$.

Solution 189

1. *Soit $n \in \mathbb{N}$. La fonction $t \mapsto t^n (\ln(t))^2$ est continue sur $]0,1]$ et on a :*

$$t^n (\ln(t))^2 \underset{t\to 0^+}{=} o\left(\frac{1}{t^{1/2}}\right) \quad car\ t^{1/2}t^n (\ln(t))^2 = t^{n+1/2} (\ln(t))^2 \underset{t\to 0^+}{\to} 0$$

(d'après les croissances comparées car $n+\frac{1}{2} > 0$). La fonction $t \mapsto \frac{1}{t^{1/2}}$ étant positive et intégrable sur $]0,1]$, on en déduit que la fonction $t \mapsto t^n (\ln(t))^2$ est intégrable sur $]0,1]$, ce qui démontre l'existence de l'intégrale I_n.

2. *La fonction*

$$f : x \mapsto \frac{(\ln(x))^2}{1+x^2}$$

est continue sur $]0,+\infty[$. On dispose des dominations suivantes :

$$f(x) \underset{x\to 0^+}{\sim} (\ln(x))^2 \underset{x\to 0^+}{=} o\left(\frac{1}{x^{1/2}}\right) \quad car\ x^{1/2} (\ln(x))^2 \underset{x\to 0^+}{\to} 0$$

$$f(x) \underset{x\to +\infty}{\sim} \frac{(\ln(x))^2}{x^2} \underset{x\to 0^+}{=} o\left(\frac{1}{x^{3/2}}\right) \quad car\ x^{3/2}\frac{(\ln(x))^2}{x^2} = \frac{(\ln(x))^2}{\sqrt{x}} \underset{x\to +\infty}{\to} 0$$

(d'après les croissances comparées pour les deux limites). La fonction $x \mapsto \frac{1}{x^{1/2}}$ (respectivement $x \mapsto \frac{1}{x^{3/2}}$) est positive et intégrable sur $]0,1]$ (respectivement sur $[1,+\infty[$) donc f l'est aussi. Ainsi, la fonction f est intégrable sur $]0,+\infty[$, ce qui assure l'existence de l'intégrale I.

On considère alors le changement de variable $s = \frac{1}{x}$ (qui réalise une bijection de classe C^1 et strictement décroissante de $[1,+\infty[$ sur $]0,1]$). Si $x=1$ alors $s=1$ et si $x \to +\infty$ alors $s \to 0$. En outre, on a

$$x = \frac{1}{s} \Rightarrow dx = -\frac{1}{s^2}ds.$$

L'intégrale $\int_1^{+\infty} f$ étant convergente, on en déduit l'égalité suivante :

$$\int_1^{+\infty} f = \int_1^{+\infty} \frac{(\ln(x))^2}{1+x^2}dx = \int_1^0 \frac{(\ln(1/s))^2}{1+(1/s)^2}\left(-\frac{ds}{s^2}\right) = \int_0^1 \frac{(-\ln(s))^2}{1+s^2}ds = \int_0^1 f.$$

D'après la relation de Chasles, on obtient l'égalité souhaitée :

$$I = \int_0^1 f + \int_1^{+\infty} f = 2\int_0^1 f.$$

3. *D'après le développement en série entière de $t \mapsto \frac{1}{1-t}$, on a :*

$$\forall t \in]-1,1[,\ \frac{1}{1-t} = \sum_{n=0}^{+\infty} t^n.$$

Soit $x \in [0,1[$ *alors* $t = -x^2 \in]-1,0] \subset]-1,1[$ *donc on peut écrire :*

$$\forall x \in [0,1[,\ \frac{1}{1+x^2} = \sum_{n=0}^{+\infty} \left(-x^2\right)^n = \sum_{n=0}^{+\infty} (-1)^n x^{2n}$$

d'où la formule

$$I = 2\int_0^1 \frac{(\ln(x))^2}{1+x^2} dx = 2\int_0^1 \left(\sum_{n=0}^{+\infty} (-1)^n x^{2n} (\ln(x))^2\right) dx.$$

Justifions que l'on peut permuter les symboles $\sum$ *et* $\int$. *Pour tout entier* n, *on considère la fonction*

$$f_n : x \mapsto (-1)^n x^{2n} (\ln(x))^2$$

qui est continue et intégrable sur $]0,1[$ *(d'après la question 1). La série* $\sum_{n \geqslant 0} f_n$ *converge simplement sur* $]0,1[$ *et sa somme*

$$\sum_{n=0}^{+\infty} f_n : x \mapsto \frac{(\ln(x))^2}{1+x^2}$$

est continue sur $]0,1[$. *Soit* $n \in \mathbb{N}$. *Déterminons la valeur de*

$$\int_0^1 |f_n| = \int_0^1 x^{2n} (\ln(x))^2 dx.$$

Les fonctions

$$u : x \mapsto \frac{x^{2n+1}}{2n+1} \text{ et } v : x \mapsto (\ln(x))^2$$

sont de classe C^1 *sur* $[0,1[$ *avec* $u(x)v(x) \underset{x\to 0^+}{\to} 0$ *(d'après les croissances comparées). D'après le théorème d'intégration par parties, on obtient l'égalité :*

$$\begin{aligned}\int_0^1 |f_n| &= \int_0^1 u'v = \lim_{\varepsilon\to 0} [uv]_\varepsilon^1 - \int_0^1 uv' = -\int_0^1 \frac{x^{2n+1}}{2n+1}\left(2 \times \frac{1}{x} \times \ln(x)\right) dx \\ &= -\frac{2}{2n+1}\int_0^1 x^{2n} \ln(x)\, dx.\end{aligned}$$

Les fonctions

$$u : x \mapsto \frac{x^{2n+1}}{2n+1} \text{ et } v : x \mapsto \ln(x)$$

sont de classe C^1 *sur* $[0,1[$ *avec* $u(x)v(x) \underset{x\to 0^+}{\to} 0$ *(d'après les croissances comparées car*

$n+1>0$). D'après le théorème d'intégration par parties, on obtient l'égalité :

$$\begin{aligned}\int_0^1 x^{2n}\ln(x)\,dx &= \int_0^1 u'v = \lim_{\varepsilon\to 0}[uv]_\varepsilon^1 - \int_0^1 uv' = -\int_0^1 \frac{x^{2n+1}}{2n+1}\times\frac{1}{x}dx \\ &= -\frac{1}{2n+1}\int_0^1 x^{2n}dx = -\frac{1}{2n+1}\left[\frac{x^{2n+1}}{2n+1}\right]_{x=0}^{x=1} = -\frac{1}{(2n+1)^2}.\end{aligned}$$

On en déduit la formule :

$$\forall n\in\mathbb{N},\ \int_0^1 |f_n| = \frac{2}{(2n+1)^3} \Rightarrow 0\leqslant \int_0^1 |f_n| \leqslant \frac{2}{(n+1)^3}.$$

La série $\sum_{n\geqslant 0}\frac{1}{(n+1)^3} = \sum_{n\geqslant 1}\frac{1}{n^3}$ est convergente (série de Riemann de paramètre $3>1$) donc la série $\sum_n \int_0^1 |f_n|$ converge. D'après le théorème de permutation série-intégrale, on obtient :

$$\begin{aligned} I &= 2\int_0^1 \frac{(\ln(x))^2}{1+x^2}dx = 2\int_0^1\left(\sum_{n=0}^{+\infty}(-1)^n x^{2n}(\ln(x))^2\right)dx \\ &= 2\sum_{n=0}^{+\infty}(-1)^n\int_0^1 x^{2n}(\ln(x))^2\,dx = 4\sum_{n=0}^{+\infty}\frac{(-1)^n}{(2n+1)^3}\end{aligned}$$

(d'après les calculs précédents).

Commentaires 189 *Exercice globalement classique et bien gradué en difficulté pour le concours Mines-Telecom.*
Question 1 : Très classique, il est attendu rigueur et précision du candidat (dont la continuité). Il n'est pas demandé le calcul (même s'il servira en troisième question).
Question 2 : Même remarque que précédemment pour l'existence. Pour la seconde question, il s'agit d'une astuce que l'interrogateur donnera probablement rapidement si le candidat n'y songe pas (ne l'apprenez pas). Par contre, il est attendu la maitrise de la technique de changement de variable (donc pas d'erreurs à commettre), voire pour certains interrogateurs l'énoncé du théorème associé.
Question 3 : La question étant plus ouverte (la réponse est donnée mais elle demande plusieurs initiatives de la part du candidat), elle sera très discriminante. Les candidats songeant au développement en série entière de $\frac{1}{1+x^2}$ seront valorisés ainsi que les candidats calculant (au moins formellement dans un premier temps) l'intégrale de la question 1. De même, les candidats prouvant la convergence normale sur $]0,1]$ de la série de fonctions $\sum_n (-1)^n x^{2n}(\ln(x))^2$ seront valorisés. En voici une preuve très rapide et très peu

consommatrice de calculs : en utilisant le changement de variable $t = x^n$, on obtient :

$$\begin{aligned}\sup_{x\in]0,1]}\left|(-1)^n x^{2n}(\ln(x))^2\right| &= \sup_{x\in]0,1]}\left|x^{2n}(\ln(x))^2\right| \underset{x=t^{1/n}}{\overset{t=x^n}{=}} \sup_{t\in]0,1]}\left|t^2\left(\ln\left(t^{1/n}\right)\right)^2\right| \\ &= \sup_{t\in]0,1]}\left|t^2\left(\frac{1}{n}\ln(t)\right)^2\right| = \frac{1}{n^2}\sup_{t\in]0,1]}\left|t^2\ln(t)^2\right|\end{aligned}$$

et la série $\sum_n \frac{1}{n^2}$ converge. On peut ainsi permuter série et intégrale sans suivre la méthode du corrigé. Selon les candidats, un ou plusieurs points seront traités et augmenteront significativement la note du candidat (surtout s'ils les font seuls).

Exercice 190 (Mines-Telecom) On pose $a_n = \int_0^1 x^n \ln(1-x)\,dx$.

1. Montrer que a_n est définie pour tout $n \in \mathbb{N}$ et déterminer la limite de la suite (a_n).
2. Calculer a_0.
3. Montrer que $\forall n \in \mathbb{N}^*, (n+1)a_n - na_{n-1} = -\frac{1}{n+1}$.
4. Déterminer la nature de la série de terme général $a_n x^n$.

Solution 190

1. ***Existence.*** *Pour tout $n \in \mathbb{N}$, la fonction*

$$f_n : x \mapsto x^n \ln(1-x)$$

est continue sur $[0,1[$ et on dispose de l'équivalent suivant :

$$|f(x)| = x^n |\ln(1-x)| \underset{x\to 1^-}{\sim} 1^n |\ln(1-x)| = |\ln(1-x)|.$$

Le changement de variable $t = 1-x$ (donc $x = 1-t$, $dx = -dt$) étant une bijection décroissante de $[0,1[$ sur $]0,1]$ et de classe C^1, les intégrales

$$\int_0^1 |\ln(1-x)|\,dx \text{ et } \int_1^0 |\ln(t)|(-dt) = \int_0^1 |\ln(t)|\,dt$$

sont de même nature. La fonction $\ln$ étant continue sur $]0,1]$, la domination

$$\ln(t) \underset{t\to 0^+}{=} o\left(\frac{1}{\sqrt{t}}\right) \text{ car } \sqrt{t}\ln(t) \underset{t\to 0^+}{\to} 0$$

(par croissances comparées) montre que $\ln$ est intégrable sur $]0,1]$ (car $t \mapsto \frac{1}{\sqrt{t}} = \frac{1}{t^{1/2}}$ est une fonction de Riemann de paramètre $\frac{1}{2} < 1$). Ainsi, l'intégrale $\int_0^1 \ln(t)\,dt$ converge

donc $\int_0^1 |\ln(1-x)|\,dx$ *aussi, ce qui prouve l'intégrabilité de* f_n *sur* $[0,1[$. *En particulier, l'intégrale* I_n *existe quel que soit l'entier* n.

Limite. *On applique le théorème de convergence dominée. Pour tout entier* n, f_n *est continue sur* $[0,1[$. *Pour chaque* $x \in [0,1[$, *on a*

$$\lim_{n\to+\infty} f_n(x) = 0$$

(suite géométrique de raison $x \in [0,1[\subset]-1,1[$*). On dispose également de la domination suivante :*

$$\forall n \in \mathbb{N}, \forall x \in [0,1[, \ |f_n(x)| = x^n |\ln(1-x)| \leqslant |\ln(1-x)| = |f_0(x)|.$$

La fonction f_0 *étant intégrable sur* $[0,1[$, *on en déduit que :*

$$\lim_{n\to+\infty} \int_0^1 f_n = \int_0^1 \lim_{n\to+\infty} f_n \Leftrightarrow \lim_{n\to+\infty} a_n = \int_0^1 0 = 0.$$

2. *À l'aide du changement de variable* $t = 1-x$ *(cf. l'existence dans la question précédente), on a :*

$$a_0 = \int_0^1 \ln(1-x)\,dx = \int_0^1 \ln(t)\,dt.$$

On procède par intégration par parties en considérant les fonctions $u : t \mapsto t$ *et* $v : t \mapsto \ln(t)$ *qui sont de classe* C^1 *sur* $]0,1]$. *Puisque l'on a :*

$$\lim_{t\to0^+} u(t)\,v(t) = \lim_{t\to0^+} (t\ln(t)) = 0$$

(d'après les croissances comparées), le théorème d'intégration par parties montre que :

$$a_0 = \int_0^1 u'v = \lim_{\varepsilon\to0^+} [u(t)\,v(t)]_\varepsilon^1 - \int_0^1 uv' = -\int_0^1 t \times \frac{1}{t}dt = -\int_0^1 dt = -1.$$

3. *Soit* $n \in \mathbb{N}^*$. *Par linéarité de l'intégrale, on a :*

$$(n+1)a_n - na_{n-1} = \int_0^1 \left((n+1)\,x^n - nx^{n-1}\right)\ln(1-x)\,dx.$$

On procède par intégration par parties en considérant les fonctions

$$u : x \mapsto x^{n+1} - x^n = -x^n(1-x) \ \text{ et } v : x \mapsto \ln(1-x)$$

qui sont de classe C^1 *sur* $[0,1[$ *et l'on a :*

$$u(x)\,v(x) = -x^n(1-x)\ln(1-x) \underset{x\to1^-}{\sim} (1-x)\ln(1-x) \underset{x\to1^-}{\to} 0$$

(en utilisant le changement de variable $t = 1 - x \underset{x \to 1^-}{\to} 0^+$ *et les croissances comparées).*
Le théorème d'intégration par parties montre que :

$$\begin{aligned}(n+1)a_n - na_{n-1} &= \int_0^1 u'v = \lim_{\varepsilon \to 1^-} [u(t)v(t)]_0^{\varepsilon} - \int_0^1 uv' = \int_0^1 x^n(1-x) \times \frac{-1}{1-x}dx \\ &= -\int_0^1 x^n dt = -\left[\frac{x^{n+1}}{n+1}\right]_{x=0}^{x=1} = -\frac{1}{n+1}.\end{aligned}$$

4. *Notons R le rayon de convergence de la série entière $\sum_n a_n x^n$. D'après la question 2, on a :*

$$\lim_{n \to +\infty} a_n = 0 \Leftrightarrow a_n = o(1).$$

Ainsi, le rayon de convergence R de la série $\sum_n a_n x^n$ est supérieur ou égal à celui de la série $\sum_n 1x^n = \sum_n x^n$. Ce dernier valant 1, on en déduit que $R \geqslant 1$.
D'après la question 3, pour tout entier $n \geqslant 1$, on a :

$$(n+1)a_n - na_{n-1} = -\frac{1}{n+1} \Leftrightarrow na_{n-1} - (n+1)a_n = \frac{1}{n+1}.$$

La série $\sum_n \frac{1}{n+1} = \sum_k \frac{1}{k}$ diverge (série de Riemann de paramètre $1 \leqslant 1$) donc la série

$$\sum_n (na_{n-1} - (n+1)a_n)$$

diverge. Comme il s'agit de la série télescopique associée à la suite $(na_{n-1})_n$, on peut affirmer que la suite $(na_{n-1})_n$ diverge.
La série entière entière

$$x\sum_n a_n x^n = \sum_n a_n x^{n+1}$$

ayant le même rayon de convergence que sa série dérivée $\sum_n (n+1)a_n x^n$ et ce dernier étant inférieur ou égal à 1 (car la série

$$\sum_n (n+1)a_n 1^n \underset{k=n+1}{=} \sum_k k a_{k-1}$$

étant grossièrement divergente puisque son terme général ne tend pas vers 0 puisqu'il diverge), on en déduit que $R \leqslant 1$ d'où $R = 1$.
Par conséquent, la série $\sum_n a_n x^n$ converge si $|x| < 1$ et diverge si $|x| > 1$.
***Étude de** $x = 1$. D'après l'étude ci-dessus, la suite $(na_{n-1})_n$ est décroissante et diverge donc $\lim_{n \to +\infty} na_{n-1} = -\infty$. En particulier, il existe un rang N tel que :*

$$\forall n \geqslant N,\ na_{n-1} \leqslant -1 \Leftrightarrow a_{n-1} \leqslant -\frac{1}{n} \Leftrightarrow -a_{n-1} \geqslant \frac{1}{n}.$$

La série $\sum_n \frac{1}{n}$ *étant à termes positifs et divergente, on en déduit que la série*

$$\sum_n (-a_{n-1}) \underset{k=n-1}{=} -\sum_k a_k$$

diverge, ce qui prouve la divergence de la série $\sum_n a_n$.

Étude de $x = -1$. *Pour tout entier* n, $a_n \leqslant 0$ *(car l'intégrande est négative sur* $[0,1[$*) donc la série* $\sum_n a_n(-1)^n$ *est alternée. La suite* $(|a_n|)_n = (-a_n)_n$ *est décroissante car :*

$$\forall n \in \mathbb{N},\ a_n - a_{n+1} = \int_0^1 \underbrace{\overbrace{x^n}^{\geqslant 0}\overbrace{(1-x)}^{\geqslant 0}\overbrace{\ln(1-x)}^{\leqslant 0}}_{\leqslant 0} dx \leqslant 0.$$

Pour finir, d'après la question 1, on a $\lim_{n\to+\infty} a_n = 0$ *donc le critère spécial des séries alternées montre que la série* $\sum_n a_n(-1)^n$ *converge.*

Conclusion. *La série* $\sum_n a_n x^n$ *converge si et seulement si* $x \in [-1,1[$.

Commentaires 190 *Exercice traitant des thèmes variées et permettant aux candidats de peu bloqués. En contre-partie, il est attendu du candidat qu'il fasse oeuvre de pragmatisme afin d'aborder prioritairement les questions pour lesquels il a le plus d'idée (sans forcément suivre l'ordre des questions).*
Question 1 : Il s'agit de la question la plus difficile avec la question 4. Si la question est standard, la difficulté vient de la gestion de la fonction $x \mapsto \ln(1-x)$. *Le plus simple est d'utiliser le changement de variable* $t = 1-x$ *(que n'a pas fait le corrigé) afin d'écrire* a_n *comme suit (je laisse les détails au lecteur) :*

$$a_n = \int_0^1 (1-t)^n \ln(t)\, dt.$$

L'intégrande $g : t \mapsto (1-t)^n \ln(t)$ *est continue sur* $]0,1]$, *négligeable devant* $\frac{1}{t^{1/2}}$ *en* 0 *(par croissances comparées) qui est intégrable sur* $\left]0,\frac{1}{2}\right]$ *et continue sur* $\left[\frac{1}{2},1\right]$ *donc intégrable sur ce segment.*
Questions 2 et 3 : Ce sont deux questions classiques et l'interrogateur sera très attentif sur les hypothèses du théorème d'intégration par parties. Le changement de variable $t = 1-x$ *peut vous être aussi utile afin de manipuler des fonctions dont vous avez plus l'habitude.*
Question 4 : La question change de registre par rapport aux précédentes. Elle s'avère sélective car elle requiert une bonne aisance du cours sur les séries numériques. Toute avancée sur cette question sera bien valorisée (minoration ou majoration du rayon de convergence, étude pour $x = 1$ *ou* $x = -1$*).*

Exercice 191 (Mines-Telecom, Mines-Ponts) Soit $F : x \mapsto \displaystyle\int_0^{+\infty} \frac{1-\cos(xt)}{t^2} e^{-t}\, dt$.

1. Montrer que F est définie sur $\mathbb{R}$ et paire.
2. Montrer que : $\forall u \in \mathbb{R},\ |\sin(u)| \leqslant |u|$.
3. Montrer que F est de classe $\mathcal{C}^1$ sur $\mathbb{R}$.
4. Montrer que F est de classe $\mathcal{C}^2$ sur $\mathbb{R}$ et déterminer F''.
5. Déterminer la fonction F.

Solution 191

1. *Soit $x \in \mathbb{R}$. La fonction*

$$g : t \mapsto \frac{1-\cos(xt)}{t^2} e^{-t}$$

est continue sur $]0,+\infty[$.
Étude de l'intégrabilité sur $[1,+\infty[$. *On dispose de la domination suivante :*

$$g(t) \underset{t\to+\infty}{=} o\left(e^{-t}\right) \text{ car } \frac{g(t)}{e^{-t}} = \frac{1-\cos(xt)}{t^2} \underset{t\to+\infty}{\to} 0$$

(le numérateur est borné sur $\mathbb{R}_+$ et le dénominateur tend vers $+\infty$). La fonction $t \mapsto e^{-t}$ étant positive et intégrable sur $[1,+\infty[$, on en déduit que la fonction g est intégrable sur $[1,+\infty[$.
Étude de l'intégrabilité sur $]0,1]$. *En utilisant le développement limité de* cos *en 0 à l'ordre 2 et que $e^{-t} \underset{t\to 0}{\sim} 1$ (puisque $\lim\limits_{t\to 0} e^{-t} = 1 \neq 0$), on obtient les dominations suivantes de g en 0 :*

$$g(t) \underset{t\to 0}{\sim} \frac{1-\cos(xt)}{t^2} \underset{t\to 0}{=} \frac{1-\left(1+O\left((xt)^2\right)\right)}{t^2} \underset{t\to 0}{=} \frac{O\left(t^2\right)}{t^2} \underset{t\to 0}{=} O(1).$$

La fonction $t \mapsto 1$ étant positive et intégrable sur $[0,1]$ donc sur $]0,1]$, on peut affirmer que g est intégrable sur $]0,1]$.

Par conséquent, g étant intégrable sur $]0,+\infty[$, l'intégrale $\displaystyle\int_0^{+\infty} g(t)\,dt$ existe, ce qui assure l'existence de $F(x)$ quelque soit le réel x. En outre, la fonction cos *étant paire, on a :*

$$\forall x \in \mathbb{R},\ F(-x) = \int_0^{+\infty} \frac{1-\cos(-xt)}{t^2} e^{-t}\,dt = \int_0^{+\infty} \frac{1-\cos(xt)}{t^2} e^{-t}\,dt = F(x)$$

donc F est une fonction paire.

2. *La fonction* sin *étant dérivable sur $\mathbb{R}$ et sa dérivée* $\sin' = \cos$ *étant bornée par 1 sur $\mathbb{R}$, l'inégalité des accroissements finis fournit l'inégalité suivante :*

$$\forall u \in \mathbb{R},\ |\sin(u) - \sin(0)| \leqslant \sup_{\mathbb{R}} \left|\sin'\right| |u-0| \Leftrightarrow |\sin(u)| \leqslant |u|$$

(puisque $\sin(0) = 0$*).*

3. *Il suffit d'appliquer le théorème de dérivation sous le symbole intégrale en considérant la fonction*

$$f : \left\{ \begin{array}{ccc} \mathbb{R} \times \mathbb{R}_+^* & \to & \mathbb{R} \\ (x,t) & \mapsto & \dfrac{1-\cos(xt)}{t^2} e^{-t} \end{array} \right.$$

Pour chaque $t \in \mathbb{R}_+^*$, *la fonction* $x \mapsto f(x,t)$ *est de classe* C^1 *sur* $\mathbb{R}$. *Pour chaque* $x \in \mathbb{R}$, *les fonctions*

$$t \mapsto f(x,t) \text{ et } t \mapsto \frac{\partial f}{\partial x}(x,t) = \frac{\sin(xt)}{t} e^{-t}$$

sont continues sur $\mathbb{R}_+^*$. *Pour chaque* $x \in \mathbb{R}$, *l'intégrale*

$$\int_0^{+\infty} f(x,t)\, dt$$

converge (d'après la question 1).
Soit $[-a,a]$ *un segment (centré en* 0, *avec* $a > 0$) *inclus dans* $\mathbb{R}_+$. *La réponse à la question précédente nous permet d'écrire la domination suivante :*

$$\forall (x,t) \in [-a,a] \times \mathbb{R}_+^*, \left| \frac{\partial f}{\partial x}(x,t) \right| = \frac{|\sin(xt)|}{t} e^{-t} \leqslant \frac{|xt|}{t} e^{-t} = |x|\, e^{-t} \leqslant a e^{-t}.$$

La fonction $\varphi : t \mapsto a e^{-t}$ *étant indépendante de* x *et intégrable sur* $\mathbb{R}_+^*$, *on en déduit que la fonction*

$$x \mapsto \int_0^{+\infty} f(x,t)\, dt = F(x)$$

est de classe C^1 *sur* $\mathbb{R}$ *et on a l'égalité :*

$$\forall x \in \mathbb{R},\ F'(x) = \int_0^{+\infty} \frac{\partial f}{\partial x}(x,t)\, dt = \int_0^{+\infty} \frac{\sin(xt)}{t} e^{-t} dt.$$

4. *On conserve les notations de la question précédente. Pour chaque* $t \in \mathbb{R}_+^*$, *la fonction* $x \mapsto f(x,t)$ *est de classe* C^2 *sur* $\mathbb{R}$. *Pour chaque* $x \in \mathbb{R}$, *les fonctions*

$$t \mapsto f(x,t),\ t \mapsto \frac{\partial f}{\partial x}(x,t) \text{ et } t \mapsto \frac{\partial^2 f}{\partial x^2}(x,t) = \cos(xt)\, e^{-t}$$

sont continues sur $\mathbb{R}_+^*$.
Pour chaque $x \in \mathbb{R}$, *les intégrales*

$$\int_0^{+\infty} f(x,t)\, dt \text{ et } \int_0^{+\infty} \frac{\partial f}{\partial x}(x,t)\, dt$$

convergent (d'après les questions 1 et 3).
On dispose en outre de la domination suivante :

$$\forall (x,t) \in [a,b] \times \mathbb{R}_+^*, \left| \frac{\partial^2 f}{\partial x^2}(x,t) \right| = |\cos(xt)|\, e^{-t} \leqslant e^{-t}.$$

La fonction $\varphi : t \mapsto e^{-t}$ *étant indépendante de* x *et intégrable sur* $\mathbb{R}_+^*$, *on en déduit que la fonction*

$$x \mapsto \int_0^{+\infty} f(x,t)\,dt = F(x)$$

est de classe C^2 *sur* $\mathbb{R}$ *et on a l'égalité :*

$$\forall x \in \mathbb{R},\ F''(x) = \int_0^{+\infty} \frac{\partial^2 f}{\partial x^2}(x,t)\,dt = \int_0^{+\infty} \cos(xt)\,e^{-t}dt.$$

Pour calculer cette intégrale, on utilise la relation d'Euler

$$\forall \theta \in \mathbb{R},\ \cos(\theta) = \operatorname{Re}\left(e^{i\theta}\right).$$

Soit x *un réel, on a :*

$$\begin{aligned}
F''(x) &= \int_0^{+\infty} \operatorname{Re}\left(e^{ixt}\right)e^{-t}dt \underset{e^{-t}\in\mathbb{R}}{=} \int_0^{+\infty} \operatorname{Re}\left(e^{ixt}e^{-t}\right)dt = \operatorname{Re}\left(\int_0^{+\infty} e^{t(ix-1)}dt\right) \\
&= \operatorname{Re}\left(\left[\frac{e^{t(ix-1)}}{ix-1}\right]_{t=0}^{t\to+\infty}\right) \underset{(*)}{=} \operatorname{Re}\left(-\frac{1}{ix-1}\right) \underset{(**)}{=} \operatorname{Re}\left(-\frac{-ix-1}{|ix-1|^2}\right) \\
&= \operatorname{Re}\left(\frac{ix+1}{x^2+1}\right) = \frac{1}{x^2+1}.
\end{aligned}$$

$(*)$ *: car* $\left|e^{t(ix-1)}\right| = \left|e^{ixt}e^{-t}\right| = \left|e^{ixt}\right|\left|e^{-t}\right| = 1e^{-t} = e^{-t} \underset{t\to+\infty}{\to} 0.$

$(**)$ *: pour tout complexe* z *non nul,* $\dfrac{1}{z} = \dfrac{\overline{z}}{z\overline{z}} = \dfrac{\overline{z}}{|z|^2}.$

5. *D'après la question précédente, pour tout réel* x, *on a :*

$$F''(x) = \frac{1}{x^2+1} = \arctan'(x) \Rightarrow \exists C \in \mathbb{R},\ F'(x) = \arctan(x) + C.$$

En évaluant en $x = 0$, *on obtient que*

$$C = F'(0) = \int_0^{+\infty} \frac{\sin(0)}{t} e^{-t}dt = 0$$

(car $\sin(0) = 0$*). Pour primitiver*

$$x \mapsto \arctan(x) = 1\arctan(x),$$

on procède par une intégration par parties en primitivant la fonction $x \mapsto 1$ *et en dérivant la fonction* arctan. *Pour tout réel* x, *on a :*

$$\begin{aligned}
\int \arctan(x)\,dx &= [x\arctan(x)] - \int x \times \frac{1}{1+x^2}dx \\
&= x\arctan(x) - \frac{1}{2}\int \left(\ln\left(1+x^2\right)\right)' dx \\
&= x\arctan(x) - \frac{1}{2}\ln\left(1+x^2\right).
\end{aligned}$$

Ainsi, il existe un réel D tel que :

$$\forall x \in \mathbb{R},\ F(x) = x \arctan(x) - \frac{1}{2} \ln\left(1 + x^2\right) + D.$$

En évaluant en $x = 0$, on obtient que

$$D = F(0) = \int_0^{+\infty} \frac{1 - \cos(0)}{t^2} e^{-t} dt = 0$$

(car $\cos(0) = 1$) donc on obtient l'égalité suivante :

$$\forall x \in \mathbb{R},\ F(x) = x \arctan(x) - \frac{1}{2} \ln\left(1 + x^2\right).$$

> **Commentaires 191** *Exercice classique et sans difficulté particulière, bien progressif pour Mines-Telecom. La rigueur et la précision de la rédaction sont un attendu. La version Mines-Ponts se limite au caractère C^2 et à l'expression de F à l'aide de fonctions usuelles.*

Exercice 192 (Mines-Telecom) Soient a et b deux réels strictement positifs. Montrer que :

$$\int_0^{+\infty} \frac{xe^{-ax}}{1 - e^{-bx}} dx = \sum_{n=0}^{\infty} \frac{1}{(a + bn)^2}.$$

Solution 192 *L'objectif est de développer l'intégrande*

$$f : x \mapsto \frac{xe^{-ax}}{1 - e^{-bx}}$$

en somme d'une série de fonctions (intégrables sur $\mathbb{R}_+$) puis d'appliquer un théorème de permutation série-intégrale (la version $\sum_n \int_I |f_n|$ converge) pour obtenir la somme du membre de droite de l'égalité. On remarque que, pour tout réel $x > 0$, $e^{-bx} \in]0, 1[$ donc la relation

$$\frac{1}{1 - t} = \sum_{n=0}^{+\infty} t^n$$

(valable pour tout $t \in]-1, 1[$) fournit l'égalité suivante :

$$\forall x > 0,\ f(x) = xe^{-ax} \sum_{n=0}^{+\infty} \left(e^{bx}\right)^n = \sum_{n=0}^{+\infty} xe^{-x(a+nb)}.$$

Pour tout entier n, on considère la fonction

$$f_n : x \mapsto xe^{-x(a+nb)}.$$

Par construction, la série $\sum_{n \geqslant 0} f_n$ converge simplement sur $\mathbb{R}_+^*$ et sa somme

$$\sum_{n=0}^{+\infty} f_n = f$$

est continue sur $\mathbb{R}_+^*$.

Étude de l'intégrabilité de f_n ***sur*** $\mathbb{R}_+$. *Pour chaque entier* n, *la fonction* f_n *est continue sur* $\mathbb{R}_+$. *En outre, on dispose de la domination*

$$f_n(x) \underset{x\to+\infty}{=} o\left(e^{-ax/2}\right) \quad car \quad \frac{f_n(x)}{e^{-ax/2}} = xe^{-x(a/2+nb)} \underset{x\to+\infty}{\to} 0$$

(d'après les croissances comparées puisque $\frac{a}{2}+nb>0$). *La fonction* $x\mapsto e^{-ax/2}$ *étant positive et intégrable sur* $\mathbb{R}_+$ *(puisque* $\frac{a}{2}>0$), *on peut affirmer que la fonction* f_n *est intégrable sur* $\mathbb{R}_+$ *pour tout entier* n.

Convergence de la série $\sum_n \int_0^{+\infty} |f_n|$. *Utilisons le changement de variable*

$$t = x(a+nb)$$

qui est de classe C^1 *sur* $\mathbb{R}_+$ *et réalise une bijection de* $\mathbb{R}_+$ *dans* $\mathbb{R}_+$. *On a*

$$dx = \frac{1}{a+nb}dt$$

donc

$$\begin{aligned}\sum_{n\geqslant0}\int_0^{+\infty}|f_n(x)|\,dx &= \sum_{n\geqslant0}\int_0^{+\infty}f_n(x)\,dx = \sum_{n\geqslant0}\int_0^{+\infty}xe^{-x(a+nb)}dx\\ &= \sum_{n\geqslant0}\int_0^{+\infty}\frac{t}{a+nb}e^{-t}\frac{dt}{(a+nb)} = \sum_{n\geqslant0}\frac{1}{(a+nb)^2}\int_0^{+\infty}te^{-t}dt.\end{aligned}$$

La fonction $t\mapsto te^{-t}$ *est intégrable sur* $\mathbb{R}_+$ *(elle est identique à la fonction* f_1 *pour* $a=0$ *et* $b=1$). *On dispose de l'équivalent suivant*

$$\frac{1}{(a+nb)^2} \underset{n\to+\infty}{\sim} \frac{1}{n^2b^2} \geqslant 0$$

et la série

$$\sum_n \frac{1}{n^2b^2} = \frac{1}{b^2}\sum_n\frac{1}{n^2}$$

converge (série de Riemann de paramètre $\alpha=2>1$) *donc la série* $\sum_n\int_0^{+\infty}|f_n|$ *converge.*

Conclusion : *D'après le théorème de permutation série-intégrale, la fonction* $\sum_{n=0}^{+\infty} f_n = f$ *est intégrable sur* $\mathbb{R}_+$ *et on a l'égalité :*

$$\int_0^{+\infty}\frac{xe^{-ax}}{1-e^{-bx}}dx = \int_0^{+\infty}f(x)\,dx = \sum_{n=0}^{+\infty}\int_0^{+\infty}f_n(x) = \sum_{n=0}^{+\infty}\frac{1}{(a+nb)^2}\int_0^{+\infty}te^{-t}dt.$$

Il reste à montrer que l'intégrale $\displaystyle\int_0^{+\infty} te^{-t}dt$ *vaut* 1. *Pour cela, on utilise une intégration par parties. Les fonctions*

$$u : t \mapsto t \text{ et } v : t \mapsto -e^{-t}$$

sont de classe C^1 *sur* $\mathbb{R}_+$ *et* $u(t)v(t) = -te^{-t} \underset{t\to+\infty}{\to} 0$ *(d'après les croissances comparées). Comme l'intégrale*

$$\int_0^{+\infty} uv' = \int_0^{+\infty} te^{-t}dtdt$$

converge, on peut écrire :

$$\int_0^{+\infty} te^{-t}dtdt = \int_0^{+\infty} uv' = \lim_{A\to+\infty} [u(t)v(t)]_{t=0}^{t=A} - \int_0^{+\infty} u'v = \int_0^{+\infty} e^{-t}dt = \lim_{A\to+\infty} \left[-e^{-t}\right]_{t=0}^{t=A} = 1$$

Commentaires 192 *Exercice discriminant sans être très difficile. Il teste bien l'initiative du candidat (songer à un développement en série de fonctions et à permuter série et intégrale). S'il n'a pas cet idée, l'interrogateur va lui proposer de la faire, éventuellement en demandant le développement en série entière de* $\frac{1}{1-x}$. *Il est attendu une certaine rigueur dans les calculs (possibilité de subtituer* e^{-t} *à* x *dans le développement en série entière, hypothèses du théorème de permutation choisi, justification convenable de l'intégration par parties).*

Exercice 193 (Mines-Telecom)

1. Existence et calcul de $\displaystyle\int_0^1 \frac{\ln(t)\ln(1-t)}{t}\,dt$.
2. Donner une approximation de la valeur trouvée à 10^{-3} près.

Solution 193

1. ***Existence***. *La fonction*

$$f : t \mapsto \frac{\ln(t)\ln(1-t)}{t}$$

est continue sur $]0,1[$. *En utilisant l'équivalent de* $t \mapsto \ln(1-t)$ *quand* t *tend vers* 0, *on a :*

$$f(t) \underset{t\to 0}{\sim} \frac{\ln(t)(-t)}{t} = -\ln(t) \underset{t\to 0}{=} o\left(\frac{1}{t^{1/2}}\right)$$

puisque $t^{1/2}\ln(t) \underset{t\to 0}{\to} 0$ *d'après les croissances comparées. La fonction* $t \mapsto \frac{1}{t^{1/2}}$ *étant positive et intégrable sur* $\left[0, \frac{1}{2}\right[$, *la fonction* $t \mapsto -\ln(t)$ *l'est aussi donc la fonction* f *également.*
À l'aide du changement de variable

$$x = 1-t \Leftrightarrow t = 1-x.$$

On a $x \underset{t\to 1}{\to} 0$ *donc*

$$f(t) = \frac{\ln(1-x)\ln(x)}{1-x} \underset{x\to 0}{\sim} \frac{-x\ln(x)}{1} \underset{x\to 0}{=} o(1) \Rightarrow f(t) \underset{t\to 1}{=} o(1)$$

(puisque $\lim\limits_{x\to 0} x\ln(x) = 0$ *d'après les croissances comparées). La fonction* $t \mapsto 1$ *étant positive et intégrable sur* $\left[\frac{1}{2}, 1\right]$ *(car continue sur ce segment), la fonction* $x \mapsto -x\ln(x)$ *l'est aussi donc* f *l'est également.*

Par conséquent, f *est intégrable sur* $]0,1[$, *ce qui assure la convergence de* $\int_0^1 f$ *c'est-à-dire son existence.*

Calcul. *On utilise le développement en série entière de la fonction* $t \mapsto \ln(1-t)$ *dont le rayon de convergence vaut 1. Pour tout* $t \in]0,1[$, *on a l'égalité*

$$(\mathcal{D}) : f(t) = \frac{\ln(t)}{t}\left(-\sum_{n=0}^{+\infty} \frac{t^{n+1}}{n+1}\right) = -\sum_{n=0}^{+\infty} \frac{t^n \ln(t)}{n+1} = \sum_{n=0}^{+\infty} f_n(t)$$

où l'on a posé, pour tout entier n,

$$f_n : t \mapsto -\frac{t^n \ln(t)}{n+1}.$$

Il reste à justifier la permutation série-intégrale. Pour tout entier n, *la fonction* f_n *est continue sur* $]0,1]$. *En outre, pour tout entier* n, *on dispose de la domination*

$$f_n(t) \underset{t\to 0}{=} o\left(\frac{1}{t^{1/2}}\right) \quad car\ t^{1/2} f(t) = \frac{t^{n+1/2}}{n+1}\ln(t) \underset{t\to 0}{\to} 0$$

d'après les croissances comparées (puisque $n+\frac{1}{2} > 0$*). La fonction* $t \mapsto \frac{1}{t^{1/2}}$ *étant positive et intégrable sur* $]0,1]$, *on peut affirmer que* f_n *est intégrable sur* $]0,1]$.

La série $\sum\limits_{n\geqslant 0} f_n$ *converge simplement sur* $]0,1[$ *(d'après la relation* $(\mathcal{D})$*) et sa somme* $\sum\limits_{n=0}^{+\infty} f_n = f$ *est continue sur* $]0,1[$.

Calculons

$$\int_0^1 |f_n(t)|\, dt = \int_0^1 f_n(t)\, dt$$

(car $-\ln(t) \geqslant 0$ *sur* $]0,1]$*) à l'aide d'une intégration par parties (en intégrant* $t \mapsto t^n$ *et en dérivant* $t \mapsto -\ln(t)$*. Les fonctions*

$$u : t \mapsto \frac{t^{n+1}}{(n+1)^2} \quad et\ v : t \mapsto -\ln(t)$$

sont de classe C^1 *sur* $]0,1]$ *et* $\lim\limits_{t\to 0} u(t)v(t) = 0$ *(d'après les croissances comparées puisque* $n+1>0$*). Comme l'intégrale*

$$\int_0^1 u'v = \int_0^1 |f_n|$$

converge, on peut écrire :

$$\int_0^1 |f_n| = \int_0^1 u'v = \lim_{\varepsilon \to 0} [uv]_\varepsilon^1 - \int_0^1 uv' = \frac{1}{(n+1)^2} \int_0^1 t^n dt = \frac{1}{(n+1)^2} \left[\frac{t^{n+1}}{n+1}\right]_{t=0}^{t=1} = \frac{1}{(n+1)^3}.$$

La série

$$\sum_{n\geqslant 0} \int_0^1 |f_n| = \sum_{n\geqslant 0} \frac{1}{(n+1)^3} \underset{k=n+1}{=} \sum_{k\geqslant 1} \frac{1}{k^3}$$

converge (série de Riemann de paramètre $\alpha = 3 > 1$), le théorème de permutation série-intégrale nous donne la relation suivante :

$$\int_0^1 f = \sum_{n=0}^{+\infty} \int_0^1 f_n = \sum_{n=0}^{+\infty} \left(\int_0^1 |f_n| \right) \underset{k=n+1}{=} \sum_{k=1}^{+\infty} \frac{1}{k^3}.$$

2. D'après la question précédente, il suffit de trouver une valeur approchée de $S = \sum_{k=1}^{+\infty} \frac{1}{k^3}$ à 10^{-3} près. Soit $N \in \mathbb{N}^*$ alors $S_N = \sum_{k=1}^{N} \frac{1}{k^3}$ est une valeur approchée de S à

$$S - S_N = \sum_{k=N+1}^{+\infty} \frac{1}{k^3} = R_N$$

près. Il suffit de trouver N tel que $R_N \leqslant 10^{-3}$. Pour cela, utilisons la comparaison série-intégrale pour majorer explicitement R_N. La fonction $g : t \mapsto \frac{1}{t^3}$ est décroissante et positive sur $[N+1, +\infty[$. Ainsi, pour tout entier $k \geqslant N$, on a :

$$\forall t \in [k, k+1], g(k+1) \leqslant g(t) \Rightarrow \int_k^{k+1} g(k+1)\, dt \leqslant \int_k^{k+1} g(t)\, dt$$

$$\Leftrightarrow g(k+1) \int_k^{k+1} dt \leqslant \int_k^{k+1} g(t)\, dt \Leftrightarrow g(k+1) \leqslant \int_k^{k+1} g(t)\, dt.$$

En sommant sur $k \in [[N, +\infty[[$ (ce qui est licite car les séries sont convergentes) et en utilisant la relation de Chasles on obtient :

$$\sum_{k=N}^{+\infty} g(k+1) \leqslant \int_N^{+\infty} g(t)\, dt \underset{n=k+1}{\Leftrightarrow} R_N \leqslant \left[\frac{t^{-2}}{-2}\right]_{t=N}^{t\to+\infty} = \frac{1}{2N^2}.$$

On choisit N tel que

$$\frac{1}{2N^2} \leqslant 10^{-3} \Leftrightarrow N^2 \geqslant \frac{10^3}{2} \Leftrightarrow N \geqslant \sqrt{500} \simeq 22,36$$

donc $N = 24$. Ainsi,

$$S_{24} = \sum_{k=1}^{24} \frac{1}{k^3} \simeq 1,201\,2..$$

est une valeur approchée (par défaut) de $\displaystyle\int_0^1 \frac{\ln(t)\ln(1-t)}{t}dt$ *à* 10^{-3} *près.*

Commentaires 193 *La question 1 est un sujet originellement du concours Mines-Ponts. L'exercice demande une bonne maitrise des chapitres « intégration » et « intégrales à paramètre » ainsi que des notions fondamentales de domination. Aucune des questions ou sous-question n'est élémentaire et l'interaction avec l'interrogateur risque d'être importante. Cet exercice sera très discriminant.*

Exercice 194 (Mines-Telecom, Mines-Ponts) Soit g définie par

$$g : x \mapsto \int_0^1 \frac{t^x(t-1)}{\ln(t)}dt.$$

1. Montrer que g est définie sur $]-1,+\infty[$.
2. Montrer que g est de classe C^1 sur $]-1,+\infty[$ et exprimer $g'(x)$ sans symbole intégrale.
3. Calculer la limite de g en $+\infty$ et déterminer g.

Solution 194

1. *Soit* $x \in \mathbb{R}$. *On considère la fonction*

$$f : t \mapsto \frac{t^x(t-1)}{\ln(t)}$$

qui est continue sur $]0,1[$.

Étude de l'intégrabilité de f ***sur*** $\left]0,\frac{1}{2}\right]$ *On a les comparaisons suivantes :*

$$f(t) \underset{t\to 0}{\sim} \frac{t^x(-1)}{\ln(t)} = -\frac{t^x}{\ln(t)}.$$

Premier cas. *Si* $x > -1$, *on a :*

$$\frac{t^x}{\ln(t)} \underset{t\to 0^+}{=} o(t^x) \text{ car } \frac{1}{\ln(t)} \underset{t\to 0}{\to} 0 \Rightarrow f(t) \underset{t\to 0}{=} o(t^x).$$

La fonction $t \mapsto t^x = \dfrac{1}{t^{-x}}$ *est positive et intégrable sur* $\left]0,\frac{1}{2}\right]$ *(intégrale de Riemann de paramètre* $\alpha = -x < 1$*) donc* f *est intégrable sur* $\left]0,\frac{1}{2}\right]$.

Second cas. *Si* $x \leqslant -1$ *alors*

$$\forall t \in \left]0,\frac{1}{2}\right], t^x = \frac{1}{t^{-x}} \geqslant \frac{1}{t}$$

car $-x \geqslant 1$ *et la fonction* $y \mapsto t^y$ *est décroissante sur* $\mathbb{R}_+$ *puisque* $t \in \left]0,\frac{1}{2}\right]$. *Comme* $-\ln(t) > 0$ *sur* $\left]0,\frac{1}{2}\right]$, *en multipliant l'inégalité précédente par* $-\ln(t)$, *on obtient la minoration suivante :*

$$\forall t \in \left]0, \frac{1}{2}\right], -\frac{t^x}{\ln(t)} \geqslant -\frac{1}{t\ln(t)} \geqslant 0.$$

Pour tout $a \in \left]0, \frac{1}{2}\right]$, *on a :*

$$\begin{aligned}\int_a^{1/2} -\frac{1}{t\ln(t)}dt &= -\int_a^{1/2} \frac{(\ln(t))'}{\ln(t)}dt \underset{s=\ln}{=} -[\ln|\ln(t)|]_{t=a}^{t=1/2} \\ &= \ln|\ln(a)| - \ln\left|\ln\left(\frac{1}{2}\right)\right| \underset{a\to 0}{\to} +\infty\end{aligned}$$

donc $\int_0^{1/2} -\frac{1}{t\ln(t)}dt$ *diverge. Comme la fonction* $t \mapsto -\frac{1}{t\ln(t)}$ *est positive sur* $\left]0, \frac{1}{2}\right]$, *l'intégrale* $\int_0^{1/2} -\frac{t^x}{\ln(t)}dt$ *diverge. Ceci entraine la divergence de l'intégrale* $\int_0^{1/2} f$ *donc celle de* $\int_0^1 f$ *c'est-à-dire que* $g(x)$ *n'existe pas.*

Étude de l'intégrabilité de f ***sur*** $\left[\frac{1}{2}, 1\right[$. *Comme* $t^x \underset{t\to 1}{\to} 1$, *on a l'équivalent suivant de* f *en* 1 *:*

$$f(t) \underset{t\to 1}{\sim} \frac{t-1}{\ln(t)} = \frac{t-1}{\ln(1+(t-1))} \underset{t\to 1}{\sim} \frac{t-1}{t-1} = 1$$

puisque

$$\ln(1+s) \underset{s\to 0}{\sim} s \text{ avec } s = t-1 \underset{t\to 1}{\to} 0.$$

La fonction $t \mapsto 1$ *est positive et intégrable sur* $\left[\frac{1}{2}, 1\right[$, *la fonction* f *l'est aussi.*

Conclusion *:* $\int_0^1 f$ *converge si et seulement si* $x > -1$ *donc* $g(x)$ *existe si et seulement si* $x > -1$ *c'est-à-dire que le domaine de définition de* g *est* $]-1, +\infty[$.

2. *Il suffit d'appliquer le théorème de dérivation des intégrales à paramètre. Pour cela, on considère la fonction*

$$f : \left\{\begin{array}{ccc}]-1, +\infty[\times]0, 1[& \to & \mathbb{R} \\ (x, t) & \mapsto & \frac{t^x(t-1)}{\ln(t)} = \frac{\exp(x\ln(t))(t-1)}{\ln(t)} \end{array}\right. .$$

Pour chaque $t \in]0, 1[$, *la fonction* $x \mapsto f(x,t)$ *est de classe* C^1 *sur* $]-1, +\infty[$.
Pour chaque $x \in]-1, +\infty[$, *les fonctions*

$$t \mapsto f(x,t) \text{ et } t \mapsto \frac{\partial f}{\partial x}(x,t) = \exp(x\ln(t))(t-1) = t^x(t-1)$$

sont continues sur $]0,1[$.
Pour chaque $x \in]-1,+\infty[$, *la fonction* $t \mapsto f(x,t)$ *est intégrable sur* $]0,1[$ *(d'après la question précédente).*
Soit $[a,b]$ *un segment inclus dans* $]-1,+\infty[$ *(i.e.* $-1 < a \leqslant b$*). On dispose de la domination suivante :*

$$\forall x \in [a,b], \forall t \in]0,1[, \left|\frac{\partial f}{\partial x}(x,t)\right| = -\frac{\partial f}{\partial x}(x,t) = (1-t)\,t^x \leqslant t^x \leqslant t^a$$

(car $t \in [0,1]$ *donc la fonction* $y \mapsto t^y$ *est décroissante sur* $\mathbb{R}$*). La fonction*

$$t \mapsto t^a = \frac{1}{t^{-a}}$$

est indépendante de x *et intégrable sur* $]0,1]$ *(intégrale de Riemann de paramètre* $-a < 1$*). Ainsi, le théorème de dérivation montre que la fonction*

$$x \mapsto \int_0^1 f(x,t)\,dt = g(x)$$

est de classe C^1 *sur* $]-1,+\infty[$ *et on a l'égalité :*

$$\forall x \in]-1,+\infty[, \; g'(x) = \int_0^1 \frac{\partial f}{\partial x}(x,t)\,dt = \int_0^1 t^x(t-1)\,dt$$

$$= \int_0^1 \left(t^{x+1} - t^x\right)dt = \left[\frac{t^{x+2}}{x+2} - \frac{t^{x+1}}{x+1}\right]_{t=0}^{t=1} = \frac{1}{x+2} - \frac{1}{x+1}.$$

3. *Appliquons le théorème de convergence dominée. En conservant les notations introduites à la question précédente, pour chaque* $t \in]0,1[$, *on a :*

$$f(x,t) = \frac{t^x(t-1)}{\ln(t)} \underset{x\to+\infty}{\to} \frac{0\,(t-1)}{\ln(t)} = 0 = h(t).$$

Pour chaque $x \in]-1,+\infty[$, *la fonction* $t \mapsto f(x,t)$ *est continue sur* $]0,1[$ *et la fonction* $h : t \mapsto 0$ *est continue sur* $]0,1[$. *En outre, on dispose de la domination suivante :*

$$\forall x \in [0,+\infty[, \forall t \in]0,1[, |f(x,t)| = -f(x,t) = \frac{t^x(1-t)}{\ln(t)} \leqslant \frac{1-t}{\ln(t)} = f(0,t).$$

La fonction $t \mapsto f(0,t)$ *est indépendante de* x *et intégrable sur* $]0,1]$ *(d'après la question 1). Par conséquent, on peut affirmer que :*

$$\lim_{x\to+\infty} \int_0^1 f(x,t)\,dt = \int_0^1 \lim_{x\to+\infty} f(x,t)\,dt \Leftrightarrow \lim_{x\to+\infty} g(x) = \int_0^1 0dt = 0.$$

D'après la question précédente, il existe un réel C *tel que :*

$$\forall x \in]-1,+\infty[, \; g(x) = \ln(x+2) - \ln(x+1) + C = \ln\left(\frac{x+2}{x+1}\right) + C.$$

Comme $\lim\limits_{x\to+\infty} \dfrac{x+2}{x+1} = 1$ *et que la fonction* $\ln$ *est continue en* 1, *on a :*

$$\lim_{x\to+\infty} g(x) = \ln(1) + C \Leftrightarrow 0 = C \Rightarrow \forall x \in]-1,+\infty[, \; g(x) = \ln\left(\frac{x+2}{x+1}\right).$$

Commentaires 194 *Il s'agit originellement d'un sujet du concours Mines-Ponts.*
La question 1 est la plus difficile du sujet car elle demande une maitrise importante des dominations et des raisonnements fondamentaux du chapitre « intégration ». Elle discriminera (voire sélectionnera) fortement les candidats.
Les questions 2 et 3 sont beaucoup plus standards donc l'interrogateur sera plus exigeant sur le plan de la rigueur des raisonnements et de la qualité des calculs menés.

Exercice 195 (Mines-Telecom) Soit $f : x \mapsto \displaystyle\int_0^{+\infty} \frac{\arctan(tx)}{1+t^2}\, dt.$

1. Donnez le domaine de définition de f.
2. Montrez que f est dérivable sur un domaine que l'on précisera.
3. Exprimer f' sans symbole intégrale.

Solution 195

1. *Soit $x \in \mathbb{R}$. La fonction*
$$g : t \mapsto \frac{\arctan(tx)}{1+t^2}$$
est continue sur $[0, +\infty[$ (comme quotient de deux telles fonctions dont le dénominateur ne s'annule pas sur cet intervalle). En outre, on dispose de la majoration suivante :
$$\forall t \in [0, +\infty[\,,\ |g(t)| = \frac{|\arctan(xt)|}{1+t^2} \leqslant \frac{\pi/2}{1+t^2} = h(t)\,.$$
La fonction h est continue sur $[0, +\infty[$ et elle y est intégrable (par exemple, elle est positive et
$$\int_0^A h = \left[\frac{\pi}{2} \arctan(t)\right]_{t=0}^{A} \underset{A\to+\infty}{\longrightarrow} \frac{\pi}{2} \times \frac{\pi}{2} \in \mathbb{R})$$
donc g est également intégrable sur $[0, +\infty[$. Ainsi, l'intégrale $\displaystyle\int_0^{+\infty} g = f(x)$ existe pour tout réel x c'est-à-dire que f est définie sur $\mathbb{R}$.

2. *Remarquons que la fonction f est manifestement impaire puisque, par imparité de la fonction* arctan, *on a l'égalité :*
$$\forall x \in \mathbb{R},\ f(-x) = \int_0^{+\infty} \frac{\arctan(-tx)}{1+t^2} dt = -\int_0^{+\infty} \frac{\arctan(tx)}{1+t^2} dt = -f(x)\,.$$
Ainsi, il suffit d'étudier la dérivabilité de f sur $\mathbb{R}_+$. Considérons la fonction
$$g : \begin{cases} \mathbb{R} \times [0, +\infty[& \to \mathbb{R} \\ (x,t) & \mapsto \dfrac{\arctan(xt)}{1+t^2} \end{cases}.$$
Pour tout $t \in [0, +\infty[$, la fonction $x \mapsto g(x,t)$ est de classe C^1 sur $\mathbb{R}$. Pour tout $x \in \mathbb{R}$, les fonctions
$$t \mapsto g(x,t) \text{ et } t \mapsto \frac{\partial g}{\partial x}(x,t) = \frac{t}{(1+x^2t^2)(1+t^2)}$$

sont continues sur $[0,+\infty[$. *D'après la question précédente, pour chaque* $x\in\mathbb{R}$, *la fonction* $t\mapsto g(x,t)$ *est intégrable sur* $[0,+\infty[$.
Ensuite, remarquons que la fonction

$$t\mapsto \frac{\partial g}{\partial x}(0,t)=\frac{t}{1+t^2}$$

n'est pas intégrable sur $[0,+\infty[$*car*

$$\frac{\partial g}{\partial x}(0,t)\underset{t\to+\infty}{\sim}\frac{t}{t^2}=\frac{1}{t}$$

alors que la fonction $t\mapsto\frac{1}{t}$ *est positive et non intégrable sur* $[1,+\infty[$ *(intégrale de Riemann de paramètre* $\alpha=1\leqslant 1$*) donc, à fortiori, sur* $[0,+\infty[$. *Par conséquent, il est illusoire d'espérer que* f *soit dérivable en* 0 *avec*

$$f'(0)=\int_0^{+\infty}\frac{\partial g}{\partial x}(0,t)\,dt($$

puisque cette dernière intégrale n'existe pas). On restreint ainsi notre étude à $]0,+\infty[$.
Soit $[a,b]$ *un segment inclus dans* $]0,+\infty[$ *(c'est-à-dire* $0<a\leqslant b$*). On dispose de la domination suivante :*

$$\forall x\in[a,b],\ \forall t\in[0,+\infty[,\quad \left|\frac{\partial g}{\partial x}(x,t)\right|\leqslant\frac{t}{(1+a^2t^2)(1+t^2)}=\varphi(t).$$

La fonction φ *est indépendante de* x *et elle est continue sur* $[0,+\infty[$. *On dispose de l'équivalent suivant :*

$$\varphi(t)\underset{t\to+\infty}{\sim}\frac{t}{a^2t^2t^2}=\frac{1}{a^2t^3}\geqslant 0.$$

La fonction $t\mapsto\frac{1}{t^3}$ *est intégrable sur* $[1,+\infty[$ *(intégrale de Riemann de paramètre* $\alpha=3>1$*) donc* φ *l'est aussi. En outre,* φ *étant continue sur le segment* $[0,1]$, *elle y est intégrale donc* φ *est intégrable sur* $[0,+\infty[$.
D'après le théorème de dérivation des intégrales à paramètre, la fonction

$$x\mapsto\int_0^{+\infty}g(x,t)\,dt=f(x)$$

est de classe C^1 *sur* $]0,+\infty[$ *donc, par imparité, sur* $\mathbb{R}^*$ *et l'on a :*

$$\forall x\in\mathbb{R}^*,\ f'(x)=\int_0^{+\infty}\frac{\partial g}{\partial x}(x,t)\,dt=\int_0^{+\infty}\frac{t}{(1+x^2t^2)(1+t^2)}dt.$$

3. *Soit* $x\in\mathbb{R}^*$. *On effectue la décomposition en éléments simples de la fraction rationnelle*

$$h:t\mapsto\frac{t}{(1+x^2t^2)(1+t^2)}.$$

Pour gagner du temps, on devine sa forme en décomposant

$$t \mapsto \frac{1}{(1+x^2t)(1+t)}$$

à la main (i.e. en devinant les coefficients à choisir afin d'éliminer au numérateur le terme en t). Commençons par éliminer le terme t au numérateur :

$$\frac{x^2}{1+x^2t} - \frac{1}{1+t} = \frac{x^2-1}{(1+x^2t)(1+t)}.$$

Si $x^2 \neq 1$ alors, en remplaçant t par t^2 puis en multipliant cette égalité par $\frac{t}{x^2-1}$, on obtient la formule :

$$h : t \mapsto \frac{1}{x^2-1}\left(\frac{x^2t}{1+x^2t^2} - \frac{t}{1+t^2}\right),$$

ce qui nous donne :

$$\begin{aligned}
\left(x^2-1\right) f'(x) &= \left[\frac{\ln\left(1+x^2t^2\right)}{2} - \frac{\ln\left(1+t^2\right)}{2}\right]_{t=0}^{t\to+\infty} \\
&= \frac{1}{2}\left[\ln\left(\frac{1+x^2t^2}{1+t^2}\right)\right]_{t=0}^{t\to+\infty} \underset{(*)}{=} \frac{1}{2}\ln\left(x^2\right).
\end{aligned}$$

$(*)$ *puisque*

$$\lim_{t\to+\infty} \frac{1+x^2t^2}{1+t^2} = x^2 \text{ et que } \frac{1+x^20^2}{1+0^2} = 1.$$

Par conséquent, on obtient la formule :

$$\forall x \in \mathbb{R}^*\backslash\{\pm 1\},\ f'(x) = \frac{1}{2} \times \frac{\ln\left(x^2\right)}{x^2-1}.$$

Commentaires 195 *Les deux premières questions ne posent pas de difficulté particulière. La troisième question possède une difficulté technique : penser à chercher une décomposition en éléments simples et savoir l'expliciter. Cette dernière question sera discriminante.*

Exercice 196 (CCINP, Mines-Telecom) Pour tout $n \in \mathbb{N}^*$, on pose $u_n = \displaystyle\int_0^{+\infty} \frac{dx}{(\operatorname{ch}(x))^n}$.

1. Justifier la définition de u_n pour tout $n \in \mathbb{N}^*$.
2. Étudier la convergence de la série $\displaystyle\sum_{n\geqslant 1} (-1)^n u_n$.
3. Étudier la convergence de la série $\displaystyle\sum_{n\geqslant 1} u_n$.

Solution 196

1. *Pour tout entier $n \geqslant 1$, la fonction*

$$f_n : x \mapsto \frac{1}{(\text{ch}(x))^n}$$

est continue sur $[0, +\infty[$. En outre, pour tout entier $n \geqslant 1$ et tout réel positif x, on a les inégalités suivantes :

$$\text{ch}(x) = \frac{e^x + e^{-x}}{2} \geqslant \frac{e^x}{2} > 0 \Rightarrow 0 \leqslant \frac{1}{(\text{ch}(x))^n} \leqslant \left(\frac{2}{e^x}\right)^n = 2^n e^{-nx}.$$

Pour chaque entier n, la fonction $x \mapsto e^{-nx}$ est intégrable sur $[0, +\infty[$ (puisque $n > 0$) donc la fonction f_n l'est également, ce qui assure l'existence de

$$\int_0^{+\infty} f_n = u_n.$$

2. *On est fortement tenté d'invoquer le critère spécial des séries alternées. Pour tout entier $n \geqslant 1$ et tout réel positif x, on a :*

$$\begin{aligned} \text{ch}(x) &\geqslant 1 \underset{\times(\text{ch}(x))^n \geqslant 0}{\Rightarrow} (\text{ch}(x))^{n+1} \geqslant (\text{ch}(x))^n > 0 \Rightarrow \\ 0 &\leqslant \frac{1}{(\text{ch}(x))^{n+1}} \leqslant \frac{1}{(\text{ch}(x))^n} \Rightarrow 0 \leqslant \int_0^{+\infty} \frac{dx}{(\text{ch}(x))^{n+1}} \leqslant \int_0^{+\infty} \frac{dx}{(\text{ch}(x))^n}. \end{aligned}$$

donc la suite $(u_n)_{n \geqslant 0}$ est décroissante et positive. Pour calculer la limite de la suite $(u_n)_n$, nous allons utiliser le théorème de convergence dominée. On utilise les notations de la réponse à la question précédente. Pour tout $x > 0$, on a $\text{ch}(x) > 1$ donc

$$\lim_{n \to +\infty} f_n(x) = 0.$$

Ainsi, la suite $(f_n)_n$ converge simplement sur $]0, +\infty[$ vers la fonction

$$f : x \mapsto 0.$$

Pour chaque entier n, les fonctions f_n et f sont continues sur $]0, +\infty[$. En outre, on dispose de la domination suivante :

$$\forall n \geqslant 1, \forall x \in]0, +\infty[, |f_n(x)| = f_n(x) = \frac{1}{(\text{ch}(x))^n} \underset{\text{et } n \geqslant 1}{\overset{\text{ch}(x) \geqslant 1}{\leqslant}} \frac{1}{\text{ch}(x)} = f_1(x).$$

La fonction f_1 est indépendante de n et intégrable sur $]0, +\infty[$ donc on peut écrire :

$$\lim_{n \to +\infty} \int_0^{+\infty} f_n = \int_0^{+\infty} \lim_{n \to +\infty} f_n \Leftrightarrow \lim_{n \to +\infty} u_n = \int_0^{+\infty} 0 dt = 0.$$

Par conséquent, le critère spécial des séries alternées montre que la série $\sum_n (-1)^n u_n$ converge.

3. Démontrons que la série $\sum_{n\geqslant 1} u_n$ *diverge. Pour cela, on procède par l'absurde en supposant que la série* $\sum_{n\geqslant 1} u_n$ *converge. On va démontrer que le théorème de permutation série-intégrale s'applique, ce qui va aboutir à une contradiction.*
On conserve les notations de la réponse à la question 1. Pour tout $n \geqslant 1$, *la fonction* f_n *est continue et intégrable sur* $]0,+\infty[$. *Pour chaque* $x \in]0,+\infty[$, *la série* $\sum_{n\geqslant 1} f_n(x)$ *converge (série géométrique de raison* $\frac{1}{\operatorname{ch}(x)} \in]0,1[$) *c'est-à-dire que la série* $\sum_{n\geqslant 1} f_n$ *converge simplement sur* $]0,+\infty[$. *Sa somme*

$$\sum_{n=1}^{+\infty} f_n : x \mapsto \sum_{n=1}^{+\infty} \left(\frac{1}{\operatorname{ch}(x)}\right)^n = \frac{1}{\operatorname{ch}(x)} \times \frac{1}{1-\dfrac{1}{\operatorname{ch}(x)}} = \frac{1}{\operatorname{ch}(x)-1} = S(x)$$

est continue sur $]0,+\infty[$ *(comme inverse d'une telle fonction ne s'annulant pas sur cet intervalle). En outre, la série*

$$\sum_{n\geqslant 1} \int_0^{+\infty} |f_n| \underset{f_n\geqslant 0}{=} \sum_{n\geqslant 1} \int_0^{+\infty} f_n = \sum_{n\geqslant 1} u_n$$

converge donc, d'après le théorème de permutation série-intégrale, la fonction $\sum_{n=1}^{+\infty} f_n = S$ *est intégrable sur* $]0,+\infty[$. *À l'aide du développement limité de* $\operatorname{ch}(x)$ *en* 0, *on dispose de l'équivalent suivant :*

$$S(x) \underset{x\to 0}{=} \frac{1}{1+\dfrac{x^2}{2}+o(x^2)-1} \underset{x\to 0}{=} \frac{1}{\dfrac{x^2}{2}+o(x^2)} \underset{x\to 0}{\sim} \frac{1}{\dfrac{x^2}{2}} = \frac{2}{x^2}.$$

Or, la fonction $x \mapsto \frac{1}{x^2}$ *est positive et n'est pas intégrable sur* $[0,1]$ *(intégrale de Riemann de paramètre* $2 \geqslant 1$) *donc la fonction* S *ne l'est pas non plus. A fortiori, la fonction* S *n'est pas intégrable sur* $]0,+\infty[$, *ce qui est absurde. Par conséquent, la série* $\sum_{n\geqslant 1} u_n$ *diverge.*

Commentaires 196 *Exercice de niveau standard pour ces deux concours et il est suffisamment progressif. Il s'agit d'un exercice classique du concours Mines-Ponts.*
Question 1 : Elle pose une difficulté pour les candidats les plus faibles qui est de comprendre la question, c'est-à-dire de justifier l'intégrabilité de l'intégrande.
Question 2 : La discrimination principale sera de se rendre compte qu'il suffit d'appliquer le critère spécial et, éventuellement, de penser au théorème de convergence dominée (pour les candidats faibles ou trop moyes).
Question 3 : Il s'agit de la question la plus difficile et l'interaction avec l'interrogateur sera un élément très important.

Exercice 197 (Mines-Telecom)

1. Montrer que $\forall x \in [-1,1]$, $\displaystyle\int_0^1 \frac{1-t}{1-x^3t^3}\,dt = \sum_{n=0}^{+\infty} \frac{x^n}{(3n+1)(3n+2)}$.

2. Calculer $\displaystyle\sum_{n=0}^{+\infty} \frac{1}{(3n+1)(3n+2)}$.

Solution 197

1. *Pour tout* $z \in \left]-1,1\right[$, *on a* $\dfrac{1}{1-z} = \displaystyle\sum_{n=0}^{+\infty} z^n$. *Soit* $x \in [-1,1]$ *alors, pour tout* $t \in \left[0,1\right[$, *on a :*

$$\begin{aligned}\left|x^3t^3\right| &= |x|^3\,t^3 \leqslant t^3 < 1 \Rightarrow \frac{1}{1-x^3t^3} = \sum_{n=0}^{+\infty}\left(x^3t^3\right)^n = \sum_{n=0}^{+\infty} x^{3n}t^{3n}\\ &\Rightarrow \frac{1-t}{1-x^3t^3} = (1-t)\sum_{n=0}^{+\infty} x^{3n}t^{3n} = \sum_{n=0}^{+\infty} x^{3n}(1-t)\,t^{3n}.\end{aligned}$$

Pour tout entier n, *on pose*

$$f_n : t \mapsto x^{3n}(1-t)\,t^{3n}$$

qui est une fonction continue sur $\left[0,1\right[$. *D'après le développement précédent, la série* $\displaystyle\sum_{n\geqslant 0} f_n$ *converge simplement sur* $\left[0,1\right[$ *et sa somme*

$$\sum_{n=0}^{+\infty} f_n : t \mapsto \frac{1-t}{1-x^3t^3}$$

est continue sur $\left[0,1\right[$. *Pour tout entier* n, *on a :*

$$\begin{aligned}\int_0^1 |f_n(t)|\,dt &= |x|^{3n}\int_0^1 (1-t)\,t^{3n}dt = |x|^{3n}\int_0^1\left(t^{3n}-t^{3n+1}\right)dt\\ &= |x|^{3n}\left[\frac{t^{3n+1}}{3n+1}-\frac{t^{3n+2}}{3n+2}\right]_{t=0}^{t=1} = |x|^{3n}\left(\frac{1}{3n+1}-\frac{1}{3n+2}\right)\\ &= \frac{|x|^{3n}}{(3n+1)(3n+2)} \leqslant \frac{1}{(n+1)(n+1)} = \frac{1}{(n+1)^2}.\end{aligned}$$

La série

$$\sum_{n\geqslant 0}\frac{1}{(n+1)^2} = \sum_{n\geqslant 1}\frac{1}{n^2}$$

converge (série de Riemann de paramètre $2>1$*) donc la série* $\displaystyle\sum_n \int_0^1 |f_n|$ *converge. Le théorème de permutation série-intégrale montre que :*

$$\int_0^1 \frac{1-t}{1-x^3t^3}dt = \int_0^1 \sum_{n=0}^{+\infty} f_n = \sum_{n=0}^{+\infty}\int_0^1 f_n = \sum_{n=0}^{+\infty} x^{3n}\int_0^1 (1-t)\,t^{3n}dt = \sum_{n=0}^{+\infty}\frac{x^{3n}}{(3n+1)(3n+2)}.$$

2. On utilise la formule établie à la question précédente pour $x = 1$. *On obtient alors :*

$$
\begin{aligned}
\sum_{n=0}^{+\infty} \frac{1}{(3n+1)(3n+2)} &= \int_0^1 \frac{1-t}{1-t^3}dt \underset{(*)}{=} \int_0^1 \frac{1-t}{(1-t)(1+t+t^2)}dt = \int_0^1 \frac{1}{1+t+t^2}dt \\
&= \int_0^1 \frac{1}{(t+1/2)^2+3/4}dt = \frac{1}{3/4}\int_0^1 \frac{1}{\left(\frac{2t+1}{\sqrt{3}}\right)^2+1}dt \\
&= \frac{4}{3}\left[\frac{\sqrt{3}}{2}\arctan\left(\frac{2t+1}{\sqrt{3}}\right)\right]_0^1 \\
&= \frac{2}{\sqrt{3}}\left(\arctan\left(\sqrt{3}\right) - \arctan\left(\frac{1}{\sqrt{3}}\right)\right) \\
&= \frac{2}{\sqrt{3}}\left(\frac{\pi}{3}-\frac{\pi}{6}\right) \ (**) = \frac{\pi}{3\sqrt{3}}
\end{aligned}
$$

$(*)$ *: 1 est racine du polynôme* $1-X^3$ *donc ce dernier se factorise par* $1-X$. *Le facteur s'obtient par division euclidienne ou par identification (ou en se rappelant des sommes de termes en progression géométrique en choisissant* 3 *termes).*

$(**)$ *: car* $\tan\left(\frac{\pi}{6}\right) = \frac{1}{\sqrt{3}}$ *et* $\tan\left(\frac{\pi}{3}\right) = \sqrt{3}$.

Commentaires 197 *Exercice de difficulté standard pour le concours Mines-Telecom.*
Question 1 : Il est attendu du candidat qu'il songe à développer en série entière par rapport à x *l'intégrande (la fonction sous l'intégrale) et non par rapport à* t *(ce qui est une erreur relativement fréquente). Bien entendu, permuter les symboles séries et intégrales sans que le candidat ne se pose la moindre question (même s'il ne sait pas justifier) sera du plus mauvais effet sur l'interrogateur. Il est possible de justifier la convergence normale de la série* $\sum_n f_n$ *sur le segment* $[0,1]$ *pour conclure à la permutation série-intégrale mais cela exige que* $x \in]-1,1[$. *Cette preuve (partielle) sera bien valorisée par l'interrogateur mais il n'est pas possible d'étendre ce raisonnement à* $x \in \{-1,1\}$.
Question 2 : Il s'agit d'une question de MPSI portant sur la primitivation de l'inverse d'un trinôme. Cette question est très discriminante en pratique car les candidats ne se rappellent plus de la formule réduite d'un tel trinôme (« début de carré ») et, souvent dans ce cas, ne savent pas primitiver la fraction.

10.3 Centrale Math 1

Exercice 198 (Centrale) Soit $F : x \mapsto \int_0^\pi \ln(x + \cos(t))\, dt$

1. Montrer que F est définie sur $[1, +\infty[$.
2. Montrer que $F \in \mathcal{C}^1(]1, +\infty[)$.
3. Calculer $F'(x)$ (*on pourra poser* $u = \tan\left(\frac{t}{2}\right)$). En déduire $F(x)$ (*on pourra dériver la fonction* $x \mapsto \ln\left(x + \sqrt{x^2 - 1}\right)$).

Solution 198

1. *Soit* $x \in]1, +\infty[$. *La fonction* $t \mapsto x + \cos(t)$ *est continue et strictement positive sur* $[0, \pi]$ *donc la fonction*
$$f : t \mapsto \ln(x + \cos(t))$$
est continue sur le segment $[0, \pi]$ *ce qui assure l'existence de l'intégrale* $F(x)$.
Si $x = 1$ *alors*
$$F(1) = \int_0^\pi \ln(1 + \cos(t))\, dt.$$
La fonction
$$f : t \mapsto \ln(1 + \cos(t))$$
est continue sur $[0, \pi[$. *Déterminons un équivalent de* f *en* π^-. *Pour cela, on utilise le changement de variable* $t = \pi - h$ *avec* $h \to 0^+$ *puis le développement limité à l'ordre* 2 *de* cos *en* 0.
$$\begin{aligned} f(t) &= f(\pi - h) = \ln(1 + \cos(\pi - h)) = \ln(1 - \cos(h)) \\ &\underset{h\to 0}{=} \ln\left(\frac{h^2}{2} + o\left(h^2\right)\right) \underset{h\to 0}{=} \ln\left(\frac{h^2}{2}[1 + o(1)]\right) \\ &\underset{h\to 0}{=} \ln\left(\frac{h^2}{2}\right) + \underbrace{\ln(1 + o(1))}_{\underset{h\to 0}{\to} \ln(1)=0} \underset{h\to 0}{=} 2\ln(h) - \ln(2) + o(1) \\ &\underset{h\to 0}{\sim} 2\ln(h) \underset{h\to 0}{=} o\left(\frac{1}{h^{1/2}}\right) \text{ car } h^{1/2}\ln(h) \underset{h\to 0}{\to} 0 \end{aligned}$$
(d'après les croissances comparées). Comme $h \mapsto \frac{1}{h^{1/2}}$ *est positive et intégrable sur* $]0, 1]$ *(intégrale de Riemann de paramètre* $\frac{1}{2} < 1$*), on peut affirmer que la fontion* $h \mapsto f(\pi - h)$ *l'est aussi. Le changement de variable* $t = \pi - h$ *étant de classe* C^1 *et bijectif de* $[0, \pi]$ *sur* $[0, \pi]$ *et comme l'intégrale* $\int_0^\pi f(\pi - h)\, dh$ *converge, on peut affirmer que l'intégrale*
$$\int_\pi^0 f(t)(-dt) = \int_0^\pi f(t)\, dt$$
converge ce qui assure l'existence de $F(1)$.

2. *On considère la fonction*

$$f : \left\{ \begin{array}{ccc}]1,+\infty[\times [0,\pi] & \to & \mathbb{R} \\ (x,t) & \mapsto & \ln(x+\cos(t)) \end{array} \right. .$$

Pour chaque $t \in [0,\pi]$, *la fonction* $x \mapsto f(x,t)$ *est de classe* C^1 *sur* $]1,+\infty[$. *Pour chaque* $x \in]1,+\infty[$, *les fonctions*

$$t \mapsto f(x,t) \;\; et \; t \mapsto \frac{\partial f}{\partial x}(x,t) = \frac{1}{x+\cos(t)}$$

sont continues sur $[0,\pi]$ *(car* $x+\cos(t) \geqslant x-1 > 0$ *pour tout* $t \in [0,\pi]$*). Pour chaque* $x \in]1,+\infty[$, *la fonction* $t \mapsto f(x,t)$ *est intégrable sur* $[0,\pi]$ *(d'après la question précédente). Pour tout segment* $[a,b] \subset]1,+\infty[$ *(c'est-à-dire* $1 < a \leqslant b$*), on dispose de la domination suivante :*

$$\forall x \in [a,b], \; \forall t \in [0,\pi], \; \left|\frac{\partial f}{\partial x}(x,t)\right| = \frac{1}{x+\cos(t)} \leqslant \frac{1}{x-1} \leqslant \frac{1}{a-1} = \varphi(t).$$

La fonction φ *étant indépendante de* x *et intégrable sur* $[0,\pi]$ *(fonction constante sur un intervalle borné), on peut affirmer que la fonction*

$$x \mapsto \int_0^\pi f(x,t)\,dt = F(x)$$

est de classe C^1 *sur* $]1,+\infty[$.

3. *Soit* $x > 1$. *D'après la question précédente,on peut écrire :*

$$F'(x) = \int_0^\pi \frac{dt}{x+\cos(t)}.$$

On suit alors l'indication proposée en posant $u = \tan\left(\frac{t}{2}\right)$. *Ce changement de variable est de classe* C^1 *sur* $[0,\pi[$ *et bijectif de* $[0,\pi[$ *sur* $[0,+\infty[$. *Quand* $t=0$ *alors* $u=0$, *quand* $t \to \pi^-$ *alors* $u \to +\infty$. *En outre, on a les relations suivantes :*

$$\frac{t}{2} = \arctan(u) \Leftrightarrow t = 2\arctan(u) \Rightarrow dt = \frac{2}{1+u^2}du.$$

Utilisons les différentes formules trigonométriques pour exprimer $\cos(t)$ *en fonction de* u. *On commence par la formule de duplication* $(\cos(2\theta))$ *puis la formule remarquable*

$$1 + (\tan(\theta))^2 = \frac{1}{(\cos(\theta))^2} \Leftrightarrow (\cos(\theta))^2 = \frac{1}{1+(\tan(\theta))^2}.$$

On obtient alors les égalités :

$$\cos(t) = 2\left(\cos\left(\frac{t}{2}\right)\right)^2 - 1 = \frac{2}{1+\left(\tan\left(\frac{t}{2}\right)\right)^2} - 1 = \frac{2}{1+u^2} - 1 = \frac{1-u^2}{1+u^2},$$

ce qui permet d'écrire :

$$\begin{aligned}F'(x) &= \int_0^{+\infty} \frac{1}{x+\dfrac{1-u^2}{1+u^2}} \times \frac{2du}{1+u^2} = 2\int_0^{+\infty} \frac{du}{x(1+u^2)+1-u^2} \\ &= 2\int_0^{+\infty} \frac{du}{x+1+u^2(x-1)} = \frac{2}{x+1}\int_0^{+\infty} \frac{du}{1+u^2\dfrac{x-1}{x+1}} \\ &= \frac{2}{x+1}\left[\sqrt{\frac{x+1}{x-1}}\arctan\left(u\sqrt{\frac{x-1}{x+1}}\right)\right]_{u=0}^{u\to+\infty} = \frac{\pi}{\sqrt{x^2-1}}.\end{aligned}$$

La dérivée de la fonction

$$g : x \mapsto \ln\left(x+\sqrt{x^2-1}\right)$$

est donnée sur $]1,+\infty[$ *par :*

$$g'(x) = \frac{1+\dfrac{2x}{2\sqrt{x^2-1}}}{x+\sqrt{x^2-1}} = \frac{\dfrac{x+\sqrt{x^2-1}}{\sqrt{x^2-1}}}{x+\sqrt{x^2-1}} = \frac{1}{\sqrt{x^2-1}}.$$

Ainsi, il existe un réel C *tel que :*

$$(\mathcal{R}_1) : \forall x > 1,\ F(x) = \pi g(x) + C.$$

Nous allons analyser le comportement asymptotique de $F(x)$ *et de* $g(x)$ *quand* $x \to +\infty$ *pour déterminer la constante* C*. Pour tout* $x > 1$*, on a :*

$$\pi g(x) = \pi\ln\left(x\left[1+\frac{\sqrt{x^2-1}}{\sqrt{x^2}}\right]\right) = \pi\ln(x) + \pi\underbrace{\ln\left(1+\sqrt{1-\frac{1}{x^2}}\right)}_{\underset{x\to+\infty}{\to}\ln(2)}$$

$$(\mathcal{R}_2) \quad : \quad \pi g(x) \underset{x\to+\infty}{=} \pi\ln(x) + \pi\ln(2) + o(1).$$

D'autre part, on a :

$$\begin{aligned}|F(x) - \pi\ln(x)| &= \left|\int_0^{\pi} \ln(x+\cos(t))\,dt - \int_0^{\pi}\ln(x)\,dt\right| = \left|\int_0^{\pi}\ln\left(\frac{x+\cos(t)}{x}\right)dt\right| \\ &= \left|\int_0^{\pi}\ln\left(1+\frac{\cos(t)}{x}\right)dt\right| \leqslant \int_0^{\pi}\left|\ln\left(1+\frac{\cos(t)}{x}\right)\right|dt\end{aligned}$$

Si $x \geqslant 2$ *alors*

$$\forall t \in [0,\pi],\ \left|\frac{\cos(t)}{x}\right| \leqslant \frac{1}{2}.$$

D'après l'inégalité des accroissements finis, pour tout $y \in \left[-\frac{1}{2},\frac{1}{2}\right]$*, on a la majoration :*

$$|\ln(1+y) - \ln(1+0)| \leqslant \sup_{z\in[-1/2,1/2]}\left|\frac{1}{1+z}\right| |y-0| \Leftrightarrow |\ln(1+y)| \leqslant 2|y|.$$

Par conséquent, pour tout $x \geqslant 2$, on obtient :

$$|F(x) - \pi \ln(x)| \leqslant \frac{2}{x} \int_0^{\pi} \cos(t)\, dt \underset{x \to +\infty}{\to} 0 \Rightarrow (\mathcal{R}_3) : F(x) \underset{x \to +\infty}{=} \pi \ln(x) + o(1).$$

Des relations $(\mathcal{R}_1)$, $(\mathcal{R}_2)$ et $(\mathcal{R}_3)$, on déduit que :

$$\begin{aligned} & \pi \ln(x) + o(1) \underset{x \to +\infty}{=} \pi \ln(x) + \pi \ln(2) + C + o(1) \\ \Leftrightarrow \quad & C \underset{x \to +\infty}{=} -\pi \ln(2) + o(1) \underset{x \to +\infty}{\Rightarrow} C = -\pi \ln(2), \end{aligned}$$

ce qui démontre la formule :

$$\forall x > 1,\ F(x) = \pi \ln\left(x + \sqrt{x^2 - 1}\right) - \pi \ln(2) = \pi \ln\left(\frac{x + \sqrt{x^2 - 1}}{2}\right).$$

Commentaires 198 *Exercice de difficulté standard pour le concours Centrale-SupElec. Question 1. Le fait que F soit définie sur $]1, +\infty[$ ne devrait poser aucune difficulté à un candidat de ce concours (puisqu'il n'y a aucun calcul). Malheureusement, cela n'est pas forcément le cas en pratique et ceci ne fait pas un bon effet auprès de l'interrogateur. L'étude de $x = 1$ permettra aux candidats maitrisant le mieux le chapitre « intégration » de nettement se distinguer.*
Question 2. Il n'y a pas de difficulté particulière.
Question 3. Cette question nécessite une bonne maitrise technique de la part du candidat et sera sélective. L'interrogateur donnera, si cela s'avère nécessaire, une piste, voire la formule, concernant l'expression de $\cos(t)$ en fonction de $\tan\left(\frac{t}{2}\right)$.

Exercice 199 (Centrale-SupElec)

1. Déterminer le domaine de définition réel de
$$F : x \mapsto \int_0^{\pi/2} \frac{\arctan(x \tan(\theta))}{\tan(\theta)} d\theta.$$
2. Calculer $F(x)$.
3. En déduire la valeur de $\displaystyle\int_0^{\pi/2} \frac{\theta}{\tan(\theta)} d\theta$ et de $\displaystyle\int_0^{\pi/2} \ln(\sin(\theta))\, d\theta$.

Solution 199

1. Soit $x \in \mathbb{R}$. La fonction

$$f : \theta \mapsto \frac{\arctan(x \tan(\theta))}{\tan(\theta)}$$

est continue sur $\left]0, \frac{\pi}{2}\right[$. *En outre, d'après l'inégalité des accroissements finis, pour tout* $s \in \mathbb{R}$, *on a la majoration :*

$$\begin{aligned}
&|\arctan(s) - \arctan(0)| \leqslant \sup_{y \in \mathbb{R}} |\arctan'(y)|\,|s-0| \\
\Leftrightarrow\ &|\arctan(s)| \leqslant \sup_{y \in \mathbb{R}} \left|\frac{1}{1+y^2}\right| |s| \Leftrightarrow |\arctan(s)| \leqslant |s|.
\end{aligned}$$

On obtient ainsi la domination suivante :

$$\forall \theta \in \left]0, \frac{\pi}{2}\right[,\ |f(\theta)| \leqslant \frac{|x \tan(\theta)|}{|\tan(\theta)|} = |x|.$$

La fonction $\theta \mapsto |x|$ *étant intégrable sur* $\left]0, \frac{\pi}{2}\right[$ *(c'est une constante sur un intervalle borné), on en déduit que* f *est intégrable sur* $\left]0, \frac{\pi}{2}\right[$ *donc*

$$\int_0^{\pi/2} f = F(x)$$

existe. Par conséquent, la fonction F *est définie sur* $\mathbb{R}$.

2. *Nous allons montrer que* F *est dérivable (par le théorème de dérivation des intégrales à paramètre) et expliciter* F' *à l'aide de fonctions usuelles pour exprimer* F *à l'aide de fonctions usuelles.*
   On considère la fonction

$$f : \left\{ \begin{array}{ccc} \mathbb{R} \times \left]0, \frac{\pi}{2}\right[& \to & \mathbb{R} \\ (x, \theta) & \mapsto & \dfrac{\arctan(x \tan(\theta))}{\tan(\theta)} \end{array} \right. .$$

Pour chaque $\theta \in \left]0, \frac{\pi}{2}\right[$, *la fonction* $x \mapsto f(x, \theta)$ *est de classe* C^1 *sur* $\mathbb{R}$. *Pour chaque* $x \in \mathbb{R}$, *les fonctions*

$$\theta \mapsto f(x, \theta) \ \text{ et } \theta \mapsto \frac{\partial f}{\partial x}(x, \theta) = \frac{1}{1 + x^2 (\tan(\theta))^2}$$

sont continues sur $\left]0, \frac{\pi}{2}\right[$. *Pour chaque* $x \in \mathbb{R}$, *la fonction* $\theta \mapsto f(x, \theta)$ *est intégrable sur* $\left]0, \frac{\pi}{2}\right[$ *(d'après la question précédente). On dispose en outre de la domination suivante :*

$$\forall (x, \theta) \in \mathbb{R} \times \left]0, \frac{\pi}{2}\right[,\ \left|\frac{\partial f}{\partial x}(x, \theta)\right| \leqslant 1 = \varphi(\theta).$$

La fonction φ *est indépendante de* x *et intégrable sur* $\left]0, \frac{\pi}{2}\right[$ *(c'est une constante sur un intervalle borné) donc la fonction*

$$x \mapsto \int_0^{\pi/2} f(x, \theta)\, d\theta = F(x)$$

est C^1 sur $\mathbb{R}$ et, pour tout réel x, on a la formule :

$$F'(x) = \int_0^{\pi/2} \frac{\partial f}{\partial x}(x,\theta)\, d\theta = \int_0^{\pi/2} \frac{d\theta}{1 + x^2 (\tan(\theta))^2}.$$

Pour calculer cette intégrale, on utilise le changement de variable $s = \tan(\theta)$ qui est de classe C^1 sur $\left[0, \frac{\pi}{2}\right[$ et réalise une bijection strictement croissante de $\left[0, \frac{\pi}{2}\right[$ sur $[0, +\infty[$. Quand $\theta = 0$ alors $s = 0$, quand $\theta \to \left(\frac{\pi}{2}\right)^-$ alors $s \to +\infty$. En outre, on a

$$\theta = \arctan(s) \text{ donc } d\theta = \frac{1}{1+s^2} ds,$$

ce qui nous donne pour tout réel x :

$$F'(x) = \int_0^{+\infty} \frac{1}{1 + x^2 s^2} \times \frac{1}{1+s^2} ds.$$

On effectue la décomposition en éléments simples de la fonction

$$t \mapsto \frac{1}{1+x^2 t} \times \frac{1}{1+t} = \frac{1}{(x^2-1)} \left(\frac{x^2}{1+x^2 t} - \frac{1}{1+t} \right)$$

lorsque $x^2 \neq 1$ (par le procédé préféré du lecteur). On en déduit pour tout réel x tel que $x^2 \neq 1$:

$$\begin{aligned} F'(x) &= \frac{1}{x^2-1} \int_0^{+\infty} \left(\frac{x^2}{1+x^2 s^2} - \frac{1}{1+s^2} \right) ds \\ &= \frac{1}{x^2-1} \left[x \arctan(xs) - \arctan(s) \right]_{s=0}^{s \to +\infty}. \end{aligned}$$

La limite en $+\infty$ dépend du signe de x et du fait que $x = 0$ ou non. Pour contourner ce problème, on remarque que la fonction arctan *étant impaire donc F l'est aussi. En outre, $F(0) = 0$ donc il suffit d'expliciter $F(x)$ lorsque $x > 0$, ce qui nous supposons maintenant. Dans ce cas, $\lim\limits_{s \to +\infty} xs = +\infty$ donc, pour tout*

$$x \in \mathbb{R}_+^* \setminus \{1\} = \underbrace{]0,1[}_{=I_0} \cup \underbrace{]1,+\infty[}_{I_1},$$

on a :

$$\begin{aligned} F'(x) &= \frac{1}{x^2-1} \left(x\frac{\pi}{2} - \frac{\pi}{2} \right) = \frac{\pi}{2} \times \frac{x-1}{x^2-1} \\ &= \frac{\pi}{2} \times \frac{x-1}{(x-1)(x+1)} = \frac{\pi}{2} \times \frac{1}{x+1} = \left(\frac{\pi}{2} \ln(x+1) \right)'. \end{aligned}$$

Les fonctions F et $x \mapsto \frac{\pi}{2} \ln(x+1)$ sont égales à une constante près sur chaque intervalle c'est-à-dire, pour chaque $k \in \{0,1\}$, il existe un réel C_k tel que :

$$\forall x \in I_k,\ F(x) = \frac{\pi}{2} \ln(x+1) + C_k.$$

Pour $k=0$, en faisant tendre x vers 0 par valeurs supérieures et comme F est continue en 0 (puisqu'elle est C^1 sur $\mathbb{R}$), on obtient $C_0 = 0$. En faisant tendre x vers 1 par valeurs inférieures et comme F est continue en 1, on obtient

$$F(1) = \frac{\pi}{2}\ln(2).$$

Pour $k=1$, en faisant tendre x vers 1 par valeurs supérieures et comme F est continue en 1, on obtient

$$\begin{aligned} F(1) &= \frac{\pi}{2}\ln(2) + C_1 \Leftrightarrow C_1 = 0 \\ &\Rightarrow \forall x \in \mathbb{R}_+^* \backslash \{1\}, F(x) = \frac{\pi}{2}\ln(1+x). \end{aligned}$$

Cette formule étant manifestement vérifiée pour $x=0$ et pour $x=1$ (cf. ci-dessus), on obtient :

$$\forall x \in \mathbb{R},\ F(x) = \begin{cases} \dfrac{\pi}{2}\ln(x+1) & si\ x \geqslant 0 \\ -\dfrac{\pi}{2}\ln(-x+1) & si\ x \leqslant 0 \end{cases}$$

(par imparité de F, on a $F(x) = -F(-x)$).

3. *D'après la question précédente, en choisissant $x=1$ et comme*

$$\forall \theta \in \left]0, \frac{\pi}{2}\right[, \arctan(\tan(\theta)) = \theta,$$

on obtient l'égalité :

$$\frac{\pi}{2}\ln(2) = F(1) = \int_0^{\pi/2} \frac{\arctan(\tan(\theta))}{\tan(\theta)} d\theta = \int_0^{\pi/2} \frac{\theta}{\tan(\theta)} d\theta.$$

Ensuite, on utilise une intégration par parties en posant

$$u : \theta \mapsto \theta \ et\ v : \theta \mapsto \ln(\sin(\theta))$$

qui est une primitive de

$$\theta \mapsto \frac{1}{\tan(\theta)} = \frac{\cos(\theta)}{\sin(\theta)} = \frac{\sin'(\theta)}{\cos(\theta)} = (\ln(\sin(\theta)))'.$$

Ces deux fonctions sont de classe C^1 sur $\left]0, \frac{\pi}{2}\right]$ et, à l'aide du $\mathrm{DL}_1(0)$ de sin, on a

$$\begin{aligned} u(\theta)v(\theta) &\underset{\theta \to 0^+}{=} \theta \ln(\theta + o(\theta)) \underset{\theta \to 0^+}{=} \theta \ln \theta([1 + o(1)]) \\ &\underset{\theta \to 0^+}{=} \theta(\ln(\theta) + \underbrace{\ln(1 + o(1))}_{\underset{\theta \to 0^+}{\to} 0}) \underset{\theta \to 0^+}{\sim} \theta \ln(\theta) \underset{\theta \to 0^+}{\to} 0 \end{aligned}$$

d'après les croissances comparées. En outre, on a $v\left(\frac{\pi}{2}\right) = 0$. Comme l'intégrale

$$\int_0^{\pi/2} uv' = \int_0^{\pi/2} \frac{\theta}{\tan(\theta)} d\theta$$

est convergente, on en déduit l'égalité suivante :

$$\int_0^{\pi/2} u(\theta)\, v'(\theta)\, d\theta = [u(\theta)\, v(\theta)]_{\theta\to 0}^{\theta=\pi/2} - \int_0^{\pi/2} u'(\theta)\, v(\theta)\, d\theta$$

$$\Leftrightarrow \int_0^{\pi/2} \frac{\theta}{\tan(\theta)} d\theta = -\int_0^{\pi/2} \ln(\sin(\theta))\, d\theta \Leftrightarrow \int_0^{\pi/2} \ln(\sin(\theta))\, d\theta = -\frac{\pi}{2}\ln(2).$$

Commentaires 199 *Exercice suffisamment progressif pour le concours Centrale-SupElec. Question 1. Voici une autre justification (largement utilisée par les candidats). La fonction*

$$f : \theta \mapsto \frac{\arctan(x\tan(\theta))}{\tan(\theta)}$$

est continue sur $\left]0, \frac{\pi}{2}\right[$, *elle est équivalent à* x *quand* $\theta \to 0$ *et tend vers* 0 *quand* $\theta \to \left(\frac{\pi}{2}\right)^-$. *Ainsi, on peut prolonger* f *en* 0 *et* $\frac{\pi}{2}$ *en posant*

$$f(0) = x \text{ et } f\left(\frac{\pi}{2}\right) = 0$$

donc ce prolongement est continue sur $\left[0, \frac{\pi}{2}\right]$, *ce qui justifie son intégrabilité sur ce segment.*
Question 2. Il s'agit de la question la plus difficile de cet exercice et sera l'élément clé de différenciation des candidats. Classiquement, on simplifie la dérivée de F. Si le candidat n'y pense pas, l'interrogateur lui indiquera (sans pénalité particulière pour le candidat). La dérivation ne doit pas poser de difficulté particulière (si le candidat est soigneux dans son calcul de dérivée composée, de produit, etc.). La primitivation de l'intégrande de $F'(x)$ *sera un élément très discriminant entre les candidats car ils doivent penser aux fractions rationnelles mais aussi effectuer convenablement sa décomposition en éléments simples (dans* $\mathbb{R}(X)$ *ou* $\mathbb{C}(X)$, *dans ce dernier cas, il faudra séparer les parties réelles et imaginaires pour la primitivation). Une difficulté supplémentaire apparait à la quelle songeront peu de candidats : le signe de* x *qui impacte les calculs (via les limites). Cette inattention ne sera pas une pénalité pour eux, l'interrogateur leur indiquant (ou pas) le problème (selon l'état d'avancement de ceux-ci). Pour les meilleurs candidats, une discussion portera probablement sur l'apparition de différents intervalles pour les constantes (que peu d'entre eux auront vu).*
Question 3. Elle s'adresse aux candidats les plus rapides (il est indispensable d'avoir répondu à la question précédente pour l'aborder) et elle demande un peu d'initiative de la part du candidat.

10.4 Mines-Ponts

Exercice 200 (Mines-Ponts)

1. Montrer que : $\forall x \in \mathbb{R}_+, \displaystyle\int_0^{+\infty} \frac{\arctan\left(\frac{x}{t}\right)}{1+t^2} dt = \int_0^x \frac{\ln(t)}{t^2-1} dt.$

2. Calculer $\displaystyle\int_0^{+\infty} \frac{\ln(t)}{t^2-1} dt$ puis $\displaystyle\int_0^1 \frac{\ln(t)}{t^2-1} dt.$

Solution 200

1. *Considérons les fonctions*

$$\varphi : \left\{ \begin{array}{ccc} \mathbb{R}_+ \times \mathbb{R}_+^* & \to & \mathbb{R} \\ (x,t) & \mapsto & \dfrac{\arctan\left(\frac{x}{t}\right)}{1+t^2} \end{array} \right. \quad \text{et } g : x \mapsto \int_0^{+\infty} \varphi(x,t)\, dt.$$

Pour chaque $t \in \mathbb{R}_+^*$, *la fonction* $x \mapsto \varphi(x,t)$ *est de classe* C^1 *sur* $\mathbb{R}_+$. *Pour chaque* $x \in \mathbb{R}_+$, *les fonctions* $t \mapsto \varphi(x,t)$ *et*

$$t \mapsto \frac{\partial \varphi}{\partial x}(x,t) = \frac{1}{t} \times \frac{1}{\left(1+\left(\frac{x}{t}\right)^2\right)(1+t^2)} = \frac{t}{(t^2+x^2)(t^2+1)}$$

sont continues sur $\mathbb{R}_+^*$. *La fonction* arctan *étant bornée sur* $\mathbb{R}_+$ *par* $\frac{\pi}{2}$, *on dispose de la domination suivante :*

$$\forall (x,t) \in \mathbb{R}_+ \times \mathbb{R}_+^*, \ |\varphi(x,t)| \leqslant \frac{\pi}{2} \times \frac{1}{1+t^2} = \psi_1(t).$$

La fonction ψ_1 *est continue et positive sur* $\mathbb{R}_+$ *avec*

$$\forall A \geqslant 0, \int_0^A \frac{1}{1+t^2} dt = [\arctan(t)]_0^A = \arctan(A) \underset{A \to +\infty}{\to} \frac{\pi}{2}$$

donc ψ_1 *est intégrable sur* $\mathbb{R}_+$.
D'après le théorème de continuité des intégrales à paramètre, on peut affirmer que la fonction g *est continue sur* $\mathbb{R}_+$.
D'autre part, pour tout segment $[a,b]$ *de* $\mathbb{R}_+^*$ *(c'est-à-dire* $0 < a \leqslant b$*), on dispose de la domination suivante :*

$$\forall x \in [a,b], \forall t \in \mathbb{R}_+^*, \left| \frac{\partial \varphi}{\partial x}(x,t) \right| = \frac{t}{(t^2+a^2)(1+t^2)} = \psi_2(t).$$

La fonction ψ_2 *est continue sur* $\mathbb{R}_+$ *et on a la domination suivante :*

$$\lim_{t+\infty} \frac{\psi_2(t)}{\psi_1(t)} = \lim_{t \to +\infty} \frac{t}{t^2+a^2} = 0 \Rightarrow \psi_2(t) \underset{t \to +\infty}{=} o(\psi_1(t)).$$

Comme ψ_1 est intégrable sur $\mathbb{R}_+$, la fonction ψ_2 l'est aussi. D'après le théorème de dérivation des intégrales à paramètre, on en déduit que la fonction g est de classe C^1 sur $\mathbb{R}_+^*$ et

$$\forall x \in \mathbb{R}_+^*, \, g'(x) = \int_0^{+\infty} \frac{t}{(t^2+x^2)(t^2+1)} dt.$$

Calculons $g'(x)$ en effectuant le changement de variable $u = t^2$ qui est de classe C^1 sur $\mathbb{R}_+^*$ et réalise une bijection strictement croissante de $\mathbb{R}_+$ sur $\mathbb{R}_+$. On a $du = 2tdt$ et $u = t^2$. Quand $t = 0$ alors $u = 0$ et quand $t \to +\infty$ alors $u \to +\infty$. On en déduit la formule suivante :

$$\forall x > 0, \, g'(x) = \frac{1}{2} \int_0^{+\infty} \frac{1}{(u+x^2)(u+1)} du.$$

Lorsque $x^2 \neq 1 \Leftrightarrow x \neq 1$ (car $x \geqslant 0$), on effectue une décomposition en éléments simples de l'intégrande :

$$\frac{1}{(u+x^2)(u+1)} = \frac{1}{1-x^2}\left(\frac{1}{u+x^2} - \frac{1}{u+1}\right).$$

Ainsi, pour tout $x \in \mathbb{R}_+^* \setminus \{1\}$, on obtient la formule :

$$\begin{aligned} g'(x) &= \lim_{A \to +\infty} \frac{1}{2(1-x^2)} \left[\ln(u+x^2) - \ln(u+1)\right]_0^A \\ &= \frac{1}{2(1-x^2)} \lim_{A\to+\infty} \ln\left(\frac{A+x^2}{A+1}\right) - \frac{\ln(x^2)}{2(1-x^2)} \\ &= -\frac{2\ln(x)}{2(1-x^2)} = \frac{\ln(x)}{x^2-1}. \end{aligned}$$

La fonction

$$f : x \mapsto \frac{\ln(x)}{x^2-1}$$

est continue sur $]0,1[\,\cup\,]1,+\infty[$ et g est l'une de ses primitives. Comme $\frac{1}{2}x \in \,]0,1[$, la fonction

$$F_0 : x \mapsto \int_{1/2}^{x} f(t)\, dt$$

est une primitive de f sur $]0,1[$ donc il existe un réel C tel que

$$\forall x \in \,]0,1[\,, \, F_0(x) = g(x) + C.$$

Comme $\lim_0 g$ et $\lim_{1^-} g$ existent et sont finies car g est continue sur $\mathbb{R}_+$ donc en 0 et en 1), on en déduit que $\lim_0 F_0$ et $\lim_{1^-} F$ existent dans $\mathbb{R}$ donc les intégrales $\int_{1/2}^{0} f$ et $\int_{1/2}^{1} f$ convergent. On en déduit que l'intégrale $\int_0^1 f$ converge, ce qui permet d'affirmer que la *fonction*

$$F : x \mapsto \int_0^x f$$

est une primitive de f *sur* $\mathbb{R}_+^*$. *En outre, il existe un réel* C *tel que*

$$\forall x \in \mathbb{R}_+^*,\ F(x) = g(x) + C.$$

En faisant tendre x *vers* 0^+ *et en utilisant la continuité de* g *en* 0 *et le fait que* $\lim\limits_0 F = 0$, *on en déduit que*

$$0 = \underbrace{g(0)}_{=0} + C \Leftrightarrow C = 0 \Rightarrow \forall x \in \mathbb{R}_+^*,\ F(x) = g(x),$$

cette formule restant valable pour $x = 0$.

2. *On conserve les notations et résultats établis à la question précédente. Pour chaque* $t \in \mathbb{R}_+^*$, *on a :*

$$\lim_{x \to +\infty} \varphi(x,t) = \frac{\pi}{2} \times \frac{1}{1+t^2} = \psi_1(t).$$

Pour chaque $x \in \mathbb{R}_+^*$, *la fonction* $t \mapsto \varphi(x,t)$ *est continue sur* $\mathbb{R}_+$ *et on dispose de la domination suivante :*

$$\forall (x,t) \in \mathbb{R}_+ \times \mathbb{R}_+^*,\ |\varphi(x,t)| \leqslant \psi_1(t).$$

La fonction ψ_1 *étant intégrable, le théorème de convergence dominée montre que :*

$$\lim_{x \to +\infty} g(x) = \int_0^{+\infty} \psi_1(t) = \frac{\pi}{2} \int_0^{+\infty} \frac{1}{1+t^2} dt = \frac{\pi}{2} \times \frac{\pi}{2} = \frac{\pi^2}{4}.$$

Comme $F = g$ *sur* $\mathbb{R}_+$, *on en déduit que* $\lim\limits_{+\infty} g$ *existe et vaut* $\dfrac{\pi^2}{4}$ *donc* $\displaystyle\int_0^{+\infty} \frac{\ln(t)}{t^2-1} dt$ *converge et vaut* $\dfrac{\pi^2}{4}$. *En utilisant le changement de variable*

$$s = \frac{1}{t} \Leftrightarrow t = \frac{1}{s} \Rightarrow dt = -\frac{1}{s^2} ds,\ t \to 0^+ \text{ alors } s \to +\infty,\ t = 1 \text{ alors } s = 1,$$

on obtient l'égalité suivante :

$$\begin{aligned} \int_0^1 \frac{\ln(t)}{t^2-1} dt &= \int_{+\infty}^1 \frac{\ln(1/s)}{(1/s)^2 - 1} \left(-\frac{ds}{s^2}\right) = \int_1^{+\infty} \frac{\ln(s)}{s^2-1} ds \text{ donc} \\ \frac{\pi^2}{4} &= \int_0^{+\infty} \frac{\ln(t)}{t^2-1} dt = 2 \int_0^1 \frac{\ln(t)}{t^2-1} dt \Rightarrow \int_0^1 \frac{\ln(t)}{t^2-1} dt = \frac{\pi^2}{8}. \end{aligned}$$

Au final, on a prouvé les formules suivantes :

$$\int_0^1 \frac{\ln(t)}{t^2-1} dt = \frac{\pi^2}{8},\ \int_0^{+\infty} \frac{\ln(t)}{t^2-1} dt = \frac{\pi^2}{4}.$$

Commentaires 200 *Il s'agit d'un exercice avec une grande technicité, notamment dans la première question qui est la plus difficile de l'exercice. D'un point de vue pratique, il est préférable de traiter l'intégrale* $\int_0^{+\infty} \frac{\ln(t)}{t^2-1} dt$ *de la question 2 puisque la réponse à la question 1 est donnée. En effet, cette question nécessite uniquement de faire tendre x vers* $+\infty$ *et le théorème de convergence dominée est aisé à mettre en place. La gestion de* $\int_0^1 \frac{\ln(t)}{t^2-1} dt$ *est uniquement astucieuse (et l'interrogateur donnera l'astuce).*
Pour la première question, l'interrogateur appréciera et valorisera les candidats indiquant qu'il faut prouver que la fonction g (du corrigé) a pour dérivée la fonction $x \mapsto \frac{\ln(x)}{x^2-1}$. *Une mise en place rigueuse du théorème de dérivation sera alors un élément clé de distinction entre les candidats.*

Exercice 201 (Mines-Ponts) Pour tout $n \in \mathbb{N}^*$, on considère l'intégrale

$$I_n = \int_0^1 \frac{dt}{1+t+\cdots+t^{n-1}}.$$

1. Montrer que la suite $(I_n)_{n\in\mathbb{N}}$ converge. On note $a = \lim_{n\to+\infty} I_n$.
2. Trouver un équivalent de $I_n - a$ quand n tend vers $+\infty$.

Solution 201

1. *Nous allons utiliser le théorème de convergence dominée. Pour tout entier* $n \geqslant 1$, *on considère la fonction*

$$f_n : t \in [0,1] \mapsto \frac{1}{1+t+\cdots+t^{n-1}}.$$

Pour chaque entier $n \geqslant 1$, *la fonction* f_n *est continue sur* $[0,1]$ *(comme inverse d'une telle fonction ne s'annulant pas sur cet intervalle). Pour tout* $t \in [0,1[$, *d'après le calcul des sommes géométriques, on a :*

$$f_n(t) = \frac{1}{\frac{1-t^n}{1-t}} = \frac{1-t}{1-t^n} \underset{n\to+\infty}{\to} 1-t$$

(car $t^n \to 0$ *puisque* $t \in [0,1[$*). Si* $t=1$ *alors*

$$f_n(1) = \frac{1}{n} \underset{n\to+\infty}{\to} 0 = 1-1.$$

Ainsi, la suite $(f_n)_{n\geqslant 1}$ *converge simplement sur* $[0,1]$ *vers la fonction* $f : t \mapsto 1-t$ *qui est continue sur* $[0,1]$.
En outre, on dispose de la domination suivante :

$$\forall n \geqslant 1, \ |f_n(t)| = f_n(t) \leqslant 1 = \varphi(t)$$

et la fonction φ *est manifestement intégrable sur* $[0,1]$.
Par conséquent, d'après le théorème de convergence dominée, on peut affirmer que :

$$\lim_{n\to+\infty} I_n = \int_0^1 f(t)\,dt = \int_0^1 (1-t)\,dt = \left[t - \frac{t^2}{2}\right]_{t=0}^{t=1} = \frac{1}{2}.$$

2. *Commençons par réécrire* $I_n - \frac{1}{2}$ *en utilisant les notations de la question précédente. Pour tout entier* n, *on a :*

$$\begin{aligned} I_n - \frac{1}{2} &= \int_0^1 f_n(t)\,dt - \int_0^1 f(t)\,dt = \int_0^1 (f_n(t) - f(t))\,dt \\ &= \int_0^1 (1-t)\left(\frac{1}{1-t^n} - 1\right)dt = \int_0^1 \frac{(1-t)\,t^n}{1-t^n}dt \end{aligned}$$

Transformons cette intégrale à l'aide du changement de variable

$$u = t^n \Leftrightarrow t = u^{1/n} \Rightarrow dt = \frac{1}{n}u^{-1+1/n}du.$$

On en déduit la formule :

$$I_n - \frac{1}{2} = \int_0^1 \frac{(1-u^{1/n})\,u}{1-u}\frac{1}{n}u^{-1+1/n}du = \frac{1}{n}\int_0^1 \frac{(1-u^{1/n})u^{1/n}}{1-u}du.$$

Soit $u \in]0,1[$. *Grâce à l'écriture exponentielle et au développement limité de l'exponentielle en* 0, *on dispose de l'équivalent suivant :*

$$1 - u^{1/n} = 1 - \exp\left(\frac{\ln(u)}{n}\right) = -\frac{\ln(u)}{n} + o\left(\frac{1}{n}\right) \underset{n\to+\infty}{\sim} \frac{-\ln(u)}{n}.$$

Comme $u^{1/n} \underset{n\to+\infty}{\to} u^0 = 1$, *on obtient :*

$$\frac{(1-u^{1/n})u^{1/n}}{1-u} \underset{n\to+\infty}{\sim} \frac{-\ln(u)}{n(1-u)}.$$

Si on avait le droit d'intégrer les équivalents, on obtiendrait :

$$I_n - \frac{1}{2} \underset{n\to+\infty}{\sim} \frac{1}{n^2}\int_0^1 \frac{-\ln(u)}{1-u}du \Leftrightarrow n^2\left(I_n - \frac{1}{2}\right) \underset{n\to+\infty}{\to} \int_0^1 \frac{-\ln(u)}{1-u}du.$$

Prouvons que cette limite est vérifiée. Pour tout entier $n \geqslant 1$, *considérons la fonction*

$$g_n : u \in]0,1[\mapsto \frac{n(1-u^{1/n})u^{1/n}}{1-u}$$

qui est continue sur $]0,1[$. *D'après ce qui précède, la suite de fonctions* $(g_n)_{n\geqslant 1}$ *converge simplement sur* $]0,1[$ *vers la fonction*

$$g : u \in]0,1[\mapsto \frac{-\ln(u)}{1-u}$$

qui est continue sur $]0,1[$ *(comme quotient de deux telles fonctions dont le dénominateur ne s'annule pas sur cet intervalle).*

Pour obtenir une domination, nous allons utiliser l'inégalité des accroissements finis appliquée à la fonction exponentielle. Pour tout $x \in \mathbb{R}_-$, *on a :*

$$|1 - e^x| = |\exp(0) - \exp(x)| \leqslant |x - 0| \sup_{t \in \mathbb{R}_-} |\exp'(t)| = |x|.$$

Pour chaque $u \in \left]0, 1\right[$, *on en choisit* $x = \dfrac{\ln(u)}{n} > 0$ *dans l'inégalité précédente, on obtient la majoration :*

$$\left|1 - u^{1/n}\right| \leqslant \left|\frac{\ln(u)}{n}\right| = \frac{-\ln(u)}{n}.$$

Par conséquent, on peut écrire la domination suivante :

$$\forall u \in \left]0, 1\right[, \ |g_n(u)| = n \frac{\left|1 - u^{1/n}\right| \overbrace{u^{1/n}}^{\leqslant 1}}{1 - u} \leqslant \frac{-\ln(u)}{1 - u} = g(u).$$

Montrons succinctement que la fonction g *est intégrable sur* $\left]0, 1\right[$. *Elle est continue sur* $\left]0, 1\right[$ *et nous disposons des dominations suivantes :*

$$g(u) \underset{u \to 0^+}{\sim} -\ln(u) = o\left(\frac{1}{u^{1/2}}\right) \text{ (par croissances comparées)}$$

$$g(u) \overset{u=1-t}{=} \frac{-\ln(1-t)}{t} \underset{u \to 1}{\overset{t \to 0}{\sim}} \frac{-(-t)}{t} = 1.$$

La fonction $u \mapsto \dfrac{1}{u^{1/2}}$ *est positive et intégrable sur* $\left]0, \dfrac{1}{2}\right]$ *(intégrale de Riemann de paramètre* $\dfrac{1}{2} < 1$*). La fonction* $u \mapsto 1$ *est positive et intégrable sur* $\left[\dfrac{1}{2}, 1\right[$ *donc* g *est intégrable sur* $\left]0, 1\right[$. *En outre, la fonction* g *étant continue, positive et non identiquement nulle sur* $\left]0, 1\right[$, *son intégrale* $J = \displaystyle\int_0^1 g$ *est strictement positive.*

Ainsi, le théorème de convergence dominée s'applique et on peut écrire :

$$\begin{aligned} \lim_{n \to +\infty} \int_0^1 g_n(u)\,du &= \int_0^1 g(u)\,du \Leftrightarrow \lim_{n \to +\infty} n^2 \left(I_n - \frac{1}{2}\right) = J \neq 0 \\ &\Leftrightarrow I_n - \frac{1}{2} \underset{n \to +\infty}{\sim} \frac{J}{n^2}. \end{aligned}$$

Commentaires 201 *Exercice classique et de difficulté graduée pour ce concours.*
Question 1. Il est tout à fait possible de montrer la convergence en observant que

$$\begin{aligned} \forall n &\in \mathbb{N}, \forall t \in [0, 1], 1 + t + \cdots + t^n + t^{n+1} \geqslant 1 + t + \cdots + t^n \\ &\Rightarrow \frac{1}{1 + t + \cdots + t^n + t^{n+1}} \leqslant \frac{1}{1 + t + \cdots + t^n} \Rightarrow I_{n+1} \leqslant I_n \end{aligned}$$

(par positivité de l'intégrale). Ainsi, la suite $(I_n)_n$ *est décroissante et minorée par* 0 *(car l'intégrande est positive) donc elle converge. Malheureusement, cela ne permettra pas de progresser pour la question 2 mais l'interrogateur attribuera des points puisque le candidat répond à la question posée par un argumentaire tout à fait valable.*

Question 2. Cette question sert à départager les candidats ayant répondu assez rapidement à la première question. L'initiative du candidat sera fortement valorisée, en particulier l'expression intégrale de $I_n - \frac{1}{2}$ *sous la forme* $\int_0^1 \frac{(1-t)\,t^n}{1-t^n}dt$ *ainsi que l'utilisation du changement de variable* $x = t^n$. *Néanmoins, si le candidat n'y songe pas, l'interrogateur lui proposera (il faudra alors être soigneux dans les calculs de changement de variable). L'interrogateur valorisera le candidat qui indique qu'il suffit de calculer* $\lim_{n \to +\infty} n^2 \left(I_n - \frac{1}{2} \right)$ *(pour son autonomie). Le reste de la preuve sera l'objet d'interaction avec l'interrogateur, chacun des points à justifier n'étant pas immédiat, ils seront tous valorisés de façon sensiblement équitables.*

Exercice 202 (Mines-Ponts) Montrer que : $\displaystyle\int_0^{+\infty} \ln(\operatorname{th}(x))\,dx = -\sum_{k=0}^{+\infty} \frac{1}{(2k+1)^2}$.

Solution 202 *Notons*

$$I = \int_0^{+\infty} \ln(\operatorname{th}(x))\,dx.$$

Rappelons, pour tout réel x, *que :*

$$\operatorname{th}(x) = \frac{\operatorname{sh}(x)}{\operatorname{ch}(x)} = \frac{e^x - e^{-x}}{e^x + e^{-x}} = \frac{e^x\left(1 - e^{-2x}\right)}{e^x\left(1 + e^{-2x}\right)} = \frac{1 - e^{-2x}}{1 + e^{-2x}}.$$

Montrons que l'intégrale I *existe bien. La fonction* $x \mapsto \ln(\operatorname{th}(x))$ *est continue sur* $[0, +\infty[$. *Comme* $\operatorname{th}(x) \underset{x \to +\infty}{\longrightarrow} 1$, *en utilisant l'équivalent de* $u \mapsto \ln(1+u)$ *en* 0, *on obtient l'équivalent suivante :*

$$\ln(\operatorname{th}(x)) = \ln(1 + (\operatorname{th}(x) - 1)) \underset{x \to +\infty}{\sim} \operatorname{th}(x) - 1 = \frac{e^{-2x}}{1 + e^{-2x}} \underset{x \to +\infty}{\sim} e^{-2x}.$$

On utilise alors le développement en série entière de la fonction $u \mapsto \ln(1+u)$ *dont le rayon de convergence est* 1. *Ainsi, pour tout* $t \in \,]0,1[$, t *et* $-t$ *appartiennent au disque ouvert de convergence* $]-1,1[$, *ce qui permet d'écrire :*

$$\ln(1+t) = \sum_{n=1}^{+\infty} \frac{(-1)^{n-1} t^n}{n}, \ \ln(1-t) = \sum_{n=1}^{+\infty} \frac{(-1)^{n-1}(-t)^n}{n} = -\sum_{n=1}^{+\infty} \frac{t^n}{n}.$$

En retranchant ces deux égalités, on obtient

$$\forall t \in \,]-1,1[, \ \ln\left(\frac{1-t}{1+t}\right) = -\sum_{n=1}^{+\infty} \frac{1 + (-1)^{n-1}}{n} t^n.$$

Lorsque n *est un entier pair, on a* $1 + (-1)^{n-1} = 0$ *et lorsque* n *est un entier impair, on a* $1 + (-1)^{n-1} = 2$. *Tout entier* $n \geqslant 1$ *impair s'écrivant* $n = 2k+1$ *avec* $k \in \mathbb{N}$, *on obtient une nouvelle formule pour* I *:*

$$\forall t \in \,]-1,1[, \ \ln\left(\frac{1-t}{1+t}\right) = -\sum_{k=0}^{+\infty} \frac{2}{2k+1} t^{2k+1}.$$

Pour tout $x \in \mathbb{R}_+^*$, on a $t = e^{-2x} \in]-1, 1[$, ce qui nous permet d'écrire :

$$I = \int_0^{+\infty} \sum_{k=0}^{+\infty} -\frac{2e^{-2(2k+1)x}}{2k+1} dx.$$

Nous allons appliquer un théorème de permutation série-intégrale ($\sum_n \int |f_n|$). Pour tout entier k, on pose

$$f_k : x \in \mathbb{R}_+^* \mapsto -\frac{2e^{-2(2k+1)x}}{2k+1}$$

qui est continue et intégrable sur $\mathbb{R}_+^*$ (car $2(2k+1) > 0$). Pour tout $x \in \mathbb{R}_+^*$, la série $\sum_{k\geqslant 0} f_k(x)$ converge (par construction) et sa somme

$$\sum_{k=0}^{+\infty} f_k : x \mapsto \ln(\operatorname{th}(x))$$

(par construction) est continue sur $\mathbb{R}_+^*$.Pour finir, la série

$$\begin{aligned}
\sum_{k\geqslant 0} \int_0^{+\infty} |f_k(x)|\, dx &= \sum_{k\geqslant 0} \frac{1}{2k+1} \int_0^{+\infty} 2e^{-2(2k+1)x} dx \\
&= \sum_{k\geqslant 0} \frac{1}{2k+1} \left[-e^{-2(2k+1)x}\right]_{x=0}^{x\to+\infty} = \sum_{k\geqslant 0} \frac{1}{(2k+1)^2}
\end{aligned}$$

converge (son terme général est équivalent à $\frac{1}{4k^2}$ qui est le terme de la série de Riemann convergente de paramètre $2 > 1$).
Par conséquent, le théorème de permutation série-intégrale montre que :

$$I = \int_0^{+\infty} \sum_{k=0}^{+\infty} f_k = \sum_{k=0}^{+\infty} \int_0^{+\infty} f_k = -\sum_{k=0}^{+\infty} \frac{1}{(2k+1)^2}.$$

> **Commentaires 202** *Exercice où l'initiative et l'autonomie du candidat seront des éléments importants de l'évaluation. Songer à justifier l'existence de l'intégrale et de la somme $\sum_{k=0}^{+\infty} \frac{1}{(2k+1)^2}$ puis le faire sera valorisé par l'interrogateur. En effet, même si cela ne prouve pas l'égalité, cela montre que la rigueur du candidat. Si le candidat bloque, l'interrogateur proposera directement ou indirectement une écrire en série de la fonction $t \mapsto \ln\left(\frac{1-t}{1+t}\right)$. Il est attendu du candidat qu'il sache l'obtenir seul et qu'il songe à un théorème de permutation série-intégrale.*

Exercice 203 (Mines-Ponts)

1. Pour tout entier $n \geqslant 1$, on note $S_n = \sum_{k=1}^{+\infty} \frac{1}{n^2+k^2}$. Déterminer un équivalent de S_n quand $n \to +\infty$.

2. En déduire un équivalent lorsque n tend vers $+\infty$ de $I_n = \int_0^{+\infty} \frac{\sin(nt)}{e^t - 1} dt$.

3. Montrer que $\int_0^{+\infty} \frac{\sin(t)}{t} dt = \frac{\pi}{2}$.

Solution 203

1. *On utilise la comparaison série-intégrale. Soit* $n \in \mathbb{N}^*$, *la fonction*

$$f : t \mapsto \frac{1}{n^2+t^2}$$

est continue, positive et décroissante sur $[1, +\infty[$. *Comme* $f(t) \underset{t\to+\infty}{\sim} \frac{1}{t^2}$ *et que la fonction* $t \mapsto \frac{1}{t^2}$ *est intégrable sur* $[1, +\infty[$ *(intégrale de Riemann de paramètre* $2 > 1$*), on en déduit que la fonction* f *est intégrable sur* $[1, +\infty[$. *D'après le théorème de comparaison série-intégrale, la série* $\sum_{k\geqslant 1} f(k)$ *est convergente, ce qui assure l'existence de* S_n. *En outre, on dispose des encadrements suivants :*

$$\begin{aligned}
\forall k &\in \mathbb{N}^*, \forall t \in [k, k+1], f(k+1) \leqslant f(t) \leqslant f(k) \\
&\Rightarrow \int_k^{k+1} f(k+1)\, dt \leqslant \int_k^{k+1} f(t)\, dt \leqslant \int_k^{k+1} f(k)\, dt \\
&\Leftrightarrow f(k+1) \leqslant \int_k^{k+1} f(t)\, dt \leqslant f(k+1).
\end{aligned}$$

En sommant cet encadrement sur $k \in \mathbb{N}^*$ *et en utilisant la relation de Chasles, on en déduit l'encadrement suivant :*

$$\begin{aligned}
\sum_{k=1}^{+\infty} f(k+1) &\leqslant \int_1^{+\infty} f \leqslant \sum_{k=1}^{+\infty} f(k) \Leftrightarrow S_n - f(1) \leqslant \int_1^{+\infty} f \leqslant S_n \\
\underset{-S_n}{\Leftrightarrow} -\frac{1}{n^2+1} &\leqslant \int_1^{+\infty} f - S_n \leqslant 0 \int_1^{+\infty} f - S_n \underset{n\to+\infty}{=} O\left(\frac{1}{n^2+1}\right) \\
\text{donc } (*) \quad &: \quad S_n \underset{n\to+\infty}{=} \int_1^{+\infty} f + O\left(\frac{1}{n^2}\right).
\end{aligned}$$

Explicitons l'intégrale de f_n sur $\mathbb{R}_+$ grâce à la fonction arctan :

$$\int_1^{+\infty} f = \left[\frac{1}{n}\arctan\left(\frac{t}{n}\right)\right]_{t=1}^{+\infty} = \frac{\pi}{2n} - \frac{1}{n}\arctan\left(\frac{1}{n}\right) \underset{n\to+\infty}{=} \frac{\pi}{2n} + o\left(\frac{1}{n}\right)$$

(car $\lim_0 \arctan = 0$), *on en déduit les dominations suivantes :*

$$S_n \underset{n\to+\infty}{=} \frac{\pi}{2n} + o\left(\frac{1}{n}\right) + O\left(\frac{1}{n^2}\right) \underset{n\to+\infty}{\sim} \frac{\pi}{2n}.$$

2. *L'idée fondamentale est d'écrire l'intégrande comme une somme de fonctions pour ramener l'intégrale I_n à la somme de la question 1. Pour cela, on utilise le développement en série entière de $x \mapsto \dfrac{1}{1-x}$ et le théorème de permutation série-intégrale (la version pour les suites de fonctions car les autres méthodes n'aboutissent pas). Commençons néanmoins par montrer que l'intégrale I_n est convergente.*

***Existence de** I_n. Soit $n \in \mathbb{N}^*$. On considère la fonction*

$$f : t \mapsto \frac{\sin(nt)}{e^t - 1}$$

qui est continue sur $]0, +\infty[$. *Grâce aux développements limités à l'ordre* 1 *des fonctions* sin *et* exp *en* 0 *et comme* sin *est bornée sur* $\mathbb{R}$, *on dispose des dominations suivantes :*

$$|f(t)| \underset{t\to0}{\sim} \left|\frac{nt}{t}\right| = n, \quad |f(t)| \underset{t\to+\infty}{=} O\left(\frac{1}{e^t - 1}\right) \underset{t\to+\infty}{=} O\left(\frac{1}{e^t}\right) \underset{t\to+\infty}{=} O\left(e^{-t}\right).$$

La fonction $t \mapsto n$ (resp. $t \mapsto e^{-t}$) étant positive et intégrable sur $]0, 1]$ *(resp.* $[1, +\infty[$), *on en déduit que la fonction f est intégrable sur* $]0, 1]$ *(resp.* $[1, +\infty[$). *Ainsi, f est intégrable sur $\mathbb{R}_+^*$, ce qui assure l'existence de I_n.*

***Transformation de** f. Pour tout $t > 0$, on a $e^{-t} \in]-1, 1[$ donc :*

$$\begin{aligned} \frac{1}{e^t - 1} &= \frac{1}{e^t} \times \frac{1}{1 - e^{-t}} = e^{-t}\sum_{j=0}^{+\infty}\left(e^{-t}\right)^j = \sum_{j=0}^{+\infty} e^{-(j+1)t} \underset{k=j+1}{=} \sum_{k=1}^{+\infty} e^{-kt} \\ &\Rightarrow \quad f(t) = \sum_{k=1}^{+\infty} e^{-kt}\sin(nt). \end{aligned}$$

***Transformation de** I_n. Pour tout entier $k \geqslant 1$, on pose*

$$u_k : t \mapsto e^{-kt}\sin(nt)$$

qui est une fonction continue sur $\mathbb{R}_+^*$. La série $\sum_{k\geqslant1} u_k$ converge simplement sur $\mathbb{R}_+^*$ (par construction) et sa somme $\sum_{k=1}^{+\infty} u_k = f$ est continue sur $\mathbb{R}_+^*$. Pour chaque entier k, on dispose de la majoration suivante :

$$\forall t \in \mathbb{R}_+, \ |u_k(t)| \leqslant e^{-kt}$$

Comme la fonction $t \mapsto e^{-kt}$ est intégrable sur $[0, +\infty[$ (car $k > 0$), la fonction g_k l'est aussi. Pour tout entier $N \geqslant 1$, on dispose de la domination suivante :

$$\forall t \in \mathbb{R}_+^*, \left|\sum_{k=0}^{N} u_k(t)\right| = |\sin(nt)| \sum_{k=1}^{N} \underbrace{e^{-kt}}_{\geqslant 0} \leqslant |\sin(nt)| \sum_{k=1}^{+\infty} e^{-kt}$$

$$= |\sin(nt)| \sum_{k=1}^{+\infty} \left(e^{-t}\right)^k = |\sin(nt)| \times \frac{e^{-t}}{1-e^{-t}} = |\sin(nt)| \frac{1}{e^t} \times \frac{1}{1-\dfrac{1}{e^t}} = |f(t)|.$$

La fonction f étant indépendante de N et intégrable sur $\mathbb{R}_+^*$, le théorème de convergence dominée pour les séries de fonctions montre que :

$$I_n = \int_0^{+\infty} \sum_{k=1}^{+\infty} u_k = \sum_{k=1}^{+\infty} \int_0^{+\infty} u_k.$$

Calculons chacune de ces intégrales grâce aux formules d'Euler :

$$\begin{aligned} \int_0^{+\infty} u_k(t)\,dt &= \int_0^{+\infty} \underbrace{e^{-kt}}_{\in \mathbb{R}} \operatorname{Im}\left(e^{nit}\right) dt = \int_0^{+\infty} \operatorname{Im}\left(e^{-kt} e^{nit}\right) dt \\ &= \operatorname{Im}\left(\int_0^{+\infty} e^{-kt} e^{nit} dt\right) = \operatorname{Im}\left(\int_0^{+\infty} e^{(-k+in)t} dt\right) \\ &= \operatorname{Im}\left(\left[\frac{e^{(-k+in)t}}{-k+in}\right]_{t=0}^{t\to+\infty}\right) \underset{(*)}{=} \operatorname{Im}\left(\frac{-1}{-k+in}\right) \\ &= \operatorname{Im}\left(\frac{-1(-k-in)}{|-k+in|^2}\right) = \frac{n}{k^2+n^2}. \end{aligned}$$

$(*)$ *car*

$$\left|e^{(-k+it)}\right| = \left|e^{-kt}\right| \left|e^{it}\right| = e^{-kt} \underset{t\to+\infty}{\to} 0).$$

***Équivalent de I_n**. Dès lors, on obtient la formule :*

$$I_n = \sum_{k=1}^{+\infty} \frac{n}{k^2+n^2} = nS_n \underset{n\to+\infty}{\sim} n \times \frac{\pi}{2n} = \frac{\pi}{2}$$

(d'après la question 1).

3. *Notons $I = \displaystyle\int_0^{+\infty} \frac{\sin(t)}{t} dt$. Nous allons montrer que l'intégrale I converge puis que la suite $(I_n)_n$ converge vers I.*
***Existence de I et transformation de I**. La fonction*

$$f : t \mapsto \frac{\sin(t)}{t}$$

est continue sur $]0,+\infty[$. *Comme*

$$f(t) \underset{t\to 0}{\sim} \frac{t}{t} = 1$$

et que la fonction $t \mapsto 1$ *est positive et intégrable sur* $]0,1]$, *on en déduit que* f *est intégrable sur* $]0,1]$, *ce qui assure l'exitence de l'intégrale* $\int_0^1 f$.

On utilise ensuite le théorème d'intégration par parties. Considérons les fonctions

$$u : t \mapsto -\cos(t) \text{ et } v : t \mapsto \frac{1}{t}$$

qui sont de classe C^1 *sur* $[1,+\infty[$. *Comme* $\lim\limits_{+\infty} uv = 0$ *(produit d'une fonction bornée par une fonction tendant vers* 0*), on peut affirmer que les intégrales :*

$$\int_1^{+\infty} u'v = \int_1^{+\infty} f \text{ et } \int_1^{+\infty} uv' = \int_1^{+\infty} \frac{\cos(t)}{t^2} dt$$

sont de même nature. La fonction

$$g : t \mapsto \frac{\cos(t)}{t^2}$$

est continue sur $[1,+\infty[$ *et on a la majoration suivante :*

$$\forall t \in [1,+\infty[,\ |g(t)| \leqslant \frac{1}{t^2}.$$

Comme la fonction $t \mapsto \frac{1}{t^2}$ *est intégrable sur* $[1,+\infty[$ *(intégrale de Riemann de paramètre* $2 > 1$*), on peut affirmer que* g *est intégrable sur* $[1,+\infty[$ *d'où l'existence de l'intégrale* $\int_1^{+\infty} g$. *On en déduit que l'intégrale* $\int_1^{+\infty} f$ *converge donc l'intégrale* I *converge.*

En outre, en effectuant le changement de variable

$$t = nx \text{ (donc } dt = ndx\text{)},$$

on obtient la formule :

$$I = \int_0^{+\infty} \frac{\sin(nx)}{nx} \times ndx = \int_0^{+\infty} \frac{\sin(nx)}{x} dx.$$

Convergence de $(I_n - I)$. *Pour tout entier* $n \geqslant 1$, *d'après l'égalité précédente, on obtient :*

$$I_n - I = \int_0^{+\infty} \sin(nt)\, h(t)\, dt \text{ où } h : t \mapsto \frac{1}{e^t - 1} - \frac{1}{t}.$$

À l'aide d'une intégration par parties en intégrant $t \mapsto \sin(nt)$ *et en dérivant* h, *nous allons montrer que* $I_n - I$ *tend vers* 0 *quand* $n \to +\infty$. *La fonction* h *est de classe* C^1

sur $\mathbb{R}_+^*$. *Montrons que* h' *est intégrable sur* $\mathbb{R}_+^*$ *(cela nous sera utile). Pour tout* $t \in \mathbb{R}_+^*$, *on a :*

$$h'(t) = -\frac{e^t}{(e^t-1)^2} + \frac{1}{t^2}.$$

Or, on dispose de l'équivalent suivant en $+\infty$ *:*

$$\frac{e^t}{(e^t-1)^2} \underset{t\to+\infty}{\sim} \frac{e^t}{(e^t)^2} = e^{-t} = o\left(\frac{1}{t^2}\right)$$

(d'après les croissances comparées), on en déduit que :

$$h'(t) \underset{t\to+\infty}{\sim} \frac{1}{t^2},$$

ce qui prouve l'intégrabilité de h' *sur* $[1,+\infty[$. *À l'aide du développement limité de l'exponentielle en* 0, *on a :*

$$\begin{aligned} h'(t) &= \frac{-t^2e^t + (e^t-1)^2}{(e^t-1)^2 t^2} \underset{t\to0}{\sim} \frac{-t^2e^t + (e^t-1)^2}{(t)^2 t^2} \underset{t\to0}{=} \frac{-t^2e^t + (e^t-1)^2}{t^4} \\ &\underset{t\to0}{=} \frac{-t^2\left(1+t+O\left(t^2\right)\right) + \left(t + \frac{t^2}{2} + O\left(t^3\right)\right)^2}{t^4} \underset{t\to0}{=} \frac{O\left(t^4\right)}{t^4} \underset{t\to0}{=} O(1) \end{aligned}$$

La fonction $t \mapsto 1$ *étant positive et intégrable sur* $[0,1]$, *on en déduit que* h' *est intégrable sur* $]0,1]$ *d'où l'intégrabilité de* h' *sur* $\mathbb{R}_+^*$.
Posons

$$u : t \mapsto \frac{1-\cos(nt)}{n}\sin(t) \quad \text{et } v = h$$

qui sont des fonctions de classe C^1 *sur* $\mathbb{R}_+^*$. *Comme* $\lim\limits_{0} u = 0$ *et que* v *est bornée au voisinage de* 0 *(faire un développement limité en* 0 *analogue à celui de* h*), on peut affirmer que* $\lim\limits_{0} uv = 0$. *Comme* u *est bornée sur* $\mathbb{R}_+$ *et que* $\lim\limits_{+\infty} v = 0$, *on peut affirmer que* $\lim\limits_{+\infty} uv = 0$. *Le théorème d'intégration par parties montre que :*

$$I_n - I = \int_0^{+\infty} u'v = \left[u(t)v(t)\right]_{t\to0}^{t\to+\infty} - \int_0^{+\infty} uv' = -\frac{1}{n}\int_0^{+\infty} (1-\cos(nt))\,h'(t)\,dt.$$

L'inégalité triangulaire permet d'écrire :

$$|I_n - I| \leqslant \frac{1}{n}\int_0^{+\infty} |1-\cos(nt)|\,|h'(t)|\,dt \leqslant \frac{2}{n}\int_0^{+\infty} |h'(t)|\,dt \underset{n\to+\infty}{\to} 0.$$

D'après le théorème d'encadrement, on en déduit que :

$$I = \lim_{n\to+\infty} I_n = \frac{\pi}{2}$$

(d'après la question 2).

Commentaires 203 *Exercice de difficulté graduée (ce qui est assez rare au concours Mines-Ponts et se conforme au format Centrale Maths 1).*
Question 1. Un candidat songeant seul à une comparaison série-intégrale et en posant la bonne fonction auxiliaire sera fortement valorisée. Sinon, l'interrogateur indiquera cette méthode au candidat (mais il attend que le candidat la devine seul). Cette méthode de comparaison série-intégrale est un paradigme pour encadrer assez efficacement des sommes de la forme $\sum_{k=n}^{m} f(k)$ *où* n, m *sont des entiers et* f *une fonction monotone (croissante ou décroissante) sur* $\mathbb{N}$.
Question 2. Un candidat songeant à justifier l'existence de l'intégrale et le prouvant sera valorisé (il est rigoureux). De même, pour le candidat développant en série $\frac{1}{e^t - 1}$. *Si ce n'est pas le cas pour le développement, l'interrogateur lui indiquera. Il est inutile de penser à développer en série entière par rapport à* t *puisque, ensuite, il faudra permuter la série et l'intégrale. Or, une puissance de* t *ne peut s'intégrer sur* $\mathbb{R}_+$. *Le théorème de permutation série-intégrale sera un élément discriminant entre les candidats. Celui utilisé dans la solution est à connaitre pour ce concours car il y est très souvent utilisé.*
Question 3. Cette question est moins conventionnelle et l'interrogateur sera attentif à l'initiative du candidat. Il valorisera les candidats faisant le lien (au moins formel dans un premier temps) entre I_n *et* I. *Le candidat peut envisager de justifier l'existence de* I *mais je ne suis pas sûr que l'interrogateur soit intéressé prioritairement par ce point et pourra le faire admettre par le candidat (il l'indiquera lui-même). En effet, l'objectif de cette question est de sortir le candidat des questions standards. Cette question permet de distinguer les meilleurs candidats.*

Exercice 204 (Mines-Ponts) On définit f par : $f : x \mapsto \int_0^{+\infty} \frac{\operatorname{sh}(xt)}{t \operatorname{ch}(t)}\, dt$.

1. Déterminer le domaine de définition de f et montrer que f est $\mathcal{C}^\infty$ sur celui-ci.
2. Montrer que $f(x) \sim -\ln(1-x)$ quand $x \to 1^-$.

Solution 204

1. ***Domaine de définition***. *Soit* $x \in \mathbb{R}$. *La fonction*

$$f_x : t \mapsto \frac{\operatorname{sh}(xt)}{t \operatorname{ch}(t)}$$

est continue sur $]0, +\infty[$.
Si $x = 0$ *alors* f_x *est identiquement nulle donc son intégrale sur* $\mathbb{R}_+$ *existe.*
Supposons que $x > 0$. *Rappelons que :*

$$\begin{aligned} \operatorname{sh}(t) &= \frac{e^t - e^{-t}}{2} \underset{t\to+\infty}{\sim} \frac{e^t}{2} \text{ et } \operatorname{ch}(t) = \frac{e^t + e^{-t}}{2} \underset{t\to+\infty}{\sim} \frac{e^t}{2} \\ &\Rightarrow f_x(t) \underset{t\to+\infty}{\sim} \frac{1}{t} \times \frac{e^{xt}}{e^t} = \frac{1}{t} e^{(x-1)t}. \end{aligned}$$

Si $x \geqslant 1$ *alors*

$$\forall t \geqslant 1,\ \frac{1}{t} e^{(x-1)t} \geqslant \frac{1}{t} \geqslant 0.$$

Comme l'intégrale $\int_1^{+\infty} \frac{1}{t} dt$ *diverge (intégrale de Riemann de paramètre* 1), *on en déduit que* $\int_1^{+\infty} \frac{1}{t} e^{(x-1)t} dt$ *diverge, ce qui prouve la divergence de* $\int_1^{+\infty} f_x(t)\, dt$. *Par conséquent,* $\int_0^{+\infty} f_x(t)\, dt$ *n'existe pas.*

Si $x \in]0,1[$ *alors* $(x-1) < 0$ *et les croissances comparées montrent que :*

$$\lim_{t\to+\infty} t^2 \frac{1}{t} e^{(x-1)t} = \lim_{t\to+\infty} t e^{(x-1)t} = 0 \Rightarrow \lim_{t\to+\infty} t^2 f_x(t) = 0 \Leftrightarrow f_x(t) \underset{t\to+\infty}{=} o\left(\frac{1}{t^2}\right).$$

La fonction $t \mapsto \frac{1}{t^2}$ *est positive et intégrable sur* $[1,+\infty[$ *donc la fonction* f_x *est intégrable sur* $[1,+\infty[$. *À l'aide du développement limité en* 0 *de* sh, *on peut écrire l'équivalent suivant :*

$$f_x(t) \underset{t\to 0^+}{\sim} \frac{xt}{t \times 1} = x.$$

La fonction $t \mapsto x$ *est positive intégrable sur le segment* $[0,1]$ *donc* f_x *est intégrable sur* $]0,1]$. *Ainsi,* f_x *est intégrable sur* $\mathbb{R}_+^*$, *ce qui assure l'existence de son intégrale sur* $\mathbb{R}_+^*$.

Si $x < 0$ *alors* $-x > 0$ *et comme* $f_x = -f_{-x}$, *on en déduit que* $\int_0^{+\infty} f_x(t)\, dt$ *converge si et seulement si*

$$-x < 1 \Leftrightarrow x > -1.$$

Au final, nous venons de montrer que le domaine de définition de f *est* $]-1,1[$.

Caractère C^∞. *Considérons la fonction*

$$h : \left\{ \begin{array}{ccc}]-1,1[\times]0,+\infty[& \to & \mathbb{R} \\ (x,t) & \mapsto & \dfrac{\operatorname{sh}(xt)}{t \operatorname{ch}(t)} \end{array} \right. .$$

Pour chaque $t \in]0,+\infty[$, *la fonction* $x \mapsto h(x,t)$ *est de classe* C^∞ *sur* $]-1,1[$ *et*

$$\forall k \in \mathbb{N},\ \frac{\partial^k h}{\partial x^k}(x,t) = \frac{t^k \operatorname{sh}^{(k)}(xt)}{t \operatorname{ch}(t)}.$$

Rappelons que

$$\operatorname{sh}^{(k)} = \left\{ \begin{array}{ll} \operatorname{sh} & \text{si } k \text{ est un entier pair} \\ \operatorname{ch} & \text{si } k \text{ est un entier impair} \end{array} \right. .$$

Comme $\operatorname{sh} \leqslant \operatorname{ch}$ *sur* $\mathbb{R}_+$, *on en déduit que*

$$\forall k \in \mathbb{N},\ \operatorname{sh}^{(k)} \leqslant \operatorname{ch}^{(k)} \text{ sur } \mathbb{R}_+.$$

Soit $[-a,a]$ *un segment (centré en* 0) *de* $]-1,1[$ *(c'est-à-dire* $0 \leqslant a < 1$). *Pour tout entier* $k \geqslant 1$, *pour tout* $x \in [-a,a]$ *et pour tout* $t \in]0,+\infty[$, *on dispose de la domination suivante :*

$$(\mathcal{D}_1) : \left| \frac{\partial^k h}{\partial x^k}(x,t) \right| = \frac{t^k \operatorname{sh}^{(k)}(xt)}{t \operatorname{ch}(t)} \leqslant \frac{t^k \operatorname{ch}(xt)}{t \operatorname{ch}(t)} \underset{(*)}{\leqslant} t^{k-1} \frac{\operatorname{ch}(at)}{\operatorname{ch}(t)} = \varphi_k(t).$$

(*) *car* ch *est croissante sur* $\mathbb{R}_+$, *que* $x \leqslant a$ *et* $t \geqslant 0$ *donc* $xt \leqslant at$.
La fonction φ_k *est continue sur* $[0, +\infty[$ *et*

$$\varphi_k(t) \underset{t\to+\infty}{\sim} t^{k-1}\frac{e^{at}}{e^t} = t^{k-1}e^{(a-1)t} = o\left(\frac{1}{t^2}\right).$$

La fonction $t \mapsto \dfrac{1}{t^2}$ *est positive et intégrable sur* $[1, +\infty[$ *donc la fonction* φ_k *est intégrable sur* $[1, +\infty[$. *Comme elle est continue sur le segment* $[0, 1]$, *elle y est intégrable d'où l'intégrabilité de* φ_k *sur* $\mathbb{R}_+$.
Si $k = 0$, *la domination* $(\mathcal{D}_1)$ *devient :*

$$|h(x,t)| = \frac{\operatorname{sh}(xt)}{t\operatorname{ch}(t)} \leqslant \frac{\operatorname{sh}(at)}{t\operatorname{ch}(t)} = f_a(t)$$

et la fonction f_a *est intégrable sur* $\mathbb{R}_+^*$. *D'après le théorème de dérivation sous le signe intégral, on en déduit que la fonction*

$$x \mapsto \int_0^{+\infty} h(x,t)\,dt = f(x)$$

est de classe C^∞ *sur* $]-1, 1[$.

2. *D'après la question précédente, on peut écrire :*

$$\forall x \in \,]-1,1[\,,\ f'(x) = \int_0^{+\infty} \frac{\operatorname{ch}(xt)}{\operatorname{ch}(t)}dt.$$

Pour $x \in [0, 1[$ *fixé, on dispose de l'équivalent suivant :*

$$\frac{\operatorname{ch}(xt)}{\operatorname{ch}(t)} = \frac{e^{xt} - e^{-xt}}{e^t + e^{-t}} \underset{t\to+\infty}{\sim} \frac{e^{xt}}{e^t} = e^{(x-1)t}$$

et on remarque que

$$\int_0^{+\infty} e^{(x-1)t}dt = \left[\frac{e^{(x-1)t}}{x-1}\right]_{t=0}^{t\to+\infty} = -\frac{1}{x-1} = \frac{1}{1-x}$$

dont une primitive (par rapport à x*) est justement* $x \mapsto -\ln(1-x)$. *Étudions l'écart entre* $\dfrac{\operatorname{ch}(xt)}{\operatorname{ch}(t)}$ *et* $e^{(x-1)t}$. *Pour tout* $t > 0$, *on a :*

$$\begin{aligned}\frac{\operatorname{ch}(xt)}{\operatorname{ch}(t)} - e^{(x-1)t} &= \frac{e^{xt} + e^{-xt}}{e^t + e^{-t}} - e^{(x-1)t} = \frac{e^{xt} + e^{-xt} - e^{(x-1)t}(e^t + e^{-t})}{e^t + e^{-t}} \\ &= \frac{e^{xt} + e^{-xt} - e^{xt} - e^{(x-2)t}}{e^t + e^{-t}} = \frac{e^{-xt} - e^{(x-2)t}}{e^t + e^{-t}}\end{aligned}$$

Comme on a :

$$\begin{aligned}x - 2 - (-x) &= 2(x-1) \leqslant 0 \Rightarrow x - 2 \leqslant -x \underset{\times t>0}{\Rightarrow} (x-2)t \leqslant -xt \\ &\Rightarrow e^{(x-2)t} \leqslant e^{-xt} \Rightarrow \frac{e^{-xt} - e^{(x-2)t}}{e^t + e^{-t}} \geqslant 0,\end{aligned}$$

on peut écrire :

$$0 \leqslant \frac{\operatorname{ch}(xt)}{\operatorname{ch}(t)} - e^{(x-1)t} = \frac{e^{-xt} - e^{(x-2)t}}{e^t + e^{-t}} \leqslant \frac{e^{-xt}}{e^t + e^{-t}} \leqslant \frac{e^{-xt}}{e^t} = e^{-(x+1)t} \underset{x+1 \geqslant 1}{\leqslant} e^{-t}.$$

Les fonctions

$$t \mapsto \frac{\operatorname{ch}(xt)}{\operatorname{ch}(t)},\ t \mapsto e^{(x-1)t} \text{ et } t \mapsto e^{-t}$$

étant intégrables sur $\mathbb{R}_+$, nous pouvons intégrer (par rapport à t) sur $\mathbb{R}_+$ cette inégalité, ce qui nous donne :

$$0 \leqslant f'(x) - \int_0^{+\infty} e^{(x-1)t} dt \leqslant \int_0^{+\infty} e^{-t} dt \Leftrightarrow 0 \leqslant f'(x) - \frac{1}{1-x} \leqslant 1.$$

Cette inégalité étant valable pour $x \in [0,1[$, on peut l'intégrer sur $[0,s]$ avec $s \in [0,1[$ et on obtient :

$$\begin{aligned} \forall s \quad &\in \quad [0,1[,\ 0 \leqslant \int_0^s f'(x)\,dx - \int_0^s \frac{1}{1-x} dx \leqslant \int_0^s dx \\ &\Leftrightarrow \quad 0 \leqslant f(s) - \underbrace{f(0)}_{=0} + \ln(1-s) \leqslant s \leqslant 1. \end{aligned}$$

Nous pouvons écrire cet encadrement grâce à une domination :

$$f(s) \underset{s \to 1^-}{=} -\ln(1-s) + O(1) \underset{s \to 1^-}{\sim} -\ln(1-s),$$

ce qui permet de conclure.

Commentaires 204 *Question 1. Question standard où la rigueur du raisonnement et la maitrise de l'analyse asymptotique (gestion des ordres de grandeurs) seront les points clés. Cette question discriminera la plupart des candidats.*
Question 2. Question difficile et non standard (dans la stratégie). L'interrogateur observera les stratégies du candidat pour progresser. Si aucune n'est intéressante, il proposera probablement de majorer $\frac{\operatorname{ch}(xt)}{\operatorname{ch}(t)} - e^{(x-1)t}$ (qui sera elle-même une question testant la maitrise des calculs par le candidat). Cette question servira à distinguer les meilleurs candidats.

Chapitre 11

Séries entières

11.1 CCINP

Exercice 205 (CCINP)

1. Donner les réels x tels que la série $\sum_{n\geqslant 0} \frac{4^n (n!)^2}{(2n+1)!} x^{2n+1}$ converge. On note $S(x)$ cette somme.
2. Exprimer $(1-x^2) S'(x)$ en fonction de $S(x)$.
3. Expliciter $S(x)$ en fonction de x.

Solution 205

1. *Cette série converge manifestement si* $x = 0$ *(tous les termes sont nuls). Soit* $x \in \mathbb{R}^*$, *on pose, pour tout entier* n,

$$u_n = \frac{4^n (n!)^2}{(2n+1)!} x^{2n+1} \Rightarrow |u_n| = \frac{4^n (n!)^2 |x|^{2n+1}}{(2n+1)!} > 0$$

alors

$$\begin{aligned} \frac{|u_{n+1}|}{|u_n|} &= \frac{\dfrac{4^{n+1}((n+1)!)^2 |x|^{2n+3}}{(2n+3)!}}{\dfrac{4^n (n!)^2 |x|^{2n+1}}{(2n+1)!}} = \frac{4^{n+1}((n+1)!)^2 |x|^{2n+3} (2n+1)!}{4^n (n!)^2 |x|^{2n+1} (2n+3)!} \\ &= \frac{4(n+1)^2 |x|^2}{(2n+3)(2n+2)} \underset{n\to+\infty}{\sim} \frac{4n^2 |x|^2}{2n \times 2n} = |x|^2 \underset{n\to+\infty}{\to} |x|^2 . \end{aligned}$$

D'après le critère de d'Alembert, la série $\sum_n |u_n|$ *converge si* $|x|^2 < 1 \Leftrightarrow |x| < 1$ *et diverge grossièrement si* $|x|^2 > 1 \Leftrightarrow |x| > 1$. *Il reste à étudier les cas* $x = 1$ *et* $x = -1$. *Dans ce cas, pour chaque entier* n, u_n *est positif si* x *est positif et* u_n *si* x *est négatif. En utilisant l'équivalent de Stirling* $n! \underset{n\to+\infty}{\sim} \left(\frac{n}{e}\right)^n \sqrt{2\pi n}$, *on dispose de l'équivalent suivant :*

$$\begin{aligned}
|u_n| &= \frac{4^n}{2n+1}\times\frac{(n!)^2}{(2n)!}\underset{n\to+\infty}{\sim}\frac{4^n}{2n+1}\times\frac{\left(\left(\frac{n}{e}\right)^n\sqrt{2\pi n}\right)^2}{\left(\frac{2n}{e}\right)^{2n}\sqrt{4\pi n}}\\
&= \frac{4^n}{2n+1}\times\frac{\frac{n^{2n}}{e^{2n}}2\pi n}{\frac{4^n n^{2n}}{e^{2n}}\sqrt{4\pi n}}=\frac{\sqrt{\pi n}}{2n+1}\underset{n\to+\infty}{\sim}\frac{\sqrt{\pi}}{2}\times\frac{\sqrt{n}}{n}=\frac{\sqrt{\pi}}{2\sqrt{n}}.
\end{aligned}$$

La série $\sum_n \frac{\sqrt{\pi}}{2\sqrt{n}} = \frac{\sqrt{\pi}}{2}\sum_n \frac{1}{n^{1/2}}$ *est à termes positifs et divergente (série de Riemann de paramètre* $\alpha = \frac{1}{2} \leqslant 1$*) donc la série* $\sum_n |u_n|$ *diverge. Comme, pour tout entier* n*,* $u_n = |u_n|$ *si* x *positif (resp.* $u_n = -|u_n|$ *si* x *est négatif), on en déduit que la série* $\sum_n u_n$ *diverge.*

Conclusion *: la série* $\sum_n u_n$ *converge si et seulement si* $|x| < 1$.

2. *S étant la somme d'une série entière de rayon de convergence* $R = +\infty$*, elle est dérivable sur* $]-R, R[= \mathbb{R}$ *et on peut la dériver terme à terme donc, pour tout réel* x*, on a :*

$$\begin{aligned}
\left(1-x^2\right)S'(x) &= \left(1-x^2\right)\sum_{n=0}^{+\infty}\frac{4^n(n!)^2(2n+1)}{(2n+1)!}x^{2n} = \left(1-x^2\right)\sum_{n=0}^{+\infty}\frac{4^n(n!)^2}{(2n)!}x^{2n}\\
&= \sum_{n=0}^{+\infty}\frac{4^n(n!)^2}{(2n)!}x^{2n} - \sum_{n=0}^{+\infty}\frac{4^n(n!)^2}{(2n)!}x^{2n+2}\\
&\underset{n=k-1}{\overset{k=n+1}{=}} \sum_{n=0}^{+\infty}\frac{4^n(n!)^2}{(2n)!}x^{2n} - \sum_{k=1}^{+\infty}\frac{4^{k-1}((k-1)!)^2}{(2(k-1))!}x^{2k}\\
&= \frac{4^0(0!)^2}{(2\times 0)!}x^{2\times 0} + \sum_{n=1}^{+\infty}\left(\frac{4^n(n!)^2}{(2n)!} - \frac{4^{n-1}((n-1)!)^2}{(2n-2)!}\right)x^{2n}
\end{aligned}$$

Or, pour tout $n \geqslant 1$*, on a les égalités suivantes :*

$$\begin{aligned}
\frac{4^n(n!)^2}{(2n)!} - \frac{4^{n-1}((n-1)!)^2}{(2n-2)!} &= \frac{4^{n-1}((n-1)!)^2}{(2n-2)!}\left[\frac{4n^2}{(2n)(2n-1)} - 1\right]\\
&= \frac{4^{n-1}((n-1)!)^2}{(2n-2)!}\left[\frac{2n}{2n-1} - 1\right]\\
&= \frac{4^{n-1}((n-1)!)^2}{(2n-2)!(2n-1)} = \frac{4^{n-1}((n-1)!)^2}{(2n-1)!}
\end{aligned}$$

donc

$$\begin{aligned}
\left(1-x^2\right)S'(x) &= 1+\sum_{n=1}^{+\infty}\frac{4^{n-1}((n-1)!)^2}{(2n-1)!}x^{2n} \underset{n=k+1}{\overset{k=n-1}{=}} 1+\sum_{k=0}^{+\infty}\frac{4^k(k!)^2}{(2k+1)!}x^{2k+2}\\
&= 1 + xS(x).
\end{aligned}$$

3. D'après la questtion précédente, S est solution sur $\mathbb{R}$ de l'équation différentielle

$$(\mathcal{E}) : \left(1-x^2\right) y' - xy = 1.$$

Son équation homogène est

$$(\mathcal{E}_0) : \left(1-x^2\right) y' - xy = 0.$$

Sur l'intervalle $]-1,1[$, la fonction $x \mapsto 1-x^2$ ne s'annule pas donc, en divisant par $1-x^2$ sur cet intervalle, $(\mathcal{E}_0)$ est équivalente à l'équation différentielle :

$$y' - \frac{x}{1-x^2} y = 0.$$

Une primitive de la fonction $x \mapsto -\dfrac{x}{1-x^2}$ est la fonction $x \mapsto \dfrac{1}{2}\ln\left(1-x^2\right)$ donc les solutions de $(\mathcal{E}_0)$ sur $]-1,1[$ sont de la forme

$$y_H : x \mapsto C \exp\left(-\frac{1}{2}\ln\left(1-x^2\right)\right) = \frac{C}{\sqrt{1-x^2}}.$$

Déterminons une solution particulière par la méthode de variation de la constante. On cherche une solution particulière sous la forme

$$y_P = \lambda y_0$$

avec λ une fonction dérivable et

$$y_0 : x \mapsto \frac{1}{\sqrt{1-x^2}}$$

(la solution fondamentale solution de l'équation homogène).

$$\begin{aligned}
\left(1-x^2\right) y_P' - xy = 1 &\Leftrightarrow \left(1-x^2\right)\left(\lambda' y_0 + \lambda y_0'\right) - x\lambda y_0 = 1 \\
&\Leftrightarrow \left(1-x^2\right)\lambda' y_0 + \lambda \underbrace{\left((1-x)^2 y_0' - xy_0\right)}_{=0 \text{ car } y_0 \text{solution de } (\mathcal{E}_0)} = 1 \\
&\Leftrightarrow \left(1-x^2\right)\lambda' y_0 = 1 \Leftrightarrow \left(1-x^2\right)\lambda'(x)\frac{1}{\sqrt{1-x^2}} = 1 \\
&\Leftrightarrow \sqrt{1-x^2}\lambda'(x) = 1 \Leftrightarrow \lambda'(x) = \frac{1}{\sqrt{1-x^2}}
\end{aligned}$$

Ainsi, la fonction $\lambda : x \mapsto \arcsin(x)$ convient donc la fonction

$$y_P : x \mapsto \frac{\arcsin(x)}{\sqrt{1-x^2}}$$

est une solution particulière de $(\mathcal{E})$.
Par conséquent, les solutions de $(\mathcal{E})$ sur $]-1,1[$ sont les fonctions

$$y = y_H + y_P : x \mapsto \frac{C}{\sqrt{1-x^2}} + \frac{\arcsin(x)}{\sqrt{1-x^2}},\ C \in \mathbb{R}.$$

Puisque S est solution de $(\mathcal{E})$, il existe un réel C tel que :

$$\begin{aligned}
\forall x \quad &\in \quad]-1,1[,\ S(x) = \frac{C}{\sqrt{1-x^2}} + \frac{\arcsin(x)}{\sqrt{1-x^2}} \Rightarrow S(0) = C \Leftrightarrow 0 = C \\
&\Rightarrow \quad \forall x \in\ ]-1,1[,\ S(x) = \frac{\arcsin(x)}{\sqrt{1-x^2}}.
\end{aligned}$$

Commentaires 205 *Exercice bien progressif et de niveau standard pour ce concours.*
Question 1 : Il est possible de répondre à la question uniquement en utilisant l'équivalent de Stirling. En effet, cela ramène à l'étude de la convergence de la série $\sum_n \frac{x^{2n+1}}{\sqrt{n}}$ *qui est aisée à étudier. Le rayon de convergence* R *étant obtenu, il faut penser à étudier les cas* $x = \pm R$.
Question 2 : La question est très discriminante car elle est ouverte donc elle requiert initiative et autonomie du candidat ainsi qu'un certain recul sur ces calculs. Pour la plupart des candidats, l'interaction avec l'interrogateur sera déterminant, notamment pour simplifier au mieux les coefficients de $\left(1-x^2\right) S'(x)$. *Pour un candidat CCINP, il est attendu qu'il aboutisse au moins à l'expression suivante :*

$$\left(1-x^2\right) S'(x) = 1 + \sum_{n=1}^{+\infty} \left(\frac{4^n (n!)^2}{(2n)!} - \frac{4^{n-1}((n-1)!)^2}{(2n-2)!} \right) x^{2n}.$$

Dans ce cas, il sera valorisé, surtout s'il justifie qu'il a bien le droit de dériver terme à terme la somme.
Question 3 : Cette question n'est accessible par le candidat, qu'après avoir traité la question précédente bien qu'elle soit relativement élémentaire (application du cours de MPSI). Si le candidat a bien du mal à traiter la question précédente, même avec l'aide de l'interrogateur, ce dernier pourra demander la résolution de l'équation différentielle vérifiée par S *(qu'il donnera au candidat). Il est attendu du candidat qu'il expose la stratégie de résolution (équation homogène, recherche d'une solution particulière par la variation de la constante, mentionner la résolution sur* $]-1,1[$ *pour assurer le caractère licite des calculs). Un candidat capable d'y parvenir seul, sans presque aucune aide de l'interrogateur, sera fortement valorisé sur cette question.*

Exercice 206 (CCINP) On définit la suite $(u_n)_n$ par :

$$u_0 = 1 \text{ et } \forall n \in \mathbb{N},\ u_{n+1} = \sum_{p=0}^{n} u_p u_{n-p}.$$

On souhaite déterminer u_n en fonction de n. On suppose qu'il existe $R > 0$ tel que la série entière $\sum_{n\geqslant 0} u_n x^n$ converge sur $]R, R[$. On note

$$\forall x \in]-R, R[,\ S(x) = \sum_{n=0}^{+\infty} u_n x^n.$$

1. Pour $x \in]-R, R[$, calculer $(S(x))^2$ et en déduire que :

$$\forall x \in]-R, R[, \quad x(S(x))^2 - S(x) + 1 = 0.$$

2. Montrer que $S(0) = 1$ et, qu'au voisinage de 0, on a : $S(x) = \dfrac{1-\sqrt{1-4x}}{2x}$.

3. Montrer qu'au voisinage de 0, $S(x) = \sum_{n=0}^{+\infty} \frac{(2n)!}{n!\,(n+1)!} x^n$. Conclusion ?

Solution 206

1. *D'après la formule du produit de Cauchy, pour tout* $x \in \left]-R, R\right[$, *on a :*

$$\begin{aligned}
(S(x))^2 &= \sum_{n=0}^{+\infty} u_n x^n \sum_{n=0}^{+\infty} u_n x^n = \sum_{n=0}^{+\infty} \left(\sum_{k=0}^{n} u_k u_{n-k}\right) x^n \\
&= \sum_{n=0}^{+\infty} u_{n+1} x^n \underset{k=n+1}{=} \sum_{k=1}^{+\infty} u_k x^{k-1} = \frac{1}{x} \sum_{k=1}^{+\infty} u_k x^k \\
(S(x))^2 &= \frac{1}{x}(S(x) - u_0) = \frac{1}{x}(S(x) - 1).
\end{aligned}$$

En multipliant cette égalité par x *puis en retranchant le membre de droite, on obtient l'égalité attendue.*

2. *Comme* $S(x) = u_0 + u_1 x + u_2 x^2 + \cdots$, *on a* $S(0) = u_0 = 1$. *Si* $0 < |x| < \min\left(R, \frac{1}{4}\right)$, *on a* $|x| < R$ *donc d'après la question précédente,* $S(x)$ *est solution de l'équation du second degré* $xy^2 - y + 1 = 0$. *Son discriminant vaut* $\Delta = 1 - 4x > 0$ *(car* $x \leqslant |x| < \frac{1}{4}$*) donc cette équation admet deux racines*

$$r_-(x) = \frac{1 - \sqrt{1-4x}}{2x} \text{ et } r_+(x) = \frac{1 + \sqrt{1+4x}}{2x}.$$

On remarque que $\lim_{x \to 0^+} r_+(x) = +\infty$ *(numérateur tend vers* 2 *et dénominateur vers* 0 *par valeurs positives) alors que* $\lim_{x \to 0} S(x) = S(0) = 1$ *(car* S *est somme d'une série entière donc elle est continue sur son disque ouvert de convergence, en particulier en* 0*). Ainsi, il existe un voisinage de* 0 *sur lequel* $|S(x)| < 2$ *et* $|r_+(x)| \geqslant 4$ *donc, dans ce voisinage, on a nécessairement* $S(x) = r_-(x)$.

3. *D'après la formule du binôme généralisé, pour tout* $t \in \left]-1, 1\right[$, *on a :*

$$\begin{aligned}
\sqrt{1+t} &= (1+t)^{1/2} = 1 + \sum_{n=1}^{+\infty} \frac{\frac{1}{2}\left(\frac{1}{2} - 1\right) \cdots \left(\frac{1}{2} - n + 1\right)}{n!} t^n \\
&= 1 + \sum_{n=1}^{+\infty} \frac{\frac{1\,(-1)\,(-3) \cdots (2n-3)}{2 \times \cdots \times 2}}{n!} t^n \\
&= 1 + \sum_{n=1}^{+\infty} \frac{(-1)^{n-1}\, 1 \times 3 \times \cdots \times (2n-3)}{n! 2^n} t^n \\
&= 1 + \sum_{n=1}^{+\infty} \frac{(-1)^{n-1} \frac{(2n-2)!}{2 \times 4 \times \cdots \times (2n-2)}}{n! 2^n} t^n \\
&= 1 + \sum_{n=1}^{+\infty} \frac{(-1)^{n-1}(2n-2)!}{2^n 2^{n-1}(n-1)! n!} t^n \underset{k=n-1}{=} 1 + \frac{t}{2} \sum_{k=0}^{+\infty} \frac{(-1)^k (2k)!}{4^k (k)! (k+1)!} t^k.
\end{aligned}$$

Ainsi, si x est au voisinage de 0, est assuré que $|4x| < 1$ et que $S(x) = \dfrac{1-\sqrt{1-4x}}{2x}$, ce qui permet d'écrire :

$$\begin{aligned} S(x) &= \frac{1}{2x}\left(1-1-\frac{(-4x)}{2}\sum_{k=0}^{+\infty}\frac{(-1)^k(2k)!}{4^k(k)!(k+1)!}(-4x)^k\right) \\ &= \sum_{k=0}^{+\infty}\frac{(2k)!x^k}{(k)!(k+1)!}. \end{aligned}$$

Par unicité du développement en série entière, on en déduit que :

$$\forall k \in \mathbb{N},\ u_k = \frac{(2k)!}{k!(k+1)!}.$$

Pour finaliser le raisonnement (on a effectué la phase d'analyse), on considère la suite

$$(u_n)_{n\in\mathbb{N}} = \left(\frac{(2n)!}{n!(n+1)!}\right)_{n\in\mathbb{N}}$$

et déterminons le rayon de convergence R de la série $\sum_n u_n x^n$. Pour tout réel x non nul, on a :

$$\begin{aligned} \left|\frac{u_{n+1}x^{n+1}}{u_n x^n}\right| &= \frac{\dfrac{(2n+2)!}{(n+1)!(n+2)!}}{\dfrac{(2n)!}{n!(n+1)!}}|x| = \frac{(2n+2)!n!(n+1)!}{(2n)!(n+2)!(n+1)!}|x| \\ &= \frac{(2n+2)(2n+1)}{(n+2)(n+1)}|x| \underset{n\to+\infty}{\sim} \frac{2n\times 2n}{n\times n}|x| = 4|x| \underset{n\to+\infty}{\to} 4|x|. \end{aligned}$$

D'après le critère de d'Alembert, la série $\sum_n u_n x^n$ converge si

$$4|x| < 1 \Leftrightarrow |x| < \frac{1}{4}$$

et diverge si

$$4|x| > 1 \Leftrightarrow |x| > \frac{1}{4}$$

donc

$$R = \frac{1}{4} > 0.$$

Par construction, pour tout $x \in \left]-\frac{1}{4}, \frac{1}{4}\right[$, le nombre

$$S(x) = \sum_{n=0}^{+\infty} u_n x^n = \frac{1-\sqrt{1-4x}}{2x}$$

vérifie l'équation $xy^2 - y + 1 = 0$. En utilisant le produit de Cauchy et par unicité du développement en série entière, on obtient que :

$$u_0 = 1 \text{ et } \forall n \in \mathbb{N},\ u_{n+1} = \sum_{k=0}^{n} u_k u_{n-k}.$$

Ainsi, on est assuré que

$$\forall n \in \mathbb{N},\ u_n = \frac{(2n)!}{n!\,(n+1)!}.$$

Commentaires 206 *Exercice classique (et donné à tous les concours de cet ouvrage), convenablement décomposé qui le rend bien progressif et adapté à CCINP.*
Pour la question 2, il est attendu du candidat du bon sens pour sélectionner la bonne racine même si l'argument n'est pas parfait (l'une tend vers $+\infty$ lorsque x tend vers 0 alors que S est continue en 0 donc elle y est bornée). Les autres questions sont des applications du cours donc elles ne doivent poser aucune difficulté particulière de stratégie à un candidat visant CCINP, surtout que la réponse à la question 1 est fournie. Par contre, la distinction des candidats se fera sur l'aisance et la rigueur dans la gestion des calculs.

Exercice 207 (CCINP)

1. Donner le rayon de convergence de la série entière $\sum_{n\geqslant 0} \frac{x^{3n}}{(3n)!}$. On note S sa somme.
2. Montrer que S vérifie une équation différentielle du type $y'' + y' + y = f$ où l'on précisera f (sans symbole intégrale).
3. Résoudre l'équation différentielle précédente et en déduire S.

Solution 207

1. *Pour réel x, la suite $\left(\frac{x^{3n}}{(3n)!}\right)_n$ converge vers 0 (d'après les croissances comparées) donc, d'après le lemme d'Abel, le rayon de convergence vaut $+\infty$.*
On peut également appliquer le critère de d'Alembert (pour les séries numériques et conclure par le lemme d'Abel).
2. *S étant la somme d'une série entière de rayon de convergence $R = +\infty$, on peut la dériver terme à terme sur le disque ouvert de convergence $]-R, R[= \mathbb{R}$ donc, pour tout réel x, on a :*

$$\begin{aligned} S(x) &= \sum_{n=0}^{+\infty} \frac{x^{3n}}{(3n)!} = 1 + \sum_{n=1}^{+\infty} \frac{x^{3n}}{(3n)!},\ S'(x) = \sum_{n=1}^{+\infty} \frac{3n x^{3n-1}}{(3n)!} = \sum_{n=1}^{+\infty} \frac{x^{3n-1}}{(3n-1)!} \\ S''(x) &= \sum_{n=1}^{+\infty} \frac{(3n-1)\,x^{3n-2}}{(3n-1)!} = \sum_{n=1}^{+\infty} \frac{x^{3n-2}}{(3n-2)!}. \end{aligned}$$

Explicitons les différents termes du développement de $S(x) + S'(x) + S''(x)$ pour y voir un peu plus clair.

$$\begin{aligned} S(x) + S'(x) + S''(x) &= \left(1 + \frac{x^3}{3!} + \frac{x^6}{6!} + \cdots\right) + \left(\frac{x^2}{2!} + \frac{x^5}{5!} + \frac{x^8}{8!} + \cdots\right) \\ &\quad + \left(\frac{x}{1!} + \frac{x^4}{4!} + \frac{x^7}{7!} + \cdots\right) \\ &= 1 + \frac{x}{1!} + \frac{x^2}{2!} + \frac{x^3}{3!} + \frac{x^4}{4!} + \frac{x^5}{5!} + \frac{x^6}{6!} + \frac{x^7}{7!} + \cdots \\ &= \sum_{k=0}^{+\infty} \frac{x^k}{k!} = e^x. \end{aligned}$$

Pour ceux qui souhaitent une preuve plus rigoureuse, notons

$$\begin{aligned} I_0 &= \{3n,\, n\in\mathbb{N}\} = \{0,3,6,9,12,...\}, \\ I_2 &= \{3n-1,\, n\geqslant 1\} = \{2,5,8,11,14,...\} \\ I_1 &= \{3n-2,\, n\geqslant 1\} = \{1,4,7,10,13,...\} \end{aligned}$$

alors (I_0, I_1, I_2) *forment une partition de* $\mathbb{N}$ *(*I_k *étant l'ensemble des entiers dont la division euclidienne par 3 a pour reste* k*). Pour tout réel* x*, la famille* $\left(\dfrac{x^{3n}}{(3n)!}\right)_{n\in\mathbb{N}}$ *étant sommable (car indexée par un unique indice entier et la série* $\sum\limits_n \dfrac{x^{3n}}{(3n)!}$ *étant absolument convergente par le lemme d'Abel), le théorème de sommation par paquets montre que :*

$$S(x) + S'(x) + S''(x) = \sum_{k\in I_0}\frac{x^k}{k!} + \sum_{k\in I_2}\frac{x^k}{k!} + \sum_{k\in I_1}\frac{x^k}{k!} = \sum_{k\in\mathbb{N}}\frac{x^k}{k!} = e^x.$$

3. *Toute solution de l'équation*

$$(\mathcal{E}) : y'' + y' + y = e^x$$

est somme d'une solution de l'équation homogène

$$(\mathcal{E}_H) : y'' + y' + y = 0$$

et d'une solution particulière de $(\mathcal{E})$.
Résolution de $(\mathcal{E}_H)$. *Il s'agit d'une équation différentielle linéaire à coefficients du second ordre à coefficients constants. Son équation caractéristique est*

$$r^2 + r + 1 = 0,\ \Delta = -3 = \left(i\sqrt{3}\right)^2 \Rightarrow \begin{cases} r = \dfrac{-1+i\sqrt{3}}{2} = r_+ \\ \text{ou} \\ r = \dfrac{-1-i\sqrt{3}}{2} = r_- \end{cases}$$

donc les solutions de $(\mathcal{E}_H)$ *sont les fonctions* $x \mapsto \alpha e^{r_+ x} + \beta e^{r_- x}$
Solution particulière de $(\mathcal{E})$. *Pour tout réel* x*, il est manifeste que :*

$$(e^x)'' + (e^x)' + e^x = 3e^x \Rightarrow \left(\frac{e^x}{3}\right)'' + \left(\frac{e^x}{3}\right)' + \frac{e^x}{3} = e^x$$

donc la fonction $x \mapsto e^x$ *est une solution particulière de* $(\mathcal{E})$.
Par conséquent, S *étant solution de* $(\mathcal{E})$*, il existe deux complexes* α, β *tels que :*

$$\forall x \in \mathbb{R},\ S(x) = \frac{e^x}{3} + \alpha e^{r_+ x} + \beta e^{r_- x}.$$

Déterminons α et β via les conditions initiales de S en 0.

$$S(x) = 1+\frac{x^3}{3!}+\cdots \Rightarrow \begin{cases} S(0)=1 \\ S'(0)=0 \end{cases} \Leftrightarrow \begin{cases} \dfrac{1}{3}+\alpha+\beta=1 \\ \dfrac{1}{3}+\alpha r_+ + \beta r_- = 0 \end{cases}$$

$$\Leftrightarrow \begin{cases} \alpha+\beta=\dfrac{2}{3} \\ \alpha r_+ + \beta r_- = -\dfrac{1}{3} \end{cases} \Leftrightarrow \begin{cases} r_-(1)-(2) : \alpha(r_- - r_+) = \dfrac{1}{3}(2r_-+1) \\ r_+(1)-(2) : \beta(r_+ - r_-) = \dfrac{1}{3}(2r_++1) \end{cases}$$

$$\Leftrightarrow \begin{cases} -i\sqrt{3}\alpha = \dfrac{1}{3}(-i\sqrt{3}) \\ i\sqrt{3}\beta = \dfrac{1}{3}(i\sqrt{3}) \end{cases} \Leftrightarrow \begin{cases} \alpha = \dfrac{1}{3} \\ \beta = \dfrac{1}{3} \end{cases}$$

D'après ces valeurs et en utilisant les règles de calculs sur l'exponentielle (complexe) ainsi que les formules d'Euler, on en déduit pour tout réel x :

$$\begin{aligned} S(x) &= \frac{e^x}{3}+\frac{e^{r_+x}}{3}+\frac{e^{r_-x}}{3} = \frac{e^x}{3}+\frac{e^{-x/2}}{3}\left(e^{ix\sqrt{3}/2}+e^{-ix\sqrt{3}/2}\right) \\ &= \frac{e^x}{3}+\frac{2}{3}e^{-x/2}\cos\left(\frac{x\sqrt{3}}{2}\right) \end{aligned}$$

Commentaires 207 *Exercice classique (et donné à tous les concours de cet ouvrage), convenablement décomposé qui le rend bien progressif et adapté à CCINP.*
La question 2 sera discriminante car elle demande un peu de recul du candidat sur ses calculs. L'interrogateur pourra lui indiquer d'expliciter les premiers termes du développement en série entière de $S''+S'+S$. Les autres questions sont des applications du cours (de MPSI ou MP selon) donc elles ne doivent poséer aucune difficulté particulière à un candidat visant CCINP.

Exercice 208 (CCINP)

1. (a) Rayon de convergence de la série entière $\sum_{n\geqslant 1}(\ln(n))\,x^n$?
   (b) Étude de la convergence pour $x=1$.
2. Démontrer que la série de fonctions $\sum_{n\geqslant 1}\left(\ln\left(1-\frac{1}{n}\right)+\frac{1}{n}\right)x^n$ converge normalement sur $[-1,1]$.
3. En déduire que :

$$(1-x)\sum_{n=1}^{+\infty}\ln(n)\,x^n \underset{x\to 1^-}{=} -\ln(1-x)+O(1)$$

4. Trouver un équivalent de $\sum_{n=1}^{+\infty} (\ln n)\, x^n$ quand $x \to 1^-$.

Solution 208

1. (a) *Si* $x \geqslant 1$ *alors* $\ln(n)\, x^n \geqslant \ln(n) \underset{n\to+\infty}{\to} +\infty$ *donc* $\lim_{n\to+\infty} \ln(n)\, x^n = +\infty$.
Si $x \in [0,1[$ *alors, d'après les croissances comparées,* $\lim_{n\to+\infty} \ln(n)\, x^n = \lim_{n\to+\infty} x^n = 0$.
Ainsi, le lemme d'Abel prouve que le rayon de convergence vaut 1.

   (b) *La série* $\sum_n \ln(n)\, 1^n = \sum_n \ln(n)$ *diverge car son terme général ne tend pas vers* 0.

2. *Pour tout entier* $n \geqslant 1$, *on pose*

$$u_n : x \mapsto \left(\ln\left(1-\frac{1}{n}\right)+\frac{1}{n}\right) x^n$$

alors :

$$\begin{aligned}\sup_{x\in[-1,1]} |u_n(x)| &= \sup_{x\in\{-1,1\}} \left|\ln\left(1-\frac{1}{n}\right)+\frac{1}{n}\right| |x|^n = \left|\ln\left(1-\frac{1}{n}\right)+\frac{1}{n}\right| \sup_{x\in\{-1,1\}} |x|^n \\ &= \left|\ln\left(1-\frac{1}{n}\right)+\frac{1}{n}\right|.\end{aligned}$$

En utilisant le développement limité de $x \mapsto \ln(1+x)$ *en* 0 *à l'ordre* 2, *on a :*

$$\left|\ln\left(1-\frac{1}{n}\right)+\frac{1}{n}\right| \underset{n\to+\infty}{=} \left|-\frac{1}{n}+O\left(\frac{1}{n^2}\right)+\frac{1}{n}\right| \underset{n\to+\infty}{=} \left|O\left(\frac{1}{n^2}\right)\right| \underset{n\to+\infty}{=} O\left(\frac{1}{n^2}\right).$$

Comme la série $\sum_n \frac{1}{n^2}$ *converge (série de Riemann de paramètre* $\alpha = 2 > 1$*), on peut affirmer que la série*

$$\sum_n \left|\ln\left(1-\frac{1}{n}\right)+\frac{1}{n}\right| = \sum_n \sup_{[-1,1]} |u_n|$$

converge c'est-à-dire que la série $\sum_n u_n$ *converge normalement sur* $[-1,1]$.

3. En développant ce produit, on obtient :

$$\begin{aligned}
(1-x)\sum_{n=1}^{+\infty}\ln(n)\,x^n &= \sum_{n=1}^{+\infty}\ln(n)\,x^n-\sum_{n=1}^{+\infty}\ln(n)\,x^{n+1}\\
&= \sum_{n=1}^{+\infty}\ln(n)\,x^n-\sum_{k=2}^{+\infty}\ln(k-1)\,x^k \qquad (k=n+1)\\
&= \underbrace{\ln(1)x^1}_{=0}+\sum_{n=2}^{+\infty}\left(\ln(n)-\ln(n-1)\right)x^n\\
&= -\sum_{n=2}^{+\infty}\left(\ln(n-1)-\ln(n)\right)x^n\\
&= -\sum_{n=2}^{+\infty}\ln\left(\frac{n-1}{n}\right)x^n=-\sum_{n=2}^{+\infty}\ln\left(1-\frac{1}{n}\right)x^n\\
&= \sum_{n=2}^{+\infty}\left(\frac{x^n}{n}-u_n(x)\right)=\sum_{n=2}^{+\infty}\frac{x^n}{n}-\sum_{n=2}^{+\infty}u_n(x).
\end{aligned}$$

En posant,

$$\forall x\in\,]-1,1[\,,\ T(x)=\sum_{n=2}^{+\infty}\frac{x^n}{n}$$

qui est la somme d'une série entière de rayon de convergence 1 *(par d'Alembert ou Abel), on peut la dériver terme à terme sur l'intervalle ouvert de convergence* $]-1,1[$. *Ainsi, pour tout* $x\in\,]-1,1[$, *on a :*

$$\begin{aligned}
T'(x) &= \sum_{n=2}^{+\infty}x^{n-1}\underset{k=n-1}{=}\sum_{k=1}^{+\infty}x^k=\sum_{k=0}^{+\infty}x^n-1=\frac{1}{1-x}-1\Rightarrow\\
\int_0^x T'(t)\,dt &= \int_0^x\left(\frac{1}{1-t}-1\right)dt\Leftrightarrow T(x)-\underbrace{T(0)}_{=0}=-\ln(1-x)-x
\end{aligned}$$

Par conséquent, on a démontré que :

$$\forall x\in\,]-1,1[\,,\ (1-x)\sum_{n=1}^{+\infty}\ln(n)\,x^n=-\ln(1-x)-x-\sum_{n=2}^{+\infty}u_n(x)$$

Pour tout entier $n\geqslant 2$, u_n *est continue sur* $[-1,1]$ *et la série* $\sum_{n\geqslant 2}u_n$ *converge normalement, donc uniformément, sur* $[-1,1]$. *On peut alors affirmer que sa somme* $\sum_{n=2}^{+\infty}u_n$ *est continue sur le segment* $[-1,1]$ *donc elle y est bornée. De même, la fonction* $x\mapsto -x$ *est bornée sur* $[-1,1]$ *donc la fonction* $x\mapsto -x+\sum_{n=2}^{+\infty}u_n(x)$ *est bornée sur* $[-1,1]$ *c'est-à-dire que :*

$$-x-\sum_{n=2}^{+\infty}u_n(x)\underset{x\to 1}{=}O(1)\Rightarrow(1-x)\sum_{n=1}^{+\infty}\ln(n)\,x^n\underset{x\to 1}{=}-\ln(1-x)+O(1).$$

4. *Comme* $\lim_{x\to 1^-} (-\ln(1-x)) = +\infty$ *et que* $O(1)$ *est borné au voisinage* 1, *on a :*

$$-\ln(1-x) + O(1) \underset{x\to 1^-}{\sim} -\ln(1-x).$$

D'après la question précédente, on peut affirmer que :

$$(1-x)\sum_{n=1}^{+\infty} \ln(n)\, x^n \underset{x\to 1^-}{\sim} -\ln(1-x) \Rightarrow \sum_{n=1}^{+\infty} \ln(n)\, x^n \underset{x\to 1^-}{\sim} -\frac{\ln(1-x)}{1-x}.$$

Commentaires 208 *Exercice original pour CCINP et convenablement découpé pour être suffisamment progressif. Le sujet fut initialement posé au concours Mines-Ponts et se limitait à la question 4.*
Les questions 1 et 2 sont des applications directes du cours donc elles ne doivent pas poser de difficulté particulière à un candidat visant CCINP.
La question 4 est autonome (elle utilise uniquement la réponse fournie par la question 3). Le candidat pragmatique et lisant l'intégralité du sujet doit penser à y répondre s'il maitrise les outils de domination (équivalent, grand O).
La question 3 est sélective car elle requiert autonomie et initiative du candidat. Elle s'adresse aux meilleurs candidats. Néanmoins, pour les candidats suffisamment rapides (et donc maitrisant bien leurs cours pour répondre seuls aux questions précédentes), l'interrogateur pourra donner une, voire deux pistes, pour progresser. De tels candidats peuvent éventuellement conclure dans le temps imparti à la planche.

Exercice 209 (CCINP) Soient

$$F : t \mapsto \frac{2}{\pi}\int_0^{\pi/2} \frac{d\theta}{\sqrt{1-t^2\sin^2(\theta)}} \text{ et } W_n = \frac{1\times 3\times\cdots\times(2n-1)}{2\times 4\times\cdots\times(2n)}\ (n\in\mathbb{N}^*)$$

On admet, pour tout entier n, que

$$W_n = \frac{2}{\pi}\int_0^{\pi/2} \sin^{2n}(\theta)\, d\theta.$$

1. Donner le développement en série entière de $x \mapsto \dfrac{1}{\sqrt{1-x^2}}$.
2. F est-elle développable en série entière ? Pourquoi ? Si oui, calculer ce développement en sére entière et donner son rayon de convergence.
3. Montrer que F engendre le $\mathbb{R}$-espace vectoriel des solutions développables en série entière de l'équation différentielle :

$$\left(t^3-t\right)x'' + \left(3t^2-1\right)x' + tx = 0.$$

Solution 209

1. *On utilise la formule de binôme de Newton généralisée. Pour tout* $x \in\ ]-1,1[$, *on a*

$|x^2| = |x|^2 < 1$ *donc on peut écrire :*

$$\begin{aligned}\frac{1}{\sqrt{1-x^2}} &= (1-x^2)^{-1/2} = \sum_{n=0}^{+\infty} \frac{\left(-\frac{1}{2}\right)\left(-\frac{1}{2}-1\right)\cdots\left(-\frac{1}{2}-n+1\right)}{n!}(-x^2)^n \\ &= \sum_{n=0}^{+\infty} \frac{\left(-\frac{1}{2}\right)\left(-\frac{3}{2}\right)\cdots\left(-\frac{2n-1}{2}\right)(-1)^n x^{2n}}{n!} \\ &= \sum_{n=0}^{+\infty} \frac{1\times 3\times\cdots\times(2n-1)\,x^{2n}}{(1\times 2\times\cdots\times n)(2\times 2\times\cdots\times 2)} \\ &= \sum_{n=0}^{+\infty} \frac{1\times 3\times\cdots\times(2n-1)\,x^{2n}}{(2\times 4\times\cdots\times 2n)} = \sum_{n=0}^{+\infty} W_n x^{2n}.\end{aligned}$$

2. On développe l'intégrande en série entière par rapport à x (en utilisant la question précédente) puis on utilise un théorème de permutation série-intégrale. Pour tout $t \in \,]-1,1[$, on a :

$$\forall\theta \in \left[0, \frac{\pi}{2}\right],\ \left|t^2\sin^2(\theta)\right| = t^2\sin^2(\theta) \leqslant t^2 < 1^2 = 1$$

donc, on peut écrire :

$$F(t) = \frac{2}{\pi}\int_0^{\pi/2} \frac{d\theta}{\sqrt{1-t^2\sin^2(\theta)}} = \frac{2}{\pi}\int_0^{\pi/2}\sum_{n=0}^{+\infty} W_n\,(t\sin(\theta))^{2n}\,d\theta.$$

Fixons (provisoirement $t \in \,]-1,1[$. Pour tout entier n, on considère la fonction

$$f_n : \theta \mapsto W_n\,(t\sin(\theta))^{2n}$$

qui est continue sur $\left[0, \frac{\pi}{2}\right]$. En outre, pour tout entier n, on a :

$$\forall\theta \in \left[0, \frac{\pi}{2}\right],\ |f_n(\theta)| = W_n t^{2n}(\sin(\theta))^{2n} \leqslant W_n t^{2n} \Rightarrow \sup_{[0,\pi/2]} |f_n| \leqslant W_n t^{2n}.$$

La série $\sum_{n\geqslant 0} W_n t^{2n}$ converge (d'après la question précdédente) donc la série $\sum_n \sup_{[0,\pi/2]} |f_n|$ converge. Autrement dit, la série $\sum_n f_n$ converge normalement, donc uniformément, sur le segment $\left[0, \frac{\pi}{2}\right]$. D'après le théorème de permutation série-intégrale, on obtient :

$$\begin{aligned}F(t) &= \frac{2}{\pi}\sum_{n=0}^{+\infty}\int_0^{\pi/2} f_n(\theta)\,d\theta = \sum_{n=0}^{+\infty} W_n t^{2n}\frac{2}{\pi}\int_0^{\pi/2}(\sin(\theta))^{2n}\,d\theta \\ &= \sum_{n=0}^{+\infty} W_n t^{2n} W_{2n} = \sum_{n=0}^{+\infty}(W_n)^2 t^{2n} = \sum_{n=0}^{+\infty}\left(\frac{1\times 3\times\cdots\times(2n+1)}{2\times 4\times\cdots\times(2n)}\right)^2 t^{2n},\end{aligned}$$

cette formule étant valable pour tout $t \in \,]-1,1[$.

3. *On considère l'équation différentielle*

$$(\mathcal{E}) : \left(t^3 - t\right) x'' + \left(3t^2 - 1\right) x' + tx = 0$$

Supposons qu'il existe une série entière $\sum\limits_{n \geqslant 0} a_n t^n$ *de rayon de convergence* $R > 0$ *et que*

$$\forall t \in \left]-R, R\right[, \, x(t) = \sum_{n=0}^{+\infty} a_n t^n.$$

La fonction x *étant somme d'une série entière de rayon de convergence* $R > 0$, *elle est de classe* C^∞, *donc* C^2, *sur l'intervalle ouvert de convergence* $\left]-R, R\right[$ *et on peut la dériver terme à terme (dans cet intervalle). Ainsi, pour tout* $t \in \left]-R, R\right[$, *on a :*

$$\begin{aligned}
x'(t) &= \sum_{n=0}^{+\infty} n a_n t^{n-1}, \, x''(t) = \sum_{n=0}^{+\infty} n(n-1) a_n t^{n-2}. \\
\left(t^3 - t\right) x''(t) &= \sum_{n=0}^{+\infty} n(n-1) a_n t^{n+1} - \sum_{n=0}^{+\infty} n(n-1) a_n t^{n-1} \\
.\left(3t^2 - 1\right) x'(t) &= \sum_{n=0}^{+\infty} 3n a_n t^{n+1} - \sum_{n=0}^{+\infty} n a_n t^{n-1} \\
tx(t) &= \sum_{n=0}^{+\infty} a_n t^{n+1}
\end{aligned}$$

Ainsi, en additionnant ces trois égalités et en regroupant les sommes correspondantes aux mêmes exposants, x *est solution de* $(\mathcal{E})$ *si et seulement si, pour tout* $t \in \left]-R, R\right[$ *:*

$$\begin{aligned}
& \sum_{n=0}^{+\infty} \underbrace{[n(n-1) + 3n + 1]}_{=n^2+2n+1=(n+1)^2} a_n t^{n+1} = \sum_{n=0}^{+\infty} [n(n-1) + n] \, a_n t^{n-1} \\
& \Leftrightarrow \sum_{n=0}^{+\infty} (n+1)^2 a_n t^{n+1} = \sum_{n=0}^{+\infty} \underbrace{n^2}_{=0 \ si \ n=0} a_n t^{n-1} \\
& \underset{n=j-1}{\overset{j=n+1}{\Leftrightarrow}} \sum_{j=1}^{+\infty} j^2 a_{j-1} t^j = \sum_{n=1}^{+\infty} n^2 a_n t^{n-1} \underset{n=k+1}{\overset{k=n-1}{\Leftrightarrow}} \sum_{j=1}^{+\infty} j^2 a_{j-1} t^j = \sum_{k=0}^{+\infty} (k+1)^2 a_{k+1} t^k \\
& \Leftrightarrow \sum_{n=1}^{+\infty} n^2 a_{n-1} t^n = a_1 + \sum_{n=1}^{+\infty} (n+1)^2 a_{n+1} t^n.
\end{aligned}$$

Par unicité du développement, on en déduit que :

$$\begin{aligned}
a_1 &= 0 \ et \ \forall n \geqslant 1, \, n^2 a_{n-1} = (n+1)^2 a_{n+1} \\
&\Leftrightarrow a_1 = 0 \ et \ \forall n \geqslant 1, \, a_{n+1} = \left(\frac{n}{n+1}\right)^2 a_{n-1}.
\end{aligned}$$

Comme $a_1 = 0$, *on en déduit que* $a_3 = \dfrac{2^2}{3} a_1 = 0$ *et une récurrence immédiate montre que* $\forall n \in \mathbb{N}, \, a_{2n+1} = 0$. *Posons alors pour tout entier* n, $u_n = a_{2n}$. *Elle vérifie la relation* *de récurrence suivante valable pour tout entier n :*

$$u_{n+1} = a_{2n+2} = \left(\frac{2n+1}{2n+2}\right)^2 a_{2n} = \left(\frac{2n+1}{2n+2}\right)^2 u_n.$$

Si $u_0 \neq 0$, une récurrence immédiate montre que $u_n \neq 0$ pour tout entier n. On peut alors utiliser un produit télescopique pour expliciter u_n. Pour tout $n \geqslant 1$, on a :

$$\begin{aligned}
\forall k \in \mathbb{N}, \frac{u_{k+1}}{u_k} = \left(\frac{2k+1}{2k+2}\right)^2 &\Rightarrow \prod_{k=0}^{n-1} \frac{u_{k+1}}{u_k} = \prod_{k=0}^{n-1} \left(\frac{2k+1}{2k+2}\right)^2 \\
\Leftrightarrow \frac{u_n}{u_0} = \left(\prod_{k=0}^{n-1} \frac{2k+1}{2k+2}\right)^2 &\Leftrightarrow a_{2n} = u_n = \left(\prod_{k=0}^{n-1} \frac{2k+1}{2k+2}\right)^2 u_0 \\
&= \left(\frac{1 \times 3 \times \cdots \times (2n-1)}{2 \times 4 \times \cdots \times (2n)}\right)^2 a_0 = (W_n)^2 a_0.
\end{aligned}$$

Ainsi, on peut écrire pour tout $t \in \left]-R, R\right[$:

$$y(t) = \sum_{n=0}^{+\infty} a_{2n} t^{2n} = a_0 + \sum_{n=1}^{+\infty} (W_n)^2 a_0 t^{2n} \underset{W_0=1}{=} a_0 \sum_{n=0}^{+\infty} (W_n)^2 t^{2n} = a_0 F(t)$$

donc y est proportionnelle à F. Remarquons que le développement en série entière de F étant de rayon de convergence $R \geqslant 1$ (puisque la série converge sur $\left]-1, 1\right[$), on en déduit que les solutions de $(\mathcal{E})$ qui sont développables en série entière sont exactement celles qui sont proportionnelles à F.

Commentaires 209 *Exercice original, progressif (avec une hausse importante de la difficulté à chaque question) et discriminant. Si la thématique de chaque question est relativement classique, les réponses à donner demandent rigueur, maitrise technique et certains automatismes du chapitre « série entière ». Il est préférable de privilégier la qualité à la quantité dans ce type de sujet.*
Question 1 : Il s'agit d'une application directe du cours (peut-être même faite en cours ou en TD ou en devoir). Néanmoins, elle s'avère en pratique discriminante.
Question 2 : Le point clé est de développer en série entière (par rapport à t et non par rapport à θ) l'intégrande (la fonction sous l'intégrale) puis de permuter série et intégrale. Un candidat effectuant cette stratégie sera valorisé, même s'il ne justifie pas la permutation. Pour la permutation série-intégrale, une erreur classique fait par les candidats est la suivante : utiliser le théorème de permutation série-intégrale des séries entières. Malheureusement, celui-ci ne peut convenir car le domaine d'intégration n'est pas inclus dans l'intervalle ouvert de convergence (argument spécieux en fait, cf. l'argument suivant) mais surtout que ce théorème demande d'intégrer par rapport à la variable du développement en série entière. Dans cet exemple, il s'agit de la variable t alors que l'intégration porte sur θ.
Question 3 : Il s'agit peut-être de la question la plus difficile du sujet à la fois du point de vue de l'initiative et de l'autonomie nécessaire au candidat mais aussi de sa maitrise calculatoire (recherche de solutions développables en série entière). Une erreur à ne pas commettre est de vérifier que F est solution de l'équation différentielle (donc utiliser le théorème de dérivation des intégrales à paramètre).

Exercice 210 (CCINP)

1. Rayon de convergence de $\sum_{n\geqslant 1} S_n x^n$ où $S_n = \sum_{k=1}^{n} \frac{1}{k}$.
2. Exprimer sa somme f à l'aide de fonctions usuelles (on pourra considérer $(1-x)f(x)$).

Solution 210

1. *Pour toute série* $\sum_n a_n x^n$, *on note* $R_{(a_n)}$ *son rayon de convergence. Pour tout entier* $n \geqslant 1$, *on a :*

$$\begin{aligned} S_n &= 1 + \frac{1}{2} + \cdots + \frac{1}{n} \Rightarrow 1 \leqslant S_n \leqslant 1 + 1 + \cdots + 1 = n \\ &\Rightarrow R_{(n)} \leqslant R_{(S_n)} \leqslant R_{(1)} \underset{(*)}{\Leftrightarrow} 1 \leqslant R_{(S_n)} \leqslant 1 \Leftrightarrow R_{(S_n)} = 1. \end{aligned}$$

En effet, la série $\sum_n 1x^n = \sum_n x^n$ *a un rayon de convergence 1 et sa série dérivée* $\sum_n nx^{n-1}$ *aussi donc la série* $x\sum_n nx^{n-1} = \sum_n nx^n$ *a un rayon de convergence égale à 1.*

2. *Soit* $x \in]-1,1[$. *On a l'égalité :*

$$\begin{aligned} (1-x) f(x) &= f(x) - xf(x) = \sum_{n=1}^{+\infty} S_n x^n - \sum_{n=1}^{+\infty} S_n x^{n+1} \\ &= \sum_{n=1}^{+\infty} S_n x^n - \sum_{k=2}^{+\infty} S_{k-1} x^k = S_1 x + \sum_{n=2}^{+\infty} (S_n - S_{n-1}) x^n \\ &= x + \sum_{n=2}^{+\infty} \frac{x^n}{n} = \sum_{n=1}^{+\infty} \frac{x^n}{n} = -\ln(1-x). \end{aligned}$$

(par exemple, en dérivant $\sum_{n=1}^{+\infty} \frac{x^n}{n}$, *ce qui est licite que* x *appartient au disque ouvert de convergence, on obtient l'égalité* $\sum_{n=1}^{+\infty} x^{n-1} = \sum_{k=0}^{+\infty} x^k = \frac{1}{1-x}$ *puis on la primitive). Par conséquent, on obtient la formule :*

$$f(x) = -\frac{\ln(1-x)}{1-x}.$$

Commentaires 210 *Exercice sans difficulté particulière car les questions sont des applications directes du cours.*

Exercice 211 (CCINP)

1. Factoriser $1-x-2x^2$. En déduire le développement en série entière de $x \mapsto \ln\left(1-x-2x^2\right)$.
2. Prouver que $x \mapsto \arctan\left(\dfrac{1-x^2}{1+x^2}\right)$ est développable en série entière, préciser son rayon ainsi que son développement.

Solution 211

1. *-1 est racine évidente du trinôme $1-x-2x^2$. Le produit des racines valant $\dfrac{c}{a}=-\dfrac{1}{2}$, l'autre racine est $-\dfrac{1}{2}$. Le trinôme ayant pour coefficient dominant -2, on obtient la factorisation suivante :*

$$1-x-2x^2=-2\left(x+1\right)\left(x-\frac{1}{2}\right)=\left(x+1\right)\left(1-2x\right)$$

(afin que chaque facteur soit strictement positif lorsque x est proche de 0 afin de pouvoir utiliser la formule $\ln\left(ab\right)=\ln\left(a\right)+\ln\left(b\right)$, valable uniquement si a et b sont strictement positifs). Pour tout $x\in\left]-\dfrac{1}{2},\dfrac{1}{2}\right[$, on peut écrire :

$$\ln\left(1-x-2x^2\right)=\ln\left(1+x\right)+\ln\left(1-2x\right).$$

La fonction $x\mapsto\ln\left(1+x\right)$ étant développable en série entière avec :

$$\forall y\in\mathbb{R},\ |y|<1\Rightarrow\ln\left(1+y\right)=\sum_{n=1}^{+\infty}\frac{\left(-1\right)^{n-1}y^n}{n}.$$

Lorsque $|-2x|<1\Leftrightarrow|x|<\dfrac{1}{2}$), en posant $y=-2x$, on a :

$$\forall x\in\mathbb{R},\ |x|<\frac{1}{2},\ \ln\left(1-2x\right)=\sum_{n=1}^{+\infty}\frac{\left(-1\right)^{n-1}\left(-2x\right)^n}{n}=-\sum_{n=1}^{+\infty}\frac{2^nx^n}{n}.$$

En particulier, si $|x|<\dfrac{1}{2}$, on obtient la formule :

$$\ln\left(1-x-2x^2\right)=\sum_{n=1}^{+\infty}\frac{\left(-1\right)^{n-1}x^n}{n}-\sum_{n=1}^{+\infty}\frac{2^nx^n}{n}=\sum_{n=1}^{+\infty}\frac{\left(-1\right)^{n-1}-2^n}{n}x^n.$$

2. *La fonction $f:x\mapsto\arctan\left(\dfrac{1-x^2}{1+x^2}\right)$ est dérivable sur $\mathbb{R}$ de dérivée f' définie pour tout* *réel x par :*

$$\begin{aligned}
f'(x) &= \left(\frac{1-x^2}{1+x^2}\right)' \arctan'\left(\frac{1-x^2}{1+x^2}\right) \\
&= \frac{-2x\left(1+x^2\right)-\left(1-x^2\right)2x}{\left(1+x^2\right)^2} \times \frac{1}{1+\left(\frac{1-x^2}{1+x^2}\right)^2} \\
&= -\frac{2x\left(1+x^2+1-x^2\right)}{\left(1+x^2\right)^2+\left(1-x^2\right)^2} = -\frac{4x}{1+2x^2+x^4+1-2x^2+x^4} \\
&= \frac{-4x}{2\left(1+x^4\right)} = \frac{-2x}{1+x^4}.
\end{aligned}$$

Lorsque $\left|x^4\right| < 1 \Leftrightarrow |x| < 1$, on a :

$$\frac{1}{1+x^4} = \sum_{n=0}^{+\infty}\left(-x^4\right)^n = \sum_{n=0}^{+\infty}(-1)^n x^{4n} \Rightarrow f'(x) = \sum_{n=0}^{+\infty} 2(-1)^{n+1} x^{4n+1}.$$

Comme il est licite de primitiver terme à terme (en choisissant la primitive s'annulant en 0) au sein du disque ouvert de convergence, pour tout réel x tel que $|x| < 1$, on a :

$$\begin{aligned}
\int_0^x f'(t)\,dt &= \sum_{n=0}^{+\infty} 2(-1)^{n+1} \int_0^x t^{4n+1}dt \Leftrightarrow f(x) - \underbrace{f(0)}_{=\arctan(1)=\pi/4} \\
&= \sum_{n=0}^{+\infty} \frac{2(-1)^{n+1} x^{4n+2}}{4n+2}
\end{aligned}$$

d'où l'égalité

$$f(x) = \frac{\pi}{4} + \sum_{n=0}^{+\infty} \frac{(-1)^{n+1} x^{4n+2}}{2n+1}.$$

Le rayon de convergence R est au moins égal à 1 (car la série converge si $|x| < 1$). Si $|x| > 1$ alors

$$\lim_{n\to+\infty}\left|\frac{(-1)^{n+1} x^{4n+2}}{2n+1}\right| = \lim_{n\to+\infty}\frac{x^{4n+2}}{2n+1} = \lim_{n\to+\infty} x^{4n+2} = +\infty$$

(d'après les croissances comparées) donc $R \leqslant 1$ d'où $R = 1$.

Commentaires 211 *Exercice de niveau standard et légèrement progressif.*

Exercice 212 (CCINP) On considère la série entière $S(x) = \sum_{n=1}^{+\infty} \sin\left(\frac{1}{\sqrt{n}}\right) x^n$.

1. Calculer son rayon de convergence R.
2. Étudier la convergence de la série quand $x = -R$ et quand $x = R$.
3. Calculer $\lim_{x\to1^-} S(x)$.
4. Montrer que $\lim_{x\to1^-} (1-x)S(x) = 0$.

Solution 212

1. *On utilise le critère de d'Alembrert. Soit* $x \in \mathbb{R}^*$, *on pose*

$$u_n = \left|\sin\left(\frac{1}{\sqrt{n}}\right)x^n\right|$$

(ce critère ne s'applique qu'aux séries à termes positifs). Comme $\lim\limits_{n\to+\infty} \frac{1}{\sqrt{n}} = 0$, *en utilisant l'équivalent de* sin *en* 0, *on a :*

$$u_n \underset{n\to+\infty}{\sim} \left|\frac{1}{\sqrt{n}}x^n\right| = \frac{|x|^n}{\sqrt{n}} \Rightarrow \frac{u_{n+1}}{u_n} \underset{n\to+\infty}{\sim} \frac{\frac{|x|^{n+1}}{\sqrt{n+1}}}{\frac{|x|^n}{\sqrt{n}}} = |x|\frac{\sqrt{n}}{\sqrt{n+1}} \underset{n\to+\infty}{\sim} |x|\frac{\sqrt{n}}{\sqrt{n}} = |x|.$$

Ainsi, $\lim\limits_{n\to+\infty} \frac{u_{n+1}}{u_n} = |x|$. *Si* $|x| < 1$, *la série* $\sum\limits_n u_n$ *converge donc la série* $\sum\limits_n \sin\left(\frac{1}{\sqrt{n}}\right)x^n$ *converge. Si* $|x| > 1$, *la série* $\sum\limits_n u_n$ *diverge grossièrement donc la série* $\sum\limits_n \sin\left(\frac{1}{\sqrt{n}}\right)x^n$ *aussi donc* $R = 1$.

2. ***Cas*** $x = 1$. *On dispose de l'équivalent suivant :*

$$\sin\left(\frac{1}{\sqrt{n}}\right)1^n = \sin\left(\frac{1}{\sqrt{n}}\right) \underset{n\to+\infty}{\sim} \frac{1}{\sqrt{n}} = \frac{1}{n^{1/2}}.$$

La série $\sum\limits_n \frac{1}{n^{1/2}}$ *est à termes positifs et divergente (série de Riemann de paramètre* $\alpha = \frac{1}{2} < 1$*) donc la série* $\sum\limits_n \sin\left(\frac{1}{\sqrt{n}}\right)1^n$ *diverge.*

Cas $x = -1$. *Il s'agit d'étudier la série* $\sum\limits_n (-1)^n \sin\left(\frac{1}{\sqrt{n}}\right)$. *Comme la suite* $\left(\frac{1}{\sqrt{n}}\right)_n$ *est décroissante et à valeurs dans* $[0,1]$ *et que la fonction* sin *est positive et décroissante sur* $[0,1]$, *on peut affirmer que la suite* $\left(\sin\left(\frac{1}{\sqrt{n}}\right)\right)_n$ *est positive et décroissante. En outre,* $\frac{1}{\sqrt{n}} \underset{n\to+\infty}{\to} 0$ *et* $\lim\limits_0 \sin = 0$ *alors, par continuité de* sin *en* 0, *on a* $\lim\limits_{n\to+\infty} \sin\left(\frac{1}{\sqrt{n}}\right) = 0$. *Le critère spécial des séries alternées montre que la série* $\sum\limits_n (-1)^n \sin\left(\frac{1}{\sqrt{n}}\right)$ *converge.*

3. ***Première méthode.*** *La fonction* sin *est concave sur* $[0,1]$ *(elle y est deux fois dérivable et* $\sin'' = -\sin$ *est négative sur cet intervalle). Sur cet intervalle, son graphe est au-dessus de sa corde liant les points du graphe d'abscisse* $x = 0$ *et* $x = 1$. *Cette dernière corde a pour équation* $y = \sin(1)\,x$ *d'où*

$$\forall x \in [0,1],\ \sin(x) \geqslant \sin(1)\,x.$$

Par conséquent, pour tout entier $n \geqslant 1$, on a la minoration suivante :

$$\sin\left(\frac{1}{\sqrt{n}}\right) \geqslant \sin(1)\frac{1}{\sqrt{n}} \geqslant \sin(1)\frac{1}{n}$$

(car $\sqrt{n} \leqslant n$). En multipliant cette inégalité par $x \in [0,1[$ puis en sommant sur $n \in \mathbb{N}^*$, on obtient la minoration suivante :

$$\forall x \in [0,1[\,,\ S(x) \geqslant \sin(1)\sum_{n=1}^{+\infty}\frac{x^n}{n} = -\sin(1)\ln(1-x)$$

(d'après le développement en série entière de $x \mapsto \ln(1-x)$). Comme

$$\lim_{x\to 1^-} -\sin(1)\ln(1-x) = +\infty,$$

le théorème d'encadrement montre que $\lim\limits_{x\to 1^-} S(x) = +\infty$.

Deuxième méthode. *Pour tout entier $n \geqslant 1$, $\sin\left(\frac{1}{\sqrt{n}}\right)$ est un nombre positif (car $\frac{1}{\sqrt{n}}$ appartient à $[0,1]$ et la fonction $\sin$ y est positive) et la fonction $x \mapsto x^n$ est croissante sur $[0,1[$ donc la fonction $x \mapsto \sin\left(\frac{1}{\sqrt{n}}\right)x^n$ est croissante sur $[0,1[$. Dès lors, on peut affirmer que la fonction S est croissante sur $[0,1[$ (comme somme de telles fonctions, il suffit de revenir à la définition des fonctions croissantes par exemple ou utiliser la dérivation). D'après le théorème de limite monotone, la fonction S admet une limite $L \in \mathbb{R} \cup \{+\infty\}$ en 1. Supposons que $L \in \mathbb{R}$. Comme tous les termes de $S(x)$ sont positifs, on peut affirmer pour tout entier $N \geqslant 1$ que :*

$$\forall x \in [0,1[\,,\ \sum_{n=1}^{N}\sin\left(\frac{1}{\sqrt{n}}\right)x^n \leqslant \sum_{n=1}^{+\infty}\sin\left(\frac{1}{\sqrt{n}}\right)x^n.$$

Pour N fixé (provisoirement), en faisant tendre x vers 1 (ce qui est licite pour les membres de l'inégalité), on obtient la majoration :

$$\forall N \geqslant 1,\ \sum_{n=1}^{N}\sin\left(\frac{1}{\sqrt{n}}\right) \leqslant L.$$

Ainsi, la suite $\left(\sum\limits_{n=1}^{N}\sin\left(\frac{1}{\sqrt{n}}\right)\right)_N$ est majorée et comme elle est croissante, elle converge c'est-à-dire que la série $\sum\limits_n \sin\left(\frac{1}{\sqrt{n}}\right)$ est convergente. Ceci est absurde (cf. la réponse à la question 2) donc $L = +\infty$.

4. *Soit $x \in [0,1[$, un calcul direct nous donne :*

$$\begin{aligned}
(1-x)S(x) &= S(x) - xS(x) = \sum_{n=1}^{+\infty}\sin\left(\frac{1}{\sqrt{n}}\right)x^n - \sum_{n=1}^{+\infty}\sin\left(\frac{1}{\sqrt{n}}\right)x^{n+1}\\
&= \sum_{n=1}^{+\infty}\sin\left(\frac{1}{\sqrt{n}}\right)x^n - \sum_{k=2}^{+\infty}\sin\left(\frac{1}{\sqrt{k-1}}\right)x^k \ (k=n+1)\\
&= \sin(1)x + \sum_{n=2}^{+\infty}\left(\sin\left(\frac{1}{\sqrt{n}}\right) - \sin\left(\frac{1}{\sqrt{n-1}}\right)\right)x^n.
\end{aligned}$$

On va utiliser le théorème de permutation limite-série pour conclure. Pour tout entier $n \geqslant 2$, on pose

$$u_n : x \mapsto \left(\sin\left(\frac{1}{\sqrt{n}}\right) - \sin\left(\frac{1}{\sqrt{n-1}}\right)\right) x^n.$$

Pour chaque $n \geqslant 2$, u_n admet une limite en 1 et on a :

$$\sup_{x\in[0,1]} |u_n(x)| = \left|\sin\left(\frac{1}{\sqrt{n}}\right) - \sin\left(\frac{1}{\sqrt{n-1}}\right)\right| \sup_{x\in[0,1]} |x|^n = \left|\sin\left(\frac{1}{\sqrt{n}}\right) - \sin\left(\frac{1}{\sqrt{n-1}}\right)\right|$$

Or, la suite $\left(\sin\left(\frac{1}{\sqrt{n}}\right)\right)_n$ est décroissante (cf. la question 2) donc :

$$\begin{aligned}\forall n &\geqslant 2, \sin\left(\frac{1}{\sqrt{n}}\right) \leqslant \sin\left(\frac{1}{\sqrt{n-1}}\right) \Rightarrow \sin\left(\frac{1}{\sqrt{n}}\right) - \sin\left(\frac{1}{\sqrt{n-1}}\right) \leqslant 0\\ &\Rightarrow \left|\sin\left(\frac{1}{\sqrt{n}}\right) - \sin\left(\frac{1}{\sqrt{n-1}}\right)\right| = -\left(\sin\left(\frac{1}{\sqrt{n}}\right) - \sin\left(\frac{1}{\sqrt{n-1}}\right)\right)\\ &= \sin\left(\frac{1}{\sqrt{n-1}}\right) - \sin\left(\frac{1}{\sqrt{n}}\right).\end{aligned}$$

Comme la suite $\left(\sin\left(\frac{1}{\sqrt{n}}\right)\right)_n$ converge, la série télescopique

$$\sum_n \sin\left(\frac{1}{\sqrt{n-1}}\right) - \sin\left(\frac{1}{\sqrt{n}}\right)$$

est également convergente donc la série $\sum_n \sup_{x\in[0,1]} |u_n(x)|$ converge. Autrement dit, la série $\sum_n u_n$ converge normalement, donc uniformément, sur $[0,1]$. Le théorème de permutation limite-série entraine que :

$$\begin{aligned}\lim_{x\to 1} \sum_{n=2}^{+\infty} u_n(x) &= \sum_{n=2}^{+\infty} \lim_{x\to 1} u_n(x) = \sum_{n=2}^{+\infty} \left(\sin\left(\frac{1}{\sqrt{n}}\right) - \sin\left(\frac{1}{\sqrt{n-1}}\right)\right)\\ &= \lim_{n\to+\infty} \sin\left(\frac{1}{\sqrt{n}}\right) - \sin\left(\frac{1}{\sqrt{2-1}}\right) = 0 - \sin(1)\end{aligned}$$

(somme d'une série télescopique). Par conséquent, on peut affirmer que :

$$\begin{aligned}\lim_{x\to 1} (1-x) S(x) &= \lim_{x\to 1} \left(\sin(1) x + \sum_{n=2}^{+\infty} \left(\sin\left(\frac{1}{\sqrt{n}}\right) - \sin\left(\frac{1}{\sqrt{n-1}}\right)\right) x^n.\right)\\ &= \sin(1) - \sin(1) = 0.\end{aligned}$$

Commentaires 212 *Exercice original et suffisamment progressif pour CCINP.*
Les questions 1 et 2 ne doivent pas poser de difficulté particulière pour les candidats visant CCINP.
La question 3 est, à mon sens, la question la plus difficile du sujet. La deuxième méthode proposée par le corrigé est un classique (mais difficile) pour le concours Mines-Ponts.
Question 4. Le point clé de cette question est d'expliciter le développement en série entière de $(1-x) S(x)$ puis de penser au théorème de permutation limite-série. Invoquer cette

piste, même si le candidat est incapable de justifier la permutation (mais explicite le développement en série entière) sera bien valorisé par l'interrogateur. Si le candidat n'y pense pas, un candidat maitrisant les fondamentaux des séries de fonctions sera apte à conclure dans le temps imparti.

Exercice 213 (CCINP) On considère la fonction f définie par $f : x \mapsto (\arcsin(x))^2$.

1. Justifier que f est développable en série entière sur $]-1,1[$.
2. Vérifier que f est solution de l'équation différentielle

$$(1-x^2)y'' - xy' = 2.$$

3. En déduire le développement en série entière de f.

Solution 213

1. *La fonction* $g : x \mapsto \arcsin(x)$ *est dérivable sur* $]-1,1[$ *de dérivée*

$$g' : x \mapsto \frac{1}{\sqrt{1-x^2}} = \left(1-x^2\right)^{1/2}.$$

D'après la formule du binôme généralisé, pour tout $x \in]-1,1[$, *on a* $x^2 \in [0,1[\subset]-1,1[$, *ce qui permet d'écrire :*

$$\begin{aligned} g'(x) &= 1 + \sum_{n=1}^{+\infty} \frac{\left(-\frac{1}{2}\right)\left(-\frac{1}{2}-1\right)\cdots\left(-\frac{1}{2}-n+1\right)}{n!}\left(x^2\right)^n \\ &= 1 + \sum_{n=1}^{+\infty} \frac{\left(-\frac{1}{2}\right)\left(-\frac{1}{2}-1\right)\cdots\left(-\frac{1}{2}-n+1\right)}{n!} x^{2n}. \end{aligned}$$

Ainsi, g' *est développable en série entière sur* $]-1,1[$ *donc sa primitive* g *l'est aussi. D'après le produit de Cauchy, la fonction* $g \times g = f$ *est développable en série entière sur* $]-1,1[$.

2. *Pour tout* $x \in]-1,1[$, *on a :*

$$\begin{aligned} f'(x) &= 2\frac{1}{\sqrt{1-x^2}}\arcsin(x) = 2\left(1-x^2\right)^{-1/2}\arcsin(x) \\ f''(x) &= 2\left(-\frac{1}{2}\right)(-2x)\left(1-x^2\right)^{-1/2-1}\arcsin(x) + 2\left(1-x^2\right)^{-1/2}\frac{1}{\sqrt{1-x^2}} \\ &= \frac{2x\arcsin(x)}{(1-x^2)^{3/2}} + \frac{2}{1-x^2} = \frac{1}{1-x^2}\left(\frac{2x\arcsin(x)}{\sqrt{1-x^2}} + 2\right) \\ &= \frac{1}{1-x^2}\left(xf'(x)+2\right) \Rightarrow \left(1-x^2\right)f''(x) - xf'(x) = 2. \end{aligned}$$

3. *Pour simplifier les calculs, on pose*

$$z = f' : x \mapsto 2\frac{1}{\sqrt{1-x^2}}\arcsin(x).$$

La fonction z est développable en série entière (comme dérivée d'une telle fonction) et impaire donc il existe une suite $(a_n)_{n\in\mathbb{N}}$ telle que :

$$\forall x \in]-1,1[,\ z(x) = \sum_{n=0}^{+\infty} a_n x^{2n+1},\ z'(x) = \sum_{n=0}^{+\infty} (2n+1)\, a_n x^{2n}.$$

D'après la question précédente, pour tout $x \in]-1,1[$, on a :

$$\begin{aligned}
\left(1-x^2\right) z'(x) - xz(x) = 2 &\Leftrightarrow \left(1-x^2\right) \sum_{n=0}^{+\infty} (2n+1)\, a_n x^{2n} - x \sum_{n=0}^{+\infty} a_n x^{2n+1} = 2 \\
&\Leftrightarrow \sum_{n=0}^{+\infty} (2n+1)\, a_n x^{2n} - \sum_{n=0}^{+\infty} (2n+1)\, a_n x^{2n+2} - \sum_{n=0}^{+\infty} a_n x^{2n+2} = 2 \\
&\Leftrightarrow \sum_{n=0}^{+\infty} (2n+1)\, a_n x^{2n} - \sum_{k=1}^{+\infty} (2k-1)\, a_{k-1} x^{2k} - \sum_{k=1}^{+\infty} a_{k-1} x^{2k} = 2 \quad (k = n+1) \\
&\Leftrightarrow a_0 + \sum_{n=1}^{+\infty} \left((2n+1)\, a_n - (2n-1)\, a_{n-1} - a_{n-1}\right) x^{2n} = 2 \\
&\Leftrightarrow a_0 + \sum_{n=1}^{+\infty} \left((2n+1)\, a_n - 2na_{n-1}\right) x^{2n} = 2
\end{aligned}$$

Par unicité du développement en série entière, on a :

$$\begin{aligned}
a_0 &= 2 \text{ et } \forall n \geqslant 1,\ (2n+1)\, a_n - 2na_{n-1} = 0 \\
&\Leftrightarrow \quad a_0 = 2 \text{ et } \forall n \geqslant 1,\ a_n = \frac{2n}{2n+1} a_{n-1}.
\end{aligned}$$

Pour tout $n \geqslant 1$, on obtient :

$$\begin{aligned}
a_n &= \frac{2n}{2n+1} a_{n-1} = \frac{2n}{2n+1} \times \frac{2(n-1)}{2n-1} a_{n-2} = \frac{2n}{2n+1} \times \frac{2(n-1)}{2n-1} \times \frac{2(n-2)}{2n-3} a_{n-3} \\
&= \cdots = \frac{2n}{2n+1} \times \frac{2(n-1)}{2n-1} \times \frac{2(n-2)}{2n-3} \times \cdots \frac{2\times 1}{2\times 1+1} \times a_0 \\
&= \frac{2^n n!}{(2n+1)(2n-1)(2n-3)\cdots 3} \times 2 = \frac{2^{n+1} n!}{(2n+1)!} \times (2n)(2n-2)(2n-4)\cdots 2 \\
&= \frac{2^{n+1} n!}{(2n+1)!} \times 2^n n! = \frac{2^{2n+1} (n!)^2}{(2n+1)!}.
\end{aligned}$$

Cette formule est manifestement vérifiée pour $n = 1$. Ainsi, pour tout $x \in]-1,1[$, on a :

$$\begin{aligned}
f'(x) &= z(x) = \sum_{n=0}^{+\infty} \frac{2^{2n+1} (n!)^2}{(2n+1)!} x^{2n+1} \\
&\Rightarrow \int_0^x f'(t)\, dt = \sum_{n=0}^{+\infty} \frac{2^{2n+1} (n!)^2}{(2n+1)!} \times \frac{x^{2n+2}}{2n+2} \\
&\Leftrightarrow f(x) - \underbrace{f(0)}_{=0} = \sum_{n=0}^{+\infty} \frac{2^{2n+1} (n!)^2}{(2n+2)!} x^{2n+2} \\
&\Rightarrow f(x) = \sum_{n=0}^{+\infty} \frac{2^{2n+1} (n!)^2}{(2n+2)!} x^{2n+2}.
\end{aligned}$$

Commentaires 213 *Exercice assez classique à la fois dans les questions et dans les thématiques abordées (il fut durant longtemps un classique du concours Mines-Ponts). En outre, il est suffisamment progressif pour CCINP.*

Question 1 : Il s'agit d'une application du cours même si elle s'avère discriminante. En outre, un nombre significatif de candidats tente de calculer (maladroitement) le développement en série entière. Or, la question ne le demande pas et le théorème du produit de Cauchy fournit deux résultats :

- *le produit de deux séries entières de rayon de convergence non nul est une série entière de rayon de convergence non nul;*
- *il explicite ce développement.*

Question 2 : Sa seule difficulté est dans la gestion convenable des calculs.

Question 3 : Si cette question est relativement classique, sa difficulté est dans la gestion convenable des calculs. Si le candidat n'observe pas la parité de f, il cherchera le développement en série entière de f' sous la forme $\sum_{n=0}^{+\infty} b_n x^n$ et, après les calculs du corrigé, il aboutira à la relation de récurrence

$$\forall n \geqslant 2,\ n b_n - (n-1)\, b_{n-2} = 0 \text{ et } b_0 = 0,\ b_1 = 2.$$

Une récurrence montre que $b_{2n} = 0$ pour tout entier n. En posant $a_n = b_{2n+1}$, on obtient la relation de récurrence :

$$a_0 = 2, \forall n \geqslant 1,\ (2n+1)\, a_n - 2n a_{n-1} = 0$$

et on conclut comme dans le corrigé.

11.2 Mines-Telecom

Exercice 214 (Mines-Telecom) Soit $r > 0$. Soit $(a_n)_n$ définie par :

$$\forall n \in \mathbb{N},\ a_n = \begin{cases} r^{\sqrt{n}} & \text{si } n \text{ est un carré} \\ 0 & \text{sinon} \end{cases}$$

Déterminer le rayon de convergence de la série entière $\sum a_n x^n$.

Solution 214 *Notons R le rayon de convergence de la série entière $\sum_n a_n x^n$.*
Soit $x \in \mathbb{R}_+^*$, on pose $u_n = a_n x^n$ et on a :

$$u_{n^2} = r^n x^{n^2} = \exp\left(n \ln(r) + n^2 \ln(x)\right).$$

Si $x > 1$ alors $\ln(x) > 0$ et on a :

$$n \ln(r) + n^2 \ln(x) \underset{n\to+\infty}{\sim} n^2 \ln(x) \underset{n\to+\infty}{\to} +\infty \Rightarrow \lim_{n\to+\infty} u_{n^2} = +\infty$$

(car $\lim\limits_{t\to+\infty} e^t = +\infty$) donc la suite $(u_n)_{n\in\mathbb{N}} = (a_n x^n)_n$ n'est pas bornée. D'après le lemme d'Abel, on peut affirmer que $R \leqslant 1$.
Si $x < 1$ alors $\ln(x) < 0$ et on a :

$$n \ln(r) + n^2 \ln(x) \underset{n\to+\infty}{\sim} n^2 \ln(x) \underset{n\to+\infty}{\to} -\infty \Rightarrow \lim_{n\to+\infty} u_{n^2} = 0.$$

(car $\lim\limits_{t\to-\infty} e^t = 0$). En particulier, la suite $(u_{n^2})_n$ est bornée (car elle converge). Notons M l'un de ses majorants alors :

$$\{u_n,\ n \in \mathbb{N}\} = \{u_{n^2},\ n \in \mathbb{N}\} \subset [-M, M]$$

donc la suite $(u_n)_n$ est bornée. D'après le lemme d'Abel, on peut affirmer que $R \geqslant 1$ d'où $R = 1$.

Commentaires 214 *Question de difficulté standard.*

Exercice 215 (Mines-Telecom) Montrer que la série de terme général $\dfrac{1}{1+n^2}$ converge.
Pour tout n, on pose $R_n = \displaystyle\sum_{k=n+1}^{+\infty} \frac{1}{1+k^2}$. Montrer que $\displaystyle\sum_{n\in\mathbb{N}} R_n x^n$ converge sur $]-1, 1[$ puis déterminer le rayon de convergence de cette série entière.

Solution 215 *Notons R le rayon de convergence de la série $\sum_{n\geqslant 0} R_n x^n$. Pour tout entier $n \geqslant 1$, on a :*

$$0 \leqslant \frac{1}{1+n^2} \leqslant \frac{1}{n^2}.$$

La série $\sum_n \frac{1}{n^2}$ *converge (série de Riemann de paramètre* $2 > 1$*) donc la série* $\sum_n \frac{1}{1+n^2}$ *converge. Par conséquent, la suite* $(R_n)_n$ *converge vers* 0 *(reste partiel d'une série converge) donc elle est bornée. Ainsi, il existe un réel positif* M *tel que :*

$$\forall n \in \mathbb{N},\ |R_n| \leqslant M \Rightarrow R_n \underset{n\to+\infty}{=} O(1)$$

donc $R \geqslant R_1$ *où* R_1 *est le rayon de convergence de la série entière* $\sum_n x^n$*. Ce dernier valant* 1*, on obtient que* $R \geqslant 1$*. En outre, pour tout* $n \geqslant 1$*, on a :*

$$R_n = \frac{1}{1+(n+1)^2} + \sum_{k=n+2}^{+\infty} \underbrace{\frac{1}{1+k^2}}_{\geqslant 0} \geqslant \frac{1}{1+n^2} \underset{n\to+\infty}{\sim} \frac{1}{n^2} \Rightarrow \frac{1}{n^2} = O(R_n).$$

donc $R \leqslant R_2$ *où* R_2 *le rayon de convergence de la série entière* $\sum_n \frac{x^n}{n^2}$*. Ce dernier valant (par d'Alembert par exemple), on obtient que* $R \leqslant 1$ *d'où* $R = 1$*.*

Commentaires 215 *Question de difficulté standard. Il est attendu du candidat qu'il puisse justifier seul que le rayon vaut au moins* 1*.*

Exercice 216 (Mines-Telecom) Soit f la fonction réelle de la variable réelle telle que :

$$f(x) = \sum_{n=1}^{+\infty} (-1)^n \frac{x^{2n+1}}{4n^2-1}.$$

1. Étudier f : domaine de définition, continuité, dérivabilité.
2. Reconnaître f.

Solution 216

1. ***Domaine de définition.*** *Soit* $x \in \mathbb{R}$*. On dispose de l'équivalent suivant :*

$$\left|(-1)^n \frac{x^{2n+1}}{4n^2-1}\right| = \frac{|x|^{2n+1}}{4n^2-1} \underset{n\to+\infty}{\sim} \frac{|x|^{2n+1}}{4n^2}.$$

Si $|x| > 1$ *alors, d'après les croissances comparées, on a :*

$$\lim_{n\to+\infty} \frac{|x|^{2n+1}}{4n^2} = \lim_{n\to+\infty} |x|^{2n+1} = +\infty \Rightarrow \lim_{n\to+\infty} \left|(-1)^n \frac{x^{2n+1}}{4n^2-1}\right| = +\infty$$

donc la série $\sum_n (-1)^n \frac{x^{2n+1}}{4n^2-1}$ *diverge grossièrement.*
Si $|x| \leqslant 1$ *alors*

$$\forall n \geqslant 1,\ \frac{|x|^{2n+1}}{4n^2} \leqslant \frac{1}{4n^2}.$$

La série $\sum_n \frac{1}{4n^2} = \frac{1}{4}\sum_n \frac{1}{n^2}$ *converge (série de Riemann de paramètre* $2 > 1$*) donc la série* $\sum_n \frac{|x|^{2n+1}}{4n^2}$ *converge. Ainsi, la série* $\sum_n \left|(-1)^n \frac{x^{2n+1}}{4n^2-1}\right|$ *converge d'où la convergence de la série* $\sum_n (-1)^n \frac{x^{2n+1}}{4n^2-1}$.
Au final, la fonction f *est définie sur* $[-1,1]$.
Continuité. *On pose, pour tout entier* n*, la fonction*

$$f_n : x \mapsto (-1)^n \frac{x^{2n+1}}{4n^2-1}$$

qui est continue sur $[-1,1]$. *Pour tout entier* $n \geqslant 1$*, on a la formule :*

$$\sup_{x\in[-1,1]} |f_n(x)| = \sup_{x\in[-1,1]} \frac{|x|^{2n+1}}{4n^2-1} = \frac{1}{4n^2-1} \sup_{x\in[-1,1]} |x|^{2n+1} = \frac{1}{4n^2-1}.$$

La série $\sum_n \frac{1}{4n^2-1}$ *converge (cf. l'étude du domaine de définition) donc la série* $\sum_n \sup_{x\in[-1,1]} |f_n(x)|$ *converge. Ainsi, la série de fonction* $\sum_n f_n$ *converge normalement, donc uniformément, sur* $[-1,1]$*, ce qui prouve la continuité de* $\sum_{n=1}^{+\infty} f_n = f$.

Dérivabilité. *La série entière* $\sum_n (-1)^n \frac{x^{2n+1}}{4n^2-1}$ *a un rayon de convergence qui vaut* $R = 1$ *(d'après le lemme d'Abel et l'étude du domaine de définition) donc sa somme* f *est dérivable sur l'intervalle ouvert de convergence* $]-1,1[$.
Remarque *: on peut utiliser le théorème de dérivation des séries de fonctions. Il s'avère bien plus lourd à mettre en place et il ne pourra justifier que la dérivabilité sur* $]-1,1[$.

2. *On effectue la décomposition en éléments simples de* $\frac{1}{4n^2-1}$.

$$\frac{1}{4n^2-1} = \frac{1}{(2n+1)(2n-1)} = \frac{1}{2}\left(\frac{1}{2n-1} - \frac{1}{2n+1}\right).$$

Pour tout $x \in]-1,1[$*, on en déduit que :*

$$\begin{aligned} f(x) &= \frac{1}{2}\sum_{n=1}^{+\infty} \frac{(-1)^n x^{2n+1}}{2n-1} - \frac{1}{2}\sum_{n=1}^{+\infty} \frac{(-1)^n x^{2n+1}}{2n+1} \\ &= \frac{1}{2}\sum_{j=0}^{+\infty} \frac{(-1)^{j+1} x^{2j+3}}{2j+1} - \frac{1}{2}\sum_{n=1}^{+\infty} \frac{(-1)^n x^{2n+1}}{2n+1} \quad (j = n-1 \Leftrightarrow n = j+1) \\ &= -\frac{x^2}{2}\sum_{n=0}^{+\infty} \frac{(-1)^n x^{2n+1}}{2n+1} - \frac{1}{2}\left(-\frac{(-1)^0 x^{2\times 0+1}}{2\times 0+1} + \sum_{n=0}^{+\infty} \frac{(-1)^n x^{2n+1}}{2n+1}\right) \\ &= -\frac{x^2}{2}\arctan(x) + \frac{1}{2}x - \frac{1}{2}\arctan(x) = \frac{1}{2}\left(x - \left(1+x^2\right)\arctan(x)\right). \end{aligned}$$

d'après le développement en série entière de arctan.

Commentaires 216 *Exercice discriminant mais de difficulté standard.*
Question 1 : Il est possible de traiter la continuité et la dérivabilité via les théorèmes de continuité et de dérivabilité du chapitre « séries de fonctions ». Néanmoins, en observant qu'il s'agit d'une série entière et en utilisant les théorèmes de ce chapitre, les argumentaires sont plus simples et plus rapides à mettre en place. Un candidat visant le concours Mines-Telecom ne doit pas avoir de difficulté particulière à répondre à cette question.
Question 2 : Elle requiert un peu d'initiative et de l'autonomie de la part du candidat donc elle permettra de distinguer les bons candidats à ce concours. Un candidat songeant à la décomposition en éléments simples et faisant le lien avec le développement en série entière de arctan *sera valorisé. Sinon, l'interrogateur proposera la décomposition en éléments simples. Il attend alors du candidat qu'il fasse le lien avec* arctan *ou bien qu'il songe à dériver* $\sum_{n=0}^{+\infty} \frac{x^{2n+1}}{2n+1}$ *afin de calculer sa somme (si possible, en invoquant le théorème adéquat de dérivation).*

Exercice 217 (Mines-Telecom) Pour tout $x \in \mathbb{R}$, on note :

$$S_1(x) = \sum_{n=0}^{+\infty} \frac{x^{3n}}{(3n)!} \text{ et } S_2(x) = \sum_{n=0}^{+\infty} \frac{x^{3n+1}}{(3n+1)!}.$$

1. Déterminer le rayon de convergence de S_1 et S_2.
2. Déterminer trois réels a, b, c et une fonction f telle que $aS_1'' + bS_1' + cS_1 = f$.
3. Déterminer S_1 et S_2.

Solution 217

1. *Les séries définissant S_1 et S_2 convergent manifestement si $x = 0$. Soit $x \in \mathbb{R}^*$, on pose :*

$$\forall n \in \mathbb{N},\ u_n = \left|\frac{x^{3n}}{(3n)!}\right| \text{ et } v_n = \left|\frac{x^{3n+1}}{(3n+1)!}\right|.$$

Ces deux suites $(u_n)_n$ et $(v_n)_n$ sont à valeurs strictement positifs et on a :

$$\begin{aligned} \frac{u_{n+1}}{u_n} &= \left|\frac{x^{3n+3}}{x^{3n}} \times \frac{(3n)!}{(3n+3)!}\right| = \frac{|x|^3}{(3n+3)(3n+2)(3n+1)} \underset{n\to+\infty}{\to} 0 \\ \frac{v_{n+1}}{vu_n} &= \left|\frac{x^{3n+4}}{x^{3n+1}} \times \frac{(3n+1)!}{(3n+4)!}\right| = \frac{|x|^3}{(3n+4)(3n+3)(3n+2)} \underset{n\to+\infty}{\to} 0. \end{aligned}$$

D'après le critère de d'Alembert, les séries $\sum_n |u_n|$ et $\sum_n |v_n|$ convergent donc les séries $\sum_n u_n$ et $\sum_n v_n$ converge, quel que soit $x \in \mathbb{R}^*$. D'après le lemme d'Abel, cela entraine que les deux séries entières $\sum_n \frac{x^{3n}}{(3n)!}$ et $\sum_n \frac{x^{3n+1}}{(3n+1)!}$ ont un rayon de convergence infini.

2. *La fonction S_1 est de classe C^∞ sur $\mathbb{R}$ (comme somme d'une série entière de rayon de*

convergence $R=+\infty$) et on peut la dériver terme à terme. Pour tout réel x, on a :

$$\begin{aligned}
S_1'(x) &= \sum_{n=0}^{+\infty}\underbrace{\frac{3nx^{3n-1}}{(3n)!}}_{=0 \text{ si } n=0} = \sum_{n=1}^{+\infty}\frac{3nx^{3n-1}}{(3n)!} = \sum_{n=1}^{+\infty}\frac{3nx^{3n-1}}{3n(3n-1)!} \\
&= \sum_{n=1}^{+\infty}\frac{x^{3n-1}}{(3n-1)!} \underset{n=j+1}{\overset{j=n-1}{=}} \sum_{j=0}^{+\infty}\frac{x^{3j+2}}{(3j+2)!} \\
S_1''(x) &= \sum_{n=1}^{+\infty}\frac{(3n-1)x^{3n-2}}{(3n-1)!} = \sum_{n=1}^{+\infty}\frac{x^{3n-2}}{(3n-2)!} \underset{n=j+1}{\overset{j=n-1}{=}} \sum_{j=0}^{+\infty}\frac{x^{3j+1}}{(3j+1)!}.
\end{aligned}$$

Les ensembles $I_r=\{3n+r,\quad n\in\mathbb{N}\}$ avec $r\in\{0,1,2\}$ forment une partition de $\mathbb{N}$ (par définition de la division euclidienne d'un entier par 3). La famille $\left(\frac{x^k}{k!}\right)_{k\in\mathbb{N}}$ est sommable (puisqu'il s'agit d'une suite indexée par un paramètre entier et que la série entière $\sum_k \frac{x^k}{k!}$ a un rayon de convergence infini donc elle converge absolument sur $\mathbb{R}$). D'après le théorème de sommation par paquets, on a la formule :

$$\begin{aligned}
e^x &= \sum_{k=0}^{+\infty}\frac{x^k}{k!} = \sum_{k\in I_0}\frac{x^k}{k!} + \sum_{k\in I_1}\frac{x^k}{k!} + \sum_{k\in I}\frac{x^k}{k!} \\
&= \sum_{n=0}^{+\infty}\frac{x^{3n}}{(3n)!} + \sum_{n=0}^{+\infty}\frac{x^{3n+1}}{(3n+1)!} + \sum_{n=0}^{+\infty}\frac{x^{3n+2}}{(3n+2)!} \\
&= S_1(x) + S_1''(x) + S_1'(x) = S_1''(x) + S_1'(x) + S_1(x).
\end{aligned}$$

Ainsi, les réels $a=b=c=1$ et la fonction $f : x\mapsto e^x$ conviennent.

3. *La fonction S_1 est solution de l'équation différentielle*

$$(\mathcal{E}) : y''+y'+y=e^x.$$

Une solution particulière évidente est la fonction $y_P : x\mapsto \frac{1}{3}e^x$ (le second membre suggère de chercher la solution particulière sous la forme $x\mapsto Ce^x$). L'équation homogène

$$(\mathcal{E}_H) : y''+y'+y=0$$

est une équation différentielle linéaire à coefficients constants du second ordre. Elle possède pour équation caractéristique :

$$r^2+r+1=0 \Rightarrow \Delta = 1^2-4\times 1\times 1=-3 \Rightarrow r=\frac{-1\pm i\sqrt{3}}{2}.$$

Ainsi, les solutions de l'équation $(\mathcal{E}_H)$ sont de la forme :

$$\begin{aligned}
y_H \quad &: \quad x\mapsto \alpha e^{x(-1+i\sqrt{3})/2} + \beta e^{x(-1-i\sqrt{3})/2} \\
&= \quad e^{-x}\left(\alpha e^{ix\sqrt{3}/2} + \beta e^{-ix\sqrt{3}/2}\right),\ (\alpha,\beta)\in\mathbb{C}^2.
\end{aligned}$$

Toute solution de $(\mathcal{E})$ est la somme d'une solution de l'équation homogène $(\mathcal{E}_H)$ et de la solution particulière y_P. Comme S_1 est une solution de $(\mathcal{E})$, il existe $(\alpha,\beta)\in\mathbb{C}$ tel que :

$$S_1 : x\mapsto e^{-x}\left(\alpha e^{ix\sqrt{3}/2}+\beta e^{-ix\sqrt{3}/2}\right)+\frac{1}{3}e^x.$$

Déterminons α et β via les conditions initiales de S_1 en 0.

$$S_1 : x \mapsto 1 + \frac{x^3}{3!} + \cdots \Rightarrow S_1(0) = 1,\ S_1' : x \mapsto \frac{x^2}{2!} + \cdots \Rightarrow S_1'(0) = 0$$

ce qui nous permet d'écrire :

$$\left\{ \begin{array}{l} S_1(0) = 1 \\ S_1'(0) = 0 \end{array} \right. \Leftrightarrow \left\{ \begin{array}{c} \alpha + \beta + \frac{1}{3} = 1 \\ \frac{i\alpha\sqrt{3}}{2} - \frac{i\beta\sqrt{3}}{2} = 0 \end{array} \right. \Leftrightarrow \left\{ \begin{array}{l} \alpha = \beta \\ 2\alpha = \frac{2}{3} \end{array} \right. \Leftrightarrow \left\{ \begin{array}{l} \alpha = \frac{1}{3} \\ \beta = \frac{1}{3} \end{array} \right. .$$

On en déduit que :

$$S_1 : x \mapsto \frac{e^{-x/2}}{3}\left(e^{ix\sqrt{3}/2} + e^{-ix\sqrt{3}/2}\right) + \frac{1}{3}e^x = \frac{2}{3}e^{-x}\cos\left(\frac{\sqrt{3}}{2}x\right) + \frac{1}{3}e^x.$$

Pour finir, on remarque que $S_2' = S_1$ donc :

$$\begin{aligned} S_2' \quad : \quad & x \mapsto \frac{2}{3}e^{-x/2}\cos\left(\frac{\sqrt{3}}{2}x\right) + \frac{1}{3}e^x = \frac{2}{3}\operatorname{Re}\left(e^{-x/2}e^{ix\sqrt{3}/2}\right) + \frac{1}{3}e^x \\ = \quad & \frac{2}{3}\operatorname{Re}\left(e^{x\left(-1+i\sqrt{3}\right)/2}\right) + \frac{1}{3}e^x. \end{aligned}$$

Il existe alors un réel C tel que :

$$\begin{aligned} S_2 \quad : \quad & x \mapsto C + \frac{2}{3}\operatorname{Re}\left(\frac{e^{x\left(-1+i\sqrt{3}\right)/2}}{\frac{-1+i\sqrt{3}}{2}}\right) + \frac{1}{3}e^x = C + \frac{2}{3}\operatorname{Re}\left(\frac{e^{x\left(-1+i\sqrt{3}\right)/2}}{e^{2\pi i/3}}\right) + \frac{1}{3}e^x \\ = \quad & C + \frac{2}{3}\operatorname{Re}\left(e^{x\left(-1+i\sqrt{3}\right)/2 - 2\pi i/3}\right) + \frac{1}{3}e^x = C + \frac{2e^{-x/2}}{3}\operatorname{Re}\left(e^{i\left(x\sqrt{3}/2 - 2\pi/3\right)}\right) + \frac{1}{3}e^x \\ = \quad & C + \frac{2e^{-x/2}}{3}\cos\left(\frac{x\sqrt{3}}{2} - \frac{2\pi}{3}\right) + \frac{1}{3}e^x \end{aligned}$$

Comme $S_2(0) = 0$ et $\cos\left(\frac{2\pi}{3}\right) = -\frac{1}{2}$, on en déduit que :

$$C = 0 \Rightarrow S_2 : x \mapsto \frac{2e^{-x/2}}{3}\cos\left(\frac{x\sqrt{3}}{2} - \frac{2\pi}{3}\right) + \frac{1}{3}e^x.$$

Commentaires 217 *Exercice de difficulté standard qui devient un grand classique de tous les concours de cet ouvrage (alors qu'auparavant, il était la spécialité de Mines-Ponts et Centrale-SupElec).*
La question 2 est très discriminante car elle demande du candidat une observation (relativement remarquable). Les candidats la trouvant seront fortement valorisés, sinon l'interrogateur proposera une piste dans ce sens (par exemple : « que dire de la réunion des indices apparaissant dans S_1'', S_1' et S_1 ? » Il attend le mot « partition »).

Exercice 218 (Mines-Telecom) Rayon de convergence de la série entière $\sum p_n x^n$ où p_n est le produit des chiffres de n.

Solution 218 *Notons R le rayon de convergence de la série entière $\sum_n p_n x^n$.*

Soit $n \geqslant 1$, on note N le nombre de chiffres de n alors :

$$n = c_0 + c_1 10 + c_2 10^2 + \cdots + c_{N-1} 10^{N-1}$$

avec $\forall i \in \{0, ..., N-1\}$, $c_i \in \{0, ..., 9\}$ et $c_{N-1} \neq 0$ donc :

$$10^{N-1} \leqslant c_{N-1} 10^{N-1} \leqslant n.$$

En composant cette inégalité par le logarithme népérien, on obtient :

$$(N-1)\ln(10) \leqslant \ln(n) \underset{\div \ln(10)>0}{\Leftrightarrow} N - 1 \leqslant \frac{\ln(n)}{\ln(10)} \Leftrightarrow N \leqslant \frac{\ln(n)}{\ln(10)} + 1$$

Par définition de p_n, pour tout $n \geqslant 1$, on a :

$$\begin{aligned} 0 &\leqslant p_n = c_0 c_1 \cdots c_{N-1} \leqslant 9 \times 9 \times \cdots \times 9 = 9^N \leqslant 9^{\ln(n)/\ln(10)+1} \\ &= 9 \times 9^{\ln(n)/\ln(10)} = 9 \times \exp\left(\frac{\ln(n)}{\ln(10)} \ln(9)\right) = 9 \exp(\ln(n))^{\ln(9)/\ln(10)} \\ &= 9 n^{\ln(9)/\ln(10)} \leqslant 9n \text{ (car } \ln(9)/\ln(10) \leqslant 1 \text{ et } n \geqslant 1) \end{aligned}$$

Ainsi, R est supérieur ou égal à celui de la série entière $\sum_n 9 n x^n = 9x \sum_n n x^{n-1}$. Ce dernier est égal au rayon de convergence de la série entière $\sum_n x^n$ (les rayons de convergence sont conservés par dérivation) qui vaut 1 donc $R \geqslant 1$.
Pour tout entier k, on note n_k le nombre ayant k chiffres tous égaux à 9 i.e. $n_k = \underbrace{99 \cdots 9}_{k \text{ fois}}$ alors

$$p_{n_k} = \underbrace{9 \times 9 \times \cdots \times 9}_{k \text{ fois}} = 9^k \underset{k \to +\infty}{\to} +\infty.$$

Par conséquent, la suite $(p_n 1^n) = (p_n)_{n \geqslant 0}$ n'est pas bornée (car la sous-suite $(p_{n_k})_k$ diverge vers $+\infty$), ce qui entraine, d'après le lemme d'Abel, que $R \leqslant 1$ d'où l'égalité $R = 1$.

Commentaires 218 *Exercice original pour ce concours. Il s'avère très discriminant en raison de la gestion de la suite $(p_n)_n$. Néanmoins, l'interrogateur attend d'un candidat qu'il justifie seul que le rayon vaut au moins 1 (par majoration naive de p_n). L'estimation asymptotique de p_n permettant de récompenser les candidats ayant une bonne autonomie (même si l'interrogateur inter-agit avec celui-ci).*

Exercice 219 (Mines-Telecom) On note :

$$\forall n \in \mathbb{N}^*,\ H_n = 1 + \frac{1}{2} + \frac{1}{3} + \cdots + \frac{1}{n}.$$

1. Montrer l'existence de la somme $\displaystyle\sum_{n=1}^{+\infty} \frac{H_n}{2^n}$ puis la calculer. On pourra introduire une série entière.
2. Prouver l'existence de la somme $\displaystyle\sum_{n=1}^{+\infty} \frac{H_n}{2^{n+1}(n+1)}$ puis la calculer. On pourra s'appuyer sur l'utilisation des séries entières.

Solution 219

1. La série entière $\displaystyle\sum_{n\geqslant 0} x^n$ *a un rayon de convergence égal à* 1 *et sa somme vaut* $\dfrac{1}{1-x}$ *sur* $]-1,1[$. *On en déduit que sa série primitivée* $\displaystyle\sum_{n\geqslant 0} \frac{x^{n+1}}{n+1} \underset{k\geqslant 1}{=} \sum_{k\geqslant 1} \frac{x^k}{k}$ *a également un rayon de convergence égal à* 1 *et que sa somme vaut* $-\ln(1-x)$. *Pour tout entier* n, *on pose :*

$$a_n = 1,\ b_n = \begin{cases} 0 & si\ n = 0 \\ \dfrac{1}{n} & si\ n \geqslant 1 \end{cases},$$

ce qui nous donne les deux égalités suivantes :

$$\forall x \in]-1,1[,\ \frac{1}{1-x} = \sum_{n=0}^{+\infty} x^n = \sum_{n=0}^{+\infty} a_n x^n,\ -\ln(1-x) = \sum_{n=1}^{+\infty} \frac{x^n}{n} = \sum_{n=0}^{+\infty} b_n x^n$$

D'après le produit de Cauchy, on a :

$$\begin{aligned} \forall x &\in]-1,1[,\ \frac{1}{1-x}(-\ln(1-x)) = \sum_{n=0}^{+\infty} c_n x^n \ avec\ \forall n \geqslant 0, \\ c_n &= \sum_{k=0}^{n} a_k \underbrace{b_{n-k}}_{=0\ si\ n=k} \Rightarrow c_0 = a_0 \underbrace{b_0}_{=0} = 0 \\ et\ \forall n &\geqslant 1, c_n = \sum_{k=0}^{n-1} a_k b_{n-k} = \sum_{k=0}^{n-1} \frac{1}{n-k} \underset{j=n-k}{=} \sum_{j=1}^{n} \frac{1}{j} = H_n. \end{aligned}$$

En choisissant $x = \dfrac{1}{2}$, *on obtient l'égalité :*

$$\sum_{n=1}^{+\infty} \frac{H_n}{2^n} = \frac{1}{1-\frac{1}{2}} \left(-\ln\left(1-\frac{1}{2}\right)\right) = 2\ln(2).$$

2. Avec les notations de la réponse à la question précédente, on a :

$$\forall x \in]-1,1[,\ \sum_{n=1}^{+\infty} H_n x^n = \frac{1}{1-x}(-\ln(1-x)) = (-\ln(1-x))'(-\ln(1-x)).$$

Le rayon de convergence de la série entière $\sum_n H_n x^n$ *étant au moins* 1, *on peut primitiver terme à terme sa somme à l'intérieur du disque ouvert de convergence ce qui nous permet d'écrire :*

$$\forall x \in \left]-1,1\right[, \sum_{n=1}^{+\infty} H_n \int_0^x t^n dt = \int_0^x \left(-\ln(1-t)\right)' \left(-\ln(1-t)\right) dt$$

$$\Leftrightarrow \sum_{n=1}^{+\infty} \frac{H_n}{n+1} x^{n+1} = \frac{\left(-\ln(1-x)\right)^2}{2} \underset{x=1/2}{\Rightarrow} \sum_{n=1}^{+\infty} \frac{H_n}{2^{n+1}(n+1)} = \frac{\left(\ln(2)\right)^2}{2}.$$

Commentaires 219 *Pour l'existence de chaque série, il suffit de remarquer l'encadrement naïf suivant :*

$$\forall n \geqslant 1,\ 0 \leqslant H_n \leqslant n$$

(car H_n *est composé de* n *termes, tous majorés par* 1*). Ainsi, on peut affirmer que :*

$$\frac{H_n}{2^n} \underset{n\to+\infty}{=} O\left(\frac{n}{2^n}\right) \underset{n\to+\infty}{=} o\left(\frac{1}{n^2}\right) \text{ car } n^2 \frac{n}{2^n} = \frac{n^3}{2^n} \underset{n\to+\infty}{\to} 0$$

(d'après les croissances comparées) d'où la convergence de la première série. En outre, on a la majoration :

$$\forall n \geqslant 1,\ 0 \leqslant \frac{H_n}{2^{n+1}(n+1)} \leqslant \frac{H_n}{2^n}$$

qui prouve la convergence de la seconde série. On peut également justifier la convergence des séries $\sum_n \frac{n^k}{2^n}$ $(k \in \mathbb{N})$ *via le critère de D'Alembert voire celles des séries* $\sum_n \frac{H_n}{2^n}$ *et* $\sum_n \frac{H_n}{2^{n+1}(n+1)}$ *par ce même critère. En effet, il s'agit de séries à termes strictement positifs et l'on a :*

$$\frac{H_{n+1}}{H_n} = \frac{H_n + \frac{1}{n+1}}{H_n} = 1 + \frac{1}{(n+1)H_n} \begin{cases} \geqslant 1 \\ \leqslant 1 + \frac{1}{n+1} \end{cases}$$

(car $H_n \geqslant 1$*) donc le théorème d'encadrement montre que* $\lim_{n\to+\infty} \frac{H_{n+1}}{H_n} = 1$*. Pour les calculs de séries, un candidat observant que la seconde série entière* $\sum_n \frac{H_n}{n+1} x^{n+1}$ *s'obtient en primitivant la série* $\sum_n H_n x^n$ *sera valorisé. De même pour celui observant que la série* $\sum_n H_n x^n$ *est un produit de Cauchy (même si la justification est imparfaite, notamment en raison de l'absence de l'indice* 0*). Si cela n'est pas le cas, l'interrogateur guidera le candidat dans cette direction.*

11.3 Centrale Math 1

Exercice 220 (Centrale) Soit $\sum_{n\geqslant 0} a_n z^n$ une série entière et R son rayon de convergence.

1. Montrer que : $R>0 \Leftrightarrow \exists q>0,\ \forall n\in\mathbb{N}^*,\ |a_n|\leqslant q^n$.
2. On pose $S(z)=\sum_{n=0}^{+\infty} a_n z^n$ pour $|z|<R$. Montrer que :

$$\forall r\in\,]0,R[\,,\ \forall n\in\mathbb{N},\ a_n=\frac{1}{2\pi r^n}\int_0^{2\pi} S\left(re^{i\theta}\right)e^{-in\theta}\,d\theta.$$

3. On suppose que $S(0)\neq 0$. Montrer que $\frac{1}{S}$ est développable en série entière.

Solution 220

1. *Rappelons que $R=\sup\left\{r\in[0,+\infty[\,,\ (a_nr^n)_{n\in\mathbb{N}}\text{ est bornée}\right\}$.*
Implication directe. *Supposons que $R>0$ et fixons $r\in\,]0,R[$. D'après le lemme d'Abel, la suite $(a_nr^n)_{n\in\mathbb{N}^*}$ est bornée c'est-à-dire qu'il un réel M tel que :*

$$\forall n\in\mathbb{N}^*,\ |a_nr^n|\leqslant M\Leftrightarrow |a_n|\,r^n\leqslant M \underset{\div r^n>0}{\Leftrightarrow} |a_n|\leqslant M\left(\frac{1}{r}\right)^n.$$

Si $M\leqslant 1$ alors $|a_n|\leqslant\left(\frac{1}{r}\right)^n$ pour tout $n\geqslant 1$ et le réel $q=\frac{1}{r}>0$ convient. Si $M\geqslant 1$ alors, pour tout $n\geqslant 1$, $M\leqslant M^n$ donc $|a_n|\leqslant\left(\frac{M}{r}\right)^n$ donc le réel $q=\frac{M}{r}$ convient.
Implication réciproque. *Supposons qu'il existe deux réels $M\geqslant 0$ et $q>0$ tels que :*

$$\forall n\in\mathbb{N}^*,\ |a_n|\leqslant q^n \underset{\div q^n>0}{\Leftrightarrow} \left|a_n\left(\frac{1}{q}\right)^n\right|\leqslant 1$$

donc la suite $\left(a_n\left(\frac{1}{q}\right)^n\right)_{n\in\mathbb{N}}$ est bornée. Ceci entraine que $R\geqslant\frac{1}{q}>0$ donc $R>0$.

2. *On fixe $n\in\mathbb{N}$ et $r\in\,]0,R[$. Pour tout $\theta\in[0,2\pi]$, on a l'égalité :*

$$S\left(re^{i\theta}\right)e^{-in\theta}=\left(\sum_{k=0}^{+\infty}a_kr^ke^{ik\theta}\right)e^{-in\theta}=\sum_{k=0}^{+\infty}a_kr^ke^{i(k-n)\theta}.$$

Pour entier k, on pose $f_k:\theta\mapsto a_kr^ke^{i(k-n)\theta}$ est une fonction continue sur le segment $[0,2\pi]$. La série $\sum_k f_k$ converge normalement sur $[0,2\pi]$ car la série

$$\sum_{k\geqslant 0}\sup_{\theta\in[0,2\pi]}|f_k(\theta)|=\sum_{k\geqslant 0}\sup_{\theta\in[0,2\pi]}|a_k|\,r^k=\sum_{k\geqslant 0}|a_k|\,r^k$$

converge. En effet, d'après le lemme d'Abel, la série $\sum_n a_nz^n$ converge absolument dans le disque ouvert de convergence, notamment en $z=r$ (car $r<R$).

Par conséquent, le théorème de permutation série-intégrale montre que :

$$\int_0^{2\pi} S\left(re^{i\theta}\right) e^{-in\theta}\, d\theta = \int_0^{2\pi} \sum_{k=0}^{+\infty} f_k(\theta)\, d\theta = \sum_{k=0}^{+\infty} \int_0^{2\pi} f_k(\theta)\, d\theta = \sum_{k=0}^{+\infty} a_k r^k \int_0^{2\pi} e^{i(k-n)\theta} d\theta.$$

Or, si $m \in \mathbb{Z}^*$, on a l'égalité :

$$\int_0^{2\pi} e^{im\theta} d\theta = \left[\frac{e^{im\theta}}{im}\right]_0^{2\pi} = \frac{e^{2\pi im} - 1}{im} = 0$$

(car $e^{2\pi im} = 1$ si $m \in \mathbb{Z}$) et si $m = 0$, on a l'égalité :

$$\int_0^{2\pi} e^{im\theta} d\theta = \int_0^{2\pi} d\theta = 2\pi.$$

On en déduit que tous les termes de la somme sont nuls sauf celui d'indice $k = n$ d'où l'égalité suivante qui permet de conclure :

$$\int_0^{2\pi} S\left(re^{i\theta}\right) e^{-in\theta}\, d\theta = a_n r^n \int_0^{2\pi} e^{i(n-n)\theta} d\theta = 2\pi a_n r^n.$$

3. *Quitte à diviser S par $S(0) \neq 0$, on peut supposer que $S(0) = 1$. On procède alors par analyse-synthèse.*

Phase d'analyse. *Supposons que la fonction $T = \dfrac{1}{S}$ soit développable en série entière donc il existe R' et une série entière $\sum_n b_n z^n$ de rayon de convergence R' telle que*

$$\forall z \in \mathbb{C},\ |z| < R',\ T(z) = \sum_{n=0}^{+\infty} b_n z^n.$$

Fixons $\rho > 0$ tel que $\rho < \min(R, R')$ alors, pour tout $z \in \mathbb{C}$ vérifiant $|z| < \rho$, $S(z)$ et $T(z)$ existent et on a les relations suivantes :

$$S(z)T(z) = 1 \Leftrightarrow \sum_{n=0}^{+\infty} c_n z^n = 1 \text{ avec } \forall n \in \mathbb{N},\ c_n = \sum_{k=0}^{n} a_k b_{n-k}$$

(d'après le produit de Cauchy). En particulier, comme $a_0 = S(0) = 1$, en distinguant les cas $n = 0$ et $n \geqslant 1$, on obtient les égalités suivantes :

$$\left\{\begin{array}{l} a_0 b_0 = 1 \\ \forall n \geqslant 1,\quad a_0 b_n + \sum_{k=1}^{n} a_k b_{n-k} \end{array}\right. \Leftrightarrow (\mathcal{R}) : \left\{\begin{array}{l} b_0 = 1 \\ \forall n \geqslant 1,\quad b_n = -\sum_{k=1}^{n} a_k b_{n-k} \end{array}\right.$$

Phase de synthèse. *On considère la suite récurrente $(b_n)_{n\in\mathbb{N}}$ définie par la relation $(\mathcal{R})$. D'après la question 1, il existe un réel strictement positif q tel que :*

$$\forall n \in \mathbb{N}^*,\ |a_n| \leqslant q^n.$$

En particulier, pour tout entier $n \geqslant 1$, on dispose de la majoration :

$$|b_n| = \left|\sum_{k=1}^{n} a_k b_{n-k}\right| \leqslant \sum_{k=1}^{n} |a_k|\,|b_{n-k}| \leqslant \sum_{k=1}^{n} q^k\,|b_{n-k}|$$

En divisant cette inégalité par q^n et en utilisant le changement de variable $j = n-k$, on obtient la majoration :

$$\forall n \geqslant 1,\ \frac{|b_n|}{q^n} \leqslant \sum_{j=0}^{n-1} \frac{|b_j|}{q^j}.$$

Remarquons que $\dfrac{|b_0|}{q^0} = 1 \leqslant 2^0$ et si $\dfrac{|b_j|}{q^j} \leqslant 2^j$ pour tout $j < n$ alors :

$$\frac{|b_n|}{q^n} \leqslant \sum_{j=0}^{n-1} \frac{|b_j|}{q^j} \leqslant \sum_{j=0}^{n-1} 2^j = \frac{2^n - 1}{2-1} = 2^n - 1 \leqslant 2^n.$$

Ainsi, d'après le principe de récurence (forte), on peut affirmer que :

$$\forall n \in \mathbb{N}^*,\ \frac{|b_n|}{q^n} \leqslant 2^n \Leftrightarrow |b_n| \leqslant (2q)^n.$$

D'après la question 1, cela entraine que la série $\sum_n b_n z^n$ admet un rayon de convergence $R' > 0$. En outre, on pose

$$\forall z \in \mathbb{C} \text{ tel que } |z| < R',\ T(z) = \sum_{n=0}^{+\infty} b_n z^n.$$

Par construction de $(b_n)_n$, pour tout $z \in \mathbb{C}$ avec $|z| < \min(R, R')$, on a l'égalité :

$$S(z)\,T(z) = \sum_{n=0}^{+\infty} a_n z^n \sum_{n=0}^{+\infty} b_n z^n = \sum_{n=0}^{+\infty} \underbrace{\left(\sum_{k=0}^{n} a_k b_{n-k}\right)}_{=0 \text{ si } n \geqslant 1} z^n = a_0 b_0 = 1$$

donc $\dfrac{1}{S} = T$ est bien développable en série entière.

Commentaires 220 *L'exercice possède une progressivité tout à fait adaptée à ce concours.*
Question 1 : La réciproque doit être instantanée pour un candidat à ce concours.
Question 2 : Il s'agit d'une question d'application du cours sans difficulté particulière.
Question 3 : Il s'agit d'une question ouverte dont le but est d'observer la réactivité du candidat et son autonomie. Il est vraisemblable que, pour l'immense majorité des candidats, l'interrogateur indique de procéder par analyse-synthèse pour avoir une « expression » des coefficients de l'inverse). Une fois que le candidat a obtenu « l'expression », on attend de lui qu'il montre que la série construite a un rayon de convergence non nul. La difficulté étant d'imaginer la majoration qui est loin d'être immédiate. Les meilleurs candidats peuvent finir cet exercice dans le temps imparti.

11.4 Mines-Ponts

Exercice 221 (Mines-Ponts) Soient α et λ deux réels avec λ dans $]-1,1[$. On définit l'ensemble E des fonctions f de classe $\mathcal{C}^1$ sur $\mathbb{R}$ telles que :

$$\forall x \in \mathbb{R},\ f'(x) = \alpha f(x) + f(\lambda x).$$

1. Montrer que $E \subset \mathcal{C}^\infty(\mathbb{R}, \mathbb{R})$.
2. Déterminer une fonction non nulle de E qui soit développable en série entière.
3. Déterminer alors l'ensemble E.

Solution 221

1. *Soit $f \in E$. On procède par récurrence sur n pour établir la propriété $(\mathcal{H}_n)$: «f est de classe C^{n+1} sur $\mathbb{R}$ et $\forall x \in \mathbb{R},\quad f^{(n+1)}(x) = \alpha f^{(n)}(x) + \lambda^n f^{(n)}(\lambda x)$».*

   Initialisation *$n = 0$. La fonction f est dérivable sur $\mathbb{R}$ et*

   $$\forall x \in \mathbb{R},\ f'(x) = \alpha f(x) + f(\lambda x).$$

   Or la fonction $x \mapsto \alpha f(x) + f(\lambda x)$ est continue sur $\mathbb{R}$ (car dérivable) donc la fonction f' est continue sur $\mathbb{R}$ c'est-à-dire f est de classe C^1 sur $\mathbb{R}$, ce qui établi la propriété $(\mathcal{H}_0)$.

   Hérédité. *Supposons $(\mathcal{H}_n)$ vraie pour un certain entier n et montrons $(\mathcal{H}_{n+1})$. D'après $(\mathcal{H}_n)$, la fonction f est de classe C^{n+1} sur $\mathbb{R}$, donc la fonction $f^{(n)}$ est de classe C^1 sur $\mathbb{R}$, et l'on a :*

   $$\forall x \in \mathbb{R},\ f^{(n+1)}(x) = \alpha f^{(n)}(x) + \lambda^n f^{(n)}(\lambda x).$$

   La fonction $x \mapsto f^{(n)}(x) + \lambda^n f^{(n)}(\lambda x)$ étant de classe C^1 sur $\mathbb{R}$, on en déduit que la fonction $f^{(n+1)}$ est de classe C^1 sur $\mathbb{R}$ c'est-à-dire f est de classe C^{n+2} sur $\mathbb{R}$ et l'on a :

   $$\forall x \in \mathbb{R},\ f^{(n+2)}(x) = (f^{(n+1)})'(x) = \alpha f^{(n+1)}(x) + \lambda^{n+1} f^{(n+1)}(\lambda x),$$

   ce qui démotre $(\mathcal{H}_{n+1})$ et achève la récurrence.

   En particulier, f est de classe C^∞ sur $\mathbb{R}$.

2. *Procédons par analyse synthèse.*

   Phase d'analyse. *Considérons une série entière $\sum\limits_{n \geqslant 0} a_n x^n$ de rayon de convergence $R > 0$ et sa somme*

   $$S : x \in\,]-R, R[\, \mapsto \sum_{n=0}^{+\infty} a_n x^n$$

   qui est de classe C^∞ sur l'intervalle $]-R, R[$. Supposons que $S \in E$ alors, pour tout $x \in\,]-R, R[$, on a :

   $$S'(x) = \sum_{n=0}^{+\infty} \underbrace{n a_n}_{=0 \text{ si } n=0} x^{n-1} = \sum_{n=1}^{+\infty} n a_n x^{n-1} \underset{k=n-1}{=} \sum_{k=0}^{+\infty} (k+1)\, a_{k+1} x^k.$$

   En outre, comme $|\lambda| < 1$, on a :

   $$|\lambda x| = |\lambda|\, |x| < 1 \times R = R$$

donc $\lambda x \in]-R, R[$, *ce qui permet d'écrire :*

$$\alpha S(x) + S(\lambda x) = \alpha \sum_{n=0}^{+\infty} a_n x^n + \sum_{n=0}^{+\infty} a_n (\lambda x)^n = \sum_{n=0}^{+\infty} (\alpha + \lambda^n) a_n x^n.$$

On peut alors écrire pour tout $x \in]-R, R[$ *:*

$$S'(x) = \alpha S(x) + S(\lambda x) \Leftrightarrow \forall n \in \mathbb{N},\ (n+1) a_{n+1} = (\alpha + \lambda^n) a_n$$

(d'après l'unicité du développement en série entière). Ainsi, pour tout entier n, *on a :*

$$\begin{aligned} a_{n+1} &= \frac{\alpha + \lambda^n}{n+1} a_n \Rightarrow \forall n \geqslant 1, \\ a_n &= \frac{\alpha + \lambda^{n-1}}{n} a_{n-1} = \frac{\alpha + \lambda^{n-1}}{n} \times \frac{\alpha + \lambda^{n-2}}{n-1} a_{n-2} = \cdots \\ &= \frac{\alpha + \lambda^{n-1}}{n} \times \frac{\alpha + \lambda^{n-2}}{n-1} \times \cdots \times \frac{\alpha + \lambda^0}{1} a_0 = \frac{a_0}{n!} \prod_{k=0}^{n-1} \left(\alpha + \lambda^k\right) \end{aligned}$$

(par une récurrence immédiate sur n*) donc on peut écrire :*

$$\forall x \in]-R, R[,\ S(x) = a_0 + \sum_{n=1}^{+\infty} a_n x^n = a_0 \left(1 + \sum_{n=1}^{+\infty} \frac{x^n}{n!} \prod_{k=0}^{n-1} \left(\alpha + \lambda^k\right)\right).$$

Phase de synthèse. *Pour tout entier* n, *posons :*

$$a_0 = 1 \text{ et } \forall n \geqslant 1,\ a_n = \frac{1}{n!} \prod_{k=0}^{n-1} \left(\alpha + \lambda^k\right).$$

S'il existe un entier N *tel que* $a_N = 0$ *alors*

$$\forall n \geqslant N,\ a_n = 0$$

(par récurrence sur n*) donc la série entière* $\sum_n a_n x^n$ *a un rayon de convergence infini (puisqu'elle ne contient qu'un nombre fini de termes non nuls).*
Si pour tout entier n, $a_n \neq 0$ *alors, pour tout réel* $x \neq 0$, *on a :*

$$\left|\frac{a_{n+1} x^{n+1}}{a_n x^n}\right| = \left|\frac{\alpha + \lambda^n}{n}\right| |x| \underset{n \to +\infty}{\rightarrow} 0$$

(car $|\lambda| < 1$ *donc* $\lim_{n \to +\infty} \lambda^n = 0$ *et* $\lim_{n \to +\infty} n = +\infty$*). D'après le critère de D'Alembert, la série* $\sum_n a_n x^n$ *converge pour tout réel* $x \neq 0$ *donc pour tout réel.*

Dans tous les cas, on en déduit que la série entière $\sum_{n \geqslant 0} a_n x^n$ *est de rayon de convergence infini et sa somme*

$$\varphi : x \in \mathbb{R} \mapsto \sum_{n=0}^{+\infty} a_n x^n$$

vérifie l'équation (E) *(par construction). En outre, toute solution de* (E) *développable en série entière est colinéaire à* φ.

3. *Soit f une solution de (E). Prouvons que f est développable en série entière, ce qui démontrera que l'ensemble des solutions de (E) est* $\mathrm{Vect}(\varphi)$ *(où φ est définie à la réponse de la question précédente).*
Pour cela, nous allons montrer que la série de Taylor de f en 0 converge vers f sur $\mathbb{R}$. Soit $a > 0$. Pour tout entier n, la fonction $f^{(n)}$ est continue sur le segment $[-|x|, |x|] = I$ donc $\sup_I \left|f^{(n)}\right| = M_n$ existe. En outre, on a :

$$\forall t \in I, \quad |\lambda t| = |\lambda|\,|t| \leqslant 1 \times |x| = |x| \Rightarrow \lambda t \in I.$$

Pour tout entier n, en dérivant n fois l'équation (E), on obtient l'égalité :

$$\forall t \in I,\ f^{(n+1)}(t) = \alpha f^{(n)}(t) + \lambda^n f^{(n)}(\lambda t).$$

L'inégalité triangulaire fournit alors l'inégalité suivante valable pour tout $t \in I$:

$$\begin{aligned} \left|f^{(n+1)}(t)\right| &\leqslant |\alpha|\left|f^{(n)}(t)\right| + \underbrace{\lambda^n}_{\leqslant 1}\left|f^{(n)}(\lambda x)\right| \leqslant |\alpha| M_n + M_n = (|\alpha|+1) M_n \\ &\Rightarrow M_{n+1} = \sup_{[-a,a]}\left|f^{(n+1)}\right| \leqslant (|\alpha|+1) M_n \Rightarrow M_n \leqslant (|\alpha|+1)^n M_0 \end{aligned}$$

(par une récurrence immédiate). D'après l'inégalité de Taylor, pour tout $x \in [-a, a]$, on a la majoration suivante :

$$\left|f(x) - \sum_{k=0}^{n} \frac{f^{(k)}(0)}{k!} x^k\right| \leqslant \frac{|x-0|^{n+1}}{(n+1)!} M_{n+1} \leqslant \frac{((|\alpha|+1)|x|)^{n+1}}{(n+1)!} \underset{n\to+\infty}{\longrightarrow} 0$$

(d'après les croissances comparées). Le théorème d'encadrement montre que :

$$\lim_{n\to+\infty} \sum_{k=0}^{n} \frac{f^{(k)}(0)}{k!} x^k = f(x)$$

quelque soit $x \in \mathbb{R}$ c'est-à-dire que la série $\sum_{k\geqslant 0} \frac{f^{(k)}(0)}{k!} x^k$ converge quelque soit $x \in \mathbb{R}$ et sa somme vaut f. Autrement dit, on vient de montrer que f est développable en série entière sur $\mathbb{R}$, ce qui permet de conclure.

Commentaires 221 *Exercice suffisamment progressif et détaillé, ce qui est relativement rare à ce concours.*
Question 1 : Il s'agit d'un raisonnement élémentaire probablement abordé en MPSI ou MP à propos des solutions d'équations différentielles (par exemple $y' = y$).
Question 2 : Cette question est traditionnelle dans les équations différentielles (mais ici, il ne s'agit d'une équation différentielle du cours de MPSI-MP). Il est attendu du candidat qu'il songe à un raisonnement par analyse-synthèse ou du moins, qu'il détermine les solutions développables en série entière sans se soucier de la nullité ou non de son rayon de convergence. Un tel candidat sera valorisé s'il parvient à déterminer l'expression des coefficients de la série entière. La détermination du rayon se fait simplement par D'Alembert. Cette question ne doit pas poser de difficulté insurmontable aux candidats à ce concours.
Question 3 : Il s'agit de la question la plus difficile du sujet dont le point clé est de prouver que la solution est développable en série entière. Le raisonnement mené est classique pour les concours Mines-Ponts et Centrale-SupElec : utiliser l'inégalité de Taylor pour montrer que la série de Taylor converge vers la fonction considérée. N'hésitez pas à retravailler ce raisonnement.

Exercice 222 (Mines-Ponts) On pose : $\forall n \in \mathbb{N},\ a_n = \int_0^{\pi/4} \tan^n t\, dt$. Étude de la série entiêre $\sum_{n\geqslant 0} a_n x^n$: rayon de convergence, étude aux bornes du domaine de définition, Calcul de la somme.

Solution 222 ***Rayon de convergence.*** *Notons R le rayon de convergence de la série $\sum_n a_n x^n$.*
Par monotonie de la fonction tan *sur* $\left[0, \frac{\pi}{4}\right]$, *on a la majoration suivante*

$$\forall x \in \left[0, \frac{\pi}{4}\right],\ 0 \leqslant \tan(x) \leqslant \tan\left(\frac{\pi}{4}\right) = 1 \Rightarrow 0 \leqslant a_n \leqslant \int_0^{\pi/4} 1^n dt = \frac{\pi}{4}.$$

Le rayon de convergence de la série entière $\sum_n \frac{\pi}{4} x^n$ vaut 1 *(par D'Alembert par exemple) donc* $R \geqslant 1$.
Supposons que $R > 1$ alors la série $\sum_{n\geqslant 0} a_n x^n$ converge pour $x = 1$. Posons, pour tout entier n, $f_n : t \mapsto (\tan(t))^n$ *qui est continue sur* $\left[0, \frac{\pi}{4}\right]$. *La série $\sum_{n\geqslant 0} f_n$ converge simplement sur* $\left[0, \frac{\pi}{4}\right[$ *(série géométrique de raison* $\tan(t) \in]-1, 1[$) *et sa somme*

$$\sum_{n=0}^{+\infty} f_n : t \mapsto \frac{1}{1 - \tan(t)} = f(t).$$

est continue sur $\left[0, \frac{\pi}{4}\right[$. *En outre, comme f_n est positive sur* $\left[0, \frac{\pi}{4}\right[$ *pour tout entier n, la série*

$$\sum_{n\geqslant 0} \int_0^{\pi/4} |f_n| = \sum_{n\geqslant 0} \int_0^{\pi/4} f_n = \sum_{n\geqslant 0} a_n$$

converge. D'après le théorème de permutation série-intégrale, on peut affirmer que la fonction f est intégrable sur $\left[0, \frac{\pi}{4}\right[$. *Or, la fonction* tan *étant dérivable en* $\frac{\pi}{4}$, *on dispose de l'équivalent suivant :*

$$\frac{\tan(t) - \tan\left(\frac{\pi}{4}\right)}{t - \frac{\pi}{4}} \underset{u\to\pi/4}{\to} \tan'\left(\frac{\pi}{4}\right) = 1 + \left(\tan\left(\frac{\pi}{4}\right)\right)^2 = 2 \neq 0$$

$$\Rightarrow \tan(t) - 1 \underset{u\to\pi/4}{\sim} 2\left(t - \frac{\pi}{4}\right) \Leftrightarrow \frac{1}{1 - \tan(t)} \underset{u\to\pi/4}{\sim} \frac{1}{2\left(\frac{\pi}{4} - t\right)} = g(t).$$

La fonction f *est positive et intégrable sur* $\left[0, \frac{\pi}{4}\right[$, *on en déduit que la fonction* g *est intégrable sur* $\left[0, \frac{\pi}{4}\right[$ *donc l'intégrale*

$$\int_0^{\pi/4} g(t)\,dt \underset{u=\pi/4-t}{=} \frac{1}{2}\int_{\pi/4}^{0} \frac{1}{u}(-du) = \frac{1}{2}\int_0^{\pi/4} \frac{1}{u}du$$

converge, ce qui est absurde (intégrable de Riemann de paramètre 1*). Par conséquent, on en déduit que* $R = 1$.
Étude de la convergence en $x = R = 1$. *D'après le raisonnement que nous venons de faire, la série* $\sum_n a_n x^n$ *ne converge pas pour* $x = 1$.
Étude de la convergence en $x = -R = -1$. *Comme la suite* $(a_n)_n$ *est positive, la série* $\sum_n a_n x^n = \sum_n (-1)^n a_n$ *est alternée. La suite* $(a_n)_n$ *est décroissante car :*

$$\begin{aligned}\forall n &\in \mathbb{N}, \forall t \in \left[0, \frac{\pi}{4}\right], 0 \leqslant \tan(t) \leqslant 1 \underset{\times(\tan(t))^n}{\Rightarrow} (\tan(t))^{n+1} \leqslant (\tan(t))^n \\ \Rightarrow \quad & a_{n+1} = \int_0^{\pi/4} (\tan(t))^{n+1} dt \leqslant \int_0^{\pi/4} (\tan(t))^n dt = a_n.\end{aligned}$$

Montrons que la suite $(a_n)_n$ *converge vers* 0 *en utilisant le théorème de convergence dominée. Pour tout entier* n, *la fonction* f_n *est continue sur* $\left[0, \frac{\pi}{4}\right]$ *et elle converge simplement sur* $\left[0, \frac{\pi}{4}\right]$ *vers la fonction*

$$f : t \mapsto \begin{cases} 0 & si\ 0 \leqslant t < \pi/4 \\ 1 & si\ t = \pi/4 \end{cases}$$

qui est continue par morceaux sur $\left[0, \frac{\pi}{4}\right]$. *En outre, on dispose de la domination :*

$$\forall n \in \mathbb{N}, \forall t \in \left[0, \frac{\pi}{4}\right], |f_n(t)| \leqslant 1^n = 1 = \varphi(t).$$

La fonction φ *étant manifestement intégrable sur* $\left[0, \frac{\pi}{4}\right]$, *le théorème de convergence dominée montre que :*

$$\lim_{n\to+\infty} \int_0^{\pi/4} f_n = \int_0^{\pi/4} f \Leftrightarrow \lim_{n\to+\infty} a_n = 0.$$

Le critère spécial des séries alternées permet d'affirmer que la série $\sum_n (-1)^n a_n$ *converge donc la série* $\sum_n a_n x^n$ *converge pour* $x = -1$.
Calcul de la somme. *Soit* $x \in]-1, 1[$. *Notons*

$$S(x) = \sum_{n=0}^{+\infty} a_n x^n.$$

Nous allons utiliser un théorème de permutation série-intégrale. Pour tout entier n, considérons la fonction

$$f_n : t \mapsto x^n (\tan(t))^n$$

qui est continue sur $\left[0, \frac{\pi}{4}\right]$. *La série*

$$\sum_{n \geqslant 0} \sup_{t \in [0, \pi/4]} |f_n(t)| = \sum_{n \geqslant 0} |x|^n$$

(série géométrique de raison $|x| \in]-1, 1[$*) donc la série de fonctions* $\sum_n f_n$ *converge normalement, donc uniformément, sur le segment* $\left[0, \frac{\pi}{4}\right]$. *Le théorème de permutation série-intégrale permet alors d'écrire :*

$$S(x) = \sum_{n=0}^{+\infty} \int_0^{\pi/4} f_n = \int_0^{\pi/4} \sum_{n=0}^{+\infty} f_n = \int_0^{\pi/4} \sum_{n=0}^{+\infty} (x \tan(t))^n \, dt = \int_0^{\pi/4} \frac{du}{1 - x\tan(u)}.$$

Pour calculer cette dernière intégrale, on effectue le changement de variable

$$\begin{aligned} t &= \tan(u) \Leftrightarrow u = \arctan(t), \quad dt = \left(1 + \tan^2(u)\right) du = (1 + t^2) du \\ \Rightarrow & \quad du = \frac{dt}{1 + t^2}, \ t = 0 \text{ alors } u = 0, \ t = \pi/4 \text{ alors } u = 1. \end{aligned}$$

On en déduit une nouvelle formule :

$$\int_0^{\pi/4} \frac{du}{1 - x\tan(u)} = \int_0^1 \frac{1}{1 - xt} \times \frac{1}{1 + t^2} dt.$$

L'intégrande étant une fraction rationnelle, on a décompose en éléments simples. Il existe trois réels a, b, c *tels que :*

$$\frac{1}{1 - xt} \times \frac{1}{1 + t^2} = \frac{a}{1 - xt} + \frac{b + ct}{1 + t^2}.$$

En multipliant cette égalité par $1 - xt$ *(resp.* $1 + t^2$*), en la simplifiant puis en faisant tendre* t *vers* $\frac{1}{x}$ *(resp.* i*), on obtient :*

$$\left\{ \begin{array}{l} a = \dfrac{x^2}{1 + x^2} \\ b + ic = \dfrac{1}{1 - ix} = \dfrac{1 + ix}{|1 - ix|^2} = \dfrac{1}{1 + x^2} + i\dfrac{x}{1 + x^2} \end{array} \right.$$

$$\Rightarrow \quad a = \frac{x^2}{1 + x^2}, \ b = \frac{1}{1 + x^2}, \ c = \frac{x}{1 + x^2}$$

(par identification des parties réelles et imaginaires). On en déduit que :

$$\begin{aligned}
S(x) &= \frac{1}{1+x^2}\int_0^1 \left(\frac{x^2}{1-xt}+\frac{1+xt}{1+t^2}\right)dt \\
&= \frac{1}{1+x^2}\int_0^1 \left(\frac{x^2}{1-xt}+\frac{1}{1+t^2}+\frac{x}{2}\times\frac{2t}{1+t^2}\right)dt \\
&= \frac{1}{1+x^2}\left[-x\ln|1-xt|+\arctan(t)+\frac{x}{2}\ln\left|1+t^2\right|\right]_{t=0}^{t=1} \\
&= \frac{1}{1+x^2}\left(-x\ln(1-x)+\frac{\pi}{4}+\frac{x}{2}\ln(2)\right)
\end{aligned}$$

Commentaires 222 *Exercice classique pour ce concours, de difficulté standard avec des questions de niveau très variées donc il jouera un bon rôle discriminatoire des candidats. Il est attendu que le candidat parvienne à minorer le rayon de convergence et à déterminer sa somme sous forme d'une intégrale dans le disque ouvert de convergence.*
L'étude de la convergence pour $x = 1$ (ou, ce qui revient au même la détermination exacte du rayon de convergence) est la question la plus difficile de cet exercice mais le raisonnement est relativement classique pour ce concours. N'hésitez pas à le retravailler si nécessaire car il vous servira pour d'autres exercices. Pour les candidats n'y parvenant pas, l'interrogateur proposera des pistes (raisonnement par l'absurde et utilisation d'un théorème de permutation série-intégrale). Il sera alors attentif à la bonne connaissance du théorème dédié et à la rigueur de sa mise en place par le candidat.
L'étude de la convergence pour $x = -1$ est assez aisé (si on pense au critère spécial des séries alternées).
Le calcul de l'intégrale est assez technique mais assez proche du cours (changement de variable naturel, décomposition en éléments simples) et demande essentiellement de la rigueur dans ses calculs.

Exercice 223 (Mines-Ponts) Soient $a > 0$ et $f \in C^\infty(]-a,a[,\mathbb{R})$ dont toutes les dérivées sont positives sur $]-a,a[$.

1. Soit $R_n(x)$ le reste de Taylor d'ordre n entre 0 et x. Montrer que R_n est une fonction croissante sur $[0,a[$.
2. Montrer que f est développable en série entière sur $]-a,a[$.

Solution 223

1. *Rappelons que :*

$$\forall x \in [-a,a],\ R_n(x) = \frac{1}{n!}\int_0^x (x-t)^n f^{(n+1)}(t)dt.$$

Si $x \in]0,a[$, on effectue le changement de variable $u = \dfrac{t}{x}$ qui est de classe C^1 sur $[0,x]$ et réalise une bijection strictement croissante de $[0,x]$ sur $[0,1]$. Comme, $t = xu$, on a $dt = xdu$. Quand $t = 0$ alors $u = 0$ et quand $t = x$ alors $u = 1$.

$$R_n(x) = \frac{1}{n!}\int_0^1 (x-xu)^n f^{(n+1)}(xu)\,xdu = \frac{x^{n+1}}{(n+1)!}\int_0^1 (1-u)^n f^{(n+1)}(xu)\,du.$$

Cette formule reste manifestement valable pour $x = 0$. *Soit* $(x, y) \in [0, a[$ *avec* $x \leqslant y$. *Comme* $\left(f^{(n+1)}\right)' = f^{(n+2)}$ *est positive sur* $[0, a[$, *on peut affirmer que la fonction* $f^{(n+1)}$ *est croissante sur* $[0, a[$. *On peut alors écrire :*

$$\begin{aligned} x \leqslant y &\Rightarrow \forall u \in [0,1], \, xu \leqslant yu \Rightarrow \forall u \in [0,1], \, f^{(n+1)}(xu) \leqslant f^{(n+1)}(yu) \\ &\underset{\times(1-u)^n \geqslant 0}{\Rightarrow} \forall u \in [0,1], \, (1-u)^n f^{(n+1)}(xu) \leqslant (1-u)^n f^{(n+1)}(yu) \\ &\Rightarrow (\mathcal{I}) : \int_0^1 (1-u)^n f^{(n+1)}(xu)\, du \leqslant \int_0^1 (1-u)^n f^{(n+1)}(yu)\, du \\ &\underset{\times x^{n+1}/(n+1)! \geqslant 0}{\Rightarrow} \frac{x^{n+1}}{(n+1)!}\int_0^1 (1-u)^n f^{(n+1)}(xu)\, du \leqslant \frac{x^{n+1}}{(n+1)!}\int_0^1 (1-u)^n f^{(n+1)}(yu)\, du \\ &\Leftrightarrow R_n(x) \leqslant \left(\frac{x}{y}\right)^{n+1} R_n(y) \underset{0 \leqslant x/y \leqslant 1}{\leqslant} R_n(y) \end{aligned}$$

donc la fonction $t \mapsto R_n(t)$ *est bien croissante sur* $[0, a[$.

2. *Soit* $x \in [0, a[$. *Pour tout entier* n, *on pose :*

$$S_n(x) = \sum_{k=0}^{n} \frac{f^{(k)}(0)}{k!} x^k.$$

La suite $(S_n)_{n \in \mathbb{N}}$ *est croissante car :*

$$\forall n \in \mathbb{N}, \, S_{n+1}(x) - S_n(x) = \frac{\overbrace{f^{(n+1)}(0)}^{\geqslant 0}}{n!} \overbrace{x^{n+1}}^{\geqslant 0} \geqslant 0.$$

D'après la formule de Taylor-Lagrange à l'ordre n *en* 0, *on a :*

$$\forall n \in \mathbb{N}, \, f(x) = S_n(x) + R_n(x).$$

Comme $S_n(x)$ *et* $R_n(x)$ *sont positifs (le premier comme somme de nombres positifs, le second car* $R_n(x) \geqslant R_n(0) = 0$ *par croissance de la fonction* $t \mapsto R_n(t)$*), on en déduit les deux majorations suivantes :*

$$\forall n \in \mathbb{N}, \left\{ \begin{array}{l} f(x) - S_n(x) = R_n(x) \geqslant 0 \\ f(x) - R_n(x) = S_n(x) \geqslant 0 \end{array} \right. \Rightarrow \left\{ \begin{array}{l} (*) : S_n(x) \leqslant f(x) \\ (**) : R_n(x) \leqslant f(x) \end{array} \right. .$$

Ainsi, la suite $(S_n(x))_{n \in \mathbb{N}}$ *est majorée (d'après* $(*)$*) et croissante donc elle converge. Fixons* $y \in]x, a[$. *D'après la fin de la preuve de la question précédente, on a :*

$$\forall n \in \mathbb{N}, \, 0 \leqslant R_n(x) \leqslant \left(\frac{x}{y}\right)^n R_n(y)$$

donc, en utilisant l'inégalité $(**)$ *avec* y *(puisqu'elle est valable pour tout* $x \in [0, a[$*), on obtient l'encadrement :*

$$\begin{aligned} 0 \; &\leqslant \; R_n(x) \leqslant \left(\frac{x}{y}\right)^n f(y) \underset{n \to +\infty}{\to} 0 \; (car \; \frac{x}{y} \in]-1, 1[) \\ &\Rightarrow \; \lim_{n \to +\infty} R_n(x) = 0 \Rightarrow \lim_{n \to +\infty} S_n(x) = f(x). \end{aligned}$$

Par définition de la convergence des séries, on peut affirmer que la série $\sum_{k\geqslant 0} \frac{f^{(k)}(0)}{k!}x^k$ *converge et sa somme vaut* $f(x)$ *d'où l'égalité :*

$$\forall x \in [0, a[\,, f(x) = \sum_{k=0}^{+\infty} \frac{f^{(k)}(0)}{k!}x^k.$$

ce qui justifie l'égalité

$$\forall x \in [0, a]\,, \quad f(x) = \sum_{k=0}^{+\infty} \frac{f^{(k)}(0)}{k!}x^k.$$

Montrons que cette égalité perdure sur l'interrvalle $]-a, 0]$, *ce qui démontrera que* f *est bien développable en série entière sur* $]-a, a[$.
Soit $x \in]-a, 0]$. *D'après inégalité de Taylor à l'ordre* n *et comme la fonction* $f^{(n+1)}$ *est positive et croissante sur* $[x, 0]$, *on a la majoration :*

$$|f(x) - S_n(x)| \leqslant \frac{|x-0|^{n+1}}{(n+1)!} \sup_{[x,0]} \left|f^{(n+1)}\right| = \frac{|x|^{n+1}}{(n+1)!} \sup_{[x,0]} f^{(n+1)} = \frac{|x|^{n+1}}{(n+1)!} f^{(n+1)}(0),$$

ce qui prouve que la suite $(S_n(x))_{n\in\mathbb{N}}$ *converge vers* $f(x)$ *et permet de conclure.*

Commentaires 223 *Exercice classique pour les concours Mines-Ponts et Centrale-SupElec, ce qui ne l'empêche pas d'être très discriminant car il nécessite une maitrise des formules de Taylor et de raisonnements assez fin (d'où un recul sur ses calculs). Pour la question, lorsqu'il s'agit de montrer qu'une fonction est développable en série entière en utilisant les formules de Taylor, il suffit de montrer que le reste de Taylor tend vers 0 (raisonnement classique et à connaitre).*

Exercice 224 (Mines-Ponts) Rayon de convergence et somme de la série entière $\sum_{n\geqslant 1} n^{(-1)^n}x^n$.

Solution 224 ***Rayon***. *Notons* R *son rayon de convergence. Pour tout entier* $n \geqslant 1$, *on a la majoration suivante :*

$$\begin{aligned} \left|n^{(-1)^n}x^n\right| &= n^{(-1)^n}|x|^n = \begin{cases} n|x|^n & \textit{si } n \textit{ est pair} \\ \frac{1}{n}|x|^n & \textit{sinon} \end{cases} \\ &\Rightarrow \frac{1}{n}|x|^n \leqslant \left|n^{(-1)^n}x^n\right| \leqslant n|x|^n. \end{aligned}$$

Si $|x| < 1$ *alors, d'après les croissances comparées, on a*

$$\forall n \in \mathbb{N}^*, 0 \leqslant \left|n^{(-1)^n}x^n\right| \leqslant n|x|^n \underset{n\to+\infty}{\to} 0 \Rightarrow \lim_{n\to+\infty} \left|n^{(-1)^n}x^n\right| = 0 \Rightarrow R \geqslant 1$$

(par le lemme d'Abel). Si $|x| > 1$, *toujours d'après les croissances comparées, on a*

$$\forall n \in \mathbb{N}^*, \left|n^{(-1)^n}x^n\right| \geqslant \frac{1}{n}|x|^n \underset{n\to+\infty}{\to} +\infty \Rightarrow \lim_{n\to+\infty} \left|n^{(-1)^n}x^n\right| = +\infty \Rightarrow R \leqslant 1$$

(par le lemme d'Abel) donc $R = 1$.

Somme. *Soit* $x \in \left]-1,1\right[$ *alors la série* $\sum_{n\geqslant 1} n^{(-1)^n}x^n$ *converge absolument donc la famille* $\left(n^{(-1)^n}x^n\right)_{n\in\mathbb{N}^*}$ *est sommable. En partition* $\mathbb{N}^*$ *selon les entiers pairs et impairs, le théorème de sommation par paquets montre que :*

$$\begin{aligned}\sum_{n=1}^{+\infty} n^{(-1)^n}x^n &= \sum_{\substack{n\in\mathbb{N}^*\\ n \text{ pair}}} n^{(-1)^n}x^n + \sum_{\substack{n\in\mathbb{N}^*\\ n \text{ impair}}} n^{(-1)^n}x^n = \sum_{k=1}^{+\infty} 2kx^{2k} + \sum_{k=0}^{+\infty} \frac{1}{2k+1}x^{2k+1}\\ &= x\sum_{k=1}^{+\infty} 2kx^{2k-1} + \sum_{k=0}^{+\infty}\frac{1}{2k+1}x^{2k+1} = x\left(\sum_{k=0}^{+\infty} x^{2k}\right)' + \int_0^x \sum_{k=0}^{+\infty} t^{2k}dt\end{aligned}$$

(les séries entières sont primitivable et dérivable terme à terme dans l'intervalle ouvert de convergence, ici $r = 1$ *pour la série entière* $\sum_k x^{2k}$*). En utilisant la somme de la série géométrique, on obtient :*

$$\sum_{k=0}^{+\infty} x^{2k} = \sum_{k=0}^{+\infty}\left(x^2\right)^k = \frac{1}{1-x^2} = \frac{1}{(1-x)(1+x)} = \frac{1}{2}\left(\frac{1}{1-x}+\frac{1}{1+x}\right),$$

ce qui fournit l'égalité suivante :

$$\begin{aligned}\sum_{n=1}^{+\infty} n^{(-1)^n}x^n &= x\left(-\frac{-2x}{\left(1-x^2\right)^2}\right) + \frac{1}{2}\left[-\ln(1-t)+\ln(1+t)\right]_0^x\\ &= \frac{2x^2}{\left(1-x^2\right)^2} + \frac{1}{2}\ln\left(\frac{1+x}{1-x}\right).\end{aligned}$$

Commentaires 224 *Exercice sans difficulté particulière, hormis la prise en compte de la parité pour mieux voir le comportement de la série (ne serait-ce que pour le calcul de la somme).*

Chapitre 12

Espaces vectoriels normés

12.1 CCINP

Exercice 225 (CCINP) Soit $M = \begin{pmatrix} \frac{1}{2} & \frac{1}{4} & \frac{1}{4} \\ \frac{1}{4} & \frac{1}{3} & \frac{5}{12} \\ \frac{1}{4} & \frac{5}{12} & \frac{1}{3} \end{pmatrix}$.

1. La suite de matrices $(M^n)_n$ converge t-elle ?
2. Soit $N = \lim_{n \to \infty} M^n$. Que représente N ?
3. Déterminer N.
4. Soit $(u_n)_n$, $(v_n)_n$ et $(w_n)_n$ trois suites réelles et $X_n = \begin{pmatrix} u_n \\ v_n \\ w_n \end{pmatrix}$ telles que, pour tout entier naturel n, $X_{n+1} = MX_n$. La suite $(X_n)_n$ converge t-elle ? Si oui, quelle est sa limite ?

Solution 225

1. *Effectuons la réduction de la matrice M. Commençons par déterminer son polynôme caractéristique.*

$$\begin{aligned}
\chi_M(X) &= \begin{vmatrix} X-\frac{1}{2} & -\frac{1}{4} & -\frac{1}{4} \\ -\frac{1}{4} & X-\frac{1}{3} & -\frac{5}{12} \\ -\frac{1}{4} & -\frac{5}{12} & X-\frac{1}{3} \end{vmatrix} \underset{C_1 \leftarrow C_1+C_2+C_3}{=} \begin{vmatrix} X-1 & -\frac{1}{4} & -\frac{1}{4} \\ X-1 & X-\frac{1}{3} & -\frac{5}{12} \\ X-1 & -\frac{5}{12} & X-\frac{1}{3} \end{vmatrix} \\
&= (X-1)\begin{vmatrix} 1 & -\frac{1}{4} & -\frac{1}{4} \\ 1 & X-\frac{1}{3} & -\frac{5}{12} \\ 1 & -\frac{5}{12} & X-\frac{1}{3} \end{vmatrix} \underset{\substack{L_2 \leftarrow L_2-L_1 \\ L_3 \leftarrow L_3-L_1}}{=} (X-1)\begin{vmatrix} 1 & -\frac{1}{4} & -\frac{1}{4} \\ 0 & X-\frac{1}{12} & -\frac{1}{6} \\ 0 & -\frac{1}{6} & X-\frac{1}{12} \end{vmatrix} \\
&= (X-1)\begin{vmatrix} X-\frac{1}{12} & -\frac{1}{6} \\ -\frac{1}{6} & X-\frac{1}{12} \end{vmatrix} = (X-1)\left[\left(X-\frac{1}{12}\right)^2-\left(\frac{1}{6}\right)^2\right] \\
&= (X-1)\left(X-\frac{1}{12}-\frac{1}{6}\right)\left(X-\frac{1}{12}+\frac{1}{6}\right) = (X-1)\left(X-\frac{1}{4}\right)\left(X+\frac{1}{12}\right)
\end{aligned}$$

Ainsi, le polynôme caractéristique de M est scindé à racines donc M est diagonalisable (on peut aussi directement utilisé le théorème spectral),

$$\mathrm{Sp}(M) = \left\{1, \frac{1}{4}, -\frac{1}{12}\right\}$$

et chaque espace est alors de dimension 1. Il existe une matrice P inversible telle que :

$$M = P\,\mathrm{diag}\left(1, \frac{1}{4}, -\frac{1}{12}\right)P^{-1} \Rightarrow \forall n \in \mathbb{N}, M^n = P\,\mathrm{diag}\left(1, \frac{1}{4^n}, \left(-\frac{1}{12}\right)^n\right)P^{-1}.$$

La suite $\left(\mathrm{diag}\left(1, \frac{1}{4^n}, \left(-\frac{1}{12}\right)^n\right)\right)_{n\in\mathbb{N}}$ *converge vers la matrice* $\mathrm{diag}(1,0,0)$ *donc*

$$M^n \underset{n\to+\infty}{\to} P\,\mathrm{diag}(1,0,0)\,P^{-1}$$

(puisque l'application

$$f : X \in \mathfrak{M}_3(\mathbb{R}) \mapsto PXP^{-1}$$

est continue sur $\mathfrak{M}_3(\mathbb{R})$ puisqu'elle est linéaire en dimension finie).

2. *D'après la question précédente, on a*

$$N = P\,\mathrm{diag}(1,0,0)\,P^{-1}$$

donc :

$$N^2 = P\,\mathrm{diag}\left(1^2, 0^2, 0^2\right)P^{-1} = N$$

c'est-à-dire que N est une matrice de projection.

3. Déterminons une base de chaque espace propre pour déterminer la matrice P.

$$E_1(M) = \ker(M - I_3) = \ker \begin{pmatrix} -\frac{1}{2} & \frac{1}{4} & \frac{1}{4} \\ \frac{1}{4} & -\frac{2}{3} & \frac{5}{12} \\ \frac{1}{4} & \frac{5}{12} & -\frac{2}{3} \end{pmatrix} = \mathrm{Vect}\left(\begin{pmatrix} 1 \\ 1 \\ 1 \end{pmatrix}\right).$$

En effet, si C_i représente la i^e colonne de la matrice $M - I_3$ et u désigne l'endomorphisme dont la matrice dans base canonique (e_1, e_2, e_3) de $\mathbb{R}^3$ est $M - I_3$, on a :

$$C_1 + C_2 + C_3 = 0_{3,1} \Leftrightarrow u(e_1) + u(e_2) + u(e_3) = 0 \Leftrightarrow u(e_1 + e_2 + e_3) = 0.$$

$$E_{1/4}(M) = \ker\left(M - \frac{1}{4}I_3\right) = \ker \begin{pmatrix} \frac{1}{4} & \frac{1}{4} & \frac{1}{4} \\ \frac{1}{4} & \frac{1}{12} & \frac{5}{12} \\ \frac{1}{4} & \frac{5}{12} & \frac{1}{12} \end{pmatrix} = \mathrm{Vect}\left(\begin{pmatrix} 2 \\ 1 \\ 1 \end{pmatrix}\right).$$

En effet, si C_i représente la i^e colonne de la matrice

$$M - \frac{1}{4}I_3$$

et u désigne l'endomorphisme dont la matrice dans base canonique (e_1, e_2, e_3) de $\mathbb{R}^3$ est $M - I_3$, on a :

$$2C_1 + C_2 + C_3 = 0_{3,1} \Leftrightarrow u(2e_1) + u(e_2) + u(e_3) = 0 \Leftrightarrow u(2e_1 + e_2 + e_3) = 0.$$

$$E_{-1/12}(M) = \ker\left(M + \frac{1}{12}I_3\right) = \ker \begin{pmatrix} \frac{7}{12} & \frac{1}{4} & \frac{1}{4} \\ \frac{1}{4} & \frac{5}{12} & \frac{5}{12} \\ \frac{1}{4} & \frac{5}{12} & \frac{5}{12} \end{pmatrix} = \mathrm{Vect}\left(\begin{pmatrix} 0 \\ 1 \\ -1 \end{pmatrix}\right).$$

En effet, si C_i représente la i^e colonne de la matrice

$$M + \frac{1}{12}I_3$$

et u désigne l'endomorphisme dont la matrice dans base canonique (e_1, e_2, e_3) de $\mathbb{R}^3$ est $M - I_3$, on a :

$$C_2 - C_3 = 0_{3,1} \Leftrightarrow u(e_2) - u(e_3) = 0 \Leftrightarrow u(e_2 - e_3) = 0.$$

Ainsi, la matrice $P = \begin{pmatrix} 1 & 2 & 0 \\ 1 & 1 & 1 \\ 1 & 1 & -1 \end{pmatrix}$ *est inversible et on a* $M = P\,\mathrm{diag}\left(1, \frac{1}{4}, -\frac{1}{12}\right)P^{-1}$.

Déterminons l'inverse de P.

$$P\begin{pmatrix}x\\y\\z\end{pmatrix}=\begin{pmatrix}a\\b\\c\end{pmatrix}\Leftrightarrow\left\{\begin{array}{c}x+2y=a\\x+y+z=b\\x+y-z=c\end{array}\right.\Leftrightarrow\left\{\begin{array}{cc}x+2y=a&\\2x+2y=b+c&L_2+L_3\\z=\frac{1}{2}b-\frac{1}{2}c&L_3-L_2\end{array}\right.$$

$$\Leftrightarrow\left\{\begin{array}{cc}x=-a+b+c&L_2-2L_1\\y=a-\frac{1}{2}b-\frac{1}{2}c&2L_1-L_2\\z=\frac{1}{2}b-\frac{1}{2}c&\end{array}\right.\Rightarrow P^{-1}=\begin{pmatrix}-1&1&1\\1&-\frac{1}{2}&-\frac{1}{2}\\0&\frac{1}{2}&-\frac{1}{2}\end{pmatrix}.$$

On peut ainsi expliciter N :

$$N=P\operatorname{diag}(1,0,0)\,P^{-1}=\begin{pmatrix}-1&1&1\\-1&1&1\\-1&1&1\end{pmatrix}$$

4. *Pour tout entier n, on a $X_n=M^nX_0$ (par une récurrence immédiate). Comme la suite $(M^n)_{n\in\mathbb{N}}$ converge vers N, on peut affirmer que la suite $X_n=M^nX_0$ converge vers NX_0 (puisque l'application $A\in\mathfrak{M}_3(\mathbb{R})\mapsto AX_0$ est continue sur $\mathfrak{M}_3(\mathbb{R})$ puisqu'elle est linéaire en dimension finie) et*

$$NX_0=\begin{pmatrix}-1&1&1\\-1&1&1\\-1&1&1\end{pmatrix}\begin{pmatrix}u_0\\v_0\\w_0\end{pmatrix}=\begin{pmatrix}-u_0+v_0+w_0\\-u_0+v_0+w_0\\-u_0+v_0+w_0\end{pmatrix}.$$

Commentaires 225 *Exercice de difficulté standard. La première question demande de l'autonomie de la part du candidat : calculer explictement les puissances de M par réduction de M ou bien par calcul du reste R_n de la division euclidienne de X^n par un polynôme annulateur de M (tout simplement son polynôme caractéristique χ_M alors $M^n=R_n(M)$). Afin d'économiser ses calculs, il n'est pas demandé ici le calcul explicte de la limite.*
Pour la question 2, il s'agit d'une question classique : donner la nature géométrique de l'endomorphisme associé à cette matrice N (classiquement projecteur, symétrie, matrice orthogonale). On ne demande pas les caractéristiques géométriques.
La question 3 revient à diagonaliser la matrice M (même si un nombre significatif de candidats ont déjà effectué ce calcul, cela ne sera pas mal percu par l'interrogateur).
La question 4 peut être résolue sans avoir traitée les questions précédentes, du moins la convergence des suites $(u_n)_n$, $(v_n)_n$ et $(w_n)_n$ et il s'agit d'une application directe du cours.

Exercice 226 (CCINP) Soit $(E,\|\|)$ un espace vectoriel normé. Soient K un compact de E et $f:K\to K$ une application telle que :

$$\forall x,y\in K,\ x\neq y\Rightarrow\|f(x)-f(y)\|<\|x-y\|.$$

1. (a) Montrer que, si f admet un point fixe, alors il est unique.
   (b) En étudiant la fonction $x\mapsto\|f(x)-x\|$ sur K, montrer que f admet un unique point fixe.
2. On considère une suite $(x_n)_{n\geqslant 0}$ définie par son premier terme $x_0\in K$ et la relation de récurrence $x_{n+1}=f(x_n)$.

Montrer que $(x_n)_{n\geqslant 0}$ converge et déterminer sa limite. On pourra utiliser la suite de terme général $v_n = \|x_n - a\|$ où a est le point fixe de f.

Solution 226

1.

(a) *On suppose que f admet deux points fixes a et b distincts. Alors $f(a) = a$, $f(b) = b$ et $a \neq b$ donc, d'après l'hypothèse de l'énoncé, on peut écrire :*

$$\|f(a) - f(b)\| < \|a - b\| \Leftrightarrow \|a - b\| < \|a - b\|.$$

Cette inégalité est absurde donc f admet au plus un point fixe.

(b) *Les fonctions f et $x \mapsto x$ sont continues sur K (puisque lispchitziennes) donc la fonction $x \mapsto f(x) - x$ aussi. La fonction $x \mapsto \|x\|$ étant continue (puisque lipschitzienne d'après la seconde inégalité triangulaire) donc, par composition, la fonction $g : x \mapsto \|f(x) - x\|$ est continue sur le compact K. Par conséquent, elle y admet un minimum en un point $c \in K$. Si $f(c) \neq c$ alors, par hypothèse de l'énoncé, on a :*

$$\|f(f(c)) - f(c)\| < \|f(c) - c\| \Leftrightarrow g(f(c)) < g(c) = \min_K g,$$

ce qui est absurde car $f(c) \in K$ puisque $c \in K$. Ainsi, on peut affirmer que $f(c) = c$ c'est-à-dire que c est un point fixe de f et, d'après la question précédente, c'est son unique point fixe.

2. Conformément à l'indication de l'énoncé, on considère la suite $v_n = \|x_n - a\|$.
S'il existe un rang N tel que

$$v_N = 0 \Rightarrow u_N = a \Rightarrow \forall n \geqslant N, u_n = a$$

(procéder par récurrence) et la suite $(u_n)_n$ converge vers a.
On suppose désormais que :

$$\forall n \in \mathbb{N},\ v_n \neq 0 \Leftrightarrow \forall n \in \mathbb{N},\ u_n \neq a.$$

D'après l'hypothèse du texte, pour tout entier n, on a :

$$v_{n+1} = \|u_{n+1} - a\| = \|f(u_n) - f(a)\| < \|u_n - a\|$$

c'est-à-dire que la suite $(v_n)_{n\in\mathbb{N}}$ est décroissante et comme elle est manifestement positive, elle converge. Notons L sa limite.
La suite $(x_n)_{n\in\mathbb{N}}$ étant à valeurs dans le compact K, on peut en extraire une sous-suite convergente $\left(x_{\varphi(n)}\right)_{n\in\mathbb{N}}$ dans K. On note x^∞ cette limite. La fonction

$$x \mapsto \|f(x) - a\|$$

étant continue sur K (par composition de

$$x \mapsto f(x) - a \text{ et } x \mapsto \|x\|$$

qui sont lispchitziennes) et la suite $\left(v_{\varphi(n)}\right)_{n\in\mathbb{N}}$ étant extraite de la suite convergente $(v_n)_{n\in\mathbb{N}}$, on peut affirmer que :

$$L = \lim_{n\to+\infty} v_n = \lim_{n\to+\infty} v_{\varphi(n)} = \lim_{n\to+\infty} \left\|x_{\varphi(n)} - a\right\| = \|x^\infty - a\|.$$

Si $L \neq 0$ *alors* $x^{\infty} \neq a$ *donc*

$$(*) : \|f(x^{\infty}) - a\| < \|x^{\infty} - a\| = L.$$

Or, la fonction f *étant continue sur* K*, on a :*

$$f(x^{\infty}) = f\left(\lim_{n\to+\infty} x_{\varphi(n)}\right) = \lim_{n\to+\infty} f\left(x_{\varphi(n)}\right) = \lim_{n\to+\infty} x_{\varphi(n)+1}$$

donc on peut écrire :

$$\begin{aligned} L &= \lim_{n\to+\infty} v_n = \lim_{n\to+\infty} v_{\varphi(n)+1} = \lim_{n\to+\infty} \left\|x_{\varphi(n)+1} - a\right\| \\ &= \left\|\lim_{n\to+\infty} x_{\varphi(n)+1} - a\right\| = \|f(x^{\infty}) - a\|. \end{aligned}$$

Cette égalité est manifestement en contradiction avec $(*)$ *d'où*

$$x^{\infty} = a.$$

Ainsi, on en déduit les égalités :

$$\lim_{n\to+\infty} v_n = \lim_{n\to+\infty} v_{\varphi(n)} = \|x^{\infty} - a\| = 0$$

c'est-à-dire que la suite $(x_n)_{n\in\mathbb{N}}$ *converge vers* a.

Commentaires 226 *Exercice sélectif pour le concours CCINP qui exige une connaissance assez importante concernant les espaces vectoriels normés. L'interaction avec l'interrogateur sera un élément clé pour avancer sur ce sujet.*
Question 1.a. Il s'agit essentiellement d'une question de rigueur (raisonnement par l'absurde) et de connaitre la définition d'un point fixe (notion fondamentale pour les suites $u_{n+1} = f(u_n)$*).*
Question 1.b. Si le candidat n'a pas d'idée, l'interrogateur lui demandera la continuité de $x \mapsto \|f(x) - x\|$*. Le candidat doit songer à la notion de fonction lipschitzienne pour* f *et le lien avec la continuité. Il sera aussi valorisé le fait qu'il songe au célèbre théorème liant continuité et compacité. La discrimination de la plupart des candidats portera sur la maitrise et l'aisance conernant ces notions.*
Question 2 : cette question s'adresse aux bons candidats et l'interaction avec l'interrogateur sera relativement importante. Les candidats justifiant seuls la convergence de la suite $(v_n)_n$ *sera très valorisés, même s'ils ne calculent pas la limite (qui sera réservés aux tous meilleurs candidats).*

Exercice 227 (CCINP) Soit $\ell^{\infty}(\mathbb{R})$ le sous-espace vectoriel des suites réelles bornées et E le sous-espace vectoriel de $\ell^{\infty}(\mathbb{R})$ des suites u vérifiant de plus $u_0 = 0$.
Si $u \in \ell^{\infty}(\mathbb{R})$, on pose :

$$N_{\infty}(u) = \sup_{n\in\mathbb{N}} |u_n|$$

et, si $u \in E$, on pose :

$$N(u) = \sup_{n\in\mathbb{N}} |u_{n+1} - u_n|.$$

1. Montrer que N_{∞} est une norme sur $\ell^{\infty}(\mathbb{R})$ et N est une norme sur E.
2. Comparer N et N_{∞} sur E.

3. Soit $p \in \mathbb{N}^*$. On considère la suite $u^{(p)} = (u_k^{(p)})_{k\in\mathbb{N}}$ définie par :

$$u_k^{(p)} = \begin{cases} 0 & \text{si } k = 0 \\ \dfrac{1}{p} + \dfrac{1}{p+1} + \cdots + \dfrac{1}{p+k-1} & \text{si } 1 \leqslant k \leqslant p \\ u_p^{(p)} & \text{si } k > p \end{cases}.$$

Pour chaque $p \in \mathbb{N}^*$, montrer que $u^{(p)}$ appartient à E. Prouver que la suite $\left(u^{(p)}\right)_{p\in\mathbb{N}^*}$ converge pour la norme N mais pas pour la norme N_∞. Les normes N et N_∞ sont-elles équivalentes sur E ?

Solution 227

1. *N_∞ **est une norme.***
Existence*. Soit $u \in E$, la suite $(u_n)_n$ étant bornée, la suite $(|u_n|)_{n\in\mathbb{N}}$ est majorée et positive donc on est assuré de l'existence de $\sup\limits_{n\in\mathbb{N}} |u_n| = N_\infty(u)$ et que ce réel est positif.*
Homogénité*. Soient $\lambda \in \mathbb{R}$ et $u \in E$, on a l'égalité :*

$$N_\infty(\lambda u) = \sup_{n\in\mathbb{N}} |\lambda u_n| = \sup_{n\in\mathbb{N}} (|\lambda|\,|u_n|) \underset{(*)}{=} |\lambda| \sup_{n\in\mathbb{N}} |u_n| = |\lambda|\, N_\infty(u).$$

$(*)$: car la fonction $t \mapsto |\lambda| t$ réalise une bijection strictement croissante de $\mathbb{R}$ sur $\mathbb{R}$ si $\lambda \neq 0$. Si $\lambda = 0$, l'égalité est immédiate.
***Inégalité triangulaire.** Pour tout $(u,v) \in E^2$, on a les inégalités suivantes :*

$$\forall n \in \mathbb{N},\ |u_n + v_n| \leqslant |u_n| + |v_n| \leqslant \sup_{k\in\mathbb{N}} |u_k| + \sup_{k\in\mathbb{N}} |v_k| = N_\infty(u) + N_\infty(v).$$

Le nombre $N_\infty(u) + N_\infty(v)$ étant un majorant de la suite $(|u_n + v_n|)_{n\in\mathbb{N}}$, on en déduit la majoration :

$$N_\infty(u+v) = \sup_{n\in\mathbb{N}} |u_n + v_n| \leqslant N_\infty(u) + N_\infty(v).$$

Séparation*. Soit $u \in E$ tel que $N_\infty(u) = 0$ alors :*

$$\begin{aligned} \forall n \in \mathbb{N},\ 0 \leqslant |u_n| \leqslant \sup_{k\in\mathbb{N}} |u_k| = N_\infty(u) = 0 &\Rightarrow \forall n \in \mathbb{N},\ |u_n| = 0 \\ &\Rightarrow \forall n \in \mathbb{N},\ u_n = 0 \Rightarrow u = 0. \end{aligned}$$

Par conséquent, N_∞ est une norme sur E.
*N **est une norme.***
Existence*. Soit $u \in E$, la suite $(u_n)_{n\in\mathbb{N}}$ étant bornée, la suite $(u_{n+1} - u_n)_{n\in\mathbb{N}}$ l'est aussi puisque :*

$$\forall n \in \mathbb{N},\ |u_{n+1} - u_n| \leqslant |u_{n+1}| + |u_n| \leqslant \sup_{k\in\mathbb{N}} |u_k| + \sup_{k\in\mathbb{N}} |u_k| = 2N_\infty(u).$$

Ainsi, cela prouve l'existence de $N_\infty\left((u_{n+1} - u_n)_{n\in\mathbb{N}}\right) = N(u)$ et ce nombre est positif.
Homogénité*. Soient $\lambda \in \mathbb{R}$ et $u \in E$, on a l'égalité :*

$$\begin{aligned} N(\lambda u) &= N_\infty((\lambda u_{n+1} - \lambda u_n)) = N_\infty\left(\lambda (u_{n+1} - u_n)_{n\in\mathbb{N}}\right) \\ &= |\lambda|\, N_\infty(u_{n+1} - u_n)_{n\in\mathbb{N}} = |\lambda|\, N(u). \end{aligned}$$

Inégalité triangulaire. *Pour tout* $(u,v) \in E^2$, *on a les majorations suivantes :*

$$\begin{aligned}\forall n &\in \mathbb{N}, N(u+v) = N_\infty\left((u_{n+1}+v_{n+1}-u_n-v_n)_{n\in\mathbb{N}}\right)\\ &= N_\infty\left((u_{n+1}-u_n)_{n\in\mathbb{N}}+(v_{n+1}-v_n)_{n\in\mathbb{N}}\right)\\ &\leqslant N_\infty\left((u_{n+1}-u_n)_{n\in\mathbb{N}}\right)+N_\infty\left((v_{n+1}-v_n)_{n\in\mathbb{N}}\right) = N(u)+N(v).\end{aligned}$$

Séparation. *Soit* $u \in E$ *tel que :*

$$\begin{aligned}N(u) &= 0 \Leftrightarrow N_\infty\left((u_{n+1}-u_n)_{n\in\mathbb{N}}\right) = 0 \Leftrightarrow (u_{n+1}-u_n)_{n\in\mathbb{N}} = 0\\ &\Leftrightarrow \forall n\in\mathbb{N}, u_{n+1} = u_n \Rightarrow \forall n \in \mathbb{N},\ u_n = u_0 = 0 \Rightarrow u = 0.\end{aligned}$$

Par conséquent, N *est une norme sur* E.

2. *A la question précédente (pour l'existence de* N*), on a montré que*

$$\forall u \in E, \quad N(u) = \sup_{n\in\mathbb{N}} |u_{n+1}-u_n| \leqslant 2N_\infty(u).$$

Par contre, il n'existe aucun réel α *tel que* $N_\infty \leqslant \alpha N$ *sur* E *(c'est le résultat final de la question suivante).*

3. *Soit* $p \in \mathbb{N}^*$. *On a* $u_0^{(p)} = 0$ *et la suite* $\left(u_k^{(p)}\right)_k$ *est bornée (puisqu'elle est nulle à partir du rang* p*) donc* $u^{(p)}$ *appartient à* E. *En outre, on a :*

$$\begin{aligned}u_0^{(p)} &= 0, \forall k \in \{1,...,p\},\ u_k^{(p)} = \sum_{i=p}^{p+k-1}\frac{1}{i},\ \forall k>p,\ u_k^{(p)} = u_p^{(p)} \Rightarrow\\ u_1^{(p)}-u_0^{(p)} &= u_1^{(p)} = \frac{1}{p},\ \forall k\in\{1,...,p-1\},\ u_{k+1}^{(p)}-u_k^{(p)} = \frac{1}{p+k},\\ \forall k &\geqslant p,\ u_{k+1}^{(p)}-u_k^{(p)} = u_p^{(p)}-u_p^{(p)} = 0.\end{aligned}$$

Ainsi, on en déduit la valeur de $N\left(u^{(p)}\right)$ *:*

$$N\left(u^{(p)}\right) = \max\left(\frac{1}{p},\frac{1}{p+1},...,\frac{1}{2p-1}\right) = \frac{1}{p} \underset{p\to+\infty}{\to} 0$$

donc la suite $\left(u^{(p)}\right)_{p\in\mathbb{N}^*}$ *converge vers* 0 *(la suite nulle) dans* (E,N).

Supposons que la suite $\left(u^{(p)}\right)_{p\in\mathbb{N}^*}$ *converge pour la suite* N_∞. *Notons* v *sa limite alors* $\lim\limits_{p\to+\infty} N_\infty\left(u^{(p)}-v\right) = 0$. *Ainsi, pour tout entier* n, *on a :*

$$\begin{aligned}\forall p &\geqslant n,\ \left|u_n^{(p)}-v_n\right| \leqslant N_\infty\left(u^{(p)}-v\right) \underset{p\to+\infty}{\to} 0 \Rightarrow \lim_{p\to+\infty} u_n^{(p)} = v_n\\ &\Leftrightarrow v_0 = \lim_{p\to+\infty} u_0^{(p)} = \lim_{p\to+\infty} 0 = 0 \text{ et } \forall n\geqslant 1,\ v_n = \lim_{p\to+\infty}\sum_{k=p}^{p+n-1}\frac{1}{k}.\end{aligned}$$

Or, pour tout entier n, *on a la majoration suivante :*

$$\forall p \geqslant 1,\ 0 \leqslant v_n = \sum_{k=p}^{p+n-1}\underbrace{\frac{1}{k}}_{\leqslant 1/p} \leqslant \sum_{k=p}^{p+n-1}\frac{1}{p} = \frac{1}{p}\sum_{k=p}^{p+n-1} 1 = \frac{n}{p} \underset{p\to+\infty}{\to} 0.$$

En faisant tendre p vers $+\infty$*, on obtient que* $0 \leqslant v_n \leqslant 0$ *donc* $v_n = 0$ *quelque soit* $n \geqslant 1$. *Par conséquent,* v *est la suite nulle c'est-à-dire que* $\lim\limits_{p\to+\infty} N_\infty\left(u^{(p)}\right) = 0$. *Comme la suite* $\left(u_k^{(p)}\right)_{k\in\mathbb{N}}$ *est positive, croissante (par rapport à* k*) et constante à partir du rang* p*, on a la minoration suivante :*

$$(\mathcal{I}) : N_\infty\left(u^{(p)}\right) = u_p^{(p)} = \sum_{i=p}^{2p-1} \frac{1}{i} \geqslant \sum_{i=p}^{2p-1} \frac{1}{2p-1} = \frac{1}{2p-1}\sum_{i=p}^{2p-1} 1 = \frac{p}{2p-1}.$$

En faisant tendre p vers $+\infty$ *dans cette inégalité, on obtient* $0 \geqslant \frac{1}{2}$*, ce qui est absurde. Par conséquent, la suite* $\left(u^{(p)}\right)_{p\in\mathbb{N}^*}$ *ne converge pas pour la norme* N_∞*. En outre, l'inégalité* $(\mathcal{I})$ *montre que :*

$$\forall p \geqslant 1,\ \frac{N_\infty\left(u^{(p)}\right)}{N\left(u^{(p)}\right)} = \frac{N_\infty\left(u^{(p)}\right)}{\frac{1}{p}} = pN_\infty\left(u^{(p)}\right) \geqslant \frac{p^2}{2p-1} \underset{p\to+\infty}{\sim} \frac{p^2}{2p} = \frac{p}{2} \underset{p\to+\infty}{\longrightarrow} +\infty$$

donc $\lim\limits_{p\to+\infty} \dfrac{N_\infty\left(u^{(p)}\right)}{N\left(u^{(p)}\right)} = +\infty$*, ce qui prouve que les normes* N_∞ *et* N *ne sont pas équivalentes sur* E*.*

Commentaires 227 *Exercice dont la difficulté est bien gradué pour CCINP.*
La première question est certainement très classique et relativement simple donc le candidat veillera à rédiger de façon rigoureuse et claire les différents items sous peine d'être repris par l'interrogateur.
La deuxième question est standard et ouverte mais elle risque de poser problème à un grand nombre de candidats qui voudront prouver qu'elles sont équivalentes, ce qui est faux, ou bien montrer qu'elles ne sont pas équivalentes, ce qui est difficile et fait l'objet de la dernière question.
La troisième question est la plus difficile du sujet et sera sélective. La rigueur dans les calculs sera fondamentale et sera un critère de discrimination entre les candidats. Le plus simple est d'écrire les termes consécutifs de la suite donnée pour essayer de « visualiser » sa norme (observez que la suite est croissante puis constante).

Exercice 228 (CCINP) Soit E l'espace vectoriel des fonctions continues de $[0,1]$ dans $\mathbb{R}$ muni de la norme $\|\|_\infty : f \in E \mapsto \sup\limits_{[0,1]} |f|$.

On considère la partie A de E définie par :

$$A = \left\{ f \in E, \quad f(0) = 0 \text{ et } \int_0^1 f(t)\, dt \geqslant 1 \right\}.$$

1. Montrer que A est une partie fermée de E.-
2. Montrer que si $f \in A$ alors $\|f\|_\infty > 1$.

3. Soit $n \geqslant 1$. On considère la fonction f_n définie par morceaux par

$$f_n(x) = \begin{cases} \dfrac{1}{\alpha}\left(1+\dfrac{1}{n}\right)x & \text{si } x \leqslant \alpha \\ 1+\dfrac{1}{n} & \text{si } x > \alpha \end{cases}.$$

Montrer que l'on peut choisir $\alpha \in]0,1]$ tel que $f_n \in A$. En déduire $d(0_E, A)$ (la distance de 0_E à A).

Solution 228

1. *On utilise la caractérisation séquentielle des fermés. Soit $(f_n)_{n\in\mathbb{N}}$ une suite de A convergeant vers f dans E. Traduisons ces hypothèses. Pour tout entier n, f_n appartient à A c'est-à-dire que f_n est continue sur $[0,1]$,*

$$f_n(0) = 0 \text{ et } \int_0^1 f_n(t)\,dt \geqslant 1.$$

La fonction f est continue sur $[0,1]$. La suite $(f_n)_{n\in\mathbb{N}}$ converge vers f dans E c'est-à-dire que

$$\|f_n - f\| = \sup_{[0,1]} |f_n - f| \underset{n\to\infty}{\to} 0,$$

ce qui est équivalent à dire que la suite de fonctions $(f_n)_{n\in\mathbb{N}}$ converge uniformément vers f sur $[0,1]$. Puisque $[0,1]$ est un segment, le théorème de permutation limite-intégrale montre que

$$\int_0^1 f = \lim_{n\to+\infty} \int_0^1 f_n.$$

Or, pour tout entier n, $\int_0^1 f_n \geqslant 1$ donc, en faisant tendre n vers $+\infty$, on obtient que

$$\int_0^1 f \geqslant 1.$$

En outre, la convergence uniforme entrainant la convergence simple, on peut écrire :

$$f(0) = \lim_{n\to+\infty} f_n(0) = \lim_{n\to+\infty} 0 = 0,$$

ce qui assure l'appartenance de f à A c'est-à-dire $f \in A$ donc A est fermé dans E.

2. *On procède par l'absurde. Supposons qu'il existe $f \in A$ telle que $\|f\|_\infty \leqslant 1$ alors :*

$$\forall t \in [0,1], \quad f(t) \leqslant |f(t)| \leqslant \sup_{[0,1]} |f| = \|f\|_\infty$$

$$\Rightarrow \quad 1 \leqslant \int_0^1 f(t)\,dt \leqslant \int_0^1 \|f\|_\infty = \|f\|_\infty \leqslant 1.$$

On en déduit l'égalité :

$$\int_0^1 f = 1 = \|f\|_\infty \Rightarrow \int_0^1 (\|f\|_\infty - f) = 0.$$

Or la fonction $\|f\|_\infty - f$ *est continue, positive et d'intégrale nulle sur* $[0,1]$ *donc elle est nulle sur* $[0,1]$ *c'est-à-dire que*

$$f = \|f\|_\infty .$$

Autrement dit, f *est constante et* $f(0) = 0$ *donc* $f = 0$*, ce qui contredit le fait que* $\int_0^1 f \geqslant 1$*. Par conséquent, on est assuré que*

$$\|f\|_\infty > 1.$$

3. *Soit* $\alpha \in \left]0,1\right[$*. Pour tout entier* n*, on a* $f_n(0) = 0$*. La fonction* f_n *est continue sur* $[0,\alpha]$ *et sur* $[\alpha,1]$ *donc elle est continue sur* $[0,1]\setminus\{\alpha\}$*. En outre, on a :*

$$\lim_{x\to\alpha^-} f_n(x) = \lim_{x\to\alpha^-} \frac{1}{\alpha}\left(1+\frac{1}{n}\right)x = 1 + \frac{1}{n} = \lim_{x\to\alpha^+} f_n(x)$$

donc $\lim_{x\to\alpha} f_n(x)$ *existe et vaut* $1 + \frac{1}{n} = f_n(\alpha)$ *ce qui prouve la continuité de* f_n *sur* $[0,1]$*. Calculons son intégrale entre 0 et 1. Grâce à la relation de Chasles, on a :*

$$\begin{aligned}
\int_0^1 f_n &= \int_0^\alpha f_n + \int_a^1 f_n = \frac{1}{\alpha}\left(1+\frac{1}{n}\right)\int_0^\alpha x dx + \int_\alpha^1 \left(1+\frac{1}{n}\right) dx \\
&= \left(1+\frac{1}{n}\right)\frac{\alpha}{2} + \left(1+\frac{1}{n}\right)(1-\alpha) = \left(1+\frac{1}{n}\right)\left(1-\frac{\alpha}{2}\right) \\
\int_0^1 f_n &= 1 \Leftrightarrow \frac{n+1}{n}\left(1-\frac{\alpha}{2}\right) = 1 \Leftrightarrow 1 - \frac{\alpha}{2} = \frac{n}{n+1} \Leftrightarrow \alpha = \frac{2}{n+1} \in \left]0,1\right[
\end{aligned}$$

Ainsi, on est assuré de l'existence d'un $\alpha \in \left]0,1\right]$ *tel que* $\int_0^1 f_n \geqslant 1$*. On conserve désormais ce choix. Pour tout entier* n*, on a :*

$$f_n(x) = \begin{cases} \frac{1}{\alpha}\left(1+\frac{1}{n}\right)x & si\ x \leqslant \alpha \\ 1 + \frac{1}{n} & si\ x > \alpha \end{cases}$$

alors, pour tout $x \in [0,1]$*, on obtient l'encadrement*

$$\begin{aligned}
0 \quad &\leqslant \quad f_n(x) \leqslant \begin{cases} \frac{1}{\alpha}\left(1+\frac{1}{n}\right)\alpha & si\ x \leqslant \alpha \\ 1 + \frac{1}{n} & si\ x > \alpha \end{cases} = 1 + \frac{1}{n} = f_n(\alpha) \\
&\Rightarrow \quad \|f_n\|_\infty = \sup_{[0,1]} |f_n| = \sup_{[0,1]} f_n = 1 + \frac{1}{n}.
\end{aligned}$$

D'une part, d'après la question précédente, pour tout $f \in A$, on a

$$\|f\|_\infty > 1 \Rightarrow d(0_E, A) = \inf_{f \in A} \|f - 0_E\|_\infty = \inf_{f \in A} \|f\|_\infty \geqslant 1$$

et d'autre part, pour tout entier n, f_n appartient à A donc

$$d(0_E, A) = \inf_{f \in A} \|f - 0_E\|_\infty \leqslant \|f_n - 0_E\|_\infty = \|f_n\|_\infty = 1 + \frac{1}{n}.$$

On en déduit l'encadrement :

$$\forall n \in \mathbb{N}^*, \ 1 \leqslant d(0_E, A) \leqslant 1 + \frac{1}{n}$$

puis on fait tendre n vers $+\infty$, ce qui fournit l'encadrement :

$$1 \leqslant d(0_E, A) \leqslant 1 \Rightarrow d(0_E, A) = 1.$$

Commentaires 228 *Exercice difficile pour CCINP et l'interaction avec l'interrogateur sera un élément clé de différenciation des candidats.*
Question 1 : il s'agit probablement de la question la plus difficile pour les candidats (la notion de fermé l'étant, surtout en dimension infinie).
Question 2 : le point clé est de procéder par l'absurde (ce que l'interrogateur proposera de faire aux candidats n'ayant pas d'idée convenable) et de connaitre ce lemme célèbre : toute fonction f continue sur un intervalle I, d'intégrale nulle sur I alors f est nulle sur I. L'interrogateur sera très attentif à la réactivité du candidat sur ces deux aides, s'il a besoin de les donner.
Question 3. La première question ne pose pas de problème particulier, hormis un peu de rigueur sur les calculs. La dernière question sera sélective : le candidat connait-t-il la définition générale d'une distance ? Sait-il minorer et majorer des bornes inférieures ?

Exercice 229 (CCINP)

1. Montrer que $GL_n(\mathbb{K})$ est un ouvert dense dans $\mathcal{M}_n(\mathbb{K})$.
2. Montrer que $\mathcal{O}_n(\mathbb{R})$ est un compact d'intérieur vide de $\mathcal{M}_n(\mathbb{R})$.

Solution 229

1. $GL_n(\mathbb{K})$ ***est un ouvert*** . *On considère la fonction*

$$f : A \in \mathfrak{M}_n(\mathbb{K}) \mapsto \det(A)$$

qui est un polynôme en les coefficients de A (i.e. les coordonnées de A dans la base canonique de $\mathfrak{M}_n(\mathbb{K})$) donc f est continue sur $\mathfrak{M}_n(\mathbb{K})$. L'ensemble $\mathbb{K}^* = \mathbb{K} \backslash \{0_\mathbb{K}\}$ étant un ouvert de $\mathbb{K}$, on en déduit que l'ensemble

$$f^{-1}(\mathbb{K}^*) = \{A \in \mathfrak{M}_n(\mathbb{K}), \ f(A) \neq 0\} = \mathrm{GL}_n(\mathbb{K})$$

est un ouvert de $\mathfrak{M}_n(\mathbb{K})$.
$GL_n(\mathbb{K})$ ***est dense.*** *Soit $A \in \mathfrak{M}_n(\mathbb{K})$ alors, pour tout $k \in \mathbb{N}^*$, on considère la matrice*

$$A_k = A - \frac{1}{k} I_n.$$

Il est manifeste que la suite $(A_k)_{k\in\mathbb{N}^*}$ *converge vers* A *et, pour tout* $k \in \mathbb{N}^*$, *on a :*

$$\det(A_k) = \det\left(-\left(\frac{1}{k}I_n - A\right)\right) = (-1)^n \det\left(\frac{1}{k}I_n - A\right) = (-1)^n \chi_A\left(\frac{1}{k}\right).$$

Le polynôme χ_A *ne possède qu'un nombre fini de racines dans* $\mathbb{K}$ *et la suite* $\left(\frac{1}{k}\right)_{k\geqslant 1}$ *est constituée d'une infinité d'éléments deux à deux distints (puisqu'elle est strictement décroissante). Ainsi, on est assuré qu'il existe un rang* N *tel que* $\forall k \geqslant N$, $\frac{1}{k}$ *n'est pas racine de* χ_A *c'est-à-dire que*

$$\forall k \geqslant N,\ \chi_A\left(\frac{1}{k}\right) \neq 0 \Leftrightarrow \det(A_k) \neq 0 \Leftrightarrow A_k \in \mathrm{GL}_n(\mathbb{K}).$$

Ainsi, la suite $(A_k)_{k\geqslant N}$ *est une suite de* $\mathrm{GL}_n(\mathbb{K})$ *qui converge vers* A *donc* $\mathrm{GL}_n(\mathbb{K})$ *est dense dans* $\mathfrak{M}_n(\mathbb{K})$.

2. *Comme* $\mathcal{O}_n(\mathbb{R})$ *est inclus dans* $\mathfrak{M}_n(\mathbb{R})$ *qui est un espace vectoriel normé de dimension finie, il suffit de montrer que* $\mathcal{O}_n(\mathbb{R})$ *est un ensemble fermé et borné de* $\mathfrak{M}_n(\mathbb{R})$.
$\mathcal{O}_n(\mathbb{R})$ ***est bornée****. Soit* $A \in \mathfrak{M}_n(\mathbb{R})$ *alors, chacune de ces colonnes est de norme (euclidienne) égale à 1 c'est-à-dire :*

$$\begin{aligned}\forall j &\in \{1,...,n\},\ \sum_{i=1}^{n} a_{i,j}^2 = 1 \Rightarrow \forall (s,j) \in \{1,...,n\}^2,\ a_{s,j}^2 \leqslant \sum_{i=1}^{n} a_{i,j}^2 = 1 \\ &\Rightarrow \forall (s,j) \in \{1,...,n\}^2,\ |a_{s,j}| = \sqrt{a_{s,j}^2} \leqslant \sqrt{1} = 1 \Rightarrow \|A\|_\infty \leqslant 1.\end{aligned}$$

$\mathcal{O}_n(\mathbb{R})$ ***est fermé****. Rappelons que :*

$$\begin{aligned}\mathcal{O}_n(\mathbb{R}) &= \left\{A \in \mathfrak{M}_n(\mathbb{R}),\ A^tA = I_n\right\} = f^{-1}(I_n) \\ \text{où } f &: A \in \mathfrak{M}_n(\mathbb{R}) \mapsto A^tA \in \mathfrak{M}_n(\mathbb{R}).\end{aligned}$$

Comme $\{I_n\}$ *est un ensemble fermé (puisque constitué d'un seul élément !), il suffit de montrer que* f *est continue sur* $\mathfrak{M}_n(\mathbb{R})$ *pour en déduire que* $\mathcal{O}_n(\mathbb{R})$ *est un ensemble fermé.*
Première méthode*. L'application*

$$g : A \mapsto (A,{}^tA)$$

est linéaire sur $\mathfrak{M}_n(\mathbb{R})$ *qui est un espace vectoriel de dimension finie donc* g *est continue sur* $\mathfrak{M}_n(\mathbb{R})$. *L'application*

$$h : (X,Y) \mapsto XY$$

est bilinéaire sur $\mathfrak{M}_n(\mathbb{R}) \times \mathfrak{M}_n(\mathbb{R})$ *qui est un espace vectoriel de dimension finie donc* h *est continue sur* $\mathfrak{M}_n(\mathbb{R})$. *Ainsi, sa composée* $h \circ g = f$ *est continue sur* $\mathfrak{M}_n(\mathbb{R})$.
Seconde méthode*. Pour tout* $(i,j) \in \{1,...,n\}^2$, *on a :*

$$\left(A^tA\right)_{i,j} = \sum_{k=1}^{n} A_{i,k}\left({}^tA\right)_{k,j} = \sum_{k=1}^{n} A_{i,k}A_{j,k}.$$

Ainsi, chacun des coefficients (coordonnées dans la base canonique de $\mathfrak{M}_n(\mathbb{R})$*) de* A^tA *sont des polynômes en les coefficients (coordonnées dans la base canonique de* $\mathfrak{M}_n(\mathbb{R})$*)*

de A donc $f : A \mapsto A^t A$ *est continue sur* $\mathfrak{M}_n(\mathbb{R})$.
Ainsi, $\mathcal{O}_n(\mathbb{R})$ *est un compact de* $\mathfrak{M}_n(\mathbb{R})$. *Supposons que* $\mathcal{O}_n(\mathbb{R})$ *soit d'intérieur non vide c'est-à-dire qu'il existe* $A \in \mathcal{O}_n(\mathbb{R})$ *et* $r > 0$ *telle que la boule ouverte* $\mathring{\mathcal{B}}_{N_\infty}(A, r)$ *(où* N_∞ *est la norme infinie sur* $\mathfrak{M}_n(\mathbb{R})$*) soit incluse dans* $\mathcal{O}_n(\mathbb{R})$. *Par conséquent, pour tout* $x \in]-r, r[$, *la matrice* $A - xI_n$ *appartient à* $\mathring{\mathcal{B}}_{N_\infty}(A, r)$ *car :*

$$\|A - (A - xI_n)\|_\infty = |x| \, \|I_n\|_\infty = |x| < r$$

donc elle appartient à $\mathcal{O}_n(\mathbb{R})$. *En particulier, on peut affirmer que :*

$$\forall x \in]-r, r[, \ (\det(A - xI_n))^2 = 1 \Leftrightarrow (\chi_A(x))^2 = 1$$

(le déterminant d'une matrice orthogonale vaut ± 1*). Le polynôme* $(\chi_A)^2 - 1$ *possède une infinité de racines (tous les réels de* $]-r, r[$*) donc il est nul c'est-à-dire* $(\chi_A)^2 = 1$. *Ceci est absurde car* $(\chi_A)^2$ *est de degré* $2n > 0$ *donc* $\mathcal{O}_n(\mathbb{R})$ *est d'intérieur vide.*

Commentaires 229 *Exercice très classique (il est probable que la question 1 et la première question de la 2 ont été traitées en cours ou en exercice durant l'année de Spé). N'hésitez pas à le retravailler, il vous sera très utile également pour les écrits et les oraux des autres concours (notamment Centrale-SupElec et Mines-Ponts).*

12.2 Mines-Telecom

Exercice 230 (Mines-Telecom) On munit $E = C^0([0,1], \mathbb{R})$ des normes $\|\|_\infty$ et $\|\|_1$ définies par :

$$\forall f \in E,\ \|f\|_\infty = \sup_{[0,1]} |f| \text{ et } \|f\|_1 = \int_0^1 |f|.$$

En outre, on pose :

$$O = \{f \in E, \quad f(1) > 0\} \text{ et } F = \left\{ f \in E, \quad \int_0^1 f(t)\,dt \leqslant 0 \right\}.$$

1. Montrer que O est ouvert pour $\|\|_\infty$.
2. Montrer que F est fermé pour $\|\|_\infty$ puis pour $\|\|_1$.
3. O est-il ouvert pour $\|\|_1$?

Solution 230

1. *Il suffit d'écrire O comme l'image réciproque d'un ouvert par une fonction continue. L'application $\varphi : f \in E \mapsto f(0)$ est linéaire à valeurs dans $\mathbb{R}$ et on a :*

$$\forall f \in E,\ |\varphi(f)| = |f(0)| \leqslant \sup_{[0,1]} |f| = \|f\|_\infty$$

donc φ est continue sur E. En outre, $]0, +\infty[$ est un ouvert de $\mathbb{R}$, on peut affirmer que :

$$\varphi^{-1}(]0, +\infty[) = \{f \in E, \quad \varphi(f) > 0\} = O$$

est un ouvert de $(E, \|\|_\infty)$.

2. *On procède de même pour ces deux normes. L'application*

$$\psi : f \in E \mapsto \int_0^1 f(t)\,dt$$

est linéaire à valeurs dans $\mathbb{R}$ et on a :

$$\forall f \in E,\ |\psi(f)| = \left| \int_0^1 f(t)\,dt \right| \leqslant \int_0^1 |f(t)|\,dt = \|f\|_1$$

$$\forall f \in E,\ |\psi(f)| \leqslant \|f\|_1 = \int_0^1 |f(t)|\,dt \leqslant \int_0^1 \sup_{[0,1]} |f|\,dt = \sup_{[0,1]} |f| = \|f\|_\infty.$$

Ainsi, ψ est continue sur $(E, \|\|_\infty)$ et $(E, \|\|_1)$. Comme l'ensemble $]-\infty, 0]$ est fermé dans $\mathbb{R}$, on en déduit que

$$\psi^{-1}(]-\infty, 0]) = \{f \in E, \quad \psi(f) \leqslant 0\} = F$$

est fermé dans $(E, \|\|_\infty)$ et dans $(E, \|\|_1)$.

3. *On considère la fonction* $f : t \in [0,1] \mapsto 1$ *qui appartient à* O *(elle est continue sur* $[0,1]$ *et* $f(1) = 1 > 0$*). Pour tout entier* n*, on considère la fonction* $f_n : t \in [0,1] \mapsto 1 - t^n$ *qui appartient à* E *mais n'appartient pas à* O *(car* $f_n(1) = 0$*). Pour tout entier* n*, on a :*

$$\|f - f_n\|_1 = \int_0^1 t^n dt = \left[\frac{t^{n+1}}{n+1}\right]_{t=0}^{t=1} = \frac{1}{n+1} \underset{n \to +\infty}{\to} 0$$

donc la suite $(f_n)_{n\in\mathbb{N}}$ *converge vers* f*. Ainsi, quelque soit* $r > 0$*, la boule* $B(f,r)$ *n'appartient pas à* O *(car* f_n *appartient à cette boule pour* n *assez grand, précisément, si* $\frac{1}{n+1} < r \Leftrightarrow n > \frac{1}{r} - 1$*). Ainsi,* O *n'est pas un ouvert de* $(E, \|\|_1)$.

Commentaires 230 *Exercice sélectif pour Mines-Telecom.*

12.3 Centrale Math 1

Exercice 231 On munit $\mathfrak{M}_n(\mathbb{R})$ de la norme infinie $\|\|$ définie par :

$$\forall M \in \mathfrak{M}_n(\mathbb{R}), \|M\| = \max_{1 \leqslant i,j \leqslant n} |m_{i,j}|.$$

1. Soit $(A, B) \in (\mathfrak{M}_n(\mathbb{R}))^2$. Majorer $\|AB\|$ à l'aide de $\|A\| \|B\|$.
2. On prend $A \in GL_n(\mathbb{R})$ vérifiant $\|A^2 - I_n\| < \frac{1}{n}$. On considère la suite $(M_p)_{p\in\mathbb{N}}$ définie par :
$$M_0 = A \text{ et } \forall p \in \mathbb{N}, M_{p+1} = 2M_p - M_pAM_p$$
Montrer que la suite $(M_p)_{p\in\mathbb{N}}$ converge.

Solution 231

1. *Soit $(A, B) \in (\mathfrak{M}_n(\mathbb{R}))^2$. D'après la formule du produit matriciel, pour tout $(i, j) \in \{1, .., n\}^2$, on a les majorations suivantes :*
$$\begin{aligned}\left|(AB)_{i,j}\right| &= \left|\sum_{k=1}^{n} A_{i;k}B_{k,j}\right| \leqslant \sum_{k=1}^{n} |A_{i,k}| |B_{k,j}| \leqslant \sum_{k=1}^{n} \|A\| \|B\| \\ &= \|A\| \|B\| \sum_{k=1}^{n} 1 = n \|A\| \|B\| \\ &\Rightarrow \|AB\| = \max_{1\leqslant i,j\leqslant n} \left|(AB)_{i,j}\right| \leqslant n \|A\| \|B\|.\end{aligned}$$

2. *Pour tout $M \in \mathfrak{M}_n(\mathbb{R})$, on pose*
$$N(M) = n\|M\|$$
alors N est une norme sur $\mathfrak{M}_n(\mathbb{R})$ (laissé au soin du lecteur) et, pour tout $(U, V) \in (\mathfrak{M}_n(\mathbb{R}))^2$, on a la majoration :
$$N(UV) = n\|UV\| \leqslant n(n\|U\| \|V\|) = N(U)N(V).$$
Commençons par une remarque fondamentale. Pour chaque entier p, M_p est un polynôme en A (par récurrence immédiate sur p) donc M_p commute avec A, ce qui nous permet de réécrire la relation de récurrence de la suite $(M_p)_{p\in\mathbb{N}}$.
$$\forall p \in \mathbb{N},\ M_{p+1} = 2M_p - A(M_p)^2.$$
Posons, pour tout entier p, $V_p = AM_p$ alors la suite $(V_p)_{p\in\mathbb{N}}$ vérifie la relation de récurrence suivante :
$$V_0 = A^2,\ V_{p+1} = 2V_p - (V_p)^2$$
(car A commute avec M_p). Par conséquent, pour tout entier p, on a :
$$\begin{aligned}N(I_n - V_{p+1}) &= N\left(I_n - 2V_p + (V_p)^2\right) = N\left((I_n - V_p)^2\right) \\ &= N((I_n - V_p)(I_n - V_p)) \leqslant N(I_n - V_p)N(I_n - V_p) \\ &= (N(I_n - V_p))^2.\end{aligned}$$

Posons

$$C = N(I_n - V_0) = N\left(I_n - A^2\right) = n\left\|I_n - A^2\right\| < 1$$

(d'après l'énoncé).
Montrons par récurrence sur p *la propriété*

$$(\mathcal{H}_p) : \text{« } N(I_n - V_p) \leqslant C^{2^p} \text{ ».}$$

Initialisation $p = 0$. *Comme*

$$N(I_n - V_0) = C = C^{2^0}$$

(car $2^0 = 1$*),* $(\mathcal{H}_0)$ *est vraie.*
Hérédité. *Supposons la propriété* $(\mathcal{H}_p)$ *pour un certain entier* p *alors :*

$$N(I_n - V_{p+1}) \leqslant (N(I_n - V_p))^2 \underset{(\mathcal{H}_p)}{\leqslant} \left(C^{2^p}\right)^2 = C^{2\times 2^p} = C^{2^{p+1}},$$

ce qui démontre $(\mathcal{H}_{p+1})$ *et achève la récurrence. Comme* $C \in [0,1[$, *la suite* $\left(C^{2^p}\right)_{p\in\mathbb{N}}$ *converge vers 0 (comme suite extraite de la suite* $(C^p)_{p\in\mathbb{N}}$*) donc, d'après le théorème d'encadrement, on peut affirmer que :*

$$\lim_{p\to+\infty} N(I_n - V_p) = 0 \Leftrightarrow \lim_{p\to+\infty} V_p = I_n \Rightarrow M_p = A^{-1}V_p \underset{p\to+\infty}{\to} A^{-1}I_n = A^{-1}.$$

En effet, l'application $X \mapsto A^{-1}X$ *est une linéaire sur* $\mathfrak{M}_n(\mathbb{R})$ *qui est un espace vectoriel normé de dimension finie donc elle est continue. Au final, on a démontré que la suite* $(M_p)_{p\in\mathbb{N}}$ *converge vers* A^{-1}.

Commentaires 231 *La première question ne porte pas de difficulté particulière, hormis un peu de rigueur dans les calculs (notamment la gestion du maximum). La deuxième question est bien plus difficile. Une idée clé (qui fut la mienne) est d'observer le comportement de cette suite lorsque* $n = 1$ *c'est-à-dire d'étudier la suite de nombres* $u_{n+1} = 2u_n - a(u_n)^2$ *dont* 0 *et* $\dfrac{1}{a}$ *sont les limites éventuelles (points fixes de la fonction associée). Dans ce cas, l'interrogateur proposera peut-être d'étudier la suite* $v_n = 1 - au_n$ *qui vérifie la relation de récurrence*

$$v_{n+1} = 1 - 2au_n + (au_n)^2 = 1 - 2(v_n + 1) + (v_n + 1)^2 = v_n^2.$$

Une récurrence immédiate montre que :

$$v_n = (v_0)^{2^n}$$

qui converge vers 0 si et seulement si :

$$|v_0| < 1 \Leftrightarrow |1 - au_0| < 1 \Leftrightarrow \left|1 - a^2\right| < 1.$$

Ce type de démarche est fortement valorisée à l'oral sur une question non standard. Il faudra néanmoins étendre la stratégie à l'espace vectoriel normé considéré.

Exercice 232 (Centrale) On considère $A \in \mathcal{S}_N(\mathbb{R})$ telle que $\operatorname{Sp} A \subset \mathbb{R}_+^*$.
On note $0 < \lambda_1 \leqslant \cdots \leqslant \lambda_N$ ses valeur propres.
On note $\langle \mid \rangle$ le produit scalaire canonique de $\mathbb{R}^N$ et $\|\|$ sa norme associée.
Soit $b \in \mathbb{R}^N$, on cherche a approcher $v \in \mathbb{R}^N$ tel que $Av = b$. Soit $\rho \in \mathbb{R}_+^*$, on définit la suite (u_n) par

$$u_0 \in \mathbb{R}^N \text{ et } \forall n \in \mathbb{N},\, u_{n+1} = u_n - \rho(Au_n - b).$$

1. Si $(u_n)_{n\in\mathbb{N}}$ converge, que dire de sa limite ?
2. On pose $K(\rho) = \max\{|1-\rho\lambda_1|, .., |1-\rho\lambda_N|\}$. Montrer que
$$\forall n \in \mathbb{N},\, \|u_{n+1} - v\| \leqslant K \|u_n - v\|.$$
Comment choisir ρ pour minimiser $K(\rho)$ lorsque $K(\rho) < 1$?
3. On pose
$$f : x \in \mathbb{R}^n \mapsto \frac{1}{2}\langle Ax \mid x\rangle - \langle b \mid x\rangle.$$
Montrer que f admet un minimum global en v.

Solution 232

1. *Si $(u_n)_n$ converge vers $L \in \mathbb{R}^N$ alors la suite u_{n+1} converge vers L (suite extraite). La fonction*
$$f : x \in \mathbb{R}^N \mapsto x - \rho Ax$$
est linéaire en dimension finie donc elle y est continue, ce qui assure la continuité de la fonction
$$g = f - \rho b.$$
Ainsi, la suite $u_{n+1} = g(u_n)$ converge vers $g(L)$ donc, par unicité de la limite, on obtient l'égalité :
$$L = g(L) \Leftrightarrow L = L - \rho(AL - b) \underset{\div\rho\neq 0}{\Leftrightarrow} AL = b \Leftrightarrow L = A^{-1}b = v$$
(car A est inversible puisqu'elle ne possède pas 0 comme valeur propre).
2. *La matrice $A \in \mathcal{S}_N(\mathbb{R})$ donc, d'après le théorème spectral, elle est diagonalisable en base orthonormale. Ainsi, il existe une base orthonormée $\mathcal{B} = (\varepsilon_1, .., \varepsilon_N)$ de $\mathbb{R}^N$ formée de vecteurs propres pour A. Pour tout $i \in \{1, .., N\}$, on note λ_i la valeur propre de A associée au vecteur propre ε_i c'est-à-dire $A\varepsilon_i = \lambda_i\varepsilon_i$. Pour tout entier n, on note $\left(x_1^{(n)}, .., x_N^{(n)}\right)$ les coordonnées du vecteur u_n dans la base $\mathcal{B}$ c'est-à-dire*
$$u_n = \sum_{i=1}^N x_i^{(n)}\varepsilon_i.$$
On note $(v_1, .., v_N)$ les coordonnées de v dans la base $\mathcal{B}$ c'est-à-dire
$$v = \sum_{i=1}^N v_i\varepsilon_i.$$

Comme $Av = b$, pour tout entier n, on a les égalités :

$$\begin{aligned} u_{n+1} - v &= u_n - v - \rho(Au_n - Av) = u_n - v - \rho A(u_n - v) \\ &= \sum_{i=1}^{n}\left(x_i^{(n)} - v_i\right)\varepsilon_i - \rho A \sum_{i=1}^{n}\left(x_i^{(n)} - v_i\right)\varepsilon_i \\ &= \sum_{i=1}^{n}\left(x_i^{(n)} - v_i\right)\varepsilon_i - \rho \sum_{i=1}^{n}\left(x_i^{(n)} - v_i\right)A\varepsilon_i \\ &= \sum_{i=1}^{n}\left(x_i^{(n)} - v_i\right)\varepsilon_i - \rho \sum_{i=1}^{n}\left(x_i^{(n)} - v_i\right)\lambda_i\varepsilon_i \\ &= \sum_{i=1}^{n}\left(x_i^{(n)} - v_i\right)(1 - \rho\lambda_i)\varepsilon_i \end{aligned}$$

Comme $\mathcal{B}$ est une base orthonormée, on peut écrire les formules :

$$\begin{aligned} \|u_{n+1} - v\| &= \sqrt{\sum_{i=1}^{n}\left(x_i^{(n)} - v_i\right)^2 (1 - \rho\lambda_i)^2} \underset{(*)}{\leqslant} \sqrt{\sum_{i=1}^{n}\left(x_i^{(n)} - v_i\right)^2 K(\rho)^2} \\ &= K(\rho)\sqrt{\sum_{i=1}^{n}\left(x_i^{(n)} - v_i\right)^2} = K(\rho)\|u_n - v\|. \end{aligned}$$

$(*)$ *Pour tout $i \in \{1, .., N\}$, on a*

$$(1 - \rho\lambda_i)^2 = |1 - \rho\lambda_i|^2 \leqslant K(\rho)^2.$$

Par définition d'un maximum, on a $K(\rho) < 1$ si et seulement si pour tout $i \in \{1, .., N\}$:

$$\begin{aligned} |1 - \rho\lambda_i| &< 1 \Leftrightarrow -1 < 1 - \rho\lambda_i < 1 \Leftrightarrow -2 < -\rho\lambda_i < 0 \\ &\Leftrightarrow 0 < \rho\lambda_i < 2 \Leftrightarrow 0 < \rho < \frac{2}{\lambda_i} \Leftrightarrow \rho \in \left]0, \frac{2}{\lambda_i}\right[\\ &\Leftrightarrow \rho \in \bigcap_{i=1}^{N}\left]0, \frac{2}{\lambda_i}\right[= \left]0, \frac{2}{\lambda_N}\right[\end{aligned}$$

car la suite $(\lambda_i)_{1\leqslant i\leqslant N}$ est strictement croissante et positive.
Comme

$$0 < \lambda_1 < \cdots < \lambda_N$$

et que ρ est strictement positif, on a

$$0 < \rho\lambda_1 < \cdots < \rho\lambda_N.$$

K représente la plus grande des distances à 1 des nombres

$$0 < \rho\lambda_1 < \cdots < \rho\lambda_n$$

donc $K(\rho)$ est la plus grande distance entre 1 et $\rho\lambda_1$ ou $\rho\lambda_N$ (faire un dessin pour s'en convaincre, la preuve rigoureuse étant technique et longuette) d'où

$$K(\rho) = \max(|1 - \rho\lambda_1|, |1 - \rho\lambda_N|).$$

Comme

$$1-\rho\lambda_i \geqslant 0 \Leftrightarrow \rho \leqslant \frac{1}{\lambda_i},$$

on peut explicitons $K(\rho)$ *selon les intervvalles où se situe* ρ.

$$\begin{aligned}
|1-\rho\lambda_1| &= \begin{cases} 1-\rho\lambda_1 & si\ 0<\rho\leqslant 1/\lambda_1 \\ \rho\lambda_1 - 1 & si\ 1/\lambda_1 \leqslant \rho < 2/\lambda_N \end{cases} \\
|1-\rho\lambda_N| &= \begin{cases} 1-\rho\lambda_N & si\ 0<\rho\leqslant 1/\lambda_N \\ \rho\lambda_N - 1 & si\ 1/\lambda_N \leqslant \rho < 2/\lambda_N \end{cases}
\end{aligned}$$

Pour éviter de lourds calculs et de nombreux cas où traiter, les graphes de f_1 *et* f_N *sur* $\left[0,\frac{2}{\lambda_N}\right]$ *sont de la forme ci-dessus. Le premier dessin correspond au cas où* $\frac{1}{\lambda_1} > \frac{2}{\lambda_N}$ *et le second au cas où cas où* $\frac{1}{\lambda_1} \leqslant \frac{2}{\lambda_N}$

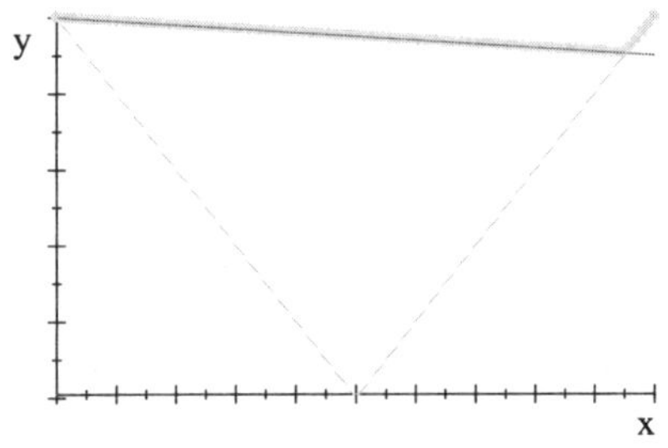

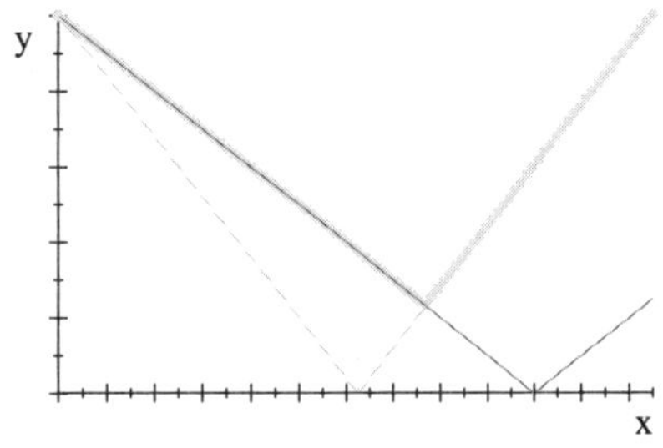

(on peut s'en convaincre en traitant tous les cas selon les signes de $1-\rho\lambda_i$*). La valeur minimale de* $K(\rho)$ *s'observe lorsque :*

$$1-\rho\lambda_1 = \rho\lambda_N - 1 \Leftrightarrow \rho(\lambda_1+\lambda_2) = 2 \Leftrightarrow \rho = \frac{2}{\lambda_1+\lambda_2}.$$

(lorsque les deux courbes se rencontrent après l'inversion de variations donc de signe de $1-\rho\lambda_i$*).*

3. *On conserve les notations et résultats de la réponse à la question 2. Pour tout entier* $x\in\mathbb{R}^N$, *on note* $(x_1,..,x_N)$ *les coordonnées du vecteur* x *dans la base* $\mathcal{B}$ *c'est-à-dire* $x=\sum_{i=1}^{N} x_i\varepsilon_i$. *On note* $(b_1,..,b_N)$ *(resp.* $v_1,..,v_N$*) les coordonnées de* b *(resp.* v*) dans la base* $\mathcal{B}$ *c'est-à-dire*

$$b=\sum_{i=1}^{N} b_i\varepsilon_i \ (resp.\ v=\sum_{i=1}^{N} v_i\varepsilon_i).$$

Pour tout $x\in\mathbb{R}^N$, *on a :*

$$\begin{aligned}
Ax &= \sum_{i=1}^{N} x_i A\varepsilon_i = \sum_{i=1}^{N} \lambda_i x_i \varepsilon_i \\
Av &= b \Leftrightarrow \sum_{i=1}^{N} \lambda_i v_i \varepsilon_i = \sum_{i=1}^{N} b_i\varepsilon_i \Leftrightarrow \forall i\in\{1,..,N\},\ \lambda_i v_i = b_i.
\end{aligned}$$

La base $\mathcal{B}$ étant orthonormée, on en déduit les égalités suivantes :

$$\begin{aligned} f(x) &= \frac{1}{2}\sum_{i=1}^{N}\lambda_i (x_i)^2 - \sum_{i=1}^{N} b_i x_i = \frac{1}{2}\sum_{i=1}^{N}\left[\lambda_i (x_i)^2 - 2\lambda_i v_i x_i\right] \\ f(v) &= \frac{1}{2}\langle Av \mid v\rangle - \langle b \mid v\rangle = \frac{1}{2}\langle b \mid v\rangle - \langle b \mid v\rangle = -\frac{1}{2}\langle b \mid v\rangle . \\ &= -\frac{1}{2}\sum_{i=1}^{N} b_i v_i = \frac{1}{2}\sum_{i=1}^{N}\lambda_i (v_i)^2 . \end{aligned}$$

Ainsi, voici une nouvelle expression de $f(x) - f(v)$.

$$\begin{aligned} f(x) - f(v) &= \frac{1}{2}\sum_{i=1}^{N}\left[\lambda_i (x_i)^2 - 2\lambda_i v_i x_i + \lambda_i (v_i)^2\right] \\ &= \frac{1}{2}\sum_{i=1}^{N}\underbrace{\lambda_i}_{\geqslant 0}\underbrace{(x_i - v_i)^2}_{\geqslant 0} \geqslant 0. \end{aligned}$$

Par conséquent, $f(v)$ est la valeur minimale de f sur $\mathbb{R}^N$.

Commentaires 232 *Exercice de difficulté standard à Centrale-SupElec.*
Question 1 : elle ne doit pas poser difficulté, sinon il faut impérativement revoir le cours de MPSI concernant les suites $u_{n+1} = f(u_n)$.
Question 2. Une idée naturelle pour traiter la première question est de raisonner avec une norme générale mais l'inégalité souhaitée est inaccessible. Tout candidat à l'oral doit penser instantanément au théorème spectral lorsqu'il voit une matrice symétrique (ou un endomorphisme symétrique) et il doit savoir calculer la norme d'un vecteur dans une base orthonormée. L'obtention du reste de l'inégalité ne pose pas de difficulté particulière.
Pour la majoration $K(\rho) < 1$, elle est nettement plus subtile et sera en pratique sélective.
Question 3 : cette question est la généralisation multi-dimensionnelle du fait que tout trinôme $x \mapsto \frac{1}{2}ax^2 - bx$ est minimal est $x = \frac{b}{a}$ (a, b, x étant des nombres réels) donc $ax = b$). La méthode suivie dans le corrigé est la transcription de la preuve que vous avez probablement fait au lycée.
On peut procéder (partiellement) autrement. Par exemple, un candidat montrant que f est différentiable et que v est un point critique de f sera fortement valorisé (par calcul des dérivées partielles dans la base canonique ou par différentielle abstraite c'est-à-dire en revenant à la définition originelle des différentielles. Pour tout $(x, h) \in (\mathbb{R}^n)^2$, on a :

$$f(x+h) = \frac{1}{2}\langle A(x+h) \mid x+h\rangle - \langle b \mid x+h\rangle .$$

Par symétrie de A, on a :

$$\langle Ah \mid x\rangle = {}^t(Ah)\,x = {}^t x\, {}^t A h = {}^t x A h = \langle x \mid Ah\rangle$$

et par bilinéarité du produit scalaire, après calculs, on obtient :

$$df(x)(h) = \langle Ax \mid h\rangle - \langle b \mid h\rangle = \langle Ax - b \mid h\rangle$$

donc il est immédiat que $df(v) = 0$. Par contre, pour justifier que $f(v)$ est une valeur minimale de f, il sera indispensable d'utiliser le théorème spectral.

Exercice 233 On note A_n l'ensemble des matrices M de $\mathfrak{M}_n(\mathbb{R})$, dont le polynôme caractéristique est scindé à racines simples dans $\mathbb{R}[X]$. On note B_n l'ensemble des matrices M de $\mathfrak{M}_n(\mathbb{R})$, dont le polynôme caractéristique est $\prod_{i=1}^{n}(X - m_{i,i})$.

1. Rappeler la définition d'un fermé.
2. Montrer que B_n est un fermé. Montrer que A_n est un ouvert.
3. Quelle est la dimension maximale d'un espace vectoriel inclus dans B_n ?

Solution 233

1. *Un ensemble A est un fermé d'un espace vectoriel normé E si, toute suite $(a_n)_{n\in\mathbb{N}}$ de A qui converge vers L dans E alors L appartient à A.*
2. **B_n *fermé.*** *Soit $M = (m_{i,j})_{1\leqslant i,j\leqslant n} \in \mathfrak{M}_n(\mathbb{R})$ alors son polynôme caractéristique χ_A est unitaire de degré n donc il s'écrit :*

$$\chi_M = X^n + \sum_{k=0}^{n-1} c_k(M)\, X^k$$

où, pour chaque $k \in \{0,..,n-1\}$, $c_k(M)$ est un polynôme en les coefficients de M (coordonnées de M dans la base canonique de $\mathfrak{M}_n(\mathbb{R})$) donc la fonction $c_k : M \mapsto c_k(M)$ est continue sur $\mathfrak{M}_n(\mathbb{R})$.

Le polynôme $P_M = \prod_{i=1}^{n}(X - m_{i,i})$ est également unitaire de degré n donc il s'écrit :

$$P_M = X^n + \sum_{k=0}^{n-1} b_k(M)\, X^k$$

où, pour chaque $k \in \{0,..,n-1\}$, $b_k(M)$ est un polynôme en les coefficients de M (coordonnées de M dans la base canonique de $\mathfrak{M}_n(\mathbb{R})$) donc la fonction $b_k : M \mapsto b_k(M)$ est continue sur $\mathfrak{M}_n(\mathbb{R})$.

Ainsi, par unicité des coefficients d'un polynôme

$$\begin{aligned} M &\in B_n \Leftrightarrow \chi_M = P_M \Leftrightarrow \forall k \in \{1,..,n-1\},\ c_k(M) = b_k(M) \\ &\Leftrightarrow M \in \bigcap_{k=1}^{n-1} \{A \in \mathfrak{M}_n(\mathbb{R}),\ (c_k - b_k)(A) = 0\} = \bigcap_{k=1}^{n-1} (c_k - b_k)^{-1}(\{0\}) \\ &\Rightarrow B_n = \bigcap_{k=1}^{n-1} (c_k - b_k)^{-1}(\{0\}). \end{aligned}$$

Pour chaque $k \in \{1,..,n-1\}$, la fonction $c_k - b_k$ étant continue sur $\mathfrak{M}_n(\mathbb{R})$ et $\{0\}$ étant un ensemble fermé alors $(c_k - b_k)^{-1}(\{0\})$est un ensemble fermé. Les fermés étant stables par intersection finie, on en déduit que B_n est un ensemble fermé.

A_n *ouvert.* *Commençons par caractériser les éléments de A_n. Soit $M \in A_n$ alors son* *polynôme caractéristique* χ_M *est scindé à racines simples c'est-à-dire, puisque* M *est unitaire de degré* n*, qu'il possède* n *racines distinctes dans* $\mathbb{R}$*. On les note*

$$r_1 < \cdots < r_n \text{ donc } \chi_M = \prod_{i=1}^{n} (X - r_i)$$

(attention, r_i *dépend de* M*). Considérons* $n+1$ *réels* $a_0, a_1, .., a_n$ *comme suit : on fixe*

$$a_0 \in \left]-\infty, r_1\right[,\ a_1 \in \left]r_1, r_2\right[, .., a_{n-1} \in \left]r_{n-1}, r_n\right[,\ a_n \in \left]r_n, +\infty\right[$$

alors

$$a_0 < a_1 < \cdots < a_n$$

et on dispose des inégalités suivantes :

$$\forall j \in \{0, .., n-1\},\ \chi_M(a_j)\,\chi_M(a_{j+1}) < 0$$

(le polynôme χ_M *change de signe à « chaque passage d'une racine » ou bien le signe de* $\chi_M(a_j)$ *est celui de* $(-1)^{n-j}$ *car* $n-j$ *facteurs non strictement négatifs, les autres étant strictement positifs).*
Réciproquement, supposons qu'il existe s'il existe $n+1$ *réels tels que* $a_0 < a_1 < \cdots < a_n$ *et que l'on dispose des inégalité suivantes :*

$$\forall j \in \{0, .., n-1\},\ \chi_M(a_j)\,\chi_M(a_{j+1}) < 0.$$

La fonction $x \mapsto \chi_M(x)$ *est continue sur* $\mathbb{R}$ *et,*

$$\forall j \in \{0, .., n-1\},\ \chi_M(a_j)\,\chi_M(a_{j+1}) < 0.$$

D'après le théorème des valeurs intermédiaires, il existe

$$r_{j+1} \in \left]a_j, a_{j+1}\right[\text{ tel que } \chi_M(r_j) = 0.$$

Ainsi, le polynôme χ_M *admet* $r_1, r_2, .., r_n$ *comme racines. Ces racines sont deux à deux distinctes car :*

$$r_1 < a_1 < r_2 < a_2 < \cdots < a_{n-1} < r_n < a_n$$

et χ_M *étant de degré* n*,* χ_M *est scindé à racines simples.*
Autrement dit, $M \in A_n$ *si et seulement s'il existe des réels*

$$a_0 < a_1 < \cdots < a_n$$

tels que :

$$\forall j \in \{0, .., n-1\},\ \chi_M(a_j)\,\chi_M(a_{j+1}) < 0,$$

c'est-à-dire que, comme l'existence se traduit par une union et les « ∀ » par des intersections (car ils correspondent à des « et »), on a l'égalité ensembliste suivante :

$$\begin{aligned} A_n &= \bigcup_{\substack{(a_0,a_1,..,a_n)\in\mathbb{R}^{n+1} \\ \text{tel que } a_0<a_1<\cdots<a_n}} \bigcap_{j=0}^{n-1} \{M \in \mathfrak{M}_n(\mathbb{R}),\ \chi_M(a_j)\,\chi_M(a_{j+1}) < 0\} \\ &= \bigcup_{\substack{(a_0,a_1,..,a_n)\in\mathbb{R}^{n+1} \\ \text{tel que } a_0<a_1<\cdots<a_n}} \bigcap_{j=0}^{n-1} \left(f_{a_j,a_{j+1}}\right)^{-1}\left(\left]-\infty, 0\right[\right) \end{aligned}$$

où

$$\forall (a,b) \in \mathbb{R}^2,\ f_{a,b} : M \mapsto \chi_M(a)\,\chi_M(b)\,p$$

On reprend les notations de **B_n fermé.** *Pour tout $a \in \mathbb{R}$, la fonction*

$$M \mapsto \chi_M(a) = a^n + \sum_{k=0}^{n-1} c_k(M)\,a^k$$

est continue sur $\mathfrak{M}_n(\mathbb{R})$ puisque c'est un polynôme en les coefficients de M (coordonnées de M dans la base canonique de $\mathfrak{M}_n(\mathbb{R})$). Ainsi, pour tout $(a,b) \in \mathbb{R}^2$, la fonction $f_{a,b}$ est continue sur $\mathfrak{M}_n(\mathbb{R})$ (comme produit de deux telles fonctions). Comme $]-\infty, 0[$ est un ouvert, l'ensemble

$$(f_{a,b})^{-1}(]-\infty,0[)$$

est un ouvert de $\mathfrak{M}_n(\mathbb{R})$. Les ouverts stables par intersection finie et union quelconque, on en déduit que A_n est un ouvert de $\mathfrak{M}_n(\mathbb{R})$.

3. *Notons $\mathcal{T}_n$ l'ensemble des matrices triangulaires supérieures de $\mathfrak{M}_n(\mathbb{R})$. Il est manifeste que $\mathcal{T}_n$ est un espace vectoriel de dimension $\dfrac{n(n+1)}{2}$ (de base $(E_{i,j})_{1\leqslant j\leqslant i\leqslant n}$ où $E_{i,j}$ sont les matrices de la base canonique) inclus dans B_n (si $M \in \mathcal{T}_n$, la matrice $XI_n - M$ est triangulaire de coefficients diagonaux $(X - m_{i,i})$ donc $\chi_M = \prod_{i=1}^{n}(X - m_{i,i})$). Ainsi, la dimension maximale recherchée vaut au moins $\dfrac{n(n+1)}{2}$.*

   Supposons qu'il existe un sous-espace vectoriel F de $\mathfrak{M}_n(\mathbb{R})$ inclus dans B_n avec

$$\dim(F) > \frac{n(n+1)}{2} > 0.$$

   Notons $\mathcal{A}_n(\mathbb{R})$ l'ensemble des matrices anti-symétriques de $\mathfrak{M}_n(\mathbb{R})$ (i.e. ${}^tA = -A$) qui est un espace vectoriel de dimension $\dfrac{n(n-1)}{2}$. Montrons que $F \cap \mathcal{A}_n(\mathbb{R})$ est non nul. Comme $F + \mathcal{A}_n(\mathbb{R})$ est un sous-espace vectoriel de $\mathfrak{M}_n(\mathbb{R})$, on a :

$$\dim(F + \mathcal{A}_n(\mathbb{R})) \leqslant \dim(\mathfrak{M}_n(\mathbb{R})) = n^2.$$

   D'après la formule de Grassmann, on a l'égalité :

$$\begin{aligned}\dim(\mathcal{A}_n(\mathbb{R}) \cap F) &= \dim(\mathcal{A}_n(\mathbb{R})) + \underbrace{\dim(F)}_{>n(n+1)/2} - \underbrace{\dim(\mathcal{A}_n(\mathbb{R}) + F)}_{\leqslant n^2} \\ &> \frac{n(n-1)}{2} + \frac{n(n-1)}{2} - n^2 = 0\end{aligned}$$

   c'est-à-dire que

$$\dim(\mathcal{A}_n(\mathbb{R}) \cap F) > 0.$$

   Soit $M \in (\mathcal{A}_n(\mathbb{R}) \cap F) \setminus \{0_n\}$ alors M est antisymétrique donc tous ses coefficients diagonaux sont nuls car :

$$\forall i \in \{1,..,n\},\ ({}^tM)_{i,i} = (-M)_{i,i} \Leftrightarrow m_{i,i} = -m_{i,i} \Leftrightarrow m_{i,i} = 0.$$

Comme $M \in F$, son polynôme caractéristique est

$$\chi_M = \prod_{i=1}^{n} (X - m_{i,i}) = X^n$$

qui annule M (d'après le théorème de Cayley-Hamilton) donc :

$$\chi_M(M) = 0 \Leftrightarrow M^n = 0_n.$$

Considérons la matrice

$$A = {}^tMM = -M^2$$

qui est symétrique car :

$${}^tA = {}^tM^t\left({}^tM\right) = {}^tMM = A.$$

D'après le théorème spectral, la matrice A est diagonalisable donc il existe une matrice inversible P et des réels $(\lambda_i)_{1\leqslant i\leqslant n}$ tels que

$$A = P\,\mathrm{diag}\left((\lambda_i)_{1\leqslant i\leqslant n}\right)P^{-1}.$$

En outre, A est nilpotente car :

$$A^n = \left(-M^2\right)^n = (-1)^n M^{2n} = (-1)^n (M^n)^2 = (-1)^n 0_n^2 = 0_n$$
$$\Rightarrow \left(P\,\mathrm{diag}\left((\lambda_i)_{1\leqslant i\leqslant n}\right)P^{-1}\right)^n = 0_n \Leftrightarrow P\,\mathrm{diag}\left(((\lambda_i)^n)_{1\leqslant i\leqslant n}\right)P^{-1} = 0_n.$$

En multipliant par P^{-1} (à gauche) et par P (à droite), on en déduit, pour tout $i \in \{1,..,n\}$, on a les égalités suivantes :

$$(\lambda_i)^n = 0 \Leftrightarrow \lambda_i = 0 \Rightarrow A = \mathrm{diag}\left((0)_{1\leqslant i\leqslant n}\right)P^{-1} = P0_nP^{-1} = 0_n.$$

Puisque

$$\langle U \mid V\rangle = \mathrm{Tr}\left({}^tUV\right)$$

est un produit scalaire sur $\mathfrak{M}_n(\mathbb{R})$, on obtient la formule :

$$\langle M \mid M\rangle = \mathrm{Tr}\left({}^tMM\right) = \mathrm{Tr}(A) = \mathrm{Tr}(0_n) = 0$$

donc $M = 0_n$, ce qui est absurde.

Ainsi, la dimension maximale d'un espace vectoriel inclus dans B_n vaut $\dfrac{n(n+1)}{2}$.

Commentaires 233 *Exercice de difficulté standard pour Centrale-SupElec donc la première question est sans difficulté.*
Question 2. Il s'agit d'un type de question assez courant pour les concours Centrale-SupElec et Mines-Ponts.
Le fait que B_n est fermé est accessible sans aide particulière puisque le raisonnement est usuel (par image réciproque ou par caractérisation séquentielle). Néanmoins, si l'interrogateur doit vous donner une indication pour démarrer, il sera attentif à une justification aisée de la continuité de $M \mapsto \chi_M$ ou (plus facile) de $M \mapsto \prod_{i=1}^{n}(X - m_{i,i})$ qui est une application directe du cours.
Pour l'étude de A_n (qui est une question posée également au concours Mines-Ponts), il est fort probable que l'interrogateur vous propose une ou deux aides dont l'une sera probablement : montrer que P (de degré n) est scindé à racines simples si et seulement s'il existe

des réels $a_0 < a_1 < \cdots < a_n$ *tels que :*

$$\forall j \in \{0, .., n-1\}, \; P(a_j)\, P(a_{j+1}) < 0.$$

Question 3 : Il s'agit d'une question astucieuse mais qui devient à la mode depuis quelques années donc n'hésitez pas à la retravailler.

12.4 Mines-Ponts

Exercice 234 (Mines-Ponts) Soit $(E, \langle , \rangle)$ un espace préhilbertien. Montrer que $\{(u,v) \in E \times E, \quad (u,v) \text{ est une famille libre}\}$ est un ouvert de E^2.

Solution 234 *On note*

$$F = \{(u,v) \in E \times E, \quad (u,v) \textit{ est une famille libre}\}$$

et $\|\|$ *la norme associée à* $\langle | \rangle$.
D'après la caractérisation du cas d'égalité de Cauchy-Schwarz, (u,v) *est liée si et seulement si*

$$|\langle u \mid v \rangle|^2 = \|u\|^2 \|v\|^2 .$$

On introduit alors la fonction

$$f : \left\{ \begin{array}{ccc} E^2 & \to & \mathbb{R} \\ (u,v) & \mapsto & |\langle u \mid v \rangle|^2 - \|u\|^2 \|v\|^2 \end{array} \right.$$

alors on dispose de l'égalité ensembliste :

$$F = \left\{(u,v) \in E^2,\ f(u,v) \neq 0\right\} = f^{-1}\left(\{\mathbb{R} \backslash \{0\}\}\right).$$

La fonction f *est continue sur* E^2 *(car elle est somme et produit des fonctions* $\langle | \rangle$ *et* $\|\|$ *qui le sont) et l'ensemble* $\mathbb{R} \backslash \{0\}$ *est ouvert donc* $f^{-1}(\mathbb{R} \backslash \{0\}) = F$ *est un ouvert de* E^2.

Commentaires 234 *Un grand classique de Mines-Ponts. On peut également remarque que si* x *est colinéaire à* y *alors* $x = \pm \frac{\|x\|}{\|y\|} y$ *(pourquoi ?) et à considérer l'application*

$$f : \left\{ \begin{array}{ccc} E^2 & \to & \mathbb{R} \\ (u,v) & \mapsto & (\|v\| u + \|u\| v)(\|v\| u - \|u\| v) \end{array} \right.$$

(afin d'assurer la définition et la continuité sur E^2*).*

Exercice 235 (Mines-Ponts) Soient $(E, \|\|)$ un espace vectoriel normé de dimension finie et C un fermé non vide de E. Soit $f : C \to C$ une application k-lipschitzienne, avec $k \in [0,1[$. On considère une suite $(x_n)_{n\in\mathbb{N}}$ telle que :

$$x_0 \in C \text{ et } \forall n \in \mathbb{N}, x_{n+1} = f(x_n).$$

1. Montrer que la série $\sum_n (x_{n+1} - x_n)$ converge puis que f admet une unique point fixe.
2. On suppose maintenant C compact convexe non vide et f 1-lipschitzienne. Montrer que f admet un point fixe.

   Indication : Considérer la fonction $f_n : x \mapsto \frac{1}{n} a + \left(1 - \frac{1}{n}\right) f(x)$ $(n \in \mathbb{N}^*)$ où $a \in C$.

Solution 235

1. *Puisque f est k-lipschitzienne, on a :*

$$\forall (x,y) \in F^2, \quad \|f(x) - f(y)\| \leqslant k\,\|x-y\|.$$

Convergence de la série*. Puisque C est stable par f et que $x_0 \in F$, on est assuré que $\forall n \in \mathbb{N}$, $x_n \in C$. Pour tout entier $n \geqslant 1$, on a*

$$\|x_{n+1} - x_n\| = \|f(x_n) - f(x_{n-1})\| \leqslant k\,\|x_n - x_{n-1}\|.$$

Une récurrence immédiate montre que :

$$\forall n \geqslant 1,\ \|x_{n+1} - x_n\| \leqslant k^n\,\|x_1 - x_0\|.$$

Comme la série $\sum_n k^n \|x_1 - x_0\|$ converge (série géométrique de raison $k \in [0,1[$), on en déduit que la série $\sum_n \|x_{n+1} - x_n\|$ converge. Puisque E est un espace vectoriel normé de dimension finie, on peut affirmer que la série $\sum_n (x_{n+1} - x_n)$ converge.

Existence d'un point fixe*. Comme la série $\sum_n (x_{n+1} - x_n)$ converge alors le théorème sur les séries télescopiques affirme que la suite $(x_n)_n$ converge. Notons L sa limite. Comme C est un fermé et que la suite $(x_n)_n$ appartient à C, on peut affirmer que $L \in C$. La suite extraite $(x_{n+1})_n$ converge également vers L. Comme f est continue sur C (puisqu'elle y est lipschitzienne), en faisant tendre n vers $+\infty$ dans la relation de récurrence vérifiée par la suite $(x_n)_n$, on obtient l'équation $L = f(L)$ donc L est un point fixe de f.*
Unicité du point fixe*. Supposons qu'il existe deux $x \in C$ tel que $f(x) = x$ alors on dispose des majorations suivantes :*

$$\begin{aligned} \|f(x) - f(L)\| \leqslant k\,\|x-L\| &\Leftrightarrow \|x-L\| \leqslant k\,\|x-L\| \\ \Leftrightarrow (1-k)\,\|x-L\| \leqslant 0 &\underset{\div(1-k)>0}{\Leftrightarrow} \|x-L\| \leqslant 0. \end{aligned}$$

Comme toute norme est positive, on en déduit que $\|x-L\| = 0$ donc $x = L$, ce qui prouve l'unicité.

2. *On fixe un élément $a \in C$ et, pour tout entier n, on considère l'application*

$$f_n : x \in C \mapsto \frac{1}{n}a + \left(1 - \frac{1}{n}\right) f(x)$$

Puisque C est convexe et qu'il est stable par f, on peut affirmer que :

$$\begin{aligned} \forall x &\in C,\ f(x) \in C \text{ et } a \in C \text{ et} \\ \forall n &\in \mathbb{N}^*,\ \frac{1}{n} \geqslant 0,\ 1 - \frac{1}{n} \geqslant 0,\ \frac{1}{n} + \left(1 - \frac{1}{n}\right) = 1 \\ &\Rightarrow \frac{1}{n}a + \left(1 - \frac{1}{n}\right) f(x) \in C \Leftrightarrow f_n(x) \in C \end{aligned}$$

La fonction f_n va de C dans C et elle est $\left(1-\frac{1}{n}\right)$-lipschitzienne puisque, pour tout $(x,y)\in C^2$, on a :

$$\|f_n(x)-f_n(y)\|=\left(1-\frac{1}{n}\right)\|f(x)-f(y)\|\leqslant\left(1-\frac{1}{n}\right)\|x-y\|.$$

Comme $1-\frac{1}{n}<1$, la question montre qu'il existe un point fixe $x_n\in C$ de f donc, pour tout entier non nul n, on a l'égalité :

$$f_n(x_n)=x_n \Leftrightarrow (*) : \frac{1}{n}a+\left(1-\frac{1}{n}\right)f(x_n)=x_n.$$

La suite $(x_n)_n$ étant à valeurs dans le compact C, on peut en extraire une sous-suite $\left(x_{\varphi(n)}\right)_n$ convergente dans C. On note L sa limite. Puisque $\lim\limits_{n\to+\infty}\varphi(n)=+\infty$ et comme f est continue, pour tout entier $n\geqslant 1$, on a :

$$\underbrace{\frac{1}{\varphi(n)}}_{\underset{n\to\infty}{\to}0}a+\underbrace{\left(1-\frac{1}{\varphi(n)}\right)}_{\underset{n\to\infty}{\to}1}\underbrace{f\left(x_{\varphi(n)}\right)}_{\underset{n\to\infty}{\to}f(L)}=\underbrace{x_{\varphi(n)}}_{\underset{n\to\infty}{\to}L}\underset{n\to+\infty}{\Rightarrow}f(L)=L$$

donc L est un point fixe de f.

Commentaires 235 *Grand classique des espaces vectoriels normés (même en dimension infinie, si C est fermé) qui porte le doux nom de « théorème du point fixe ». Par exemple, c'est ce théorème qui permet de prouver le théorème de Cauchy-Lipschitz (et beaucoup d'autres résultats célèbres).*
Question 1 : il s'agit de la généralisation des suites $u_{n+1}=f(u_n)$ faite en MPSI pour les applications contractantes (f' bornée par $k<1$). La différence avec la MPSI est que nous n'avons pas, pour l'instant, l'existence du point fixe (l'étude de la fonction $x\in\mathbb{R}\mapsto f(x)-x\in\mathbb{R}$ suffit en MPSI). La méthode du corrigé est à connaitre car elle sert dans un nombre significatif d'autres exercices et il s'agit d'une méthode générale pour justifier la convergence de suite dans des espaces vectoriels normés (introduire la série télescopique associée, prouver qu'elle converge absolument, utiliser le lien entre convergence absolue et converge (valable en dimension finie)).
Question 2 : Cette question sera bien plus discriminante que la précédente car elle possède plusieurs subtilités : justifier que C est stable par f_n, extraction d'une sous-suite convergente à la suite des points fixes $(x_n)_n$ et justification que sa limite est point fixe de f.

Exercice 236 (Mines-Ponts) Soit $n\in\mathbb{N}^*$. Notons

$$SL_n(\mathbb{R})=\{M\in\mathfrak{M}_n(\mathbb{R}),\quad \det(M)=1\}.$$

Quel est le minimum de la fonction $f: M\in SL_n(\mathbb{R})\mapsto \operatorname{Tr}({}^tMM)$?

Solution 236 *Soit $M\in SL_n(\mathbb{R})$ alors la matrice $S={}^tMM$ est symétrique à coefficients réels car :*

$${}^tS={}^tM^t\left({}^tM\right)={}^tMM=S.$$

En outre, on a :

$$\det(S) = \det\left({}^tM\right)\det(M) = \det(M)\det(M) = 1^2 = 1.$$

D'après le théorème spectral, la matrice S est diagonalisable en base orthonormale c'est-à-dire qu'il existe une matrice orthogonale P et des réels $\lambda_1, .., \lambda_n$ tels que

$$\begin{aligned} S &= P\operatorname{diag}(\lambda_1, .., \lambda_n)P^{-1} \Rightarrow \\ \operatorname{Tr}(S) &= \operatorname{Tr}(\operatorname{diag}(\lambda_1, .., \lambda_n)) = \sum_{i=1}^{n} \lambda_i \\ \det(S) &= \det(\operatorname{diag}(\lambda_1, .., \lambda_n)) = \prod_{i=1}^{n} \lambda_i. \end{aligned}$$

Munissons $\mathfrak{M}_{n,1}(\mathbb{R})$ de son produit scalaire canonique

$$\forall (X, Y) \in (\mathfrak{M}_{n,1}(\mathbb{R}))^2, \ \langle X \mid Y\rangle = {}^tXY.$$

Pour tout $i \in \{1, .., n\}$, soit $X_i \in \mathfrak{M}_{n,1}(\mathbb{R}) \setminus \{0_{n,1}\}$ un vecteur propre de S associé à la valeur propre λ_i alors

$$\begin{aligned} & SX_i = \lambda_i X_i \Rightarrow \langle X_i \mid SX_i\rangle = \langle X_i \mid \lambda_i X_i\rangle \Leftrightarrow {}^tX_i S X_i = \lambda_i \langle X_i \mid X_i\rangle \\ \Leftrightarrow & {}^tX_i {}^tM M X_i = \lambda_i \|X_i\|^2 \Leftrightarrow {}^t(MX_i) MX_i = \lambda_i \|X_i\|^2 \Leftrightarrow \|MX_i\|^2 = \lambda_i \|X_i\|^2 \end{aligned}$$

En divisant cette égalité par $\|X_i\|^2$ (ce qui est licite car ce nombre est non nul puisque X_i est non nul), on obtient :

$$\lambda_i = \frac{\|MX_i\|^2}{\|X_i\|^2} > 0$$

car M est inversible (puisque son déterminant est vaut $1 \neq 0$) et que X_i est non nul, on est assuré que MX_i est non nul également.
Comme les nombres $(\lambda_i)_{1 \leqslant i \leqslant n}$ sont strictement positifs, l'inégalité arithmético-géométrique fournit l'inégalité :

$$\begin{aligned} \left(\prod_{i=1}^{n} \lambda_i\right)^{1/n} &\leqslant \frac{1}{n}\sum_{i=1}^{n} \lambda_i \Leftrightarrow (\det(S))^{1/n} \leqslant \frac{1}{n}\operatorname{Tr}(S) \\ &\Leftrightarrow 1^{1/n} \leqslant \frac{1}{n}\operatorname{Tr}\left({}^tMM\right) \underset{\times n > 0}{\Leftrightarrow} n \leqslant f(M), \end{aligned}$$

cette inégalité étant valable pour toute matrice $M \in SL_n(\mathbb{R})$. Or, la matrice I_n appartient à $SL_n(\mathbb{R})$ et on a :

$$f(I_n) = \operatorname{Tr}\left({}^tI_n I_n\right) = \operatorname{Tr}(I_n) = n$$

donc on vient de montrer que :

$$\min_{M \in SL_n(\mathbb{R})} f(M) = n.$$

Commentaires 236 *Cette question est piégeuse car les candidats peuvent songer à de nombreuses pistes ... qui s'avèrent sans issue ou extrêment difficile : utiliser le calcul différentiel ($SL_n(\mathbb{R})$ n'est pas un ouvert !), invoquer la compacité ($SL_n(\mathbb{R})$ n'est pas compact !). En fait les espaces vectoriels normés ne servent à rien mais la réduction des endomorphismes symétriques, oui. L'interrogateur proposera certainement comme piste d'utiliser la réduction de ${}^tMM$ et il attend alors un certain nombre d'automatismes sur le sujet* *(matrice symétrique, théorème spectral, voire penser à l'inégalité arithmético-géométrique même si le candidat ne s'occupe pas du signe des valeurs propres, cette dernière idée étant excellente).*

Exercice 237 (Mines-Ponts) Soit E un espace vectoriel normé et F un sous-espace vectoriel de E.

1. Démontrer que l'adhérence de F est un sous-espace vectoriel.
2. Soit H un hyperplan de E. Montrer que H est fermé ou dense.

Solution 237

1. *Rappelons que $\overline{F}$, l'adhérence de F, est l'ensemble des limites de suites de F qui convergent dans E donc $\overline{F} \subset E$.*
Pour tout $n \in \mathbb{N}$, on pose $u_n = 0_E$. La suite $(u_n)_{n\in\mathbb{N}}$ est à valeurs dans F et converge vers 0_E donc $0_E \in \overline{F}$.
Soient $(x, y) \in \left(\overline{F}\right)^2$ et $(\lambda, \mu) \in \mathbb{R}^2$. Il existe deux suites $(x_n)_{n\in\mathbb{N}}$ et $(y_n)_{n\in\mathbb{N}}$ à valeurs dans F et convergeant respectivement vers x et y. La suite $(\lambda x_n + \mu y_n)_{n\in\mathbb{N}}$ est à valeurs dans F (car F est un espace vectoriel) et converge vers $\lambda x + \mu y$ donc $\lambda x + \mu y \in \overline{F}$.
Par conséquent, $\overline{F}$ est bien un sous-espace vectoriel de E.
2. *Soit H un hyperplan de E alors, d'après la question précédente, $\overline{H}$ est un sous-espace vectoriel de E qui contient H (si $x \in H$, considérer la suite constante égale à x, elle est à valeurs dans H et converge vers x). Nous allons distinguer deux cas.*
***Premier cas** $\overline{H} = H$. Toute suite de $(x_n)_n$ à valeurs dans H qui converge dans E vers x alors $x \in \overline{H} = H$ donc H est fermé.*
***Second cas** $H \subsetneq \overline{H}$. On considère $a \in \overline{H} \backslash H$. Comme H est un hyperplan, il possède comme supplémentaire une droite $D = \text{Vect}\,(u)$ c'est-à-dire*
$$E = H \oplus D = H \oplus \text{Vect}\,(u)\,.$$
Ainsi, il existe $h_0 \in H$ et $\lambda_0 \in \mathbb{R}$ tels que $a = h_0 + \lambda_0 u$. Comme $a \notin H$, on peut affirmer que $\lambda_0 \neq 0$ (sinon, $a = h_0 \in H$) donc $u = \dfrac{a - h_0}{\lambda_0}$. Comme $a \in \overline{H}$ et que $h \in H \subset \overline{H}$ et que $\overline{H}$ est un espace vectoriel, on en déduit que $u \in \overline{H}$. Par conséquent, on dispose de l'inclusion :
$$E = H \oplus \text{Vect}\,(u) \subset \overline{H} + \overline{H} \subset \overline{H}.$$
Par conséquent, tout élément de E est la limite d'une suite d'éléments de H donc H est dense dans E.

Commentaires 237 *Exercice classique du concours Mines-Ponts. Il faut le travailler au moins une fois (sachant que la question 1 est une question de la banque publique CCINP).*

Exercice 238 (Mines-Ponts) Soit $(E, \|\|)$ un $\mathbb{R}$-espace vectoriel normé.

1. Montrer qu'une famille $(x_1, ..., x_n)$ est libre si et seulement si :
$$\inf\left\{\|\lambda_1 x_1 + \cdots + \lambda_n x_n\|\,,\ (\lambda_1, ..., \lambda_n) \in \mathbb{R}^n,\quad (\lambda_1)^2 + \cdots + (\lambda_n)^2 = 1\right\} > 0.$$

2. En déduire que l'ensemble des familles libres de p vecteurs est un ouvert de E^p ($p \in \mathbb{N}^*$).

Solution 238

1. Munissons $\mathbb{R}^n$ de la norme euclidienne

$$\forall x = (x_i)_{1 \leqslant i \leqslant n} \in \mathbb{R}^n,\ \|x\|_2 = \sqrt{(x_1)^2 + \cdots + (x_n)^2}$$

et notons

$$S = \left\{(\lambda_1, ..., \lambda_n) \in \mathbb{R}^n, \quad (\lambda_1)^2 + \cdots + (\lambda_n)^2 = 1\right\}$$

qui est la boule unité de $(\mathbb{R}^n, \|\|_2)$. L'ensemble S est borné (par 1). Comme $\|\|_2$ est continue sur $\mathbb{R}^n$ (puisque lipschitzienne d'après la seconde inégalité triangulaire ou par un argument de composée de la fonction $t \mapsto \sqrt{t}$ et d'une fonction polynomiale) et que $\{1\}$ est un fermé de $\mathbb{R}$, on en déduit que $\|\|_2^{-1}(\{1\}) = S$ est un ensemble fermé. Puisque S est un fermé borné d'un esapce vectoriel de dimension finie, il est compact.
L'application

$$f_{(x_1,..,x_n)} : \left\{ \begin{array}{ccc} \mathbb{R}^n & \to & E \\ (\lambda_i)_{1 \leqslant i \leqslant n} & \mapsto & \displaystyle\sum_{i=1}^n \lambda_i x_i \end{array} \right.$$

est linéaire en dimension finie donc elle est continue et l'application $\|\|$ est continue sur E (puisque lipschitzienne d'après la seconde inégalité triangulaire, l'argument polynomiale ne pouvant être invoqué ici), on en déduit que

$$g_{(x_1,..,x_n)} = \|\| \circ f_{(x_1,..,x_n)} : \left\{ \begin{array}{ccc} \mathbb{R}^n & \to & \mathbb{R} \\ (\lambda_i)_{1 \leqslant i \leqslant n} & \mapsto & \left\| \displaystyle\sum_{i=1}^n \lambda_i x_i \right\| \end{array} \right.$$

est continue sur $\mathbb{R}^n$. En particulier, la fonction $g_{(x_1,..,x_n)}$ étant sur le compact S, elle admet un minimum sur S c'est-à-dire qu'il existe $\mu = (\mu_i)_{1 \leqslant i \leqslant n} \in S$ tel que

$$\inf_S g_{(x_1,..,x_n)} = g_{(x_1,..,x_n)}(\mu)$$

$$\Leftrightarrow \inf \left\{ \left\| \sum_{i=1}^n \lambda_i x_i \right\|, (\lambda_i)_{1 \leqslant i \leqslant n} \in \mathbb{R}^n, \left\| (\lambda_i)_{1 \leqslant i \leqslant n} \right\|_2 = 1 \right\} = \left\| \sum_{i=1}^n \mu_i x_i \right\|.$$

En particulier, si la famille $(x_i)_{1 \leqslant i \leqslant n}$ est libre, comme $\mu \neq 0_{\mathbb{R}^n}$ (car $\|\mu\|_2 \neq 0$), on peut affirmer que

$$\sum_{i=1}^n \mu_i x_i \neq 0 \Rightarrow \left\| \sum_{i=1}^n \mu_i x_i \right\| > 0 \Leftrightarrow \inf_S g > 0.$$

Réciproquement, supposons que $\inf_S g > 0$. Soit $\lambda = (\lambda_i)_{1 \leqslant i \leqslant n} \in \mathbb{R}^n$ tel que $\sum_{i=1}^n \lambda_i x_i = 0$. Si $\lambda \neq 0_{\mathbb{R}^n}$ alors, quitte à diviser l'égalité précédente par $\|\lambda\|_2$, on peut supposer que $\|\lambda\|_2 = 1$. Dans ce cas, on peut affirmer que :

$$g_{(x_1,\ .,x_n)}(\lambda) \geqslant \inf_S g_{(x_1,..,x_n)} > 0 \Rightarrow \left\| \sum_{i=1}^n \lambda_i x_i \right\| > 0 \Rightarrow \sum_{i=1}^n \lambda_i x_i \neq 0,$$

ce qui est absurde donc $\lambda = 0$ et la famille $(x_i)_{1 \leqslant i \leqslant n}$ est libre.

2. *On conserve les notations et résultats de la réponse à la question précédente. On munit E^p de la norme N définie par :*

$$\forall (x_1, .., x_p) \in E^p,\ N(x_1, .., x_p) = \sum_{i=1}^{p} \|x_i\|.$$

Notons A l'ensemble des familles libres $x_1, .., x_p$ de E et considérons l'application :

$$h : \left\{ \begin{array}{ccc} E^p & \to & \mathbb{R} \\ (x_1, .., x_p) & \mapsto & \inf_{\lambda \in S} g_{(x_1,..,x_n)}(\lambda). \end{array} \right.$$

D'après la question précédente, on a l'égalité ensembliste suivante :

$$A = h^{-1}(]0, +\infty[).$$

Comme $]0, +\infty[$ est un ouvert de $\mathbb{R}$, pour montrer que A est un ouvert de E^p, il suffit de montrer que h est continue. Précisément, nous allons montrer qu'elle est lipschitzienne. Soient $x = (x_1, .., x_p) \in E^p$ et $y = (y_1, .., y_p) \in E^p$. On a les majorations suivantes :

$$\begin{array}{rcl} \forall \lambda & = & (\lambda_i)_{1 \leqslant i \leqslant p} \in S, \\ h(x) & \leqslant & g_x(\lambda) = \left\| \sum_{i=1}^{p} \lambda_i x_i \right\| = \left\| \sum_{i=1}^{p} \lambda_i (x_i - y_i) + \sum_{i=1}^{p} \lambda_i y_i \right\| \\ & \leqslant & \sum_{i=1}^{p} \underbrace{|\lambda_i|}_{\leqslant 1} \|x_i - y_i\| + \left\| \sum_{i=1}^{p} \lambda_i y_i \right\| \leqslant N(x-y) + f_y(\lambda) \\ & \Rightarrow & \forall \lambda \in S,\ h(x) - N(x-y) \leqslant f_y(\lambda) \\ & \Rightarrow & h(x) - N(x-y) \leqslant \inf_{\lambda \in S} f_y(\lambda) = h(y) \Rightarrow h(x) - h(y) \leqslant N(x-y). \end{array}$$

En échangeant les rôles de x et y, on obtient pour

$$\begin{array}{rcl} h(y) - h(x) & \leqslant & N(y-x) = |-1| N(y-x) = N(-(y-x)) = N(x-y) \\ & \Rightarrow & -N(x-y) \leqslant h(x) - h(y) \leqslant N(x-y) \\ & \Rightarrow & \forall x \in E^p,\ \forall y \in E^p,\ |h(x) - h(y)| \leqslant N(x-y) \end{array}$$

donc h est lipschitzienne, ce qui prouve sa continuité et permet de conclure.

Commentaires 238 *Exercice tout à fait adapté au concours Mines-Ponts de difficulté gradué.*
Question 1 : le point crucial de cette question est d'observer que la borne inférieure porte sur les éléments de la sphère euclidienne et de faire lien avec la compacité. On peut alors traiter la question via les fonctions ou utiliser la caractérisation séquentielle des bornes inférieures ($m = \inf A$ si et seulement si $\forall a \in A$, $a \geqslant m$ et il existe une suite $(m_n)_n$ de A qui converge vers m). La question mélangeant divers outils (algèbre linéaire, bornes inférieures, etc), il est préférable de traiter séparément chaque implication. La plus simple étant la réciproque qui n'utilise pas la topologie. La continuité de l'application $g_{(x_1,..,x_n)}$ peut être abordée en repassant aux coordonnées (il s'agit de la racine carré d'un polynôme en $(\lambda_1, .., \lambda_n)$).
Question 2 : elle est bien plus sélective que la précédente car elle exige de bien comprendre les objets manipulés. En voici une autre preuve montrant que le complémentaire

est fermé (si, pour tout entier n, $x^{(n)} = \left(x_1^{(n)}, .., x_p^{(n)}\right)$ *sont liés et la suite* $x^{(n)}$ *converge vers* $x^\infty = (x_1, .., x_p)$ *, on peut trouver une combinaison linéaire* $\lambda^{(n)} = \left(\lambda_i^{(n)}\right)_{1\leqslant i\leqslant p}$ *dont les coefficients appartiennent à la sphère, puis utiliser la compacité de la sphère pour obtenir une valeur d'adhérence* λ^∞ *de de la suite* $\left(\lambda^{(n)}\right)_n$. *Ensuite utiliser la continuité de*

$$h : (\lambda_1, .., \lambda_p, y_1, .., y_p) \to \sum_{i=1}^{p} \lambda_i y_i$$

pour affirmer que $h\left(\lambda^{(n)}, x^{(n)}\right) = 0$ *et comme* $(\lambda^\infty, x^\infty)$ *est la limite de* $\left(\lambda^{\varphi(n)}, x^{\varphi(n)}\right)$ *(*φ *l'extraction dont est issu* λ^∞*), on obtient* $h(\lambda^\infty, x^\infty) = 0$ *avec* λ^∞ *est sur la sphère donc est non nul, ce qui prouve que* x^∞ *est une famille liée.*

Exercice 239 (Mines-Ponts) Soient N une norme sur $\mathfrak{M}_2(\mathbb{C})$ et $A \in \mathfrak{M}_2(\mathbb{C})$. Étudier la suite $\left((N(A^k))^{1/k}\right)_{k\geqslant 1}$.

Solution 239 *Nous allons distinguer deux cas.*
***Premier cas** A **est diagonalisable**. Il existe* $P \in \mathrm{GL}_2(\mathbb{C})$ *et* $(\lambda_1, \lambda_2) \in \mathbb{C}^2$ *telle que*

$$A = P\begin{pmatrix}\lambda_1 & 0\\ 0 & \lambda_2\end{pmatrix}P^{-1} \Rightarrow \forall k \in \mathbb{N},\ A^k = P\begin{pmatrix}(\lambda_1)^k & 0\\ 0 & (\lambda_2)^k\end{pmatrix}P^{-1}.$$

Considérons les applications $\|\|_\infty$ *et* $\|\|_P$ *sur* $\mathfrak{M}_2(\mathbb{C})$ *définie par :*

$$\forall M \in \mathfrak{M}_2(\mathbb{C}),\ \|M\|_\infty = \max_{1\leqslant i,j\leqslant 2} |M_{i,j}| \ \text{ et } \ \|M\|_P = \left\|P^{-1}MP\right\|_\infty.$$

D'après le cours, $\|\|_\infty$ *est une norme sur* $\mathfrak{M}_2(\mathbb{C})$. *Vérifons rapidement que* $\|\|_P$ *est également une norme.*

$$\begin{aligned}
\forall (M,N) &\in (\mathfrak{M}_2(\mathbb{C}))^2, \forall\lambda \in \mathbb{C},\ \|M\|_P \geqslant 0\\
\|\lambda M\|_P &= \left\|P^{-1}(\lambda M)P\right\|_\infty = \left\|\lambda\left(P^{-1}MP\right)\right\|_\infty = |\lambda|\left\|P^{-1}MP\right\|_\infty = |\lambda|\,\|M\|_P\\
\|M+N\|_P &= \left\|P^{-1}(M+N)P\right\|_\infty = \left\|P^{-1}MP + P^{-1}NP\right\|_\infty\\
&\leqslant \left\|P^{-1}MP\right\|_\infty + \left\|P^{-1}NP\right\|_\infty = \|M\|_P + \|N\|_P\\
\|M\|_P &= 0 \Leftrightarrow \left\|P^{-1}MP\right\|_\infty = 0 \Leftrightarrow P^{-1}MP = 0_n \Leftrightarrow M = P0_nP^{-1} = 0_n.
\end{aligned}$$

Quitte à échanger λ_1 *et* λ_2 *(et donc les colonnes de* P *c'est-à-dire à réordonner la base de diagonalisation de* A*), on peut supposer que* $|\lambda_1| \leqslant |\lambda_2|$. *Il est alors immédiat que :*

$$\forall k \geqslant 1,\ \left\|A^k\right\|_P = \max\left(|\lambda_1|^k, |\lambda_2|^k\right) = |\lambda_2|^k.$$

Comme $\mathfrak{M}_2(\mathbb{C})$ *est un espace vectoriel de dimension finie, les normes* N *et* $\|\|_P$ *sont équivalentes c'est-à-dire qu'il existe deux réels strictement positifs tels que*

$$C\,\|\|_P \leqslant N \leqslant D\,\|\|_P \Rightarrow \forall k \in \mathbb{N}^*,\ C\left\|A^k\right\|_P \leqslant N\left(A^k\right) \leqslant D\left\|A^k\right\|_P$$

En composant cet encadrement par la fonction $t \mapsto t^{1/k}$ *qui est croissante sur* $\mathbb{R}_+$*, on en déduit l'encadrement suivante valable pour tout* $k \geqslant 1$ *:*

$$\begin{aligned}
(\mathcal{I}) : C^{1/k}\left(\left\|A^k\right\|_P\right)^{1/k} &\leqslant \left(N\left(A^k\right)\right)^{1/k} \leqslant D^{1/k}\left(\left\|A^k\right\|_P\right)^{1/k}\\
\Leftrightarrow C^{1/k}|\lambda_2| &\leqslant \left(N\left(A^k\right)\right)^{1/k} \leqslant D^{1/k}|\lambda_2|.
\end{aligned}$$

Comme $\lim\limits_{k\to+\infty} C^{1/k}\,|\lambda_2| = \lim\limits_{k\to+\infty} D^{1/k}\,|\lambda_2| = |\lambda_2|$, *le théorème d'encadrement montre que :*

$$\lim_{k\to+\infty}\left(N\left(A^k\right)\right)^{1/k} = |\lambda_2| = \max_{\lambda\in\mathrm{Sp}(A)}|\lambda|.$$

Second cas A n'est pas diagonalisable. *Le polynôme caractéristique* χ_A *de* A *étant de degré* 2, *il est scindé dans* $\mathbb{C}[X]$ *(théorème de D'Alembert-Gauss) et il possède une unique racine (s'il en possède* 2, A *serait diagonalisable). Soit* r *cette racine qui est aussi l'unique valeur propre de* A *et* A *est trigonalisable (puisque* χ_A *est scindé) donc il existe une matrice inversible et un complexe* s *tel que :*

$$P^{-1}AP = \begin{pmatrix} r & s\\ 0 & r\end{pmatrix} = rI_2 + s\underbrace{\begin{pmatrix} 0 & 1\\ 0 & 0\end{pmatrix}}_{=N} \text{ avec } N^2 = 0_2.$$

Comme les matrices I_2 *et* N *commutent, pour tout entier* k, *la formule du binôme montre que :*

$$\begin{aligned}
(rI_2+sN)^k &= (sN+rI_2)^k = \sum_{i=0}^{k}\binom{k}{i}\underbrace{(sN)^i}_{=0_2 \text{ si } i\geqslant 2}(rI_2)^{k-i}\\
&= r^kI_2 + ksr^{k-1}N = \begin{pmatrix} r^k & ksr^{k-1}\\ 0 & r^k\end{pmatrix}\\
&\Rightarrow A^k = P\begin{pmatrix} r^k & ksr^{k-1}\\ 0 & r^k\end{pmatrix}P^{-1}.
\end{aligned}$$

Avec les notations du premier cas, on a

$$\left\|A^k\right\|_P = \max\left(|r|^k, k\,|s|\,|r|^{k-1}\right) = k\,|s|\,|r|^{k-1}$$

pour k *assez grand car*

$$\lim_{k\to+\infty} k\,|s| = +\infty \Rightarrow \exists k_0,\ \forall k\geqslant k_0,\ k\,|s|\geqslant r \underset{\times|r|^{k-1}\geqslant 0}{\Rightarrow} k\,|s|\,|r|^{k-1}\geqslant |r|^k.$$

Par conséquent, on peut écrire pour k *assez grand :*

$$\begin{aligned}
\left(\left\|A^k\right\|_P\right)^{1/k} &= k^{1/k}\,|s|^{1/k}\,|r|^{1-1/k} = \exp\left(\frac{\ln(k)}{k}\right)|s|^{1/k}\,|r|^{1-1/k}\\
&\underset{k\to+\infty}{\to} 1\times 1\times|r| = |r|
\end{aligned}$$

(d'après les croissances comparées $\dfrac{\ln(k)}{k}\underset{k\to+\infty}{\to}0$*). L'inégalité* $(\mathcal{I})$ *du premier cas permet de conclure avec le théorème d'encadrement que :*

$$\lim_{k\to+\infty}\left(N\left(A^k\right)\right)^{1/k} = |r|.$$

Conclusion. *Pour tout* $A\in\mathfrak{M}_2(\mathbb{C})$, *on a :*

$$\lim_{k\to+\infty}\left(N\left(A^k\right)\right)^{1/k} = \max_{\lambda\in\mathrm{Sp}(A)}|\lambda|.$$

Commentaires 239 *Pour cet exercice, il est attendu du candidat de traiter des cas suffisamment significatifs (homothéties λI_2, matrices diagonales, triangulaires) pour émettre une conjecture significative. Ceci sera très fortement apprécié (plutôt que d'attendre l'aide de l'interrogateur). Bien entendu, il faut alors songer à la réduction pour aborder plus de cas (les exercices mélant réduction et espaces vectoriels normés sont des grands classiques des concours Mines-Ponts et Centrale-SupElec). La difficulté est alors la gestion de la matrice de passage. Il s'agit alors d'un grand classique des espaces vectoriels normés de dimension finie : comme toutes les normes sont équivalentes, au lieu de travailler avec la norme N, il faut travailler avec la norme $M \mapsto N\left(P^{-1}MP\right)$. L'interrogateur tendra une perche dans cette direction et il attend du candidat qu'il invoque lui-même l'équivalence des normes.*

Exercice 240 (Mines-Ponts)

1. Quelles sont les fonctions de $\mathbb{R}$ dans $\mathbb{R}$ qui sont limites uniformes sur $\mathbb{R}$ d'une suite de polynômes ?
2. Quelles sont les fonctions de $\mathbb{R}$ dans $\mathbb{R}$ qui, sur tout segment de $\mathbb{R}$, sont limites uniformes d'une suite de polynômes ?

Solution 240

1. *Soit $f : \mathbb{R} \to \mathbb{R}$ une fonction qui est limite uniforme sur $\mathbb{R}$ d'une suite de polynômes $(P_n)_{n\in\mathbb{N}}$ alors la suite $(P_{n+1} - P_n)_{n\in\mathbb{N}}$ converge uniformément vers 0 sur $\mathbb{R}$. Ainsi, la suite $\left(\sup_{\mathbb{R}} |P_{n+1} - P_n|\right)_n$ converge vers 0. En particulier, il existe un rang N tel que $\forall n \geqslant N$, $\sup_{\mathbb{R}} |P_{n+1} - P_n|$ existe c'est-à-dire que la fonction $P_{n+1} - P_n$ est bornée. Comme il s'agit d'un polynôme, il est nécessairement constant (sinon il tend vers $\pm\infty$ en $+\infty$, selon le signe de son coefficient dominant). Notons c_n cette constante donc :*

$$\forall n \geqslant N,\ P_{n+1} - P_n = c_n.$$

La suite $(P_n)_{n\geqslant N}$ convergeant uniformément vers f, le théorème sur les séries télescopiques montre que la série $\sum_{n\geqslant N} (P_{n+1} - P_n) = \sum_{n\geqslant N} c_n$ converge uniformément sur $\mathbb{R}$ donc simplement sur $\mathbb{R}$. En particulier, en l'évaluant en $x = 0$, on en déduit que la série $\sum_{n\geqslant N} c_n$ converge et, les sommes télescopiques permettent d'écrire :

$$\forall x \in \mathbb{R}, \sum_{n=N}^{+\infty} (P_{n+1}(x) - P_n(x)) = \sum_{n=N}^{+\infty} c_n \Leftrightarrow \lim_{n\to+\infty} P_n(x) - P_N(x) = \sum_{n=N}^{+\infty} c_n$$
$$\Leftrightarrow f(x) - P_N(x) = \sum_{n=N}^{+\infty} c_n \Leftrightarrow f(x) = P_N(x) + \sum_{n=N}^{+\infty} c_n$$

donc f est une fonction polynomiale.
Réciproquement, si f est une fonction polynomiale, la suite constante valant f est une suite de polynômes qui converge uniformément vers f sur $\mathbb{R}$.

2. *Soit $f : \mathbb{R} \to \mathbb{R}$ une fonction qui est limite uniforme sur tout segment $[a, b]$ de $\mathbb{R}$ d'une suite de polynômes $(P_n)_{n\in\mathbb{N}}$. Pour chaque entier n, P_n est une fonction continue sur $\mathbb{R}$*

et la convergence étant uniforme sur tout segment de $\mathbb{R}$, on en déduit que f est continue sur $\mathbb{R}$.
Réciproquement, soit $f : \mathbb{R} \to \mathbb{R}$ une fonction continue. Pour tout segment $[a, b]$ de $\mathbb{R}$, le théorème de Weierstrass affirme que f est limite uniforme d'une suite de polynômes.
Ainsi, les fonctions qui sont, sur tout segment de $\mathbb{R}$, limite uniforme d'une suite de polynômes sont les fonctions continues sur $\mathbb{R}$.

Commentaires 240 *Exercice d'application du cours. La deuxième question est simplement une question de cours. La première nécessite un peu de réflexion mais le raisonnement associé est essentiellement celui qui permet de montrer qu'une suite d'entiers converge si et seulement si elle est stationnaire (remplacer $|x| < 1$ par le degré nul). Cet exercice n'est pas à retenir plus que cela.*

Exercice 241 (Mines-Ponts) Soient E un espace normé de dimension finie, K une partie compacte d'intérieur non vide de E. Montrer que

$$\{u \in \mathcal{L}(E), \quad u(K) \subset K\}$$

est une partie compacte de $\mathcal{L}(E)$.

Solution 241 *Notons*

$$S = \{u \in \mathcal{L}(E), \quad u(K) \subset K\}.$$

L'ensemble S n'est pas vide (il contient $\mathrm{Id}_E : x \mapsto x$). Comme E est un espace vectoriel de dimension finie, $\mathcal{L}(E)$ est aussi un espace vectoriel de dimension finie. Pour montrer que S est compact, il suffit de montrer qu'il est fermé et borné. Nous allons choisir une norme adaptée à notre problème.

Fixons une norme $\|\|$ sur E et posons :

$$\forall u \in E,\ N(u) = \sup_{x \in K} \|u(x)\|.$$

Montrons que N est une norme sur $\mathcal{L}(E)$.
Existence. *Soit $u \in \mathcal{L}(E)$. Comme u est continue sur E (puisque linéaire en dimension finie) et $\|\|$ est continue sur E (puisque lipschitzienne d'après la seconde inégalité triangulaire), on peut affirmer que l'application*

$$\|u\| : x \mapsto \|u(x)\|$$

est continue sur E. Puisque K est un compact et non vide, la fonction $\|u\|$ est bornée sur K, ce qui justifie l'existence de

$$\sup_{x \in K} \|u(x)\| = N(u)$$

et il est manifeste que $N(u)$ est positif (comme borne supérieure de nombres positifs).
Homogénéïté. *Soient $u \in \mathcal{L}(E)$ et $\lambda \in \mathbb{R}$ alors*

$$N(\lambda u) = \sup_{x \in K} \|\lambda u(x)\| = \sup_{x \in K} (|\lambda| \|u(x)\|) \underset{(*)}{=} |\lambda| \sup_{x \in K} \|u(x)\| = |\lambda| N(u).$$

$(*)$ si $\lambda = 0$, c'est immédiat, sinon l'application $t \in \mathbb{R} \mapsto |\lambda| t$ est une bijection strictement croissante de $\mathbb{R}$ sur $\mathbb{R}$.
Inégalité triangulaire. *Soit $(u, v) \in (\mathcal{L}(E))^2$. Pour tout $x \in K$, on a :*

$$\begin{aligned} \|(u+v)(x)\| &= \|u(x) + v(x)\| \leqslant \|u(x)\| + \|v(x)\| \\ &\leqslant N(u) + N(v). \end{aligned}$$

Ainsi, $N(u)+N(v)$ *est un majorant de* $\|u+v\|$ *sur* K *donc*

$$N(u+v) \leqslant N(u)+N(v).$$

Séparation. *Soit* $u \in \mathcal{L}(E)$ *tel que* $N(u)=0$ *alors :*

$$\forall x \in K,\ 0 \leqslant \|u(x)\| \leqslant N(u)=0 \Rightarrow \|u(x)\|=0 \Rightarrow u(x)=0_E.$$

Comme K *est d'intérieur non vide, il existe* $a \in K$ *et* $r>0$ *tel que la boule fermée* $B(a,r)$ *de centre* a *et de rayon* r *est incluse dans* K*. En particulier, comme* $a \in K$*, on a* $u(a)=0_E$*. Soit* $y \in E\setminus\{0_E\}$ *alors*

$$\begin{aligned} z &= a+r\frac{y}{\|y\|} \in B(a,r) \ \left(car\ \|z-a\| = r\left\|\frac{y}{\|y\|}\right\| = r \leqslant r\right) \\ &\Rightarrow z \in K \Rightarrow u(z)=0 \Leftrightarrow \underbrace{u(a)}_{=0}+\frac{r}{\|y\|}u(y)=0 \Leftrightarrow u(y)=0. \end{aligned}$$

Ainsi, u *est nul sur* $E\setminus\{0_E\}$ *et comme* u *est linéaire,* $u(0_E)=0_E$ *donc* $u=0_{\mathcal{L}(E)}$*.*
L'ensemble K *étant compact, il est borné c'est-à-dire qu'il existe un réel positif* M *tel que :*

$$\begin{aligned} \forall x &\in K,\ \|x\| \leqslant M \Rightarrow \forall u \in S,\ \forall x \in K,\ u(x) \in K \\ &\Rightarrow \forall x \in K,\ \|u(x)\| \leqslant M \\ &\Rightarrow \forall u \in S,\ N(u)=\sup_{x\in K}\|u(x)\| \leqslant M. \end{aligned}$$

Par conséquent, l'ensemble S *est borné. Soit* $(u_n)_{n\in\mathbb{N}}$ *une suite de* S *convergeant vers* $u \in \mathcal{L}(E)$ *c'est-à-dire :*

$$\forall n \in \mathbb{N},\ u_n \in \mathcal{L}(E),\ u_n(K) \subset K \text{ et } N(u-u_n) \underset{n\to+\infty}{\to} 0.$$

Soit $x \in K$*. Alors :*

$$\begin{aligned} \forall n &\in \mathbb{N},\ \|u(x)-u_n(x)\| = \|(u-u_n)(x)\| \leqslant N(u-u_n) \underset{n\to+\infty}{\to} 0 \\ &\Rightarrow \lim_{n\to+\infty}\|u(x)-u_n(x)\|=0 \Rightarrow \lim_{n\to+\infty}u_n(x)=u(x). \end{aligned}$$

En outre, pour tout entier n*,* $u_n(x) \in K$*, la suite* $(u_n(x))_n$ *converge vers* $u(x)$ *et comme* K *est fermé, on peut affirmer que* $u(x) \in K$ *quelque soit* $x \in K$ *d'où l'inclusion ensembliste* $u(K) \subset K$ *Autrement dit,* $u \in S$ *donc* S *est fermé, ce qui permet de conclure.*

Commentaires 241 *Exercice classique du concours Mines-Ponts mais qui n'est pas simple (la topologie des espaces de fonctions ou d'endomorphismes étant toujours un peu difficile pour les candidats). Ce qu'attend a minima l'interrogateur est que le candidat donne la caractérisation des compacts dans les espaces vectoriels normés de dimension finie, voire, encore mieux, qu'il traite un cas particulier significatif mais suffisamment simple. Par exemple, si* $E=\mathbb{R}^p$ *munit d'une norme* $\|\|$*,* K *désigne la boule unité* $B(0,1)$ *voici un exemple de raisonnement séquentiel. Pour tout entier, soit* u_n *un endomorphisme de* $\mathbb{R}^p$ *tel que*

$$u_n(B(0,1)) \subset B(0,1) \Leftrightarrow \forall x \in \mathbb{R}^p,\ \|x\| \leqslant 1 \Rightarrow \|u_n(x)\| \leqslant 1.$$

Soit $(e_1,.,e_p)$ *une base de* $\mathbb{R}^p$ *formée de vecteurs unitaires (cela est toujours possible car ...) alors :*

$$\forall n \in \mathbb{N},\ \forall i \in \{1,..,p\},\ \|e_i\|=1 \Rightarrow \|u_n(e_i)\| \leqslant 1.$$

Chaque suite $(u_n(e_i))_{n\in\mathbb{N}}$ *est bornée et appartient à un espace vectoriel normé de dimen-*

sion finie, on peut en extraire une sous-suite convergente. Par extraction sucessive (comme pour la preuve de $K_1 \times K_2$ est compact si K_1 et K_2 sont compacts), on dispose d'une extraction φ tel que, pour tout $i \in \{1, .., p\}$, $\left(u_{\varphi(n)}(e_i)\right)_{n \in \mathbb{N}}$ est une suite convergente. Comme la famille $(e_i)_{1 \leqslant i \leqslant p}$ est une base de $\mathbb{R}^p$ et que chaque $u_{\varphi(n)}$ est linéaire, pour tout $x \in \mathbb{R}^p$, la suite $\left(u_{\varphi(n)}(x)\right)_{n \in \mathbb{N}}$ converge. On note $u(x)$ sa limite. L'application $u : x \mapsto u(x)$ est linéaire (écrire la linéarité de chaque $u_{\varphi(n)}$ puis faire tendre n vers $+\infty$) et, pour tout $x \in B(0,1)$, $\|u(x)\| \leqslant 1$ (faire tendre n vers $+\infty$ dans l'inégalité correspondante pour $u_{\varphi(n)}$). Il ne reste plus qu'à justifier que la suite $\left(u_{\varphi(n)}\right)_n$ converge vers u. Pour cela, il suffit de justifier que

$$N(v) = \max_{1 \leqslant i \leqslant p} \|v(e_i)\|$$

est une norme sur $\mathcal{L}(E)$ (laissé au lecteur) alors $N\left(u_{\varphi(n)} - u\right) \underset{n \to +\infty}{\to} 0$ (car chaque suite $\left(u_{\varphi(n)}(e_i)\right)_n$ converge vers $u(e_i)$).

Chapitre 13

Fonction d'une variable réelle

13.1 Mines-Telecom

Exercice 242 (Mines-Telecom) Étude de la fonction $x \mapsto \int_x^{x^2} \frac{dt}{\ln t}$ (domaine de définition, dérivabilité, variations, limites aux bornes du domaine de définition).

Solution 242 *Notons* $G : x \mapsto \int_x^{x^2} \frac{dt}{\ln(t)}$.

Domaine de définition de G. *La fonction* $f : t \mapsto \frac{1}{\ln(t)}$ *existe et est continue sur*

$$]0,1[\cup]1,+\infty[$$

(inverse d'une fonction continue et ne s'annulant pas sur cet ensemble).
Si $x \in]0,1[$ *alors* $x^2 \in]0,1[$ *et la fonction* f *est continue sur le segment* $[x,x^2]$. *Ainsi, l'intégrale*

$$\int_x^{x^2} f(t)\,dt = G(x)$$

existe.
Si $x \in]1,+\infty[$ *alors* $x^2 \in]1,+\infty[$ *et la fonction* f *est continue sur le segment* $[x,x^2]$. *Ainsi, l'intégrale* $G(x)$ *existe.*
Au final, la fonction G *est définie sur*

$$]0,1[\cup]1,+\infty[= \mathcal{D}_G.$$

Régularité de G. *Notons* F *une primitive de* f *sur l'intervalle* $]0,1[$ *alors, pour tout* x *appartenant à* $]0,1[$, *on a :*

$$G(x) = F\left(x^2\right) - F(x).$$

Les fonctions $x \mapsto x^2$ *et* F *étant dérivables sur* $]0,1[$, *la fonction* G *l'est aussi (comme somme* *et composée de telles fonctions) et, pour tout x appartenant à $]0,1[$, on a :*

$$\begin{aligned} G'(x) &= 2xF'\left(x^2\right) - F'(x) = \frac{2x}{\ln\left(x^2\right)} - \frac{1}{\ln(x)} \\ &= \frac{2x}{2\ln(x)} - \frac{1}{\ln(x)} = \frac{x-1}{\ln(x)}. \end{aligned}$$

Il en est de même sur l'intervalle $]1,+\infty[$ (par les mêmes argumentaires en considèrant une primitive F_1 de f sur $]1,+\infty[$).

Variations de f. *Pour tout $x \in \mathcal{D}_G$, on a :*

$$G'(x) = \frac{x-1}{\ln(x)} > 0$$

(si $x > 1$ alors $x-1 > 0$ et $\ln(x) > 0$ et si $0 < x < 1$ alors $x-1 < 0$ et $\ln(x) < 0$) donc G est strictement croissante sur $]0,1[$ et sur $]1,+\infty[$.

Limite en $+\infty$. *Soit $x \in]1,+\infty[$ alors $x < x^2$ et encadrons $G(x)$ à l'aide d'un encadrement de $f(t)$ sur l'intervalle $\left[x,x^2\right]$.*

$$\forall t \in \left[x,x^2\right],\ x \leqslant t \leqslant x^2 \Rightarrow \ln(x) \leqslant \ln(t) \leqslant \ln\left(x^2\right) = 2\ln(x).$$

Puisque $\ln(x) > 0$ et que la fonction $y \mapsto \dfrac{1}{y}$ est décroissante sur $\mathbb{R}_+^*$, on en déduit que :

$$\begin{aligned} \forall t \in \left[x,x^2\right],\ \frac{1}{2\ln(x)} \leqslant \frac{1}{\ln(t)} \leqslant \frac{1}{\ln(x)} &\underset{(*)}{\Rightarrow} \int_x^{x^2} \frac{dt}{2\ln(x)} \leqslant \int_x^{x^2} \frac{dt}{\ln(t)} \leqslant \int_x^{x^2} \frac{dt}{\ln(x)} \\ \Leftrightarrow \frac{1}{2\ln(x)} \int_x^{x^2} dt \leqslant G(x) \leqslant \frac{1}{\ln(x)} \int_x^{x^2} dt &\Leftrightarrow \frac{x^2-x}{2\ln(x)} \leqslant G(x) \leqslant \frac{x^2-x}{\ln(x)}. \end{aligned}$$

$(*)$ car les bornes sont dans l'ordre croissant.

Puisque que l'on a :

$$\frac{x^2-x}{\ln(x)} \underset{x\to+\infty}{\sim} \frac{x^2}{\ln(x)} \underset{x\to+\infty}{\to} +\infty$$

d'après les croissances comparées, ce qui nous assure que $\lim\limits_{x\to+\infty} G(x) = +\infty$.

Limite en 0. *Soit $x \in]0,1[$ alors $x > x^2$. En utilisant la relation de Chasles $\displaystyle\int_x^{x^2} = -\int_{x^2}^{x}$ ainsi que les encadrements obtenus pour la limite en $+\infty$, on est assuré que :*

$$\frac{x-x^2}{2\ln(x)} \leqslant G(x) \leqslant \frac{x-x^2}{\ln(x)}$$

Puisque que l'on a :

$$\frac{x-x^2}{\ln(x)} \underset{x\to0^+}{\sim} \frac{x}{\ln(x)} \underset{x\to0^+}{\to} 0$$

d'après les croissances comparées, ce qui nous assure que $\lim\limits_{x\to0^+} G(x) = 0$.

Limite en 1. *On utilise le changement de variable*

$$s = \ln(t) \Rightarrow t = e^s \text{ et } dt = e^s ds.$$

Quand $t = x$ *alors* $s = \ln(x)$. *Quand* $t = x^2$ *alors*

$$s = \ln\left(x^2\right) = 2\ln(x).$$

On peut alors écrire :

$$G(x) = \int_{\ln(x)}^{2\ln(x)} \frac{e^s}{s} ds.$$

La fonction

$$h : s \mapsto \begin{cases} \dfrac{e^s - 1}{s} & si\ s \in \left[-\dfrac{1}{2}, \dfrac{1}{2}\right] \setminus \{0\} \\ 1 & si\ s = 0. \end{cases}$$

est continue sur $\left[-\frac{1}{2}, \frac{1}{2}\right] \setminus \{0\}$ *et tend vers* $1 = h(1)$ *lorsque* s *tend vers* 0 *(faire un développement limité à l'ordre* 1 *en* 0 *par exemple). On note* H *une de ses primitives sur* $\left[-\frac{1}{2}, \frac{1}{2}\right]$ *alors :*

$$\begin{aligned} G(x) &= \int_{\ln(x)}^{2\ln(x)} \left(h(s) + \frac{1}{s}\right) ds = \int_{\ln(x)}^{2\ln(x)} h(s)\, ds + \int_{\ln(x)}^{2\ln(x)} \frac{ds}{s} \\ &= H(2\ln(x)) - H(\ln(x)) + [\ln(s)]_{\ln(x)}^{2\ln(x)} \\ &= H(2\ln(x)) - H(\ln(x)) + \ln\left(\frac{2\ln(x)}{\ln(x)}\right) \\ &= H(2\ln(x)) - H(\ln(x)) + \ln(2). \end{aligned}$$

Lorsque x *tend vers* 1 *alors* $\ln(x)$ *tend vers* 0 *donc* $H(\ln(x))$ *et* $H(2\ln(x))$ *tendent vers* $H(0)$ *(par continuité de* H *en* 0*). Ainsi, on est assuré que :*

$$\lim_{x \to 1} G(x) = H(0) - H(0) + \ln(2) = \ln(2).$$

Remarque *: D'après l'étude menée, on peut dire que* G *est une primitive de la fonction*

$$t \mapsto \frac{t-1}{\ln(t)}$$

donc, pour tout $0 < \varepsilon < x < 1$, *on a :*

$$\int_{\varepsilon}^{x} \frac{t-1}{\ln(t)} dt = G(x) - G(\varepsilon) \Rightarrow \lim_{\varepsilon \to 0^+} \int_{\varepsilon}^{x} \frac{t-1}{\ln(t)} dt = G(x).$$

En particulier, l'intégrale $\displaystyle\int_0^x \frac{t-1}{\ln(t)} dt$ *converge et vaut* x. *En outre, on a :*

$$\lim_{x \to 1^-} \int_0^x \frac{t-1}{\ln(t)} dt = \lim_1 G = \ln(2)$$

donc l'intégrale $\displaystyle\int_0^1 \frac{t-1}{\ln(t)} dt$ *converge et vaut* $\ln(2)$.

Commentaires 242 *Exercice très classique. Il est prioritairement attendu du candidat qu'il introduise une primitive F de la fonction $f : t \mapsto \dfrac{1}{\ln(t)}$ (même s'il néglige les questions d'existence et de domaine) afin d'obtenir l'expression de G en fonction de F et qu'il sache dériver correctement G. Pour les limites en 0 et en $+\infty$, un encadrement de G suffit et pour cela, il faut se rappeler qu'il suffit d'encadrer l'intégrande (la fonction à intégrer), ce qui est largement suffisant dans ce sujet. Pour l'étude en 1, il est très probable qu'une interaction relativement importante aura lieu avec l'interrogateur.*

Exercice 243 (Mines-Telecom)

1. Soit f une fonction continue de $[0,1]$ dans $\mathbb{R}$ tel que $f(0) = f(1)$. Montrer qu'il existe x dans $\left[0, \dfrac{1}{2}\right]$ tel que $f\left(x + \dfrac{1}{2}\right) = f(x)$.
2. Soit f une fonction croissante sur $[0,1]$ et à valeurs dans $[0,1]$.
   Montrer que f possède un point fixe.
   Indication : *Considérer l'ensemble* $A = \{x \in [0,1], f(x) \geqslant x\}$.

Solution 243 *La première question utilise une stratégie tout à fait classique. La seconde n'est pas conventionnelle (pour les candidats à ce concours) donc elle sera discriminante et nécessitera l'aide de l'interrogateur.*

1. *La fonction*

$$g : \begin{cases} \left[0, \dfrac{1}{2}\right] & \to \mathbb{R} \\ x & \mapsto f\left(x + \dfrac{1}{2}\right) - f(x) \end{cases}$$

est continue sur $\left[0, \dfrac{1}{2}\right]$ *avec*

$$g(0) = f\left(\frac{1}{2}\right) - f(0), \; g\left(\frac{1}{2}\right) = f(1) - f\left(\frac{1}{2}\right) = f(0) - f\left(\frac{1}{2}\right) = -g(0).$$

Ainsi, on a :

$$g(0)\, g\left(\frac{1}{2}\right) = -\left(g(0)\right)^2 \leqslant 0$$

donc, d'après le théorème des valeurs intermédiaires, il existe $c \in \left[0, \dfrac{1}{2}\right]$ *tel que :*

$$g(c) = 0 \Leftrightarrow f\left(c + \frac{1}{2}\right) = f(c).$$

2. *L'ensemble A est non vide (car $0 \in A$ puisque $f(0) \in [0,1]$ donc $f(0) \geqslant 0$) et majoré (par 1) donc il possède une borne supérieure. On note $\alpha = \sup A$.*
   Premier cas *$\alpha = 0$. Pour tout $x \in [0,1]$, on peut affirmer que $x \notin A$ donc*

$$(\mathcal{I}_1) : \forall x \in \left]0,1\right], f(x) < x.$$

Comme f est croissante sur $[0,1]$, elle admet une limite droite en tout point $s \in [0,1]$ et $f(s) \leqslant \lim\limits_{s^+} f$. En faisant tendre x vers 0 par valeurs supérieures dans l'inégalité $(\mathcal{I}_1)$, *on obtient l'encadrement :*

$$0 \leqslant f(0) \leqslant \lim_{0^+} f \leqslant \lim_{x \to 0^+} x = 0 \Rightarrow f(0) = 0$$

donc 0 *est un point fixe de* f.

Second cas $\alpha \in]0,1]$. *La suite* $\left(\alpha - \frac{1}{n}\right)_n$ *converge vers* $\alpha > 0$ *donc il existe* N *tel que*

$$\forall n \geqslant N,\ \alpha - \frac{1}{n} \in]0,1].$$

Soit $n \geqslant N$. *Comme* $\alpha - \frac{1}{n} < \alpha$, *on peut affirmer que* $\alpha - \frac{1}{n}$ *ne peut être un majorant de* A *(puisque* α *est le plus petit des majorants de* A*) c'est-à-dire qu'il existe*

$$x_n \in A \text{ tel que } \alpha - \frac{1}{n} \leqslant x_n.$$

En outre, pour tout entier $n \geqslant N$, *comme* $x_n \in A$, *on a :*

$$(\mathcal{E}) : \alpha - \frac{1}{n} \leqslant x_n \leqslant \alpha \text{ et } (\mathcal{I}_2) : f(x_n) \geqslant x_n.$$

Puisque $\lim_{n \to +\infty} \alpha - \frac{1}{n} = \alpha$, *l'encadrement* $(\mathcal{E})$ *montre que* $\lim_{n \to +\infty} x_n = \alpha$. *La fonction* f *étant croissante sur* $[0,1]$, *elle possède une limite gauche en tout point* $s \in [0,1]$ *et* $f(s) \geqslant \lim_{s^-} f$. *En faisant tendre* n *vers* $+\infty$ *dans l'inégalité* $(\mathcal{I}_2)$ *et comme* $x_n \leqslant \alpha$ *pour tout entier* n, *on obtient l'inégalité*

$$f(\alpha) \geqslant \lim_{\alpha^-} f \geqslant \alpha \Rightarrow (\mathcal{F}) : f(\alpha) \geqslant \alpha$$

donc $\alpha \in A$. *Comme* f *est croissante sur* $[0,1]$, *en composant par* f *l'inégalité* $(\mathcal{F})$, *on obtient la minoration :*

$$f(f(\alpha)) \geqslant f(\alpha)$$

donc $f(\alpha) \in A$ *(car* f *laisse stable* $[0,1]$ *et* $\alpha \in [0,1]$ *d'où* $f(\alpha) \in [0,1]$*) d'où la majoration :*

$$f(\alpha) \leqslant \sup(A) = \alpha.$$

Cette inégalité et l'inégalité $(\mathcal{F})$ *prouve que* $f(\alpha) = \alpha$.

Commentaires 243 *La première question est très classique (et probablement traitée en MPSI). La seconde est bien moins conventionnelle et sera très discriminante.*

Exercice 244 (Mines-Telecom) Soit $E = C^0(\mathbb{R}, \mathbb{R})$, $a > 0$ et T_a la fonction qui à $f \in E$ associe $T_a(f)$ défini par

$$T_a(f) : x \mapsto \frac{1}{2a} \int_{x-a}^{x+a} f(t)dt$$

1. Soit $f \in E$. Montrer que $T_a(f)$ est de classe C^1 sur $\mathbb{R}$.
2. Soit $f \in E$. Montrer que $T_a(f)$ est constante si et seulement si f est périodique, de période $2a$.
3. Montrer que T_a est un endomorphisme de E et déterminer son noyau.
4. L'application T_a est-elle surjective ?

Solution 244

1. *Comme f est continue sur $\mathbb{R}$, elle possède une primitive F qui est de classe C^1 sur $\mathbb{R}$. Il est alors immédiat que, pour tout réel x, on a :*

$$T_a(f)(x) = \frac{1}{2a}\left(F(x+a) - F(x-a)\right).$$

Ainsi, $T_a(f)$ est de classe C^1 sur $\mathbb{R}$ comme somme et composée (par $x \mapsto x+a$ et $x \mapsto x-a$) de telles fonctions.

2. ***Implication réciproque**. Si f est périodique de période $2a$, alors toutes les intégrales de f sur tout intervalle de longueur $2a$ sont égales. Soit $x \in \mathbb{R}$, comme l'intervalle $[x-a, x+a]$ est de longueur $2a$, on peut affirmer que :*

$$T_a(f)(x) = \frac{1}{2a}\int_{x-a}^{x+a} f(t)\,dt = \frac{1}{2a}\int_{-a}^{a} f(t)\,dt = T_a(f)(0).$$

Ainsi, $T_a(f)$ est constante.
***Implication directe.** Soit $f \in E$. Si $T_a(f)$ est constante alors la dérivée de $T_a(f)$ est nulle. D'après le raisonnement pour la réponse à question 1 (et en conservant ses notations), on peut écrire :*

$$\begin{aligned}\forall x &\in \mathbb{R},\ 0 = (T_a(f))'(x) = \frac{1}{2a}\left(F'(x+a) - F'(x-a)\right)\\ &= \frac{1}{2a}\left(f(x+a) - f(x-a)\right) \Rightarrow f(x+a) = f(x-a).\end{aligned}$$

En effectuant le changement de variable

$$s = x - a \Leftrightarrow x = s + a$$

et comme s décrit $\mathbb{R}$ lorsque x décrit $\mathbb{R}$, on peut affirmer que :

$$\forall s \in \mathbb{R},\ f(s+a+a) = f(s) \Leftrightarrow f(s+2a) = f(s)$$

donc f est $2a$-périodique.

3. $\boxed{T_a \in \mathcal{L}(E).}$ *D'après la question 1, si $f \in E = C^0(\mathbb{R},\mathbb{R})$ alors*

$$T_a(f) \in C^1(\mathbb{R},\mathbb{R}) \subset C^0(\mathbb{R},\mathbb{R}) = E.$$

Pour tout $(f,g) \in E$ et pour tout $(\lambda,\mu) \in \mathbb{R}^2$, on a :

$$\begin{aligned}\forall x &\in \mathbb{R},\ T_a(\lambda f + \mu g) : x \mapsto \frac{1}{2a}\int_{x-a}^{x+a} (\lambda f + \mu g) = \frac{\lambda}{2a}\int_{x-a}^{x+a} f + \frac{\mu}{2a}\int_{x-a}^{x+a} g\\ &= \lambda T_a(f)(x) + \mu T_a(g)(x) = (\lambda T_a(f) + \mu T_a(g))(x)\\ &\Rightarrow T_a(\lambda f + \mu g) = (\lambda T_a(f) + \mu T_a(g))\end{aligned}$$

donc T_a est linéaire, ce qui prouve que T_a est un endomorphisme de E.

$\boxed{\ker(T_a).}$ *Soit $f \in E$. Si $f \in \ker(T_a) \Leftrightarrow T_a(f) = 0$ alors $T_a(f)$ est constante. D'après la question précédente, cela entraine que f est $2a$-périodique et on a :*

$$T_a(f)(0) = 0 \Leftrightarrow \int_{-a}^{a} f = 0.$$

Réciproquement, soit $f \in E$ une fonction $2a$-périodique et telle que $\int_{-a}^{a} f = 0$. D'après la question précédente, on peut affirmer que $T_a(f)$ est constante et cette constante vaut :

$$T_a(f)(0) = \frac{1}{2a}\int_{-a}^{a} f = 0$$

donc $T_a(f) = 0 \Leftrightarrow f \in \ker(T_a)$. Par conséquent, le noyau de T_a est l'ensemble des fonctions $2a$-périodiques dont l'intégrale sur une période vaut 0.

4. L'application T_a ne peut être surjective car $\operatorname{Im}(T_a) \subset C^1(\mathbb{R},\mathbb{R})$ (d'après la question 1). En effet, la fonction

$$f : x \mapsto |x|$$

appartient à E et elle n'est pas de classe C^1 sur $\mathbb{R}$ (puisqu'elle n'est pas dérivable en 0) donc il ne peut exister aucune fonction $g \in E$ tel que $f = T_a(g)$.

Commentaires 244 *Exercice utilisant des notions classiques et tout à fait standard pour ce type de concours. Il ne présente pas de difficulté particulière mais, s'il vous en pose, retravaillez le.*

Exercice 245 (Mines-Telecom) On suppose que f est une fonction continue sur $\mathbb{R}$ à valeurs réelles et vérifiant :

$$\forall x \in \mathbb{R},\ f(x) = 1 + \int_0^x f(t)\cos(x-t)\,dt.$$

Montrer que f est deux fois dérivable. Déterminer f.

Solution 245 *On utilise la formule d'addition du cosinus donc, pour tout réel x, on a :*

$$\begin{aligned} f(x) &= 1 + \int_0^x f(t)(\cos(x)\cos(t) + \sin(x)\sin(t))\,dt \\ &= 1 + \cos(x)\int_0^x f(t)\cos(t)\,dt + \sin(x)\int_0^x f(t)\sin(t)\,dt. \end{aligned}$$

Les fonctions $f\cos$ et $f\sin$ étant continues sur $\mathbb{R}$, les fonctions

$$C : x \mapsto \int_0^x f(t)\cos(t)\,dt \text{ et } S : x \mapsto \int_0^x f(t)\sin(t)\,dts$$

ont des primitives respectivement de

$$f\cos \quad et\ f\sin.$$

En particulier, elles sont dérivables de dérivées respectives $f\cos$ *et* $f\sin$. *Par conséquent, la fonction*

$$1+C\cos+S\sin=f$$

est dérivable sur $\mathbb{R}$. *En outre, sa dérivée est donnée, pour tout réel* x, *par :*

$$\begin{aligned} f'(x) &= C'(x)\cos(x)+C\cos'(x)+S'(x)\sin(x)+S(x)\sin'(x)\\ &= f(x)\cos(x)\cos(x)-C\sin(x)+f(x)\sin(x)\sin(x)+S(x)\cos(x)\\ &= f(x)\left(\cos^2(x)+\sin^2(x)\right)-C(x)\sin(x)+S(x)\cos(x)\\ &= f(x)-C(x)\sin(x)+S(x)\cos(x). \end{aligned}$$

Comme les fonctions f, C, $\sin$, S *et* $\cos$ *sont dérivables sur* $\mathbb{R}$, *la fonction*

$$f-C\sin+S\cos=f'$$

est aussi dérivable sur $\mathbb{R}$. *Sa dérivée est donnée, pour tout réel* x, *par :*

$$\begin{aligned} f''(x) &= f'(x)-C'(x)\sin(x)-C(x)\sin'(x)+S'(x)\cos(x)+S(x)\cos'(x)\\ &= f'(x)-f(x)\cos(x)\sin(x)-C(x)\cos(x)+f(x)\sin(x)\cos(x)-S(x)\sin(x)\\ &= f'(x)-(C(x)\cos(x)+S(x)\sin(x)) \end{aligned}$$

En utilisant la définition de C *et* S, *on obtient la formule :*

$$\begin{aligned} f''(x) &= f'(x)-\left(\int_0^x f(t)\cos(t)\,dt\right)\cos(x)-\left(\int_0^x f(t)\sin(t)\,dt\right)\sin(x)\\ &= f'(x)--\int_0^x f(t)\left[\cos(t)\cos(x)+\sin(t)\sin(x)\right]dt\\ &= f'(x)-\int_0^x f(t)\cos(x-t)\,dt=f'(x)+1-f(x). \end{aligned}$$

Autrement dit, f *est solution de l'équation différentielle linéaire à coefficients constants :*

$$y''=y'-y+1 \Leftrightarrow (\mathcal{E}) : y''-y'+y=1.$$

Une solution particulière évidente est la fonction $y_P : t\mapsto 1$. *L'équation homogène associée est*

$$(\mathcal{E}_H) : y''-y'+y=0$$

dont l'équation caractéristique est :

$$r^2-r+1=0,\ \Delta=(-1)^2-4\times 1=-3=\left(i\sqrt{3}\right)^2 \Rightarrow r=\begin{cases} & r_+ = \dfrac{1+i\sqrt{3}}{2}\\ ou & r_- = \dfrac{1-i\sqrt{3}}{2}\end{cases}$$

Ainsi, y_H est solution de $(\mathcal{E})$ si et seulement s'il existe deux complexes α, β tels que :

$$y_H : t \mapsto \alpha \exp(r_+ t) + \beta \exp(r_- t).$$

Par conséquent, f étant la somme d'une solution de l'équation homogène $(\mathcal{E}_H)$ et de la solution particulière y_P, il existe deux complexes α, β tels que :

$$f = y_P + y_H : t \mapsto 1 + \alpha \exp(r_+ t) + \beta \exp(r_- t).$$

Remarquons ensuite que :

$$\begin{aligned} f(0) &= 1 + \int_0^0 f(t) \cos(-t)\, dt = 1, \\ f'(0) &= f(0) - C(0)\sin(0) + S(0)\cos(0) = f(0) = 1 \end{aligned}$$

donc on en déduit le système linéaire suivant vérifié par (α, β) :

$$\begin{cases} 1 + \alpha + \beta = 1 \\ \alpha r_+ + \beta r_- = 1 \end{cases} \Leftrightarrow \begin{cases} \alpha + \beta = 0 \\ \alpha r_+ + \beta r_- = 1 \end{cases} \Leftrightarrow \begin{cases} \beta = -\alpha \\ \alpha (r_+ - r_-)_- = 1 \end{cases} \Leftrightarrow \begin{cases} \alpha = \dfrac{1}{i\sqrt{3}} \\ \beta = -\dfrac{1}{i\sqrt{3}} \end{cases}.$$

L'expression de f est alors :

$$\begin{aligned} f \quad : \quad & t \mapsto 1 + \frac{1}{i\sqrt{3}} (\exp(r_+ t) + \exp(r_- t)) \\ &= 1 + \frac{\exp\left(\frac{t}{2}\right)}{i\sqrt{3}} \left(\exp\left(\frac{i\sqrt{3}}{2} t\right) - \exp\left(-\frac{i\sqrt{3}}{2} t\right) \right) \\ &= 1 + \frac{\exp\left(\frac{t}{2}\right)}{i\sqrt{3}} 2i \sin\left(\frac{\sqrt{3}}{2} t\right) = 1 + \frac{2}{\sqrt{3}} \exp\left(\frac{t}{2}\right) \sin\left(\frac{\sqrt{3}}{2} t\right). \end{aligned}$$

Remarque *: si f est définie par la formule précédente, on peut vérifier par un calcul direct (mais fastidieux) que*

$$1 + \int_0^x f(t) \cos(x - t)\, dt = f(x).$$

L'énoncé ne demande pas sa vérification (et c'est tant mieux :-)).

Commentaires 245 *Ce type d'exercice est posé régulièrement aux concours Mines-Telecom et Mines-Ponts (tant à l'écrit qu'à l'oral) ainsi qu'à Centrale-SupElec donc il est à travailler au moins une fois. Il s'inscrit dans le cadre plus général des éléments propres (vecteurs propres et valeurs propres) des endomorphismes en dimension infinie (i.e. $E = C^0(\mathbb{R}, \mathbb{R})$ et $T : f \mapsto g$ avec*

$$g : x \mapsto 1 + \int_0^x \cos(x - t) f(t)\, dt$$

pour la valeur propre 1).

Cet exercice est très discriminant car il nécessite une rigueur importante (logique et dans les calculs), l'expression des primitives via la formule intégrale ainsi qu'autonomie et initiative du candidat.
À ne pas douter, l'interaction avec l'interrogateur sera importante pour la plupart des candidats. Deux points très négatifs de ce sujet sont de ne pas reconnaitre la notion de primitive pour la fonction $x \mapsto \int_a^x g$ *et / ou de ne pas savoir résoudre correctement l'équation différentielle*

$$y'' - y' + y = 1.$$

13.2 Centrale Math 1

Exercice 246 (Centrale) On note $E = \mathfrak{M}_n(\mathbb{R})$ et $\mathcal{N}$ l'ensemble des matrices nilpotentes de E. On défini pour $N \in \mathcal{N}$,

$$L(N) = \sum_{j=1}^{n-1} \frac{(-1)^{j+1}}{j} N^j.$$

1. Soit $t \in \mathbb{R} \mapsto A(t) \in E$ de classe C^1. On suppose que $A(t)$ et $A'(t)$ commutent pour tout $t \in \mathbb{R}$. Montrer que pour tout $k \in \mathbb{R}^*$ on a :

$$\frac{d}{dt}\left[(A(t))^k\right] = kA'(t)(A(t))^{k-1}.$$

2. Si N est d'indice de nilpotence p, montrer que $L(N)$ est aussi nilpotente d'indice p.
3. Soit $N \in \mathcal{N}$. Pour t réel montrer que :

$$\exp(L(tN)) = I_n + tN.$$

Solution 246

1. *On procède par récurrence sur k la propriété*

$$(\mathcal{H}_k) : \text{« } t \mapsto (A(t))^k \text{ est dérivable sur } \mathbb{R} \text{ et } \forall t \in \mathbb{R},\ \frac{d}{dt}\left[(A(t))^k\right] = kA'(t)(A(t))^{k-1} \text{ ».}$$

Initialisation *$k = 1$. $t \mapsto A(t)$ est de classe sur $\mathbb{R}$ et, pour tout $t \in \mathbb{R}$, on a :*

$$\frac{d}{dt}\left((A(t))^1\right) = \frac{d}{dt}(A(t)) = A'(t) = 1 \times A'(t)(A(t))^{1-1}$$

donc $(\mathcal{H}_1)$ est vraie.
Hérédité. *Supposons la propriété $(\mathcal{H}_k)$ vérifiée pour un certain entier $k \geqslant 1$. On considère l'application bilinéaire*

$$B : \left\{ \begin{array}{ccc} \mathfrak{M}_n(\mathbb{R}) \times \mathfrak{M}_n(\mathbb{R}) & \to & \mathfrak{M}_n(\mathbb{R}) \\ (X,Y) & \mapsto & XY \end{array} \right.$$

ainsi que les fonctions

$$f : \left\{ \begin{array}{ccc} \mathbb{R} & \to & \mathfrak{M}_n(\mathbb{R}) \\ t & \mapsto & (A(t))^k \end{array} \right. \text{ et } g : \left\{ \begin{array}{ccc} \mathbb{R} & \to & \mathfrak{M}_n(\mathbb{R}) \\ t & \mapsto & A(t) \end{array} \right.$$

sont de classe C^1 sur $\mathbb{R}$. Par conséquent, l'application

$$B(f,g) : t \mapsto (A(t))^{k+1}$$

est de classe C^1 sur $\mathbb{R}$ et, pour tout réel t, on a :

$$\begin{aligned} \frac{d}{dt}\left((A(t))^{k+1}\right) &= (B(f,g))'(t) = B(f'(t), g(t)) + B(f(t), g(t)) \\ &= \left(kA'(t)(A(t))^{k-1}\right)A(t) + (A(t))^k A'(t) \\ &= kA'(t)(A(t))^k + A'(t)(A(t))^k \text{ (car } AA' = A'A) \\ &= (k+1)A'(t)(A(t))^k, \end{aligned}$$

ce qui démontre $(\mathcal{H}_{k+1})$ et achève la récurrence.

2. *Soit N une matrice nilpotence d'indice de nilpotence p c'est-à-dire $N^{p-1} \neq 0$ et $N^p = 0$. On remarque alors que :*

$$\begin{aligned} L(N) &= \sum_{j=1}^{n-1} \frac{(-1)^{j+1}}{j} N^j = N - \frac{N^2}{2} + \frac{N^3}{3} + \cdots + \frac{(-1)^{n-2}}{n-1} N^{n-1} \\ &= N \underbrace{\left(I - \frac{N}{2} + \frac{N}{3} + \cdots + \frac{(-1)^{n-2}}{n-1} N^{n-2} \right)}_{H_N}. \end{aligned}$$

Comme $H(N)$ est un polynôme en N, il commute avec N donc :

$$(L(N))^p = (NH_N)^p = \underbrace{N^p}_{=0} (H_N)^p = 0,$$

ce qui prouve que N est nilpotente d'indice de nilpotence au plus p. En outre, la matrice H_N est inversible. En effet, N étant nilpotente, elle est trigonalisable et possède 0 comme unique valeur propre. Ainsi, il existe une matrice inversible P telle que

$$\begin{aligned} N &= P \begin{pmatrix} 0 & & (*) \\ & \ddots & \\ (0) & & 0 \end{pmatrix} P^{-1} \Rightarrow \forall k \geqslant 1,\ N^k = P \begin{pmatrix} 0 & & (*) \\ & \ddots & \\ (0) & & 0 \end{pmatrix}^k P^{-1} \\ &= P \begin{pmatrix} 0 & & (*) \\ & \ddots & \\ (0) & & 0 \end{pmatrix} P^{-1} \text{ et } I_n = P I_n P^{-1} \Rightarrow H_N = P \begin{pmatrix} 1 & & (*) \\ & \ddots & \\ (0) & & 1 \end{pmatrix} P^{-1} \\ &\Rightarrow \det(H_N) = \det \begin{pmatrix} 1 & & (*) \\ & \ddots & \\ (0) & & 1 \end{pmatrix} = 1 \neq 0 \end{aligned}$$

Supposons que

$$(L(N))^{p-1} = 0 \Leftrightarrow N^{p-1} (H_N)^{p-1} = 0.$$

Comme $(H_N)^{p-1}$ est une matrice inversible, en multipliant (à droite des matrices) l'égalité précédente par l'inverse de cette matrice $(H_N)^{p-1}$, on obtient l'égalité $N^{p-1} = 0$, ce qui est absurde. Par conséquent, $(L(N))^{p-1} \neq 0$ donc $L(N)$ est nilpotente d'indice de nilpotence p.

3. *Soient $N \in \mathcal{N}$ et $t \in \mathbb{R}$. Comme $N \in \mathfrak{M}_n(\mathbb{R})$ est nilpotente, on est assuré qu'il existe un entier $p \geqslant 1$ tel que $N^p = 0$ et tN est une matrice nilpotence car*

$$(tN)^p = t^p N^p = t^p 0 = 0.$$

D'après la question 2, la matrice $L(tN)$ est nilpotente et $(L(tN))^p = 0$. On considère la fonction f définie sur $\mathbb{R}$ par, pour tout réel t :

$$f(t) = \exp(L(tN)) = \sum_{k=0}^{+\infty} \frac{1}{k!} \underbrace{(L(tN))^k}_{=0 \text{ si } k \geqslant p} = \sum_{k=0}^{p-1} \frac{1}{k!} (L(tN))^k.$$

La fonction $A : t \in \mathbb{R} \mapsto L(tN) \in \mathfrak{M}_n(\mathbb{R})$ *est de classe* C^1 *sur* $\mathbb{R}$. *En effet, il s'agit d'un polynôme en* t *à coefficients matriciels donc, pour chaque* $(i,j) \in \{1,..,n\}^2$, *la fonction*

$$t \in \mathbb{R} \mapsto A_{i,j}(t) = \sum_{k=1}^{p-1} \frac{(-1)^{k+1}}{k} \left(N^k\right)_{i,j} t^k \in \mathbb{R}$$

est polynômiale ce qui assure son caractère C^1 *sur* $\mathbb{R}$. *Sa dérivée est donnée, pour tout réel* t, *par :*

$$A'(t) = \frac{d}{dt}\left(\sum_{j=1}^{p-1} \frac{(-1)^{j+1}}{j} t^j N^j\right) = \sum_{j=1}^{p-1} \frac{(-1)^{j+1}}{j} j t^{j-1} N^j = \sum_{j=1}^{p-1} (-1)^{j+1} N^j t^{j-1}.$$

D'après la question 1, pour chaque $k \in \{1,..,n\}$, $t \mapsto (A(t))^k$ *est de classe* C^1 *sur* $\mathbb{R}$, *ce qui prouve que* f *est de classe* C^1 *sur* $\mathbb{R}$ *(comme somme d'un nombre fini de telles fonctions). D'après la question, pour tout réel* t, *on a :*

$$\begin{aligned}
f'(t) &= \sum_{k=0}^{p-1} \frac{1}{k!} \underbrace{kA'(t)(A(t))^{k-1}}_{=0 \ si\ k=0} = A'(t) \sum_{k=1}^{p-1} \frac{1}{k!} k (A(t))^{k-1} \\
&= A'(t) \sum_{k=1}^{p-1} \frac{1}{(k-1)!} (A(t))^{k-1} \underset{j=k-1}{=} A'(t) \sum_{j=0}^{p-1} \frac{1}{j!} \underbrace{(A(t))^j}_{=0 \ si\ j \geqslant p} \\
&= A'(t) \sum_{j=0}^{+\infty} \frac{1}{j!} (A(t))^j = A'(t) f(t)
\end{aligned}$$

En outre, on a $f(0) = \exp(L(0)) = \exp(0) = I_n$ *donc* f *est solution du problème de Cauchy :*

$$(\mathcal{C}) : \begin{cases} y'(t) = A'(t)\, y(t) \\ y(0) = I_n \end{cases}.$$

Comme la fonction $t \mapsto A(t)$ *est continue sur* $\mathbb{R}$ *(puisqu'elle y est de classe* C^1*), le théorème de Cauchy montre que le problème* $(\mathcal{C})$ *possède une unique solution. Montrons que la fonction*

$$g : t \mapsto I_n + tN$$

vérifie le problème $(\mathcal{C})$ *ce qui démontrera que* $f = g$. *Il est immédiat que* $g(0) = I_n$ *et, pour tout réel* t, *on a*

$$\begin{aligned}
g'(t) &= N \text{ et } A'(t)\, g(t) = A'(t)(I_n + tN) = A'(t) + tA'(t) N \\
&= \sum_{j=1}^{p-1} (-1)^{j+1} N^j t^{j-1} + \sum_{j=1}^{p-1} (-1)^{j+1} N^{j+1} t^j \\
&= \sum_{j=1}^{p-1} \left[-(-1)^j N^j t^{j-1} + (-1)^{j+1} N^{j+1} t^j\right] \ (\textit{somme télescopique}) \\
&= (-1)^p \underbrace{N^p}_{=0} t^{p-1} - (-1)^1 N^1 t^{1-1} = N = g'(t) \Rightarrow g'(t) = A'(t)\, g(t).
\end{aligned}$$

Commentaires 246 *Exercice relativement « simple » pour l'épreuve Maths 1 de Centrale-SupElec dont la difficulté est bien graduée.*
Question 1 : S'il est attendu que le candidat songe à une récurrence, les candidats seront distingués sur leurs capacités à montrer qu'ils savent utiliser la commutativité de $A(t)$ *et* $A'(t)$ *(ils ne dérivent pas des fonctions à valeurs réelles) en énonçant le théorème utilisé.*
Question 2 : Le point le plus délicat pour la plupart des candidats est la nilpotence car ils n'observent pas que N *se factorise et ils se noient sous les calculs (élévation à une puissance quelconque d'une somme a un nombre arbitraire de termes). La distinction des candidats se fera essentiellement sur ce point.*
Queston 3 : Il s'agit de la question la plus délicate de l'exercice. On peut résoudre la question formellement en dérivant sans justifier la raison de cette possibilité et résoudre l'équation différentielle comme si les fonctions sont à valeurs réelles. L'interrogateur la valorisera (faiblement) mais demandera de nombreux éclaircissements : est-il licite de dériver une somme ayant une infinité de termes (il faut utiliser un théorème dédié ou observer que la somme ne contient qu'un nombre fini de termes) ? Comment rendre rigoureux la résolution de l'équation différentielle ? Pour cette dernière question, on peut procéder comme le corrigé via le théorème de Cauchy-Lipschitz ou bien en mimant la preuve de MPSI qui consiste à dériver la fonction

$$g : t \mapsto (\exp(-L(tN)))(I_n + tN).$$

Voici les calculs associés :

$$\begin{aligned} g'(t) &= (\exp(-L(tN)))'(I_n + tN) + (\exp(-L(tN)))N \\ &= -(\exp(-L(tN)))(-A'(t))(I_n + tN) + (\exp(-L(tN)))N \\ &= (\exp(-L(tN)))[-A'(t)(I_n + tN) + N] \end{aligned}$$

Comme

$$A'(t)(I_n + tN) = N$$

d'après les calculs du corrigé, on obtient que $g' = 0$ *donc* g *est constante et comme* $g(0) = I_n$*, on obtient* $g = I_n$*. En multipliant cette égalité par* $\exp(L(tN))$ *et en utilisant la formule :*

$$\forall B \in \mathfrak{M}_n(\mathbb{R}), \exp(B)\exp(-B) = I_n,$$

on obtient l'égalité attendue.

13.3 Mines-Ponts

Exercice 247 (Mines-Ponts) Soit $f \in C^2(\mathbb{R}_+, \mathbb{R}_+)$ une fonction majorée sur $\mathbb{R}_+$. On suppose qu'il existe $\alpha > 0$ vérifiant :

$$\forall x \in \mathbb{R}_+,\ f''(x) \geqslant \alpha^2 f(x).$$

1. Montrer que f décroît.
2. Montrer que $f(x) \to 0$ et $f'(x) \to 0$ lorsque $x \to +\infty$.
3. Montrer : $\forall x \in \mathbb{R}_+,\ f(x) \leqslant f(0)\, e^{-\alpha x}$.

Solution 247

1. *Notons*

$$(\mathcal{E}) : \forall x \geqslant 0, f''(x) \geqslant \alpha^2 f(x) \text{ et } M = \sup_{\mathbb{R}_+} f.$$

La fonction f étant positive et majorée sur $\mathbb{R}_+$, elle y est bornée.
La fonction f étant à valeurs positives, l'inéquation $(\mathcal{E})$ entraine que f'' est positive sur $\mathbb{R}_+$ donc f' est croissante sur $\mathbb{R}_+$. Le théorème de limite monotone entraine alors l'existence de $L = \lim_{+\infty} f'(x)$ dans $\mathbb{R} \cup \{+\infty\}$. Soit $x > 0$. D'après le théorème des accroissements finis appliqué entre x et $2x$, il existe $c_x \in]x, 2x[$ tel que

$$(*) : f'(c_x) = \frac{f(2x) - f(x)}{2x - x} = \frac{f(2x) - f(x)}{x} \underset{x \to +\infty}{\to} 0$$

(car le numérateur est borné sur $\mathbb{R}_+$ et le dénominateur tend vers 0 en $+\infty$). Comme,

$$\forall x \in \mathbb{R}_+,\ c_x \geqslant x \text{ et } \lim_{x \to +\infty} x = +\infty,$$

on peut affirmer que

$$\lim_{x \to +\infty} c_x = +\infty \text{ (car } c_x \geqslant x\text{) donc } \lim_{x \to +\infty} f'(c_x) = L.$$

Ainsi, on vient de prouver que $\lim_{+\infty} f' = 0$ et puisque f' est croissante sur $\mathbb{R}_+$, on en déduit que f' est négative sur $\mathbb{R}_+$ c'est-à-dire que f est décroissante sur $\mathbb{R}_+$.

2. *Nous avons établi à la question précédente que $\lim_{+\infty} f' = 0$. On introduit la fonction*

$$g = f' + \alpha f$$

qui est de classe C^1 sur $\mathbb{R}_+$ et dont la dérivée vaut

$$g' = f'' + \alpha f' \geqslant \alpha^2 f + \alpha f = \alpha g \Rightarrow g' - \alpha g \geqslant 0.$$

En multipliant cette inégalité par $e^{-\alpha x}$ (ce qui est licite car cette quantité est négative), on obtient l'inéquation

$$\forall x \in \mathbb{R}_+,\ e^{-\alpha x} g(x) - \alpha e^{-\alpha x} g(x) \geqslant 0 \Leftrightarrow \left(e^{-\alpha x} g(x)\right)' \geqslant 0.$$

Ainsi la fonction

$$x \mapsto e^{-\alpha x} g(x) = e^{-\alpha x} f'(x) + e^{-\alpha x} f(x)$$

est croissante sur $\mathbb{R}_+$ *et tend vers* 0 *en* $+\infty$ *(car* $\lim\limits_{x\to+\infty} e^{-\alpha x} = \lim\limits_{+\infty} f' = 0$ *et que la fonction* f *est bornée sur* $\mathbb{R}_+$*).donc elle est négative sur* $\mathbb{R}_+$ *c'est-à-dire, pour tout réel* $x \in \mathbb{R}_+$*, on a les majorations suivantes :*

$$e^{-\alpha x} g(x) \leqslant 0 \underset{\times e^{\alpha x}>0}{\Leftrightarrow} g(x) \leqslant 0 \Leftrightarrow f'(x) + \alpha f(x) \leqslant 0 \Rightarrow 0 \leqslant f(x) \leqslant -\frac{1}{\alpha} \underbrace{f'(x)}_{\to 0}.$$

Comme $\lim\limits_{+\infty} f' = 0$*, le théorème d'encadrement montre que* $\lim\limits_{+\infty} f = 0$.

3. D'après la question précédente, pour tout réel $x \in \mathbb{R}_+$*, on a l'inéquation :*

$$\alpha f(x) + f'(x) \leqslant 0 \underset{\times e^{\alpha x}>0}{\Leftrightarrow} \alpha e^{\alpha x} f(x) + e^{\alpha x} f'(x) \leqslant 0 \Leftrightarrow \left(e^{\alpha x} f(x)\right)' \leqslant 0.$$

Ainsi la fonction $h : x \mapsto e^{\alpha x} f(x)$ *est décroissante sur* $\mathbb{R}_+$*, ce qui permet d'écrire :*

$$\forall x \in \mathbb{R}_+,\ h(x) \leqslant h(0) \underset{\times e^{-\alpha x}>0}{\Leftrightarrow} f(x) \leqslant f(0) e^{-\alpha x}.$$

Commentaires 247 *Exercice surprenant au premier abord et donné assez régulièrement à ce concours. Il ne nécessite que le cours de MPSI sur les fonctions et quelques astuces. Pour la seconde question, le fait de considérer* $g = f' + \alpha f$ *peut se comprendre avec le cours de MP. Si on note* E *l'ensemble des fonctions de classe* C^∞ *sur* $\mathbb{R}$ *et* $D : f \in E \mapsto f'$ *l'endomorphisme de dérivation, on a :*

$$f'' - \alpha^2 f = \left(D^2 - \alpha^2 I_n\right) f = \left(D - \alpha I_n\right)\left(D + \alpha I_n\right) f$$

d'où l'idée de poser $g = \left(D + \alpha I_n\right) f = f' + \alpha f$ *et d'en déduire l'inégalité :*

$$\left(D - \alpha I_n\right) g = g' - \alpha g = \left(D^2 - \alpha^2 I_n\right) f = f'' - \alpha f \geqslant 0.$$

Exercice 248 (Mines-Ponts) Soit f une fonction de $[0,1]$ dans $\mathbb{R}_+$ dérivable en 0 telle que $f(0) = 0$. Calculer $\lim\limits_{n\to+\infty} \sum\limits_{k=1}^{n} f\left(\frac{k}{n^2}\right)$.

Solution 248 *La fonction* f *étant dérivable en* 0*, on a*

$$\lim_{x\to0^+} \frac{f(x) - f(0)}{x - 0} = f'(0) \Leftrightarrow \lim_{x\to0^+} \frac{f(x)}{x} = f'(0)$$
$$\Rightarrow \forall \varepsilon > 0,\ \exists \alpha_\varepsilon > 0,\ \forall x \in [0, \alpha_\varepsilon],\ \left|\frac{f(x)}{x} - f'(0)\right| \leqslant \varepsilon$$
$$\underset{\times x>0}{\Leftrightarrow} (*) : \forall \varepsilon > 0,\ \exists \alpha_\varepsilon > 0,\ \forall x \in [0, \alpha_\varepsilon],\ |f(x) - x f'(0)| \leqslant \varepsilon x.$$

Fixons (provisoirement) $\varepsilon > 0$ *et considérons le réel* $\alpha_\varepsilon > 0$ *fournit par* $(*)$. *Pour tout* $k \in \{1, .., n\}$, *on a l'encadrement*

$$0 \leqslant \frac{k}{n^2} \leqslant \frac{n}{n^2} = \frac{1}{n}.$$

Comme $\lim\limits_{n\to+\infty} \frac{1}{n} = 0$*, il existe un rang* N_ε *tel que*

$$\forall n \geqslant N_\varepsilon,\ \frac{1}{n} \leqslant \alpha_\varepsilon.$$

Pour cet entier N, on est assuré que :

$$\begin{aligned}\forall n &\geqslant N_\varepsilon, \forall k \in \{1, ..., n\}, 0 \leqslant \frac{k}{n^2} \leqslant \alpha_\varepsilon \\ &\Rightarrow \left| f\left(\frac{k}{n^2}\right) - \frac{k}{n^2} f'(0) \right| \leqslant \varepsilon \frac{k}{n^2} \leqslant \frac{\varepsilon n}{n^2} = \frac{\varepsilon}{n}.\end{aligned}$$

D'après l'inégalité triangulaire, on peut écrire pour tout $n \geqslant N_\varepsilon$:

$$\begin{aligned}&\left| \sum_{k=1}^{n} f\left(\frac{k}{n^2}\right) - \sum_{k=1}^{n} \frac{k}{n^2} f'(0) \right| = \left| \sum_{k=1}^{n} \left(f\left(\frac{k}{n^2}\right) - \frac{k}{n^2} f'(0) \right) \right| \\ &\leqslant \sum_{k=1}^{n} \left| f\left(\frac{k}{n^2}\right) - \frac{k}{n^2} f'(0) \right| \leqslant \sum_{k=1}^{n} \frac{\varepsilon}{n} \leqslant \frac{\varepsilon}{n} \sum_{k=1}^{n} 1 = \frac{\varepsilon n}{n} = \varepsilon.\end{aligned}$$

Autement dit, on vient de montrer que :

$$\lim_{n \to +\infty} \left(\sum_{k=1}^{n} f\left(\frac{k}{n^2}\right) - \sum_{k=1}^{n} \frac{k}{n^2} f'(0) \right) = 0.$$

Or, pour tout entier $n \geqslant 1$, on a :

$$\sum_{k=1}^{n} \frac{k}{n^2} f'(0) = \frac{f'(0)}{n^2} \sum_{k=1}^{n} k = \frac{f'(0)}{n^2} \times \frac{n(n+1)}{2} \underset{n \to +\infty}{\sim} \frac{f'(0)}{n^2} \times \frac{n^2}{2} = \frac{f'(0)}{2}.$$

On peut alors affirmer que :

$$\lim_{n \to +\infty} \sum_{k=1}^{n} \frac{k}{n^2} f'(0) = \frac{f'(0)}{2} \Rightarrow \lim_{n \to +\infty} \sum_{k=1}^{n} f\left(\frac{k}{n^2}\right) = \frac{f'(0)}{2}.$$

Commentaires 248 *Le point clé dans ce type d'exercice est d'approximer le terme général (ici $f\left(\frac{k}{n^2}\right)$) via un développement limité de f en 0 puis d'étudier si l'approximation commise est suffisamment précise en étudiant l'écart en la somme exacte et la somme des valeurs approchées, ici*

$$\sum_{k=1}^{n} f\left(\frac{k}{n^2}\right) - \sum_{k=1}^{n} \frac{k}{n^2} f'(0).$$

Si l'approximation est assez bonne, la différence tendra vers 0. Pour estimer l'erreur, on utilisera couramment l'inégalité de Taylor-Lagrange. Comme cela n'est pas possible ici, nous sommes obligés d'utiliser la epsilonite (ce qui rend les calculs fastidieux et les raisonnements plus complexes). Vous pouvez proposer de traiter un cas plus restreint : celui où la fonction f est de classe C^2 sur $[0,1]$. Si on note $M = \sup\limits_{[0,1]} |f''|$ (qui existe car f'' est continue sur le segment $[0,1]$ donc elle y est bornée) alors l'inégalité de Taylor-Lagrange à l'ordre 1 fournit l'inégalité :

$$\forall x \in [0,1], |f(x) - f(0) - xf'(0)| \leqslant \frac{Mx^2}{2} \Leftrightarrow |f(x) - xf'(0)| \leqslant \frac{Mx^2}{2}.$$

Pour chaque $n \in \mathbb{N}^*$, en choisissant $x = \dfrac{k}{n^2}$ avec $k \in \{1, .., n\}$, on obtient :

$$\left|f\left(\frac{k}{n^2}\right) - \frac{k}{n^2} f'(0)\right| \leqslant \frac{Mk^2}{2n^4}.$$

On en déduit la majoration suivante :

$$\begin{aligned}\left|\sum_{k=1}^{n} f\left(\frac{k}{n^2}\right) - \sum_{k=1}^{n} \frac{k}{n^2} f'(0)\right| &\leqslant \sum_{k=1}^{n}\left|f\left(\frac{k}{n^2}\right) - \frac{k}{n^2} f'(0)\right| \leqslant \sum_{k=1}^{n} \frac{Mk^2}{2n^4} \\ &\leqslant \sum_{k=1}^{n} \frac{k^2}{2n^4} = \frac{M}{2n^2}\sum_{k=1}^{n} 1 = \frac{Mn}{2n^2} = \frac{M}{2n} \underset{n\to+\infty}{\to} 0.\end{aligned}$$

Une telle initiative sera appréciée par l'interrogateur et bien valorisée si elle est menée complètement par le candidat. Bien entendu, l'interrogateur demandera de finaliser dans le cas général.

Exercice 249 (Mines-Ponts) Déterminer les fonctions $f : \mathbb{R} \to \mathbb{R}$ continues telles que :

$$\forall (x, y) \in \mathbb{R}^2,\ f(x + y) = f(x) + f(y).$$

Solution 249 *Notons*

$$(\mathcal{E}) : \forall x, y \in \mathbb{R},\ f(x + y) = f(x) + f(y)$$

et procédons par analyse-synthèse.

Phase d'analyse. *Soit $f : \mathbb{R} \to \mathbb{R}$ une fonction continue solution de $(\mathcal{E})$. En choisissant $x = y = 0$ puis $y = -x$ dans $(\mathcal{E})$ on obtient*

$$\begin{aligned} f(0+0) &= f(0) + f(0) \Leftrightarrow f(0) = 2f(0) \Leftrightarrow f(0) = 0 \\ f(x + (-x)) &= f(x) + f(-x) \Leftrightarrow f(0) = f(x) + f(-x) \\ &\Leftrightarrow 0 = f(x) + f(-x) \Leftrightarrow f(-x) = -f(x) \end{aligned}$$

donc f est une fonction impaire. Soit $x \in \mathbb{R}$. Considérons la suite

$$(u_n)_{n\in\mathbb{N}} = (f(nx))_{n\in\mathbb{N}}.$$

Pour tout entier $n \in \mathbb{N}$, en choisissant $y = nx$ dans $(\mathcal{E})$, on obtient la relation :

$$u_{n+1} = f((n+1)x) = f(x + nx) = f(nx) + f(x) = u_n + f(x).$$

donc la suite $(u_n)_{n\geqslant 0}$ est arithmétique de raison $f(x)$, ce qui montre que l'égalité :

$$f(nx) = u_n = nf(x) + u_0 = nf(x) + f(0) = nf(x).$$

Par imparité de f, pour tout $n \in \mathbb{Z}_-$ alors $-n \in \mathbb{N}$ et on a l'égalité :

$$f(-nx) = (-n) f(x) \Leftrightarrow -f(nx) = -nf(x) \Leftrightarrow f(nx) = nf(x).$$

Ainsi, la formule $f(nx) = nf(x)$ est valable pour tout $n \in \mathbb{Z}$ et tout $x \in \mathbb{R}$. Étendons la aux nombres rationnesl. Soit $r \in \mathbb{Q}$, il existe $(n, m) \in \mathbb{Z} \times \mathbb{N}^*$ tel que $r = \dfrac{n}{m}$ donc

$$f(mr) = f(n) \Leftrightarrow mf(r) = f(n \times 1) \Leftrightarrow mf(r) = nf(1) \Rightarrow f(r) = \frac{n}{m} f(1) = rf(1).$$

Les fonctions f et $g : x \mapsto xf(1)$ étant continues sur $\mathbb{R}$ et égales sur $\mathbb{Q}$ qui est dense dans $\mathbb{R}$, on en déduit qu'elles sont égales sur $\mathbb{R}$ c'est-à-dire que :

$$\forall x \in \mathbb{R},\ f(x) = g(x) = xf(1).$$

Ainsi les seules solutions possibles de $(\mathcal{E})$ sont les fonctions $f : x \mapsto ax$ avec $a \in \mathbb{R}$.

Phase de synthèse. *Soit $a \in \mathbb{R}$, la fonction $f : x \mapsto ax$ est continue sur $\mathbb{R}$ et vérifie :*

$$\forall x, y \in \mathbb{R},\quad f(x+y) = a(x+y) = ax + ay = f(x) + f(y).$$

Conclusion *: les solutions f de $(\mathcal{E})$ continues sur $\mathbb{R}$ forment l'ensemble :*

$$\{x \mapsto ax,\quad a \in \mathbb{R}\} = \mathrm{Vect}(x \mapsto x).$$

Commentaires 249 *Exercice très classique et probablement traité dans le cours de MPSI. Ce type d'exercice a tendance à se rarefier aux concours.*

Exercice 250 (Mines-Ponts) Soit $P \in \mathbb{R}[X] \setminus \{0\}$ tel que $\forall x \in \mathbb{R},\ P(x) \geqslant 0$. On pose :

$$n = \deg(P) \text{ et } Q = P + P^{(1)} + P^{(2)} + \cdots + P^{(n)}.$$

Montrer que : $\forall x \in \mathbb{R},\ Q(x) \geqslant 0$.

Solution 250 *Commençons par remarquer que :*

$$Q' - Q = \sum_{k=0}^{n} P^{(k+1)} - \sum_{k=0}^{n} P^{(k)} = \sum_{k=0}^{n} \left(P^{(k+1)} - P^{(k)}\right) = P^{(n+1)} - P = -P \leqslant 0$$

On considère alors la fonction $f : t \mapsto Q(t)e^{-t}$ qui est dérivable sur $\mathbb{R}$ et décroissante puisque :

$$\forall t \in \mathbb{R},\ f'(t) = Q'(t)e^{-t} - Q(t)e^{-t} = (Q'(t) - Q(t))e^{-t} \leqslant 0.$$

D'après les croissances comparées, on a $\lim\limits_{t \to +\infty} f(t) = 0$ donc :

$$\forall x \in \mathbb{R},\quad f(x) \geqslant \lim_{+\infty} f = 0 \Leftrightarrow Q(x)e^{-x} \geqslant 0 \underset{\times e^{-x} \geqslant 0}{\Leftrightarrow} \forall x \in \mathbb{R},\quad Q(x) \geqslant 0.$$

Commentaires 250 *Il s'agit d'un exercice astucieux mais sans autre difficulté.*

Exercice 251 (Mines-Ponts) Déterminez les solutions de classe C^1 dans $\mathbb{R}$ de

$$\forall x \in \mathbb{R},\ f'(f(x))f'(x) = 1 \text{ avec } f(0) = 0 \text{ et } f'(0) > 0.$$

Solution 251 *Manifestement la fonction $f : x \mapsto x$ convient.*
Soit $f : \mathbb{R} \to \mathbb{R}$ de classe C^1 sur $\mathbb{R}$ vérifier les propriétés demandées par l'énoncé.
La fonction f' est continue sur $\mathbb{R}$ et elle ne s'annule pas (car $f'(f(x))f'(x) = 1$ pour tout réel x) donc elle est de signe fixe et comme $f'(0) > 0$, on peut affirmer que $f' > 0$. En particulier,

la fonction f est strictement croissante sur $\mathbb{R}$.
Considérons alors la fonction

$$g : x \mapsto f(f(x))$$

qui est de classe C^1 sur $\mathbb{R}$ (comme composée de deux telles fonctions). Pour tout réel x, on a :

$$g'(x) = f'(x) f'(f(x)) = 1.$$

Ainsi, il existe un réel C tel que :

$$\forall x \in \mathbb{R},\ g(x) = x + C \Leftrightarrow f(f(x)) = x + C.$$

En évaluant cette égalité en 0 et comme $f(0) = 0$, on en déduit que $C = 0$ donc

$$\forall x \in \mathbb{R},\ f(f(x)) = x.$$

Soit $x_0 \in \mathbb{R}$. Si $x_0 \leqslant f(x_0)$ alors, comme f est croisssante, en composant l'inégalité $x_0 \leqslant f(x_0)$, on obtient :

$$f(x_0) \leqslant f(f(x_0)) = x_0$$

donc $x_0 = f(x_0)$.
Si $x_0 \geqslant f(x_0)$ alors, comme f est croisssante, en composant l'inégalité $x_0 \geqslant f(x_0)$, on obtient :

$$f(x_0) \geqslant f(f(x_0)) = x_0$$

donc $x_0 = f(x_0)$.
Au final, on vient de montrer que $f(x) = x$ quelque soit le réel x.
***Conclusion.** Seule la fonction $f : x \mapsto x$ vérifie les conditions de l'énoncé.*

Commentaires 251 *Exercice original pour le concours Mines-Ponts. L'exercice est très discriminant car il demande plusieurs initiatives et observations de la part du candidat. Le fait de remarquer la dérivée d'un produit et la stricte monotonie de f seront des éléments bien valorisés par l'interrogateur, voire même très valorisés si le candidat justifie que $f \circ f = \mathrm{Id}$. La finalisation sera probablement obtenu par interaction avec l'interrogateur.*

Exercice 252 (Mines-Ponts) Soient f et g deux fonctions de $[0,1]$ dans $[0,1]$, continues et vérifiant $f \circ g = g \circ f$

1. Montrer qu'il existe $a \in [0,1]$ tel que $g(a) = a$.
2. Supposons que $\forall x \in [0,1]$, $f(x) > g(x)$. Montrer que la suite $(f^n(a))_{n\in\mathbb{N}}$ est croissante (où $f^n = \underbrace{f \circ \cdots \circ f}_{n \text{ fois}}$ si $n \geqslant 1$ et $f^0 = \mathrm{Id}_{[0,1]}$).
3. Montrer que $\exists c \in [0,1]$ tel que $f(c) = g(c)$

Solution 252

1. *On introduit la fonction*

$$h : x \mapsto g(x) - x$$

qui est continue sur $[0,1]$. Étant donné que :

$$h(0) = \underbrace{g(0)}_{\in[0,1]} \geqslant 0 \text{ et } h(1) = \underbrace{g(1)}_{\in[0,1]} - 1 \leqslant 0 \Rightarrow h(0)h(1) \leqslant 0.$$

Le théorème des valeurs intermédiaires montre l'existence de $x_0 \in [0,1]$ tel que

$$h(x_0) = 0 \Leftrightarrow g(x_0) = x_0.$$

2. *Une remarquable primordiale. Comme g commute avec f, g commute avec f^n. En effet, ceci est vrai pour $n = 0$ car*
$$\mathrm{Id} \circ g = g = g \circ \mathrm{Id}$$
et si elle est vérifiée au rang n alors
$$\begin{aligned} g \circ f^{n+1} &= (g \circ f^n) \circ f = (f^n \circ g) \circ f = f^n \circ (g \circ f) \\ &= f^n \circ (f \circ g) = f^{n+1} \circ g. \end{aligned}$$
Pour tout entier n, posons $u_n = f^n(a)$ alors
$$u_0 = a \text{ et } \forall n \in \mathbb{N},\ u_{n+1} = f(u_n).$$
Comme $[0,1]$ est stable par f et que $u_0 \in [0,1]$, on peut affirmer que $u_n \in [0,1]$ pour tout entier n. Pour tout entier n, en évaluant l'inégalité de l'énoncé en $x = u_n$, on obtient l'inégalité :
$$u_{n+1} = f(u_n) > g(u_n) = (g \circ f^n)(u_0) = (f^n \circ g)(a) = f^n(g(a)) = f^n(a) = u_n$$
donc la suite $(u_n)_{n\in\mathbb{N}}$ est (strictement) croissante.

3. *Procédons par l'absurde en supposant que, pour tout $x \in [0,1]$, $f(x) \neq g(x)$. La fonction*
$$h = f - g$$
est continue sur l'intervalle $[0,1]$ et ne s'y annule pas donc, d'après le théorème des valeurs intermédiaires, on peut affirmer que h est de signe fixe c'est-à-dire $h < 0$ sur $[0,1]$ ou $h > 0$ sur $[0,1]$. Comme le problème est symétrique par rapport à f et g, quitte à échanger f et g (ce qui revient à changer le signe de h), on peut supposer que
$$h > 0 \text{ sur } [0,1] \Leftrightarrow \forall x \in [0,1],\ f(x) > g(x).$$
D'après la question précédente, la suite
$$(u_n)_{n\geqslant 0} = (f^n(a))_{n\geqslant 0}$$
est croissante et est majorée par 1 (puisqu'elle est à valeurs dans $[0,1]$) donc elle converge. Notons L sa limite qui appartient à $[0,1]$. Pour tout entier n, on a les deux égalités suivantes, la preuve découlant de la définition de u_n, la seconde découlant de la preuve de la question précédente :
$$u_{n+1} = f(u_n) \text{ et } g(u_n) = u_n.$$
En faisant tendre n vers $+\infty$ dans ces deux égalités, la continuité des fonctions f et g sur $[0,1]$ permettent d'affirmer que :
$$\left\{ \begin{array}{l} L = f(L) \\ L = g(L) \end{array} \right. \Rightarrow f(L) = g(L),$$
ce qui est absurde. Par conséquent, il existe $c \in [0,1]$ tel que $f(c) = g(c)$.

Commentaires 252 *Exercice classique des systèmes dynamiques, largement accessible en MPSI (et peut-être même travaillé dans cette classe) notamment par le fait que le sujet est découpé afin de le rendre très progressif (ce qui est plutôt rare aux concours Mines-Ponts, peut-être s'agit-il d'un sujet Mines-Telecom ou commun à Mines-Ponts et Mines-Telecom).*
Question 1 : Question très classique et élémentaire (le paradigme pour s'avoir si une équation $f(x) = g(x)$ admet une solution est d'étudier la fonction $f - g$).

Question 2 : Le point clé à cette question est de voir que la suite proposée est récurrente de relation $u_{n+1} = f(u_n)$. *Si le candidat l'observe seul et s'il songe lui-même à une récurrence, cela sera valorisé par l'interrogateur.*
Question 3 : Il s'agit de la question la plus ouverte et la plus difficile de l'exercice. Il distinguera les bons candidats aptes à la rigueur et à l'esprit d'initiative.(songer à un raisonnement par l'absurde, à faire une disjonction de cas ou utiliser la symétrie pour n'étudier qu'un seul cas)

Chapitre 14

Équations différentielles

14.1 CCINP

Exercice 253 (CCINP) On note F l'ensemble des fonctions de classe C^2, ne s'annulant pas, et telles que :

$$(\mathcal{F}) : \forall x, y \in \mathbb{R}, f(x+y) + f(x-y) = 2f(x) f(y).$$

1. Soit $f \in F$. Montrer que f vérifie une équation différentielle $(E) : y'' + ky = 0$.
2. Déterminer les solutions de l'équation (E).
3. Déterminer F.

Solution 253

1. *On fixe x (provisoirement). En dérivant deux fois par rapport à y, on obtient l'égalité :*

$$\forall x, y \in \mathbb{R}, f''(x+y) + f''(x-y) = 2f(x) f''(y).$$

On choisit alors $y = 0$ ce qui donne :

$$\forall x \in \mathbb{R}, 2f''(x) = 2f(x) f''(0) \Leftrightarrow f''(x) - f''(0) f(x) = 0,$$

ce qui permet de conclure avec $k = -f(0)$.

2. *Il s'agit d'une équation différentielle linéaire d'ordre 2 à coefficients constants donc l'équation caractéristique est $r^2 + k = 0$. Nous allons distinguer trois cas :*
Premier cas *$k < 0$:*

$$r^2 + k = 0 \Leftrightarrow r^2 = -k \Leftrightarrow r = \pm\sqrt{-k}.$$

Comme on dispose de deux racines distinctes, il existe (α, β) tel que :

$$f : x \mapsto \alpha e^{x\sqrt{-k}} + \beta e^{-x\sqrt{-k}}.$$

Deuxième cas *$k = 0$. L'équation $r^2 = 0$ admet une unique solution $r = 0$ donc il existe (α, β) tel que :*

$$f : x \mapsto (\alpha x + \beta) e^{0x} = \alpha x + \beta.$$

Troisième cas *$k > 0$:*

$$r^2 + k = 0 \Leftrightarrow r^2 = -k = i^2 k \Leftrightarrow r = \pm i\sqrt{k}.$$

Comme on dispose de deux racines distinctes, il existe (α, β) *tel que :*

$$f : x \mapsto \alpha e^{ix\sqrt{k}} + \beta e^{-ix\sqrt{k}}.$$

3. *On procède par analyse-synthèse.*
Phase d'analyse*. Soit* $f \in F$*. Il reste à déterminer les conditions initiales* $f(0)$ *et* $f'(0)$*. En évaluant en* $x = y = 0$ *l'équation* $(\mathcal{F})$*, on obtient :*

$$2f(0) = 2(f(0))^2 \Leftrightarrow f(0)(1 - f(0)) = 0 \Leftrightarrow f(0) = 0 \text{ ou } f(0) = 1.$$

Si $f(0) = 0$ *alors, pour tout* $x \in \mathbb{R}$*, on a :*

$$f(x+0) + f(x-0) = 2f(x)f(0) \Leftrightarrow 2f(x) = 0 \Leftrightarrow f(x) = 0$$

donc f *est la fonction nulle. On supposera désormais que* $f(0) = 1$*. En dérivant par rapport à* y *la relation* $(\mathcal{F})$ *puis en évaluant en* $x = y = 0$*, on obtient :*

$$f'(0) - f'(0) = 2f(0)f'(0) \Leftrightarrow f'(0) = 0.$$

Ayant les conditions initiales $f(0) = 1$*,* $f'(0) = 0$*, on peut déterminer les valeurs de* (α, β) *correspondants aux différentes formes possibles de* f*.*
Premier cas $k < 0$ *: Il existe* (α, β) *tel que :*

$$f \quad : \quad x \mapsto \alpha e^{x\sqrt{-k}} + \beta e^{-x\sqrt{-k}} \Rightarrow \left\{ \begin{array}{l} f(0) = 1 \\ f'(0) = 0 \end{array} \right. \Leftrightarrow \left\{ \begin{array}{c} \alpha + \beta = 1 \\ \alpha\sqrt{-k} - \beta\sqrt{-k} = 0 \end{array} \right.$$
$$\Leftrightarrow \left\{ \begin{array}{c} \alpha + \beta = 1 \\ \alpha = \beta \ (\div \sqrt{-k} \neq 0) \end{array} \right. \Leftrightarrow \alpha = \beta = \frac{1}{2} \Rightarrow f : x \mapsto \operatorname{ch}\left(x\sqrt{-k}\right).$$

Deuxième cas $k = 0$ *: Il existe* (α, β) *tel que :*

$$f : x \mapsto \alpha x + \beta \Rightarrow \left\{ \begin{array}{l} f(0) = 1 \\ f'(0) = 0 \end{array} \right. \Leftrightarrow \left\{ \begin{array}{c} \alpha + \beta = 1 \\ \alpha = 0 \end{array} \right. \Leftrightarrow \left\{ \begin{array}{l} \alpha = 0 \\ \beta = 1 \end{array} \right. \Rightarrow f : x \mapsto 1.$$

Troisième cas $k < 0$ *: Il existe* (α, β) *tel que :*

$$f \quad : \quad x \mapsto \alpha e^{ix\sqrt{-k}} + \beta e^{-ix\sqrt{-k}} \Rightarrow \left\{ \begin{array}{l} f(0) = 1 \\ f'(0) = 0 \end{array} \right. \Leftrightarrow \left\{ \begin{array}{c} \alpha + \beta = 1 \\ i\alpha\sqrt{-k} - i\beta\sqrt{-k} = 0 \end{array} \right.$$
$$\Leftrightarrow \left\{ \begin{array}{c} \alpha + \beta = 1 \\ \alpha = \beta \ (\div i\sqrt{-k} \neq 0) \end{array} \right. \Leftrightarrow \alpha = \beta = \frac{1}{2} \Rightarrow f : x \mapsto \cos\left(x\sqrt{-k}\right).$$

Phase de synthèse. *La fonction* $f : x \mapsto 1$ *vérifie manifestement* $(\mathcal{F})$*. Soit* $A \in \mathbb{R}_+^*$*, on considère la fonction* $f_A : x \mapsto \cos(Ax)$*. En utilisant la formule d'additions de* cos

$$\left\{ \begin{array}{l} \cos(a+b) = \cos(a)\cos(b) - \sin(a)\sin(b) \\ \cos(a-b) = \cos(a)\cos(b) + \sin(a)\sin(b) \end{array} \right.$$
$$\Rightarrow \quad \cos(a+b) + \cos(a-b) = 2\cos(a)\cos(b),$$

on obtient immédiatement que f_A *vérifie* $(\mathcal{F})$*. De même, pour tout* $A \in \mathbb{R}_+^*$*, on considère la fonction* $g_A : x \mapsto \operatorname{ch}(Ax)$*. En utilisant la formule d'additions de* ch

$$\left\{ \begin{array}{l} \operatorname{ch}(a+b) = \operatorname{ch}(a)\operatorname{ch}(b) - \operatorname{sh}(a)\operatorname{sh}(b) \\ \operatorname{ch}(a-b) = \operatorname{ch}(a)\operatorname{ch}(b) + \operatorname{sh}(a)\operatorname{sh}(b) \end{array} \right.$$
$$\Rightarrow \quad \operatorname{ch}(a+b) + \operatorname{ch}(a-b) = 2\operatorname{ch}(a)\operatorname{ch}(b),$$

on obtient immédiatement que g_A vérifie $(\mathcal{F})$.
Conclusion. *Une fonction f appartient à F si et seulement si elle est de la forme $f : x \mapsto \mathrm{ch}(Ax)$ ou $f : x \mapsto \cos(Ax)$ pour $A \in \mathbb{R}$ ($A = 0$ redonne $f : x \mapsto 1$ et on utilise la parité de ch et cos pour autoriser A a être un réel quelconque).*

Commentaires 253 *La première question est assez astucieuse : dériver par rapport à une variable puis lui attribuer une valeur convenable. Il ne faut guère s'inquiéter de ne pas trouver la réponse à la première question car celle-ci est donnée donc on peut l'utiliser pour répondre aux questions suivantes. Il arrive trop fréquemment que des candidats passent un temps important de la préparation à y répondre alors que le temps est compté et il faut être pragmatique.*
La deuxième question est une application directe du cours. Par contre, l'interrogateur sera vigilant sur la rigueur du candidat (distinction selon le signe de k en priorité ou, à minima, invoquer le signe de k pour proposer des solutions : sin *ou* cos *ou sous forme exponentielles réelles).*
La troisième question teste la rigueur du candidat (et non la dextérité en calcul de celui-ci).
Bien que d'aspect élémentaire (il ne nécessite que des connaissances de MPSI), ce sujet s'avère en pratique très discriminant en raison des nombreux chausses-trappes pour les candidats non (ou peu) rigoureux.

Exercice 254 (CCINP) Résoudre le système différentiel suivant par résolution matricielle (diagonalisation) :
$$\begin{cases} x' = 3x - 4y - e^{-t} \\ y' = x - 2y \end{cases}.$$

Solution 254 *On introduit les matrices*
$$X = \begin{pmatrix} x \\ y \end{pmatrix},\ A = \begin{pmatrix} 3 & -4 \\ 1 & -2 \end{pmatrix} \text{ et } B = \begin{pmatrix} -e^{-t} \\ 0 \end{pmatrix}.$$
Le système $(\mathcal{S})$ proposé est équivalent à l'équation $(\mathcal{E})$: $X' = AX + B$. Effectuons la réduction de A :
$$\chi_A = \det(XI - A) = \begin{vmatrix} X-3 & 4 \\ -1 & X+2 \end{vmatrix} = X^2 - X - 2 = (X+1)(X-2).$$
Comme χ_A est scindé à racines simples, la matrice A est diagonalisable.
$$\begin{aligned} E_{-1}(A) &= \ker(A+I) = \begin{pmatrix} 4 & -4 \\ 1 & -1 \end{pmatrix} = \mathrm{Vect}\begin{pmatrix} 1 \\ 1 \end{pmatrix} \ (*) \\ E_2(A) &= \ker(A-2I) = \begin{pmatrix} 1 & -4 \\ 1 & -4 \end{pmatrix} = \mathrm{Vect}\begin{pmatrix} 4 \\ 1 \end{pmatrix} \ (**) \end{aligned}$$
$(*)$ *On note (e_1, e_2) la base canonique de $\mathbb{R}^2$, a l'endomorphisme associé à $A+I$ dans la base (e_1, e_2) et C_1, C_2 les colonnes de $A+I$. Comme :*
$$\begin{aligned} C_1 + C_2 &= 0 \Leftrightarrow a(e_1) + a(e_2) = 0 \Leftrightarrow a(e_1 + e_2) = 0 \Leftrightarrow e_1 + e_2 \in \ker(a) \\ &\Leftrightarrow \begin{pmatrix} 1 \\ 1 \end{pmatrix} \in \ker(A+I) = E_{-1}(A). \end{aligned}$$

On conclut en remarquant que chaque espace propre de A est de dimension 1 (puisque A possède deux valeurs propres distinctes et elle est de taille 2 ou bien que, puisque A est diagonalisable $\dim(E_{-1}(A)) = m_{-1}$).

$(*)$ *On note* (e_1, e_2) *la base canonique de* $\mathbb{R}^2$, *a l'endomorphisme associé à* $A - 2I$ *dans la base* (e_1, e_2) *et* C_1, C_2 *les colonnes de* $A - 2I$. *Comme :*

$$\begin{aligned} 4C_1 + C_2 &= 0 \Leftrightarrow 4a(e_1) + a(e_2) = 0 \Leftrightarrow a(4e_1 + e_2) = 0 \Leftrightarrow 4e_1 + e_2 \in \ker(a) \\ &\Leftrightarrow \begin{pmatrix} 4 \\ 1 \end{pmatrix} \in \ker(A - 2I) = E_2(A). \end{aligned}$$

On conclut en remarquant que chaque espace propre de A est de dimension 1 (puisque A possède deux valeurs propres distinctes et elle est de taille 2 ou bien que, puisque A est diagonalisable $\dim(E_2(A)) = m_2$).

Si on note

$$P = \begin{pmatrix} 1 & 4 \\ 1 & 1 \end{pmatrix} \in \mathrm{GL}_2(\mathbb{R}) \textit{ et } D = \begin{pmatrix} -1 & 0 \\ 0 & 2 \end{pmatrix}$$

alors on a :

$$A = PDP^{-1} \Rightarrow (\mathcal{E}) : X' = PDP^{-1}X + B \underset{\times P^{-1}}{\Leftrightarrow} P^{-1}X' = DP^{-1}X + P^{-1}B.$$

On note ensuite et :

$$Y = P^{-1}X = \begin{pmatrix} y_1 \\ y_2 \end{pmatrix} \textit{ et } C = P^{-1}B = \begin{pmatrix} -\frac{1}{3} & \frac{4}{3} \\ \frac{1}{3} & -\frac{1}{3} \end{pmatrix} \begin{pmatrix} -e^{-t} \\ 0 \end{pmatrix} = \begin{pmatrix} \frac{1}{3}e^{-t} \\ -\frac{1}{3}e^{-t} \end{pmatrix}$$

(par résolution de systèmes ou par la célèbre formule

$$P^{-1} = \frac{1}{\det(P)} {}^t Com(P)).$$

L'équation $(\mathcal{E})$ *est donc équivalente à l'équation :*

$$Y' = DY + C \Leftrightarrow \begin{cases} (\mathcal{U}) : & y_1' = -y_1 + \frac{1}{3}e^{-t} \\ (\mathcal{V}) : & y_2' = 2y_2 - \frac{1}{3}e^{-t} \end{cases}.$$

Résolution de $(\mathcal{U})$. *L'équation homogène associée est* $y' = -y$ *dont les solutions sont les fonctions*

$$y_H : t \mapsto \alpha e^{-t} \textit{ avec } \alpha \in \mathbb{R}.$$

Recherchons une solution particulière sous la forme $y_P : t \mapsto \alpha(t) e^{-t}$ *alors :*

$$y_P' = -y_P + \frac{1}{3}e^{-t} \Leftrightarrow \alpha'(t) e^{-t} - \alpha(t) e^{-t} = -\alpha(t) e^{-t} + \frac{1}{3}e^{-t} \Leftrightarrow \alpha'(t) = \frac{1}{3}.$$

Ainsi, $\alpha : t \mapsto \frac{t}{3}$ *convient et les solutions de* $(\mathcal{U})$ *sont les fonctions de la forme*

$$y_1 = y_H + y_P : t \mapsto \alpha e^{-t} + \frac{t}{3}e^{-t},\ \alpha \in \mathbb{R}.$$

Résolution de $(\mathcal{V})$. *L'équation homogène associée est* $y' = 2y$ *dont les solutions sont les fonctions*

$$y_H : t \mapsto \beta e^{2t} \text{ avec } \beta \in \mathbb{R}.$$

Recherchons une solution particulière sous la forme $y_P : t \mapsto \beta(t)\, e^{2t}$ *alors :*

$$y_P' = 2y_P - \frac{1}{3}e^{-t} \Leftrightarrow \beta'(t)\, e^{2t} + 2\beta(t)\, e^{2t} = 2\beta(t)\, e^{2t} - \frac{1}{3}e^{-t} \Leftrightarrow \beta'(t) = -\frac{e^{-3t}}{3}.$$

Ainsi, $\beta : t \mapsto \dfrac{e^{-3t}}{9}$ *convient et les solutions de* $(\mathcal{U})$ *sont les fonctions de la forme*

$$y_1 = y_H + y_P : t \mapsto \beta e^{2t} + \frac{e^{-t}}{9},\ \beta \in \mathbb{R}.$$

Conclusion *: les solutions de* $(\mathcal{E})$ *sont les fonctions :*

$$X = PY = \begin{pmatrix} 1 & 4 \\ 1 & 1 \end{pmatrix} \begin{pmatrix} \alpha e^{-t} + \frac{t}{3}e^{-t} \\ \beta e^{2t} + \frac{e^{-t}}{9} \end{pmatrix} = \begin{pmatrix} \frac{4}{9}e^{-t} + \frac{1}{3}te^{-t} + \alpha e^{-t} + 4\beta e^{2t} \\ \frac{1}{9}e^{-t} + \frac{1}{3}te^{-t} + \alpha e^{-t} + \beta e^{2t} \end{pmatrix}$$

donc les solutions de $(\mathcal{S})$ *sont les fonctions :*

$$\begin{cases} x = \frac{4}{9}e^{-t} + \frac{1}{3}te^{-t} + \alpha e^{-t} + 4\beta e^{2t} \\ y = \frac{1}{9}e^{-t} + \frac{1}{3}te^{-t} + \alpha e^{-t} + \beta e^{2t} \end{cases},\ (\alpha, \beta) \in \mathbb{R}^2.$$

Commentaires 254 *Exercice très classique. Il est attendu du candidat une autonomie certaine, à la fois dans la stratégie à suivre, et aussi dans la gestion suffisamment optimisé des calculs (sous peine de se noyer sous une floppée de calculs induisant probablement une belle collection d'erreurs de calculs ou d'étourderies). Pour la solution particulière, il est tout à fait envisageable de suivre la méthode générale de variations des constantes. Encore faut-il que le candidat se rappelle de la méthode (qui n'est différente de celle de la dimension 1 vue en MPSI).*

Exercice 255 (CCINP)

1. Résoudre sur $\mathbb{R}_+^*$ l'équation différentielle $(E) : y'' + y = \dfrac{1}{x}$.
2. Montrer que $F : x \mapsto \displaystyle\int_0^{+\infty} \frac{e^{-tx}}{1+t^2}dt$ est définie sur $\mathbb{R}_+^*$ et est solution sur $\mathbb{R}_+^*$ de (E).
3. Prouver que F est l'unique solution de (E) possédant une limite finie en $+\infty$.

Solution 255

1. *Il s'agit d'une équation différentielle linéaire du second ordre donc toute solution est la somme d'une solution de l'équation homogène et d'une solution particulière.*
   Résolution de l'équation homogène $(E_0) : y'' + y = 0$ *dont deux solutions évidentes*

sont sin *et* cos. *La fonction* cos *est non nulle* ($\cos(0) = 1 \neq 0$) *et* sin *n'est pas colinéaire à* cos *(car elle est impaire alors que* cos *est paire) donc la famille* (sin, cos) *est libre. Or, d'après le théorème de structure, l'espace des solutions de* (E_0) *est de dimension* 2 *(car les fonctions* $x \mapsto 0$ *(fonction coefficient devant* y'*),* $x \mapsto 1$ *(fonction coefficient devant* y*) et* $x \mapsto \dfrac{1}{x}$ *sont continues sur l'intervalle* $]0, +\infty[$*) donc* (sin, cos) *en est une base c'est-à-dire* y *est solution de* (E_0) *si et seulement s'il existe* $(\alpha, \beta) \in \mathbb{R}^2$ *tel que* $y = \alpha \sin + \beta \cos$.

Détermination d'une solution particulière. *On utilise la méthode de variation des constantes (adaptée au cas des équations scalaires linéaire d'ordre* 2*). D'après le cours, il existe deux fonctions* λ, μ *telle que* $y_P = \lambda \sin + \mu \cos$ *soit solution de* (E)*. Ces fonctions vérifie le système suivant :*

$$\begin{cases} \lambda'(x)\sin(x) + \mu'(x)\cos(x) = 0 \\ \lambda'(x)\sin'(x) + \mu'(x)\cos'(x) = \dfrac{1}{x} \end{cases} \Leftrightarrow \begin{pmatrix} \sin(x) & \cos(x) \\ \cos(x) & -\sin(x) \end{pmatrix} \begin{pmatrix} \lambda'(x) \\ \mu'(x) \end{pmatrix} = \begin{pmatrix} 0 \\ 1/x \end{pmatrix}$$

La matrice $W = \begin{pmatrix} \sin(x) & \cos(x) \\ \cos(x) & -\sin(x) \end{pmatrix}$ *est inversible (car* $\det(W) = -1 \neq 0$*) d'inverse*

$$W^{-1} = \frac{1}{\det(W)} {}^t Com(W) = -\begin{pmatrix} -\sin(x) & -\cos(x) \\ -\cos(x) & \sin(x) \end{pmatrix},$$

ce qui nous permet d'écrire :

$$\begin{pmatrix} \lambda'(x) \\ \mu'(x) \end{pmatrix} = W^{-1} \begin{pmatrix} 0 \\ 1/x \end{pmatrix} = -\begin{pmatrix} \dfrac{\cos(x)}{x} \\ -\dfrac{\sin(x)}{x} \end{pmatrix}.$$

Les fonctions $\lambda : x \mapsto \displaystyle\int_1^x \frac{\cos(t)}{t} dt$ *et* $\mu : x \mapsto \displaystyle\int_1^x \frac{\sin(t)}{t} dt$ *conviennent*

Par conséquent, les solutions de (E) *sont les fonctions*

$$\begin{aligned} y \quad : \quad & x \mapsto \alpha\sin(x) + \beta\cos(x) + \cos(x)\int_1^x \frac{\cos(t)}{t} dt + \sin(x)\int_1^x \frac{\sin(t)}{t} dt \\ = \quad & \alpha\sin(x) + \beta\cos(x) + \int_1^x \frac{\cos(x)\cos(t) + \sin(x)\sin(t)}{t} dt \\ = \quad & \alpha\sin(x) + \beta\cos(x) + \int_1^x \frac{\cos(x-t)}{t} dt. \end{aligned}$$

2. *On considère la fonction*

$$g : \begin{cases} \mathbb{R}_+^* \times \mathbb{R}_+ & \to & \mathbb{R} \\ (x, t) & \mapsto & \dfrac{e^{-tx}}{1+t^2} \end{cases}.$$

Pour chaque $t \in \mathbb{R}_+$, la fonction $x \mapsto g(x,t)$ est de classe C^2 sur $\mathbb{R}_+^*$. Pour chaque $x \in \mathbb{R}_+^*$, les fonctions

$$t \mapsto g(x,t), \quad t \mapsto \frac{\partial g}{\partial x}(x,t) = \frac{-te^{-xt}}{1+t^2} \text{ et } t \mapsto \frac{\partial^2 g}{\partial x^2}(x,t) = \frac{t^2 e^{-xt}}{1+t^2}$$

sont continues sur $\mathbb{R}_+$. En outre, pour tout segment $[a,b]$ inclus dans $\mathbb{R}_+^*$ (i.e. $0 < a \leqslant b$), on dispose des dominations suivantes :

$$\forall k \in \{0,1,2\}, \forall t \in \mathbb{R}_+, \forall x \in [a,b], \left|\frac{\partial^k g}{\partial x^k}(x,t)\right| = \frac{t^k e^{-xt}}{1+t^2} \leqslant t^k e^{-at} = \varphi_{k,a}(t).$$

Pour chaque $k \in \{0,1,2\}$, la fonction $\varphi_{k,a}$ est continue sur $[0,+\infty[$ et on dispose de la domination suivante quand $t \to +\infty$:

$$\varphi_{k,a}(t) \underset{t\to+\infty}{=} o\left(e^{-at/2}\right) \text{ car } e^{at/2}\varphi_{k,a}(t) = t^k e^{-at/2} \underset{t\to+\infty}{\to} 0$$

(d'après les croissances comparées). La fonction $t \mapsto e^{-at/2}$ étant intégrable sur $\mathbb{R}_+$, on peut affirmer que $\varphi_{k,a}$ est intégrable sur $\mathbb{R}_+$. D'après le théorème de dérivation des intégrales à paramètre, la fonction

$$x \mapsto \int_0^{+\infty} g(x,t)\,dt = F(x)$$

est de classe C^2 sur $\mathbb{R}_+^*$ et, pour tout $x > 0$, on a :

$$F''(x) + F(x) = \int_0^{+\infty} \left(\frac{\partial^2 g}{\partial x^2}(x,t) + g(x,t)\right) dt = \int_0^{+\infty} e^{-xt} dt = \left[-\frac{e^{-xt}}{x}\right]_{t=0}^{t\to+\infty} = \frac{1}{x}.$$

3. *Pour montrer que $\lim_{x\to+\infty} F(x)$ existe, on utilise le théorème de convergence dominée. On conserve les notations introduites à la réponse de la question précédente. Pour chaque $x \in \mathbb{R}_+^*$, la fonction $t \mapsto g(x,t)$ est continue sur $\mathbb{R}_+$. Pour chaque $t \in \mathbb{R}_+$, on a :*

$$\lim_{x\to+\infty} g(x,t) = \begin{cases} 0 & si\ t > 0 \\ 1 & si\ t = 0 \end{cases} = h(t).$$

La fonction h est continue par morceaux sur $\mathbb{R}_+$ et on dispose de la domination suivante :

$$\forall x \in [1,+\infty[, \forall t \in \mathbb{R}_+, |g(x,t)| \leqslant \varphi_{0,1}(t).$$

La fonction $\varphi_{0,1}$ étant intégrable sur $\mathbb{R}_+$, on peut affirmer que :

$$\lim_{x\to+\infty} F(x) = \lim_{x\to+\infty} \int_0^{+\infty} g(x,t)\,dt = \int_0^{+\infty} h(t)\,dt = 0.$$

Soit G une solution sur $\mathbb{R}_+^*$ de (E) possédant une limite finie en $+\infty$. La fonction $K = F - G$ est solution de (E_0) donc il existe deux réels α, β tels que

$$K : x \mapsto \alpha \sin(x) + \beta \cos(x).$$

En outre, K possède une limite en $+\infty$ que l'on note L. Pour tout entier n, on pose :

$$p_n = 2\pi n,\ q_n = (2n+1)\pi,\ r_n = 2n\pi + \frac{\pi}{2},\ s_n = (2n+1)\pi + \frac{\pi}{2}.$$

Puisque les suites $(p_n)_n$, $(q_n)_n$, $(r_n)_n$ et $(s_n)_n$ tendent vers $+\infty$ quand n tend vers $+\infty$, on a :

$$\lim_{n\to+\infty} K(p_n) = \lim_{n\to+\infty} K(q_n) = \lim_{n\to+\infty} K(r_n) = \lim_{n\to+\infty} K(s_n) = L.$$

Or, pour tout entier n, on a :

$$\begin{aligned} \sin(p_n) &= \sin(q_n) = \cos(r_n) = \cos(s_n) = 0 \\ \cos(p_n) &= \sin(r_n) = 1,\ \cos(q_n) = \sin(s_n) = -1, \\ K(p_n) &= \beta,\ K(q_n) = -\beta,\ K(r_n) = \alpha,\ K(s_n) = -\alpha. \end{aligned}$$

En faisant tendre n vers $+\infty$ dans les 4 égalités précédentes, on obtient les égalités suivantes :

$$\left\{\begin{array}{c} L = \beta \\ L = -\beta \\ L = \alpha \\ L = -\beta \end{array}\right. \Rightarrow \left\{\begin{array}{c} \beta = -\beta \\ \alpha = -\alpha \end{array}\right. \Leftrightarrow \alpha = \beta = 0 \Rightarrow K = 0 \Leftrightarrow F = G,$$

ce qui prouve l'unicité souhaitée.

Commentaires 255 *Exercice tout à fait adapté à CCINP, testant de nombreuses notions du cours d'analyse de première et deuxième année.*
La deuxième question est extrêmement classique et ne doit pas être traiter de façon superficielle. L'interrogateur sera très exigeant sur les difficultés largement reconnues des candidats : justification convenable de l'intégrabilité (continuité, théorème de comparaison, intégrale de Riemann), énoncés précis du théorème de dérivation (notamment la domination). Beaucoup de candidats ont bien du mal à satisfaire toutes ces exigences (les rapports les répètent année après année).
La première question est scindée en une question très élémentaire (la résolution de l'équation homogène, qui ne doit poser aucune difficulté à un candidat CCINP) et une question sélective (la recherche d'une solution particulière). En pratique, les candidats connaissant la méthode de variations de la constante pour les équations du second ordre ($y'' + a(t)\,y' + b(t)\,y = f$) trouvent essentiellement une solution globalement correcte. Pour les autres, soit ils n'ont aucune idée ou bien ils miment très maladroitement la variation de la constante des équations différentielles d'ordre 1, ce qui, systématiquement, n'aboutit à rien. Je ne saurais que trop vous recommander de revoir cette méthode qui est inscrite dans votre cours (en étant pragmatique, ne travailler que celle du corrigé) car ce type de questions intervient relativement souvent dans tous les concours.
La troisième question se scindée également en deux sous-question. La première ($\lim_{+\infty} F$ existe) est tout à fait classique et ne doit pas poser problème aux candidats (si ce n'est pas le cas, retravailler le théorème associé, qui est utilisé très fréquemment à l'oral) et la seconde (unicité de la solution ayant une limite finie en $+\infty$) est réservée aux meilleurs candidats car elle demande à la fois autonomie, initiative et bonne analyse logique du contexte. Ne travailler cette dernière question qui si vous avez été à l'aise avec les questions précédentes.

Exercice 256 (CCINP) On se donne l'équation différentielle

$$(\mathcal{E}) : 4x^2y'' - 8xy' + 9y = x^2 + 1.$$

1. Trouver une solution polynomiale de degré 2 à l'équation $(\mathcal{E})$.
2. Résoudre l'équation $(\mathcal{E})$ sur $\mathbb{R}_+^*$. On pourra poser $x = e^t$.
3. Résoudre l'équation $(\mathcal{E})$ sur $\mathbb{R}_-^*$.

Solution 256

1. *On cherche une solution sous la forme*

$$P : x \mapsto ax^2 + bx + c \text{ avec } (a,b,c) \in \mathbb{R}^3.$$

Pour tout réel x, on a :

$$\begin{gathered} P'(x) = 2ax + b,\ P''(x) = 2a \Rightarrow \\ 4x^2 P''(x) - 8xP'(x) + 9P(x) = x^2 + 1 \\ \Leftrightarrow 4x^2(2a) - 8x(2ax+b) + 9\left(ax^2 + bx + c\right) = x^2 + 1 \\ \Leftrightarrow ax^2 + bx + 9c = x^2 + 1 \Leftrightarrow \left\{ \begin{array}{c} a = 1 \\ b = 0 \\ c = 1/9 \end{array} \right. \Rightarrow P(x) = x^2 + \frac{1}{9}. \end{gathered}$$

2. *L'équation différentielle $(\mathcal{E})$ étant linéaire d'ordre 2, toute solution est la somme d'une solution particulière (en l'occurence la fonction polynôme de la question précédente) et d'une solution de l'équation homogène*

$$(\mathcal{E}_0) : 4x^2y''(x) - 8xy'(x) + 9y(x) = 0.$$

Résolvons cette dernière équation en utilisant le changement de variable proposé par le texte. En remplaçant x par e^t dans l'équation $(\mathcal{E}_0)$, on obtient :

$$\forall t \in \mathbb{R},\ 4e^{2t}y''\left(e^t\right) - 8e^ty'\left(e^t\right) + 9y\left(e^t\right) = 0.$$

On considère alors la fonction z définie par :

$$\begin{aligned} \forall t &\in \mathbb{R},\ z(t) = \text{« } y(x) \text{ »} = y\left(e^t\right) \Rightarrow z'(t) = e^ty'\left(e^t\right), \\ z''(t) &= e^ty'\left(e^t\right) + e^te^ty''\left(e^t\right) = e^{2t}y''\left(e^t\right) + e^ty'\left(e^t\right) \\ &= \frac{1}{4}\left(8e^ty'\left(e^t\right) - 9y\left(e^t\right)\right) + e^ty'\left(e^t\right) = 3e^ty'\left(e^t\right) - \frac{9}{4}y\left(e^t\right) \\ &= 3z'(t) - \frac{9}{4}z(t) \Rightarrow (\mathcal{F}) : z''(t) - 3z'(t) + \frac{9}{4}z(t) = 0. \end{aligned}$$

L'équation différentielle $(\mathcal{F})$ est linéaire homogène d'ordre 2 à coefficients constants. Son équation caractéristique est :

$$r^2 - 3r + \frac{9}{4} = 0,\ \Delta = (-3)^2 - 4 \times \frac{9}{4} = 0 \Rightarrow r = \frac{3}{2}.$$

Cette équation n'ayant qu'une seule solution, les solutions de $(\mathcal{F})$ *sont les fonctions* $z : t \mapsto (\alpha t + \beta)\, e^{3t/2}$ *avec* $(\alpha, \beta) \in \mathbb{R}^2$. *Par conséquent, pour tout réel* t, *on a :*

$$y\left(e^t\right) = z(t) = (\alpha t + \beta)\, e^{3t/2} = (\alpha t + \beta)\left(e^t\right)^{3/2}.$$

Pour tout réel $x > 0$, *il existe* $t \in \mathbb{R}$ *tel que*

$$x = e^t \Leftrightarrow t = \ln(x),$$

on en déduit, pour tout $x \in \mathbb{R}_+^*$, *la formule :*

$$y(x) = y\left(e^t\right) = (\alpha t + \beta)\left(e^t\right)^{3/2} = (\alpha \ln(x) + \beta)\, x^{3/2}.$$

Au final, les solutions de $(\mathcal{E})$ *sur* $\mathbb{R}_+^*$ *sont les fonctions :*

$$y : x \mapsto x^2 + \frac{1}{9} + (\alpha \ln(x) + \beta)\, x^{3/2},\ (\alpha, \beta) \in \mathbb{R}^2.$$

3. *On conserve les notations introduites lors de résolution de la question précédente. Il suffit de résoudre* $(\mathcal{E}_0)$ *sur* $\mathbb{R}_-^*$. *Pour tout réel* $x < 0$, $-x > 0$ *donc il existe un réel* t *tel que*

$$-x = e^t \Leftrightarrow t = \ln(-x).$$

En remplaçant x *par* $-e^t$ *dans l'équation* $(\mathcal{E}_0)$, *on obtient :*

$$\forall t \in \mathbb{R},\ 4e^{2t}y''\left(-e^t\right) + 8e^t y'\left(-e^t\right) + 9y\left(-e^t\right) = 0.$$

On considère alors la fonction w *définie sur* $\mathbb{R}$ *par :*

$$\begin{aligned}
\forall t &\in \mathbb{R},\ w(t) = \text{« } y(x) \text{ »} = y\left(-e^t\right) \Rightarrow z'(t) = -e^t y'\left(-e^t\right), \\
z''(t) &= -e^t y'\left(-e^t\right) + e^t e^t y''\left(-e^t\right) = e^{2t} y''\left(-e^t\right) - e^t y'\left(-c^t\right) \\
&= \frac{1}{4}\left(-8e^t y'\left(-e^t\right) - 9y\left(-e^t\right)\right) - e^t y'\left(-e^t\right) = -3e^t y'\left(e^t\right) - \frac{9}{4} y\left(e^t\right) \\
&= 3z'(t) - \frac{9}{4} z(t) \Rightarrow (\mathcal{F}) : z''(t) - 3z'(t) + \frac{9}{4} z(t) = 0.
\end{aligned}$$

Par conséquent, il existe $(\gamma, \delta) \in \mathbb{R}^2$. *pour tout réel* t, *on a :*

$$y\left(-e^t\right) = z(t) = (\gamma t + \delta)\, e^{3t/2} = (\gamma t + \delta)\left(e^t\right)^{3/2}.$$

Pour tout réel $x < 0$, *il existe* $t \in \mathbb{R}$ *tel que*

$$x = -e^t \Leftrightarrow t = \ln(-x),$$

on en déduit que, pour tout $x \in \mathbb{R}_-^*$, *on a :*

$$y(x) = y\left(e^t\right) = (\gamma t + \delta)\left(e^t\right)^{3/2} = (\gamma \ln(-x) + \delta)\,(-x)^{3/2}.$$

Les solutions de $(\mathcal{E})$ *sont ainsi les fonctions*

$$y : x \mapsto \begin{cases} x^2 + \dfrac{1}{9} + (\alpha \ln(x) + \beta)\, x^{3/2} & \textit{si } x > 0 \\[2ex] x^2 + \dfrac{1}{9} + (\gamma \ln(-x) + \delta)\,(-x)^{3/2} & \textit{si } x < 0 \end{cases}$$

où $(\alpha, \beta, \gamma, \delta) \in \mathbb{R}^4$.

Commentaires 256 *Exercice couvrant une part très faible du programme des deux années (chapitre équation différentielle de MPSI !). Cela peut arriver sur presque tous les thèmes, c'est très désagréable mais il vous faudra vous en accommoder si cela vous arrive.*
La première question est élémentaire.
La seconde question peut s'avérer être un mur infranchissable par une part significative des candidats puisqu'il faut savoir poser un changement de variable dans une équation différentielle (ce n'est pas strictement au programme). Il s'agit de changer non pas de variable mais de fonctions.
Si vous bloquez sur la plupart des qestions de l'exercice libre, concentrez-vous sur l'exercice de la banque. Il vous faudra alors le rédiger convenable (faire peu mais très bien) et l'exposer succinctement (mais rigoureusement) afin de rattraper du temps pour que l'interrogateur puisse vous aider à démarrer la deuxième question de l'exercice tout en récupérant le maximum de points sur l'exercice de la banque et la première question.

Exercice 257 (CCINP) Soit $(\mathcal{E}) : y'' + xy' + 2y = 0$.

1. Montrer si y est une solution de la forme $y(x) = \sum_{n=0}^{+\infty} a_n x^n$, alors les a_n vérifient :
$$\forall n \in \mathbb{N},\ a_{n+2} = -\frac{a_n}{n+1}.$$
2. Déterminer la solution de $(\mathcal{E})$ vérifiant $\begin{cases} y(0) = 0 \\ y'(0) = 1 \end{cases}$ et l'exprimer grâce aux fonctions usuelles.
3. Montrer que toutes les solutions de (E) sont développables en série entière.

Solution 257

1. *On suppose que le rayon de convergence R de la série $\sum_{n\geqslant 0} a_n x^n$ est strictement positif.*
On peut dériver terme à terme sa somme sur l'intervalle ouvert de convergence $]-R, R[$.
Ainsi, pour tout $x \in]-R, R[$, on a :
$$\begin{aligned} y(x) &= \sum_{n=0}^{+\infty} a_n x^n,\ y'(x) = \sum_{n=0}^{+\infty} n a_n x^{n-1} \Rightarrow xy'(x) = \sum_{n=0}^{+\infty} n a_n x^n \\ y''(x) &= \sum_{n=0}^{+\infty} \underbrace{n(n-1)}_{=0 \text{ si } n\in\{0,1\}} a_n x^{n-2} \underset{k=n-2}{=} \sum_{k=0}^{+\infty} (k+2)(k+1) a_{k+2} x^k. \end{aligned}$$
Ainsi, y est solution de $(\mathcal{E})$ si et seulement si pour tout $x \in]-R, R[$, on a :
$$\sum_{n=0}^{+\infty} (n+2)(n+1) a_{n+2} x^n + \sum_{n=0}^{+\infty} n a_n x^n + 2\sum_{n=0}^{+\infty} a_n x^n = 0$$
$$\Leftrightarrow \sum_{n=0}^{+\infty} \left((n+2)(n+1) a_{n+2} + n a_n + 2a_n\right) x^n = 0$$
$$\Leftrightarrow \sum_{n=0}^{+\infty} \left((n+2)(n+1) a_{n+2} + (n+2) a_n\right) x^n = 0.$$

Par unicité du développement en série entière, on en déduit pour tout entier n que :

$$(n+2)(n+1)a_{n+2} + (n+2)a_n = 0 \underset{\div(n+2)\neq 0}{\Leftrightarrow} a_{n+2} = -\frac{a_n}{n+1}.$$

2. *On note y_1 cette solution. Supposons qu'elle soit développable en série entière avec un rayon de convergence non nul. D'après la question précédente, la relation de récurrence vérifiée par son développement en série entière incrémente les indices de 2 à chaque étape. Pour cela, on introduit les deux suites u et v définies par :*

$$\forall n \in \mathbb{N},\ u_n = a_{2n} \text{ et } v_n = a_{2n+1}.$$

Pour tout entier n, on a :

$$\begin{aligned} u_{n+1} &= a_{2n+2} = -\frac{a_{2n}}{2n+1} = -\frac{u_n}{2n+1} \\ v_{n+1} &= a_{2n+3} = -\frac{a_{2n+1}}{2n+2} = -\frac{v_n}{2n+2}. \end{aligned}$$

Une récurrence immédiate montre, pour tout $n \geqslant 1$, que :

$$\begin{aligned} u_n &= u_0 \prod_{k=0}^{n-1}\left(-\frac{1}{2k+1}\right) = u_0 \frac{(-1)^n}{1\times 3\times\cdots\times(2n-1)} = u_0 \frac{(-1)^n}{\frac{(2n)!}{2\times 4\times\cdots\times 2n}} \\ &= u_0 \frac{(-1)^n 2^n n!}{(2n)!} \Rightarrow a_{2n} = a_0 \frac{(-1)^n 2^n n!}{(2n)!} = 0 \\ v_n &= v_0 \prod_{k=0}^{n-1}\left(-\frac{1}{2k+2}\right) = v_0 \frac{(-1)^n}{2\times 4\times\cdots\times(2n)} = v_0 \frac{(-1)^n}{2^n n!} \\ &\Leftrightarrow\ a_{2n+1} = a_1 \frac{(-1)^n}{2^n n!} = \frac{(-1)^n}{2^n n!}. \end{aligned}$$

Au final, on obtient que

$$y_1 : x \mapsto \sum_{n=0}^{+\infty} \frac{(-1)^n}{2^n n!} x^{2n+1}.$$

La série entière $\sum_{n\geqslant 0} \frac{(-1)^n}{2^n n!} x^{2n+1}$ *a un rayon de convergence infinie (par le critère de d'Alembert par exemple) donc l'hypothèse $R > 0$ est valide. On peut alors affirmer que sa somme est bien solution de $(\mathcal{E})$ et que*

$$y_1(0) = a_0 = 0,\ y_1'(0) = a_1 = 1.$$

Remarquons également que :

$$y_1 : x \mapsto x \sum_{n=0}^{+\infty} \frac{1}{n!}\left(\frac{-x^2}{2}\right)^n = x\exp\left(-\frac{x^2}{2}\right).$$

3. *On note y_2 la solution de $(\mathcal{E})$ vérifiant $y(0) = 1$ et $y'(0) = 0$. Supposons qu'elle soit développable en série entière (sous la forme* $\sum_{n=0}^{+\infty} a_n x^n$ *avec $a_0 = 1$ et $a_1 = 0$) avec un*

rayon de convergence non nul. D'après le raisonnement tenu à la réponse de la question précédente, on peut affirmer que :

$$y_2 : x \mapsto \sum_{n=0}^{+\infty} \frac{(-1)^n 2^n n!}{(2n)!} x^{2n}.$$

La série entière $\sum_{n \geqslant 0} \frac{(-1)^n 2^n n!}{(2n)!} x^{2n}$ *a un rayon de convergence infinie (par le critère de d'Alembert par exemple) donc l'hypothèse $R > 0$ est valide. On peut alors affirmer que sa somme est bien solution de $(\mathcal{E})$ et que*

$$y_2(0) = a_0 = 1,\ y_2'(0) = a_1 = 0.$$

L'équation $(\mathcal{E})$ est linéaire, normalisée, d'ordre 2 et homogène. Les fonctions $x \mapsto x$ (fonction coefficient devant y') et $x \mapsto 2$ (fonction coefficient devant y) étant continues sur $\mathbb{R}$, le théorème de structure montre que l'ensemble E des solutions sur $\mathbb{R}$ de $(\mathcal{E})$ forment un espace vectoriel de dimension 2. Comme y_1 et y_2 appartiennent à E, que y_1 n'est pas nulle (car $y_1'(0) = 1 \neq 0$) et que y_2 n'est pas colinéaire à y_1 (car $y_2(0) = 1$ et $y_1(0) = 0$), elles forment une famille libre de E donc il s'agit d'une base de E. Autrement dit, une fonction y est solution de $(\mathcal{E})$ si et seulement s'il existe deux réels α, β tels que :

$$y = \alpha y_1 + \beta y_2 : x \mapsto \alpha x \exp\left(-\frac{x^2}{2}\right) + \beta \sum_{n=0}^{+\infty} \frac{(-1)^n 2^n n!}{(2n)!} x^{2n}.$$

Commentaires 257 *Exercice très classique, sans difficulté particulière et avec la progressivité convenable pour le concours CCINP. Comme la réponse à la première question est donnée par l'énoncé, pensez à ne passer pas 30 mn à essayer de répondre à la première question ! (ce qui arrive parfois à l'oral). Si au bout de 10 mn, vous n'avez pas de piste sérieuse, admettez la première question et répondez aux autres.*
Pour la deuxième question, il faut savoir que les coefficients d'une série entière sont liées aux dérivées de celle-ci en 0 (la fameuse formule de Taylor $a_k = \frac{f^{(k)}(0)}{k!}$). À nouveau, ne priviligiez pas la vitesse mais la qualité de vos réponses (coefficients initiaux, formules récurrentes justes, valeur convenable de la somme). Sur les questions classiques, un nombre significatif de candidats baclent leurs réponses (« c'est facile » ou « je l'ai souvent fais » ou « j'ai l'habitude, je gagne du temps », etc). De tels comportements sont peu appréciés à l'oral. Lors d'oral d'admission à de Grandes Ecoles d'ingénieurs, c'est la qualité de votre travail et de votre argumentation du jour qui sont évaluées, pas le classicisme ou la difficulté supposée d'une question, encore moins le fait que vous ayez déjà abordé durant l'année.
La troisième question nécessite un peu de recul du candidat (distinction de la parité des indices, théorème de structure). En pratique, ce type de raisonnement est en pratique sélectif à CCINP.

14.2 Mines-Telecom

Exercice 258 (Mines-Telecom) Montrer que les solutions du système

$$\begin{cases} x' = -y + z \\ y' = 2x - y - z \\ z' = -2x + y + z \end{cases}$$

sont périodiques.

Solution 258 *On pose*

$$X = \begin{pmatrix} x \\ y \\ z \end{pmatrix} \text{ et } A = \begin{pmatrix} 0 & -1 & 1 \\ 2 & -1 & -1 \\ -2 & 1 & 1 \end{pmatrix}.$$

On a l'équivalence suivante :

$$(\mathcal{S}) : \begin{cases} x' = -y + z \\ y' = 2x - y - z \\ z' = -2x + y + z \end{cases} \Leftrightarrow (\mathcal{T}) : X' = AX.$$

Déterminons le polynôme caractéristique de la matrice A.

$$\begin{aligned} \chi_A(X) &= \begin{vmatrix} X & 1 & -1 \\ -2 & X+1 & 1 \\ 2 & -1 & X-1 \end{vmatrix} \underset{L_3 \leftarrow L_3 + L_2}{=} \begin{vmatrix} X & 1 & -1 \\ -2 & X+1 & 1 \\ 0 & X & X \end{vmatrix} \underset{C_2 \leftarrow C_2 - C_3}{=} \begin{vmatrix} X & 2 & -1 \\ -2 & X & 1 \\ 0 & 0 & X \end{vmatrix} \\ &= X \begin{vmatrix} X & 2 \\ -2 & X \end{vmatrix} = X\left(X^2 + 4\right) = X(X + 2i)(X - 2i) \end{aligned}$$

χ_A est scindé à racines simples dans $\mathbb{C}$ donc A est diagonalisable dans $\mathfrak{M}_3(\mathbb{C})$. En outre, ses valeurs propres forment l'ensemble $\{0, 2i, -2i\}$ et il existe une matrice $P \in \mathrm{GL}_3(\mathbb{C})$ telle que :

$$A = P\underbrace{\mathrm{diag}(0, 2i, -2i)}_{=D}P^{-1}.$$

Les solutions de l'équation différentielle $(\mathcal{T})$ sont données par :

$$\begin{aligned} \exists C &\in \mathfrak{M}_{3,1}(\mathbb{C}), X(t) = e^{At}C = e^{tPDP^{-1}}C = Pe^{tD}P^{-1}C \\ &= P\,\mathrm{diag}\left(e^{t0}, e^{2it}, e^{-2it}\right)P^{-1}C = P\,\mathrm{diag}\left(1, e^{2it}, e^{-2it}\right)P^{-1}C. \end{aligned}$$

Les fonctions $t \mapsto e^{2it}$ et $t \mapsto e^{-2it}$ étant 2π-périodiques, on en déduit que la fonction $t \mapsto X(t)$ l'est aussi, ce qui assure la périodicité de x, y et z (qui sont les fonctions composantes de X).

Commentaires 258 *Exercice original pour Mines-Telecom. Il peut être traité en 10 mn par un candidat ayant une maitrise suffisante de son cours de MP concernant les équations différentielles linéaires ainsi que d'une maitrise minimale des calculs de déterminant. Comme l'énoncé ne demande pas les valeurs des solutions mais uniquement des qualités sur celles-ci, le candidat peut se concentrer sur les conditions à vérifier pour les obtenir. Par exemple, il ne faut pas effectuer la réduction de A qui alourdit considérablement le raisonnement et les calculs sans apporter la moindre information pertinente.*
Ce type d'exercice est classique aux concours Mines-Ponts et Centrale-SupElec (par exemple,

les limites en $\pm\infty$ des solutions, les valeurs des solutions appartiennent à un certain sous-espace vectoriel ou une sphère, etc).

Exercice 259 (Mines-Telecom) Prouver que les solutions du système différentiel

$$\begin{cases} x' = x + y \\ y' = -x + 2y + z \\ z' = x + z \end{cases}$$

possèdent une limite en $-\infty$.

Solution 259 *On pose*

$$X = \begin{pmatrix} x \\ y \\ z \end{pmatrix} \text{ et } A = \begin{pmatrix} 1 & 1 & 0 \\ -1 & 2 & 1 \\ 1 & 0 & 1 \end{pmatrix}.$$

On a l'équivalence suivante :

$$(\mathcal{S}) : \begin{cases} x' = x + y \\ y' = -x + 2y + z \\ z' = x + z \end{cases} \Leftrightarrow (\mathcal{T}) : X' = AX.$$

Déterminons le polynôme caractéristique de A.

$$\chi_A(X) = \begin{vmatrix} X-1 & -1 & 0 \\ 1 & X-2 & -1 \\ -1 & 0 & X-1 \end{vmatrix} \underset{C_1 \leftarrow C_1 + C_2 + C_3}{=} \begin{vmatrix} X-2 & -1 & 0 \\ X-2 & X-2 & -1 \\ X-2 & 0 & X-1 \end{vmatrix}$$

$$\underset{L_3 \leftarrow L_3 - L_3}{\overset{L_2 \leftarrow L_2 - L_1}{=}} \begin{vmatrix} X-2 & -1 & 0 \\ 0 & X-1 & -1 \\ 0 & 1 & X-1 \end{vmatrix} = (X-2) \begin{vmatrix} X-1 & -1 \\ 1 & X-1 \end{vmatrix}$$

$$= (X-2)\left[(X-1)^2 + 1\right] = X\left[(X-1)^2 - i^2\right] = (X-2)(X-1-i)(X-1+i).$$

χ_A *est scindé à racines simples dans $\mathbb{C}$ donc A est diagonalisable dans $\mathfrak{M}_3(\mathbb{C})$. En outre, ses valeurs propres forment l'ensemble $\{0, 1+i, 1-i\}$ et il existe une matrice $P \in \mathrm{GL}_3(\mathbb{C})$ telle que :*

$$A = P\underbrace{\mathrm{diag}(2, 1+i, 1-i)}_{=D}P^{-1}.$$

Les solutions de l'équation différentielle $(\mathcal{T})$ sont données par :

$$\begin{aligned} \exists C &\in \mathfrak{M}_{3,1}(\mathbb{C}),\ X(t) = e^{At}C = e^{tPDP^{-1}}C = Pe^{tD}P^{-1}C \\ &= P\,\mathrm{diag}\left(e^{2t}, e^{(1+i)t}, e^{(1-i)t}\right)P^{-1}C = P\,\mathrm{diag}\left(e^{2t}, e^{(1+i)t}, e^{(1-i)t}\right)P^{-1}C. \end{aligned}$$

On remarque ensuite que :

$$\begin{aligned} \left|e^{(1\pm it)}\right| &= \left|e^{t\pm it}\right| = \left|e^t e^{\pm it}\right| = \left|e^t\right|\left|e^{\pm it}\right| = e^t \underset{t\to-\infty}{\to} 0 \\ &\Rightarrow \lim_{t\to-\infty} \mathrm{diag}\left(e^{2t}, e^{(1+i)t}, e^{(1-i)t}\right) = \mathrm{diag}(0,0,0) = 0_3 \\ &\Rightarrow \lim_{t\to-\infty} X(t) = \lim_{t\to-\infty} P0_3P^{-1}C = 0_{3,1} \end{aligned}$$

(par continuité de l'application $Z \mapsto PZP^{-1}C$ qui est linéaire en dimension finie). Par conséquent, les fonctions x, y et z tendent vers 0 quand $t \to -\infty$.

Commentaires 259 *Mêmes commentaires qu'à l'exercice précédent.*

Exercice 260 (Mines-Telecom) On considère l'équation différentielle

$$xy' + y = \tan(x).$$

Existe-t-il une solution sur $\left]-\frac{\pi}{2}, \frac{\pi}{2}\right[$?

Solution 260 *En divisant par x, l'équation proposée $(\mathcal{F})$ est équivalente sur $\left]-\frac{\pi}{2}, \frac{\pi}{2}\right[\setminus \{0\}$ à l'équation différentielle*

$$(\mathcal{E}) : y' + \frac{1}{x}y = \frac{\tan(x)}{x}.$$

L'ensemble $\left]-\frac{\pi}{2}, \frac{\pi}{2}\right[\setminus \{0\}$ n'est pas un intervalle mais il s'écrit comme l'union de deux intervalles :

$$\left]-\frac{\pi}{2}, \frac{\pi}{2}\right[\setminus \{0\} = \underbrace{\left]-\frac{\pi}{2}, 0\right[}_{=I_1} \cup \underbrace{\left]0, \frac{\pi}{2}\right[}_{=I_2}.$$

Pour chaque $k \in \{1,2\}$, l'équation $(\mathcal{E})$ admet des solutions sur I_k (d'après le théorème de Cauchy-Lipschitz puisque les fonctions

$$x \mapsto \frac{1}{x} \text{ et } x \mapsto \frac{\tan(x)}{x}$$

sont continues sur I_k).

Résolution de l'équation homogène. *Soit $k \subset \{1,2\}$. L'équation homogène est :*

$$(\mathcal{E}_H) : y' + \frac{1}{x}y = 0.$$

La fonction $x \mapsto \frac{1}{x}$ admet comme primitive $x \mapsto \ln|x|$ sur I_k donc les solutions de $(\mathcal{E}_0)$ sur I_k sont les fonctions

$$\begin{aligned} y_H \quad &: \quad x \mapsto C_k e^{-\ln|x|} = \frac{C_k}{|x|} = \frac{D_k}{x} \text{ avec } D_k = C_k \text{ si } k = 2 \\ (\text{car } |x| \quad &= \quad x \text{ sur } I_2) \text{ et } D_k = -C_k \text{ si } k = 1 \text{ (car } |x| = -x \text{ sur } I_1). \end{aligned}$$

Détermination d'une solution particulière. *Soit $k \in \{1,2\}$. On recherche une solution particulière sous la forme :*

$$y_P \quad : \quad x \mapsto \frac{D(x)}{x} = D(x) \times \underbrace{\frac{1}{x}}_{=y_0(x)} \Rightarrow y_P' + \frac{1}{x}y_P = \frac{\tan(x)}{x}$$

$$\Leftrightarrow \quad (D'y_0 + Dy_0') + \frac{1}{x}Dy_0 = \frac{\tan(x)}{x} \Leftrightarrow D'y_0 + D \underbrace{\overbrace{\left(y_0' + \frac{1}{x}y_0\right)}^{=0}}_{\text{car } y_0 \text{ solution de } (\mathcal{E}_H)} = \frac{\tan(x)}{x}$$

$$\Leftrightarrow \quad D'(x)\frac{1}{x} = \frac{\tan(x)}{x} \Leftrightarrow D'(x) = \tan(x) = \frac{\sin(x)}{\cos(x)} \Rightarrow D(x) = \ln(|\cos(x)|) = \ln(\cos(x))$$

convient. Ainsi, la fonction

$$y_P : x \mapsto \frac{\ln(\cos(x))}{x}$$

est une solution particulière de $(\mathcal{E})$ *d'où les solutions de* $(\mathcal{E})$ *sur* I_k *sont les fonctions :*

$$y = y_H + y_P : x \mapsto \frac{D_k + \ln(\cos(x))}{x},\ D_k \in \mathbb{R}$$

donc les solutions de $(\mathcal{E})$ *sur* $I_1 \cup I_2 = \left]-\frac{\pi}{2}, \frac{\pi}{2}\right[\setminus \{0\}$ *sont les fonctions :*

$$y_{D_1,D_2} : x \mapsto \begin{cases} \dfrac{D_1 + \ln(\cos(x))}{x} & si\ x \in I_1 \\ \dfrac{D_2 + \ln(\cos(x))}{x} & si\ x \in I_2 \end{cases},\ (D_1, D_2) \in \mathbb{R}^2.$$

Solutions sur $\left]-\frac{\pi}{2}, \frac{\pi}{2}\right[$. *On procède par analyse-synthèse.*

Phase d'analyse. *Soit* $(D_1, D_2) \in \mathbb{R}^2$ *telle que la fonction* y_{D_1,D_2} *se prolonge à* $\left]-\frac{\pi}{2}, \frac{\pi}{2}\right[$ *en une solution à l'équation* $(\mathcal{F})$ *alors* y_{D_1,D_2} *possède nécessairement un prolongement continu à* $\left]-\frac{\pi}{2}, \frac{\pi}{2}\right[$. *En particulier, la limite de* y_{D_1,D_2} *en* 0 *existe c'est-à-dire qu'elle possède des limites gauche et droite en* 0 *et ces dernières sont égales. Par un développement limité de* $\cos$ *et* $x \mapsto \ln(1+x)$ *en* 0, *pour tout réel* D, *on a :*

$$\begin{aligned} \frac{D + \ln(\cos(x))}{x} &= \frac{D + \ln\left(1 - \frac{x^2}{2} + o(x^2)\right)}{x} \\ &= \frac{D + \left(-\frac{x^2}{2} + o(x^2)\right) + o\left(-\frac{x^2}{2} + o(x^2)\right)}{x} \\ &= \frac{D - \frac{x^2}{2} + o(x^2) + o(x^2)}{x} = \frac{D - \frac{x^2}{2} + o(x^2)}{x}. \end{aligned}$$

Si $D \neq 0$ *alors le numérateur tend vers* D *donc :*

$$\begin{aligned} \frac{D + \ln(\cos(x))}{x} \underset{x\to 0}{\sim} \frac{D}{x} \quad \Rightarrow \quad \lim_{x\to 0^-} \frac{D + \ln(\cos(x))}{x} &= -\infty \\ \lim_{x\to +\infty} \frac{D + \ln(\cos(x))}{x} &= +\infty, \end{aligned}$$

ce qui est absurde. Si $D = 0$, *on a :*

$$\frac{D + \ln(\cos(x))}{x} \underset{x\to 0}{\sim} \frac{-\frac{x^2}{2}}{x} = -\frac{x}{2} \underset{x\to 0}{\to} 0.$$

Phase de synthèse. *On considère la fonction* y_s *définie sur* $\left]-\frac{\pi}{2}, \frac{\pi}{2}\right[$ *par :*

$$y_s(0) = 0 \ et\ \forall x \in \left]-\frac{\pi}{2}, \frac{\pi}{2}\right[\setminus \{0\},\ y_s(x) = \frac{\ln(\cos(x))}{x}.$$

La fonction y_s *est continue sur* $\left]-\frac{\pi}{2},\frac{\pi}{2}\right[\setminus\{0\}$ *(la fonction* cos *est continue et strictement positive sur cet ensemble,* ln *est continue sur* $\mathbb{R}_+^*$ *donc* $x\mapsto\ln(\cos(x))$ *est continue sur cet ensemble et la fonction* $x\mapsto x$ *est continue et ne s'annule pas sur cet ensemble). D'après la phase de synthèse, on dispose de l'équivalent suivant :*

$$y_s(x)\underset{x\to0}{\sim}-\frac{x}{2}\Leftrightarrow\underset{x\to0}{\sim}y_s(x)\underset{x\to0}{=}-\frac{x}{2}+o(x).$$

Ainsi, y_s *admet un développement limité à l'ordre* 1 *en* 0 *donc elle y est continue et dérivable avec* $y_s'(0)=-\frac{1}{2}$*. Par conséquent,* y_s *est dérivable sur* $\left]-\frac{\pi}{2},\frac{\pi}{2}\right[$*. Elle est solution de* $(\mathcal{F})$ *sur* $\left]-\frac{\pi}{2},\frac{\pi}{2}\right[\setminus\{0\}$ *et comme :*

$$0\times y_s'(0)+y_s(0)=0=\tan(0),$$

y_s *est solution de* $(\mathcal{F})$ *en* 0 *donc sur* $\left]-\frac{\pi}{2},\frac{\pi}{2}\right[$.

Conclusion *: il existe une et une seule solution à* $(\mathcal{F})$ *sur* $\left]-\frac{\pi}{2},\frac{\pi}{2}\right[\setminus\{0\}$ *qui est* y_s.

Commentaires 260 *Sous une apparence élémentaire (existence de solutions), cet exercice est suffisamment subtil (résolution de l'équation sur deux intervalles, recollement par continuité puis dérivabilité des solutions). Il s'avère en pratique sélectif.*

Le théorème de Cauchy-Lipschitz ne peut être appliqué ici (pourquoi au fait ?). L'indiquer à l'interrogateur sera manifestement une plus value ou, ce qui est aussi bien, indiquer que le théorème de Cauchy-Lipschitz assure l'existence de solutions sur $\left]-\frac{\pi}{2},0\right[$ *et sur* $\left]0,\frac{\pi}{2}\right[$*. La question de la résolution de l'équation différentielle sur chaque intervalle étant élémentaire, l'interrogateur sera exigeant sur la rigueur des raisonnements et la qualité de calcul du candidat (il est de mauvais ton de se tromper à répétition dans ces calculs élémentaires). C'est comme cela qu'il distinguera la plupart des candidats.*

La question du prolongement à 0 *des solutions sera l'apanage des candidats les plus rigoureux (tant sur le plan de la qualité des calculs que sur le plan logique, via les distinctions de cas à répétition).*

14.3 Centrale Math 1

Exercice 261 Soient p et q deux fonctions continues d'un intervalle I à valeurs dans $\mathbb{R}$. On considère l'équation différentielle

$$(E_1) : x'' + p(t) x' + q(t) x = 0.$$

1. Soient u_1 et u_2 deux solutions de (E_1) sur I telles que $u_1 u_2 = 1$. On pose $z_i = \frac{u_i'}{u_i}$. Montrer que les z_i sont deux solutions opposées d'une équation différentielle non linéaire (E_2) sur I.
2. En déduire une condition nécessaire et suffisante sur p et q pour que (E_1) admette deux solutions u_1 et u_2 sur I telles que $u_1 u_2 = 1$.
3. Résoudre l'équation différentielle

$$(1 + \cos(4t)) x'' - 2\sin(4t) x' - 8x = 0.$$

Solution 261

1. *Comme $u_1 u_2 = 1$, aucune des fonctions u_1, u_2 ne s'annule sur I. Pour chaque $i \in \{1, 2\}$, puisque u_i est deux fois dérivables sur I, z_i est dérivable sur I (comme quotient de deux telles fonctions dont le dénominateur ne s'annule pas sur I). Un calcul direct nous donne*

$$\begin{aligned} z_1' &= \frac{u_1'' u_1 - (u_1')^2}{(u_1)^2} = \frac{(-p(t) u_1' - q(t) u_1) u_1 - (u_1')^2}{(u_1)^2} \\ &= -\frac{p(t) u_1'}{u_1} - q(t) - \left(\frac{u_1'}{u_1}\right)^2 = -p(t) z_1 - q(t) - (z_1)^2 \end{aligned}$$

donc z_1 est solution de l'équation

$$(E_2) : z' + p(t) z + z^2 + q(t) = 0.$$

En dérivant la relation $u_1 u_2 = 1$ puis en la divisant par $u_1 u_2 = 1$, on obtient les égalités suivantes :

$$u_1' u_2 + u_1 u_2' = 0 \underset{\div u_1 u_1 = 1}{\Rightarrow} \frac{u_1'}{u_1} + \frac{u_2'}{u_2} = 0 \Leftrightarrow z_1 + z_2 = 0 \Leftrightarrow z_2 = -z_1.$$

2. *Supposons que (E_1) admet deux solutions u_1, u_2 sur I avec $u_1 u_2 = 1$. D'après la question précédente, comme z_1 et $z_2 = -z_1$ sont solutions de (E), en posant $z = z_1$, on a :*

$$\begin{cases} z' + p(t) z + z^2 + q(t) = 0 & (1) \\ (-z)' + p(t)(-z) + (-z)^2 + q(t) = 0 & (2) \end{cases}$$
$$\Rightarrow \begin{cases} (1) + (2) : & z^2 = -q(t). \\ (1) - (2) : & z' + p(t) z = 0 \end{cases}$$

On en déduit que q est négative et comme z est dérivable, $-z^2 = q$ l'est aussi. En dérivant la première égalité, on obtient l'égalité :

$$\begin{aligned} q'(t) &= -2zz' = 2zp(t) z = 2p(t) z^2 = -2p(t) q(t) \\ &\Rightarrow q' + 2pq = 0. \end{aligned}$$

Réciproquement, supposons que q soit dérivable sur I, que q soit négative sur I et que $q' + 2pq = 0$ sur I. On fixe $t_0 \in I$. On note z l'unique solution du problème de Cauchy

$$(\mathcal{C}_1) : \left\{ \begin{array}{c} y' + p(t)\, y = 0 \\ y(t_0) = \sqrt{-q(t_0)} \end{array} \right. .$$

On remarque alors que :

$$\begin{array}{rcl} \left(z^2\right)' & = & 2zz' = 2z\left(-p(t)\, z\right) = -2p(t)\, z^2 \\ \left(z(t_0)\right)^2 & = & -q(t_0) \end{array}$$

donc z^2 et $-q$ sont solutions du problème de Cauchy

$$(\mathcal{C}_2) : \left\{ \begin{array}{c} y' + 2py = 0 \\ y'(t_0) = -q(t_0) \end{array} \right. ,$$

ce qui prouve que $z^2 = -q$ sur I.
On note u_1 l'unique solution du problème de Cauchy

$$(\mathcal{C}_3) : \left\{ \begin{array}{c} y' = z(t)\, y \\ y(t_0) = 1 \end{array} \right.$$

Comme u_1 et z sont dérivables sur I, $zu_1 = u_1'$ est aussi dérivable sur I et on a :

$$\begin{array}{rcl} u_1'' & = & z'u_1 + zu_1' = -p(t)\, zu_1 + zzu_1 = -p(t)\, u_1' + z^2 u_1 \\ & = & -p(t)\, u_1' - q(t)\, u_1 \Rightarrow u_1'' + p(t)\, u_1' + q(t)\, u_1 = 0. \end{array}$$

On note u_2 l'unique solution du problème de Cauchy

$$(\mathcal{C}_4) : \left\{ \begin{array}{c} y' = -z(t)\, y \\ y(t_0) = 1 \end{array} \right.$$

Il est alors immédiat que :

$$(u_1u_2)' = u_1'u_2 + u_1u_2' = z(t)\, u_1u_2 + u_1\left(-z(t)\, u_2\right) = 0$$

donc la fonction u_1u_2 est constante. Cette constante vaut :

$$(u_1u_2)(t_0) = u_1(t_0)\, u_2(t_0) = 1 \times 1 = 1 \Rightarrow u_1u_2 = 1.$$

3. *D'après la formule trigonométrique*

$$\cos(2\theta) = 2\left(\cos(\theta)\right)^2 - 1,$$

on a les relations :

$$1 + \cos(4t) = 2\left(\cos(2t)\right)^2 \Rightarrow 1 + \cos(4t) = 0$$
$$\Leftrightarrow \cos(2t) = 0 \Leftrightarrow 2t = \frac{\pi}{2} + k\pi,\ k \in \mathbb{Z} \Leftrightarrow t = \frac{\pi}{4} + \frac{k\pi}{2},\ k \in \mathbb{Z}.$$

Pour tout entier k, on pose $I_k = \left]\frac{\pi}{4} + k\pi, \frac{\pi}{4} + (k+1)\pi\right[$. Soit $k \in \mathbb{Z}$. Sur l'intervalle I_k, on a l'équivalence suivante :

$$(1 + \cos(4t))\, x'' - 2\sin(4t)\, x' - 8x = 0$$
$$\Leftrightarrow (\mathcal{F}_k) : x'' - \frac{2\sin(4t)}{1 + \cos(4t)} x' - \frac{8}{1 + \cos(4t)} x = 0.$$

On pose

$$p = -\frac{2\sin(4t)}{1+\cos(4t)} \text{ et } q = -\frac{8}{1+\cos(4t)}$$

alors la fonction q est dérivable et négative sur I_k avec :

$$q' : t \mapsto -\frac{8(-4\sin(4t))}{(1+\cos(4t))^2} = -2pq.$$

D'après la question précédente, l'équation $(\mathcal{E}_k)$ admet deux solutions u_1 et u_2 telles que $u_1u_2 = 1$. On remarque que :

$$-q = \frac{8}{2(\cos(2t))^2} = \left(\frac{2}{\cos(2t)}\right)^2.$$

On pose $z = \frac{2}{\cos(2t)}$ (cela évite de résoudre l'équation différentielle proposée à la question 2). La solution u_1 vérifie l'équation différentielle

$$y' = z(t)\,y \Leftrightarrow y' = \frac{2}{\cos(2t)}y.$$

Il faut trouver une primitive de $\frac{2}{\cos(2t)}$. Pour cela, on va utiliser une astuce :

$$\frac{2}{\cos(2t)} = \frac{2\cos(2t)}{(\cos(2t))^2} = \frac{2\cos(2t)}{1-(\sin(2t))^2} = \frac{(\sin(2t))'}{1-(\sin(2t))^2}.$$

Cela nous ramène à trouver une primitive de $\frac{1}{1-x^2}$ qui s'obtient par une décomposition en éléments simples :

$$\frac{1}{1-x^2} = \frac{1}{(1-x)(1+x)} = \frac{1}{2}\left(\frac{1}{1+x} + \frac{1}{1-x}\right).$$

Ainsi, la fonction $x \mapsto \frac{1}{2}\ln(1+x) - \frac{1}{2}\ln(1-x)$ est une primitive de $\frac{1}{1-x^2}$ donc :

$$t \mapsto \frac{1}{2}\ln(1+\sin(2t)) - \frac{1}{2}\ln(1-\sin(2t))$$

est une primitive de $t \mapsto \frac{2}{\cos(2t)}$. Par conséquent, on peut choisir :

$$\begin{aligned}
u_1(t) &= \exp\left(\frac{1}{2}\ln(1+\sin(2t)) - \frac{1}{2}\ln(1-\sin(2t))\right)\\
&= \exp\left(\ln\sqrt{\frac{1+\sin(2t)}{1-\sin(2t)}}\right) = \sqrt{\frac{1+\sin(2t)}{1-\sin(2t)}}\\
u_2 &= \frac{1}{u_1} = \sqrt{\frac{1-\sin(2t)}{1+\sin(2t)}}.
\end{aligned}$$

On note E l'ensemble des solutions sur I_k de l'équation différentielle $(\mathcal{F})$ qui normalisée, linéaire, homogène et d'ordre 2. Comme les fonctions p et q sont continues sur

I_k, le théorème de structure affirmer que E est un espace vectoriel de dimension 2. Les fonctions u_1 et u_2 appartiennent à E, u_1 est non nulle (car $u_1(0) = 1$) et u_2 n'est pas colinéaire à u_1 (sinon, il existe un réel k tel que $u_2 = ku_1$ et $u_1u_2 = 1$ donc $ku_1^2 = 1$ d'où u_1^2 est constante, ce qui est absurde) donc (u_1, u_2) est une famille libre de cardinal 2 dans E qui est de dimension 2. Par conséquent, (u_1, u_2) est une base de E c'est-à-dire que y est solution de $(\mathcal{F}_k)$ si et seulement s'il existe deux réels λ, μ tels que :

$$y = \lambda u_1 + \mu u_2 : t \mapsto \lambda\sqrt{\frac{1+\sin(2t)}{1-\sin(2t)}} + \mu\sqrt{\frac{1-\sin(2t)}{1+\sin(2t)}}.$$

Commentaires 261 *Exercice demandant une bonne maitrise des calculs.*
La première question ne pose pas de difficulté particulière.
La deuxième question est manifestement la plus difficile du sujet. Elle est ouverte, elle exige du candidat une grande rigueur d'analyse et elle est l'unique point d'accès à la résolution de la troisième question. L'interrogateur va analyser en priorité la rigueur du candidat. Il faut éviter de travailler par équivalence vu la nature de la question (elle est ouverte et ne peut être simple car il ne s'agit pas de la première question d'un sujet d'oral, surtout à Centrale Math 1). Cette question sera le moment privilégié pour inter-agir avec l'interrogateur et il est impératif de se concentrer en priorité pour trouver des conditions nécessaires en indiquant clairement celles-ci à l'interrogateur. Celui-ci décidera s'il y a lieu de vérifier qu'elles sont suffisantes (selon le temps écoulé ou la rigueur du candidat, il peut estimer préférable de changer de question).
La troisième question est essentiellement calculatoire et il est mal venu de « sauter les étapes pour gagner du temps » comme le pense une fraction non négligeable de candidats.

Exercice 262

1. Soient $a \in \mathbb{C}$, $g : \mathbb{R}_+ \to \mathbb{R}$ continue et (E) l'équation différentielle $y' + ay = g$.
   (a) Écrire les solutions de (E) sous forme intégrale.
   (b) On suppose que a est de partie réelle strictement positive et que g tend vers 0 en $+\infty$. Montrer que toute solution de (E) tend vers 0 en $+\infty$.
2. Soit
$$D : \begin{cases} C^\infty(\mathbb{R}_+, \mathbb{C}) & \to & C^\infty(\mathbb{R}_+, \mathbb{C}) \\ f & \mapsto & f' \end{cases}.$$
   Soient $f \in C^\infty(\mathbb{R}_+, \mathbb{C})$ et $P \in \mathbb{C}[X] \setminus \{0\}$ tels que $\lim\limits_{+\infty}(P(D)f) = 0$. On suppose que les racines de P sont de parties réelles strictement négatives.
   Montrer que $f(t)$ tend vers 0 quand t tend vers $+\infty$.
3. On note F l'espace des fonctions continues $f : \mathbb{R}_+ \to \mathbb{C}$ de carré intégrable (i.e. $|f|^2$ est intégrable sur $\mathbb{R}_+$).
   Montrer que si f est de classe C^d, où d est le degré de P, et si $P(D)(f)$ est dans F alors f est dans F.

Solution 262

1. (a) Les solutions de l'équation homogène $y' + ay = 0$ sont les fonctions

$$y_H : t \mapsto Ce^{-at},\ C \in \mathbb{C}.$$

On recherche une solution particulière de l'équation $y' + ay = g$ sous la forme

$$y_P : t \mapsto C(t)\, y_0(t) \text{ avec } y_0 : t \mapsto e^{-at}.$$

On obtient :

$$\begin{aligned} y_P' &= C'y_0 + Cy_0',\ y_P' + ay_P = g \Leftrightarrow C'y_0 + Cy_0' + aCy_0 = g \\ &\Leftrightarrow C'y_0 + C\underbrace{(y_0' + ay_0)}_{=0} = g \Leftrightarrow C'(t) = g(t)\, e^{at}. \end{aligned}$$

La fonction

$$C : t \mapsto \int_0^t g(s)\, e^{as} ds$$

convient (primitive s'annulant en 0 *de* $t \mapsto g(t)\, e^{at}$*) donc la fonction*

$$y_P : t \mapsto e^{-at} \int_0^t g(s)\, e^{as} ds$$

est une solution particulière de l'équation $y' + ay = g$. Par conséquent, les solutions de (E) sont les fonctions

$$y = y_H + y_P : t \mapsto Ce^{-at} + e^{-at} \int_0^t g(s)\, e^{as} ds,\ C \in \mathbb{C}.$$

(b) *Soit φ une solution de $y' + ay = g$. D'après la question précédente, il existe $C \in \mathbb{C}$ tel que :*

$$\varphi : t \mapsto Ce^{-at} + e^{-at} \int_0^t g(s)\, e^{as} ds.$$

Soit $(x, y) \in \mathbb{R}^2$ tel que $a = x + iy$ alors :

$$\left|e^{-at}\right| = \left|e^{-xt} e^{-iyt}\right| = \left|e^{-xt}\right| \left|e^{-iyt}\right| = e^{-xt} \times 1 = e^{-xt}$$

(car $e^{-xt} \in \mathbb{R}_+$ et que iyt est un imaginaire pur). Comme $\lim\limits_{t \to +\infty} e^{-xt} = 0$ (car $x = \operatorname{Re}(a) > 0$), on en déduit que $\lim\limits_{t \to +\infty} e^{-at} = 0$. On dispose également de la majoration suivante valable pour tout réel t positif :

$$\begin{aligned} \left| e^{-at} \int_0^t g(s)\, e^{as} ds \right| &= \left|e^{-at}\right| \left| \int_0^t g(s)\, e^{as} ds \right| \leqslant \left|e^{-at}\right| \int_0^t |g(s)| \left|e^{as}\right| ds \\ &= e^{-xt} \int_0^t |g(s)|\, e^{xs} ds. \end{aligned}$$

Si nous montrons que

$$\lim_{t \to +\infty} e^{-xt} \int_0^t |g(s)|\, e^{xs} ds = 0$$

alors

$$\lim_{t\to+\infty} e^{-at}\int_0^t g(s)\,e^{as}ds = 0 \text{ donc } \lim_{t\to+\infty}\varphi(t) = 0.$$

Pour cela, on va proposer deux méthodes : la première utilise les théorèmes de sommation des intégrales divergentes, la seconde est une preuve via les epsilon.

Première méthode. *Comme* $\lim\limits_{s\to+\infty} g(s) = 0$*, on peut affirmer que* $\lim\limits_{s\to+\infty} |g(s)| = 0$ *ce qui donne les dominations suivantes :*

$$|g(s)| \underset{s\to+\infty}{=} o(1) \underset{\times e^{as}}{\Rightarrow} |g(s)|\,e^{xs} \underset{s\to+\infty}{=} o(e^{xs}).$$

Les fonctions $s\mapsto |g(s)|\,e^{as}$ *et* $s\mapsto e^{as}$ *sont continues et positives sur* $\mathbb{R}_+$*, l'intégrale* $\int_0^{+\infty} e^{xs}ds$ *diverge (car* $x = \mathrm{Re}(a) > 0$*) donc, d'après le théorème de sommation des intégrales divergentes, on obtient les dominations suivantes :*

$$\int_0^t |g(s)|\,e^{xs}ds \underset{s\to+\infty}{=} o\left(\int_0^t e^{xs}ds\right) \underset{s\to+\infty}{=} o\left(\left[\frac{e^{xs}}{x}\right]_0^t\right) \underset{s\to+\infty}{=} o\left(\frac{e^{xs}-1}{s}\right)$$

$$\underset{s\to+\infty}{=} o(e^{xs}) \underset{\times e^{-xs}}{\Rightarrow} e^{-xs}\int_0^t |g(s)|\,e^{xs}ds \underset{s\to+\infty}{=} o(1) \Rightarrow \lim_{t\to+\infty} e^{-xs}\int_0^t |g(s)|\,e^{xs}ds = 0.$$

Seconde méthode. *Comme* $\lim\limits_{s\to+\infty} g(s) = 0$*, on peut écrire :*

$$\forall\varepsilon > 0,\ \exists A_\varepsilon \in \mathbb{R}_+^*,\ \forall s \geqslant A,\ |g(s)| \leqslant \varepsilon.$$

Fixons (provisoirement) $\varepsilon > 0$*. Pour tout* $t \geqslant A_\varepsilon$*, on a la majoration suivante :*

$$\begin{aligned} 0 &\leqslant \int_0^t |g(s)|\,e^{xs}ds = \int_0^{A_\varepsilon} |g(s)|\,e^{xs}ds + \int_{A_\varepsilon}^t |g(s)|\,e^{xs}ds \\ &\leqslant \int_0^{A_\varepsilon} |g(s)|\,e^{xs}ds + \int_{A_\varepsilon}^t \varepsilon e^{xs}ds = \int_0^{A_\varepsilon} |g(s)|\,e^{xs}ds + \frac{\varepsilon}{x}\left(e^{xt} - e^{xA_\varepsilon}\right). \end{aligned}$$

En multipliant par $e^{-xt} > 0$ *cet encadrement, on obtient l'encadrement suivant :*

$$0 \leqslant \int_0^t |g(s)|\,e^{xs}ds \leqslant e^{-xt}\int_0^{A_\varepsilon} |g(s)|\,e^{xs}ds + \frac{\varepsilon}{x}\left(1 - e^{xA_\varepsilon}e^{-xt}\right).$$

Comme ε*,* A_ε *et* x *sont fixés, on a*

$$\lim_{t\to+\infty}\left(e^{-xt}\int_0^{A_\varepsilon} |g(s)|\,e^{xs}ds + \frac{\varepsilon}{A_\varepsilon}\left(1 - e^{x(A_\varepsilon - t)}\right)\right) = \frac{\varepsilon}{x}.$$

Comme $\dfrac{\varepsilon}{x} < \dfrac{2\varepsilon}{x}$, *la limite ci-dessus montre qu'il existe* $B_\varepsilon > 0$ *tel que*

$$\forall t \geqslant B_\varepsilon,\ e^{-xt}\int_0^{A_\varepsilon} |g(s)|\, e^{xs} ds + \frac{\varepsilon}{A_\varepsilon}\left(1 - e^{x(A_\varepsilon - t)}\right) \leqslant \frac{2\varepsilon}{x}.$$

Ainsi, si l'on pose $C_\varepsilon = \max(A_\varepsilon, B_\varepsilon)$ *alors*

$$\forall t \geqslant C_\varepsilon,\ 0 \leqslant e^{-xt}\int_0^{t} |g(s)|\, e^{xs} ds \leqslant \frac{2\varepsilon}{x}.$$

Au final, nous avons montré que :

$$\forall \varepsilon > 0,\ \exists C_\varepsilon \in \mathbb{R}_+,\ \forall t \geqslant C_\varepsilon,\ 0 \leqslant e^{-xt}\int_0^{t} |g(s)|\, e^{xs} ds \leqslant \frac{2\varepsilon}{x}$$

c'est-à-dire que $\displaystyle\lim_{t\to+\infty} e^{-xt}\int_0^{t} |g(s)|\, e^{xs} ds = 0$ *(remplacer* ε *par* $\dfrac{x\varepsilon}{2} > 0$ *dans la définition epsilonesque de la limite).*

2. *Remarquons que* D *est un endomorphisme de* $C^\infty(\mathbb{R}_+, \mathbb{C})$ *(la linéarité est immédiate et si* $f \in C^\infty(\mathbb{R}_+, \mathbb{C})$ *alors* $f' \in C^\infty(\mathbb{R}_+, \mathbb{C})$*).*
On procède par récurrence sur le degré du polynôme P*. Pour tout entier* n*, on pose* $(\mathcal{H}_n)$ *: « pour tout polynôme* P *de* $\mathbb{C}[X] \setminus \{0\}$ *de degré* n *dont toutes les racines sont de parties réelles strictement négatives, pour toute fonction* $f \in C^\infty(\mathbb{R}_+, \mathbb{C})$*,*
si $\lim\limits_{+\infty} P(D) f = 0$ *alors* $\lim\limits_{+\infty} f = 0$ *».*
Initialisation $n = 0$*. Soient* $f \in C^\infty(\mathbb{R}_+, \mathbb{C})$ *et* $P \in \mathbb{C}[X] \setminus \{0\}$ *de degré* 0*,* $C \in \mathbb{C}^*$ *tel que* $P = C$ *(car* $P \neq 0$*) donc :*

$$P(D) = C\,\mathrm{Id} \Rightarrow P(D) f = Cf.$$

Si $\lim\limits_{+\infty} P(D) f = 0$ *alors :*

$$f = \frac{1}{C} P(D) f \underset{+\infty}{\rightarrow} C \times 0 = 0$$

Hérédité*. Soit* $n \in \mathbb{N}$ *tel que* $(\mathcal{H}_n)$ *soit vraie. Considérons* $f \in \mathbb{C}^\infty(\mathbb{R}_+, \mathbb{C})$ *et* $P \in \mathbb{C}[X] \setminus \{0\}$ *de degré* $n+1$ *dont toutes les racines ont une partie réelle strictement positives. Supposons que* $\lim\limits_{+\infty} P(D) f = 0$*. Comme* P *est non constant, il possède (au moins) une racine* a *dans* $\mathbb{C}$ *(d'après le théorème de D'Alembert-Gauss) avec* $\mathrm{Re}(a) > 0$ *donc il existe* $Q \in \mathbb{C}[X]$ *de degré* n *tel que :*

$$\begin{aligned} P(X) &= (X - a) Q(X) \Rightarrow P(D) = (D - a\,\mathrm{Id}) \circ Q(D) \\ &\Rightarrow P(D)(f) = (D - a\,\mathrm{Id})\,[Q(D) f]. \end{aligned}$$

On pose $f_1 = Q(D) f \in C^\infty(\mathbb{R}_+, \mathbb{C})$ *(car* D *est un endomorphisme de* $C^\infty(\mathbb{R}_+, \mathbb{C})$*) avec :*

$$f_1' - a f_1 = (D - a\,\mathrm{Id}) f_1 = (D - a\,\mathrm{Id})(Q(D) f) = P(D) f \underset{+\infty}{\rightarrow} 0.$$

Comme $\operatorname{Re}(-a) = -\operatorname{Re}(a) < 0$, *la question précédente montre que :*

$$\lim_{+\infty} f_1 = 0 \Leftrightarrow \lim_{+\infty} Q(D) f = 0.$$

Comme $Q \in \mathbb{C}[X] \setminus \{0\}$ *est de degré* n *et que* $f \in C^\infty(\mathbb{R}_+, \mathbb{C})$, *d'après* $(\mathcal{H}_n)$, *on peut affirmer que* $\lim\limits_{+\infty} f = 0$, *ce qui démontre* $(\mathcal{H}_{n+1})$ *et achève la récurrence.*

3. F ***est stable par addition et multiplication par les complexes.***. *Si* $f \in F$ *alors, pour tout* $\lambda \in \mathbb{C}$, $\lambda f \in F$ *(car* $|\lambda f|^2 = |\lambda|^2 |f|^2$ *est continue et intégrable sur* $\mathbb{R}_+$*). Si* f *et* g *appartiennent à* F, *montrons que* fg *est intégrable sur* $\mathbb{R}_+$. *On dispose de la majoration suivante :*

$$|fg| = |f| |g| \leqslant \frac{1}{2}\left(|f|^2 + |g|^2\right)$$

(il suffit de développer $(|f| - |g|)^2$*). Les fonctions* $|f|^2$ *et* $|g|^2$ *sont continues et intégrables sur* $\mathbb{R}_+$ *donc* $\frac{1}{2}\left(|f|^2 + |g|^2\right)$ *l'est aussi ce qui prouve l'intégrabilité de* fg *sur* $\mathbb{R}_+$. *On en déduit que* $f + g \in F$ *car elle est continue sur* $\mathbb{R}_+$ *et on a la majoration suivante :*

$$|f + g|^2 \leqslant (|f| + |g|)^2 = |f|^2 + 2|fg| + |g|^2.$$

Comme les fonctions $|f|^2$, $|fg|$ *et* $|g|^2$ *sont intégrables sur* $\mathbb{R}_+$, *la fonction* $|f|^2 + 2|fg| + |g|^2$ *l'est aussi, ce qui entraine l'intégrabilité sur* $\mathbb{R}_+$ *de* $|f + g|^2$.

Stratégie de preuve. *Nous allons procéder par récurrence comme dans le cas précédent. Le point clé étant la phase héréditaire qui correspond à prouver l'assertion suivante* $(\mathcal{A})$: *« Si* $f \in C^1(\mathbb{R}_+, \mathbb{C})$ *et* $a \in \mathbb{C}$ *avec* $\operatorname{Re}(a) > 0$ *et* $f' + af \in F$ *alors* $f \in F$ *c'est-à-dire si* $|f' + af|^2$ *est intégrable sur* $\mathbb{R}_+$ *alors* $|f|^2$ *est intégrable sur* $\mathbb{R}_+$ *».*

Preuve de l'assertion $(\mathcal{A})$. *Soient* a *un tel complexe tel que* $\operatorname{Re}(a) > 0$ *et* $f \in C^1(\mathbb{R}_+, \mathbb{C})$ *telle que* $f' + af \in F$. *Il existe* $(x, y) \in \mathbb{R}^2$ *tel que* $a = x + iy$ *avec* $x = \operatorname{Re}(a) > 0$. *On pose* $g = f' + af$ *qui est continue sur* $\mathbb{R}_+$ *et* $|g|^2$ *est intégrable sur* $\mathbb{R}_+$.

D'après la question 1, il existe un complexe C *tel que :*

$$f : t \mapsto Ce^{-at} + e^{-at} \int_0^t g(s) e^{as} ds.$$

La fonction $\psi_1 : t \mapsto e^{-at}$ *appartient à* F *car elle est continue sur* $\mathbb{R}_+$ *et la fonction* $t \mapsto |e^{-at}|^2 = e^{-2xt}$ *est intégrable sur* $\mathbb{R}_+$ *(car* $2x > 0$*). Il suffit de montrer que la fonction*

$$\psi_2 : t \mapsto e^{-at} \int_0^t g(s) e^{as} ds$$

appartient à F *pour conclure que* $f = C\psi_1 + \psi_2$ *appartient à* F. *À la question 1.b, on a établi la majoration suivante :*

$$\begin{aligned} \forall t \quad &\in \quad \mathbb{R}_+, |\psi_2(t)| \leqslant e^{-xt} \int_0^t |g(s)| e^{xs} ds = \varphi(t) \\ &\Rightarrow \quad \forall t \in \mathbb{R}_+, |\psi_2(t)|^2 \leqslant (\varphi(t))^2 \end{aligned}$$

Si on prouve que φ^2 *est intégrable sur* $\mathbb{R}_+$ *alors* $|\psi_2|^2$ *l'est aussi donc* $\psi_2 \in F$. *Notons*

$$H : t \mapsto \int_0^t |g(s)| e^{xs} ds.$$

La fonction $t \mapsto |g(t)| e^{xt}$ *étant continue sur* $\mathbb{R}_+$, *la fonction* H *est son unique primitive sur* $\mathbb{R}_+$ *s'annulant en* 0 *donc* $H' : t \mapsto |g(t)| e^{xt}$. *Pour tout réel* $X \geqslant 0$, *on a :*

$$\int_0^X (\varphi(t))^2 dt = \int_0^X e^{-2xt} (H(t))^2 dt.$$

On effectue une intégration par parties en primitivant $t \mapsto e^{-2xt}$ *et en dérivant* H^2 *donc*

$$\begin{aligned}
\int_0^X (\varphi(t))^2 dt &= \left[\frac{e^{-2xt}}{-2x}(H(t))^2\right]_{t=0}^{t=X} - \int_0^X \frac{e^{-2xt}}{-2x} 2H'(t) H(t) dt \\
&= -\frac{e^{-2xX}}{2x} + \frac{1}{2x}\int_0^X e^{-2xt} |g(t)| e^{xt} \underbrace{H(t)}_{=e^{xt}\varphi(t)} dt \\
&= -\frac{e^{-2xX}}{2x} + \frac{1}{2x}\int_0^X |g(t)| \varphi(t) dt
\end{aligned}$$

Comme $-\dfrac{e^{-2xX}}{2x} \leqslant 0$, *on en déduit la majoration suivante :*

$$\int_0^X (\varphi(t))^2 dt \leqslant \frac{1}{2x}\int_0^X |g(t)| \varphi(t) dt \leqslant \frac{1}{2x}\sqrt{\int_0^X |g(t)|^2 \int_0^X (\varphi(t))^2 dt}$$

(d'après l'inégalité de Cauchy-Schwarz sur $E = C^0([0, X], \mathbb{R})$ *munit du produit scalaire* $\langle u \mid v\rangle = \int_0^X uv$*). Si* $\int_0^X (\varphi(t))^2 dt > 0$ *alors, en divisant par* $\sqrt{\int_0^X (\varphi(t))^2 dt}$, *on obtient l'inégalité suivante :*

$$\sqrt{\int_0^X (\varphi(t))^2 dt} \leqslant \frac{1}{2x}\sqrt{\int_0^X |g(t)|^2} \Rightarrow \int_0^X (\varphi(t))^2 dt \leqslant \frac{1}{4x^2}\int_0^X |g(t)|^2 dt.$$

Si $\int_0^X (\varphi(t))^2 dt$ *alors l'inégalité ci-dessus est manifestement vérifiée. Comme la fonction* $|g|^2$ *est positive sur* $\mathbb{R}_+$ *et que l'intégrale* $\int_0^{+\infty} |g(t)|^2 dt$ *converge, on a la majoration suivante :*

$$\int_0^X |g(t)|^2\,dt \leqslant \int_0^{+\infty} |g(t)|^2\,dt \Rightarrow$$

$$\forall X \in \mathbb{R}_+,\ \int_0^X (\varphi(t))^2\,dt \leqslant \frac{1}{4x^2}\int_0^{+\infty} |g(t)|^2\,dt$$

La fonction $(\varphi(f))^2$ *étant positive sur* $\mathbb{R}_+$, *la fonction* $X \mapsto \int_0^X (\varphi(t))^2\,dt$ *est croissante et l'inégalité ci-dessus montre qu'elle est majorée donc elle possède une limite finie quand* X *tend vers* $+\infty$. *Autrement dit, l'intégrale* $\int_0^{+\infty} (\varphi(t))^2\,dt$ *converge, ce qui prouve que* $\psi_2 \in F$ *donc* $f \in F$.

Fin de la preuve. *On procède par récurrence sur le degré du polynôme* P. *Pour tout entier* d, *on pose* $(\mathcal{H}_d)$: *« pour tout polynôme* P *de* $\mathbb{C}[X]\setminus\{0\}$ *de degré* d *dont toutes les racines sont de parties réelles strictement négatives, pour toute fonction* $f \in C^d(\mathbb{R}_+,\mathbb{C})$, *si* $P(D)f \in F$ *alors* $f \in F$ *».*

Initialisation $d = 0$. *Soient* $f \in C^0(\mathbb{R}_+,\mathbb{C})$ *et* $P \in \mathbb{C}[X]\setminus\{0\}$ *de degré* 0, $C \in \mathbb{C}^*$ *tel que* $P = C$ *(car* $P \neq 0$*) donc*

$$P(D) = C\,\mathrm{Id} \Rightarrow P(D)f = Cf.$$

Si $P(D)f \in F$ *alors* $f = \dfrac{1}{C}P(D)f \in F$.

Hérédité. *Soit* $d \in \mathbb{N}$ *tel que* $(\mathcal{H}_d)$ *soit vraie. Considérons* $f \in \mathbb{C}^{d+1}(\mathbb{R}_+,\mathbb{C})$ *et* $P \in \mathbb{C}[X]\setminus\{0\}$ *de degré* $d+1$ *dont toutes les racines ont une partie réelle strictement positives. Supposons que* $P(D)f \in F$. *Comme* P *est non constant, il possède (au moins) une racine* a *dans* $\mathbb{C}$ *(d'après le théorème de D'Alembert-Gauss) avec* $\mathrm{Re}(a) > 0$ *donc il existe* $Q = \sum_{k=0}^{d} q_k X^k \in \mathbb{C}[X]$ *de degré* d *tel que*

$$P(X) = (X-a)Q(X) \Rightarrow P(D)(f) = (D - a\,\mathrm{Id})[Q(D)f].$$

On pose :

$$f_1 = Q(D)f = \sum_{k=0}^{d} q_k f^{(k)} \in C^1(\mathbb{R}_+,\mathbb{C})$$

(car $f \in C^{d+1}(\mathbb{R}_+,\mathbb{C})$ *donc*

$$\forall k \in \{0,..,d\},\ f^{(k)} \in C^{d+1-k}(\mathbb{R}_+,\mathbb{C}) \subset C^1(\mathbb{R}_+,\mathbb{C})$$

puisque $d - k \geqslant 0$*). Il est alors immédiat que :*

$$f_1' - af_1 = (D - a\,\mathrm{Id})f_1 = (D - a\,\mathrm{Id})(Q(D)f) = P(D)f \in F.$$

Comme $\mathrm{Re}(-a) = -\mathrm{Re}(a) < 0$, *d'après l'assertion* $(\mathcal{A})$, *on peut affirmer que :*

$$f_1 \in F \Leftrightarrow Q(D)f \in F.$$

Comme $Q \in \mathbb{C}[X]\setminus\{0\}$ *est de degré* d *et que* $f \in C^{d+1}(\mathbb{R}_+,\mathbb{C}) \subset C^d(\mathbb{R}_+,\mathbb{C})$, *d'après* $(\mathcal{H}_d)$, *on peut affirmer que* $f \in F$, *ce qui démontre* $(\mathcal{H}_{d+1})$ *et achève la récurrence.*

Commentaires 262 *Exercice de niveau standard et de difficulté adapté au concours Centrale-SupElec.*
La question 1.a) est un grand classique (probablement écrit dans le cours de MPSI).
La question 1.b) est aussi un grand classique (bien qu'elle soit bien plus subtile que 1.a)). Une erreur courante est de penser au théorème de convergence dominée. Il ne peut être mis en place en l'état car les bornes dépendent de t et un changement de variable $s = zt$ ne permettrait pas de l'appliquer. J'ai proposé deux méthodes classiques : via les ε (deuxième méthode qui exige plusieurs subtilités de rigueur mais qui est accessible en MPSI) ou la méthode asymptotique (première méthode, qui cachent les subtilités epsilonesques dans le théorème dédié de MP).
Le point clé de la deuxième question est de penser aux polynômes d'endomorphismes et au théorème de d'Alembert-Gauss qui permet immédiatement de procéder par récurrence. Cette question est alors beaucoup plus simple que la précédente.
Comme d'habitude à Centrale Math 1, la dernière question est la plus difficile.
Au final, les questions les plus difficiles de ce sujet sont les questions 1.b et $d = 1$ de 3.

Exercice 263 Soit $q : \mathbb{R}_+ \to \mathbb{R}_+^*$. On considère l'équation différentielle

$$(E) : y''(x) = q(x)\, y(x).$$

Pour tout $\alpha \in \mathbb{R}$, on note y_α, unique solution de (E) vérifiant $y_\alpha(0) = 1$ et $y'_\alpha(0) = \alpha$.

1. Montrer que
$$\forall x \in \mathbb{R}_+^*,\ y_0(x)\, y'_0(x) > 0.$$
Montrer que y_0 est strictement croissante sur $\mathbb{R}_+$.
2. Montrer que
$$\forall \alpha \in \mathbb{R},\ \forall x \in \mathbb{R}_+,\ y_\alpha(x) = y_0(x)\left(1 + \int_0^x \frac{\alpha dt}{(y_0(t))^2}\right).$$
3. Montrer qu'il existe $\alpha_1 < 0$ tel que l'on ait, pour $\alpha \in \mathbb{R}$, l'équivalence entre les assertions (y_α s'annule sur $\mathbb{R}_+$) et ($\alpha < \alpha_1$). Calculer α_1.

Solution 263

1. *La fonction $z = y_0 y'_0$ est dérivable sur $\mathbb{R}_+$ et sa dérivée est :*
$$z' = (y'_0)^2 + y_0 y''_0 = (y'_0)^2 + q\,(y_0)^2.$$
La fonction z' est positive sur $\mathbb{R}_+$. Supposons qu'il existe $t_0 \in \mathbb{R}_+$ tel que $z'(t_0) = 0$. Comme $z'(t_0)$ étant la somme de deux termes positifs (car $q \geqslant 0$), on en déduit que :
$$\begin{cases} q(t_0)(y_0(t_0))^2 = 0 \\ (y'_0(t_0))^2 = 0 \end{cases} \underset{\div q(t_0)>0}{\Rightarrow} \begin{cases} y_0(t_0) = 0 \\ y'_0(t_0) = 0 \end{cases}$$
Ainsi, la fonction y_0 et la fonction nulle vérifient le problème de Cauchy suivant :
$$\begin{cases} y'' - qy = 0 \\ y(t_0) = 0 \\ y'(t_0) = 0 \end{cases}.$$

L'équation $y'' - qy = 0$ étant linéaire d'ordre 2 et la fonction q étant continue sur $\mathbb{R}_+$, le théorème de Cauchy-Lipschitz montre que $y_0 = 0$ sur $\mathbb{R}_+$ donc $y_0(0) = 0$, ce qui est absurde. Par conséquent, z' est strictement positive sur $\mathbb{R}_+$ donc z est strictement croissante sur $\mathbb{R}_+$. En particulier, on en déduit que :

$$\forall t > 0,\ z(t) > 0 \Leftrightarrow \forall t > 0,\ y_0(t)\, y_0'(t) > 0.$$

Ainsi, la fonction y_0 ne s'annule pas sur $\mathbb{R}_+^*$ et comme $y_0(0) = 1$, la fonction y_0 ne s'annule pas sur $\mathbb{R}_+$. La fonction y_0 étant continue sur $\mathbb{R}_+$, le théorème des valeurs intermédiaires nous assure que la fonction y_0 est de signe fixe sur $\mathbb{R}_+$. Comme $y_0(0) = 1 > 0$, on en déduit que $y_0 > 0$ sur $\mathbb{R}_+$ donc $y_0' > 0$ sur $\mathbb{R}_+^*$. En particulier, la fonction y_0' est positive sur $\mathbb{R}_+$ et elle ne s'annule qu'en 0 donc y_0 est strictement croissante sur $\mathbb{R}_+$.

2. *Soit $\alpha \in \mathbb{R}$. On considère la fonction*

$$z : x \mapsto y_0(x)\left(1 + \int_0^x \frac{\alpha dt}{(y_0(t))^2}\right)$$

Nous allons montrer que z et y_α sont solutions d'un même problème de Cauchy pour obtenir leur égalité.

La fonction $\dfrac{1}{(y_0)^2}$ étant continue sur $\mathbb{R}_+$ (comme inverse d'une telle fonction ne s'annulant pas sur $\mathbb{R}_+$), on peut affirmer que la fonction

$$F : x \mapsto \int_0^x \frac{\alpha dt}{(y_0(t))^2}$$

est l'unique primitive de $\dfrac{\alpha}{(y_0)^2}$ s'annulant en 0. En particulier, z est dérivable sur $\mathbb{R}_+$ (comme produit de deux telles fonctions) et on a l'égalité :

$$\begin{aligned} z &= y_0(1 + \alpha F), \\ z' &= y_0'(1 + \alpha F) + y_0\left(\frac{\alpha}{(y_0)^2}\right) = y_0'(1 + \alpha F) + \frac{\alpha}{y_0}. \end{aligned}$$

Comme y_0 est deux fois dérivable sur $\mathbb{R}_+$, y_0' est dérivable sur $\mathbb{R}_+$, F est dérivable sur $\mathbb{R}$ et $\dfrac{1}{y_0}$ est dérivable sur $\mathbb{R}_+$ (comme inverse d'une telle fonction ne s'annulant pas sur $\mathbb{R}_+$) donc z' est dérivable sur $\mathbb{R}_+$ (comme somme et produit de telles fonctions) et on a :

$$z'' = y_0''(1 + \alpha F) + y_0'\left(\frac{\alpha}{(y_0)^2}\right) - \frac{\alpha y_0'}{(y_0)^2} = q y_0(1 + \alpha F) = qz$$

D'autre part, on dispose des égalités :

$$z(0) = y_0(0) = 1 \text{ et } z'(0) = y_0'(0) + \frac{\alpha}{y_0(0)} = \alpha,$$

ce qui prouve que z et y_α sont solutions du problème de Cauchy suivant :

$$\left\{\begin{array}{c} y'' - qy = 0 \\ y(0) = 1 \\ y'(0) = \alpha \end{array}\right. .$$

D'après le théorème de Cauchy-Lipschitz, on peut affirmer que $y_\alpha = z$, *ce qui permet de conclure.*

3. *D'après la question 1, comme* y_0 *est strictement croissante sur* $\mathbb{R}_+$ *et que* $y_0(0) = 1 > 0$, *on en déduit que* y_0 *ne s'annule pas sur* $\mathbb{R}_+$. *D'après la question 2, pour tout* $x \in \mathbb{R}_+$, *on a l'équivalence suivante :*

$$y_\alpha(x) = 0 \underset{\div y_0(x)>0}{\Leftrightarrow} 1 + \int_0^x \frac{\alpha dt}{(y_0(t))^2} = 0.$$

Comme $\displaystyle\int_0^x \frac{dt}{(y_0(t))^2} \geqslant 0$ *(intégrale d'une fonction positive dont les bornes sont bien ordonnées c'est-à-dire* $x \geqslant 0$*), si* $\alpha \geqslant 0$ *alors*

$$1 + \int_0^x \frac{\alpha dt}{(y_0(t))^2} \geqslant 1$$

donc $y_\alpha(x)$ *n'est jamais nul. Ainsi, l'équation* $y_\alpha(x) = 0$ *ne peut avoir de solution que si* $\alpha < 0$. *Si* $\alpha < 0$, *on a l'équivalence suivante :*

$$y_\alpha(x) = 0 \Leftrightarrow \int_0^x \frac{dt}{(y_0(t))^2} = -\frac{1}{\alpha}$$

La fonction

$$F : x \mapsto \int_0^x \frac{dt}{(y_0(t))^2}$$

est dérivable sur $\mathbb{R}_+$ *et sa dérivée est* $F' = \dfrac{1}{(y_0)^2}$ *(cf. la réponse à la question 2) qui est strictement positive. La fonction* F *est continue et strictement croissante sur* $\mathbb{R}_+$ *donc elle réalise une bijection entre* $\mathbb{R}_+$ *et*

$$F(\mathbb{R}_+) = \left[F(0), \lim_{+\infty} F\right[= \left[0, \lim_{+\infty} F\right[$$

Montrons que cette limite est finie c'est-à-dire que l'intégrale $\displaystyle\int_0^{+\infty} \frac{dt}{(y_0(t))^2}$ *converge. La fonction* $\dfrac{1}{(y_0)^2}$ *est continue sur* $\mathbb{R}_+$ *(comme inverse d'une telle fonction ne s'annulant pas sur* $\mathbb{R}_+$ *d'après la question 1) donc elle est intégrable sur* $[0,1]$. *D'après la réponse à la question* 1, y_0 *est strictement positive sur* $\mathbb{R}_+$. *Comme* q *est également strictement positive sur* $\mathbb{R}_+$, *on en déduit que* $qy_0 = y_0''$ *est strictement positive sur* $\mathbb{R}_+$. *Ainsi, la fonction* y_0' *est strictement croissante sur* $\mathbb{R}_+$ *et comme* $y_0'(0) = 0$, *on en déduit que* y_0' *est strictement positive sur* $\mathbb{R}_+$. *En particulier, on a* $y_0'(1) > 0$ *donc, par convexité de* y_0 *sur* $\mathbb{R}_+$ *(car* $y_0'' \geqslant 0$ *sur* $\mathbb{R}_+$*), le graphe de* y_0 *sur* $\mathbb{R}_+$ *est aussi de sa tangente au point* *d'abscisse 1 c'est-à-dire :*

$$\begin{aligned}
\forall x &\geqslant 1,\, y_0(x) \geqslant \underbrace{y_0(1)}_{=a} + \underbrace{y_0'(1)}_{=b}(x-1) = a + b(x-1) > 0 \Rightarrow \\
\forall x &\geqslant 1,\, 0 \leqslant \frac{1}{y_0(x)} \leqslant \frac{1}{a+b(x-1)} \Rightarrow \frac{1}{y_0(x)} \underset{x\to+\infty}{=} O\left(\frac{1}{x}\right) \\
&\Rightarrow \forall x \geqslant 1,\, \frac{1}{(y_0(x))^2} \underset{x\to+\infty}{=} O\left(\frac{1}{x^2}\right).
\end{aligned}$$

La fonction $x \mapsto \dfrac{1}{x^2}$ *étant intégrable sur* $[1,+\infty[$*, on en déduit que* $\dfrac{1}{(y_0)^2}$ *est intégrable sur* $[1,+\infty[$ *donc sur* $[0,+\infty[$*. Ainsi, l'intégrale* $\displaystyle\int_0^{+\infty} \frac{1}{(y_0)^2}$ *converge donc* $\displaystyle\lim_{+\infty} F = \int_0^{+\infty} \frac{dt}{(y_0)^2}$.
Notons

$$\beta = \int_0^{+\infty} \frac{dt}{(y_0)^2} > 0$$

alors F *réalise une bijection de* $\mathbb{R}_+$ *sur* $[0,\beta[$*. En particulier, si* $\alpha < 0$*, l'équation* $F(x) = -\dfrac{1}{\alpha}$ *admet une solution sur* $\mathbb{R}_+$ *si et seulement si*

$$-\frac{1}{\alpha} \in F(\mathbb{R}_+) = [0,\beta[\Leftrightarrow -\frac{1}{\alpha} < \beta \underset{\beta>0}{\overset{-1/\alpha>0}{\Leftrightarrow}} -\alpha > \frac{1}{\beta} \underset{\times(-1)}{\Leftrightarrow} \alpha < -\frac{1}{\beta}.$$

On note :

$$\alpha_1 = -\frac{1}{\beta} = -\left(\int_0^{+\infty} \frac{1}{(y_0)^2}\right)^{-1} < 0$$

Au final, on a démontré que l'équation $y_\alpha(x) = 0$ *admet une solution si et seulement si* $\alpha < \alpha_1$ *avec* $\alpha_1 < 0$.

Commentaires 263 *Exercice de difficulté standard pour le concours Centrale-SupElec et couvrant de larges pans du programme d'analyse de première et deuxième année.*
La question la plus simple de ce sujet est la deuxième si vous vous rappelez d'un paradigme fondamental en équations différentielles : deux fonctions sont égales si et seulement si elles vérifient un même problème de Cauchy.
La première question teste l'initiative et la rigueur du candidat.
La troisième question est la plus difficile (comme d'habitude à Centrale Math 1) sans être insurmontable. Sur ce type de question, il est préférable de pratiquer la politique des petits pas : résoudre l'équation $y_\alpha(x) = 0$ *(en utilisant la question précédente) puis de penser au théorème de bijection (paradigme à nouveau de l'analyse élémentaire pour résoudre des équations à une variable réelle).*

14.4 Mines-Ponts

Exercice 264 (Mines-Ponts) Soient λ un nombre réel, b une fonction continue et 1-périodique de $\mathbb{R}$ dans $\mathbb{R}$. L'équation différentielle $y' - \lambda y = b(x)$ admet-elle une solution 1-périodique ?

Solution 264 *On note* $(\mathcal{E}) : y' - \lambda y = b$. *L'équation homogène* $(\mathcal{E}_0) : y' - \lambda y = 0$ *admet pour solution les fonctions*

$$y_H : x \mapsto Ce^{\lambda x},\ C \in \mathbb{R}.$$

Notons

$$y_0 : x \mapsto e^{\lambda x}.$$

On détermine une solution particulière de $(\mathcal{E})$ *sous la forme*

$$y_P : x \mapsto C(x)y_0(x).$$

On obtient :

$$\begin{aligned} & C'(x)y_0(x) + C(x)y_0'(x) - \lambda C(x)y_0(x) = b(x) \\ \Leftrightarrow\ & C'(x)y_0(x) + C(x)\underbrace{(y_0'(x) - \lambda y_0(x))}_{=0} = b(x) \\ \Leftrightarrow\ & C'(x) = b(x)e^{-\lambda x}. \end{aligned}$$

La fonction

$$C : x \mapsto \int_0^x b(t)e^{-\lambda t}dt$$

convient. Par conséquent, les solutions de $(\mathcal{E})$ *sont les fonctions*

$$y : x \mapsto Ce^{\lambda x} + e^{\lambda x}\int_0^x b(t)e^{-\lambda t}dt.$$

Procédons par analyse-synthèse pour savoir si l'équation $(\mathcal{E})$ *admet des solutions* 1*-périodiques.*

Analyse du problème. *Supposons que* y *est* 1*-périodique alors*

$$\begin{aligned} y(1) &= y(0) \Leftrightarrow Ce^{\lambda} + e^{\lambda}\int_0^1 b(t)\,e^{-\lambda t}dt = C \\ &\Leftrightarrow (*) : C(1-e^{\lambda}) = e^{\lambda}\int_0^1 b(t)e^{-\lambda t}dt \end{aligned}$$

Premier cas $\lambda \neq 0$ *alors* $1 - e^{\lambda} \neq 0$ *donc l'égalité* $(*)$ *est équivalente à l'égalité :*

$$C = \frac{e^{\lambda}}{1-e^{\lambda}}\int_0^1 b(t)e^{-\lambda t}dt$$

donc la seule solution potentielle 1-périodique est la fonction

$$y : x \mapsto e^{\lambda x}C + e^{\lambda x}\int_0^x b(t)e^{-\lambda t}dt \text{ avec } C = \frac{e^{\lambda}}{1-e^{\lambda}}\int_0^1 b(t)e^{-\lambda t}dt.$$

Deuxième cas $\lambda = 0$ *alors l'égalité* $(*)$ *est équivalente à l'égalité* $\int_0^1 b(t)dt = 0$. *En particulier, si* $\int_0^1 b(t)dt \neq 0$, *l'équation* (E) *ne peut avoir de solution 1-périodique.*

Synthèse du problème. *Nous allons procéder par disjonction des cas.*

Premier cas $\lambda \neq 0$. *On considère la fonction*

$$y : x \mapsto Ce^{\lambda x} + e^{\lambda x}\int_0^x b(t)e^{-\lambda t}dt \text{ avec } C = \frac{e^{\lambda}}{1-e^{\lambda}}\int_0^1 b(t)e^{-\lambda t}dt.$$

qui est solution de (E). *Considérons la fonction*

$$z : x \mapsto y(x+1)$$

alors z *est solution de* (E) *car*

$$\forall x \in \mathbb{R},\ z'(x) - \lambda z(x) = y'(x+1) - \lambda y(x+1) = b(x+1) = b(x)$$

(car b *est 1-périodique) et*

$$z(0) = y(1) = Ce^{\lambda} + e^{\lambda}\int_0^1 b(t)e^{-\lambda t}dt = C \text{ (par définition de } C) = y(0)$$

Ainsi, les fonction y *et* z *sont solutions du même problème de Cauchy donc elles sont égales c'est-à-dire que* y *est 1-périodique.*

Deuxième cas $\lambda = 0$ *et* $\int_0^1 b(t)dt \neq 0$. *L'équation* (E) *ne peut avoir de solution 1-périodique.*

Troisième cas $\lambda = 0$ *et* $\int_0^1 b(t)dt = 0$. *Soit* y *une solution quelconque de* (E) *alors il existe un réel* C *tel que :*

$$y : x \mapsto C + \int_0^x b(t)dt.$$

Comme dans le deuxième cas, la fonction $z : x \mapsto y(x+1)$ *est solution de* (E) *et on a :*

$$z(0) = C + \int_0^1 b(t)\,dt = C = y(0)$$

donc $y = z$, *ce qui prouve que* y *est 1-périodiques.*
Au final, nous avons prouvé que :

— *si* $\lambda \neq 0$ *alors* (E) *admet une unique solution* 1*-périodique ;*

— *si* $\lambda = 0$ *et* $\int_0^1 b(t)dt \neq 0$ *alors* (E) *n'admet pas de solution* 1*-périodique ;*

— *si* $\lambda = 0$ *et* $\int_0^1 b(t)dt = 0$ *alors toutes les solutions de* (E) *sont* 1*-périodiques.*

Commentaires 264 *Exercice de difficulté standard et de niveau MPSI. Bien entendu, le point clé étant d'expliciter les solutions de l'équation (non sous forme symbolique avec les primitives). Hormis ce point, la difficulté de l'exercice se trouve au niveau de la rigueur du raisonnement : penser à procéder par analyse-synthèse et à effectuer une disjonction de cas.*

Exercice 265 (Mines-Ponts) Soit $f :]0,+\infty[\mapsto \mathbb{R}$ continue et bornée. On considère l'équation

$$(E) : xy' - y + f(x) = 0.$$

1. Résoudre l'équation (E) sur $\mathbb{R}_+^*$. Déterminer l'unique solution g telle $\lim_{x\to+\infty} g'(x) = 0$. Montrer que g est bornée sur $\mathbb{R}_+^*$.
   On suppose maintenant que f^2 est intégrable sur $]0,+\infty[$.
2. Montrer que $g(x) = o\left(\frac{1}{\sqrt{x}}\right)$ quand $x \to +\infty$.
3. Montrer que g^2 et gf sont intégrables sur $]0,+\infty[$.

Solution 265

1. *L'équation* (E) *est équivalente sur* $\mathbb{R}_+^*$ *à l'équation différentielle*

$$(\mathcal{F}) : y' - \frac{1}{x}y = -\frac{f(x)}{x}.$$

Son équation homogène admet pour solutions les fonctions

$$y_H : x \mapsto \lambda \exp\left(-\int -\frac{dx}{x}\right) = \lambda \exp(\ln(x)) = \lambda x = \lambda y_0$$

si l'on note

$$y_0 : x \mapsto x.$$

On recherche alors une solution particulière sous la forme

$$y_P : x \mapsto \lambda(x)y_0(x).$$

On obtient :

$$\begin{aligned} &\lambda'(x)y_0(x) + \lambda(x)y_0'(x) - \frac{1}{x}\lambda(x)y_0(x) = -\frac{f(x)}{x} \\ \Leftrightarrow\ &\lambda'(x)y_0(x) + \lambda(x)\underbrace{\left(y_0'(x) - \frac{1}{x}y_0(x)\right)}_{=0} = -\frac{f(x)}{x} \\ \Leftrightarrow\ &\lambda'(x) = -\frac{f(x)}{x^2}. \end{aligned}$$

La fonction

$$\lambda : x \mapsto \int_1^x -\frac{f(t)}{t^2}dt$$

convient. Par conséquent, les solutions g de (F) sont les fonctions

$$g : x \mapsto \lambda x - x\int_1^x \frac{f(t)}{t^2}dt = x\left(\lambda - \int_1^x \frac{f(t)}{t^2}dt\right).$$

Sa dérivée vaut

$$g' = \frac{g}{x} - \frac{f(x)}{x} : x \mapsto \lambda - \int_1^x \frac{f(t)}{t^2}dt - \frac{f(x)}{x}.$$

Pour commencer, remarquons que $\lim\limits_{+\infty} \frac{f(x)}{x} = 0$ (car f est bornée sur $\mathbb{R}_+$ et le dénominateur tend vers 0 en $+\infty$). La fonction $t \mapsto \frac{f(t)}{t^2}$ est continue sur $[1, +\infty[$ et, comme f est bornée sur $[1, +\infty[$, on dispose de la domination suivante :

$$\frac{f(t)}{t^2} \underset{t\to+\infty}{=} O\left(\frac{1}{t^2}\right).$$

La fonction $t \mapsto \frac{1}{t^2}$ étant positive et intégrable sur $[1, +\infty[$, la fonction $t \mapsto \frac{f(t)}{t^2}$ est intégrable sur $[1, +\infty[$. Ainsi, l'intégrale $\int_1^{+\infty} \frac{f(t)}{t^2}dt$ converge, ce qui assure l'existence de $\lim\limits_{x\to+\infty} \int_1^x \frac{f(t)}{t^2}dt$.

On peut alors écrire :

$$\lim_{+\infty} g = 0 \Leftrightarrow \lambda - \int_1^{+\infty} \frac{f(t)}{t^2}dt = 0 \Leftrightarrow \lambda = \int_1^{+\infty} \frac{f(t)}{t^2}dt$$

donc la fonction

$$g : x \mapsto x\left(\int_1^{+\infty} \frac{f(t)}{t^2}dt - \int_1^x \frac{f(t)}{t^2}dt\right) = x\int_x^{+\infty} \frac{f(t)}{t^2}dt$$

est l'unique solution de (E) telle que $\lim\limits_{+\infty} g' = 0$. En outre, si on pose $M = \sup\limits_{\mathbb{R}_+^*} |f|$, pour tout réel $x > 0$, on a les majorations suivantes :

$$\begin{aligned} |g(x)| &= x\left|\int_x^{+\infty} \frac{f(t)}{t^2}dt\right| \leqslant x\int_x^{+\infty} \left|\frac{f(t)}{t^2}\right|dt = x\int_x^{+\infty} \frac{|f(t)|}{t^2}dt \leqslant x\int_x^{+\infty} \frac{M}{t^2}dt \\ &= Mx\left[-\frac{1}{t}\right]_{t=x}^{t\to+\infty} Mx\left(\frac{1}{x}\right) = M \end{aligned}$$

donc g est bornée sur $\mathbb{R}_+^*$.

2. *Soit $x > 0$. On considère le produit scalaire $\langle u \mid v\rangle = \int_x^{+\infty} uv$ sur les fonctions continues de carré intégrable sur $[x, +\infty[$ alors, d'après l'inégalité de Cauchy-Schwarz, on a :*

$$\begin{aligned}(g(x))^2 &= x^2\left(\int_x^{+\infty} f(t)\frac{1}{t^2}dt\right)^2 = x^2\left\langle f \mid t\mapsto \frac{1}{t^2}\right\rangle^2 \leqslant x^2\|f\|^2\left\|t\mapsto\frac{1}{t^2}\right\|^2 \\ &= x^2\int_x^{+\infty}(f(t))^2dt\int_x^{+\infty}t^{-4}dt = x^2\int_x^{+\infty}(f(t))^2dt\left[\frac{t^{-3}}{-3}\right]_{t=x}^{t\to+\infty} \\ &= x^2\left(\frac{1}{3x^3}\right)\int_x^{+\infty}(f(t))^2dt = \frac{1}{3x}\int_x^{+\infty}(f(t))^2dt \underset{x\to+\infty}{=} o\left(\frac{1}{x}\right).\end{aligned}$$

car

$$\lim_{x\to+\infty}\int_x^{+\infty}(f(t))^2dt = 0.$$

On conclut en composant par la racine carrée.

3. *$\boxed{fg \text{ intégrable.}}$ Admettons (provisoirement) que g^2 soit intégrable sur $\mathbb{R}_+^*$. Comme f^2 est aussi intégrable sur $\mathbb{R}_+^*$, l'inégalité*

$$|fg| \leqslant \frac{1}{2}\left(f^2+g^2\right)$$

(obtenu en développant $(|f|-|g|)^2 \geqslant 0$) montre que fg est intégrable sur $\mathbb{R}_+^*$ (les fonctions intégrables sur $\mathbb{R}_+^*$ forment un espace vectoriel).

$\boxed{g^2 \text{ intégrable.}}$ Montrons maintenant que g^2 est intégrable sur $\mathbb{R}_+^*$. Si $g = 0$, le résultat est immédiat. Supposons désormais que $g \neq 0$.

En multipliant par g l'équation différentielle vérifiée par g, on obtient pour tout $x \in \mathbb{R}_+^*$ l'égalité :

$$\begin{aligned}&xg'(x)g(x) - (g(x))^2 + f(x)g(x) = 0 \\ \Leftrightarrow\ &\frac{1}{2}x\left((g(x))^2\right)' - (g(x))^2 + f(x)g(x) = 0.\end{aligned}$$

Soient $(\varepsilon, A) \in \left(\mathbb{R}_+^*\right)^2$ avec $\varepsilon < A$. En intégrant l'équation précédente entre ε et A, on obtient l'égalité :

$$(\mathcal{R}_1) : \underbrace{\frac{1}{2}\int_\varepsilon^A x\left((g(x))^2\right)'dx}_{=I(\varepsilon,A)} - \underbrace{\int_\varepsilon^A (g(x))^2dx}_{=J(\varepsilon,A)} + \underbrace{\int_\varepsilon^A f(x)g(x)dx}_{=K(\varepsilon,A)} = 0$$

Transformons l'intégrale $I(\varepsilon, A)$ par une intégration par parties en primitivant $\left(g^2\right)'$ et en dérivant x.

$$\begin{aligned}I(\varepsilon, A) &= \left[x(g(x))^2\right]_\varepsilon^A - \int_\varepsilon^A (g(x))^2dx \\ &= A(g(A))^2 - \varepsilon(g(\varepsilon))^2 - J(\varepsilon, A)\end{aligned}$$

En réinjectant cette cette égalité dans l'égalité $(\mathcal{R}_1)$, *on obtient*

$$(\mathcal{R}_2) : \frac{3}{2} J(\varepsilon, A) - \frac{1}{2}\left(A (g(A))^2 - \varepsilon (g(\varepsilon))^2\right) = K(\varepsilon, A)$$

D'après l'inégalité de Cauchy-Schwarz (pour le produit scalaire $\langle u \mid v \rangle = \int_\varepsilon^A uv$*), on a la majoration :*

$$(\mathcal{R}_3) : K(\varepsilon, A) \leqslant \sqrt{\int_\varepsilon^A (f(x))^2 \, dx} \sqrt{\int_\varepsilon^A (g(x))^2 \, dx}.$$

Si on note

$$X = \sqrt{\int_\varepsilon^A (g(x))^2 \, dx}, \; Y = \sqrt{\int_\varepsilon^A (f(x))^2 \, dx} \text{ et } Z = A (g(A))^2 - \varepsilon (g(\varepsilon))^2,$$

(dépendant tous trois de ε *et* A *mais il faut alléger les notations) l'égalité* $(\mathcal{R}_2)$ *et l'inégalité* $(\mathcal{R}_3)$ *fournissent les majorations suviantes :*

$$\frac{3}{2} X^2 - \frac{1}{2} Z \leqslant XY \Leftrightarrow (\mathcal{R}_4) : 3X^2 - 2XY \leqslant Z \leqslant A (g(A))^2.$$

Comme $g(x) \underset{x \to +\infty}{=} o\left(\frac{1}{\sqrt{x}}\right)$, *on peut affirmer que* $\lim_{A \to +\infty} A (g(A))^2 = 0$ *donc il existe un réel* A_0 *tel que :*

$$\forall A \geqslant A_0, \; A (g(A))^2 \leqslant 1.$$

Ainsi, en utilisant l'inégalité $(\mathcal{R}_4)$, *on obtient*

$$3X^2 - 2XY \leqslant 1 \Leftrightarrow (\mathcal{R}_5) : 3X^2 - 2YX - 1 \leqslant 0.$$

Le trinôme $3X^2 - 2XY - 1$ *(par rapport à la variable* X*) admet pour discriminant* $\Delta = 4Y^2 + 12$ *qui est positif et ses racines sont*

$$R_- = \frac{2Y - \sqrt{\Delta}}{6} < 0 \text{ et } R_+ = \frac{2Y + \sqrt{\Delta}}{6} > 0.$$

Le trinôme $3X^2 - 2XY - 1$ *étant négatif (d'après l'inégalité* $(\mathcal{R}_5)$*), on peut affirmer que* X *est entre ces deux racines, notamment que :*

$$X \leqslant R_+ = \frac{2Y + \sqrt{4Y^2 + 12}}{6}.$$

Etant donné que f^2 *est intégrable sur* $\mathbb{R}_+$, *on a :*

$$0 \leqslant Y = \sqrt{\int_\varepsilon^A (f(x))^2 \, dx} \leqslant \sqrt{\int_0^{+\infty} (f(x))^2 \, dx} = \|f\|_2,$$

ce qui prouve la majoration :

$$(\mathcal{R}_6) : \forall A \geqslant A_0, \forall \varepsilon > 0, \sqrt{\int_{\varepsilon}^{A} (g(x))^2 \, dx} \leqslant \frac{\|f\|_2 + \sqrt{4\|f\|_2 + 12}}{6}.$$

La fonction $\varepsilon \to \int_{\varepsilon}^{A} (g(x))^2 \, dx$ *étant croissante (intégrale d'une fonction positive dont l'intervalle d'intégration « grandi ») et majorée (d'après l'inégalité* $(\mathcal{R}_6)$*), elle possède une limite finie quand* $\varepsilon \to 0$*. Ainsi,* $\int_0^A (g(x))^2 \, dx$ *converge et, en faisant tendre* $\varepsilon \to 0$ *dans* $(\mathcal{R}_6)$*, on obtient la majoration*

$$(\mathcal{R}_7) : \forall A \geqslant A_0, \sqrt{\int_{0}^{A} (g(x))^2 \, dx} \leqslant \frac{\|f\|_2 + \sqrt{4\|f\|_2 + 12}}{6}$$

La fonction $A \to \int_0^A (g(x))^2 \, dx$ *étant croissante et majorée (d'après l'inégalité* $(\mathcal{R}_7)$*), elle possède une limite finie quand* $A \to +\infty$*. Ainsi,* $\int_0^{+\infty} (g(x))^2 \, dx$ *converge, ce qui démontre l'intégrabilité de* g^2 *sur* $\mathbb{R}_+^*$ *et permet de conclure.*

Commentaires 265 *Exercice original et sélectif pour Mines-Ponts, initialement donné à Polytechnique (mais aussi donné à des écrits, par exemple e3a 2006, partie III, question 5).*
Question 1 : Ka résolution de l'équation est élémentaire et de niveau MPSI. Néanmoins, il ne faut pas se limiter à invoquer la notion de primitive mais à expliciter celle-ci via le « théorème fondamental de l'analyse» sous peine de ne pouvoir aborder correctement les autres questions du sujet. Les deux autres questions de cette question ne devrait pas alors poser de difficulté particulière.
Question 2 : Elle s'avère discriminante car elle demande du recul de la part du candidat et sa capacité à exploiter l'hypothèse « f^2 *intégrable ». En cas de blocage, l'interrogateur évoquera probablement l'inégalité de Cauchy-Schwarz (sans plus de précision). Il est alors attendu du candidat qu'il sache l'énoncer en toute généralité et l'appliquer dans un contexte lié aux fonctions et intégrales.*
Question 3 : L'intégrabilité de fg *(si* g^2 *est intégrable) est un grand classique, probablement vu en cours ou en exercice. L'intégrabilité de* g^2 *est nettement plus subtile et sera probablement réservé aux meilleurs candidats. Dans tous les cas, l'interaction avec l'interrogateur sera importante à cette question.*

Exercice 266 (Mines-Ponts) Soit $A \in \mathcal{S}_n(\mathbb{R})$ à valeurs propres strictement positive et

$$X : t \in \mathbb{R} \mapsto X(t) \in \mathfrak{M}_{n,1}(\mathbb{R})$$

l'unique solution du problème de Cauchy :

$$\begin{cases} X' = AX \\ X(0) = X_0 \end{cases}$$

où $X_0 \in \mathfrak{M}_{n,1}(\mathbb{R}) \setminus \{0_{n,1}\}$. On munit $\mathfrak{M}_{n,1}(\mathbb{R})$ de sa norme euclidienne canonique $\|\|_2$. Soit $r > 0$, montrer qu'il existe un unique $t_0 \in \mathbb{R}$ tel que $\|X(t_0)\| = r$.

Solution 266 *Le théorème spectral montre que A est diagonalisable dans $\mathfrak{M}_n(\mathbb{R})$, qu'il existe une matrice orthogonale P et une matrice diagonale $D = \operatorname{diag}(\lambda_1, .., \lambda_n)$ (avec $\lambda_1, .., \lambda_n$ strictement positifs car il s'agit des valeurs propres de A) telles que :*

$$A = PDP^{-1}.$$

Posons

$$Y = P^{-1}X.$$

Pour tout réel t, on a :

$$Y'(t) = P^{-1}X'(t) = P^{-1}AX(t) = P^{-1}APY(t) = DY(t).$$

Il existe $C \in \mathfrak{M}_{n,1}(\mathbb{R})$ telle que

$$\forall t \in \mathbb{R},\ Y(t) = e^{tD}C = \operatorname{diag}\left(e^{\lambda_1 t}, .., e^{\lambda_n t}\right) C.$$

Pour $t = 0$, on obtient $C = Y(0)$. Notons :

$$\begin{aligned} Y(0) &= \begin{pmatrix} y_1 \\ \vdots \\ y_n \end{pmatrix} \text{ alors } Y(t) = \operatorname{diag}\left(e^{\lambda_1 t}, .., e^{\lambda_n t}\right) \begin{pmatrix} y_1 \\ \vdots \\ y_n \end{pmatrix} = \begin{pmatrix} e^{\lambda_1 t} y_1 \\ \vdots \\ e^{\lambda_n t} y_n \end{pmatrix} \\ \Rightarrow\ & \|Y(t)\|_2 = \sqrt{\sum_{i=1}^{n} \left(e^{\lambda_i t} y_i\right)^2} = \sqrt{\sum_{i=1}^{n} (y_i)^2 e^{2\lambda_i t}}. \end{aligned}$$

La fonction

$$f : t \in \mathbb{R} \mapsto \sum_{i=1}^{n} (y_i)^2 e^{2\lambda_i t}$$

est dérivable sur $\mathbb{R}$ et, pour tout réel t, on a :

$$f'(t) = \sum_{i=1}^{n} 2\lambda_i (y_i)^2 e^{2\lambda_i t}.$$

Soit $t \in \mathbb{R}$. Tous les termes de cette somme sont positifs donc la somme est positive. En outre, si cette somme est nulle alors tous les termes sont nuls c'est-à-dire :

$$\begin{aligned} \forall i &\in \{1, .., n\},\ 2\lambda_i (y_i)^2 e^{2\lambda_i t} = 0 \underset{\div 2\lambda_i e^{2\lambda_i t} \neq 0}{\Leftrightarrow} \forall i \in \{1, .., n\},\ (y_i)^2 = 0 \\ &\Leftrightarrow \forall i \in \{1, .., n\},\ y_i = 0 \Rightarrow Y(0) = 0_{n,1} \Rightarrow X(0) = PY(0) = 0_{n,1}, \end{aligned}$$

ce qui est absurde. Par conséquent, f' est strictement positive sur $\mathbb{R}$ donc f est continue et strictement croissante sur $\mathbb{R}$. Ainsi, f réalise une bijection de $\mathbb{R}$ sur

$$f(\mathbb{R}) = \left]\lim_{-\infty} f, \lim_{+\infty} f\right[=]0, +\infty[.$$

Comme $r \in]0, +\infty[$, il existe un unique $t_0 \in \mathbb{R}$ tel que :

$$f(t_0) = r \Leftrightarrow \|Y(t_0)\|_2 = r \Leftrightarrow \left\|P^{-1}X(t_0)\right\|_2 = r \Leftrightarrow \|X(t_0)\|_2 = r$$

(car P étant orthogonale, elle conserve la norme euclidienne sur $\mathfrak{M}_{n,1}(\mathbb{R})$).

Commentaires 266 *Exercice très discriminant car il exige du candidat une très bonne connaissance de son cours et du recul sur les notions associées (système différentiel à coefficients constants, matrices symétriques, théorème de bijection) pour ne pas se noyer dans les calculs interminables ou incompréhensibles ... voire pour démarrer. L'interaction avec l'interrogateur peut être important sur ce sujet mais il sera alors attendu du candidat une forte réactivité sur les notions fondamentales (théorème spectral, changement de variable ou exponentielle matricielle pour les équations $X' = AX$, étude de la fonction $t \mapsto \|Y(t)\|^2$).*

Exercice 267 (Mines-Ponts)

1. Résoudre l'équation différentielle

$$4xy'' + 2y' - y = 0$$

sur $\mathbb{R}_+^*$ et sur $\mathbb{R}_-^*$ sachant que sur chacun de ces intervalles, il existe une fonction f solution ne s'annulant pas telle que $\dfrac{1}{f}$ soit également solution.

2. Résoudre l'équation différentielle sur $\mathbb{R}$.

Solution 267

1. *Notons (E) l'équation différentielle de l'énoncé.*
Cas $\mathbb{R}_+^*$. *Commençons par la remarque fondamentale suivante. Soient y_1 et y_2 deux solutions de (E) sur $\mathbb{R}_+^*$ et W leur Wronskien :*

$$W = \begin{vmatrix} y_1 & y_2 \\ y_1' & y_2' \end{vmatrix} = y_1y_2' - y_1'y_2.$$

D'après le cours, W vérifie une équation différentielle. Au lieu d'après par coeur la formule (qui présume que l'équation soit normalisée), retrouvons la directement (c'est peut coûteux).

$$\begin{aligned} W' &= y_1'y_2' + y_1y_2'' - y_1''y_2 - y_1'y_2' = y_1y_2'' - y_1''y_2 \\ &= y_1\left(\frac{y_2 - 2y_2'}{4x}\right) - \left(\frac{y_1 - 2y_1'}{4x}\right)y_2 \\ &= -\frac{1}{2x}(y_1y_2' - y_1'y_2) = -\frac{1}{2x}W \Rightarrow W' + \frac{1}{2x}W = 0. \end{aligned}$$

Il existe un réel C tel que, pour tout $x \in \mathbb{R}_+^*$, on a :1

$$W(x) = C\exp\left(-\frac{1}{2}\int\frac{1}{x}dx\right) = C\exp\left(-\frac{1}{2}\ln(x)\right) = \frac{C}{\sqrt{x}}.$$

Supposons qu'il existe une solution f de (E) sur $\mathbb{R}_+^*$, ne s'annulant pas sur $\mathbb{R}_+^*$ et telle que $\frac{1}{f}$ soit aussi solution de (E) sur $\mathbb{R}_+^*$. Par définition, leur Wronskien W est défini par :

$$W : x \mapsto \begin{vmatrix} f(x) & \dfrac{1}{f(x)} \\ f'(x) & \left(\dfrac{1}{f}\right)'(x) \end{vmatrix} = \begin{vmatrix} f(x) & \dfrac{1}{f(x)} \\ f'(x) & -\dfrac{f'(x)}{(f(x))^2} \end{vmatrix} = \frac{2f'(x)}{f(x)}$$

donc, d'après le calcul précédent, il existe un réel C tel que, pour tout réel $x > 0$, on a :

$$\begin{aligned} \frac{2f'(x)}{f(x)} &= \frac{C}{\sqrt{x}} \Leftrightarrow f'(x) = \frac{C}{2\sqrt{x}}f(x) \Leftrightarrow f'(x) - \frac{C}{2\sqrt{x}}f(x) \\ &\Rightarrow \exists D \in \mathbb{R},\ f : x \mapsto D\exp\left(C\int\frac{1}{2\sqrt{x}}dx\right) = D\exp\left(C\sqrt{x}\right). \end{aligned}$$

Réciproquement, soit $C \in \mathbb{R}$, vérifions que la fonction

$$f_C : x \mapsto \exp\left(C\sqrt{x}\right)$$

est solution de (E) sur $\mathbb{R}_+^*$. Pour tout réel $x > 0$, on a :

$$\begin{aligned} f_C'(x) &= \frac{C}{2\sqrt{x}}f_C(x) = \frac{C}{2}x^{-1/2}f_C(x), \\ f_C''(x) &= -\frac{C}{4}x^{-3/2}f_C(x) + \frac{C}{2}x^{-1/2}f_C'(x) = -\frac{C}{4}x^{-3/2}f_C(x) + \frac{C^2}{4}x^{-1}f_C(x) \\ &= \left(-\frac{C}{4}x^{-3/2} + \frac{C^2}{4}x^{-1}\right)f_C(x) \end{aligned}$$

On en déduit la formule suivante :

$$\begin{aligned} 4xf_C''(x) + 2f_C'(x) - f_C(x) &= \left(-Cx^{-1/2} + C^2 + Cx^{-1/2} - 1\right)f_C(x) \\ &= \left(C^2 - 1\right)f_C(x). \end{aligned}$$

Comme f_C ne s'annule pas sur $\mathbb{R}_+^*$, f_C est solution de (E) si et seulement si

$$C^2 - 1 = 0 \Leftrightarrow C = \pm 1.$$

Par conséquent, les fonctions f_1 et f_{-1} sont solutions de (E), elles ne s'annulent pas sur $\mathbb{R}_+^*$ et

$$\frac{1}{f_1} : x \mapsto \frac{1}{\exp\left(\sqrt{x}\right)} = \exp\left(-\sqrt{x}\right) = f_{-1} \Rightarrow \frac{1}{f_1} = f_{-1}$$

donc f_1 et $\frac{1}{f_1}$ sont solutions de (E) sur $\mathbb{R}_+^*$. Sur $\mathbb{R}_+^*$, l'équation (E) est équivalente (par division par $4x \neq 0$) à l'équation

$$(F) : y'' + \frac{1}{2x}y - \frac{1}{4x}y = 0.$$

qui est linéaire homogène d'ordre 2. Les fonctions

$$x \mapsto \frac{1}{2x} \text{ et } x \mapsto -\frac{1}{4x}$$

étant continues sur l'intervalle $\mathbb{R}_+^*$, *le théorème de structure montre que les solutions de* (F) *forment un espace vectoriel de dimension 2. Comme* f *et* $\frac{1}{f}$ *appartiennent à ces solutions et forment une famille libre (*$f \neq 0$ *et* $\frac{1}{f}$ *n'est pas colinéaire à* f*, sinon* f^2 *serait constant, ce qui est absurde) donc* $\left(f, \frac{1}{f}\right)$ *est une base de cet espace. Autrement dit, une fonction* y *est solution de* (F) *(donc de* (E)*) si et seulement si :*

$$\exists (\alpha, \beta) \in \mathbb{C}^2,\ y = \alpha f + \beta \frac{1}{f} : x \mapsto \alpha \exp\left(\sqrt{x}\right) + \beta \exp\left(-\sqrt{x}\right).$$

Cas $\mathbb{R}_-^*$. *Les raisonnements sont identiques, seuls quelques calculs sont modifiés, les voici. Il existe un réel* C *tel que, pour tout réel* $x < 0$ *:*

$$\begin{aligned} W(x) &= C \exp\left(-\frac{1}{2}\int \frac{1}{x} dx\right) = C \exp\left(-\frac{1}{2}\ln|x|\right) = \frac{C}{\sqrt{|x|}} = \frac{C}{\sqrt{-x}}. \\ \frac{2f'(x)}{f(x)} &= \frac{C}{\sqrt{-x}} \Leftrightarrow f'(x) - \frac{C}{2\sqrt{-x}} f(x) \Rightarrow \exists D \in \mathbb{R},\ f : x \mapsto D \exp\left(-C\sqrt{-x}\right) \end{aligned}$$

On note (attention aux erreurs de signe)

$$\begin{aligned} g_C &: x \mapsto \exp\left(C\sqrt{-x}\right),\ g_C' : x \mapsto -\frac{C}{2}(-x)^{-1/2} g_C(x) \\ g_C'' &: x \mapsto -\frac{C}{4}(-x)^{-3/2} g_C(x) - \frac{C}{2}(-x)^{-1/2} g_C'(x) \\ &= \left(-\frac{C}{4}(-x)^{-3/2} + \frac{C^2}{4}(-x)^{-1}\right) g_C(x) \end{aligned}$$

On en déduit la formule suivante :

$$\begin{aligned} 4x g_C''(x) + 2g_C'(x) - g_C(x) &= \left(C(-x)^{-1/2} - C^2 - C(-x)^{-1/2} - 1\right) g_C(x) \\ &= -\left(C^2 + 1\right) g_C(x). \end{aligned}$$

Ainsi, g_C *est solution de* (E) *si et seulement si*

$$C^2 + 1 = 0 \Leftrightarrow C = \pm i.$$

Le reste du raisonnement est identique au cas $\mathbb{R}_+^*$ *donc les solutions de* (E) *sur* $\mathbb{R}_-^*$ *sont les fonctions :*

$$y : \gamma \exp\left(i\sqrt{-x}\right) + \delta \exp\left(-i\sqrt{-x}\right),\ (\gamma, \delta) \in \mathbb{C}^2.$$

2. *Supposons qu'il existe une solution* y *de* (E) *sur* $\mathbb{R}$ *donc elle est solution de* (E) *sur* $\mathbb{R}^*$. *D'après la question précédente, il existe quatre complexes* $\alpha, \beta, \gamma, \delta$ *tels que :*

$$y(x) = \begin{cases} \gamma \exp\left(i\sqrt{-x}\right) + \delta \exp\left(-i\sqrt{-x}\right) & \text{si } x < 0 \\ \alpha \exp\left(\sqrt{x}\right) + \beta \exp\left(-\sqrt{x}\right) & \text{si } x < 0 \end{cases}.$$

Comme y est continue sur $\mathbb{R}$, on a :

$$\lim_{x\to 0^-} y(x) = \lim_{x\mapsto 0^+} y(x) \Leftrightarrow (\mathcal{R}_1) : \gamma + \delta = \alpha + \beta.$$

Comme y est deux fois dérivables sur $\mathbb{R}$, y' est dérivable sur $\mathbb{R}$ donc elle y est continue. En particulier, elle possède des limites finie en 0^+ et en 0^-. Explicitons cette dérivée.

$$\begin{aligned} x &> 0 : y'(x) = \frac{1}{2\sqrt{x}}\left(\alpha \exp\left(\sqrt{x}\right) - \beta \exp\left(-\sqrt{x}\right)\right) \\ x &< 0 : y'(x) = -\frac{i}{2\sqrt{-x}}\left(\gamma \exp\left(i\sqrt{-x}\right) - \delta \exp\left(-i\sqrt{-x}\right)\right) \end{aligned}$$

Si le numérateur tend vers une limite non nulle en 0 (à gauche ou à droite) alors y' n'a pas de limite fini en 0 (à gauche ou à droite) donc on doit exiger que :

$$\left\{\begin{array}{l} \alpha - \beta = 0 \\ \gamma - \delta = 0 \end{array}\right. \Leftrightarrow \left\{\begin{array}{l} \alpha = \beta \\ \gamma = \delta \end{array}\right. \underset{(\mathcal{R}_1)}{\Rightarrow} \left\{\begin{array}{l} \alpha = \beta \\ \gamma = \delta \\ \gamma = \alpha \end{array}\right. .$$

Ainsi, d'après les formules d'Euler et la définition de ch, *on a nécessairement*

$$y(x) = \left\{\begin{array}{ll} 2\alpha \cos\left(\sqrt{-x}\right) & si\ x > 0 \\ 2\alpha \operatorname{ch}\left(\sqrt{x}\right) & si\ x < 0 \end{array}\right.$$

Or, d'après les développements en série entière de cos *et* ch, *on a :*

$$\begin{aligned} x &< 0 : y(x) = 2\alpha \sum_{n=0}^{+\infty} \frac{(-1)^n \left(\sqrt{-x}\right)^{2n}}{(2n)!} = 2\alpha \sum_{n=0}^{+\infty} \frac{x^n}{(2n)!} \\ x &> 0 : y(x) = 2\alpha \sum_{n=0}^{+\infty} \frac{\left(\sqrt{x}\right)^{2n}}{(2n)!} = 2\alpha \sum_{n=0}^{+\infty} \frac{x^n}{(2n)!}. \end{aligned}$$

La série entière $\sum_{n\geqslant 0} \frac{x^n}{(2n)!}$ a un rayon de convergence $R = +\infty$ (par Abel ou D'Alembert) donc sa somme

$$S : x \mapsto \sum_{n=0}^{+\infty} \frac{x^n}{(2n)!}$$

est définie sur $]-R, R[= \mathbb{R}$, elle y est de classe C^∞ et $y = 2\alpha S$ sur $\mathbb{R}^*$. En faisant tendre $x \to 0$ dans cette égalité, par continuité de y et S, on en déduit que $y = 2\alpha S$ sur $\mathbb{R}$.
Réciproquement, la fonction

$$y : x \mapsto \left\{\begin{array}{ll} \cos\left(\sqrt{-x}\right) & si\ x > 0 \\ \operatorname{ch}\left(\sqrt{x}\right) & si\ x < 0 \end{array}\right. = S(x)$$

est solution de (E) sur $\mathbb{R}^*$. La fonction

$$x \mapsto 4xS''(x) + 2S'(x) - S(x)$$

étant nulle sur $\mathbb{R}^*$ et continue sur $\mathbb{R}$, elle est identiquement nulle sur $\mathbb{R}$ donc S est solution de (E) sur $\mathbb{R}$.
Par conséquent, les solutions sur $\mathbb{R}$ de (E) forment l'ensemble $\operatorname{Vect}(S)$.

Commentaires 267 *Exercice demandant une aisance certaine dans les calculs.*
Question 1 : pour un nombre très important de candidats (une large majorité), l'interrogateur proposera de calculer le Wronskien W de f et $\frac{1}{f}$. Il s'agit d'un point du programme de MP concernant les équations différentielles linéaires d'ordre 2 homogènes (page 28, dernier item) et qui intervient dans de nombreux oraux visés par cet ouvrage. Il s'agit de la fameuse méthode de Lagrange : la fonction W est solution d'une équation homogène du premier ordre donc elle se calcule. L'expression de W en fonction de f et la valeur de W fournit une équation différentielle d'ordre 1 vérifiée par f, ce qui permet le calcul de f. Autrement dit, on ramène la résolution d'une équation différentielle d'ordre 2 en deux équations différentielles d'ordre 1 (dans le cas présent). Dans le cas général, la détermination d'une fonction f fournit une autre solution g (ici $\frac{1}{f}$) de l'équation d'où l'ensemble des solutions par combinaison linéaire et le théorème de structure.
La rigueur du candidat sera également évaluée (pense-t-il à procéder par analyse-synthèse, explicitement ou implicitement).
Question 2 : Il s'agit d'une question nettement plus classique (vu en MPSI et probablement en MP) qui demande plusieurs distinctions de cas. Une fois la solution obtenue explicitement, penser à utiliser le cours de deuxième année pour régler le problème de dérivabilité très rapidement (via les séries entières si c'est possible, ce qui est le cas ici).

Exercice 268 (Mines-Ponts) Soient $q : [0,1] \to \mathbb{R}_+$ une fonction continue à valeurs positives, $f : [0,1] \to \mathbb{R}$ une fonction continue et $(a,b) \in \mathbb{R}^2$.

1. Soit $z : [0,1] \to \mathbb{R}$ vérifiant l'équation différentielle
$$z'' - q(x)z = 0.$$
Étudier la convexité de la fonction $z^2 : x \mapsto (z(x))^2$.
2. Montrer qu'il existe une unique fonction $y \in C^2([0,1], \mathbb{R})$ telle que
$$y'' - q(x)y = f(x) \text{ et } (y(0), y(1)) = (a,b).$$

Solution 268

1. *La fonction z^2 est deux fois dérivable sur $[0,1]$ (comme produit de deux telles fonctions) et*
$$\left(z^2\right)'' = 2(zz')' = 2\underbrace{(z')^2}_{} + \underbrace{q(x)}_{\geqslant 0}\underbrace{z^2}_{\geqslant 0} \geqslant 0$$
sur $[0,1]$ donc z^2 est convexe sur $[0,1]$.
2. ***Unicité**. Supposons qu'il existe deux fonctions y_1 et y_2 de classe C^2 sur $\mathbb{R}$ et vérifiant le système*
$$(\mathcal{S}) : \begin{cases} y'' - q(x)y = f(x) \\ y(0) = a \\ y(1) = b \end{cases}$$
La fonction $z = y_1 - y_2$ vérifie alors
$$z'' - q(x)z = 0 \text{ et } z(0) = z(1) = 0.$$

D'après la question 1, la fonction z^2 est convexe sur $[0,1]$ donc son graphe (sur $[0,1]$) est située sous la corde reliant les points $\left(0, z^2(0)\right) = (0,0)$ et $\left(1, z^2(1)\right) = (1,0)$ qui est la droite d'équation $y = 0$ donc $z^2 \leqslant 0$ sur $[0,1]$. Comme z^2 est à valeurs positives, on en déduit que

$$z^2 = 0 \Leftrightarrow z = 0 \Leftrightarrow y_1 = y_2$$

sur $[0,1]$, ce qui prouve l'unicité.
Existence. *Notons :*

$$(E) : y'' - q(x)\, y = f(x), \quad (E_0) : y'' - q(x)\, y = 0.$$

Comme q est continue sur $[0,1]$, le théorème de Cauchy-Lispchitz montre que les problèmes de Cauchy :

$$\left\{\begin{array}{c} y'' - q(x)\, y = 0 \\ y(0) = 1 \\ y'(0) = 0 \end{array}\right. \quad \text{et} \quad \left\{\begin{array}{c} y'' - q(x)\, y = 0 \\ y(0) = 0 \\ y'(0) = 1 \end{array}\right.$$

admettent chacun une unique solution sur $[0,1]$ que l'on note respectivement φ et ψ. En outre, l'équation différentielle (E) admet une solution particulière y_P sur $[0,1]$ (toujours par le théorème de Cauchy-Lipschitz). Soit $(u,v) \in \mathbb{R}^2$. Considérons la fonction

$$y_{u,v} = u\varphi + v\psi + y_P$$

qui est solution de (E) (car somme de solutions de (E_0) et d'une solution particulière de (E)). En l'évaluant en 0 et 1, on obtient le système suivant :

$$\left\{\begin{array}{l} y_{u,v}(0) = a \\ y_{u,v}(1) = b \end{array}\right. \Leftrightarrow \left\{\begin{array}{c} u + y_P(0) - a \\ u\varphi(1) + v\psi(1) = b \end{array}\right. \Leftrightarrow (\mathcal{T}) : \left\{\begin{array}{c} u - a - y_P(0) \\ v\psi(1) = b - u\varphi(1) \end{array}\right.$$

Supposons que $\psi(1) = 0$ alors ψ est solution de (E_0) et vérifie $\psi(0) = \psi(1) = 0$. D'après le raisonnement tenu à l'unicité, on en déduit que $\psi = 0$ sur $[0,1]$, ce qui est absurde car $\psi'(0) = 1 \neq 0$.
Par conséquent, $\psi(1) \neq 1$ donc le système $(\mathcal{T})$ admet bien une solution (u,v). Pour ce choix de (u,v), la fonction $y_{u,v}$ vérifie $(\mathcal{S})$ d'où l'existence.

Commentaires 268 *Exercice de difficulté standard pour ce concours. La première question est élémentaire. Pour la seconde, il est préférable d'aborder l'unicité en premier car, la différence de deux solutions de l'équation différentielle $y'' - qy = f$, est solution de l'équation homogène (fait fondamental de toutes les équations différentielles linéaires), ce qui permet d'utiliser la première question. Pensez à faire un petit dessin de la fonction convexe considérée pour observer son allure vue les contraintes posées (positivité, annulation). Ceci sera valorisé par l'interrogateur (la convexité est une notion d'ordre géométrique). L'existence est une question bien plus difficile, non pas d'un point de vue abstrait ou calculatoire, mais de la nécessité du candidat a prendre du recul sur son exercice, de songer à quelques notions fondamentales de son cours (principe de superposition, théorème de structure) et voir comment les mettre en oeuvre. Y songer sera valorisé par l'interrogateur et il sera probablement amené à donner une ou des indications au candidat.*

Chapitre 15

Fonctions de plusieurs variables

15.1 CCINP

Exercice 269 (CCINP) Déterminer les coordonnées et la nature de chaque extremum sur $\mathbb{R}^2$ de la fonction

$$f : (x, y) \mapsto x^2 + \left(y^3 - y\right)^2 .$$

Solution 269 *La fonction* f *est de classe* C^1 *sur* $\mathbb{R}^2$ *(puisque polynomiale) et* $\mathbb{R}^2$ *est un ouvert. Par conséquent, les extrémums de* f *sont tous des points critiques de* f *c'est-à-dire qu'ils vérifient le système :*

$$\left\{\begin{array}{l} \dfrac{\partial f}{\partial x}(x, y) = 0 \\ \dfrac{\partial f}{\partial y}(x, y) = 0 \end{array}\right. \Leftrightarrow \left\{\begin{array}{c} 2x = 0 \\ 2\left(3y^2 - 1\right)\underbrace{\left(y^3 - y\right)}_{=y(y^2-1)} = 0 \end{array}\right. \Leftrightarrow \left\{\begin{array}{c} x = 0 \\ y \in \left\{0, -1, 1, -\dfrac{1}{\sqrt{3}}, \dfrac{1}{\sqrt{3}}\right\} \end{array}\right.$$

Étude du point $(0,0)$. *On a :*

$$\forall (x, y) \in \mathbb{R}^2,\ f(x, y) - f(0,0) = x^2 + \left(y^3 - y\right)^2 \geqslant 0$$

(comme somme de deux nombres positifs car tout carré de nombre réel est posiif) donc $(0,0)$ *est un minimum global de* f.
Étude du point $(0,1)$ *et* $(0,-1)$. *Comme* $f(0,1) = f(0,-1) = 0$, *on a :*

$$\forall (x, y) \in \mathbb{R}^2,\ f(x, y) - f(0,1) = f(x, y) - f(0,-1) = f(x, y) \geqslant 0$$

donc $(0,1)$ *et* $(0,-1)$ *sont des minimums globaux de* f.

Étude du point $\left(0, \frac{1}{\sqrt{3}}\right)$ *et* $\left(0, -\frac{1}{\sqrt{3}}\right)$. *Remarquons que :*

$$\begin{aligned}
\forall x &\in \mathbb{R}, f\left(x, \frac{1}{\sqrt{3}}\right) - f\left(0, \frac{1}{\sqrt{3}}\right) = x^2 \geqslant 0 \text{ et } \forall y \in \mathbb{R}, f\left(0, \frac{1}{\sqrt{3}} + y\right) - f\left(0, \frac{1}{\sqrt{3}}\right) \\
&= \left(\left(\frac{1}{\sqrt{3}} + y\right)^3 - \left(\frac{1}{\sqrt{3}} + y\right)\right)^2 - \underbrace{\left[\left(\frac{1}{\sqrt{3}}\right)^3 - \left(\frac{1}{\sqrt{3}}\right)\right]}_{=c\neq 0}^2 \text{ (binôme de Newton)} \\
&= \left[c + \sqrt{3}y^2 + y^3\right]^2 - c^2 = c^2\left(\left[1 + \frac{\sqrt{3}}{c}y^2 + o\left(y^2\right)\right]^2 - 1\right) \underset{y \to 0}{\sim} c^2 \times \frac{\sqrt{3}}{c}y^2 = c\sqrt{3}y^2
\end{aligned}$$

car

$$(1+\alpha)^2 - 1 = 2\alpha + \alpha^2 \underset{\alpha \to 0}{\sim} 2\alpha.$$

Puisque

$$c = -\frac{4}{3\sqrt{3}} < 0,$$

on peut affirmer que $f\left(0, y + 1/\sqrt{3}\right) - f\left(0, 1/\sqrt{3}\right)$ *est strictement négatif lorsque* y *est proche de* 0. *Par conséquent,* $f - f\left(0, 1/\sqrt{3}\right)$ *n'est pas de signe constant au voisinage de* $\left(0, 1/\sqrt{3}\right)$ *donc ce point n'est pas un extrémum de* f. *Il en est de même avec* $\left(0, 1/\sqrt{3}\right)$ *(soit par un raisonnement semblable au précédent ou bien en remarquant la symétrie* $f(x, y) = f(x, -y)$*)).*

Commentaires 269 *Exercice très classique mais qui sera néanmoins discriminant. Il est attendu du candidat qu'il mentionne, a minima, le caractère différentiable de* f*, qu'il énonce clairement le lien entre extrémums et points critiques d'une telle fonction (un théorème très précis est nécessaire). La résolution en elle-même du système ne pose pas de difficulté. Par contre, la détermination de la nature de chacun des points sera discriminant pour les points* $(0, 0)$, $(0, \pm 1)$ *(il faut se souvenir ce qu'est un extrémum !) et sélectif pour les autres ponts* $\left(0, \pm\frac{1}{\sqrt{3}}\right)$.

Exercice 270 (CCINP) On note :

$$\begin{aligned}
\Delta &= \left\{(x, y) \in \mathbb{R}^2, \quad x \geqslant 0, \quad y \geqslant 0 \text{ et } x + y \leqslant \frac{\pi}{2}\right\} \\
\text{et } f &: (x, y) \mapsto \sin(x)\sin(y)\cos(x + y).
\end{aligned}$$

1. Justifier que f admet un minimumet un maximum sur Δ.
2. Déterminer ce minimum et ce maximum.
3. Soit $(x, y, z) \in (\mathbb{R}_+)^3$ tel que $x + y + z \leqslant \frac{\pi}{2}$. Montrer que $\sin(x)\sin(y)\sin(z) \leqslant \frac{1}{8}$.

Solution 270

1. *La fonction* f *est continue sur* $\mathbb{R}^2$ *(comme produit et composée de telles fonctions). Établissons que* Δ *(qui est l'intérieur d'un triangle) est compact. Puisque* $\mathbb{R}^2$ *est un*

espace vectoriel normé de dimension finie, cela revient à prouver que Δ *est fermé et borné. Pour tout* $(x,y)\in\Delta$, *on a :*

$$\left\{\begin{array}{l} x\geqslant 0,\ y\geqslant 0 \\ x+y\leqslant \dfrac{\pi}{2}\end{array}\right. \Rightarrow \left\{\begin{array}{l} x\geqslant 0,\ y\geqslant 0 \\ x\underset{y\geqslant 0}{\leqslant} x+y\leqslant \dfrac{\pi}{2} \\ y\underset{x\geqslant 0}{\leqslant} x+y\leqslant \dfrac{\pi}{2}\end{array}\right. \Rightarrow \left\{\begin{array}{l} 0\leqslant x\leqslant \dfrac{\pi}{2} \\ 0\leqslant y\leqslant \dfrac{\pi}{2}\end{array}\right.$$

donc Δ *est borné. Soit* $(X_n)_n=(x_n,y_n)_n$ *une suite de* Δ *qui converge vers* $X=(x,y)\in\mathbb{R}^2$. *Par définition de* Δ *et* X, *on a :*

$$\left\{\begin{array}{l} (*) : \forall n\in\mathbb{N},\ x_n\geqslant 0,\ y_n\geqslant 0,\ x_n+y_n\leqslant \dfrac{\pi}{2} \\ \lim\limits_{n\to+\infty} x_n=x,\ \lim\limits_{n\to+\infty} y_n=y\end{array}\right.$$

En faisant tendre n *vers* $+\infty$ *dans les inégalités de* $(*)$, *on obtient*

$$x\geqslant 0,\quad y\geqslant 0 \text{ et } x+y\leqslant \frac{\pi}{2}$$

c'est-à-dire que $X\in\Delta$ *donc* Δ *est fermé.*
La fonction f *étant continue sur le compact* Δ, *on peut affirmer qu'elle y admet un minimum et maximum.*

2. *Puisque les fonctions* sin *et* cos *sont bornées par* 1, *on a les majorations :*

$$\forall (x,y)\in\Delta,\ |f(x,y)|\leqslant 1\times 1\times 1=1\Rightarrow -1\leqslant f(x,y)\leqslant 1.$$

On remarque alors que $M_0=\left(\frac{\pi}{2},\frac{\pi}{2}\right)\in\Delta$ *et que* $f(M_0)=-1$ *donc le minimum de* f *sur* Δ *vaut* -1.
Déterminons maintenant son maximum. On remarque que $\left(\frac{\pi}{6},\frac{\pi}{6}\right)\in\Delta$ *et on a :*

$$f\left(\frac{\pi}{6},\frac{\pi}{6}\right)=\left(\frac{1}{2}\right)^3>0 \text{ (car } \sin\left(\frac{\pi}{6}\right)=\cos\left(\frac{\pi}{3}\right)=\frac{1}{2}).$$

Soit $M_1=(x_1,y_1)\in\Delta$ *tel que* $f(M_1)$ *soit le maximum de* f *sur* Δ. *Si* $x_1=0$ *ou* $y_1=0$ *ou* $x_1+y_1=\frac{\pi}{2}$ *(l'un des facteurs composant* f *est nul) alors*

$$f(M_1)=0<f\left(\frac{\pi}{6},\frac{\pi}{6}\right),$$

ce qui est absurde. Par conséquent, on est assuré que

$$x_1>0,\quad y_1>0 \text{ et } x_1+y_1<\frac{\pi}{2}$$

c'est-à-dire que M_1 *appartient à l'intérieur* $\mathring{\Delta}$ *de* Δ. *Comme* $\mathring{\Delta}$ *est un ouvert de* $\mathbb{R}^2$, *que* f *est de classe* C^1 *sur cet ouvert (comme produit de telles fonctions), on en déduit que* M_1 *est un point critique de* f *c'est-à-dire que :*

$$\left\{\begin{array}{l} \dfrac{\partial f}{\partial x}(x_1,y_1)=0 \\ \dfrac{\partial f}{\partial y}(x_1,y_1)=0\end{array}\right.$$

$$\Leftrightarrow \left\{\begin{array}{l} \cos(x_1)\sin(y_1)\cos(x_1+y_1)-\sin(x_1)\sin(y_1)\sin(x_1+y_1)=0 \\ \sin(x_1)\cos(y_1)\cos(x_1+y_1)-\sin(x_1)\sin(y_1)\sin(x_1+y_1)=0\end{array}\right.$$

Comme $\sin(y_1) \neq 0$ *et* $\sin(x_1) \neq 0$ *(car* $y_1 \in \left]0, \frac{\pi}{2}\right[$*) on peut diviser les deux égalités ci-dessus respectivement par* $\sin(y_1)$ *et* $\sin(x_1)$, *ce qui nous donne le système suivant :*

$$\begin{cases} \cos(x_1)\cos(x_1+y_1) = \sin(x_1)\sin(x_1+y_1) \\ \cos(y_1)\cos(x_1+y_1) = \sin(y_1)\sin(x_1+y_1) \end{cases}.$$

Pour les mêmes raisons, on peut diviser ces deux égalités respectivement par $\cos(x_1)\cos(x_1+y_1)$ *et* $\cos(y_1)\cos(x_1+y_1)$ *(car* $x_1+y_1 \in \left]0, \frac{\pi}{2}\right[$*) pour nous ramener à égalité sur des valeurs de la fonction tangente :*

$$\begin{cases} \tan(x_1)\tan(x_1+y_1) = 1 \\ \tan(y_1)\tan(x_1+y_1) = 1 \end{cases} \Rightarrow \tan(x_1) = \frac{1}{\tan(x_1+y_1)} = \tan(y_1)$$

(la division est licite car x_1 *et* y_1 *appartiennent à* $\left]0, \frac{\pi}{2}\right[$*). La fonction tangente étant injective sur* $\left]0, \frac{\pi}{2}\right[$, *on en déduit que* $x_1 = y_1$ *donc*

$$\begin{aligned} \tan(x_1)\tan(2x_1) = 1 &\Leftrightarrow \frac{\sin(x_1)\sin(2x_1)}{\cos(x_1)\cos(2x_1)} = 1 \\ &\Leftrightarrow \sin(x_1)\sin(2x_1) = \cos(x_1)\cos(2x_1) \\ &\Leftrightarrow \cos(x_1)\cos(2x_1) - \sin(x_1)\sin(2x_1) = 0 \\ &\Leftrightarrow \cos(x_1+2x_1) = 0 \Leftrightarrow \cos(3x_1) = 0 \\ &\Leftrightarrow 3x_1 = \frac{\pi}{2} + k\pi,\ k \in \mathbb{Z} \Leftrightarrow x_1 = \frac{\pi}{6} + \frac{k\pi}{3},\ k \in \mathbb{Z}. \end{aligned}$$

Or, x_1 *appartient à* $\left]0, \frac{\pi}{2}\right[$ *donc* $x_1 = \frac{\pi}{6}$ *et* $y_1 = x_1 = \frac{\pi}{6}$, *ce qui montre que l'égalité :*

$$\max_{\Delta} f = f\left(\frac{\pi}{6}, \frac{\pi}{6}\right) = \frac{1}{8}.$$

3. *Soit* $(x,y,z) \in (\mathbb{R}_+)^3$ *tel que* $x+y+z \leqslant \frac{\pi}{2}$. *Par définition, on a :*

$$x \geqslant 0,\ y \geqslant 0,\ z \geqslant 0 \text{ et } z \leqslant \frac{\pi}{2} - (x+y)$$

La fonction sin *étant positive et croissante sur* $\left[0, \frac{\pi}{2}\right]$, *on peut affirmer que :*

$$\sin(z) \leqslant \sin\left(\frac{\pi}{2} - (x+y)\right) = \cos(x+y).$$

En multipliant cette inégalité par $\sin(x)\sin(y) \geqslant 0$, *on en déduit que :*

$$\sin(x)\sin(y)\sin(z) \leqslant f(x,y).$$

Or, $(x,y) \in \Delta$ *donc, d'après la question précédente, on a* $f(x,y) \leqslant \frac{1}{8}$ *ce qui permet de conclure.*

Commentaires 270 *Il s'agit d'un très bon exercice CCINP de difficulté bien graduée qui s'avère en pratique discriminant.*
Question 1 : Il s'agit d'un grand classique et tout candidat doit songer au célèbre théorème de continuité d'une fonction sur un compact. Le dessin de Δ *par le candidat sera fortement apprécié par l'interrogateur et aidera grandement le candidat à la résolution de la question.*
Question 2 : cette question cache de nombreux pièges et sera fortement discriminante. Le premier et le plus important d'entre eux est de penser qu'un extrémum est un point critique. Ceci est faux en général. Pour s'en convaincre, on observe que la fonction $h : x \in [0,1] \mapsto x$ *est minimal en* $x = 0$ *avec* $h'(0) = 1 \neq 0$ *et maximale en* $x = 1$ *avec* $h'(1) = 1 \neq 0$*. C'est la raison pour laquelle on partitionne* Δ *en son intérieur et sa frontière (ce qui est manifeste si on a effectué un dessin de* Δ*). Cette question demande à la fois rigueur (utilisation des théorèmes adéquats, disjonction de cas, bonne gestion de la résolution des équations trigonométriques et recul sur ses calculs, synthèse des divers résultats obtenus).*
Question 3 : Cette question sera sélective car elle ne demande pas de calcul mais de l'observation.

15.2 Mines-Telecom

Exercice 271 (Mines-Telecom) Recherche des éventuels extremums sur $\mathbb{R}^2$ de la fonction

$$f : (x, y) \mapsto (x - y)^2 + x^3 + y^3.$$

Solution 271 *Soit* (x_0, y_0) *un extrémum de* f *sur* $\mathbb{R}^2$*. Comme la fonction* f *est de classe* C^1 *(comme fonction polynomiale) sur l'ouvert* $\mathbb{R}^2$, (x_0, y_0) *est un point critique de* f *c'est-à-dire que :*

$$\left\{ \begin{array}{l} \dfrac{\partial f}{\partial x}(x_0, y_0) = 0 \\ \dfrac{\partial f}{\partial y}(x_0, y_0) = 0 \end{array} \right. \Leftrightarrow \left\{ \begin{array}{l} 2(x_0 - y_0) + 3x_0^2 = 0 \\ -2(x_0 - y_0) + 3y_0^2 = 0 \end{array} \right.$$

$$\Leftrightarrow \left\{ \begin{array}{l} (1) + (2) : x_0^2 + y_0^2 = 0 \\ 2(x_0 - y_0) + 3x_0^2 = 0 \end{array} \right. \Leftrightarrow \left\{ \begin{array}{l} x_0 = 0 \\ y_0 = 0 \end{array} \right.$$

(somme de deux nombres positifs (les carrés) vaut 0 *si et seulement si ces deux nombres sont nuls). Ainsi,* $(0, 0)$ *est l'unique extrémum possible de* f*. On remarque que* $f - f(0, 0) = f$ *change de signe dans tout voisinage de* f *car :*

$$\forall t \in \mathbb{R},\ f(t, t) = 2t^3$$

qui est du signe de t *(donc négatif si* t *est négatif et positif si* t *est positif). Par conséquent,* $(0, 0)$ *n'est pas un extrémum local de* f *d'où* f *ne possède aucun extrémum local.*

Commentaires 271 *Exercice très classique. Il est néanmoins attendu du candidat qu'il mentionne, a minima, le caractère différentiable de* f*, qu'il énonce clairement le lien entre extrémums et points critiques d'une telle fonction (un théorème très précis est nécessaire). La résolution en elle-même du système ne pose pas de difficulté. Par contre, la détermination de la nature du point critique fera la différence entre les candidats.*

15.3 Mines-Ponts

Exercice 272 (Mines-Ponts) La fonction f est définie sur $(\mathbb{R}_+)^2$ par :

$$f(0,0) \text{ et } \forall (x,y) \in (\mathbb{R}_+)^2 \setminus \{(0,0)\}\ f(x,y) = \frac{xy}{(x+1)(y+1)(x+y)}.$$

1. Montrer que f est continue sur $(\mathbb{R}_+)^2$.
2. Étudier les extrema de f.

Solution 272

1. *Les fonctions*
$$a : (x,y) \mapsto xy \text{ et } b : (x,y) \mapsto (x+1)(y+1)(x+y)$$
sont continues sur $(\mathbb{R}_+)^2 \setminus \{(0,0)\}$ *(puisque ce sont des fonctions polynomiales) et comme* b *ne s'annule pas sur cet ensemble, la fonction* $\frac{a}{b} = f$ *est continue sur* $(\mathbb{R}_+)^2 \setminus \{(0,0)\}$.
Étudions la continuité de f. *Pour tout* $(x,y) \in (\mathbb{R}_+)^2 \setminus \{(0,0)\}$, *on a les majorations suivantes :*
$$\begin{aligned} 0 &\leqslant x \leqslant x+y \underset{\div x+y>0}{\Rightarrow} 0 \leqslant \frac{x}{x+y} \leqslant 1 \\ \underset{\times y/(x+1)(y+1)>0}{\Rightarrow} 0 &\leqslant f(x,y) \leqslant \frac{y}{(x+1)(y+1)} \leqslant y \end{aligned}$$
(car $x+1$ *et* $y+1$ *sont supérieurs à* 1*). Comme* $\lim\limits_{(x,y)\mapsto(0,0)} y = 0$, *le théorème d'encadrement montre que :*
$$\lim_{(x,y)\to(0,0)} f(x,y) = 0 = f(0,0)$$
donc f *est continue en* $(0,0)$, *ce qui prouve sa continuité sur* $(\mathbb{R}_+)^2$.

2. *La fonction* f *est positive sur* $(\mathbb{R}_+)^2$ *et vaut* 0 *en* $(0,0)$ *donc son minimum vaut* 0.
Étudions l'existence d'un maximum. Comme f *est nulle sur* $\mathbb{R}_+ \times \{0\}$ *et* $\{0\} \times \mathbb{R}_+$, *nous allons étudier l'existence d'un maximum sur* $(\mathbb{R}_+^*)^2$.
Comme le numérateur et le dénominateur de f *sont des fonctions polynomes, elles sont de classe* C^1 *sur* $(\mathbb{R}_+^*)^2$. *Comme le dénominateur ne s'annule pas sur cet ensemble, on en déduit que leur quotient* f *est de classe* C^1 *sur* $(\mathbb{R}_+^*)^2$. *Supposons que* f *possède un maximum en* $(a,b) \in (\mathbb{R}_+^*)^2$ *alors* (a,b) *est un point critique de* f. *Déterminons les points critiques de* f *sur* $(\mathbb{R}_+^*)^2$.
$$\left\{\begin{array}{l} \dfrac{\partial f}{\partial x}(x,y) = 0 \\ \dfrac{\partial f}{\partial y}(x,y) = 0 \end{array}\right. \Leftrightarrow \left\{\begin{array}{l} \dfrac{y(1+x)(1+y)(x+y) - xy(1+y)\left[(x+y)+(1+x)\right]}{((1+x)(1+y)(x+y))^2} = 0 \\ \dfrac{x(1+x)(1+y)(x+y) - xy(1+x)\left[(x+y)+(1+y)\right]}{((1+x)(1+y)(x+y))^2} = 0 \end{array}\right.$$
$$\Leftrightarrow \left\{\begin{array}{ll} (1+x)(x+y) - x\left[(x+y)+(1+x)\right] = 0 & \div y(1+y) \neq 0 \\ (1+y)(x+y) - y\left[(x+y)+(1+y)\right] = 0 & \div x(1+x) \neq 0 \end{array}\right.$$
En développant chacune de ces équations, on obtient les équations suivantes :
$$\left\{\begin{array}{l} y - x^2 = 0 \\ x - y^2 = 0 \end{array}\right. \Leftrightarrow \left\{\begin{array}{l} y = x^2 \\ x - x^4 = 0 \end{array}\right. \Leftrightarrow \left\{\begin{array}{ll} x^3 = 1 & \div x \neq 0 \\ y = x^2 \end{array}\right. \Leftrightarrow \left\{\begin{array}{ll} x = 1 & (x > 0) \\ y = 1 \end{array}\right.$$

Ainsi, $(1,1)$ *est l'unique point critique de* f *et* $f(1,1) = \frac{1}{8}$.
Prouvons qu'il s'agit du maximum de f *sur* $(\mathbb{R}_+)^2$. *Les calculs algébriques pour déterminer le signe de* $f - \frac{1}{8}$ *s'aboutissant pas (le lecteur pourra tester), nous allons contourner le problème grâce à la compacité sur un domaine restreint bien senti. Pour cela, nous allons utiliser deux identités algébriques remarquables. La première :*

$$\forall (x,y) \in (\mathbb{R}_+)^2, \ f(x,y) = f(y,x)$$

montre que les valeurs prises par f *sont celles pour lesquels* $x \leqslant y$. *La seconde :*

$$\forall (x,y) \in (\mathbb{R}_+^*)^2, \ f\left(\frac{1}{x}, \frac{1}{y}\right) = f(x,y)$$

montre que les valeurs prises par f *sont celles pour lesquels* $y \leqslant 1$ *(sachant que si* $x = 0$, f *vaut* 0 *qui est une valeur prise pour* $x = 0$ *et* $y = 1 \leqslant 1$*). On considère alors l'ensemble*

$$\Delta = \left\{(x,y) \in [0,1]^2, \ x \leqslant y\right\}$$

qui est un compact de $\mathbb{R}^2$ *(faire un petit dessin, il s'agit d'un triangle plein). Comme* f *est continue sur ce compact, elle y admet un maximum. Comme* f *est nulle sur* $\mathbb{R}_+ \times \{0\}$ *et sur* $\{0\} \times \mathbb{R}_+$, *ce maximum est atteint sur* $(\mathbb{R}_+^*)^2$. *Le point où le maximum est atteint est un point critique de* f *et comme* f *admet un unique point critique, on en déduit que* $(1,1)$ *est le point où se réalise le maximum de* f *et que ce maximum vaut* $\frac{1}{8}$.

Commentaires 272 *La première question est sans difficulté pour ce concours. Pour la seconde, il est néanmoins attendu du candidat qu'il mentionne le caractère différentiable de* f *et qu'il énonce clairement le lien entre extrémums et points critiques d'une telle fonction (un théorème très précis est nécessaire). La résolution du système nécessite une maitrise des calculs pour ne pas s'y noyer. Pour la détermination de la nature des points critiques, l'interrogateur donnera quelques indications aux candidats.*

Exercice 273 (Mines-Ponts) Soient $(a,b) \in \mathbb{R}^2$ et $h \in C^1(\mathbb{R}^2, \mathbb{R})$ telle que

$$h = a\frac{\partial h}{\partial x} + b\frac{\partial h}{\partial y} \text{ sur } \mathbb{R}^2.$$

On suppose h bornée sur $\mathbb{R}^2$. Montrer que h est nulle.

Solution 273 *Si* $(a,b) = (0,0)$ *alors, sur* $\mathbb{R}^2$, *on a :*

$$h = 0\frac{\partial h}{\partial x} + 0\frac{\partial h}{\partial y} = 0$$

Supposons désormais que $(a,b) \neq (0,0)$. *Soit* $y \in \mathbb{R}$ *(fixé provisoirement). Considérons la fonction*

$$f : x \in \mathbb{R} \mapsto h(ax - by, bx + ay)$$

qui est dérivable sur $\mathbb{R}$. D'après la règle de dérivation des composées, pour tout réel x, on a :

$$\begin{aligned} f'(x) &= a\frac{\partial h}{\partial x}(ax-by,bx+ay)+b\frac{\partial h}{\partial y}(ax-by,by+ay) \\ &= h(ax-by,bx+ay)=f(x). \end{aligned}$$

Ainsi, f est solution de l'équation différentielle $y'=y$ donc il existe un réel C (indépendant de x mais dépendant potentielle de y) tel que :

$$\forall x\in\mathbb{R},\ f(x)=Ce^{x}\Leftrightarrow h(ax-by,bx+ay)=Ce^{x}.$$

Comme la fonction h est bornée sur $\mathbb{R}^2$, la fonction f est bornée sur $\mathbb{R}$. Comme $\lim\limits_{x\to+\infty}e^{-x}=0$, on peut affirmer que :

$$C=f(x)e^{-x}\underset{x\to+\infty}{\to}0\Rightarrow C=0.$$

Par conséquent, la fonction f est identiquement nulle sur $\mathbb{R}$, quelque soit $y\in\mathbb{R}$ choisit c'est-à-dire :

$$(*):\forall(x,y)\in\mathbb{R}^2,\ h(ax-by,bx+ay)=0.$$

La matrice $M=\begin{pmatrix}a & -b\\ b & a\end{pmatrix}$ a pour déterminant $a^2+b^2>0$ (car $(a,b)\neq(0,0)$) donc elle est inversible. On peut affirmer que l'application

$$\begin{pmatrix}x\\y\end{pmatrix}\in\mathbb{R}^2\mapsto M\begin{pmatrix}x\\y\end{pmatrix}=\begin{pmatrix}ax-by\\bx+ay\end{pmatrix}\in\mathbb{R}^2$$

est une bijection donc, lorsque (x,y) décrit $\mathbb{R}^2$, $(ax-by,bx+ay)$ décrit aussi $\mathbb{R}^2$. L'équation $(*)$ montre que $h=0$ sur $\mathbb{R}^2$.

Commentaires 273 *Il s'agit d'un exercice original pour le concours Mines-Ponts, posé quelques temps auparavant à Polytechnique (sous de multiples variantes). Le point clé de cet exercice est d'observer que $a\frac{\partial h}{\partial x}+b\frac{\partial h}{\partial y}$ est la dérivée d'une composée et de faire l'analogie de l'équation proposée avec une équation différentielle. Si le candidat n'en fait pas l'observation, l'interrogateur lui indiquera.*

Exercice 274 (Mines-Ponts) On munit $\mathbb{R}^n$ de sa norme euclidienne canonique $\|\|$. Soit $f\in C^1(\mathbb{R}^n,\mathbb{R})$ telle que :

$$\forall x=(x_1,..,x_n)\in\mathbb{R}^n,\ \sum_{i=1}^{n}x_i\frac{\partial f}{\partial x_i}(x)\geqslant 1.$$

Montrer que $f(x)\to+\infty$ quand $\|x\|\to+\infty$.

Solution 274 *Soit $x=(x_1,..,x_n)\in\mathbb{R}^n$. On considère la fonction*

$$g:t\in\mathbb{R}\mapsto f(tx)=f(tx_1,..,tx_n)$$

qui est dérivable sur $\mathbb{R}$. D'après les règles de dérivation des composées, pour tout réel t, on a :

$$\begin{aligned} g'(t) &= \sum_{i=1}^{n}\frac{d(tx_i)}{dt}\times\frac{\partial f}{\partial x_i}(tx)=\sum_{i=1}^{n}x_i\frac{\partial f}{\partial x_i}(tx) \\ tg'(t) &= \sum_{i=1}^{n}tx_i\frac{\partial f}{\partial x_i}(tx)\geqslant 1 \end{aligned}$$

(d'après la minoration de l'énoncé). Lorsque $t \geqslant 1$, on peut diviser par t cette minoration puis la primitiver, ce qui nous donne :

$$\begin{aligned} \forall t &\geqslant 1,\ g'(t) \geqslant \frac{1}{t} \Rightarrow \forall s \geqslant 1,\ \int_1^s g'(t)\,dt \geqslant \int_1^s \frac{1}{t}dt \\ &\Leftrightarrow g(s) - g(1) \geqslant \ln(s) \Leftrightarrow g(s) \geqslant g(1) + \ln(s) \\ &\Leftrightarrow (*) : \forall x \in \mathbb{R}^n,\ \forall s \geqslant 1,\ f(sx) \geqslant f(x) + \ln(s). \end{aligned}$$

Notons

$$S = \{x \in \mathbb{R}^n,\ \|x\| = 1\}$$

(la sphère unité) qui est un compact de $\mathbb{R}^n$ ($\mathbb{R}^n$ est un espace vectoriel normé de dimension fini, S est borné par construction et fermé comme image réciproque du fermé $\{1\}$ par la fonction continue $\|\|$). La fonction f est continue sur compact S donc elle y minorée par un certain réel m.
Pour tout $y \in \mathbb{R}^n$ avec $\|y\| \geqslant 1$, en choisissant

$$x_y = \frac{y}{\|y\|} \in S \text{ et } s = \|y\| \geqslant 1$$

dans l'inégalité $(*)$, on obtient :

$$\forall y \in \mathbb{R}^n,\ \|y\| \geqslant 1 \Rightarrow f(y) \geqslant f(x_y) + \ln(\|y\|) \geqslant m + \ln(\|y\|).$$

Comme

$$\lim_{\|y\| \to +\infty} m + \ln(\|y\|) = +\infty,$$

le théorème d'encadrement montre que :

$$\lim_{\|y\| \to +\infty} f(y) = +\infty.$$

Commentaires 274 *Il s'agit d'un exercice original pour le concours Mines-Ponts. Un des points clés de cet exercice est d'observer que $\sum_{i=1}^{n} x_i \frac{\partial f}{\partial x_i}(x)$ est la dérivée d'une composée. Néanmoins, le fait d'avoir une inéquation peut perturber plus d'un candidat. Il sera fortement apprécié et valorisé par l'interrogateur que le candidat traite le cas $n = 1$ c'est-à-dire qu'il discute de l'inéquation $xf'(x) \geqslant 1$. Si $x > 0$, en divisant par x puis en intégrant l'inégalité, il obtient un réel C tel que $f(x) \geqslant \ln(x) + C$ donc $\lim_{x \to +\infty} f(x) = +\infty$. En faisant un raisonnement semblable avec $g : x \mapsto f(-x)$, on obtient $\lim_{-\infty} f = +\infty$.*

Exercice 275 (Mines-Ponts) Soient $E = \mathbb{R}^n$ muni de sa structure euclidienne canonique et φ une forme linéaire non nulle sur E. Déterminer les extrema sur E de $f : x \mapsto \varphi(x)\, e^{-\|x\|^2}$.

Solution 275 *Comme $\varphi : \mathbb{R}^n \to \mathbb{R}$ est une forme linéaire, on peut affirmer que*

$$\text{rg}(\varphi) \leqslant \dim(\mathbb{R}) = 1$$

et comme φ *est non nulle,*

$$\mathrm{rg}(\varphi) \neq 0 \Rightarrow \mathrm{rg}(\varphi) = 1 \underset{rang}{\overset{th.\ du}{\Rightarrow}} \dim(\ker(\varphi)) = \dim(\mathbb{R}^n) - \mathrm{rg}(\varphi) = n - 1.$$

L'orthogonal de $\ker(\varphi)$ *est donc de dimension* 1. *Soit* e_1 *une base orthonormée de* $(\ker(\varphi))^\perp$ *et* $(e_2, .., e_n)$ *une base orthonormée de* $\ker(\varphi)$. *Comme*

$$\mathbb{R}^n = \ker(\varphi) \overset{\perp}{\oplus} (\ker(\varphi))^\perp,$$

on peut affirmer que $\mathcal{B} = (e_1, e_2, .., e_n)$ *est une base orthonormée de* E. *Soit* $x \in \mathbb{R}^n$ *et* $(x_1, .., x_n)$ *ses coordonnées dans la base* $\mathcal{B}$. *Comme* $\mathcal{B}$ *est une base orthonormée, on peut écrire :*

$$x = \sum_{i=1}^n x_i e_i, \ \|x\|^2 = \sum_{i=1}^n (x_i)^2$$

et comme φ *est linéaire avec* $\varphi(e_1) \neq 0$ *et* $\varphi(e_i) = 0$ *si* $i \in \{2, .., n\}$, *on obtient :*

$$\varphi(x) = \sum_{i=1}^n x_i \varphi(e_i) = x_1 \varphi(e_1) \Rightarrow f(x) = \varphi(e_1) x_1 \exp\left(-\sum_{i=1}^n (x_i)^2\right).$$

Puisque $\sum_{i=1}^n (x_i)^2 \geqslant (x_1)^2$, *la croissance de l'exponentielle montre que :*

$$(*) : |f(x)| \leqslant \varphi(e_1) |x_1| e^{-(x_1)^2} = \varphi(e_1) |x_1| e^{-|x_1|^2}.$$

Etudions les variations de la fonction $g : t \mapsto te^{-t^2}$ *sur* $\mathbb{R}_+$. *Cette fonction est dérivable sur* $\mathbb{R}_+$ *et*

$$g' : t \mapsto (1 - 2t^2) e^{-t} \geqslant 0 \Leftrightarrow t \leqslant \frac{1}{\sqrt{2}}.$$

On en déduit son tableau de variation sur $\mathbb{R}_+$:

t	0		$1/\sqrt{2}$		$+\infty$
$g'(t)$		$+$		$-$	
$g(t)$	0	$\nearrow$	$g(1/\sqrt{2})$	$\searrow$	0

Ainsi, $g \leqslant g\left(\frac{1}{2}\right)$ *sur* $\mathbb{R}_+$ *donc l'inégalité* $(*)$ *permet d'écrire :*

$$\begin{aligned} \forall x &\in \mathbb{R}^n, |f(x)| \leqslant \varphi(e_1) g\left(\frac{1}{\sqrt{2}}\right) = f\left(\frac{1}{\sqrt{2}} e_1\right) \\ &\Leftrightarrow f\left(-\frac{1}{\sqrt{2}} e_1\right) = -f\left(\frac{1}{\sqrt{2}} e_1\right) \leqslant f(x) \leqslant f\left(\frac{1}{\sqrt{2}} e_1\right) \Rightarrow \\ \min_{\mathbb{R}^n} f &= -f\left(\frac{1}{\sqrt{2}} e_1\right) = -\frac{\varphi(e_1)}{\sqrt{2}} e^{-1/2}, \ \max_{\mathbb{R}^n} f = f\left(\frac{1}{\sqrt{2}} e_1\right) = \frac{\varphi(e_1)}{\sqrt{2}} e^{-1/2}. \end{aligned}$$

Commentaires 275 *Cet exercice n'est qu'une généralisation d'un exercice classique : étudier les extrémums de la fonction* $g : (x, y) \mapsto ye^{-(x^2+y^2)}$. *Par exemple, l'étude de* $n = 1$ *qui fournit la fonction* $x \mapsto Axe^{-x^2}$ *(dont l'étude intervient dans le cas général) puis, en dimension* n, *d'un choix simple d'application* φ, *typiquement*

$$\varphi : x = (x_i)_{1 \leqslant i \leqslant n} \mapsto x_1.$$

De part l'étude de ces deux cas éminement particuliers mais significatifs, on observe (a postériori) que l'on progresse sérieusement au problème, ce qui sera forcément valorisé par l'interrogateur (surtout $x \mapsto x_1$*). Le fait de pouvoir se ramener à ce dernier cas sera l'occasion d'une interaction avec l'interrogateur et sera réservé aux bons candidats.*

Exercice 276 (Mines-Ponts) Soit $n \in \mathbb{N}^*$. Pour $M \in \mathfrak{M}_n(\mathbb{R})$, on pose

$$f(M) = \left(\mathrm{Tr}(M), \mathrm{Tr}(M^2), .., \mathrm{Tr}(M^n)\right) \in \mathbb{R}^n.$$

1. Montrer que f est différentiable et calculer sa différentielle $df(M)$.
2. Comparer le rang de $df(M)$ au degré du polynôme minimal μ_M de M.
3. Montrer que l'ensemble

$$\{M \in \mathfrak{M}_n(\mathbb{R}), \quad \chi_M = \mu_M\}$$

est un ouvert de $\mathfrak{M}_n(\mathbb{R})$ (où χ_M est le polynôme caractéristique de M).

Solution 276

1. *Pour chaque entier* $k \geqslant 1$, *les formules du produit matriciel et la définition de la trace montrent que les fonctions*

$$a_k : M \in \mathfrak{M}_n(\mathbb{R}) \mapsto \mathrm{Tr}\left(M^k\right)$$

sont des polynômes en les coefficients de M *donc ces fonctions sont de classe* C^∞ *sur* $\mathfrak{M}_n(\mathbb{R})$. *Par conséquent, la fonction* f *est de classe* C^∞ *sur* $\mathfrak{M}_n(\mathbb{R})$ *donc elle y est différentiable.*
Afin de gérer le développement limité de f, *munissons* $\mathfrak{M}_n(\mathbb{R})$ *de la norme*

$$\forall A \in \mathfrak{M}_n(\mathbb{R}), \ \|A\| = n \max_{1 \leqslant i,j \leqslant n} |A_{i,j}|$$

qui vérifie une formule très utile pour les futurs calculs. Pour tout $(A, B) \in (\mathfrak{M}_n(\mathbb{R}))^2$, *on a :*

$$\begin{aligned} \|AB\| &= n \max_{1 \leqslant i,j \leqslant n} \left| \sum_{k=1}^{n} A_{i,k} B_{k,j} \right| \leqslant n \max_{1 \leqslant i,j \leqslant} \sum_{k=1}^{n} \underbrace{|A_{i,k}|}_{\leqslant \|A\|/n} \underbrace{|B_{k,j}|}_{\leqslant \|B\|/n} \\ &\leqslant n \max_{1 \leqslant i,j \leqslant n} \frac{\|A\| \, \|B\|}{n^2} \sum_{k=1}^{n} 1 = n \max_{1 \leqslant i,j \leqslant n} \frac{\|A\| \, \|B\|}{n} = \|A\| \, \|B\| . \end{aligned}$$

Une récurrence immédiate montre que :

$$\forall p \geqslant 1, \ \|A^p\| \leqslant \|A\|^p$$

(formule invalide pour $p = 0$). L'application $h : A \in \mathfrak{M}_n(\mathbb{R}) \mapsto \mathrm{Tr}(A)$ étant linéaire en dimension finie, elle y est continue donc il existe un réel C tel que :

$$\forall A \in \mathfrak{M}_n(\mathbb{R}),\ |\mathrm{Tr}(A)| \leqslant C\,\|A\|.$$

Soient $(M,H) \in \mathfrak{M}_n(\mathbb{R})$ et $k \in \mathbb{N}^*$ alors, en faisant attention à la non-commutativité dans le développement des formules matricielles, on a :

$$\begin{aligned}(M+H)^k &= \underbrace{(M+H)\cdots(M+H)}_{k\ fois} = M^k + M^{k-1}H + M^{k-2}HM \\ &\quad + M^{k-3}HM^2 + \cdots + HM^{k-1} + g_k(M,H) \\ &= M^k + \sum_{i=0}^{k-1} M^i H M^{k-1-i} + g_k(M,k)\end{aligned}$$

où $g_k(M,H)$ est une somme de termes de la forme $F_1F_2\cdots F_k$ où i $(2 \leqslant i \leqslant k)$ des facteurs F_i valent H, les autres valant M, l'ensemble des positions des facteurs H décrivant l'ensemble des parties de $\{1,..,k\}$ ayant i éléments Le lecteur peut s'en convaincre en le prouvant par récurrence (ou en explicitant tous les termes pour $k=3$ et $k=4$). Par linéarité de la trace, on en déduit que :

$$a_k(M+H) = a_k(M) + \sum_{i=0}^{k-1} \mathrm{Tr}\left(M^iHM^{k-1-i}\right) + \mathrm{Tr}\left(g_k(M,H)\right).$$

La trace vérifiant la célèbre formule

$$\forall (A,B) \in (\mathfrak{M}_n(\mathbb{R}))^2,\ \mathrm{Tr}(AB) = \mathrm{Tr}(BA),$$

on peut alors écrire :

$$\begin{aligned}\forall i &\in \{0,..,k-1\},\ \mathrm{Tr}\left(M^iHM^{k-1-i}\right) = \mathrm{Tr}\left(HM^{k-1-i}M^i\right) = \mathrm{Tr}\left(HM^{k-1}\right) \\ &\Rightarrow a_k(M+H) = a_k(M) + k\,\mathrm{Tr}\left(HM^{k-1}\right) + \mathrm{Tr}\left(g_k(M,H)\right)\end{aligned}$$

L'application

$$L_M : H \in \mathfrak{M}_n(\mathbb{R}) \mapsto k\,\mathrm{Tr}\left(HM^{k-1}\right)$$

est manifestement linéaire. La linéarité de la trace montre que $\mathrm{Tr}(g_k(M,N))$ est une somme finie (le nombre de termes ne dépendant que de k) de la forme $\mathrm{Tr}(F_1\cdots F_k)$, où i facteurs F_i valent H et $k-i$ valent M (avec $2 \leqslant i \leqslant k$) pour lesquels on a les dominations suivantes :

$$|\mathrm{Tr}(F_1\cdots F_k)| \leqslant C\,\|F_1\cdots F_k\| \leqslant C\,\|F_1\|\cdots\|F_k\| = C\,\|H\|^i\,\|M\|^{k-i} \underset{H\to 0}{=} o(\|H\|)$$

puisque $i \geqslant 2$ donc $at^i \underset{t\to 0}{=} o(t)$ quelque soit le réel a. Par conséquent, $\mathrm{Tr}(g_k(M,H))$ est une somme finie de termes négligeables devant $\|H\|$, c'est-à-dire devant H, donc $\mathrm{Tr}(g_k(M,H))$ est négligeable devant H. Autrement dit, on a démontré que :

$$a_k(M+H) \underset{H\to 0}{=} a_k(M) + L_M(H) + o(H).$$

Comme $f = (a_1,..,a_n) = (a_i)_{1\leqslant i\leqslant n}$, on peut écrire les différentielles suivantes :

$$\begin{aligned}\forall (M,H) &\in (\mathfrak{M}_n(\mathbb{R}))^2,\ da_k(M)(H) = L_M(H) \\ df(M)(H) &= (da_i(M)(H))_{1\leqslant i\leqslant n} = \left(k\,\mathrm{Tr}\left(HM^{k-1}\right)\right)_{1\leqslant k\leqslant n} \\ &= \left(\mathrm{Tr}(H), 2\,\mathrm{Tr}(HM), 3\,\mathrm{Tr}\left(HM^2\right), .., n\,\mathrm{Tr}\left(HM^{n-1}\right)\right).\end{aligned}$$

2. *Soit r le degré du polynôme minimal π_M de M. Soit $k \geqslant r$, la division euclidienne de X^k par π_M montre l'existence de $Q \in \mathbb{R}[X]$ et de $R \in \mathbb{R}_{r-1}[X]$ tels que :*

$$\begin{aligned} X^k &= Q(X)\pi_M(X) + R(X) \Rightarrow \\ M^r &= Q(M)\underbrace{\pi_M(M)}_{=0} + R(M) = R(M) = \sum_{i=0}^{r-1} a_i^{(k)} M^i \end{aligned}$$

En multipliant (à gauche) par $H \in \mathfrak{M}_n(\mathbb{R})$ puis en composant par la trace cette relation linéaire, on obtient :

$$\forall k \geqslant r, \operatorname{Tr}\left(HM^k\right) = \sum_{i=0}^{r-1} a_i^{(k)} \operatorname{Tr}\left(HM^i\right).$$

$$\begin{aligned} df(M)(H) &= \left(\operatorname{Tr}(H), .., r\operatorname{Tr}\left(HM^{r-1}\right), (r+1)\sum_{i=0}^{r-1} a_i^{(r)} \operatorname{Tr}\left(HM^i\right),\right. \\ &\quad \left. .., n\sum_{i=0}^{r-1} a_i^{(n)} \operatorname{Tr}\left(HM^i\right)\right) \\ &= \operatorname{Tr}(H)\underbrace{\left(1, 0, .., 0, (r+1)a_0^{(r)}, .., na_0^{(n)}\right)}_{=\varepsilon_0} \\ &\quad + \operatorname{Tr}(MH)\underbrace{\left(0, 2, 0, .., 0, (r+1)a_1^{(r)}, .., na_1^{(n)}\right)}_{=\varepsilon_1} \\ &\quad + \cdots + \operatorname{Tr}\left(HM^{r-1}\right)\underbrace{\left(0, .., 0, r, (r+1)a_{r-1}^{(r)}, .., na_{r-1}^{(n)}\right)}_{=\varepsilon_r} \\ &= \sum_{i=0}^{r-1} \operatorname{Tr}\left(HM^i\right)\varepsilon_i. \end{aligned}$$

Remarquons que la famille $(\varepsilon_i)_{0 \leqslant i \leqslant r-1}$ est libre (pour chaque j, ε_j ne peut être combinaison linéaire de $(\varepsilon_0, .., \varepsilon_{j-1})$ en considérant son j^e coefficient). Déterminons le noyau de $df(M)$. Afin de simplifier les raisonnements, nous munirons $\mathfrak{M}_n(\mathbb{R})$ de son produit scalaire canonique :

$$\forall (A, B) \in (\mathfrak{M}_n(\mathbb{R}))^2, \langle A \mid B\rangle = \operatorname{Tr}\left({}^tAB\right)$$

donc $df(M)$ se réécrit :

$$df(M) : H \in \mathfrak{M}_n(\mathbb{R}) \mapsto \sum_{i=0}^{r-1} \left\langle {}^tH \mid M^i\right\rangle \varepsilon_i$$

Soit $H \in \mathfrak{M}_n(\mathbb{R})$ alors :

$$\begin{aligned} H &\in \ker(df(M)) \Leftrightarrow \sum_{i=0}^{r-1} \left\langle {}^tH \mid M^i\right\rangle \varepsilon_i \underset{(\varepsilon_i)_i \text{ libre}}{\Leftrightarrow} \forall i \in \{0, .., r-1\}, \left\langle {}^tH \mid M^i\right\rangle = 0 \\ &\Leftrightarrow {}^tH \in \left(\operatorname{Vect}\left(I_n, .., M^{r-1}\right)\right)^{\perp}. \end{aligned}$$

La famille $\left(M^i\right)_{0\leqslant i\leqslant r-1}$ *est libre (car r est de degré du polynôme minimal de M) donc*

$$\begin{aligned}\dim\left(\operatorname{Vect}\left(I_n,..,M^{r-1}\right)\right) &= r \Rightarrow \\ \dim\left(\operatorname{Vect}\left(I_n,..,M^{r-1}\right)\right)^{\perp} &= \dim\left(\mathfrak{M}_n\left(\mathbb{R}\right)\right) - r = n^2 - r.\end{aligned}$$

L'application

$$\varphi : H \in \ker\left(df\left(M\right)\right) \mapsto {}^tH \in \left(\operatorname{Vect}\left(I_n,..,M^{r-1}\right)\right)^{\perp}$$

est manifestement un isomorphisme donc

$$\dim\left(\ker\left(df\left(M\right)\right)\right) = \dim\left(\operatorname{Vect}\left(I_n,..,M^{r-1}\right)\right)^{\perp} = n^2 - r$$

et le théorème du rang montre que :

$$\operatorname{rg}\left(df\left(M\right)\right) = \dim\left(\mathfrak{M}_n\left(\mathbb{R}\right)\right) - \dim\left(\ker\left(df\left(M\right)\right)\right) = r = \deg\left(\pi_M\right).$$

3. *Notons*

$$U = \left\{M \in \mathfrak{M}_n\left(\mathbb{R}\right), \quad \chi_M = \mu_M\right\}.$$

Soit $M_0 \in U$ *alors le polynôme minimal de* M_0 *est de degré son polynôme caractéristique c'est-à-dire qu'il est de degré n. D'après la question précédente, cela signifie que la différentielle* $df\left(M_0\right)$ *est de rang n. Notons* $J_f\left(M_0\right)$ *sa matrice dans les bases canoniques de* $\mathfrak{M}_n\left(\mathbb{R}\right)$ *et* $\mathbb{R}^n$*. La matrice* $J_f\left(M_0\right)$ *est de taille* $n^2 \times n$ *et comme elle est de rang n, il existe un déterminant extrait* $\Delta_{I,J}\left(J_f\left(M_0\right)\right)$ *de taille* $n \times n$ *qui sont non nul. La fonction*

$$\varphi : M \mapsto \Delta_{I;J}\left(J_f\left(M\right)\right)$$

étant continue (puisque polynômiale en les coefficients de M) et que $\varphi\left(M_0\right) \neq 0$*, on peut affirmer qu'il existe un voisinage ouvert* V_{M_0} *de* M_0 *sur lequel* φ *ne s'annule pas. Pour tout* $M \in V_M$*, comme* $\varphi\left(M\right) \neq 0$*, la matrice* $J_f\left(M\right)$ *est de rang au moins n donc* $df\left(M\right)$ *est de rang au moins n. Or,* $df\left(M\right)$ *est de rang au plus n (car* $df\left(M\right)$ *est à valeurs dans* $\mathbb{R}^n$*) donc son rang vaut n c'est-à-dire que* π_M *est de degré n (d'après la question précédente). Comme* π_M *divise* χ_M *(car* π_M *divise tout polynôme annulateur de M et que* χ_M *est un polynôme annulateur de M d'après le théorème de Cayley-Hamilton), que* π_M *et* χ_M *sont de même degré et de même coefficient dominant (1 chacun), on en déduit que* $\chi_M = \pi_M$ *donc* $M \in U$*. Par conséquent, U est un ouvert de* $\mathfrak{M}_n\left(\mathbb{R}\right)$.

Commentaires 276 *Exercice difficile et sélectif pour les Mines-Ponts. Il fut donner quelques années auparavant à Polytechnique (à l'identique). Ce sujet est probablement proposé à un candidat ayant traité brillamment un exercice plus élémentaire.*
Question 1 : si la différentiabilité est aisée (chaque composant est un polynôme en les coefficients de M), le calcul de la différentielle est d'un autre niveau. Il est fortement conseiller d'observer la différentielle de $M \mapsto \operatorname{Tr}\left(M^k\right)$ *lorsque* $k = 1$ *puis* $k = 2$ *puis* $k = 3$ *pour observer ce qu'il se produit (je conseille au lecteur de le faire pour s'apercevoir pourquoi le corrigé pense à la preuve proposée). Comme d'habitude aux Mines-Ponts, la capacité d'un scientifique à traiter un cas légèrement plus simple mais significatif est valorisé. La simplification proposée,* $H \mapsto k\operatorname{Tr}\left(M^{k-1}H\right)$ *sera bien utile pour la suite (et s'observe aisément pour* $k = 2$ *et* $k = 3$*). Cette question sera probablement celle qui discriminera le plus les candidats.*
Question 2 : Cette question s'adresse aux très bons candidats car elle exige une compréhension de l'objet abstrait manipulé (la notion de rang d'une application relativement abstraite). Un candidat majorant le rang par le degré du polynôme minimal sera bien valorisé (même avec un peu d'aide de la part de l'interrogateur). Avancer significativement

à cette question (en ayant traité la précédente) assure probablement une bonne note et sa résolution complète, une excellente note.
Question 3 : Cette question est réservée aux meilleurs candidats et elle est du niveau des exercices de bons niveau des concours X-ENS.

Chapitre 16

Probabilités

16.1 CCINP

Exercice 277 (CCINP) Marcel effectue N tirages dans une urne contenant b boules blanches en ivoire et n boules noires en chocolat. Lorsque il tire une boule en chocolat, il la mange sinon il repose la boule.

1. (a) Quelle est la probabilité pour que Marcel mange au moins une boule en chocolat ?
   (b) Quelle est la probabilité pour que Marcel mange une et une seule boule en chocolat ?
2. Marcel mange une et une seule boule en chocolat, quelle est la probabilité qu'il s'agisse de la dernière boule tirée ?

Solution 277

1. (a) *On note A l'événément « Marcel mange au moins une boule en chocolat » alors l'événement contraire $\overline{A}$ signifie qu'aucune des N boules tirées par Marcel n'est blanche donc les N boules tirées sont blanches. Pour tout entier $k \in \{1, .., N\}$, on note B_k l'événement « Marcel tire une boule blanche ». On peut alors écrire :*

$$\overline{A} = B_1 \cap \cdots \cap B_N.$$

Compte tenu que les boules piochées sont remises dans l'urne si elles sont blanches, la formule des probabilités composée montre que :

$$\begin{aligned} P\left(\overline{A}\right) &= P(B_1) P_{B_1}(B_2) \cdots P_{B_1 \cap \cdots \cap B_{N-1}}(B_N) \\ &= \frac{b}{b+n} \times \frac{b}{b+n} \times \cdots \times \frac{b}{b+n} = \left(\frac{b}{b+n}\right)^N \\ &\Rightarrow P(A) = 1 - P\left(\overline{A}\right) = 1 - \left(\frac{b}{b+n}\right)^N \end{aligned}$$

   (b) *On conserve les notations de la réponse à la question précédente. Pour chaque $k \in \{1, .., N\}$, on note R_k l'événement : « Marcel pioche son unique boule noire au k^e tirage » et on note C l'événement : « Marcel pioche une seule boule noire en N tirage ». On peut alors écrire :*

$$C = \bigcup_{k=1}^{N} R_k \Rightarrow P(C) = \sum_{k=1}^{N} P(R_k)$$

(puisque les événements $(R_k)_{1\leqslant k\leqslant N}$ sont deux à deux incompatibles). Pour chaque $k\in\{1,..,N\}$, on a l'égalité ensembliste suivante :

$$R_k = B_1\cap\cdots\cap B_{k-1}\cap\overline{B_k}\cap B_{k+1}\cap\cdots\cap B_N.$$

Compte tenu que les boules piochées sont remises dans l'urne si elles sont blanches et que la boule noire n'est pas remis, la formule des probabilités composée montre que :

$$\begin{aligned}
P(R_k) &= P(B_1)P_{B_1}(B_2)\cdots P_{B_1\cap\cdots\cap B_{k-2}}(B_{k-1})P_{B_1\cap\cdots\cap B_{k-1}}(B_k)\\
&\quad P_{B_1\cap\cdots\cap B_k}(B_{k+1})\cdots P_{B_1\cap\cdots\cap B_{N-1}}(B_N)\\
&= \underbrace{\frac{b}{b+n}\times\cdots\times\frac{b}{b+n}}_{k-1\ \textit{fois}}\times\frac{n}{b+n}\times\underbrace{\frac{b}{b+n-1}\times\cdots\times\frac{b}{b+n-1}}_{N-k\ \textit{fois}}\\
&= \frac{n}{b+n}\left(\frac{b}{b+n}\right)^{k-1}\left(\frac{b}{b+n-1}\right)^{N-k}\\
&= \frac{n}{b+n}\left(\frac{b}{b+n}\right)^{-1}\left(\frac{b}{b+n-1}\right)^{N-1}\left(\frac{b}{b+n}\times\frac{b+n-1}{b}\right)^{k-1}\\
&= \frac{n}{b}\left(\frac{b}{b+n-1}\right)^{N-1}\left(1-\frac{1}{b+n}\right)^{k-1}
\end{aligned}$$

On en déduit la formule suivante :

$$\begin{aligned}
P(C) &= \frac{n}{b}\left(\frac{b}{b+n-1}\right)^{N-1}\sum_{k=1}^{N}\left(1-\frac{1}{b+n}\right)^{k-1}\\
&= \frac{n}{b}\left(\frac{b}{b+n-1}\right)^{N-1}\sum_{j=0}^{N-1}\left(1-\frac{1}{b+n}\right)^{j}\quad (j=k-1)\\
&= \frac{n}{b}\left(\frac{b}{b+n-1}\right)^{N-1}(b+n)\left(1-\left(1-\frac{1}{b+n}\right)^{N}\right)
\end{aligned}$$

2. *On conserve les notations et résultats des questions précédentes. On note D l'événement « La dernière boule tirée est noire ». Il s'agit de calculer la probabilité conditionnelle :*

$$P_C\left(\overline{B_N}\right) = \frac{P\left(C\cap\overline{B_N}\right)}{P(C)} = \frac{P(R_N)}{P(C)}.$$

Les calculs littéraux n'apportant aucune simplification, on en reste là.

Commentaires 277 *Exercice sans difficulté particulière.*

Exercice 278 (CCINP)

1. En exprimant $(X+1)^{2n}$ de deux manières différentes, calculer $\sum_{k=0}^{n}\binom{n}{k}^2$
2. Deux joueurs disposent chacun d'une pièce équilibrée et lancent leur pièce n fois. Le gagnant est celui qui obtient le plus de « pile ». Quelle loi suit le nombre de « piles » obtenu par un joueur ? Donner son espérance et sa variance.
3. Déterminer la probabilité qu'il y ait un gagnant.
4. Équivalent quand $n\to+\infty$ de la probabilité calculée à la question 3.

Solution 278

1. *Développons* $(X+1)^{2n}$ *par deux méthodes. La première en utilisant la formule du binôme de Newton :*

$$(X+1)^{2n}=\sum_{k=0}^{2n}\binom{2n}{k}X^k.$$

La seconde en remarquant que $(X+1)^{2n}=(X+1)^n(X+1)^n$, *en développant chaque facteur par le binôme de Newton puis en faisant le produit de Cauchy.*

$$\begin{aligned}(X+1)^{2n} &= (X+1)^n(X+1)^n=\sum_{k=0}^{n}\underbrace{\binom{n}{k}}_{=a_k}X^k\sum_{k=0}^{n}\underbrace{\binom{n}{k}}_{=b_k}X^k\\ &= \sum_{k=0}^{2n}\left(\sum_{i=0}^{k}a_ib_{k-i}\right)X^i=\sum_{k=0}^{2n}\left(\sum_{i=0}^{k}\binom{n}{i}\binom{n}{k-i}\right)X^k.\end{aligned}$$

Par unicité des coefficients d'un polynôme, on obtient l'égalité :

$$\forall k\in\{0,...,2n\},\ \binom{2n}{k}=\sum_{i=0}^{k}\binom{n}{i}\binom{n}{k-i}.$$

En choisissant $k=n$, *et compte-tenu que* $\binom{n}{n-i}=\binom{n}{i}$, *on en déduit que :*

$$\sum_{i=0}^{n}\binom{n}{i}^2=\binom{2n}{n}.$$

2. *Soit* X *le nombre de piles obtenus par un joueur alors* X *suit la loi binômiale* $\mathcal{B}\left(n,\dfrac{1}{2}\right)$ *(l'expérience étant le lancer d'une pièce, cette expérience a 2 issues : obtenir pile ou ne pas obtenir pile, elle est répétée n fois de façon identique et indépendantes, le nombre de succès étant le nombre de piles) c'est-à-dire :*

$$X(\Omega)=\{0,...,n\},\ \forall k\in\{0,...,n\},\ P(X=k)=\binom{n}{k}\left(\frac{1}{2}\right)^k\left(1-\frac{1}{2}\right)^{n-k}=\frac{\binom{n}{k}}{2^n}.$$

donc son espérance vaut $n\times\dfrac{1}{2}=\dfrac{n}{2}$ *et sa variance est* $n\times\dfrac{1}{2}\times\left(1-\dfrac{1}{2}\right)=\dfrac{n}{4}$.

3. *On note* X_A *le nombre de piles obtenus par le joueur* A *et* X_B *le nombre de piles obtenus par le joueur* B. *L'événement* C_n *: « il y a un gagnant après n lancers » se réalise si et seulement si* $X_A\neq X_B$ *si et seulement si l'événement* $X_A=X_B$ *ne se réalise pas c'est-à-dire* $C=\overline{(X_A=X_B)}$. *Calculons la probabilité de* $(X_A=X_B)$ *en remarquant que les*

variables X_A et X_B sont indépendantes (on peut le présumer sans difficulté particulière) :

$$\begin{aligned} P(X_A = X_B) &= P\left(\bigcup_{k=0}^{n} (X_A = k) \cap (X_B = k)\right) \underset{disjointe}{\overset{union}{=}} \sum_{k=0}^{n} P((X_A = k) \cap (X_B = k)) \\ &= \sum_{k=0}^{n} P(X_A = k) P(X_B = k) \text{ } (X_A \textit{ et } X_B \textit{ sont indépendantes}) \\ &= \sum_{k=0}^{n} \left(\frac{\binom{n}{k}}{2^n}\right)^2 = \frac{1}{2^{2n}} \sum_{k=0}^{n} \binom{n}{k}^2 = \frac{\binom{2n}{n}}{2^{2n}} \Rightarrow \\ P(C_n) &= 1 - P(X_A = X_B) = 1 - \frac{\binom{2n}{n}}{2^{2n}}. \end{aligned}$$

4. En utilisant la formule de Stirling $n! \underset{n \to +\infty}{\sim} \left(\frac{n}{e}\right)^n \sqrt{2\pi n}$, *on a :*

$$\begin{aligned} \binom{2n}{n} &= \frac{(2n)!}{(n!)^2} \underset{n \to +\infty}{\sim} \frac{\left(\frac{2n}{e}\right)^{2n} \sqrt{2\pi(2n)}}{\left(\left(\frac{n}{e}\right)^n \sqrt{2\pi n}\right)^2} = \frac{2^{2n} n^{2n} e^{-2n} 2\sqrt{\pi n}}{n^{2n} e^{-2n} 2\pi n} = \frac{2^{2n}}{\sqrt{\pi n}} \\ &\Rightarrow \frac{\binom{2n}{n}}{2^{2n}} \underset{n \to +\infty}{\sim} \frac{1}{\sqrt{\pi n}} \underset{n \to +\infty}{\to} 0 \Rightarrow P(C_n) \underset{n \to +\infty}{\to} 1 - 0 = 1. \end{aligned}$$

Commentaires 278 *Exercice sans difficulté particulière hormis la première question qui s'avère sélective. On peut donner la valeur de* $\sum_{k=0}^{n} \binom{n}{k}^2$ *par un raisonnement combinatoire direct. Considérons une urne composée de n boules vertes et de n boules rouges. On pioche n boules dans l'urne et notons A l'ensemble des telles pioches possibles. On dispose alors de* $\binom{2n}{n}$ *pioches possibles (piocher n boules dans un ensemble de 2n boules) donc*

$$(1) : \text{card}(A) = \binom{2n}{n}.$$

. Comptons ce nombre autrement en nous attachant au nombre de boules vertes piochées. Notons k ce nombre et A_k le nombre de pioches de n boules dont k sont exactement vertes. Le nombre k varie entre 0 et n. La famille $(A_k)_{k \in \{0,\ldots,n\}}$ *est une partition de A donc*

$$(2) : \text{card}(A) = \sum_{k=0}^{n} \text{card}(A_k)$$

Il varie manifestement entre 0 et n. Piocher n boules dont k exactement sont boules vertes revient à piocher k boules vertes parmi n boules vertes et $n - k$ boules rouges parmi les n boules rouges donc il y a

$$(3) : \text{card}(A_k) = \binom{n}{k}\binom{n}{n-k} = \binom{n}{k}\binom{n}{k} = \binom{n}{k}^2$$

pioches possibles. Des relations (1), (2) et (3), on en déduit la formule voulue.

16.2 Mines-Telecom

Exercice 279 (Mines-Telecom) Soit $a > 0$. On suppose que

$$\forall n \in \mathbb{N},\, p_n = a\,\frac{2^n}{n!}$$

est la probabilité qu'une famille ait n enfants. On considère que la probabilité qu'un enfant soit une fille ou un garçon est la même.

1. Déterminer a.
2. Quelle est la probabilité que la famille ait au moins un garçon ?
3. La famille a exactement un garçon. Quelle est la probabilité que la famille ait 2 enfants ?

Solution 279

1. *L'implicite de cette question est que toute famille a un nombre fini d'enfants c'est-à-dire que la famille F_n : « la famille a exactement n enfants » ($n \in \mathbb{N}$) est un système complet d'événements donc :*

$$\sum_{n=0}^{+\infty} P(F_n) = 1 \Leftrightarrow \sum_{n=0}^{+\infty} p_n = 1 \Leftrightarrow a\sum_{n=0}^{+\infty} \frac{2^n}{n!} = 1 \Leftrightarrow ae^2 = 1 \Leftrightarrow a = e^{-2}$$

Autrement dit, le nombre d'enfants d'une famille suit la loi de Poisson de paramètre 2.

2. *On note A l'événement « famille a au moins un garçon » alors $\overline{A}$ est l'événement « la famille n'ait aucun garçon » et $P(A) = 1 - P(\overline{A})$. Pour calculer la probabilité qu'une famille n'ait aucun garçon, il est nécessaire de connaitre son nombre d'enfants. Avec les notations de la réponse à la question précédente, en appliquant la formule des probabilité avec le système complet d'évèvenements $(F_n)_{n\in\mathbb{N}}$, on a la formule :*

$$\begin{aligned} P(\overline{A}) &= \sum_{n=0}^{+\infty} P(F_n \cap \overline{A}) = \sum_{n=0}^{+\infty} P(F_n)\, P_{F_n}(\overline{A}) \underset{(*)}{=} \sum_{n=0}^{+\infty} \frac{e^{-2}2^n}{n!}\left(\frac{1}{2}\right)^n \\ &= e^{-2}\sum_{n=0}^{+\infty}\frac{1}{n!} = e^{-2}e^1 = e^{-1} = \frac{1}{e}. \end{aligned}$$

$(*)$ $P_{F_n}(\overline{A})$ correspondant à ce qu'une famille possédant exactement n enfants n'ait aucun garçon c'est-à-dire que, pour tout $k \in \{1, ..., n\}$, l'événement E_k : « le k^e enfant né est une fille » donc :

$$P_{F_n}(\overline{A}) = P(E_1 \cap \cdots \cap E_n) \underset{(**)}{=} \prod_{k=1}^{n} P(E_k) \underset{(***)}{=} \prod_{k=1}^{n}\frac{1}{2} = \left(\frac{1}{2}\right)^n$$

$(**)$ le sexe des enfants étant présumé mutuellement indépendants
$(***)$ la probabilité d'avoir une fille ou un garçon étant de même probabilité.
Par conséquent, on en déduit que :

$$P(A) = 1 - \frac{1}{e} \simeq 0,632\,12$$

3. *On note G l'événement « famille a exactement un garçon ». En conservant les notations introduites lors des réponses aux deux questions précédentes, l'énoncé demande le calcul de la probabilité conditionnelle*

$$P_G(F_2) = \frac{P(G \cap F_2)}{P(G)} = \frac{P(F_2) P_{F_2}(G)}{\sum_{n=0}^{+\infty} P(F_n \cap G)} = \frac{P(F_2) P_{F_2}(G)}{\sum_{n=1}^{+\infty} P(F_n \cap G)} = \frac{P(F_2) P_{F_2}(G)}{\sum_{n=1}^{+\infty} P(F_n) P_{F_n}(G)}$$

en utilisant la formule des probabilités totales avec le système complet d'événements $(F_n)_{n\in\mathbb{N}}$ et l'événement $F_0 \cap G$ est impossible (il est difficile d'avoir un garçon dans une famille sans enfant). La probabilité conditionnelle $P_{F_n}(G)$ correspondant à ce qu'une famille de n enfants ait exactement 1 garçon. Le nombre de garçons d'une telle famille suit la loi binômiale $\mathcal{B}\left(n, \frac{1}{2}\right)$ (l'épreuve étant la naissance d'un enfant, elle est répétée à l'identique n fois, chaque expérience n'a que deux issues : le succès (avoir un garçon) ou son contraire, le nombre de garçons étant le nombre de succès). Par conséquent, on a :

$$\forall n \in \mathbb{N},\ P_{F_n}(G) = \binom{n}{1}\left(\frac{1}{2}\right)^1\left(1-\frac{1}{2}\right)^{n-1} = \frac{n}{2^n}$$

donc on obtient :

$$\begin{aligned}
\sum_{n=1}^{+\infty} P(F_n) P_{F_n}(G) &= e^{-2}\sum_{n=1}^{+\infty}\frac{2^n}{n!}\times\frac{n}{2^n} = e^{-2}\sum_{n=1}^{+\infty}\frac{n}{n(n-1)!} \\
&= e^{-2}\sum_{n=1}^{+\infty}\frac{1}{(n-1)!} \underset{k=n-1}{=} e^{-2}\sum_{k=0}^{+\infty}\frac{1}{k!} = e^{-2}e^{1} = e^{-1} \\
P(F_2) P_{F_2}(G) &= e^{-2}\frac{2^2}{2!}\times\frac{2}{2^2} = e^{-2} \Rightarrow P_G(F_2) = \frac{e^{-2}}{e^{-1}} = e^{-1} \simeq 0,367\,88
\end{aligned}$$

Commentaires 279 *Exercice qui ne doit pas poser de difficulté particulière au candidat car il ne teste que les fondamentaux du chapitre « probabilités sur un ensemble dénombrable ». Si vous avez été bloqué à au moins deux questions, il faut retravailler ce chapitre.*

16.3 Mines-Ponts

Exercice 280 (Mines-Ponts) Soit $(\Omega, \mathcal{T}, P)$ un espace probabilisé.

1. Soient A_1 et A_2 appartenant à $\mathcal{T}$. Calculer

$$P(A_1 \cup A_2) + P\left(A_1 \cup \overline{A_2}\right) + P\left(\overline{A_1} \cup A_2\right) + P\left(\overline{A_1} \cup \overline{A_2}\right).$$

2. Soient $A_1, .., A_n$ appartenant à $\mathcal{T}$. On pose

$$\Gamma = \left\{A_1, \overline{A_1}\right\} \times \cdots \times \left\{A_n, \overline{A_n}\right\}.$$

Calculer

$$\sum_{(B_1,..,B_n)\in\Gamma_n} P(B_1 \cup \cdots \cup B_n).$$

Solution 280

1. *Notons d_2 la somme à calculer et utilisons les célèbres formules :*

$$\begin{aligned} P(A \cup B) + P(A \cap B) &= P(A) + P(B) \\ P(A) + P\left(\overline{A}\right) &= 1. \end{aligned}$$

On peut alors écrire :

$$(\mathcal{E}_1) : \left\{ \begin{array}{l} P(A_1 \cup A_2) + P(A_1 \cap A_2) = P(A_1) + P(A_2) \\ P\left(A_1 \cup \overline{A_2}\right) + P\left(A_1 \cap \overline{A_2}\right) = P(A_1) + P\left(\overline{A_2}\right) \\ P\left(\overline{A_1} \cup A_2\right) + P\left(\overline{A_1} \cap A_2\right) = P\left(\overline{A_1}\right) + P(A_2) \\ P\left(\overline{A_1} \cup \overline{A_2}\right) + P\left(\overline{A_1} \cap \overline{A_2}\right) = P\left(\overline{A_1}\right) + P\left(\overline{A_2}\right) \end{array} \right.$$

D'autre part, la famille $\left(A_2, \overline{A_2}\right)$ est un système complet d'événements donc

$$(\mathcal{E}_2) : \left\{ \begin{array}{l} P(A_1) = P(A_1 \cap A_2) + P\left(A_1 \cap \overline{A_2}\right) \\ P\left(\overline{A_1}\right) = P\left(\overline{A_1} \cap A_2\right) + P\left(\overline{A_1} \cap \overline{A_2}\right) \end{array} \right.$$

En additionnant les deux égalités de $(\mathcal{E}_2)$, on obtient l'égalité :

$$P(A_1 \cap A_2) + P\left(A_1 \cap \overline{A_2}\right) + P\left(\overline{A_1} \cap A_2\right) + P\left(\overline{A_1} \cap \overline{A_2}\right) = 1.$$

En additionnant alors les quatre égalités de $(\mathcal{E}_1)$, on obtient la formule :

$$d_2 + 1 = 4 \Leftrightarrow d_2 = 3.$$

2. *Pour tout entier $n \geqslant 1$, notons*

$$\Gamma_n = \left\{A_1, \overline{A_1}\right\} \times \cdots \times \left\{A_n, \overline{A_n}\right\} \text{ et } p_n = \sum_{(B_1,..,B_n)\in\Gamma_n} P(B_1 \cup \cdots \cup B_n).$$

Pour tout $n \geqslant 2$, à l'aide de Fubini, on peut écrire p_n comme suit :

$$p_n = \sum_{(B_1,..,B_{n-1})\in\Gamma_{n-1}} \sum_{B_n \in \left\{A_n, \overline{A_n}\right\}} P(B_1 \cup \cdots \cup B_{n-1} \cup B_n)$$

La famille $\left(A_n, \overline{A_n}\right)$ *étant un système complet, pour tout* $B = (B_1, .., B_{n-1}) \in \Gamma_{n-1}$, *on note*

$$f(B) = B_1 \cup \cdots \cup B_{n-1}$$

alors on dispose de l'égalité :

$$(\mathcal{F}_1) : P(f(B)) = P(f(B) \cap A_n) + P\left(f(B) \cap \overline{A_n}\right).$$

En outre, on a les égalités suivantes :

$$(\mathcal{F}_2) : \left\{ \begin{array}{l} P(f(B) \cup A_n) + P(f(B) \cap A_n) = P(f(B)) + P(A_n) \\ P\left(f(B) \cup \overline{A_n}\right) + P\left(f(B) \cap \overline{A_n}\right) = P(f(B)) + P\left(\overline{A_n}\right) \end{array} \right. .$$

En additionnant ces deux égalités et en utilisant la formule $(\mathcal{F}_1)$, *on obtient :*

$$\begin{aligned} \forall B \in \Gamma_{n-1}, & \sum_{B_n \in \left\{A_n, \overline{A_n}\right\}} P(f(B) \cup B_n) + P(f(B)) = 2P(f(B)) + 1 \\ \Leftrightarrow & \sum_{B_n \in \left\{A_n, \overline{A_n}\right\}} P(f(B) \cup B_n) = P(f(B)) + 1. \end{aligned}$$

En sommant cette égalité sur tous les $B \in \Gamma_{n-1}$, *on obtient :*

$$p_n = p_{n-1} + \sum_{B \in \Gamma_{n-1}} 1 = p_{n-1} + \operatorname{card}(\Gamma_{n-1}) = p_{n-1} + 2^{n-1}.$$

Il est immédiat que :

$$p_1 = P(A_1) + P\left(\overline{A_1}\right) = 1$$

donc, pour tout entier $N \geqslant 2$, *les sommes télescopiques permettent d'écrire :*

$$\begin{aligned} p_N &= p_1 + \sum_{n=2}^{N} (p_n - p_{n-1}) = 1 + \sum_{n=2}^{N} 2^{n-1} \underset{k=n-2}{=} 1 + \sum_{k=0}^{N-2} 2^{k+1} \\ &= 1 + 2\sum_{k=0}^{N-2} 2^k = 1 + 2 \times \frac{2^{N-1} - 1}{2 - 1} = 2^N - 1. \end{aligned}$$

Cette formule restant manifestement vraie pour $N = 1$.

Commentaires 280 *Exercice sans aucune difficulté technique mais demandant une part d'initiative et d'astuces du candidat.*
Question 1 : Il s'agit d'une application directe du cours qui nécessite de bricoler un peu les formules d'union et d'intersection.
Question 2 : Elle demande une meilleure compréhension de la part du candidat, d'initiative et d'autonomie donc elle s'avère sélective. Un point clé est de penser à la notion de récurrence pour cette question. Ceci étant acquis, le raisonnement est proche de la question 1.

Exercice 281 (Mines-Ponts) Soient $n \in \mathbb{N}^*$, $A_1, .., A_n$ des événements indépendants. Montrer que la probabilité qu'aucun des A_i ne soit réalisé est majorée par $\exp\left(-\sum_{i=1}^{n} P(A_i)\right)$.

Solution 281 *Il s'agit de calculer la probabilité de l'événement*

$$B_n = \overline{A_1} \cap \cdots \cap \overline{A_n}.$$

Les événements $(A_i)_{1 \leqslant i \leqslant n}$ *étant indépendants, les événements* $\left(\overline{A_i}\right)_{1 \leqslant i \leqslant n}$ *sont aussi indépendants donc*

$$P(B_n) = \prod_{i=1}^{n} P\left(\overline{A_i}\right) = \prod_{i=1}^{n} (1 - P(A_i)).$$

La fonction exp *étant convexe (sa dérivée seconde* $x \mapsto e^x$ *est positive sur* $\mathbb{R}$*), son graphe est au dessus de sa tangente en* 0 *c'est-à-dire :*

$$\begin{aligned}
\forall t &\in \mathbb{R}, \exp(t) \geqslant \exp(0) + \exp'(0)(t-0) = 1 + t \\
&\Rightarrow \forall x \in \mathbb{R}, \exp(-x) \geqslant 1 - x \\
&\Rightarrow \forall i \in \{1, .., n\}, \exp(-P(A_i)) \geqslant 1 - P(A_i) \geqslant 0 \\
&\Rightarrow \exp\left(-\sum_{i=1}^{n} P(A_i)\right) = \prod_{i=1}^{n} \exp(-P(A_i)) \geqslant \prod_{i=1}^{n} (1 - P(A_i)) = P(B_n).
\end{aligned}$$

Commentaires 281 *Exercice sans difficulté particulière hormis, pour certains candidats, la formalisation de l'expression « aucun des* A_i *ne soit réalisé ». Les candidats le faisant seul seront bien valorisés. Pour finir, l'inégalité proposée est équivalente, pour* $n = 1$*, à l'inégalité* $1 - x \leqslant e^{-x}$ *qui se justifie par des nombres méthodes (convexité ou étude de fonctions). Les candidats y songeant seuls seront aussi valorisés.*

Exercice 282 (Mines-Ponts) Soit $n \in \mathbb{N} \setminus \{0, 1\}$. On pose $\Omega = \{1, .., n\}$. On munit Ω de la probabilité uniforme. Soit $d \in \mathbb{N}^*$ divisant n. On note D_d l'ensemble des multiples de d dans Ω.

1. Déterminer $P(D_d)$.
2. On écrit $n = p_1^{\alpha_1} \cdots p_r^{\alpha_r}$ la décomposition de n en produit de nombres premiers. Les événements $D_{p_1}, .., D_{p_r}$ sont-ils mutuellement indépendants ?
3. On note $\varphi(n)$ le nombre d'éléments de Ω premiers à n. Montrer que :

$$\frac{\varphi(n)}{n} = \prod_{i=1}^{r} \left(1 - \frac{1}{p_i}\right).$$

Solution 282

1. *Commençons par décrire* D_d*. Soit* $k \in \Omega$ *alors*

$$\begin{aligned}
k &\in D_d \Leftrightarrow k \in \{1, .., n\} \text{ et } \exists q \in \mathbb{Z}, k = qd \\
&\Leftrightarrow \exists q \in \mathbb{Z}, k = qd \text{ et } 1 \leqslant qd \leqslant n \Leftrightarrow \exists q \in \mathbb{Z}, k = qd \text{ et } \frac{1}{d} \leqslant q \leqslant \frac{n}{d} \\
&\Leftrightarrow \exists q \in \mathbb{Z}, k = qd \text{ et } 1 \leqslant q \leqslant \frac{n}{d} \text{ (car } q \in \mathbb{Z}) \Leftrightarrow \exists q \in \left\{1, .., \frac{n}{d}\right\}, k = qd \\
&\Rightarrow D_d = \left\{qd, q \in \left\{1, .., \frac{n}{d}\right\}\right\}.
\end{aligned}$$

La probabilité P étant uniforme sur Ω, on a :

$$P(D_d) = \frac{\operatorname{card}(D_d)}{\operatorname{card}(\Omega)} = \frac{\frac{n}{d}}{n} = \frac{1}{d}.$$

2. *Il s'agit de prouver que, pour toute famille $i_1, .., i_s$ d'éléments deux à deux distincts de $\{1, .., r\}$, on a la formule :*

$$P\left(D_{p_{i_1}} \cap \cdots \cap D_{p_{i_s}}\right) = P\left(D_{p_{i_1}}\right) \times \cdots \times P\left(D_{p_{i_s}}\right).$$

Commençons par décrire l'ensemble $D_{p_{i_1}} \cap \cdots \cap D_{p_{i_s}}$. Soit $k \in \{1, .., n\}$ alors

$$\begin{aligned} k &\in D_{p_{i_1}} \cap \cdots \cap D_{p_{i_s}} \Leftrightarrow \forall j \in \{1, .., s\}, p_{i_j} \mid k \\ &\Rightarrow p_{i_1} \cdots p_{i_s} \mid k \ (*) \Rightarrow k \in D_{p_{i_1} \cdots p_{i_s}} \end{aligned}$$

$(*)$ d'après le lemme de Gauss car $p_{i_1}, ..p_{i_s}$ sont des nombres premiers distincts donc ils sont deux à deux premiers entre eux .
Réciproquement, si

$$\begin{aligned} k &\in D_{p_{i_1} \cdots p_{i_s}} \Rightarrow p_{i_1} \cdots p_{i_s} \mid k \Rightarrow \forall j \in \{1, .., s\}, p_{i_j} \mid k \\ &\Rightarrow k \in D_{p_{i_1}} \cap \cdots \cap D_{p_{i_s}}. \end{aligned}$$

Ainsi, nous venons de prouver l'égalité ensembliste

$$D_{p_{i_1}} \cap \cdots \cap D_{p_{i_s}} = D_{p_{i_1} \cdots p_{i_s}}.$$

Comme $p_{i_1} \cdots p_{i_s}$ divise n, la question précédente montre que :

$$P\left(D_{p_{i_1}} \cap \cdots \cap D_{p_{i_s}}\right) = P\left(D_{p_{i_1} \cdots p_{i_s}}\right) = \frac{1}{p_{i_1} \cdots p_{i_s}} = \prod_{j=1}^{s} \frac{1}{p_{i_j}} = \prod_{j=1}^{s} P\left(D_{p_{i_j}}\right).$$

Par conséquent, les événements $(D_{p_i})_{1 \leqslant i \leqslant r}$ sont mutuellement indépendants.

3. *Notons*

$$A = \{k \in \Omega, \quad \operatorname{pgcd}(k, n) = 1\}.$$

Comme P est la probabilité uniforme, on a :

$$(\mathcal{E}_1) : P(A) = \frac{\operatorname{card}(A)}{\operatorname{card}(\Omega)} = \frac{\varphi(n)}{n}.$$

Calculons autrement la probabilité de A. Comme $n = p_1^{\alpha_1} \cdots p_r^{\alpha_r}$ est la décomposition de n en produit de nombres premiers, on en déduit qu'un entier $k \in \Omega$ est premier avec n si et seulement s'il est premier avec chaque nombre premier $p_1, ..p_r$ si et seulement s'il n'est divisible par aucun des nombres premiers $p_1, .., p_r$. Autrement dit, avec les notations du texte, on a :

$$A = \bigcap_{i=1}^{r} \overline{D_{p_i}}.$$

Les événements $(D_{p_i})_{1 \leqslant i \leqslant r}$ étant mutuellement indépendants, le lemme des coalitions affirmer que les événements $\left(\overline{D_{p_i}}\right)_{1 \leqslant i \leqslant r}$ sont aussi mutuellement indépendants. On peut *alors écrire :*

$$\begin{aligned} P(A) &= P\left(\bigcap_{i=1}^{r}\overline{D_{p_i}}\right) = \prod_{i=1}^{r} P\left(\overline{D_{p_i}}\right) = \prod_{i=1}^{r}\left(1 - P\left(D_{p_i}\right)\right) \\ &= \prod_{i=1}^{r}\left(1 - \frac{1}{p_i}\right) \Rightarrow (\mathcal{E}_2) : P(A) = \prod_{i=1}^{r}\left(1 - \frac{1}{p_i}\right). \end{aligned}$$

La combinaison des formules $(\mathcal{E}_1)$ *et* $(\mathcal{E}_2)$ *permettent de conclure.*
Question 3 : Il s'agit de la question testant l'initiative du candidat, notamment d'observer que le membre de droite $\prod_{i=1}^{r}\left(1 - \frac{1}{p_i}\right)$ *correspond au produit* $\prod_{i=1}^{r} P\left(\overline{D_{p_i}}\right)$ *et d'exploiter l'indépendance des événements* $(D_p)_p$*. Un candidat y parvenant seul ou bien avec l'amorce de l'interrogateur (lié le produit aux probabilités des questions précédentes) sera fortement valorisé. La description de l'événement* $\bigcap_{i=1}^{r}\overline{D_{p_i}}$ *nécessite encore les mêmes résultats d'arithmétique que la question précédente.*

Commentaires 282 *Exercice classique (ou qui va le devenir rapidement) liant probabilités et arithmétique. Il permet de voir que la notion de divisibilité et de nombres premiers entre eux s'interprètent de façon probabiliste par l'indépendance d'événements adéquats et de voir l'interprétation probabiliste de l'indicatrice d'Euler* $\varphi(n)$*.*
Question 1 : Aucune difficulté.
Question 2. Le point clé est d'observer que $D_p \cap D_q = D_{pq}$ *lorsque* p *et* q *sont premiers entre eux (puis de l'étendre à une intersection finie). Un candidat l'observant et le justifiant seul sera bien valorisé. Sinon, l'interrogateur demandera de comparer ces deux ensembles. La maitrise des outils élémentaires de l'arithmétique est essentielle (les différents lemme de Gauss de MPSI).*

Exercice 283 (Mines-Ponts) On munit le groupe symétrique $\mathcal{S}_n$ de la loi uniforme. Soient $\sigma \in \mathcal{S}_n$ et $j \in \{1, .., n\}$. On dit que la permutation σ bat un record en j si $\sigma(j) > \sigma(i)$ pour tout $i < j$. Déterminer la probabilité de l'événement « σ bat un record en j ».

Solution 283 *Notons* A_j *l'événement «* σ *bat un record en* j *». Pour tout* $k \in \{1, .., n\}$*, on considère l'événement*

$$V_k : \text{« } \sigma(j) = k \text{ ».}$$

La famille $(V_k)_{1 \leqslant k \leqslant n}$ *forme un système complet d'événements donc*

$$P(A_j) = \sum_{k=1}^{n} P(V_k \cap A_j).$$

Si $k < j$*, l'événement* $V_k \cap A_j$ *est impossible (si* $\sigma(j) = k$ *alors* $\sigma(1), .., \sigma(j-1)$ *sont* $j-1$ *entiers distincts appartenant à l'ensemble* $\{1, .., k-1\}$ *qui est de cardinal* $k - 1 < j - 1$*) donc*

$$P(A_j) = \sum_{k=j}^{n} P(V_k \cap A_j).$$

La probabilité étant uniforme sur l'ensemble $\mathcal{S}_n$ (qui est de cardinal $n!$), pour tout $j \in \{1,..,n\}$ et tout $k \in \{j,..,n\}$, on a :

$$P(V_k \cap A_j) = \frac{\text{card}(V_k \cap A_j)}{\text{card}(\mathcal{S}_n)} = \frac{\text{card}(V_k \cap A_j)}{n!}.$$

Décrivons $V_k \cap A_j$. Soit $\sigma \in \mathcal{S}_n$. $\sigma \in V_k \cap A_j$ si et seulement si $\sigma(j) = k$, les entiers $\sigma(1),..,\sigma(j-1)$ étant deux à deux distincts, ils prennent $j-1$ valeurs distinctes dans l'ensemble $\{1,..,k-1\}$ et les entiers $\sigma(j+1),..,\sigma(n)$ sont deux à deux distincts et ils prennent $n-j$ valeurs distinctes dans l'ensemble $\{1,..,n\} \setminus \{\sigma(1),..,\sigma(j)\}$.
On ne dispose que d'un choix pour $\sigma(j)$. Le $(j-1)$-uplet $(\sigma(1),..,\sigma(j-1))$ représente un $(j-1)$-arrangement de l'ensemble $\{1,..,k-1\}$ qui est de carinal $j-1$ donc on a

$$A_{j-1}^{k-1} = (k-1)(k-2)\cdots(k-1-(j-1)+1) = \frac{(k-1)!}{(k-j)!}$$

choix pour ce $(j-1)$-uplet. Le $(n-j)$-uplet $(\sigma(j+1),..,\sigma(n))$ représente un $(n-j)$-arrangement de l'ensemble $\{1,..,n\} \setminus \{\sigma(1),..,\sigma(j)\}$ qui est de cardinal $n-j$ donc on a

$$A_{n-j}^{n-j} = (n-j)!$$

choix pour ce $(n-j)$-uplet. Au final, on en déduit que :

$$\text{card}(V_k \cap A_j) = 1 \times \frac{(k-1)!}{(k-j)!} \times (n-j)! \Rightarrow P(A_j) = \sum_{k=j}^{n} \frac{(k-1)!\,(n-j)!}{(k-j)!}.$$

Commentaires 283 *Il s'agit d'un exercice discriminant car il manipule un ensemble « plus abstrait » pour les candidats et qu'il nécessite des raisonnements combinatoires (ainsi que d'interprétation) qui sont pas aisés pour une part significative des candidats. Néanmoins, si vous avez eu des difficultés sur cet exercice, n'hésitez pas à le retravailler car les notions et raisonnements présents sont standards pour ce concours.*

Exercice 284 (Mines-Ponts) On considère un entier naturel $N \geqslant 2$ et un entier $n \in \{0,..,N\}$. On considère un jeu à deux joueurs, A et B. Le joueur A possède initialement n billes et le joueur B en possède $N-n$. Une partie se joue en manches successives. Si un joueur perd une manche, il doit donner une bille à l'autre. La partie se termine quand un joueur possède les N billes, ce joueur étant alors déclaré gagnant. Le joueur A remporte chaque manche avec une probabilité $p \in]0,1[$. Déterminer la probabilité que A gagne.

Solution 284 *Pour tout $n \in \{0,..,N\}$, on considère l'événement*

A_n : « A gagne la partie s'il possède initialement n billes ».

Si $n = 0$ ou si $n > N$, l'événement A_n est impossible donc $P(A_n) = 0$. Formons une relation de récurrence vérifiée par la suite $(P(A_n))_{0 \leqslant n \leqslant N}$ en utilisant le résultat de la première manche. On considère l'événement

U : « A gagne la première manche »

alors la famille $\left(U, \overline{U}\right)$ *est un système complet d'événements. La formule des probabilités totales montre, pour tout* $n \in \{1, .., N-1\}$, *que :*

$$\begin{aligned} P(A_n) &= P(U \cap A_n) + P\left(\overline{U} \cap A_n\right) = P(U)\, P_U(A_n) + P\left(\overline{U}\right) P_{\overline{U}}(A_n) \\ &\Leftrightarrow (\mathcal{R}) : P(A_n) = pP(A_{n+1}) + (1-p)\, P(A_{n-1}) \end{aligned}$$

En effet, la probabilité conditionnelle $P_U(A_n)$ *correspond au fait que* A *gagne la première manche donc il possède* $n+1$ *billes au début de la seconde manche. C'est-à-dire, à partir de la seconde manche, il faut que le joueur* A *gagne avec* $n+1$ *billes initiales. La probabilité conditionnelle* $P_{\overline{U}}(A_n)$ *correspond au fait que* A *perde la première manche donc il possède* $n-1$ *billes au début de la seconde manche. C'est-à-dire, à partir de la seconde manche, il faut que le joueur* A *gagne avec* $n-1$ *billes initiales.*
La formule $(\mathcal{R})$ *est une relation récurrente linéaire d'ordre* 2 *à coefficients constants dont l'équation caractéristique est :*

$$x = px^2 + (1-p) \Leftrightarrow px^2 - x + (1-p) = 0.$$

Il est immédiat que 1 *est racine de cette équation donc, d'après les relations coefficients racines, l'autre racine est :*

$$r = \frac{1-p}{p} > 0.$$

Ainsi, il existe deux réels (α, β) *tels que :*

$$\forall n \in \{1, .., N-1\}, P(A_n) = \alpha + \beta r^n.$$

Déterminons α *et* β *grâce aux conditions aux bords* $P(A_0) = 0$ *et* $P(A_N) = 1$ *(si* A *possède* N *billes, il gagne automatique). En choisissant* $n = 1$ *dans la relation* $(\mathcal{R})$, *on obtient :*

$$\begin{aligned} P(A_1) &= pP(A_2) \Leftrightarrow \alpha + \beta r = p\alpha + p\beta r^2 \\ &\Leftrightarrow \alpha(1-p) = \beta r(pr-1) = -p\beta r \Leftrightarrow \alpha = -\frac{pr}{1-p}\beta = -\beta \\ &\Rightarrow \forall n \in \{1, .., N-1\}, P(A_n) = \beta(1 - r^n) \end{aligned}$$

En choisissant $n = N-1$ *dans la relation* $(\mathcal{R})$, *on obtient :*

$$\begin{aligned} P(A_{N-1}) &= p + (1-p)\, P(A_{N-2}) \Leftrightarrow \beta\left(1 - r^{N-1}\right) = p + (1-p)\,\beta\left(1 - r^{N-2}\right) \\ &\Leftrightarrow \beta\left(p + r^{N-2}(-r+1-p)\right) = p \underset{(*)}{\Leftrightarrow} \beta\left(p - pr^N\right) = p \Leftrightarrow \beta = \frac{1}{1-r^N} \end{aligned}$$

$(*)$ *En effet* r *est solution de* $px^2 - x + (1-p) = 0$ *donc* $-r + 1 - p = -pr^2$.
On en déduit la formule

$$\forall n \in \{1, .., N-1\}, P(A_n) = \frac{1-r^n}{1-r^N},$$

qui reste vraie également pour $n = 0$ *et* $n = N$ *car*

$$\frac{1-r^0}{1-r^N} = 0 = P(A_0) \text{ et } \frac{1-r^N}{1-r^N} = 1 = P(A_N)$$

donc :

$$\forall n \in \{0, .., N\}, P(A_n) = \frac{1-r^n}{1-r^N}.$$

Commentaires 284 *Exercice demandant au candidat de modéliser le jeu, ce qui s'avère discriminant en pratique. L'interrogateur valorisera les candidats aptes à poser convenablement la modélisation et aidera les autres. Ceci étant fait, le point clé est d'observer le caractère récursif du processus (fluctuation d'une bille à chaque manche) et le reste du raisonnement est standard. Une seconde difficulté se présente pour la détermination des constantes* (α, β) *. À nouveau l'interrogateur valorisera les candidats sachant poser les bonnes conditions (« aux bords »).*

Chapitre 17

Variables aléatoires

17.1 CCINP

Exercice 285 (CCINP) Soit $(X_i)_{1\leqslant i\leqslant n}$ une famille de variables aléatoires indépendantes suivant une loi de Bernoulli de paramètre p. On pose

$$\begin{aligned} Y_i &= 1+(e-1)X_i \text{ pour } i\in\{1,..,n\} \text{ et} \\ S_n &= \sum_{i=1}^{n}\ln(Y_i), \quad M_n=\left(\prod_{i=1}^{n}Y_i\right)^{\frac{1}{n}}. \end{aligned}$$

1. Déterminer les lois de Y_i et de $\ln Y_i$.
2. (a) Montrer que $E(t^{X_i})=G_{X_i}(t)$ et $E(t^{\ln(Y_i)})=G_{\ln(Y_i)}(t)$.
   (b) Calculer $G_{S_n}(t)$.
   (c) Expliciter l'espérance et la variance de S_n.
3. Trouver une relation entre S_n et M_n.
4. Calculer $E(M_n)$ et $E(M_n^2)$ à l'aide de G_{S_n}, puis en déduire $V(M_n)$.

Solution 285

1. *Comme* $X_i(\Omega)=\{0,1\}$, *la loi de* Y_i *est donnée par :*

$$\begin{aligned} Y_i(\Omega) &= \{1+(e-1)\times 0, 1+(e-1)\times 1\}=\{1,e\} \\ P(Y_i=1) &= P(1+(e-1)X_i=1)=P(X_i=0)=1-p \\ P(Y_i=e) &= 1-P(Y_i=1)=p. \end{aligned}$$

et celle de $\ln(Y_i)$ *est donnée par :*

$$\begin{aligned} (\ln(Y_i))(\Omega) &= \{\ln(1),\ln(e)\}=\{0,1\} \\ P(\ln(Y_i)=0) &= P(Y_i=1)=1-p,\ P(\ln(Y_i)=1)=p. \end{aligned}$$

2. (a) *D'après le théorème de transfert, pour tout réel* t, *on a la formule :*

$$E\left(t^{X_i}\right)=\sum_{x\in X_i(\Omega)}P(X_i=x)\,t^x=P(X_i=0)\,t^0+P(X_i=1)\,t^1=G_{X_i}(t)$$

Le raisonnement est identique pour $\ln(Y_i)$.

(b) *On remarque* $S_n = S_{n-1} + \ln(Y_n)$. *Comme* S_{n-1} *est fonction des variables* $Y_1, ..., Y_{n-1}$ *donc des variables* $X_1, ..., X_{n-1}$ *et que* $\ln(Y_n)$ *est fonction de la variable* Y_n *donc de la variable* X_n, *le lemme des coalitions permet d'affirmer que les variables* S_{n-1} *et* $\ln(Y_n)$ *sont mutuellement indépendantes donc on a la formule :*

$$G_{S_n} = G_{S_{n-1}+\ln(Y_n)} = G_{S_{n-1}} \times G_{\ln(Y_n)}.$$

Une récurrence immédiate sur n *montre que :*

$$G_{S_n} = \prod_{i=1}^{n} G_{\ln(Y_i)} \underset{q2.a}{\Rightarrow} \forall t \in \mathbb{R},\ G_{S_n}(t) = \prod_{i=1}^{n} (1-p+pt) = (1-p+pt)^n$$

(c) *D'après le cours, on a :*

$$\begin{aligned} E(S_n) &= G'_{S_n}(1) = np(1-p+p)^{n-1} = np \\ E(S_n(S_n-1)) &= G''_{S_n}(1) = np(n-1)p(1-p+p)^{n-2} = n(n-1)p^2 \\ V(S_n) &= E\left((S_n)^2\right) - (E(S_n))^2 = E(S_n(S_n-1)) + E(S_n) - (E(S_n))^2 \\ &= n(n-1)p^2 + np - n^2p^2 = np(1-p) \end{aligned}$$

3. *D'après les règles de calculs sur les logarithmes, on a l'égalité :*

$$\ln(M_n) = \frac{1}{n}\ln\left(\prod_{i=1}^{n} Y_i\right) = \frac{1}{n}\sum_{i=1}^{n}\ln(Y_i) = S_n^*.$$

4. *Les formules établies à la question 2.a restent valables pour toute variable à valeurs dans* $\mathbb{N}$ *(il s'agit simplement de l'application du théorème de transfert) donc elles sont valables pour la variable* S_n *(qui est à valeurs dans* $\mathbb{N}$ *comme somme de telles variables aléatoires). On remarque alors que :*

$$\begin{aligned} E(M_n) &= E\left(e^{\ln(M_n)}\right) = E\left(e^{S_n/n}\right) = E\left(\left(e^{1/n}\right)^{S_n}\right) = G_{S_n}\left(e^{1/n}\right) \\ &= \left(1-p+p\,e^{1/n}\right)^n \\ E\left(M_n^2\right) &= E\left(e^{\ln\left(M_n^2\right)}\right) = E\left(e^{2\ln(M_n)}\right) = E\left(e^{2S_n/n}\right) = E\left(\left(e^{2/n}\right)^{S_n}\right) = G_{S_n}\left(e^{2/n}\right) \\ &= \left(1-p+p\,e^{2/n}\right)^n \end{aligned}$$

D'après le théorème de Koenig-Huyguens, on obtient :

$$V(M_n) = E\left(M_n^2\right) - (E(M_n))^2 = \left(1-p+p\,e^{2/n}\right)^n - \left(1-p+p\,e^{1/n}\right)^{2n}.$$

Commentaires 285 *Exercice de niveau standard et progressif. Les questions 1 et 2 sont des applications directes du cours et ne doivent pas poser de difficulté particulière. La question 3 est élémentaire. Seule la question 4 demande un peu d'initiative du candidat pour faire le lien avec les questions précédentes.*

Exercice 286 (CCINP) On prend une pièce amenant pile avec la probabilité $p \in]0,1[$ et face avec la probabilité $q = 1 - p \in]0,1[$. On appelle longueur l'entier naturel $n \geqslant 1$ tel que les n premiers lancers sont tous du même côté et le $(n+1)$-ième est de l'autre côté. On note L_1 la première longueur et L_2 la deuxième.

1. Déterminer la loi et l'espérance de L_1.
2. Déterminer la loi conjointe de L_1 et L_2.
3. En déduire la loi et l'espérance de L_2.
4. L_1 et L_2 sont-ils indépendants ? On distinguera selon les valeurs de p.
5. Calculer la covariance $\operatorname{cov}(L_1, L_2)$ de L_1 et L_2.
6. Si $p = \dfrac{1}{2}$, déterminer la loi de $L_1 + L_2$ puis de $\max(L_1, L_2)$.

Solution 286

1. *Il est immédiat que $L_1(\Omega) = \mathbb{N}^*$. Pour tout $k \in \mathbb{N}^*$, on considère l'événement*

$$P_k : \text{« obtenir pile au } k^e \text{ lancer ».}$$

Soit $n \in \mathbb{N}^*$, l'événement $(L_1 = n)$ se réalise si et seulement si les n premiers lancers ont donné le même résultat et $(n+1)^e$ lancer un autre résultat donc on peut écrire :

$$(L_1 = n) = \left(P_1 \cap \cdots \cap P_n \cap \overline{P_{n+1}}\right) \cup \left(\overline{P_1} \cap \cdots \cap \overline{P_n} \cap P_{n+1}\right).$$

Cette union étant disjointe, on a :

$$\begin{aligned} P(L_1 = n) &= P\left(P_1 \cap \cdots \cap P_n \cap \overline{P_{n+1}}\right) + P\left(\overline{P_1} \cap \cdots \cap \overline{P_n} \cap P_{n+1}\right) \\ &= P(P_1) \times \cdots \times P(P_n) \times P\left(\overline{P_{n+1}}\right) + P\left(\overline{P_1}\right) \times \cdots \times P\left(\overline{P_n}\right) \times P(P_{n+1}) \end{aligned}$$

car les événements $(P_k)_{k \in \mathbb{N}^*}$ sont mutuellement indépendants. On en déduit que :

$$\forall n \in \mathbb{N}^*,\ P(L_1 = n) = p^n q + q^n p.$$

La variable L_1 admet une espérance si et seulement si la famille $(nP(L_1 = n))_{n \in \mathbb{N}^*}$ est sommable. Cette famille étant indexée par un seul paramètre entier, ceci est équivalent à la convergence de la série $\sum_{n \geqslant 1} |nP(L_1 = n)| = \sum_{n \geqslant 1} n(p^n q + q^n p)$. Comme la série $\sum_{n \geqslant 1} np^n q = pq \sum_{n \geqslant 1} np^{n-1}$ converge (série dérivée de la série géométrique dont le rayon de convergence est $R = 1$ et $|p| = p < 1$) et que la série $\sum_{n \geqslant 1} nq^n p = pq \sum_{n \geqslant 1} nq^{n-1}$ (pour la même raison avec $|q| = q < 1$), on en déduit que la série $\sum_{n \geqslant 1} n(p^n q + q^n p)$ converge *donc L_1 admet une espérance. En outre, on a l'égalité :*

$$\begin{aligned}
E(L_1) &= \sum_{n=1}^{+\infty} nP(L_1=n) = pq\sum_{n=1}^{+\infty} \underbrace{np^{n-1}}_{=0\ si\ n=0} + pq\sum_{n=1}^{+\infty} \underbrace{nq^{n-1}}_{=0\ si\ n=0} \\
&= pq\sum_{n=0}^{+\infty} np^{n-1} + pq\sum_{n=0}^{+\infty} nq^{n-1} \\
&= pq\left(\frac{d}{dx}\left(\sum_{n=1}^{+\infty} x^n\right)\right)_{|x=p} + pq\left(\frac{d}{dx}\left(\sum_{n=1}^{+\infty} x^n\right)\right)_{|x=q} \\
&= pq\left(\frac{d}{dx}\left(\frac{1}{1-x}\right)\right)_{|x=p} + pq\left(\frac{d}{dx}\left(\frac{1}{1-x}\right)\right)_{|x=q} \\
&= pq\frac{1}{(1-p)^2} + pq\frac{1}{(1-q)^2} = pq\frac{1}{q^2} + pq\frac{1}{p^2} = \frac{p}{q} + \frac{q}{p}.
\end{aligned}$$

2. *Il est immédiat que $L_1(\Omega) = L_2(\Omega) = \mathbb{N}^*$. Soit $(i,j) \in (\mathbb{N}^*)^2$. L'événement $(L_1 = i) \cap (L_2 = j)$ se réalise si et seulement si les i premiers lancers donnent le même résultat et les j lancers suivants donnent tous un même résultat distinct du premier lancer et le dernier lancer donne un résultat identique au premier lancer. En conservant les notations introduites à la réponse à la question précédente, on a :*

$$\begin{aligned}
(L_1 = i \cap L_2 = j) &= \left(P_1 \cap \cdots \cap P_i \cap \overline{P_{i+1}} \cap \cdots \cap \overline{P_{i+j}} \cap P_{i+j+1}\right) \\
&\quad \cup \left(\overline{P_1} \cap \cdots \cap \overline{P_i} \cap P_{i+1} \cap \cdots \cap P_{i+j} \cap \overline{P_{i+j+1}}\right).
\end{aligned}$$

Cette union étant disjointe, on a :

$$\begin{aligned}
P((L_1 = i) \cap (L_2 = j)) &= P\left(P_1 \cap \cdots \cap P_i \cap \overline{P_{i+1}} \cap \cdots \cap \overline{P_{i+j}} \cap P_{i+j+1}\right) \\
&\quad + P\left(\overline{P_1} \cap \cdots \cap \overline{P_i} \cap P_{i+1} \cap \cdots \cap P_{i+j} \cap \overline{P_{i+j+1}}\right) \\
&= \prod_{k=1}^{i} P(P_i) \prod_{k=i+1}^{i+j} P\left(\overline{P_k}\right) \times P(P_{i+j+1}) \\
&\quad + \prod_{k=1}^{i} P\left(\overline{P_i}\right) \prod_{k=i+1}^{i+j} P(P_k) \times P\left(\overline{P_{i+j+1}}\right)
\end{aligned}$$

car les événements $(P_k)_{k\in\mathbb{N}^*}$ sont mutuellement indépendants. On en déduit que :

$$\forall (i,j) \in (\mathbb{N}^*)^2,\ P((L_1 = i) \cap (L_2 = j)) = p^i q^j p + q^i p^j q = p^{i+1}q^j + q^{i+1}p^j.$$

3. *D'après la formule reconstituant les lois marginales à partir de la loi conjointe, pour tout*

$j \in \mathbb{N}^*$, on a la formule :

$$\begin{aligned}
P(L_2 = j) &= \sum_{i=1}^{+\infty} P((L_1 = i) \cap (L_2 = j)) = \sum_{i=1}^{+\infty} \left(p^{i+1}q^j + q^{i+1}p^j\right) \\
&= q^j \sum_{i=1}^{+\infty} p^{i+1} + p^j \sum_{i=1}^{+\infty} q^{i+1} \underset{i=k+1}{\overset{k=i-1}{=}} q^j \sum_{k=0}^{+\infty} p^{k+2} + p^j \sum_{k=0}^{+\infty} q^{k+2} \\
&= q^j p^2 \sum_{k=0}^{+\infty} p^k + p^j q^2 \sum_{k=0}^{+\infty} q^k = q^j p^2 \frac{1}{1-p} + p^j q^2 \frac{1}{1-q} \\
&= q^j p^2 \frac{1}{q} + p^j q^2 \frac{1}{p} = p^2 q^{j-1} + q^2 p^{j-1}.
\end{aligned}$$

Avec le même argumentaire qu'à la question 1, on peut affirmer que L_2 admet une espérance et que :

$$\begin{aligned}
E(L_2) &= \sum_{j=1}^{+\infty} \underbrace{j\left(p^2q^{j-1} + q^2p^{j-1}\right)}_{=0 \text{ si } j=0} = p^2 \sum_{j=0}^{+\infty} jq^{j-1} + q^2 \sum_{j=0}^{+\infty} jp^{j-1} \\
&= p^2 \frac{1}{(1-q)^2} + q^2 \frac{1}{(1-p)^2} = p^2 \frac{1}{p^2} + q^2 \frac{1}{q^2} = 1 + 1 = 2.
\end{aligned}$$

4. Les variables L_1 et L_2 sont indépendantes si et seulement si, pour tout $(i, j) \in (\mathbb{N}^*)^2$, on a :

$$P((L_1 = i) \cap (L_2 = j)) = P(L_1 = i) P(L_2 = j)$$
$$\Leftrightarrow (\mathcal{E}) : p^{i+1}q^j + q^{i+1}p^j = \left(p^i q + q^i p\right)\left(p^2 q^{j-1} + q^2 p^{j-1}\right).$$

Si l'égalité $(\mathcal{E})$ est vérifiée pour tout (i, j) alors, pour $i = j = 1$, on obtient :

$$\begin{aligned}
p^2q + q^2p &= (pq + qp)\left(p^2 + q^2\right) \Leftrightarrow pq\underbrace{(p+q)}_{=1} = 2pq\left(p^2 + q^2\right) \\
\underset{\div pq \neq 0}{\Leftrightarrow} 1 &= 2\left(p^2 + q^2\right) \Leftrightarrow 1 = 2\left(p^2 + 1 - 2p + p^2\right) \Leftrightarrow 4p^2 - 4p + 1 = 0 \\
&\Leftrightarrow (2p-1)^2 = 0 \Leftrightarrow 2p - 1 = 0 \Leftrightarrow p = \frac{1}{2}.
\end{aligned}$$

Par conséquent, si $p \neq \frac{1}{2}$, les variables L_1 et L_2 ne sont pas indépendantes. Par contre, si $p = \frac{1}{2}$ alors $q = \frac{1}{2} = p$ et, pour tout $(i, j) \in (\mathbb{N}^*)^2$, on a les égalités :

$$\begin{aligned}
P((L_1 = i) \cap (L_2 = j)) &= p^{i+1}q^j + q^{i+1}p^j = 2p^{i+j+1} = \frac{1}{2^{i+j}}. \\
P(L_1 = i) P(L_2 = j) &= \left(p^i q + q^i p\right)\left(p^2 q^{j-1} + q^2 p^{j-1}\right) \\
&= 2p^{i+1} 2p^{j+1} = 4p^{i+j+2} = \frac{1}{2^{i+j}}
\end{aligned}$$

donc $(\mathcal{E})$ est vérifiée pour tout $(i, j) \in (\mathbb{N}^*)^2$, ce qui montre que les variables aléatoires L_1 et L_2 sont indépendantes.

5. *La covariance de L_1 et L_2 est définie par :*

$$\operatorname{cov}(L_1, L_2) = E(L_1 L_2) - E(L_1)E(L_2)$$

sous réserve que $L_1 L_2$ admet une espérance. Admettons le (provisoirement) alors, d'après le théorème du transfert, on a l'égalité :

$$\begin{aligned}
E(L_1 L_2) &= \sum_{(i,j)\in L_1(\Omega)\times L_2(\Omega)} ijP((L_1 = i)\cap(L_2 = j)) \\
&= \sum_{i=1}^{+\infty}\sum_{j=1}^{+\infty} ij\left(p^{i+1}q^j + q^{i+1}p^j\right) = \sum_{i=1}^{+\infty} i\left(p^{i+1}q\sum_{j=1}^{+\infty} jq^{j-1} + q^{i+1}p\sum_{j=1}^{+\infty} jp^{j-1}\right) \\
&= \sum_{i=1}^{+\infty} i\left(p^{i+1}q\frac{1}{(1-q)^2} + q^{i+1}p\frac{1}{(1-p)^2}\right) = \sum_{i=1}^{+\infty} i\left(p^{i+1}q\frac{1}{p^2} + q^{i+1}p\frac{1}{q^2}\right) \\
&= \sum_{i=1}^{+\infty} i\left(p^{i-1}q + q^{i-1}p\right) = q\sum_{i=1}^{+\infty} ip^{i-1} + p\sum_{i=1}^{+\infty} q^{i-1} = q\frac{1}{(1-p)^2} + p\frac{1}{(1-q)^2} \\
&= q\frac{1}{q^2} + p\frac{1}{p^2} = \frac{1}{p} + \frac{1}{q} = \frac{p+q}{pq} = \frac{1}{pq}.
\end{aligned}$$

On en déduit que :

$$\begin{aligned}
\operatorname{cov}(L_1, L_2) &= \frac{1}{pq} - 2\left(\frac{p}{q} + \frac{q}{p}\right) = \frac{1 - 2\left(p^2 + q^2\right)}{pq} = \frac{1 - 2\left(p^2 + p^2 - 2p + 1\right)}{pq} \\
&= \frac{-\left(1 - 4p + 4p^2\right)}{pq} = -\frac{(1-2p)^2}{pq}.
\end{aligned}$$

Justifions que $L_1 L_2$ admet une espérance i.e., d'après le théorème de transfert, que la famille $(ijP((L_1 = i)\cap(L_2 = j)))_{(i,j)\in(\mathbb{N}^*)^2}$ est sommable. Pour cela, il suffit d'utiliser le théorème de Fubini. Pour tout $i \geqslant 1$, la série $\sum_{j\geqslant 1} ijP((L_1 = i)\cap(L_2 = j))$ converge (somme de séries dérivées de séries géométriques). Sa somme S_i vaut

$$i\left(p^{i+1}q\frac{1}{(1-q)^2} + q^{i+1}p\frac{1}{(1-p)^2}\right) = i\left(p^{i-1}q + q^{i-1}p\right).$$

(cf. les calculs précédents). La série $\sum_{i\geqslant 1} S_i$ converge et sa somme vaut

$$q\frac{1}{(1-p)^2} + p\frac{1}{(1-q)^2}$$

(cf. les calculs précédents).

6. *D'après les calculs précédents et comme $p = \frac{1}{2}$, les variables L_1 et L_2 suivent la loi géométrique de paramètre $\frac{1}{2}$ et sont indépendantes.*
Loi de $L_1 + L_2$. *Comme L_1 et L_2 prennent toutes les valeurs entières non nulles alors $L_1 + L_2$ prend toutes les valeurs entières à partir de 2 donc :*

$$(L_1 + L)(\Omega) = \mathbb{N}\setminus\{0, 1\}.$$

En outre, pour la même raison, pour tout entier $n \geqslant 2$, on a :

$$\begin{aligned}(L_1 + L_2 = n) &= (L_1 = 1) \cap (L_2 = n-1) \cup (L_1 = 2) \cap (L_2 = n-2) \\ &\quad \cup \cdots \cup ((L_1 = n-1) \cap (L_2 = 1)) \\ &= \bigcup_{k=1}^{n-1} ((L_1 = k) \cap (L_2 = n-k)).\end{aligned}$$

L'union étant disjointe, les variables L_1 et L_2 étant indépendantes, on obtient, pour tout $n \geqslant 2$, la formule :

$$\begin{aligned}P(L_1 + L_2 = n) &= \sum_{k=1}^{n-1} P((L_1 = k) \cap (L_2 = n-k)) \\ &= \sum_{k=1}^{n-1} P(L_1 = k) P(L_2 = n-k) = \sum_{k=1}^{n-1} \frac{1}{2^k} \times \frac{1}{2^{n-k}} \\ &= \sum_{k=1}^{n-1} \frac{1}{2^n} = \frac{1}{2^n} \sum_{k=1}^{n-1} 1 = \frac{n-1}{2^n}.\end{aligned}$$

***Loi de** $M = \max(L_1, L_2)$. Il est immédiat que $M(\Omega) = \mathbb{N}^*$ et, pour tout entier $n \geqslant 1$, on a l'égalité ensembliste :*

$$(M \leqslant n) = (L_1 \leqslant n) \cap (L_2 \leqslant n).$$

Comme $p = \dfrac{1}{2}$, les variables L_1 et L_2 sont indépendantes donc, pour tout $n \geqslant 1$, on a :

$$\begin{aligned}P(M \leqslant n) &= P(L_1 \leqslant n) P(L_2 \leqslant n) = \left(\sum_{k=1}^{n} P(L_1 = k)\right)\left(\sum_{k=1}^{n} P(L_2 = k)\right) \\ &= \left(\sum_{k=1}^{n} \frac{1}{2^k}\right)\left(\sum_{k=1}^{n} \frac{1}{2^k}\right) = \left(\frac{1}{2} \times \frac{1 - \left(\frac{1}{2}\right)^n}{1 - \frac{1}{2}}\right)^2 = \left(1 - \left(\frac{1}{2}\right)^n\right)^2.\end{aligned}$$

En outre, on a l'égalité ensembliste suivante :

$$(M \leqslant n) = (M = n) \cup (M \leqslant n-1).$$

L'union étant disjointe, on peut écrire :

$$P(M \leqslant n) = P(M = n) + P(M \leqslant n-1).$$

Si $n = 1$, l'événement $(M \leqslant 0)$ est impossible donc :

$$P(M = 1) = P(M \leqslant 1) = \left(1 - \frac{1}{2}\right)^2 = \frac{1}{4}.$$

Pour tout $n \geqslant 2$, comme $n - 1 \geqslant 1$, on a l'égalité suivante :

$$P(M = n) = P(M \leqslant n) - P(M \leqslant n-1) = \left(1 - \left(\frac{1}{2}\right)^n\right)^2 - \left(1 - \left(\frac{1}{2}\right)^{n-1}\right)^2.$$

Commentaires 286 *Les thématiques de cet exercice sont très classiques. Bien que progressif, le sujet est bien trop long. La plupart des candidats seront départagés sur les questions 1 à 4, les autres n'étant accessibles qu'aux candidats les plus rapides. La question 5 est la seule qui ne soit pas classique et elle est très technique (formule de Koenig-Huyguens pour la covariance ainsi que l'existence de la covariance).*

Exercice 287 (CCINP) On considère $X_1, ..., X_n$ des variables aléatoires indépendantes suivant des lois de Bernoulli de paramètre p_i, $1 \leqslant i \leqslant n$. Attention, les p_i ne sont pas nécessairement égaux. On pose

$$S = X_1 + \cdots + X_n.$$

1. Calculer $E(S)$ et $V(S)$.
2. Déterminer les valeurs de $p_1, ..., p_n$ pour lesquelles $V(S)$ est maximale.
3. Déterminer la loi de S dans le cas où $V(S)$ est maximale et calculer $E(S)$ et $V(S)$.

Solution 287

1. *Pour tout $i \in \{1, ...n\}$, comme X_i suit la loi de Bernoulli $\mathcal{B}(p_i)$, on a*

$$E(X_i) = p_i \text{ et } V(X_i) = p_i(1 - p_i).$$

Par linéarité de l'espérance, on a la formule

$$E(S) = \sum_{i=1}^{n} E(X_i) = \sum_{i=1}^{n} p_i$$

et, par indépendance mutuelle des variables $(X_k)_{1 \leqslant k \leqslant n}$, on a la formule :

$$V(S) = \sum_{i=1}^{n} V(X_i) = \sum_{i=1}^{n} p_i(1 - p_i).$$

2. *On considère la fonction*

$$f : x \mapsto x(1 - x) = x - x^2$$

dont la dérivée est $f : x \mapsto 1 - 2x$. Le tableau de variations de f est

x	0		1/2		0
$f'(x)$		+		−	
$f(x)$	0	↗	1/4	↘	0

donc, pour tout $x \in [0, 1]$, on a la majoration $f(x) \leqslant \frac{1}{4}$ et l'égalité $f(x) = \frac{1}{4}$ est vérifiée si et seulement si $x = \frac{1}{2}$. Ainsi, on dispose de la majoration suivante :

$$V(S) = \sum_{i=1}^{n} f(p_i) \leqslant \sum_{i=1}^{n} \frac{1}{4} = \frac{n}{4}$$

et on a égalité si et seulement si $f(p_i) = \frac{1}{4}$ pour tout $i \in \{1, ..., n\}$ c'est-à-dire si et seulement si $p_i = \frac{1}{2}$ pour tout $i \in \{1, ..., n\}$.

3. Pour tout $i \in \{1,..,n\}$, on a $p_i = \frac{1}{2}$ donc on peut écrire :

$$E(S) = \sum_{i=1}^{n} \frac{1}{2} = \frac{n}{2},\ V(S) = \sum_{i=1}^{n} \frac{1}{4} = \frac{n}{4}.$$

En notant G_X la série génératrice de toute variable aléatoire X, pour tout $i \in \{1,...,n\}$, on a la formule :

$$G_{X_i} : t \mapsto P(X_i = 0) + P(X_i = 1)\, t = \frac{1}{2}(1+t).$$

Les variables $X_1,...,X_n$ étant mutuellement indépendantes, on peut écrire :

$$\begin{aligned} G_S &= \prod_{i=1}^{n} G_{X_i} = t \mapsto \prod_{i=1}^{n} \frac{1+t}{2} = \left(\frac{1+t}{2}\right)^n = \frac{1}{2^n}(1+t)^n \\ &= \frac{1}{2^n}\sum_{k=0}^{n} \binom{n}{k} t^k = \sum_{k=0}^{n} \frac{\binom{n}{k}}{2^k} t^k. \end{aligned}$$

Or, par définition de la série génératrice, on a

$$G_S : t \mapsto \sum_{n \in S(\Omega)} P(X = n)\, t^n$$

donc :

$$S(\Omega) = \{0,...,n\} \text{ et } \forall k \in \{0,...,n\},\ P(S = k) = \frac{\binom{n}{k}}{2^n}$$

c'est-à-dire que S suit la loi binômiale $\mathcal{B}\left(n, \frac{1}{2}\right)$.

Commentaires 287 *Exercice original et progressif, tout à fait adapté à ce concours.*

Exercice 288 (CCINP)

1. Soit Y une variable aléatoire à valeurs dans $\mathbb{N}$. Montrer que, pour tout $n \in \mathbb{N}^*$:

$$\sum_{k=1}^{n} kP(Y = k) = \left(\sum_{k=0}^{n-1} P(Y > k)\right) - nP(Y > n).$$

2. Soit X une variable aléatoire à valeurs dans $\mathbb{N}$ et admettant une espérance.

   (a) Montrer que la série $\sum_{k \geqslant 0} P(X > k)$ converge et que $\lim_{n \to +\infty} nP(X > n) = 0$.

   (b) En déduire que $E(X) = \sum_{k=0}^{+\infty} P(X > k)$.

3. Montrer la réciproque : si la série $\sum_{k \geqslant 0} P(X > k)$ converge, alors X admet une espérance donnée par la formule de la question précédente.

Solution 288

1. *Soit $k \geqslant 1$. On dispose de l'égalité ensembliste*

$$(Y > k-1) = (Y = k) \cup (Y > k)$$

et comme cette union est disjointe, on a l'égalité :

$$P(Y > k-1) = P(Y = k) + P(Y > k) \Rightarrow P(Y = k) = P(Y > k-1) - P(Y > k).$$

On en déduit la formule :

$$\begin{aligned}
\sum_{k=1}^{n} kP(Y = k) &= \sum_{k=1}^{n} k\left(P(Y > k-1) - P(Y > k)\right) \\
&= \sum_{k=1}^{n} kP(Y > k-1) - \sum_{k=1}^{n} kP(Y > k) \\
&= \sum_{j=0}^{n-1} (j+1)P(Y > j) - \sum_{k=1}^{n} kP(Y > k) \quad (j = k-1) \\
&= \sum_{j=0}^{n-1} P(Y > j) + \sum_{j=0}^{n-1} \underbrace{jP(Y > j)}_{=0 \ si \ j=0} - \sum_{k=1}^{n} kP(Y > k) \\
&= \sum_{j=0}^{n-1} P(Y > j) - nP(Y > n).
\end{aligned}$$

2. (a) *D'après la question précédente, pour tout entier $n \geqslant 1$, on a :*

$$\sum_{k=0}^{n-1} P(X > k) = nP(X > n) + \sum_{k=1}^{n} kP(X = k).$$

Comme X est à valeurs entières positives et admet une espérance, d'après l'inégalité de Markov, on obtient les majorations suivantes :

$$\forall n \geqslant 1,\ P(X > n) = P(X \geqslant n+1) \leqslant \frac{E(X)}{n+1} \leqslant \frac{E(X)}{n} \Rightarrow nP(X > n) \leqslant E(X).$$

En outre, on a la minoration suivante :

$$E(X) = \sum_{k=0}^{+\infty} kP(X = k) = \sum_{k=1}^{+\infty} kP(X = k) \geqslant \sum_{k=1}^{n} kP(X = k)$$

(car chaque terme de la somme est positif) donc on obtient :

$$\forall n \geqslant 1,\ \sum_{k=0}^{n-1} P(X > k) \leqslant E(X) + E(X) = 2E(X).$$

Ainsi, la suite $\left(\sum_{k=0}^{n-1} P(X > k)\right)_{n \geqslant 1}$ *est majorée et comme elle est croissante, on en déduit qu'elle est convergente c'est-à-dire que la série* $\sum_{k \geqslant 0} P(X > k)$ *converge.*

En outre, la suite $\left(\sum_{k=1}^{n} kP(X=k)\right)_n$ *étant convergente (car la série* $\sum_k kP(X=k)$ *converge puisque* X *admet une espérance), on en déduit que la suite*

$$\sum_{k=0}^{n-1} P(X>k) - \sum_{k=1}^{n} kP(X=k) = nP(X>n)$$

est convergente. Notons L *sa limite (qui est positive comme limite d'une suite positive).*

Supposons que $L \neq 0$ *alors on peut écrire :*

$$\lim_{n\to+\infty} nP(X>n) = L \neq 0 \Leftrightarrow nP(X>n) \underset{n\to+\infty}{\sim} L \Leftrightarrow P(X>n) \underset{n\to+\infty}{\sim} \frac{L}{n}.$$

Or la série $\sum_n \frac{L}{n} = L\sum_n \frac{1}{n}$ *est à termes positifs et divergente (série de Riemann de paramètre* $\alpha = 1 \leqslant 1$*) donc la série* $\sum_n P(X>n)$ *diverge, ce qui est absurde.*

Par conséquent, $L=0$ *c'est-à-dire* $\lim_{n\to+\infty} nP(X>n) = 0$.

(b) *D'après le raisonnement de la question précédente, les suites*

$$\left(\sum_{k=1}^{n} kP(X=k)\right)_n, \quad \left(\sum_{k=0}^{n-1} P(X>k)\right)_n \quad \text{et} \quad (nP(X>n))_n$$

sont convergentes. En faisant tendre n *vers* $+\infty$ *dans la formule de la question 1 (appliquée à la variable* X*) et en utilisant la question précédente, on obtient l'égalité attendue.*

3. *Comme la suite* $\left(\sum_{k=0}^{n-1} P(X>k)\right)_n$ *est convergente (car la série* $\sum_n P(X>n)$ *est convergente), on peut affirmer qu'elle est majorée par un certain réel* M*. D'après la formule de la question 1 appliquée à la variable* X*, pour tout entier* $n \geqslant 1$*, on a :*

$$\sum_{k=1}^{n} kP(X=k) = \sum_{k=0}^{n-1} P(X>k) - \underbrace{nP(X>n)}_{\geqslant 0} \leqslant \sum_{k=0}^{n-1} P(X>k) \leqslant \sum_{k=0}^{+\infty} P(X>k)$$

(car la série $\sum_n P(X>n)$ *est convergente à termes positifs). Ainsi, la suite* $\left(\sum_{k=1}^{n} kP(X=k)\right)_n$ *est majorée et comme elle est croissante, on en déduit qu'elle converge c'est-à-dire que la série*

$$\sum_n nP(X=n) = \sum_n |nP(X=n)|$$

converge. Ainsi, X *admet une espérance et, d'après la question 2, on a*

$$E(X) = \sum_{n=0}^{+\infty} P(X>n).$$

Commentaires 288 *Exercice original pour ce concours mais déjà posé aux concours Mines-Ponts et Mines-Telecom. Il deviendra un grand classique de tous les concours. Le sujet est bien progressif et comporte une part très importante de raisonnement sur les séries numériques.*
La question difficile est la question 2.a) (la dernière ayant le même raisonnement que celle-ci). Elle permet de distinguer les candidats ayant une bonne connaissance de leur cours (éventuellement avec une ou deux petites aides de l'interrogateur).
Pour la question 1, on peut prouver la formule par récurrence simple.

Exercice 289 (CCINP) Dans une urne, on dispose n boules numérotées de 1 à n. Dans cette urne, on tire p boules simultanément ($p \leqslant n$). Les variables aléatoires X et Y représentent respectivement le maximum et le minimum des numéros tirés.

1. Montrer que : $\displaystyle\sum_{k=p}^{n} \frac{k!}{(k-p)!} = \frac{(n+1)!}{(p+1)(n-p)!}$.
2. (a) Quel est le nombre de tirages différents ?
   (b) En déduire la loi de X et vérifier, pour $k \in X(\Omega)$, que :
   $$P(X=k) = \frac{p}{n!} * \frac{k!}{k} * \frac{(n-p)!}{(k-p)!}$$
   (c) Déterminer l'espérance de X.
3. (a) Déterminer la loi de Y.
   (b) Montrer que $n+1-Y$ suit la loi de X. En déduire l'espérance de Y.

Solution 289

1. ***Première méthode***. *On procède par récurrence sur $n \geqslant p$ en posant*
$$(\mathcal{H}_n) : «\sum_{k=p}^{n} \frac{k!}{(k-p)!} = \frac{(n+1)!}{(p+1)(n-p)!}».$$
Initialisation *$n=p$. On a :*
$$\frac{(p+1)!}{(p+1)(p-p)!} = \frac{(p+1)!}{(p+1)} = p! = \frac{p!}{(p-p)!} = \sum_{k=p}^{p} \frac{k!}{(k-p)!}$$
donc $(\mathcal{H}_p)$ est vraie.
Hérédité. *Supposons $(\mathcal{H}_n)$ vraie pour un certain entier $n \geqslant p$ alors*
$$\begin{aligned}\sum_{k=p}^{n+1} \frac{k!}{(k-p)!} &= \left(\sum_{k=p}^{n} \frac{k!}{(k-p)!}\right) + \frac{(n+1)!}{(n+1-p)!} \\ &= \frac{(n+1)!}{(p+1)(n-p)!} + \frac{(n+1)!}{(n+1-p)!} \ (\mathcal{H}_n) \\ &= \frac{(n+1)!}{(n-p)!}\left(\frac{1}{p+1} + \frac{1}{n+1-p}\right) = \frac{(n+1)!}{(n-p)!} \times \frac{n+2}{(p+1)(n+1-p)} \\ &= \frac{(n+2)!}{(p+1)(n+1-p)!}\end{aligned}$$

donc $(\mathcal{H}_{n+1})$ *est vraie, ce qui achève la récurrence.*
Deuxième méthode *: Pour tout* $k \geqslant p$*, le triangle de Pascal montre que :*

$$(*) : \forall k \geqslant p, \ \frac{k!}{(k-p)!} = p!\binom{k}{p} = p!\left[\binom{k+1}{p+1} - \binom{k}{p+1}\right]$$

En sommant la relation $(*)$ *sur* $k \in \{p, .., n\}$*, on obtient :*

$$\sum_{k=p}^{n} \frac{k!}{(k-p)!} = p!\left[\binom{n+1}{p+1} - \binom{p}{p+1}\right]$$

(somme télescopique par rapport à k*) et comme* $\binom{p}{p+1} = 0$ *puisque* $p < p+1$*, on obtient la formule souhaitée en exprimant* $\binom{n+1}{p+1}$ *via les factorielles.*

2. (a) *Il y a* $\binom{n}{p}$ *choix possibles de tirages (sélection d'un sous-ensemble à* p *éléments de l'ensemble à* n *éléments formés par les boules numérotées* $1, 2, ..., n$*).*

   (b) *Comme on pioche simultanément* p *boules, le plus grand numéro obtenu varie entre* p *(car les* $p-1$ *autres sont nécessairement* $1, 2, ..., p-1$*) et* n *donc*

$$X(\Omega) = \{p, ..., n\}.$$

   Soit $k \in \{p, ..., n\}$*. L'événement* $(X = k)$ *se réalise si et seulement si l'une des boules piochées est la numéro* k *(1 choix possible) et les* $p-1$ *autres boules ont un numéro compris entre* 1 *et* $k-1$ *(*$\binom{k-1}{p-1}$ *choix possibles) donc*

$$\begin{aligned} P(X=k) &= \frac{1 \times \binom{k-1}{p-1}}{\binom{n}{p}} = \frac{\dfrac{(k-1)!}{(p-1)!\,(k-p)!}}{\dfrac{n!}{p!\,(n-p)!}} = \frac{1}{n!}(k-1)!\frac{p!}{(p-1)!} * \frac{(n-p)!}{(k-p)!} \\ &= \frac{1}{n!} * \frac{k!}{k} * p * \frac{(n-p)!}{(k-p)} = \frac{p}{n!} * \frac{k!}{k} * \frac{(n-p)!}{(k-p)!}. \end{aligned}$$

   (c) *Par définition, on a :*

$$\begin{aligned} E(X) &= \sum_{x \in X(\Omega)} xP(X=x) = \sum_{k=p}^{n} kP(X=k) = \sum_{k=p}^{n} \frac{p}{n!} * k!\frac{(n-p)!}{(k-p)!} \\ &= \frac{p\,(n-p)!}{n!} \sum_{k=p}^{n} \frac{k!}{(k-p)!} \underset{q1}{=} \frac{p\,(n-p)!}{n!} * \frac{(n+1)!}{(p+1)\,(n-p)!} = \frac{p\,(n+1)}{p+1} \end{aligned}$$

3. (a) *Comme on pioche simultanément* p *boules, le plus petit numéro obtenu varie entre* 1 *et* $n-(p-1) = n+1-p$ *(car les* $p-1$ *autres sont nécessairement* $n, n-1, ..., n-(p-2)$*) donc :*

$$Y(\Omega) = \{1...., n+1-p\}.$$

   Soit $k \in \{1, ..., n+1-p\}$*. L'événement* $(Y = k)$ *se réalise si et seulement si l'une des boules piochées est la numéro* k *(1 choix possible) et les* $p-1$ *autres boules ont un numéro compris entre* $k+1$ *et* n *(*$\binom{n-k}{p-1}$ *choix possibles puisqu'il y a*

$$n-(k+1)+1 = n-k$$

nombres entre $k+1$ et n) donc :

$$P(Y=k)=\frac{1*\binom{n-k}{p-1}}{\binom{n}{p}}=\frac{\binom{n-k}{p-1}}{\binom{n}{p}}.$$

(b) *On a :*

$$\begin{aligned}(n+1-Y)(\Omega) &= \{n+1-k,\ k\in Y(\Omega)=\{1....,n+1-p\}\}\\ &= \{n,n-1,...,p\}=X(\Omega)\end{aligned}$$

et, pour tout $k\in\{p,...,n\}$, on a :

$$P(n+1-Y=k)=P(Y=n+1-k)=\frac{\binom{n-(n+1-k)}{p-1}}{\binom{n}{p}}=P(X=k)$$

donc $n+1-Y$ suit la loi de X. En particulier, on a :

$$\begin{aligned}E(n+1-Y) &= E(X)\Leftrightarrow n+1-E(Y)=\frac{p(n+1)}{p+1}\\ &\Leftrightarrow\ E(Y)=(n+1)\left(1-\frac{p}{p+1}\right)=\frac{n+1}{p+1}.\end{aligned}$$

Commentaires 289 *Exercice original. Ce sujet est très discriminant car une part significative de candidats ont du mal à dénombrer, ce qui est les bloquera sur cette question (ou bien, ils auront des réponses exotiques). Pour le concours CCINP, il est important de revoir les raisonnements de dénombrement élémentaires de MPSI car ils interviennent dans un nombre relativement important d'oraux.*
Une autre difficulté du sujet (bien moins importante que la précédente et bien moins courante) est la gestion du maximum et du minimum mais elle peut être levée après discussion avec l'interrogateur. De même, n'hésitez pas à retravailler leur gestion car ils interviennent dans un nombre relativement important d'oraux d'oraux de CCINP.
A part ces considérations générales, la question 1 est discriminante car il faut songer à effectuer une récurrence sur deux paramètres (ce qui est peu courant pour de nombreux candidats à ce concours) ou faire le lien avec les coefficients binomiaux et le triangle de Pascal.

Exercice 290 (CCINP) On définit l'univers Ω comme étant l'ensemble $\mathcal{S}_n$ des permutations de l'ensemble $\{1,...,n\}$ que l'on munit de la loi uniforme. Soit $k\in\{1,...,n\}$, on définit la variable aléatoire réelle X_k sur Ω par $X_k(\sigma)=1$ si k est un point fixe de σ (ie $\sigma(k)=k$) et 0 sinon. On note N le nombre de points fixes de σ.

1. (a) Soit $k\in\{1,..,n\}$. Donner la loi de la variable X_k.
   (b) Calculer son espérance et sa variance.
   (c) Soit $(i,j)\in\{1,..,n\}^2$. Calculer $\text{cov}(X_i,X_j)$.
2. Exprimer N en fonction des $(X_k)_{1\leqslant k\leqslant n}$.
3. En déduire $E(N)$ et $V(N)$.

Solution 290

1. (a) *La variable X_k suit une loi de Bernoulli de paramètre $P(X_k = 1)$. $\mathcal{S}_n$ étant muni de la probabilité uniforme cette probabilité se calcule comme suit :*

$$P(X_k = 1) = \frac{\textit{cas favorables}}{\textit{cas possibles}} = \frac{\operatorname{card}\{\sigma \in \mathcal{S}_n,\ \sigma(k) = k\}}{\operatorname{card}(\mathcal{S}_n)} \underset{(*)}{=} \frac{(n-1)!}{n!} = \frac{1}{n}$$

$(*)$: l'application $\sigma \mapsto \sigma_{|\{1,\dots,n\}\setminus\{k\}}$ est une bijection de $\{\sigma \in \mathcal{S}_n,\ \sigma(k) = k\}$ sur les permutations de l'ensemble $\{1,...,n\} \setminus \{k\}$ (ce dernier ensemble possède $n-1$ éléments). Ce dernier ensemble est de cardinal $(n-1)!$ On peut aussi le justifier « à la main ». Par exemple, σ est une permutation de $\mathcal{S}_n$ telle que $\sigma(k) = k$ alors on a $n-1$ choix possibles pour la valeur de $\sigma(1)$ (n'importe quel entier de $\{1,...,n\} \setminus \{k\}$), $n-2$ choix pour $\sigma(2)$ (n'importe quel entier de $\{1,...,n\} \setminus \{k, \sigma(1)\}$, etc (sauf pour $\sigma(k)$ où le choix est unique).

Au final, X_k suit une loi de Bernoulli de paramètre $\frac{1}{n}$.

(b) *Par définition, on a :*

$$\begin{aligned} E(X_k) &= 0P(X_k = 0) + 1P(X_k = 1) = P(X_k = 1) = \frac{1}{n} \\ V(X_k) &= E(X_k^2) - (E(X_k))^2 \underset{(*)}{=} E(X_k) - (E(X_k))^2 = \frac{1}{n} - \frac{1}{n^2} \end{aligned}$$

$(*)$ car $X_k^2 = X_k$ (si $X_k = 0$ alors $X_k^2 = 0$ et si $X_k = 1$ alors $X_k^2 = 1$).

(c) *Si $i = j$ alors $\operatorname{cov}(X_i, X_j) = V(X_i) = \frac{1}{n} - \frac{1}{n^2}$.*
Si $i \neq j$ alors :

$$\operatorname{cov}(X_i, X_j) = E(X_i X_j) - E(X_i)E(X_j).$$

D'après le théorème de transfert, on a :

$$\begin{aligned} E(X_i X_j) &= \sum_{x \in X_i(X) = \{0,1\}} \sum_{y \in X_j(\Omega) = \{0,1\}} \underbrace{xy}_{\neq 0 \Leftrightarrow x = y = 1} P((X_i = x) \cap (X_j = y)) \\ &= P((X_i = 1) \cap (X_j = 1)) = P(\{\sigma \in \mathcal{S}_n,\ \sigma(i) = i \text{ et } \sigma(j) = j\}) \\ &= \frac{(n-2)!}{n!} = \frac{1}{n(n-1)}. \end{aligned}$$

En effet, l'application

$$\sigma \mapsto \sigma_{|\{1,\dots,n\}\setminus\{i,j\}}$$

est une bijection de $\{\sigma \in \mathcal{S}_n,\ \sigma(i) = i \text{ et } \sigma(j) = j\}$ sur l'ensemble des permutations de l'ensemble $\{1,...,n\} \setminus \{i,j\}$ (ce dernier ensemble possède $n-2$ éléments car $i \neq j$). Ce dernier ensemble est de cardinal $(n-2)!$. On peut également faire un calcul « à la main ».

Par conséquent, on en déduit la formule :

$$\operatorname{cov}(X_i, X_j) = \begin{cases} \dfrac{1}{n(n-1)} - \dfrac{1}{n^2} & \text{si } i \neq j \\ \dfrac{1}{n} - \dfrac{1}{n^2} & \text{si } i = j \end{cases}$$

2. On a $N = \sum_{i=1}^{n} X_i$*. Pour s'en convaincre, si une permutation* σ *de* $\mathcal{S}_n$ *possède exactement* k *points fixes* $i_1, i_2, ..., i_k$ *alors* $X_i(\sigma) = 1$ *si* $i \in \{i_1, ..., i_k\}$ *et* $X_i(\sigma) = 0$ *sinon, on a* $\sum_{i=1}^{n} X_i(\sigma) = k$ *(*k *termes non nuls valant* 1*) et* $N(\sigma) = k$.

3. Par linéarité de l'espérance, on a :

$$E(N) = E\left(\sum_{i=1}^{n} X_i\right) = \sum_{i=1}^{n} E(X_i) = \sum_{i=1}^{n} \frac{1}{n} = \frac{1}{n}\sum_{i=1}^{n} 1 = \frac{1}{n} \times n = 1.$$

Les variables $(X_i)_{1\leqslant i\leqslant n}$ *ne sont pas mutuellement indépendantes (la raison la plus simple pour s'en convaincre est que* $\mathrm{cov}(X_i, X_j) \neq 0$ *si* $i \neq j$ *!) donc on a :*

$$\begin{aligned}
V(N) &= V\left(\sum_{i=1}^{n} X_i\right) = \sum_{i=1}^{n} V(X_i) + 2\sum_{1\leqslant i<j\leqslant n} \mathrm{cov}(X_i, X_j) \\
&= \sum_{i=1}^{n}\left(\frac{1}{n} - \frac{1}{n^2}\right) + 2\sum_{1\leqslant i<j\leqslant n}\left(\frac{1}{n(n-1)} - \frac{1}{n^2}\right) \\
&= n\left(\frac{1}{n} - \frac{1}{n^2}\right) + 2\left(\frac{1}{n(n-1)} - \frac{1}{n^2}\right)\mathrm{card}\left(\left\{(i,j) \in \{1,...,n\}^2,\ i<j\right\}\right) \\
&= 1 - \frac{1}{n} + 2\left(\frac{1}{n(n-1)} - \frac{1}{n^2}\right)\frac{n(n-1)}{2} \quad (*) = 1 - \frac{1}{n} + 1 - \frac{n-1}{n} = 1.
\end{aligned}$$

($*$*) il suffit de compter, dans un tableau à* n *lignes et* n *colonnes, le nombre de cases situées strictement en dessous de la diagonale. Il y en autant strictement au dessus et strictement en dessous, auquel on ajoute les* n *cases de la diagonale. Cela fournit toutes les cases du tableau i.e.* n^2 *d'où le nombre recherché est*

$$\frac{n^2 - n}{2} = \frac{n(n-1)}{2}.$$

On peut aussi dire qu'il y a aucune en première ligne, 1 *en* 2e *ligne,* 2 *en* 3e *ligne, ...,* $n-1$ *en* n^{e} *ligne soit un total de*

$$1 + 2 + \cdots + (n-1) = \frac{n(n-1)}{2}.$$

Commentaires 290 *Exercice amené à devenir à un très grand classique (et abordable dès la MPSI). La principale difficulté de ce sujet est la première question (1.a) car le dénombrement est souvent discriminant chez les candidats à ce concours. Les autres questions sont essentiellement des applications directes du cours. Une fraction non négligeable des candidats n'auront traité quasiment aucune question de ce sujet durant la préparation. Néanmoins, un candidat ayant une assez bonne connaissance de son cours sur les variables aléatoires pourra raisonnablement répondre aux autres questions dans le temps imparti (s'il reste 15 mn au moins) sauf, éventuellement, le calcul complet de la covariance, ce qui lui fournit une note très honnête à cette planche qui avait bien mal démarrée.*

17.2 Mines-Telecom

Exercice 291 (Mines-Telecom) Soit X une variable aléatoire suivant une loi de Poisson de paramètre λ. Quelle est la probabilité que X soit un nombre pair ?

Solution 291 *La probabilité que X soit paire est :*

$$P(X \in 2\mathbb{N}) = \sum_{k=0}^{+\infty} P(X = 2k) = \sum_{k=0}^{+\infty} \frac{e^{-\lambda}\lambda^{2k}}{(2k)!} = e^{-\lambda} \sum_{k=0}^{+\infty} \frac{\lambda^{2k}}{(2k)!} = e^{-\lambda}\,\mathrm{ch}(\lambda)$$

(d'après le développement en série entière de ch *qui est de rayon de convergence valant $+\infty$).*

Commentaires 291 *Exercice sans difficulté particulière.*

Exercice 292 (Mines-Telecom) Soit X_1, X_2 des variables aléatoires indépendantes suivant une loi géométrique de paramêtre p. On pose $A = \begin{pmatrix} X_1 & 1 \\ 0 & X_2 \end{pmatrix}$.

1. Montrer que A est inversible.
2. Trouver la probabilité pour que A soit diagonalisable.

Solution 292 *On note $(\Omega, \mathcal{A}, P)$ l'espace probabilisé sur lequel sont définies les deux variables aléatoires X_1 et X_2.*

1. *Soit $\omega \in \Omega$. Comme $X_1(\Omega) = X_2(\Omega) = \mathbb{N}^*$, on a : $X(\omega) \in \mathbb{N}^*$ et $X_2(\omega) \in \mathbb{N}^*$ donc :*

$$\det(A(\omega)) = \begin{vmatrix} X_1(\omega) & 1 \\ 0 & X_2(\omega) \end{vmatrix} = X_1(\omega) X_2(\omega) \neq 0$$

c'est-à-dire que $A(\omega)$ est inversible.
Remarque *: l'énoncé est mal posé. A n'est pas une matrice mais une application de Ω dans $\mathfrak{M}_2(\mathbb{R})$. En outre, on ne peut affirmer que $X_1(\omega) \in \mathbb{N}^*$ si $\omega \in \Omega$ mais que l'événement « $X_1(\omega) \in \mathbb{N}^*$ » est presque sûr (c'est-à-dire de probabilité 1). Pour s'en convaincre, il suffit de penser au lancer d'une pièce jusqu'à l'obtention du premier pile et de noter X la variable aléatoire égale au nombre de lancers pour obtenir le premier pile. En convenant que la non obtention d'un pile lors d'une infinité de lancers correspondant à l'événement $(X = 0)$. La probabilité de l'événement $(X \in \mathbb{N}^*)$ vaut $1 - P(X = 0) = 1 - 0 = 0$ bien que l'évènement $X = 0$ se réalise (n'obtenir que des faces à tous les lancers).*
On peut alors affirmer que l'événement B : « $X_1(\omega) \in \mathbb{N}^*$ et $X_2(\omega) \in \mathbb{N}^*$ » est presque sûr (intersection de deux événements presque sûrs) donc, si $\omega \in B$, la matrice $A(\omega)$ est inversible. Ainsi, l'événement « A est inversible » est presque sûr. L'énoncé est probablement posé ainsi pour ne pas déstabiliser les candidats de niveau moyen par des considérations subtiles de probabilités (d'autres concours le font parfois également).

2. *Soit $\omega \in \Omega$. Comme la matrice $A(\omega)$ est triangulaire, ses valeurs propres sont ses coefficients diagonaux c'est-à-dire qu'elles forment l'ensemble $\{X_1(\omega), X_2(\omega)\}$.*
Si $X_1(\omega) \neq X_2(\omega)$ alors $A(\omega)$ possède deux valeurs propres distinctes et elle appartient à $\mathfrak{M}_2(\mathbb{R})$ donc $A(\omega)$ est diagonalisable.
Si $X_1(\omega) = X_2(\omega)$ alors $\mathrm{Sp}(A(\omega)) = \{X_1(\omega)\}$ et

$$\begin{aligned} \dim\left(E_{X_1(\omega)}(A(\omega))\right) &= \dim(\ker(A(\omega) - X_1(\omega) I_2)) = \dim\left(\ker\begin{pmatrix} 0 & 1 \\ 0 & 0 \end{pmatrix}\right) \\ &= 1 \neq 2 \end{aligned}$$

donc $A(\omega)$ n'est pas diagonalisable. Par conséquent, les événements C : « A est diagonalisable » et « $X_1 \neq X_2$ » sont égaux. Ce dernier étant le complémentaire de l'événement « $X_1 = X_2$ », on obtient l'égalité :

$$P(C) = 1 - P(X_1 = X_2).$$

La famille $(X_1 = n)_{n\in\mathbb{N}^*}$ étant un système (quasi-) complet d'évènements (d'après la remarque de la question précédente), la formule des probabilités totales fournit l'égalité :

$$\begin{aligned}
P(X_1 = X_2) &= \sum_{n=1}^{+\infty} P((X_1 = n)\cap(X_1 = X_2)) = \sum_{n=1}^{+\infty} P((X_1 = n)\cap(X_2 = n)) \\
&= \sum_{n=1}^{+\infty} P(X_1 = n)\, P(X_2 = n) \ \ \textit{(X_1 et X_2 sont indépendantes)} \\
&= \sum_{n=1}^{+\infty} \left(pq^{n-1}\right)^2 \ \ \textit{(avec $q = 1-p$)} = p^2 \sum_{n=1}^{+\infty} \left(q^2\right)^{n-1} \underset{j=n-1}{=} p^2 \sum_{j=0}^{+\infty} \left(q^2\right)^j \\
&= p^2 \times \frac{1}{1-q^2} = \frac{p^2}{1-(1-p)^2} = \frac{p^2}{2p-p^2} = \frac{p}{2-p}.
\end{aligned}$$

Commentaires 292 *Exercice original de niveau standard pour ce concours. La première question est sans difficulté. La seconde question est discriminante car elle requiert une connaissance relativement solide de son cours de réduction pour déterminer le critère de diagonalisation.*

Exercice 293 (Mines-Telecom) On considère n urnes numérotées de 1 à n.
Pour tout $k \in \{1, ..., n\}$, la k-ième urne contient k boules numérotées de 1 à k.
On note X la variable aléatoire qui à chaque expérience fait correspondre la numéro de l'urne tirée (selon une loi uniforme).
On note Y la variable aléatoire qui à chaque expérience fait correspondre le numéro de la boule tirée (dans l'urne sélectionnée).

1. Calculer $P(X = Y)$.
2. Déterminer la loi de Y. Calculer l'espérance de Y.

Solution 293

1. *La famille $(X = i)_{i\in\{1,\dots,n\}}$ est un système complet d'événements donc, d'après la formule des probabilités totales, on a :*

$$\begin{aligned}
P(X = Y) &= \sum_{i=1}^{n} P((X = Y)\cap(X = i)) = \sum_{i=1}^{n} P((X = i)\cap(Y = i)) \\
&= \sum_{i=1}^{n} P(X = i)\, P_{(X=i)}(Y = i) \underset{(*)}{=} \sum_{i=1}^{n} \frac{1}{n} * \frac{1}{i} = \frac{1}{n}\sum_{i=1}^{n} \frac{1}{i}.
\end{aligned}$$

$(*)$ En effet, X suit la loi uniforme sur $\{1, ..., n\}$ et la probabilité conditionnelle $P_{(X=i)}(Y = i)$ correspond à la probabilité de tirer la boule numéro i dans l'urne numéro i (qui contient i boules différentes dont celle de numéro i).

2. **Loi de** *Y. La variable Y prend toutes les valeurs entières entre 1 et n (pour tout* $k \in \{1, ..., n\}$*, il suffit de tirer le numéro k puis de piocher la boule numéro k dans l'urne numéro k) c'est-à-dire que :*

$$Y(\Omega) = \{1, ..., n\}.$$

Soit $j \in \{1, ..., n\}$. *La famille* $(X = i)_{i \in \{1,...,n\}}$ *est un système complet d'événements donc, d'après la formule des probabilités totales, on a :*

$$P(Y = j) = \sum_{i=1}^{n} P((X = i) \cap (Y = j)) = \sum_{i=j}^{n} P((X = i) \cap (Y = j)).$$

En effet, l'événement $(X = i) \cap (Y = j)$ *ne peut se réaliser si* $i < j$ *(pour piocher la boule numéro j, il est indispensable de piocher dans l'urne des urnes dont le numéro soit supérieur ou égal à j). On en déduit que :*

$$P(Y = j) = \sum_{i=j}^{n} P(X = i) P_{(X=i)}(Y = j) \underset{(*)}{=} \sum_{i=j}^{n} \frac{1}{n} * \frac{1}{i} = \frac{1}{n} \sum_{i=j}^{n} \frac{1}{i}.$$

$(*)$ *En effet, X suit la loi uniforme sur* $\{1, ..., n\}$ *et la probabilité conditionnelle* $P_{(X=i)}(Y = j)$ *correspond à la probabilité de tirer la boule numéro j dans l'urne numéro i (qui contient i boules différentes dont celle de numéro i).*
Espérance de *Y. Par définition, on a :*

$$E(Y) = \sum_{j=1}^{n} jP(Y = j) = \sum_{j=1}^{n} j \times \frac{1}{n} \sum_{j=i}^{n} \frac{1}{i} = \frac{1}{n} \sum_{j=1}^{n} \sum_{j=i}^{n} \frac{j}{i} = \frac{1}{n} \sum_{j=1}^{n} \sum_{j=i}^{n} u_{i,j}$$

$$\text{avec } \forall (i,j) \in \{1, ..., n\}^2, \ u_{i,j} = \begin{cases} \frac{j}{i} & si\ i \in \{j, ..., n\} \Leftrightarrow j \leqslant i \leqslant n \\ 0 & sinon \end{cases}.$$

On applique alors la formule de Fubini (qui est licite d'utiliser car la somme ne contient qu'un nombre fini de termes) ce qui nous donne :

$$\begin{aligned} E(Y) &= \frac{1}{n} \sum_{i=1}^{n} \sum_{j=1}^{n} \underbrace{u_{i,j}}_{=0\ si\ j>i} = \frac{1}{n} \sum_{i=1}^{n} \sum_{j=1}^{i} u_{i,j} = \frac{1}{n} \sum_{i=1}^{n} \sum_{j=1}^{i} \frac{j}{i} = \frac{1}{n} \sum_{i=1}^{n} \frac{1}{i} \sum_{j=1}^{i} j \\ &= \frac{1}{n} \sum_{i=1}^{n} \frac{1}{i} \times \frac{i(i+1)}{2} = \frac{1}{2n} \sum_{i=1}^{n} (i+1) \underset{k=i+1}{=} \frac{1}{2n} \sum_{k=2}^{n+1} k \\ &= \frac{1}{2n} \left(\left(\sum_{k=1}^{n+1} k \right) - 1 \right) = \frac{1}{2n} \left(\frac{(n+1)(n+2)}{2} - 1 \right) = \frac{n+3}{2}. \end{aligned}$$

Commentaires 293 *Exercice dont les questions sont des applications directes du cours donc elles sont sans difficulté particulière pour les candidats ayant une bonne connaissance des notions fondamentaux du cours de variables aléatoires de MPSI. Si des questions vous ont posé des difficultés importantes, n'hésitez pas à retravailles les notions du cours associé.*

Exercice 294 (Mines-Telecom) On a une urne avec 2 boules vertes et 6 boules blanches et on effectue des tirages avec remises. On note X_n le nombre de boules vertes obtenues après n tirages et $F_n = \dfrac{X_n}{n}$.

1. Rappeler l'inégalité de Bienaymé-Tchebychev.
2. Déterminer la loi de X_n , son espérance et sa variance, ainsi que l'espérance et la variance de F_n.
3. Notons : $A_n = \{F_n \in]0,22;0,26[\}$. Minorer $P(A_n)$ lorsque $n = 10\,000$.

Solution 294

1. *Si X est une variable aléatoire possédant un moment d'ordre 2 alors :*
$$\forall \varepsilon > 0,\ P(|X - E(X)| \geqslant \varepsilon) \leqslant \frac{V(X)}{\varepsilon^2}.$$
2. *On considère l'expérience $(\mathcal{E})$: « piocher une boule avec remise dans l'urne ». Elle dispose de deux issues A : « obtenir une boule verte » ou $\overline{A}$: « ne pas obtenir de boule verte ». La variable X_n représente le nombre de réalisations de l'événement A en répétant n fois cette expérience à l'identique et de façon indépendante. Ainsi, X_n suit la loi binômiale*
$$\mathcal{B}(n, P(A)) = \mathcal{B}\left(n, \frac{2}{8}\right) = \mathcal{B}\left(n, \frac{1}{4}\right).$$
Dès lors, on peut affirmer que :
$$\begin{aligned} X_n(\Omega) &= \{0, ..., n\},\ \forall k \in \{0, ..., n\},\ P(X_n = k) = \tbinom{n}{k}\left(\frac{1}{4}\right)^k\left(1 - \frac{1}{4}\right)^{n-k} \\ E(X_n) &= n \times \frac{1}{4} = \frac{n}{4},\ V(X_n) = n \times \frac{1}{4} \times \left(1 - \frac{1}{4}\right) = \frac{3n}{16} \\ E(F_n) &= E\left(\frac{X_n}{n}\right) = \frac{E(X_n)}{n} = \frac{1}{4},\ V(F_n) = V\left(\frac{X_n}{n}\right) = \frac{1}{n^2}V(X_n) = \frac{3}{16n}. \end{aligned}$$
3. *En choisissant $n = 10\,000 = 10^4$ et $X = F_n$ dans l'inégalité obtenu à la question 1 et en utilisant les résultats de la question précédente, on obtient la minoration :*
$$P\left(\left|F_{10^4} - \frac{1}{4}\right| < \varepsilon\right) = 1 - P\left(\left|F_{10^4} - \frac{1}{4}\right| \geqslant \varepsilon\right) \geqslant 1 - \frac{3}{16 \times 10^4 \varepsilon^2}.$$
On remarque alors les équivalences suivantes :
$$\forall x \in \mathbb{R},\ \left|x - \frac{1}{4}\right| < \varepsilon \Leftrightarrow x \in \left]\frac{1}{4} - \varepsilon, -\frac{1}{4} + \varepsilon\right[=]0,25 - \varepsilon + 0.25 + \varepsilon[.$$
Il reste à choisir ε tel que l'intervalle $]0,25 - \varepsilon + 0.25 + \varepsilon[$ soit contenu dans l'intervalle $]0,22;0,26[$ donc $\varepsilon = 0,1$ convient, ce qui permet d'écrire :
$$\begin{aligned} \left]\frac{1}{4} - \varepsilon, -\frac{1}{4} + \varepsilon\right[&\subset]0,22;0,26[\Rightarrow \\ \left(\left|F_{10^4} - \frac{1}{4}\right| < \varepsilon\right) &= \left(F_n \in \left]\frac{1}{4} - \varepsilon, -\frac{1}{4} + \varepsilon\right[\right) \subset A_n. \end{aligned}$$
Ainsi, on dispose des inégalités suivantes :
$$P(A_n) \geqslant P\left(\left|F_{10^4} - \frac{1}{4}\right| < \varepsilon\right) \geqslant 1 - \frac{3}{16 \times 10^4 \varepsilon^2} \underset{\varepsilon = 10^{-1}}{=} \frac{1597}{1600} \simeq 0,998\,13$$

Commentaires 294 *Exercice de niveau standard et progressif dont les questions sont des applications directes du cours.*

Exercice 295 (Mines-Telecom) On suppose que X suit la loi binômiale $\mathcal{B}(n,p)$.
Soit $\varepsilon > 0$. Montrer que :

$$P\left(\frac{X}{n} - p \geqslant \varepsilon\right) \leqslant \frac{p(1-p)}{n\varepsilon^2}.$$

Solution 295 *On dispose de l'inclusion*

$$\left(\frac{X}{n} - p \geqslant \varepsilon\right) \subset \left|\frac{X}{n} - p \geqslant \varepsilon\right|.$$

En effet, soit $(\Omega, \mathcal{A}, P)$ *l'espace probabilisé sur lequel la variable aléatoire* X *est définie. Pour tout* $\omega \in \Omega$, *si*

$$\frac{X(\omega)}{n} - p \geqslant \varepsilon \Rightarrow \frac{X(\omega)}{n} - p \geqslant 0 \Rightarrow \left|\frac{X(\omega)}{n} - p\right| = \frac{X(\omega)}{n} - p \geqslant \varepsilon.$$

On en déduit la majoration suivante :

$$(1) : P\left(\frac{X}{n} - p \geqslant \varepsilon\right) \leqslant P\left(\left|\frac{X}{n} - p \geqslant \varepsilon\right|\right).$$

Calculons l'espérance et la variance de $\dfrac{X}{n}$.

$$E\left(\frac{X}{n}\right) = \frac{E(X)}{n} = \frac{np}{n} = p,\ V\left(\frac{X}{n}\right) = \frac{1}{n^2}V(X) = \frac{1}{n^2}np(1-p) = \frac{p(1-p)}{n}.$$

D'après l'inégalité de Bienaymé-Tchebychev, on dispose de la majoration suivante :

$$(2) : P\left(\left|\frac{X}{n} - p \geqslant \varepsilon\right|\right) = P\left(\left|\frac{X}{n} - E\left(\frac{X}{n}\right)\right| \geqslant \varepsilon\right) \leqslant \frac{V\left(\frac{X}{n}\right)}{\varepsilon^2} = \frac{p(1-p)}{n\varepsilon^2}.$$

En combinant les inégalités (1) *et* (2), *on obtient l'inégalité demandée par l'énoncé.*

Commentaires 295 *Il s'agit presque d'une application de cours. Il est attendu du candidat qu'il songe à l'inégalité de Bienaymé-Tchebychev (ou, à minima) à l'inégalité de Markov.*

17.3 Centrale Math 1

Exercice 296 (Centrale)

1. Rappeler la limite continuité d'une suite décroissante d'événements.
2. Soit $(X_n)_{n\in\mathbb{N}^*}$ une suite de variables aléatoires indépendantes sur un même espace probabilisé $(\Omega, \mathcal{T}, \mathbb{P})$ suivant chacune une loi de Bernoulli de probabilité $\frac{1}{2}$.
   On pose $T_n = \frac{1}{n}\sum_{i=1}^{n}(2X_i - 1)$. Montrer que $E(n^4T_n^4) = 3n^2 - 2n$.
3. Montrer qu'il existe un événement A tel que $\mathbb{P}(A) = 0$ et tel que $\left(\frac{1}{n}\sum_{i=1}^{n}X_i\right)_{n\in\mathbb{N}^*}$ converge simplement sur $\Omega\backslash A$ vers la variable aléatoire constante $\frac{1}{2}$.

Solution 296

1. *Soit $(\Omega, \mathcal{A}, P)$ un espace probabilisé et $(A_n)_{n\in\mathbb{N}}$ une suite décroissante (pour l'inclusion) d'événements alors*
$$P\left(\bigcap_{n=0}^{+\infty} A_n\right) = \lim_{n\to+\infty} P(A_n).$$
2. *Pour tout entier i, on pose $Y_i = 2X_i - 1$ alors Y_i prend les valeurs -1 et 1 (car X_i prend les valeurs 0 et 1). On note*
$$f : x \in \mathbb{R} \mapsto 2x - 1 \in \mathbb{R}.$$
Les variables $(X_1, .., X_n)$ étant mutuellement indépendantes, le lemme des coalitions montre que les variables
$$(f(X_1), .., f(X_n)) = (Y_1, .., Y_n)$$
sont mutuellement indépendantes.
Pour finir, on pose
$$S_n = nT_n = \sum_{i=1}^{n}(2X_i - 1) = \sum_{i=1}^{n} Y_i.$$
La formule demandée par l'énoncé est équivalente à la formule
$$E\left(S_n^4\right) = 3n^2 - 2n.$$
Prouvons par récurrence sur n la propriété
$$(\mathcal{H}_n) : \text{« } E\left(S_n^4\right) = 3n^2 - 2n \text{ ».}$$
Initialisation $n = 1$. *Comme $S_1^4 = Y_1^4 = 1$ (Y_1 ne prend que les valeurs ± 1) donc :*
$$E\left(S_1^4\right) = E(1) = 1 = 3 \times 1^2 - 2 \times 1,$$
ce qui prouve $(\mathcal{H}_1)$.
Hérédité. *Supposons $(\mathcal{H}_n)$ vraie pour un certain entier $n \geqslant 1$. On remarque que ;*
$$\begin{aligned} S_{n+1} &= S_n + Y_{n+1} \Rightarrow S_{n+1}^4 = (S_n + Y_{n+1})^4 = \sum_{k=0}^{4} \tbinom{4}{k} S_n^k Y_{n+1}^{4-k} \\ &= S_n^4 + 4S_n^3 Y_{n+1} + 6S_n^2 Y_{n+1}^2 + 4S_n Y_{n+1}^3 + Y_{n+1}^4. \end{aligned}$$

Comme $Y_{n+1}^2 = 1$ *(*Y_{n+1} *ne prend que les valeurs* ± 1 *donc*

$$\begin{aligned} Y_{n+1}^3 &= Y_{n+1}^2 Y_{n+1} = Y_{n+1} \text{ et } Y_{n+1}^4 = 1 \text{ d'où} \\ S_{n+1}^4 &= S_n^4 + 4S_n^3 Y_{n+1} + 6S_n^2 + 4S_n Y_{n+1} + 1 \Rightarrow \\ E\left(S_{n+1}^4\right) &= E\left(S_n^4\right) + 4E\left(S_n^3 Y_{n+1}\right) + 6E\left(S_n^2\right) + 4E\left(S_n Y_{n+1}\right) + 1. \end{aligned}$$

Pour tout $k \in \{1, 3\}$, *on note*

$$f_k : \left\{ \begin{array}{ccc} \mathbb{R}^n & \to & \mathbb{R} \\ (x_1, .., x_n) & \mapsto & (x_1 + \cdots + x_n)^k \end{array} \right. .$$

Les variables $(X_1, .., X_n, X_{n+1})$ *étant mutuellement indépendantes, le lemme des coalitions montre que les variables* $f_k(Y_1, .., Y_n) = S_n^k$ *et* Y_{n+1} *sont indépendantes donc on peut écrire :*

$$E\left(S_{n+1}^4\right) = E\left(S_n^4\right) + 4E\left(S_n^3\right) E\left(Y_{n+1}\right) + 6E\left(S_n^2\right) + 4E\left(S_n\right) E\left(Y_{n+1}\right) + 1.$$

Il est immédiat que :

$$\begin{aligned} E\left(Y_{n+1}\right) &= E\left(2X_{n+1} - 1\right) = 2E\left(X_{n+1}\right) - 1 = 2 \times \frac{1}{2} - 1 = 0 \Rightarrow \\ E\left(S_{n+1}^4\right) &= E\left(S_n^4\right) + 6E\left(S_n^2\right) + 1. \end{aligned}$$

Calculons $E\left(S_n^2\right)$ *via la variance de* S_n *et la formule de Koenig-Huyguens. Les variables* $Y_1, .., Y_n$ *étant mutuellement indépendantes, on a l'égalité suivante :*

$$\begin{aligned} V\left(S_n\right) &= V\left(\sum_{i=1}^n Y_i\right) = \sum_{i=1}^n V\left(Y_i\right) = \sum_{i=1}^n V\left(2X_i - 1\right) \\ &= \sum_{i=1}^n 4V\left(X_i\right) = \sum_{i=1}^n 4 \times \frac{1}{2} \times \frac{1}{2} = \sum_{i=1}^n 1 = n. \\ E\left(S_n^2\right) &= V\left(X_n\right) + \left(E\left(S_n\right)\right)^2 = n + \left(\sum_{i=1}^n E\left(Y_i\right)\right)^2 = n. \end{aligned}$$

Cette formule ainsi que l'hypothèse de récurrence permettent d'écrire :

$$\begin{aligned} E\left(S_{n+1}^4\right) &= E\left(S_n^4\right) + 6E\left(S_n^2\right) + 1 = 3n^2 - 2n + 6n + 1 \\ &= 3n^2 + 4n + 1 = 3\left(n^2 + 2n + 1\right) - 2n - 2 \\ &= 3\left(n + 1\right)^2 - 2\left(n + 1\right), \end{aligned}$$

ce qui démontre $(\mathcal{H}_{n+1})$ *et achève la récurrence.*

3. *Appliquons l'inégalité de Markov à la variable* T_n^4. *Fixons (provisoirement)* $\varepsilon > 0$ *alors, la fonction* $x \mapsto n^4 x^4$ *réalisant une bijection strictement croissante de* $\mathbb{R}_+$ *sur* $\mathbb{R}_+$ *et la variable* $|T_n|$ *étant à valeurs positives, on dispose des équivalences suivantes :*

$$\begin{aligned} |T_n| &\geqslant \varepsilon \Leftrightarrow n^4 \left|T_n\right|^4 \geqslant n^4 \varepsilon^4 \Leftrightarrow n^4 T_n^4 \geqslant n^4 \varepsilon^4 \Rightarrow \\ P\left(|T_n| \geqslant \varepsilon\right) &= P\left(n^4 T_n^4 \geqslant n^4 \varepsilon^4\right) \underset{Markov}{\leqslant} \frac{E\left(n^4 T_n^4\right)}{n^4 \varepsilon^4} = \frac{3n^2 - 2n}{n^4 \varepsilon^4} \\ &\leqslant \frac{3n^2}{n^4 \varepsilon^4} = \frac{3}{n^2 \varepsilon^4}. \end{aligned}$$

On choisit maintenant ε en fonction de n de sorte que $n^2\varepsilon^4$ tend vers 0 quand n tend vers $+\infty$ et que la série $\sum_n \frac{3}{n^2\varepsilon^4}$ converge pour utiliser ensuite une version du lemme de Borel-Cantelli. Par exemple, on choisit $\varepsilon = \frac{1}{n^{1/8}}$ alors on dispose de la majoration :

$$P\left(|T_n| \geqslant \frac{1}{n^{1/8}}\right) \leqslant \frac{3}{n^2\left(n^{-1/8}\right)^4} = \frac{3}{n^{3/2}}.$$

La série $\sum_{n\geqslant 1} \frac{3}{n^{3/2}}$ converge (série de Riemann de paramètre $\frac{3}{2} > 1$) donc la série $\sum_{n\geqslant 1} P\left(|T_n| \geqslant \frac{1}{n^{1/8}}\right)$ converge également. D'après l'inégalité de Boole, on dispose de la majoration suivante valable pour tout entier $n \geqslant 1$:

$$0 \leqslant P\left(\bigcup_{k=n}^{+\infty} |T_k| \geqslant \frac{1}{k^{1/8}}\right) \leqslant \sum_{k=n}^{+\infty} P\left(|T_k| \geqslant \frac{1}{k^{1/8}}\right) \leqslant \sum_{k=n}^{+\infty} \frac{3}{k^{3/2}}.$$

La série $\sum_k \frac{3}{k^{3/2}}$ converge donc $\lim_{n\to+\infty} \sum_{k=n}^{+\infty} \frac{3}{k^{3/2}}$ et le théorème d'encadrement montre que

$$\lim_{n\to+\infty} P\left(\bigcup_{k=n}^{+\infty} |T_k| \geqslant \frac{1}{k^{1/8}}\right) = 0.$$

Pour tout entier $n \geqslant 1$, on pose

$$A_n = \bigcup_{k=n}^{+\infty} \left(|T_k| \geqslant \frac{1}{k^{1/8}}\right)$$

Comme chaque T_k est une variable aléatoire, $\left(|T_k| \geqslant \frac{1}{k^{1/8}}\right)$ est un événement. Les événements étant stables par union dénombrable, on peut affirmer que A_n est un événement. En outre, pour tout entier $n \geqslant 1$, on a :

$$A_n = \left(|T_n| \geqslant \frac{1}{n^{1/8}}\right) \cup A_{n+1} \Rightarrow A_{n+1} \subset A_n$$

donc la suite $(A_n)_{n\geqslant 1}$ est décroissante pour l'inclusion. D'après la question 1, on peut écrire :

$$P\left(\bigcap_{n=1}^{+\infty} A_n\right) = \lim_{n\to+\infty} P(A_n) = 0.$$

Notons

$$A = \bigcap_{n=1}^{+\infty} A_n$$

qui est un évènement (comme intersection dénombrable d'événements) avec $P(A) = 0$

et on a l'égalité ensembliste suivante :

$$\begin{aligned}\Omega\backslash A &= \overline{A} = \bigcup_{n=1}^{+\infty} \overline{A_n} = \bigcup_{n=1}^{+\infty}\left(\bigcap_{k=n}^{+\infty}\overline{\left(|T_k| \geqslant \frac{1}{k^{1/8}}\right)}\right) \\ &= \bigcup_{n=1}^{+\infty}\left(\bigcap_{k=n}^{+\infty}\left(|T_k| < \frac{1}{k^{1/8}}\right)\right)\end{aligned}$$

Ainsi, pour tout $\omega \in \Omega\backslash A$, il existe un entier n_0 tel que :

$$\begin{aligned}\omega &\in \bigcap_{k=n_0}^{+\infty}\left(|T_k(\omega)| < \frac{1}{k^{1/8}}\right) \Leftrightarrow \forall k \geqslant n_0, |T_k(\omega)| \leqslant \frac{1}{k^{1/8}} \underset{k\to+\infty}{\to} 0 \\ &\Rightarrow \lim_{k\to+\infty} T_k(\omega) = 0.\end{aligned}$$

Or, pour tout entier k, on dispose des égalités suivantes :

$$\begin{aligned}T_n &= \frac{1}{n}\sum_{i=1}^{n}(2X_i - 1) = \frac{2}{n}\sum_{i=1}^{n} X_i - \frac{1}{n}\sum_{i=1}^{n} 1 = \frac{2}{n}\left(\sum_{i=1}^{n} X_i\right) - 1 \Rightarrow \\ \forall\omega &\in \Omega\backslash A, \lim_{n\to+\infty}\left(\frac{2}{n}\left(\sum_{i=1}^{n} X_i(\omega)\right) - 1\right) = 0 \underset{\div 2}{\Leftrightarrow} \lim_{n\to+\infty}\frac{1}{n}\left(\sum_{i=1}^{n} X_i(\omega)\right) = \frac{1}{2}.\end{aligned}$$

Par conséquent, la suite $\left(\frac{1}{n}\sum_{i=1}^{n} X_i\right)_{n\in\mathbb{N}^*}$ converge simplement sur $\Omega\backslash A$ vers la variable aléatoire constante $\frac{1}{2}$.

Commentaires 296 *Exercice de niveau standard pour ce concours et progressif.*
Question 2 : Le point clé de cette question est d'utiliser le fait que $E(XY) = E(X)E(Y)$ si les variables X et Y sont indépendantes ainsi que le lemme des coalitions. Afin d'éviter les calculs fastidieux, il est important de remarquer que $Y_i^{2k} = 1$ et $Y_i^{2k+1} = Y_i$.
Question 3 : Elle est la plus difficile. Il s'agit d'un renforcement de la faible des grands nombres, la moyenne $\frac{1}{n}\sum_{i=1}^{n} X_i$ ne tendant pas vers $\frac{1}{2}$ en probabilité mais presque sûrement. L' élément clé est semblable : l'inégalité de Markov appliquée à une variable auxiliaire convenable afin d'affiner la concentration autour de la moyenne (d'où l'utilisation de la puissance quatrième). Si candidat n'y songe pas, l'interrogateur lui proposer.
À cela, s'ajoute le lemme de Borel-Cantelli (si la série $\sum_n P(A_n)$ converge, l'évènement $\bigcap_{n\in\mathbb{N}}\left(\bigcup_{k\geqslant n} A_k\right)$ est négligeable c'est-à-dire de probabilité nulle. Ce lemme est important (mais hors-programme) car il permet de prouver des propriétés presque sûre c'est-à-dire réalisée avec une probabilité 1. N'hésitez-pas à le retravailler.

Exercice 297 Soit $(\lambda_i)_{i\geqslant 1}$ une suite de $\mathbb{R}_+^*$ telle que la série $\sum\limits_{i\geqslant 1}\lambda_i$ converge. Soit $(X_i)_{i\geqslant 1}$ une suite de variables aléatoires définies sur le même espace probabilisé $(\Omega, \mathcal{A}, P)$ et mutuellement indépendantes avec, pour tout $i \geqslant 1$, X_i suivant une loi de Poisson de paramètre λ_i

1. Déterminer $E(X_i)$.
2. Soit A l'événement : « l'ensemble des $i \in \mathbb{N}^*$ tels que $X_i > 0$ est fini ». Montrer que $P(A) = 1$.
3. On note $(p_i)_{i\geqslant 1}$ la suite des nombres premiers rangée dans l'ordre croissant. On pose $Y = \prod\limits_{i=1}^{+\infty} p_i^{X_i}$. Justifier que Y est presque sûrement bien définie. Que dire de $E(Y)$?

Solution 297

1. *Par définition,*

$$X_i(\Omega) = \mathbb{N} \text{ et } \forall k \in \mathbb{N}, P(X_i = k) = \frac{e^{-\lambda_i}\lambda_i^k}{k!}.$$

La série entière $\sum\limits_{k\geqslant 0}\frac{x^k}{k!}$ *a un rayon de convergence infini donc sa série dérivée* $\sum\limits_{k\geqslant 0}\frac{kx^{k-1}}{k!}$ *aussi. En particulier, la série*

$$e^{-\lambda_i}\lambda_i\sum_{k\geqslant 0}\frac{k\lambda_i^{k-1}}{k!} = \sum_{k\geqslant 0}\frac{e^{-\lambda_i}\lambda_i^k}{k!} = \sum_{k\geqslant 0} kP(X_i = k) = \sum_{k\geqslant 0}|kP(X_i = k)|$$

converge donc X_i admet une espérance et on a la formule :

$$\begin{aligned} E(X_i) &= \sum_{k=0}^{+\infty} kP(X_i = k) = e^{-\lambda_i}\lambda_i\sum_{k=0}^{+\infty}\frac{k\lambda_i^{k-1}}{k!} = e^{-\lambda_i}\lambda_i\frac{d}{dx}\left(\sum_{k=0}^{+\infty}\frac{x^k}{k!}\right)_{|x=\lambda_i} \\ &= e^{-\lambda_i}\lambda_i\frac{d}{dx}(e^x)_{|x=\lambda_i} = e^{-\lambda_i}\lambda_i e^{\lambda_i} = \lambda_i. \end{aligned}$$

2. *Écrivons l'événement A à l'aide des variables $(X_i)_{i\in\mathbb{N}}$. Soit $\omega \in \Omega$ alors $\omega \in A$ si et seulement s'il existe un rang n tel que*

$$\forall i \geqslant n,\ X_i(\omega) = 0$$

(car X_i prend des valeurs dans $\mathbb{N}$) si et seulement s'il existe n tel que

$$\omega \in \bigcap_{i=n}^{+\infty}(X_i = 0)$$

si et seulement si

$$\omega \in \bigcup_{n=1}^{+\infty}\left(\bigcap_{i=n}^{+\infty}(X_i = 0)\right)$$

d'où l'égalité ensembliste :

$$\begin{aligned} A &= \bigcup_{n=1}^{+\infty}\left(\bigcap_{i=n}^{+\infty}(X_i=0)\right) \Rightarrow \overline{A} = \bigcap_{n=1}^{+\infty}\overline{\left(\bigcap_{i=n}^{+\infty}(X_i=0)\right)} \\ &= \overline{A} = \bigcap_{n=1}^{+\infty}\left(\bigcup_{i=n}^{+\infty}(X_i\geqslant 1)\right) \end{aligned}$$

(car X_i est à valeurs dans $\mathbb{N}$ donc si $X_i \neq 0$ alors $X_i \geqslant 1$). Pour tout entier n, on considère l'événement

$$B_n = \bigcup_{i=n}^{+\infty}(X_i \geqslant 1).$$

La suite $(B_n)_{n\geqslant 1}$ est décroissante pour l'inclusion car :

$$B_n = (X_n \geqslant 1) \cup B_{n+1} \Rightarrow B_{n+1} \subset B_n.$$

D'après le théorème de convergence monotone, on peut affirmer que :

$$P\left(\overline{A}\right) = P\left(\bigcap_{n=1}^{+\infty} B_n\right) = \lim_{n\to+\infty} P(B_n).$$

D'après l'inégalité de Boole puis l'inégalité de Markov, on a les majorations :

$$0 \leqslant P(B_n) = P\left(\bigcup_{i=n}^{+\infty}(X_i\geqslant 1)\right) \leqslant \sum_{i=n}^{+\infty} P(X_i \geqslant 1) \underset{\text{Markov}}{\overset{\text{inégalité}}{\leqslant}} \sum_{i=n}^{+\infty} E(X_i) = \sum_{i=n}^{+\infty}\lambda_i.$$

Comme la série $\sum_{i\geqslant 1}\lambda_i$ converge, la suite $\left(\sum_{i=n}^{+\infty}\lambda_i\right)_{n\geqslant 1}$ converge vers 0 donc, d'après le théorème d'encadrement, on obtient la formule :

$$\lim_{n\to+\infty} P(B_n) = 0 \Rightarrow P\left(\overline{A}\right) = 0 \Rightarrow P(A) = 1 - P\left(\overline{A}\right) = 1.$$

3. D'après la question précédente, l'événement A est presque sûr. Soit $\omega \in A$ alors l'ensemble $I = \{i \in \mathbb{N},\ X_i(\omega) > 0\}$ est fini donc

$$\forall i \in \mathbb{N}\backslash I,\ X_i(\omega) = 0 \Rightarrow p_i^{X_i(\omega)} = 1.$$

Ainsi, $Y(\omega)$ représente simplement $\prod_{i\in I} p_i^{X_i(\omega)}$ qui est parfaitement défini donc Y est définie sur A qui est un évènement presque sûr d'après la question précédente c'est-à-dire que Y est presque sûrement définie.
Par définition, $E(Y)$ existe lorsque que la famille

$$(|kP(Y=k)|)_{k\geqslant 1} = (kP(Y=k))_{k\geqslant 1}$$

est sommable. Commençons par expliciter $P(Y=k)$ pour $k \in \mathbb{N}^*$. Par unicité de la décomposition en produit de nombres premiers de tout entier, on peut affirmer que, pour tout entier $k \in \mathbb{N}$, il existe une unique famille $(\alpha_i(k))_{i\geqslant 1}$ d'entiers, nulle à partir d'un *certain rang, tel que* $k = \prod_{i=1}^{+\infty} p_i^{\alpha_i(k)}$ *donc on dispose de l'équivalence suivante valable pour tout entier* $k \geqslant 1$ *:*

$$P(Y = k) = P\left(\prod_{i=1}^{+\infty} p_i^{X_i} = \prod_{i=1}^{+\infty} p_i^{\alpha_i(k)}\right) = P\left(\bigcap_{i=1}^{+\infty} (X_i = \alpha_i(k))\right)$$

Soit $k \in \mathbb{N}^*$. *Pour tout entier* $n \geqslant 1$, *on pose*

$$A_n = \bigcap_{i=1}^{n} (X_i = \alpha_i(k)).$$

La suite $(A_n)_{n\geqslant 1}$ *est décroissante pour l'inclusion car, pour tout entier* $n \geqslant 1$, *on a :*

$$A_{n+1} = A_n \cap (X_{n+1} = \alpha_{n+1}(k)) \subset A_n.$$

Le théorème de limite monotone montre que

$$P\left(\bigcap_{i=1}^{+\infty} A_n\right) = \lim_{n\to+\infty} P(A_n).$$

Or, on dispose de l'égalité ensembliste

$$\bigcap_{i=1}^{+\infty} A_n = \bigcap_{i=1}^{+\infty} (X_i = \alpha_i(k))$$

(je laisse au lecteur vérifier la double inclusion) et, des variables $X_1, .., X_n$ *étant mutuellement indépendantes, on a l'égalité :*

$$P(A_n) = \prod_{i=1}^{n} P(X_i = \alpha_i(k)) = \prod_{i=1}^{n} e^{-\lambda_i} \frac{\lambda_i^{\alpha_i(k)}}{\alpha_i(k)!} = \exp\left(-\sum_{i=1}^{n} \lambda_i\right) \prod_{i=1}^{n} \frac{\lambda_i^{\alpha_i(k)}}{\alpha_i(k)!}.$$

La série $\sum_{i\geqslant 1} \lambda_i$ *étant convergente, en faisant tenre* n *vers* $+\infty$ *dans l'égalité précédente, on en déduit l'égalité suivante :*

$$P(Y = k) = \exp\left(-\sum_{i=1}^{+\infty} \lambda_i\right) \prod_{i=1}^{+\infty} \frac{\lambda_i^{\alpha_i(k)}}{\alpha_i(k)!}$$

(le produit infini ne contenant qu'un nombre fini de facteurs différents de 1 *car la suite* $(\alpha_i(k))_{i\geqslant 1}$ *est nulle à partir d'un certain rang)n ce qui montre la formule :*

$$kP(Y = k) = \exp\left(-\sum_{i=1}^{+\infty} \lambda_i\right) \prod_{i=1}^{+\infty} \frac{(\lambda_i p_i)^{\alpha_i(k)}}{\alpha_i(k)!}.$$

Nous allons maintenant utiliser le théorème de sommation par paquets pour démontrer la sommabilité de $(kP(Y = k))_{k\geqslant 1}$. *On pose :*

$$C = \exp\left(-\sum_{i=1}^{+\infty} \lambda_i\right) \text{ et } \forall n \geqslant 1,\ I_n = \{p_1^{\alpha_1} \cdots p_n^{\alpha_n},\ (\alpha_1, .., \alpha_n) \in \mathbb{N}^n\}.$$

Montrons que la famille :

$$\begin{aligned}\frac{1}{C}\left(kP\left(Y=k\right)\right)_{k\in I_n} &= \left(\frac{(\lambda_1 p_1)^{\alpha_1}}{\alpha_1!}\times\cdots\times\frac{(\lambda_n p_n)^{\alpha_n}}{\alpha_n!}\right)_{(\alpha_1,..,\alpha_n)\in\mathbb{N}^n}\\ &= \left(S_{\alpha_1,..,\alpha_n}\right)_{(\alpha_1,..,\alpha_n)\in\mathbb{N}^n}\end{aligned}$$

est sommable par récurrence sur n. Pour $n=1$, la série $\sum_{\alpha_1\geqslant 0}\frac{(\lambda_1 p_1)^{\alpha_1}}{\alpha_1!}$ converge (série exponentielle) donc la propriété est vérifiée.
Supposons la propriété vérifiée au rang $n-1$ avec $n\geqslant 2$. La série

$$\sum_{\alpha_n\geqslant 0} S_{\alpha_1,..,\alpha_n} = S_{\alpha_1,..,\alpha_{n-1}}\sum_{\alpha_n\geqslant 0}\frac{(\lambda_n p_n)^{\alpha_n}}{\alpha_n!}$$

converge (série exponentielle). On pose :

$$S_{\alpha_1,..,\alpha_{n-1}} = \sum_{\alpha_n=0}^{+\infty} S_{\alpha_1,..,\alpha_n} = S_{\alpha_1,..,\alpha_{n-1}}e^{\lambda_n p_n}$$

D'après la propriété au rang $n-1$, la famille $\left(S_{\alpha_1,..,\alpha_{n-1}}\right)_{(\alpha_1,..,\alpha_{n-1})}$ est sommable donc, d'après le théorème de Fubini, la famille $\left(S_{\alpha_1,..,\alpha_n}\right)_{(\alpha_1,..,\alpha_n)\in\mathbb{N}^n}$ est sommable. En outre, on obtient l'égalité suivante :

$$\sum_{(\alpha_1,..,\alpha_n)\in\mathbb{N}^n} S_{\alpha_1,..,\alpha_n} = e^{\lambda_n p_n}\sum_{(\alpha_1,..,\alpha_{n-1})\in\mathbb{N}^n} S_{\alpha_1,..,\alpha_{n-1}}$$

donc, par une récurrence immédiate, on a la formule :

$$\begin{aligned}\sum_{(\alpha_1,..,\alpha_n)\in\mathbb{N}^n} S_{\alpha_1,..,\alpha_n} &= e^{\lambda_1 p_1}\times\cdots\times e^{\lambda_1 p_1} = \exp\left(\sum_{i=1}^{n}\lambda_i p_i\right)\\ &\Rightarrow \sum_{k\in I_n} kP\left(Y=k\right) = C\exp\left(\sum_{i=1}^{n}\lambda_i p_i\right).\end{aligned}$$

La suite $(I_n)_{n\geqslant 1}$ est croissante pour l'inclusion et $\bigcup_{n\geqslant 1} I_n = \mathbb{N}^*$ (par existence de la décomposition en facteurs premiers de tout entier naturel non nul). On utilise alors le théorème de sommation par paquet avec la partition $(J_n)_{n\geqslant 1}$ définie par :

$$J_1 = I_1 \text{ et } \forall n\geqslant 2, J_n = I_n\backslash I_{n-1}.$$

Pour tout entier $N\geqslant 1$, on a l'égalité ensembliste :

$$I_N = \bigcup_{n=1}^{N} J_n$$

et l'union étant disjointe, on peut affirmer que :

$$\sum_{n=1}^{N}\left(\sum_{k\in J_n} kP\left(Y=k\right)\right) = \sum_{k\in I_n} kP\left(Y=k\right) = C\exp\left(\sum_{i=1}^{N}\lambda_i p_i\right)$$

Ainsi, la série $\sum_{n\geqslant 1}\sum_{k\in J_n} kP(Y=k)$ *converge si et seulement si la suite* $\left(\sum_{n=1}^{N}\sum_{k\in J_n} kP(Y=k)\right)$ *converge si et seulement si la suite* $\left(\exp\left(\sum_{i=1}^{N}\lambda_i p_i\right)\right)_N$ *converge si et seulement si la suite* $\left(\sum_{i=1}^{N}\lambda_i p_i\right)_N$ *converge si et seulement si la série* $\sum_{i\geqslant 1}\lambda_i p_i$ *converge.*

Autrement dit, $E(Y)$ *existe si et seulement si la série* $\sum_{i\geqslant 1}\lambda_i p_i$ *converge. Dans ce cas, on a la formule :*

$$E(Y) = C\exp\left(\sum_{i=1}^{+\infty}\lambda_i p_i\right) = \exp\left(\sum_{i=1}^{+\infty}\lambda_i (p_i-1)\right).$$

Commentaires 297 *Exercice original et progressif.*
Question 1 : Il s'agit d'une question de cours.
Question 2 : Un candidat sera fortement valorisé s'il exprime l'évènement A *en fonction des évènements* $(X_i>0)$ *ou* $(X_i=0)$. *S'il n'y parvient pas, l'interrogateur lui demandera de justifier l'égalité ensembliste*

$$A = \bigcup_{n=1}^{+\infty}\left(\bigcap_{i=n}^{+\infty}(X_i=0)\right).$$

Il attend une justification rigoureuse de celle-ci (par double inclusion). Le calcul de la probabilité de $\overline{A}$ *est classique et si vous n'y êtes pas parvenu, refaite le car il intervient dans un nombre important de questions probabilistes.*
Question 3 : La première question est immédiate (si le candidat comprend la difficulté de multiplier une infinité de facteurs). Un candidat songeant à considérer la suite de variables aléatoires $Y_n = \prod_{i=1}^{n} p_i^{X_i}$ *et calculant son espérance sera valorisé. S'il imagine que* $\lim_{n\to+\infty} E(Y_n) = E(Y)$, *il fera bonne impression à l'interrogateur et une discussion s'enclenchera.*

Exercice 298 (Centrale) On dispose de n urnes et de $N = na$ boules, où a est un entier naturel non nul. Ces boules sont réparties de façon indépendante et équiprobable entre les urnes.
On nomme Y_n la variable aléatoire donnant le nombre d'urnes vides et $S_n = \dfrac{Y_n}{n}$.

1. Énoncer et démontrer l'inégalité de Bienaymé-Tchebychev.
2. Calculer $E(S_n)$.
3. Montrer que : $\forall\varepsilon>0,\ \lim_{n\to+\infty} P\left(|S_n - e^{-a}|\geqslant\varepsilon\right) = 0.$

Solution 298

1. ***Enoncé***. *Si* X *est variable aléatoire à valeurs réelles admettant une variance alors :*

$$\forall\varepsilon>0,\ P\left(|X-E(X)|\geqslant\varepsilon\right)\leqslant\frac{V(X)}{\varepsilon^2}.$$

Preuve. *Soit Y une variable à valeurs réelles positives et admettant une espérance alors :*

$$\begin{aligned} E(X) &= \sum_{x\in X(\Omega)} \underbrace{xP(X=x)}_{\geqslant 0} \geqslant \sum_{\substack{x\in X(\Omega)\\ \text{tel que } x\geqslant\varepsilon}} \underbrace{x}_{\geqslant\varepsilon} P(X=x) \geqslant \sum_{\substack{x\in X(\Omega)\\ \text{tel que } x\geqslant\varepsilon}} \varepsilon P(X=x) \\ &= \varepsilon \sum_{\substack{x\in X(\Omega)\\ \text{tel que } x\geqslant\varepsilon}} \varepsilon P(X=x) \underset{\text{disjointe}}{\overset{\text{union}}{=}} \varepsilon P\Big(\bigcup_{\substack{x\in X(\Omega)\\ \text{tel que } x\geqslant\varepsilon}} (X=\varepsilon)\Big) = \varepsilon P(X\geqslant\varepsilon). \end{aligned}$$

La variable $Y = (X - E(X))^2$ est positive et admet une espérance (car, par définition, X admet une variance) et en remplaçant ε par ε^2, on obtient l'inégalité :

$$P\left((X-E(X))^2 \geqslant \varepsilon^2\right) \leqslant \frac{E\left((X-E(X))^2\right)}{\varepsilon^2} = \frac{V(X)}{\varepsilon^2}.$$

On conclut grâce à l'équivalence suivante valable pour tout z et a positifs :

$$|z| \geqslant |a| \Leftrightarrow |z|^2 \geqslant |a|^2 \Leftrightarrow z^2 \geqslant a^2$$

(car $t \mapsto t^2$ est une bijection strictement croissante de $\mathbb{R}_+$ sur $\mathbb{R}_+$) appliquée à $z = X - E(X)$ et $a = \varepsilon$.

2. *Numérotons les urnes U_1, U_2, .., U_n et les boules $B_1, .., B_N$. Pour chaque $i \in \{1, .., n\}$, on note X_i la variable égale à 1 si l'urne U_i est vide après la répartition des N boules et X_i vaut 0 sinon. Il est alors immédiat que $Y_n = \sum_{i=1}^{n} X_i$. Soit $i \in \{1, .., n\}$, pour tout $k \in \{1, .., N\}$, on note R_k l'événement « la boule B_k n'est pas placée dans l'urne U_i ». Il est immédiat que*

$$\begin{aligned} (X_i = 1) &= \bigcap_{k=1}^{N} R_k \Rightarrow P(X_i=1) = \prod_{k=1}^{N} P(R_k) \ \ (*) \\ &= \prod_{k=1}^{N} \left(\frac{n-1}{n}\right) (**) = \left(\frac{n-1}{n}\right)^N = \left(1-\frac{1}{n}\right)^N \end{aligned}$$

$(*)$ car les placements sont supposées mutuellement indépendants.
$(**)$ car la répartition des boules entre les urnes est supposée uniforme.
Par conséquent, on en déduit l'espérance de X_i.

$$E(X_i) = 1P(X_i=1) + 0P(X_i=0) = \left(1-\frac{1}{n}\right)^N.$$

Par linéarité de l'espérance, on dispose de la formule :

$$\begin{aligned} E(S_n) &= \frac{1}{n}E(Y_n) = \frac{1}{n}\sum_{i=1}^{N} E(X_i) = \frac{1}{n}\sum_{i=1}^{n}\left(1-\frac{1}{n}\right)^N \\ &= \frac{1}{n}\left(1-\frac{1}{n}\right)^N \sum_{i=1}^{n} 1 = \left(1-\frac{1}{n}\right)^N = \left(1-\frac{1}{n}\right)^{na}. \end{aligned}$$

3. On conserve les notations et résultats de la question précédente. Ce type d'inégalité fait penser à la loi faible des grands nombres mais les variables $(X_i)_{1\leqslant i\leqslant n}$ *ne sont pas mutuellement indépendantes et l'espérance de* S_n *n'est pas* e^{-a}*. Pour contourner le problème, nous allons utiliser l'inégalité de Bienaymé-Tchebychev en l'adaptant un peu. Commençons par une remarque importante. Pour tout entier* $n \geqslant 1$*, on a :*

$$E(S_n) = \left(1-\frac{1}{n}\right)^{na} = \exp\left(na\ln\left(1-\frac{1}{n}\right)\right).$$

Comme $\ln(1+x) \underset{x\to 0}{\sim} x$*, on peut écrire :*

$$na\ln\left(1-\frac{1}{n}\right) \underset{n\to+\infty}{\sim} na\left(-\frac{1}{n}\right) = -a$$

donc $\lim\limits_{n\to+\infty} na\ln\left(1-\frac{1}{n}\right) = -a$ *et la continuité de l'exponentielle permet d'écrire :*

$$\lim_{n\to+\infty} E(S_n) = e^{-a}.$$

Déterminons la variance de S_n*.*

$$\begin{aligned} V(S_n) &= V\left(\frac{1}{n}Y_n\right) = \frac{1}{n^2}V(Y_n) \text{ et} \\ V(Y_n) &= V\left(\sum_{i=1}^{n} X_i\right) = \sum_{i=1}^{n} V(X_i) + \sum_{\substack{1\leqslant i,j\leqslant n \\ i\neq j}} \operatorname{cov}(X_i, X_j). \end{aligned}$$

Déterminons la variance de X_i *et la covariance de* (X_i, X_j) *lorsque* $i \neq j$ *via le théorème de Koenig-Huyguens. Comme* $X_i^2 = X_i$ *(si* $X_i = 0$ *alors* $X_i^2 = 0$ *et si* $X_i = 1$ *alors* $X_i^2 = 1$*), on a :*

$$\begin{aligned} V(X_i) &= E\left(X_i^2\right) - (E(X_i))^2 = E(X_i) - (E(X_i))^2 \\ &= \left(1-\frac{1}{n}\right)^{na} - \left(1-\frac{1}{n}\right)^{2na} \\ \operatorname{cov}(X_i, X_j) &= E(X_iX_j) - E(X_i)E(X_j) = E(X_iX_j) - \left(1-\frac{1}{n}\right)^{2na}. \end{aligned}$$

D'après le théorème de transfert, pour tout $i \neq j$*, on a :*

$$\begin{aligned} E(X_iX_j) &= \sum_{(x_i,x_j)\in X_1(\Omega)\times X_2(\Omega)} \underbrace{x_ix_j}_{=0 \text{ si } (x_i,x_j)\neq(1,1)} P((X_i = x_i)\cap(X_j = x_j)) \\ &= P((X_i = 1)\cap(X_j = 1)) = \left(1-\frac{2}{n}\right)^{N} = \left(1-\frac{2}{n}\right)^{na}. \end{aligned}$$

En effet, l'évènement $(X_i = 1)\cap(X_j = 1)$ *se réalise si et seulement si aucune boule n'a été placé dans l'urne* U_i *et* U_j *c'est-à-dire que les* N *boules ont été placé dans les* $N-2$

autres urnes (car $i \neq j$). Par conséquent, on en déduit la formule :

$$\begin{aligned} V(Y_n) &= \sum_{i=1}^{n} \left[\left(1-\frac{1}{n}\right)^{na} - \left(1-\frac{1}{n}\right)^{2na} \right] . + \sum_{\substack{1 \leqslant i,j \leqslant n \\ i \neq j}} \left[\left(1-\frac{2}{n}\right)^{na} - \left(1-\frac{1}{n}\right)^{2na} \right] \\ &= n \left[\left(1-\frac{1}{n}\right)^{na} - \left(1-\frac{1}{n}\right)^{2na} \right] + n(n-1) \left[\left(1-\frac{2}{n}\right)^{na} - \left(1-\frac{1}{n}\right)^{2na} \right] \end{aligned}$$

car il y a n^2 éléments dans $\{1,..,n\}^2$ auquel il faut enlever les n valeurs du type (i,i) soit $n^2 - n = n(n-1)$ éléments.
Ainsi, on en déduit que

$$V(S_n) = \frac{1}{n} \left[\left(1-\frac{1}{n}\right)^{na} - \left(1-\frac{1}{n}\right)^{2na} \right] + \left(1-\frac{1}{n}\right) \left[\left(1-\frac{2}{n}\right)^{na} - \left(1-\frac{1}{n}\right)^{2na} \right].$$

On dispose des limites suivantes :

$$\lim_{n \to +\infty} \left(1-\frac{1}{n}\right)^{na} = e^{-a}, \lim_{n \to +\infty} \left(1-\frac{1}{n}\right)^{2na} = e^{-2a}, \lim_{n \to +\infty} \left(1-\frac{2}{n}\right)^{na} = e^{-2a}$$

(la preuve pour les deux dernières limites est semblable à la première) qui démontre la formule :

$$\lim_{n \to +\infty} V(S_n) = 0.$$

On remarque ensuite l'inégalité :

$$|S_n - e^a| \leqslant |S_n - E(S_n)| + |E(S_n) - e^a|$$

donc, si $|S_n - e^a| \geqslant \varepsilon$ alors

$$|S_n - E(S_n)| \geqslant \varepsilon - |E(S_n) - e^a|,$$

ce qui prouve l'inclusion ensembliste suivante :

$$(|S_n - e^a| \geqslant \varepsilon) \subset |S_n - E(S_n)| \geqslant \varepsilon - |E(S_n) - e^a|.$$

Par conséquent, on obtient l'inégalité suivante :

$$\begin{aligned} P(|S_n - e^a| \geqslant \varepsilon) &\leqslant P(|S_n - E(S_n)| \geqslant \varepsilon - |E(S_n) - e^a|) \\ &\leqslant \frac{V(S_n)}{(\varepsilon - |E(S_n) - e^a|)^2}. \end{aligned}$$

(d'après l'inégalité de Bienaymé-Tchebychev qui est licite car S_n étant une variable a un nombre fini de valeurs donc elle admet une variance). Comme

$$\lim_{n \to +\infty} V(S_n) = 0 \text{ et } \lim_{n \to +\infty} (\varepsilon - |E(S_n) - e^a|)^2 = \varepsilon^2,$$

le théorème d'encadrement permet de conclure.

Commentaires 298 *Exercice original et progressif. Toutes les questions sont des applications assez proche du cours (voire comme pour la première question, une question de cours).*
Pour la question 2, le point fondamental est d'introduire les variables de Bernoulli associées à chacune des urnes. Si le candidat n'y pense pas, l'interrogateur lui proposera. Il attend alors que le candidat soit capable d'achever lui-même la question. Si c'est le cas, il sera fortement valorisé.
Pour la question 3, un candidat calculant correctement la variance de S_n seul (ou presque) sera bien valorisé. La difficulté ensuite est la gestion du remplacement de $E(S_n)$ par sa limite dans l'inégalité de Bienaymé-Tchebychev, elle pourra être résolue par les bons candidats, avec une petite aide de l'interrogateur.

Exercice 299 (Centrale) Soit $(X_n)_{n\geqslant 1}$ une suite de variables aléatoires discrètes définies sur un même espace probabilisé $(\Omega, \mathcal{A}, P)$, mutuellement indépendantes, centrées et ayant un moment d'ordre 2. Posons, pour tout $n \in \mathbb{N}^*$, $S_n = \sum_{i=1}^{n} X_i$. On suppose que $\sum_{i=1}^{+\infty} E\left(X_i^2\right) = \sigma^2 \in \mathbb{R}$.

1. Montrer que $P(|S_n| > \alpha) \leqslant \dfrac{\sigma^2}{\alpha^2}$. On souhaite montrer que :
$$P\left(\sup_{n\geqslant 1} |S_n| > \alpha\right) \leqslant \frac{\sigma^2}{\alpha^2}.$$
2. Soit $n \in \mathbb{N}^*$. On note T_1 l'indicatrice de l'ensemble $(|S_1| > \alpha)$ et, pour tout $v \geqslant 2$, on note T_v l'indicatrice de l'ensemble
$$\left(\bigcap_{k=1}^{v-1} (|S_k| \leqslant \alpha)\right) \cap (|S_v| > \alpha).$$
   (a) Montrer que $\sum_{i=1}^{n} T_i$ est l'indicatrice de l'événement $(\exists k \in \{1, ..., n\}, |S_k| > \alpha)$.
   (b) Montrer que $\sum_{i=1}^{n} E\left(T_i S_n^2\right) \leqslant \sigma^2$.
   (c) Montrer $\forall k \in \{1, .., n\}$, $E\left(T_k S_k^2\right) \leqslant E\left(T_k S_n^2\right)$
3. Montrer que $P(\exists k \in \{1, .., n\}, |S_k| > \alpha) \leqslant \dfrac{\sigma^2}{\alpha^2}$. Conclure.

Solution 299

1. *L'ensemble des variables aléatoires ayant un moment d'ordre 2 étant un espace vectoriel, on peut affirmer que la variable S_n admet un moment d'ordre 2 comme somme de telles variables. On dispose de l'inclusion :*
$$(|S_n - E(S_n)| > \alpha) \subset (|S_n - E(S_n)| \geqslant \alpha),$$

ce qui nous donne l'inégalité suivante :

$$P(|S_n - E(S_n)| > \alpha) \leqslant P(|S_n - E(S_n)| \geqslant \alpha) \leqslant \frac{V(S_n)}{\alpha^2}$$

(d'après l'inégalité de Bienaymé-Tchebychev). Par linéarité de l'espérance, on a :

$$E(S_n) = \sum_{k=1}^{n} E(X_i) = \sum_{k=1}^{n} 0 = 0$$

(car les variables X_i *sont centrées) et, par mutuellement indépendances des variables* $(X_k)_{1 \leqslant k \leqslant n}$, *on peut écrire la formule suivante :*

$$\begin{aligned} V(S_n) &= V\left(\sum_{k=1}^{n} X_k\right) = \sum_{k=1}^{n} V(X_k) \underset{\text{Huyguens}}{\overset{\text{Koeng-}}{=}} \sum_{k=1}^{n} \left[E\left(X_k^2\right) - (E(X_k))^2\right] \\ &= \sum_{k=1}^{n} \underbrace{E\left(X_k^2\right)}_{\geqslant 0} \leqslant \sum_{k=1}^{+\infty} E\left(X_k^2\right) = \sigma^2. \end{aligned}$$

Ainsi, on en déduit l'inégalité :

$$P(|S_n - E(S_n)| > \alpha) \leqslant \frac{\sigma^2}{\alpha^2}.$$

2. (a) Si $n = 1$, $\sum_{i=1}^{n} T_i = T_1$ *l'indicatrice de* $(|S_1| > \alpha) = (\exists k \in \{1, ..., 1\}, |S_k| > \alpha)$.

Supposons désormais que $n \geqslant 2$. *Soit* $\omega \in \Omega$. *Si* $\sum_{i=1}^{n} T_i(\omega) = 0$ *alors, tous les termes de la somme étant positifs, on en déduit les équivalences suivantes :*

$$\begin{aligned} \forall i &\in \{1, .., n\}, T_i(\omega) = 0 \\ &\Leftrightarrow \omega \in \overline{(|S_1| > \alpha)} \text{ et } \forall i \in \{2, .., n\}, \omega \in \overline{\left(\bigcap_{k=1}^{i-1} (|S_k| \leqslant \alpha)\right) \cap (|S_i| > \alpha)} \\ &\Leftrightarrow \omega \in (|S_1| \leqslant \alpha) \text{ et } \forall i \in \{2, .., n\}, \omega \in \left(\bigcup_{k=1}^{i-1} \overline{(|S_k| \leqslant \alpha)}\right) \cup \overline{(|S_i| > \alpha)} \\ &\Leftrightarrow \omega \in (|S_1| \leqslant \alpha) \text{ et } \forall i \in \{2, .., n\}, \omega \in \left(\bigcup_{k=1}^{i-1} (|S_k| > \alpha)\right) \cup (|S_i| \leqslant \alpha) \\ &\Rightarrow \omega \in (\forall i \in \{1, .., n\}, |S_i| \leqslant \alpha) = \omega \in \overline{(\exists i \in \{1, .., n\}, |S_i| > \alpha)} \end{aligned}$$

Réciproquement, si $\omega \in \overline{(\exists i \in \{1, .., n\}, |S_i| > \alpha)}$ *alors :*

$$\begin{aligned} \forall i &\in \{1, .., n\}, |S_i| \leqslant \alpha \Rightarrow \\ \omega &\notin (|S_1| > \alpha) \text{ et } \forall i \in \{2, .., n\}, \omega \notin \left(\bigcap_{k=1}^{i-1} (|S_k| \leqslant \alpha)\right) \cap (|S_i| > \alpha) \end{aligned}$$

donc $T_i(\omega) = 0$ *quelque soit* $i \in \{1, .., n\}$, *ce qui montre que* $\sum_{i=1}^{n} T_i(\omega) = 0$.

Si $\sum_{i=1}^{n} T_i(\omega) > 0$ *alors l'ensemble* $\{i \in \{1, .., n\}, T_i(\omega) > 0\}$ *est un sous-ensemble non vide de* $\{1, .., n\}$. *Il possède un minimum* $i_0 \in \{1, .., n\}$. *Par construction, on a*

$$\begin{aligned} \forall i &< i_0, T_i(\omega) = 0 \text{ et } T_{i_0}(\omega) > 0 \Rightarrow T_{i_0}(\omega) = 1 \Leftrightarrow \omega \in (|S_1| > \alpha) \\ (\text{si } i_0 &= 1) \text{ ou } \omega \in \left(\bigcap_{k=1}^{i_0-1} (|S_k| \leqslant \alpha)\right) \cap (|S_{i_0}| > \alpha) \ (\text{si } i_0 > 1) \end{aligned}$$

Pour tout $i > i_0$, *comme* $|S_{i_0}(\omega)| > \alpha$, *on est assuré que* $\omega \notin (|S_{i_0}| \leqslant \alpha)$ *donc*

$$\omega \notin \left(\bigcap_{k=1}^{i-1} (|S_k| \leqslant \alpha)\right) \cap (|S_i| > \alpha) \Rightarrow T_i(\omega) = 0.$$

Ceci prouve que $\sum_{i=1}^{n} T_i(\omega) = T_{i_0}(\omega) = 1$. *Ainsi, la fonction* $\sum_{i=1}^{n} T_i$ *est à valeurs dans* $\{0, 1\}$ *et elle prend la valeur* 0 *si et seulement si :*

$$\omega \in \overline{(\exists i \in \{1, .., n\}, |S_i| > \alpha)} \Leftrightarrow \omega \notin (\exists i \in \{1, .., n\}, |S_i| > \alpha)$$

donc $\sum_{i=1}^{n} T_i$ *est l'indicatrice de* $(\exists k \in \{1, ..., n\}, |S_k| > \alpha)$.

(b) Par linéarité de l'espérance, on a :

$$\sum_{i=1}^{n} E\left(T_i S_n^2\right) = E\left(\left(\sum_{i=1}^{n} T_i\right) S_n^2\right) \underset{(*)}{\leqslant} E\left(S_n^2\right) \underset{q.1}{=} V(S_n) \underset{q.1}{\leqslant} \sigma^2.$$

$(*)$ *car* $\sum_{i=1}^{n} T_i \leqslant 1$ *(puisqu'il s'agit d'une indicatrice) donc, en multipliant par* $S_n^2 \geqslant 0$, *on obtient* $S_n^2 \sum_{i=1}^{n} T_i \leqslant S_n^2$ *puis on utilise la croissance de l'espérance.*

(c) Si $k = n$ *alors* $S_k = S_n$ *et l'inégalité proprosée est triviale. Soit* $k \in \{1, .., n-1\}$, *on pose* $Y = \sum_{j=k+1}^{n} X_j$ *et on a les égalités suivantes :*

$$\begin{aligned} S_n &= S_k + Y \Rightarrow S_n^2 = S_k^2 + 2S_k Y + Y^2 \Rightarrow \\ T_k S_n^2 &= T_k S_k^2 + 2T_k S_k Y + \underbrace{T_k Y^2}_{\geqslant 0} \geqslant T_k S_k^2 + 2T_k S_k Y. \end{aligned}$$

Par croissance et linéarité de l'espérance, on obtient la minoration :

$$E\left(T_k S_n^2\right) \geqslant E\left(T_k^2 S_k^2 + 2T_k S_k Y\right) = E\left(T_k S_k^2\right) + 2E\left(T_k S_k Y\right)$$

Comme les variables $X_1, .., X_n$ *sont mutuellement indépendantes, que* Y *est fonction de* $X_{k+1}, .., X_n$ *et* $T_k S_k$ *est fonction de* $X_1, .., X_k$, *le lemme des coalitions montre que les variables* Y *et* $T_k S_k$ *sont indépendantes, ce qui montre l'égalité :*

$$E\left(T_k S_k Y\right) = E\left(T_k S_k\right) E(Y).$$

Or, par linéarité de l'espérance et comme les variables $(X_j)_{k+1\leqslant j\leqslant n}$ *sont centrées, on obtient :*

$$E(Y) = \sum_{j=k+1}^{n} E(X_j) = \sum_{j=k+1}^{n} 0 = 0,$$

ce qui permet de conclure.

3. *Soient* $k \in \{1,..,n\}$ *et* $\omega \in \Omega$. *Si* $T_k(\omega) = 1$ *alors* $|S_k(\omega)| > \alpha$ *donc :*

$$T_k(\omega)(S_k(\omega))^2 = |S_k(\omega)|^2 > \alpha^2 = \alpha^2 T_k(\omega).$$

Si $T_k(\omega) = 0$ *alors*

$$\begin{cases} T_k(\omega)(S_k(\omega))^2 = 0 \\ \alpha^2 T_k(\omega) = 0 \end{cases} \Rightarrow T_k(\omega)(S_k(\omega))^2 \geqslant \alpha^2 T_k(\omega).$$

Ainsi, on est assuré que $T_k S_k^2 \geqslant \alpha^2 T_k$ *donc, par croissance et linéarité de l'espérance, on obtient :*

$$E\left(T_k S_k^2\right) \geqslant E\left(\alpha^2 T_k\right) = \alpha^2 E(T_k).$$

En sommant sur $k \in \{1,..,n\}$ *et en utilisant les deux questions précédentes, on obtient la minoration suivante :*

$$(\mathcal{R}_1) : \sum_{k=1}^{n} E\left(T_k S_n^2\right) \geqslant \sum_{k=1}^{n} E\left(T_k S_k^2\right) \geqslant \sum_{k=1}^{n} \alpha^2 E(T_k) = \alpha^2 E\left(\sum_{k=1}^{n} T_k\right).$$

Or, la variable $Z = \sum_{k=1}^{n} T_k$ *étant l'indicatrice de* $(\exists k \in \{1,...,n\}, |S_k| > \alpha)$, *elle ne prend que deux valeurs* 0 *et* 1 *donc :*

$$\begin{aligned} (\mathcal{R}_2) \quad : \quad E(Z) &= \sum_{z\in Z(\omega)} zP(Z = z) = 0P(Z = 0) + 1P(Z = 1) \\ &= P(Z = 1) = P(\exists k \in \{1,...,n\}, |S_k| > \alpha) \end{aligned}$$

En outre, on a :

$$(\mathcal{R}_3) : \sum_{k=1}^{n} E\left(T_k S_n^2\right) = E\left(\sum_{k=1}^{n} T_k S_n^2\right) = E\left(Z S_n^2\right) \underset{(*)}{\leqslant} E\left(S_n^2\right) \underset{q.1}{=} V(S_n) \leqslant \sigma^2.$$

$(*)$ *car* $Z \leqslant 1$, *en multipliant par* S_n^2 *qui est positif, on obtient* $Z S_n^2 \leqslant S_n^2$ *et on utilise la croissance de l'espérance.*
En combinant $(\mathcal{R}_1)$, $(\mathcal{R}_2)$ *et* $(\mathcal{R}_3)$, *on obtient l'inégalité :*

$$P(\exists k \in \{1,...,n\}, |S_k| > \alpha) \leqslant \frac{\sigma^2}{\alpha^2}.$$

Pour tout entier $n \geqslant 1$, *on considère l'évènement*

$$C_n = (\exists k \in \{1,...,n\}, |S_k| > \alpha) = \bigcup_{k=1}^{n} (|S_k| > \alpha).$$

La famille $(C_n)_{n\geqslant 1}$ *est croissante pour l'inclusion car :*

$$\forall n \geqslant 1, C_n \subset C_n \cup (|S_{n+1}| > \alpha) = C_{n+1}$$

donc, d'après le théorème de convergence monotone, on peut affirmer que :

$$P\left(\bigcup_{n=1}^{+\infty} C_n\right) = \lim_{n\to+\infty} P(C_n).$$

Or, il est immédiat que $\bigcup_{n=1}^{+\infty} C_n = \bigcup_{n=1}^{+\infty} (|S_n| > \alpha)$ *(procéder par double inclusion) et comme a* $\forall n \geqslant 1,\ P(C_n) \leqslant \dfrac{\sigma^2}{\alpha^2}$, *en faisant tendre* n *vers* $+\infty$ *dans cette inégalité, on obtient l'inégalité suivante :*

$$P\left(\bigcup_{n=1}^{+\infty} (|S_n| > \alpha)\right) \leqslant \frac{\sigma^2}{\alpha^2}.$$

Soit $\omega \in \Omega$. *Si* $\omega \in \bigcup_{n=1}^{+\infty} (|S_n| > \alpha)$ *alors il existe* $n_\omega \in \mathbb{N}$ *tel que :*

$$\begin{aligned} |S_n(\omega)| &> \alpha \Rightarrow \sup_{n\in\mathbb{N}} |S_n(\omega)| \geqslant |S_{n_\omega}(\omega)| > \alpha \\ &\Rightarrow \omega \in \left(\sup_{n\geqslant 1} |S_n| > \alpha\right). \end{aligned}$$

Si $\omega \in \left(\sup_{n\geqslant 1} |S_n| > \alpha\right)$ *alors* $\sup_{n\in\mathbb{N}} |S_n(\omega)| > \alpha$ *donc il existe* $n_\omega \in \mathbb{N}$ *tel que* $|S_{n_\omega}(\omega)| > \alpha$ *(sinon, pour tout entier* $n \geqslant 1$, $|S_n(\omega)| \leqslant \alpha$ *donc* $\sup_{n\in\mathbb{N}} |S_n(\omega)| \leqslant \alpha$, *ce qui est absurde) d'où l'appartenance suivante :*

$$\omega \in (|S_{n_\omega}| > \alpha) \subset \bigcup_{n=1}^{+\infty} (|S_n| > \alpha).$$

Par conséquent, on vient de démontrer l'égalité ensembliste :

$$\bigcup_{n=1}^{+\infty} (|S_n| > \alpha) = \left(\sup_{n\geqslant 1} |S_n| > \alpha\right),$$

ce qui permet de conclure.

Commentaires 299 *Exercice original et suffisamment progressif prouvant la célèbre « inégalité maximale de Komolgorov ». La question 1 est une application directe du cours. La question 2.a est assez élémentaire mais elle demande de la rigueur pour être validée par l'interrogateur (notamment la gestion convenable de la double inclusion). La question 2.b requière une petite astuce et n'est guère difficile lorsqu'elle est éventuellement proposée par l'interrogateur.*
Pour les autres questions, l'interaction avec l'interrogateur sera cruciale ainsi que la réactivité et l'autonomie du candidat.

Exercice 300 (Centrale) Soit $(\Omega, \mathcal{A}, P)$ un espace probabilisé.

1. Pour tous $x \in [-1,1]$ et $t \in \mathbb{R}$, montrer que :
$$e^{tx} \leqslant \frac{1-x}{2}e^{-t} + \frac{1+x}{2}e^{t}.$$
2. Soit X une variable aléatoire discrète ayant une espérance, centrée avec $|X| \leqslant 1$. Montrer que e^{tX} admet une espérance et que $E\left(e^{tX}\right) \leqslant e^{t^2/2}$.
3. Soient $X_1, ..., X_n$ des variables aléatoires réelles discrètes indépendantes et $a_1, .., a_n$ dans $\mathbb{R}_+^*$. On suppose que
$$\forall i \in \{1, .., n\}, \, |X_i| \leqslant a_i$$
et on pose $S_n = \sum_{i=1}^{n} X_i$.
Soit $t \in \mathbb{R}$. Montrer que $E\left(e^{tS_n}\right) \leqslant \exp\left(\frac{t^2}{2}\sum_{i=1}^{n}(a_i)^2\right)$.

Solution 300

1. *La fonction* exp *est convexe car elle est deux fois dérivable sur* $\mathbb{R}$ *et* $\exp'' = \exp$ *est positive sur* $\mathbb{R}$. *Soit* $t \in \mathbb{R}$ *et* $x \in [-1,1]$. *Les réels* $\frac{1-x}{2}$ *et* $\frac{1+x}{2}$ *sont positifs et de somme* 1 *donc la convexité de* exp *fournit l'inégalité suivante :*
$$\exp\left(\frac{1-x}{2}(-t) + \frac{1+x}{2}t\right) \leqslant \frac{1-x}{2}\exp(t) + \frac{1+x}{2}\exp(t).$$
Comme
$$\frac{1-x}{2}(-t) + \frac{1+x}{2}t = xt,$$
on peut conclure.
2. *Soit* $t \in \mathbb{R}$. *Comme*
$$tX \leqslant |tX| = |t|\,|X| \leqslant |t|,$$
on a l'encadrement
$$0 \leqslant e^{tX} \leqslant e^{|t|}.$$
La variable constante $e^{|t|}$ *a une espérance donc* e^{tX} *admet une espérance. En outre, comme* $-1 \leqslant X \leqslant 1$, *la question précédente montre que :*
$$e^{tX} \leqslant \frac{1-X}{2}e^{-t} + \frac{1+X}{2}e^{t}.$$
Par croissance et linéarité de l'espérance, on obtient l'inégalité suivante :
$$\begin{aligned} E\left(e^{tX}\right) &\leqslant E\left(\frac{1-X}{2}e^{-t} + \frac{1+X}{2}e^{t}\right) \\ &= \frac{1-E(X)}{2}e^{-t} + \frac{1+E(X)}{2}e^{t} = \operatorname{ch}(t). \end{aligned}$$
(car X *est centrée c'est-à-dire* $E(X) = 0$*). Pour conclure, il suffit de montrer que :*
$$\forall t \in \mathbb{R}, \operatorname{ch}(t) \leqslant e^{t^2/2} \Leftrightarrow \ln(\operatorname{ch}(t)) \leqslant \frac{t^2}{2}$$

(car ln *réalise une bijection strictement croissante de* $\mathbb{R}_+^*$ *sur* $\mathbb{R}$ *et que* ch *est strictement positive sur* $\mathbb{R}$*).*
On introduit la fonction

$$f : t \mapsto \ln(\text{ch}(t)) - \frac{t^2}{2}$$

qui est paire donc nous allons dresser son tableau de variation sur $\mathbb{R}_+$*. Elle est deux fois dérivable sur* $\mathbb{R}_+$ *et, pour tout réel positif* t*, on a :*

$$\begin{aligned} f'(t) &= \frac{\text{sh}(t)}{\text{ch}(t)} - t =, f''(t) = \frac{(\text{sh}(t))^2 - (\text{ch}(t))^2}{(\text{ch}(t))^2} - 1 \\ &= \frac{1}{(\text{ch}(t))^2} - 1 = \frac{1 - (\text{ch}(t))^2}{(\text{ch}(t))^2} \leqslant 0 \end{aligned}$$

(car ch $\geqslant 1$ *sur* $\mathbb{R}$*). Ainsi,* f' *est décroissante sur* $\mathbb{R}_+$ *et comme* $f'(0) = 0$*, on en déduit que* $f' \leqslant 0$ *sur* $\mathbb{R}_+$*. Ainsi,* f *est décroissante sur* $\mathbb{R}_+$ *et* $f(0) = 0$ *donc* $f \leqslant 0$ *sur* $\mathbb{R}_+$*, ce qui permet de conclure.*

3. *Pour tout* $i \in \{1, .., n\}$, $\left|\frac{X_i}{a_i}\right| \leqslant 1$ *donc, d'après la question précédente, on a l'inégalité suivante :*

$$\forall s \in \mathbb{R},\ E\left(e^{sX_i/a_i}\right) \leqslant e^{s^2/2} \underset{s=a_it}{\overset{t=s/a_i}{\Leftrightarrow}} \forall t \in \mathbb{R},\ E\left(e^{tX_i}\right) \leqslant e^{(a_it)^2/2} = e^{a_i^2t^2/2}.$$

Soit $t \in \mathbb{R}$*. La variable* S_n *est bornée (comme somme de telles variables) donc* e^{tS_n} *admet une espérance (même raisonnement qu'à la preuve de la question précédente) et :*

$$e^{tS_n} = \left(\exp\left(\sum_{i=1}^{n} tX_i\right)\right) = \prod_{i=1}^{n} e^{tX_i}.$$

Les variables $X_1, .., X_n$ *étant mutuellement indépendantes, le lemme des coalitions permet d'affirmer que les variables* $e^{tX_1}, .., e^{tX_n}$ *sont mutuellement indépendantes. Ces variables admettant une espérance (car elles sont bornées), on peut écrire :*

$$\begin{aligned} E\left(e^{tS_n}\right) &= E\left(\prod_{i=1}^{n} e^{tX_i}\right) = \prod_{i=1}^{n} E\left(e^{tX_i}\right) \leqslant \prod_{i=1}^{n} e^{a_i^2t^2/2} \\ &= \exp\left(\frac{1}{2}\sum_{i=1}^{n} a_i^2t^2\right) = \exp\left(\frac{t^2}{2}\sum_{i=1}^{n} a_i^2\right). \end{aligned}$$

Commentaires 300 *Exercice qui est déjà devenu un classique traitant des inégalités de concentration (autour de la moyenne) bien plus efficace que l'inégalité de Bienaymé-Tchebychev (même si l'énoncé ne va pas au bout de l'inégalité). L'énoncé proposé est suffisamment progressif pour ce concours. N'hésitez pas à le retravailler si nécessaire, tant pour l'écrit que pour l'oral.*

Exercice 301 Soit $\mathcal{P}$ l'ensemble des nombres entiers premiers.

Pour tout $s > 1$, on pose $\zeta(s) = \sum_{n=1}^{+\infty} \frac{1}{n^s}$.

1. Pour quels $\lambda \in \mathbb{R}$, la famille des $\left(\dfrac{\lambda}{n^s}\right)_{n\in\mathbb{N}^*}$ définit-elle une loi de probabilité sur $\mathbb{N}^*$?
2. On pose, pour p premier, $A_p = p\mathbb{N}^*$. Montrer que les A_p, pour $p \in \mathcal{P}$, sont mutuellement indépendants.
3. Prouver que, pour $s > 1$, on a $\zeta(s) = \prod_{p\in\mathcal{P}} \dfrac{1}{1-p^{-s}}$.
4. La famille de $\left(\dfrac{1}{p}\right)_{p\in\mathcal{P}}$ est-elle sommable ?

Solution 301

1. *La famille* $\left(\dfrac{\lambda}{n^s}\right)_{n\in\mathbb{N}^*}$ *doit être constituée de nombres positifs donc* $\lambda \geqslant 0$ *(pour* $n = 1$*). Elle doit être sommable et comme elle est indexée par un seul indice entier, cela revient à étudier la convergence de la série* $\sum_{n\geqslant 1} \left|\dfrac{\lambda}{n^s}\right| = \lambda \sum_{n\geqslant 1} \dfrac{1}{n^s}$*. Cette dernière étant convergente, la famille* $\left(\dfrac{\lambda}{n^s}\right)_{n\in\mathbb{N}^*}$ *est sommable. Pour finir, sa somme doit valoir* 1 *c'est-à-dire :*

$$\sum_{n\in\mathbb{N}^*} \frac{\lambda}{n^s} = 1 \Leftrightarrow \lambda \sum_{n=1}^{+\infty} \frac{1}{n^s} = 1 \Leftrightarrow \lambda\zeta(s) = 1 \Leftrightarrow \lambda = \frac{1}{\zeta(s)}.$$

Ainsi, la famille $\left(\dfrac{\lambda}{n^s}\right)_{n\in\mathbb{N}^*}$ *définit une loi de probabilité sur* $\mathbb{N}^*$ *si et seulement si*

$$\lambda = \frac{1}{\zeta(s)}.$$

2. *Soient* $p_1, .., p_n$ *des nombres premiers deux à deux distincts. Il faut prouver l'égalité :*

$$P(A_{p_1} \cap \cdots \cap A_{p_n}) = P(A_{p_1}) \times \cdots \times P(A_{p_n}).$$

Commençons par décrire l'ensemble $A_{p_1} \cap \cdots \cap A_{p_n}$*. Soit* $k \in \mathbb{N}^*$ *alors*

$$\begin{aligned} k &\in A_{p_1} \cap \cdots \cap A_{p_n} \Leftrightarrow \forall i \in \{1, .., n\}, k \in A_{p_i} = p_i\mathbb{Z} \\ &\Leftrightarrow \forall i \in \{1, .., n\}, \exists q_i \in \mathbb{Z}, k = p_i q_i \\ &\Leftrightarrow \forall i \in \{1, .., n\}, p_i \mid k \Rightarrow p_1 \times \cdots \times p_n \mid k \ (*) \\ &\Leftrightarrow \exists q \in \mathbb{Z}, k = p_1 \times \cdots \times p_n \times q \Leftrightarrow k \in A_{p_1 \times \cdots \times p_n} \end{aligned}$$

d'où l'inclusion

$$A_{p_1} \cap \cdots \cap A_{p_n} \subset A_{p_1 \times \cdots \times p_n}.$$

$(*)$ *d'après le lemme de Gauss car* $p_1, .., p_n$ *sont deux à deux premiers entre eux puisque ce sont des nombres premiers distincts.*
Prouvons l'inclusion réciproque. Soit $k \in \mathbb{N}^*$ *alors :*

$$\begin{aligned} k &\in A_{p_1 \times \cdots \times p_n} \Leftrightarrow \exists q \in \mathbb{Z}, k = p_1 \times \cdots \times p_n \times q \\ &\Rightarrow \forall i \in \{1, .., n\}, k = p_i q_i \text{ avec } q_i = \prod_{j\in\{1,..,n\}\setminus\{i\}} p_i \\ &\Rightarrow \forall i \in \{1, .., n\}, k \in A_{p_i} = p_i\mathbb{Z} \Rightarrow k \in\mid A_{p_1} \cap \cdots \cap A_{p_n}, \end{aligned}$$

ce qui prouve l'inclusion réciproque d'où l'égalité ensembliste :

$$A_{p_1} \cap \cdots \cap A_{p_n} = A_{p_1 \times \cdots \times p_n}.$$

Soit $n \in \mathbb{N}^*$, *calculons* $P(A_n)$. *Par définition, on a :*

$$\begin{aligned} P(A_n) &= P(\{nk,\, k \in \mathbb{N}^*\}) = P\left(\bigcup_{k=1}^{+\infty} \{nk\}\right) \underset{disjointe}{\overset{union}{=}} \sum_{k=1}^{+\infty} P(\{nk\}) \\ &= \sum_{k=1}^{+\infty} \frac{1}{\zeta(s)(nk)^s} = \frac{1}{n^s \zeta(s)} \sum_{k=1}^{+\infty} \frac{1}{k^s} = \frac{1}{n^s \zeta(s)} \zeta(s) = \frac{1}{n^s}. \end{aligned}$$

Par conséquent, il est immédiat que :

$$\begin{aligned} P(A_{p_1} \cap \cdots \cap A_{p_n}) &= P(A_{p_1 \times \cdots \times p_n}) = \frac{1}{(p_1 \times \cdots \times p_n)^s} \\ &= \frac{1}{p_1^s} \times \cdots \times \frac{1}{p_n^s} = P(A_{p_1}) \times \cdots \times P(A_{p_n}), \end{aligned}$$

donc les événements $(A_p)_{p \in \mathcal{P}}$ *sont mutuellement indépendants.*

3. *Les événements* $(A_p)_{p \in \mathcal{P}}$ *sont mutuellement indépendants donc les événements* $\left(\overline{A_p}\right)_{p \in \mathcal{P}}$ *sont mutuellement indépendants. Notons* $(p_n)_{n \in \mathbb{N}^*}$ *la numérotation des nombres par ordre croissant (i.e.* $p_n < p_{n+1}$ *pour tout entier* $n \geqslant 1$*). Pour tout entier* $n \geqslant 1$, *on a :*

$$\begin{aligned} P\left(\bigcap_{i-1}^{n} \overline{A_{p_i}}\right) &= \prod_{i=1}^{n} P\left(\overline{A_{p_i}}\right) = \prod_{i=1}^{n} (1 - P(A_{p_i})) \\ &= \prod_{i=1}^{n} \left(1 - \frac{1}{p_i^s}\right) = \prod_{i=1}^{n} \left(1 - p_i^{-s}\right). \end{aligned}$$

Pour tout entier $n \geqslant 1$, *on pose*

$$B_n = \bigcap_{i=1}^{n} \overline{A_{p_1}}.$$

La famille $(B_n)_{n \geqslant 1}$ *est décroissante pour l'inclusion car :*

$$\forall n \geqslant 1,\ B_{n+1} = B_n \cap \overline{A_{p_{n+1}}} \subset B_n.$$

D'après le théorème de la limite monotone, on a la formule :

$$P\left(\bigcap_{n=1}^{+\infty} B_n\right) = \lim_{n \to +\infty} P(B_n) = \prod_{i=1}^{+\infty} \left(1 - p_i^{-s}\right) = \prod_{p \in \mathcal{P}} \left(1 - p^{-s}\right).$$

Il est immédiat que

$$\bigcap_{n=1}^{+\infty} B_n = \bigcap_{n=1}^{+\infty} \overline{A_{p_n}} = \bigcap_{p \in \mathcal{P}}^{+\infty} \overline{A_p}$$

(par double inclusion). Soit $k \in \mathbb{N}^*$ *alors* $k \in \bigcap_{p \in \mathcal{P}}^{+\infty} \overline{A_p}$ *si et seulement si, pour tout nombre premier* p, p *ne divise pas* k *si et seulement si* k *n'est divisible par aucun nombre premier*

si et seulement si $k = 1$ (car tout nombre supérieur ou égal à 2 est divisible par un nombre premier, résultat fondamental d'Euclide). Autrement dit, on a l'égalité ensembliste :

$$\bigcap_{n=1}^{+\infty} B_n = \{1\} \Rightarrow P\left(\bigcap_{n=1}^{+\infty} B_n\right) = P(\{1\}) = \frac{1}{\zeta(s)\,1^s} = \frac{1}{\zeta(s)},$$

ce qui prouve l'identité :

$$\frac{1}{\zeta(s)} = \prod_{p\in\mathcal{P}} \left(1 - p^{-s}\right) \Leftrightarrow \zeta(s) = \frac{1}{\prod_{p\in\mathcal{P}} \left(1 - p^{-s}\right)} = \prod_{p\in\mathcal{P}} \frac{1}{1 - p^{-s}}.$$

4. *Notons $(p_n)_{n\in\mathbb{N}^*}$ la numérotation des nombres par ordre croissant (i.e. $p_n < p_{n+1}$ pour tout entier $n \geqslant 1$). Procédons par l'absurde en supposant que la famille $\left(\frac{1}{p}\right)_{p\in\mathcal{P}}$ est sommable alors la série $\sum_{n\geqslant 1} \frac{1}{p_n}$ converge. Soit $s > 1$ alors, pour tout $n \geqslant 1$, on a les majorations suivantes :*

$$\begin{aligned} p_n &> 1 \Rightarrow p_n^s \geqslant p_n \Rightarrow \frac{1}{p_n} \geqslant \frac{1}{p_n^s} \Rightarrow 1 - \frac{1}{p_n^s} \geqslant 1 - \frac{1}{p_n} > 0 \\ &\Rightarrow \frac{1}{1 - \frac{1}{p_n}} \geqslant \frac{1}{1 - \frac{1}{p_n^s}} > 0. \end{aligned}$$

Ainsi, pour tout $N \geqslant 1$, on a la minoration suivante :

$$(\mathcal{I}) : \prod_{n=1}^{N} \frac{1}{1 - \frac{1}{p_n}} \geqslant \prod_{n=1}^{N} \frac{1}{1 - \frac{1}{p_n^s}}.$$

Or, pour tout $N \geqslant 1$, on a :

$$\ln\left(\prod_{n=1}^{N} \frac{1}{1 - \frac{1}{p_n}}\right) = -\sum_{n=1}^{N} \ln\left(1 - \frac{1}{p_n}\right).$$

Comme $\lim_{n\to+\infty} \frac{1}{p_n} = 0$, on dispose de l'équivalent suivant :

$$\frac{1}{p_n} \underset{n\to+\infty}{\sim} -\ln\left(1 - \frac{1}{p_n}\right).$$

Comme la série $\sum_{n\geqslant 1} \frac{1}{p_n}$ est convergente et à termes positifs, la série $\sum_{n\geqslant 1} \left(-\ln\left(1 - \frac{1}{p_n}\right)\right)$ converge c'est-à-dire que la suite

$$\sum_{n=1}^{N} \left(-\ln\left(1 - \frac{1}{p_n}\right)\right) = -\ln\left(\prod_{n=1}^{N} \left(1 - \frac{1}{p_n}\right)\right) = \ln\left(\prod_{n=1}^{N} \frac{1}{1 - \frac{1}{p_n}}\right)$$

converge vers une limite L. Par conséquent, la suite

$$T_N = \prod_{n=1}^{N} \frac{1}{1 - \dfrac{1}{p_n}}$$

converge vers $e^L > 0$. *En faisant tendre* N *vers* $+\infty$ *dans l'inégalité* $(\mathcal{I})$, *on obtient l'inégalité :*

$$e^L \geqslant \prod_{n=1}^{+\infty} \frac{1}{1 - p_n^{-s}} = \zeta(s) = \sum_{n=1}^{+\infty} \frac{1}{n^s}.$$

Ainsi, pour tout entier $N \geqslant 1$, *comme chaque terme de cette somme est positif, on dispose de la majoration suivante :*

$$\sum_{n=1}^{N} \frac{1}{n^s} \leqslant \zeta(s) \leqslant e^L \Rightarrow \sum_{n=1}^{N} \frac{1}{n^s} \leqslant e^L.$$

Pour $N \geqslant 1$ *fixé, en faisant tendre* s *vers* 1, *on obtient la minoration :*

$$\sum_{n=1}^{N} \frac{1}{n} \leqslant e^L.$$

Ainsi, la suite $\left(\sum_{n=1}^{N} \frac{1}{n}\right)_N$ *est majorée (par* e^L*) et croissante puisque*

$$\sum_{n=1}^{N+1} \frac{1}{n} - \sum_{n=1}^{N} \frac{1}{n} = \frac{1}{N+1} \geqslant 0.$$

Par conséquent, elle converge c'est-à-dire que la série $\sum_{n\geqslant 1} \frac{1}{n}$ *converge. Ceci est absurde car il s'agit d'une série de Riemann de paramètre* $1 \leqslant 1$ *donc la famille* $\left(\frac{1}{p}\right)_{p\in\mathcal{P}}$ *n'est pas sommable.*

Commentaires 301 *Exercice qui est déjà devenu un classique et il est bien progressif.*
Question 1 : C'est une application directe du cours.
Question 2 : la seule difficulté est d'ordre arithmétique pour décrire convenablement l'ensemble $\bigcap_{k=1}^{n} A_{p_k}$.
Question 3 : La question est bien plus difficile sans aide. Il est très probable que l'interrogateur propose de calculer de deux façons différentes la probabilité de l'événement $\bigcap_{i=1}^{\infty} \overline{A_{p_1}}$.
Un candidat effectue l'un de ces deux calculs (détermination de l'intersection ou bien mise en place du théorème de convergence monotone) sera fortement valorisé. La mise en place du théorème de convergence monotone dans ce cadre est très classique (pour une intersection non décroissante d'évènements) et si vous n'y êtes pas parvenu, n'hésitez pas à le retravailler.

Question 4 : Elle s'adresse aux meilleurs candidats.

Exercice 302 On effectue une succession de tirages dans une urne contient une proportion p de boules bleues, q de boules vertes, r de boules rouges. Tous les tirages sont effectués avec remise. Soit $n \in \mathbb{N}^*$. On note X_n le nombre de boules bleues tirées après n tirages et Y_n le nombre de boules vertes tirées après n tirages.

1. Déterminer les lois de X_n et Y_n. Ces variables aléatoires sont elles indépendantes ?
2. Soit N une variable qui suit le loi de Poisson $\mathcal{P}(\lambda)$. Déterminer les lois de X_N et Y_N.
   Les variables aléatoires X_N et Y_N sont elles indépendantes ?

Solution 302

1. *X_n : On considère l'expérience $\mathcal{E}$: « une boule est piochée dans l'urne ». Cette expérience à deux issues : A : « une boule bleue est piochée dans l'urne » et $\overline{A}$: « une boule non bleue est piochée dans l'urne ».*
   La probabilité de A est p. On répète n fois à l'identique et de façon indépendantes l'expérience $\mathcal{E}$. Alors le nombre de réalisations de l'événement A (la variable X_n) suit la loi binômiale $\mathcal{B}(n,p)$.
   Y_n : par le même argumentaire, Y_n suit la loi binômiale $\mathcal{B}(n,q)$.
   Les variables X_n et Y_n ne sont pas indépendantes car l'événement $(X_n = n) \cap (Y_n = n)$ est impossible donc :

$$P((X_n = n) \cap (Y_n = n)) = P(\emptyset) = 0$$

   alors que :

$$P(X_n = n) P(Y_n = n) = p^n q^n \neq 0 = P((X_n = n) \cap (Y_n = n)).$$

2. **Loi de X_N et Y_N.** *Comme le nombre N de tirages varie dans $\mathbb{N}$, le nombre X_N (respectivement Y_n) de boules bleues (respectivement vertes) varie dans $\mathbb{N}$ donc :*

$$X_N(\Omega) = Y_N(\Omega) = \mathbb{N}.$$

   Soit $k \in \mathbb{N}$. D'après la formule des probabilités totales appliquée au système complet d'évènements $(N = n)_{n \in \mathbb{N}}$, on a :

$$P(X_N = k) = \sum_{n=0}^{+\infty} P((N = n) \cap (X_N = k)).$$

   Lorsque $n < k$, l'évènement $(N = n) \cap (X_N = k)$ est impossible (on ne peut piocher strictement plus de boules blanches que de boules piochées) donc :

$$\begin{aligned} P(X_N = k) &= \sum_{n=k}^{+\infty} P((N = n) \cap (X_N = k)) = \sum_{n=k}^{+\infty} P(N = n) P_{N=n}(X_N = k) \\ &= \sum_{n=k}^{+\infty} e^{-\lambda} \frac{\lambda^n}{n!} \binom{n}{k} p^k (1-p)^{n-k}. \end{aligned}$$

   En effet, la probabilité conditionnelle $P_{N=n}(X_N = k)$ correspondant au fait que l'on a pioché n boules dans l'urne et que l'on souhaite obtenir k boules bleues donc la variable

X_N sachant $N=n$ suit la loi binômiale $\mathcal{B}(n,p)$.
En utilisant l'expression des coefficients binômiaux avec les factoriels puis en faisant le changement de variable $m=n-k$ (donc $n=m+k$), on obtient la formule :

$$\begin{aligned} P(X_N=k) &= \sum_{n=k}^{+\infty} e^{-\lambda}\frac{\lambda^n}{n!}\times\frac{n!}{k!\,(n-k)!}p^k(1-p)^{n-k} \\ &= \frac{e^{-\lambda}}{k!}p^k\sum_{n=k}^{+\infty}\frac{\lambda^n}{(n-k)!}(1-p)^{n-k} = \frac{e^{-\lambda}}{k!}p^k\sum_{m=0}^{+\infty}\frac{\lambda^{m+k}}{m!}(1-p)^m \\ &= \frac{e^{-\lambda}}{k!}p^k\lambda^k\sum_{m=0}^{+\infty}\frac{\lambda^m}{m!}(1-p)^m = \frac{e^{-\lambda}}{k!}(p\lambda)^k e^{\lambda(1-p)} = \frac{(p\lambda)^k}{k!}e^{-\lambda p} \end{aligned}$$

donc X_N suit la loi de Poisson de paramètre λp. En remplaçant « bleue » par « vert » et p par q, on en déduit que Y_N suit la loi de Poisson de paramètre λq.

Indépendance de X_N et Y_N. *Contre toute attente, les variables X_N et Y_N sont indépendantes. Soit $(i,j)\in\mathbb{N}^2$. D'après la formule des probabilités totales appliquée aux systèmes complets d'événements $(N=n)_{n\in\mathbb{N}}$, on a l'égalité :*

$$P((X_N=i)\cap(Y_N=j)) = \sum_{n=0}^{+\infty} P((X_N=i)\cap(Y_N=j)\cap(N=n)).$$

L'évènement $(X_N=i)\cap(Y_N=j)\cap(N=n)$ est impossible si $n<i+j$ (on peut piocher plus de boules bleues et vertes qu'il n'y a eu de pioches) donc :

$$\begin{aligned} P((X_N=i)\cap(Y_N=j)) &= \sum_{n=i+j}^{+\infty} P((X_N=i)\cap(Y_N=j)\cap(N=n)) \\ &= \sum_{n=i+j}^{+\infty} P(N=n)\,P_{N=n}((X_N=i)\cap(Y_N=j)) \end{aligned}$$

La probabilité conditionnelle $P_{N=n}((X_N=i)\cap(Y_N=j))$ correspondant au fait que l'on a pioché n boules dans l'urne et que l'on souhaite obtenir i boules bleues et j boules rouges. Si on fixe un ordre σ de pioches des i boules bleues, des j boules vertes et des $n-(i+j)$ boules alors la probabilité d'obtenir dans cet ordre i boules bleues, j boules vertes et $n-(i+j)$ boules rouges est $p^iq^jr^{n-(i+j)}$ (par indépendance des tirages et que les pioches sont avec remise). Comme cette probabilité ne dépendant pas de l'ordre σ choisit, on peut affirmer que $P_{N=n}((X_N=i)\cap(Y_N=j))$ vaut $p^iq^jr^{n-(i+1)}$ fois le nombre d'ordres possibles. Pour déterminer un ordre, il faut choisir i pioches parmi les n disponibles où seront piochées les boules bleues ($\binom{n}{i}$ choix possibles) puis choisir j pioches parmi les $n-i$ restantes où seront piochées les boules vertes ($\binom{n-i}{j}$ choix possibles). Les $n-(i+j)$ autres pioches sont dédiées à la pioche des boules rouges. Au total, on dispose de

$$\binom{n}{i}\binom{n-i}{j} = \frac{n!}{i!\,(n-i)!}\times\frac{(n-i)!}{j!\,(n-(i+j))!} = \frac{n!}{i!j!\,(n-(i+j))!}$$

choix d'ordre d'où la formule :

$$P_{N=n}((X_N=i)\cap(Y_N=j)) = \frac{n!}{i!j!\,(n-(i+j))!}p^iq^jr^{n-(i+j)}.$$

Ainsi, on en déduit que l'égalité suivante :

$$\begin{aligned}
P\left(\left(X_N=i\right)\cap\left(Y_N=j\right)\right) &= \sum_{n=i+j}^{+\infty}\frac{e^{-\lambda}\lambda^n}{n!}\times\frac{n!}{i!j!\left(n-(i+j)\right)!}p^iq^jr^{n-(i+j)}\\
&= \frac{e^{-\lambda}p^iq^j\lambda^{i+j}}{i!j!}\sum_{n=i+j}^{+\infty}\frac{\lambda^{n-(i+j)}}{\left(n-(i+j)\right)!}r^{n-(i+j)}\\
&= \frac{e^{-\lambda}p^iq^j\lambda^{i+j}}{i!j!}\sum_{m=0}^{+\infty}\frac{\lambda^m}{m!}r^m\ \ (m=n-(i+j))\\
&= \frac{e^{-\lambda}\left(p\lambda\right)^i\left(q\lambda\right)^j}{i!j!}e^{\lambda r}=\frac{e^{-\lambda(1-r)}\left(p\lambda\right)^i\left(q\lambda\right)^j}{i!j!}\\
&= \frac{e^{-\lambda(p+q)}\left(p\lambda\right)^i\left(q\lambda\right)^j}{i!j!}=\frac{e^{-\lambda p}e^{-\lambda q}\left(p\lambda\right)^i\left(q\lambda\right)^j}{i!j!}\\
&= P\left(X_N=i\right)P\left(Y_N=j\right)
\end{aligned}$$

(car $p+q+r=1$ donc $1-r=p+q$) donc X_N et Y_N sont indépendantes.

Commentaires 302 *Exercice relativement classique et relativement « simple » pour ce concours.*

17.4 Mines-Ponts

Exercice 303 (Mines-Ponts) On considère X un variable aléatoire positive, X_1, X_2, deux variables aléatoires indépendantes suivant la loi de X, et telles que $X_1 + X_2$ suit la même loi que $2X$.
Montrer que X est presque sûrement constante.

Solution 303 *La variable X étant positive, on peut affirmer que la variable $Y = e^{-X}$ est positive et majorée par 1. La variable aléatoire 1 (constante) admet une espérance donc Y aussi.*
Pour chaque $i \in \{1, 2\}$, considérons la variable $Y_i = e^{-X_i}$ qui suit la loi de Y (car X_i suit la loi de X) donc elle admet une espérance.
Les variables X_1 et X_2 étant mutuellement indépendantes, le lemme des coalitions montre que les variables Y_1 et Y_2 sont aussi mutuellement indépendantes.
En outre, la variable

$$Y_1Y_2 = e^{-(X_1+X_2)}$$

est est positive et majorée par 1 (comme produit de deux telles variables) et suit la loi de e^{-2X} car $X_1 + X_2$ suit la loi de X. Par indépendance de Y_1 et Y_2, on peut écrire :

$$\begin{aligned} E(Y_1Y_2) = E(Y_1)E(Y_2) &\Leftrightarrow E\left(e^{-2X}\right) = E\left(e^{-X}\right)E\left(e^{-X}\right) \\ &\Leftrightarrow E\left(\left(e^{-X}\right)^2\right) = \left(E\left(e^{-X}\right)\right)^2 \Leftrightarrow E\left(Y^2\right) = \left(E(Y)\right)^2 \\ &\Leftrightarrow V(Y) = 0 \text{ (Koenig-Huyguens) } \Leftrightarrow E\left(\left(Y - E(Y)\right)^2\right) = 0. \end{aligned}$$

La variable aléatoire

$$Z = (Y - E(Y))^2$$

est positive et $E(Z) = 0$. Montrons qu'elle est presque sûrement nulle (i.e. $P(Z = 0) = 1$), ce qui prouvera que Y vaut presque sûrement $E(Y)$ c'est-à-dire que Y est presque sûrement constante donc que $X = \ln(Y)$ est presque sûrement constante.
Soit $z \in Z(\Omega) \setminus \{0\} \subset \mathbb{R}_+^*$. Comme $E(Z) = 0$ et que Z est à valeurs positives, on dispose de l'inclusion ensembliste suivante :

$$\begin{aligned} &(Z = z) \subset (Z \geqslant z) = (|Z - E(Z)| \geqslant z) \\ &\Rightarrow 0 \leqslant P(Z = z) \leqslant P(|Z - E(Z)| \geqslant z) \underset{Markov}{\leqslant} \frac{E(Z)}{z} = 0 \\ &\Rightarrow \forall z \in Z(\Omega) \setminus \{0\}, P(Z = z) = 0. \end{aligned}$$

La famille $(Z = z)_{z \in Z(\Omega)}$ formant un système complet d'événements, on a :

$$1 = \sum_{z \in Z(\Omega)} \underbrace{P(Z = z)}_{=0 \text{ si } z \neq 0} = P(Z = 0),$$

ce qui permet de conclure.

Commentaires 303 *Exercice original. L'astuce fondamentale, considérer les variables $Y_i = e^{-X_i}$ et leurs espérances, sera proposée par l'interrogateur. L'initiative ainsi que l'autonomie du candidat seront observées (capacité à réinterpréter seul de l'énoncé via ces* *nouvelles variables aléatoires, lien entre les espérances, etc) et elles seront valorisées.*

Exercice 304 (Mines-Ponts) Soient X_1 et X_2 deux variables aléatoires suivant respectivement des lois géométriques de paramètres respectifs p_1 et p_2,
Soient X_1 et X_2 deux variables aléatoires suivant respectivement des lois de Poisson de paramètres respectifs λ_1 et λ_2, ainsi que Y une variable aléatoire à valeurs dans $\{-1,1\}$, telle que $P(Y=1)=p$. On suppose que les variables X_1, X_2 et Y sont mutuellement indépendantes. On note M la matrice $\begin{pmatrix} X_1 & X_2 \\ YX_2 & X_1 \end{pmatrix}$.

1. Quelle est la probabilité que M soit inversible ?
2. Quelle est la probabilité que les valeurs propres de M soient réelles ?
3. Quelle est la probabilité que les valeurs propres de M appartiennent à l'ensemble S défini par $S=\left\{\rho e^{i\theta},\ \rho\in\mathbb{R}_+^* \text{ et } |\theta|\leqslant\theta_0\right\}$ où $\theta_0\in\left]0,\dfrac{\pi}{2}\right[$ est fixé ?

Solution 304

1. *Explicitons son déterminant :*

$$\det(M)=(X_1)^2-Y(X_2)^2.$$

Si $Y=-1$ *alors* $\det(M)$ *est nul si et seulement si*

$$\underbrace{(X_1)^2}_{\geqslant 0}+\underbrace{(X_2)^2}_{=0}=0\Leftrightarrow X_1=0 \text{ et } X_2=0,$$

ce qui est impossible (car X_1 *et* X_2 *prennent des valeurs dans* $\mathbb{N}^*$*).*
Si $Y=1$ *alors* $\det(M)$ *est nul si et seulement si*

$$(X_1)^2=(X_2)^2\Leftrightarrow X_1=X_2$$

(car X_1 *et* X_2 *sont positifs). On peut alors déterminer la probabilité que ce déterminant soit nul. La famille* $(Y=-1,Y=1)$ *est un système complet d'événements donc :*

$$\begin{aligned} P(\det(M)=0) &= \underbrace{P((Y=-1)\cap(\det(M)=0))}_{=0} \\ &\quad +P((Y=1)\cap\det(M)=0) \\ &= P((Y=1)\cap(X_1=X_2))=pP(X_1=X_2). \end{aligned}$$

La famille $(X_1=n)_{n\in\mathbb{N}^*}$ *étant un système complet d'événements, on peut écrire :*

$$\begin{aligned} P(X_1=X_2) &= \sum_{n=1}^{+\infty}P((X_1=n)\cap(X_1=X_2))=\sum_{n=1}^{+\infty}P((X_1=n)\cap(X_2=n)) \\ &= \sum_{n=1}^{+\infty}P(X_1=n)P(X_2=n)\ \ (X_1,X_2 \text{ indépendantes}) \\ &= \sum_{n=1}^{+\infty}p_1(1-p_1)^{n-1}p_2(1-p_2)^{n-1}=p_1p_2\sum_{n=1}^{+\infty}((1-p_1)(1-p_2))^{n-1} \\ &= p_1p_2\sum_{j=0}^{+\infty}((1-p_1)(1-p_2))^j=\frac{p_1p_2}{1-(1-p_1)(1-p_2)} \\ &= \frac{p_1p_2}{p_1+p_2-p_1p_2}. \end{aligned}$$

2. *Notons A l'événenement « M est à valeurs propres réelles ». Les variables propres de M étant les racines de son polynôme caractéristique* χ_M *de M; elles sont à valeurs réelles si et seulement si les racines de* χ_M *sont à valeurs réelles. Ce polynôme étant un trinôme du second degré, ceci est équivalent à ce que son discriminant* Δ_M *soit positif. Explicitons* χ_M *et* Δ_M

$$\begin{aligned}\chi_M(X) &= \det(XI_2 - M) = \begin{vmatrix} X - X_1 & -X_2 \\ -YX_2 & X - X_1 \end{vmatrix} \\ &= (X - X_1)^2 - Y(X_2)^2 \\ &= X^2 - 2X_1X + (X_1)^2 - Y(X_2)^2 \\ \Delta_M &= (2X_1)^2 - 4\left((X_1)^2 - Y(X_2)^2\right) = 4Y(X_2)^2.\end{aligned}$$

Comme X_2 *est à valeurs strictement positives alors, si* $Y = 1$, *on peut affirmer que* Δ_M *est strictement positif et si* $Y = -1$, *on peut affirmer que* Δ_M *est strictement négatif. Par conséquent, on peut écrire :*

$$P(A) = P(\Delta_M \geqslant 0) = P(Y = 1) = p.$$

3. *Notons B l'événenement « les valeurs propres de M appartiennent à S ». Nous allons expliciter les valeurs propres de M à l'aide des calculs menés à la question précédente.*
Premier cas $Y = 1$. *Il est immédiat que* $\Delta_M = (2X_2)^2$ *donc les valeurs propres de M sont*

$$\lambda_1 = \frac{2X_1 + 2X_2}{2} = X_1 + X_2 \text{ et } \lambda_2 = \frac{2X_1 - 2X_2}{2} = X_1 - X_2.$$

Comme X_1 *et* X_2 *sont à valeurs strictement positives, on peut affirmer que* λ_1 *est à valeurs strictement positifs donc* λ_1 *est un complexe non nul d'argument* 0 *c'est-à-dure* $\lambda_1 \in S$.
Si $X_1 > X_2$ *alors* λ_2 *est strictement positive donc* λ_2 *n'appartient pas à S. Si* $X_2 \leqslant X_2$ *alors* λ_2 *est nul ou d'argument* $-\pi$ *donc* λ_2 *n'appartient pas à S. Ainsi,* λ_2 *appartient à S si et seulement si* $X_1 > X_2$.
Second cas $Y = -1$. *Il est immédiat que* $\Delta_M = (2iX_2)^2$ *donc les valeurs propres de M sont*

$$\lambda_1 = \frac{2X_1 + 2iX_2}{2} = X_1 + iX_2 \text{ et } \lambda_2 = \frac{2X_1 - 2iX_2}{2} = X_1 - iX_2.$$

Comme X_1 *est à valeurs strictement positives, on peut affirmer que* λ_1 *et* λ_2 *ne sont jamais nuls (car leur partie ne l'est pas). En outre, comme* $X_1 > 0$, *l'argument de* λ_1 *et* λ_2 *appartiennent à* $\left]-\frac{\pi}{2}, \frac{\pi}{2}\right[$ *donc leurs angles polaires respectifs* θ_1 *et* θ_2 *vérifient :*

$$\tan(\theta_1) = \frac{X_2}{X_1} \Leftrightarrow \theta_1 = \arctan\left(\frac{X_2}{X_1}\right) > 0 \text{ et } \tan(\theta_2) = -\frac{X_2}{X_1} \Leftrightarrow \theta_2 = -\theta_1$$

(puisque tan *réalise une bijection de* $\left]-\frac{\pi}{2}, \frac{\pi}{2}\right[$ *sur* $\mathbb{R}$ *de réciproque* arctan). *Ainsi,* λ_1 *(resp.* λ_2*) appartient à S si et seulement si*

$$|\theta_1| \leqslant \theta_0 \text{ (resp. } |\theta_2| \leqslant \theta_0) \Leftrightarrow \theta_1 \leqslant \theta_0 \Leftrightarrow \arctan\left(\frac{X_2}{X_1}\right) \leqslant \theta_0$$

$$\underset{\tan\nearrow}{\Leftrightarrow} \frac{X_2}{X_1} \leqslant \tan(\theta_0) \underset{\times X_1 > 0}{\Leftrightarrow} X_2 \leqslant \tan(\theta_0) X_1.$$

On peut alors écrire :

$$\begin{aligned} P(B) &= P(X_2 \leqslant \tan(\theta_0) X_1) = \sum_{n=1}^{+\infty} P((X_1 = n) \cap (X_2 \leqslant \tan(\theta) X_1)) \\ &= \sum_{n=1}^{+\infty} P((X_1 = n) \cap (X_2 \leqslant n \tan(\theta_0))) \\ &= \sum_{n=1}^{+\infty} P((X_1 = n) \cap (X_2 \leqslant \lfloor n \tan(\theta_0) \rfloor)) \end{aligned}$$

(car X_2 est à valeurs entières). Les variables X_1 et X_2 étant indépendantes, on obtient la formule :

$$P(B) = \sum_{n=1}^{+\infty} P(X_1 = n) P(X_2 \leqslant \lfloor n \tan(\theta_0) \rfloor).$$

La variable X_2 prennant des valeurs entières (positives non nuls), on a :

$$\overline{(X_2 \leqslant \lfloor n \tan(\theta_0) \rfloor)} = (X_2 > \lfloor n \tan(\theta_0) \rfloor) = (X_2 \geqslant 1 + \lfloor n \tan(\theta_0) \rfloor)$$

(car X_2 est à valeurs entières). Cette union étant disjointe et comme

$$1 + \lfloor n \tan(\theta_0) \rfloor \geqslant 1,$$

on a l'union disjointe suivant :

$$\begin{aligned} \overline{(X_2 \leqslant \lfloor n \tan(\theta_0) \rfloor)} &= \bigcup_{k=1+\lfloor n \tan(\theta_0) \rfloor}^{+\infty} (X_2 = k) \Rightarrow \\ P((X_2 \leqslant \lfloor n \tan(\theta_0) \rfloor)) &= 1 - P\left(\overline{(X_2 \leqslant \lfloor n \tan(\theta_0) \rfloor)}\right) = 1 - \sum_{k=1+\lfloor n \tan(\theta_0) \rfloor}^{+\infty} P(X_2 = k) \\ &= 1 - \sum_{k=1+\lfloor n \tan(\theta_0) \rfloor}^{+\infty} p_2 (1-p_2)^{k-1} = 1 - \frac{p_2 (1-p_2)^{\lfloor n \tan(\theta_0) \rfloor}}{1-(1-p_2)} \\ &= 1 - (1-p_2)^{\lfloor n \tan(\theta_0) \rfloor}. \end{aligned}$$

Par conséquent, on obtient l'égalité suivante :

$$P(B) = \sum_{n=1}^{+\infty} p_1 (1-p_1)^{n-1} \left(1 - (1-p_2)^{\lfloor n \tan(\theta_0) \rfloor}\right),$$

ce qui permet de conclure (cette somme ne se calculant pas aisément).

Commentaires 304 *Exercice de difficulté standard et progressif (ce qui est rare pour ce concours). Les deux premières questions sont des applications du cours de variables aléatoires et de réduction, elles ne doivent pas poser de difficulté particulière à un candidat à ce concours. La troisième question vise à récompenser les meilleurs candidats. L'initiative et l'autonomie du candidat seront valorisées ainsi que chaque avancée significative de celui-ci.*

Exercice 305 (Mines-Ponts) On considère T et $(X_i)_{i\in\mathbb{N}}$ des variables aléatoires indépendantes définies sur un même espace probabilisé $(\Omega, \mathcal{A}, P)$. On suppose que T suit une loi de Poisson de paramètre λ, avec $\lambda > 0$, et, pour tout $i \in \mathbb{N}$, X_i suit une loi binomiale de paramètre (m, p), avec $m \in \mathbb{N}^*$ et $p \in]0,1[$. On pose $U = \prod_{i=0}^{T} X_i$ c'est-à-dire que U est définie sur Ω et à valeurs dans $\mathbb{N}$ avec :

$$\forall \omega \in \Omega,\ U(\omega) = \prod_{i=0}^{T(\omega)} X_i(\omega).$$

1. Montrer que U est une variable aléatoire. Admet-elle une espérance ? Si oui, que vaut-elle ?
2. Traiter les questions précédentes avec $V = \sum_{i=0}^{T} X_i$.

Solution 305

1. *U **variable aléatoire**. Comme T et chaque X_i $(i \in)$ prend des valeurs dans $\mathbb{N}$, la variable U prend des valeurs dans $\mathbb{N}$. Pour tout entier n, on pose*

$$U_n = \prod_{i=0}^{n} X_i$$

qui est une variable aléatoire sur Ω (comme produit de telles variables aléatoires). Soit $u \in \mathbb{N}$. Comme $T(\Omega) = \mathbb{N}$, la famille $(T = n)_{n\in\mathbb{N}}$ est une partition de Ω donc

$$(U = u) = \bigcup_{n=0}^{+\infty} (T = n) \cap (U = u) = \bigcup_{n=0}^{+\infty} (T = n) \cap (U_n = u).$$

Pour chaque entier n, comme T est une variable aléatoire, $(T = n)$ est un événement (i.e. appartient à $\mathcal{A}$) et comme U_n et une variable aléatoire, on peut affirmer que $(U_n = u)$ est aussi un événement. L'ensemble des événements étant stable par union et intersection finie ou dénombrable, on en déduit que $(U = u)$ est un événement quelque soit $u \in U(\Omega) = \mathbb{N}$ donc U est une variable aléatoire.
***Existence de l'espérance**. Pour chaque $i \in \mathbb{N}$, X_i est à valeurs dans $\{0, .., m\}$, on obtient les encadrements suivants :*

$$\begin{aligned}\forall \omega \quad &\in \quad \Omega,\ 0 \leqslant X_i(\omega) \leqslant m \Rightarrow 0 \leqslant \prod_{i=0}^{T(\omega)} X_i(\omega) \leqslant \prod_{i=0}^{T(\omega)} m \\ &\Leftrightarrow \quad 0 \leqslant U(\omega) \leqslant m^{T(\omega)+1} = m \times m^{T(\omega)} \Rightarrow 0 \leqslant U \leqslant m^T.\end{aligned}$$

D'après le théorème de transfert, la variable aléatoire m^T admet une espérance si et seulement la famille

$$(m^n P(T = n))_{n\in T(\Omega)} = \left(m^n \frac{\lambda^n}{n!}\right)_{n\in\mathbb{N}} = \left(\frac{(m\lambda)^n}{n!}\right)_{n\in\mathbb{N}}$$

est sommable. Comme il s'agit d'une suite indexée par un unique entier naturel et que sa série $\sum_n \frac{(m\lambda)^n}{n!}$ *converge (série exponentielle), on en déduit la famille* $\left(\frac{(m\lambda)^n}{n!}\right)_{n\in\mathbb{N}}$ *est sommable donc* m^T *admet une espérance. Par conséquent, la variable U admet également une espérance.*

Calcul de l'espérance. *Nous allons revenir à la définition originelle de l'espérance et utiliser le théorème de sommation par paquets pour nous ramener au calcul de l'espérance de* U_n *(pondérée par* $P(T=n)$*). En utilisant la multiplicativité de l'espérance sur les variables mutuellement indépendantes, on en déduira l'espérance recherchée.*

Pour tout $(n,k)\in\mathbb{N}^2$*, on pose :*

$$\begin{aligned}\Omega_{n,k} &= \{\omega\in\Omega,\quad T(\omega)=n \text{ et } U=k\} = (T=n)\cap(U=k)\\ &= (T=n)\cap(U_n=k).\end{aligned}$$

La famille $(\Omega_{n,k})_{n\in\mathbb{N}}$ *est une partition de* Ω*. Comme U admet une espérance, la famille* $(U(\omega)P(\{\omega\}))_{\omega\in\Omega}$ *est sommable. D'après le théorème de sommation par paquets, on peut affirmer que :*

$$\begin{aligned}E(U) &= \sum_{\omega\in\Omega} U(\omega)P(\{\omega\}) = \sum_{n=0}^{+\infty}\sum_{k=0}^{+\infty}\sum_{\omega\in\Omega_{n,k}} U(\omega)P(\{\omega\})\\ &= \sum_{n=0}^{+\infty}\sum_{k=0}^{+\infty}\sum_{\omega\in\Omega_{n,k}} kP(\{\omega\}) = \sum_{n=0}^{+\infty}\sum_{k=0}^{+\infty} k\sum_{\omega\in\Omega_{n,k}} P(\{\omega\})\\ &= \sum_{n=0}^{+\infty}\sum_{k=0}^{+\infty} kP(\Omega_{n,k}) = \sum_{n=0}^{+\infty}\sum_{k=0}^{+\infty} kP(T=n)\cap(U_n=k).\end{aligned}$$

Les variables T et $(X_i)_{0\leqslant i\leqslant n}$ *étant mutuellement indépendantes, le lemme des coalitions montre que les variable T et* $\prod_{i=0}^{n} X_i = U_n$ *sont indépendantes, ce qui montre l'égalité :*

$$\begin{aligned}E(U) &= \sum_{n=0}^{+\infty}\sum_{k=0}^{+\infty} kP(T=n)P(U_n=k) = \sum_{n=0}^{+\infty} P(T=n)\sum_{k=0}^{+\infty} kP(U_n=k)\\ &= \sum_{n=0}^{+\infty} P(T=n)E(U_n) = \sum_{n=0}^{+\infty}\frac{\lambda^n}{n!}E(U_n).\end{aligned}$$

Les variables $(X_i)_{0\leqslant i\leqslant n}$ *étant mutuellement indépendantes, on peut écrire :*

$$E(U_n) = E\left(\prod_{i=0}^{n} X_i\right) = \prod_{i=0}^{n} E(X_i) = \prod_{i=0}^{n}(mp) = (mp)^{n+1}$$

(car chaque X_i *suit la loi binômiale* $\mathcal{B}(m,p)$*). On en déduit la formule :*

$$E(U) = \sum_{n=0}^{+\infty}\frac{\lambda^n (mp)^{n+1}}{n!} = mp\sum_{n=0}^{+\infty}\frac{(\lambda mp)^n}{n!} = mpe^{\lambda mp}.$$

2. *Nous suivons le même argumentaire que la question précédente en remplaçant partout le symbole* $\prod$ *par le symbole* $\sum$ *et les résultats perdurent. Précisons les points clés.*

our tout entier n, on pose $V_n = \sum_{i=0}^{n} X_i$ *qui sont des variables aléatoire sur* Ω *(comme somme de telles variables aléatoires). Soit* $v \in \mathbb{N}$ *alors*

$$(V = v) = \bigcup_{n=0}^{+\infty} (T = n) \cap (V = v) = \bigcup_{n=0}^{+\infty} (T = n) \cap (V_n = v),$$

ce qui permet d'en déduire, comme en q1, que V *est une variable aléatoire.*
Pour chaque $i \in \mathbb{N}$, X_i *est à valeurs dans* $\{0, .., m\}$, *on obtient l'encadrement* $0 \leqslant V \leqslant mT$. *Comme* T *admet une espérance (puisque qu'elle suit une loi de Poisson), on en déduit que* mT *admet aussi une espérance donc* V *également.Pour tout* $(n, k) \in \mathbb{N}^2$, *on pose :*

$$\begin{aligned} \Omega_{n,k} &= \{\omega \in \Omega, \quad T(\omega) = n \text{ et } V = k\} = (T = n) \cap (V = k) \\ &= (T = n) \cap (V_n = k). \end{aligned}$$

L'argumentaire de la question 1 montre que :

$$E(U) = \sum_{n=0}^{+\infty} P(T = n) E(V_n) = \sum_{n=0}^{+\infty} \frac{\lambda^n}{n!} E(V_n).$$

Par linéarité de l'espérance, on a :

$$E(U_n) = E\left(\sum_{i=0}^{n} X_i\right) = \sum_{i=0}^{n} E(X_i) = \sum_{i=0}^{n} (mp) = mp(n+1)$$

(car chaque X_i *suit la loi binômiale* $\mathcal{B}(m, p)$*). On en déduit la formule :*

$$\begin{aligned} E(U) &= \sum_{n=0}^{+\infty} \frac{\lambda^n mp(n+1)}{n!} = mp\lambda \sum_{n=0}^{+\infty} \frac{n\lambda^{n-1}}{n!} + mp \sum_{n=0}^{+\infty} \frac{\lambda^n}{n!} \\ &= mp\lambda \frac{d}{dx} \left(\sum_{n=0}^{+\infty} \frac{x^n}{n!} \right)_{|=x\lambda} + mp \sum_{n=0}^{+\infty} \frac{\lambda^n}{n!} \\ &= mp\lambda (e^x)'_{|x=\lambda} + mpe^{\lambda} = mp\lambda e^{\lambda} + mpe^{\lambda} = mp(\lambda + 1) e^{\lambda}. \end{aligned}$$

Commentaires 305 *Exercice de niveau standard pour ce concours où l'initiative du candidat sera valorisée.*
La deuxième question traite de la formule (additive) de Wald et la première de sa version multiplicative. La version additive est à connaitre car il s'agit d'un exercice qui est déjà devenu classique.
La justification que les variables U ou V sont aléatoires est une question très discriminante pour les candidats. Pour les concours Mines-Ponts et Centrale-SupElec, il est utile de faire quelques preuves de ce type. Pour la loi, l'idée clé est de comprendre que T n'est pas fixe mais de s'y ramener via la formule des probabilités totales. Pour l'espérance, il s'agit d'exploiter et de justifier la formule « de probabilité totales » suivante :

$$E(U) = \sum_{t \in T(\Omega)} P(T = t) E(U_{T=t})$$

où $U_{T=t}$ *est la variable* U *conditionnée par l'évènement* $T = t$ *(cf. le cours de MP).*

N'hésitez pas à savoir la démontrer dans le cas général, elle est utilisée dans les exercices évolués.

Exercice 306 (Mines-Ponts) Soit $(X_n)_{n\in\mathbb{N}^*}$ une suite de variables aléatoires définie sur le même espace probabilisé, indépendantes et suivant une loi de Bernoulli de paramètre $p \in]0,1[$. Pour tout $k \geqslant 1$, on pose

$$Y_k = X_k + X_{k+1}.$$

1. Donner la loi de Y_k. Calculer l'espérance et la variance de Y_k, ainsi que la covariance de Y_i et Y_j pour $i \neq j$.
2. On pose $T_n = \dfrac{1}{n}\sum_{k=1}^{n} Y_k$. Calculer l'espérance et la variance de T_n.

Solution 306

1. ***Loi***. *Comme X_k et X_{k+1} prennent des valeurs dans $\{0,1\}$, la variable Y_k prend des valeurs dans $\{0,1,2\}$. En outre, on a les égalités ensemblistes suivantes :*

$$\begin{aligned}(Y_k=0) &= (X_k=0)\cap(X_{k+1}=0),\ (Y_k=2)=(X_k=1)\cap(X_{k+1}=1)\\ (Y_k=1) &= ((X_k=0)\cap(X_{k+1}=1))\cup((X_k=1)\cap(X_{k+1}=0)).\end{aligned}$$

Les variables X_k et X_{k+1} étant indépendantes et l'union ci-dessus étant disjointe, on en déduit les formules :

$$\begin{aligned}P(Y_k=0) &= P(X_k=0)P(X_{k+1}=0)=(1-p)^2\\ P(Y_k=2) &= P(X_k=1)P(X_{k+1}=1)=p^2\\ P(Y_k=1) &= P(X_k=0)P(X_{k+1}=1)+P(X_k=1)P(X_{k+1}=0)\\ &= 2p(1-p).\end{aligned}$$

Espérance. *Pour chaque i, la variable X_i suivant une loi de Bernoulli de paramètre p, son espérance vaut p et sa variance vaut $p(1-p)$ Par linéarité de l'espérance, on obtient :*

$$E(Y_k)=E(X_k)+E(X_{k+1})=2p.$$

Variance. *Les variables X_k et X_{k+1} étant indépendantes, on a l'égalité :*

$$V(Y_k)=V(X_k+X_{k+1})=V(X_k)+V(X_{k+1})=2p(1-p).$$

Covariance. *Par bilinéarité de la covariance, on a :*

$$\begin{aligned}\operatorname{cov}(Y_i,Y_j) &= \operatorname{cov}(X_i+X_{i+1},X_j+X_{j+1})\\ &= \operatorname{cov}(X_i,X_{i+1})+\operatorname{cov}(X_i,X_{j+1})+\operatorname{cov}(X_{i+1},X_j)+\operatorname{cov}(X_{i+1},X_{j+1}).\end{aligned}$$

Comme $i \neq j$, si $i \pm 1 \neq j$, les variables X_i et X_{i+1} (respectivement X_i et X_{j+1}, respectivement X_{i+1} et X_j, respectivement X_{i+1} et X_{j+1}) sont indépendantes donc leur covariance est nulle, ce qui montre que

$$\operatorname{cov}(Y_i,Y_j)=0.$$

Si $i+1=j$ ou $i-1=j$ alors, quitte à échanger i et j (ce qui revient à échanger Y_i et Y_j mais n'affecte pas la valeur de la covariance), on peut supposer $i+1=j$. Les variables X_i

et X_{i+1} *(respectivement* X_i *et* X_{j+1}*, respectivement* X_{i+1} *et* X_{j+1}*) sont indépendantes donc leur covariance est nulle, ce qui montre la formule :*

$$\operatorname{cov}(Y_i, Y_j) = \operatorname{cov}(X_{i+1}, X_j) = \operatorname{cov}(X_j, X_j) = V(X_j) = p(1-p).$$

Au final, nous avons établi l'égalité :

$$\operatorname{cov}(Y_i, Y_j) = \begin{cases} 0 & si\ i \pm 1 \neq j \\ p(1-p) & si\ i \pm 1 = j \end{cases}$$

2. ***Espérance***. *Par linéarité de l'espérance, on a :*

$$E(T_n) = \frac{1}{n} \sum_{k=1}^{n} E(Y_k) = \frac{1}{n} \sum_{k=1}^{n} 2p = \frac{2p}{n} \times n = 2p.$$

Covariance. *Par les formules de développement de la variance, on a :*

$$\begin{aligned} V(T_n) &= \frac{1}{n^2} V\left(\sum_{k=1}^{n} Y_k\right) = \frac{1}{n^2} [\sum_{k=1}^{n} V(Y_k) + \sum_{\substack{(i,j)\in\{1,..,n\}^2 \\ i\neq j}} \operatorname{cov}(Y_i, Y_j)] \\ &= \frac{1}{n^2} [\sum_{k=1}^{n} 2p(1-p) + \sum_{\substack{(i,j)\in\{1,..,n\}^2 \\ i\neq j}} p(1-p)] \\ &= \frac{1}{n^2}\left[2p(1-p)\times n + \left(n^2-n\right)p(1-p)\right] = \frac{p(1-p)}{n^2}\left[2n+n^2-n\right] \\ &= \frac{p(1-p)\,n(n+1)}{n^2} = \frac{(n+1)\,p(1-p)}{n}. \end{aligned}$$

Commentaires 306 *Exercice sans difficulté particulière (hormis pour certains candidats le calcul de la covariance (connaissance des formules de Koenig-Huyguens et théorème de transfert pour le calcul de* $E(XY)$*).*

Exercice 307 (Mines-Ponts) On dispose de deux dés à 6 faces numérotées de 1 à 6. Peut-on piper (éventuellement de façon différentes) ces deux dés de sorte que la variable aléatoire indiquant la somme obtenue lorsqu'on les jette simultanément suive la loi uniforme sur $\{2, .., 12\}$ (en admettant que les résultats des deux lancers soient indépendants) ?

Solution 307 *Notons* D_1 *et* D_2 *les deux dés. On procède par l'absurde en supposant que l'on puisse piper les dés* D_1 *et* D_2 *de sorte que la somme obtenue lors du jet de ces deux dés suivent la loi uniforme sur* $\{2, .., 12\}$ *(et que les résultats des lancers soient indépendants).*
Pour tout $i \in \{1, 2\}$ *et pour tout* $k \in \{1, .., 6\}$, *notons* $p_k^{(i)}$ *la probabilité qu'à l'issue d'un lancer, le dé* D_i *donne le numéro* k.
Pour chaque $i \in \{1, 2\}$, *notons* X_i *la variable aléatoire égale au numéro obtenu par le lancer du dé* D_i *et* G_i *la série génératrice de* X_i *c'est-à-dire :*

$$G_i : t \mapsto \sum_{x \in X_i(\Omega)} P(X_i = x)\, t^x = \sum_{k=1}^{6} p_k^{(i)} t^k.$$

Par hypothèse, $X_1 + X_2$ suit la loi uniforme sur $\{2,..,12\}$ (qui est un ensemble à 11 éléments) c'est-à-dire :

$$\begin{aligned}\forall k &\in \{2,..,12\}, P(X_1+X_k=k)=\frac{1}{11}\\ \Rightarrow &\quad G_{X_1+X_2}: t\mapsto \sum_{k=2}^{12}\frac{1}{12}t^k=\frac{t^2}{12}\sum_{k=0}^{10}t^k\end{aligned}$$

où $G_{X_1+X_2}$ est la série génératrice de $X_1 + X_2$. Comme les variables X_1 et X_2 sont indépendantes (l'énoncé présumé que les résultats des deux lancers sont indépendants), on peut écrire :

$$\begin{aligned}G_{X_1+X_2} &= G_{X_1}G_{X_2}\Leftrightarrow \sum_{k=1}^{6}p_k^{(1)}X^k\sum_{k=1}^{6}p_k^{(2)}X^k=\frac{X^2}{12}\sum_{k=0}^{10}X^k\\ &\Leftrightarrow \left(X\sum_{k=1}^{6}p_k^{(1)}X^{k-1}\right)\left(X\sum_{k=1}^{6}p_k^{(2)}X^{k-1}\right)=\frac{X^2}{12}\sum_{k=0}^{10}X^k\\ &\Rightarrow \sum_{k=1}^{6}p_k^{(1)}X^{k-1}\sum_{k=1}^{6}p_k^{(2)}X^{k-1}=\frac{1}{12}\sum_{k=0}^{10}X^k.\end{aligned}$$

Notons

$$Q_i=\sum_{k=1}^{6}p_k^{(i)}X^{k-1} \text{ et } A=\sum_{k=0}^{10}X^k \text{ donc } A=12Q_1Q_2.$$

En identifiant les coefficients dominants dans cette égalité, on obtient :

$$p_6^{(1)}p_6^{(2)}=1\neq 0\Rightarrow p_6^{(1)}\neq 0 \text{ et } p_6^{(2)}\neq 0\Rightarrow \deg(Q_1)=\deg(Q_2)=5.$$

Les racines de A sont les racines 11e de l'unité sauf 1 car :

$$\forall z\in\mathbb{C},\ A(1)=11\neq 0 \text{ et } \forall z\in\mathbb{C}\backslash\{1\},\ A(z)=0\Leftrightarrow \frac{1-z^{11}}{1-z}=0\Leftrightarrow z^{11}=1.$$

Ainsi, les racines de A sont les dix complexes

$$\left(\exp\left(\frac{2\pi ik}{11}\right)\right)_{k\in\{-5,..,5\}\backslash\{0\}}$$

(il faut enlever 1 donc $k = 0$ et les indices sont choisis pour être symétrique par rapport à 0 afin d'apparier aisément les racines conjuguées dans $\mathbb{C}$). Comme A est unitaire, voici sa décomposition :

$$\begin{aligned}A(X) &= \prod_{k\in\{-5,..,5\}\backslash\{0\}}\left(X-\exp\left(\frac{2\pi ik}{11}\right)\right)\\ &= \prod_{k\in\{1,..,5\}}\left(X-\exp\left(\frac{2\pi ik}{11}\right)\right)\left(X-\exp\left(-\frac{2\pi ik}{11}\right)\right)\\ &= \prod_{k=1}^{5}\underbrace{\left(X^2-2\cos\left(\frac{2\pi k}{11}\right)X+1\right)}_{=F_k}=\prod_{k=1}^{5}F_k.\end{aligned}$$

qui est sa décomposition en produit d'irréductibles dans $\mathbb{R}[X]$, *les facteurs étant deux à deux premiers entre eux.*
Puisque $A = 12Q_1Q_2$, *la décomposition en produit d'irréductibles de* Q_1 *et* Q_2 *est de la forme*

$$Q_1 = q_1 \prod_{k \in S} F_k \text{ et } Q_2 = q_2 \prod_{k \in \{1,..,5\} \setminus S} F_k$$

où S *est un sous-ensemble de* $\{1,..5\}$ *et* $(q_1, q_2) \in (\mathbb{R}^*)^2$. *Comme chaque facteur* F_k *est de degré pair, on peut affirmer que* Q_1 *et* Q_2 *sont de degré pair, ce qui est absurde. Ainsi, il est impossible de piper les dés* D_1 *et* D_2 *de sorte que la somme obtenue lors du jet de ces deux dés suivent la loi uniforme sur* $\{2,..,12\}$ *(et que les résultats des lancers soient indépendants).*

Commentaires 307 *Exercice original qui deviendra très probablement un classique. L'interrogateur observera les initiatives du candidat. S'il ne songe pas à considérer les séries génératrices, il lui proposera. Ceci étant fait, l'exercice se ramène uniquement à des considérations polynomiales (ce qui montre la force des séries génératrices).*

Exercice 308 (Mines-Ponts) Soient X une variable aléatoire réelle discrète, f une fonction de $\mathbb{R}$ dans $\mathbb{R}$ et $Y = f(X)$. On suppose X et Y indépendantes. Que dire de Y ?

Solution 308 *Comme* Y *et* X *sont indépendantes, le lemme des coalitions montre que* $f(X)$ *et* Y *sont indépendantes donc* Y *est indépendante d'elle même. En particulier, pour tout* $(a, b) \in (Y(\Omega))^2$, *on peut écrire :*

$$P((Y = a) \cap (Y = b)) = P(Y = a) P(Y = b).$$

En choisissant $a = b$, *on obtient :*

$$\forall a \in \mathbb{R},\ P(Y = a) = (P(Y = a))^2 \Rightarrow P(Y = a) \in \{0, 1\}.$$

Comme $\sum_{a \in Y(\Omega)} P(Y = a) = 1$, *on en déduit qu'il existe un unique* $a_0 \in Y(\Omega)$ *tel que* $P(Y = a_0) = 1$ *c'est-à-dire que la variable* Y *est presque sûrement constante (et valant* a_0*).*

Commentaires 308 *Exercice sans difficulté particulière.*

Exercice 309 (Mines-Ponts) Soient $n \in \mathbb{N}^*$, $(X_{i,j})_{1 \leqslant i,j \leqslant n}$ une famille de variables aléatoires réelles discrètes centrées réduites mutuellement indépendantes et de même loi. On note M la matrice $(X_{i,j})_{1 \leqslant i,j \leqslant n}$ et D le déterminant de M. Calculer $E(D)$ et $V(D)$.

Solution 309 *On utilise la définition originelle du déterminant. Si on note* $\mathcal{S}_n$ *l'ensemble des permutations de* $\{1,..,n\}$ *et, pour chaque* $\sigma \in \mathcal{S}_n$, $\varepsilon(\sigma) \in \{-1, 1\}$, *on a :*

$$D = \sum_{\sigma \in \mathcal{S}_n} \varepsilon(\sigma) \prod_{i=1}^{n} X_{i,\sigma(i)}.$$

En outre, pour chaque $(i, j) \in \{1,..,n\}^2$,

$$E(X_{i,j}) = 0$$

(variable centrée) et

$$V(X_{i,j}) = 1$$

(variable réduite) donc, d'après la formule de Koenig-Huygens, on a la formule :

$$V(X_{i,j}) = E\left((X_{i,j})^2\right) - (E(X_{i,j}))^2 \Leftrightarrow E\left((X_{i,j})^2\right) = 1.$$

Espérance. *Par linéarité de l'espérance et par indépendance des variables* $\left(X_{i,\sigma(i)}\right)_{i\in\{1,..,n\}}$ *pour chaque* $\sigma \in \mathcal{S}_n$*, on a :*

$$E(D) = \sum_{\sigma\in\mathbb{S}_n} \varepsilon(\sigma) E\left(\prod_{i=1}^{n} X_{i,\sigma(i)}\right) = \sum_{\sigma\in\mathbb{S}_n} \varepsilon(\sigma) \prod_{i=1}^{n} \underbrace{E\left(X_{i,\sigma(i)}\right)}_{=0} = 0.$$

Variance. *On détermine préalablement son moment d'ordre 2 en utilisant la formule de Fubini.*

$$D^2 = \sum_{\sigma\in\mathcal{S}_n} \varepsilon(\sigma) \prod_{i=1}^{n} X_{i,\sigma(i)} \sum_{\sigma'\in\mathcal{S}_n} \varepsilon(\sigma') \prod_{i=1}^{n} X_{i,\sigma'(i)} = \sum_{\sigma\in\mathcal{S}_n} \sum_{\sigma'\in\mathcal{S}_n} \varepsilon(\sigma)\varepsilon(\sigma') \prod_{i=1}^{n} X_{i,\sigma(i)} \prod_{i=1}^{n} X_{i,\sigma'(i)}.$$

Par linéarité de l'espérance, on obtient :

$$(\mathcal{F}_1) : E\left(D^2\right) = \sum_{\sigma\in\mathcal{S}_n} \sum_{\sigma'\in\mathcal{S}_n} \varepsilon(\sigma)\varepsilon(\sigma') E\left(\prod_{i=1}^{n} X_{i,\sigma(i)} \prod_{i=1}^{n} X_{i,\sigma'(i)}\right).$$

Soient $(\sigma,\sigma') \in (\mathcal{S}_n)^2$ *avec* $\sigma \neq \sigma'$ *donc il existe* $i_0 \in \{1,..,n\}$ *tel que* $\sigma(i_0) \neq \sigma(i_0)$. *Par conséquent, la variable* $X_{i_0,\sigma(i_0)}$ *n'appartient pas à la famille*

$$\left(X_{i_0,\sigma'(i_0)}, X_{i,\sigma(i)}, \quad i \in \{1,..,n\} \setminus \{i_0\}\right)$$

et comme les variables $\left(X_{i,\sigma(i)}, X_{i,\sigma'(i)}\right)_{1\leqslant i\leqslant n}$ *sont mutuellement indépendantes, le lemme des coalitions montre que les variables*

$$X_{i_0,\sigma(i_0)} \text{ et } Y_{i_0,\sigma} = \prod_{i\in\{1,..,n\}\setminus\{i_0\}} X_{i,\sigma(i)} \prod_{i=1}^{n} X_{i,\sigma'(i)}$$

sont indépendantes donc

$$E\left(\prod_{i=1}^{n} X_{i,\sigma(i)} \prod_{i=1}^{n} X_{i,\sigma'(i)}\right) = E\left(X_{i_0,\sigma(i_0)} Y_{i_0,\sigma}\right) = \underbrace{E\left(X_{i_0,\sigma(i_0)}\right)}_{=0} E\left(Y_{i_0,\sigma}\right) = 0.$$

Ainsi, dans la formule $(\mathcal{F}_1)$, *seuls les termes* $\sigma = \sigma'$ *sont éventuellement non nuls, ce qui permet d'écrire :*

$$E\left(D^2\right) = \sum_{\sigma\in\mathcal{S}_n} \underbrace{\varepsilon(\sigma)\varepsilon(\sigma)}_{=(\varepsilon(\sigma))^2=1} E\left(\prod_{i=1}^{n} X_{i,\sigma(i)} \prod_{i=1}^{n} X_{i,\sigma(i)}\right) = \sum_{\sigma\in\mathcal{S}_n} E\left(\prod_{i=1}^{n} \left(X_{i,\sigma(i)}\right)^2\right).$$

Soit $\sigma \in \mathcal{S}_n$. *Les variables* $\left(X_{i,\sigma(i)}\right)_{1\leqslant i\leqslant n}$ *étant mutuellement indépendantes, le lemme des coalitions montre que les variable* $\left(\left(X_{i,\sigma(i)}\right)^2\right)_{1\leqslant i\leqslant n}$ *sont aussi indépendantes. On dispose alors de l'égalité suivante :*

$$E\left(D^2\right) = \sum_{\sigma\in\mathcal{S}_n} \prod_{i=1}^{n} E\left(\left(X_{i,\sigma(i)}\right)^2\right) = \sum_{\sigma\in\mathcal{S}_n} \prod_{i=1}^{n} 1 = \sum_{\sigma\in\mathcal{S}_n} 1 = \text{card}(\mathcal{S}_n) = n!.$$

La formule de Koenig-Huyguens permet de conclure :

$$V(D) = E\left(D^2\right) - (E(D))^2 = n!.$$

Commentaires 309 *Exercice qui est déjà devenu un classique et le restera. Le point clé est l'expression du déterminant en fonction des coefficients, la linéarité de l'espérance et l'espérance d'un produit de variables aléatoires. La première question est simple. La seconde demande une maitrise dans les calculs théoriques, ce qui rend l'exercice très discriminant. Remarque : Ce type de question intervient dans la théorie des matrices aléatoires qui est très en vogue depuis quelques décennies (initiée par le célèbre physicien Eugène Wigner et son fameux aphorisme « la déraisonnable efficacité des mathématiques » (qui fut le titre d'un de ses articles sur l'étude de la matière.*

Exercice 310 (Mines-Ponts) Soient $n \in \mathbb{N}^*$, $(X_{i,j})_{1 \leqslant i,j \leqslant n}$ une famille de variables aléatoires réelles discrètes d'espérances finies mutuellement indépendantes de même loi. On note M la matrice $(X_{i,j})_{1 \leqslant i,j \leqslant n}$. Pour chaque $\lambda \in \mathbb{R}$, calculer $E(\chi_M(\lambda))$ (où χ_M est le polynôme caractéristique de M et E désigne l'espérance).

Solution 310 *Soit $\lambda \in \mathbb{R}$. Par définition du polynôme caractéristique, on a :*

$$\chi_M(\lambda) = \det(\lambda I_n - M).$$

On utilise ensuite la définition originelle du déterminant. Si on note $\mathcal{S}_n$ l'ensemble des permutations de $\{1,..,n\}$ et, pour chaque $\sigma \in \mathcal{S}_n$, $\varepsilon(\sigma) \in \{-1,1\}$, on a :

$$\begin{aligned} \chi_M(\lambda) &= \sum_{\sigma \in \mathcal{S}_n} \varepsilon(\sigma) \prod_{i=1}^{n} (\lambda I_n - M)_{i,\sigma(i)} = \sum_{\sigma \in \mathcal{S}_n} \varepsilon(\sigma) \prod_{i=1}^{n} \left(\lambda (I_n)_{i,\sigma(i)} - X_{i,\sigma(i)}\right) \\ &\Rightarrow \quad E(\chi_M(\lambda)) = \sum_{\sigma \in \mathcal{S}_n} \varepsilon(\sigma) E\left(\prod_{i=1}^{n} \left(\lambda (I_n)_{i,\sigma(i)} - X_{i,\sigma(i)}\right)\right) \end{aligned}$$

par linéarité de l'espérance. Pour chaque $\sigma \in \mathcal{S}_n$, les variables $\left(X_{i,\sigma(i)}\right)_{1 \leqslant i \leqslant n}$ étant mutuellement indépendantes, le lemme des coalitions montre que les variables $\left(\lambda (I_n)_{i,\sigma(i)} - X_{i,\sigma(i)}\right)_{1 \leqslant i \leqslant n}$ sont aussi mutuellement indépendantes donc :

$$\begin{aligned} E\left(\prod_{i=1}^{n} \left(\lambda (I_n)_{i,\sigma(i)} - X_{i,\sigma(i)}\right)\right) &= \prod_{i=1}^{n} E\left(\left(\lambda (I_n)_{i,\sigma(i)} - X_{i,\sigma(i)}\right)\right) \\ &= \prod_{i=1}^{n} \left(\lambda (I_n)_{i,\sigma(i)} - E\left(X_{i,\sigma(i)}\right)\right) \end{aligned}$$

(par linéarité de l'espérance). Par conséquent, on en déduit la formule :

$$E(\chi_M(\lambda)) = \sum_{\sigma \in \mathcal{S}_n} \varepsilon(\sigma) \prod_{i=1}^{n} \left(\lambda (I_n)_{i,\sigma(i)} - E\left(X_{i,\sigma(i)}\right)\right) = \det\left(\lambda I_n - (E(X_{i,j}))_{1 \leqslant i,j \leqslant n}\right).$$

Les variables $(X_{i,j})_{1\leqslant i,j\leqslant n}$ suivant toutes la même loi, elles ont une même espérance que l'on note m, ce qui permet d'écrire :

$$E(\chi_M(\lambda)) = \det\left(\lambda I_n - (m)_{1\leqslant i,j\leqslant n}\right) = \begin{vmatrix} \lambda - m & & (-m) \\ & \ddots & \\ (-m) & & \lambda - m \end{vmatrix}$$

$$\underset{L_1 \leftarrow L_1 + \cdots + L_n}{=} \begin{vmatrix} \lambda - nm & \cdots & \cdots & \cdots & \lambda - nm \\ -m & \lambda - m & -m & \cdots & -m \\ -m & -m & \ddots & \ddots & \vdots \\ \vdots & \ddots & \ddots & \ddots & -m \\ -m & \cdots & --m & -m & \lambda - m \end{vmatrix}$$

$$\underset{C_i \leftarrow C_i - C_1}{\overset{\forall i \in \{2,..,n\}}{=}} \begin{vmatrix} \lambda - nm & 0 & \cdots & \cdots & 0 \\ -m & \lambda & 0 & \cdots & 0 \\ -m & 0 & \ddots & \ddots & \vdots \\ \vdots & \vdots & \ddots & \ddots & 0 \\ -m & 0 & \cdots & 0 & \lambda \end{vmatrix} = (\lambda - nm)\,\lambda^{n-1}$$

Commentaires 310 *Le point clé est l'expression du déterminant en fonction des coefficients, la linéarité de l'espérance et l'espérance d'un produit de variables aléatoires. Cet exercice n'est qu'une variation de l'exercice précédent.*

Exercice 311 (Mines-Ponts)

1. Soit $(a, b, n) \in \mathbb{N}^3$. Montrer que $\binom{a+b}{n} = \sum_{k=0}^{n} \binom{a}{k}\binom{b}{n-k}$.
2. Soit $n \in \mathbb{N}^*$. Un joueur A tire n fois à pile ou face avec une pièce équilibrée, un joueur B fait de même. On supposera que les tirages de A et B sont mutuellement indépendants. Quelle est la probabilité que les deux joueurs aient tiré le même nombre de faces ?
3. Un joueur tire à pile ou face jusqu'à ce que la différence entre le nombre de « piles » et le nombre de « faces » vaille 2.
   Soit X la variable aléatoire qui indique le nombre de tirages effectués. Donner la loi de X.

Solution 311

1. *Rappelons que, si $(u, v) \in \mathbb{N}^2$, on a $\binom{u}{v} = 0$ si $v < 0$ ou $v > u$. Effectuons une preuve combinatoire de la formule demandée. Considérons une urne U contenant $a + b$ boules dont a sont blanches et b sont noires. On pioche simultanément n boules. Le nombre total de pioches possibles est $\binom{a+b}{n}$. Calculons ce nombre d'une autre façon. On peut partitionner l'ensemble des n pioches en la réunion disjointes des ensembles de pioches A_k : « on pioche k boules blanches parmi les a boules blanches et $n - k$ boules noires parmi les b boules noires ». L'union étant disjointe, le nombre total des pioches vaut aussi*

$$\sum_{k=0}^{n} \operatorname{card}(A_k) = \sum_{k=0}^{n} \binom{a}{k}\binom{b}{n-k}$$

(il y a $\binom{a}{k}$ choix possibles pour sélectionner k boules blanches parmi les n boules blanches et $\binom{b}{n-k}$ choix pour sélectionner $n-k$ boules noires parmi les b boules noires). Remarquons que si $k > a$ ou si $n-k \notin \{0,..,b\}$ alors l'ensemble A_k est vide de cardinal 0 et $\binom{a}{k} = 0$ ou $\binom{b}{n-k}$ donc $\binom{a}{k}\binom{b}{n-k} = 0 = \text{card}(A_k)$. Ainsi, on vient de prouver la formule souhaitée.

2. *Notons C l'événement :*

$$C : \text{« } A \text{ et } B \text{ tire le même nombre de faces durant les } n \text{ tirages »}.$$

Pour tout entier $k \in \{0,..,n\}$, on considère les événements

$$\begin{aligned} A_k &: \text{« } A \text{ tire } k \text{ faces durant les } n \text{ tirages »} \\ B_k &: \text{« } B \text{ tire } k \text{ faces durant les } n \text{ tirages ».} \end{aligned}$$

Pour chaque $k \in \{0,..,n\}$, on a :

$$P(A_k) = P(B_k) = \binom{n}{k}\left(\frac{1}{2}\right)^k\left(1-\frac{1}{2}\right)^{n-k} = \binom{n}{k}\frac{1}{2^n}$$

(on répète n fois l'expérience $\mathcal{E}$: « effectuer un lancer de pièce », les expériences étant identiques et mutuellement indépendantes, chaque expérience possède la même issue : avoir face ou non, alors le nombre de succès, c'est-à-dire le nombre de faces obtenus, suit la loi binômiale de paramètre $n, \frac{1}{2}$). On dispose en outre de l'égalité ensembliste suivante :

$$C = \bigcup_{k=0}^{n}(A_k \cap B_k) \Rightarrow P(C) \underset{\textit{incompatibles}}{\overset{\textit{événements}}{=}} \sum_{k=0}^{n} P(A_k \cap B_k) = \sum_{k=0}^{n} P(A_k)P(B_k)$$

(car les événements A_k et B_k sont indépendants puisque les tirages de A et B sont présumés indépendants). On peut alors écrire :

$$P(C) = \sum_{k=0}^{n}\left(\binom{n}{k}\frac{1}{2^n}\right)^2 = \frac{1}{4^n}\sum_{k=0}^{n}\binom{n}{k}\binom{n}{k} \underset{a=b=n}{\overset{q1}{=}} \frac{1}{4^n}\binom{2n}{n}.$$

3. *Pour que la différence du nombre de piles et faces soit égal à 2, il est indispensable d'avoir fait au moins 2 tirages donc $X(\Omega) \subset \mathbb{N}\setminus\{0,1\}$ (les valeurs possibles de X). Pour tout entier k, on note P_k (resp. F_k) l'événement « le k^e lancer fournit pile (resp. face) ». La famille (P_1, F_1) est un système complet d'événements donc, pour tout entier $n \geqslant 3$, on a :*

$$P(X=n) = P(P_1 \cap (X=n)) + P(F_1 \cap (X=n)).$$

Si l'événement $P_1 \cap (X=n)$ se réalise alors le premier lancer donne pile et il faut n lancers en tout pour que la différence du nombre de piles et de faces soit égal à 2. Par conséquent, le second lancer donne face (sinon, les deux premiers lancers donne deux piles et zéro pile donc la différence entre le nombre de piles et de faces vaut 2 au second tirage, ce qui est absurde car il doit se réaliser au n^e lancer avec $n \geqslant 3$). Ainsi, les deux premiers tirages donnent successivement pile puis face (donc la différence entre le nombre de piles et de faces vaut 0 au deuxième lancer) puis les $n-2$ lancers suivants doivent créer une différence de 2 entre le nombre de piles et de faces uniquement à la fin de ces $n-2$ tirages. Réciproquement, si les deux premiers tirages donnent successivement *pile puis face puis les $n-2$ lancers suivants doivent créer une différence de 2 entre le nombre de piles et de faces uniquement à la fin de ces $n-2$ tirages alors l'événement $P_1 \cap (X=n)$ est réalisé. On note A_{n-2} l'événement : « jamais lors des lancers numéro 2 à $n-1$, la différence du nombre de piles et faces ne vaut pas 2 et cette différence vaut 2 au n^e lancer. Il est immédiat que $P(A_{n-2}) = P(X=n-2)$ (il suffit de ne regarder le processus qu'à compter du troisième lancer) et les événements P_1, F_2 et A_{n-2} sont mutuellement indépendants (car A_{n-2} ne dépendant que de $P_2, F_2, .., P_n, F_n$). Ainsi, on peut écrire l'égalité ensembliste :*

$$\begin{aligned} P_1 \cap (X=n) &= P_1 \cap F_2 \cap A_{n-2} \Rightarrow \\ P(P_1 \cap (X=n)) &= P(P_1)\,P(F_2)\,P(A_{n-2}) = \frac{1}{4}P(X=n-2). \end{aligned}$$

Par le même argumentaire (en échangeant pile et face), on obtient :

$$P(F_1 \cap (X=n)) = \frac{1}{4}P(X=n-2) \Rightarrow$$
$$P(X=n) = \frac{1}{4}P(X=n-2) + \frac{1}{4}P(X=n-2) = \frac{1}{2}P(X=n-2).$$

En distinguant selon la parité de n, on obtient :

$$\forall n \geqslant 2,\ P(X=2n) = \frac{1}{2}P(X=2(n-1)).$$

Ainsi, la suite $(P(X=2n))_{n\geqslant 1}$ est géométrique de raison $\frac{1}{2}$ donc

$$\forall n \geqslant 1,\ P(X=2n) = \frac{1}{2^{n-1}}P(X=2) = \frac{1}{2^n} \times \frac{1}{2} = \frac{1}{2^n}$$

($X=2$ se réalise si le premier tirage est quelconque, pile ou face, et que le second est identique au premier). De même, la suite $(P(X=2n+1))_{n\geqslant 1}$ est géométrique de raison $\frac{1}{2}$ et comme $P(X=1)=0$ (car $X(\Omega) \subset \mathbb{N}\setminus\{0,1\}$), on en déduit que :

$$\forall n \geqslant 1,\ P(X=2n+1) = 0.$$

Au final, on a prouvé que :

$$\forall n \geqslant 1,\ P(X=2n) = \frac{1}{2^n} \text{ et } P(X=2n+1) = 0.$$

Commentaires 311 *Exercice de difficulté progressive (ce qui est rare pour ce concours) et sans difficulté particulière.*
Question 1 : La preuve la plus simple est la réinterprétation combinatoire de la somme. Les tentatives par récurrence des candidats sont souvent infructueuses (récurrence par rapport à quel paramètre ?). L'interaction avec l'interrogateur sera cruciale pour cette question.
Question 2 et 3 : Elles sont de niveau standard et un candidat à ce concours doit pouvoir répondre seul (ou presque) à ce type de question, éventuellement avec une petite aide de l'interrogateur. L'interrogateur sera attentif dans la valorisation à l'initiative et l'autonomie du candidat.

Chapitre 18

Sujets de synthèse

18.1 CCINP

Exercice 312 (CCINP) **Thème : endomorphismes des espaces euclidiens, calcul différentiel.**
On munit $\mathbb{R}^n$ de son produit scalaire canonique $\langle , \rangle$. Soit f un endomorphisme symétrique de $\mathbb{R}^n$ à valeurs propres strictement positives.

1. Montrer que
$$\forall h \in \mathbb{R}^n \backslash \{0\}, \quad \langle f(h), h\rangle > 0.$$
2. Soit $u \in \mathbb{R}^n$, on considère
$$g : x \in \mathbb{R}^n \mapsto \frac{1}{2}\langle f(x), x\rangle - \langle u, x\rangle .$$
   (a) Existence et calcul des dérivées partielles de g.
   (b) Prouver que g admet un unique point critique z.
   (c) Démontrer que f admet un minimum en z.

Solution 312

1. *f est un endomorphisme symétrique en dimension finie donc, d'après le théorème spectral, il existe une base orthonormale $(\varepsilon_1, ..., \varepsilon_n)$ formée de vecteurs propres pour f. Pour tout $i \in \{1, ..., n\}$, notons λ_i la valeur propre associée à ε_i. Pour tout $h \in \mathbb{R}^n$, il existe $(h_1, ..., h_n) \in \mathbb{R}^n$ tel que :*
$$h = \sum_{i=1}^{n} h_i \varepsilon_i \Rightarrow f(h) \underset{f \text{ linéaire}}{=} \sum_{i=1}^{n} h_i f(\varepsilon_i) = \sum_{i=1}^{n} \lambda_i h_i \varepsilon_i.$$
Ainsi, $(h_i)_{1 \leqslant i \leqslant n}$ et $(\lambda_i h_i)_{1 \leqslant i \leqslant n}$ sont les coordonnées de h et $f(h)$ dans la base orthonormée $(\varepsilon_1, ..., \varepsilon_n)$ donc on a la formule :
$$\langle f(h) \mid h\rangle = \sum_{i=1}^{n} h_i (\lambda_i h_i) = \sum_{i=1}^{n} \underbrace{\lambda_i}_{>0} \underbrace{(h_i)^2}_{\geqslant 0} \geqslant 0.$$
En outre, si $h \neq 0$ alors :
$$\exists i_0 \in \{1, .., n\}, \, h_{i_0} \neq 0 \Rightarrow \lambda_{i_0} (h_{i_0})^2 > 0 \Rightarrow \langle f(h) \mid h\rangle > 0.$$

2. (a) ***Idée fondamentale*** *: écrire l'expression de g dans la base orthonormée $(\varepsilon_i)_{1\leqslant i\leqslant n}$. Il existe $(u_i)_{1\leqslant i\leqslant n}\in\mathbb{R}^n$ tel que $u=\sum_{i=1}^{n}u_i\varepsilon_i$. Pour tout $x\in\mathbb{R}^n$, il existe $(x_i)_{1\leqslant i\leqslant n}\in\mathbb{R}^n$ tel que $x=\sum_{i=1}^{n}x_i\varepsilon_i$ donc on a la formule :*

$$\begin{aligned} g(x) &= \frac{1}{2}\sum_{i=1}^{n}\lambda_i(x_i)^2-\sum_{i=1}^{n}u_ix_i \\ &= \frac{1}{2}\left(\lambda_1(x_1)^2+\cdots+\lambda_n(x_n)^2\right)-(u_1x_1+\cdots+u_nx_n). \end{aligned}$$

La fonction g est une fonction polynômiale sur $\mathbb{R}^n$ (somme, produit des coordonnées de x) donc elle est de classe C^1 sur $\mathbb{R}^n$. En particulier, g admet des dérivées partielles premières et on a :

$$\forall j\in\{1,...,n\},\quad \frac{\partial g}{\partial x_j}(x)=\lambda_jx_j-u_j.$$

(les dérivées partielles sont prises dans la base $(\varepsilon_i)_{1\leqslant i\leqslant n}$ et non dans la base canonique où elles sont beaucoup plus compliquées).

(b) *Soit z un point critique de g et $(z_i)_{1\leqslant i\leqslant n}$ ses coordonnées dans la base $(\varepsilon_i)_{1\leqslant i\leqslant n}$ alors on a les équations suivantes :*

$$\forall j\in\{1,...,n\},\ \frac{\partial g}{\partial x_j}(z)=0\Leftrightarrow\lambda_jz_j-u_j=0\Leftrightarrow z_j=\frac{u_j}{\lambda_j}.$$

Par conséquent, g admet un unique point critique dont les coordonnées sont $\left(\frac{u_i}{\lambda_i}\right)_{1\leqslant j\leqslant n}$ dans la base $(\varepsilon_i)_{1\leqslant i\leqslant n}$.

(c) *Pour tout $h\in\mathbb{R}^n$, si $(h_i)_{1\leqslant i\leqslant n}$ désigne ses coordonnées dans la base $(\varepsilon_i)_{1\leqslant i\leqslant n}$, on a les égalités suivantes :*

$$\begin{aligned} f(z+h)-f(z) &= \frac{1}{2}\sum_{i=1}^{n}\lambda_i(z_i+h_i)^2-\sum_{i=1}^{n}u_i(z_i+h_i)-\left(\frac{1}{2}\sum_{i=1}^{n}\lambda_i(z_i)^2-\sum_{i=1}^{n}u_iz_i\right) \\ &= \frac{1}{2}\sum_{i=1}^{n}\lambda_i\left[(z_i+h_i)^2-z_i^2\right]-\sum_{i=1}^{n}u_ih_i \\ &= \frac{1}{2}\sum_{i=1}^{n}\lambda_i\left[2z_ih_i+(h_i)^2\right]-\sum_{i=1}^{n}u_ih_i \\ &= \frac{1}{2}\sum_{i=1}^{n}\lambda_i(h_i)^2+\sum_{i=1}^{n}h_i\underbrace{(\lambda_iz_i-u_i)}_{=0}=\frac{1}{2}\sum_{i=1}^{n}\lambda_i(h_i)^2\geqslant 0 \end{aligned}$$

donc f admet un minimum en z.

Commentaires 312 *La difficulté principale de ce sujet est la mise en place effective du théorème spectral pour écrire f en somme de carrés (qui est un exercice classique d'application directe du cours). Les questions sont de difficulté standard.*

Exercice 313 (CCINP) **Thème : équations différentielle, réduction des endomorphismes.**
Soit $(a, b) \in \mathbb{R}^2$ avec $a \neq b$.

1. Soit $k \in \mathbb{R}$. Résoudre l'équation différentielle

$$(x-a)(x-b)\,y' - nxy = ky.$$

2. On définit f sur $\mathbb{R}_n[X]$ par :

$$\forall P \in \mathbb{R}_n[X],\ f(P) = (X-a)(X-b)\,P'(X) - nXP(X).$$

Prouver que f est un endomorphisme de $\mathbb{R}_n[X]$ et déterminer ses valeurs propres.

3. f est-il diagonalisable ? Calculer $\det(f)$.

Solution 313

1. *Cette équation est équivalente à l'équation :*

$$(x-a)(x-b)\,y' - (nx+k)\,y = 0 \Leftrightarrow y' - \frac{nx+k}{(x-a)(x-b)}y = 0.$$

La décomposition en éléments simples de la fraction rationnelle

$$\frac{nx+k}{(x-a)(x-b)}$$

est la forme

$$\frac{u}{x-a} + \frac{v}{x-b}.$$

En multipliant par $(x-a)$ (respectivement $(x-b)$) cette égalité puis en faisant tendre x vers a (respectivement vers b), on obtient :

$$u = \frac{na+k}{a-b}, \quad v = \frac{nb+k}{b-a}$$

donc on obtient la formule :

$$\frac{nx+k}{(x-a)(x-b)} = \frac{na+k}{a-b} \times \frac{1}{x-a} + \frac{nb+k}{b-a} \times \frac{1}{x-b}$$

dont une primitive est

$$\frac{na+k}{a-b} \ln|x-a| + \frac{nb+k}{b-a} \ln|x-b|.$$

On peut toujours supposer que $a < b$. Notons

$$I_0 = \left]-\infty, a\right[,\ I_1 = \left]a, b\right[,\ I_2 = \left]b, +\infty\right[.$$

Ainsi, pour chaque $k \in \{0,1,2\}$, l'équation différentielle a pour solution sur l'intervalle I_k, les fonctions de la forme :

$$x \mapsto C_k \exp\left(\frac{na+k}{a-b}\ln|x-a| + \frac{nb+k}{b-a}\ln|x-b|\right) = C_k |x-a|^{\frac{na+k}{a-b}} |x-b|^{\frac{nb+k}{b-a}}$$

avec $C_k \in \mathbb{R}$.

2. *Soient $(P,Q) \in (\mathbb{R}_n[X])^2$ et $(\lambda,\mu) \in \mathbb{R}^2$, on a :*

$$\begin{aligned} f(\lambda P + \mu Q) &= (X-a)(X-b)(\lambda P + \mu Q)'(X) - (nX+\lambda)(\lambda P + \mu Q)(X) \\ &= \lambda (X-a)(X-b)P'(X) + \mu (X-a)(X-b)Q'(X) \\ &\quad -\lambda (nX+\lambda)P(X) - \mu (nX+\lambda)Q(X) \\ &= \lambda((X-a)(X-b)P'(X) - nXP(X)) \\ &\quad +\mu((X-a)(X-b)Q'(X) - nXQ(X)) \\ &= \lambda f(P) + \mu f(Q) \end{aligned}$$

donc f est linéaire. En outre, pour tout entier $k \in \{0,..,n\}$, on a la formule :

$$\begin{aligned} f(X^k) &= (X-a)(X-b)kX^{k-1} - nX^{k+1} \\ &= (k-n)X^{k+1} - k(a+b)X^k + kabX^{k-1}. \end{aligned}$$

Si $k \leqslant n-1$ alors $f(X^k)$ est un polynôme de degré $k+1 \leqslant n$ donc $f(X^k) \in \mathbb{R}_n[X]$. Si $k = n$ alors $k - n = 0$ donc $f(X^k)$ est un polynôme de $\mathbb{R}[X]$ de degré au plus $k = n$ donc

$$f(X^k) \in \mathbb{R}_n[X].$$

Comme $(X^k)_{0 \leqslant k \leqslant n}$ est une base de $\mathbb{R}_n[X]$ et que f est linéaire, on en déduit, pour tout $P \in \mathbb{R}_n[X]$, que $f(P) \in \mathbb{R}_n[X]$ c'est-à-dire que f est un endomorphisme de $\mathbb{R}_n[X]$. Soit λ une valeur propre de f, il existe un polynôme $P \in \mathbb{R}_n[X] \setminus \{0\}$ tel que

$$f(P) = \lambda P \Leftrightarrow (X-a)(X-b)P'(X) - (nX+\lambda)P(X) = 0.$$

Ainsi, sa fonction polynôme vérifie l'équation différentielle de la question 1 (avec $k = \lambda$) donc il existe $C_2 \in \mathbb{R}$ tel que :

$$\forall x \in I_2 =]b,+\infty[, \quad P(x) = C_2 (x-a)^{\frac{na+\lambda}{a-b}} (x-b)^{\frac{nb+\lambda}{b-a}}.$$

Remarquons que

$$\frac{na+\lambda}{a-b} + \frac{nb+\lambda}{b-a} = \frac{na+\lambda-(nb+\lambda)}{a-b} = n.$$

Si l'on pose

$$k = \frac{na+\lambda}{a-b} \Leftrightarrow \lambda = k(a-b) - an,$$

alors on a la formule :

$$\forall x \in]b,+\infty[, \quad P(x) = C_2 (x-a)^k (x-b)^{n-k}.$$

Puisque P est un polynôme de $\mathbb{R}_n[X]$, il faut que $k \in \{0,...,n\}$. Réciproquement, si $k \in \{0,...,n\}$ alors le polynôme

$$P_k = (X-a)^k (X-b)^{n-k} \in \mathbb{R}_n[X]$$

et vérifie l'égalité

$$\begin{aligned} f(P_k) &= (X-a)(X-b)\left(k(X-a)^{k-1}(X-b)^{n-k} + (n-k)(X-a)^k(X-b)^{n-k-1}\right) \\ &\quad -nX(X-a)^k(X-b)^{n-k} \\ &= k(X-b)P_k + (n-k)(X-a)P_k - nXP_k \\ &= (k(X-b) + (n-k)(X-a) - nX)P_k \\ &= (k(a-b) - an)P_k \end{aligned}$$

Par conséquent, on a prouvé que

$$\mathrm{Sp}(f) = \{k(a-b) - an, \quad k \in \{0, ..., n\}\}.$$

3. f est un endomorphisme de $\mathbb{R}_n[X]$ possèdant $n+1$ valeurs propres distinctes et

$$\dim(\mathbb{R}_n[X]) = n+1,$$

on en déduit que f est diagonalisable et que chaque espace propre est de dimension 1. *Dans la base $\mathcal{B} = (P_k)_{0\leqslant k\leqslant n}$ obtenue à la question précédente, on a*

$$\begin{aligned} Mat(f, \mathcal{B}) &= \mathrm{diag}\left((k(a-b) - an)\right)_{0\leqslant k\leqslant n} \Rightarrow \\ \det(f) &= \det(Mat(f, \mathcal{B})) = \prod_{k=0}^{n} (k(a-b) - an). \end{aligned}$$

Commentaires 313 *Question 1 : Il s'agit d'une question d'application du cours. Le point clé est de reconnaitre une fraction rationnelle et donc de penser à la décomposer en éléments simples, de façon efficace sous peine de se perdre sous les multiples paramètres présents (a, b, n, k).*
Question 2 : Il s'agit de la question la plus difficile du sujet. La justification de l'endomorphisme n'est pas immédiate (le raisonnement sur le degré est relativement fin) et discriminera déjà les candidats. Pour la détermination des valeurs propres, la rigueur du candidat sera déterminante dans sa progression et son évaluation. S'il faut bien entendu utiliser la première question, il faut songer à un raisonnement par analyse-synthèse (implicitement ou explicitement) et à ne pas oublier que les solutions de la question 1 doivent être polynomiales, ce qui amène à une discussion fine des exposants. Ceci valorisera les meilleurs candidats.
Question 3 : Elle ne présente aucune difficulté particulière.

Exercice 314 (CCINP) **Thème : probabilités, arithmétique**.
Soit $n \in \mathbb{N}^*$. On pose :

$$f(n) = \mathrm{card}\{k \in [\![1, n]\!],\ k \mid n\}.$$

1. Soit p un nombre premier et a un entier naturel non nul. Calculer $f(p^a)$.
2. Pour tous m et n entiers naturels non nuls et premiers entre eux, montrer que :

$$f(mn) = f(m)f(n).$$

3. Soit $n \in \mathbb{N}^*$, $p_1, \ldots, p_n$ des nombres premiers distincts et $\alpha_1, \ldots, \alpha_n$ des entiers naturels non nuls tels que $d = p_1^{\alpha_1} \ldots p_n^{\alpha_n}$ (décomposition en facteur premiers). Calculer $f(d)$.

4. Soit
$$A_d = \{k \in [\![1, n]\!], \quad d \mid k\},$$
où d est un diviseur de n. On munit $[\![1, n]\!]$ de la loi uniforme.
   (a) Calculer la probabilité de l'événement A_d.
   (b) Soit
$$E = \{k \in [\![1, n]\!], \quad k \mid n\}.$$
Calculer la probabilité de E sachant A_d.

Solution 314

1. *Comme p est un nombre premier, les seuls diviseurs de p^a appartenant à $\{1, .., p^a\}$ sont exactement les nombres p^s avec $s \in \{0, ..., a\}$ (par exemple, par unicité de la décomposition en facteurs premiers d'un entier non nul). Ils sont au nombre de $a+1$ donc $f(p^a) = a+1$.*
2. *Pour tout entier n non nul, on note*
$$D_n = \{k \in \{1, ..., n\}, k \mid n\}.$$
Soient $a \in D_n$ et $b \in D_m$ alors il existe deux entiers u et v tels que $n = au$ et $m = bv$ donc $nm = (ab)\, uv$. Ainsi, on peut affirmer que :
$$ab \mid nm \Rightarrow (ab \leqslant nm \text{ et } ab \geqslant 1 \times 1 = 1) \Rightarrow ab \in D_{nm}$$
d'où l'inclusion
$$\{ab,\ a \in D_n,\ b \in D_m\} \subset D_{nm}.$$
Soit $k \in D_{nm}$, il existe un entier q tel que $nm = kq$. On note $a = \operatorname{pgcd}(k, n)$ alors $a \in \{1, ..., n\}$ et a divise n ($a \in \mathbb{N}$, $a \neq 0$ puisque k et n sont non nuls, $a \leqslant n$ et a divise n par définition du pgcd). En outre, il existe deux entiers b et n' tels que $n = an'$ et $k = ab$ avec n' et b premiers entre eux. On en déduit que :
$$nm = kq \Leftrightarrow an'm = abq \underset{\div a \neq 0}{\Leftrightarrow} n'm = bq.$$
En particulier, b divise $n'm$ et comme b est premier avec n', on peut affirmer que b divise m. En outre, b est non nul (car $ab = k \neq 0$) et $b \leqslant m$ (car k' divise m). Par contruction, on a : $k = ab$ avec $a \in D_n$ et $b \in D_n$ d'où l'inclusion
$$D_{nm} \subset \{ab,\ a \in D_n,\ b \in D_m\}$$
ce qui fournit l'égalité
$$D_{nm} = \{ab,\ a \in D_n,\ b \in D_m\}.$$
On peut alors définir l'application
$$f : \left\{ \begin{array}{ccc} \mathcal{D}_n \times \mathcal{D}_m & \to & \mathcal{D}_{nm} \\ (a, b) & \mapsto & ab \end{array} \right.$$
qui est surjective d'après l'égalité ensembliste précédente. Prouvons qu'ell est injective. Soit $(a, b) \in \mathcal{D}_n \times \mathcal{D}_m$ et $(a', b') \in \mathcal{D}_n \times \mathcal{D}_m$ tels que
$$f(a, b) = f(a', b') \Leftrightarrow (*) : ab = a'b'.$$

Soit $d = \operatorname{pgcd}(a, b')$ alors d divise a et d divise b'. Comme a divise n et b' divise m donc d divise n et m d'où $d = 1$ (puisque n et m sont premiers entre eux). Ainsi, a et b' sont premiers entre eux. Puisque a divise $ab = a'b'$ et que a est premier avec b', on en déduit que a divise a' c'est-à-dire qu'il existe un entier k tel que $a' = ka$. De même, b divise b' (argumentaire identique en échangeant a et b, a' et b') donc il existe un entier q tel que $b' = qb$. L'égalité $(*)$ permet d'écrire :

$$ab = kaqb \underset{\div ab \neq 0}{\Leftrightarrow} kq = 1 \underset{(**)}{\Rightarrow} k = q = 1 \Rightarrow a' = a,\, b' = b$$

$(**)$ puisque k et q sont deux entiers naturels.
Par conséquent, f est injective donc elle réalise une bijection de $\mathcal{D}_n \times \mathcal{D}_m$ sur $\mathcal{D}_{nm}$ d'où l'égalité

$$f(nm) = \operatorname{card}(\mathcal{D}_{nm}) = \operatorname{card}(\mathcal{D}_n)\operatorname{card}(\mathcal{D}_m) = f(n)\, f(m).$$

3. Les entiers $d' = p_1^{\alpha_1} \dots p_{n-1}^{\alpha_{n-1}}$ et $d'' = p_n^{\alpha_{n-1}}$ sont premiers entre eux donc, d'après la question précédente, on a la formule :

$$f\left(p_1^{\alpha_1} \dots p_n^{\alpha_n}\right) = f(d) = f(d')\, f(d'') = f\left(p_1^{\alpha_1} \dots p_{n-1}^{\alpha_{n-1}}\right) f\left(p_n^{\alpha_n}\right).$$

Une récurrence immédiate sur n montre que

$$f\left(p_1^{\alpha_1} \dots p_n^{\alpha_n}\right) = \prod_{k=1}^{n} f\left(p_k^{\alpha_k}\right) \underset{q.1}{=} \prod_{k=1}^{n} (\alpha_k + 1).$$

4. (a) Commençons par expliciter les éléments de A_d.

$$\begin{aligned} k \in A_d &\Leftrightarrow d \mid k \text{ et } k \in \{1, ..., n\} \Leftrightarrow \begin{cases} \exists q \in \mathbb{N},\, k = qd \\ 1 \leqslant k \leqslant n \end{cases} \\ &\Leftrightarrow \begin{cases} \exists q \in \mathbb{N},\, k = qd \\ 1 \leqslant qd \leqslant n \end{cases} \Leftrightarrow \begin{cases} \exists q \in \mathbb{N},\, k = qd \\ \dfrac{1}{d} \leqslant q \leqslant \dfrac{n}{d} \end{cases} \\ &\Leftrightarrow \begin{cases} \exists q \in \mathbb{N},\, k = qd \\ 1 \leqslant q \leqslant \dfrac{n}{d} \end{cases} \Leftrightarrow \exists q \in \left\{1, ..., \frac{n}{d}\right\},\, k = qd \\ &\Rightarrow A_d = \left\{qd,\, q \in \left\{1, ..., \frac{n}{d}\right\}\right\} \Rightarrow \operatorname{card}(A_d) = \frac{n}{d} \end{aligned}$$

(puisque l'application $q \mapsto qd$ est injective (car $d \neq 0$)). Comme la probabilité considérée est la probabilité uniforme, on a la formule :

$$P(A_d) = \frac{\operatorname{card}(A_d)}{\operatorname{card}(\{1, ..., n\})} = \frac{\frac{n}{d}}{n} = \frac{1}{d}.$$

(b) Par définition des probabilités conditionnelles, on a :

$$P_{A_d}(E) = \frac{P(A_d \cap E)}{P(A_d)}.$$

Soit $k \in \{1, .., n\}$ alors on dispose des équivalences suivantes :

$$k \in A_d \cap E \Leftrightarrow \begin{cases} \exists q \in \left\{1, ..., \frac{n}{d}\right\}, k = qd \\ \exists q' \in \mathbb{N}, n = kq' \end{cases}$$

$$\Leftrightarrow \begin{cases} \exists q \in \left\{1, ..., \frac{n}{d}\right\}, k = qd \\ \exists q' \in \mathbb{N}, n = qq'd \end{cases} \Leftrightarrow \begin{cases} \exists q \in \left\{1, ..., \frac{n}{d}\right\}, k = qd \\ \exists q' \in \mathbb{N}, \frac{n}{d} = qq' \end{cases}$$

$$\Leftrightarrow \begin{cases} \exists q \in \left\{1, ..., \frac{n}{d}\right\}, k = qd \\ q \mid \frac{n}{d} \end{cases} \Leftrightarrow \exists q \in \left\{1, ..., \frac{n}{d}\right\} \text{ et } q \mid \frac{n}{d}, k = qd$$

L'application $q \mapsto qd$ étant injective, on peut écrire :

$$\text{card}\,(A_d \cap E) = \text{card}\left\{q \in \left\{1, ..., \frac{n}{d}\right\}, q \mid \frac{n}{d}\right\} = f\left(\frac{n}{d}\right).$$

Comme la probabilité considérée est la probabilité uniforme, on en déduit que :

$$P\,(A_d \cap E) = \frac{\text{card}\,(A_d \cap E)}{\text{card}\,(\{1, .., n\})} = \frac{f\left(\frac{n}{d}\right)}{n}$$

donc on obtient la formule :

$$P_{A_d}(E) = \frac{d}{n} * f\left(\frac{n}{d}\right).$$

Commentaires 314 *Exercice original pour ce concours mélant probabilités (via les dénombrements) et arithmétique. L'arithmétique et le dénombrement étant en pratique discriminants, l'exercice n'est nécessairement aisé pour une fraction importante des candidats. La deuxième question est la plus difficile du sujet donc il ne faut pas hésiter à passer à d'autres questions sachant que l'énoncé fournit la réponse (ainsi, la question est non bloquante).*
Les autres questions ne présentent pas de difficulté particulière, hormis le dénombrement lié à $f(p^\alpha)$, $\text{card}\,(A_d)$ et $\text{card}\,(E)$. Si vous avez eu des difficultés sur ces dénombrements, il faut retravailler les raisonnements de dénombrement élémentaires de MPSI car ils interviennent plus souvent en raison de la présence des probabilités.

Exercice 315 (CCINP) **Thème : arithmétique, combinatoire, probabilités.**
On dispose de jetons numérotés de 1 à 9. On considère une matrice carrée de taille 3*3 composée de ces 9 jetons. On cherche à déterminer la probabilité p pour que le déterminant de la matrice soit impair.

1. Question préliminaire. Soit $A = (a_{i,j})_{1 \leqslant i,j \leqslant n} \in \mathfrak{M}_n(\mathbb{Z})$ avec $n \geqslant 2$.
   Montrer que la classe du déterminant de A modulo 2 est égale à la classe du déterminant de la matrice dont les coefficients sont les restes $r_{i,j}$ de la division euclidienne de $a_{i,j}$ par 2.
2. On note $\mathcal{M}$ l'ensemble des matrices carrées d'ordre 3 composées des 9 jetons.
   Déterminer $\text{card}\,(\mathcal{M})$.

3. On définit $\Omega = \{M \in \mathcal{M}, \quad \det(M) \text{ est impair}\}$ et Δ l'ensemble des matrices carrées d'ordre 3 dont cinq coefficients sont égaux à 1, quatre coefficients sont nuls et de déterminant impair.
   Donner une relation entre $\text{card}(\Omega)$ et $\text{card}(\Delta)$.
4. Détermination de $\text{card}(\Delta)$.
   (a) On considère une matrice de Δ dont une colonne possède trois coefficients égaux à 1.
   Déterminer le nombre K_1 de ces matrices.
   (b) On considère une matrice de Δ dont 2 colonnes possèdent exactement un coefficient nul.
   Déterminer le nombre K_2 de ces matrices.
   (c) Calculer $\text{card}(\Delta)$. En déduire $\text{card}(\Omega)$.
5. Déterminer la probabilité p.

Solution 315

1. *Pour tout* $(i,j) \in \{1,2,3\}^2$, *il existe* $q_{i,j} \in \mathbb{Z}$ *tel que* $A_{i,j} = 2q_{i,j} + r_{i,j}$ *donc* $A_{i,j} \equiv r_{i,j}\,[2]$.
   Par définition, on a :

$$\begin{aligned}
\det(A) &= \begin{vmatrix} A_{1,1} & A_{1,2} & A_{1,3} \\ A_{2,1} & A_{2,2} & A_{2,3} \\ A_{3,1} & A_{3,2} & A_{3,3} \end{vmatrix} \\
&= A_{1,1}\begin{vmatrix} A_{2,2} & A_{2,3} \\ A_{3,2} & A_{3,3} \end{vmatrix} - A_{2,1}\begin{vmatrix} A_{1,2} & A_{1,3} \\ A_{3,2} & A_{3,3} \end{vmatrix} + A_{3,1}\begin{vmatrix} A_{1,2} & A_{1,3} \\ A_{2,2} & A_{2,3} \end{vmatrix} \\
&= A_{1,1}(A_{2,2}A_{3,3} - A_{2,3}A_{3,2}) - A_{2,1}(A_{1,2}A_{3,3} - A_{1,3}A_{3,2}) \\
&\quad + A_{3,1}(A_{1,2}A_{2,3} - A_{2,2}A_{1,3}).
\end{aligned}$$

Comme les congruences sont compatibles à la somme, à la différence et au produit i.e.

$$\begin{cases} a \equiv b\,[m] \\ c \equiv d\,[m] \end{cases} \Rightarrow \begin{cases} a + c \equiv b + d\,[m] \\ ac \equiv bd\,[m] \end{cases},$$

ce qui permet d'écrire :

$$\begin{aligned}
\det(A) &\equiv r_{1,1}(r_{2,2}r_{3,3} - r_{2,3}r_{3,2}) - r_{2,1}(r_{1,2}r_{3,3} - r_{1,3}r_{3,2}) \\
&\quad + r_{3,1}(r_{1,2}r_{2,3} - r_{2,2}r_{1,3})\,[2] \\
&\equiv \begin{vmatrix} r_{1,1} & r_{1,2} & r_{1,3} \\ r_{2,1} & r_{2,2} & r_{2,3} \\ r_{3,1} & r_{3,2} & r_{3,3} \end{vmatrix}\,[2].
\end{aligned}$$

2. *On peut identifier une matrice M de taille 3×3 à une liste L de 9 éléments (les 3 premiers éléments de L formant la première ligne de M, les trois suivants la deuxième ligne de M et les trois derniers formant la troisième ligne de M). Pour chaque jeton numéroté $i \in \{1,..,9\}$, il existe une et une seule case numérotée $f_M(i) \in \{1,...,9\}$ où il est placé dans la liste L. L'application $f_M : i \mapsto f_M(i)$ est donc une bijection de $\{1,..,9\}$ sur lui-même c'est-à-dire un élément de $\mathcal{S}_9$ (ensemble des permutations de $\{1,..,9\}$). L'application $M \mapsto f_M$ est manifestement une bijection de $\mathcal{M}$ sur $\mathcal{S}_9$ donc :*

$$\text{card}(\mathcal{M}) = \text{card}(\mathcal{S}_9) = 9!.$$

3. *Soit* $M \in \mathcal{M}$. *Pour tout* $(i,j) \in \{1,2,3\}^2$, *on note* $r_{i,j}(M)$ *le reste de la division euclidienne de* $m_{i,j}$ *(le coefficient d'indice* (i,j) *de* M*) par* 2 *et* $d(M)$ *le reste de la division euclidienne de* $\det(M)$ *par* 2 *donc* $r_{i,j}(M) \in \{0,1\}$ *et* $d(M) \in \{0,1\}$. *Par définition,* M *possède* 5 *coefficients impairs* $(1,3,5,7,9)$ *et* 4 *coefficients pairs* $(2,4,6,8)$ *donc* 5 *des nombres* $r_{i,j}(M)$ *valent* 1 *et* 4 *d'entre eux valent* 0. *En outre, si* $M \in \Omega$ *alors* $\det(M)$ *est impair donc, d'après la question 1, on a :*

$$d(M) = \det\left((r_{i,j}(M))_{1 \leqslant i,j \leqslant 3}\right) = \det(A)\,[2] = 1\,[2].$$

Comme $d(M) \in \{0,1\}$, *on est assuré que* $d(M) = 1$ *c'est-à-dire que la matrice* $(r_{i,j}(M))_{1 \leqslant i,j \leqslant 3}$ *appartient à* Δ. *On considère alors l'application* $f : \Omega \to \Delta$ *définie par :*

$$\forall M \in \Omega,\ f(M) = (r_{i,j}(M))_{1 \leqslant i,j \leqslant 3} \in \Delta.$$

Cette application f *est surjective. En effet, soit* $D \in \Omega$. *Notons*

$$(i_1,j_1),\ (i_2,j_2),\ (i_3,j_3),\ (i_4,j_4),\ (i_5,j_5)$$

les positions des cellules de D *valant* 1 *et*

$$(i_6,j_6),\ (i_7,j_7),\ (i_8,j_8),\ (i_9,j_9)$$

les cellules de D *valant* 0. *On construit alors la matrice* $M^{(D)}$ *de* $\mathcal{M}$ *comme suit :*

$$\begin{aligned} M^{(D)}_{i_1,j_1} &= 1,\ M^{(D)}_{i_2,j_2} = 3,\ M^{(D)}_{i_3,j_3} = 5,\ M^{(D)}_{i_4,j_4} = 7,\ M^{(D)}_{i_5,j_6} = 9 \\ M^{(D)}_{i_6,j_6} &= 2,\ M^{(D)}_{i_7,j_7} = 4,\ M^{(D)}_{i_8,j_8} = 6,\ M^{(D)}_{i_9,j_9} = 8. \end{aligned}$$

Par exemple, si

$$D = \begin{pmatrix} 1 & 0 & 0 \\ 0 & 1 & 1 \\ 1 & 0 & 1 \end{pmatrix} \text{ alors } M^{(D)} = \begin{pmatrix} 1 & 2 & 4 \\ 6 & 3 & 5 \\ 7 & 8 & 9 \end{pmatrix}$$

et si

$$D = \begin{pmatrix} 0 & 1 & 0 \\ 0 & 1 & 1 \\ 1 & 0 & 1 \end{pmatrix} = 1 \text{ alors } M^{(D)} = \det \begin{pmatrix} 2 & 1 & 4 \\ 6 & 3 & 5 \\ 7 & 8 & 9 \end{pmatrix}.$$

Revenons au cas général. Par construction, on a

$$f(M) = D \Rightarrow \det(M) \equiv \det(D)\,[2] = 1\,[2],$$

ce qui prouve que $\det(M)$ *est impair donc* $M \in \Omega$.
Soit $D \in \Delta$. *Comptons le nombre de matrices* $M \in \mathcal{M}$ *telles que* $f(M) = D$. *Ceci est vérifier si et seulement si on place les* 5 *nombres* 1, 3, 5, 7, 9 *dans les* 5 *cellules d'indices*

$$(i_1,j_1),\ (i_2,j_2),\ (i_3,j_3),\ (i_4,j_4),\ (i_5,j_5)$$

de M *(soit* 5! *choix car chaque cellule reçoit un nombre différent de toutes les autres) et les* 4 *nombres* 2, 4, 6, 8 *dans les* 4 *cellulles*

$$(i_6,j_6),\ (i_7,j_7),\ (i_8,j_8),\ (i_9,j_9)$$

de M *(soit* 4! *choix car chaque cellule reçoit un nombre différent de toutes les autres) donc il y a* 5!4! *matrices* M *possibles. Comme il y a* $\text{card}(\Delta)$ *choix possibles pour* D, *on en déduit qu'il y a* $5!4!\,\text{card}(\Delta)$ *possibilités de matrices* $M \in \Omega$ *d'où la formule :*

$$\text{card}(\Omega) = 5!4!\,\text{card}(\Delta).$$

4. (a) *Soit* $M \in \Delta$ *dont une colonne possède trois coefficients égaux à 1. On a trois choix pour le choix de la colonne ayant* 3 *coefficients* 1. *Fixons un choix de telle colonne* C_i.
Pour fixer les idées, on suppose que $i = 1$ *donc* $M = \begin{pmatrix} 1 & * & * \\ 1 & * & * \\ 1 & * & * \end{pmatrix}$. *Il reste à choisir la valeur des* 6 *autres coefficients des deux autres colonnes* C_j *et* C_k $(j < k)$. *Il faut choisir* 2 *positions pour les deux coefficients* 2, *les* 4 *positions restantes recevant alors la valeur* 0.
Si les deux positions recevant les deux 1 *sont sur une même ligne* L_h *(par exemple,* $M = \begin{pmatrix} 1 & * & * \\ 1 & 1 & 1 \\ 1 & * & * \end{pmatrix}$*) alors les colonnes* C_j *et* C_k *sont identiques (même coefficient* 1 *en position* h *et même coefficient* 0 *aux deux autres positions de* C_j *et* C_k, *dans l'exemple qui précède, on a* $M = \begin{pmatrix} 1 & 0 & 0 \\ 1 & 1 & 1 \\ 1 & 0 & 0 \end{pmatrix}$*) donc* M *n'est pas inversible, ce qui contredit que le fait que* $\det(M)$ *est impair.*
Ainsi, les deux 1 *sont nécessairement sur des lignes différentes. En outre, ces deux* 1 *ne peuvent être sur la même colonne* C_j *puisque cela entraine que la dernière colonne* C_k *soit nécessairement nulle donc* $\det(M) = 0$, *ce qui contrevient au caractère impair de* $\det(M)$. *Ainsi, les deux* 1 *à positionner sont sur des lignes différentes et des colonnes différentes. On dispose de* 3 *choix pour placer* 1 *dans la colonne* C_j *donc de* 2 *choix dans* C_k *(le* 1 *de la colonne* C_k *ne peut être à la même ligne que le* 1 *de* C_j*) soit* $3 * 2 = 6$ *choix de positionnements des deux* 1 *dans les colonnes* C_j *et* C_k. *Ces choix étant faits, les autres coefficients valent nécessairement* 0.
Au total, on dispose potentiellement de $3 * 3 * 2 = 18$ *matrices. Vérifions que, pour chacune des matrices que l'on a construit, le déterminant correspondant est bien impair. En échangeant la colonne* C_i *avec* C_1 *(cela change éventuellement le signe du déterminant si* $i \neq 1$ *mais pas sa parité), on peut supposer que* $M = \begin{pmatrix} 1 & * & * \\ 1 & * & * \\ 1 & * & * \end{pmatrix}$.
Quitte à échanger L_h *avec* L_1 *(cela change éventuellement la parité du déterminant mais pas sa parité), on a* $\begin{pmatrix} 1 & 1 & 0 \\ 1 & 0 & 1 \\ 1 & 0 & 0 \end{pmatrix}$ *ou* $\begin{pmatrix} 1 & 1 & 0 \\ 1 & 0 & 0 \\ 1 & 0 & 1 \end{pmatrix}$ *(selon la position du* 1 *de la dernière colonne). En développant le déterminant de ces deux matrices selon la dernière colonne, on obtient que le déterminant vaut* 1 *ou* -1 *donc il est bien impair.*
Au final, on vient de montrer que K_1 *possède* 18 *éléments.*

(b) *Soit* $M \in \Delta$ *dont 2 colonnes possèdent exactement un coefficient nul. On choisit* 2 *colonnes* C_i *et* C_j *(avec* $i < j$*) ne contenant chacune qu'un seul* 0 *parmi les* 3 *colonnes possibles (*$\binom{3}{2} = 3$ *choix). Pour* C_i, *on choisit une ligne* L_h *où va se trouver son unique* 0 *(3 choix), les deux autres coefficients valant* 1. *Pour* C_j, *on choisit nécessairement une des deux lignes autre que* L_h *(2 choix) où va se trouver l'unique* 0 *de* C_j *(sinon,* $C_i = C_j$ *donc* $\det(M) = 0$ *qui n'est pas impair). On la note* L_k *(avec* $k \neq h$*). Pour la dernière colonne, on dispose de* 3 *choix pour placer son unique* 1 *(les deux autres coefficients valant* 1*).*
Au total, on dispose potentiellement de $3 * 3 * 2 * 3 = 54$ *matrices. Vérifions que, pour chacune des matrices que l'on a construit, le déterminant correspondant est bien impair. En échangeant la colonne* C_i *avec* C_1 *et en échangeant* L_h *avec* L_1 *(cela*

change éventuellement le signe du déterminant mais pas sa parité), on peut supposer que $M = \begin{pmatrix} 0 & * & * \\ 1 & * & * \\ 1 & * & * \end{pmatrix}$. *Quitte à échanger* C_j *avec* C_2 *et* L_k *avec* L_2 *(donc* C_1 *et* L_1 *ne sont pas modifiées puisque* $C_i \neq C_j$ *et* $L_h \neq L_k$*), ces échanges modifient éventuellement la parité du déterminant mais pas sa parité. On obtient la matrice* $\begin{pmatrix} 0 & 1 & * \\ 1 & 0 & * \\ 1 & 1 & * \end{pmatrix}$ *c'est-à-dire les matrices*

$$\begin{pmatrix} 0 & 1 & 1 \\ 1 & 0 & 0 \\ 1 & 1 & 0 \end{pmatrix}, \begin{pmatrix} 0 & 1 & 0 \\ 1 & 0 & 1 \\ 1 & 1 & 0 \end{pmatrix} \text{ ou } \begin{pmatrix} 0 & 1 & 0 \\ 1 & 0 & 0 \\ 1 & 1 & 1 \end{pmatrix}.$$

Or, chacune de ces trois matrices a un déterminant valant 1 *ou* -1 *donc toutes les matrices construites ont un déterminant impair.*
Au final, K_2 *possède* 54 *éléments.*

(c) *Soit* M *une matrice de* Δ. *Comme elle dispose de* 5 *coefficients valant* 1, M *peut posséder une colonne comportant trois* 1 *c'est-à-dire qu'elle appartient à* K_1. *Si cela n'est pas le cas (c'est-à-dire qu'elle n'appartient pas à* K_1*), toutes ses colonnes contiennent au plus deux* 1 *donc toutes ses colonnes contiennent au moins un* 0. *Or, elle possède exactement quatre* 0 *donc elle possède nécessairement deux colonnes contenant un unique* 0 *et une colonne contenant deux* 0 *(sinon, une colonne contient trois* 0 *donc* $\det(M) = 0$ *ce qui contredit le caractère impair de* $\det(M)$*) c'est-à-dire qu'elle appartient à* K_2. *Ainsi, nous venons de démontrer que* K_1, K_2 *forment une partition de* Δ *donc :*

$$\text{card}(\Delta) = \text{card}(K_1) + \text{card}(K_2) = 318 + 54 = 72.$$

D'après la question 3, on obtient la formule :

$$\text{card}(\Omega) = 5!4!72$$

5. *Puisque l'on a travaille avec la loi uniforme sur* $\mathcal{M}$, *on a :*

$$\begin{aligned} p &= \frac{\text{card}(\Omega)}{\text{card}(\mathcal{M})} = \frac{5!4!72}{9!} = \frac{2 \times 3 \times 4 \times 5 \times 2 \times 3 \times 4 \times 72}{2 \times 3 \times 4 \times 5 \times 6 \times 7 \times 8 \times 9} \\ &= \frac{2 \times 3 \times 4}{6 \times 7} = \frac{4}{7}. \end{aligned}$$

Commentaires 315 *Exercice original et difficile pour ce concours dont la difficulté principale sont les questions à répétition de dénombrement dont la plupart sont relativement subtiles. Beaucoup de réponses de candidats s'avèrent exotiques ou farfelues. Ces questions requièrent en outre une bonne analyse du contexte et la capacité à mettre en place des disjonctions de cas non évidents (typiques des concours Centrale-SupElec ou Mines-Ponts). La discrimination des candidats ne se fera pas sur la construction des bijections (seuls les tous meilleurs en invoqueront) mais dans la capacité à imaginer la bonne formule. L'interaction avec l'interrogateur sera importante et décisive car une fraction notable des candidats auront peu progresser (convenablement bien entendu) dans les réponses.*
Même la première question est sélective.

Exercice 316 (CCINP) **Thème : suites, fonctions d'une variable réelle, intégration**.

1. Soit $n \in \mathbb{N}$. Montrer qu'il existe un unique $u_n \in]0,1]$ tel que $\displaystyle\int_{u_n}^{1} \frac{e^t}{t}\, dt = n$.

   Indication : On pourra considérer la fonction $f : x \mapsto \displaystyle\int_{x}^{1} \frac{e^t}{t}\, dt$.

2. Étudier la monotonie de $(u_n)_n$ et déterminer sa limite.
3. On pose, pour tout n, $v_n = n + \ln(u_n)$. Montrer que $(v_n)_n$ converge et donner sa limite sous la forme d'une intégrale.
4. Proposer un équivalent simple de u_n.

Solution 316

1. *La fonction* $t \mapsto \dfrac{e^t}{t}$ *est continue sur* $]0,1]$ *donc la fonction*

$$f : x \mapsto \int_{x}^{1} \frac{e^t}{t} dt = -\int_{1}^{x} \frac{e^t}{t} dt$$

est de classe C^1 *sur* $]0,1]$ *(primitive de* $x \mapsto -\dfrac{e^x}{x}$*) et sa dérivée est* $x \mapsto -\dfrac{e^x}{x}$ *qui est strictement négative. Ainsi, la fonction* f *est continue et strictement décroissante sur* $]0,1]$ *donc elle réalise une bijection de* $]0,1]$ *sur* $\left[f(1), \lim\limits_{0^+} f\right[= [0,+\infty[$ *car :*

$$\forall x \in]0,1],\ f(x) = \int_{x}^{1} \frac{e^t}{t} dt \geqslant \int_{x}^{1} \frac{1}{t} dt = [\ln(t)]_{t=x}^{t=1} = -\ln(x) \underset{x \to 0^+}{\to} +\infty.$$

Pour tout $n \in \mathbb{N}$, $n \in [0,+\infty[$ *donc l'équation* $f(x) = n$ *admet une unique solution appartenant à* $]0,1]$. *On la note* u_n *et on a l'égalité :*

$$f(u_n) = n \Leftrightarrow \int_{u_n}^{1} \frac{e^t}{t} dt = n.$$

2. *D'après la réponse à la question précédente, pour tout entier* n, *on a :*

$$f(u_n) = n \Leftrightarrow u_n = f^{-1}(n).$$

Comme la fonction f *est strictement décroissante sur* $]0,1]$ *et que* $\lim\limits_{0^+} f = +\infty$, *on peut affirmer que* f^{-1} *est strictement décroissante sur* $[0,+\infty[$ *et* $\lim\limits_{+\infty} f^{-1} = 0$. *Puisque la suite* $(n)_{n\in\mathbb{N}}$ *est croissante et tend vers* $+\infty$, *on en déduit que la suite* $(u_n)_{n\in\mathbb{N}} = \left(f^{-1}(n)\right)_{n\in\mathbb{N}}$ *est décroissante et tend vers* 0.

3. *En remarquant que*

$$n = \int_{u_n}^{1} \frac{e^t}{t} dt \text{ et } \ln(u_n) = \int_{1}^{u_n} \frac{1}{t} dt = -\int_{u_n}^{1} \frac{1}{t} dt,$$

on peut écrire :

$$v_n = \int_{u_n}^{1} \frac{e^t}{t} dt - \int_{u_n}^{1} \frac{1}{t} dt = \int_{u_n}^{1} \frac{e^t - 1}{t} dt.$$

La fonction $g : t \mapsto \dfrac{e^t - 1}{t}$ *est continue sur* $]0,1]$ *et* $\lim\limits_{t \to 0} g(t) = 1$ *(par développement limité de* $t \mapsto e^t$ *en* 0 *par exemple) donc* g *se prolonge par continuité en* 0*. Ainsi, l'intégrale* $\int_0^1 g$ *existe et* $\lim\limits_{x \to 0} \int_x^1 g = \int_0^1 g$*. Comme* $\lim\limits_{n \to +\infty} u_n = 0$*, on a*

$$v_n = \int_{u_n}^{1} g \underset{n \to +\infty}{\to} \int_0^1 g.$$

4. *On note* $L = \lim\limits_{n \to +\infty} v_n$ *alors on a les équivalences suivantes :*

$$v_n \underset{n \to +\infty}{=} L + o(1) \Leftrightarrow n + \ln(u_n) \underset{n \to +\infty}{=} L + o(1)$$
$$\Leftrightarrow \ln(u_n) \underset{n \to +\infty}{=} -n + L + o(1) \Leftrightarrow u_n \underset{n \to +\infty}{=} \exp(-n + L + o(1))$$
$$\Leftrightarrow u_n \underset{n \to +\infty}{=} e^{-n} e^L e^{o(1)} \underset{n \to +\infty}{\sim} e^{-n} e^L$$

(car $\lim\limits_{n \to +\infty} o(1) = 0$ *donc* $\lim\limits_{n \to +\infty} e^{o(1)} = 1$ *c'est-à-dire que* $e^{o(1)} \underset{n \to +\infty}{\sim} 1$*).*

Commentaires 316 *Exercice original avec une bonne progressivité qui permet de bien classer les candidats.*
Les blocages principaux des candidats portent sur la question 1 (ne pas voir que la fonction f *est une primitive puis d'invoquer le théorème de bijection) et la question 2 (ne pas connaitre les raisonnements classiques sur les suites implicites* $f(x) = a_n$*). Pour ces dernières, il faut voir la solution comme l'antécédent de* a_n *par* f *(i.e.* $x = f^{-}(a_n)$*). La monotonie de* f *et de* $(a_n)_n$ *fournissant celle de* $f^{-1}(a_n)$ *et le limite de* f *en un point convenable fournissant la limite de* $f^{-1}(a_n)$*.*
Les deux dernières questions sont plus standards et récompensent les candidats ayant une bonne connaissance de leur cours et sachant l'appliquer rapidement sur des exemples simples.

Exercice 317 (CCINP) **Thème : intégration, fonction d'une variable réelle, série entière.**

Soit $f : x \mapsto \int_x^{2x} e^{-t^2} dt$.

1. Étudier la fonction f (domaine de définition, parité, dérivabilité, sens de variation, limites aux bornes du domaine de définition).
2. Développer f en série entière en 0.
3. Trouver un équivalent de f en $+\infty$.

Solution 317

1. *Pour tout réel x, la fonction $h : t \mapsto e^{-t^2}$ est continue sur $\mathbb{R}$ donc sur $[x, 2x]$, ce qui assure l'existence de*

$$\int_x^{2x} h = f(x).$$

Ainsi, f est définie sur $\mathbb{R}$ et, pour tout réel x, on a :

$$f(-x) = \int_{-x}^{2x} h(t)\,dt \underset{dt=-ds}{\overset{s=-t}{=}} \int_x^{2x} \underbrace{h(-s)}_{=h(x)}(-ds) = -\int_x^{2x} h(s)\,ds = -f(x)$$

donc f est impaire. La fonction h étant continue sur $\mathbb{R}$, elle admet une primitive H sur $\mathbb{R}$ donc, pour tout réel x, on a l'égalité :

$$f(x) = [H(t)]_{t=x}^{t=2x} = H(2x) - H(x).$$

Par définition d'une primitive, H est dérivable sur $\mathbb{R}$ ainsi que la fonction $x \mapsto 2x$ donc la fonction $x \mapsto H(2x) - H(x) = f(x)$ est dérivable sur $\mathbb{R}$ et, pour tout réel x, on a :

$$f'(x) = (2x)' H'(2x) - H'(x) = 2h(2x) - h(x) = 2e^{-4x^2} - e^{-x^2}.$$

Déterminons le tableau de f sur $\mathbb{R}_+$ (par imparité, on aura ses variations sur $\mathbb{R}_-$). Pour tout réel $x \geqslant 0$, on a les équivalences suivantes :

$$\begin{aligned} f'(x) &\geqslant 0 \Leftrightarrow 2e^{-4x^2} \geqslant e^{-x^2} \underset{\text{croissante sur } \mathbb{R}}{\overset{\ln \text{ strictement}}{\Leftrightarrow}} \ln\left(2e^{-4x^2}\right) \geqslant \ln\left(e^{-x^2}\right) \\ &\Leftrightarrow \ln(2) - 4x^2 \geqslant -x^2 \Leftrightarrow \ln(2) \geqslant 3x^2 \Leftrightarrow x^2 \leqslant \frac{\ln(2)}{3} \\ &\Leftrightarrow \sqrt{x^2} \leqslant \sqrt{\frac{\ln(2)}{3}} \underset{x\geqslant 0}{\Leftrightarrow} x \leqslant \sqrt{\frac{\ln(2)}{3}} = m. \end{aligned}$$

Par conséquent, la fonction f est croissante sur $[0, m]$ et décroissante sur $[m, +\infty[$ donc, par imparité de f, f est croissante sur $[-m, 0]$ et décroissante sur $[-\infty, m[$.
Pour tout réel $x \geqslant 0$, on a $2x \geqslant x$ et h est décroissante sur $\mathbb{R}_+$ donc sur le segment $[x, 2x]$. On peut alors écrire les encadrements suivants :

$$\begin{aligned} \forall x &\geqslant 0, \forall t \in [x, 2x], 0 \leqslant h(t) \leqslant h(x) \Rightarrow 0 \leqslant \int_x^{2x} h(t)\,dt \leqslant \int_x^{2x} e^{-x^2}\,dt \\ &\Leftrightarrow 0 \leqslant f(x) \leqslant e^{-x^2} \int_x^{2x} dt = xe^{-x^2} = \left(x^2\right)^{1/2} e^{-x^2} \underset{t=x^2}{=} t^{1/2} e^{-t} \underset{x\to+\infty}{\to} 0 \end{aligned}$$

(d'après les croissances comparées) donc, par le théorème d'encadrement, on peut affirmer que $\lim_{x\to+\infty} f(x) = 0$ et, par imparité de f, on a $\lim_{x\to-\infty} f(x) = 0$.

2. *On conserve les notations introduites à la question précédente et on pose*

$$H : x \mapsto \int_0^x h(t)\,dt$$

(l'unique primitive de h s'annulant en 0). D'après le développement en série entière de l'exponentielle, on a :

$$\forall s \in \mathbb{R},\ e^s = \sum_{n=0}^{+\infty} \frac{s^n}{n!} \Rightarrow \forall t \in \mathbb{R},\ h(t) = e^{-t^2} = \sum_{n=0}^{+\infty} \frac{(-t^2)^n}{n!} = \sum_{n=0}^{+\infty} \frac{(-1)^n t^{2n}}{n!}.$$

Ainsi, la fonction h est développable en série entière avec un rayon de convergence $R = +\infty$ *donc, par primitivation terme à terme des séries entières sur l'intervalle ouvert de convergence* $]-R, R[= \mathbb{R}$*, pour tout réel x, on a :*

$$\begin{aligned} \int_0^x h(t)\, dt &= \sum_{n=0}^{+\infty} \frac{(-1)^n}{n!} \int_0^x t^{2n} dt = \sum_{n=0}^{+\infty} \frac{(-1)^n x^{2n+1}}{n!\,(2n+1)} \\ f(x) &= \int_0^{2x} h(t)\, dt - \int_0^x h(t)\, dt = \sum_{n=0}^{+\infty} \frac{(-1)^n (2x)^{2n+1}}{n!\,(2n+1)} - \sum_{n=0}^{+\infty} \frac{(-1)^n x^{2n+1}}{n!\,(2n+1)} \\ &= \sum_{n=0}^{+\infty} \frac{(-1)^n \left(2^{n+1} - 1\right) x^{2n+1}}{n!\,(2n+1)}. \end{aligned}$$

En particulier, H est développable en série entière avec un rayon de convergence

$$R' = +\infty.$$

3. *L'astuce consiste à faire intervenir la fonction* $t \mapsto -2te^{-t^2}$ *(primitive de* $t \mapsto e^{-t^2}$*) et à faire une intégration par parties en la primitivant. Pour tout* $x > 0$*, on a :*

$$\begin{aligned} f(x) &= \int_x^{2x} e^{-t^2} dt = \int_x^{2x} \left(-\frac{1}{2t}\right)\left(-2te^{-t^2}\right) dt = \left[-\frac{1}{2t} e^{-t^2}\right]_{t=x}^{t=2x} - \int_x^{2x} \frac{1}{2t^2} e^{-t^2} dt \\ &\Rightarrow \quad (*) : f(x) = \frac{e^{-x^2}}{2x} - \frac{e^{-4x^2}}{4x} - \frac{1}{2}\int_x^{2x} \frac{1}{t^2} e^{-t^2} dt. \end{aligned}$$

On remarque ensuite que :

$$\frac{\frac{e^{-4x^2}}{x}}{\frac{e^{-x^2}}{x}} = e^{-3x^2} \underset{x\to+\infty}{\to} 0 \Rightarrow \frac{e^{-4x^2}}{x} \underset{x\to+\infty}{=} o\left(\frac{e^{-x^2}}{x}\right)$$

et que :

$$\left|\int_x^{2x} \frac{1}{t^2} e^{-t^2} dt\right| = \int_x^{2x} \frac{1}{t^2} e^{-t^2} dt \leqslant \int_x^{2x} \frac{1}{x^2} e^{-t^2} dt = \frac{1}{x^2}\int_x^{2x} e^{-t^2} dt = \frac{f(x)}{x^2} \underset{x\to+\infty}{=} o(f(x)).$$

Ainsi, d'après la relation $(*)$*, on obtient les dominations suivantes :*

$$\begin{aligned} f(x) &\underset{x\to+\infty}{=} \frac{e^{-x^2}}{2x} + o\left(\frac{e^{-x^2}}{2x}\right) + o(f(x)) \\ \Leftrightarrow \quad f(x) + o(f(x)) &\underset{x\to+\infty}{=} \frac{e^{-x^2}}{2x} + o\left(\frac{e^{-x^2}}{x}\right). \end{aligned}$$

Comme

$$f(x) + o(f(x)) \underset{x\to+\infty}{\sim} f(x) \quad et \quad \frac{e^{-x^2}}{2x} + o\left(\frac{e^{-x^2}}{x}\right) \underset{x\to+\infty}{\sim} \frac{e^{-x^2}}{2x}$$

(par définition des équivalents), par transitivité des équivalents, on obtient :

$$f(x) \underset{x\to+\infty}{\sim} \frac{e^{-x^2}}{2x}.$$

Commentaires 317 *Il s'agit d'un exercice classique et progressif. Les deux premières questions sont des applications du cours, probablement traitées en MPSI (pour la question 1) et en MP (pour la question 2) avec d'autres fonctions sous l'intégrale mais les raisonnements étant conservés. Si vous avez eu des difficultés importantes sur l'une de ces deux questions, n'hésitez pas à les retravailler (elles apparaissent dans de multiples exercices d'oraux).*
La question 3 est plus difficile et l'interrogateur proposera à la plupart des candidats une indication pour démarrer. Elle récompense les meilleurs candidats.

Exercice 318 (CCINP) **Thème : intégration, séries entières, séries de fonctions.**
Soit $a \in [0,1[$.

1. Démontrer la convergence de $\displaystyle\int_0^a \frac{x+\ln(1-x)}{x^2}dx.$
2. Prouver l'égalité
$$\int_0^a \frac{x+\ln(1-x)}{x^2}dx = -\sum_{n=1}^{+\infty} \frac{a^n}{n(n+1)}.$$
3. Démontrer la convergence de $\displaystyle\int_0^1 \frac{x+\ln(1-x)}{x^2}dx$ et donner sa valeur.

Solution 318

1. *La fonction*
$$f : x \mapsto \frac{x+\ln(1-x)}{x^2}$$
est continue sur $]0,1[$ *donc sur* $]0,a]$. *En outre, à l'aide du développement limité à l'ordre 2 de* $x \mapsto \ln(1+x)$ *en* 0, *on a :*
$$f(x) \underset{x\to0}{=} \frac{x + \left(-x + O\left(x^2\right)\right)}{x^2} \underset{x\to0}{=} O(1).$$
La fonction $x \mapsto 1$ *étant positive et intégrable sur* $[0,1]$, *on peut affirmer que la fonction* f *l'est aussi, ce qui assure la converge de l'intégrale* $\displaystyle\int_0^a f.$

2. *On conserve les notations introduites à la réponse de la question précédente. On utilise le développement en série entière de $x \mapsto \ln(1+x)$ puis on utilise un théorème de permutation série-intégrale.*

$$\forall t \in]-1,1[\,,\ \ln(1+t) = \sum_{n=1}^{+\infty} \frac{(-1)^{n-1} t^n}{n};\ \forall x \in]0,1[\,,\ -x \in]1,1[\ \Rightarrow$$

$$\ln(1-x) = \sum_{n=1}^{+\infty} \frac{(-1)^{n-1}(-x)^n}{n} = -\sum_{n=1}^{+\infty} \frac{x^n}{n} = -x - \sum_{n=2}^{+\infty} \frac{x^n}{n} \Rightarrow$$

$$f(x) = -\frac{1}{x^2}\sum_{n=2}^{+\infty} \frac{x^n}{n} = \sum_{n=2}^{+\infty} \frac{x^{n-2}}{n} \underset{n=k+2}{\overset{k=n-2}{=}} \sum_{k=0}^{+\infty} \frac{x^k}{k+2}.$$

Ainsi, la fonction f est développable en série entière avec un rayon de convergence $R \geqslant 1$. Comme le segment $[0,a]$ est inclus dans $]-1,1[$, on peut primitiver terme à terme la série donc :

$$\begin{aligned}\int_0^a f &= \sum_{k=0}^{+\infty} \int_0^a \frac{x^k}{k+2} dx = \sum_{k=0}^{+\infty} \frac{1}{k+2}\left[\frac{x^{k+1}}{k+1}\right]_{x=0}^{x=a} \\ &= \sum_{k=0}^{+\infty} \frac{a^{k+1}}{(k+1)(k+2)} \underset{n=k+1}{=} \sum_{n=1}^{+\infty} \frac{a^n}{n(n+1)}.\end{aligned}$$

3. *Pour chaque entier $n \geqslant 1$, on considère la fonction $f_n : a \mapsto \dfrac{a^n}{n(n+1)}$. Pour chaque $n \geqslant 1$, $\lim\limits_{a \to 1} f_n(a) = \dfrac{1}{n(n+1)}$ et la série*

$$\sum_{n \geqslant 1} \sup_{a \in [0,1]} |f_n(a)| = \sum_{n \geqslant 1} \frac{1}{n(n+1)} = \sum_{n \geqslant 1} \left(\frac{1}{n} - \frac{1}{n+1}\right)$$

converge (série télescopique associée à la suite $\left(\dfrac{1}{n}\right)_n$ qui converge). Autrement dit, la série $\sum\limits_n f_n$ converge normalement, donc uniformément, sur $[0,1]$. D'après le théorème de permutation série-limite, on peut dire que :

$$\lim_{a \to 1} \sum_{n=1}^{+\infty} f_n(a) = \sum_{n=1}^{+\infty} \lim_{x \to 1} f_n(a) = \sum_{n=1}^{+\infty} \left(\frac{1}{n} - \frac{1}{n+1}\right)$$

$$= \frac{1}{1} - \lim_{n \to +\infty} \frac{1}{n+1} = 1 \Leftrightarrow \lim_{q \to 1} \int_0^a \frac{x + \ln(1-x)}{x^2} dx = 1.$$

Ainsi, l'intégrale $\displaystyle\int_0^1 \frac{x + \ln(1-x)}{x^2} dx$ converge et vaut 1.

Commentaires 318 *Exercice ayant une bonne progressivité et couvrant plusieurs chapitres connexes d'analyse. Il s'agit d'un bon sujet de révision d'oral. Aucune question ne présente de difficulté particulière et l'interrogateur valorisera la précision et à la rigueur des théorèmes énoncés et utilisés. Si le candidat bloque sur une question car il ne voit pas de stratégie, l'interrogateur lui fournira une indication adéquate mais il attendre alors une bonne réactivité sur le cours correspondant et l'énoncé précis des théorèmes.*

Exercice 319 (CCINP) **Thème : intégrale à paramètre, séries entières.**

Soient $f : x \mapsto \displaystyle\int_0^{\pi/2} \cos(x\sin(t))\,dt$ et $(E) : xy'' + y' + xy = 0$.

1. Montrer que f est de classe C^2 sur $\mathbb{R}$.
2. Prouver que f vérifie l'équation différentielle (E).
3. Déterminer les solutions développables en série entière de (E).
4. En déduire le développement en série entière de f.

Solution 319

1. *On considère la fonction*

$$g : \begin{cases} \mathbb{R} \times \left[0, \dfrac{\pi}{2}\right] & \to & \mathbb{R} \\ (x,t) & \mapsto & \cos(x\sin(t)) \end{cases}.$$

Pour chaque $t \in \left[0, \dfrac{\pi}{2}\right]$, *la fonction* $x \mapsto g(x,t)$ *est de classe* C^2 *sur* $\mathbb{R}$. *Pour chaque* $x \in \mathbb{R}$, *les fonctions*

$$\begin{array}{rcl} t & \mapsto & g(x,t),\ t \mapsto \dfrac{\partial g}{\partial x}(x,t) = -\sin(t)\sin(x\sin(t)), \\ t & \mapsto & \dfrac{\partial^2 g}{\partial x^2}(x,t) = -(\sin(t))^2\cos(-x\sin(t)) \end{array}$$

sont continues sur $\left[0, \dfrac{\pi}{2}\right]$ *et y sont intégrables (puisque continues sur ce segment). En outre, on dispose de la domination suivante :*

$$\forall (x,t) \in \mathbb{R} \times \left[0, \frac{\pi}{2}\right], \left|\frac{\partial^2 g}{\partial x^2}(x,t)\right| \leqslant 1 = \varphi(t)$$

La fonction φ *est intégrable sur* $\left[0, \dfrac{\pi}{2}\right]$ *(elle est constante sur ce segment) donc, d'après le théorème de dérivation sous les intégrales à paramètre, on peut affirmer que la fonction*

$$x \mapsto \int_0^{\pi/2} g(x,t)\,dt = f(x)$$

est de classe C^2 *sur* $\mathbb{R}$.

2. Pour tout réel x, on a :

$$\begin{aligned} f(x) &= \int_0^{\pi/2} \cos(x\sin(t))\,dt,\ f'(x) = -\int_0^{\pi/2} \sin(t)\sin(x\sin(t))\,dt \\ f''(x) &= -\int_0^{\pi/2} (\sin(t))^2 \cos(-x\sin(t))\,dt. \end{aligned}$$

On en déduit que

$$\begin{aligned} xf''(x)+f'(x)+xf(x)) &= \int_0^{\pi/2} x\left(1-(\sin(t))^2\right)\cos(-x\sin(t)) - \sin(t)\sin(x\sin(t))\,dt \\ &= \int_0^{\pi/2} x(\cos(t))^2\cos(-x\sin(t)) - \sin(t)\sin(x\sin(t))\,dt \\ &= \int_0^{\pi/2} \frac{d}{dt}(\cos(t)\sin(x\sin(t)))\,dt \\ &= [\cos(t)\sin(x\sin(t))]_{t=0}^{t=\pi/2} = 0. \end{aligned}$$

3. On procède par analyse-synthèse.

Analyse. *Supposons qu'il existe une série entière $\sum_{n\geqslant 0} a_n x^n$ de rayon de convergence $R > 0$ telle que*

$$y : x \in \left]-R, R\right[, \mapsto \sum_{n=0}^{+\infty} a_n x^n$$

soit solution de (E) sur $\left]-R,R\right[$. Comme y est somme d'une série entière, on peut la dériver terme à terme à l'intérieur de l'intervalle ouvert de convergence $\left]-R,R\right[$. Ainsi, pour tout $x \in \left]-R,R\right[$, on a les égalités :

$$\begin{aligned} xy(x) &= \sum_{n=0}^{+\infty} a_n x^{n+1},\ y'(x) = \sum_{n=0}^{+\infty} n a_n x^{n-1}, \\ xy''(x) &= \sum_{n=0}^{+\infty} n(n-1) a_n x^{n-1} = \sum_{n=0}^{+\infty} \left(n^2-n\right) a_n x^{n-1} \end{aligned}$$

d'où l'équivalence :

$$xy''(x) + y'(x) + xy(x) = 0 \Leftrightarrow \sum_{n=0}^{+\infty} \underbrace{n^2 a_n}_{=0 \ si\ n=0} x^{n-1} + \sum_{n=0}^{+\infty} a_n x^{n+1} = 0.$$

En posant le changement de variable $j = n-1$ dans la première somme et $k = n+1$ dans la seconde, on obtient les égalités :

$$\sum_{j=0}^{+\infty} (j+1)^2 a_{j+1} x^j + \sum_{k=1}^{+\infty} a_{k-1} x^k = 0 \Leftrightarrow a_1 + \sum_{j=1}^{+\infty} \left((j+1)^2 a_{j+1} + a_{j-1}\right) x^j = 0.$$

Par unicité du développement en série entière, on en déduit les égalités suivantes :

$$\left\{\begin{array}{l} a_1 = 0 \\ \forall j \in \mathbb{N}^*, \quad (j+1)^2 a_{j+1} + a_{j-1} = 0 \end{array}\right. \Leftrightarrow \left\{\begin{array}{l} a_1 = 0 \\ \forall j \in \mathbb{N}^*, \quad a_{j+1} = -\dfrac{a_{j-1}}{(j+1)^2} \end{array}\right. .$$

Une récurrence immédiate montre que $a_{2k+1} = 0$ pour tout entier k et, en posant pour tout entier k, $u_k = a_{2k}$, on obtient la relation de récurrence suivante :

$$\forall k \in \mathbb{N},\ u_{k+1} = a_{2k+2} = -\frac{a_{2k}}{(2k+2)^2} = -\frac{u_k}{(2k+2)^2}.$$

En itérant cette relation de récurrence, pour tout $k \geqslant 1$, on obtient les formules :

$$\begin{aligned} a_{2k} &= u_k = -\frac{u_{k-1}}{(2k)^2} = (-1)^2 \frac{u_{k-2}}{(2k)^2 (2k-2)^2} = (-1)^3 \frac{u_{k-3}}{(2k)^2 (2k-2)^2 (2k-4)^2} \\ &= \cdots = (-1)^k \frac{u_0}{(2k)^2 (2k-2)^2 (2k-4)^2 \cdots 2^2} \\ &= \frac{(-1)^k a_0}{\underbrace{(2 \times \cdots \times 2)}_{k \text{ fois}}{}^2 (k(k-1)(k-2)\cdots 2)^2} = \frac{(-1)^k a_0}{(2^n)^2 (k!)^2} = \frac{(-1)^k a_0}{4^k (k!)^2}. \end{aligned}$$

Cette formule est manifestement vérifiée pour $k = 0$ donc :

$$y : x \mapsto a_0 \sum_{k=0}^{+\infty} \frac{(-1)^k x^{2k}}{4^k (k!)^2} = a_0 \varphi(x).$$

Synthèse. *Pour tout réel x, on a :*

$$\lim_{k \to +\infty} \frac{(-1)^k x^{2k}}{4^k (k!)^2} = \lim_{k \to +\infty} (-1)^k \left(\frac{\left(\frac{x}{2}\right)^k}{k!} \right)^2 = 0$$

(d'après les croissances comparées entre les suites géométriques et la suite factorielle) donc, d'après le lemme d'Abel, la série $\sum_{k \geqslant 0} \dfrac{(-1)^k x^{2k}}{4^k (k!)^2}$ possède un rayon de convergence $R = +\infty > 0$. Ainsi, toute solution de (E) développable en série entière est proportionnelle à la fonction φ (qui est définie sur $\mathbb{R}$).

4. La fonction f est solution de (E). Montrons qu'elle est développable en série entière. On développe l'intégrande en série entière par rapport à x (en utilisant la question précédente) puis on utilise un théorème de permutation série-intégrale. Soit $x \in \mathbb{R}$,, en utilisant le développement en série entière de la fonction cos *(dont le rayon de convergence est infini), on a les égalités suivantes :*

$$\forall t \in \left[0, \frac{\pi}{2}\right], \cos(x \sin(t)) = \sum_{n=0}^{+\infty} \frac{(-1)^n (x \sin(t))^{2n}}{(2n)!} \Rightarrow$$

$$f(x) = \int_0^{\pi/2} \sum_{n=0}^{+\infty} \frac{(-1)^n (x \sin(t))^{2n}}{(2n)!} dt.$$

Pour tout entier n, on considère la fonction

$$f_n : t \mapsto \frac{(-1)^n (x\sin(t))^{2n}}{(2n)!}$$

qui est continue sur $\left[0, \frac{\pi}{2}\right]$. *En outre, pour tout entier n, on a :*

$$\forall t \in \left[0, \frac{\pi}{2}\right], |f_n(t)| = \frac{x^{2n}(\sin(t))^{2n}}{(2n)!} \leqslant \frac{x^{2n}}{(2n)!} \Rightarrow \sup_{[0,\pi/2]} |f_n| \leqslant \frac{x^{2n}}{(2n)!}.$$

La série $\sum_{n\geqslant 0} \frac{x^{2n}}{(2n)!}$ *converge (par le critère de D'Alembert ou par la série entière de la fonction* ch *qui a un rayon de convergence infini) donc la série* $\sum_n \sup_{[0,\pi/2]} |f_n|$ *converge. Autrement dit, la série* $\sum_n f_n$ *converge normalement, donc uniformément, sur le segment* $\left[0, \frac{\pi}{2}\right]$. *D'après le théorème de permutation série-intégrale, on obtient :*

$$f(x) = \sum_{n=0}^{+\infty} \int_0^{\pi/2} f_n(t)\,dt = \sum_{n=0}^{+\infty} \int_0^{\pi/2} f_n(t)\,dt = \sum_{n=0}^{+\infty} a_n x^{2n}$$

avec

$$a_n = \frac{(-1)^n}{(2n)!} \int_0^{\pi/2} (\sin(t))^{2n}\,dt$$

pour tout entier n. Autrement dit, la fonction f est développable en série entière de rayon de convergence $+\infty$ *et comme elle est solution de* (E), *la question précédente montre qu'il existe un réel a tel que :*

$$f : x \mapsto a\sum_{n=0}^{+\infty} \frac{(-1)^n}{4^n (n!)^2} x^{2n} = a\varphi(x)$$

Comme

$$f(0) = \int_0^{\pi/2} dt = \frac{\pi}{2} \text{ et } \varphi(0) = 1,$$

on en déduit que $a = \frac{\pi}{2}$ *donc :*

$$\forall x \in \mathbb{R},\ f(x) = \frac{\pi}{2} \sum_{n=0}^{+\infty} \frac{(-1)^n}{4^n (n!)^2} x^{2n}.$$

Commentaires 319 *Exercice classique (qui ne signifie pas facile) sans progressivité mais traitant de questions travaillées au sein du cours de MP.*
Pour toutes les questions sauf la troisième, l'interrogateur valorisera la précision et à la rigueur des théorèmes énoncés et utilisés ainsi que la dextérité des calculs (pour les dominations ou pour la gestion de l'équation différentielle). Si le candidat bloque sur une question car il ne voit pas de stratégie, l'interrogateur lui fournira une indication adéquate

mais il attendre alors une bonne réactivité sur le cours correspondant et l'énoncé précis des théorèmes.
La troisième question est un peu astucieuse et demande du recul sur ses calculs.

Exercice 320 (CCINP) **Thème : polynômes, déterminants.**

1. Soit $P = X^n - X + 1$. Montrer que P admet n racines distinctes $z_1, ..., z_n$ dans $\mathbb{C}$.
2. Soit
$$A = \begin{pmatrix} 1+z_1 & 1 & \cdots & 1 \\ 1 & \ddots & \ddots & \vdots \\ \vdots & \ddots & \ddots & 1 \\ 1 & \cdots & 1 & 1+z_n \end{pmatrix}.$$
Montrer que $\det A = 2(-1)^n$.

Solution 320

1. *Supposons que P admet une racine double z dans $\mathbb{C}$ alors :*

$$\left\{ \begin{array}{l} P(z) = 0 \\ P'(z) = 0 \end{array} \right. \Leftrightarrow \left\{ \begin{array}{l} z^n - z + 1 = 0 \\ nz^{n-1} - 1 = 0 \end{array} \right. \Leftrightarrow \left\{ \begin{array}{c} z^{n-1} = \dfrac{1}{n} \\ 1 = z - z \times z^{n-1} \end{array} \right.$$
$$\Leftrightarrow \left\{ \begin{array}{l} z^{n-1} = \dfrac{1}{n} \\ z - \dfrac{z}{n} = 1 \end{array} \right. \Leftrightarrow \left\{ \begin{array}{l} z^{n-1} = \dfrac{1}{n} \\ z = \dfrac{n^n}{n-1} \end{array} \right.$$

La seconde équation entraine que z est réel et que $z > 1$ donc $z^{n-1} > 1$, ce qui contrevient manifestement à la première équation. Ainsi, P n'admet aucune racine double dans $\mathbb{C}$ donc P est à racines simples dans $\mathbb{C}$. En outre, d'après le théorème de D'Alembert-Gauss, P est scindé dans $\mathbb{C}[X]$ et comme il est de degré n, il psosède exactement n racines distinctes dans $\mathbb{C}$.

2. *En utilisant les opérations élémentaires $C_i \leftarrow C_i - C_n$ pour tout $i \in \{1, ..., n-1\}$ puis en développant selon la première colonne, on obtient la formule :*

$$\det(A) = \begin{vmatrix} z_1 & 0 & \cdots & 0 & 1 \\ 0 & \ddots & \ddots & \vdots & \vdots \\ \vdots & \ddots & \ddots & 0 & 1 \\ 0 & \cdots & 0 & z_{n-1} & 1 \\ -z_n & \cdots & -z_n & -z_n & 1+z_n \end{vmatrix}.$$

Comme 0 n'est pas racine de P, on peut affirmer que $z_1, ..., z_{n-1}$ sont non nuls. On peut alors effectuer l'opération

$$C_n \leftarrow C_n - \sum_{i=1}^{n-1} \frac{1}{z_i} C_i$$

pour éliminer tous les coefficients de la dernière colonne, ce qui nous donne :

$$\det(A) = \begin{vmatrix} z_1 & 0 & \cdots & 0 & 0 \\ 0 & \ddots & \ddots & \vdots & \vdots \\ \vdots & \ddots & \ddots & 0 & 0 \\ 0 & \cdots & 0 & z_{n-1} & 0 \\ -z_n & \cdots & -z_n & -z_n & d_n \end{vmatrix} \quad \textit{avec } d_n = 1 + z_n + \sum_{i=1}^{n-1} \frac{z_n}{z_i}$$

Il s'agit d'un déterminant diagonal donc on peut écrire :

$$\begin{aligned} \det(A) &= z_1 \cdots z_{n-1} d_n = z_1 \cdots z_{n-1} + z_1 \cdots z_n + \sum_{i=1}^{n-1} \prod_{j \in \{1,..,n\} \setminus \{i\}} z_j \\ &= \prod_{j=1}^{n} z_j + \sum_{i=1}^{n} \prod_{j \in \{1,..,n\} \setminus \{i\}} z_j = (-1)^n + (-1)^n = 2(-1)^n . \end{aligned}$$

En effet, d'après les relations coefficients racines, on a :

$$\prod_{j=1}^{n} z_i = (-1)^n \frac{a_0}{a_n}, \quad \sum_{i=1}^{n} \prod_{j \in \{1,..,n\} \setminus \{i\}} z_j = (-1)^{n-1} \frac{a_1}{a_n}$$

où a_k désigne le coefficient de X^k dans P. En particulier, $a_n = 1$, $a_1 = -1$ et $a_0 = 1$.

Commentaires 320 *Exercice original n'abordant que des notions de MPSI.*
La première question est une application directe du cours (notion de racine simple et racine n^e de l'unité) et ne pose pas de difficulté particulière.
La deuxième question sera très discriminante. Elle demande à la fois une maitrise significative du calcul de déterminants en grande taille mais aussi une connaissance des relations coefficients-racines (parfois oubliées par les candidats) et un peu de recul sur les calculs. De tels candidats seront fortement valorisés (même s'ils commettent différentes erreurs de calculs non cruciales).

Exercice 321 (CCINP) **Thème : séries entières, équations différentielles.**
Les questions suivantes doivent être traitées de manières indépendantes.

1. Trouver les solutions développables en série entière au voisinage de 0 vérifiant :

$$xy' + 2y = \frac{1}{1+x}.$$

2. Résoudre l'équation :

$$xy' + 2y = \frac{1}{1+x}$$

sur $]0, +\infty[$. Trouver la solution admettant une limite finie en 0^+.

Solution 321

1. *On note*

$$(\mathcal{E}) : xy' + 2y = \frac{1}{1+x}.$$

On procède par analyse-synthèse. Supposons qu'il existe une série entière $\sum_n a_n x^n$ *de rayon de convergence* $R > 0$ *telle que*

$$\varphi : x \mapsto \sum_{n=0}^{+\infty} a_n x^n$$

soit solution de $(\mathcal{E})$. *La fonction* φ *étant la somme d'une série entière, on peut la dériver terme à terme dans l'intervalle ouvert de convergence* $]-R, R[$. *Ainsi, pour tout*

$$x \in]-R, R[\cap]-1, 1[$$

(pour que $\frac{1}{1+x}$ *puisse existe), en utilisant le développement en série entière de* $x \mapsto \frac{1}{1+x}$, *on obtient les équivalences suivantes :*

$$xy'(x) + 2y(x) = \frac{1}{1+x} \Leftrightarrow x \sum_{n=0}^{+\infty} n a_n x^{n-1} + 2 \sum_{n=0}^{+\infty} a_n x^n = \sum_{n=0}^{+\infty} (-1)^n x^n$$

$$\Leftrightarrow \sum_{n=0}^{+\infty} (n+2) a_n x^n = \sum_{n=0}^{+\infty} (-1)^n x^n \Leftrightarrow \forall n \in \mathbb{N},\ (n+2) a_n = (-1)^n$$

$$\underset{\div(n+2)\neq 0}{\Leftrightarrow} \forall n \in \mathbb{N},\ a_n = \frac{(-1)^n}{n+2} \Rightarrow \varphi : x \mapsto \sum_{n=0}^{+\infty} \frac{(-1)^n}{n+2} x^n.$$

Vérifions que la série entière obtenue possède bien un rayon de convergence non nul en utilisant le critère de D'Alembert. Pour tout réel $x \neq 0$, *on pose* $u_n = \frac{(-1)^n}{n+2} x^n$ *alors on a :*

$$\left| \frac{u_{n+1}}{u_n} \right| = \frac{n+2}{n+3} |x| \underset{n \to +\infty}{\longrightarrow} |x|$$

donc la série $\sum_n u_n$ *converge si* $|x| < 1$ *et diverge grossièrement si* $|x| > 1$. *Ainsi, la série entière considérée est de rayon de convergence* $R = 1 > 0$ *et*

$$\varphi : x \in]-1, 1[\mapsto \sum_{n=0}^{+\infty} \frac{(-1)^n}{n+2} x^n$$

est l'unique solution de (E) *qui soit développable en série entière au voisinage de* 0.

2. *Sur* $]0, +\infty[$, *l'équation homogène associée est :*

$$xy' + 2y = 0 \underset{\div x \neq 0}{\Leftrightarrow} y' + \frac{2}{x} y = 0.$$

Comme $x \mapsto 2\ln(x)$ *est une primitive de* $x \mapsto \frac{2}{x}$ *sur* $]0, +\infty[$, *on en déduit que les solutions de l'équation homogène sont les fonctions*

$$y_H : x \mapsto C \exp(-2\ln(x)) = \frac{C}{x^2}.$$

Déterminons une solution particulière sur $]0,+\infty[$ *(la fonction* φ *obtenue à la question précédente n'est définie que sur* $]-1,1[$*) en utilisant la méthode de variation de la constante. Cherchons une solution particulière sous la forme*

$$y_P : x \mapsto C(x)\, y_0(x) \ \text{ avec } y_0 : x \mapsto \frac{1}{x^2}.$$

Pour tout $x \in]0,+\infty[$, *on a :*

$$\begin{aligned} & xy_P'(x) + 2y_P(x) = \frac{1}{1+x} \\ \Leftrightarrow\ & xC'(x)\, y_0(x) + xC(x)\, y_0'(x) + 2C(x)\, y_0(x) = \frac{1}{1+x} \\ \Leftrightarrow\ & xC'(x)\, y_0(x) + C(x) \underbrace{[xy_0'(x) + 2y_0(x)]}_{=0 \text{ car } y_0 \text{ solution de } (E_0)} = \frac{1}{1+x} \\ \Leftrightarrow\ & xC'(x)\frac{1}{x^2} = \frac{1}{1+x} \Leftrightarrow C'(x) = \frac{x}{1+x} = 1 - \frac{1}{1+x}. \end{aligned}$$

La fonction

$$C : x \mapsto x - \ln(1+x)$$

convient donc

$$y_P : x \mapsto (x - \ln(1+x))\frac{1}{x^2} = \frac{x - \ln(1+x)}{x^2}$$

est une solution particulière de (E) *sur* $]0,+\infty[$. *Par conséquent, les solutions de l'équation* (E) *sur* $]0,+\infty[$ *sont les fonctions :*

$$y : x \mapsto \frac{C}{x^2} + \frac{x - \ln(1+x)}{x^2} = \frac{C + x - \ln(1+x)}{x^2}.$$

Le numérateur de cette fonction tend vers C *quand* $x \to 0$ *et son dénominateur vers* 0 *donc, pour que cette fonction possède une limite finie en* 0, *il est impératif de* $C = 0$ *(sinon, la fonction tend vers* $+\infty$ *ou* $-\infty$ *en* 0^+ *selon le signe de* C*). Ainsi, la seule solution possible est la fonction :*

$$\psi : x \mapsto \frac{x - \ln(1+x)}{x^2}.$$

En utilisant le développement limité de $x \mapsto \ln(1+x)$ *en* 0, *on a :*

$$\psi(x) \underset{x\to 0}{=} \frac{x - \left(x - \frac{x^2}{2} + o(x^2)\right)}{x^2} \underset{x\to 0}{=} \frac{\frac{x^2}{2} + o(x^2)}{x^2} \underset{x\to 0}{=} \frac{1}{2} + o(1) \underset{x\to 0}{\to} \frac{1}{2}$$

donc ψ *est l'unique solution de* (E) *sur* $]0,+\infty[$ *possédant une limite finie en* 0^+.

Commentaires 321 *La première question est un grand classique de MP (résolution d'équations différentielles linéaires via les séries entières) tandis que le début de la question 2 (résolution de l'équation du premier ordre) est un classique de la MPSI. Ces deux questions sont sans difficulté particulière et récompensent les candidats ayant appris les fondamentaux de chapitres.*
Question 2. La résolution de l'équation différentielle est un classique de MPSI. L'obtention de la fonction ayant une limite en 0^+ *sera beaucoup plus discriminante car les candidats ont généralement du mal avec ce type de question. On peut y répondre instantanément*

via la première question puisqu'une fonction développable en série entière admet forcément une limite en 0 ... mais l'énoncé exige que le traitement des deux questions soit indépendant :-).

Exercice 322 (CCINP) **Thème : variables aléatoires, séries numériques.**
On lance une pièce qui donne pile avec une probabilité $p \in]0,1[$ jusqu'à l'obtention de deux face (pas forcément consécutifs). On note n le nombre d'occurrences de pile avant d'obtenir deux faces et X la variable aléatoire associée. On place ensuite dans une urne $n+1$ boules numérotées de 0 à n. On tire une boule dans cette urne et on note Y la variable aléatoire associée à son numéro.

1. Donner la loi de X. Donner l'espérance de X. Donner la loi de Y et son espérance. X et Y sont elles indépendantes ?
2. Soit Z une variable aléatoire suivant une loi de Poisson de paramètre $\lambda \in \mathbb{R}_+^*$.
   (a) Montrer que pour $n \in \mathbb{N}$ assez grand, $\mathbb{P}(Z \geqslant n) \leqslant \mathbb{P}(Z = n) \times \dfrac{n+1}{n+1-\lambda}$.
   (b) En deduire que $\mathbb{P}(Z \geqslant n) \underset{+\infty}{\sim} \mathbb{P}(Z = n)$.
   (c) Montrer que $\mathbb{P}(Z > n) \underset{+\infty}{=} o(\mathbb{P}(Z \geqslant n))$.

Solution 322

1. ***Loi de** X. Avant d'obtenir deux faces, on peut avoir obtenu un nombre quelconque (éventuellement nul) de piles donc $X(\Omega) = \mathbb{N}$. Pour tout entier $k \geqslant 1$, on considère les événements*

$$P_k : \text{«obtenir pile au } k^e \text{ lancer »}.$$

L'événement $(X = n)$ s'obtient en obtenant n piles et deux faces dont le second s'obtient au dernier lancer c'est-à-dire au $(n+2)^e$ lancer ainsi on peut écrire :

$$\begin{aligned}(X = n) \quad = \quad & P_1 \cap \overline{P_2} \cap \cdots \cap \overline{P_{n+1}} \cap P_{n+2} \\ & \cup \left(\overline{P_1} \cap P_2 \cap \overline{P_3} \cap \cdots \cap \overline{P_{n+1}} \cap P_{n+2}\right) \\ & \cup \left(\overline{P_1} \cap \overline{P_2} \cap P_3 \cap \overline{P_4} \cap \cdots \cap \overline{P_{n+1}} \cap \overline{P_{n+2}}\right) \\ & \cdots \cup \left(\overline{P_1} \cap \cdots \cap \overline{P_n} \cap P_{n+1} \cap P_{n+2}\right).\end{aligned}$$

Ces unions étant disjointes et les évènements $(P_i)_{i \in \mathbb{N}^*}$ étant mutuellement indépendants, en notant $q = 1 - p$, on en déduit la formule :

$$P(X = n) = \underbrace{p^2q^n + p^2q^n \cdots + p^2q^n}_{n+1 \text{ fois (non de positions du 1er pile}} = (n+1)\,p^2q^n.$$

***Espérance de** X. La série*

$$\sum_{n \geqslant 0} |nP(X = n)| = p^2 \sum_{n \geqslant 0} n(n+1)\,q^n \underset{j=n+1}{=} p^2 q \sum_{j \geqslant 1} j(j-1)\,q^{j-2}$$

converge (série dérivée seconde de la série entière $\sum_n x^n$ qui a un rayon de convergence

1 *et* $|q| < 1$) *donc* X *admet une espérance et on a l'égalité :*

$$\begin{aligned} E(X) &= p^2 q \sum_{j=1}^{+\infty} j(j-1) q^{n-2} = p^2 q \left(\sum_{n=0}^{+\infty} x^n \right)''_{|x=q} = p^2 q \left(\frac{1}{1-x} \right)''_{|x=q} \\ &= p^2 q \frac{2}{(1-q)^3} = \frac{2p^2 q}{p^3} = \frac{2q}{p}. \end{aligned}$$

Loi et espérance de Y. *On peut obtenir tout numéro parmi les entiers (si* $n \in \mathbb{N}$, *il suffit d'obtenir* n *piles puis 2 faces puis de piocher la boule numéro* n) *donc* $Y(\Omega) = \mathbb{N}$. *La famille* $(X = n)_{n \in \mathbb{N}}$ *forme un système quasi-complet d'événements car ces événements sont deux à deux disjoints et on peut écrire :*

$$\begin{aligned} \sum_{n=0}^{+\infty} P(X = n) \underset{j=n+1}{=} p^2 \sum_{n=0}^{+\infty} j q^{j-1} = p^2 \left(\sum_{n=0}^{+\infty} x^n \right)'_{|x=q} = p^2 \left(\frac{1}{1-x} \right)'_{|x=q} \\ = p^2 \frac{1}{(1-q)^2} = \frac{p^2}{p^2} = 1. \end{aligned}$$

En utilisant la formule des probabilités totales avec ce système quasi-complet d'événements, pour tout entier k, *on a l'égalité :*

$$P(Y = k) = \sum_{n=0}^{+\infty} P((X = n) \cap (Y = k)).$$

L'événement $(X = n) \cap (Y = k)$ *est impossible si* $k > n$ *(on peut obtenir un numéro strictement supérieur au plus grand numéro dans l'urne c'est-à-dire au nombre de piles obtenus) donc sa probabilité est nulle, ce qui nous donne :*

$$\begin{aligned} P(Y = k) &= \sum_{k=0}^{n} P((X = n) \cap (Y = k)) = \sum_{k=0}^{n} P(X = n) P_{(X=n)}(Y = k) \\ &= \sum_{k=0}^{n} (n+1) p^2 q^n \times \frac{1}{n+1} = \sum_{k=0}^{n} p^2 q^n = p^2 q^n \sum_{k=0}^{n} 1 = (n+1) p^2 q^n. \end{aligned}$$

Soit $k \in \{0, .., n\}$. *La probabilité* $P_{(X=n)}(Y = k)$ *correspond à la probabilité de piocher la boule numéro* k *dans une urne contenant* $n + 1$ *boules dont une seule porte le numéro* k *donc*

$$P_{(X=n)}(Y = k) = \frac{1}{n+1}.$$

On en déduit que :

$$P(Y = k) = \sum_{k=0}^{n} (n+1) p^2 q^n \times \frac{1}{n+1} = \sum_{k=0}^{n} \underbrace{p^2 q^n}_{\textit{indépendant de } k} = (n+1) p^2 q^n.$$

Autrement dit, Y *suit la loi de* X *donc*

$$E(Y) = E(X) = \frac{2q}{p}.$$

Les variables X et Y ne sont pas indépendantes car l'événement $(X=0)\cap(Y=1)$ *est impossible donc :*

$$P((X=0)\cap(Y=1))=0\neq P(X=0)\,P(Y=1)$$

car $P(X=0)$ *et* $P(Y=1)$ *sont deux nombres non nuls.*

2. (a) *Pour tout entier naturel* n, *on a* $P(Z=n)=\dfrac{e^{-\lambda}\lambda^n}{n!}$ *donc on a :*

$$\begin{aligned}
P(Z\geqslant n) &= \sum_{k=n}^{+\infty}P(X=k)=\sum_{k=n}^{+\infty}\frac{e^{-\lambda}\lambda^k}{k!}\underset{k=j+n}{\overset{j=k-n}{=}}\sum_{j=0}^{+\infty}\frac{e^{\lambda}\lambda^{j+n}}{(j+n)!}\\
&= \sum_{j=0}^{+\infty}\frac{e^{-\lambda}\lambda^n\lambda^j}{n!\,(n+1)\cdots(n+j)}\leqslant\sum_{j=0}^{+\infty}\frac{e^{-\lambda}\lambda^n\lambda^j}{n!\,(n+1)\cdots(n+1)}\\
&= \frac{e^{-\lambda}\lambda^n}{n!}\sum_{j=0}^{+\infty}\left(\frac{\lambda}{n+1}\right)^j=P(Z=n)\times\frac{1}{1-\dfrac{\lambda}{n+1}}\\
&= P(Z=n)\times\frac{n+1}{n+1-\lambda}.
\end{aligned}$$

Cette majoration étant vérifiée dès que

$$\left|\frac{\lambda}{n+1}\right|<1\Leftrightarrow n+1>\lambda$$

(pour que la série géométrique puisse converger) donc pour n *assez grand.*

(b) *On dispose de la majoration suivante (valable pour* n *assez grand) :*

$$P(Z=n)\leqslant\sum_{k=n}^{+\infty}\underbrace{P(Z=k)}_{\geqslant 0}=P(Z\geqslant n)\underset{q.2.a}{\leqslant}P(Z=n)\times\frac{n+1}{n+1-\lambda}.$$

pour n *assez grand. En divisant cet encadrement par* $P(Z=n)>0$ *et comme* $\lim\limits_{n\to+\infty}\dfrac{n+1}{n+1-\lambda}=1$, *le théorème d'encadrement montre que :*

$$\lim_{n\to+\infty}\frac{P(Z\geqslant n)}{P(Z=n)}=1\Leftrightarrow P(Z\geqslant n)\underset{n\to+\infty}{\sim}P(Z=n).$$

(c) *D'après la question précédente et par définition des équivalents (via les* $o()$*), on a :*

$$P(Z\geqslant n)\underset{n\to+\infty}{=}P(Z=n)+o(P(Z=n)).$$

Or, comme on a :

$$P(Z\geqslant n)=P(Z=n)+P(Z\geqslant n+1)=P(Z=n)+P(Z>n)$$

(car Z *est à valeurs entières), on obtient les formules :*

$$\begin{aligned}
& P(Z=n)+P(Z>n)\underset{n\to+\infty}{=}P(Z=n)+o(P(Z=n))\\
\Leftrightarrow\ & P(Z>n)\underset{n\to+\infty}{=}o(P(Z=n))\underset{n\to+\infty}{=}o(P(Z\geqslant n))
\end{aligned}$$

car $P(Z=n)\underset{n\to+\infty}{\sim}P(Z\geqslant n)$.

Commentaires 322 *Question 1 : La loi de X est relativement classique et si elle vous a posée difficulté, n'hésitez pas à retravailler ce type d'exercice (où l'on décrit l'évènement à l'aide d'évènements élémentaires). Une part non négligeable de candidats comprend mal la définition de X (par exemple, il compte le nombre de lancers pour obtenir le deuxième face). Ceci impacte le résultat final mais pas le raisonnement, elle sera rectifiée durant la phase d'interaction à la demande de l'interrogateur.*
Pour Y, le point clé est de penser qu'il est indispensable de préciser la composition de l'urne pour faire les calculs c'est-à-dire le nombre de lancers nécessaires pour obtenir les deux faces. Autrement dit, il faut conditionner par la variable X et utiliser la formule des probabilités totales ou déterminer la loi conjointe du couple (X, Y) pour obtenir la loi de Y.
L'étude des espérances et de l'indépendance des variables sont standards et doivent être maitrisés car ils interviennent dans de nombreux sujets d'oraux de ce concours (tant dans la base publique que dans l'exercice libre).
Question 2 : La variable de Poisson n'est qu'un prétexte pour étudier l'asymptotique du reste partielle des séries exponentielles.

Exercice 323 (CCINP) **Thème : fonctions d'une variable réelle, intégration, équations différentielles.**

1. Soient $u, v : [a, b] \to \mathbb{R}_+$ continues. On suppose qu'il existe C une constante positive telle que :
$$\forall t \in [a, b],\ u(t) \leqslant C + \int_a^t u(s)v(s)\,ds.$$
On veut montrer que :
$$\forall t \in [a, b],\ u(t) \leqslant C \exp\left(\int_a^t v(s)\,ds\right).$$
   (a) On suppose $C > 0$. On pose
$$f(t) = \frac{1}{C}\left(C + \int_a^t u(s)v(s)\,ds\right)\exp\left(-\int_a^t v(s)\,ds\right).$$
   Calculer $f(a)$, puis montrer que f est décroissante. Conclure.

   (b) Montrer que le résultat est encore vrai pour $C = 0$.

2. On munit $\mathfrak{M}_{n,1}(\mathbb{R})$ de sa norme euclidienne canonique $\|\|$ et $\mathfrak{M}_n(\mathbb{R})$ de sa norme euclidienne canonique N. On admet que :
$$\forall (A, x) \in \mathfrak{M}_n(\mathbb{R}) \times \mathfrak{M}_{n,1}(\mathbb{R}),\ \|Ax\| \leqslant N(A)\,\|x\|.$$
Soit $A : \mathbb{R}_+ \to \mathcal{M}_n(\mathbb{R})$ une fonction continue. Soit $x : \mathbb{R}_+ \to \mathfrak{M}_{n,1}(\mathbb{R})$ une solution de l'équation différentielle
$$(E) : x'(t) = A(t)x(t).$$

On suppose que $\int_0^{+\infty} N(A(s))\,ds$ existe.

(a) Pour tout $t \in \mathbb{R}_+$, on pose
$$g(t) = \|x(t)\|^2.$$
Montrer que
$$\forall t \in \mathbb{R}_+,\ g'(t) \leqslant 2g(t)N(A(t)).$$

(b) En déduire que les solutions de l'équation différentielle (E) sont bornées.

Solution 323

1. (a) Il est immédiat que $f(a) = \frac{C}{C} = 1$. *La fonction* uv *étant continue sur* $[a,b]$, *la fonction* $t \mapsto \int_a^t uv$ *est dérivable sur* $[a,b]$ *(comme primitive de* uv*) et sa dérivée est* uv. *De même, la fonction* $t \mapsto \int_a^t v$ *est dérivable sur* $[a,b]$ *(comme primitive de* v*) donc la fonction* f *est dérivable sur* $[a,b]$. *En outre, pour tout* $x \in [a,b]$, *on a :*

$$\begin{aligned} Cf'(t) &= u(t)v(t)\exp\left(-\int_a^t v(s)\,ds\right) \\ &\quad + \left(C + \int_a^t u(s)v(s)\,ds\right)(-v(t))\exp\left(-\int_a^t v(s)\,ds\right) \\ &= \underbrace{\underbrace{v(t)}_{\geqslant 0}\exp\left(-\int_a^t v(s)\,ds\right)}_{\geqslant 0}\underbrace{\left[u(t) - C - \int_a^t u(s)v(s)\,ds\right]}_{\leqslant 0} \leqslant 0 \end{aligned}$$

donc f *est décroissante sur* $[a,b]$. *Par conséquent, pour tout* $t \in [a,b]$, *on a :*

$$f(t) \leqslant f(a) = 1 \Leftrightarrow \frac{1}{C}\left(C + \int_a^t u(s)v(s)\,ds\right)\exp\left(-\int_a^t v(s)\,ds\right) \leqslant 1.$$

En multipliant cette inégalité par $C\exp\left(\int_a^t v(s)\,ds\right)$ *et en utilisant l'inégalité fournie par l'énoncé, on obtient l'inégalité :*

$$u(t) \underset{\text{énoncé}}{\leqslant} C + \int_a^t u(s)v(s)\,ds \leqslant C\exp\left(\int_a^t v(s)\,ds\right).$$

(b) Il suffit d'utiliser la fonction

$$g : t \mapsto \left(\int_a^t u(s)v(s)\,ds\right)\exp\left(-\int_a^t v(s)\,ds\right)$$

(la fonction « Cf » de la question précédente) qui est décroissante sur $[a,b]$ (même argumentaire qu'à la question précédente) et $g(a)=0$. Pour tout $t\in[a,b]$, on a :

$$g(t)\leqslant 0\Leftrightarrow \int_a^t u(s)v(s)\,ds\leqslant 0\Rightarrow u(t)\leqslant \int_a^t u(s)v(s)\,ds=0,$$

ce qui permet de conclure.

2. (a) *Notons $\langle|\rangle$ le produit scalaire canonique de $\mathfrak{M}_{n,1}(\mathbb{R})$. Pour tout $t\in\mathbb{R}_+$, on a*

$$g(t)=\langle x(t)\mid x(t)\rangle.$$

Ainsi, la fonction g est dérivable sur $\mathfrak{M}_{n,1}(\mathbb{R})$ (car $\langle|\rangle$ est bilinéaire en dimension finie et x est dérivable sur $\mathbb{R}_+$) et, pour tout $t\in\mathbb{R}_+$, on a :

$$\begin{aligned} g'(t) &= \langle x'(t)\mid x(t)\rangle+\langle x(t)\mid x'(t)\rangle \underset{\text{symétrique}}{\overset{\langle|\rangle}{=}} 2\langle x'(t)\mid x(t)\rangle\ (*)\\ &= 2\langle A(t)x(t)\mid x(t)\rangle\leqslant 2\|A(t)x(t)\|\,\|x(t)\|\ \textit{(Cauchy-Schwarz)}\\ &\leqslant 2N(A(t))\|x(t)\|\,\|x(t)\|=2N(A(t))\,g(t).\end{aligned}$$

(b) *Pour tout $s\in\mathbb{R}_+$, en intégrant l'inégalité de la question précédente sur $[0,s]$, on obtient :*

$$g(s)=g(0)+\int_0^s g'(t)\,dt\leqslant g(0)+\int_0^s g(t)\left(2N(A(t))\right)dt.$$

D'après la question 1, pour tout $s\in\mathbb{R}_+$, on peut affirmer que :

$$\|x(s)\|^2=g(x)\leqslant g(0)\exp\left(2\int_0^x N(A(t))\,dt\right)\leqslant \exp\left(2\int_0^{+\infty} N(A(t))\,dt\right)$$

car la fonction $t\mapsto N(A(t))$ est positive et intégrable sur $\mathbb{R}_+$. Ainsi, g est bornée sur $\mathbb{R}_+$ c'est-à-dire que x est bornée sur $\mathbb{R}_+$.

Commentaires 323 *Exercice original pour ce concours mais ce type de question a été posé à X-ENS ! L'exercice est néanmoins bien découpé et suffisamment progressif pour ce concours.*
Question 1 : La seule difficulté pour certains candidats est de ne pas connaitre l'expression intégrale des primitives.
Question 2.a : Elle requière de connaitre l'expression matricielle des normes euclidiennes sur $\mathbb{R}^n$ ou $\mathfrak{M}_{n,1}(\mathbb{R})$, ce qui la rend de fait discriminante pour les candidats même s'il ne s'agit que d'une question d'application du cours « fonction d'une variable réelle à valeurs vectorielles ».
Question 2.b. Il s'agit d'une question qui requière initiative et autonomie du candidat. L'idée maitresse pour résoudre les inéquations différentielles $y'(t)\leqslant q(t)y(t)$ (ou $y'(t)\geqslant q(t)y(t)$) est de mimer la résolution de MPSI des équations différentielles $y'(t)=q(t)y(t)$ (par une multiplication convenable, reconnaitre la dérivée d'un produit puis d'intégrer). Si le candidat n'y songe pas (ce qui sera la majorité des cas), l'interrogateur donner une piste dans cette direction.

18.2 Centrale Math 1

Exercice 324 (Centrale) **Thèmes : espaces vectoriels normés, suites de fonctions.**
$\mathbb{Z}[X]$ est l'ensemble des polynômes à coefficients dans $\mathbb{Z}$. I est un segment de $]0,1[$ et $E = \mathcal{C}^0(I,\mathbb{R})$, muni de la norme infinie $\|f\|_\infty = \sup_I |f|$.

1. Énoncer le théorème d'approximation de Weierstrass.
2. On pose
$$f : x \mapsto 2x(1-x).$$
Étudier les convergences simple et uniforme sur I de la suite de fonctions (f_n) définie par
$$f_n = \underbrace{f \circ \cdots \circ f}_{n \text{ fois}}.$$
3. Montrer que $\mathbb{Z}[X]$ est dense dans $(E, \|\|_\infty)$ où $\|f\|_\infty = \sup_I |f|$ pour tout $f \in E$.

Solution 324

1. *Soit $[a,b]$ un segment alors toute fonction continue sur $[a,b]$ (à valeurs dans $\mathbb{R}$) est limite uniforme de fonctions polynomiales. Une autre façon de le dire via les ε est que :*
$$\forall f \in \mathcal{C}^0([a,b],\mathbb{R}),\ \forall \varepsilon > 0,\ \exists P \in \mathbb{R}[X],\ \forall x \in [a,b],\ |f(x) - P(x)| \leqslant \varepsilon.$$
2. *On note $I = [a,b]$ avec $0 < a \leqslant b < 1$.*
Convergence simple. *Soit $x \in I$, on considère la suite $u_n = f_n(x)$ définie par la relation de récurrence :*
$$u_0 = f^0(x) = x,\ \forall n \in \mathbb{N},\ u_{n+1} = f_{n+1}(x) = f(f_n(x)) = f(u_n).$$
La fonction $f : x \mapsto 2x(1-x) = 2x - 2x^2$ est dérivable sur I et $f' : x \mapsto 2(1-2x)$ donc son tableau de variations est :

x	0		1/2		1
$f'(x)$		+		−	
$f(x)$	0	↗	1/2	↘	0

Par conséquent, on a l'égalité ensembliste
$$f([0,1]) = \left[0, \frac{1}{2}\right].$$
Comme $u_0 = x \in [0,1]$, on en déduit que $u_1 = f(u_0) \in \left[0, \frac{1}{2}\right]$. En outre, $\left[0, \frac{1}{2}\right]$ est un intervalle stable par f (car $f\left(\left[0, \frac{1}{2}\right]\right) \subset \left[0, \frac{1}{2}\right]$) et comme $u_1 \in \left[0, \frac{1}{2}\right]$, on est assuré que
$$\forall n \geqslant 1,\ u_n \in \left[0, \frac{1}{2}\right].$$
Puisque l'on a :
$$\forall n \geqslant 1,\ u_{n+1} - u_n = u_n - 2(u_n)^2 = u_n(1 - 2u_n) \geqslant 0,$$

la suite $(u_n)_{n\geqslant 1}$ *est croissante et majorée (par* $\frac{1}{2}$*) donc elle converge vers un point fixe* L *de* f *qui, par croissance de* $(u_n)_{n\geqslant 1}$ *vérifie* $L \geqslant u_1 > 0$ *(car* $u_0 \in \left]0,1\right[$ *donc* $u_1 = f(u_0) \in \left]0, \frac{1}{2}\right]$*). Or, on a les équivalences suivantes :*

$$f(L) = L \Leftrightarrow 2L(1-L) = L \underset{\div L\neq 0}{\Rightarrow} 2(1-L) = 1 \Leftrightarrow L = \frac{1}{2}$$

donc la suite $(u_n)_{n\in\mathbb{N}}$ *converge vers* $\frac{1}{2}$ *quelque soit* $x \in I$*, ce qui prouve la convergence simple de la suite de fonctions* $(f_n)_n$ *vers la fonction* $f : x \mapsto \frac{1}{2}$ *sur* I*.*

Convergence uniforme. *Soit* $x \in I$*. D'après le tableau de variations de* f*,* $f([a,b])$ *est un segment* $[c,d] \subset \left]0, \frac{1}{2}\right]$ *donc* $u_1 = f(u_0) \in [c,d] \subset \left[c, \frac{1}{2}\right]$*. On considère la suite* $(v_n)_{n\in\mathbb{N}} = (f_n(c))_{n\in\mathbb{N}}$*. On a* $v_0 = c \leqslant u_1 \leqslant \frac{1}{2}$*. Si pour un certain entier* n*,* $v_n \leqslant u_{n+1} \leqslant \frac{1}{2}$ *alors, comme* f *est croissante sur* $\left[c, \frac{1}{2}\right]$*, on a l'encadrement :*

$$f(v_n) \leqslant f(u_{n+1}) \leqslant f\left(\frac{1}{2}\right) \Leftrightarrow v_{n+1} \leqslant u_{n+2} \leqslant \frac{1}{2}$$

ce qui démontre que $\forall n \in \mathbb{N}$*,* $v_n \leqslant u_{n+1} \leqslant \frac{1}{2}$*. Autrement dit, on vient de montrer que :*

$$\begin{aligned}
\forall n &\in \mathbb{N}, \forall x \in I, f_n(c) \leqslant f_{n+1}(x) \leqslant \frac{1}{2} \\
&\Leftrightarrow \forall n \in \mathbb{N}, \forall x \in I, f_n(c) - \frac{1}{2} \leqslant f_{n+1}(x) - \frac{1}{2} \leqslant 0 \\
&\Rightarrow \forall n \in \mathbb{N}, \sup_{x\in I}\left|f_{n+1}(x) - \frac{1}{2}\right| \leqslant \frac{1}{2} - f_n(c) \underset{n\to+\infty}{\to} 0
\end{aligned}$$

(car $c \in \left]0,1\right[$*). Par conséquent, on obtient :*

$$\lim_{n\to+\infty} \sup_I \left|f_{n+1} - \frac{1}{2}\right| = 0 \Rightarrow \lim_{n\to+\infty} \sup_I \left|f_n - \frac{1}{2}\right| = 0,$$

ce qui démontre la convergence uniforme sur I *de* $(f_n)_n$ *vers* $f : x \mapsto \frac{1}{2}$*.*

3. *La remarque cruciale est la suivante : pour chaque entier* n*,* f_n *est une fonction polynomiale à coefficients entiers relatifs (par une récurrence immédiate) qui converge uniformément vers* $\frac{1}{2}$ *sur* I*. Montrons que, pour tout entier* k *et tout entier relatif* m*, la suite* $\left(m(f_n)^k\right)_n$ *converge uniformément vers* $\frac{m}{2^k}$*. La fonction* $g : x \mapsto x^k$ *étant dérivable sur* $\left[0, \frac{1}{2}\right]$ *et sa dérivée* $g' : x \mapsto kx^{k-1}$ *étant bornée par* $k\left(\frac{1}{2}\right)^{k-1}$ *sur* $\left[0, \frac{1}{2}\right]$*, l'inégalité des accroissements finis montre que :*

$$\forall a \in \left[0, \frac{1}{2}\right], \left|g(a) - g\left(\frac{1}{2}\right)\right| \leqslant k\left(\frac{1}{2}\right)^{k-1}\left|a - \frac{1}{2}\right|.$$

Comme $f_n(x) \in \left[0, \frac{1}{2}\right]$ *pour tout* $x \in I$ *et tout* $n \geqslant 1$*, on en déduit, pour tout* $(x, n, m) \in I \times \mathbb{N}^* \times \mathbb{Z}$*, que :*

$$\left|m\left(f_n(x)\right)^k - \frac{m}{2^k}\right| = |m| \left|\left(f_n(x)\right)^k - \left(\frac{1}{2}\right)^k\right| \leqslant |m|\, k \left(\frac{1}{2}\right)^{k-1} \left|f_n(x) - \frac{1}{2}\right|$$

$$\Rightarrow \left\|m\left(f_n\right)^k - \frac{m}{2^k}\right\|_\infty \leqslant |m|\, k \left(\frac{1}{2}\right)^{k-1} \left\|f - \frac{1}{2}\right\|_\infty \underset{n \to +\infty}{\to} 0$$

donc la suite $\left(m\left(f_n\right)^k\right)_n$ *converge vers* $\frac{m}{2^k}$ *uniformément sur* I *quelque soit* $m \in \mathbb{Z}$ *et quelque soit* $k \in \mathbb{N}$*. Ainsi, tous les nombres dyadiques s'approximent uniformément par des éléments de* $\mathbb{Z}[X]$*. Comme les nombres dyadiques sont denses dans les réels, on pourra (il y a encore du travail) approcher tout polynôme par éléments de* $\mathbb{Z}[X]$*.*
Soient $I = [a, b] \subset]0, 1[$*,* $f \in E = C^0(I, \mathbb{R})$ *et* $\varepsilon > 0$*. D'après la question 1, il existe* $P \in \mathbb{R}[X]$ *tel que :*

$$\forall x \in [a, b],\ |f(x) - P(x)| \leqslant \varepsilon \Rightarrow (\mathcal{I}_1) : \|f - P\|_\infty \leqslant \varepsilon.$$

Il existe un entier N *et des réels* $(p_i)_{0 \leqslant i \leqslant N}$ *tels que* $P = \sum_{i=0}^{N} p_i X^i$*. Pour chaque* $i \in \{0, .., N\}$*, il existe un couple* $(m_i, n_i) \in \mathbb{Z} \times \mathbb{N}$ *tel que*

$$\left|p_i - \frac{m_i}{2^{n_i}}\right| \leqslant \frac{\varepsilon}{N+1}.$$

En effet, il suffit de considérer l'entier $m_i = \lfloor 2^n p_i \rfloor \in \mathbb{Z}$ *(l'entier* n *sera choisit plus loin) alors :*

$$\begin{aligned} m_i &\leqslant 2^n p_i < m_i + 1 \underset{\div 2^n > 0}{\Rightarrow} \frac{m_i}{2^n} \leqslant p_i < \frac{m_i}{2^n} + \frac{1}{2^n} \\ &\Leftrightarrow 0 \leqslant p_i - \frac{m_i}{2^n} < \frac{1}{2^n} \Rightarrow \left|p_i - \frac{m_i}{2^{n_i}}\right| = p_i - \frac{m_i}{2^n} < \frac{1}{2^n}. \end{aligned}$$

Comme $\lim_{n \to +\infty} \frac{1}{2^n} = 0 < \frac{\varepsilon}{N+1}$*, il existe un entier* n_i *tel que* $\frac{1}{2^{n_i}} \leqslant \frac{\varepsilon}{N+1}$ *et on choisit* $n = n_i$*.*
Si on pose $Q = \sum_{i=1}^{N} \frac{m_i}{2^i} X^i$ *alors on a les majorations suivantes :*

$$\begin{aligned} \forall x &\in I,\ |P(x) - Q(x)| = \left|\sum_{i=0}^{N} \left(p_i - \frac{m_i}{2^{n_i}}\right) x^i\right| \leqslant \sum_{i=0}^{N} \left|p_i - \frac{m_i}{2^{n_i}}\right| x^i \\ &\leqslant \sum_{i=0}^{N} \frac{\varepsilon}{N+1} \times 1^i = \frac{\varepsilon}{N+1} \sum_{i=0}^{N} 1 = \varepsilon \Rightarrow (\mathcal{I}_2) : \|P - Q\|_\infty \leqslant \varepsilon. \end{aligned}$$

Pour finir, pour tout entier n*, on considère alors la fonction polynomiale à coefficients entiers relatifs :*

$$R_n : x \mapsto \sum_{i=0}^{N} m_i \left(f_n(x)\right)^{n_i} x^i.$$

Pour tout $x \in I$ et tout $n \in \mathbb{N}$, on dispose de la majoration suivante :

$$\begin{aligned} |Q(x) - R_n(x)| &= \left|\sum_{i=1}^{N}\left(\frac{m_i}{2^i} - m_i (f_n(x))^{n_i}\right) x^i\right| = \left|\sum_{i=1}^{N} m_i x^i \left(\frac{1}{2^i} - (f_n(x))^{n_i}\right)\right| \\ &\leqslant \sum_{i=1}^{N} |m_i|\, x^i \left|\frac{1}{2^i} - (f_n(x))^{n_i}\right| \leqslant \sum_{i=1}^{N} |m_i| \sup_I \left|\left(\frac{1}{2}\right)^i - (f_n(x))^{n_i}\right| \\ &\Rightarrow \quad \|Q - R_n\|_\infty \leqslant \sum_{i=1}^{N} |m_i| \left\|\left(\frac{1}{2}\right)^i - (f_n)^{n_i}\right\|_\infty \underset{n\to+\infty}{\to} 0 \end{aligned}$$

(car chaque terme tend vers 0 et qu'il n'y a qu'un nombre fixé (par rapport à n) de termes). En particulier, il existe un entier M tel que :

$$(\mathcal{I}_3) : \|Q - R_M\|_\infty \leqslant \varepsilon.$$

D'après les inégalités $(\mathcal{I}_1)$, $(\mathcal{I}_2)$ et $(\mathcal{I}_3)$, on a la majoration suivante :

$$\begin{aligned} \|f - R_M\|_\infty &= \|(f-P) + (P-Q) + (Q - R_M)\|_\infty \\ &\leqslant \|f-P\|_\infty + \|P-Q\|_\infty + \|Q-R_M\|_\infty \\ &\leqslant \varepsilon + \varepsilon + \varepsilon = 3\varepsilon. \end{aligned}$$

Au final, nous venons de montrer que, pour tout $f \in E$ et tout $\varepsilon > 0$, il existe $R_M \in \mathbb{Z}[X]$ tel que $\|f - R_M\|_\infty \leqslant 3\varepsilon$ donc $\mathbb{Z}[X]$ est dense dans $(E, \|\|_\infty)$.

Commentaires 324 *Exercice original pour ce concours mais assez difficile. Il fut posé initialement aux ENS (il y a de nombreuses années) et cette thématique a fait l'objet d'un sujet d'écrit d'ENS récemment (sur la notion de capacité des intervalles).*
La question 1 est un rappel de cours.
Question 2 : Elle pose d'emblée des difficultés à une fraction notable des candidats. Il s'agit d'observer que la suite considérée, pour x fixé, est récurrente de la forme $u_{n+1} = g(u_n)$ avec g convenable. La convergence simple découle de la stratégie générale d'étude de ces suites vu en MPSI. Par contre, la convergence uniforme demande plus de finesse (se ramener à un segment de $\left[0, \frac{1}{2}\right]$ puis exploiter la croissance de chaque fonction f_n et non la croisssance de la suite. L'interaction avec l'interrogateur sera déjà importante à cette question.
Question 3 : Il s'agit d'une question de haut niveau qui utilise de façon très fine les notions de densité. Toute avancée significative effectuée par le candidat sera valorisée (approximation uniforme des nombres dyadiques par des polynômes de $\mathbb{Z}[X]$ par exemple).

Exercice 325 (Centrale) **Thèmes : intégration, suites et séries de fonctions.**
Soit q une application continue de $\mathbb{R}$ dans $\mathbb{C}$ telle que $M_q : t \mapsto tq(t)$ soit intégrable sur $\mathbb{R}_+$.

1. Montrer qu'il existe un $a > 0$ tel que : $\displaystyle\int_a^\infty |tq(t)|\, dt \leqslant \frac{1}{2}$.

On définit une suite (y_n) de fonctions sur $\mathbb{R}$ par :

$$y_0 = 1 \text{ et } \forall n \in \mathbb{N},\ \forall x \in \mathbb{R},\ y_{n+1}(x) = 1 - \int_x^{\infty} (t-x)\, q(t)\, y_n(t)\, dt.$$

2. Justifier la définition de cette suite de fonctions et montrer qu'elles sont toutes continues sur $\mathbb{R}$ et bornées sur $[a, +\infty[$.
3. Montrer la convergence uniforme de la suite (y_n) sur $[a, +\infty[$.

Solution 325

1. La fonction $t \mapsto -tq(t)$ étant intégrable sur $\mathbb{R}_+$ c'est-à-dire que l'intégrale $\int_0^{+\infty} |tq(t)|\, dt$ converge et on a :

$$\int_x^{+\infty} |tq(t)|\, dt = \int_0^{+\infty} |tq(t)|\, dt - \int_0^{x} |tq(t)|\, dt \underset{x \to +\infty}{\to} 0$$

(par définition des intégrales généralisées) c'est-à-dire que :

$$\forall \varepsilon > 0,\ \exists A_\varepsilon > 0,\ \forall x \geqslant A_\varepsilon,\ \int_x^{+\infty} |tq(t)|\, dt \leqslant \varepsilon.$$

On choisit $\varepsilon = \frac{1}{2} > 0$ et $a = A_\varepsilon$ pour conclure.

2. On procède par récurrence en posant, pour tout entier n,
$(\mathcal{H}_n)$: « la fonction y_n est définie et continue sur $\mathbb{R}_+$ et elle est bornée sur $[a, +\infty[$ ».
Comme $y_0 = 1$, il est immédiat que $(\mathcal{H}_0)$ est vraie. Supposons $(\mathcal{H}_n)$ vraie pour un certain entier n. La fonction y_n est définie et continue sur $\mathbb{R}$ et qu'elle est bornée sur $[a, +\infty[$.
***Existence de** y_{n+1}. Soit $x \in \mathbb{R}$. La fonction $t \mapsto (t-x)\, q(t)\, y_n(t)$ est continue sur $[x, +\infty[$. En outre, comme y est bornée sur $[a, +\infty[$, on a les dominations suivantes :*

$$\begin{cases} y_n(t) \underset{t \to +\infty}{=} O(1) \\ t - x \underset{t \to +\infty}{=} O(t) \end{cases} \Rightarrow$$

$$(t-x)\, q(t)\, y_n(t) \underset{t \to +\infty}{=} O(tq(t)) \underset{t \to +\infty}{=} O(|tq(t)|)$$

La fonction $t \mapsto |tq(t)|$ étant positive et intégrable sur $[0, +\infty[$, on en déduit que la fonction $t \mapsto (t-x)\, q(t)\, y_n(t)$ est intégrable sur $[0, +\infty[$. Cette dernière fonction étant continue sur le segment $[0, x]$, elle y est intégrable donc $t \mapsto (t-x)\, q(t)\, y_n(t)$ est intégrable sur $[0, x]$. Cela nous assure l'existence de l'intégrale

$$\int_x^{+\infty} (t-x)\, q(t)\, y_n(t)\, dt$$

donc de $y_{n+1}(x)$ quelque soit $x \in \mathbb{R}$ d'où y_{n+1} est définie sur $\mathbb{R}$.
***Continuité de** y_{n+1}. Les fonctions*

$$f : t \mapsto tq(t)\, y_n(t) \text{ et } g : t \mapsto q(t)\, y_n(t)$$

étant continues sur $\mathbb{R}_+$, *les fonctions*

$$F : x \mapsto \int_0^x f(t)\,dt \text{ et } G : x \mapsto \int_0^{+\infty} g(t)\,dt$$

sont leurs primitives respectives donc elles sont déribables sur $\mathbb{R}$. *En particulier, elles sont continues sur* $\mathbb{R}$ *et, pour tout réel* x, *on a les égalités :*

$$\begin{aligned} y_{n+1}(x) &= 1 - \int_x^{+\infty} tq(t)\,y_n(t) + x\int_x^{+\infty} q(t)\,y_n(t)\,dt \\ &= 1 - \left(\int_0^{+\infty} f(t)\,dt - F(x)\right) + x\left(\int_0^{+\infty} g(t)\,dt - G(x)\right) \end{aligned}$$

donc y_{n+1} *est continue sur* $\mathbb{R}$ *(comme somme et produit de telles fonctions).*
y_{n+1} ***est bornée.*** *Il existe un réel* M *tel que :*

$$\forall t \in [a, +\infty[\,,\ |y_n(t)| \leqslant M.$$

Pour tout $x \geqslant a$, *on a les majorations suivantes :*

$$\begin{aligned} |y_{n+1}(x)| &\leqslant 1 + \left|\int_x^{+\infty} (t-x)\,q(t)\,y_n(t)\,dt\right| \leqslant 1 + \int_x^{+\infty} |t-x|\,|q(t)|\,|y_n(t)|\,dt \\ &= 1 + \int_x^{+\infty} |t-x|\,|q(t)|\,|y_n(t)|\,dt \ (\text{car } t-x \geqslant 0 \text{ donc } |t-x| = t-x \\ &\leqslant 1 + \int_x^{+\infty} t\,|q(t)|\,M dt \ (\text{car } t-x \leqslant t \text{ puisque } x \geqslant a > 0) \\ &\leqslant 1 + \int_a^{+\infty} t\,|q(t)|\,M dt = 1 + M\int_a^{+\infty} t\,|q(t)|\,dt \leqslant 1 + \frac{M}{2} \end{aligned}$$

(puisque la fonction $t \mapsto t\,|q(t)|$ *est positive et que* $x \geqslant a$ *donc on a l'inclusion*

$$[x, +\infty[\, \subset [a, +\infty[).$$

Par conséquent, y_{n+1} *est bornée sur* $[a, +\infty[$, *ce qui prouve* $(\mathcal{H}_{n+1})$ *et achève la récurrence.*

3. *Nous allons montrer que la série* $\sum_n (y_{n+1} - y_n)$ *converge normalement sur* $[a, +\infty[$.

Dans ce cas, la série $\sum_n (y_{n+1} - y_n)$ *converge uniformément sur* $[a, +\infty[$ *donc, d'après le théorème sur les séries télescopiques, la suite* $(y_n)_n$ *converge uniformément sur* $[a, +\infty[$, *ce qui permet de conclure.*
Pour tout entier n, *la fonction* $z_n = y_{n+1} - y_n$ *est bornée sur* $[a, +\infty[$ *(comme différence de deux fonctions d'après la question précédente) et on pose* $\|z_n\|_\infty = \sup_{x \in [a, +\infty[} |z_n(x)|$.

Pour tout entier n *et, pour tout réel* $x \in [a, +\infty[$ *, d'après la relation de récurrence vérifiée par la suite* $(y_k)_k$ *, on a :*

$$\begin{aligned} z_{n+1}(x) &= 1 + \int_x^{+\infty} (t-x)\, q(t)\, y_{n+1}(t)\, dt - 1 - \int_x^{+\infty} (t-x)\, q(t)\, y_n(t)\, dt \\ &= \int_x^{+\infty} (t-x)\, q(t)\, (y_{n+1}(t) - y_n(t)) = \int_x^{+\infty} (t-x)\, q(t)\, z_n(t). \end{aligned}$$

On en déduit, pour tout entier n *et tout réel* $x \in [a, +\infty[$ *, les majorations suivantes (dont la justification est identique à celle du caractère bornée de* y_{n+1} *dans la réponse à la question 2) :*

$$\begin{aligned} |z_{n+1}(x)| &\leqslant \int_x^{+\infty} \underbrace{|t-x|}_{=t-x\leqslant t} |q(t)| \underbrace{|z_n(t)|}_{\leqslant \|z_n\|_\infty} dt \leqslant \|z_n\|_\infty \int_x^{+\infty} t\, |q(t)|\, dt \\ &\leqslant \|z_n\|_\infty \int_a^{+\infty} t\, |q(t)|\, dt \leqslant \frac{\|z_n\|_\infty}{2} \Rightarrow \\ \|z_{n+1}\|_\infty &= \sup_{x\in[a,+\infty[} |z_{n+1}(x)| \leqslant \frac{\|z_n\|}{2} \Rightarrow \|z_n\| \leqslant \frac{\|z_0\|}{2^n} \end{aligned}$$

(par une récurrence immédiate). La série $\sum_n \frac{\|z_0\|_\infty}{2^n} = \|z_0\|_\infty \sum_n \left(\frac{1}{2}\right)^n$ *converge (série géométrique de raison* $\frac{1}{2} \in \,]-1, 1[$*) donc la série* $\sum_n \|z_n\|_\infty$ *converge. Ainsi, la série* $\sum_n (y_{n+1} - y_n)$ *converge normalement sur* $[a, +\infty[$*, ce qui permet de conclure.*

Commentaires 325 *Exercice de niveau standard pour ce concours et bien progressif.*
Question 1 : Elle ne doit pas poser de difficulté particulière.
Question 2 : Un candidat qui analyse convenablement la question et observe qu'il suffit de montrer que les fonctions y_n *sont continues et bornées (au voisinage de* $+\infty$*) pour répondre à l'ensemble des autres points de cette question sera valorisé. Si le candidat ne l'observe pas, l'interrogateur lui demandera de le prouver. Il est attendu du candidat qu'il songe à procéder par récurrence (il s'agit d'une suite définie par récurrence !).*
Question 3 : Comme la fonction limite y *ne peut être calculer, il est inutile d'essayer d'estimer* $\sup_{[a,+\infty[} |y - y_n|$*. Si le candidat fait le lien avec les séries télescopiques et pense à la convergence normale de cette série, il sera valorisé. Sinon, l'interrogateur proposera probablement de majorer* $\sup_{[a,+\infty[} |y_{n+1} - y_n|$ *en fonction de* $\sup_{[a,+\infty[} |y_n - y_{n-1}|$*.*

Exercice 326 Thèmes : séries entières, variables aléatoires.

Pour tout $x \in \mathbb{R}_+$, on pose $f(x) = \sum_{k=1}^{+\infty} \frac{x^k}{k!\sqrt{k}}$.

1. Montrer que $f(x) \underset{x\to+\infty}{=} o(e^x)$.
2. Soient $x>0$ et Y_x une variable aléatoire suivante la loi de Poisson de paramètre x. Montrer que :
$$\forall\varepsilon>0,\ P(|Y_x-x|\geqslant\varepsilon x) \underset{x\to+\infty}{=} O\left(\frac{1}{x}\right).$$
3. En déduire que $f(x) \underset{x\to+\infty}{\sim} \dfrac{e^x}{\sqrt{x}}$.

Solution 326

1. *Commençons par remarquer que*
$$\forall x\in\mathbb{R}, e^x=\sum_{k=0}^{+\infty}\frac{x^k}{k!}.$$
Soit $\varepsilon>0$, *comme* $\lim\limits_{k\to+\infty}\dfrac{1}{\sqrt{k}}=0$, *il existe un entier* K_ε *(que l'on peut supposer supérieur ou égal à* 2) *tel que :*
$$\forall k\geqslant K_\varepsilon,\ 0\leqslant\frac{1}{\sqrt{k}}\leqslant\varepsilon.$$
Par conséquent, pour tout réel $x\in\mathbb{R}_+$, $f(x)$ *est positif (comme somme de termes positifs) et on a l'encadrement suivant :*
$$\begin{aligned}0 &\leqslant f(x)=\sum_{k-1}^{K_\varepsilon-1}\frac{x^k}{k!\sqrt{k}}+\sum_{k=K_e}^{+\infty}\frac{1}{\sqrt{k}}\times\frac{x^k}{k!}\leqslant\sum_{k=1}^{K_\varepsilon-1}\frac{x^k}{k!\sqrt{k}}+\sum_{k-K_e}^{+\infty}\varepsilon\underbrace{\frac{x^k}{k!}}_{\geqslant 0}\\ &\leqslant \sum_{k=1}^{K_\varepsilon-1}\frac{x^k}{k!\sqrt{k}}+\sum_{k=0}^{+\infty}\varepsilon\frac{x^k}{k!}=\sum_{k=1}^{K_\varepsilon-1}\frac{x^k}{k!}+\varepsilon e^x\\ \underset{\times e^{-x}>0}{\Rightarrow} 0 &\leqslant e^{-x}f(x)\leqslant e^{-x}\sum_{k=1}^{K_\varepsilon-1}\frac{x^k}{k!}+\varepsilon\end{aligned}$$
Si on note
$$P_\varepsilon=\sum_{k=1}^{K_\varepsilon-1}\frac{x^k}{k!\sqrt{k}}$$
qui est un polynôme alors, d'après les croissances comparées, on a $\lim\limits_{x\to+\infty}e^{-x}P_\varepsilon(x)\underset{x\to+\infty}{=}0$ *c'est-à-dire qu'il existe un réel* A_ε *tel que :*
$$\begin{aligned}\forall x &\geqslant A_\varepsilon,\ \left|e^{-x}P_\varepsilon(x)\right|\leqslant\varepsilon\Rightarrow e^{-x}P_\varepsilon(x)\leqslant\varepsilon\\ &\Rightarrow \forall\varepsilon>0,\ \exists A_\varepsilon,\ \forall x\geqslant A_\varepsilon,\ 0\leqslant e^{-x}f(x)\leqslant\varepsilon+\varepsilon=2\varepsilon.\end{aligned}$$
donc
$$\lim_{x\to+\infty}e^{-x}f(x)=0 \text{ c'est-à-dire } f(x)\underset{x\to+\infty}{=}o(e^x).$$

2. Y_x *admet une espérance valant* x *et une variance valant* x *donc, d'après l'inégalité de Bienaymé-Tchebychev, on dispose de la majoration suivante :*
$$\forall\varepsilon>0,\ P(|Y_n-E(Y_x)|\geqslant\varepsilon)\leqslant\frac{V(Y_x)}{\varepsilon^2}\Leftrightarrow P(|Y_x-x|\geqslant\varepsilon)\leqslant\frac{x}{\varepsilon^2}.$$

En remplaçant ε *par* $\varepsilon x > 0$ *(car* $\varepsilon > 0$ *et* $x > 0$*), on obtient la majoration :*

$$\forall \varepsilon > 0,\ P\left(|Y_x - x| \geqslant \varepsilon x\right) \leqslant \frac{x}{(\varepsilon x)^2} = \frac{1}{\varepsilon^2 x} \underset{x \to +\infty}{=} O\left(\frac{1}{x}\right).$$

3. On conserve les notations de la question précédente. Soit $x > 0$*, comme* Y_x *suit la loi de Poisson de paramètre* x*, on a :*

$$Y_x(\Omega) = \mathbb{N} \text{ et } \forall n \in \mathbb{N},\ P(Y_x = n) = \frac{e^{-x}x^n}{n!}$$

Soit $x > 0$*. Fixons (provisoirement)* $\alpha > 0$*. En choisissant*

$$\varepsilon = x^{-\alpha},$$

la réponse à la question précédente montre que :

$$0 \leqslant P\left(|Y_x - x| \geqslant x^{1-\alpha}\right) \leqslant \frac{1}{x^{1-2\alpha}} \underset{x \to +\infty}{=} O\left(\frac{1}{x^{1-2\alpha}}\right)$$

Or, on a l'égalité ensembliste suivante :

$$\begin{aligned}\left(|Y_x - x| \geqslant x^{1-\alpha}\right) &= \left(Y_x - x \leqslant -x^{1-\alpha}\right) \cup \left(Y_x - x \geqslant x^{1-\alpha}\right) \\ &= \left(Y_x \leqslant x - x^{1-\alpha}\right) \cup \left(Y_x \geqslant x + x^{1-\alpha}\right).\end{aligned}$$

Cette union étant disjointe (car $x^{1-\alpha} > 0$ *donc* $x - x^{1-\alpha} < x + x^{1-\alpha}$*), on en déduit que :*

$$\sum_{0 \leqslant n \leqslant x - x^{1-\alpha}} \frac{e^{-x}x^n}{n!} + \sum_{n \geqslant x + x^{1-\alpha}} \frac{e^{-x}x^n}{n!} = P\left(\left(|Y_x - x| \geqslant x^{1-\alpha}\right)\right)$$

et que :

$$\sum_{x - x^{1-\alpha} < n < x + x^{1-\alpha}} \frac{e^{-x}x^n}{n!} = P\left(|Y_x - x| < x^{1-\alpha}\right) = 1 - P\left(\left(|Y_x - x| \geqslant x^{1-\alpha}\right)\right)$$

En particulier, pour tout $x > 0$*, on a les majorations suivantes :*

$$\forall n \geqslant 1,\ 0 \leqslant \frac{1}{\sqrt{n}} \leqslant 1 \Rightarrow 0 \leqslant \frac{e^{-x}x^n}{n!\sqrt{n}} \leqslant \frac{e^{-x}x^n}{n!}.$$

En sommant ces majorations sur les entiers $n \leqslant x - x^{1-\alpha}$ *et* $n \geqslant x + x^{1-\alpha}$*, on obtient l'encadrement suivant :*

$$(\mathcal{E}_1) : 0 \leqslant \sum_{0 \leqslant n \leqslant x - x^{1-\alpha}} \frac{e^{-x}x^n}{n!\sqrt{n}} + \sum_{n \geqslant x + x^{1-\alpha}} \frac{e^{-x}x^n}{n!\sqrt{n}} \leqslant P\left(\left(|Y_x - x| \geqslant x^{1-\alpha}\right)\right).$$

En outre, si $x - x^{1-\alpha} < n < x + x^{1-\alpha}$*, on a l'encadrement :*

$$\begin{aligned}\frac{1}{\sqrt{x + x^{1-\alpha}}} &< \frac{1}{\sqrt{n}} < \frac{1}{\sqrt{x - x^{1-\alpha}}} \Rightarrow \\ \frac{e^{-x}x^n}{n!\sqrt{x + x^{1-\alpha}}} &\leqslant \frac{e^{-x}x^n}{n!\sqrt{n}} \leqslant \frac{e^{-x}x^n}{n!\sqrt{x - x^{1-\alpha}}}.\end{aligned}$$

En sommant ces majorations sur les entiers n tels que $x - x^{1-\alpha} < n < x + x^{1-\alpha}$, *on obtient*

$$(\mathcal{E}_2) \quad : \quad \frac{1}{\sqrt{x+x^{1-\alpha}}} P\left(|Y_x - x| < x^{1-\alpha}\right) \leqslant \sum_{x-x^{1-\alpha}<n<x+x^{1-\alpha}} \frac{e^{-x}x^n}{n!\sqrt{n}}$$

$$\leqslant \quad \frac{1}{\sqrt{x-x^{1-\alpha}}} P\left(|Y_x - x| < x^{1-\alpha}\right) + P\left(\left(|Y_x - x| \geqslant x^{1-\alpha}\right)\right)$$

En additionnant les encadrements $(\mathcal{E}_1)$ *et* $(\mathcal{E}_2)$ *et en multipliant par* $\sqrt{x}$, *on obtient les inégalités suivantes :*

$$(\mathcal{E}_3) \quad : \quad \frac{1}{\sqrt{1+x^{-\alpha}}} P\left(|Y_x - x| < x^{1-\alpha}\right) \leqslant \sqrt{x} e^{-x} f(x) \leqslant \frac{1}{\sqrt{1-x^{-\alpha}}} P\left(|Y_x - x| < x^{1-\alpha}\right)$$
$$+\sqrt{x} P\left(\left(|Y_x - x| \geqslant x^{1-\alpha}\right)\right)$$

D'après la question précédente, on a

$$\sqrt{x} P\left(\left(|Y_x - x| \geqslant x^{1-\alpha}\right)\right) \underset{x\to+\infty}{=} \sqrt{x} O\left(\frac{1}{x^{1-2\alpha}}\right) \underset{x\to+\infty}{=} O\left(\frac{1}{x^{1/2-2\alpha}}\right)$$

$$P\left(|Y_x - x| < x^{1-\alpha}\right) = 1 - P\left(\left(|Y_x - x| \geqslant x^{1-\alpha}\right)\right) \underset{x\to+\infty}{=} 1 + O\left(\frac{1}{x^{1/2-2\alpha}}\right).$$

Si on choisit $\alpha > 0$ *tel que :*

$$\frac{1}{2} - 2\alpha > 0 \Leftrightarrow \alpha < \frac{1}{4}$$

(par exemple $\alpha = \frac{1}{5}$*) alors on a les limites suivantes :*

$$\lim_{x\to+\infty} x^{-\alpha} = 0, \ \lim_{x\to+\infty} \frac{1}{x^{1/2-2\alpha}} = 0 \Rightarrow$$

$$\lim_{x\to+\infty} \sqrt{x} P\left(\left(|Y_x - x| \geqslant x^{1-\alpha}\right)\right) = 0, \ \lim_{x\to\infty} P\left(|Y_x - x| < x^{1-\alpha}\right) = 1$$

$$\lim_{x\to+\infty} \frac{1}{\sqrt{1+x^{-\alpha}}} P\left(|Y_x - x| < x^{1-\alpha}\right) = 1,$$

$$\lim_{x\to+\infty} \left(\frac{1}{\sqrt{1-x^{-\alpha}}} P\left(|Y_x - x| < x^{1-\alpha}\right) + +\sqrt{x} P\left(\left(|Y_x - x| \geqslant x^{1-\alpha}\right)\right)\right) = 1.$$

L'encadrement $(\mathcal{E}_3)$ *permet d'appliquer le théorème d'encadrement donc :*

$$\lim_{x\to+\infty} \left(\sqrt{x} e^{-x} f(x)\right) = 1 \Leftrightarrow \sqrt{x} e^{-x} f(x) \underset{x\to+\infty}{\sim} 1 \underset{\times e^x/\sqrt{x}}{\Leftrightarrow} f(x) \underset{x\to+\infty}{\sim} \frac{e^x}{\sqrt{x}}.$$

Commentaires 326 *Exercice original prouvant que les probabilités peuvent démontrer des résultats totalement déterministes (ici un équivalent non évident mais aussi le théorème de Weierstrass qui fut l'objet de sujets d'écrits à CCINP et à Mines-Ponts).*
Question 1. Il s'agit d'un résultat relativement classique appliqué à un exemple concret :
Si $\sum_n a_n x^n$ *et* $\sum_n b_n x^n$ *sont deux séries entières de rayon de convergence* $+\infty$ *avec*

$$a_n \underset{n\to+\infty}{=} o(b_n) \ \text{alors} \ \sum_{n=0}^{+\infty} a_n x^n \underset{x\to+\infty}{=} o\left(\sum_{n=0}^{+\infty} b_n x^n\right).$$

N'hésitez pas à retravailler ce résultat (dont la preuve générale est donnée ici).
Question 2. Il s'agit de la question la plus facile de ce sujet (l'ordre de difficulté a été échangée).
Question 3. Comme d'habitude, il s'agit de la question la plus difficile. Il est attendu du candidat qu'il explicite par exemple la domination de la question précédente en terme de sommes et éventuellement qu'il songe à choisir ε, si possible en fonction de x, sans nécessaire faire le bon choix initialement. L'interaction avec l'interrogateur sera cruciale dans la progression pour cette question.

Exercice 327 (Centrale) **Thèmes : algèbre linéaire, espaces vectoriels normés, fonctions d'une variable réelle.**
Soient n, m deux entiers naturels non nuls. Pour une matrice carrée A d'ordre n complexe, on pose $A^* = {}^t\bar{A}$ (où $\bar{A} = (\overline{a_{i,j}})_{1\leqslant i,j\leqslant n}$).
On dit que A vérifie $(\mathcal{P})$ si, et seulement si,

$$\sum_{k=0}^{m} \binom{m}{k} (A^*)^k A^{m-k} = 0.$$

1. Montrer que, si A est nilpotente d'indice p tel que $2p \leqslant m+1$, alors A vérifie $(\mathcal{P})$.
2. Déterminer les matrice réelles A vérifiant $(\mathcal{P})$ telles que $A\,A^* = A^*\,A$.
3. Pour X, Y appartenant à $\mathfrak{M}_{n,1}(\mathbb{C})$ on pose

$$\langle X \mid Y \rangle = {}^t\bar{X}\,Y.$$

Soient X, Y appartenant à $\mathbb{C}^n$. En s'aidant de la fonction définie par

$$\phi : t \in \mathbb{R} \mapsto \left\langle e^{tA}X \mid e^{tA}Y \right\rangle,$$

montrer que la fonction $t \mapsto e^{tA^*}e^{tA}$ est à coefficients polynomiaux.

Solution 327

1. *D'après le calcul matriciel et comme, pour tous complexes z, z', on a les formules :*

$$\overline{zz'} = \overline{z}\,\overline{z'}, \quad \overline{z+z'} = \overline{z} + \overline{z'}.$$

Ainsi, on peut écrire pour toutes matrices $A, B \in \mathfrak{M}_n(\mathbb{C})$ les égalités :

$$\begin{aligned}
\overline{A} \times \overline{B} &= (\overline{a_{i,j}})_{1\leqslant i,j\leqslant n} (\overline{b_{i,j}})_{1\leqslant i,j\leqslant n} = \left(\sum_{k=1}^{n} \overline{a_{i,k}} \times \overline{b_{k,j}}\right)_{1\leqslant i,j\leqslant n} \\
&= \left(\overline{\sum_{k=1}^{n} a_{i,k}b_{k,j}}\right)_{1\leqslant i,j\leqslant n} = \overline{\left(\sum_{k=1}^{n} a_{i,k}b_{k,j}\right)_{1\leqslant i,j\leqslant n}} = \overline{A \times B} \\
{}^t(AB) &= {}^tB\,{}^tA \Rightarrow \forall s \in \mathbb{N},\ \left({}^tA\right)^s = {}^t(A^s) \Rightarrow \forall s \in \mathbb{N},\ (A^*)^s = (A^s)^*
\end{aligned}$$

(par une récurrence immédiate sur s). Par conséquent, si A est nilpotente d'indice p (c'est-à-dire $A^p = 0_n$) alors on dispose des formules suivantes :

$$\begin{aligned}
\forall k &\geqslant p, \quad A^k = 0_n \Rightarrow (A^*)^k = \left({}^t\overline{A}\right)^k = {}^t\left(\overline{A}^k\right) = {}^t\left(\overline{A^k}\right) = {}^t\left(\overline{0_n}\right) = 0_n \\
\forall k &< p, \quad m-k > m-p \geqslant 2p+1-p = p+1 > p \Rightarrow A^{m-k} = 0_n.
\end{aligned}$$

On en déduit la formule :

$$\sum_{k=0}^{m}\binom{m}{k}(A^*)^kA^{m-k}=\sum_{k=0}^{p-1}\binom{m}{k}(A^*)^k\underbrace{A^{m-k}}_{=0_n}+\sum_{k=p}^{m}\binom{m}{k}\underbrace{(A^*)^k}_{=0_n}A^{m-k}=0_n$$

donc A vérifie $(\mathcal{P})$.

2. *Soit $A\in\mathfrak{M}_n(\mathbb{R})$ vérifiant $(\mathcal{P})$ avec $A^*A=A^*A$. On peut alors appliquer la formule du binôme de Newton :*

$$(A^*+A)^m=\sum_{k=0}^{m}\binom{m}{k}(A^*)^kA^{m-k}=0_n.$$

Ainsi, la matrice A^*+A est nilpotente et, comme A est à coefficients réels, la matrice $A^*+A={}^tA+A$ est symétrique à coefficients réels. D'après le théorème spectral, elle est diagonalisable donc il existe une matrice inversible telle que :

$$A^*+A=P\operatorname{diag}(\lambda_1,..,\lambda_n)\,P^{-1}.$$

En outre, le spectre de ${}^tA+A=A^*+A$ est inclus dans $\{0\}$ (car le polynôme X^m annule ${}^tA+A$) donc :

$$\forall k\in\{1,..,n\},\lambda_k=0\Rightarrow{}^tA+A=P0_nP^{-1}=0_n\Rightarrow{}^tA=-A$$

c'est-à-dire que A est une matrice anti-symétrique à coefficients réels.
Réciproquement, si A est une matrice anti-symétrique à coefficients réels alors :

$$\begin{aligned}A^* &= {}^tA=-A\Rightarrow A^*A=-AA=A(-A)=AA^*,\\ A^*+A &= 0\Rightarrow(A^*+A)^m=0_n\Leftrightarrow\sum_{k=0}^{m}\binom{m}{k}(A^*)^kA^{m-k}=0_n\end{aligned}$$

(d'après la formule du binôme de Newton puisque $A^*A=AA^*$).
Au final, si $A\in\mathfrak{M}_n(\mathbb{R})$ alors (A vérifie $(\mathcal{P})$ avec $A^*A=AA^*$) si et seulement si (A est une matrice anti-symétrique).

3. *Soient $(X,Y)\in(\mathfrak{M}_{n,1}(\mathbb{C}))^2$ et $A\in\mathfrak{M}_n(\mathbb{C})$ alors*

$${}^t\overline{X}Y\in\mathfrak{M}_{1,1}(\mathbb{C})=\mathbb{C}.$$

En outre, d'après la formule de calcul établie à la question 1, on a l'égalité :

$$\left(e^A\right)^*=\left(\sum_{k=0}^{+\infty}\frac{A^k}{k!}\right)^*=\sum_{k=0}^{+\infty}\frac{\left(A^k\right)^*}{k!}=\sum_{k=0}^{+\infty}\frac{(A^*)^k}{k!}=e^{A^*}.$$

Commençons par remarquer que :

$$\begin{aligned}\phi_{X;Y} &: t\in\mathbb{R}\mapsto{}^t\overline{(e^{tA}X)}e^{tA}Y={}^t\left(\overline{e^{tA}X}\right)e^{tA}Y={}^t\overline{X}\,{}^t\overline{(e^{tA})}e^{tA}Y\\ &= {}^t\overline{X}\left(e^{tA}\right)^*e^{tA}Y={}^t\overline{X}\,e^{(tA)^*}e^{tA}Y\underset{t\in\mathbb{R}}{=}{}^t\overline{X}\,e^{tA^*}e^{tA}Y\in\mathbb{C}.\end{aligned}$$

Pour tout $B\in\mathfrak{M}_n(\mathbb{C})$, la fonction $\psi_B:t\mapsto e^{tB}$ est de classe C^∞ sur $\mathbb{R}$ et on a :

$$\psi_B'=B\psi_B\Rightarrow\forall k\in\mathbb{N},\,\psi_B^{(k)}=B^k\psi_B$$

(par une récurrence immédiate sur k). L'application

$$B_{X,Y}:\left\{\begin{array}{ccc}(\mathfrak{M}_n(\mathbb{C}))^2 & \to & \mathbb{C}\\ (U,V) & \mapsto & {}^t\overline{X}U^*VY\end{array}\right.$$

étant bilinéaire ($\mathfrak{M}_n(\mathbb{C})$ et $\mathbb{C}$ étant vu comme des $\mathbb{R}$-espaces vectoriels) en dimension finie, on en déduit que la fonction

$$B_{X,Y}(\psi_A,\psi_A)=\phi_{X,Y}$$

est de classe C^∞ sur $\mathbb{R}$. D'après la formule de Leibniz, on a :

$$\begin{aligned}\phi_{X,Y}^{(m)} &= \sum_{k=0}^{m}\tbinom{m}{k}B_{X,Y}\left(\psi_A^{(k)},\psi_A^{(m-k)}\right)=\sum_{k=0}^{m}\tbinom{m}{k}B_{X,Y}\left(A^k\psi_A,A^{m-k}\psi_A\right)\\ &: t\mapsto\sum_{k=0}^{m}\tbinom{m}{k}{}^t\overline{X}\left(A^ke^{tA}\right)^*A^{m-k}e^{tA}Y\\ &= \sum_{k=0}^{m}\tbinom{m}{k}{}^t\overline{X}\left(e^{tA}\right)^*\left(\left(A^*\right)^kA^{m-k}\right)e^{tA}Y\\ &= \overline{X}^t\left(e^{tA}\right)^*\underbrace{\left[\sum_{k=0}^{m}\tbinom{m}{k}\left(A^*\right)^kA^{m-k}\right]}_{=0}e^{tA}Y=0.\end{aligned}$$

Ainsi, la fonction $\phi_{X,Y}$ est une fonction polynomiale de degré au plus $m-1$.
Soit $(E_i)_{1\leqslant i\leqslant n}$ la base canonique de $\mathfrak{M}_{n,1}(\mathbb{C})$ (pour tout $i\in\{1,..,n\}$, E_i est la matrice colonne dont tous les coefficients sont nuls sauf celui de la position i qui vaut 1). Soit $B\in\mathfrak{M}_n(\mathbb{C})$. Un calcul direct montre que BE_j est la matrice colonne valant la j^e colonne de B donc

$${}^tE_iBE_j=B_{i,j}.$$

Par conséquent, pour tout $(i,j)\in\{1,..,n\}$, la fonction

$$\phi_{E_i,E_j}:t\mapsto\left(e^{tA^*}e^{tA}\right)_{i,j}$$

étant polynomiale, on en déduit que la matrice $e^{tA^*}e^{tA}$ est à coefficients polynomiaux (par rapport à t).

Commentaires 327 *Exercice plutôt facile pour ce concours. Les deux premières questions traitent de thèmes classiques et très proche du cours (sous le vernis de la notation A^*). La troisième question amène le candidat à dériver la fonction proposée (s'il ne le voit pas, l'interrogateur lui demandera). La seule difficulté étant d'observer qu'une matrice A est nulle si et seulement si, pour toute matrice colonne X,Y, ${}^tXAY=0$ (classique dans $\mathbb{R}$, il s'agit du produit scalaire de AY avec X qui est nul pour tout X donc $AY=0$ pour tout Y donc $A=0$).*

Exercice 328 (Centrale) **Thèmes : algèbre linéaire, équations différentielles, endomorphismes des espaces euclidiens, fonctions d'une variable réelle.**
Soit $T \in \mathbb{N}^*$ et l'espace vectoriel

$$E_T = \left\{ u \in \mathbb{R}^{\mathbb{Z}},\ \forall n \in \mathbb{Z}, u_{n+T} = u_n \right\}.$$

On introduit l'opérateur Δ de E_T dans lui-même défini par :

$$\forall u \in E_T, \forall n \in \mathbb{Z},\ (\Delta u)_n = u_{n+1} + u_{n-1} - 2u_n.$$

1. Vérifier que Δ est un endomorphisme de E_T. Quel est son noyau ?
2. Montrer $\mathrm{Im}(\Delta) = \left\{ v \in E_T,\ \sum_{n=0}^{T-1} v_n = 0 \right\}$.
3. Soit $b \in E_T$. Démontrer l'existence et l'unicité de $a \in \mathcal{C}^1(\mathbb{R}_+, E_T)$ tel que $a' = \Delta(a)$ et $a(0) = b$.
4. Montrer que Δ est un endomorphisme symétrique pour la norme euclidienne associé au produit scalaire

$$\forall (u,v) \in (E_T)^2,\ \langle u \mid v \rangle = \sum_{n=0}^{T-1} u_n v_n.$$

5. Quelle est la limite de a en $+\infty$?

Solution 328

1. ***Δ endomorphisme de E_T.*** *Soient $u = (u_n)_{n\in\mathbb{Z}} \in E_T$ c'est-à-dire $\forall n \in \mathbb{Z}$, $u_{n+T} = u_n$. Pour tout $n \in \mathbb{Z}$, on a :*

$$(\Delta u)_{n+T} = u_{n+1+T} + u_{n-1+T} - 2u_{n+T} = u_{n+1} + u_{n-1} - 2u_n = (\Delta u)_n$$

(car u est T-périodique) donc $\Delta u \in E_T$.
Soient $u = (u_n)_{n\in\mathbb{Z}}$ et $v = (v_n)_{n\in\mathbb{Z}}$ appartenant à E_T, λ et μ appartenant à $\mathbb{R}$, pour tout $n \in \mathbb{Z}$, on a :

$$\begin{aligned}
(\Delta(\lambda u + \mu v))_n &= (\lambda u + \mu v)_{n+1} + (\lambda u + \mu v)_{n-1} - 2(\lambda u + \mu v)_n \\
&= \lambda u_{n+1} + \mu v_{n+1} + \lambda u_{n-1} + \mu v_{n-1} - 2\lambda u_n - 2\mu v_n \\
&= \lambda(u_{n+1} + u_{n-1} - 2u_n) + \mu(v_{n+1} + v_{n-1} - 2v_n) \\
&= \lambda(\Delta u)_n + \mu(\Delta v)_n
\end{aligned}$$

c'est-à-dire que $\Delta(\lambda u + \mu v) = \lambda(\Delta u) + \mu(\Delta v)$ donc Δ est linéaire, ce qui prouve que Δ est un endomorphisme de E_T.
Noyau de Δ. *Soit $u = (u_n)_{n\in\mathbb{Z}} \in E_T$ alors :*

$$\begin{aligned}
u &\in \ker(\Delta) \Leftrightarrow \forall n \in \mathbb{Z},\ u_{n+1} + u_{n-1} - 2u_n = 0 \\
&\Rightarrow \forall n \in \mathbb{N},\ u_{n+1} + u_{n-1} - 2u_n = 0.
\end{aligned}$$

La suite $(u_n)_{n\in\mathbb{N}}$ est récurrente linéaire d'ordre 2 à coefficients constants. Son équation caractéristique est :

$$r^2 + 1 - 2r = 0 \Leftrightarrow (r-1)^2 = 0 \Leftrightarrow r = 1$$

donc il existe deux réels λ, μ *tels que :*

$$\forall n \in \mathbb{N},\, u_n = (\lambda n + \mu)\, 1^n = \lambda n + \mu.$$

Comme $(u_n)_{n\in\mathbb{N}}$ *est* T*-périodique avec* $T > 0$*, on a :*

$$u_T = u_0 \Leftrightarrow \lambda T + \mu = \mu \Leftrightarrow \lambda T = 0 \underset{\div T\neq 0}{\Leftrightarrow} \lambda = 0$$

donc la suite $(u_n)_{n\in\mathbb{N}}$ *est constante et vaut* μ*. Soit* $n \in \mathbb{Z}_-\setminus\{0\}$*. En effectuant la division euclidienne de* n *par* T*, il existe* $(q,r) \in \mathbb{Z}\times\{0,..,T-1\}$ *tel que :*

$$n = qT + r \Rightarrow u_n = u_{qT+r} = u_r$$

(car u *est* T*-périodique) et comme* $r \in \mathbb{N}$*, on peut affirmer que* $u_r = \mu$ *d'où* $u_n = \mu$ *pour tout* $n \in \mathbb{Z}_-\setminus\{0\}$*. Ainsi,* u *est constante sur* $\mathbb{Z}$*. Réciproquement, si* u *est constante sur* $\mathbb{Z}$*, il existe* $\mu \in \mathbb{R}$ *tel que :*

$$\forall n \in \mathbb{Z},\, u_n = \mu \Rightarrow (\Delta u)_n = u_{n+1} + u_{n-1} - 2u_n = \mu + \mu - 2\mu = 0$$

donc $u \in \ker(\Delta)$*. Par conséquent, on vient de montrer l'égalité ensembliste :*

$$\ker(\Delta) = \left\{(\mu)_{n\in\mathbb{Z}},\, \mu \in \mathbb{R}\right\} = \mathrm{Vect}\left((1)_{n\in\mathbb{Z}}\right).$$

2. *Notons*

$$F = \left\{ v \in E_T,\ \sum_{n=0}^{T-1} v_n = 0 \right\}.$$

On conviendra que, pour toute famille $(a_k)_k$ *de complexes,* $\displaystyle\sum_{k=s}^{t} a_k = 0$ *si* $t < s$*. On procède par double inclusion.*
Soit $v = (v_n)_{n\in\mathbb{Z}} \in \mathrm{Im}(\Delta)$*, il existe* $u = (u_n)_{n\in\mathbb{Z}}$ *telle que :*

$$v = \Delta u \Leftrightarrow \forall n \in \mathbb{Z},\, v_n = u_{n+1} + u_{n-1} - 2u_n.$$

On peut alors écrire :

$$\begin{aligned}
\sum_{n=0}^{T-1} v_n &= \sum_{n=0}^{T-1} u_{n+1} + \sum_{n=0}^{T-1} u_{n-1} - 2\sum_{n=0}^{T-1} u_n \\
&= \sum_{i=1}^{T} u_i + \sum_{j=-1}^{T-2} u_j - 2\sum_{n=0}^{T-1} u_n\, (i = k+1,\, j = k-1) \\
&= u_T + u_{T-1} + \sum_{i=1}^{T-2} u_i + u_{-1} + u_0 + \sum_{j=1}^{T-2} u_j \\
&\quad -2\left(u_0 + u_{T-1} + \sum_{n=1}^{T-2} u_n\right) \\
&= u_T + u_{-1} - u_0 - u_{T-1} = 0.
\end{aligned}$$

car, puisque u *est* T*-périodique, on a* $u_T = u_0$ *et* $u_{-1} = u_{T-1}$*. Ainsi, on a établi l'inclusion* $\mathrm{Im}(\Delta) \subset F$*. L'espace vectoriel* E_T *est de dimension finie car l'application*

$$\phi : u \in E_T \mapsto (u_k)_{0\leqslant k\leqslant T-1} \in \mathbb{R}^T$$

est un isomorphisme. En effet, ϕ *est surjective (si* $a = (a_k)_{0\leqslant k\leqslant T-1} \in \mathbb{R}^T$*, la suite* u *définie par :*

$$\forall n \in \mathbb{N}, \quad u_n = a_{n \bmod (T)}$$

(où $n \bmod (T)$ *est le reste de la division euclidienne de* n *par* T*) est* T*-périodique et* $\phi(u) = a$ *donc* ϕ *est surjective. Le noyau de* ϕ *est nul puisque, si* $\phi(u) = 0$*, alors* u *est nulle sur une « période »* $\{0, .., T-1\}$ *et comme* u *est* T*-périodique, on en déduit que* u *est identiquement nulle.*
Puisque $\mathbb{R}^T$ *est un espace vectoriel de dimension* T*, on en déduit que* E_T *est aussi un espace vectoriel de dimension* T*. Puisque* F *est le noyau de la forme linéaire*

$$\psi : u \in E_T \mapsto \sum_{n=0}^{T-1} u_n$$

qui n'est pas nulle (la suite constante u_0 *égale à* 1 *appartient à* E_T *et* $\phi(u_0) = T \neq 0$*) donc son noyau est dimension* $T-1$*. Puisque le noyau de* Δ *est dimension* 1*, le théorème du rang montre que* $\mathrm{rg}(\Delta) = T-1$ *d'où l'égalité*

$$F = \ker(\psi) = n - 1 = \mathrm{rg}(u) = \dim(\mathrm{Im}(\Delta)),$$

on peut affirmer l'égalité ensembliste :

$$F = \mathrm{Im}(\Delta).$$

3. Comme E_T *est un espace vectoriel normé de dimension finie, que* Δ *est un endomorphisme de* E *et que* $b \in E_T$*, le théorème de Cauchy-Lipschitz assure l'existence et l'unicité d'une solution au problème de Cauchy* $\begin{cases} u' = \Delta(u) \\ u(0) = b. \end{cases}$

4. Δ *est un endomorphisme de* E_T *et, pour tout* $(u, v) \in (E_T)^2$*, on a les égalités :*

$$\begin{aligned}
\langle \Delta(u) \mid v \rangle &= \sum_{n=0}^{T-1} (u_{n+1} + u_{n-1} - 2u_n) v_n \\
&= \sum_{n=0}^{T-1} u_{n+1} v_n + \sum_{n=0}^{T-1} u_{n-1} v_n - 2 \sum_{n=0}^{T-1} u_n v_n \\
&= \sum_{i=1}^{T} u_i v_{i-1} + \sum_{j=-1}^{T-2} u_j v_{j+1} - 2 \sum_{n=0}^{T-1} u_n v_n \ (i = n+1, \, j = n-1) \\
&= u_T v_{T-1} - u_0 v_{-1} + \sum_{i=0}^{T-1} u_i v_{i-1} + u_{-1} v_0 - u_{T-1} v_T \\
&\quad + \sum_{j=0}^{T-2} u_i v_{j+1} - 2 \sum_{n=0}^{T-1} u_n v_n.
\end{aligned}$$

Comme u *et* v *sont* T*-périodiques, la suite* $(u_n v_n)_{n\in\mathbb{Z}}$ *est* T*-périodique donc :*

$$u_0 v_{-1} = u_{0+T} v_{T+(-1)} = u_0 v_{T-1}, \; u_{-1} v_0 = u_{T+(-1)} v_{0+T} = u_{T-1} v_T.$$

On en déduit que la formule :

$$\langle \Delta(u) \mid v \rangle = \sum_{n=0}^{T-1} u_n (v_{n-1} + v_{n+1} - 2v_n) = \langle u \mid \Delta(v) \rangle$$

qui prouve que Δ *est un endomorphisme symétrique de* $(E_T, \langle | \rangle)$*.*

5. *Comme* Δ *est un endomorphisme symétrique de* $(E_T, \langle | \rangle)$, *le théorème spectral affirme qu'il existe une base orthonormée* $\mathcal{B} = (\varepsilon_1, .., \varepsilon_T)$ *de* E_T *formée de vecteurs propres de* Δ. *Soit* D *la matrice de* Δ *dans la base* $\mathcal{B}$ *alors* $D = \begin{pmatrix} \lambda_1 & & (0) \\ & \ddots & \\ (0) & & \lambda_n \end{pmatrix}$ *avec* $\lambda_1, .., \lambda_n$ *les valeurs propres de* D *(qui appartiennent donc à* $\mathbb{R}$*). Pour tout* $t \in \mathbb{R}$, *on note*
$A(t) = \begin{pmatrix} a_1(t) \\ \vdots \\ a_T(t) \end{pmatrix}$ *la matrice (des coordonnées) de* $a(t)$ *dans la base* $\mathcal{B}$ *et* $B = \begin{pmatrix} \widetilde{b_1} \\ \vdots \\ \widetilde{b_T} \end{pmatrix}$ *la matrice (des coordonnées) de* b *dans la base* $\mathcal{B}$. *J'utilise la notation «˜» pour éviter les confusions ultérieures entre les indices de la suite* b *et ses coordonnées dans la base* $\mathcal{B}$*).*
On dispose des équivalences suivantes valables pour pour tout réel t :

$$\begin{aligned}
\left\{\begin{array}{c} A'(t) = DA(t) \\ A(0) = b \end{array}\right. &\Leftrightarrow \forall k \in \{1, .., n\}, \left\{\begin{array}{c} a_k'(t) = \lambda_k a_k(t) \\ a_k(0) = \widetilde{b_k} \end{array}\right. \\
&\Leftrightarrow \forall k \in \{1, .., n\}, \exists C_k \in \mathbb{R}, \left\{\begin{array}{c} a_k(t) = C_k e^{\lambda_k t} \\ a_k(0) = \widetilde{b_k} \end{array}\right. \\
&\Leftrightarrow (\mathcal{E}) : \forall k \in \{1, .., n\}, a_k(t) = \widetilde{b_k} e^{\lambda_k t}.
\end{aligned}$$

Pour déterminer la limite en $t \mapsto u(t)$ *en* $+\infty$ *revient à déterminer la limite de* $t \mapsto u_k(t)$ *en* $+\infty$ *pour chaque* $k \in \{1, .., n\}$ *c'est-à-dire à déterminer le signe de chaque* λ_k. *Soit* λ *une valeur propre de* Δ *et* $u \in E_T \backslash \{0\}$ *un vecteur propre associé. On a l'égalité :*

$$\Delta u = \lambda \Rightarrow \langle \Delta(u) \mid u \rangle = \langle \lambda u \mid u \rangle = \lambda \langle u \mid u \rangle$$

donc, en divisant par $\langle u \mid u \rangle = \|u\|^2 > 0$, *on en déduit la formule :*

$$\lambda = \frac{\langle \Delta(u) \mid u \rangle}{\|u\|^2}.$$

Déterminons le signe de $\langle \Delta(u) \mid u \rangle$ *lorsque* $u \in E_T \backslash \{0\}$. *Un calcul direct montre que :*

$$\langle \Delta(u) \mid u \rangle = \sum_{n=0}^{T-1} u_{n+1} u_n + \sum_{n=0}^{T-1} u_{n-1} u_n - 2 \sum_{n=0}^{T-1} (u_n)^2.$$

En utilisant le changement de variable $i = n - 1$ *dans la seconde somme, on a :*

$$\begin{aligned}
\sum_{n=0}^{T-1} u_{n-1} u_n &= \sum_{i=-1}^{T-2} u_i u_{i+1} = \underbrace{u_{-1}}_{=u_{T-1}} u_0 - u_{T-1} \underbrace{u_T}_{=u_0} + \sum_{i=0}^{T-1} u_i u_{i+1} \\
&= \sum_{i=0}^{T-1} u_i u_{i+1} = \sum_{i=0}^{T-1} u_{i+1} u_i = \langle v \mid u \rangle
\end{aligned}$$

si l'on pose $v = (u_{n+1})_{n \in \mathbb{Z}}$. *Par conséquent, on en déduit la formule :*

$$\langle \Delta(u) \mid u \rangle = 2\left(\langle v \mid u \rangle - \|u\|^2\right).$$

Or, d'après l'inégalité de Cauchy-Schwarz, on a

$$\langle v \mid u \rangle \leqslant \|v\| \|u\|$$

et comme on a :

$$\|v\| = \sqrt{\sum_{n=0}^{T-1} (v_n)^2} = \sqrt{\sum_{n=0}^{T-1} (u_{n+1})^2} \underset{i=n+1}{=} \sqrt{\sum_{i=1}^{T} (u_i)^2} = \|u\|$$

(car $u_T = u_0$), on en déduit la majoration :

$$\langle \Delta (u) \mid u \rangle \leqslant 0 \Rightarrow \lambda = \frac{\langle \Delta (u) \mid u \rangle}{\|u\|^2} \leqslant 0.$$

Ainsi, toutes les valeurs propres de Δ sont négatives. D'après la question 1,

$$\ker (\Delta) = \text{Vect}\left((1)_{n\in\mathbb{Z}}\right)$$

est non nul donc 0 est valeur propre de Δ et son espace propre est de dimension 1. Quitte à réordonner la base $\mathcal{B}$, on peut supposer que

$$\varepsilon_0 = \frac{(1)_{n\in\mathbb{Z}}}{\left\|(1)_{n\in\mathbb{Z}}\right\|} = \frac{1}{\sqrt{T}} (1)_{n\in\mathbb{Z}} \text{ (car } \left\|(1)_{n\in\mathbb{Z}}\right\| = \sqrt{\sum_{n=0}^{T-1} 1^2} = \sqrt{T}),$$

que $\lambda_1 = 0$ et que, pour tout $k \in \{2, .., T\}$, ε_k est un vecteur propre associé à la valeur propre $\lambda_k < 0$. Les équations $(\mathcal{E})$ montre que :

$$\begin{aligned} a_1 (t) &= \widetilde{b_1} \underset{t\to+\infty}{\to} \widetilde{b_1}, \forall k \in \{2, .., T\}, a_k (t) = \widetilde{b_k} e^{\lambda_k t} \underset{t\to+\infty}{\to} 0 \\ &\Rightarrow a (t) \underset{t\to+\infty}{\to} \widetilde{b_1}\varepsilon_1 + \sum_{k=2}^{T} 0\varepsilon_k = \widetilde{b_1}\varepsilon_1. \end{aligned}$$

Comme $(\varepsilon_k)_{1\leqslant k\leqslant T}$ est une base orthonormée de E_T, on peut affirmer que :

$$\begin{aligned} \widetilde{b_1} &= \langle b \mid \varepsilon_1 \rangle = \left\langle (b_n)_{n\in\mathbb{Z}} \mid \frac{1}{\sqrt{T}} (1)_{n\in\mathbb{Z}} \right\rangle = \frac{1}{\sqrt{T}} \sum_{k=0}^{T-1} b_k \\ &\Rightarrow \lim_{t\to+\infty} a (t) = \widetilde{b_1}\varepsilon_1 = \frac{1}{T} \left(\sum_{k=0}^{T-1} b_k\right) (1)_{n\in\mathbb{Z}} = \left(\frac{1}{T} \sum_{k=0}^{T-1} b_k\right)_{n\in\mathbb{Z}} \end{aligned}$$

c'est-à-dire que a tend vers en $+\infty$ vers la valeur moyenne de b sur une période.

Commentaires 328 *Exercice original et suffisamment progressif pour ce concours.*
Question 1 : Il s'agit d'une application directe du cours donc elle ne doit pas poser de difficulté particulière.
Question 2 : Le point clé est d'observer que E_T est un espace de dimension finie pour simplifier considérablement les raisonnements.
Question 3 : En fait, il s'agit ... d'une question de cours !
Question 4 : Il n'y aucune difficulté conceptuelle ni d'imagination particulière dans cette question. Il est attendu uniquement une gestion correcte des calculs.
Question 5 : Il est attendu du candidat certains automatismes : invoquer le théorème spectral, ramener l'équation différentielle au cas diagonale ($X' = DX$ avec D diagonale) et de s'intéresser au signe des valeurs propres. Pour répondre à cette dernier question, l'interrogateur proposera d'étudier le signe de $\langle \Delta u \mid u \rangle$ et l'inégalité de Cauchy-Schwarz sera l'élément clé pour conclure. Le signe de $\langle \Delta u \mid u \rangle$ étant connu, il est classique de retrouver le signe des valeurs propres.

Exercice 329 (Centrale) **Intégration, variables aléatoires.**

1. Donner un résultat du cours relatif aux sommes de Riemann. Démonstration dans le cas où f est de classe $\mathcal{C}^1$.
2. On considère n personnes jouant à un jeu ($n \geqslant 2$) où est (/sont) déclaré(s) vainqueur(s) celui (/ceux) ayant le plus de points.
On note alors, pour k entre 1 et n, X_k la variable aléatoire à valeurs dans $\mathbb{N}$ comptant le nombre de points du joueur k.
On suppose ces variables mutuellement indépendantes, suivant la même loi, et on pose la fonction F défini sur $\mathbb{N}$ par :
$$\forall t \in \mathbb{N},\ F(t) = P(X_1 \leqslant t).$$
Enfin, on pose V_n l'événement : « il n'y a qu'un seul vainqueur ».
Montrer que :
$$P(V_n) = n \sum_{k=0}^{\infty} P(X_1 = k+1) F(k)^{n-1}.$$
On suppose juste pour cette question que X_1 suit une loi uniforme sur $[\![0, m]\!]$ (où m est un entier naturel).
Déterminer la limite de $P(V_n)$ quand m tend vers l'infini. Ce résultat paraît-il cohérent ?
3. On suppose maintenant que la variable aléatoire X_1 ne prend qu'un nombre fini de valeurs.
Montrer que :
$$\lim_{n \to \infty} P(V_n) = 0.$$
Ce résultat parait-il cohérent ?

Solution 329

1. ***Énoncé.*** *Soit* $f : [a,b] \to \mathbb{C}$ *une fonction continue. Pour tout* $n \in \mathbb{N}^*$, *on pose :*

$$S_n(f) = \frac{b-a}{n} \sum_{k=0}^{n-1} f\left(a + k\frac{b-a}{n}\right) \quad \textit{alors} \quad \lim_{n \to +\infty} S_n(f) = \int_a^b f.$$

Preuve. *Pour tout* $k \in \{0, .., n\}$, *on pose* $a_k = a + k\dfrac{b-a}{n}$ *alors :*

$$\forall k \in \{0, .., n-1\},\ a_{k+1} - a_k = \frac{b-a}{n}$$
$$\int_{a_k}^{a_{k+1}} f(a_k)\,dt = f(a_k) \int_{a_k}^{a_{k+1}} dt = f(a_k)(a_{k+1} - a_k) = \frac{b-a}{n} f(a_k)$$
$$S_n(f) = \sum_{k=0}^{n} \frac{b-a}{n} f(a_k) = \sum_{k=0}^{n-1} \int_{a_k}^{a_{k+1}} f(a_k)$$

Comme

$$a_0 = a < a_1 < \cdots < a_{n-1} < a_n = b,$$

la relation de Chasles permet d'écrire :

$$\int_a^b f(t)\,dt = \sum_{k=0}^{n-1} \int_{a_k}^{a_{k+1}} f(t)\,dt.$$

Si on pose

$$E_n = \left| \int_a^b f(t)\,dt - S_n(f) \right|,$$

on en déduit la majoration suivante :

$$E_n = \left| \sum_{k=0}^{n-1} \int_{a_k}^{a_{k+1}} (f(t) - f(a_k))\,dt \right| \leqslant \sum_{k=0}^{n-1} \int_{a_k}^{a_{k+1}} |f(t) - f(a_k)|\,dt.$$

Comme f est de classe C^1 sur $[a,b]$, f' est continue sur le segment $[a,b]$ donc $\sup_{[a,b]} |f'| = \|f'\|_\infty$ *existe. D'après l'inégalité des accroissements finis, on a :*

$$\forall (x,y) \in [a,b],\ |f(x) - f(y)| \leqslant \|f'\|_\infty |x-y|.$$

On peut alors écrire :

$$\begin{aligned}
0 \leqslant E_n &\leqslant \sum_{k=0}^{n-1} \int_{a_k}^{a_{k+1}} \|f'\|_\infty |t - a_k|\,dt \underset{(*)}{=} \sum_{k=0}^{n-1} \|f'\|_\infty \int_{a_k}^{a_{k+1}} \underbrace{(t-a_k)}_{\leqslant a_{k+1}-a_k=(b-a)/n} dt \\
&\leqslant \|f'\|_\infty \frac{b-a}{n} \sum_{k=0}^{n-1} \int_{a_k}^{a_{k+1}} dt = \|f'\|_\infty \frac{b-a}{n} \int_{a_0}^{a_n} dt = \|f'\|_\infty \frac{b-a}{n} \int_a^b dt \\
&= \|f'\|_\infty \frac{(b-a)^2}{n}.
\end{aligned}$$

Comme $\lim_{n\to+\infty} \|f'\|_\infty \frac{(b-a)^2}{n} = 0$, *le théorème d'encadrement montre que*

$$\lim_{n\to+\infty} E_n = 0 \Leftrightarrow \lim_{n\to+\infty} S_n(f) = \int_a^b f(t)\,dt.$$

2. $\boxed{P(V_n) = n \sum_{k=0}^{\infty} P(X_1 = k+1) F(k)^{n-1}.}$ *Numérotons 1, 2, .., n les n personnes. Pour tout $i \in \{1,..,n\}$, on considère l'évènement A_i : « le joueur numéro i est le seul vainqueur ». Les événements $A_1,..,A_n$ sont deux à deux incompatibles et on a la formule :*

$$V_n = \bigcup_{i=1}^{n} A_i \Rightarrow P(V_n) = \sum_{i=1}^{n} P(A_i).$$

Soit $i \in \{1, .., n\}$, la famille $(X_i)_{i \in \mathbb{N}}$ est un système complet d'évènements donc, d'après la formule des probabilités totales, on a :

$$P(A_i) = \sum_{k=0}^{+\infty} P((X_i = k) \cap A_i).$$

Pour tout $k \in \mathbb{N}$, l'évènement $(X_i = k) \cap A_i$ signifie que le joueur numéro i a k points et qu'il est le seul vainqueur c'est-à-dire qu'il a k points et que chacun des autres joueurs a au plus $k - 1$ points. Par conséquent, pour tout entier k, on a l'égalité ensembliste suivante :

$$(X_i = k) \cap A_i = (X_i = k) \cap \bigcap_{j \in \{1,..,n\} \setminus \{i\}} (X_j \leqslant k - 1).$$

Les variables $X_1, .., X_n$ étant mutuellement indépendantes, on peut écrire :

$$P((X_i = k) \cap A_i) = P(X_i = k) \prod_{j \in \{1,..,n\}} P(X_j \leqslant k - 1)$$

Comme les variables $X_1, .., X_n$ ont la même loi, on a :

$$\forall j \in \{1, .., n\} \setminus \{i\}, P(X_j \leqslant k - 1) = P(X_1 \leqslant k - 1) = F(k - 1)$$
$$P(X_i = k) = P(X_1 = k)$$

d'où les égalités suivantes :

$$\begin{aligned} \forall k &\in \mathbb{N}, P((X_i = k) \cap A_i) = P(X_1 = k)(F(k-1))^{n-1} \\ P(A_i) &= \sum_{k=0}^{+\infty} P(X_1 = k)(F(k-1))^{n-1} \underset{k=j+1}{\overset{j=k-1}{=}} \sum_{j=-1}^{+\infty} P(X_1 = j+1)(F(j))^{n-1} \\ &= \sum_{j=0}^{+\infty} P(X_1 = j+1)(F(j))^{n-1} \end{aligned}$$

car $F(-1) = P(X_1 \leqslant -1) = 0$ (puisque X_1 est à valeurs dans $\mathbb{N}$). Ainsi, toutes les probabilités $(P(A_i))_{1 \leqslant i \leqslant n}$ sont égales donc on obtient la formule :

$$P(V_n) = nP(A_1) = n \sum_{j=0}^{+\infty} P(X_1 = j+1)(F(j))^{n-1}.$$

| *X_1 **suit la loi uniforme sur** $\{0, .., m\}$.* | *Par définition, on a :*

$$X_1(\Omega) = \{0, .., m\}, \forall k \in \{0, .., m\}, P(X_1 = k) = \frac{1}{m+1}.$$

En particulier, on a $P(X_1 = k) = 0$ si $k > m$. Explicitons $F(j)$ lorsque $j \in \{0, .., m\}$. On a :

$$\begin{aligned} P(X_1 \leqslant j) &= P\left(\bigcup_{k=0}^{k} (X_1 = k)\right) \underset{disjointe}{\overset{union}{=}} \sum_{k=0}^{j} P(X_1 = k) \\ &= \sum_{k=0}^{j} \frac{1}{m+1} = \frac{j+1}{m+1}, \end{aligned}$$

ce qui nous permet d'écrire :

$$\begin{aligned} P(V_n) &= n\sum_{j=0}^{m-1} P(X_1=j+1)(F(j))^{n-1} = \frac{n}{m+1}\sum_{j=0}^{m-1}\left(\frac{j+1}{m+1}\right)^{n-1} \\ &= \frac{1}{m+1}\sum_{k=1}^{m} n\left(\frac{k}{m+1}\right)^{n-1} \quad (j=k+1). \end{aligned}$$

On considère la fonction

$$f:\left\{\begin{array}{ccc} [0,1] & \to & \mathbb{R} \\ x & \mapsto & nx^{n-1} \end{array}\right.$$

qui est continue sur $[0,1]$. *Pour tout entier* $m \geqslant 1$, *on pose :*

$$S_m(f) = \frac{1}{m}\sum_{k=0}^{m-1} f\left(\frac{k}{m}\right) = \frac{1}{m}\sum_{k=0}^{m-1} \underbrace{n\left(\frac{k}{m}\right)^{n-1}}_{=0 \text{ si } k=0} = \frac{1}{m}\sum_{k=1}^{m-1} n\left(\frac{k}{m}\right)^{n-1}$$

D'après la question 1, on peut affirmer que :

$$\lim_{m\to+\infty} S_m(f) = \int_0^1 nx^{n-1}dx = [x^n]_{x=0}^{x=1} = 1.$$

Comme

$$n\left(\frac{k}{m}\right)^{n-1} = 0 \text{ si } k=0 \text{ et } n\left(\frac{k}{m}\right)^{n-1} = n \text{ si } k=m,$$

on obtient :

$$P(V_n) = \frac{1}{m+1}\sum_{k=1}^{m} n\left(\frac{k}{m+1}\right)^{n-1} = S_{m+1}(f) \underset{m\to+\infty}{\to} 1.$$

Interprétation. *Lorsque* $m \to +\infty$, *le score de chaque joueur appartient à un ensemble très grand alors que le nombre de joueurs est fixe. donc il y a de moins en moins de chance que deux joueurs puissent obtenir le même score. En particulier, il est très peu probable que deux joueurs aient le score maximal c'est-à-dire qu'il y ait deux gagnant. Le résultat est ainsi cohérent.*

3. *On note* m *la plus grande valeur prise par* X_1 *donc* $P(X_1=j)=0$ *si* $j>m$. *La question 1 permet alors d'écrire :*

$$\mathbb{P}(V_n) = \sum_{k=0}^{m-1} \mathbb{P}(X_1=k+1)\left[nF(k)^{n-1}\right].$$

Pour tout $k \in \{0,..,m-1\}$, *on a* $k<m$ *et comme* m *est la valeur maximale de* X_1, *on a l'inclusion suivante :*

$$(X_1=m) = (X_1 \geqslant m) \subset (X_1 > k)$$

d'où les inégalités suivantes :

$$P(X_1=m) \geqslant P(X_1>k) \Rightarrow$$
$$0 \leqslant F(k) = P(X_1 \leqslant k) = 1 - P(X_1>k) \leqslant 1 - P(X_1=m) < 1$$

(car $P(X_1 = m) > 0$ puisque m est une valeur prise de X_1). D'après les croissances comparées, on peut affirmer que

$$\lim_{n\to+\infty} n\,(F(k))^{n-1} = 0 \Rightarrow \lim_{n\to+\infty} P(X_1 = k+1)\left[nF(k)^{n-1}\right] = 0.$$

Comme $P(V_n)$ est une somme d'un nombre fini (par rapport à n) de suites tendant vers 0, on peut affirmer que $\lim_{n\to+\infty} P(V_n) = 0$.

Interprétation. *Quand $n \to +\infty$, le nombre de joueurs devient très grand alors que les scores possibles de chaque joueur appartiennent à un ensemble fixe fini. Ainsi, pour chaque score, il y a une très forte probabilités qu'un score donné soit réalisé par de nombreux joueurs. En particulier, il est très probable qu'un grand nombre de joueurs aient le plus haut score c'est-à-dire qu'il y ait plusieurs gagnants. Ainsi, le résultat est cohérent.*

Commentaires 329 *Exercice original, très progressif et relativement facile pour ce concours. Les raisonnements menés à la question 2 sont tout à fait standard et s'ils vous ont posé des problèmes relativement importants, il faut les retravailler.*

Exercice 330 (Centrale) **Thèmes : algèbre linéaire, endomorphismes des espaces euclidiens, espaces vectoriels normés.**
On note $\mathrm{SO}_n(\mathbb{R})$ le groupe des matrices spéciales orthogonales, et F_n le sous-espace vectoriel qu'elles engendrent. Considérons le produit scalaire $\langle A \mid B\rangle = \mathrm{Tr}\,({}^tAB)$.

1. Cas $n = 2$. Montrer que

$$F_2 = \left\{\begin{pmatrix} a & -b \\ b & a\end{pmatrix} \ / \ (a,b) \in \mathbb{R}\right\}.$$

2. On suppose désormais $n \geqslant 3$.
   (a) Montrer que $\forall A \in \mathcal{A}_n(\mathbb{R}),\ \exp(A) \in \mathrm{SO}_n(\mathbb{R})$.
   (b) Montrer que $\mathcal{A}_n(\mathbb{R})^{\perp} = \mathcal{S}_n(\mathbb{R})$.
3. Montrer que $F_n = \mathfrak{M}_n(\mathbb{R})$.

Solution 330

1. Notons :

$$\begin{aligned} G &= \left\{\begin{pmatrix} a & -b \\ b & a\end{pmatrix} \ / \ (a,b) \in \mathbb{R}\right\} = \left\{a\begin{pmatrix} 1 & 0 \\ 0 & 1\end{pmatrix} + b\begin{pmatrix} 0 & -1 \\ 1 & 0\end{pmatrix} \ / \ (a,b) \in \mathbb{R}\right\} \\ &= \mathrm{Vect}\left(\begin{pmatrix} 1 & 0 \\ 0 & 1\end{pmatrix}, \begin{pmatrix} 0 & -1 \\ 1 & 0\end{pmatrix}\right) \end{aligned}$$

qui est un $\mathbb{R}$-espace vectoriel. D'après le cours, si $A \in \mathrm{SO}_2(\mathbb{R})$, il existe $\theta \in \mathbb{R}$ tel que

$$A = \begin{pmatrix} \cos(\theta) & -\sin(\theta) \\ \sin(\theta) & \cos(\theta)\end{pmatrix} \in G.$$

Comme G est un $\mathbb{R}$-espace vectoriel, on est assuré de l'inclusion :

$$F_2 = \mathrm{Vect}\,(A,\ A \in \mathrm{SO}_2(\mathbb{R})) \subset G.$$

Soit $M \in G$*, il existe* $(a,b) \in \mathbb{R}^2$ *tel que* $M = \begin{pmatrix} a & -b \\ b & a \end{pmatrix}$. *Le complexe* $z = a + ib$ *possède une écriture exponentielle c'est-à-dire qu'il existe* $(r,\theta) \in \mathbb{R}_+ \times \mathbb{R}$ *tel que*

$$\begin{aligned} z &= re^{i\theta} \Leftrightarrow a + ib = r\cos(\theta) + ir\sin(\theta) \Leftrightarrow \begin{cases} a = r\cos(\theta) \\ b = r\sin(\theta) \end{cases} \Rightarrow \\ M &= \begin{pmatrix} r\cos(\theta) & -r\sin(\theta) \\ r\sin(\theta) & r\cos(\theta) \end{pmatrix} = r\underbrace{\begin{pmatrix} \cos(\theta) & -\sin(\theta) \\ \sin(\theta) & \cos(\theta) \end{pmatrix}}_{\in \mathrm{SO}_2(\mathbb{R})} \in F_2. \end{aligned}$$

Ainsi, nous venons de montrer l'inclusion $G \subset F_2$ *d'où l'égalité* $F_2 = G$.

2. (a) *Soit* $A \in \mathcal{A}_n(\mathbb{R})$ *alors* ${}^tA = -A$ *donc on peut écrire :*

$$\begin{aligned} {}^t(\exp(A)) &= {}^t\left(\sum_{k=0}^{+\infty} \frac{A^k}{k!}\right) = \sum_{k=0}^{+\infty} \frac{{}^t(A^k)}{k!} \underset{(*)}{=} \sum_{k=0}^{+\infty} \frac{({}^tA)^k}{k!} \\ &= \sum_{k=0}^{+\infty} \frac{(-A)^k}{k!} = \exp(-A) = (\exp(A))^{-1} \\ &\Rightarrow {}^t(\exp(A))\exp(A) = I_n \end{aligned}$$

(∗) *car, pour tous* $(M,N) \in (\mathfrak{M}_n(\mathbb{R}))^2$*, on a la formule*

$$ {}^t(MN) = {}^tN{}^tM \Rightarrow \forall k \in \mathbb{N},\ {}^t(A^k) = ({}^tA)^k.$$

Il reste à montrer que $\exp(A)$ *est de déterminant* 1 *pour conclure. Pour cela, nous allons utiliser la réduction dans* $\mathfrak{M}_n(\mathbb{C})$.
La matrice A *est aussi à coefficients complexes (car* $\mathbb{R} \subset \mathbb{C}$*) donc elle est trigonalisable dans* $\mathfrak{M}_n(\mathbb{C})$ *(puisque son polynôme caractéristique est de degré* $n \geqslant 1$ *donc il est scindé sur* $\mathbb{C}[X]$ *d'après le théorème de Cayley-Hamilton). Ainsi, il existe une matrice inversible* $P \in \mathrm{GL}_n(\mathbb{C})$ *et une matrice triangulaire* $T = \begin{pmatrix} \lambda_1 & & (*) \\ & \ddots & \\ (0) & & \lambda_n \end{pmatrix}$ *telle que* $A = PTP^{-1}$. *Comme* T *est triangulaire, pour tout entier* k, T^k *est triangulaire et on a les formules suivantes :*

$$\begin{aligned} T^k &= \begin{pmatrix} \lambda_1^k & & (*) \\ & \ddots & \\ (0) & & \lambda_n^k \end{pmatrix} \Rightarrow \exp(A) = \sum_{k=0}^{+\infty} \frac{A^k}{k!} = \sum_{k=0}^{+\infty} \frac{(PTP^{-1})^k}{k!} \\ &= \sum_{k=0}^{+\infty} \frac{PT^kP^{-1}}{k!} = P\left(\sum_{k=0}^{+\infty} \frac{T^k}{k!}\right)P^{-1} = P\begin{pmatrix} \sum_{k=0}^{+\infty} \frac{\lambda_1^k}{k!} & & (*) \\ & \ddots & \\ (0) & & \sum_{k=0}^{+\infty} \frac{\lambda_n^k}{k!} \end{pmatrix}P^{-1} \\ &= P\begin{pmatrix} \exp(\lambda_1) & & (*) \\ & \ddots & \\ (0) & & \exp(\lambda_n) \end{pmatrix}P^{-1}. \end{aligned}$$

Le déterminant étant invariant par conjugaison et la matrice $\begin{pmatrix} \exp(\lambda_1) & & (*) \\ & \ddots & \\ (0) & & \exp(\lambda_n) \end{pmatrix}$ *étant triangulaire, on obtient l'égalité suivante :*

$$\begin{aligned} \det(\exp(A)) &= \det \begin{pmatrix} \exp(\lambda_1) & & (*) \\ & \ddots & \\ (0) & & \exp(\lambda_n) \end{pmatrix} = \prod_{k=1}^{n} \exp(\lambda_k) \\ &= \exp\left(\sum_{k=1}^{n} \lambda_k\right) \underset{(*)}{=} \exp(\mathrm{Tr}(A)) \underset{(**)}{=} \exp(0) = 1 \end{aligned}$$

$(*)$ *car* $A = PTP^{-1}$ *donc* $\sum_{k=1}^{n} \lambda_k = \mathrm{Tr}(T) = \mathrm{Tr}(A)$

$(**)$ *A étant anti-symétrique, tous ses coefficients diagonaux sont nuls et sa trace est la somme de ses coefficients diagonaux.*

(b) Soit $S \in \mathcal{S}_n(\mathbb{R})$ *(i.e.* ${}^tS = S$*) alors, pour tout* $A \in \mathcal{A}_n(\mathbb{R})$ *(i.e.* ${}^tA = -A$*) donc :*

$$\begin{aligned} \langle A \mid S \rangle &= \mathrm{Tr}\left({}^tAS\right) = \mathrm{Tr}(-AS) \underset{{}^tS=S}{=} -\mathrm{Tr}\left(A{}^tS\right) \underset{\mathrm{Tr}(UV)=\mathrm{Tr}(VU)}{=} -\mathrm{Tr}\left({}^tSA\right) \\ &= -\langle S \mid A \rangle \underset{\text{symétrique}}{\overset{\langle | \rangle}{=}} -\langle A \mid S \rangle \Rightarrow 2\langle A \mid S \rangle = 0 \Rightarrow \langle A \mid S \rangle \end{aligned}$$

c'est-à-dire $S \in (\mathcal{A}_n(\mathbb{R}))^{\perp}$, *ce qui prouve l'inclusion ensembliste* $\mathcal{S}_n(\mathbb{R}) \subset (\mathcal{A}_n(\mathbb{R}))^{\perp}$. *Pour conclure à l'égalité, il suffit de montrer que ces deux espaces vectoriels ont même dimension. D'une part, on a :*

$$\dim(\mathcal{S}_n(\mathbb{R})) = \frac{n(n+1)}{2}, \ \dim(\mathcal{A}_n(\mathbb{R})) = \frac{n(n-1)}{2}$$

et d'autre part, d'après la dimension d'un orthogonal en dimension finie, on a :

$$\begin{aligned} \dim\left((\mathcal{A}_n(\mathbb{R}))^{\perp}\right) &= \dim(\mathfrak{M}_n(\mathbb{R})) - \dim(\mathcal{A}_n(\mathbb{R})) = n^2 - \frac{n(n-1)}{2} \\ &= \frac{2n^2 - n^2 + n}{2} = \frac{n(n+1)}{2} = \dim(\mathcal{S}_n(\mathbb{R})). \end{aligned}$$

3. Comme $(\mathfrak{M}_n(\mathbb{R}), \langle | \rangle)$ *est un espace euclidien et que* F_n *est un sous-espace vectoriel de* $\mathfrak{M}_n(\mathbb{R})$, *on a l'égalité ensembliste :*

$$F_n \oplus (F_n)^{\perp} = \mathfrak{M}_n(\mathbb{R}).$$

Ainsi, l'égalité recherchée est équivalente à montrer que $(F_n)^{\perp} = \{0_n\}$. *Notons* $(E_1, .., E_n)$ *la base canonique de* $\mathfrak{M}_{n,1}(\mathbb{R})$. *Pour tout* $(i,j) \in \{1,..,n\}^2$ *avec* $i \neq j$, *on note :*

— $R_{i,j}$ *la matrice de* $\mathfrak{M}_n(\mathbb{R})$ *telle que, pour tout* $k \in \{1,..,n\} \setminus \{i,j\}$, *la* k^e *colonne de* $R_{i,j}$ *vaut* E_k, *la* i^e *colonne de* $R_{i,j}$ *vaut* E_j *et la* j^e *colonne de* $R_{i,j}$ *vaut* $-E_i$ *(la matrice* $R_{i,j}$ *représente la rotation d'angle* $\frac{\pi}{2}$ *dans le plan* $\mathrm{Vect}(E_i, E_j)$ *envoyant* E_i *sur* E_j *et* E_j *sur* $-E_i$*) c'est-à-dire :*

$$R_{i,j} = \left(\sum_{k \in \{1,..,n\} \setminus \{i;,j\}} E_{k,k}\right) + E_{j,i} - E_{i,j}.$$

— $D_{i,j}$ *la matrice diagonale dont tous les coefficients valent* 1 *saut les* i^e *et* j^e *qui valent* -1 *c'est-à-dire :*

$$D_{i,j} = \left(\sum_{k\in\{1,..,n\}\setminus\{i;,j\}} E_{k,k} \right) - E_{i,i} - E_{j,j}.$$

Par construction, pour chaque $(i,j) \in \{1,..,n\}^2$ *avec* $i \neq j$*, les matrices* $R_{i,j}$ *et* $D_{i,j}$ *sont orthogonales (ses colonnes sont, à une permutation et au signe près, de la base canonique de* $\mathfrak{M}_{n,1}(\mathbb{R})$*) et leurs déterminants vaut* 1*. C'est immédiat pour* $D_{i,j}$*. Pour* $R_{i,j}$*, on remarque qu'en échangeant ses* i^e *et* j^e *colonnes (donc* $\det(R_{i,j})$ *devient* $-\det(R_{i,j})$*), on aboutit au déterminant de la matrice diagonale dont tous les coefficients valent* 1 *sauf le* i^e *qui vaut* -1*, ce déterminant vaut* -1 *donc*

$$-\det(R_{i,j}) = -1 \Rightarrow \det(R_{i,j}) = 1).$$

Ainsi, les matrices $R_{i,j}$ *et* $D_{i,j}$ *appartiennent à* $\mathrm{SO}_n(\mathbb{R})$*. Soit* $M \in (F_n)^{\perp}$ *alors, pour tout* $(i,j) \in \{1,..,n\}^2$ *avec* $i \neq j$*, on a les égalités :*

$$\left\{ \begin{array}{l} \langle M \mid R_{i,j}\rangle = 0 \\ \langle M \mid D_{i,j}\rangle = 0 \end{array} \right. \Leftrightarrow \left\{ \begin{array}{l} \displaystyle\sum_{k\in\{1,..,n\}\setminus\{i;,j\}} \langle M \mid E_{k,k}\rangle + \langle M \mid E_{j,i}\rangle - \langle M \mid E_{i,j}\rangle = 0 \\ \displaystyle\sum_{k\in\{1,..,n\}\setminus\{i;,j\}} \langle M \mid E_{k,k}\rangle - \langle M \mid E_{j,i}\rangle - \langle M \mid E_{i,j}\rangle = 0 \end{array} \right.$$

Or, pour tout $(\alpha,\beta) \in \{1,..,n\}^2$*, on a :* $\langle M \mid E_{\alpha,\beta}\rangle = M_{\alpha,\beta}$ *(car* ${}^tME_{\alpha,\beta}$ *est la matrice dont tous les coefficients sont nuls sauf la* β^e *et sa* β^e *colonne étant la* α^e *colonne de* ${}^tM$ *c'est-à-dire la transposée de la* α^e *lignc dc* M *donc lc seul coefficient non sur nul sur lu diagonale de cette matrice est le* β^e *coefficient de la* α^e *ligne de* M *c'est-à-dire* $M_{\alpha,\beta}$*). On en déduit les formules suivantes :*

$$\forall (i,j) \in \{1,..,n\}^2, i \neq j, \left\{ \begin{array}{ll} \displaystyle\sum_{k\in\{1,..,n\}\setminus\{i;,j\}} M_{k,k} + M_{j,i} - M_{i,j} = 0 & (1) \\ \displaystyle\sum_{k\in\{1,..,n\}\setminus\{i;,j\}} M_{k,k} - M_{i,i} - M_{j,j} = 0 & (2) \end{array} \right. .$$

En échangeant les rôles de i *et* j *dans* (1)*, on obtient les relations :*

$$(3) : \forall (i,j) \in \{1,..,n\}^2, i \neq j, \sum_{k\in\{1,..,n\}\setminus\{i;,j\}} M_{k,k} + M_{i,j} - M_{j,i} = 0.$$

En retranchant (1) *et* (3) *on en déduit les identités :*

$$(4) : \forall (i,j) \in \{1,..,n\}^2, i \neq j, M_{j,i} = M_{i,j}$$
$$\underset{(1)}{\Rightarrow} \sum_{k\in\{1,..,n\}\setminus\{i;,j\}} M_{k,k} = 0 \underset{(2)}{\Rightarrow} (5) : M_{i,i} = --M_{j,j}$$

L'ensemble $\{1,..,n\}$ *possède* $n \geqslant 3$ *éléments. Pour tout* $(p,q) \in \{1,..,n\}^2$ *avec* $p \neq q$*, on fixe* $r \in \{1,..,n\} \setminus \{p,q\}$*. En choisissant* $i = p$ *(resp.* $i = q$*) et* $j = r$ *dans l'égalité* (5)*, on obtient :*

$$\left\{ \begin{array}{l} M_{p,p} = -M_{r,r} \\ M_{q,q} = -M_{r,r} \end{array} \right. \Rightarrow M_{p,p} = M_{q,q}.$$

Cette dernière égalité combinée à l'égalité (5) *entraine les égalités :*

$$\forall i \in \{1,..,n\}, \; M_{i,i} = 0.$$

On considére également la matrice $S_{p,q,r}$ *telle que, pour tout* $k \in \{1,..,n\} \setminus \{p,q,r\}$, *la* k^e *colonne de* $S_{p,q,r}$ *vaut* E_k, *la* r^e *colonne vaut* $-E_r$, *la* p^e *colonne vaut* E_q *et* q^e *colonne vaut* E_p *c'est-à-dire ;*

$$S_{p,q,r} = \left(\sum_{k \in \{1,..,n\} \setminus \{p,q,r\}} E_{k,k} \right) - E_{r,r} + E_{p,q} + E_{q,p}.$$

La matrice $S_{p,q,r}$ *est orthogonale (ses colonnes sont à une permutation et au signe près, de la base canonique de* $\mathfrak{M}_{n,1}(\mathbb{R})$*) et son déterminant vaut* 1 *(en échangeant ses* p^e *et* q^e *colonnes (donc* $\det(S_{p,q,r})$ *devient* $-\det(S_{p,q,r})$*), on aboutit au déterminant de la matrice diagonale dont tous les coefficients valent* 1 *sauf le* r^e *qui vaut* -1, *ce déterminant vaut* -1 *donc*

$$-\det(S_{p,q,r}) = -1 \Rightarrow \det(S_{p,q,r}) = 1).$$

Ainsi, la matrice $S_{p,q,r}$ *appartient à* $\mathrm{SO}_n(\mathbb{R})$, *ce qui permet d'écrire :*

$$\langle M \mid S_{p,q,r} \rangle = 0 \Leftrightarrow$$

$$\left(\sum_{k \in \{1,..,n\} \setminus \{p,q,r\}} \langle M \mid E_{k,k} \rangle \right) - \langle M \mid E_{r,r} \rangle + \langle M \mid E_{p,q} \rangle + \langle M \mid E_{q,p} \rangle = 0$$

$$\Leftrightarrow \left(\sum_{k \in \{1,..,n\} \setminus \{p,q,r\}} M_{k,k} \right) - M_{r,r} + M_{p,q} + M_{q,p} = 0 \underset{M_{i,i}=0}{\overset{\forall i}{\Leftrightarrow}} (6) : M_{p,q} + M_{q,p} = 0.$$

Les égalités (5) *et* (6) *étant valables dès que les indices sont distincts, en additionnant* (5) *et* (6) *(pour* $p = i \neq j = q$*), on obtient les égalités :*

$$\forall (i,j) \in \{1,..,n\}^2, \; i \neq j \Rightarrow M_{i,j} = 0$$

donc $M = 0_n$ *(tous ses coefficients diagonaux et non diagonaux sont nuls). Par conséquent, on vient de prouver l'égalité :*

$$(F_n)^{\perp} = \{0_n\} \Rightarrow \mathfrak{M}_n(\mathbb{R}) = F_n \oplus (F_n)^{\perp} = F_n.$$

Commentaires 330 *Exercice très progressif et relativement facile pour ce concours. Quasiment toutes les questions (sauf la dernière) sont classiques ou les raisonnements associés sont classiques et très probablement menés en MPSI et/ou en MP. Si l'un d'eux vous a posé problème, n'hésitez pas à le retravailler.*
La question 3 permet de valoriser les bons candidats. L'idée maitresse étant de montrer que $F^{\perp} = \{0\}$. *Si le candidat n'y pense pas, ce n'est pas grave, l'interrogateur vous proposera de le prouver. Il testera alors l'initiative du candidat : quelles matrices va-t-il tester, connait-il des familles significatives de matrices orthogonales, qu'en déduit-il sur les coefficients de la matrice M (du corrigé), etc. L'interaction avec l'interrogateur sera un élément crucial de l'évaluation de cette question.*

Exercice 331 (Centrale) **Thèmes : intégrales à paramètre, suites et séries de fonctions.**
On considère, pour $n \in \mathbb{N}^*$, la fonction

$$u_n : x \to x \ln\left(1+\frac{1}{n}\right) - \ln\left(1+\frac{x}{n}\right).$$

1. Montrer que, pour tout $x \in \mathbb{R}_+^*$, la série de terme général $u_n(x)$ converge.
2. On définit une fonction

$$f : x \to -\ln(x) + \sum_{n=1}^{\infty} u_n(x).$$

   Montrer que f est de classe C^1 sur $\mathbb{R}_+^*$.
3. Montrer que f est l'unique fonction de $\mathbb{R}_+^*$ dans $\mathbb{R}$ vérifiant les trois conditions suivantes :
   (a) $\forall x > 0, f(x+1) - f(x) = \ln(x)$;
   (b) f est convexe sur $\mathbb{R}_+^*$;
   (c) $f(1) = 0$.
4. Montrer que

$$\int_0^{\infty} t^{x-1} e^{-t} dt = \lim_{n\to\infty} \frac{n^x n!}{x(x+1)...(x+n)}.$$

Solution 331

1. *Soit $x \in \mathbb{R}_+^*$. Comme $\lim\limits_{n\to+\infty} \frac{1}{n} = \lim\limits_{n\to+\infty} \frac{x}{n} = 0$, grâce au développement limité à l'ordre 2 de la fonction $x \mapsto \ln(1+x)$, on peut écrire le développement suivant :*

$$u_n(x) \underset{n\to+\infty}{=} x\left(\frac{1}{n} + O\left(\frac{1}{n^2}\right)\right) - \left(\frac{x}{n} + O\left(\frac{1}{n^2}\right)\right) \underset{n\to+\infty}{=} O\left(\frac{1}{n^2}\right).$$

   La série $\sum_n \frac{1}{n^2}$ est convergente (série de Riemann d'indice $2 > 1$) et à termes positifs donc la série $\sum_n u_n(x)$ converge.

2. *Pour tout entier $n \geqslant 1$, la fonction u_n est de classe C^1 sur $\mathbb{R}_+^*$. La série $\sum_{n\geqslant 1} u_n$ converge simplement sur $\mathbb{R}_+^*$ (d'après la question précédente). Montrons que la série $\sum_n u_n'$ converge uniformément sur tout segment. Pour cela, nous allons utiliser la convergence normale ce qui nous amène à étudier la série $\sum_n \sup\limits_{x\in[a,b]} |u_n'(x)|$ où $[a,b]$ est un segment de $\mathbb{R}_+^*$. Explicitons u_n' pour $n \geqslant 1$. Pour tout $x \in \mathbb{R}_+^*$, on a l'égalité :*

$$u_n'(x) = \ln\left(1+\frac{1}{n}\right) - \frac{\frac{1}{n}}{1+\frac{x}{n}} = \ln\left(1+\frac{1}{n}\right) - \frac{1}{n+x}.$$

La fonction $x \mapsto \dfrac{1}{n+x}$ *est décroissante sur* $\mathbb{R}_+^*$ *donc la fonction* u_n' *est croissante sur* $\mathbb{R}_+^*$. *Pour tout segment* $[a,b]$ *de* $\mathbb{R}_+^*$ *(i.e.* $0 < a \leqslant b$*), on a l'encadrement :*

$$\begin{aligned} \forall x &\in [a,b]\,,\ u_n'(a) \leqslant u_n'(x) \leqslant u_n'(b) \Rightarrow \\ |u_n'(x)| &\leqslant \max\left(|u_n'(a)|\,,|u_n'(b)|\right) \leqslant |u_n'(a)| + |u_n'(b)| \\ &\Rightarrow \sup_{x\in[a,b]} |u_n'(x)| \leqslant |u_n'(a)| + |u_n'(b)|\,. \end{aligned}$$

Or, d'après le développement limité de $u_n(x)$ *quand* $n \to +\infty$*, pour tout* $c \in \mathbb{R}_+^*$*, on a :*

$$u_n'(c) \underset{n\to+\infty}{=} \frac{1}{n} + O\left(\frac{1}{n^2}\right) - \frac{1}{n+c} \underset{n\to+\infty}{=} \frac{c}{n(n+c)} + O\left(\frac{1}{n^2}\right) \underset{n\to+\infty}{=} O\left(\frac{1}{n^2}\right)$$

(puisque $\dfrac{c}{n(n+c)} \underset{n\to+\infty}{=} O\left(\dfrac{1}{n^2}\right)$*). La série* $\sum_n \dfrac{1}{n^2}$ *est convergente (série de Riemann d'indice* $2 > 1$*) et à termes positifs donc la série* $\sum_n u_n'(c)$ *converge. Par conséquent, la série* $\sum_n \left(|u_n'(a)| + |u_n'(b)|\right)$ *converge ce qui entraine la convergence de la série* $\sum_n \sup_{x\in[a,b]} |u_n'(x)|$. *Ainsi, la série* $\sum_n u_n'$ *converge normalement (donc uniformément) sur tout segment* $[a,b]$ *de* $\mathbb{R}_+^*$ *donc la fonction* $\sum_{n=1}^{+\infty} u_n$ *est de classe* C^1 *sur* $\mathbb{R}_+^*$. *La fonction* ln *étant de classe* C^1 *sur* $\mathbb{R}_+^*$*, on en déduit que la fonction* $-\ln + \sum_{n=1}^{+\infty} u_n = f$ *est de classe* C^1 *sur* $\mathbb{R}_+^*$.

3. Commençons par vérifier que f *satisfait aux quatre qualités proposées. Comme* $\ln(1) = 0$ *et, pour tout* $n \geqslant 1$, $u_n(1) = 0$*, il est immédiat que :*

$$f(1) = -\ln(1) + \sum_{n=1}^{+\infty} u_n(1) = 0.$$

D'après la question précédente, elle est de classe C^1 *sur* $\mathbb{R}_+^*$. *Pour tout* $x > 0$*, on a :*

$$\begin{aligned} f'(x) &= -\frac{1}{x} + \sum_{n=1}^{+\infty}\left(\ln\left(1+\frac{1}{n}\right) - \frac{1}{n+x}\right) \\ f'(x+1) &= -\frac{1}{x+1} + \sum_{n=1}^{+\infty}\left(\ln\left(1+\frac{1}{n}\right) - \frac{1}{n+x+1}\right) \end{aligned}$$

donc on obtient :

$$\begin{aligned} f'(x+1) - f'(x) &= \frac{1}{x} - \frac{1}{x+1} + \sum_{n=1}^{+\infty}\left(\frac{1}{n+x} - \frac{1}{n+1+x}\right) \\ &\underset{(*)}{=} \frac{1}{x} - \frac{1}{x+1} + \left(\frac{1}{1+x} - \lim_{n\to+\infty}\frac{1}{n+x}\right) = \frac{1}{x} \end{aligned}$$

(∗) d'après les sommes télescopiques.
Ainsi, il existe un réel C tel que, pour tout $x > 0$, on a :

$$f(x+1) - f(x) = \ln(x) + C.$$

Pour $x = 1$, on obtient l'égalité suivante :

$$C = f(2) - f(1) = f(2)$$

Déterminons $f(2)$. Pour tout entier $N \geqslant 1$, on a les égalités :

$$\begin{aligned}
\sum_{n=1}^{N} u_n(2) &= 2\sum_{n=1}^{N} \ln\left(1+\frac{1}{n}\right) - \sum_{n=1}^{N} \ln\left(1+\frac{2}{n}\right) \\
&= 2\sum_{n=1}^{N} \ln\left(\frac{n+1}{n}\right) - \sum_{n=1}^{N} \ln\left(\frac{n+2}{n}\right) \\
&= 2\ln\left(\prod_{n=1}^{N} \frac{n+1}{n}\right) - \ln\left(\prod_{n=1}^{N} \frac{n+2}{n}\right).
\end{aligned}$$

Or, en utilisant les produits télescopiques, on obtient les égalités :

$$\begin{aligned}
\prod_{n=1}^{N} \frac{n+1}{n} &= \prod_{n=1}^{N} (n+1) \left(\prod_{n=1}^{N} n\right)^{-1} \underset{j=n+1}{=} \prod_{n=2}^{N+1} j \left(\prod_{n=1}^{N} n\right)^{-1} \\
&= \frac{2 \times 3 \times \cdots \times N \times (N+1)}{1 \times 2 \times \cdots \times N} = (N+1) \\
\prod_{n=1}^{N} \frac{n+2}{n} &= \prod_{n=1}^{N} (n+2) \left(\prod_{n=1}^{N} n\right)^{-1} \underset{j=n+2}{=} \prod_{n=3}^{N+2} j \left(\prod_{n=1}^{N} n\right)^{-1} \\
&= \frac{3 \times 4 \times \cdots \times N \times (N+1) \times (N+2)}{1 \times 2 \times \cdots \times N} = \frac{(N+1)(N+2)}{2}.
\end{aligned}$$

On en déduit la formule :

$$\begin{aligned}
\sum_{n=1}^{N} u_n(2) &= 2\ln(N+1) - \ln\left(\frac{(N+1)(N+2)}{2}\right) \\
&= \ln\left(\frac{2(N+1)^2}{(N+1)(N+2)}\right) \underset{N\to+\infty}{\to} \ln(2)
\end{aligned}$$

puisque

$$\frac{2(N+1)^2}{(N+1)(N+2)} \underset{N\to+\infty}{\sim} \frac{2N^2}{N^2} = 2$$

donc :

$$f(2) = -\ln(2) + \sum_{n=1}^{+\infty} u_n(2) = -\ln(2) + \ln(2) = 0$$

d'où $C = 0$ ce qui prouve l'égalité $f(x+1) - f(x) = \ln(x)$ pour tout $x > 0$.
Pour finir, comme f' est croissante sur $\mathbb{R}_+^*$ (comme somme de telles fonctions, les fonctions $x \mapsto -\frac{1}{x}$ et $x \mapsto \ln\left(1+\frac{1}{n}\right) - \frac{1}{n+x}$) donc f est convexe sur $\mathbb{R}_+^*$.

Soit $g : \mathbb{R}_+^* \to \mathbb{R}$ *une fonction de classe* C^1 *vérifiant*

$$\forall x > 0,\ g(x+1) - g(x) = \ln(x),$$

g *est convexe sur* $\mathbb{R}_+^*$ *et* $g(1) = 0$. *La fonction* $u = g - f$ *est* 1*-périodique car :*

$$\begin{aligned}\forall x &> 0,\ u(x+1) - u(x) = g(x+1) - g(x) - (f(x+1) - f(x)) \\ &= \ln(x) - \ln(x) = 0\end{aligned}$$

donc il suffit de montrer que $g = f$ *sur* $]0,1]$ *(intervalle de longueur une période). Soit* $x \in\ ]0,1]$. *Commençons par réécrire* $f(x)$. *Pour tout entier* $N \geqslant 2$, *on pose :*

$$\begin{aligned}f_{N-1}(x) &= -\ln(x) + \sum_{n=1}^{N-1} u_n(x) = x\sum_{n=1}^{N-1} \ln\left(\frac{n+1}{n}\right) - \sum_{n=1}^{N-1} \ln\left(\frac{n+x}{n}\right) \\ &= x\sum_{n=1}^{N-1} (\ln(n+1) - \ln(n)) - \ln(x) - \sum_{n=1}^{N-1} \ln(n+x) + \sum_{n=1}^{N-1} \ln(n) \\ &= x\ln(N) - \sum_{n=0}^{N-1} \ln(n+x) + \sum_{n=1}^{N-1} \ln(n).\end{aligned}$$

Par définition de g, *pour tout entier* $n \geqslant 1$, *on a :*

$$\begin{gathered}g(x+n+1) - g(x+n) = \ln(x+n) \Rightarrow \\ \forall N \geqslant 1,\ \sum_{n=0}^{N-1} (g(x+n+1) - g(x+n)) = \sum_{n=0}^{N-1} \ln(x+n) \\ \Leftrightarrow (1) : \forall N \geqslant 1,\ g(x+N) - g(x) = \sum_{n=0}^{N-1} \ln(x+n)\end{gathered}$$

Or, en choisissant $x = 1$ *dans cette relation et comme* $g(1) = \ln(1) = 0$, *on obtient :*

$$\forall N \geqslant 1,\ g(N+1) = \sum_{n=0}^{N-1} \ln(1+n) \underset{n \leftarrow n+1}{\overset{N \leftarrow N+1}{\Rightarrow}} (2) : \forall N \geqslant 2,\ g(N) \underset{n \leftarrow n+1}{=} \sum_{n=1}^{N-1} \ln(n)$$

En retranchant les égalités (1) *et* (2), *pour tout* $N \geqslant 2$, *on peut écrire :*

$$\begin{gathered}g(x+N) - g(N) - g(x) = \sum_{n=0}^{N-1} \ln(x+n) - \sum_{n=0}^{N-1} \ln(n) = x\ln(N) - f_{N-1}(x) \\ \Leftrightarrow (3) : g(x) = f_{N-1}(x) + g(x+N) - g(N) - x\ln(N).\end{gathered}$$

La fonction g *étant convexe sur* $\mathbb{R}_+^*$ *donc sur* $]0,1]$, *pour tout* $N \geqslant 2$, *la fonction*

$$h : x \mapsto \frac{g(x) - g(N)}{x - N}$$

est croissante sur $]0,1]$ *(d'après l'inégalité des trois pentes). En particulier, comme*

$-1 \leqslant x \leqslant 1$ *(car $x \in]0,1]$) on a les encadrements suivants :*

$$N-1 \leqslant x+N \leqslant N+1 \Rightarrow h(N-1) \leqslant h(x+N) \leqslant h(N+1)$$
$$\Leftrightarrow g(N)-g(N-1) \leqslant \frac{g(x+N)-g(N)}{x} \leqslant g(N+1)-g(N)$$
$$\Leftrightarrow \ln(N-1) \leqslant \frac{g(x+N)-g(N)}{x} \leqslant \ln(N)$$
$$\underset{-x\lg n(N)}{\overset{\times x>0}{\Leftrightarrow}} x\ln\left(1-\frac{1}{N}\right) \leqslant g(x+N)-g(N)-x\ln(N) \leqslant 0.$$

Comme $\lim\limits_{N\to+\infty} x\ln\left(1-\dfrac{1}{N}\right)=0$, *le théorème d'encadrement montre que :*

$$\lim_{N\to+\infty}\left(g(x+N)-g(N)-x\ln(N)\right)=0$$

d'où, en faisant tendre N vers $+\infty$ dans l'égalité (3), *on obtient la formule :*

$$g(x)=\lim_{N\to+\infty} f_{N-1}(x)=f(x).$$

Ainsi, $g=f$ sur $]0,1]$ donc sur $\mathbb{R}_+^*$, ce qui prouve l'unicité de f.

4. Avec les calculs effectués à la question précédente, pour tout $x>0$, on a :

$$\begin{aligned} f(x) &= \lim_{N\to+\infty}\left(x\ln(N+1)-\sum_{n=0}^{N}\ln(n+x)+\sum_{n=1}^{N}\ln(n)\right) \\ &= \ln\left(\lim_{N\to+\infty}\left((N+1)^x N!\left(\prod_{n=0}^{N}(n+x)\right)^{-1}\right)\right) \\ &= \ln\left(\lim_{N\to\infty}\frac{N^x N!}{x(x+1)\ldots(x+N)}\right) \end{aligned}$$

(car $(N+1)^x \underset{N\to+\infty}{\sim} N^x$*).*
Considérons la fonction

$$\Gamma : x \mapsto \int_0^{+\infty} t^{x-1}e^{-t}dt$$

qui est définie sur $\mathbb{R}_+^*$. Soit $x>0$. La fonction

$$g : t \mapsto t^{x-1}e^{-t}$$

est continue sur $]0,+\infty[$ et on dispose des dominations suivantes :

$$g(t) \underset{t\to0}{\sim} t^{x-1} = \frac{1}{t^{x-1}},\ g(t) \underset{t\to+\infty}{=} o\left(e^{-t/2}\right)$$

(car

$$e^{t/2}g(t)=t^{x-1}e^{-t/2} \underset{t\to+\infty}{\to} 0$$

d'après les croissances comparées). Les fonctions
$t\mapsto \dfrac{1}{t^{1-x}}$ *et* $t\mapsto e^{-t/2}$ *sont positives et intégrables respectivement sur $]0,1]$ et sur $[1,+\infty[$*

(intégrale de Riemann de paramètre $1 - x < 1$ pour la première) donc g est intégrable sur $\mathbb{R}_+^*$ ce qui assure l'existence de $\Gamma(x)$. En outre, comme g est strictement positive sur $\mathbb{R}_+^*$, on peut affirmer que $\Gamma(x) > 0$, ce qui montre l'existence de $\ln(\Gamma)$ sur $\mathbb{R}_+^*$. Montrons que $g = \ln(\Gamma)$ vérifie les trois conditions requises. On a :

$$\Gamma(1) = \int_0^{+\infty} e^{-t} dt = \left[-e^{-t}\right]_{t=0}^{t\to+\infty} = 1 \Rightarrow g(1) = \ln(1) = 0.$$

Par une intégration par parties (en dérivant $t \mapsto t^x$ et en primitivant $t \mapsto e^{-t}$, ce qui est licite car $\lim\limits_{t\to 0} t^x e^{-t} = 0$ et $\lim\limits_{t\to+\infty} t^x e^{-t} = 0$), on obtient les formules suivantes :

$$\Gamma(x+1) = x\Gamma(x) \Rightarrow g(x+1) = \ln(x) + g(x) \Rightarrow g(x+1) - g(x) = \ln(x).$$

On considère la fonction

$$h : \left\{ \begin{array}{ccc} \left(\mathbb{R}_+^*\right)^2 & \to & \mathbb{R} \\ (x,t) & \mapsto & t^{x-1}e^{-t} = t^{-1}\exp(x\ln(t))\, e^{-t} \end{array} \right. .$$

Pour chaque $t \in \mathbb{R}_+^*$, la fonction $x \mapsto h(x,t)$ est de classe C^2 sur $\mathbb{R}_+^*$. Pour chaque $x \in \mathbb{R}_+^*$, pour chaque $k \in \{0,1,2\}$, les fonctions

$$t \mapsto \frac{\partial^k h}{\partial x^k}(x,t) = (\ln(t))^k\, h(x,t)$$

sont continues sur $\mathbb{R}_+^*$. En outre, pour tout segment $[a,b] \subset \mathbb{R}_+^*$ (i.e. $0 < a \leqslant b$), on dispose des dominations suivantes :

$$\begin{array}{rcl} \forall x & \in & [a,b], \forall t \in \mathbb{R}_+^*; \\ \left|\dfrac{\partial^k h}{\partial x^k}(x,t)\right| & \leqslant & \left\{ \begin{array}{ll} |\ln(t)|^k\, |h(a,t)| & si\ 0 < t < 1 \\ |\ln(t)|^k\, h(b,t) & si\ t \geqslant 1 \end{array} \right. = \varphi_{a,b,k}(t). \end{array}$$

Soit $\varepsilon \in\,]0,a[$ alors on a les dominations suivantes qui assurent l'intégrabilité de $\varphi_{a,b,k}$ et prouvent le caractère C^2 de Γ sur $\mathbb{R}_+^*$:

$$\begin{array}{rcl} \varphi_{a,b,k}(t) \underset{t\to 0}{=} o\left(\dfrac{1}{t^{1-\varepsilon}}\right) \ car\ t^{1-\varepsilon}\varphi_{a,b,k}(t) & = & |\ln(t)|^k\, t^{a-\varepsilon}e^{-t} \underset{t\to 0}{\to} 0 \\ \varphi_{a,b,k}(t) \underset{t\to 0}{=} o\left(e^{-t/2}\right) \ car\ e^{t/2}\varphi_{a,b,k}(t) & = & |\ln(t)|^k\, t^{b-1}e^{-t/2} \underset{t\to 0}{\to} 0 \end{array}$$

(les deux limites s'obtenant par les croissances comparées car $a - \varepsilon > 0$ pour la première et $1/2 > 0$ pour la seconde). Pour finir, montrons la convexité de g via le signe de sa dérivée seconde. Pour tout $x > 0$, on a :

$$g'(x) = \frac{\Gamma'(x)}{\Gamma(x)},\ g''(x) = \frac{\Gamma(x)\Gamma''(x) - (\Gamma'(x))^2}{(\Gamma(x))^2}.$$

Fixons $x > 0$. D'après l'inégalité de Cauchy-Schwarz pour le produit scalaire

$$\langle f \mid g \rangle = \int_0^{+\infty} f(t)\, g(t)\, t^{x-1}e^{-t} dt$$

sur l'espace vectoriel engendré par les fonctions $t \mapsto (\ln(t))^b$ *(avec* $b \in \mathbb{R}$*), on a :*

$$
\begin{aligned}
(\Gamma'(x))^2 &= \left(\int_0^{+\infty} \ln(t)\, t^{x-1} e^{-t} dt\right)^2 = \langle t \mapsto \ln(t) \mid t \mapsto 1\rangle \\
&\leqslant \|t \mapsto \ln(t)\| \, \|t \mapsto 1\| = \langle t \mapsto \ln(t) \mid t \mapsto \ln(t)\rangle \langle t \mapsto 1 \mid t \mapsto 1\rangle \\
&= \int_0^{+\infty} (\ln(t))^2 t^{x-1} e^{-t} dt \int_0^{+\infty} t^{x-1} e^{-t} dt = \Gamma''(x)\, \Gamma(x).
\end{aligned}
$$

Ainsi, pour tout $x > 0$,

$$\Gamma(x)\,\Gamma''(x) - (\Gamma'(x))^2 \geqslant 0$$

donc $g''(x) \geqslant 0$ *ce qui prouve que* g *est convexe. Par conséquent, d'après la question précédente, on obtient les formules :*

$$
\begin{aligned}
&\forall x > 0,\, g(x) = f(x) = \ln\left(\lim_{N \to \infty} \frac{N^x N!}{x(x+1)...(x+N)}\right) \\
&\Rightarrow \forall x > 0,\, \Gamma(x) = e^{g(x)} = \lim_{N \to \infty} \frac{N^x N!}{x(x+1)...(x+N)}.
\end{aligned}
$$

Commentaires 331 *Exercice très progressif et relativement facile pour ce concours. Les trois premières questions abordent des thématiques standards ne présentant pas de difficulté particulière, hormis l'unicité de la question 3 qui permet de valoriser les candidats les plus autonomes ou les plus réactifs. La dernière question est très classique mais l'approche suggérée l'est beaucoup moins. Il s'agit de montrer que la fonction* $\ln(\Gamma)$ *vérifie ces trois conditions. Si le candidat ne fait pas le lien (et cela n'est pas grave), l'interrogateur lui proposera. Les items 3.a) et 3.c) sont très classiques. La convexité de* $\ln(\Gamma)$ *sera en fait le point clé de la question. Il est attendu du candidat la caractérisation des fonctions convexes via la dérivation, la justification de la double dérivabilité de* Γ *(via les intégrales à paramètre, ce qui demande une bonne maitrise de l'intégrabilité) ainsi que l'inégalité de Cauchy-Schwarz (qui est destinée aux meilleurs candidats).*

Exercice 332 Thème : endomorphismes des espaces euclidiens, convexité.
Soit $S \in \mathcal{S}_n(\mathbb{R})$. On note $\lambda_1 \leqslant \cdots \leqslant \lambda_n$ les valeurs propres de S. On pose

$$\Omega = \left\{PSP^{-1},\, P \in \mathcal{O}_n(\mathbb{R})\right\}.$$

Soit $A = (a_{i,j})_{1 \leqslant i,j \leqslant n} \in \Omega$.

1. Montrer que : $\forall k \in \{1, ..., n\}$, $a_{k,k} \in [\lambda_1, \lambda_n]$.
2. Soit $\varphi : \mathbb{R} \mapsto \mathbb{R}$ convexe. Montrer

$$\max\left\{\sum_{k=1}^{n} \varphi(a_{k,k}),\, A \in \Omega\right\} = \sum_{k=1}^{n} \varphi(\lambda_k).$$

3. Soient $(E, \langle\,|\,\rangle)$ un espace euclidien et $f : \mathbb{R} \to \mathbb{R}$ convexe.
Si $u \in \mathcal{S}(E)$ et si $\lambda \in \mathrm{Sp}(u)$, on note $p_\lambda(u)$ le projecteur orthogonal sur $\ker(u - \lambda\,\mathrm{Id}_E)$.

On pose

$$f(u) = \sum_{\lambda \in \mathrm{Sp}(u)} f(\lambda) p_\lambda(u).$$

Soient $v, w \in \mathcal{S}(E)$ et $t \in [0,1]$. Montrer que :

$$\mathrm{Tr}(f((1-t)v + tw)) \leqslant (1-t)\mathrm{Tr}(f(v)) + t\,\mathrm{Tr}(f(w)).$$

Solution 332

1. *On munit $\mathbb{R}^n$ de son produit scalaire canonique $\langle \mid \rangle$. Soit $\mathcal{B} = (e_i)_{1 \leqslant i \leqslant n}$ la base canonique de $\mathbb{R}^n$ et u l'endomorphisme dont la matrice dans la base $\mathcal{B}$ est A. Comme $\mathcal{B}$ est une base orthogonale et que A est symétrique, on peut affirmer que u est un endomorphisme symétrique de $\mathbb{R}^n$. Par définition, pour tout $(i,k) \in \{1,..,n\}^2$, $a_{i,k}$ est la i^e coordonnée de $u(e_k)$ dans la base $\mathcal{B}$. Comme $\mathcal{B}$ est une base orthonormée, pour tout $k \in \{1,..,n\}$, on a :*

$$\begin{aligned} u(e_k) &= \sum_{i=1}^{n} \langle u(e_k) \mid e_i \rangle e_i \Rightarrow \forall i \in \{1,..,n\},\ a_{i,k} = \langle u(e_k) \mid e_i \rangle \\ &\Rightarrow a_{k,k} = \langle u(e_k) \mid e_k \rangle. \end{aligned}$$

Puisque u est symétrique, il est diagonalisable en base orthonormée c'est-à-dire qu'il existe une base orthonormée $\mathcal{B}' = (\varepsilon_i)_{1 \leqslant i \leqslant n}$ de $\mathbb{R}^n$ telle que, pour tout $i \in \{1,..,n\}$, ε_i est un vecteur propre de u associé à la valeur propre λ_i. Soit $(x_i)_{1 \leqslant i \leqslant n} \in \mathbb{R}^n$ les coordonnées de e_k dans la base $\mathcal{B}'$, on a :

$$\begin{aligned} e_k &= \sum_{i=1}^{n} x_i \varepsilon_i \Rightarrow u(e_k) = \sum_{i=1}^{n} x_i u(\varepsilon_i) = \sum_{i=1}^{n} x_i \lambda_i \varepsilon_i \\ &\Rightarrow a_{k,k} = \left\langle \sum_{i=1}^{n} x_i \lambda_i \varepsilon_i \mid \sum_{j=1}^{n} x_j \varepsilon_j \right\rangle = \sum_{i=1}^{n} \sum_{j=1}^{n} \lambda_i x_i x_j \underbrace{\langle \varepsilon_i \mid \varepsilon_j \rangle}_{=0 \ si\ i \neq j} \\ &= \sum_{i=1}^{n} \lambda_i (x_i)^2 \underbrace{\langle \varepsilon_i \mid \varepsilon_i \rangle}_{=\|\varepsilon_i\|^2 = 1} = \sum_{i=1}^{n} \lambda_i (x_i)^2. \end{aligned}$$

Pour tout $i \in \{1,..,n\}$, on a l'encadrement :

$$,\lambda_1 \leqslant \lambda_i \leqslant \lambda_n$$

donc, en multipliant celui-ci par $(x_i)^2$ (ce qui est licite car $(x_i)^2$ est un nombre positif) puis en sommant sur $i \in \{1,..,n\}$, on obtient l'encadrement suivant :

$$\lambda_1 \sum_{i=1}^{n} (x_i)^2 \leqslant a_{k,k} \leqslant \lambda_n \sum_{i=1}^{n} (x_i)^2.$$

Comme $\mathcal{B}'$ est une base orthonormée, on a $\sum_{i=1}^{n} (x_i)^2 = \|x\|^2 = 1$ ce qui permet de conclure.

2. *Soit $A \in \Omega$, il existe $P \in \mathcal{O}_n(\mathbb{R})$ telle que $A = PSP^{-1}$. Comme $S \in \mathcal{S}_n(\mathbb{R})$, le théorème spectral affirme l'existence de $Q \in \mathcal{O}_n(\mathbb{R})$ telle que :*

$$S = QDQ^{-1} \Rightarrow A = (PQ) D (PQ)^{-1} \quad \text{avec } D = \mathrm{diag}(\lambda_1,..,\lambda_n).$$

On note

$$R = PQ$$

alors $R \in \mathcal{O}_n(\mathbb{R})$ *(car ce dernier ensemble est un groupe pour le produit matriciel) et* $R^{-1} = {}^tR$. *D'après les règles du produit matriciel, pour tout* $(i,j) \in \{1,..,n\}^2$ *, on a les égalités suivantes :*

$$\begin{aligned}
(RD)_{i,j} &= \sum_{k=1}^{n} r_{i,k} \underbrace{d_{k,j}}_{=0 \ si \ k \neq j} = r_{i,j} d_{j,j} = \lambda_j r_{i,j}. \\
\left(RDR^{-1}\right)_{i,j} &= \left((RD)^t R\right)_{i,j} = \sum_{k=1}^{n} (RD)_{i,k} \left({}^tR\right)_{k,j} \\
&= \sum_{k=1}^{n} \lambda_k r_{i,k} r_{j,k} \Rightarrow a_{i,i} = \left(RDR^{-1}\right)_{i,i} = \sum_{k=1}^{n} \lambda_k \left(r_{i,k}\right)^2 .
\end{aligned}$$

On remarque alors, pour chaque $i \in \{1,..,n\}$ *, que les réels* $\left((r_{i,k})^2\right)_{1 \leqslant k \leqslant n}$ *sont positifs et que* $\sum_{k=1}^{n} (r_{i,k})^2$ *est la norme de* i^e *ligne de* R *c'est-à-dire la norme euclidienne de la* i^e *colonne de* ${}^tR$. *Comme* R *est orthogonale,* ${}^tR = R^{-1}$ *est aussi orthogonale (car* $\mathcal{O}_n(\mathbb{R})$ *est un groupe pour le produit matriciel) donc sa* i^e *colonne est de norme euclidienne 1 c'est-à-dire que* $\sum_{k=1}^{n} (r_{i,k})^2 = 1$. *Par convexité de* φ*, pour tout* $i \in \{1,..,n\}$ *, on peut affirmer que :*

$$\begin{aligned}
\varphi(a_{i,i}) &= \varphi\left(\sum_{k=1}^{n} \lambda_k (r_{i,k})^2 .\right) \leqslant \sum_{k=1}^{n} (r_{i,k})^2 \varphi(\lambda_k) \Rightarrow \\
\sum_{i=1}^{n} \varphi(a_{i,i}) &\leqslant \sum_{i=1}^{n}\sum_{k=1}^{n} (r_{i,k})^2 \varphi(\lambda_k) \underset{Fubini}{=} \sum_{k=1}^{n}\sum_{i=1}^{n} (r_{i,k})^2 \varphi(\lambda_k) \\
&= \sum_{k=1}^{n} \varphi(\lambda_k) \sum_{i=1}^{n} (r_{i,k})^2 = \sum_{k=1}^{n} \varphi(\lambda_k)
\end{aligned}$$

car $\sum_{i=1}^{n} (r_{i,k})^2$ *est la norme euclidienne de* k^e *colonne de* R *qui est une matrice orthogonale donc la norme de toute colonne vaut 1.Ainsi, on vient de montrer la majoration :*

$$\max\left\{\sum_{i=1}^{n} \varphi(a_{i,i}),\ A \in \Omega\right\} \leqslant \sum_{k=1}^{n} \varphi(\lambda_k).$$

En outre, en choisissant

$$P = Q^{-1} \in \mathcal{O}_n(\mathbb{R}),$$

la matrice

$$A = PSP = D$$

appartient à Ω *et on a :*

$$\forall i \in \{1,..,n\},\ a_{i,i} = D_{i,i} = \lambda_i \Rightarrow \sum_{i=1}^{n} \varphi(a_{i,i}) = \sum_{k=1}^{n} \varphi(\lambda_k),$$

ce qui prouve l'égalité attendue :

$$\max\left\{\sum_{k=1}^{n}\varphi\left(a_{k,k}\right),\ A\in\Omega\right\}=\sum_{k=1}^{n}\varphi\left(\lambda_k\right).$$

3. *Soit n la dimension de E. Soit $u\in\mathcal{S}(E)$. D'après le théorème spectral, il existe une base orthonormée $\mathcal{B}_u=(\varepsilon_1,..,\varepsilon_n)$ de E formée de vecteurs propres pour u. La matrice U de u dans cette $\mathcal{B}$ est de la forme :*

$$U=\begin{array}{c} \begin{array}{ccc} u(\varepsilon_1) & \cdots & u(\varepsilon_n) \end{array} \\ \begin{pmatrix} \lambda_1 & & (0) \\ & \ddots & \\ (0) & & \lambda_n \end{pmatrix} \end{array} \begin{array}{c} \varepsilon_1 \\ \vdots \\ \varepsilon_n \end{array}$$

avec, pour tout $i\in\{1,..,n\}$, λ_i la valeur propre de u associée au vecteur propre ε_i. En particulier, on a l'égalité :

$$\operatorname{Tr}(u)=\operatorname{Tr}(U)=\sum_{i=1}^{n}\lambda_i.$$

Soit $i\in\{1,..,n\}$, comme

$$\varepsilon_i\in E_{\lambda_i}(u)=\ker\left(u-\lambda_i\operatorname{Id}_E\right),$$

par définition des projecteurs, on a les formules suivantes :

$$\begin{aligned} \forall\lambda &\in \operatorname{Sp}(u),\ p_\lambda(\varepsilon_i)=\begin{cases}\varepsilon_i & si\ \lambda=\lambda_i\\ 0 & si\ \lambda\neq\lambda_i\end{cases}\\ \Rightarrow&\ f(u)(\varepsilon_i)=\sum_{\lambda\in\operatorname{Sp}(u)}f(\lambda)\,p_\lambda(u)(\varepsilon_i)=f(\lambda_i)\,\varepsilon_i.\end{aligned}$$

donc la matrice U_f de $f(u)$ dans la base $\mathcal{B}_u$ est la matrice :

$$U_f=\begin{array}{c} \begin{array}{ccc} u(\varepsilon_1) & \cdots & u(\varepsilon_n) \end{array} \\ \begin{pmatrix} f(\lambda_1) & & (0) \\ & \ddots & \\ (0) & & f(\lambda_n) \end{pmatrix} \end{array} \begin{array}{c} \varepsilon_1 \\ \vdots \\ \varepsilon_n \end{array}.$$

En particulier, on obtient la relation

$$(1):\operatorname{Tr}(f(u))=\operatorname{Tr}(U_f)=\sum_{i=1}^{n}f(\lambda_i).$$

Soient $v,w\in\mathcal{S}(E)$. Notons $\lambda_1,..,\lambda_n$ (respectivement $\mu_1,..,\mu_n$) les valeurs propres de v (respectivement w) comptées avec multiplicité. Pour toute base orthonormée $\mathcal{B}$ de E, notons

$$V^{(\mathcal{B})}=\left(v_{i,j}\right)_{1\leqslant i,j\leqslant n}\ et\ W^{(\mathcal{B})}=\left(w_{i,j}\right)_{1\leqslant i,j\leqslant n}$$

les matrices respectives de v et w dans la base $\mathcal{B}_0$ ainsi que $V_f^{(\mathcal{B})}$, $W_f^{(\mathcal{B})}$ les matrices respectives de $f(v)$ et $f(w)$ dans la base $\mathcal{B}$. La trace d'un endomorphisme étant la trace *de sa matrice dans toute base, on a :*

$$(2) \quad : \quad \mathrm{Tr}\left(f\left(v\right)\right) = \mathrm{Tr}\left(V_f^{(\mathcal{B})}\right) = \sum_{i=1}^{n} f\left(\lambda_i\right) \underset{q.2}{\geqslant} \sum_{i=1}^{n} f\left(v_{k,k}\right)$$

$$(3) \quad : \quad \mathrm{Tr}\left(f\left(w\right)\right) = \mathrm{Tr}\left(W_f^{(\mathcal{B})}\right) = \sum_{i=1}^{n} f\left(\mu_i\right) \underset{q.2}{\geqslant} \sum_{i=1}^{n} f\left(w_{k,k}\right)$$

Soit $t \in [0,1]$. En multipliant par t l'inégalité (2) et par $1-t$ l'inégalité (3) puis en sommant ces deux nouvelles inégalités, on obtient la minoration :

$$\begin{aligned}(1-t)\,\mathrm{Tr}\left(f\left(v\right)\right) + t\,\mathrm{Tr}\left(f\left(w\right)\right) &\geqslant \sum_{i=1}^{n} \left[(1-t)\, f\left(v_{k,k}\right) + t f\left(w_{k,k}\right)\right] \\ &\geqslant \sum_{i=1}^{n} f\left((1-t)\, v_{k,k} + t w_{k,k}\right)\end{aligned}$$

(par convexité de f). Remarquons que la matrice

$$A^{(\mathcal{B})} = (1-t)\, V^{(\mathcal{B})} + t W^{(\mathcal{B})}$$

est la matrice de $(1-t)\,u + tv$ dans la base $\mathcal{B}$. On fixe une base orthonormale $\mathcal{B}_0$ de E. Notons $P_{\mathcal{B}}$ la matrice de passage de la base orthonormée $\mathcal{B}$ à la base orthonormée $\mathcal{B}_0$. La matrice $P_{\mathcal{B}}$ est orthogonale et d'après les formules de changement de base, on a

$$A^{(\mathcal{B})} = P_{\mathcal{B}} A^{(\mathcal{B}_0)} \left(P_{\mathcal{B}}\right)^{-1}.$$

En outre, quand $\mathcal{B}$ décrit toutes les bases orthonormées de E, $P_{\mathcal{B}}$ décrit $\mathcal{O}_n\left(\mathbb{R}\right)$. Ainsi, quand $\mathcal{B}$ varie sur toutes les bases orthonormées $\mathcal{B}$ de E, $A^{(\mathcal{B})}$ décrit

$$\Omega = \left\{P A^{(\mathcal{B}_0)} P^{-1},\ P \in \mathcal{O}_n\left(\mathbb{R}\right)\right\}$$

et on a démontré précédemment que :

$$\forall A \in \Omega,\ \sum_{i=1}^{n} f\left(a_{k,k}\right) \leqslant (1-t)\,\mathrm{Tr}\left(f\left(v\right)\right) + t\,\mathrm{Tr}\left(f\left(w\right)\right).$$

En passant au maximum sur $A \in \Omega$ dans l'inégalité ci-dessus, on obtient :

$$\max\left\{\sum_{k=1}^{n} f\left(a_{k,k}\right),\ A \in \Omega\right\} \leqslant (1-t)\,\mathrm{Tr}\left(f\left(v\right)\right) + t\,\mathrm{Tr}\left(f\left(w\right)\right).$$

D'après la question précédente, si on désigne $\delta_1, .., \delta_n$ les valeurs propres (comptées avec multiplicité) de la matrice $A^{(\mathcal{B}_0)}$ c'est-à-dire de l'endomorphisme $(1-t)\,u + tv$, on a :

$$\max\left\{\sum_{k=1}^{n} f\left(a_{k,k}\right),\ A \in \Omega\right\} = \sum_{k=1}^{n} f\left(\delta_k\right) \underset{(1)}{=} \mathrm{Tr}\left(f\left((1-t)\,u + tv\right)\right),$$

ce qui permet de conclure.

Commentaires 332 *Les deux premières questions sont assez classiques même si elles requièrent probablement l'interaction avec l'interrogateur. La troisième valorisera les meilleures candidats.*

Exercice 333 (Centrale) **Thèmes : espaces euclidiens, séries numériques.**

1. Énoncer et démontrer l'inégalité de Cauchy-Schwarz.
2. Soit (a_n) une suite de réels telle que $\sum_n a_n^2$ converge. On pose

$$b_n = \frac{1}{n}(a_1 + \cdots + a_n).$$

Montrer que $\sum_n b_n^2$ converge et que

$$\sum_{n=1}^{+\infty} b_n^2 \leqslant 4 \sum_{n=1}^{+\infty} a_n^2.$$

Indication : *Montrer que :*

$$\forall n \geqslant 2,\ (n+1)b_n^2 - (n-1)b_{n-1}^2 \leqslant 2a_n b_n.$$

3. Montrer que la constante 4 est la meilleure possible dans la majoration précédente.

Solution 333

1. ***Énoncé***. *Soit $(E, \langle | \rangle)$ un préhilbert et $\| \|$ sa norme associée (i.e. $\forall x \in E$, $\|x\| = \sqrt{\langle x \mid x \rangle}$) alors :*

$$\forall (x,y) \in E^2,\ \langle x \mid y \rangle^2 \leqslant \|x\|^2 \|y\|^2$$

Preuve. *Si $y = 0_E$ alors $\langle x \mid y \rangle = 0$, $\|y\| = 0$ donc $\|x\|^2 \|y\|^2 = 0 \geqslant 0 = \langle x \mid y \rangle^2$.*
Si $y \neq 0_E$, on considère la fonction

$$f : \left\{ \begin{array}{ccc} \mathbb{R} & \to & \mathbb{R} \\ t & \mapsto & \|x + ty\|^2 \end{array} \right.$$

qui est manifestement positive sur $\mathbb{R}$. D'après les règles de développement des normes euclidiennes, on a :

$$\forall t \in \mathbb{R},\ f(t) = \|x\|^2 + 2t \langle x \mid y \rangle + t^2 \|y\|^2$$

donc la fonction f est un trinôme du second degré. Comme il est de signe fixe sur $\mathbb{R}$, son discriminant

$$\Delta = (2\langle x \mid y \rangle)^2 - 4\|x\|^2 \|y\|^2 = 4\left(\langle x \mid y \rangle^2 - \|x\|^2 \|y\|^2\right)$$

est négatif (s'il est strictement positif, le trinôme possède des racines et change de signe ce qui est absurde) ce qui démontre l'inégalité souhaitée.

2. *Soit $n \geqslant 2$. Commençons par remarquer que :*

$$\begin{aligned} nb_n &= (n-1)\,b_{n-1} + a_n \Rightarrow b_n = \frac{n-1}{n} b_{n-1} + \frac{a_n}{n} \Rightarrow \\ b_n^2 &= \left(\frac{n-1}{n}\right)^2 b_{n-1}^2 + \frac{2\,(n-1)}{n} a_n b_{n-1} + \frac{a_n^2}{n^2} \\ &= \left(\frac{n-1}{n}\right)^2 b_{n-1}^2 + \frac{2a_n}{n} \sum_{k=1}^{n-1} a_k + \frac{a_n^2}{n^2} \end{aligned}$$

Comme

$$\frac{1}{n^2} - \frac{2}{n} = -\frac{2n-1}{n^2} \leqslant 0 \text{ et}$$

$$\begin{aligned} \left(\frac{n-1}{n}\right)^2 - \frac{(n-1)}{n+1} &= \frac{(n-1)\left[(n+1)(n-1) - n^2\right]}{n^2\,(n+1)} \\ &= \frac{-(n-1)}{n^2\,(n+1)} \leqslant 0 \end{aligned}$$

on peut affirmer que :

$$\frac{1}{n^2} \leqslant \frac{2}{n} \text{ et } \left(\frac{n-1}{n}\right)^2 \leqslant \frac{(n-1)}{n+1}$$

donc on obtient la majoration suivante de b_n^2 :

$$\begin{aligned} b_n^2 &\leqslant \frac{(n-1)}{n+1} b_{n-1}^2 + \frac{2a_n}{n} \sum_{k=1}^{n-1} a_k + \frac{2a_n^2}{n} \\ &= \frac{(n-1)}{n+1} b_{n-1}^2 + \frac{2a_n}{n} \sum_{k=1}^{n} a_k = \frac{(n-1)}{n+1} b_{n-1}^2 + 2a_n b_n \end{aligned}$$

En multipliant par $(n+1)$ cette inégalité et en retranchant $(n-1)\,b_{n-1}^2$, on obtient la majoration :

$$(n+1)b_n^2 - (n-1)b_{n-1}^2 \leqslant 2a_n b_n.$$

Soit $N \geqslant 2$. En sommant sur $n \in \{2, .., N\}$ l'inégalité ci-dessus, on obtient la majoration :

$$\begin{aligned} &\sum_{n=2}^{N} \left[(n+1)\,b_n^2 - (n-1)\,b_{n-1}^2\right] \leqslant 2 \sum_{n=2}^{N} a_n b_n \\ \Leftrightarrow &\sum_{n=2}^{N} b_n^2 + \sum_{n=2}^{N} \left[nb_n^2 - (n-1)\,b_{n-1}^2\right] \leqslant 2 \sum_{n=2}^{N} a_n b_n \\ \Leftrightarrow &\sum_{n=2}^{N} b_n^2 + Nb_N^2 - b_1^2 \leqslant 2 \sum_{n=2}^{N} a_n b_n \end{aligned}$$

(par les sommes télescopiques). Comme $b_1 = a_1$, en ajoutant $2b_1^2 = 2a_1 b_1$ de part et d'autre de l'encadrement précédent, on obtient l'inégalité :

$$\sum_{n=1}^{N} b_n^2 \underset{Nb_N^2 \geqslant 0}{\leqslant} \sum_{n=1}^{N} b_n^2 + Nb_N^2 \leqslant 2 \sum_{n=1}^{N} a_n b_n \leqslant 2 \sqrt{\sum_{n=1}^{N} a_n^2} \sqrt{\sum_{n=1}^{N} b_n^2}$$

(d'après l'inégalité de Cauchy-Schwarz sur $\mathbb{R}^N$ pour le produit scalaire canonique).

Si $\sqrt{\sum_{n=1}^{N} b_n^2} > 0$ *alors, en divisant par* $\sqrt{\sum_{n=1}^{N} b_n^2}$, *on obtient la majoration :*

$$\sqrt{\sum_{n=1}^{N} b_n^2} \leqslant 2\sqrt{\sum_{n=1}^{N} a_n^2}.$$

Si $\sqrt{\sum_{n=1}^{N} b_n^2} = 0$, *la majoration ci-dessus est immédiate donc nous venons de prouver que :*

$$\forall N \geqslant 2,\ \sqrt{\sum_{n=1}^{N} b_n^2} \leqslant 2\sqrt{\sum_{n=1}^{N} a_n^2} \underset{(*)}{\Rightarrow} \sum_{n=1}^{N} b_n^2 \leqslant 4\sum_{n=1}^{N} a_n^2 \underset{(**)}{\leqslant} 4\sum_{n=1}^{+\infty} a_n^2.$$

(∗) en élevant au carré l'inégalité précédente ce qui est licite car les deux membres de l'inégalité sont positifs et la fonction $x \mapsto x^2$ *est croissante sur* $\mathbb{R}_+$.
(∗∗) car la série est convergente et composée de termes positifs.
Ainsi, la suite $\left(\sum_{n=1}^{N} b_n^2\right)_N$ *est majorée et croissante (laissée au lecteur) donc elle converge ce qui signifie que la série* $\sum_{n \geqslant 1} b_n^2$ *converge et on obtient la majoration :*

$$\sum_{n=1}^{+\infty} b_n^2 = \lim_{N \to +\infty} \sum_{n=1}^{N} b_n^2 \leqslant 4\sum_{n=1}^{+\infty} a_n^2.$$

3. *Notons :*

$$\mathcal{H} = \left\{ D \in \mathbb{R}_+,\ \exists\, (a_n)_n \in \mathbb{R}^{\mathbb{N}} \text{ telle que } \sum_{n \geqslant 1} a_n^2 \text{ converge et } \sum_{n=1}^{+\infty} b_n^2 \leqslant D \sum_{n=1}^{+\infty} a_n^2 \right\}$$

L'ensemble $\mathcal{H}$ *est un sous-ensemble non vide de* $\mathbb{R}$ *car* $4 \in \mathcal{H}$ *d'après la question précédente. En outre,* $\mathcal{H}$ *est minoré par* 0 *(car* $\mathcal{H} \subset \mathbb{R}_+$*) donc* $E = \inf \mathcal{H}$ *existe et* $E \leqslant 4$.
Le plus simple pour comparer $\sum_{n=1}^{+\infty} b_n^2$ *et* $\sum_{n=1}^{+\infty} a_n^2$ *est que la suite* $(b_n)_n$ *soit proportionnelle à la suite* $(a_n)_n$ *c'est-à-dire :*

$$\begin{aligned}
\exists C \in \mathbb{R},\ \forall n \geqslant 1,\ b_n = C a_n &\Leftrightarrow \sum_{k=1}^{n} a_k = C n a_n \\
&\Leftrightarrow C(n+1)\, a_{n+1} = \sum_{k=1}^{n+1} a_k \Leftrightarrow a_{n+1} + \sum_{k=1}^{n} a_k = a_{n+1} + C n a_n \\
&\Leftrightarrow (Cn + C - 1)\, a_{n+1} = C n a_n \Leftrightarrow \forall n \geqslant 1,\ a_{n+1} = \frac{Cn}{Cn + C - 1} a_n
\end{aligned}$$

Dans ce cas et si la série $\sum_n a_n^2$ *converge, on a :*

$$\sum_{n=1}^{+\infty} b_n^2 = \sum_{n=1}^{+\infty} (Ca_n)^2 = C^2 \sum_{n=1}^{+\infty} a_n^2$$

donc $C^2 \in \mathcal{H}$*. Dans toute la suite, on choisit* $a_0 = 1$ *et on suppose que* $C > 1$ *afin d'assurer que tous les termes de la suite sont définis et positives (preuve par récurrence sur* n*, laissée au lecteur). Trouvons un équivalent simple de* a_n *afin de trouver une condition nécessaire et suffisante sur* C *pour que la série* $\sum_n a_n^2$ *converge. On pose :*

$$\begin{aligned}\forall n &\geqslant 1,\, b_n = \ln(a_n) \Rightarrow b_n - b_{n+1} = \ln\left(\frac{a_n}{a_{n+1}}\right) = \ln\left(\frac{Cn + C - 1}{Cn}\right) \\ &= \ln\left(1 + \frac{C-1}{Cn}\right) \underset{n\to+\infty}{=} \frac{C-1}{Cn} + O\left(\frac{1}{n^2}\right) \underset{n\to+\infty}{=} \frac{K}{n} + O\left(\frac{1}{n^2}\right)\end{aligned}$$

(en utilisant le développement limité à l'ordre 2 *de* $x \mapsto \ln(1+x)$*) en posant*

$$K = \frac{C-1}{C} > 0.$$

De même, on a :

$$\ln\left(1 + \frac{1}{n}\right) \underset{n\to+\infty}{=} \frac{1}{n} + O\left(\frac{1}{n^2}\right) \Rightarrow \frac{1}{n} \underset{n\to+\infty}{=} \ln\left(1 + \frac{1}{n}\right) + O\left(\frac{1}{n^2}\right),$$

ce qui prouve le développement asymptotique suivant :

$$\begin{aligned}b_n - b_{n+1} &\underset{n\to+\infty}{=} K\left(\ln\left(1 + \frac{1}{n}\right) + O\left(\frac{1}{n^2}\right)\right) + O\left(\frac{1}{n^2}\right) \\ &\Rightarrow b_n - b_{n+1} - K\ln\left(1 + \frac{1}{n}\right) \underset{n\to+\infty}{=} O\left(\frac{1}{n^2}\right).\end{aligned}$$

La série $\sum_n \frac{1}{n^2}$ *est à termes positifs et converge (série de Riemann de paramètre* $2 > 1$*) donc la série* $\sum_n \left(b_n - b_{n+1} - K\ln\left(1 + \frac{1}{n}\right)\right)$ *converge c'est-à-dire que la suite*

$$\begin{aligned}\sum_{n=1}^{N-1}\left(b_n - b_{n+1} - K\ln\left(1 + \frac{1}{n}\right)\right) &= \sum_{n=1}^{N-1}(b_n - b_{n+1}) - K\sum_{n=1}^{N-1}\ln\left(\frac{n+1}{n}\right) \\ &= b_1 - b_N - K\sum_{n=1}^{N-1}[\ln(n+1) - \ln(n)] \\ &= \underbrace{\ln(a_1)}_{=\ln(1)=0} - \ln(a_n) - K\ln(N) = -\ln\left(N^K a_N\right)\end{aligned}$$

converge. Notons L *sa limite alors on obtient :*

$$\begin{aligned}\ln\left(n^K a_n\right) \underset{n\to+\infty}{\to} L &\Rightarrow n^K a_n \underset{N\to+\infty}{\to} e^{-L} > 0 \Leftrightarrow n^K a_n \underset{n\to+\infty}{\sim} e^{-L} \\ &\Leftrightarrow a_n \underset{n\to+\infty}{\sim} \frac{e^{-L}}{n^K} \Rightarrow a_n^2 \underset{n\to+\infty}{\sim} \frac{e^{-2L}}{n^{2K}}\end{aligned}$$

La série $\sum_n \frac{e^{-2L}}{n^{2K}} = e^{-L} \sum_n \frac{1}{n^{2K}}$ *est à termes positifs et converge si et seulement si*

$$2K > 1 \Leftrightarrow K > \frac{1}{2} \Leftrightarrow \frac{C-1}{C} > \frac{1}{2} \Leftrightarrow 2(C-1) > C \Leftrightarrow C > 2.$$

Ainsi, la série $\sum_n a_n^2$ *converge si et seulement si* $C > 2$. *D'après le début du raisonnement, on a :*

$$\forall C > 2,\ C^2 \in \mathcal{H} \Rightarrow \forall C > 2,\ C^2 \geqslant E.$$

En faisant tendre C *vers* 2 *(par valeurs supérieures), on en déduit que* $4 \geqslant E$ *et comme* $E \leqslant 4$ *(cf. le début du raisonnement), on peut affirmer que* $E = 4$ *donc* 4 *est la meilleure constante possible dans la majoration de la question précédente.*

Commentaires 333 *La première question est une question de cours pour guider les candidats dans les questions suivantes. La deuxième question est assez technique, ce qui constituera un frein important pour les candidats. Pour la troisième question, il est très probable que l'interrogateur oriente très rapidement le candidat sur la piste proposée par le sujet. Elle est destinée aux meilleurs candidats.*

Exercice 334 (Centrale) Soit $X = (x_1, .., x_p) \in \mathfrak{M}_{p,1}(\mathbb{R})$. On pose

$$\|X\|_1 = \sum_{k=1}^{p} |x_k|.$$

Soit $A \in \mathfrak{M}_p(\mathbb{R})$. On pose :

$$\|A\| = \sup\{\|AX\|_1,\ \|X\|_1 = 1\}.$$

1. Justifier que $\|\cdot\|$ est une norme sur $\mathfrak{M}_p(\mathbb{R})$, puis que

$$\forall (A, B) \in (\mathfrak{M}_p(\mathbb{R}))^2,\ \|AB\| \leqslant \|A\|\,\|B\|$$

2. Soit $z \in \mathbb{C}$, montrer que $\forall n \in \mathbb{N}$, $\exists (a_{0,n}, \ldots, a_{n,n}) \in (\mathbb{R}_+)^n$ tel que :

$$\sum_{k=0}^{n} \frac{z^k}{k!} - \left(1 + \frac{z}{n}\right)^n = \sum_{k=0}^{n} a_{k,n} z^k.$$

   En déduire que, pour tout $A \in \mathfrak{M}_p(\mathbb{R})$,

$$\lim_{n\to+\infty} \left(I_p + \frac{A}{n}\right)^n = \exp(A).$$

3. Soient $A, B \in \mathfrak{M}_p(\mathbb{R})$. Montrer que

$$\exp(A + B) = \lim_{n\to+\infty} \left(\exp\left(\frac{A}{n}\right) \exp\left(\frac{B}{n}\right)\right)^n.$$

Solution 334

1. $\|\|$ ***est une norme***. *Rappelons que* $\|\|_1$ *est une norme sur* $\mathfrak{M}_{p,1}(\mathbb{R})$.
Existence. *L'ensemble*

$$S = \{X \in \mathfrak{M}_{p,1}(\mathbb{R}), \quad \|X\|_1 = 1\}$$

est fermé (image réciproque du fermé $\{1\}$ *par la fonction continue* $\|\|_1$*) et borné (par construction) donc* S *est un compact de* $\mathfrak{M}_{p,1}(\mathbb{R})$.
Soit $A \in \mathfrak{M}_p(\mathbb{R})$. *L'application* $X \mapsto AX$ *étant linéaire, elle est continue sur* $\mathfrak{M}_p(\mathbb{R})$ *donc la fonction* $X \mapsto \|AX\|_1$ *l'est aussi. Ainsi, cette fonction étant continue sur le compact* S*, on est assuré de l'existence de*

$$\sup\{\|AX\|_1, \|X\|_1 = 1\} = \|A\|$$

et sa positivitié est immédiate.
Homogénéité. *Pour tout* $\lambda \in \mathbb{R}$*, on a*

$$\begin{aligned}\|\lambda A\| &= \sup\{\|(\lambda A)X\|_1, \|X\|_1 = 1\} = \sup\{|\lambda|\,\|AX\|_1, \|X\|_1 = 1\}\\ &= |\lambda|\sup\{\|AX\|_1, \|X\|_1 = 1\} = |\lambda|\,\|A\|\end{aligned}$$

(puisque la fonction $t \mapsto |\lambda|\,t$ *est strictement croissante si* $\lambda \neq 0$*, l'égalité étant triviale si* $\lambda = 0$*).*
Inégalité triangulaire. *Soient* $(A, B) \in (\mathfrak{M}_p(\mathbb{R}))^2$. *Pour tout* $X \in S$*, l'inégalité triangulaire pour* $\|\|_1$ *permet d'écrire :*

$$\|(A+B)X\|_1 = \|AX + BX\|_1 \leqslant \|AX\|_1 + \|BX\|_1 \leqslant \|A\| + \|B\|.$$

Comme $\|A\| + \|B\|$ *est un majorant de l'ensemble*

$$\{\|(A+B)X\|_1, \|X\|_1 = 1\}$$

et que $\|A+B\|$ *est le plus petit de ses majorants (puisqu'il s'agit de sa borne supérieure), on en déduit la majoration :*

$$\|A+B\| \leqslant \|A\| + \|B\|.$$

Séparation. *Soit* $A \in \mathfrak{M}_p(\mathbb{R})$ *tel que* $\|A\| = 0$. *Pour tout* $X \in \mathfrak{M}_{p,1}(\mathbb{R})$, *on a :*

$$\begin{aligned}\frac{X}{\|X\|_1} &\in S \Rightarrow 0 \leqslant \left\|A\frac{X}{\|X\|_1}\right\|_1 \leqslant \|A\| = 0\\ &\Rightarrow A\frac{X}{\|X\|_1} = 0 \underset{\times\|X\|_1}{\Leftrightarrow} AX = 0.\end{aligned}$$

En choisissant X *le* i^e *vecteur de la base canonique de* $\mathfrak{M}_{p,1}(\mathbb{R})$ *(c'est-à-dire tous les coefficients sont nuls sauf celui de la* i^e *ligne qui vaut* 1*), on observe que* AX *est la* i^e *colonne de* A *donc cette colonne est nulle. En faisant varier* i *entre* 1 *et* n*, on peut affirmer que toutes les colonnes de* A *sont nulles c'est-à-dire que* $A = 0$. *Ainsi,* $\|\|$ *est une norme sur* $\mathfrak{M}_p(\mathbb{R})$.
Pour finir, démontrons l'inégalité proposée. Pour tout $X \in \mathfrak{M}_{p,1}(\mathbb{R}) \setminus \{0\}$ *le vecteur* $\frac{X}{\|X\|_1}$ *appartient à* S *donc, pour tout* $M \in \mathfrak{M}_p(\mathbb{R})$, *on peut écrire :*

$$\begin{aligned}\left\|M\frac{X}{\|X_1\|}\right\|_1 &\leqslant \|M\| \underset{homog\grave{e}ne}{\overset{\|\|_1}{\Leftrightarrow}} \frac{1}{\|X\|_1}\|MX\|_1 \leqslant \|M\|\\ \underset{\times\|X\|_1 \geqslant 0}{\Rightarrow} \|MX\|_1 &\leqslant \|M\|\,\|X\|_1.\end{aligned}$$

Cette inégalité reste manifestement vraie pour $X = 0$. Soient A et B deux matrices de $\mathfrak{M}_p(\mathbb{R})$. Pour tout X appartenant à S, on a :

$$\|(AB)X\|_1 = \|A(BX)\|_1 \leqslant \|A\| \|BX\|_1 \leqslant \|A\| \|B\| \|X\|_1 = \|A\| \|B\|.$$

Ainsi, $\|A\| \|B\|$ est un majorant de l'ensemble

$$\{\|(AB)X\|_1, \|X\|_1 = 1\}$$

et comme $\|AB\|$ est son plus petit majorant (par définition de la borne supérieure), on obtient la majoration voulue :

$$\|AB\| \leqslant \|A\| \|B\|.$$

2. ***Première assertion.*** *D'après la formule du binôme de Newton, on a :*

$$\left(1+\frac{z}{n}\right)^n = \left(\frac{z}{n}+1\right)^n = \sum_{k=0}^{n} \binom{n}{k} \left(\frac{z}{n}\right)^k \Rightarrow$$

$$\sum_{k=0}^{n} \frac{z^k}{k!} - \left(1+\frac{z}{n}\right)^n = \sum_{k=0}^{n} \left(\frac{1}{k!} - \frac{1}{n^k}\binom{n}{k}\right) z^k$$

où, pour tout $k \in \{0,..,n\}$, on a posé

$$a_{k,n} = \frac{1}{k!} - \frac{1}{n^k}\binom{n}{k}.$$

Réécrivons ces coefficients binômiaux. Pour tout $k \in \{0,..,n\}$, on a :

$$\binom{n}{k} = .\frac{n(n-1)\cdots(n-k+1)}{k!} \leqslant \frac{n.n...n}{k!} = \frac{n^k}{k!} \underset{\div n^k>0}{\Rightarrow} a_{k,n} \geqslant 0.$$

Seconde assertion. *Remarquons que, pour tout entier naturel k :*

$$\left\|A^{k+1}\right\| = \left\|A^k A\right\| \leqslant \left\|A^k\right\| \|A\|.$$

Une récurrence immédiate montre que :

$$(*) : \forall k \in \mathbb{N}^*, \left\|A^k\right\| \leqslant \|A\|^k$$

(attention, l'inégalité est fausse pour $k = 0$). Comme les matrice A et I_n commutent, la formule du binôme montre que :

$$\left(I_p+\frac{A}{n}\right)^n = \left(\frac{A}{n}+I_p\right)^n = \sum_{k=0}^{n} \binom{n}{k} \left(\frac{A}{n}\right)^k I_p^{n-k} = \sum_{k=0}^{n} \binom{n}{k} \frac{A^k}{n^k}$$

On en déduit que

$$\exp(A) - \left(I_p+\frac{A}{n}\right)^n = \sum_{k=0}^{+\infty} \frac{A^k}{k!} + \sum_{k=n+1}^{+\infty} \frac{A^k}{k!} - \sum_{k=0}^{n} \binom{n}{k} \frac{A^k}{n^k} = \sum_{k=0}^{n} a_{k,n} A^k + \sum_{k=n+1}^{+\infty} \frac{A^k}{k!}.$$

Comme $\|\|$ est une norme qui vérifie l'inégalité $(*)$, on peut écrire pour tout entier n :

$$\left\|\exp(A) - \left(I_p+\frac{A}{n}\right)^n\right\| \leqslant \sum_{k=0}^{n} |a_{k,n}| \left\|A^k\right\| + \sum_{k=n+1}^{+\infty} \frac{\left\|A^k\right\|}{k!}$$

$$= \sum_{k=0}^{n} a_{k,n} \left\|A^k\right\| + \sum_{k=n+1}^{+\infty} \frac{\left\|A^k\right\|}{k!} \leqslant \sum_{k=0}^{n} a_{k,n} \|A\|^k + \sum_{k=n+1}^{+\infty} \frac{\|A\|^k}{k!}$$

$$= \exp(\|A\|) - \left(1+\frac{\|A\|}{n}\right)^n.$$

On en déduit que :

$$\left\|\exp(A) - \left(I_p + \frac{A}{n}\right)^n\right\| \leqslant \sum_{k=0}^{n} \|A\|^k \left(\frac{1}{k!} - \frac{1}{n^k}\binom{n}{k}\right) + \sum_{k=n+1}^{+\infty} \frac{\|A\|^k}{k!}$$
$$= \sum_{k=0}^{+\infty} \frac{\|A\|^k}{k!} - \sum_{k=0}^{n} \binom{n}{k} \frac{\|A\|^k}{n^k} = e^{\|A\|} - \left(1 + \frac{\|A\|}{n}\right)^n$$

c'est-à-dire nous avons montré la majoration :

$$(\mathcal{I}) : \left\|\exp(A) - \left(I_p + \frac{A}{n}\right)^n\right\| \leqslant e^{\|A\|} - \left(1 + \frac{\|A\|}{n}\right)^n$$

Déterminons la limite de $\left(\left(1 + \frac{\|A\|}{n}\right)^n\right)_n$. *Comme* $\lim_{n \to +\infty} \frac{\|A\|}{n} = 0$, *en utilisant l'écriture exponentielle et le développement limité à l'ordre* 1 *de* $x \mapsto \ln(1+x)$ *en* 0, *on peut écrire :*

$$\begin{aligned} \left(1 + \frac{\|A\|}{n}\right)^n &= \exp\left(n \ln\left(1 + \frac{\|A\|}{n}\right)\right) \underset{n \to +\infty}{=} \exp\left(n.\left(\frac{\|A\|}{n} + o\left(\frac{1}{n}\right)\right)\right) \\ &\underset{n \to +\infty}{=} \exp(\|A\| + o(1)) \underset{n \to +\infty}{\to} \exp(\|A\|) \end{aligned}$$

ce qui nous permet d'affirmer que

$$\lim_{n \to +\infty} \left(e^{\|A\|} - \left(1 + \frac{\|A\|}{n}\right)^n\right) = 0.$$

Le théorème d'encadrement appliqué à l'inégalité $(\mathcal{I})$ *prouve que :*

$$\lim_{n \to +\infty} \left\|\exp(A) - \left(I_p + \frac{A}{n}\right)^n\right\| \Rightarrow \lim_{n \to +\infty} \left(I_p + \frac{A}{n}\right)^n = \exp(A).$$

3. *Nous allons construire un développement limité à l'ordre* 1 *de l'exponentielle matricielle. Pour tout* $X \in \mathfrak{M}_p(\mathbb{C})$ *avec* $\|X\| \leqslant 1$, *on a la majoration suivante :*

$$\|\exp(X) - I_p - X\| = \left\|\sum_{n=2}^{+\infty} \frac{X^n}{n!}\right\| \leqslant \sum_{n=2}^{+\infty} \frac{\|X^n\|}{n!} \leqslant \sum_{n=2}^{+\infty} \frac{\|X\|^n}{n!}.$$

Comme $\|X\|^n \leqslant \|X\|^2$ *pour tout* $n \geqslant 2$, *on en déduit la majoration suivante :*

$$\|\exp(X) - I_p - X\| \leqslant \sum_{n=2}^{+\infty} \frac{\|X\|^2}{n!} = C\|X\|^2$$

où l'on a posé $C = \sum_{n=2}^{+\infty} \frac{1}{n!}$. *Autrement dit, on a prouvé que :*

$$\begin{aligned} \forall X &\in \mathfrak{M}_n(\mathbb{C}), \|X\| \leqslant 1 \Rightarrow \\ \exists Y_X &\in \mathfrak{M}_n(\mathbb{C}), \exp(X) = I_p + X + Y_X \text{ avec } \|Y_X\| \leqslant C\|X\|^2. \end{aligned}$$

Comme $\lim_{n\to+\infty} \frac{A}{n} = \lim_{n\to+\infty} \frac{B}{n} = 0$*, il existe un entier* N *tel que*

$$\forall n \geqslant N, \left\| \frac{A}{n} \right\| \leqslant 1 \text{ et } \left\| \frac{B}{n} \right\| \leqslant 1.$$

Pour tout entier $n \geqslant N$*, il existe deux matrices* Y_n *et* Z_n *de* $\mathfrak{M}_p(\mathbb{C})$ *vérifiant :*

$$\begin{aligned} \exp\left(\frac{A}{n}\right) &= I_p + \frac{A}{n} + Y_n, \quad \exp\left(\frac{B}{n}\right) = I_p + \frac{B}{n} + Z_n, \\ \|Y_n\| &\leqslant \frac{C\,\|A\|^2}{n^2} = O\left(\frac{1}{n^2}\right), \quad \|Z_n\| \leqslant \frac{C\,\|B\|^2}{n^2} = O\left(\frac{1}{n^2}\right). \end{aligned}$$

On en déduit que :

$$\exp\left(\frac{A}{n}\right)\exp\left(\frac{B}{n}\right) = I_p + \frac{C_n}{n} \text{ avec}$$
$$C_n = A + B + T_n \text{ et}$$
$$T_n = nZ_n + nY_n + \frac{AB}{n} + AZ_n + Y_nB + nY_nZ_n$$

En outre, on a :

$$\begin{aligned} \|T_n\| &\leqslant n\|Z_n\| + n\|Y_n\| + \frac{\|A\|\,\|B\|}{n} + \|A\|\,\|Z_n\| \\ &\quad + \|Y_n\|\,\|B\| + n\|Y_n\|\,\|Z_n\| \\ &= O\left(\frac{1}{n}\right) + O\left(\frac{1}{n}\right) + O\left(\frac{1}{n}\right) + O\left(\frac{1}{n^2}\right) + O\left(\frac{1}{n^2}\right) + O\left(\frac{1}{n^3}\right) \\ &= O\left(\frac{1}{n}\right) \end{aligned}$$

quand $n \to +\infty$*. Comme* $\lim_{n\to+\infty} C_n = A + B$*, la continuité de la norme et de l'exponentielle montre que :*

$$\lim_{n\to+\infty} e^{\|C_n\|} = e^{\|A+B\|}.$$

D'autre part, la seconde inégalité triangulaire montre que :

$$\big|\|C_n\| - \|A+B\|\big| \leqslant \|C_n - A - B\| = \|T_n\| = O\left(\frac{1}{n}\right),$$

ce qui justifie la domination suivante :

$$\|C_n\| = \|A+B\| + O\left(\frac{1}{n}\right).$$

Dès lors, on peut écrire les développements limités suivants :

$$\begin{aligned}\left(1+\frac{\|C_n\|}{n}\right)^n &= \exp\left(n\ln\left(1+\frac{\|C_n\|}{n}\right)\right)\\ &= \exp\left(n\ln\left(1+\frac{\|A+B\|+O\left(\frac{1}{n}\right)}{n}\right)\right)\\ &= \exp\left(n\left(\frac{\|A+B\|}{n}+O\left(\frac{1}{n}\right)\right)\right)\\ &= \exp\left(\|A+B\|+O\left(\frac{1}{n}\right)\right)\underset{n\to+\infty}{\to}\exp\left(\|A+B\|\right).\end{aligned}$$

Par conséquent, on peut affirmer que :

$$\lim_{n\to+\infty}\left(e^{\|C_n\|}-\left(1+\frac{\|C_n\|}{n}\right)^n\right)=0.$$

D'après l'inégalité ($\mathcal{I}$) établie à la réponse de la question 2 et appliqué à $A=C_n$, pour tout entier $n\geqslant N$, on a :

$$\begin{aligned}\left\|\exp\left(C_n\right)-\left(\exp\left(\frac{A}{n}\right)\exp\left(\frac{B}{n}\right)\right)^n\right\| &= \left\|\exp\left(C_n\right)-\left(I_p+\frac{C_n}{n}\right)^n\right\|\\ &\leqslant e^{\|C_n\|}-\left(1+\frac{\|C_n\|}{n}\right)^n\underset{n\to+\infty}{\to}0\end{aligned}$$

donc

$$\lim_{n\to+\infty}\left(\exp\left(C_n\right)-\left(\exp\left(\frac{A}{n}\right)\exp\left(\frac{B}{n}\right)\right)^n\right)=0.$$

La suite $(C_n)_n$ converge vers $A+B$ donc, si nous montrons que la fonction $M\mapsto\exp(M)$ est continue sur $\mathfrak{M}_p(\mathbb{R})$, on peut affirmer que

$$\lim_{n\to+\infty}\exp\left(C_n\right)=\exp\left(A+B\right),$$

ce qui prouvera la formule :

$$\lim_{n\to+\infty}\left(\exp\left(\frac{A}{n}\right)\exp\left(\frac{B}{n}\right)\right)^n=\exp\left(A+B\right).$$

d'après la question précédente, on a

$$\left(\exp\left(\frac{A}{n}\right)\exp\left(\frac{B}{n}\right)\right)^n=\left(I_p+\frac{C_n}{n}\right)^n\underset{n\to+\infty}{\to}\exp(A+B)$$

Justifier cette continuité. Pour tout entier n, la fonction $M\mapsto\dfrac{M^n}{n!}$ est continue sur $\mathfrak{M}_p(\mathbb{C})$ (les coefficients de M^n sont des polynômes en les coefficients de M donc sont continues). Soit $R>0$, on a la majoration suivante : et l'on a :

$$\begin{aligned}\forall M &\in B(O,R),\ \|M\|\leqslant R\Rightarrow\left\|\frac{M^n}{n!}\right\|=\frac{1}{n!}\left\|M^n\right\|\leqslant\frac{\|M\|^n}{n!}\leqslant\frac{R^n}{n!}\\ &\Rightarrow\sup_{M\in B(0,R)}\left\|\frac{M^n}{n!}\right\|\leqslant\frac{R^n}{n!}.\end{aligned}$$

La série $\sum_n \frac{R^n}{n!}$ *étant convergente (série exponentielle), on en déduit que la série* $\sum_n \frac{M^n}{n!}$ *converge normalement sur* $B(O,R)$ *donc la fonction*

$$M \mapsto \sum_{n=0}^{+\infty} \frac{M^n}{n!} = \exp(M)$$

est continue sur toute boule $B(O,R)$ *donc sur* $\bigcup_{R>0} B(O,R) = \mathfrak{M}_n(\mathbb{C})$.

Commentaires 334 *Exercice de difficulté standard pour ce concours et suffisamment progressif. Ces questions ont déjà fait l'objet d'écrits ou d'oraux à l'X et aux ENS.*
Question 1 : Il s'agit d'une question qui est déjà un classique (et qui était une question de cours dans les programmes d'avant 2013). Si vous avez eu du mal à prouver l'un des deux points de la question, n'hésitez pas à apprendre le raisonnement.
Question 2 : L'obtention des coefficients $a_{k,n}$ *et leur signe ne pose pas de problème particulier. La deuxième partie de la question demande plus d'initiative et d'autonomie du candidat. Néanmoins, il est probable que l'interrogateur demande de prouver l'inégalité suivante :*

$$\left\|\exp(A) - \left(I_p + \frac{A}{n}\right)^n\right\| \leqslant \exp(\|A\|) - \left(1 + \frac{\|A\|}{n}\right)^n.$$

Question 3 : Comme d'habitude, il s'agit de la question la plus difficile et l'interaction avec l'interrogateur sera cruciale. Un candidat faisant le lien entre

$$\exp\left(\frac{A}{n}\right)\exp\left(\frac{B}{n}\right) \quad et\ I_p + \frac{A+B}{n}$$

quitte à ajouter un terme en $o\left(\frac{1}{n}\right)$ *sera valorisé (c'est un point clé du raisonnement). Il lui sera demander de justifier le* $o\left(\frac{1}{n}\right)$, *par exemple, en prouvant pour commencer que*

$$\left\|\exp\left(\frac{A}{n}\right) - I_p - \frac{A}{n}\right\| = o\left(\frac{1}{n}\right).$$

S'il y parvient, il sera valorisé. Pour aller plus en avant, il faut raisonnement comme avec les développements limités ... mais en restant totalement rigoureux (la notion de développement limité dans les espaces vectoriels normés n'est pas au programme). L'interrogateur pourra également demander la continuité de la fonction exponentielle matricielle. Un candidat y répondant convenablement via la continuité de la somme d'une série de fonctions sera également fortement valorisé. Le reste du raisonnement est réservé aux meilleurs candidats (et les plus rapides).

18.3 Mines-Ponts

Exercice 335 (Mines-Ponts) **Thèmes : fonction d'une variable réelle, séries entières.**

1. Montrer qu'il existe une unique fonction f de classe C^∞ de $\mathbb{R}$ dans $\mathbb{R}$ telle que :
$$\forall x \in \mathbb{R}^*,\ f(x) = \frac{e^{x^2}-1}{x}.$$
2. Montrer que f est une bijection de $\mathbb{R}$ sur $\mathbb{R}$, que f^{-1} est de classe C^∞. Donner le développement limité à l'ordre 5 de f^{-1} en 0.

Solution 335

1. *En utilisant le développement en série entière de la fonction exponentielle (dont le rayon de convergence est $+\infty$), on peut écrire pour tout réel x :*
$$e^{x^2} = \sum_{n=0}^{+\infty} \frac{(x^2)^n}{n!} = 1 + \sum_{n=1}^{+\infty} \frac{x^{2n}}{n!}.$$
En retranchant 1 et en divisant par $x \neq 0$ cette égalité, on obtient :
$$\forall x \in \mathbb{R}^*,\ \frac{e^{x^2}-1}{x} = \sum_{n=1}^{+\infty} \frac{x^{2n-1}}{n!} \underset{k=n-1}{=} \sum_{k=0}^{+\infty} \frac{x^{2k+1}}{(k+1)!}.$$
La série entière $\sum_k \frac{x^{2k+1}}{(k+1)!}$ étant de rayon de convergence $+\infty$ (car elle converge pour tout réel x d'après les calculs que nous venons de faire), sa somme
$$f : x \mapsto \sum_{k=0}^{+\infty} \frac{x^{2k+1}}{(k+1)!}$$
est de classe C^∞ sur $\mathbb{R}$ et
$$\forall x \in \mathbb{R}^*,\ f(x) = \frac{e^{x^2}-1}{x}.$$
Si g est une fonction C^∞ sur $\mathbb{R}$ vérifiant :
$$\forall x \in \mathbb{R}^*,\ g(x) = \frac{e^{x^2}-1}{x} \Rightarrow \forall x \in \mathbb{R}^*,\ g(x) = f(x).$$
En faisant tendre x vers 0, la continuité de f et g en 0 montre que $g(0) = f(0)$ donc $g = f$, ce qui assure l'unicité.
2. *La fonction f est de classe C^∞ sur $\mathbb{R}$ donc elle y est continue et dérivable.*
D'après les croissances comparées, on a la limite suivante :
$$\lim_{x\to+\infty} f(x) \underset{t=\sqrt{x}}{=} \lim_{t\to+\infty} \frac{e^t-1}{\sqrt{t}} = \lim_{t\to+\infty} \frac{e^t}{\sqrt{t}} = +\infty$$
donc, par imparité de f, $\lim\limits_{-\infty} f = -\infty$.
Prouvons maintenant que f est strictement monotone sur $\mathbb{R}$ via le signe de sa dérivée

sur $\mathbb{R}$. D'après la réponse à la question précédente, la fonction f étant développable en série entière sur $\mathbb{R}$, sa dérivée f' l'est aussi avec :

$$\forall x \in \mathbb{R},\ f'(x) = \sum_{k=0}^{+\infty} \frac{(2k+1)\,x^{2k}}{(k+1)!} = 1 + \sum_{k=1}^{+\infty} \underbrace{\frac{(2k+1)\,x^{2k}}{(k+1)!}}_{\geqslant 0} \geqslant 1 > 0.$$

Par conséquent, f est strictement croissante sur $\mathbb{R}$ donc elle réalise une bijection de $\mathbb{R}$ sur

$$f(\mathbb{R}) = \left]\lim_{-\infty} f, \lim_{+\infty} f\right[=]-\infty, +\infty[= \mathbb{R}.$$

En outre, la fonction f' ne s'annulant pas sur $\mathbb{R}$, sa réciproque f^{-1} est de classe C^∞ sur $\mathbb{R}$. (la limite en $+\infty$ s'obtient via les croissances comparées et en $-\infty$ par imparité de $\widetilde{f}$). Comme f est impaire, la fonction f^{-1} l'est aussi donc son développement limité à l'ordre 5 est de la forme :

$$f^{-1}(x) \underset{x\to 0}{=} a_1 x + a_3 x^3 + a_5 x^5 + o(x^5).$$

Pour éviter d'utiliser la formule de Taylor (elle entraine des calculs fastidieux de dérivées successives de f), nous allons utiliser la formule $f^{-1}(f(x)) = x$ (valable pour tout réel x) ainsi que l'unicité du développement limité (à un ordre donné). Le développement limité à l'ordre 5 en 0 de f résultant de son développement en série entière :

$$f(x) \underset{x\to 0}{=} \sum_{k=0}^{2} \frac{x^{2k+1}}{(k+1)!} + o\left(x^5\right) \underset{x\to 0}{=} x + \frac{x^3}{2} + \frac{x^5}{6} + o(x^5).$$

On peut alors écrire :ce qui nous permet d'écrire

$$f^{-1}(f(x)) = x \Leftrightarrow f^{-1}\left(x + \frac{x^3}{2} + \frac{x^5}{6} + o(x^5)\right) \underset{x\to 0}{=} x$$

$$\Leftrightarrow a_1\left(x + \frac{x^3}{2} + \frac{x^5}{6} + o(x^5)\right) + a_3\left(x + \frac{x^3}{2} + \frac{x^5}{6} + o(x^5)\right)^3$$

$$+a_5\left(x + \frac{x^3}{2} + \frac{x^5}{6} + o(x^5)\right)^5 \underset{x\to 0}{=} x$$

$$\Leftrightarrow a_1\left(x + \frac{x^3}{2} + \frac{x^5}{6}\right) + a_3\left(x^3 + 3x^2.\frac{x^3}{2}\right) + a_5 x^5 + o(x^5) \underset{x\to 0}{=} x$$

$$\Leftrightarrow a_1 x + \left(\frac{a_1}{2} + a_3\right)x^3 + \left(\frac{a_1}{6} + \frac{3a_3}{2} + a_5\right)x^5 \underset{x\to 0}{=} x$$

$$\underset{\textit{unicité DL(0)}}{\Leftrightarrow} \begin{cases} a_1 = 1 \\ \dfrac{a_1}{2} + a_3 = 0 \\ \dfrac{a_1}{6} + \dfrac{3a_3}{2} + a_5 = 0 \end{cases} \Leftrightarrow \begin{cases} a_1 = 1 \\ a_3 = -\dfrac{1}{2} \\ a_5 = \dfrac{7}{12} \end{cases}.$$

Au final, le développement limité à l'ordre 5 de f^{-1} en 0 est donné par :

$$f^{-1}(x) \underset{x\to 0}{=} x - \frac{x^3}{2} + \frac{7x^5}{12} + o(x^5).$$

Commentaires 335 *Exercice classique pour ce concours et de niveau standard. Pour la première question, il s'agit d'utiliser le fameux théorème : la somme d'une série entière est de classe C^∞ sur son intervalle ouvert de convergence. Pour la deuxième question, il s'agit de mettre en place le théorème de dérivabilité d'une réciproque vu en MPSI. La difficulté étant de justifier la non annulation de f' sur $\mathbb{R}$ (et la détermination de son signe). On peut y parvenir directement en remarquant que*

$$f' : x \in \mathbb{R}^* \mapsto \frac{h\left(x^2\right)}{x^2} \text{ avec } h : t \mapsto (2t-1)\,e^t + 1.$$

La dérivée de h est $t \mapsto (2t+1)\,e^t$ qui est strictement positive sur $\mathbb{R}_+$ donc h est strictement croissante sur $\mathbb{R}$ et comme $h(0) = 0$, on en déduit que f' est strictement positive sur $\mathbb{R}^*$. Il reste alors à déterminer la dérivée de f en 0 via le taux d'accroissement :

$$\frac{f(x) - f(0)}{x} = \frac{e^{x^2} - 1}{x^2} \underset{t=x^2}{=} \frac{e^t - 1}{t - 0} \underset{t\to 0}{\overset{x\to 0}{\to}} \exp'(0) = \exp(0) = 1 > 0.$$

Exercice 336 (Mines-Ponts) **Thèmes : espaces vectoriels normés, réduction des endomorphismes.**

Soit $M \in \mathfrak{M}_n(\mathbb{C})$ d'unique valeur propre a. Montrer l'équivalence entre les trois assertions :

— i) $|a| < 1$;

— ii) $\left(M^k\right)_{k\in N}$ converge vers 0. ;

— iii) $\sum_{k\geqslant 0} M^k$ converge.

Dans ce cas, calculer la somme de la série.

Solution 336 *On procède par trois implications cycliques.*

$(i) \Rightarrow (ii)$. *Supposons que $|a| < 1$. Comme χ_M (polynôme caractéristique de M) est scindé dans $\mathbb{C}[X]$ (d'après le théorème de D'Alembert-Gauss puisqu'il est de degré $n \geqslant 1$), qu'il est unitaire et qu'il possède a pour unique racine (car les racines de χ_M sont exactement les valeurs propres de M), on en déduit que :*

$$\chi_M(X) = (X-a)^n \underset{Hamilton}{\overset{Cayley-}{\Rightarrow}} \chi_M(M) = 0_n \Leftrightarrow (M - aI_n)^n = 0_n.$$

Autrement dit, la matrice $N = M - aI_n$ est nilpotente et on a $M = N + aI_n$. Comme I_n commute avec N, la formule du binôme permet d'écrire pour tout entier $k \geqslant n$:

$$\begin{aligned}
M^k &= (N + aI_n)^k = \sum_{p=0}^{k} \binom{k}{p} \underbrace{N^p}_{=0 \text{ si } p\geqslant n} (aI_n)^{k-p} \underset{\forall k\geqslant n}{=} \sum_{p=0}^{n-1} a^{k-p}\binom{k}{p} N^p \\
&= a^k\binom{k}{0} I_n + a^{k-1}\binom{k}{1} N + a^{k-2}\binom{k}{2} + \cdots + a^{k-(n-1)}\binom{k}{n-1} N^{n-1} \\
&= a^k I_n + k a^{k-1} N + \frac{a^{k-2} k(k-1)}{2} + \cdots \\
&\quad + \frac{a^{k-(n-1)} k(k-1)\cdots(k-(n-1)+1)}{(n-1)!} N^{n-1}
\end{aligned}$$

Pour tout $p \in \{0, .., n-1\}$, on dispose des dominations suivantes :

$$\frac{a^{k-p} k(k-1)\cdots(k-p+1)}{p!} \underset{k\to+\infty}{\sim} \frac{a^{k-p} k^p}{p!} \underset{k\to+\infty}{\to} 0$$

(d'après les croissances comparées). La suite $\left(M^k\right)_{k\in\mathbb{N}}$ *étant une somme d'un nombre fixe (par rapport à* k*) de suites tendant vers 0, on en déduit que la suite* $\left(M^k\right)_{k\in\mathbb{N}}$ *tend aussi vers* 0_n.

(ii) ⇒ (iii). *Supposons que* $M^k \underset{k\to+\infty}{\to} 0$. *Nous allons mimer la preuve du calcul d'une somme géométrique en posant :*

$$\begin{aligned}\forall k &\in \mathbb{N},\, S_k = \sum_{p=0}^{k} M^p \Rightarrow (I_n - M)\, S_k = \sum_{p=0}^{k} (I_n - M)\, M^k \\ &= \sum_{p=0}^{k} \left(M^k - M^{k+1}\right) = M^0 - M^{k+1} = I_n - M^{k+1} \underset{k\to+\infty}{\to} I_n.\end{aligned}$$

Prouvons que la matrice $I_n - M$ *est inversible. Soit* $X \in \ker(I_n - M)$ *alors*

$$(I_n - M)\, X = 0 \Leftrightarrow MX = X \Rightarrow \forall p \in \mathbb{N},\, M^p X = X$$

(raisonnement tenu à l'implication (iii) ⇒ *(i)). Ainsi, pour tout entier* k*, on a :*

$$\begin{aligned}S_k X = \sum_{p=0}^{k} M^p X = \sum_{p=0}^{k} X = (k+1)\, X \\ \Rightarrow (*) : (I_n - M)\, S_k X = (k+1)\,(I_n - M)\, X = 0.\end{aligned}$$

Or, $\lim\limits_{k\to+\infty} (I_n - M)\, S_k = I_n$ *donc, en faisant tendre* k *vers* $+\infty$ *dans l'égalité* $(*)$ *et en utilisant la continuité de l'application*

$$g : A \in \mathfrak{M}_n(\mathbb{R}) \mapsto AX$$

(linéaire en dimension finie), on obtient l'égalité

$$I_n X = 0 \Leftrightarrow X = 0 \Rightarrow \ker(I_n - M) = \{0_n\}.$$

Par conséquent, la matrice $I_n - M$ *étant carrée, elle est inversible.*
Comme $\lim\limits_{k\to+\infty} (I_n - M)\, S_k = I_n$*, la continuité de l'application*

$$h : A \in \mathfrak{M}_n(\mathbb{R}) \mapsto (I_n - M)^{-1} A$$

(linéaire en dimension finie), on peut affirmer que :

$$S_k = h\left((I_n - M)\, S_k\right) \underset{k\to+\infty}{\to} h(I_n) = (I_n - M)^{-1}.$$

Ainsi, nous venons de prouver que la suite $(S_k)_{k\in\mathbb{N}}$ *converge vers* $(I_n - M)^{-1}$ *donc la série* $\sum\limits_{k\geqslant 0} M^k$ *converge et*

$$\sum_{k=0}^{+\infty} M^k = (I_n - M)^{-1}.$$

(iii) ⇒ (i). *Supposons que la série* $\sum\limits_{k\geqslant 0} M^k$ *converge alors* $\lim\limits_{k\to+\infty} M^k = 0$. *Soit* $X_0 \in \mathfrak{M}_n(\mathbb{C}) \setminus \{0_{n,1}\}$ *un vecteur propre de* M *associé à la valeur propre* a *alors, pour tout entier* k*, on a l'égalité :*

$$M^{k+1} X_0 = M^k (M X_0) = M^k (a X_0) = a M^k X_0.$$

Ainsi, la suite $(M^k X_0)_{k\in\mathbb{N}}$ *est géométrique de raison a, ce qui permet d'écrire :*

$$\forall k \in \mathbb{N},\ M^k X_0 = a^k M^0 X_0 = a^k X_0.$$

L'application

$$f : A \in \mathfrak{M}_n(\mathbb{C}) \mapsto AX_0 \in \mathfrak{M}_{n,1}(\mathbb{C})$$

est continue sur $\mathfrak{M}_n(\mathbb{C})$ *(puisque linéaire en dimension finie) donc on a :*

$$\lim_{k\to+\infty} a^k X_0 = \lim_{k\to+\infty} M^k X_0 = \lim_{k\to+\infty} f(M^k) = f\left(\lim_{k\to+\infty} M^k\right) = f(0_n) = 0_{n,1}.$$

On choisit une norme N sur $\mathfrak{M}_{n,1}(\mathbb{C})$ *(celle que vous préférez) alors, par définition de la convergence d'une suite dans un espace vectoriel normé, on a les équivalences suivantes :*

$$\lim_{k\to+\infty} N(a^k X_0) = 0 \Leftrightarrow \lim_{k\to+\infty} |a^k|\, N(X_0) = 0.$$

En divisant par $N(X_0)$ *(licite car ce nombre est non nul puisque* X_0 *est non nul), on en déduit que*

$$\lim_{k\to+\infty} |a|^k = 0 \Rightarrow |a| < 1.$$

Ainsi, les équivalences sont prouvées et, d'après l'implication $(ii) \Rightarrow (iii)$, *lorsque* $|a| < 1$, *on a :*

$$\sum_{k=0}^{+\infty} M^k = (I_n - M)^{-1}.$$

Commentaires 336 *Exercice classique pour les concours Centrale-SupElec et Mines-Ponts (le résultat s'étend à toutes les matrices de* $\mathfrak{M}_n(\mathbb{C})$*). La preuve proposée par le corrigé prouve les implications les plus difficiles. Il est possible de montrer les implications suivantes* $(iii) \Rightarrow (ii)$ *(immédiat),* $(ii) \Rightarrow (i)$ *(cf. l'argumentaire de* $(iii) \Rightarrow (i)$*) puis* $(i) \Rightarrow (iii)$ *(qui sera plus difficile à justifier que celles du corrigé). Pour cette dernière implication, le raisonnement de* $(i) \Rightarrow (ii)$ *montre que chaque coefficient* $a_k(i,j)$ *de* M^k *est combinaison linéaire de suites dont chaque terme est équivalente à une suite* $(a^k k^p)_k$. *Chacune de ces suites étant négligeable devant* $\frac{1}{k^2}$ *(par croissances comparées) qui le terme général d'une série convergente (Riemann de paramètre* $2 > 1$*), on en déduit que, pour chaque coefficient* $a_k(i,j)$ *de* M^k *est le terme général d'une série convergence c'est-à-dire la série* $\sum_k a_k(i,j)$ *converge pour tout* (i,j). *Par conséquent, la série* $\sum_k M^k$ *converge.*
Il est raisonnablement attendu qu'un candidat songe seul aux implications $(iii) \Rightarrow (ii)$ *et* $(ii) \Rightarrow (iii)$. *Bien entendu, s'il énonce la réduction de M et qu'il en déduise une nouvelle expression de* M^k *sera bien valorisé par l'interrogateur (cela ne pose pas de difficulté particulière pour un candidat connaissant bien son cours).*

Exercice 337 (Mines-Ponts) **Thèmes : endomorphismes des espaces euclidiens, espaces vectoriels normés.** Soit $A \in \mathcal{O}_n(\mathbb{R})$, telle que 1 n'est pas valeur propre de A.

1. Étudier la convergence de la suite $\left(\frac{1}{m+1}\sum_{k=0}^{m} A^k\right)_{m\in\mathbb{N}}$
2. Étudier la convergence de la suite $(A^m)_{m\in\mathbb{N}}$

Solution 337

1. *Pour tout entier* m, *on pose*

$$U_m = \frac{1}{m+1}\sum_{k=0}^{m} A^k.$$

Comme 1 *n'est pas valeur propre de* A, *la matrice* $I_n - A$ *est inversible (car* $\det(I_n - A) = \chi_A(1) \neq 0$*) et, par les sommes télescopiques, on a :*

$$\begin{aligned} U_m(I_n - A) &= \frac{1}{m+1}\sum_{k=0}^{m}\left(A^k - A^{k+1}\right) = \frac{1}{m+1}\left(A^0 - A^{m+1}\right) \\ &= \frac{1}{m+1}\left(I_n - A^{m+1}\right). \end{aligned}$$

Comme $\mathcal{O}_n(\mathbb{R})$ *est une partie bornée de* $\mathfrak{M}_n(\mathbb{R})$ *(ses colonnes sont de norme euclidienne* 1*), la suite* $(A^m)_{m\in\mathbb{N}}$ *est bornée donc la suite* $\left(I_n - A^{m+1}\right)_m$ *est l'aussi. Comme* $\lim\limits_{m\to+\infty}\frac{1}{m+1} = 0$, *on en déduit que*

$$\lim_{m\to+\infty} U_m(I_n - A) = 0_n.$$

Comme la matrice $I_n - A$ *est inversible et que l'application*

$$f : X \in \mathfrak{M}_n(\mathbb{R}) \mapsto X(I_n - A)^{-1}$$

est continue sur $\mathfrak{M}_n(\mathbb{R})$ *(puisque linéaire en dimension finie), on en déduit que*

$$U_m = f(U_m(I_n - A)) \underset{m\to+\infty}{\to} f(0_n) = 0_n.$$

2. *Supposons que la suite* $(A^m)_{m\in\mathbb{N}}$ *converge et notons* L *sa limite. La suite* $\left(A^{m+1}\right)_{m\in\mathbb{N}}$ *converge également vers* L *(comme suite extraite de la suite précédente). Or, pour tout entier* m, *on a l'égalité :*

$$(*) : A^{m+1} = AA^m.$$

L'application $f : X \in \mathfrak{M}_n(\mathbb{R}) \mapsto AX$ *étant continue sur* $\mathfrak{M}_n(\mathbb{R})$ *(puisque linéaire en dimension finie), en faisant tendre* m *vers* $+\infty$ *dans l'égalité* $(*)$, *on obtient l'égalité :*

$$L = AL \Rightarrow L - AL = 0_n \Leftrightarrow L(I_n - A) = 0_n \underset{\times(I_n-A)^{-1}}{\Rightarrow} L = 0.$$

Or, comme $(A^m)_{m\in\mathbb{N}}$ *est une suite de* $\mathcal{O}_n(\mathbb{R})$ *qui est un fermé (cf. ci-dessous) et que* $(A^m)_m$ *converge vers* L, *on peut affirmer que* $L \in \mathcal{O}_n(\mathbb{R})$, *ce qui est absurde car* ${}^tLL = 0_n \neq I_n$.
Par conséquent, la suite $(A^m)_{m\in\mathbb{N}}$ *ne converge pas.*

Preuve de $\mathcal{O}_n(\mathbb{R})$ ***est fermé****. Par définition, on a :*

$$\mathcal{O}_n(\mathbb{R}) = \left\{M \in \mathfrak{M}_n(\mathbb{R}),\, {}^tMM = I_n\right\} = f^{-1}(\{I_n\})$$

où l'on a posé

$$f : M \in \mathfrak{M}_n(\mathbb{R}) \mapsto {}^tMM.$$

Considérons les deux applications suivantes :

$$g : \left\{ \begin{array}{ccc} \mathfrak{M}_n(\mathbb{R}) & \to & (\mathfrak{M}_n(\mathbb{R}))^2 \\ M & \mapsto & (M, M) \end{array} \right. \text{ et } h : \left\{ \begin{array}{ccc} (\mathfrak{M}_n(\mathbb{R}))^2 & \to & \mathfrak{M}_n(\mathbb{R}) \\ (A, B) & \mapsto & {}^tAB \end{array} \right. .$$

Elles sont toutes deux continues (la première comme application linéaire en dimension finie, la seconde comme application bilinéaire en dimension finie) donc leur composée $h \circ g = f$ *est continue sur* $\mathfrak{M}_n(\mathbb{R})$. *En outre, l'ensemble* $\{I_n\}$ *étant fermé, on en déduit que* $f^{-1}(I_n)$ *est fermé.*

Commentaires 337 *Exercice de niveau standard pour ce concours. Pour la première question, l'idée de multiplier la suite par* $(I_n - A)$ *est naturel car la somme considérée une somme géométrique et on espère que sa somme soit l'analogue de «* $\dfrac{I_n - A^{m+1}}{I_n - A}$ *» c'est-à-dire, comme* $I_n - A$ *est inversible (si on connait les caractérisations des valeurs propres d'une matrice, que la somme soit égale à* $\left(I_n - A^{m+1}\right)(I_n - A)^{-1}$. *On peut également songer à la version en dimension 2 des matrices orthogonales c'est-à-dire les complexes de module 1 (*$e^{i\theta}$ *encode la matrice* $\begin{pmatrix} \cos(\theta) & -\sin(\theta) \\ \sin(\theta) & \cos(\theta) \end{pmatrix}$ *et* $e^{i\theta} \neq 1$ *car les seules rotations ayant 1 comme valeur propre est la rotation d'angle* $0\,[2\pi]$*) et traiter, dans un premier temps, la suite*

$$\frac{1}{m+1}\sum_{k=0}^{m}\left(e^{i\theta}\right)^m = \frac{1}{m+1} \times \frac{1-\left(e^{i\theta}\right)^{m+1}}{1-e^{i\theta}} \underset{m\to+\infty}{\to} 0$$

(suite tendant vers 0 multipliée par une suite bornée et e^{i0}.
Pour la deuxième question, l'idée est de mimer la divergence de la suite géométrique $(q^n)_n$ *lorsque* q *est un complexe de module 1 en utilisant sa relation récurrente dont les points fixes sont les limites éventuelles de la suite.*
Pour ces deux questions, il est cruciale d'être guider par ces deux intuitions primitives (sinon l'interrogateur les proposera). Les candidats sachant justifier convenablement les règles de calculs associés (par exemple, la limite est un point fixe en invoquant la continuité, la stabilité de $\mathcal{O}_n(\mathbb{R})$ *par passage à la limite ; etc) sera significativement valorisé.*

Exercice 338 Thèmes : fonctions d'une variable réelle, suites et séries numériques.

Pour tout $n \geqslant 2$, on pose $P_n = \displaystyle\prod_{k=0}^{n}(X-k)$.

1. Montrer que P'_n admet une unique racine dans $]0,1[$. On la note λ_n.
2. Déterminer la limite de la suite $(\lambda_n)_n$.
3. Trouver un équivalent de λ_n quand n tend vers $+\infty$.

Solution 338

1. *La fonction* $x \mapsto P_n(x)$ *est dérivable sur* $\mathbb{R}$ *et s'annule en* $0, 1, 2, .., n$ *donc, d'après le théorème de Rolle appliqué sur chaque intervalle* $[k, k+1]$ $(k \in \{0, .., n-1\})$*, la fonction* $x \mapsto P'_n(x)$ *s'annule en des réels* $x_k \in\,]k, k+1[$ $(k \in \{0, .., n-1\})$. *Par conséquent, le polynôme* P'_n *possède au moins* n *racines réels distinctes et comme il est de degré* n*, on*

est assuré qu'il est scindé à racines simples sur $\mathbb{R}$ *et que ses seules racines sont* $x_1, .., x_n$. *En particulier il ne s'annule sur l'intervalle* $]0,1[$ *qu'une seule fois en* x_1 *(qui dépend de* n *!) noté* λ_n.

2. *Par définition, on a* $P_n'(\lambda_n) = 0$ *avec* $\lambda_n \in]0,1[$ *donc* $P_n(\lambda_n) \neq 0$ *(car les seules racines de* P_n *sont* $0, 1, .., n$*). Ainsi, l'équation* $P_n'(\lambda_n) = 0$ *est équivalente à l'équation* $\dfrac{P'(\lambda_n)}{P(\lambda_n)} = 0$*. Explicitons la fraction rationnelle* $\dfrac{P_n'}{P_n}$.

$$P_n(X) = \prod_{k=0}^{n}(X-k),\ P_n'(X) = \sum_{j=0}^{n} \prod_{k\in\{0,..,n\}\setminus\{j\}} (X-k) \Rightarrow \frac{P_n'(X)}{P_n(X)} = \sum_{j=0}^{n} \frac{1}{X-j}.$$

Par conséquent, on obtient l'égalité suivante

$$\frac{P'(\lambda_n)}{P(\lambda_n)} = 0 \Leftrightarrow \sum_{j=0}^{n} \frac{1}{\lambda_n - j} = 0.$$

Comme λ_n *est compris entre* 0 *et* 1*, on peut encadrement la somme (hormis les deux premiers termes) par deux sommes harmoniques (somme partielle de* $\sum_j \frac{1}{j}$*) qui diverge donc on peut présumer que* $\dfrac{1}{\lambda_n}$ *tend vers* $+\infty$*. Justifions cela en n'utilisant qu'une minoration (ce qui est suffisant). D'après l'égalité précédente par croissance de la fonction* $x \mapsto \dfrac{1}{j-x}$ $(j \geqslant 2)$ *sur* $[0,1]$*, on obtient :*

$$\frac{1}{\lambda_n} = \sum_{j=1}^{n}\left(-\frac{1}{\lambda_n - j}\right) = \sum_{j=1}^{n} \underbrace{\frac{1}{j-\lambda_n}}_{\geqslant 0} \geqslant \sum_{j=2}^{n} \frac{1}{j-\lambda_n} \geqslant \sum_{j=2}^{n} \frac{1}{j}.$$

La série $\sum_{j\geqslant 2} \frac{1}{j}$ *étant divergente (série de Riemann de paramètre* 1*) et à termes positifs, la* $S_n = \sum_{j=2}^{n} \frac{1}{j}$ *diverge vers* $+\infty$*. D'après l'inégalité précédente, le théorème d'encadrement montre que :*

$$\frac{1}{\lambda_n} \underset{n\to+\infty}{\to} +\infty \underset{\lambda_n > 0}{\Rightarrow} \lambda_n \underset{n\to+\infty}{\to} 0.$$

3. *Le raisonnement mené à la question précédente nous incite à encadrer* $\dfrac{1}{\lambda_n}$ *par* $S_n = \sum_{j=2}^{n} \frac{1}{j}$ *à quelques constantes additives près, ce qui nous permettra de conclure. Comme* $\lambda_n \in]0,1[$*, pour tout* $j \in \{2, .., n\}$*, on a l'encadrement :*

$$\frac{1}{j-1} \leqslant \frac{1}{j-\lambda_n} \leqslant \frac{1}{j}.$$

En sommant sur $j \in \{2, .., n\}$ *cet encadrement et en utilisant l'équation vérifiée par* λ_n

obtenue à la question précédente, on obtient :

$$\begin{aligned} S_n &= \sum_{j=2}^{n}\frac{1}{j} \leqslant \sum_{j=2}^{n}\frac{1}{j-\lambda_n} \leqslant \sum_{j=2}^{n}\frac{1}{j-1} = \sum_{k=1}^{n-1}\frac{1}{k} = 1 + S_n - \frac{1}{n} \leqslant S_n + 1 \\ &\Leftrightarrow \quad S_n \leqslant \frac{1}{\lambda_n} + \frac{1}{1-\lambda_n} \leqslant S_n + 1 \Rightarrow \underbrace{-\frac{1}{1-\lambda_n}}_{=a_n} \leqslant \frac{1}{\lambda_n} - S_n \leqslant 1 - \frac{1}{1-\lambda_n} \leqslant 1 \end{aligned}$$

Comme la suite $(a_n)_n$ converge (vers -1), la suite $\frac{1}{\lambda_n} - S_n$ est bornée, ce qui permet d'écrire la domination suivante :

$$\frac{1}{\lambda_n} - S_n \underset{n\to+\infty}{=} O(1) \Leftrightarrow \frac{1}{\lambda_n} \underset{n\to+\infty}{=} S_n + O(1) \underset{n\to+\infty}{\sim} S_n$$

(car $S_n \underset{n\to+\infty}{\to} +\infty$). Pour obtenir un équivalent de S_n quand $n \to +\infty$, le plus simple est d'utiliser le théorème de comparaison série-intégrale. La fonction $f : t \mapsto \frac{1}{t}$ est continue, positive et décroissante sur $[1, +\infty[$ donc la série

$$\sum_{n\geqslant 2} f(n) - \int_{n-1}^{n} f(t)\,dt$$

converge c'est-à-dire que la suite

$$\sum_{k=2}^{n}\left(f(k) - \int_{k-1}^{k} f(t)\,dt\right) = S_n - \int_{1}^{n} f(t)\,dt = S_n - \ln(n)$$

converge. Si on note L sa limite, on a la domination :

$$S_n - \ln(n) \underset{n\to+\infty}{=} L + o(1) \Rightarrow S_n \underset{n\to+\infty}{=} \ln(n) + L + o(1) \underset{n\to+\infty}{\sim} \ln(n)$$

(car $\ln(n) \underset{n\to+\infty}{\to} +\infty$). Par transitivité des équivalents, on en déduit l'équivalent recherché :

$$\frac{1}{\lambda_n} \underset{n\to+\infty}{\sim} S_n \underset{n\to+\infty}{\sim} \ln(n) \Rightarrow \lambda_n \underset{n\to+\infty}{\sim} \frac{1}{\ln(n)}.$$

Commentaires 338 *Exercice classique des concours Centrale-SupElec et Mines-Ponts. Il est suffisamment progressif (ce qui est rare pour ce concours).*
Question 1 : Il s'agit d'une application directe du cours (si on pense au théorème de Rolle bien entendu).
Question 2 : Il s'agit probablement de la question la plus difficile du sujet. Les points clés sont de faire le lien avec la fraction rationnelle $\frac{P_n'}{P_n}$ (il est probable que l'interrogateur propose cette astuce) puis d'encadrer les différents termes de la somme et d'observer l'apparition de la série harmonique (l'interrogateur valorisera fortement les candidats le faisant).

Question 3 : L'encadrement de la question précédente fournit directement le résultat car

$$\sum_{k=1}^{n} \frac{1}{k} \underset{n\to+\infty}{\sim} \ln(n)$$

(résultat très classique, vu peut-être en MPSI et de façon certaine en MP, avec la fonction $t \mapsto \frac{1}{t}$ *par méthode de comparaison série-intégrale ou par le théorème de comparaison série-intégrale de MP).*

Exercice 339 (Mines-Ponts) **Thèmes : réduction, espaces vectoriels normés.**

1. Montrer que $M \mapsto \chi_M$ est continue sur $\mathfrak{M}_n(\mathbb{C})$.
2. Montrer que $0_n \in \overline{S(A)}$ (adhérence de $S(A)$) si A est nilpotente. A-t-on la réciproque ?
3. Soit $A \in \mathfrak{M}_n(\mathbb{C})$ diagonalisable. Montrer que $S(A) = \{P^{-1}AP,\ P \in \mathrm{GL}_n(\mathbb{C})\}$ est fermé. A-t-on la réciproque ?
4. Caractériser les matrices A pour lesquelles $S(A)$ est borné.

Solution 339

1. *Soit* $M \in \mathfrak{M}_n(\mathbb{C})$. *Par définition du polynôme caractéristique, on a :*

$$\chi_M(X)\det(XI_n - M) = X^n + \sum_{k=0}^{n-1} a_k(M)\, X^k$$

où, pour chaque $k \in \{0,..,n\}$, $a_k(M)$ *est un polynôme en les coefficients de* M *(i.e. en les coordonnées dans la base canonique de* $\mathfrak{M}_n(\mathbb{C})$*) Par conséquent, pour chaque* $k \in \{0,..,n\}$, *les fonctions* $M\cdot \mapsto a_k(M)$ *sont continues sur* $\mathfrak{M}_n(\mathbb{C})$ *c'est-à-dire les coordonnées de* χ_M *dans la base canonique de* $\mathbb{C}_n[X]$ *sont continues sur* $\mathfrak{M}_n(\mathbb{C})$. *Comme* $\mathbb{C}_n[X]$ *est un espace vectoriel normé de dimension finie, on en déduit que l'application* $M \mapsto \chi_M(X)$ *est continue sur* $\mathfrak{M}_n(\mathbb{C})$.

2. ***Implication directe****. Si* A *est nilpotente alors il existe un entier* $r \geqslant 1$ *tel que* $A^r = 0_n$. *Le polynôme* $P = X^r$ *est scindé dans* $\mathbb{C}[X]$ *et il annule* A *donc* A *est trigonalisable et*

$$\mathrm{Sp}(A) \subset \{\textit{racines de } P\} = \{0\}.$$

Comme A *est trigonalisable, son spectre est non vide donc* $\mathrm{Sp}(A) = \{0\}$. *Il existe une matrice inversible* R *et une matrice triangulaire supérieure* T *telle que*

$$R^{-1}AR = T$$

et tous les coefficients diagonaux de T *sont nulles (puisque ce sont les valeurs propres de* T *donc de* A*). Considérons la matrice diagonale*

$$D = \mathrm{diag}(2,3,..,n+1) \text{ et } \forall k \in \mathbb{N},\ A_k = \left(R\left(D^{-1}\right)^k\right)^{-1} A \left(R\left(D^{-1}\right)^k\right) \in S(A)$$

Pour tout entier k, *on a :*

$$\begin{aligned} D^k &= \mathrm{diag}\left(2^k, 3^k, .., (n+1)^k\right),\ \left(D^{-1}\right)^k = \mathrm{diag}\left(\frac{1}{2^k}, \frac{1}{3^k}, .., \frac{1}{(n+1)^k}\right) \Rightarrow \\ A_k &= D^k\left(R^{-1}AR\right)\left(D^{-1}\right)^k = D^k T \left(D^{-1}\right)^k = \left(T_{i,j}\left(\frac{i}{j}\right)^k\right)_{1\leqslant i,j\leqslant n}. \end{aligned}$$

Comme T est triangulaire strictement supérieure, on a :

$$\forall i \geqslant j,\ T_{i,j} = 0 \Rightarrow T_{i,j}\left(\frac{i}{j}\right)^k = 0$$
$$\forall i < j,\ \left|\frac{i}{j}\right| < 1 \Rightarrow \lim_{k\to+\infty} T_{i,j}\left(\frac{i}{j}\right)^k = 0$$

donc la suite $(A_k)_k$ converge vers la matrice 0_n. Par conséquent, 0_n est la limite d'une suite de $S(A)$ c'est-à-dire que $0_n \in \overline{S(A)}$.

Implication réciproque. *Supposons que $0_n \in \overline{S(A)}$ donc il existe une suite $(A_k)_k$ à valeurs dans $S(A)$ convergeant vers 0_n c'est-à-dire qu'il existe une suite $(P_k)_k$ à valeurs dans $\mathrm{GL}_n(\mathbb{C})$ telle que*

$$\lim_{k\to+\infty} P_k^{-1}AP_k = 0_n.$$

D'après la question 1, l'application $M \mapsto \chi_M$ étant continue sur $\mathfrak{M}_n(\mathbb{C})$, on peut écrire :

$$\chi_{0_n}(X) = \lim_{k\to+\infty} \chi_{P_k^{-1}AP_k}(X) \underset{(*)}{\Leftrightarrow} X^n = \lim_{k\to+\infty} \chi_A(X) \Leftrightarrow X^n = \chi_A(X)$$

$(*)$ car deux matrices semblables ont même polynôme caractéristique.
D'après le théorème de Cayley-Hamilton, χ_A annule A donc

$$\chi_A(A) = 0_n \Leftrightarrow A^n = 0_n$$

donc A est nilpotente.

3. ***Implication directe.*** *Comme A est diagonalisable, il existe une matrice inversible R et une matrice diagonale D telle que*

$$R^{-1}AR = D \Leftrightarrow A = RDR^{-1}.$$

Soit $(B_k)_{k\in\mathbb{N}}$ une suite de $S(A)$ qui converge vers $B \in \mathfrak{M}_n(\mathbb{C})$. Pour tout entier k, il existe une matrice inversible P_k telle que $B_k = P_k^{-1}AP_k$. Comme A est diagonalisable, son polynôme minimal π_A (qui annule A) est scindé à racines simples dans $\mathbb{C}[X]$ et on a :

$$\mathrm{Sp}(A) = \{\text{racines de } \pi_A\} \text{ avec } \pi_A(A) = 0_n.$$

Il existe un entier N et des complexes $(q_i)_{0\leqslant i\leqslant N}$ tels que $\pi_A(X) = \sum_{i=0}^{N} q_i X^i$. On peut alors écrire pour tout entier k :

$$\begin{aligned}\pi_A(B_k) &= \sum_{i=0}^{N} q_i (B_k)^i = \sum_{i=0}^{N} q_i \left(P_k^{-1}AP_k\right)^i = \sum_{i=0}^{N} q_i P_k^{-1}A^iP_k \\ &= P_k^{-1}\left(\sum_{i=0}^{N} q_i A^i\right)P_k = P_k^{-1}\pi_A(A)P_k = P_k^{-1}0_nP_k = 0.\end{aligned}$$

Pour tout entier $i \geqslant 1$, l'application

$$f_i : M \in \mathfrak{M}_n(\mathbb{C}) \mapsto M^i$$

est continue sur $\mathfrak{M}_n(\mathbb{C})$. En effet, les applications

$$a : \begin{cases} \mathfrak{M}_n(\mathbb{C}) & \to & (\mathfrak{M}_n(\mathbb{C}))^i \\ M & \mapsto & (M, .., M) \end{cases} \text{ et } b : \begin{cases} (\mathfrak{M}_n(\mathbb{C}))^i & \to & (\mathfrak{M}_n(\mathbb{C}))^i \\ (X_1, .., X_i) & \mapsto & X_1 \cdots X_i \end{cases}$$

sont continues (la première puisque linéaire en dimension finie, la seconde puisque i-linéaire en dimension finie) donc leurs composées $b \circ a = f_i$ *est continue sur* $\mathfrak{M}_n(\mathbb{C})$. *L'application* $f_0 : M \mapsto I_n$ *est manifestement aussi continue donc l'application*

$$g = \sum_{i=0}^{N} q_i f^i : M \mapsto \sum_{i=0}^{N} q_i f^i(M) = \sum_{i=0}^{N} q_i M^i = \pi_A(M)$$

l'est aussi. Comme $\lim_{k \to +\infty} B_k = B$, *on peut affirmer que :*

$$\pi_A(B) = g(X) = \lim_{k \to +\infty} g(B_k) = \lim_{k \to +\infty} Q(M_k) = \lim_{k \to +\infty} 0_n = 0_n$$

donc B *est diagonalisable (puisque* π_A *est scindé à racines simples) et*

$$\mathrm{Sp}(B) \subset \{\textit{racines de } Q\} = \mathrm{Sp}(A).$$

Ainsi, il existe une matrice inversible S *et une matrice diagonale* Δ *telle que*

$$S^{-1}XS = \Delta \Leftrightarrow X = S\Delta S^{-1}.$$

En particulier, comme B *et* A *sont semblables respectivement aux diagonales* D *et* Δ, *montrer que* B *appartient à* $S(A)$ *signifie que* B *doit être semblable à la matrice* D, *ce qui revient à montrer que les matrices* D *et* Δ *sont semblables. Ce dernier fait est réalisé si (et seulement si) chaque valeur propre de* D *(i.e. de* A*) apparait autant de fois dans* D *que dans* Δ *c'est-à-dire que :*

$$\begin{aligned} &\forall \lambda \in \mathrm{Sp}(A),\ \dim(E_\lambda(D)) = \dim(E_\lambda(\Delta)) \Leftrightarrow \dim(E_\lambda(A)) = \dim(E_\lambda(B)) \\ &\underset{\textit{du rang}}{\overset{\textit{théorème}}{\Leftrightarrow}} n - \mathrm{rg}(A - \lambda I_n) = n - \mathrm{rg}(B - \lambda I_n) \Leftrightarrow \mathrm{rg}(A - \lambda I_n) = \mathrm{rg}(B - \lambda I_n). \end{aligned}$$

Rappelons le fait crucial suivant : Si C *est une matrice de rang au plus* r *si et seulement si tous les déterminants extraits de* C *de taille strictement supérieure à* r *sont nuls. Formalisons cela en posant :*

$$\begin{aligned} \forall s &\in \{1,..,n\},\ \mathcal{H}_s = \{(I,J),\ I,J \subset \{1,..,n\} \textit{ et } |I| = |J| = s\} \\ \forall U &\in \mathfrak{M}_n(\mathbb{C}),\ \forall (I,J) \in \mathcal{H}_s,\ \Delta_{I,J}(U) = \det\left((U_{i,j})_{(i,j)\in I\times J}\right) \end{aligned}$$

(déterminant extrait de U *en ne conservant que les lignes de numéro* $i \in I$ *et les colonnes de numéro* $j \in J$*) alors on peut affirmer que :*

$$\mathrm{rg}(B) = r \Rightarrow \forall s \in \{r+1,..,n\},\ \forall (I,J) \in \mathcal{H}_s,\ \Delta_{I,J}(U) = 0.$$

Soit $s \in \{1,..,n\}$. *Pour chaque* $(I,J) \in \mathcal{H}_s$, *l'application*

$$f_{I,J} : \left\{ \begin{array}{ccc} \mathfrak{M}_n(\mathbb{C}) & \to & \mathbb{C} \\ U & \mapsto & \Delta_{I,J}(U) \end{array} \right.$$

est continue sur $\mathfrak{M}_n(\mathbb{C})$ *puisqu'il s'agit d'une fonction polynomiale en les coefficients (coordonnées dans la base canonique) de* U. *Soit* $r \in \{0,..,n-1\}$ *et, pour tout entier* k, U_k *est une matrice de* $\mathfrak{M}_n(\mathbb{C})$ *de rang au plus* r *alors, pour tout* $s \in \{r+1,..,n\}$, *pour tout* $(I,J) \in \mathcal{H}_s$, *on a :*

$$f_{I,J}(U) = \lim_{k \to +\infty} f_{I,J}(U_k) = \lim_{k \to +\infty} 0 = 0$$

donc U est de rang au plus r. Autrement dit, l'ensemble des matrices de $\mathfrak{M}_n(\mathbb{C})$ de rang au plus r est un fermé.
Soit $\lambda \in \mathrm{Sp}(A)$. Pour tout entier k, la matrice

$$B_k - \lambda I_n = P_k^{-1} A P_k - \lambda I_n = P_k^{-1}(A - \lambda I_n) P_k$$

est de rang $\mathrm{rg}(A - \lambda I_n) = r_\lambda < n$ (car la matrice $A - \lambda I_n$ n'est pas inversible puisque λ est une valeur propre de A) donc elle est de rang au plus r_λ. Comme la suite $(B_k - \lambda I_n)_k$ converge vers $B - \lambda I_n$, on peut affirmer que

$$\begin{aligned}
\forall\lambda &\in \mathrm{Sp}(A), \mathrm{rg}(B - \lambda I_n) \leqslant r_\lambda = \mathrm{rg}(A - \lambda I_n) \\
&\Leftrightarrow n - \dim(\ker(B - \lambda I_n)) \leqslant n - \dim(\ker(A - \lambda I_n)) \\
&\Leftrightarrow \dim(\ker(A - \lambda I_n)) \leqslant \dim(\ker(B - \lambda I_n)) \\
&\Leftrightarrow \dim(E_\lambda(A)) \leqslant \dim(E_\lambda(B)) \Leftrightarrow \dim(E_\lambda(B)) - \dim(E_\lambda(A)) \geqslant 0.
\end{aligned}$$

Or, puisque A et B sont diagonisables de valeurs propres appartenant à $\mathrm{Sp}(A)$, on peut affirmer que :

$$\begin{aligned}
\sum_{\lambda \in \mathrm{Sp}(A)} (\dim(E_\lambda(B)) - \dim(E_\lambda(A))) &= \sum_{\lambda \in \mathrm{Sp}(A)} \dim(E_\lambda(B)) - \sum_{\lambda \in \mathrm{Sp}(A)} \dim(E_\lambda(A)) \\
&= n - n = 0.
\end{aligned}$$

Ainsi, les nombres $(\dim(E_\lambda(B)) - \dim(E_\lambda(A)))_{\lambda \in \mathrm{Sp}(A)}$ sont positifs et de somme nulle donc ils sont tous nuls c'est-à-dire :

$$\forall\lambda \in \mathrm{Sp}(A), \dim(E_\lambda(B)) = \dim(E_\lambda(A)),$$

ce qui prouve l'implication directe.
Implication réciproque*. Soit $A \in \mathfrak{M}_n(\mathbb{C})$ telle que l'ensemble $S(A)$ est fermé. Comme le polynôme caractéristique χ_A de A annule A (théorème de Cayley-Hamilton) et qu'il est scindé dans $\mathbb{C}[X]$ (théorème de D'Alembert-Gauss puisque $\deg(\chi_A) = n \geqslant 1$), on peut affirmer que A est trigonalisable. Ainsi, il existe une matrice inversible R et une matrice triangulaire (supérieure) T telle que*

$$R^{-1} A R = T.$$

Considérons la matrice diagonale

$$D = \mathrm{diag}(2, 3, .., n+1) \text{ et } \forall k \in \mathbb{N}, A_k = \left(R\left(D^{-1}\right)^k\right)^{-1} A \left(R\left(D^{-1}\right)^k\right) \in S(A).$$

D'après les calculs de la preuve de l'implication directe de la question précédente, la suite $(A_k)_k$ converge vers la matrice diagonale $\Delta = \mathrm{diag}(T_{1,1}, .., T_{n,n})$. La suite $(A_k)_k$ étant à valeurs dans l'ensemble fermé $\mathcal{S}(A)$, on en déduit que sa limite Δ y appartient à c'est-à-dire qu'il existe une matrice inversible P telle que :

$$P^{-1} A P = \Delta \Leftrightarrow A = P \Delta P^{-1}$$

donc A est diagonalisable. Par conséquent, si $S(A)$ est fermé alors A est diagonalisable.

4. *S'il existe $\lambda \in \mathbb{C}$ tel que $A = \lambda I_n$ alors*

$$S(A) = \left\{P^{-1} \lambda I_n P, \, P \in \mathrm{GL}_n(\mathbb{C})\right\} = \{\lambda I_n\}$$

est manifestement bornée.
Soit $A \in \mathfrak{M}_n(\mathbb{C})$ *telle que l'ensemble* $S(A)$ *est bornée. Munissons* $\mathfrak{M}_n(\mathbb{C})$ *de la norme infinie définie par :*

$$\forall M \in \mathfrak{M}_n(\mathbb{C}),\ \|M\|_\infty = \max_{1 \leqslant i,j \leqslant n} |M_{i,j}|.$$

Considérons les matrices :

$$\begin{aligned} D &= \operatorname{diag}(2,3,..,n+1) \ \ et\ \forall k \in \mathbb{N},\ A_k = D^k A \left(D^{-1}\right)^k \in S(A) \\ A'_k &= \left(D^{-1}\right)^k A D^k \in S(A). \end{aligned}$$

D'après les calculs menés à la question 2 (implication directe), pour tout $(i,j) \in \{1,..,n\}^2$, *on a :*

$$(1) \ :\ \left|(A_k)_{i,j}\right| = |A_{i,j}| \left(\frac{i}{j}\right)^k \ \ et\ (2) : \left|(A'_k)_{i,j}\right| = |A_{i,j}| \left(\frac{j}{i}\right)^k$$

$$(1) \underset{\times (j/i)^k}{\Rightarrow} \forall j < i,\ |A_{i,j}| = \left|(A_k)_{i,j}\right| \left(\frac{j}{i}\right)^k \underset{k \to +\infty}{\to} 0\ (*) \underset{k \to +\infty}{\Rightarrow} \forall j < i,\ |A_{i,j}| = 0.$$

$$(2) \underset{\times (i/j)^k}{\Rightarrow} \forall i < j,\ |A_{i,j}| = \left|(A_k)_{i,j}\right| \left(\frac{i}{j}\right)^k \underset{k \to +\infty}{\to} 0\ (**) \underset{k \to +\infty}{\Rightarrow} \forall i < j,\ |A_{i,j}| = 0.$$

$(*)$ *car la suite* $(A_k)_k$ *est bornée (car* $S(A)$ *est bornée) donc la suite de ces coefficients l'est aussi et* $\left|\frac{j}{i}\right| < 1$.
$(**)$ *car la suite* $(A'_k)_k$ *est bornée (car* $S(A)$ *est bornée) donc la suite de ces coefficients l'est aussi et* $\left|\frac{j}{i}\right| < 1$.
Ainsi, nous venons de montrer que la matrice A *est diagonale.*
Soit $(i,j) \in \{1,..,n\}^2$ *avec* $i \neq j$. *Pour tout* $k \in \mathbb{Z}$, *on pose*

$$P_{i,j}(k) = I_n + kE_{i,j}$$

qui est une matrice inversible d'inverse $P_{i,j}(-k)$ *car*

$$P_{i,j}(k)\, P_{i,j}(-k) = I_n + kE_{i,j} + (-k)\, E_{i,j} - k^2 \underbrace{E_{i,j}E_{i,j}}_{=0 \ car\ i \neq j} = I_n.$$

Pour tout $k \in \mathbb{N}^*$ *et tout* $(i,j) \in \{1,..,n\}^2$ *avec* $i \neq j$, *on note*

$$A''_k = (P_{i,j}(k))^{-1} A P_{i,j}(k) \in S(A) \ \ et\ \ (A''_k)_{i,j} = (A_{i,i} - A_{j,j})\, k$$

(par un calcul matriciel direct). La suite $\left((A''_k)_{i,j}\right)_{k \geqslant 1}$ *étant bornée (car la suite* $(A''_k)_k$ *appartient à* $S(A)$ *qui est un ensemble borné), en divisant par* k *puis en faisant tendre* k *vers* $+\infty$, *on obtient :*

$$\forall (i,j) \in \{1,..,n\}^2,\ i \neq j \Rightarrow A_{i,i} = A_{j,j} \Rightarrow A = \operatorname{diag}(A_{1,1},..,A_{1,1}) = A_{1,1} I_n.$$

Par conséquent, l'ensemble $S(A)$ *est borné si et seulement s'il existe* $\lambda \in \mathbb{C}$ *tel que* $A = \lambda I_n$.

Commentaires 339 *Exercice original pour ce concours, relativement difficile et très progressif (ce qui est rare pour ce concours). Cet exercice est une version simplifiée d'un sujet posé durant de nombreuses années à Polytechnique : caractériser les matrices A telles que l'ensemble $S(A)$ soit fermé.*
Question 1 : C'est la plus simple des questions de ce sujet (même si elle n'est pas immédiate).
Question 2 : Contre toute attente, la réciproque est plus simple à justifier que l'implication directe grâce à la question précédente. Si le candidat bloque trop sur celle-ci, il proposera probablement de traiter la réciproque.
Pour l'implication directe, l'idée maitresse (que l'on attend pas d'un étudiant à ce concours) est « d'étirer les vecteurs de la base » (i.e. les multiplier par un facteur convenable) afin de « compresser » les coordonnées d'un vecteur fixé (mais arbitraire) d'où l'utilisation des matrices $P = \operatorname{diag}(a_n, b_n, ..)$ avec $(a_n)_n$, (b_n), etc. des suitestendant vers $+\infty$.
Question 3 : A nouveau, la réciproque est plus facile que l'implication directe.
L'implication directe est la question la plus difficile du sujet. Un candidat justifiant que toute limite d'une suite de $S(A)$ est une matrice diagonalisable sera fortement valorisé (sinon l'interrogateur le demandera). Le raisonnement est assez simple avec le bon outil (les polynômes annulateurs). Pour le reste de la preuve, l'interaction avec l'interrogateur sera primordiale et s'adresse aux meilleurs candidats.
Question 4 : Le même jeu matriciel (avec les matrices diagonales à coefficients tendant vers $+\infty$) qu'aux question 2 et question 3 (pour la réciproque) permet de conclure en partie. Un candidat parvenant à justifier que A est diagonale sera fortement valorisé.

Exercice 340 (Mines-Ponts) **Thèmes : fonctions d'une variable réelle, endomorphismes des espaces euclidiens, espaces vectoriels normés.**

1. Déterminer les $A \in \mathfrak{M}_n(\mathbb{R})$ telles que $\forall t \in \mathbb{R}$, $e^{tA} \in \mathcal{O}_n(\mathbb{R})$.
2. Déterminer l'ensemble des vecteurs tangents à $\mathcal{O}_n(\mathbb{R})$ en I_n.

Solution 340

1. *Soit $A \in \mathfrak{M}_n(\mathbb{R})$. Considérons la fonction $f : t \in \mathbb{R} \mapsto e^{tA} \in \mathfrak{M}_n(\mathbb{R})$. D'après le cours sur l'exponentielle de matrices, la fonction f est dérivable sur $\mathbb{R}$ et*

$$\forall t \in \mathbb{R},\ f'(t) = Af(t) = f(t)A.$$

Supposons que, pour tout réel t,

$$f(t) \in \mathcal{O}_n(\mathbb{R}) \Leftrightarrow (f(t))^T f(t) = I_n \Leftrightarrow (\mathcal{R}_1) : v(f,f) = I_n$$

où $v : (U,V) \in (\mathfrak{M}_n(\mathbb{R}))^2 \mapsto U^T V \in \mathfrak{M}_n(\mathbb{R})$ est bilinéaire. Comme f est dérivable sur $\mathbb{R}$, on peut affirmer que $v(f,f)$ est dérivable et sa dérivée est :

$$\begin{aligned}(v(f,f))' &= v(f',f) + v(f',f) = (Af(t))^T f(t) + f(t)(Af(t)) \\ &= (f(t))^T (A^T + A) f(t) \quad (\mathcal{R}_2).\end{aligned}$$

En dérivant la relation $(\mathcal{R})$ puis en évaluant en $t = 0$ et compte-tenu que $f(0) = I_n$, on obtient l'égalité :

$$A^T + A = 0_n \Leftrightarrow A^T = -A$$

c'est-à-dire que A est anti-symétrique. Réciproquement, si A est anti-symétrique, la dérivée de $v(f,f)$ est nulle (d'après $(\mathcal{R}_2)$) donc $v(f,f)$ est constante. Sa valeur en $t = 0$

est $v(I_n, I_n) = I_n$ *donc* $v(f, f) = I_n$ *sur* $\mathbb{R}$ *donc, pour tout réel* t, $f(t) \in \mathcal{O}_n(\mathbb{R})$.
Conclusion. *Les matrices* A *qui conviennent sont exactement les matrices anti-symétriques.*

2. *Rappelons qu'une matrice* A *est dite un vecteur tangent à* $\mathcal{O}_n(\mathbb{R})$ *en* I_n *s'il existe un intervalle ouvert* J *contenant* 0, *une fonction* $\gamma : J \to \mathfrak{M}_n(\mathbb{R})$ *une fonction dérivable en* 0 *telle que* $\forall t \in I$, $\gamma(t) \in \mathcal{O}_n(\mathbb{R})$ *avec* $\gamma(0) = I_n$ *et* $\gamma'(0) = A$. *D'après les notations et calculs effectués à la réponse de la question précédente, la fonction* $v(\gamma, \gamma)$ *est constante sur* J *donc sa dérivée est nulle. En particulier, pour* $t = 0$, *on obtient :*

$$v(\gamma'(0), \gamma(0)) + v(\gamma(0), \gamma'(0)) = 0 \Leftrightarrow A^T + A = 0$$

donc A *est anti-symétrique. Réciproquement, si* A *est anti-symétrique, l'application* $f : t \mapsto e^{tA}$ *est dérivable sur* $\mathbb{R}$ *et vérifie* $f(0) = I_n$ *avec* $f'(0) = A$.
Conclusion *: les vecteurs tangents à* $\mathcal{O}_n(\mathbb{R})$ *en* I_n *sont exactement les matrices anti-symétriques de* $\mathfrak{M}_n(\mathbb{R})$.

Commentaires 340 *Exercice quasiment d'application du cours et sans difficulté particulière.*

Exercice 341 (Mines-Ponts) **Thèmes : réduction, suites numériques.**
Pour $n \in \mathbb{N}^*$, on pose

$$M_n = \begin{pmatrix} 1 & 1 & 1 \\ 1 & 1 & 0 \\ 1 & 0 & n \end{pmatrix}$$

et l'on note

$$\alpha_n \leqslant \beta_n \leqslant \gamma_n$$

les valeurs propres de M_n rangées dans l'ordre croissant..

1. Justifier que les valeurs propres de M_n sont réelles et vérifier :

$$\alpha_n < 0 < \beta_n < 2 < \gamma_n.$$

2. Étudier le comportement asymptotique des suites $(\alpha_n)_n$, $(\beta_n)_n$ et $(\gamma_n)_n$ (limites et équivalents).

Solution 341

1. *La matrice* M_n *est symétrique à coefficients réelles donc, d'après le théorème spectral,* M_n *est diagonalisable sur* $\mathfrak{M}_n(\mathbb{R})$ *donc ses valeurs propres sont toutes réelles. Déterminons le polynôme caractéristique de* M_n *en le développant selon la dernière colonne*

$$\begin{aligned}
\chi_{M_n}(X) &= \begin{vmatrix} X-1 & -1 & -1 \\ -1 & X-1 & 0 \\ -1 & 0 & X-n \end{vmatrix} = -\begin{vmatrix} -1 & X-1 \\ -1 & 0 \end{vmatrix} + (X-n)\begin{vmatrix} X-1 & -1 \\ -1 & X-1 \end{vmatrix} \\
&= -(X-1) + (X-n)\left((X-1)^2 - 1\right) = X^3 - (n+2)X^2 + (2n-1)X + 1
\end{aligned}$$

On observe que

$$\lim_{-\infty} \chi_{M_n} = -\infty, \quad \chi_{M_n}(0) = 1 > 0, \quad \chi_{M_n}(2) = -1 < 0, \quad \lim_{+\infty} \chi_{M_n} = +\infty.$$

La fonction $x \mapsto \chi_{M_n}(x)$ étant continue sur $\mathbb{R}$, le théorème des valeurs intermédiaires appliqués aux intervalles $]-\infty, 0]$, $[0,2]$ et $[2,+\infty[$ montre que la fonction $x \mapsto \chi_{M_n}(x)$ s'annule sur chacun de ces intervalles. Or, les zéros de cette fonction sont exactement les valeurs propres de M_n, ce qui permet de conclure.

2. *Comme α_n, β_n et γ_n sont les trois racines de χ_{M_n}, les relations coefficients-racines montrent les relations suivantes*

$$\begin{cases} (\mathcal{R}_1) : \alpha_n + \beta_n + \gamma_n = n+2 & (-\text{ coefficient devant } X^2) \\ (\mathcal{R}_2) : \alpha_n\beta_n + \beta_n\gamma_n + \gamma_n\alpha_n = 2n-1 & (\text{ coefficient devant } X) \\ (\mathcal{R}_3) : \alpha_n\beta_n\gamma_n = -1 & (-\text{ coefficient devant } X^0) \end{cases}.$$

La relation $(\mathcal{R}_1)$ montre que :

$$\Rightarrow 2+n = \underbrace{\alpha_n}_{\leqslant 0} + \underbrace{\beta_n}_{\leqslant 2} + \gamma_n \leqslant 2+\gamma_n \Rightarrow \gamma_n \geqslant n \to +\infty \Rightarrow \lim_{n\to+\infty} \gamma_n = +\infty.$$

On remarque ensuite que

$$\begin{aligned} \chi_{M_n}(-1) &= -3n-1 < 0 \text{ et } \chi_{M_n}(0) = 1 > 0 \\ \chi_{M_n}(1) &= n-1 > 0 \text{ et } \chi_{M_n}(2) = -1 < 0 \end{aligned}$$

donc on peut affirmer que $\alpha_n \in]-1,0[$ et $\beta_n \in]1,2[$. Ainsi, les suites $(\alpha_n)_n$ et $(\beta_n)_n$ sont bornées et la relation $(\mathcal{R}_1)$ fournit la domination suivante :

$$\gamma_n = 2+n-\alpha_n-\beta_n = n + O(1) \underset{n\to+\infty}{\sim} n.$$

La relation $(\mathcal{R}_3)$ permet d'écrire :

$$\begin{aligned} 1 &\leqslant \beta_n \leqslant 2 \underset{\times\alpha_n\gamma_n<0}{\Rightarrow} 2\alpha_n\gamma_n \leqslant \alpha_n\beta_n\gamma_n = -1 \leqslant \alpha_n\gamma_n \Rightarrow \\ -1 &\leqslant \alpha_n\gamma_n \leqslant -\frac{1}{2} \Rightarrow \alpha_n\gamma_n = O(1) \underset{\div\gamma_n}{\Rightarrow} \alpha_n \underset{n\to+\infty}{=} O\left(\frac{1}{\gamma_n}\right) = O\left(\frac{1}{n}\right) \underset{n\to+\infty}{\to} 0. \end{aligned}$$

En isolant β_n dans la relation $(\mathcal{R}_2)$, comme $\alpha_n\beta_n$ tend vers 0 (produit d'une suite qui tend vers 0 par une suite bornée) et que γ_n tend vers $+\infty$, on obtient :

$$\beta_n = \frac{2n-1-\alpha_n\beta_n}{\gamma_n+\alpha_n} \underset{n\to+\infty}{\sim} \frac{2n}{\gamma_n} \underset{n\to+\infty}{\sim} \frac{2n}{n} = 2 \Rightarrow \lim_{n\to+\infty} \beta_n = 2.$$

En utilisant de nouveau la relation $(\mathcal{R}_3)$, on en déduit l'équivalent suivant :

$$\alpha_n = -\frac{1}{\beta_n\gamma_n} \underset{n\to+\infty}{\sim} -\frac{1}{2n}.$$

***Conclusion** :*

$$\alpha_n \underset{n\to+\infty}{\sim} -\frac{1}{2} \underset{n\to+\infty}{\to} 0,\ \beta_n \underset{n\to+\infty}{\sim} 2 \underset{n\to+\infty}{\to} 2 \text{ et } \gamma_n \underset{n\to+\infty}{\sim} n \underset{n\to+\infty}{\to} +\infty.$$

Commentaires 341 *Exercice classique et progressif pour ce concours.*
Question 1 : Elle ne présente pas de difficulté particulière.
Question 2 : Elle permet de tester l'initiative du candidat sur une question ouverte. Un candidat songeant à considérer la trace et le déterminant de la matrice pour en déduire que la suite $(\gamma_n)_n$ *tend vers* $+\infty$ *sera fortement valorisé. Il en est de même d'un candidat affinant les encadrements pour* α_n *et* β_n *afin de pouvoir exploiter la relation sur le déterminant.*

Exercice 342 (Mines-Ponts) **Thèmes : endomorphismes des espaces eucldiens, espaces vectoriels normés, fonctions de plusieurs variables.**
Soient $(E, \langle | \rangle)$ un espace euclidien et $u \in \mathcal{S}(E)$ (endomorphisme symétrique de E). Pour tout $x \in E \backslash \{0_E\}$, on pose

$$f(x) = \frac{\langle u(x) \mid x \rangle}{\|x\|^2}.$$

1. Montrer que f est bornée et atteint ses bornes.
2. Montrer que f est différentiable sur $E \backslash \{0_E\}$ et calculer la différentielle de f en $x \in E \backslash \{0_E\}$.
3. Déduire des questions précédentes une démonstration du théorème spectral.

Solution 342

1. Par bilinéarité du produit scalaire et par linéarité du produit scalaire, pour tout $x \in E \backslash \{0_E\}$*, on a :*

$$f(x) = \left\langle u\left(\frac{x}{\|x\|}\right) \mid \frac{x}{\|x\|}\right\rangle.$$

Si $x \in E \backslash \{0_E\}$, $\dfrac{x}{\|x\|}$ *appartient à la sphère unité* $S = \{x \in E, \|x\| = 1\}$ *et tout élément* $y \in S$ *s'écrit* $y = \dfrac{y}{\|y\|}$ *donc, lorsque* x *décrit* $E \backslash \{0_E\}$, $\dfrac{x}{\|x\|}$ *décrit* S*. On peut alors écrire :*

$$\inf_{x \in E \backslash \{0_E\}} f(x) = \inf_{y \in S} f(y) \text{ et } \sup_{x \in E \backslash \{0_E\}} f(x) = \sup_{y \in S} f(y).$$

L'ensemble S *est borné dans* E *(par construction, tous ses éléments ont une norme majorée par* 1*) et fermé (puisque* $S = \| \|^{-1}(\{1\})$ *avec* $\{1\}$ *qui est fermé et* $\| \|$ *qui est continue sur* E *puisqu'elle est* 1*-lipschitzienne d'après la seconde inégalité triangulaire). Comme* E *est un espace vectoriel normé de dimension finie,* S *est un compact de* E*.*
L'application u *étant linéaire en dimension finie, le produit scalaire* $\langle | \rangle$ *étant continue sur* E *(car bilinéaire en dimension finie), on en déduit que les applications*

$$x \in E \mapsto \langle u(x) \mid x \rangle \text{ et } x \mapsto \|x\|^2 = \langle x \mid x \rangle$$

sont continues sur E *donc* f *est continue sur* $E \backslash \{0_E\}$ *comme quotient de telles fonctions dont le dominateur ne s'annule pas sur* $E \backslash \{0_E\}$*.*
Par conséquent, f *est bornée et atteint ses bornes sur* S *c'est-à-dire qu'il existe* y_0 *et* y_1 *appartenant à* S *(donc à* $E \backslash \{0_E\}$*) tels que*

$$f(y_0) = \inf_{y \in S} f(y) = \inf_{x \in E \backslash \{0_E\}} f(x), \quad f(y_1) = \sup_{y \in S} f(y) = \sup_{x \in E \backslash \{0_E\}} f(x),$$

ce qui permet de conclure.

2. *Nous allons procéder par développements limités. Remarquons au préalable que* $E\backslash\{0_E\}$ *est un ouvert de* E.

Soit $x \in E\backslash\{0_E\}$. *Par linéarité de* u *et par bilinéarité du produit scalaire, pour tout* $h \in E$, *on a :*

$$\begin{aligned}\langle u(x+h) \mid x+h\rangle &= \langle u(x)+u(h) \mid x+h\rangle \\ &= \langle u(x) \mid x\rangle + \langle u(x) \mid h\rangle + \langle u(h) \mid x\rangle + \langle u(h) \mid h\rangle \\ &= \langle u(x) \mid x\rangle + \langle u(x) \mid h\rangle + \underbrace{\langle h \mid u(x)\rangle}_{u\in\mathcal{S}(E)} + \langle u(h) \mid h\rangle \\ &= \langle u(x) \mid x\rangle + 2\langle u(x) \mid h\rangle + \langle u(h) \mid h\rangle\end{aligned}$$

car le produit scalaire est symétrique. Comme u *est linéaire en dimension finie, elle est continue sur* E *donc il existe un réel* C *tel que*

$$\forall h \in E,\ \|u(h)\| \leqslant C\|h\| \Rightarrow |\langle u(h) \mid h\rangle| \underset{\textit{Schwarz}}{\overset{\textit{Cauchy-}}{\leqslant}} \|u(h)\|\,\|h\| \leqslant C\|h\|^2 \underset{h\to 0_E}{=} o(\|h\|).$$

Par conséquent, on a prouvé que :

$$\langle u(x+h) \mid x+h\rangle \underset{h\to 0_E}{=} \langle u(x) \mid x\rangle + 2\langle u(x) \mid h\rangle + o(\|h\|).$$

Par développement des normes euclidiennes, on a :

$$\|x+h\|^2 = \|x\|^2 + 2\langle x \mid h\rangle + \|h\|^2 \underset{h\to 0_E}{=} \|x\|^2 + 2\langle x \mid h\rangle + o(\|h\|).$$

On en déduit le développement suivant :

$$\begin{aligned} f(x+h) &\underset{h\to 0_E}{=} \frac{\langle u(x) \mid x\rangle + 2\langle u(x) \mid h\rangle + o(\|h\|)}{\|x\|^2 + 2\langle x \mid h\rangle + o(\|h\|)} \\ &\underset{h\to 0_E}{=} \frac{\langle u(x) \mid x\rangle + 2\langle u(x) \mid h\rangle + o(\|h\|)}{\|x\|^2} \times \frac{}{1+\dfrac{2\langle x \mid h\rangle}{\|x\|^2} + o(\|h\|)} \\ &\underset{h\to 0_E}{=} \frac{\langle u(x) \mid x\rangle + 2\langle u(x) \mid h\rangle + o(\|h\|)}{\|x\|^2} \times \left(1 - \frac{2\langle x \mid h\rangle}{\|x\|^2} + o(\|h\|)\right)\end{aligned}$$

(par le développement limité en 0 *à l'ordre* 1 *de* $y \mapsto \dfrac{1}{1+y}$*). En développant cette expression et d'après les règles de calculs sur les* $o()$, *on obtient la formule :*

$$f(x+h) = f(x) + \frac{2\langle u(x) \mid h\rangle}{\|x\|^2} - \frac{2\langle x \mid h\rangle}{\|x\|^2} \times \frac{\langle u(x) \mid x\rangle}{\|x\|^2} + o(\|h\|).$$

L'application

$$L : h \in E \mapsto \frac{2\langle u(x) \mid h\rangle}{\|x\|^2} - \frac{2\langle x \mid h\rangle\langle u(x) \mid x\rangle}{\|x\|^4}$$

étant linéaire, on en déduit que f *est différentiable en* x *et que sa différentielle est :*

$$df(x) = L : h \in E \mapsto \frac{2\langle u(x) \mid h\rangle}{\|x\|^2} - \frac{2\langle x \mid h\rangle\langle u(x) \mid x\rangle}{\|x\|^4}$$

3. *On conserve les notations et calculs des réponses aux questions précédentes. D'après la question 1, la fonction f admet un maximum qui est atteint en un point $y_1 \in S$ (donc $\|y_1\| = 1$). Comme y_1 est un extrémum de f appartenant à l'ouvert $E \backslash \{0_E\}$ et que f y est différentiable, on en déduit que y_1 est un extrémum de f donc*

$$\begin{aligned} df(y_1) &= 0 \underset{\|y_1\|=1}{\Leftrightarrow} \forall h \in E, \langle u(y_1) \mid h\rangle - \langle y_1 \mid h\rangle \langle u(y_1) \mid y_1\rangle = 0 \\ &\Leftrightarrow \forall h \in E, \langle u(y_1) - \langle u(y_1) \mid y_1\rangle y_1 \mid h\rangle = 0 \text{ (par linéaire de } \langle|\rangle) \\ &\Leftrightarrow u(y_1) - \langle u(y_1) \mid y_1\rangle y_1 = 0 \Leftrightarrow u(y_1) = \langle u(y_1) \mid y_1\rangle y_1. \end{aligned}$$

Comme y_1 est non nul (car il appartient à S), on peut affirmer que y_1 est un vecteur propre de u associé à la valeur propre $\lambda_1 = \langle u(y_1) \mid y_1\rangle$. Si

$$E_{\lambda_1}(u) = E \Leftrightarrow \ker(u - \lambda_1 \operatorname{Id}_E) = E \Leftrightarrow u - \lambda_1 \operatorname{Id}_E = 0 \Leftrightarrow u = \lambda_1 \operatorname{Id}_E$$

est diagonalisable en base orthonormée (n'importe quelle base orthonormée de E convient). Si $E_{\lambda_1}(u) \neq 0$, comme l'espace propre $E_{\lambda_1}(u)$ est stable par u et que u est symétrique, son orthogonal $(E_{\lambda_1}(u))^\perp$ est stable par u. La restriction de u à cet orthogonal est un endomorphisme symétrique de $(E_{\lambda_1}(u))^\perp$. Comme

$$\dim\left((E_{\lambda_1}(u))^\perp\right) = \dim(E) - \underbrace{\dim(E_{\lambda_1}(u))}_{\geqslant 1} \leqslant \dim(E) - 1,$$

il existe une base orthonormée B_1 de $(E_{\lambda_1}(u))^\perp$ formée de vecteurs propres pour u (je laisse le soin au lecteur de faire une récurrence forte sur la dimension de E pour prouver rigourement le théorème spectral). On fixe une base orthonormée $\mathcal{B}_0$ de $E_{\lambda_1}(u)$ alors tous les vecteurs de $\mathcal{B}_0$ sont par définition vecteurs propres de u. Comme $E_{\lambda_1}(u)$ et $(E_{\lambda_1}(u))^\perp$ sont supplémentaires orthogonaux dans E, $\mathcal{B}_0 \cup \mathcal{B}_1$ est une base orthonormée de E formée de vecteurs propres de u, ce qui permet de conclure.

Commentaires 342 *Il s'agit d'une preuve « analytique » du théorème spectral (ou plutôt de l'existence d'une valeur propre réelle à un endomorphisme symétrique).*
L'exercice est de difficulté standard et suffisamment progressif.
Les deux premières questions sont relativement classiques pour les concours Mines-Ponts et Centrale-SupElec.
La dernière question est originale (pour ces concours) et elle teste les liens entre extrémums et points critiques. La preuve du théorème spectral permettra de distinguer les très bons candidats.
Pour la première question, le fait que u soit linéaire en dimension finie entraine sa continuité, ce qui assure l'existence d'un réel k tel que :

$$\forall x \in E, \|u(x)\| \leqslant k\|x\|.$$

L'inégalité de Cauchy-Schwarz montre que :

$$\forall x \in E \backslash \{0\}, |f(x)| = \frac{|\langle u(x) \mid x\rangle|}{\|x\|^2} \leqslant \frac{\|u(x)\| \|x\|}{\|x\|^2} \leqslant \frac{k\|x\| \|x\|}{\|x\|^2} = k,$$

ce qui prouve le caractère borné de f. Un candidat proposant une telle initiative sera valorisée.

Pour la deuxième question, on peut justifier que les fonctions

$$a : x \mapsto \|x\|^2 = \sum_{i=1}^{n} x_i^2 \text{ et } b : x \mapsto \langle u(x) \mid x\rangle = \sum_{i=1}^{n}\sum_{j=1}^{n} U_{i,j}x_i x_j$$

sont des fonctions polynomiales en les coordonnées de x (dans une base orthonormée $\mathcal{B}$ fixée et $(U_{i,j})_{i,j}$ est la matrice de U dans la base $\mathcal{B}$, cette matrice étant symétrique) puisque le produit scalaire de deux vecteurs est un polynome en les coordonnées de ces deux vecteurs. Ainsi, ces deux fonctions sont différentiables f est différentiable sur $E\setminus\{0\}$ (comme quotient de deux telles fonctions dont le dénominateur ne s'annule pas). Pour tout entier $k \in \{1,..,n\}$, explicitons les dérivées partielles de a et b (dans la base $\mathcal{B}$). Pour tout $x \in E$, on a :

$$\begin{aligned}
\frac{\partial a}{\partial x_k}(x) &= 2x_k,\ \frac{\partial b}{\partial x_k}(x_i x_j) = \begin{cases} 2x_k & \text{si } i = j = k \\ x_i & \text{si } j = k \text{ et } i \neq k \\ x_j & \text{si } i = k \text{ et } j \neq k \\ 0 & \text{sinon} \end{cases} \\
b(x) &= \sum_{i=1}^{n} U_{i,i}(x_i)^2 + x_k \left(\sum_{j\in\{1,..,n\}\setminus\{k\}} U_{k,j}x_j + \sum_{i\in\{1,..,n\}\setminus\{k\}} U_{i,k}x_i \right) \\
&+ \sum_{(i,j)\in(\{1,..,n\}\setminus\{k\})^2} U_{i,j}x_i x_j \\
&= \sum_{i=1}^{n} U_{i,i}(x_i)^2 + 2x_k \sum_{j\in\{1,..,n\}\setminus\{k\}} U_{k,j}x_j \\
&+ \sum_{(i,j)\in(\{1,..,n\}\setminus\{k\})^2} U_{i,j}x_i x_j \text{ (car } U \text{ est symétrique)} \\
\frac{\partial b}{\partial x_k}(x) &= 2U_{k,k}x_k + 2\sum_{j\in\{1,..,n\}\setminus\{k\}} U_{i,j}x_j.
\end{aligned}$$

Ce calcul pourra également convenir à l'interrogateur, surtout si le candidat se rappelle du lien dérivée partielle et différentielle :

$$\forall x \in E,\ df(x)(h) = \sum_{i=1}^{n} \frac{\partial f}{\partial x_k}(x)\, h_k.$$

Chapitre 19

Centrale Math 2 (Python)

19.1 Arithmétique

Exercice 343 Pour tout $n \in \mathbb{N}^*$ on note $\pi(n)$ le nombre d'entiers naturels premiers inférieurs ou égaux à n.

1. Écrire une fonction *prem(n)* qui renvoie *True* si n est premier et *False* sinon.
2. Écrire une fonction *piprime(n)* qui calcule $\pi(n)$.
3. Calculer $\dfrac{n}{\pi(n)}$ pour $n = 10^1, ..., 10^6$. Émettre une conjecture sur cette suite.
4. On admet dans cette question que

$$\forall n \in \mathbb{N}^*,\ \pi(n) \leqslant 6\ln(2)\frac{n}{\ln(n)}.$$

On note $\forall k \in \mathbb{Q}$, $(*)_k$ l'équation $\dfrac{n}{\pi(n)} = k$ d'inconnue $n \geqslant 2$.

(a) Prouver la conjecture précédente.

(b) Montrer que, pour $k \in \mathbb{Q}$, si n est solution de $(*)_k$ alors $n \leqslant 2^{6k}$. Montrer à l'aide de l'outil informatique que $(*)_{\frac{21}{10}}$ n'admet pas de solutions.

(c) On se place dans le cas où k est un entier supérieur ou égal à 2. On note

$$E_k = \left\{ n \geqslant 2 \,/\, \frac{n}{\pi(n)} \leqslant k \right\}.$$

Montrer que E_k est fini puis que son plus grand élément est solution de $(*)_k$.

(d) Trouver les solutions de $(*)_k$ pour $k = 2$ et $k = 3$.

5. On se propose de montrer que

$$\forall n \in \mathbb{N}\setminus\{0,1\},\ \pi(n) \leqslant 6\ln(2)\frac{n}{\ln(n)}.$$

Soit $n \geqslant 2$.

(a) Montrer que $\pi(2n) \leqslant n$.

(b) Soit $n \geqslant 1$, et p premier tel que $n < p \leqslant 2n$. Montrer que p divise $\binom{2n}{n}$.

(c) En déduire que $n^{\pi(2n)-\pi(n)} \leqslant \binom{2n}{n} \leqslant (1+1)^{2n}$.

(d) Montrer alors que pour tout $k \geqslant 1$, $\pi\left(2^{k+1}\right) \leqslant \pi\left(2^k\right) + \dfrac{2^{k+1}\ln(2)}{k}$.

(e) Montrer enfin que $\pi\left(2^k\right) \leqslant 3 \times \dfrac{2^k}{k}$ pour tout $k \geqslant 1$ et conclure.

Solution 343 *1.*

```
def prem(n):
    if n==1 or n==2:
        return(True)
    for i in range(2,n):
        if n%i==0:
            return(False)
    return(True)
```

2.

```
# version naive et très lente
def piprem(n):
    nb=0
    for n in range(2,n):
        if prem(n):
            nb=nb+1
    return(nb)

for k in range(1,7):
    print((10**k)/piprem(10**k))

2.5
4.0
5.9523809523809526
8.136696501220504



# utilisation du crible d'erathosthène pour accélerer les
   calculs

def piprem_bis(n):
    L=[True for k in range(n+1)]
    i=2
    while i<=n:
        for k in range(2,(n//i)+1):
            L[i*k]=False
        i=i+1
    s=0
    for i in range(2,n+1):
```

```
        if L[i]:
            s=s+1
    return(s)



for k in range(1,7):
    print((10**k)/piprem_bis(10**k))

2.5
4.0
5.9523809523809526
8.136696501220504
10.425354462051709
12.739178068231038

# rapide sauf pour k=6, quelques secondes
```

3.

```
# version naive

for k in range(1,7):
    print((10**k)/piprem(10**k))

2.5
4.0
5.9523809523809526
8.136696501220504


# utilisation du crible d'erathosthène pour accélerer les
   calculs

for k in range(1,7):
    print((10**k)/piprem_bis(10**k))

2.5
4.0
5.9523809523809526
8.136696501220504
10.42535446205171
12.739178068231038

# rapide sauf pour k=6, quelques secondes
```

On conjecture que la suite $\left(\dfrac{n}{\pi(n)}\right)_n$ *diverge vers* $+\infty$.

4. (a) *En multipliant par* $\dfrac{\ln(n)}{\pi(n)\,6\ln(2)}$ *l'inégalité admise à cette question, on dispose de la minoration suivante :*

$$\forall n \geqslant 2,\ \frac{\ln(n)}{6\ln(2)} \leqslant \frac{n}{\pi(n)}.$$

Puisque $\lim\limits_{n\to+\infty} \dfrac{\ln(n)}{6\ln(2)} = +\infty$, *le théorème d'encadrement permet d'affirmer que* $\lim\limits_{n\to+\infty} \dfrac{n}{\pi(n)} = +\infty$.

(b) *D'après l'inégalité prouvée à la question précédente, l'égalité* $(*)_k$ *montre que :*

$$\begin{aligned} k &= \frac{n}{\pi(n)} \geqslant \frac{\ln(n)}{6\ln(2)} \Rightarrow 6k\ln(2) \geqslant \ln(n) \\ &\Leftrightarrow \ln\left(2^{6k}\right) \geqslant \ln(n) \Rightarrow 2^{6k} \geqslant n \end{aligned}$$

(par croissancce de l'exponentielle). Il suffit de vérifier sur tous les entiers $n \leqslant 2^{21/10}$ *si* $\dfrac{n}{\pi(n)} = \dfrac{21}{10}$ *ce qui est équivalent, par produit en croix, à l'égalité* $10n = 21\pi(n)$. *Il s'agit de tester informatiquement cette égalité sur des entiers alors que l'équation* $(*)_{\frac{21}{10}}$ *fait intervenir des floattants (en Python) et les tests d'égalité seront faussés (en raison des approximations faites). Voici le code Python correspondant.*

```
def sol(a,b):
    max=2**(6*a/b)
    n=1
    test=False
    while not test and n <= max :
        if b*n ==a*piprem(n):
            test=True
        n=n+1
    return(test)

print(sol(21,10))
False
```

Ainsi, l'équation $(*)_{\frac{21}{10}}$ *n'admet aucune solution.*

(c) *D'après la question 4.a), la suite* $\dfrac{n}{\pi(n)}$ *tend vers* $+\infty$ *donc il existe un entier* N *tel que, pour tout* $n > N$, $\dfrac{n}{\pi(n)} > k$. *Ainsi, l'équation* $(*)_k$ *n'admet aucune solution entière* $n \geqslant N$ *donc elle admet un nombre fini de solution (un sous-ensemble, éventuellement vide) de l'ensemble* $\{1, .., N\}$.
Soit $r = \max(E_k)$ *alors, comme* r *appartient à* E_k, *on peut écrire*

$$\frac{r}{\pi(r)} \leqslant k \Leftrightarrow (\mathcal{I}_1) : r \leqslant k\pi(r).$$

Comme $k\pi(r) \geqslant r$ *et que la suite* $n \mapsto \pi(n)$ *est croissante (par construction), on est assuré que :*

$$\pi(k\pi(r)) \geqslant \pi(r) \underset{\times k \geqslant 0}{\Rightarrow} k\pi(k\pi(r)) \geqslant k\pi(r).$$

L'entier $h = k\pi(r)$ *vérifie alors :*

$$k\pi(h) \geqslant h \Rightarrow \frac{h}{\pi(h)} \leqslant k \Rightarrow h \in E_k.$$

Par définition, de $r = \max(E_k)$, *on peut écrire :*

$$h \leqslant r \Leftrightarrow (\mathcal{I}_2) : k\pi(r) \leqslant r$$

En combinant les inégalités $(\mathcal{I}_1)$ *et* $(\mathcal{I}_2)$, *on obtient l'égalité :*

$$r = k\pi(r) \Leftrightarrow \frac{r}{\pi(r)} = k$$

donc $r = \max(E_k)$ *vérifie bien l'équation* $(*)_k$.

(d) *Voici un script fournissant la réponse pour* $k = 2$ *(il met 35 secondes à trouver!) et totalement inopérant pour* $k = 3$ *(même après 30 mn). Remarquons qu'il faut tester* $2^{6*3} = 262\,144$ *nombres*

```
def liste_sol(k):
    max=2**(6*k)
    n=1
    L=[]
    while n <= max :
        if n ==k*piprem_bis(n):
            L.append(n)
        n=n+1
    return(L)


print(L)
[2, 4, 6, 8]
```

En voici une version bien mieux optimisée (liste de tous les nombres premiers inférieurs à 2^{6k}, *pour chaque entier* $s \leqslant 2^{6k}$, *calcul de* $\pi(s)$ *par la relation* $\pi(s+1) = \pi(s)$ *si* $s+1$ *n'est pas premier et* $\pi(s+1) = \pi(s)+1$ *si* s *est un nombre premier puis tester de l'égalité* $s = k\pi(s)$*). Elle met moins de 2 centièmes de secondes pour* $k = 2$ *et 2 secondes pour* $k = 3$.

```
def liste_sol_bis(k):
    m=2**(6*k)
    L=[True for i in range(m+1)]
    liste=[]
    i=2
    while i<=m:
        for h in range(2,(m//i)+1):
            L[i*h]=False
        i=i+1
    s=0
    for i in range(2,m+1):
        if L[i]:
```

```
                s=s+1
            if i == k*s:
                liste.append(i)
        return(liste)


print(liste_sol_bis(2))
[2, 4, 6, 8]

print(liste_sol_bis(3))
[27, 30, 33]
```

5. (a) *Parmi les nombres de l'ensemble* $\{1,..,2n\}$, *Tous les nombres pairs de l'ensemble* $\{1,..,2n\}$ *ne sont pas premiers sauf le nombre 2. Or, ces nombres pairs sont de la forme* $2k$ *avec* $k \in \{2,..,n\}$ *donc il y a* $n-1$. *En outre, le nombre 1 n'est pas un nombre premier donc il y a au moins n nombres non premiers dans l'ensemble* $\{1,..,2n\}$. *Par conséquent, son complémentaire, les nombres premiers de* $\{1,..,2n\}$, *est de cardinal au maximum* $2n-n=n$, *ce qui justifie l'inégalité* $\pi(2n) \leqslant n$.

(b) *Par définition des coefficients binomiaux, on a* $\binom{2n}{n} = \dfrac{(2n)!}{(n!)^2}$. *Puisque* $(2n)! = \prod_{k=1}^{2n} k$ *et que* $p \in \{1,..,2n\}$, *on peut affirmer que p divise*

$$\prod_{k=1}^{2n} k = (2n)! = (n!)^2 \binom{2n}{n}.$$

Comme p est un nombre premier n'appartenant pas à l'ensemble $\{1,..,n\}$, *il est premier avec tous les* $k \in \{1,..,n\}$ *donc, d'après le lemme de Gauss, p est premier avec* $\prod_{k=1}^{n} k = n!$, *ce qui nous assure qu'il est premier avec* $(n!)^2$. *Comme p divise* $(n!)^2\binom{2n}{n}$ *et que p est premier avec* $(n!)^2$, *le lemme de Gauss montre que p divise* $\binom{2n}{n}$.

(c) *D'après la formule du binôme de Newton, on a :*

$$(1+1)^{2n} = \sum_{k=0}^{2n} \underbrace{\binom{2n}{k}}_{\geqslant 0} \underset{n\in\{0,..,2n\}}{\geqslant} \binom{2n}{n}.$$

D'autre part, si on note $\mathcal{H}$ *l'ensemble des nombres premiers appartenant à* $\{n+1,..,2n\}$, *il est de cardinal* $\pi(2n) - \pi(n)$ *(il est égal à l'ensemble des nombres premiers appartenant à* $\{1,.,2n\}$ *privé de l'ensemble des nombres premiers appartenant à* $\{1,..,n\}$*). Chaque élément p de* $\mathcal{H}$ *divise* $\binom{2n}{n}$ *et les éléments de* $\mathcal{H}$ *sont deux à deux premiers entre eux (puisqu'il s'agit de nombres premiers distincts) donc, d'après le lemme de Gauss, le nombre* $A = \prod_{k\in\mathcal{H}} k$ *divise* $\binom{2n}{n}$. *En particulier, on est assuré que* $A \leqslant \binom{2n}{n}$ *et comme chaque élément k de* $\mathcal{H}$ *est supérieur à n, on dispose des minorations suivantes :*

$$\binom{2n}{n} \geqslant A \geqslant \prod_{k\in\mathcal{H}} n = n^{\operatorname{card}(\mathcal{H})} = n^{\pi(2n)-\pi(n)}.$$

(d) *D'après la majoration de la question précédente, on a :*

$$\forall n, n^{\pi(2n)-\pi(n)} \leqslant (1+1)^{2n} = 2^{2n}.$$

Par croissance du logarithme népérien, on obtient la majoration :

$$(\pi(2n) - \pi(n)) \ln(n) \leqslant 2n \ln(2) \Rightarrow \pi(2n) - \pi(n) \leqslant \frac{2n \ln(2)}{\ln(n)}.$$

Pour tout entier $k \geqslant 1$, $n = 2^k$ est supérieur à 2 donc on peut lui appliqué l'inégalité ci-dessus :

$$\pi\left(2^{k+1}\right) - \pi\left(2^k\right) \leqslant \frac{2^{k+1} \ln(2)}{k}$$

car $\ln(2) \leqslant 1$, ce qui permet de conclure.

(e) *Prouvons par récurrence sur $k \in \mathbb{N}^*$ la propriété $(\mathcal{P}_k)$: « $\pi\left(2^k\right) \leqslant 3\frac{2^k}{k}$ ».*
Initialisation *$k = 1$. Comme l'ensemble $\{1, 2\}$ contient un seul nombre premier (le nombre 2), on a $\pi(2) = 1$ et*

$$3\frac{2^1}{1} = 6 \geqslant 1 = \pi(2)$$

donc $(\mathcal{P}_1)$ est vraie. Pour une raison qui apparaitra dans l'hérédité, nous allons également vérifier $(\mathcal{P}_2)$ et $(\mathcal{P}_3)$.
Comme l'ensemble $\{1, 2, 3, 4\}$ contient deux nombres premiers (les nombres 2 et 3), on a $\pi\left(2^2\right) = 2$ et

$$3\frac{2^2}{2} = 6 \geqslant 2 = \pi\left(2^2\right)$$

donc $(\mathcal{P}_2)$ est vraie.
Comme l'ensemble $\{1, 2, .., 8\}$ contient deux nombres premiers (les nombres 2, 3, 5 et 7), on a $\pi\left(2^3\right) = 4$ et

$$3\frac{2^3}{3} = 8 \geqslant 4 = \pi\left(2^3\right)$$

donc $(\mathcal{P}_3)$ est vraie.
Hérédité*. Supposons $(\mathcal{P}_k)$ vraie pour un certain entier $k \geqslant 3$ alors, d'après la question précédente, on a la majoration suivante :*

$$\pi\left(2^{k+1}\right) \leqslant \pi\left(2^k\right) + \frac{2^{k+1}\ln(2)}{k} \underset{(\mathcal{P}_k)}{\leqslant} 3\frac{2^k}{k} + \frac{2^{k+1}\ln(2)}{k} = \left(\frac{3}{2} + \ln(2)\right)\frac{2^{k+1}}{k}$$

On observe ensuite que

$$\left(\frac{3}{2} + \ln(2)\right)\frac{1}{k} \leqslant \frac{3}{k+1} \Leftrightarrow \left(\frac{3}{2} + \ln(2)\right)(k+1) \leqslant 3k$$

$$\Leftrightarrow \left(\frac{3}{2} - \ln(2)\right)k \geqslant \left(\frac{3}{2} + \ln(2)\right) \Leftrightarrow k \geqslant \frac{\frac{3}{2} + \ln(2)}{\frac{3}{2} - \ln(2)} \simeq 2.7182$$

$$\Leftrightarrow k \geqslant 3$$

(puisque k est un entier). Comme on a supposé $k \geqslant 3$ (voici la raison de l'initialisation à $k=3$), on peut affirmer que :

$$\left(\frac{3}{2}+\ln(2)\right)\frac{1}{k} \leqslant \frac{3}{k+1} \Rightarrow \pi\left(2^{k+1}\right) \leqslant 3\frac{2^{k+1}}{k+1},$$

ce qui prouve $(\mathcal{P}_{k+1})$ et achève la récurrence.

Démontrons maintenant la majoration $\pi(n) \leqslant 6\ln(2)\frac{n}{\ln(n)}$. Soit $n \in \mathbb{N}\backslash\{0,1\}$. La famille $\left(I_k = [[2^k, 2^{k+1}[[\right)_{k\geqslant 1}$ forme une partition de $\mathbb{N}\backslash\{0,1\}$ donc il existe un (unique) entier $k \geqslant 1$ tel que $2^k \leqslant n \leqslant 2^{k+1}$. La suite $(\pi(m))_{m\geqslant 2}$ étant croissante (l'ensemble des nombres premiers appartenant à $\{1,..,m\}$ est inclus dans l'ensemble des nombres premiers appartenant à $\{1,..,m+1\}$ donc $\pi(m) \leqslant \pi(m+1)$), on obtient la majoration suivante :

$$(\mathcal{I}_3) : \pi(n) \leqslant \pi\left(2^{k+1}\right) \leqslant 3\frac{2^{k+1}}{k+1} = \frac{6}{k+1}\underbrace{2^k}_{\leqslant n} \leqslant \frac{6}{k+1}n.$$

Or, on a l'encadrement suivant :

$$2^{k+1} \geqslant n \Rightarrow (k+1)\ln(2) \geqslant \ln(n) \Rightarrow (\mathcal{I}_4) : \frac{1}{k+1} \leqslant \frac{\ln(2)}{\ln(n)}.$$

En combinant les majorations $(\mathcal{I}_3)$ et $(\mathcal{I}_4)$, on obtient :

$$\pi(n) \leqslant 6\ln(2)\frac{n}{\ln(n)}.$$

Commentaires 343 *Les questions de programmation ne doivent pas poser de difficulté particulières car elles sont standards (et probablement traitées en MPSI et/ou MP).*
Les questions mathématiques 4.a et 5.a sont élémentaires.
Pour la question 4.c, la finitude de E_k est aisée mais le fait que son plus grand élément soit solution sera discriminant et l'interaction avec l'interrogateur sera cruciale.
Les questions 5.b et 5.c sont accessibles, éventuellement avec l'aide de l'interrogateur. Les deux dernières questions permettent de distinguer les bons candidats.

19.2 Polynômes

Exercice 344 Soient $\mathcal{P}$ l'ensemble des polynômes à coefficients dans $\{0,1\}\}$ et

$$W = \{z \in \mathbb{C}, \quad \exists P \in \mathcal{P}, \quad P(z) = 0\}.$$

1. Tracer dans le plan complexe les racines des éléments de $\mathcal{P}$ de degré au plus 7.
2. Montrer que W est stable par $z \mapsto \overline{z}$ et que $W\backslash\{0\}$ est stable par $z \mapsto \frac{1}{z}$.
3. Soient $P \in W$ non nul et z une racine non nulle de P . Sans perte de généralité, on peut supposer $P(0) = 1$. Supposons que $|z| < 1$ et posons

$$Q(X) = P(X) - 1 - \frac{X}{2(1-X)}.$$

Montrer que

$$|Q(z)| \leqslant \frac{|z|}{2(1-|z|)}$$

et en déduire que

$$\left|\frac{2-z}{1-z}\right| \leqslant \frac{|z|}{1-|z|}.$$

4. Soit $z \in W$ tel que $|z| > 1$. Montrer que

$$\left|\frac{2z-1}{z-1}\right| \leqslant \frac{1}{|z|-1}.$$

5. Soient

$$\begin{aligned} A &= \{z \in \mathbb{C}, \quad |z|\,|z-1| = |2-z|\,(1-|z|)\} \text{ et} \\ B &= \{z \in \mathbb{C}, \quad |z-1| = |2z-1|\,(|z|-1)\}. \end{aligned}$$

Donner pour les ensembles A et B des équations de la forme $f(x,y) = 0$ et $g(x,y) = 0$. Tracer A et B sur le même graphique que la figure précédente.

6. Soit

$$P_n = 1 + X + X^3 + \cdots + X^{2n+1}.$$

Montrer qu'il existe un unique $x_n \in \mathbb{R}$ tel que $P_n(x_n) = 0$, puis que $x_n \in [-1, 0]$.

7. Montrer que la suite $(x_n)_{n\in\mathbb{N}}$converge vers un élément de W.

Solution 344 *1. Voici le code permettant le tracé.*

```
from numpy.polynomial import Polynomial

def poly2(n):
    c= Polynomial([1])
    X= Polynomial([0,1])
    L=[X,X+c]
    if n==1:
        return(L)
    else:
        for k in range(2,n+1):
            r=len(L)
            for i in range(r):
                L.append(X**k+L[i])
    return(L)

def racine(n):
    poly=poly2(n)
    L=[]
    for p in poly:
        L.append(p.roots()[0])
    return(L)

import matplotlib.pyplot as plt
```

```
def affiche(n):
    L=racine(n)
    for z in L:
        plt.plot(z.real,z.imag,marker='+')
    plt.show()

affiche(7)
```

Voici le dessin correspondant.

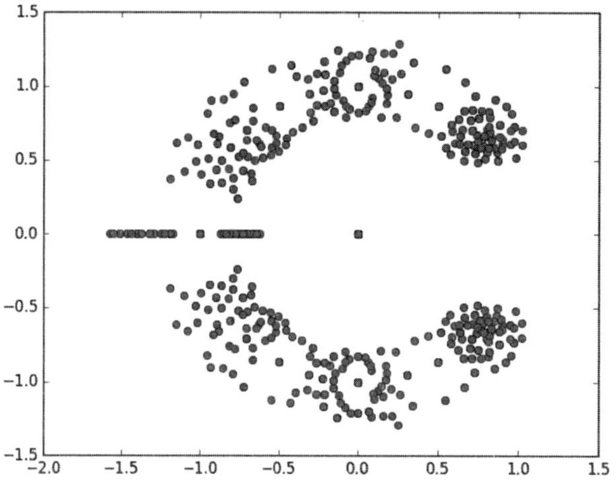

2. *Soit* $z \in W$. *Il existe* $P \in \mathcal{P}$ *tel que* $P(z) = 0$. *Comme* $P \in \mathcal{P}$, *il existe un entier* N *et des nombres* $(a_k)_{0 \leqslant k \leqslant N}$ *appartenant à* $\{0, 1\}$ *tel que* $P = \sum_{k=0}^{n} a_k X^k$. *Pour tout* $k \in \{0, 1, \}$, *comme* $a_k \in \mathbb{R}$, *on a* $\overline{a_k} = a_k$. *Ainsi, d'après les règles de calculs vérifiée par la conjugaison, on a :*

$$P(\overline{z}) = \sum_{k=0}^{N} a_k \overline{z}^k = \sum_{k=0}^{n} \overline{a_k}\,\overline{z^k} = \overline{\sum_{k=0}^{n} a_k z^k} = \overline{P(z)} = \overline{0} = 0$$

donc $\overline{z} \in W$. *En divisant par* z^N *l'égalité* $P(z) = 0$, *on obtient l'égalité :*

$$\sum_{k=0}^{n} a_k z^{k-n} = 0 \underset{j=n-k}{\Leftrightarrow} \sum_{j=0}^{n} a_{n-j} z^{-j} = 0 \Leftrightarrow \sum_{j=0}^{n} a_{n-j} \left(\frac{1}{j}\right)^j = 0.$$

Ainsi, le polynôme $Q = \sum_{j=0}^{n} a_{n-j} X^j$ *appartient à* W *et* $Q\left(\frac{1}{z}\right) = 0$ *donc* $\frac{1}{z}$ *appartient à* W.

3. *Comme* $P \in W$, *il existe un entier* N *et des nombres* $(a_k)_{0 \leqslant k \leqslant N}$ *appartenant à* $\{0, 1\}$ *tels que*

$$P = \sum_{k=0}^{N} a_k X^k.$$

Puisque $P(0)=1$, *on est assuré que* $a_0=0$ *donc*

$$P=1+\sum_{k=1}^{N}a_kX^k.$$

Comme $|z|<1$, *le développement en série entière de* $u\mapsto \frac{1}{1-u}$ *montre que :*

$$\frac{z}{1-z}=z\sum_{n=0}^{+\infty}z^n=\sum_{n=0}^{+\infty}z^{n+1}=\sum_{k=1}^{+\infty}z^k$$

donc on peut écrire :

$$Q(z)=1+\sum_{k=1}^{N}a_kz^k-1-\frac{1}{2}\sum_{k=1}^{+\infty}z^k=\sum_{k=1}^{N}\left(a_k-\frac{1}{2}\right)z^k+\frac{1}{2}\sum_{k=N+1}^{+\infty}z^k.$$

Pour tout $k\in\{1,..,N\}$, $a_k\in\{0,1\}$ *donc*

$$\left|a_k-\frac{1}{2}\right|=\frac{1}{2}$$

(il suffit de distinguer les cas $a_k=0$ *et* $a_k=1$*). L'inégalité triangulaire fournit la majoration suivante :*

$$\begin{aligned}|Q(z)| &\leqslant \sum_{k=1}^{N}\left|a_k-\frac{1}{2}\right||z|^k+\frac{1}{2}\sum_{k=N+1}^{+\infty}|z|^k\\ &= \sum_{k=1}^{N}\frac{1}{2}|z|^k+\frac{1}{2}\sum_{k=N+1}^{+\infty}|z|^k=\frac{1}{2}\sum_{k=1}^{+\infty}|z|^k=\frac{|z|}{2(1-|z|)}.\end{aligned}$$

Or, comme z *est racine de* P, *on a :*

$$\begin{aligned}P(z) &= 0\Rightarrow Q(z)=-1-\frac{z}{2(1-z)}=\frac{-2(1-z)-z}{2(1-z)}\\ &= \frac{z-2}{2(1-z)}=-\frac{2-z}{2(1-z)}.\end{aligned}$$

L'inégalité précédente se réécrit comme suit :

$$|Q(z)|\leqslant\frac{|z|}{2(1-|z|)}\Leftrightarrow\left|-\frac{2-z}{2(1-z)}\right|\leqslant\frac{|z|}{2(1-|z|)},$$

ce qui fournit la majoration souhaitée (en multipliant par 2 *cette inégalité et en utilisant l'égalité* $|-w|=|w|$ *valable pour tout complexe* w*).*

4. Soit $z\in W$ *tel que* $|z|>1$. *En particulier,* z *est non nul donc, d'après la question 2,* $\frac{1}{z}\in W$. *La question précédente permet d'affirmer que :*

$$\left|\frac{2-\frac{1}{z}}{1-\frac{1}{z}}\right|\leqslant\frac{\left|\frac{1}{z}\right|}{\left|\frac{1}{z}\right|-1}\Leftrightarrow\left|\frac{\frac{2z-1}{z}}{\frac{z-1}{z}}\right|\leqslant\frac{\frac{1}{|z|}}{\frac{1-|z|}{|z|}}\Leftrightarrow\left|\frac{2z-1}{z-1}\right|\leqslant\frac{1}{1-|z|}.$$

5. *Soit $z \in \mathbb{C}$, il existe $(x, y) \in \mathbb{R}^2$ tel que $z = x + iy$ donc*

$$\begin{aligned} |z| &= \sqrt{x^2+y^2},\ |z-1| = |(x-1)+iy| = \sqrt{(x-1)^2+y^2} \\ |2-z| &= |(2-x)+iy| = \sqrt{(2-x)^2+y^2}, \\ |2z-1| &= |(2x-1)+iy| = \sqrt{(2x-1)^2+y^2}. \end{aligned}$$

Ainsi, $z \in A$ si et seulement si :

$$\sqrt{x^2+y^2}\sqrt{(x-1)^2+y^2} = \sqrt{(2-x)^2+y^2}\sqrt{(2x-1)^2+y^2}$$

donc la fonction :

$$f : (x, y) \mapsto \sqrt{x^2+y^2}\sqrt{(x-1)^2+y^2} - \sqrt{(2-x)^2+y^2}\sqrt{(2x-1)^2+y^2}$$

convient i.e. $z \in A \Leftrightarrow f(x, y) = 0$. Par le même argumentaire, la fonction

$$g : (x, y) \mapsto \sqrt{(x-1)^2+y^2} - \sqrt{(2-x)^2+y^2}\left(\sqrt{x^2+y^2} - 1\right)$$

fournit l'équivalence $z \in B \Leftrightarrow g(x, y) = 0$.
Pour le tracé de A et B, on utilise les lignes de niveau (cf. l'aide Python). Il est possible de tracer A et B sans avoir explicité f et g en utilisant le module des complexes fournit par Python.
Voici le code informatique

```
def affiche(n):
L=racine(n)
# plt.close()
for z in L:
plt.plot(z.real,z.imag,marker='o',color='red')
plt.show()

def f(x,y):
z=x+1j*y
return(abs(z)*abs(z-1)-abs(2-z)*(1-abs(z)))

def g(x,y):
z=x+1j*y
return(abs(z-1)-abs(2*z-1)*(abs(z)-1))

import numpy as np

f=np.vectorize(f)
g=np.vectorize(g)
X = np.arange(-2, 2, 0.01)
Y = np.arange(-2, 2, 0.01)
X, Y = np.meshgrid(X, Y)
Z = f(X, Y)
T=g(X,Y)
```

```
plt.axis('equal')
plt.contour(X, Y, Z, [0.],label='f(x,y)=0')
plt.contour(X, Y, T, [0.],label='g(x,y)=0')
affiche(7)
```

et voici la figure souhaitée.

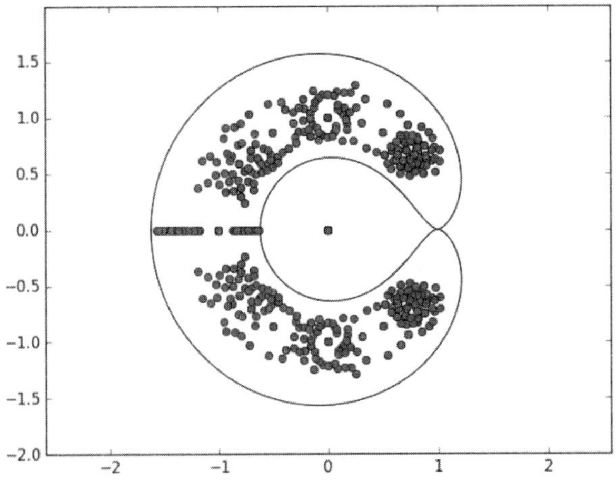

6. *La fonction*

$$f : x \mapsto P_n(x) = 1 + \sum_{k=0}^{n} x^{2k+1}$$

est dérivable sur $\mathbb{R}$ *et sa dérivée est*

$$x \mapsto \sum_{k=0}^{n} (2k+1)\, x^{2k} = \underbrace{1}_{>0} + \sum_{k=1}^{n} \underbrace{\overbrace{(2k+1)}^{\geqslant 0}\overbrace{\left(x^k\right)^2}^{\geqslant 0}}_{\geqslant 0}$$

est strictement positive sur $\mathbb{R}$. *Par conséquent, la fonction* f *est continue et strictement croissante sur* $\mathbb{R}$ *donc elle réalise une bijection de* $\mathbb{R}$ *sur*

$$f(\mathbb{R}) = \left]\lim_{-\infty} f, \lim_{+\infty} f\right[=]-\infty, +\infty[= \mathbb{R}.$$

Comme $0 \in \mathbb{R} = f(\mathbb{R})$, *l'équation* $f(x) = 0 \Leftrightarrow P_n(x) = 0$ *admet une uniquement solution sur* $\mathbb{R}$. *Puisque*

$$f(0) = 1,\ f(x_n) = 0,\ f(-1) = 1 + \sum_{k=0}^{n} (-1)^{2k+1} = 1 + \sum_{k=0}^{n} -1 = -n,$$

on en déduit l'encadrement suivant :

$$f(-1) \leqslant f(x_n) \leqslant f(0) \Rightarrow -1 \leqslant x_n \leqslant 0$$

par stricte croissante de la fonction f.

7. *Si* $n \geqslant 1$, *comme*

$$P_n(0) = 1 \neq 0 \text{ et } P_n(-1) = -n \neq 0,$$

on peut affirmer que $x_n \in]-1, 0[$. *Pour tout entier* $n \geqslant 1$, *comme* $x_n < 0$, *on en déduit que*

$$P_{n+1}(x_n) - P_n(x_n) = x_n^{2n+1} < 0.$$

Puisque $P_n(x_n) = 0$, *on peut affirmer que* $P_{n+1}(x_n) < 0$. *Comme la fonction* $x \mapsto P_{n+1}(x)$ *est strictement croissante sur* $\mathbb{R}$ *et que* $P_{n+1}(x_{n+1}) = 0$, *on en déduit que* $x_n < x_{n+1}$. *Ainsi, la suite* $(x_n)_n$ *est strictement croissante et elle est majorée par* 0 *donc elle converge. Notons* $L \in [-1, 0]$ *cette limite. Pour tout entier* n, *on a les égalités suivantes :*

$$\begin{aligned} P_n(x_n) &= 0 \Leftrightarrow 1 + \sum_{k=0}^{n} (x_n)^{2k+1} = 0 \Leftrightarrow 1 + x_n \sum_{k=0}^{n} \left(x_n^2\right)^k = 0 \\ \underset{\div x_n^2 \neq 1}{\Leftrightarrow} 1 + x_n \frac{1 - \left(x_n^2\right)^{n+1}}{1 - x_n^2} &= 0 \underset{\times(1-x_n^2)\neq 0}{\Leftrightarrow} (\mathcal{E}) : 1 - x_n^2 + x_n - x_n^{2n+1} = 0. \end{aligned}$$

Comme x_1 *est solution de*

$$P_1(x) = 0 \Leftrightarrow 1 + x = 0 \Leftrightarrow x = -1,$$

on peut affirmer que $x_1 = -1$. *La stricte croissance de la suite* $(x_n)_n$ *montre que :*

$$\begin{aligned} \forall n &\geqslant 2, -1 = x_1 < x_2 < x_n \leqslant 0 \Rightarrow \forall n \geqslant 2, |x_n| < |x_2| < |x_1| = 1 \\ &\Rightarrow \forall n \geqslant 2, \left|x_n^{2n+1}\right| \leqslant |x_2|^{2n+1} \underset{n \to +\infty}{\to} 0 \end{aligned}$$

(car $|x_2| < 1$*). Le théorème d'encadrement montre que* $\lim_{n \to +\infty} x_n^{2n+1} = 0$. *En faisant tendre* n *vers* $+\infty$ *dans l'égalité* $(\mathcal{E})$, *on obtient l'égalité :*

$$1 - L^2 + L = 0 \Leftrightarrow L = \frac{1 \pm \sqrt{5}}{2}$$

et comme $L < 0$, *on en déduit que*

$$L = \frac{1 - \sqrt{5}}{2}.$$

En outre, $L \in W$ *car le polynôme*

$$P = 1 - X^2 + X$$

appartient à $\mathcal{P}$ *et* L *est racine de* P.

Commentaires 344 *Les questions informatiques sont très peu nombreuses (uniquement les questions 1 et 5) et ne sont pas élémentaires car elles demandent de connaitre le tracé de courbes implicites sous Python et la manipulation de la bibliothèque gérant les polynômes (donc d'avoir travailler l'aide Python auparavant).*
Question 1 : Elle est relativement élémentaire ... si vous vous êtes acclimatés à la manipulation des complexes en Python et du module gérant les polynômes. À retravailler si cela n'est pas le cas.
Question 5 : Elle est tout à fait accessible sans avoir à expliciter $f(x, y)$ *et* $g(x, y)$, *il*

suffit de faire calculer en Python $z = x + iy$ puis

$$|z|\,|z-1| - |2-z|\,(1-|z|)$$

(comme proposé dans le code informatique du corrigé).
Les questions 2 et 4 sont élémentaires. La question 3 est peut-être la question la plus compliquée du sujet car elle demande une petite astuce (qui peut être fourni par l'interrogateur) et surtout une aisance certaine avec les calculs.
Les questions 6 et 7 (valeur de la limite, pas son appartenance à W) sont des questions très classiques, probablement étudiées en MPSI et/ou MP. Le point clé de ce type de question est le théorème de bijection (à revoir si nécessaire). Pour la convergence, l'idée clé est d'étudier la position de la n^e fonction (ici P_n) par rapport à la $(n+1)^e$ (ici P_{n+1}) afin d'obtenir la monotonie de la suite des racines puis conclure par le théorème de convergence monotone des suites. A retravailler si ces thématiques sont (partiellement) oubliées.

19.3 Structures algébriques

Exercice 345 Pour tout $n \geqslant 1$, on note $E_n = \{0, .., n-1\}$ et $\mathcal{S}_n$ le groupe des permutations de E_n . En Python, une permutation $\sigma \in \mathcal{S}_n$ est représentée par la liste $[\sigma(0), .., \sigma(n-1)]$. Pour $i \in E_n$, la période de i pour $\sigma \in \mathcal{S}_n$ est le plus petit entier non nul p tel que $\sigma^p(i) = i$. On le note *Per(σ, i)*.

1. Justifier l'existence de *Per(σ,i)* et montrer qu'elle est plus petite que n. Préciser l'ordre de σ en fonction des *Per(σ,i)*.
2. Écrire une fonction qui retourne la période d'un élément i pour une permutation σ.
3. Écrire une fonction qui retourne la liste des périodes, pour une permutation σ, des éléments de E_n . Application : $\sigma = [3, 6, 7, 0, 2, 1, 8, 5, 4, 9]$.
4. Soit $\sigma \in \mathcal{S}_n$. On définit une relation $\mathcal{R}_\sigma$ sur E_n par : $x\mathcal{R}_\sigma y \Leftrightarrow \exists k \in \mathbb{Z},\quad y = \sigma^k(x)$. Montrer que $\mathcal{R}_\sigma$ est une relation d'équivalence.
5. Soit $\sigma \in \mathcal{S}_n$. On appelle orbite d'un élément x de E_n sa classe d'équivalence pour la relation $\mathcal{R}_\sigma$. On note $\Omega_\sigma(x)$ cette classe d'équivalence.
Montrer que $\Omega_\sigma(x) = \{x, \sigma(x), .., \sigma^{p-1}(x)\}$ où $p =$*Per(σ,x)*.
6. Écrire une fonction qui retourne la liste des orbites d'une permutation σ. La tester pour $\sigma = [3, 6, 7, 0, 2, 1, 8, 5, 4, 9]$.

Solution 345 *1.* ***Existence de*** Per(σ,i). *Soient $i \in E_n$ et $\sigma \in \mathcal{S}_n$. L'ensemble*

$$P_i = \{k \in \mathbb{Z},\quad \sigma^k(i) = i\}$$

est un sous-groupe de $\mathbb{Z}$ (il est inclus dans $\mathbb{Z}$, $0 \in P_i$ car $\sigma^0(i) = \mathrm{Id}(i) = i$, si j et k appartiennent à P_i alors

$$\sigma^{j+k}(i) = \sigma^j\left(\sigma^k(i)\right) = \sigma^j(i) = i$$

donc $j + k \in P_i$ et comme σ est une bijection,

$$i = \mathrm{Id}(i) = \left(\sigma^{-k} \circ \sigma^k\right)(i) = \sigma^{-k}\left(\sigma^k(i)\right) = \sigma^{-k}(i)$$

donc $-k \in P_i$). Ainsi, il existe un entier p tel que $P_i = p\mathbb{Z}$. Comme $\mathcal{S}_n$ est un groupe fini, σ possède un ordre fini que l'on note $m \geqslant 1$ donc

$$\sigma^m = \mathrm{Id} \Rightarrow \sigma^m(i) = i.$$

Ainsi, $m \in P_i$ donc P_i est différent de $\{0\}$, ce qui prouve que p est non nul. L'application

$$f : \left\{ \begin{array}{ccc} \{0,..,p-1\} & \to & E_n \\ k & \mapsto & \sigma^k(i) \end{array} \right.$$

est injective. En effet, si $(j,k) \in \{0,..,p-1\}^2$ avec

$$\begin{aligned} f(k) &= f(j) \Leftrightarrow \sigma^k(i) = \sigma^j(i) \underset{\circ\sigma^{-j}}{\Leftrightarrow} \sigma^{k-j}(i) = i \Leftrightarrow k-j \in P_i = p\mathbb{Z} \\ &\Leftrightarrow \exists u \in \mathbb{Z},\ k-j = pu. \end{aligned}$$

En particulier, $k-j$ est un multiple de p mais on a l'encadrement suivant :

$$\left\{ \begin{array}{l} k-j \leqslant k < p \\ k-j \geqslant -j > -p \end{array} \right. \Rightarrow -p < k-j < p \Leftrightarrow -p < pu < p.$$

En divisant par p, on obtient que $-1 < u < 1$ et comme u est un entier, on peut affirmer que $u = 0$ c'est-à-dire que $k-j = 0 \Leftrightarrow k-j$. Ainsi, f est bien injective donc $f(\{0,..,p-1\})$ est de cardinal $\mathrm{card}(\{0,..,p-1\}) = p$ et comme $f(\{0,..,p-1\})$ est un sous-ensemble de E_n, on a la majoration suivante :

$$\mathrm{card}(f(\{0,..,p-1\})) \leqslant \mathrm{card}(E_n) \Leftrightarrow p \leqslant n.$$

***Expression de l'ordre de σ en fonction des** Per(σ,i). Rappelons que m désigne l'ordre de σ. Pour chaque $i \in E_n$, notons p_i =Per(σ,i) alors $m \in P_i = p_i\mathbb{Z}$ donc m est un multiple de p_i, ce qui prouve que m est un multiple du ppcm (plus petit commun multiple) des nombres $(p_i)_{i\in E_n}$. Notons s ce ppcm donc $m \geqslant s$. Pour chaque $i \in E_n$, il existe un entier q_i tel que $s = q_i p_i$, ce qui permet d'écrire :*

$$\sigma^s(i) = \sigma^{q_i p_i}(i) = (\sigma^{p_i})^{q_i}(i) = i.$$

En effet, la suite $((\sigma^{p_i})^q(i))_{q\in\mathbb{N}}$ est constante car, comme $\sigma^{p_i}(i) = i$, on a :

$$\forall q \geqslant 1,\ (\sigma^{p_i})^q(i) = \left((\sigma^{p_i})^{q-1} \circ \sigma^{p_i}\right)(i) = (\sigma^{p_i})^{q-1}(\sigma^{p_i}(i)) = (\sigma^{p_i})^{q-1}(i).$$

La constante vaut $(\sigma^p)^0(i) = \sigma^0(i) = i$ d'où :

$$\forall q \in \mathbb{N},\ (\sigma^{p_i})^q(i) = i.$$

Si $q \in \mathbb{Z}_-$ alors $-q \in \mathbb{N}$ donc on peut écrire $(\sigma^{p_i})^{-q}(i) = i$. En composant cette égalité que $(\sigma^{p_i})^q$, on obtient l'égalité $i = (\sigma^{p_i})^q(i)$ donc $(\sigma^{p_i})^q(i) = i$ quel que soit $q \in \mathbb{Z}$.

Comme $\sigma^s(i) = i$ pour chaque $i \in E_n$, on peut affirmer que $\sigma^s = \mathrm{Id}$. Puisque m est l'ordre de σ, on en déduit que m divise s et comme $m \geqslant s$, on peut affirmer que $m = s$.

2. *Voici le code demandé.*

```
def periode(t,i):
    indice = i
    if t[indice]==i:
        return(0)
    else:
        p=1
        while t[indice] != i:
            indice = t[indice]
            p=p+1
    return(p)
```

3. *Voici le code associé et le tableau* test *représente la permutation* $\sigma = [3,6,7,0,2,1,8,5,4,9]$ *c'est-à-dire la permutation* $\sigma = \begin{pmatrix} 0 & 1 & 2 & 3 & 4 & 5 & 6 & 7 & 8 & 9 \\ 3 & 6 & 7 & 0 & 2 & 1 & 8 & 5 & 4 & 9 \end{pmatrix}$

```
def liste_periode(t):
    return([periode(t,i) for i in range(len(t))])

test=[3,6,7,0,2,1,8,5,4,9]
print(liste_periode(test))
[2, 7, 7, 2, 7, 7, 7, 7, 7, 0]
```

4. *Soient* $(x,y,z) \in (E_n)^3$ *et* $\sigma \in \mathcal{S}_n$. *Comme* $x = \mathrm{Id}(x) = \sigma^0(x)$, *on peut affirmer que* $x\mathcal{R}_\sigma x$ *donc* $\mathcal{R}$ *est réflexive.*
Si $x\mathcal{R}_\sigma y$, *il existe* $k \in \mathbb{Z}$ *tel que* $y = \sigma^k(x)$ *donc, en composant cette égalité par* σ^{-k} *(ce qui est licite car* σ *est bijective), on obtient l'égalité* $x = \sigma^{-k}(y)$ *avec* $-k \in \mathbb{Z}$ *donc* $y\mathcal{R}_\sigma x$. *Ainsi,* $\mathcal{R}_\sigma$ *est symétrique.*
Si $x\mathcal{R}_\sigma y$ *et* $y\mathcal{R}_\sigma z$, *il existe* $(k,q) \in \mathbb{Z}^2$ *tel que* $y = \sigma^k(x)$ *et* $z = \sigma^q(y)$ *donc* $z = \sigma^q\left(\sigma^k(x)\right) = \sigma^{q+k}(x)$. *Comme* $q+k \in \mathbb{Z}$, *on peut affirmer que* $z\mathcal{R}_\sigma x$ *donc* $\mathcal{R}_\sigma$ *est transitive, ce qui prouve que* $\mathcal{R}_\sigma$ *est une relation d'équivalence.*

5. *Par définition, on a :*

$$\begin{aligned} \Omega_\sigma(x) &= \{y \in E_n, \quad y\mathcal{R}_\sigma x\} = \left\{y \in E_n, \exists k \in \mathbb{Z}, y = \sigma^k(x)\right\} \\ &= \left\{\sigma^k(x), k \in \mathbb{Z}\right\} \end{aligned}$$

Soit $k \in \mathbb{Z}$, *la division euclidienne de* k *par* p *montre qu'il existe* $(q,r) \in \mathbb{Z}^2$ *avec* $0 \leqslant r < p$ *et* $k = qp + r$. *On peut alors écrire :*

$$\sigma^k(x) = \left(\sigma^{r+qp}\right)(x) = \sigma^r(\sigma^p)^q(x) = \sigma^r\left((\sigma^p)^q(x)\right) = \sigma^r(x)$$

(car $\sigma^p(x) = x$, *cf. le raisonnement tenu à la réponse de la question 1). On peut alors affirmer que* $\sigma^k(x) = \sigma^r(x)$ *avec* $0 \leqslant r \leqslant p-1$, *ce qui prouve l'inclusion*

$$\Omega_\sigma(x) \subset \left\{x, \sigma(x), .., \sigma^{p-1}(x)\right\}.$$

L'inclusion réciproque est immédiate, ce qui démontre l'égalité attendue.

6. *Pour établir la liste des orbites, nous allons utiliser un tableau auxiliaire* traiter *de savoir si un élément appartient déjà à une orbite ou non. Si un élément i appartient déjà à une orbite, il est inutile de le traiter, sinon, on doit déterminer son orbite c'est-à-dire à déterminer les valeurs successives de* $\sigma^k(i)$ *(et à chaque, indiquer que ces valeurs appartiennent à une orbite) jusqu'à ce que* $\sigma^k(i) = i$. *Voici le code associé.*

```
def liste_orbite(t):
    i=0
    liste_orbite = []
    traiter = [False for i in t]
    for i in range(len(t)):
        if not traiter[i]:
            indice = i
            traiter[indice] = True
            if t[indice] == i:
```

```
                liste_orbite.append([indice])
            else:
                temp = []
                while t[indice] != i:
                    temp.append(indice)
                    traiter[indice] = True
                    indice = t[indice]
                traiter[indice] = True
                temp.append(indice)
                liste_orbite.append(temp)
    return(liste_orbite)

print(liste_orbite(test))
[[0, 3], [1, 6, 8, 4, 2, 7, 5], [9]]
```

Commentaires 345 *Le codage informatique des permutations et notions afférentes (ici l'ordre) peuvent fortement perturber la première fois (c'est l'une des raisons qui m'ont fait choisir ce sujet). Une fois que la liaison permutation-tableau est comprise, le codage informatique est standard. Si cela vous a été difficile, n'hésiter pas à le retravailler peu avant les oraux Centrale Maths 2.*
La question 4 est une application directe du cours donc elle ne doit pas poser de difficulté. Pour la question 5, une inclusion est immédiate, penser à argumenter l'autre. Le type de raisonnement est identique à l'expression du groupe engendré par un élément d'ordre fini. Il en est de même pour la question 1. Si cela vous a posé difficulté, reprenez les preuves correspondantes du chapitre (ou section) « groupes ».
Il est très probable (quasiment sûr même) que le sujet est incomplet. Ce n'est pas grave, l'essentiel était ici la gestion de l'implémentation informatique des permutations.

19.4 Algèbre linéaire

Exercice 346 1. Soit $n \in \mathbb{N}$, montrer qu'il existe un unique polynôme P à coefficients réels tel que

$$P(X+1) + P(X) = 2X^n$$

Ces polynômes sont appelés les polynômes d'Euler, que l'on note E_n. On posera de plus

$$e_n = E_n(0).$$

2. Trouver une relation simple entre E_n' et E_{n-1}. En déduire que pour tout $x \in \mathbb{R}$,

$$E_n(x) = n\int_0^x E_{n-1}(t)\,dt - \frac{n}{2}\int_0^1 E_{n-1}(t)\,dt.$$

3. (a) Coder sur `Python` une fonction prenant en entrée un entier n et renvoyant les polynômes d'Euler jusqu'au rang $n+1$.
   (b) Calculer les $(e_k)_{0 \leqslant k \leqslant 10}$, que peut-on conjecturer ?

(c) Représenter les variations des $(E_k)_{1\leqslant k\leqslant 8}$ sur $[0,1]$, que peut-on conjecturer ?

4. Montrer que les E_n sont à coefficients rationnels.

5. (a) Montrer que pour tout $n \in \mathbb{N}$,

$$E_n(1-X) = (-1)^n E_n(X).$$

(b) En déduire que pour n pair non nul, $e_n = 0$.

(c) Montrer que

$$E_n = \sum_{k=0}^{n} \binom{n}{k} e_k X^{n-k}.$$

(d) Déterminer les variations de E_n sur $[0,1]$.

6. Déterminer les réels λ tels qu'il existe P non nul tel que

$$P(X+1) + P(X) = \lambda P.$$

Solution 346 *1. Considérons l'application*

$$f : P(X) \in \mathbb{R}_n[X] \mapsto P(X+1) + P(X)$$

qui est manifestement linéaire. Si $P \in \mathbb{R}_n[X]$ alors $P(X+1)$ appartient aussi à $\mathbb{R}_n[X]$ (composé d'un polynôme de degré au plus n et d'un polynôme de degré 1) donc

$$P(X+1) + P(X) = f(P)$$

appartient à $\mathbb{R}_n[X]$ (car $\mathbb{R}_n[X]$ est un espace vectoriel). Par conséquent, f est un endomorphisme de $\mathbb{R}_n[X]$. Prouvons que f est un automorphisme de $\mathbb{R}_n[X]$. La famille $\left(X^k\right)_{0\leqslant k\leqslant n}$ est une base de $\mathbb{R}_n[X]$ et la famille

$$\left(f\left(X^k\right)\right)_{0\leqslant k\leqslant n} = \left((X+1)^k + X^k\right)_{0\leqslant k\leqslant n}$$

est une famille échelonnée en degré donc elle est libre. Cette dernière famille étant de cardinal

$$n+1 = \dim\left(\mathbb{R}_n[X]\right),$$

elle forme une base de $\mathbb{R}_n[X]$ donc f est un automorphisme de $\mathbb{R}_n[X]$ (il transforme une base en une base). Comme $2X^n$ appartient à $\mathbb{R}_n[X]$ et que f est une bijection de $\mathbb{R}_n[X]$ sur lui-même, il existe un unique $P \in \mathbb{R}_n[X]$ tel que $f(P) = 2X^n$.

2. Soit $n \geqslant 1$. Par définition de E_n, on a :

$$E_n(X+1) + E_n(X) = 2X^n.$$

En dérivant cette relation puis en divisant par n, on obtient l'égalité

$$\frac{1}{n}E_n'(X+1) + \frac{1}{n}E_n'(X) = 2X^{n-1}.$$

Ainsi, le polynôme

$$Q = \frac{1}{n}E_n'$$

vérifie l'équation

$$Q(X+1)+Q(X)=2X^{n-1}$$

dont l'unique solution est E_{n-1} *(d'après la question 1) d'où l'égalité :*

$$Q=E_{n-1} \Leftrightarrow E_n'=nE_{n-1}.$$

Soit $x \in \mathbb{R}$. *En intégrant entre* 0 *et* x *l'égalité ci-dessus, on obtient la relation suivante :*

$$(\mathcal{R}_1) : E_n(x)-E_n(0)=n\int_0^x E_{n-1}(t)\,dt.$$

D'autre part, en évaluant en $X=0$ *l'équation vérifiée par* E_n, *on obtient :*

$$(\mathcal{R}_2) : E_n(1)+E_n(0)=0$$

En évaluant en $x=1$ *la relation* $(\mathcal{R}_1)$, *on obtient la relation :*

$$(\mathcal{R}_3) : E_n(1)-E_n(0)=n\int_0^1 E_{n-1}(t)\,dt.$$

En retranchant les relations $(\mathcal{R}_2)$ *et* $(\mathcal{R}_3)$, *on obtient*

$$E_n(0)=\frac{n}{2}\int_0^1 E_{n-1}(t)\,dt$$

ce qui, combiné à la relation $(\mathcal{R}_1)$, *fournit l'égalité attendue.*

3. (a) *Pour cela, on utilise le module* polynomial de numpy *pour coder la relation de récurrence vérifiée par la suite de polynômes* $(E_n)_n$. *Puisque le polynôme* $P=1$ *vérifie* $P(X+1)+P(X)=2$, *on en déduit que* $E_0=1$ *d'où le code suivant.*

```
from numpy.polynomial import Polynomial

def euler(n):
    if n==0:
        return(Polynomial([1]))
    else:
        P=euler(n-1)
        Q=P.integ()
        return(n*(Q-Q(0))-(n/2)*(Q(1)-Q(0)))

# explicitation de P_{n} pour 0 <= n <= 10

for k in range(11):
    print(euler(k).coef)

[ 1.]
[-0.5, 1.]
[ 0., -1., 1.]
```

```
[ 0.25,  0.,  -1.5,  1.]
[ 0.  1.,  0.,  -2.,  1.]
[-0.5,  0.,  2.5,  0.,-2.5,  1.]
[ 0.,  -3.,  0.,  5.,  0.,  -3.  1.]
[ 2.125,  0.,  -10.5,  0.,  8.75,  0.,  -3.5,  1.]
[ 0.,  17.,  0.,  -28.,   0.,  14.,  0.,  -4.,  1.]
[-15.5,  0.,  76.5,  0.,  -63.,  0.,  21.,  0.,  -4.5,  1.]
[ 0.,  -155.,  0.,  255.,  0.,  -126.,  0.,  30.,  0.,  -5.,  1.]

# vérification de P(X+1)+P(X)  =  2*X^n

X=Polynomial([0,1])
for k in range(11):
    P=euler(k)
    print((P+P(X+1)).coef)

[ 2.]
[ 0.   2.]
[ 0.   0.   2.]
[ 0.   0.   0.   2.]
[ 0.   0.   0.   0.   2.]
[ 0.   0.   0.   0.   0.   2.]
[ 0.   0.   0.   0.   0.   0.   2.]
[ 0.   0.   0.   0.   0.   0.   0.   2.]
[ 0.   0.   0.   0.   0.   0.   0.   0.   2.]
[ 0.   0.   0.   0.   0.   0.   0.   0.   0.   2.]
[ 0.   0.   0.   0.   0.   0.   0.   0.   0.   0.   2.]
```

(b) Voici le code correspondant.

```
def e(n):
        return(euler(n)(0))

print([e(k) for k in range(11)])

[1.0,  -0.5,  0.0,  0.25,  0.0,  -0.5,  0.0,  2.125,  0.0,  -15.5,
    0.0]
```

On conjecture que $e_{2k} = 0$ *si* $k \in \mathbb{N}^*$ *et que la suite* $\left(\left(-1\right)^k e_{2k+1}\right)_k$ *est positive.*

(c) Voici le code

```
import matplotlib.pyplot as plt

def affiche_euler(n):
    X=np.arange(0,1,0.01)
    plt.axis([0,1,-7,7])
    for k in range(1,n+1):
        P=euler(k)
        Y=[P(x) for x in X]
```

```
        plt.plot(X,Y,label = "k = "+str(k))
    plt.legend()
    plt.show()

affiche_euler(8)
```

et les graphes demandés

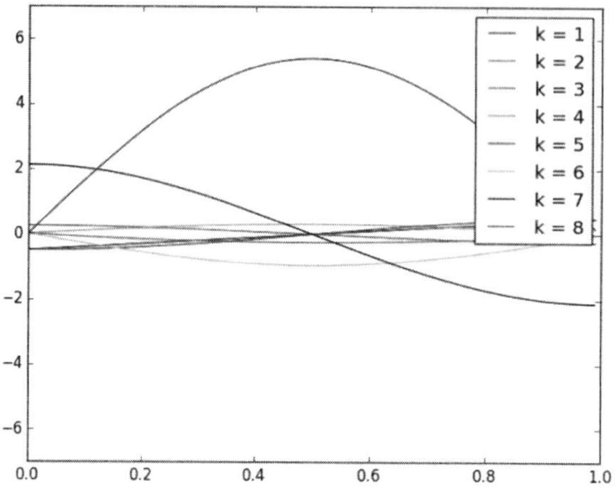

On conjecture que : E_{4n+1} *est croissante sur* $[0,1]$, E_{4n+3} *est décroissante sur* $[0,1]$, E_{4n+2} *est décroissante sur* $\left[0,\frac{1}{2}\right]$ *et croissante sur* $\left[\frac{1}{2},0\right]$, E_{4n} *est croissante sur* $\left[0,\frac{1}{2}\right]$ *et décroissante sur* $\left[\frac{1}{2},0\right]$

4. ***Première preuve.*** *On remplace le corps* $\mathbb{R}$ *par le corps* $\mathbb{Q}$ *dans le raisonnement de la question 1. L'application*

$$f : P(X) \in \mathbb{Q}_n[X] \mapsto P(X+1) + P(X)$$

est un endomorphisme de $\mathbb{Q}_n[X]$ *et c'est un automorphisme. Comme* $2X^n \in \mathbb{Q}_n[X]$, *il existe un unique polynôme* $P \in \mathbb{Q}_n[X]$ *tel que* $f(P) = 2X^n$ *et comme* P *se note* E_n, *on peut affirmer que* $E_n \in \mathbb{Q}_n[X]$.
Deuxième preuve. *On procède par récurrence en posant, pour tout entier* n,

$$(\mathcal{H}_n) : \text{« } E_n \text{ est à coefficients rationnels »}.$$

Initialisation $n = 0$. *Comme* $E_0 = 1$ *est à coefficients rationnels,* $(\mathcal{H}_0)$ *est vraie.*
Hérédité. *Supposons* $(\mathcal{H}_{n-1})$ *vraie pour un certain entier* $n \geqslant 1$ *alors il existe un entier* N *et des nombres rationnels* $(a_k)_{0 \leqslant k \leqslant N}$ *tels que*

$$E_{n-1} = \sum_{k=0}^{N} a_k X^k.$$

D'après la question 2, on peut écrire :

$$\begin{aligned} E_n(x) &= n\int_0^x E_{n-1}(t)\,dt - \frac{n}{2}\int_0^1 E_{n-1}(t)\,dt \\ &= n\int_0^x \sum_{k=0}^{N} a_k t^k dt - \frac{n}{2}\int_0^1 \sum_{k=0}^{N} a_k t^k\,dt \\ &= n\left[\sum_{k=0}^{N} a_k \frac{t^{k+1}}{k+1}\right]_{t=0}^{t=x} - \frac{n}{2}\left[\sum_{k=0}^{N} a_k \frac{t^{k+1}}{k+1}\right]_{t=0}^{t=1} \\ &= \sum_{k=0}^{N} \underbrace{\frac{na_k}{k+1}}_{\in\mathbb{Q}} x^{k+1} - \underbrace{\frac{n}{2}\sum_{k=0}^{N} a_k \frac{1}{k+1}}_{\in\mathbb{Q}} \in \mathbb{Q}[X] \end{aligned}$$

(car $\mathbb{Q}$ est un corps donc il est stable par produit et quotient), ce qui démontre $(\mathcal{H}_n)$ et achève la récurrence.

5. (a) *Notons*

$$P(X) = (-1)^n E_n(1-X)$$

alors, d'après l'équation vérifiée par E_n (cf. question 1), on a :

$$\begin{aligned} P(X+1) + P(X) &= (-1)^n \left(E_n(-X) + E_n(1+(-X))\right) \\ &= (-1)^n \left(2(-X)^n\right) = 2X^n. \end{aligned}$$

Ainsi, le polynôme P vérifie

$$P(X+1) + P(X) = 2X^n$$

donc, d'après la question 1, on peut affirmer que

$$P(X) = E_n(X),$$

ce qui permet de conclure (car $\frac{1}{(-1)^n} = (-1)^n$).

(b) *Si n est pair, on a $(-1)^n = 1$ et $0^n = 0$ si $n \geqslant 1$. Soit n un entier pair et non nul, en remplaçant X par 0 dans la relation de la question précédente ainsi que dans la relation vérifiée par E_n (cf. question 1), on obtient les égalités suivantes :*

$$\begin{cases} E_n(1) = (-1)^n E_n(0) = E_n(0) \\ E_n(1) + E_n(0) = 2 \times 0^n = 0 \end{cases} \Rightarrow E_n(0) + E_n(0) = 0 \Leftrightarrow E_n(0) = 0,$$

ce qui permet de conclure.

(c) *Comme E_n est de degré au plus n, la formule de Taylor pour les polynômes montre que :*

$$E_n(X) = \sum_{k=0}^{n} \frac{E_n^{(k)}(0)}{k!} X^k.$$

Or, d'après la question 2, on a $E_n' = nE_{n-1}$ donc, par une récurrence immédiate, on obtient :

$$\forall k \in \{0,..,n\},\ E_n^{(k)}(X) = n(n-1)\cdots(n-k+1)\,E_{n-k}(X).$$

En évaluant en $X = 0$ cette égalité, on obtient la formule :

$$\begin{aligned}\forall k \in \{0,..,n\},\ & E_n^{(k)}(0) = n(n-1)\cdots(n-k+1)\,e_{n-k} \\ \Rightarrow\ & E_n(X) = \sum_{k=0}^{n} \frac{n(n-1)\cdots(n-k+1)}{k!} e_{n-k} X^k \\ =\ & \sum_{k=0}^{n} \binom{n}{k} e_{n-k} X^k \underset{k=n-j}{\overset{j=n-k}{=}} \sum_{j=0}^{n} \underbrace{\binom{n}{n-j}}_{=\binom{n}{j}} e_j X^{n-j} = \sum_{j=0}^{n} \binom{n}{j} e_j X^{n-j}.\end{aligned}$$

(d) *Les variations de E_n revient à déterminer le signe de $E_n' = nE_{n-1}$ (d'après la question 2) c'est-à-dire à déterminer le signe de E_{n-1} sur $[0,1]$. La relation $E_n(1-X) = (-1)^n E_n(X)$ montre qu'il suffit de déterminer le signe et les variations de E_n sur $\left[0,\frac{1}{2}\right]$. Cette dernière relation évaluée en $\frac{1}{2}$ montre que :*

$$E_n\left(\frac{1}{2}\right) = (-1)^n E_n\left(\frac{1}{2}\right) \Rightarrow \forall n \text{ impair, } (-1)^n = -1 \Rightarrow\ E_n\left(\frac{1}{2}\right) = 0.$$

Conformément aux observations effectuées à la question 3,c, pour tout entier n, considérons l'hypothèse $(\mathcal{H}_n)$: « Sur $\left[0,\frac{1}{2}\right]$, E_{4n+1} est croissante et négative, E_{4n+3} est décroissante et positive, E_{4n+2} est décroissante et négative, E_{4n} est croissante et positive sur $\left[0,\frac{1}{2}\right]$ ».

Initialisation *$n = 0$. $E_0 = 1$ est croissante et positive sur $\left[0,\frac{1}{2}\right]$.*

Comme $E_1 = X - \frac{1}{2}$, E_1 est croissante et négative sur $\left[0,\frac{1}{2}\right]$.

Puisque $E_2' = E_1$ est négative sur $\left[0,\frac{1}{2}\right]$, on en déduit que E_2 est décroissante sur $\left[0,\frac{1}{2}\right]$. En outre, comme $E_2(0) = e_2 = 0$ (question 5.b), on en déduit que E_2 est négative sur $\left[0,\frac{1}{2}\right]$.

Comme $E_3' = E_2$ est négative sur $\left[0,\frac{1}{2}\right]$, on en déduit que E_3 est décroissante sur $\left[0,\frac{1}{2}\right]$. Puisque 3 est impair, $E_3\left(\frac{1}{2}\right) = 0$ donc E_3 est positive sur $\left[0,\frac{1}{2}\right]$.

Hérédité. *Supposons $(\mathcal{H}_n)$ vrai pour un certain entier n.*

$E_{4n+4}' = (4n+3)\,E_{4n+3}$ est positive sur $\left[0,\frac{1}{2}\right]$ donc E_{4n+4} est croissante. Comme $4n+4$ est paire et non nul, on peut affirmer que $E_{4n+4}(0) = e_{4n+4} = 0$ (question 5.b) donc E_{4n+4} est positive sur $\left[0,\frac{1}{2}\right]$.

Comme $E_{4n+5}' = (4n+5)\,E_{4n+4}$ est positive sur $\left[0,\frac{1}{2}\right]$ donc E_{4n+5} est croissante sur $\left[0,\frac{1}{2}\right]$. Puisque $4n+5$ est un nombre impair, $E_{4n+5}\left(\frac{1}{2}\right) = 0$ donc E_{4n+5} est *négative sur* $\left[0, \dfrac{1}{2}\right]$.

Puisque $E'_{4n+6} = (4n+6)\, E_{4n+5}$ *est négative sur* $\left[0, \dfrac{1}{2}\right]$, *on en déduit que* E_{4n+6} *est décroissante sur* $\left[0, \dfrac{1}{2}\right]$. *En outre, comme* $4n+6$ *est un nombre pair non nul,* $E_{4n+6}(0) = e_{4n+6} = 0$ *(question 5.b), on en déduit que* E_{4n+6} *est négative sur* $\left[0, \dfrac{1}{2}\right]$.

Comme $E'_{4n+7} = (4n+7)\, E_{4n+6}$ *est négative sur* $\left[0, \dfrac{1}{2}\right]$, *on en déduit que* E_{4n+6} *est décroissante sur* $\left[0, \dfrac{1}{2}\right]$. *Puisque* $4n+7$ *est impair,* $E_{4n+7}\left(\dfrac{1}{2}\right) = 0$ *donc* E_{4n+7} *est positive sur* $\left[0, \dfrac{1}{2}\right]$.

Par conséquent, $(\mathcal{H}_{n+1})$ *est vraie, ce qui achève la récurrence.*

La fonction $x \mapsto 1-x$ *est décroissante et que* $(-1)^n = 1$ *si* n *est pair et* $(-1)^n = -1$ *si* n *est impair et comme* f *est décroissante sur un intervalle* I *si et seulement si* $-f$ *est décroissante sur* I. *On en déduit que :*

Sur $\left[0, \dfrac{1}{2}\right]$, E_{4n+3} *est décroissante et positive, ».*

- E_{4n} *est décroissante et positive sur* $\left[\dfrac{1}{2}, 1\right]$ $(E_{4n}(X) = E_{4n}(1-X))$
- E_{4n+1} *est croissante et positive sur* $\left[\dfrac{1}{2}, 1\right]$ $(E_{4n+1}(X) = -E_n(1-X))$
- E_{4n+2} *est croissante et négativesur* $\left[\dfrac{1}{2}, 1\right]$ $(E_{4n+2}(X) = E_{4n+2}(1-X))$
- E_{4n+3} *est croissante et négative sur* $\left[\dfrac{1}{2}, 1\right]$ $(E_{4n+3}(X) = -E_{4n+3}(1-X))$

6. *On procède par analyse-synthèse.*
Phase d'analyse. *Supposons qu'il existe un réel* λ *et* $P \in \mathbb{R}[X] \setminus \{0\}$ *tel que*

$$P(X+1) + P(X) = \lambda P(X).$$

Notons d *le degré de* P *alors il existe des réels* $(p_k)_{0 \leqslant k \leqslant d}$ *tel que* $P = \sum_{k=0}^{d} p_k X^k$ *avec* $p_d \neq 0$. *Développons* $P(X+1)$ *en nous concentrant sur ces deux coefficients de degré* d *et* $d-1$.

$$\begin{aligned} P(X+1) &= \sum_{k=0}^{d} p_k (X+1)^k = p_d (X+1)^d + p_{d-1}(X+1)^{d-1} + \underbrace{\cdots}_{\deg < d-1} \\ &= p_d(X^d + dX^{d-1} + \underbrace{\cdots}_{\deg < d-1}) + p_{d-1}(X^{d-1} + \underbrace{\cdots}_{\deg < d-1}) \\ &= p_d X^d + (dp_d + p_{d-1})\, X^{d-1} + \underbrace{\cdots}_{\deg < d-1} \end{aligned}$$

On peut alors écrire :

$$P(X+1)+P(X)=\lambda P(X)$$
$$\Leftrightarrow 2p_dX^d+(dp_d+2p_{d-1})X^{d-1}\underbrace{\cdots}_{\deg<d-1}=\lambda p_dX^d+\lambda p_{d-1}X^{d-1}\underbrace{\cdots}_{\deg<d-1}$$

Par identification des coefficients, on en déduit les deux égalité suivantes :

$$\begin{cases} 2p_d=\lambda p_d \\ dp_d+2p_{d-1}=\lambda p_{d-1}\end{cases} \Leftrightarrow \begin{cases} \lambda=2 & \div p_d\neq 0 \\ dp_d=0 \end{cases} \Leftrightarrow \begin{cases} \lambda=2 \\ d=0 & \div p_d\neq 0\end{cases}$$

Autrement dit, $\lambda=2$ et P est constant.
Phase de synthèse. *On remarque si P est un polynôme constant non nul alors $P(X+1)=P(X)$ donc $P(X+1)+P(X)=2P(X)$.*
Conclusion. *Les réels λ tel qu'il existe P non nul tel que $P(X+1)+P(X)=\lambda P$ est le réel $\lambda=2$ et les polynômes P correspondant sont les polynômes constants.*

Commentaires 346 *Le codage informatique des polynômes posent souvent problème aux candidats qui ne l'ont jamais préparés (mais aussi un peu à ceux qui l'ont préparé). Dans ce sujet, on exploite le module* Polynomial *mais aussi la fonction polynôme $\widetilde{P}$ associée à un polynôme P. Grâce à ce module, le calcul de $\widetilde{P}(x)$ se fait en appelant $P(x)$! (beaucoup de candidats n'y pensent ou n'y sont pas habitués, ce qui est normal car cela n'est pas intuitif). En outre, pour la visualisation des polynômes (et non pour les calculs), il est préférable de renvoyer la liste de leurs coefficients (pour plus de lisibilité). J'ai choisi cet exercice car il utilise un grand nombre d'outils sur les polynômes (du module* Polynomial*)*
Question 3.a. Il s'agit de la question barrière en informatique. Ne pas réussir à obtenir un code fonctionnel et correct interdit l'accès aux autres questions informatiques. Si cela vous arrive dans un sujet, penser à ne pas passer 30 mn sur l'informatique (vous n'en ferez rien) et préférer conserver au moins 10 mn (voire 20 mn) aux questions mathématiques. Si cette question vous a posé problème, retravailler la à plusieurs reprises (suffisamment espacées afin de mieux intégrer les fondamentaux). Le point clé est d'utiliser la question 2 et non la question 1 pour définir les polynômes d'Euler.
Questions 3.b et 3.c. Le seul piège est de penser que le calcul de $P(x)$ se fait en appelant $P(x)$! Le tracé de fonctions ne devant pas poser de difficulté aux candidats à ce concours.
Question 1. Question très classique nécessitant une réinterprétation de la part du candidat. Il est indispensable de connaitre ce type de raisonnement (qui apparait dans de nombreux oraux).
Question 2. Cette question est discriminante car elle demande initiative et autonomie de la part du candidat. Eventuellement, l'interaction avec l'interrogateur sera un élément clé pour répondre à cette question.
Les questions 4, 5.a et 5.c sont tout à fait accessibles et ne présentent aucune difficulté particulière. La question 6 est de niveau MPSI dont l'idée clé est de considérer le coefficient dominant de P.
La question 5.a est discriminante (pour démontrer l'égalité, il faut utiliser l'unicité de la solution de $P(X+1)+P(X)=2X^n$).
La question 5.d est sélective et s'adresse aux meilleurs candidats.

Exercice 347 Soit

$$F = a_0 + a_1 X + \cdots + a_{d-1} X^{d-1} + X^d$$

un polynôme à coefficients entiers, unitaire, de degré d. On note $\alpha_1, \ldots, \alpha_d$ la liste des racines complexes de F comptées avec leur multiplicité. On définit $\Lambda_n(F) = \prod_{k=1}^{d} (1 - \alpha_k^n)$ et la mesure apparente de F : M

$$(F) = \prod_{k=1}^{d} \max(1, |\alpha_k|).$$

On note

$$\Gamma_F = \begin{pmatrix} 0 & 0 & \cdots & 0 & -a_0 \\ 1 & 0 & \cdots & 0 & -a_1 \\ 0 & 1 & \ddots & \vdots & -a_2 \\ \vdots & \ddots & \ddots & 0 & \vdots \\ 0 & \cdots & 0 & 1 & -a_{d-1} \end{pmatrix}$$

et on admet que

$$\det(XI_d - \Gamma_F) = F.$$

1. Écrire un programme Python prenant en argument la liste $[a_0, \ldots, a_{d-1}]$ et qui renvoie un tableau représentant Γ_F.
2. Pour $n \geqslant 1$, exprimer $\Lambda_n(F)$ en fonction de $\det(I_d - \Gamma_F^n)$. En déduire un programme Python permettant d'obtenir une valeur approchée de $\Lambda_n(F)$.
3. Expliquer pourquoi, pour tout $n \in \mathbb{N}^*$, $\Lambda_n(F) \in \mathbb{Z}$.
4. Exemple. Ici, $F = X^3 - X - 1$. Trouver une valeur approchée des racines de F et calculer sa mesure apparente $M(F)$. Calculer $\Lambda_n(F)$ pour $n \in [[1, 100]]$. Limite de $\dfrac{\Lambda_{n+1}(F)}{\Lambda_n(F)}$?
5. Mêmes questions pour $F = X^8 - X^7 - \cdots - X - 1$.
6. Cas général. Montrer que, si m divise n, alors $\Lambda_m(F)$ divise $\Lambda_n(F)$.

Solution 347 *1.*

```
import numpy as np

def gamma(L):
    n=len(L)
    M=np.zeros((n,n))
    for i in range(1,n):
        M[i,i-1]=1
    for i in range(n):
        M[i,n-1]=-L[i]
    return(M)
```

2. La matrice Γ_F est une matrice de $\mathfrak{M}_d(\mathbb{C})$ (tout entier est un nombre complexe) donc elle est trigonalisable dans $\mathfrak{M}_d(\mathbb{C})$ (son polynôme caractéristique est de degré $d \geqslant 1$

donc il est scindé d'après le théorème de D'Alembert-Gauss). Ainsi, il existe une matrice inversible P *et* T *une matrice triangulaire telle que*

$$\Gamma_F = PTP^{-1} \Rightarrow \forall n \in \mathbb{N},\ \Gamma_F^n = PT^nP^{-1} \Rightarrow \Gamma_F^n - I\chi_{\Gamma_F^n}(X) = \chi_{T^n}(X)$$

(deux matrices semblables ont même polynôme caractéristique). Comme T *est triangulaire, ses coefficients diagonaux sont les valeurs propres de* T *donc sont les valeurs propres de* Γ_F *c'est-à-dire* T *s'écrit :*

$$T = \begin{pmatrix} \alpha_1 & & (*) \\ & \ddots & \\ (0) & & \alpha_d \end{pmatrix} \Rightarrow T^n = \begin{pmatrix} \alpha_1^n & & (*) \\ & \ddots & \\ (0) & & \alpha_d^n \end{pmatrix}$$

$$\Rightarrow \chi_{\Gamma_F^n}(X) = \chi_{T^n}(X) = \det(XI_d - T^n) = \prod_{k=1}^{d}(X - \alpha_k^n)$$

(le déterminant d'une matrice triangulaire est le produit de ses coefficients diagonaux). En choisant $X = 1$ *dans cette égalité, on obtient :*

$$\chi_{\Gamma_F^n}(1) = \prod_{k=1}^{d}(1 - \alpha_k^n) \Leftrightarrow \det(I_d - \Gamma_F^n) = \prod_{k=1}^{d}(1 - \alpha_k^n) = \Lambda_n(F).$$

Il suffit d'implémenter la matrice Γ_F*, de calculer sa puissance* n^e *puis de calculer* $I_d - \Gamma_F^n$ *et enfin d'évaluer son déterminant. Voici le code correspondant.*

```
import numpy.linalg as alg

def G(n,L):
    r = len(L)
    M=gamma(L)
    N= alg.matrix_power(M,n)
    S = np.eye(r)-N
    return(alg.det(S))
```

3. *Comme* Γ_F *est une matrice à coefficients dans* $\mathbb{Z}$*, les règles de calculs du produit matriciel et de la différence de matrices permettent d'affirmer que* $\Gamma_F^n - I_d$ *est aussi une matrice à coefficients dans* $\mathbb{Z}$ *(puisque* $\mathbb{Z}$ *est un anneau donc stable par addition, soustraction et multiplication). Par conséquent, son déterminant, qui est* $\Lambda_n(F)$*, est une somme, différence et produit des coefficients de* $\Gamma_F^n - I_d$ *donc c'est un élément de* $\mathbb{Z}$*.*
4. *Voici les codes associés.*

```
import numpy.linalg as alg

from numpy.polynomial import Polynomial

def racines(L):
    temp = [L[i] for i in range(len(L))]
    temp.append(1)
    p=Polynomial(temp)
    return(p.roots())
```

```
def Lam(L):
    m=1
    temp = racines(L)
    for e in temp:
        m = m *max(1,abs(e))
    return(m)

test1 = [-1,-1,0]

print(Lam(test1))
1.32471795724

print([ np.round(G(n,test1),1) for n in range(1,101)])

[-1.0, -1.0, -1.0, -5.0, -1.0, -7.0, -8.0, -5.0, -19.0,
   -11.0, -23.0, -35.0, etc.
-701402107147.80005, -929175423952.30005, -1230883701155.3,
    -1630613293086.8999]

print([G(n+1,test1)/G(n,test1) for n in range(1,101)])

[1.0, 1.0, 5.0000000000000009, 0.19999999999999996,
   6.9999999999999991, 1.142857
1428571428, 0.62500000000000022, 3.7999999999999985,
   0.57894736842105254, 2.0909
090909090908, 1.5217391304347845, 0.7714285714285708, etc.
1.3247399950518266, 1.3247053994600808 ,
   1.3247500893516317, 1.3247109411154592]
```

Le quotient semble converge vers une limite valant environ $1,3247$ *qui aussi une valeur approchée de* $M(F)$.

5. *Voici les codes associés.*

```
test2 = [-1 for k in range(8)]

print(Lam(test2))
1.99603117974

print([ np.round(G(n,test2),1) for n in range(1,101)])

[-7.0, -7.0, -28.0, -7.0, -77.0, -112.0, -49.0, -7.0,
   -1792.0, -2387.0, -3703.0,
etc 1.0198283573961419e+111, 0.0, 0.0, 1.7008 22356992885e
   +118]

print([G(n+1,test2)/G(n,test2) for n in range(1,101)])

[1.0, 4.0000000000000018, 0.24999999999999986,
   11.000000000000004, 1.4545454545454
```

```
54537, 0.43750000000000028, 0.14285714285714293,
    255.9999999999998, etc
2.0886355637768235, 2.25117871310382 3, 1.1788727755235509,
    3.4817311080937086,
0.23109978178075766, 1.67409066687486 32, -0.0, nan, nan,
    nan, nan, nan, nan,
nan, nan, nan, nan, -inf, -0.0, inf, -17 0.32799400408695,
    -0.0, inf,
-383.23798650920878, 553.56598051326853, -78.612920
    309580261, 127.74599550306988,
0.0, inf, -102.19679640245165, -223.5554921303671 , 0.0,
    inf, 229.94279190552078,
0.0, -inf, 246.02932467257287, -0.0, -inf, -0.0, -inf,
    -1144.6041197074558,
-57.029462278152437, -510.98398201226695, 255.491991
    00612572, 0.0, nan, inf,
1746.9176905708805]
```

On observe ici que les déterminants $\Lambda_n(F)$ s'annule régulièrement pour n grand, ce qui interdit l'existence des quotients $\dfrac{\Lambda_{n+1}(F)}{\Lambda_n(F)}$ (apparition de nan, *i.e. quotient non défini, et* inf, *car $\dfrac{x}{0} = \infty$).*

6. *Soit $(m,n) \in (\mathbb{N}^*)^2$ tel que m divise n alors il existe un entier k tel que $n = mk$. D'après la question, on a*

$$\Lambda_m(F) = \det\left(I_d - \Gamma_F^m\right), \Lambda_n(F) = \det\left(I_d - \Gamma_F^n\right) = \det\left(I_d - \Gamma_F^{mk}\right).$$

On utilise alors l'identité remarquable :

$$I_d - \Gamma_F^{mk} = \left(I_d - \Gamma_F^m\right)\sum_{i=0}^{k-1}\Gamma_F^i$$

(il suffit de développer le membre de gauche et d'effectuer un télescopage). En composant par le déterminant cette égalité et la multiplicativité du déterminant ($\det(AB) = \det(A)\det(B)$)*, on obtient la formule :*

$$(\mathcal{R}) : \Lambda_n(F) = \Lambda_m(F)\det\left(\sum_{i=0}^{k-1}\Gamma_F^i\right).$$

Comme la matrice Γ_F est à coefficients dans $\mathbb{Z}$, les règles de calculs du produit et de la somme matricielle montre que la matrice $\sum_{i=0}^{k-1}\Gamma_F^i$ est aussi à coefficients dans $\mathbb{Z}$. Comme le déterminant est la somme, différence et produit des coefficients de la matrice considérée, on en déduit que $\det\left(\sum_{i=0}^{k-1}\Gamma_F^i\right)$ est une somme, différence et produit d'éléments dans $\mathbb{Z}$ donc c'est un élément de $\mathbb{Z}$. Cette affirmation et la relation $(\mathcal{R})$ montrent que $\Lambda_m(F)$ divise $\Lambda_n(F)$.

Commentaires 347 *La plupart des candidats informatiques sont standards et doivent être maitrisés par les candidats à cette épreuve. La seule difficulté de codage réside dans la détermination des racines d'un polynôme (à retravailler si nécessaire). Dans ce sujet, une seconde difficulté est présente : la gestion des erreurs de calculs numériques et les divergences qui en résultent. Cela apparait manifestement à la question 5 (voire 4 selon les versions de Python que vous utiliser) avec les* inf *(infini en Python) et* nan *(opération impossible, typiquement* $\frac{1}{0}$*) sans compter les « 0 » apparaissant à partir d'un certain rang. Il faut alors être très prudent dans l'interprétation à donner (sachant que les résultats mathématiques précédents montrent que 0, et donc* $\frac{1}{0}$*, ne peuvent être présents dans les calculs. N'hésitez pas à l'évoquer avec l'interrogateur lors de la phase d'exposer, il vous guidera sur ce qu'il faut retenir ou pas.*
Les questions 2 et 3 sont de difficultés standards et doivent pouvoir être traitées aisément par un candidat à ce concours, éventuellement avec une petite aide de l'interrogateur.
La question 6 est bien plus discriminante. L'interaction avec l'interrogateur sera cruciale. Le sujet est probablement (presque sûrement) incomplet.

19.5 Endomorphismes des espaces euclidiens

Exercice 348 Thèmes : endomorphismes des espaces euclidiens, suites numériques.
On définit la suite de Fibonacci par

$$F_0 = 0, F_1 = 1 \text{ et } \forall n \in \mathbb{N},\ F_{n+2} = F_{n+1} + F_n.$$

Pour tout $n \in \mathbb{N} \setminus \{0, 1\}$, soit

$$A_n = (F_{i+j})_{0 \leqslant i,j \leqslant n-1} \in \mathfrak{M}_n(\mathbb{R})$$

(Les coefficients sont indexés entre 0 et $n-1$).

1. Soient
$$M \in S_n(\mathbb{R}),\ \mu = \min \operatorname{Sp}(M) \text{ et } \lambda = \max \operatorname{Sp}(M).$$
Montrer que :
$$\forall X \in \mathfrak{M}_{n,1}(\mathbb{R}),\ \mu\, {}^tXX \leqslant {}^tXMX \leqslant \lambda\, {}^tXX.$$

2. (a) Coder en `Python` une fonction qui prend en argument n et qui retourne la matrice A_n sous forme de tableau numpy.
   (b) Coder en `Python` une fonction qui prend en argument n et qui retourne le tableau numpy des valeurs propres de A_n.
   (c) Calculer les valeurs propres de A_n pour $n \in [\![2, 20]\!]$. Conjecturer la dimension du noyau de A_n.
   (d) Démontrer cette conjecture.

3. (a) Montrer que l'application $X \mapsto {}^tXA_nX$ n'est ni toujours négative, ni toujours positive.

(b) En déduire que A_n admet exactement une valeur propre strictement positive que l'on note α_n et une valeur propre strictement négative que l'on note β_n.

4. (a) Représenter les suites (α_n) et (β_n) pour n compris entre 2 et 20.

(b) Déterminer la limite des suites $(\alpha_n + \beta_n)$ et (α_n).

Solution 348 *1. Comme M est symétrique à coefficients réels, le théorème spectral assure l'existence d'une matrice orthogonale P (donc ${}^tPP = I_n$) et d'une matrice diagonale*

$$D = \operatorname{diag}(\lambda_1, .., \lambda_n)$$

à coefficients réels telles que

$$M = PDP^{-1}.$$

Soit $X \in \mathfrak{M}_{n,1}(\mathbb{R})$, posons

$$Y = P^{-1}X = \begin{pmatrix} y_1 \\ \vdots \\ y_n \end{pmatrix} \Leftrightarrow X = PY$$

alors

$$\begin{aligned} {}^tXMX &= {}^t(PY)\,PDP^{-1}(PY) = {}^tY\underbrace{{}^tPP}_{=I_n}D\underbrace{P^{-1}P}_{=I_n}Y = {}^tYDY \\ &= (y_1 \cdots y_n)\operatorname{diag}(\lambda_1, .., \lambda_n)\begin{pmatrix} y_1 \\ \vdots \\ y_n \end{pmatrix} = (y_1 \cdots y_n)\begin{pmatrix} \lambda_1 y_1 \\ \vdots \\ \lambda_n y_n \end{pmatrix} \\ &= y_1(\lambda_1 y_1) + \cdots + y_n(\lambda_n y_n) = \sum_{k=1}^{n} \lambda_k (y_k)^2. \end{aligned}$$

Par définition de λ et μ, on a :

$$\forall k \in \{1, .., n\},\ \mu \leqslant \lambda_k \leqslant \lambda \underset{\times (y_k)^2 \geqslant 0}{\Rightarrow} \mu (y_k)^2 \leqslant \lambda_k (y_k)^2 \leqslant \lambda (y_k)^2.$$

En sommant ces inégalités, on obtient :

$$\sum_{k=1}^{n} \mu (y_k)^2 \leqslant \sum_{k=1}^{n} \lambda_k (y_k)^2 \leqslant \sum_{k=1}^{n} \lambda (y_k)^2 \Leftrightarrow \mu\, {}^tYY \leqslant {}^tXMX \leqslant \lambda\, {}^tYY.$$

Pour finir, on observe que :

$${}^tXX = {}^t(PY)\,PY = {}^tY\underbrace{{}^tPP}_{=I_n}Y = {}^tYY,$$

ce qui permet de conclure.

2. (a)

```
import numpy as np

# création des 2*n-2 premiers nombres de Fibonacci, n > 0
```

```
def fib(n):
    F=[k for k in range(2*n-1)]
    if n ==1 :
        return(F)
    else:
        for i in range(2*n-3):
            F[i+2]=F[i]+F[i+1]
        return(F)

print(fib(6))
[0, 1, 1, 2, 3, 5, 8, 13, 21, 34, 55]

# création de la matrice demandée

def A(n):
    F=fib(n)
    M=np.array([[F[i+j] for j in range(n)] for i in range
        (n)])
    return(M)

print(A(6))

[[ 0  1  1  2  3  5]
 [ 1  1  2  3  5  8]
 [ 1  2  3  5  8 13]
 [ 2  3  5  8 13 21]
 [ 3  5  8 13 21 34]
 [ 5  8 13 21 34 55]]
```

(b) *La matrice A_n étant symétrique à coefficients réels, le théorème spectral affirme qu'elle est diagonalisable et que toutes ses valeurs propres sont réelles. Pour éviter l'introduction intempestives des nombres complexes par la commande* alg.eigvals, *on ne considére que les parties réelles des valeurs propres.*

```
import numpy.linalg as alg

def vp(n):
    M=A(n)
    S=alg.eigvals(M)
    L=[]
    for z in S:
        L.append(z.real)
    return(L)
```

(c) *Voici les valeurs propres de A_n pour $n \in [\![2, 20]\!]$.*

```
for n in range(2,21):
    print("n= "+str(n)+ "\n ", np.round(vp(n),2))
```

```
n= 2
  [-0.62   1.62]
n= 3
  [ 4.65  -0.65   0.  ]
n= 4
  [ 12.71   -0.71   -0.      -0.  ]
etc
n= 20
[   6.3e+07   -7.2e-01   0.0   0.0   0.0   0.0   0.0    0.0   0.0
  0.0   0.0   0.0   0.0   0.0   0.0   0.0   0.0   0.0   0.0   0.0]
```

Voici pour la dimension du noyau de A_n (en utilisant le théorème du rang pour les matrices de $\mathfrak{M}_n(\mathbb{R})$).

```
print([n-alg.matrix_rank(A(n)) for n in range(2,21)])
[0, 1, 2, 3, 4, 5, 6, 7, 8, 9, 10, 11, 12, 13, 14, 15,
   16, 17, 18]
```

On conjecture que $\dim(\ker(A_n)) = n-2$ *pour tout entier* $n \geqslant 2$.

(d) *Soit* $n \geqslant 2$. *Pour tout* $j \in \{0, .., n-1\}$, *notons* C_j *la* j^e *colonne de* A_n *c'est-à-dire*

$$C_j = (F_{i+j})_{0 \leqslant i \leqslant n-1}.$$

D'après la relation de récurrence de la suite $(F_n)_{n \in \mathbb{N}}$, *pour tout* $j \in \{2, .., n-1\}$, *on a l'égalité suivante :*

$$\begin{aligned} C_j &= (F_{i+j})_{0 \leqslant i \leqslant n-1} = (F_{i+j-1} + F_{i+j-2})_{0 \leqslant i \leqslant n-2} \\ &= (F_{i+j-1})_{0 \leqslant i \leqslant n-1} + (F_{i+j-2})_{0 \leqslant i \leqslant n-1} = C_{j-1} + C_{j-2}. \end{aligned}$$

Notons

$$F = \mathrm{Vect}(C_0, C_1)$$

qui est un espace vectoriel et prouvons par récurrence double, sur $j \in \{0, .., n-1\}$, *la propriété*

$$(\mathcal{H}_j) : \text{« } C_j \in F \text{ ».}$$

Initialisation $j=0$ *et* $j=1$. *Comme* C_0 *et* C_1 *appartiennent à* F *(par construction), on peut affirmer que* $(\mathcal{H}_0)$ *et* $(\mathcal{H}_1)$ *sont vraies. Supposons que* C_{j-1} *et* C_{j-2} *appartiennent à* F *pour un certain entier* $j \in \{2, .., n\}$ *alors :*

$$C_j = \underbrace{C_{j-1}}_{\in F} + \underbrace{C_{j-2}}_{\in F} \in F$$

(car F *est un espace vectoriel). Par conséquent,* $(\mathcal{H}_j)$ *est vraie, ce qui achève la récurrence.*
Ainsi, on peut affirmer l'inclusion ensembliste $\mathrm{Vect}(C_0, .., C_n) \subset F$*.L'inclusion réciproque est immédiate d'où l'égalité*

$$\mathrm{Vect}(C_0, .., C_n) = F \Rightarrow \mathrm{rg}(A_n) = \dim(\mathrm{Vect}(C_0, .., C_{n-1})) = \dim(F) = 2.$$

En effet, comme $C_0 = \begin{pmatrix} 0 \\ 1 \\ \vdots \end{pmatrix}$ *est non nul et que* $C_1 = \begin{pmatrix} 1 \\ 1 \\ \vdots \end{pmatrix}$ *n'est pas colinéaire à* C_0*, la famille* (C_0, C_1) *est libre et comme elle forme une famille génératrice de* F*, il s'agit d'une base de* F*. Puisque* $A_n \in \mathfrak{M}_n(\mathbb{R})$*, le théorème du rang pour les matrices montre que :*

$$\dim(\ker(A_n)) = n - \operatorname{rg}(A_n) = n - 2.$$

3. (a) *Considérons* $X_0 = (1)_{0 \leqslant i \leqslant n-1}$ *alors*

$$\begin{aligned} {}^tX_0 A_n X_0 &= (1 \cdots 1)(F_{i+j})_{0 \leqslant i,j \leqslant n-1} \begin{pmatrix} 1 \\ \vdots \\ 1 \end{pmatrix} = (1 \cdots 1) \left(\sum_{j=0}^{n-1} F_{i+j} \right)_{0 \leqslant i \leqslant n-1} \\ &= \sum_{i=0}^{n-1} \sum_{j=0}^{n-1} F_{i+j} \geqslant F_{1+0} = 1 > 0 \end{aligned}$$

(une récurrence double immédiate montre que F_k *est positif pour tout entier* k*) donc* ${}^tX_0 A_n X_0 > 0$ *d'où* $X \mapsto {}^tX A_n X$ *n'est pas toujours négative.*

Considérons $X_1 = \begin{pmatrix} 1 \\ -1 \\ 0 \\ \vdots \end{pmatrix}$ *alors :*

$$\begin{aligned} A_n X_1 &= \begin{pmatrix} F_0 - F_1 \\ F_1 - F_2 \\ \vdots \\ F_{2n-3} - F_{2n-2} \end{pmatrix} = \begin{pmatrix} -1 \\ 0 \\ \vdots \\ F_{2n-3} - F_{2n-2} \end{pmatrix} \\ \Rightarrow \quad {}^tX_1 A_n X_n &= 1 \times (-1) + (-1) \times 0 + 0 \times \cdots = -1 < 0 \end{aligned}$$

Ainsi, l'application $X \mapsto {}^tX A_n X$ *n'est pas toujours positive.*

(b) *La matrice* A_n *appartient à* $\mathcal{S}_n(\mathbb{R})$ *car*

$$\forall (i,j) \in \{0,..,n-1\}^2, \ (A_n)_{i,j} = F_{i+j} = F_{j+i} = (A_n)_{j,i}.$$

D'après le théorème spectral, elle est diagonalisable et toutes ses valeurs propres sont réels. Comme $E_0(A_n) = \ker(A_n)$*, la question 2.d) permet d'affirmer que*

$$\dim(E_0(A_n)) = n - 2$$

et comme $A_n \in \mathfrak{M}_n(\mathbb{R})$*, on peut affirmer que* A_n *admet au plus trois valeurs propres dont l'une est* 0 *(sauf si* $n = 2$*) et les deux autres sont non nulles.*
Avec les notations de la question 1 pour la matrice $M = A_n$ *et, quitte à échanger les numéros des valeurs propres, on peut supposer que* $\mu = \lambda_0$ *et* $\lambda = \lambda_1$*, ce qui nous donne on a :*

$$\forall X \in \mathfrak{M}_{n,1}(\mathbb{R}), \ {}^tX A_n X = \sum_{k=1}^{n} \lambda_k (y_k)^2 = \mu (y_0)^2 + \lambda (y_1)^2.$$

Si λ et μ sont de même signe alors $\mu\,(y_0)^2+\lambda\,(y_1)^2$ est du signe de μ quelque soit y_0, y_1 c'est-à-dire que ${}^tXA_nX$ est de signe constant, ce qui est absurde d'après la question précéddente. Par conséquent, μ et λ sont de signe contraire, tous deux non nuls avec $\mu \leqslant \lambda$ donc on est assuré que μ est strictement négatif et que λ est strictement positive.

4. (a) *Voici le code correspondant.*

```
def ab(n):
    a=[0 for k in range(n+1)]
    b=[0 for k in range(n+1)]
    for k in range(1,n+1):
        M = vp(k)
        a[k]= min(M)
        b[k] = max(M)
    return(a,b)


import matplotlib.pyplot as plt
n=20
x = [k for k in range(1,n+1)]
a,b = ab(n)
y = [a[k] for k in range(n)]
plt.plot(x,y,label=" graphe de alpha(n)")
plt.legend()
plt.show()
z = [b[k] for k in range(n)]
plt.plot(x,z,label="graphe de beta(n)")
plt.legend()
plt.show()
```

Voici les graphes associés.

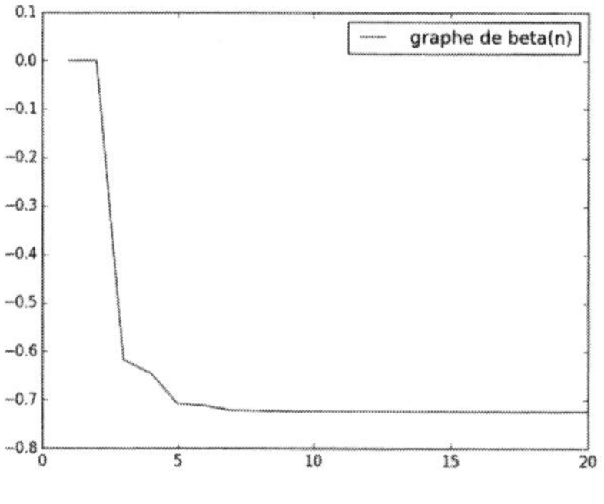

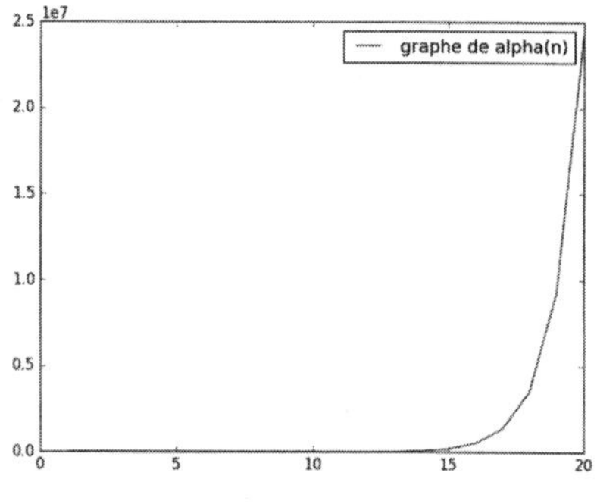

On observe que la suite $(\beta_n)_n$ semble décroitre et converger alors que la suite $(\alpha_n)_n$ semble croitre et diverger vers $+\infty$ (l'axe des ordonnées est en 10^7).

(b) *D'après le raisonnement des questions 1 et 3.b, il existe une matrice orthogonale P*

et deux réels α_n, β_n *(avec* $\alpha_n > 0$ *et* $\beta_n < 0$*) tels que*

$$\begin{aligned} A_n &= P\,\mathrm{diag}\,(\alpha_n, \beta_n, 0, .., 0)\, P^{-1} \Rightarrow \mathrm{Tr}\,(A_n) = \mathrm{Tr}\,(\mathrm{diag}\,(\alpha_n, \beta_n, 0, .., 0)) \\ &\Leftrightarrow \sum_{i=0}^{n} F_{i+i} = \alpha_n + \beta_n \Leftrightarrow (\mathcal{E}) : \alpha_n + \beta_n = \sum_{i=0}^{n} F_{2i}. \end{aligned}$$

Comme la suite $(F_n)_{n\in\mathbb{N}}$ *est à valeurs positives (par une récurrence double immédiate), elle est croissante car*

$$\forall n \geqslant 2,\ F_n - F_{n-1} = F_{n-2} \geqslant 0.$$

Ainsi, soit elle tend vers $+\infty$, *soit elle possède une limite* L *dans* $\mathbb{R}$. *Supposons qu'elle tend vers une limite* L *dans* $\mathbb{R}$ *alors en faisant tendre* n *vers* $+\infty$ *dans la relation de récurrence* $F_n = F_{n-1} + F_{n-2}$, *on en déduit l'égalité suivante :*

$$L = L + L \Leftrightarrow L = 0.$$

Or, la suite $(F_n)_n$ *étant croissante, sa limite* L *(qui vaut 0) est supérieur à tous les termes de la suite, notamment à* $F_1 = 1$; *ce qui est absurde donc* $\lim\limits_{n\to+\infty} F_n = +\infty$.
L'égalité $(\mathcal{E})$ *et la positivité de la suite* $(F_n)_n$ *fournit la minoration suivante :*

$$\forall n \geqslant 1,\ \alpha_n + \beta_n = F_{2n} + \sum_{i=1}^{n-1} \underbrace{F_{2i}}_{\geqslant 0} \geqslant F_{2n} \underset{n\to+\infty}{\to} +\infty.$$

Le théorème d'encadrement montre que $\lim\limits_{n\to+\infty} (\alpha_n + \beta_n) = +\infty$. *En outre, comme* β_n *est négatif pour tout entier* n, *on a :*

$$\alpha_n = (\alpha_n + \beta_n) + \underbrace{(-\beta_n)}_{\geqslant 0} \geqslant \alpha_n + \beta_n \underset{n\to+\infty}{\to} +\infty$$

et le théorème d'encadrement montre que $\lim\limits_{n\to+\infty} \alpha_n = +\infty$.

Commentaires 348 *La plupart des codages informatiques ne présentent aucune difficulté particulière et ils ont probablement traités en MPSI et en MP. Une difficulté classique est la gestion des valeurs propres des matrices. Pensez à bien lire l'aide Python proposé par le concours Centrale (les valeurs renvoyées sont dans* $\mathbb{C}$, *ce qui peut déstabiliser certains candidats, et elles sont numériques donc avec des valeurs approchées, typiquement toute valeur dont le module est inférieur à* 10^{-14} *peut raisonnablement être considérée comme nulle). Il existe une autre difficulté de l'ordre de l'informatique générale. Il s'agit du calcul de la suite de Fibonacci. Une version récursive naïve comme ci-dessous*

```
# Fibonacci naif

def fib_naif(n):
    if n<=0:
        return(n)
    else:
        return(fib_naif(n-1)+fib_naif(n-2))
```

Les appels successifs de fib_naif *ont une croissance exponentielle, ce qui a pour effet de saturer rapidement la mémoire (la pile d'exécution devant beaucoup trop grosse). Il*

faut préférer une version itérative ou par mémoisation (création d'un tableau stockant les valeurs comme cela les appels sont à coût constant, ce qui annule la pile d'exécution).
Question 1 : question très classique (et probablement vu en MP en cours, en TD ou en devoir) dans les oraux Centrale-SupElec et Mines-Ponts. À retravailler si vous avez bloqué dessus.
Question 2. d. Cette question est très discriminante car elle demande du candidat une bonne compréhension de la notion de rang.
Question 3.a. Elle demande un peu d'initiative de la part du candidat pour deviner quelques vecteurs X convenables. Vous pouvez éventuellement utiliser Python (il faut en profiter :-)) pour tester quelques vecteurs (simple en taille n) pour diverses tailles, quitte à admettre le cas général (cela sera valorisé par l'interrogateur).
Question 3.b. S'il est aisé de prévoir qu'il y a aucun moins une valeur propre strictement positive et une valeur propre strictement négative (procéder par l'absurde et utiliser la question précédente pour conclure, cela sera valorisé par l'interrogateur), cela ne peut répondre à la question qui affirme qu'il n'y en a qu'une de chaque. Il est affirmé implicitement que 0 *est valeur propre de A_n et la dimension de l'espace propre associé est $n-2$. Il faut alors faire la liaison avec le noyau de A_n.*
Question 4.b. Il s'agit d'une question discriminante (sans être très difficile) qui demande un peu de recul sur ses connaissances et un peu d'observation.

Exercice 349 Soit $A \in \mathfrak{M}_n(\mathbb{R})$.

1. Montrer qu'il existe une matrice A orthogonale et une matrice T triangulaire supérieure telles que $A = OT$. **Indication** : *On pourra commencer par le cas où A est inversible.* La fonction *numpy.linalg.qr* de Python donne une telle décomposition.
2. On pose
$$N_1(A) = \sum_{1 \leqslant i,j \leqslant n} |A_{i,j}|.$$
Montrer que N_1 admet un minimum m_n et un maximum M_n sur $\mathcal{O}_n(\mathbb{R})$.
3. Utilisation de Python.
   (a) Écrire une fonction *randO(n)* qui génère une matrice aléatoire A et qui renvoie la matrice orthogonale O de la question précédente.
   (b) Écrire une fonction N_1 de la variable matricielle A qui renvoie $N_1(A)$.
   (c) Écrire une fonction *test(n)* qui, sur 1000 tests, renvoie le minimum et le maximum des valeurs de N_1 pour des matrices orthogonales aléatoires.
   (d) Déterminer la valeur de m_n. Pour quelles matrices, ce minimum est-il atteint ? Montrer qu'il y a un nombre fini de telles matrices.
   (e) Montrer que $M_n \leqslant n\sqrt{n}$ et que $M_3 < 3\sqrt{3}$.

Solution 349 *1. Montrer qu'il existe une matrice A orthogonale et une matrice T triangulaire supérieure telles que $A = OT$.* ***Indication*** *:* On pourra commencer par le cas où A est inversible. *La fonction* numpy.linalg.qr *de Python donne une telle décomposition.*
Soit $A \in \mathfrak{M}_n(\mathbb{R})$.
Premier cas *: Supposons pour commencer que A est inversible. Pour chaque $i \in \{1,..,n\}$, notons C_i sa i^e colonne. Comme A est inversible, la famille $(C_1,..,C_n)$ est une base de $\mathfrak{M}_{n,1}(\mathbb{R})$. Munissons $\mathfrak{M}_{n,1}(\mathbb{R})$ de son produit scalaire canonique $\langle X \mid Y\rangle = {}^tXY$*

et de sa norme euclidienne associée $\|\|$. *Orthonormalisons la famille* $(C_i)_{1\leqslant i\leqslant n}$ *grâce au procédé de Gram-Schmidt. Notons*

$$D_1 = C_1 \text{ et } \forall j \in \{2,..,n\}, D_j = C_j - \sum_{k=1}^{j-1} \frac{\langle C_j \mid D_k\rangle D_k}{\|D_k\|^2}$$

alors la famille $\left(\frac{D_j}{\|D_j\|}\right)_{1\leqslant j\leqslant n}$ *est une base orthonormée de* $\mathfrak{M}_n(\mathbb{R})$ *donc sa matrice* $O = \left(\frac{D_j}{\|D_j\|}\right)_{1\leqslant j\leqslant n}$ *(dont chaque colonne est* $\frac{D_j}{\|D_j\|}$*) est une matrice orthogonale. Notons* T *la matrice de passage de la base* $\left(\frac{D_j}{\|D_j\|}\right)_{1\leqslant j\leqslant n}$ *à la base* $(C_j)_{1\leqslant j\leqslant n}$. *Comme on a :*

$$\begin{aligned}(\mathcal{R}) \quad &: \quad C_1 = \|D_1\| \frac{D_1}{\|D_1\|} \text{ et} \\ \forall j \quad &\in \quad \{2,..,n\}, C_j = \|D_j\| \frac{D_j}{\|D_j\|} + \sum_{k=1}^{j-1} \left\langle C_j \mid \frac{D_k}{\|D_k\|}\right\rangle \frac{D_k}{\|D_k\|},\end{aligned}$$

on en déduit les formules suivantes :

$$\begin{aligned}\forall (i,j) \quad &\in \quad \{1,..,n\}^2, T_{i,j} = 0 \text{ si } j < i, \forall j \in \{1,..,n\}, T_{j,j} = \|D_j\| \\ \text{et } \forall j \quad &\in \quad \{2,..,n\}, \forall i \in \{1,..,j-1\}, T_{i,j} = \left\langle C_j \mid \frac{D_k}{\|D_k\|}\right\rangle.\end{aligned}$$

La relation $(\mathcal{R})$ *se réécrit :*

$$\forall j \in \{1,..,n\}, C_j = \sum_{k=1}^{n} \frac{D_k}{\|D_k\|} T_{k,j}$$

(il suffit de distinguer le cas $j = 1$ *du cas* $j > 1$*) donc, par le calcul matriciel par blocs, on obtient la formule :*

$$\begin{aligned}OT &= \left(\frac{D_j}{\|D_j\|}\right)_{1\leqslant j\leqslant n} (T_{i,j})_{1\leqslant i,j\leqslant n} = \left(\sum_{k=1}^{n} \frac{D_k}{\|D_k\|} T_{k,j}\right)_{1\leqslant j\leqslant n} \\ &= \left(\sum_{k=1}^{j} \frac{D_k}{\|D_k\|} T_{k,j}\right)_{1\leqslant j\leqslant n} (T_{k,j} = 0 \text{ si } k > j) = (C_j)_{1\leqslant j\leqslant n} = A\end{aligned}$$

Second cas *: Supposons que* A *soit non inversible c'est-à-dire* $\det(A) = 0$. *Pour tout entier* k, *on pose* $A_k = A - \frac{1}{k} I_n$ *alors*

$$\det(-A_k) = \det\left(\frac{1}{k} I_n - A\right) = \chi_A\left(\frac{1}{k}\right).$$

Comme le polynôme caractéristique de A *ne possède qu'un nombre fini de racines, il y a au plus un nombre fini d'entiers* k *tel que* $\chi_A\left(\frac{1}{k}\right) = 0$. *Ainsi, il existe un entier* N *tel que*

$$\forall k \geqslant N, \chi_A\left(\frac{1}{k}\right) \neq 0$$

donc la matrice $-A_k$ *est inversible pour* $k \geqslant N$*, ce qui montre que la matrice* A_k *est inversible pour tout* $k \geqslant N$*. Pour tout* $k \geqslant N$*, il existe une matrice orthogonale* O_k *et une matrice triangulaire* T_k *telle que*

$$A_k = O_k T_k.$$

Comme l'ensemble des matrices orthogonales est un compact (cf. la réponse à la question 2), on peut extraire de la suite $(O_k)_{k\geqslant N}$ *une sous-suite extraite* $\left(O_{\varphi(k)}\right)_{k\geqslant N}$ *qui converge. Notons* O *sa limite (qui est une matrice orthogonale) alors*

$$\forall k \geqslant N,\ T_{\varphi(k)} = \left(O_{\varphi(k)}\right)^{-1} A_{\varphi(k)} = {}^t O_{\varphi(k)} A_{\varphi(k)} \underset{k\to+\infty}{\to} {}^t OA = O^{-1}A$$

(par continuité de l'application

$$f : (U,V) \in (\mathfrak{M}_n(\mathbb{R}))^2 \mapsto {}^t UV$$

car elle est bilinéaire en dimension finie). L'ensemble F *des matrices triangulaires supérieures étant un fermé* $(*)$ *et la suite* $\left(T_{\varphi(k)}\right)_{k\geqslant N}$ *étant à valeurs dans* F *et convergeant dans* $\mathfrak{M}_n(\mathbb{R})$*, sa limite* $O^{-1}A$ *appartient à* F*. Notons* T *cette limite alors*

$$T = O^{-1}A \Leftrightarrow A = OT,$$

ce qui permet de conclure lorsque A *n'est pas inversible.*
$(*)$ *: Pour tout* $i > j$*, l'application*

$$f_{i,j} : U \in \mathfrak{M}_n(\mathbb{R}) \mapsto U_{i,j} \in \mathbb{R}$$

est linéaire en dimension finie donc elle est continue. L'ensemble $\{0\}$ *étant un fermé de* $\mathbb{R}$*, l'ensemble*

$$f_{i,j}^{-1}(\{0\}) = \{U \in \mathfrak{M}_n(\mathbb{R}),\ f_{i,j}(U) = 0\}$$

est un fermé de $\mathfrak{M}_n(\mathbb{R})$*. Comme toute intersection d'un nombre fini de fermés est un fermé, on en déduit que* $\bigcap_{1\leqslant j<i\leqslant n} f_{i,j}^{-1}(\{0\}) = F$ *est un fermé de* $\mathfrak{M}_n(\mathbb{R})$*.*

2. *Il suffit de montrer que* N_1 *est une fonction continue sur* $\mathfrak{M}_n(\mathbb{R})$ *et que* $\mathcal{O}_n(\mathbb{R})$ *est un compact de* $\mathfrak{M}_n(\mathbb{R})$*.*
   Continuité de N_1*. Pour chaque* $(i,j) \in \{1,..,n\}^2$*, l'application*

$$g_{i,j} : A \in \mathfrak{M}_n(\mathbb{R}) \mapsto A_{i,j} \in \mathbb{R}$$

est continue sur $\mathfrak{M}_n(\mathbb{R})$ *(car linéaire en dimension finie) et que la fonction* $x \mapsto |x|$ *est continue sur* $\mathbb{R}$*, on en déduit que la famille* $|g_{i,j}|$ *est continue sur* $\mathbb{R}$*. Par conséquent,* N_1 *est continue sur* $\mathfrak{M}_n(\mathbb{R})$ *comme somme de telles fonctions (les* $|g_{i,j}|$*).*
Compacité de $\mathcal{O}_n(\mathbb{R})$*. Comme* $\mathfrak{M}_n(\mathbb{R})$ *est un espace vectoriel normé de dimension finie, il suffit de montrer que* $\mathcal{O}_n(\mathbb{R})$ *est un fermé borné de* $\mathfrak{M}_n(\mathbb{R})$*.*
Rappelons que

$$\mathcal{O}_n(\mathbb{R}) = \left\{M \in \mathfrak{M}_n(\mathbb{R}),\quad {}^t MM = I_n\right\}.$$

Si on munit $\mathfrak{M}_n(\mathbb{R})$ *du produit scalaire canonique*

$$\langle M \mid N\rangle = \mathrm{Tr}\left({}^t MN\right)$$

et de sa norme euclidienne associée alors

$$\forall M \in \mathcal{O}_n(\mathbb{R}),\ \|M\| = \sqrt{\mathrm{Tr}\left({}^tMM\right)} = \sqrt{\mathrm{Tr}\left(I_n\right)} = \sqrt{n}$$

donc l'ensemble $\mathcal{O}_n(\mathbb{R})$ *est bornée. Les fonctions*

$$a : \left\{ \begin{array}{ccc} \mathfrak{M}_n(\mathbb{R}) & \to & \left(\mathfrak{M}_n(\mathbb{R})\right)^2 \\ M & \mapsto & (M, {}^tM) \end{array} \right. \quad \text{et } b : \left\{ \begin{array}{ccc} \left(\mathfrak{M}_n(\mathbb{R})\right)^2 & \to & \mathfrak{M}_n(\mathbb{R}) \\ (U, V) & \mapsto & UV \end{array} \right.$$

sont continues respectivement sur $\mathfrak{M}_n(\mathbb{R})$ *et* $\left(\mathfrak{M}_n(\mathbb{R})\right)^2$ *car elles sont respectivement linéaire et bilinéaire en dimension finie. Par conséquent, la fonction*

$$f = b \circ a : \left\{ \begin{array}{ccc} \mathfrak{M}_n(\mathbb{R}) & \to & \left(\mathfrak{M}_n(\mathbb{R})\right)^2 \\ M & \mapsto & {}^tMM \end{array} \right.$$

est continue sur $\mathfrak{M}_n(\mathbb{R})$ *et comme l'ensemble* $\{I_n\}$ *est un fermé, on peut affirmer que l'ensemble*

$$f^{-1}(\{I_n\}) = \{M \in \mathfrak{M}_n(\mathbb{R}),\ f(M) = I_n\} = \mathcal{O}_n(\mathbb{R})$$

est un fermé de $\mathfrak{M}_n(\mathbb{R})$, *ce qui permet de conclure.*

3. (a)

```
import random as rd
import numpy as np

def randO(n):
    A=[[rd.random() for j in range(n)] for i in range(n)]
    O,T= np.linalg.qr(A)
    return(O)
```

(b)

```
def N1(A):
    s=0
    n=len(A)
    for i in range(n):
        for j in range(n):
            s=s+abs(A[i,j])
    return(s)
```

(c)

```
def test(n):
    m=N1(randO(n))
    mini=m
    maxi=m
    for i in range(100):
        s=N1(randO(n))
        if s < mini:
            mini = s
        elif s > maxi:
```

```
            maxi = s
    return(mini,maxi)

# quelques valeurs numériques
for n in range(2,10):
    print(test(n))

(2.0063688444625551, 2.8282491366686484)
(3.5867181989120382, 4.9889021351542668)
(5.3971262808153861, 7.7647665059852349)
(8.3743008765250071, 10.729098660043936)
(11.363101472840267, 13.322397245842952)
(14.244452626162872, 16.767086642711902)
(17.193920164792331, 20.275509822156039)
(20.06745426737022, 24.170809491307335)
```

(d) *Soit $A \in \mathcal{O}_n(\mathbb{R})$ alors toutes ses colonnes sont normées pour la norme euclidienne canonique c'est-à-dire :*

$$(\mathcal{R}) : \forall j \in \{1,..,n\}, \sum_{i=1}^{n} (A_{i,j})^2 = 1.$$

Comme tous les termes de ces sommes sont positifs, on peut affirmer que tous les termes sont inférieurs à 1 c'est-à-dire :

$$\forall (i,j) \in \{1,..,n\}^2, (A_{i,j})^2 \leqslant 1 \Rightarrow |A_{i,j}| = \sqrt{(A_{i,j})^2} \leqslant 1.$$

Puisque $x^2 \leqslant x$ si $x \in [0,1]$, on obtient la minoration suivante :

$$\forall (i,j) \in \{1,..,n\}^2, (A_{i,j})^2 = (|A_{i,j}|)^2 \leqslant |A_{i,j}|.$$

En sommant sur $(i,j) \in \{1,..,n\}^2$ et en utilisant la relation $(\mathcal{R})$, on obtient la minoration :

$$N_1(A) \geqslant \sum_{j=1}^{n}\sum_{i=1}^{n} (A_{i,j})^2 = \sum_{j=1}^{n} 1 = n.$$

Pour $A = I_n \in \mathcal{O}_n(\mathbb{R})$, on a $N_1(A) = n$ donc $m_n = n$. En outre, si

$$\begin{aligned} N_1(A) &= n \Leftrightarrow \sum_{i=1}^{n}\sum_{j=1}^{n} |A_{i,j}| = \sum_{j=1}^{n}\sum_{i=1}^{n} (|A_{i,j}|)^2 \\ &\Leftrightarrow \sum_{(i,j)\in\{1,..,n\}^2} \left(|A_{i,j}| - (A_{i,j})^2\right) = 0. \end{aligned}$$

Comme tous les termes de la somme sont positifs et la somme vaut 0, on en déduit que tous les termes sont nuls c'est-à-dire :

$$\begin{aligned} \forall (i,j) &\in \{1,..,n\}^2, |A_{i,j}| = (A_{i,j})^2 \\ &\Leftrightarrow (\mathcal{S}) : \forall (i,j) \in \{1,..,n\}^2, A_{i,j} \in \{-1,0,1\}. \end{aligned}$$

En effet, l'égalité $|x| = x^2$ *est équivalente aux équations* $x = x^2$ *ou* $-x = x^2$ *selon le signe de* x, *la première ayant pour solution* 0 *et* 1, *la seconde* -1 *et* 0. *Comme* A *est orthogonale, la relation* $(\mathcal{R})$ *combinée à la relation* $(\mathcal{S})$ *montre que, pour chaque* $j \in \{1,..,n\}$, *il existe un unique indice* $\sigma(j) \in \{1,..,n\}$ *tel que* $A_{\sigma(j),j} = \pm 1$ *et, pour tout* $i \in \{1,..,n\} \setminus \{\sigma(j)\}$, $A_{i,j} = 0$. *En outre, si* $j \neq j'$ *alors* $\sigma(j) \neq \sigma(j')$ *(sinon les colonnes numéro* j *et* j' *de* A *seraient égales au signe près donc elles seraient colinéaires d'où* A *ne serait pas inversible, ce qui est absurde). Par conséquent, l'application*

$$j \in \{1,..,n\} \mapsto \sigma(j) \in \{1,..,n\}$$

est injective entre deux ensembles de même cardinaux donc elle est bijective. Autrement dit, σ *est une permutation de* $\mathcal{S}_n$. *Réciproquement, si* σ *est une permutation de* $\mathcal{S}_n$ *et* $\varepsilon = (\varepsilon_i)_{1 \leqslant i \leqslant n} \in \{-1,1\}^n$ *une famille de nombres valant* ± 1, *considérons la matrice* $A_{\sigma,\varepsilon}$ *définie par :*

$$\forall j \in \{1,..,n\}, \ (A_{\sigma,\varepsilon})_{\sigma(j),j} = \varepsilon_j \ \text{et} \ \forall i \in \{1,..,n\} \setminus \{\sigma(j)\}, \ (A_{\sigma,\varepsilon})_{i,j} = 0.$$

alors $N_1(A_{\sigma,\varepsilon}) = 1$. *Ainsi, les matrices* $A \in \mathcal{O}_n(\mathbb{R})$ *telles que* $N_1(A) = m_n$ *sont les matrices* $(A_{\sigma,\varepsilon})_{\substack{\sigma \in \mathcal{S}_n \\ \varepsilon \in \{-1,1\}^n}}$ *et il y a*

$$\operatorname{card}(\mathcal{S}_n) \operatorname{card}(\{-1,1\}^n) = n!2^n$$

telles matrices.

(e) $\boxed{M_n \leqslant n\sqrt{n}.}$ *Soit* $A \in \mathcal{O}_n(\mathbb{R})$. *D'après l'inégalité de Cauchy-Schwarz pour le produit scalaire canonique de* $\mathbb{R}^n$, *on a les majorations suivantes :*

$$\forall j \in \{1,..,n\}, \sum_{i=1}^{n} |A_{i,j}| = \left\langle (|A_{i,j}|)_{1 \leqslant i \leqslant n} \mid (1)_{1 \leqslant i \leqslant n} \right\rangle \leqslant \left\| (|A_{i,j}|)_{1 \leqslant i \leqslant n} \right\| \left\| (1)_{1 \leqslant i \leqslant n} \right\|$$
$$= \sqrt{\sum_{i=1}^{n} |A_{i,j}|^2} \sqrt{\sum_{i=1}^{n} 1^2} = \underbrace{\sqrt{\sum_{i=1}^{n} (A_{i,j})^2}}_{=\sqrt{1}=1 \ (cf.\ q3.d)} \sqrt{n} = \sqrt{n}.$$

En sommant sur $j \in \{1,..,n\}$, *on obtient que* $N_1(A) \leqslant n\sqrt{n}$ *pour tout* $A \in \mathcal{O}_n(\mathbb{R})$ *donc*

$$M_n \leqslant n\sqrt{n}.$$

$\boxed{M_3 < 3\sqrt{3}.}$ *Procédons par l'absurde en supposant qu'il existe* $A \in \mathcal{O}_3(\mathbb{R})$ *telle que* $N_1(A) = 3\sqrt{3}$ *alors chacune des inégalités précédentes doit être une égalité c'est-à-dire :*

$$\forall j \in \{1,2,3\}, \ \left\langle (|A_{i,j}|)_{1 \leqslant i \leqslant 3} \mid (1)_{1 \leqslant i \leqslant 3} \right\rangle = \left\| (|A_{i,j}|)_{1 \leqslant i \leqslant 3} \right\| \left\| (1)_{1 \leqslant i \leqslant 3} \right\|.$$

Or, le cas d'égalité de Cauchy-Schwarz montre que, pour chaque $j \in \{1,2,3\}$, *les vecteurs* $(|A_{i,j}|)_{1 \leqslant i \leqslant 3}$ *et* $(1)_{1 \leqslant i \leqslant 3}$ *doivent être colinéaires c'est-à-dire :*

$$\forall j \in \{1,2,3\}, \ \exists k_j \in \mathbb{R}, \ \forall i \in \{1,2,3\}, \ |A_{i,j}| = k_j 1 = k_j.$$

(donc $k_j = |A_{1,j}|$ est positif) Comme chaque colonne de A est de norme euclidienne (canonique) 1, on a les égalités suivantes :

$$\begin{aligned}\forall j &\in \{1,2,3\}, 1 = \sum_{i=1}^{3} (A_{i,j})^2 = \sum_{i=1}^{3} |A_{i,j}|^2 = \sum_{i=1}^{3} k_j^2 = 3k_j^2 \\ &\Rightarrow k_j = \frac{1}{\sqrt{3}} \text{ (car } k_j \geqslant 0) \\ &\Rightarrow \forall (i,j) \in \{1,2,3\}^2, \exists \varepsilon_{i,j} \in \{-1,1\}, A_{i,j} = \varepsilon_{i,j} |A_{i,j}| = \varepsilon_{i,j} \frac{1}{\sqrt{3}}.\end{aligned}$$

Or, comme $A \in \mathcal{O}_3(\mathbb{R})$, on peut affirmer que son déterminant de A vaut ± 1. En factorisant chaque colonne de A par $\frac{1}{\sqrt{3}}$, on obtient que

$$\det(A) = \frac{1}{\sqrt{3}^3} \det(A') \text{ avec } A' = (\varepsilon_{i,j})_{1 \leqslant i,j \leqslant 3}.$$

En multipliant par $\sqrt{3}^3 = 3\sqrt{3}$ cette égalité, on obtient que :

$$\det(A') = \pm 3\sqrt{3},$$

ce qui est aberrant car $\det(A')$ est un nombre entier (déterminant d'une matrice ne contenant que des 1 et des -1) ne peut être égale à un nombre irrationnel (car $3\sqrt{3}$ est irrationnel puisque $\sqrt{3}$ l'est, preuve identique à $\sqrt{2}$ en remplaçant dans les raisonnements le nombre premier 2 par le nombre premier 3). On obtient une contradiction donc $M_3 < 3\sqrt{3}$.

Commentaires 349 *Les codages informatiques sont standards et sans difficulté particulière.*
Question 1 : Manifestement la plus difficile du sujet (cela peut vous arriver aussi). Un candidat traitant soit le cas inversible, soit l'extension au cas non inversible sans traiter les deux cas sera fortement valorisé. Néanmoins, pour un nombre important de candidats, l'interaction avec l'interrogateur sera cruciale. Il proposera différentes pistes (par exemple, le procédé de Gram-Schmidt dont il faudra penser qu'il génére automatiquement une matrice triangulaire, clé de la réponse, ou bien il évoque la densité des matrices inversibles dans l'ensemble des matrices, l'existence de valeurs d'adhérences à des matrices orthogonales, en sous-jacent la notion de compacité). La réactivité du candidat à ces pistes et sa maitrise du cours sur les notions suggérées seront décisives dans son avancée (sinon l'interrogateur passera à d'autres questions).
Question 2 : Il s'agit d'une application directe du cours « espaces vectoriels normés ». Un candidat à ce concours se doit d'y répondre sans difficulté particulière (éventuellement avec une petite aide de l'interrogateur, notamment sur les qualités topologiques de $\mathcal{O}_n(\mathbb{R})$, il est attendu du candidat la mention de sa compacité et sa preuve).
Question 3.d. Il s'agit d'une question discriminante car elle nécessite une bonne connaissance des matrices orthogonales et un recul suffisant sur les calculs ainsi que sur le dénombrement. Les candidats trouvant la réponse seuls seront bien valorisés. Néanmoins, cette question est accessible aux candidats avec un peu d'aides de l'interrogateur.
Question 3.e. Elle est sélective et permet de distinguer les candidats les plus rapides et les plus autonomes.

19.6 Fonctions d'une variable réelle

Exercice 350 On considère la courbe (

$$C) : \begin{cases} x(t) = t^3 - 3t \\ y(t) = 3t(t-2) \end{cases}$$

1. À l'aide de Python, tracer la courbe (C).
2. Trouver tous les points pour lesquels la vitesse de la courbe s'annule. Trouver tous les points pour lesquels la tangente à la courbe est verticale.
3. On cherche les points P, (x_P, y_P) tel qu'il existe t et t_0 réels tels que les droites (PM) et (PM_0) soient perpendiculaire et tangentes à la courbe (C) où $M = (x(t), y(t))$ et $M_0 = (x(t_0), y(t_0))$. Trouver un système d'équations vérifié par ces points.
4. Résoudre le système.
5. À l'aide de Python, tracer (C_0).
6. Trouver une équation cartésienne de (C_0).

Solution 350 *1.*

```
import matplotlib.pyplot as plt
import numpy as np

T=np.arange(-10,10,0.01)
X=[t**3-3*t for t in T]
Y=[3*t*(t-2) for t in T]
plt.plot(X,Y)
plt.show()
```

Voici le dessin associé.

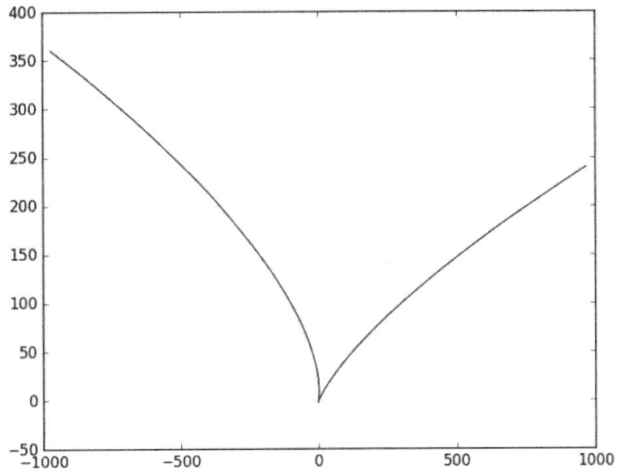

2. *Notons*

$$f : t \in \mathbb{R} \mapsto (x(t), y(t)) \in \mathbb{R}^2$$

qui est dérivable sur $\mathbb{R}$ *car* x *et* y *le sont et la vitesse du point associé* $f(t)$ *est la dérivée de* f *donnée par :*

$$f' : t \mapsto (x'(t), y'(t)) = \left(3\left(t^2-1\right), 6(t-1)\right) = 3(t-1)(t+1, 2).$$

Comme le vecteur $(t+1, 2)$ *ne s'annule jamais (son ordonnée* 2 *n'est jamais nul), on en déduit que la vitesse s'annule si et seulement si*

$$t-1=0 \Leftrightarrow t=1.$$

La tangente en $f(t)$ *est verticale si et seulement si* $f'(t) \neq 0$ *(si et seulement si* $t \neq 1$*) et si l'ordonnée de* $f'(t)$ *est nulle (si et seulement*

$$3(t-1)2=0 \Leftrightarrow t=1),$$

ce qui est impossible (on ne peut avoir $t \neq 1$ *et* $t=1$ *simultanément). Ainsi, la courbe ne possède aucun point où la tangente est verticale.*

3. *On utilise les notations introduites à la question 2. On cherche les points* P *de coordonnées* (x_P, y_P) *tel qu'il existe* t *et* t_0 *réels tels que les droites* $(Pf(t))$ *et* $(Pf(t_0))$ *soient à la fois perpendiculaire entre elles et toutes deux tangentes à la courbe* (C)*.*
Pour disposer d'une tangente au point $f(t)$ *(resp.* $f(t_0)$*), il est indispensable que* $t \neq 1$ *(res.* $t_0 \neq 1$*) d'après la question précédente.*
Si les deux droites (PM) *et* (PM_0) *sont perpendiculaires, elles ont un point d'intersection et un seul qui est manifestement* P*. Comme leurs vecteurs directeurs respectifs sont* $\overrightarrow{PM}$ *et* $\overrightarrow{PM_0}$*, on peut affirmer qu'ils sont colinéaires respectivement à* $(t+1, 2)$ *et à* $(t_0+1, 2)$ *donc que ces deux vecteurs sont nécessairement orthogonaux. Ceci fournit le système suivant :*

$$\left\{\begin{array}{c} f'(t).f'(t_0)=0 \\ \det\left(\overrightarrow{PM}, (t+1,2)\right)=0 \\ \det\left(\overrightarrow{PM_0}, (t_0+1,2)\right)=0 \end{array}\right. \Leftrightarrow \left\{\begin{array}{c} (t+1)(t_0+1)+4=0 \\ \begin{vmatrix} t^3-3t-x_P & t+1 \\ 3t^2-6t-y_P & 2 \end{vmatrix}=0 \\ \begin{vmatrix} t_0^3-3t_0-x_P & t_0+1 \\ 3t_0^2-6t_0-y_P & 2 \end{vmatrix}=0 \end{array}\right.$$

$$\Leftrightarrow \left\{\begin{array}{c} (t+1)(t_0+1)+4=0 \\ 2\left(t^3-3t-x_P\right)-(t+1)\left(3t^2-6t-y_P\right)=0 \\ 2\left(t_0^3-3t_0-x_P\right)-(t_0+1)\left(3t_0^2-6t_0-y_P\right)=0 \end{array}\right.$$

4. *On exprime avec* t_0+1 *en fonction de* t*, dans les deux dernières équations, on isole les inconnues* x_P *et* y_P *des autres données et on utilise l'expression de* t_0 *en fonction de* t*.*

Le système est équivalent au suivant :

$$\left\{\begin{array}{ll} t_0+1=\dfrac{-4}{t+1},\ t_0=\dfrac{-4}{t+1}-1=-\dfrac{t+5}{t+1} & \\ -2x_P+(t+1)\,y_P=t^2\,(t-3) & (2) \\ -2x_P\,(t_0+1)\,y_P=t_0^2\,(t_0-3) & (3) \end{array}\right.$$

$$\Leftrightarrow\left\{\begin{array}{ll} t_0+1=\dfrac{-4}{t+1},\ t_0=\dfrac{-4}{t+1}-1=-\dfrac{t+5}{t+1} & \\ -2x_P+(t+1)\,y_P=t^2\,(t-3) & (2) \\ -2x_P-\dfrac{4}{t+1}y_P=-\dfrac{4\,(t+2)\,(t+5)^2}{(t+1)^3} & (3) \end{array}\right.$$

$$\Leftrightarrow\left\{\begin{array}{ll} t_0=-\dfrac{t+5}{t+1} & \\ x_P=\dfrac{-2t^2+10t+20}{t+1} & \dfrac{4}{t+1}(2)+(t+1)(3) \\ y_P=\dfrac{t^4-2t^3-7t^2+20t+40}{(t+1)^2} & (3)-(2) \end{array}\right.$$

5. *Pour éviter les explosions numériques lorsque t est proche de -1, on trace la courbe lorsque $t\in[-2,-1.1]$ et lorsque $t\in[-0.9,1]$.*

```
Tavant = np.arange(-2,-1.1,0.01)
Tapres=np.arange(-0.9,1,0.01)
Xavant=[(-2*t**2+10*t+20)/(t+1) for t in Tavant]
Yavant=[(t**4 -2*t**3 -7*t**2 + 20*t + 40)/(t+1)**2 for t
    in Tavant]
Xapres=[(-2*t**2+10*t+20)/(t+1) for t in Tapres]
Yapres=[(t**4 -2*t**3 -7*t**2 + 20*t + 40)/(t+1)**2 for t
    in Tapres]
plt.plot(Xavant,Yavant)
plt.plot(Xapres,Yapres)
plt.show()
```

Voici le dessin associé.

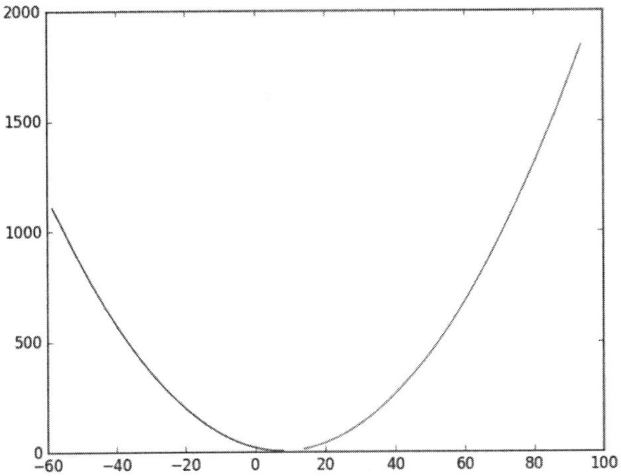

6. *Le graphe de la question précédente nous incite à penser qu'il s'agit de la courbe d'un trinôme c'est-à-dire qu'il devrait exister trois réels a, b, c tels que*

$$y_P = a\,(x_P)^2 + b\,(x_P) + c.$$

Pour éviter de nous lancer dans des calculs algébriques lourds, nous allons utiliser l'asymptotique pour deviner a, b et c puis démontrer la formule conjecturée.
On observe que :

$$x_P(t) \underset{t\to+\infty}{\sim} \frac{-2t^2}{t} = -2t \text{ et } y_P(t) \underset{t\to+\infty}{\sim} \frac{t^4}{t^2} = t^2 \Rightarrow (x_P(t))^2 \underset{t\to+\infty}{\sim} 4y_P(t).$$

Simplifions alors $(x_P(t))^2 - 4y_P(t)$.

$$(x_P(t))^2 - 4y_P(t) = \frac{-32t^3 + 48t^2 + 320t + 240}{(t+1)^2}$$

On observe que le numérateur s'annule en $t = -1$ donc on peut factoriser par $t+1$ (par division euclidienne ou toute méthode au choix du lecteur). On obtient alors

$$(x_P(t))^2 - 4y_P(t) = \frac{(t+1)\left(-32t^2 + 80t + 240\right)}{(t+1)^2} = \frac{-32t^2 + 80t + 240}{t+1}.$$

Comme

$$(x_P(t))^2 - 4y_P(t) \underset{t\to+\infty}{\sim} \frac{-32t^2}{t} = -32t \underset{t\to+\infty}{\sim} 16x_P(t),$$

simplifions $(x_P(t))^2 - 4y_P(t) - 16x_P(t)$, ce qui nous donne :

$$\begin{aligned}(x_P(t))^2 - 4y_P(t) - 16x_P(t) &= \frac{-32t^2 + 80t + 240}{t+1} - 16\left(\frac{-2t^2 + 10t + 20}{t+1}\right)\\ &= 80.\end{aligned}$$

Par conséquent, l'équation de la courbe (C_0) est :

$$x^2 - 4y - 16x = 80 \Leftrightarrow y = \frac{x^2 - 16x - 80}{4}.$$

Traçons cette courbe sur le même dessin que (C_0).

```
Tavant = np.arange(-2,-1.1,0.01)
Tapres=np.arange(-0.9,1,0.01)
Xavant=[(-2*t**2+10*t+20)/(t+1) for t in Tavant]
Yavant=[(t**4 -2*t**3 -7*t**2 + 20*t + 40)/(t+1)**2 for t
    in Tavant]
Xapres=[(-2*t**2+10*t+20)/(t+1) for t in Tapres]
Yapres=[(t**4 -2*t**3 -7*t**2 + 20*t + 40)/(t+1)**2 for t
    in Tapres]
plt.plot(Xavant,Yavant,color='blue')
plt.plot(Xapres,Yapres,color='blue')

X=np.arange(-60,60,0.01)
Y=[(x**2-16*x-80)/4 for x in X]
plt.plot(X,Y,color='red')
plt.show()
```

Voici le dessin associé.

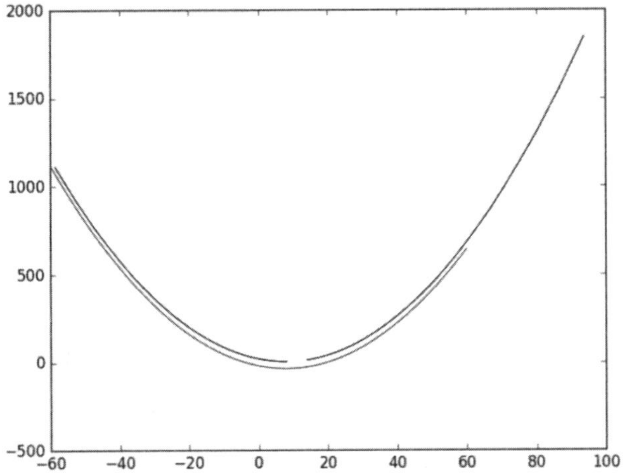

Commentaires 350 *Les codes informatiques ne présentent aucune difficulté et ils ont été travaillés en MPSI et en MP. Par contre, la difficulté du sujet est d'ordre mathématique car beaucoup de candidats ont une maitrise très approximative des courbes paramétrées et de la géométrie, ce qui est compréhensible vu la place que les programmes leurs accorde. Néanmoins, il faut travailler un peu ces notions, d'où ce choix de sujet (qui tombe rarement pour vous rassurer).*
La question 3 bloque à elle-seule la presque intégralité du sujet. Certains candidats n'auront traité durant la préparation que la première question (car ils n'ont pas d'idée sur la notion de vitesse de courbe, qu'il faut interpréter dans le contexte des courbes paramétrées c'est-à-dire d'un point où la dérivée s'annule et ils n'ont aucune idée de la définition mathématique de la tangente à une courbe paramétrée). Dans un tel cas, il faut exposer rapidement et très succinctement ce que vous avez fait afin de donner la main à l'interrogateur pour qu'il puisse vous relancer en rappellant cette définition. Le temps perdu est irrattrapable mais vous pouvez l'utiliser au mieux.
Ceci étant dit, pour les candidats connaissant la notion de tangente, il faut être attentif aux calculs et se rappeler que la perpendicularité ou le parallélisme de droites se ramènent à l'orthogonalité ou à la colinéarité de leurs vecteurs directeurs d'où l'intervention soit des produits scalaires, soit des déterminants (en dimension 2).
La question 4 nécessite une rigueur dans les calculs car les erreurs arrivent très vite et le résultat (à la fois algébrique et géométrique) est très sensible aux erreurs (méditer les courbes $x^2+y^2=1$, $x^2=1$, $x^2-y^2=1$, $x^2+y^2=0$ *et* $x^2-y^2=0$ *sont de nature très différentes, pourtant leurs équations diffèrent à chaque fois d'une valeur changée* 1 *en* -1 *ou* 0*).*
La question 6 demande initiative, observation et autonomie de la part du candidat donc elle s'adresse aux meilleurs d'entre eux. Eventuellement, pour les candidats les plus rapides, l'interrogateur pourra proposer une piste ou plusieurs pistes.

19.7 Suites et séries numériques

Exercice 351 Thèmes : combinatoire, suites numériques, variables aléatoires.
On note pour tout $n \in \mathbb{N}^*$,

$$E_n = \left\{(x,y) \in \mathbb{Z} \times \mathbb{Z}, \quad x^2 + y^2 \leqslant n^2\right\}$$

l'ensemble des couples de coordonnées entières tels que le point (x,y) est dans le disque de centre $(0,0)$ de rayon n. On définit alors pour tout n dans $\mathbb{N}^*$ la suite (u_n) par :

$$\forall n \in \mathbb{N}, u_n = \frac{4 \operatorname{card}(E_n)}{(2n+1)^2}.$$

1. Avec *Python*, tracer les 50 premiers termes de la suite (u_n). Faire une conjecture sur la limite de cette suite.
2. Montrer que
$$\operatorname{card}(E_n) = 1 + 4n + 4 \operatorname{card}\left(E_n^{++}\right)$$
où
$$E_n^{++} = \left\{(x,y) \in (\mathbb{N}^*)^2, x^2 + y^2 \leqslant n^2\right\}.$$
3. Montrer que
$$\operatorname{card}\left(E_n^{++}\right) = \sum_{x=1}^{n-1} \sqrt{\lfloor n^2 - x^2 \rfloor}$$
où $\lfloor\,\rfloor$ désigne la partie entière.
4. Montrer alors
$$\sum_{x=1}^{n-1} \sqrt{n^2 - x^2} - n + 1 \leqslant \operatorname{card}\left(E_n^{++}\right) \leqslant \sum_{x=1}^{n-1} \sqrt{n^2 - x^2}.$$
On pose à présent
$$\forall n \in \mathbb{N}^*,\ v_n = \frac{1}{n^2} \sum_{x=1}^{n-1} \sqrt{n^2 - x^2}.$$
5. Tracer avec *Python* les 50 premiers termes de v_n.
6. Montrer que la suite $(v_n)_{n \in \mathbb{N}^*}$ est convergente et trouver sa limite.
7. En déduire la limite de $(u_n)_{n \in \mathbb{N}}$.

   Retrouvons cette limite avec des probabilités. Pour tout p dans $\mathbb{N}^*$, on considère $X_1, ..., X_p$ et $Y_1, ..., Y_p$ des variables aléatoires suivant une loi uniforme dans $[[-n,n]]$ et mutuellement indépendantes. On note Z_k la variable aléatoire qui vaut 1 si $((X_k, Y_k))$ est dans E_n et 0 sinon et $S_p = \sum_{k=1}^{p} Z_k$.
8. Quelle est la loi de S_p ?
9. Quelles sont les valeurs de $\frac{S_p}{p}$ qu'il est probable d'observer si p et n sont très grands ? Effectuer une simulation avec *Python*.

Solution 351 *1. Commençons par remarquer que $(x,y) \in E_n$ alors comme x^2 et y^2 sont positifs, on a les majorations suivantes :*

$$\begin{aligned} x^2 &\leqslant x^2+y^2 \leqslant n^2 \Rightarrow |x| = \sqrt{x^2} \leqslant \sqrt{n^2} = n \\ y^2 &\leqslant x^2+y^2 \leqslant n^2 \Rightarrow |y| = \sqrt{y^2} \leqslant \sqrt{n^2} = n. \end{aligned}$$

Par conséquent, x et y appartiennent à l'intervalle $[[-n,n]]$. Voici le code informatique calculant u_n puis tracer la suite $(u_n)_{0\leqslant n\leqslant 50}$.

```
def u(n):
    s=0
    k=int(n**0.5)
    for x in range(-k,k+1):
        for y in range(-k,k+1):
            if x**2+y**2 <=n:
                s=s+1
    return(4*s/(2*n+1)**2)

import matplotlib.pyplot as plt
import numpy as np

X=[n for n in range(51)]
Y=[u(n) for n in X]
plt.plot(X,Y)
plt.show()
```

Voici le dessin associé.

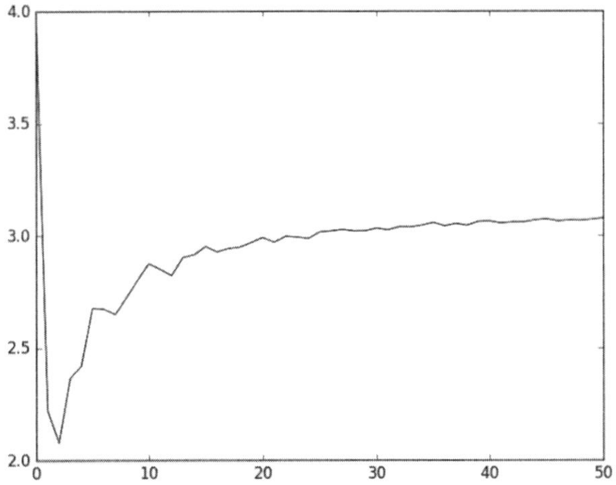

On conjecture que la suite $(u_n)_n$ converge vers un réel proche de $3,1$.

2. *Pour tout $(\varepsilon,\varepsilon') \in \{-1,1\}^2$, on note :*

$$E_n^{\varepsilon,\varepsilon'} = \left\{(x,y) \in \mathbb{Z}^2,\ \varepsilon x \in \mathbb{N}^*,\ \varepsilon' y \in \mathbb{N}^*,\quad x^2+y^2 \leqslant n^2\right\}.$$

Soit $(x,y) \in E_n$. Si $x \neq 0$ et $y \neq 0$, alors il existe $(\varepsilon_x, \varepsilon'_y) \in \{-1,1\}^2$ tel que $\varepsilon_x x \in \mathbb{N}^*$ et $\varepsilon_y y \in \mathbb{N}^*$ ($\varepsilon_x = 1$ si $x > 0$ et $\varepsilon_x = -1$ si $x < 0$, idem avec ε_y). Dans ce cas,

$(\varepsilon_x x, \varepsilon_y y) \in E_n^{++}$. *L'application*

$$f_{\varepsilon,\varepsilon'} : \left\{ \begin{array}{ccc} E_n^{\varepsilon,\varepsilon'} & \to & E_n^{++} \\ (x,y) & \mapsto & (\varepsilon_x x, \varepsilon'_y) \end{array} \right.$$

est manifestement une bijection entre $E_n^{\varepsilon,\varepsilon'}$ *et* E_n^{++} *et comme il s'agit de deux ensembles finis (puisqu'ils sont inclus dans* $[[-n,n]]^2$ *qui est un ensemble fini), ils ont même cardinaux c'est-à-dire :*

$$\forall (\varepsilon,\varepsilon') \in \{-1,1\}^2, \operatorname{card}\left(E_n^{\varepsilon,\varepsilon'}\right) = \operatorname{card}\left(E_n^{++}\right).$$

Si $x = 0$ *et* $y \in \mathbb{Z}^*$ *alors* $(x,y) \in E_n$ *si et seulement si*

$$y^2 \leqslant n^2 \text{ et } y \neq 0 \Leftrightarrow 0 < |y| \leqslant n \Leftrightarrow y \in [[-n,-1]] \cup [[1,n]].$$

De même, si $y = 0$ *et* $x \in \mathbb{Z}^*$ *alors* $(x,y) \in E_n$ *si et seulement si* $x \in [[-n,-1]] \cup [[1,n]]$. *On en déduit une partition de* E_n *comme suit :*

$$\begin{array}{rcl} E_n & = & \{(0,0)\} \cup \{(x,y) \in E_n \text{ avec } x = 0 \text{ et } y \neq 0\} \\ & & \cup \{(x,y) \in E_n \text{ avec } y = 0 \text{ et } x \neq 0\} \displaystyle\bigcup_{(\varepsilon,\varepsilon') \in \{-1,1\}^2} E_n^{\varepsilon,\varepsilon'}. \end{array}$$

En passant aux cardinaux, on obtient l'égalité suivante :

$$\begin{array}{rcl} \operatorname{card}(E_n) & = & \operatorname{card}\{(0,0)\} + \operatorname{card}(\{(x,y) \in E_n \text{ avec } x = 0 \text{ et } y \neq 0\}) \\ & & + \operatorname{card}(\{(x,y) \in E_n \text{ avec } y = 0 \text{ et } x \neq 0\}) \\ & & + \displaystyle\sum_{(\varepsilon,\varepsilon') \in \{-1,1\}^2} \operatorname{card}\left(E_n^{\varepsilon,\varepsilon'}\right) \\ & = & 1 + \operatorname{card}([[-n,-1]] \cup [[1,n]]) + \operatorname{card}([[-n,-1]] \cup [[1,n]]) \\ & & + \displaystyle\sum_{(\varepsilon,\varepsilon') \in \{-1,1\}^2} \operatorname{card}\left(E_n^{++'}\right) \\ & = & 1 + 2n + 2n + 4\operatorname{card}\left(E_n^{++}\right) = 1 + 4n + 4\operatorname{card}\left(E_n^{++}\right). \end{array}$$

3. *À la question 1, on a remarqué que si* $(x,y) \in E_n$ *alors* $|x| \leqslant n$. *Si on exige que* y *soit non nul alors* $x = n$ *est impossible (sinon*

$$n^2 + y^2 \leqslant n^2 \Leftrightarrow y^2 \leqslant 0 \Leftrightarrow y = 0$$

ce qui est absurde) donc $|x| < n$. *On partitionne alors* E_n^{++} *comme suit :*

$$\begin{array}{rcl} (\mathcal{P}) \quad : \quad E_n^{++} & = & \displaystyle\bigcup_{x=1}^{n-1} \{(x,y), \, y \in \mathbb{N}^* \text{ et } x^2 + y^2 \leqslant n^2\} \\ & = & \displaystyle\bigcup_{x=1}^{n-1} \left\{(x,y), \, y \in \mathbb{N}^* \text{ et } 1 \leqslant y \leqslant \sqrt{n^2 - x^2}\right\} \\ & = & \displaystyle\bigcup_{x=1}^{n-1} \left\{(x,y), \, y \in \mathbb{N}^* \text{ et } 1 \leqslant y \leqslant \left\lfloor \sqrt{n^2 - x^2} \right\rfloor\right\} \end{array}$$

(car y est un entier). Pour chaque $x \in [[1, n-1]]$, l'ensemble

$$\left\{(x,y)\,,\, y \in \mathbb{N}^* \text{ et } 1 \leqslant y \leqslant \left\lfloor \sqrt{n^2 - x^2} \right\rfloor\right\}$$

est de cardinal $\left\lfloor \sqrt{n^2 - x^2} \right\rfloor$. En passant aux cardinaux dans la relation $(\mathcal{P})$, on obtient la formule souhaitée.

4. Par définition de la partie entière, on dispose des encadrements suivantes :

$$\forall x \in [[1, n-1]]\,,\ \left\lfloor \sqrt{n^2 - x^2} \right\rfloor \leqslant \sqrt{n^2 - x^2} < \left\lfloor \sqrt{n^2 - x^2} \right\rfloor + 1.$$

En sommant sur $x \in [[1, n-1]]$, on obtient l'encadrement suivant :

$$\sum_{x=1}^{n-1} \left\lfloor \sqrt{n^2 - x^2} \right\rfloor \leqslant \sum_{x=1}^{n-1} \sqrt{n^2 - x^2} < \sum_{x=1}^{n-1} \left(\left\lfloor \sqrt{n^2 - x^2} \right\rfloor + 1 \right)$$

$$\Leftrightarrow \operatorname{card}\left(E_n^{++}\right) \leqslant \sum_{x=1}^{n-1} \sqrt{n^2 - x^2} \leqslant \operatorname{card}\left(E_n^{++}\right) + \sum_{x=1}^{n-1} 1 = \operatorname{card}\left(E_n^{++}\right) + n - 1$$

$$\Leftrightarrow \begin{cases} \operatorname{card}(E_n^{++}) \leqslant \displaystyle\sum_{x=1}^{n-1} \sqrt{n^2 - x^2} \\ \displaystyle\sum_{x=1}^{n-1} \sqrt{n^2 - x^2} \leqslant \operatorname{card}(E_n^{++}) + n - 1 \end{cases} \Leftrightarrow \begin{cases} \operatorname{card}(E_n^{++}) \leqslant \displaystyle\sum_{x=1}^{n-1} \sqrt{n^2 - x^2} \\ \displaystyle\sum_{x=1}^{n-1} \sqrt{n^2 - x^2} - n + 1 \leqslant \operatorname{card}(E_n^{++}) \end{cases}$$

$$\Leftrightarrow \sum_{x=1}^{n-1} \sqrt{n^2 - x^2} - n + 1 \leqslant \operatorname{card}\left(E_n^{++}\right) \leqslant \sum_{x=1}^{n-1} \sqrt{n^2 - x^2}.$$

5.

```
def v(n):
    s=0
    for x in range(1,n):
        s=s+(n**2-x**2)**0.5
    return(s/n**2)

X=[n for n in range(1,51)]
Y=[v(n) for n in X]
plt.plot(X,Y)
plt.show()
```

Voici le dessin associé.

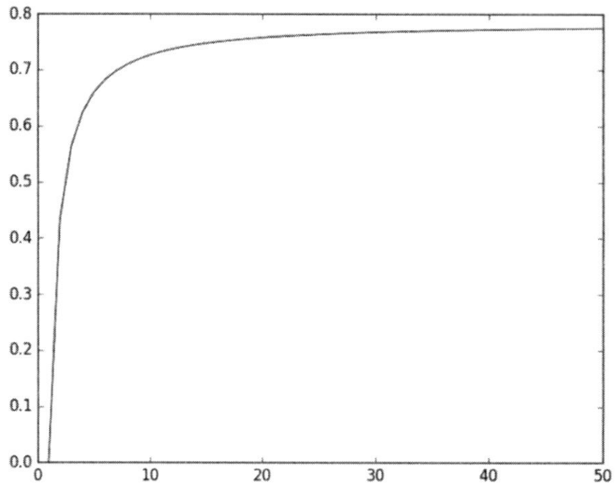

6. *On remarque que* v_n *est une somme de Riemann car, pour tout entier* $n \geqslant 1$, *on a :*

$$\begin{aligned} v_n &= \frac{1}{n^2}\sum_{x=1}^{n-1}\sqrt{n^2\left(1-\left(\frac{x}{n}\right)^2\right)} = \frac{1}{n^2}\sum_{x=1}^{n-1}\sqrt{n^2}\sqrt{1-\left(\frac{x}{n}\right)^2} \\ &= \frac{1}{n}\sum_{x=1}^{n-1}\underbrace{\sqrt{1-\left(\frac{x}{n}\right)^2}}_{=0 \ si \ x=n} = \frac{1}{n}\sum_{x=1}^{n}\sqrt{1-\left(\frac{x}{n}\right)^2} \end{aligned}$$

La fonction $f : t \in [0,1] \mapsto \sqrt{1-t^2}$ *étant continue sur le segment* $[0,1]$, *le théorème sur les sommes de Riemann montre que la suite* $(v_n)_n$ *converge vers*

$$\int_0^1 f = \frac{\pi}{4} \simeq 0,785\,40.$$

En effet, l'intégrale $\int_0^1 f$ *représente l'aire sous la courbe* $y = f(x)$ *entre les points d'abscisse* 0 *et* 1 *c'est-à-dire l'aire du domaine*

$$\begin{aligned} &\left\{(x,y) \in (\mathbb{R}_+)^2,\ 0 \leqslant x \leqslant 1 \ et\ y \leqslant \sqrt{1-x^2}\right\} \\ = &\left\{(x,y) \in (\mathbb{R}_+)^2,\ 0 \leqslant x \leqslant 1 \ et\ x^2+y^2 \leqslant 1\right\} \end{aligned}$$

c'est-à-dire l'aire d'un quart du cercle unité. Sinon, on utilise le changement de variable $x = \sin(t)$ *(*sin *réalise une bijection de classe* C^1 *et strictement croissante de* $\left[0, \frac{\pi}{2}\right]$ *sur*

$[0,1]$) *alors* $dx = \cos(t)\,dt$ *et :*

$$\begin{aligned}\int_0^1 f &= \int_0^{\pi/2} \sqrt{1-(\sin(t))^2}\cos(t)\,dt = \int_0^{\pi/2}\sqrt{(\cos(t))^2}\cos(t)\,dt \\ &= \int_0^{\pi/2} |\cos(t)|\cos(t)\,dt \underset{sur\ [0,\pi/2]}{\overset{\cos\geqslant 0}{=}} \int_0^{\pi/2}(\cos(t))^2\,dt = \int_0^{\pi/2}\frac{1+\cos(2t)}{2}dt \\ &= \left[\frac{t}{2}+\frac{\sin(2t)}{4}\right]_{t=0}^{t=\pi/2} = \frac{\pi}{4}.\end{aligned}$$

7. *En divisant par* n^2 *l'encadrement de la question 4 et le résultat de la question 3, on obtient l'encadrement suivant :*

$$v_n - \frac{1}{n} + \frac{1}{n^2} \leqslant \frac{\operatorname{card}(E_n^{++})}{n^2} \leqslant v_n.$$

Puisque $\lim\limits_{n\to+\infty} v_n = \dfrac{\pi}{4}$ *(d'après la question précédente) et que*

$$\lim_{n\to+\infty}\left(v_n - \frac{1}{n} + \frac{1}{n^2}\right) = \frac{\pi}{4},$$

le théorème d'encadrement montre que :

$$\lim_{n\to+\infty}\frac{\operatorname{card}(E_n^{++})}{n^2} = \frac{\pi}{4} \Leftrightarrow \operatorname{card}\left(E_n^{++}\right) \underset{n\to+\infty}{\sim} \frac{\pi}{4}n^2.$$

En utilisant la définition de u_n *ainsi que la question 2, on obtient la relation suivante :*

$$\begin{aligned}u_n &= \frac{4\operatorname{card}(E_n)}{(2n+1)^2} \underset{n\to+\infty}{\sim} \frac{4\operatorname{card}(E_n)}{(2n^2)} = \frac{\operatorname{card}(E_n)}{n^2} \\ &= \frac{1+4n+4\operatorname{card}(E_n^{++})}{n^2} \underset{n\to+\infty}{\sim} \frac{4\times\frac{\pi}{4}n^2}{n^2} = \pi\end{aligned}$$

donc la suite $(u_n)_n$ *converge vers* π.

8. *Fixons* $n \in \mathbb{N}^*$. *Les variables* $(X_i, Y_j)_{(i,j)\in(\mathbb{N}^*)^2}$ *étant mutuellement indépendantes et, pour chaque* $k \in \mathbb{N}^*$, Z_k *ne dépendant que de* (X_k, Y_k), *le lemme des coalitions montre que les variables* $(Z_k)_{k\in\mathbb{N}^*}$ *sont mutuellement indépendantes. Elles suivent toutes une loi de Bernoulli de paramètre*

$$\begin{aligned}P(Z_k = 1) &= P((X_k, Y_k)\in E_n) = \frac{\operatorname{card}(E_n)}{\operatorname{card}\left([[-n,n]]^2\right)} \\ &= \frac{\operatorname{card}(E_n)}{(2n+1)^2} = \frac{u_n}{4}.\end{aligned}$$

(car les variables X_k, Y_k *suivent la loi uniforme sur* $[[-n,n]]$*) donc elles suivent toutes la même loi de Bernoulli. D'après le cours, la variable* $S_p = \sum\limits_{k=1}^{p} Z_k$ *suit la loi binômiale de paramètre* $\mathcal{B}\left(p, \dfrac{u_n}{4}\right)$.

9. *D'après la question précédente, l'espérance de* S_p *vaut* $p \times \frac{u_n}{4}$ *donc*

$$E\left(\frac{S_p}{p}\right) = \frac{E(S_p)}{p} = \frac{u_n}{4}.$$

Comme chaque variable Z_k *admet un moment d'ordre 2, la loi faible des grands nombres affirme que :*

$$\forall \varepsilon > 0,\ \lim_{p \to +\infty} P\left(\left|\frac{S_p}{p} - E\left(\frac{S_p}{p}\right)\right| > \varepsilon\right) = 0 \Leftrightarrow \lim_{p \to +\infty} P\left(\left|\frac{S_p}{p} - \frac{u_n}{4}\right| > \varepsilon\right) = 0.$$

Autrement dit, il y a de très fortes chances pour que les valeurs observées de $\frac{S_p}{p}$ *soit très proches de* $\frac{u_n}{4}$ *donc, si* n *est assez grand, proche de* $\frac{\pi}{4}$*. Ainsi, si* n *et* p *sont suffisamment grands, on peut espérer que* $\frac{4S_p}{p}$ *soit très souvent proche de* π*.*
Voici une simulation Python.

```
import numpy.random as rd

# modélisation d'une réalisation de Z

def Z(n):
    x=rd.randint(-n,n+1)
    y=rd.randint(-n,n+1)
    if x**2+y**2 <=n**2:
        return(1)
    else:
        return(0)

print([Z(10) for k in range(20)])
[1, 1, 1, 1, 0, 1, 0, 1, 1, 1, 1, 0, 1, 1, 0, 1, 1, 1, 0,
   1]

# modélisation d'une réalisation de S

def S(n,p):
    s=0
    for k in range(p):
        s=s+Z(n)
    return(s)

print([S(10,40) for k in range(10)])
[31, 28, 32, 29, 29, 27, 26, 34, 32, 30]

def esperance(n,p):
    e=0
    nb_test=10**2
    for k in range(nb_test):
        e=e+S(n,p)
```

```
    return(e/(p*nb_test))

print([4*esperance(10**k,1000) for k in range(1,6)])
[2.872, 3.11568, 3.14132, 3.13452, 3.14168]

print([u(10**k) for k in range(1,4)])
[2.875283446712018, 3.110517066409247, 3.1384098055919565]
```

Commentaires 351 *La question 1 possède comme unique difficulté de bien concevoir les bornes d'études pour x et y et de ne pas essayer d'optimiser le code (mieux vaut quelques tests de trop qui se codent rapidement qu'une pseudo-optimisation qui fera perdre beaucoup de temps durant la préparation).*
La question 5 est sans aucune difficulté.
Si le codage informatique pour la question 9 ne soulève aucune difficulté, la compréhension de la question peut interroger un nombre significatif de candidats. Il s'agit simplement de simuler de nombreuses réalisations de $\frac{S_p}{p}$ (qui dépend aussi de n). La partie mathématique est accessible avec une petite aide de l'interrogateur. Au final, cette question est sélective en raison du problème de compréhension qu'elle peut engendrer.
Les questions d'ordre mathématiques de 2 à 8 sont assez élémentaires et proches du cours (les deux premières étant de dénombrement, la 5 concernant les somme de Riemann, la 8 les sommes de variables de Bernoulli mutuellement indépendantes de même loi).

Exercice 352 Soit n dans $\mathbb{N}$. On note $\sigma_2(n)$ la somme des chiffres de la décomposition en base 2 de n, et $s_n = (-1)^{\sigma_2(n)}$.

1. Écrire avec `Python` une fonction `digits` d'argument n et qui renvoie la liste des chiffres de la décomposition en base 2 de n. (Exemple : `digits`$(8) = [0,0,0,1]$)
2. (a) Exprimer $\sigma_2(2n)$ et $\sigma_2(2n+1)$ en fonction de $\sigma_2(n)$. En déduire s_{2n} et s_{2n+1} en fonction de s_n.
   (b) Ecrire une fonction `Python` renvoyant la liste $[s_m]_{m\in[0,n]}$.
   (c) Écrire une fonction `Python` d'argument N et renvoyant la liste $\left[\sum_{m=0}^{n} s_m\right]_{n\in[0,N]}$.
   La tester pour différentes valeurs de N et en déduire une conjecture.
   (d) Démontrer cette conjecture.
3. Soit (v_n) une suite complexe, (ε_n) une suite réelle décroissante de limite nulle, et $V_n = \sum_{k=0}^{n} v_k$ avec V_n bornée. Montrer que la série de terme général $\varepsilon_n v_n$ converge.

   Indication : Calculer $\sum_{k=0}^{n} (\varepsilon_k - \varepsilon_{k+1}) V_k$.
4. Définition : on dit que $\prod_{n\geqslant 0} u_n$ converge (avec u_n suite de $\mathbb{C}^*$) si $P_n = \prod_{k=0}^{n} u_k$ admet une limite non nulle.

(a) Montrer que $\prod_{n\geqslant 0}\left(\frac{2n+1}{2n+2}\right)^{s_n}$ converge.

(b) On note $P=\prod_{n=0}^{+\infty}\left(\frac{2n+1}{2n+2}\right)^{s_n}$. A l'aide de **Python**, donner une bonne approximation de P.

(c) On admet que $Q=\prod_{n=1}^{+\infty}\left(\frac{2n}{2n+1}\right)^{s_n}$ et $R=\prod_{n=1}^{+\infty}\left(\frac{n}{n+1}\right)^{s_n}$ existent. Exprimer R de deux façons différentes en fonction de P et Q.

(d) En déduire la valeur exacte de P.

Solution 352 *1.*

```
def digits(n):
    temp = n
    L = []
    while temp >0:
        L.append(temp%2)
        temp = temp//2
    return(L)

print(digits(8))
[0, 0, 0, 1]
```

2. (a) Si $[a_0,..,a_s]$ est la décomposition binaire de n c'est à dire

$$n=\sum_{k=0}^{s}a_k2^k \text{ avec } \forall k\in\{0,..,s\},\ a_k\in\{0,1\}$$

alors la décomposition binaire de $2n$ est $[0,a_0,..,a_s]$ car

$$2n=2\sum_{k=0}^{s}a_k2^k=\sum_{k=0}^{s}a_k2^{k+1}=\sum_{j=1}^{s+1}a_{j-1}2^j=0+a_02+\cdots+a_s2^{s+1}.$$

Il est alors immédiat que

$$\sigma_2(2n)=0+a_0+\cdots+a_s=a_0+\cdots+a_s=\sigma_2(n).$$

De même, $[1,a_0,..,a_s]$ est la décomposition binaire de $2n+1$ car :

$$2n+1=1+a_02+\cdots+a_s2^{s+1}.$$

Il est alors immédiat que

$$\sigma_2(2n+1)=1+a_0+\cdots+a_s=1+\sigma_2(n).$$

On en déduite les formules suivantes :

$$\begin{aligned} s_{2n} &= (-1)^{\sigma_2(2n)}=(-1)^{\sigma_2(n)}=s_n,\\ s_{2n+1} &= (-1)^{\sigma_2(2n+1)}=(-1)^{1+\sigma_2(n)}=-(-1)^{\sigma_2(n)}=-s_n. \end{aligned}$$

(b)

```
def liste_s(n):
    S=[1 for k in range(n+1)]
    for k in range(1,n+1):
        if k%2 == 0:
            S[k] = S[k//2]
        else:
            S[k] = - S[k//2]
    return(S)

print(liste_s(10))
[1, -1, -1, 1, -1, 1, 1, -1, -1, 1, 1]

# vérification par calcul direct

def somme(n):
    return(sum(digits(n)))

print([(-1)**somme(n) for n in range(11)])
[1, -1, -1, 1, -1, 1, 1, -1, -1, 1, 1]
```

(c)

```
def somme_s(N):
    L = liste_s(N)
    S = [0 for k in range(N+1)]
    for m in range(N+1):
        for k in range(m+1):
            S[m] = S[m] + L[k]
    return(S)

print(somme_s(20))
[1, 0, -1, 0, -1, 0, 1, 0, -1, 0, 1, 0, 1, 0, -1, 0, -1,
  0, 1, 0, 1]
print(liste_s(20))
[1, -1, -1, 1, -1, 1, 1, -1, -1, 1, 1, -1, 1, -1, -1, 1,
  -1, 1, 1, -1, 1]
```

On conjecture que

$$\sum_{m=0}^{n} s_m = \begin{cases} s_n & \text{si } n \text{ est pair} \\ 0 & \text{sinon} \end{cases} .$$

(d) *Si $n = 0$, cette formule est immédiate. Supposons désormais n non nul. D'après la question 2.a, pour tout entier k, on a*

$$s_{2k+1} + s_{2k} = -s_k + s_k = 0.$$

Si n est pair, il existe un entier q tel que $n = 2q$ avec $q \geqslant 1$ (car $n \neq 0$) alors, en *utilisant la partition suivante :*

$$\{0,..,n\} = \left(\bigcup_{k=0}^{q-1} \{2k, 2k+1\}\right) \cup \{2q\},$$

la relation de Chasles nous donne :

$$\sum_{m=0}^{n} s_m = \sum_{k=0}^{q-1} \underbrace{(s_{2k} + s_{2k+1})}_{=0} + s_{2q} = s_{2q} = s_n$$

Si n est impair, il existe un entier q tel que $n = 2q+1$ avec q alors, en utilisant la partition suivante :

$$\{0,..,n\} = \left(\bigcup_{k=0}^{q} \{2k, 2k+1\}\right),$$

la relation de Chasles nous donne :

$$\sum_{m=0}^{n} s_m = \sum_{k=0}^{q} \underbrace{(s_{2k} + s_{2k+1})}_{=0} = 0,$$

ce qui permet de conclure.

3. *Pour tout entier n, on a :*

$$\begin{aligned}\sum_{k=0}^{n} (\varepsilon_k - \varepsilon_{k+1}) V_k &= \sum_{k=0}^{n} (\varepsilon_k V_k - \varepsilon_{k+1} V_k) = \sum_{k=0}^{n} \varepsilon_k V_k - \sum_{k=0}^{n} \varepsilon_{k+1} V_k \\ &= \sum_{k=0}^{n} \varepsilon_k V_k - \sum_{j=1}^{n+1} \varepsilon_j V_{j-1} \ (j = k+1) \\ &= \varepsilon_0 V_0 - \varepsilon_{n+1} V_n + \sum_{k=1}^{n} \varepsilon_k \underbrace{(V_k - V_{k-1})}_{=v_k}\end{aligned}$$

Par conséquent, on vient de démontrer la relation suivante valable pour tout entier n :

$$(\mathcal{R}) : \sum_{k=0}^{n} (\varepsilon_k - \varepsilon_{k+1}) V_k = \varepsilon_0 V_0 - \varepsilon_{n+1} V_n + \sum_{k=1}^{n} \varepsilon_k v_k.$$

La suite $(\varepsilon_n)_n$ converge vers 0 et la suite $(V_n)_n$ est bornée donc la suite $(\varepsilon_{n+1} V_n)_n$ converge vers 0. Montrons que la série $\sum_k (\varepsilon_k - \varepsilon_{k+1}) V_k$ converge absolument. Notons M un majorant de la suite $(|V_n|)_n$.

$$\forall k \in \mathbb{N},\ |(\varepsilon_k - \varepsilon_{k+1}) V_k| = |\varepsilon_k - \varepsilon_{k+1}| \, |V_k| \leqslant |\varepsilon_k - \varepsilon_{k+1}| \, M = (\varepsilon_k - \varepsilon_{k+1}) M$$

(car la suite $(\varepsilon_k)_k$ est décroissante donc $\varepsilon_k - \varepsilon_{k+1} \geqslant 0$). La série $\sum_k (\varepsilon_k - \varepsilon_{k+1})$ converge car il s'agit de la série télescopique associée à la suite convergente $(\varepsilon_k)_k$. D'après le théorème de comparaison des séries numériques à termes positifs, on peut affirmer que

la série $\sum_k |(\varepsilon_k - \varepsilon_{k+1}) V_k|$ *converge. Ainsi, la série* $\sum_k (\varepsilon_k - \varepsilon_{k+1}) V_k$ *converge ce qui prouve la convergence de la suite* $\left(\sum_{k=0}^{n} (\varepsilon_k - \varepsilon_{k+1}) V_k\right)_n$ *. D'après la relation* $(\mathcal{R})$ *, on en déduit que la suite* $\left(\sum_{k=1}^{n} \varepsilon_k v_k\right)_n$ *converge c'est-à-dire que la série* $\sum_k \varepsilon_k v_k$ *converge.*

4. (a) Pour tout entier n*, on pose :*

$$\begin{aligned} P_n &= \prod_{k=0}^{n} \left(\frac{2k+1}{2k+2}\right)^{s_k} \Rightarrow \ln(P_n) = \sum_{k=0}^{n} s_k \ln\left(\frac{2k+1}{2k+2}\right) \\ &= -\sum_{k=0}^{n} s_k \ln\left(\frac{2k+2}{2k+1}\right) \ (\ln(x) = -\ln(1/x)) = -\sum_{k=0}^{n} s_k \ln\left(1 + \frac{1}{2k+1}\right). \end{aligned}$$

La suite $\left(\frac{1}{2k+1}\right)_{k\geqslant 0}$ *est décroissante et positive. Comme la fonction* $x \mapsto \ln(1+x)$ *est positive et croissante sur* $\mathbb{R}_+$*, on en déduit que la suite* $\left(\ln\left(1+\frac{1}{2k+1}\right)\right)_{k\geqslant 0}$ *est positive et décroissante. En outre, elle tend vers* 0 *et, d'après la question 2.d, la suite* $\left(\sum_{k=0}^{n} s_k\right)_n$ *est bornée (elle prend ses valeurs dans* $\{-1, 0, 1\}$*) donc, d'après la question précédente, on en déduit que la suite*

$$\left(\sum_{k=0}^{n} s_k \ln\left(1 + \frac{1}{2k+1}\right)\right)_n = -\ln(P_n)$$

converge. Notons L *sa limite alors*

$$P_n = \exp(-(-\ln(P_n))) \underset{n\to+\infty}{\to} \exp(-L) > 0$$

(par continuité de la fonction exponentielle sur $\mathbb{R}$*) donc le produit* $\prod_{n\geqslant 00} \left(\frac{2n+1}{2n+2}\right)^{s_n}$ *converge.*

(b) Il suffit de calculer P_n *pour* n *suffisamment grand. La convergence étant manifestement lente, on calcule ensuite* P_{2^n} *pour quelques* n*. La convergence reste lente mais il semble qu'une valeur approchée soit* $0,7$ *(les calculs deviennent très lents ensuite). Cela sera suffisant pour un oral (sachant que la notion de produit convergente n'est pas au programme donc inutile de perdre trop de temps dans une étude mathématique).*

```
def P(n):
    p=1
    L=liste_s(n)
    for k in range(n+1):
        p = p*((2*k+1)/(2*k+2))**L[k]
    return(p)
```

```
print([P(n) for n in range(20)])
[0.5, 0.6666666666666666, 0.7999999999999999, 0.7,
    0.7777777777777778, 0.7129629629629629,
    0.662037037037037, 0.7061728395061728,
    0.7477124183006536, 0.7103267973856209,
    0.6780392156862745, 0.7075191815856777,
    0.680306905370844, 0.705503457421616,
    0.7298311628499476, 0.7070239390108868,
    0.7284489068597015, 0.7082142150024876,
    0.6895769988182117, 0.7072584603263711]

print([P(2**n) for n in range(10)])
[0.6666666666666666, 0.7999999999999999,
    0.7777777777777778, 0.7477124183006536,
    0.7284489068597015, 0.7179806187028556,
    0.7125880687409006, 0.7098581662163298,
    0.708485156940791, 0.7077966414606263]
```

(c) ***Première expression.*** *Pour tout entier n, on a :*

$$\begin{aligned}
P_nQ_n &= \prod_{k=0}^{n}\left(\frac{2k+1}{2k+2}\right)^{s_k}\prod_{k=1}^{n}\left(\frac{2k}{2k+1}\right)^{s_k} = \left(\frac{1}{2}\right)^{s_0}\prod_{k=1}^{n}\left[\left(\frac{2k+1}{2k+2}\right)^{s_k}\left(\frac{2k}{2k+1}\right)^{s_k}\right] \\
&= \frac{1}{2}\prod_{k=1}^{n}\left(\frac{2k}{2k+2}\right)^{s_k} = \frac{1}{2}\prod_{k=1}^{n}\left(\frac{k}{k+1}\right)^{s_k} = \frac{1}{2}R_n.
\end{aligned}$$

(car $s_0 = 1$). En faisant tendre n vers $+\infty$, on en déduit que

$$(\mathcal{F}_1) : R = 2PQ.$$

Seconde expression. *On distingue les indices pairs des indices impairs et on utilise les relations récurrentes définissant la suite $(s_n)_n$. Pour tout entier n, on a :*

$$\begin{aligned}
R_{2n} &= \prod_{k=1}^{2n+1}\left(\frac{k}{k+1}\right)^{s_k} = \prod_{\substack{k\in\{1,..,2n+1\}\\ k \text{ pair}}}\left(\frac{k}{k+1}\right)^{s_k}\prod_{\substack{k\in\{1,..,2n+1\}\\ k \text{ impair}}}\left(\frac{k}{k+1}\right)^{s_k} \\
&= \prod_{\substack{k=2q\\ k\in\{1,..,2n+1\}}}\left(\frac{k}{k+1}\right)^{s_k}\prod_{\substack{k=2q+1\\ k\in\{1,..,2n+1\}}}\left(\frac{k}{k+1}\right)^{s_k} \\
&= \prod_{q=1}^{n}\left(\frac{2q}{2q+1}\right)^{s_{2q}}\prod_{q=0}^{n}\left(\frac{2q+1}{2q+2}\right)^{s_{2q+1}} = \prod_{q=1}^{n}\left(\frac{2q}{2q+1}\right)^{s_q}\prod_{q=0}^{n}\left(\frac{2q+1}{2q+2}\right)^{-s_q} \\
&= Q_n\frac{1}{P_n}.
\end{aligned}$$

En faisant tendre n vers $+\infty$, on obtient la formule

$$(\mathcal{F}_2) : R = \frac{Q}{P}.$$

(d) *En combinant les deux formules $(\mathcal{F}_1)$ et $(\mathcal{F}_2)$ obtenues à la question précédente, on obtient :*

$$\left\{\begin{array}{l} R = 2PQ \\ R = \dfrac{Q}{P} \end{array}\right. \Rightarrow 2PQ = \frac{Q}{P} \Rightarrow 2P^2 = 1 \Rightarrow P^2 = \frac{1}{2} \Rightarrow P = \frac{1}{\sqrt{2}}$$

car $P > 0$. Remarquons que

$$\frac{1}{\sqrt{2}} \simeq 0,707\,106 \quad \text{et } P_{2^{20}} \simeq 0,707\,107.$$

Commentaires 352 *La méconnaissance de la décomposition d'un nombre en base 2 interdit de fait la possibilité de résolutions de la quasi-intégralité des questions (sauf la 3). Cette notion est très classique en informatique (en IPT notamment) donc n'hésitez pas à retravailler cette notion car les questions 1 et 2.a y font références). Pour la question 2.a, si vous ne voyez pas la preuve théorique, observer les relations entre $\sigma(2n)$ (resp. $\sigma(2n+1)$) et $\sigma(n)$ pour n des valeurs explicites et simples de n ($n \in \{1, .., 10\}$ par exemple). Au moins, cela vous permet de conjecture la formule générale et de faire les codages informatiques. Concluson : Il faut toujours être pragmatique avec ces questions barrages et tenter de deviner les bonnes formules si vous n'êtes pas capable de les formaliser.*
Les questions informatiques sont standards et ne doivent pas poser de difficulté particulière à un candidat à Centrale Math 2.
Les questions mathématiques ne sont pas élémentaires et elle requièrent pour la moitié d'entre elles une petite astuce ou observation. Par conséquent, elles seront discriminantes tout en restant de difficulté standard pour ce concours. La question 3 est classique (transformation d'Abel) si vous avez eu du mal car elle est très classique et intervient à de nombreux oraux (et écrits) des concours Centrale-SupElec et Mines-Ponts.

19.8 Suites et séries de fonctions

Exercice 353 Nous définissons les fonctions $(\delta_n)_{n\in\mathbb{N}}$ sur $[0,1]$ par :

$$\forall x \in [0,1], \delta_0(x) = \left\{\begin{array}{ll} x & \text{si } 0 \leqslant x \leqslant 1/2 \\ 1-x & \text{sinon} \end{array}\right. \quad \text{et}$$

$$\forall x \in [0,1], \forall n \in \mathbb{N}^*, \delta_n(x) = \left\{\begin{array}{ll} \frac{1}{2}\delta_{n-1}(2x) & \text{si } 0 \leqslant x \leqslant 1/2 \\ \frac{1}{2}\delta_{n-1}(2x-1) & \text{sinon} \end{array}\right.$$

1. Avec Python, définir une fonction récursive calculant $\delta_n(x)$, puis tracer les graphes de $(\delta_n)_{n\leq 5}$. En déduire des conjectures, ces conjectures seront admises dans la suite, aucune démonstration de ces conjectures n'est demandée.
2. On pose

$$S = \sum_{n=0}^{+\infty} \delta_n.$$

Montrer que S est définie et continue sur $[0,1]$. Tracer le graphe de S à l'aide de Python.

3. On fixe $\alpha \in [0,1[$ et on définit

$$\forall n \in \mathbb{N},\ x_n = \frac{\lfloor 2^{n+1}\alpha \rfloor}{2^{n+1}} \text{ et } y_n = \frac{\lfloor 2^{n+1}\alpha \rfloor + 1}{2^{n+1}}.$$

Soit $p \in \mathbb{N}$. On suppose que $y_p \in [0,1]$.

(a) Comparer $\delta_k(x_p)$ et $\delta_k(y_p)$ lorsque $k \geqslant p+1$.

(b) Soit $k \in \{0,..,p\}$. Montrer que la quantité

$$\frac{\delta_k(y_p) - \delta_k(x_p)}{y_p - x_p} \in \{-1,1\}.$$

(c) Montrer que $\dfrac{S(y_p) - S(x_p)}{y_p - x_p}$ est un entier possédant la même parité que $p+1$.

4. Soient $(u_n)_{n\geqslant 0}$ et $(v_n)_{n\geqslant 0}$ des suites réelles, telles que (u_n) et (v_n) convergent vers un même réel L et soit $(\lambda_n)_{n\geqslant 0}$ une suite à valeurs dans $[0,1]$. Montrer que

$$\lambda_n u_n + (1-\lambda_n) v_n \underset{n\to+\infty}{\to} L.$$

5. Qu'en déduire concernant la dérivabilité de S en $\alpha \in [0,1[$?

Solution 353 *1. Commençons par implémenter la fonction δ_0 (nommée* delta*) puis δ_n par récursivité (nommée* d(n,x)*).*

```
def delta(x):
    if x >=0 and x <= 1/2:
        return(x)
    else:
        return(1-x)

def d(n,x):
    if n == 0 :
        return(delta(x))
    elif 2*x <= 1:
        return(0.5*d(n-1,2*x))
    else:
        return(0.5*d(n-1,2*x-1))

import numpy as np
import matplotlib.pyplot as plt

X = np.arange(0,1,0.01)
# remplacer la valeur de n
n=5
Y = [d(n,x) for x in X]
plt.plot(X,Y,label = "n ="+str(n))
plt.legend()
plt.show()
```

Voici les graphes

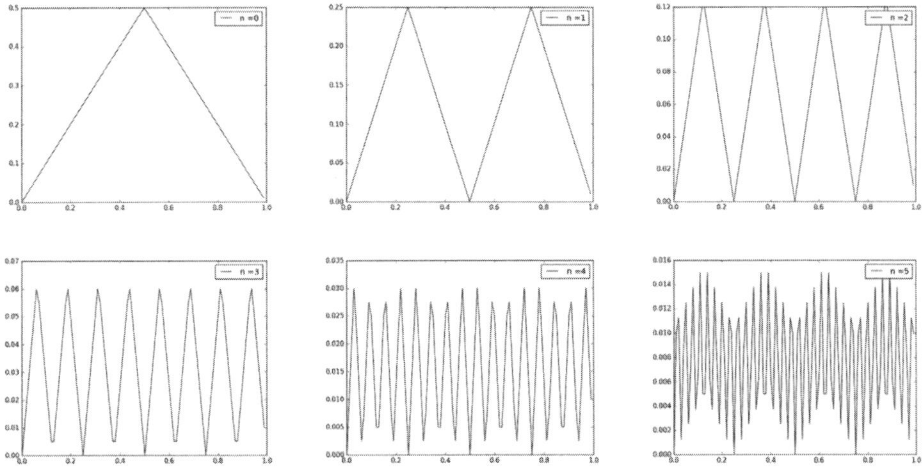

Voir un code pour faire tous les graphes sur un même dessin et le dessin associé.

```
X = np.arange(0,1,0.01)
for n in range(6):
    Y = [d(n,x) for x in X]
    plt.plot(X,Y,label = "n ="+str(n))
    plt.legend()
plt.show()
```

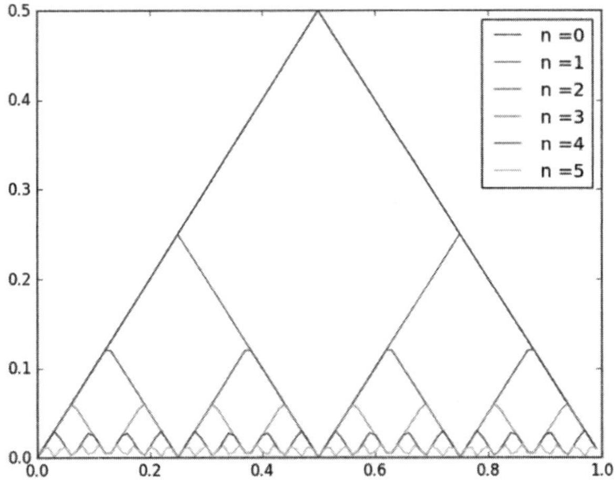

On émet les conjectures suivantes :

— *pour chaque entier* n, δ_n *est « $\dfrac{1}{2^n}$-périodique » c'est-à-dire :*

$$\forall n \in \mathbb{N},\ \forall x \in \left[0, 1 - \frac{1}{2^n}\right],\ \delta_n\left(x + \frac{1}{2^n}\right) = \delta_n(x).$$

— *pour chaque entier* n, δ_n *est continue sur* $[0,1]$ *et que* $\sup\limits_{x\in[0,1]}$

$$|\delta_n(x)| = \frac{1}{2^n}.$$

— *pour chaque entier* n, δ_n *est une fonction affine sur chaque intervalle* $\left[\frac{s}{2^{n+1}}, \frac{s+1}{2^{n+1}}\right]$ *(avec* $s \in \left[\left[0, 2^{n+1}-1\right]\right]$*) de pente* 1 *si* s *est pair et* -1 *si* s *est impair.*

2. *Pour chaque entier* n, *la fonction* δ_n *est continue sur* $[0,1]$ *et la série*

$$\sum_{n\geqslant 0} \sup_{x\in[0,1]} |\delta_n(x)| = \sum_{n\geqslant 0} \frac{1}{2^n}$$

converge (série géométrique de raison $\frac{1}{2} \in]-1,1[$*). Ainsi, la série de la fonction* $\sum\limits_{n\geqslant 0} \delta_n$ *converge normalement donc uniformément (et aussi simplement) sur* $[0,1]$*. Par conséquent, la fonction* $\sum\limits_{n=0}^{+\infty} \delta_n = S$ *est définie et continue sur* $[0,1]$*.*

```
def S(n,x):
s=0
for k in range(8):
s=s+d(k,x)
return(s)


X = np.arange(0,1,0.001)
Y = [S(n,x) for x in X]
plt.plot(X,Y)
plt.show()
```

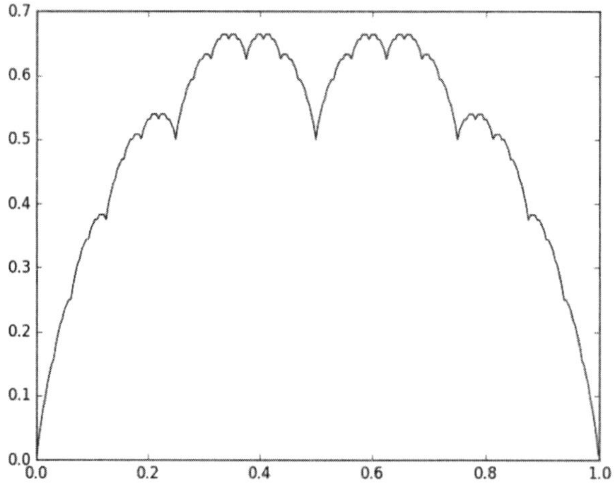

3. (a) *On remarque que*

$$y_p = x_p + \frac{1}{2^{p+1}}.$$

D'après la question 1, la fonction δ_k *est « $\frac{1}{2^k}$-périodique » c'est-à-dire*

$$\forall x \in \left[0, 1 - \frac{1}{2^k}\right], \delta_k\left(x + \frac{1}{2^k}\right) = \delta_k(x).$$

Plus généralement, si $s \in \mathbb{N}$ *alors :*

$$\forall x \in \left[0, 1 - \frac{s}{2^k}\right], \delta_k\left(x + \frac{s}{2^k}\right) = \delta_k(x)$$

car

$$\frac{s}{2^k} = \underbrace{\frac{1}{2^k} + \cdots + \frac{1}{2^k}}_{s \text{ fois}}.$$

On remarque alors que

$$\frac{1}{2^{p+1}} = \frac{2^{k-(p+1)}}{2^k}$$

et comme $k - (p+1)$ *est un entier, on a* $2^{k-(p+1)} \in \mathbb{N}$ *donc*

$$\delta_p(y_p) = \delta_p\left(x + \frac{2^{k-(p+1)}}{2^k}\right) = \delta_p(x_p).$$

(b) *L'idée fondamentale est la suivante : comme* $k \leqslant p$*, la famille* $\left(\left[\frac{u}{2^{p+1}}, \frac{u+1}{2^{p+1}}\right[\right)_{u \in [[0, 2^{p+1}-1]]}$ *est une partition de* $[0, 1[$ *plus fine que la partition* $\left(\left[\frac{v}{2^{k+1}}, \frac{v+1}{2^{k+1}}\right]\right)_{v \in [[0, 2^{k+1}-1]]}$ *c'est-à-dire que chaque intervalle* $\left[\frac{u}{2^{p+1}}, \frac{u+1}{2^{p+1}}\right[$ *est inclus dans un intervalle de la forme* $\left[\frac{v}{2^{k+1}}, \frac{v+1}{2^{k+1}}\right[$ *(faire un dessin avec* $k = 2$ *et* $p = 4$ *pour s'en convaincre). En particulier, le segment* $[x_p, y_p]$ *est inclus dans un segment* $\left[\frac{v}{2^{k+1}}, \frac{v+1}{2^{k+1}}\right]$ *(avec* $v \in \left[\left[0, 2^{k+1} - 1\right]\right]$*). D'après la question 1, la fonction* δ_k *est affine sur cet intervalle (cf. question 1) de pente* ± 1 *(1 si* v *est pair et* -1 *si* v *est impair) et* $\frac{\delta_k(y_p) - \delta_k(x_p)}{y_p - x_p}$ *est justement cette pente, ce qui permet de conclure.*
Voici une justification plus formelle (pour ceux qui le souhaitent, l'interrogateur sera déjà content de voir un candidat pensant à l'idée fondamentale).
On pose $s = \lfloor 2^{p+1}\alpha \rfloor$ *qui est un entier et on a :*

$$x_p = \frac{s}{2^{p+1}} = \frac{\frac{s}{2^{p-k}}}{2^{k+1}}.$$

Notons $v_{p,k}$ *la partie entière de* $\frac{s}{2^{p-k}}$ *alors*

$$v_{p,k} \leqslant \frac{s}{2^{p-k}} < v_{p,k} + 1 \underset{\times 2^{p-k}}{\Rightarrow} v_{p,k} 2^{p-k} \leqslant s < (v_{p,k} + 1)\, 2^{p-k}.$$

Puisque $(v_{p,k}+1)\,2^{p-k}$ *et* s *sont des entiers (car* $p-k\in\mathbb{N}$*), l'encadrement précédent est équivalent à l'encadrement suivant :*

$$\begin{aligned} v_{p,k}2^{p-k} &\leqslant s\leqslant (v_{p,k}+1)\,2^{p-k}-1\Rightarrow \\ x_p &= \frac{s}{2^{p+1}}\geqslant \frac{v_{p,k}2^{p-k}}{2^{p+1}}=\frac{v_{p,k}}{2^{k+1}}\ \textit{et} \\ y_p &= \frac{s+1}{2^{p+1}}\leqslant \frac{(v_{p,k}+1)\,2^{p-k}}{2^{p+1}}=\frac{v_{p,k}+1}{2^{k+1}}. \end{aligned}$$

Comme $0\leqslant x_p\leqslant y_p$*, on en déduit que le segment* $[x_p,y_p]$ *est inclus dans le segment* $\left[\frac{v_{p,k}}{2^{k+1}},\frac{v_{p,k}+1}{2^{k+1}}\right]$.

(c) *On utilise la définition de* S *et les deux questions précédentes :*

$$\frac{S(y_p)-S(x_p)}{y_p-x_p}=\sum_{k=0}^{+\infty}\underbrace{\frac{\delta_k(y_p)-\delta_k(x_p)}{y_p-x_p}}_{=0\ si\ k\geqslant p+1}=\sum_{k=0}^{p}\frac{\delta_k(y_p)-\delta_k(x_p)}{y_p-x_p}.$$

Pour tout chaque entier k, $\frac{\delta_k(y_p)-\delta_k(x_p)}{y_p-x_p}$ *vaut* 1 *ou* -1 *donc* $\frac{\delta_k(y_p)-\delta_k(x_p)}{y_p-x_p}$ *s'écrit* $1+2r_k$ *avec* $r\in\{0,-1\}$. *On peut alors écrire :*

$$\frac{S(y_p)-S(x_p)}{y_p-x_p}=\sum_{k=0}^{p}(1+2r_k)=\sum_{k=0}^{p}1+2\sum_{k=0}^{p}r_k=p+1+2\sum_{k=0}^{p}r_k$$

donc $\frac{S(y_p)-S(x_p)}{y_p-x_p}$ *est un entier (ce qui n'est pas immédiat à priori). Comme* $\sum_{k=0}^{p}r_k$ *est un entier,* $2\sum_{k=0}^{p}r_k$ *est un entier pair donc*

$$p+1+2\sum_{k=0}^{p}r_k\ \textit{et}\ p+1$$

ont même parité, ce qui permet de conclure.

4. *On commence par une remarque judicieuse :*

$$\begin{aligned} \forall n &\in \mathbb{N},\ \lambda_nL+(1-\lambda_n)\,L=L\Rightarrow \\ \lambda_nu_n+(1-\lambda_n)\,v_n-L &= \lambda_n(u_n-L)+(1-\lambda_n)(v_n-L). \end{aligned}$$

La suite $(u_n-L)_n$ *converge vers* 0 *et la suite* $(\lambda_n)_n$ *est bornée (car elle est à valeurs dans* $[0,1]$*) donc la suite* $(\lambda_n(u_n-L))_n$ *converge vers* 0*. Le même argument montre que la suite* $((1-\lambda_n)(v_n-L))_n$ *converge vers* 0*. Par addition, on en déduit la formule :*

$$\begin{aligned} &\lim_{n\to+\infty}(\lambda_n(u_n-L)+(1-\lambda_n)(v_n-L))=0 \\ \Leftrightarrow &\lim_{n\to+\infty}(\lambda_nu_n+(1-\lambda_n)\,v_n-L)=0\Leftrightarrow \lim_{n\to+\infty}(\lambda_nu_n+(1-\lambda_n)\,v_n)=L \end{aligned}$$

5. *Soit $\alpha \in [0,1[$. Supposons S dérivable en α c'est-à-dire que* $\lim_{x \to \alpha} \frac{S(x) - S(\alpha)}{x - \alpha}$ *existe (et se note $S'(\alpha)$). Par définition de la partie entière, pour tout entier n, on a :*

$$\begin{aligned} \lfloor 2^{n+1}\alpha \rfloor &\leqslant 2^{n+1}\alpha < \lfloor 2^{n+1}\alpha \rfloor + 1 \underset{\div 2^{n+1}>0}{\Rightarrow} x_n \leqslant \alpha < x_n + \frac{1}{2^{n+1}} \\ \underset{-x_n}{\Rightarrow} 0 &\leqslant \alpha - x_n < \frac{1}{2^{n+1}}. \end{aligned}$$

Comme la suite $\left(\frac{1}{2^{n+1}}\right)_n$ *converge vers 0, le théorème d'encadrement montre que :*

$$\lim_{n \to +\infty} (\alpha - x_n) = 0 \Leftrightarrow \lim_{n \to +\infty} x_n = \alpha \Rightarrow y_n = x_n + \frac{1}{2^{n+1}} \underset{n \to +\infty}{\rightarrow} \alpha.$$

Par composition des limites, on en déduit que les suites

$$u_n = \frac{S(x_n) - \alpha}{x_n - \alpha} \text{ et } v_n = \frac{S(y_n) - \alpha}{y_n - \alpha}$$

convergent vers $S'(\alpha)$. On considère la suite $(\lambda_n)_n$ définie par :

$$\forall n \in \mathbb{N},\ \lambda_n = \frac{\alpha - x_n}{y_n - x_n} \in [0,1] \ \ (car\ x_n \leqslant \alpha \leqslant y_n \text{ et } y_n - x_n = \frac{1}{2^n} \neq 0).$$

Pour tout entier n, on a :

$$1 - \lambda_n = \frac{y_n - x_n - (\alpha - x_n)}{y_n - x_n} = \frac{y_n - \alpha}{y_n - x_n}.$$

D'après la question précédente, la suite :

$$\begin{aligned} z_n &= \lambda_n \frac{S(x_n) - S(\alpha)}{x_p - \alpha} + (1 - \lambda_n) \frac{S(y_n) - S(\alpha)}{y_n - \alpha} \\ &= \frac{S(\alpha) - S(x_n)}{y_n - x_n} + \frac{S(y_n) - S(\alpha)}{y_n - x_n} = \frac{S(y_n) - S(x_n)}{y_n - x_n} \end{aligned}$$

converge vers $S'(\alpha)$. D'après la question précédente, pour tout entier n, z_n est un entier donc la suite $(z_{n+1} - z_n)_n$ est une suite d'entiers qui converge vers $S'(\alpha) - S'(\alpha) = 0$. Ainsi, il existe un entier N tel que :

$$\forall n \geqslant N,\ |z_{n+1} - z_n| \leqslant \frac{1}{2}$$

et comme $|z_{n+1} - z_n|$ est un entier naturel, on en déduit qu'il est nul (c'est le seul entier inférieur à $\frac{1}{2}$) d'où

$$\forall n \geqslant N,\ z_{n+1} - z_n = 0 \Leftrightarrow z_{n+1} = z_n.$$

La suite $(z_n)_{n \geqslant N}$ est donc constante donc $z_{2N} = z_{2N+1}$ (car $2N$ et $2N+1$ sont supérieurs à N). Or, d'après la question précédente, z_{2N} est un entier impair et z_{2N+1} est un entier pair donc ils ne peuvent être égaux. Ceci fournit une contradiction donc S n'est pas dérivable en α, quelque soit $\alpha \in [0,1[$.

Remarque *:* Voici un bel exemple de fonctions continues sur $[0,1[$ et nulle part dérivable sur $[0,1[$. Il en de même en $\alpha = 1$ (je laisse le soin au lecteur de faire le raisonnement).

Commentaires 353 *Les questions d'ordre informatiques sont relativement classiques (un peu récursivité, tests conditionnels, boucles, construction de fonctions, calculs de sommes, tracé de graphes) et de difficulté standard.*
Les questions d'ordre mathématiques ont une bonne progressivité, ce qui permet à ce sujet de bien classer les candidats. Il est incontestable que la visualisation des fonctions aide à l'étude mathématique mais elle n'est pas indispensable. Par exemple, il est aisé de deviner que δ_n est continue (par récurrence en observant que les fonctions

$$\delta_0 \text{ et } x \mapsto \begin{cases} x & \text{si } 0 \leqslant x \leqslant 1/2 \\ 1-x & \text{si } 1/2 \leqslant x \leqslant 1 \end{cases}$$

sont continues sur $[0,1]$ et que $\sup_{[0,1]} |\delta_n| \leqslant \frac{1}{2^n}$. Ceci est suffisant pour répondre aux questions mathématiques de la question 2. Les questions 3.b et 5 sont les plus difficiles du sujet sur le plan mathématique.

Exercice 354 Soit $E = C^0(\mathbb{R}, \mathbb{R})$. L'application T est définie sur E par

$$T(f) : x \in \mathbb{R} \mapsto 1 - \int_0^x (x-t) f(t)\, dt.$$

1. Écrire une fonction qui pour $(f, x) \in E \times \mathbb{R}$ renvoie $T(f)(x)$.
2. Vérifier que $T - 1 \in \mathcal{L}(E)$ et que l'image de T est contenue dans $C^1(\mathbb{R}, \mathbb{R})$.
3. Tracer les graphes des fonctions $T^k(\cos)$. Que conjecturer ?
4. On définit la suite de fonctions $(f_n)_{n\in\mathbb{N}}$ par

$$f_0 = \cos \text{ et } \forall n \in \mathbb{N},\ f_n = T^n(f_0).$$

   Calculer $f_{n+1}(x) - f_n(x)$ pour $(n, x) \in \mathbb{N} \times \mathbb{R}$. Montrer que $(f_n)_{n\in\mathbb{N}}$ converge uniformément sur tout segment de $\mathbb{R}$ vers une fonction à préciser.
5. Montrer que le résultat de la question précédente subsiste si on prend pour f_0 un élément quelconque de E.

Solution 354 *1.*

```
import scipy.integrate as integr

def T(f,x):
    def g(t):
        return((x-t)*f(t))
    return(1-integr.quad(g,0,x)[0])
```

2. Notons $S = T - 1$ définie sur E par, pour tout $f \in E$,

$$S(f) : x \in \mathbb{R} \mapsto -\int_0^x (x-t) f(t)\, dt = -x \int_0^x f(t)\, dt + \int_0^x t f(t)\, dt.$$

Si $f \in E$ alors les fonctions f et $t \mapsto tf(t)$ sont continue sur $\mathbb{R}$. Ainsi, les fonctions

$$F : x \mapsto \int_0^x f(t)\, dt \text{ et } G : x \mapsto \int_0^x tf(t)\, dt$$

sont leurs primitives respectives donc F et G sont de classe C^1 sur $\mathbb{R}$. Par conséquent, la fonction $S(f)$ est de classe C^1 sur $\mathbb{R}$ (comme somme et produit de telles fonctions) donc elle continue sur $\mathbb{R}$. Par conséquent, on vient de prouver que si $f \in E$ alors $S(f) \in E$ et que $S(f)$ appartient à $C^1(\mathbb{R}, \mathbb{R})$.
Soient $(f, g) \in E^2$ et $(\lambda, \mu) \in \mathbb{R}^2$ alors :

$$\begin{aligned} S(\lambda f + \mu g) \quad &: \quad x \mapsto -\int_0^x (x-t)(\lambda f + \mu g)(t)\, dt \\ &= -\int_0^x (\lambda (x-t) f(t) + \mu (x-t) g(t))\, dt \\ &= -\lambda \int_0^x (x-t) f(t)\, dt - \mu \int_0^x (x-t) g(t)\, dt \\ &= \lambda S(f) + \mu S(g). \end{aligned}$$

Ainsi, S est linéaire donc $S = T - 1$ est bien un endomorphisme de E et

$$\operatorname{Im}(S) \subset C^1(\mathbb{R}, \mathbb{R}).$$

3.

```
def itere_T(k,f,x):
    if k ==0:
        return(f(x))
    else:
        return(itere_T(k-1,lambda x:T(f,x),x))

import numpy as np
import matplotlib.pyplot as plt

a=1

X=np.arange(-a,a,0.01)
for k in range(3):
    Y=[itere_T(k,lambda t:np.cos(t),x) for x in X]
    plt.plot(X,Y)
plt.show()
```

Voici les graphes associés sur $[-1, 1]$ et $k \in \{0, 1, 2\}$.

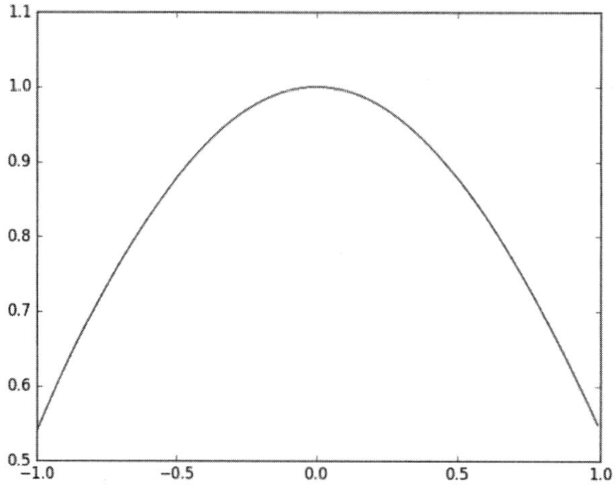

Les graphes des fonctions $T^k(\cos)$ *coïncide sur* $[-a, a]$ *quelque soit les choix du réel positif* a *et quelque soit l'entier* k *choisi donc on conjecture que* $T^k(\cos) = \cos$ *sur* $\mathbb{R}$ *quelque soit l'entier* k

4. *Commençons par prouver que* $T(\cos) = \cos$ *à l'aide d'une intégration par parties en intégrant* $\cos$ *et en dérivant* $t \mapsto x - t$. *Pour tout réel* x, *on a :*

$$\begin{aligned}\int_0^x (x-t)\cos(t)\,dt &= [(x-t)\sin(t)]_{t=0}^{t=x} - \int_0^x \sin(t)\,dt \\ &= -[-\cos(t)]_{t=0}^{t=x} = 1 - \cos(x).\end{aligned}$$

Il est alors immédiat que $T(\cos) = \cos$. *Comme* $f_0 = \cos$ *est un point fixe de* T, *une récurrence immédiate sur* n *montre que*

$$\forall n \in \mathbb{N},\ f_n = T^n(f_0) = f_0$$

Ainsi, la suite $(f_n)_{n\in\mathbb{N}}$ *est constante et vaut* f_0 *donc la suite de fonctions* $(f_n)_{n\in\mathbb{N}}$ *converge uniformément vers* $f_0 = \cos$ *sur* $\mathbb{R}$ *car :*

$$\forall n \in \mathbb{N},\ \sup_{x\in\mathbb{R}} |f_n(x) - f_0(x)| = 0 \underset{n\to+\infty}{\to} 0.$$

5. *Puisqu'on en Python, on teste sur quelques fonctions. Voici le code lorsque*

$$f_0 : t \mapsto e^{-|t|} + \frac{1}{1+t^2}$$

par exemple. Le graphe de $\cos$ *est formée par des croix " + "*

```
a=1

X=np.arange(-a,a,0.01)
Y=[np.cos(x) for x in X]
plt.plot(X,Y,"+")
for k in range(5):
```

```
        Y=[itere_T(k,lambda t:np.exp(-abs(t))+1/(1+t**2),x) for
            x in X]
        plt.plot(X,Y)
    plt.show()
```

Voici les graphes associés sur $[-1,1]$ *et* $k \in \{0,1,2\}$. *On observe que* f_2 *est déjà très proche de* cos *!*

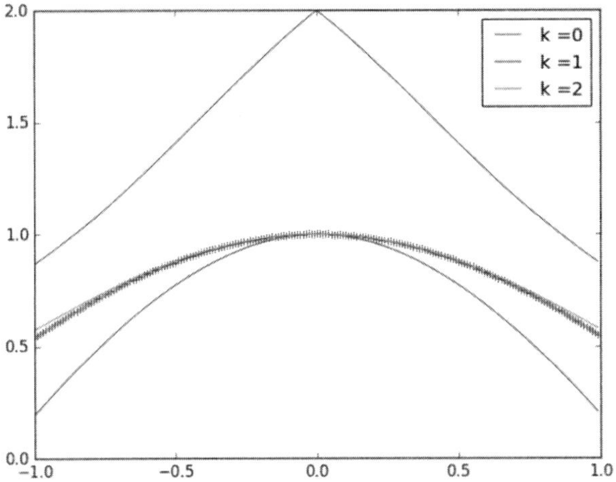

Il est raisonnable de conjecture que la suite $(f_n)_n$ *converge uniformément vers* cos *sur tout segment de* $\mathbb{R}$.
Supposons que f_0 *est un élément quelconque de* E. *Nous conservons les notations introduites à la question 2. Pour tout entier* n, *on pose*

$$g_n = f_n - \cos.$$

Comme $T(\cos) = \cos$, *pour tout entier* n, *on a :*

$$\begin{aligned} g_{n+1} &= f_{n+1} - \cos = T(f_n) - T(\cos) = 1 + S(f_n) - (1 + S(\cos)) \\ &= S(f_n - \cos) = S(g_n) \end{aligned}$$

(car S *est linéaire). Par conséquent, on obtient la relation suivante :*

$$\forall n \in \mathbb{N},\ g_n = S^n(g_0).$$

Soit $a > 0$. *La fonction* g_0 *est continue sur le segment* $[-a,a]$ *donc elle y est bornée et on pose* $M_a = \sup_{[-a,a]} |g_0|$. *Prouvons par récurrence la majoration suivante :*

$$(\mathcal{M}_n) : \forall x \in [-a,a],\ |g_n(x)| \leqslant \frac{|x|^{2n}}{n!} M_a.$$

Initialisation $n = 0$. *Comme :*

$$\forall x \in [-a,a],\ \frac{|x|^0}{0!} M_a = M_a = \sup_{[-a,a]} |g_0| \geqslant |g_0(x)|$$

donc la propriété $(\mathcal{M}_0)$ *est vraie.*
Hérédité. *Supposons* $(\mathcal{M}_n)$ *vraie pour un certain entier* n. *Pour tout* $x \in [0,a]$, *l'inégalité triangulaire nous donne la majoration suivante :*

$$\begin{aligned}
|g_{n+1}(x)| &= \left|\int_0^x (x-t)\,g_n(t)\,dt\right| \leqslant \int_0^x \underbrace{|(x-t)|}_{=x-t\leqslant x \text{ car } t\geqslant 0} |g_n(t)|\,dt \\
&\leqslant \int_0^x x\frac{|t|^{2n}}{n!}M_a dt \underset{t\in[0,x]\subset\mathbb{R}_+}{=} x\int_0^x \frac{t^{2n}}{n!}M_a dt \\
&= x\frac{M_a}{n!}\times\frac{x^{2n+1}}{2n+1} \leqslant x\frac{M_a}{n!}\times\frac{x^{2n+1}}{(n+1)} \quad (\text{car } n+1\leqslant 2n+1) \\
&= \frac{M_a x^{2n+2}}{(n+1)!}.
\end{aligned}$$

Si $x \in [-a,0]$, *en utilisant la relation de Chasles,* $\int_0^x h = -\int_x^0 h$, *la formule* $|-u| = |u|$, *l'inégalité triangulaire et le fait que* $|t| = -t$ *si* $t \in [x,0]$ *(car* $x \leqslant 0$*), le raisonnement précédent fournit alors la même majoration. Ainsi, la propriété* $(\mathcal{M}_{n+1})$ *est vraie, ce qui achève la récurrence.*
Ainsi, on vient de prouver que :

$$\begin{aligned}
\forall n &\in \mathbb{N}, \forall x\in[-a,a], |g_n(x)| \leqslant \frac{M_a\left|x^2\right|^n}{n!} \leqslant \frac{M_a\left(a^2\right)^n}{n!} \\
&\Rightarrow \forall n\in\mathbb{N}, \sup_{[-a,a]}|g_n| \leqslant \frac{M_a\left(a^2\right)^n}{n!}.
\end{aligned}$$

Comme la suite $\left(\frac{(a^2)^n}{n!}\right)_n$ *converge vers* 0 *(d'après les croissances comparées), le théorème d'encadrement montre que*

$$\lim_{n\to+\infty}\sup_{[-a,a]}|g_n| = 0 \Leftrightarrow \lim_{n\to+\infty}\sup_{[-a,a]}|f_n - \cos| = 0$$

c'est-à-dire que la suite $(f_n)_n$ *converge uniformément vers* $\cos$ *sur tout segment* $[-a,a]$ *de* $\mathbb{R}$.

Commentaires 354 *Les questions informatiques sont de niveau assez élevées et seront très discriminantes. L'une des difficultés pour de nombreux candidats est l'encodage des fonctions du type*

$$F : x \mapsto \int_a^b f(x,t)\,dt.$$

En effet, il faut connaitre la bibliothèque Python fournissant le calcul intégral (cf. l'aide Python) et il faut se souvenir que la commande dédiée revoit un tuple (formée d'une valeur approchée et de la précision) et non un nombre comme on peut s'y attendre à priori. En outre, il faut définir, pour chaque x *(qui est une entrée de* $F(x)$ *donc une variable définie dans tout le corps de la fonction informatique* $F(x)$*), une fonction locale (au sein*

de la fonction F) qui n'admet qu'un seul argument t et renvoie $f(x,t)$ (car la fonction d'intégration ne supporte qu'une entrée à la fonction à intégrer). Si vous n'avez pas l'habitude, entrainez-vous à encoder quelques fonctions de ce type car elles apparaissent assez régulièrement à l'oral.
Une difficulté supplémentaire est présente : il faut encoder une suite de fonctions définie récursivement donc il faut créer une fonction informatique récursive ayant comme entrée le paramètre n (le nombre d'itération), la fonction initiale et la valeur x où se fait l'évaluation. À nouveau, je vous conseille de vous entrainer (même si cela apparait rarement à l'oral ... pour l'instant).
La question mathématique numéro 2 (endomorphisme) est très classique. Les questions 3 et 4 (mathématique) est très aisée ... si on est capable de faire l'implémentation informatique (certains seront piègés en pensant que leurs codes informatiques ne fonctionnent pas alors que l'énoncé est un piège : cos est un point fixe de T !). Je me demande même pourquoi la question 4 est posée (elle est instantanée d'après la question 3).
La question 5 est plus difficile. L'idée est de se ramener à un problème linéaire (et non affine) d'où l'utilisation de $g_n = f_n - \cos$ qui vérifie $g_{n+1} = (T-1)(g_n)$ et $T-1$ qui est linéaire. Le raisonnement est identique à l'exercice extrêmement classique (pour Centrale-SupElec et Mines-Ponts) : étude de la suite $f_{n+1} : x \mapsto \int_0^x f_n$ avec f_0 continue sur $\mathbb{R}$ quelconque.
Il est très probable que le sujet comportait d'autres questions (mathématiques vraisemblablement car l'informatique a bien été couverte).

19.9 Séries entières

Exercice 355 Thèmes : combinatoire, séries entières, équations différentielles.
Pour tout $n \in \mathbb{N}^*$, on note :
- $\mathcal{S}_n$ l'ensemble des permutations de l'ensemble $\{0,..,n-1\}$;
- $I_n = \operatorname{card}(\{\sigma \in \mathcal{S}_n, \sigma \circ \sigma = \operatorname{Id}\})$.

On conviendra que $I_0 = 1$.

1. Calculer I_1 et I_2.
2. Écrire une fonction Python qui prend un paramètre n et calcule I_n
3. Pour $n \in [[3,8]]$, calculer dans un script Python $I_n - I_{n-1} - (n-1)I_{n-2}$.
4. Conjecturer et prouver la relation. Reste-t-elle vraie pour $n = 2$?
5. Montrer que la série entière $\sum_{n\geqslant 0} \frac{I_n}{n!}x^n$ a un rayon de convergence supérieur ou égal à 1. On notera S sa somme.
6. Trouver une relation entre $S'(x)$ et $(x+1)S(x)$.
7. En déduire pour tout $n \in \mathbb{N}$, la valeur de I_n.

Solution 355 *1. Comme* $\mathcal{S}_1 = \{\operatorname{Id}\}$ *et* $\operatorname{Id} \circ \operatorname{Id} = \operatorname{Id}$ *donc*

$$I_1 = \operatorname{card}(\mathcal{S}_1) = 1.$$

Tous les éléments σ de

$$\mathcal{S}_2 = \left\{\operatorname{Id}, \begin{pmatrix} 0 & 1 \\ 1 & 0 \end{pmatrix}\right\}$$

vérifie $\sigma \circ \sigma = \mathrm{Id}$ *donc* $I_2 = \mathrm{card}(\mathcal{S}_2) = 2$.

2. *On commence par déterminer l'ensemble des permutations de* $\{0, .., n-1\}$ *(pour être conforme aux notations des tableaux Python) via la fonction* liste_permutation(n). *Ensuite, on crée une fonction qui teste si une permutation* σ *vérifie* $\sigma\circ\sigma = \mathrm{Id}$ *via la fonction* test(s). *Il suffit alors de l'appliquer à toutes les permutations de* $\mathcal{S}_n$ *via la fonction* I(n).

```
def test(s):
    n=len(s)
    for i in range(len(s)):
        if s[s[i]] != i:
            return(False)
    return(True)

test1 = [3, 1, 4, 0, 2]
test2 = [3, 4, 1, 0, 2]
print(test(test1))
print(test(test2))

# génération de toutes les permutations, on crée une
   permutation de S(n-1), on
# fixe k entre 0 et n-1 et on échange k et n pour créer une
    permutation de S(n)

def liste_permutation(n):
    if n ==1 :
        return([[0]])
    ancienne = liste_permutation(n-1)
    nouvelle = []
    for s in ancienne:
        for k in range(n):
            t=[s[i] for i in range(len(s))] # copie de s
            t.append(n-1) # on fixe t(n-1) = n-1
            t[n-1],t[k] = t[k] , t[n-1] # on échange t[n-1]
                et t[k]
            nouvelle.append(t)
    return(nouvelle)

print(liste_permutation(3))
[[2, 0, 1], [1, 2, 0], [1, 0, 2], [2, 1, 0], [0, 2, 1], [0,
    1, 2]]

def I(n):
    L=liste_permutation(n)
    c=0
    for s in L:
        if test(s):
            c = c+1
    return(c)

print([I(n) for n in range(1,9)])
[1, 2, 4, 10, 26, 76, 232, 764]
```

3.

```
print([I(n)-I(n-1)-(n-1)*I(n-2) for n in range(3,9)])
[0, 0, 0, 0, 0, 0]
```

4. On conjecture la formule

$$\forall n \geqslant 3,\ I_n - I_{n-1} - (n-1)I_{n-2} = 0$$

pour tout entier $n \geqslant 3$ (on peut poursuivre quelques valeurs en Python mais la complexité étant en $n!$ au moins, la machine prend beaucoup de temps même pour $n = 9$).
Notons

$$J_n = \{\sigma \in \mathcal{S}_n,\ \sigma \circ \sigma = \mathrm{Id}\} \text{ et } \forall k \in [[0, n-1]],\ J_n^{(k)} = \{\sigma \in J_n, \quad \sigma(n-1) = k\}.$$

La famille $\left(J_n^{(k)}\right)_{0 \leqslant k \leqslant n-1}$ forme une partition de J_n donc

$$(\mathcal{F}_0) : I_n = \mathrm{card}(J_n) = \sum_{k=0}^{n-1} \mathrm{card}\left(J_n^{(k)}\right).$$

Si $\sigma \in J_n^{(n-1)}$ alors $f(\sigma) = \sigma_{|\{0,..,n-2\}}$ (sa restriction à $\{0,..,n-2\}$) est une permutation de $\mathcal{S}_{n-1}$ qui vérifie

$$f(\sigma) \circ f(\sigma) = (\sigma \circ \sigma)_{|\{0,..,n-2\}} = (\mathrm{Id})_{|\{0,..,n-2\}}$$

donc $f(\sigma) \in J_{n-1}$. Il est alors immédiat que l'application

$$f : \sigma \in J_n^{(n-1)} \mapsto \sigma_{|\{0,..,n-2\}} \in J_{n-1}$$

est une bijection de $J_n^{(n-1)}$ sur J_{n-1} donc la réciproque est l'application

$$g : \sigma \in J_{n-1} \mapsto \left(k \mapsto \begin{cases} \sigma(k) & \text{si } 0 \leqslant k \leqslant n-2 \\ n-1 & \text{si } k = n-1 \end{cases}\right)$$

En particulier, on peut affirmer que :

$$(\mathcal{F}_1) : \mathrm{card}\left(J_n^{(n-1)}\right) = \mathrm{card}(J_{n-1}) = I_{n-1}.$$

Soit $k \in \{0,..,n-2\}$ et $\sigma \in J_n^{(k)}$ alors

$$f_k(\sigma) = \sigma_{|\{0,..,n-2\} \setminus \{k\}}$$

(sa restriction à $\{0,..,n-2\} \setminus \{k\}$) est une permutation de $\{0,..,n-2\} \setminus \{k\}$. En effet, par définition, on a :

$$\begin{aligned} \sigma(n-1) &= k \text{ et} \\ \sigma(k) &= \sigma(\sigma(n-1)) = (\sigma \circ \sigma)(n-1) = \mathrm{Id}(n-1) = n-1 \end{aligned}$$

En outre, comme σ est une permutation de $\{0,..,n-1\}$, tout élément i de $\{0,..,n-2\}\setminus\{k\}$ admet un antécédent $q\in\{0,..,n-1\}$ et $q\in\{0,..,n-2\}\setminus\{k\}$ (sinon $q\in\{k,n-1\}$ donc

$$i=\sigma(q)\in\{\sigma(k),\sigma(n-1)\}=\{n-1,k\},$$

ce qui est absurde). Ainsi, $f_k(\sigma)$ est une permutation de $\{0,..,n-2\}\setminus\{k\}$ qui est un ensemble à $n-2$ éléments et vérifie

$$(f_k(\sigma))\circ(f_k(\sigma))=(\sigma\circ\sigma)_{|\{0,..,n-2\}\setminus\{k\}}=(\mathrm{Id})_{|\{0,..,n-2\}\setminus\{k\}}.$$

L'application f_k est une bijection entre $J_n^{(k)}$ et l'ensemble des permutations ω d'un ensemble à $n-2$ éléments dont tous les éléments vérifient $\omega\circ\omega=\mathrm{Id}$. Ce dernier ensemble est manifestement en bijection avec J_{n-2} (il suffit de réindexer les éléments de $\{0,..,n-2\}\setminus\{k\}$) donc $J_n^{(k)}$ est en bijection avec J_{n-2}, ce qui donne les formules suivantes :

$$(\mathcal{F}_2):\forall k\in\{0,..,n-2\},\ \mathrm{card}\left(J_n^{(k)}\right)=\mathrm{card}(J_{n-2})=I_{n-2}$$

En combinant les formules $(\mathcal{F}_0)$, $(\mathcal{F}_1)$ et $(\mathcal{F}_2)$, on obtient :

$$\begin{aligned} I_n &= \mathrm{card}\left(J_n^{(n-1)}\right)+\sum_{k=0}^{n-2}\mathrm{card}\left(J_n^{(k)}\right)=I_{n-1}+\sum_{k=0}^{n-2}I_{n-2} \\ &= I_{n-1}+I_{n-2}\sum_{k=0}^{n-2}1=I_{n-1}+I_{n-2}(n-1), \end{aligned}$$

ce qui permet de conclure.
Comme $I_0=1$ par convention et, d'après la question 1, on a $I_1=1$, $I_2=2$, on peut écrire :

$$I_2-I_1-(2-1)I_0=2-1-1=0$$

donc la formule reste vraie pour $n=2$.

5. *Notons R le rayon de convergence de la série entière $\sum_n \frac{I_n}{n!}x^n$. Conservons les notations introduites à la réponse de la question précédente. Pour tout entier n, J_n est un sous-ensemble de $\mathcal{S}_n$ donc*

$$0\leqslant I_n=\mathrm{card}(J_n)\leqslant\mathrm{card}(\mathcal{S}_n)=n!\Rightarrow 0\leqslant\frac{I_n}{n!}\leqslant 1.$$

D'après le cours, on peut affirmer que R est supérieur ou égal au rayon de convergence de la série entière $\sum_n x^n$. Comme ce dernier vaut 1 (par le lemme d'Abel ou par le critère de d'Alembert), on en déduit que $R\geqslant 1$.

6. *S étant une somme de série entière de rayon de convergence $R>0$, elle est de classe C^∞ sur $[-R,R]$ et on peut la dériver terme à terme dans cet intervalle ouvert. Par conséquent, pour tout $x\in\,]-R,R[$, on peut écrire :*

$$\begin{aligned} S(x) &= \sum_{n=0}^{+\infty}\frac{I_n}{n!}x^n=1+\sum_{n=1}^{+\infty}\frac{I_n}{n!}x^n\Rightarrow \\ S'(x) &= \sum_{n=1}^{+\infty}\frac{I_n n}{n!}x^{n-1}=\sum_{n=1}^{+\infty}\frac{I_n}{(n-1)!}x^{n-1}=I_1+\sum_{n=2}^{+\infty}\frac{I_n}{(n-1)!}x^{n-2}. \end{aligned}$$

On utilise alors la relation de récurrence vérifiée par la suite $(I_n)_n$ (à partir du rang 2) et le fait que $I_1 = 1$.

$$\begin{aligned} S'(x) &= I_1 + \sum_{n=2}^{+\infty} \frac{I_{n-1} + (n-1) I_{n-2}}{(n-1)!} x^{n-1} \\ &= 1 + \sum_{n=2}^{+\infty} \frac{I_{n-1}}{(n-1)!} x^{n-1} + \sum_{n=2}^{+\infty} \frac{(n-1) I_{n-2}}{(n-1)!} x^{n-1} \\ &= \underbrace{1}_{=I_0 x^0/0!} + \sum_{k=1}^{+\infty} \frac{I_k}{k!} x^k + \sum_{n=2}^{+\infty} \frac{I_{n-2}}{(n-2)!} x^{n-1} \quad (k = n-1) \\ &= \sum_{k=0}^{+\infty} \frac{I_k}{k!} x^k + \sum_{h=0}^{+\infty} \frac{I_h}{h!} x^{h+1} \quad (h = n-2) \\ &= S(x) + xS(x) \Rightarrow S'(x) = (1+x) S(x). \end{aligned}$$

7. *Le cours d'équations différentielles montre qu'il existe un réel C tel que :*

$$\forall x \in \left]-R, R\right[, \ S(x) = C \exp\left(\int (1+x)\, dx \right) = C \exp\left(x + \frac{x^2}{2} \right).$$

En évaluant en $x = 0$, comme $S(0) = I_0 = 1$, on en déduit que $C = 1$ d'où :

$$\forall x \in \left]-R, R\right[, \ S(x) = \exp\left(x + \frac{x^2}{2} \right) = \exp\left(\frac{x^2}{2} \right) \exp(x).$$

Pour expliciter I_n, nous allons développer en série entière la fonction $x \mapsto \exp\left(\frac{x^2}{2}\right) \exp(x)$ en utilisant le produit de Cauchy des deux fonctions $x \mapsto \exp(x)$ et $x \mapsto \exp\left(\frac{x^2}{2}\right)$ qui sont développables en série entière sur $\mathbb{R}$ D'après le cours, pour tout réel x, on a :

$$\exp(x) = \sum_{n=0}^{+\infty} \frac{x^n}{n!} \ \textit{et} \ \exp\left(\frac{x^2}{2}\right) = \sum_{n=0}^{+\infty} \frac{\left(\frac{x^2}{2}\right)^n}{n!} = \sum_{n=0}^{+\infty} \frac{x^{2n}}{2^n n!}.$$

Malheureusement, le produit de Cauchy exige que chaque fonction s'écrive sous la forme $\sum_n u_n x^n$, ce qui n'est pas le cas, pour l'instant, de la fonction $x \mapsto \exp\left(\frac{x^2}{2}\right)$. Considérons la suite $(b_n)_{n\in\mathbb{N}}$ définie par :

$$\forall n \in \mathbb{N}, \ b_{2n+1} = 0, \ b_{2n} = \frac{1}{2^n n!}$$

(rappelons que b_n est le coefficient devant x^n) alors on peut écrire :

$$\forall x \in \mathbb{R}, \ \exp\left(\frac{x^2}{2}\right) = \sum_{n=0}^{+\infty} b_n x^n.$$

Posons alors la suite $(c_n)_{n\in\mathbb{N}}$ *définie par :*

$$\begin{aligned}\forall n &\in \mathbb{N},\, c_n = \sum_{k=0}^{n} b_k \frac{1}{(n-k)!} = \sum_{\substack{k\in\{0,..,n\}\\ k\ pair}} b_k \frac{1}{(n-k)!}\\ &= \sum_{0\leqslant 2q\leqslant n} b_q \frac{1}{(n-2q)!} = \sum_{q=0}^{\lfloor n/2\rfloor} \frac{1}{2^q q!\,(n-2q)!}.\end{aligned}$$

Le produit de Cauchy affirme que :

$$\forall x \in \mathbb{R},\, \exp\left(\frac{x^2}{2}\right)\exp(x) = \sum_{n=0}^{+\infty} c_n x^n.$$

Or, sur l'intervalle $[-R,R]$, *les fonctions* S *et* $x \mapsto \exp\left(\frac{x^2}{2}\right)\exp(x)$ *coïncident donc leurs développements en série entière respectif* $\sum_{n=0}^{+\infty} \frac{I_n}{n!} x^n$ *et* $\sum_{n=0}^{+\infty} c_n x^n$ *aussi. Par unicité des coefficients d'un développement en série entière, on en déduit que :*

$$\forall n \in \mathbb{N},\, \frac{I_n}{n!} = c_n \Leftrightarrow I_n = n! c_n = n! \sum_{q=0}^{\lfloor n/2\rfloor} \frac{1}{2^q q!\,(n-2q)!}.$$

A l'aide d'un calculateur (par exemple, Python), on peut calculer les valeurs consécutives de $c_n = n! \sum_{q=0}^{\lfloor n/2\rfloor} \frac{1}{2^q q!\,(n-2q)!}$ *lorque* $n \in [[0,8]]$ *et on obtient :*

$$1, 1, 2, 4, 10, 26, 76, 232, 764,$$

ce qui est cohérent avec les valeurs numériques de la question 2 et conforte numériquement la formule que nous venons de trouver.

Commentaires 355 *Les questions d'ordre mathématique sont assez classiques, même si aucune n'est très simple, et elles ont été déjà posées à de nombreuses reprises aux concours Centrale-SupElec et Mines-Ponts.*
Par contre, les questions informatiques sont moins traditionnelles (pour l'instant) et il faut s'entrainer à coder sur les permutations et à dénombrer (informatiquement parlant) des ensembles. De ce point de vue, la question 2 est parfaite mais elle requiert du candidat une bonne maitrise de l'informatique (générer l'ensemble des permutations d'un ensemble est une question non évidente, même pour les optionnaires info, écrire la composée de deux permutations, tester si une permutation est l'identité). Je crains que beaucoup de candidats aient eu bien du mal sur cette question. Les plus pragmatiques (ou cultivés) ont présumé que $I_n = I_{n-1} + (n-1) I_{n-2}$ *(en testant à la main pour* $n \in \{3,4\}$, *ce qui est aisé). Néanmoins, cela ne sert à rien dans le sujet au vu des questions. N'hésitez pas à retravailler ce sujet (prioritairement le codage de la composée de deux permutations, éventuellement la génération de toutes les permutations en perspective d'autres oraux Maths 2 concernant les permutations).*

19.10 Intégration

Exercice 356 Thèmes : intégration, suites et séries numériques.
On pose

$$\forall (k,p) \in \mathbb{N} \times \mathbb{Z},\ I_{k,p} = \int_0^{+\infty} \frac{e^{-kt}}{\sqrt{\pi t}\,(1+e^{-2t})^p}\, dt.$$

On admet que $\displaystyle\int_0^{+\infty} e^{-u^2}\, du = \frac{\sqrt{\pi}}{2}$.

1. À l'aide de Python :
   (a) Calculer $I_{k,p}$ pour $(k,p) \in \{1,..,5\} \times \{-3,..0\}$.
   (b) Calculer $I_{k,1}$ pour $k \in \{1,..,60\}$. Formuler une conjecture.
   (c) Calculer $\sqrt{k} I_{k,1}$ pour $k \in \{1,..,60\}$.
2. Déterminer les valeurs de $(k,p) \in \mathbb{N} \times \mathbb{Z}$ pour lesquelles l'intégrale $I_{k,p}$ existe.
3. Montrer que
$$\forall (k,p) \in \mathbb{N}^* \times \mathbb{N},\ I_{k,-p} = \sum_{j=0}^{p} \binom{p}{j} \frac{1}{\sqrt{2j+k}}.$$
En déduire la limite de $I_{k,-p}$ quand p tend vers l'infini.
4. Montrer que
$$\forall p \in \mathbb{N},\ \lim_{k \to +\infty} I_{k,p} = 0$$
puis que
$$\forall k \in \mathbb{N}^*,\ \lim_{p \to +\infty} I_{k,p} = 0.$$
5. Montrer que
$$I_{k,p} \underset{k \to +\infty}{\sim} \frac{1}{2^p \sqrt{k}}.$$
6. Soit $k \in \mathbb{N}^*$. Montrer que la série $\displaystyle\sum_{j \geqslant 0} \frac{(-1)^j}{\sqrt{2j+k}}$ converge et que
$$I_{k,1} = \sum_{j=0}^{+\infty} \frac{(-1)^j}{\sqrt{2j+k}}.$$

Solution 356 *1. (a)*

```
import numpy as np
import scipy.integrate as integr

def I(k,p):
    def f(t):
```

```
        return(np.exp(-k*t)/(((np.pi*t)**0.5)*(1+np.exp
            (-2*t))**p))
    return(integr.quad(f,0,+np.inf)[0])

for k in range(1,6):
    print("k = "+str(k)+": ")
    print(["%.3f " %  I(k,p) for p in range(-3,1)])

k = 1:
['4.452 ', '2.602 ', '1.577 ', '1.000 ']
k = 2:
['3.785 ', '2.115 ', '1.207 ', '0.707 ']
k = 3:
['3.386 ', '1.850 ', '1.025 ', '0.577 ']
k = 4:
['3.102 ', '1.670 ', '0.908 ', '0.500 ']
k = 5:
['2.883 ', '1.536 ', '0.825 ', '0.447 ']
```

(b)

```
print([" %.3f " % I(k,1) for k in range(1,61)])
[' 0.668 ', ' 0.428 ', ' 0.332 ', ' 0.279 ', etc, ' 0.067
    ', ' 0.067 ', ' 0.066 ', ' 0.066 ', ' 0.065 ']
```

On conjecture que la suite $(I_{k,1})_{k\in\mathbb{N}}$ *converge vers* 0.

(c)

```
print([" %.5f " % ((k**0.5)*I(k,1)) for k in range(1,61)
    ])

[' 0.66769 ', ' 0.60490 ', ' 0.57558 ', etc.' 0.50446 ',
    ' 0.50438 ', ' 0.50431 ', ' 0.50424 ', ' 0.50417 ']
```

On conjecture que la suite $\left(\sqrt{k}I_{k,1}\right)_{k\in\mathbb{N}}$ *converge vers une limite strictement positive (valant approximativement* $0,5$*).*

2. *Soit* $(k,p)\in\mathbb{N}\times\mathbb{Z}$*. La fonction*

$$f : t \mapsto \frac{e^{-kt}}{\sqrt{\pi t}(1+e^{-2t})^p}$$

est continue et positive sur $]0,+\infty[$*. On dispose des équivalents suivants :*

$$f(t) \underset{t\to 0^+}{\sim} \frac{1}{\sqrt{\pi t}} = \frac{1}{\sqrt{\pi}}\times\frac{1}{t^{1/2}},\; f(t) \underset{t\to+\infty}{\sim} \frac{e^{-kt}}{\sqrt{\pi t}}.$$

La fonction $t \mapsto \dfrac{1}{t^{1/2}}$ *étant positive et intégrable sur* $]0,1]$ *(intégrale de Riemann de paramètre* $\dfrac{1}{2}<1$*), la fonction* f *est intégrable sur* $]0,1]$*.*

Si $k = 0$, la fonction f est équivalente en $+\infty$ à $t \mapsto \frac{1}{\sqrt{\pi}} \times \frac{1}{t^{1/2}}$ qui est positive et non intégrable sur $[1, +\infty[$ (intégrale de Riemann de paramètre $\frac{1}{2} < 1$) donc f n'est pas intégrable sur $[1, +\infty[$.

Si $k > 0$ alors, comme $\frac{1}{\sqrt{t}}$ tend vers 0 quand $t \to +\infty$, on peut affirmer que $f(t)$ est négligeable devant la fonction $t \mapsto e^{-kt}$. Cette dernière fonction étant positive et intégrable sur $[1, +\infty[$ (car $k > 0$) donc f est intégrable sur $[1, +\infty[$.

Par conséquent, f est intégrable sur $]0, +\infty[$ si et seulement si $k > 0$ donc l'intégrale $I_{k,p}$ existe si $(k, p) \in \mathbb{N}^* \times \mathbb{Z}$.

3. *Soit $(k, p) \in \mathbb{N}^* \times \mathbb{N}$. Commençons par remarquer que :*

$$I_{k,-p} = \int_0^{+\infty} \frac{e^{-kt}}{\sqrt{\pi t}\left(1 + e^{-2t}\right)^{-p}} dt = \int_0^{+\infty} \frac{e^{-kt}}{\sqrt{\pi t}} \left(1 + e^{-2t}\right)^p dt.$$

Comme $p \in \mathbb{N}$, on peut utiliser la formule du binôme de Newton puis permuter les symboles somme et intégrale car la somme ne contient qu'un nombre fini de termes, chacun d'eux étant intégrable sur $\mathbb{R}_+^*$ (même raisonnement qu'à la question 1).

$$I_{k,-p} = \int_0^{+\infty} \frac{e^{-kt}}{\sqrt{\pi t}} \sum_{j=0}^{p} \binom{p}{j} \left(e^{-2t}\right)^j dt = \sum_{j=0}^{p} \frac{\binom{p}{j}}{\sqrt{\pi}} \int_0^{+\infty} \frac{e^{-(k+2j)t}}{\sqrt{t}} dt.$$

On utilise alors le changement de variable $u = \sqrt{(k+2j)\, t}$ qui est de classe C^1 sur $]0, +\infty[$ et qui réalise une bijection strictement croissante de $]0, +\infty[$ sur $]0, +\infty[$. On a :

$$t = \frac{u^2}{k+2j},\ dt = \frac{2u}{k+2j} du,\ t = 0 \Rightarrow u = 0,\ t \to +\infty \Rightarrow u \to +\infty,$$

ce qui permet d'écrire :

$$\int_0^{+\infty} \frac{e^{-(k+2j)t}}{\sqrt{t}} dt = \int_0^{+\infty} \frac{e^{-u^2}}{\frac{u}{\sqrt{k+2j}}} \frac{2u}{k+2j} du = \frac{2}{\sqrt{k+2j}} \int_0^{+\infty} e^{-u^2} du = \frac{\sqrt{\pi}}{\sqrt{k+2j}}.$$

On en déduit la formule souhaitée :

$$I_{k,-p} = \sum_{j=0}^{p} \frac{\binom{p}{j}}{\sqrt{k+2j}}.$$

Comme tous les termes de la somme sont positifs, la somme est plus grand que n'importe quel terme, par exemple celui pour $j = 1$, donc

$$I_{k,-p} \geqslant \frac{\binom{p}{1}}{\sqrt{k+2}} = \frac{p}{\sqrt{k+2}} \underset{p \to +\infty}{\longrightarrow} +\infty.$$

Le théorème d'encadrement entraine que $I_{k,-p}$ tend vers $+\infty$ quand $p \to +\infty$.

4. *Soit $(k, p) \in \mathbb{N}^* \times \mathbb{N}$, on considère la fonction*

$$f_{k,p} : t \mapsto \frac{e^{-kt}}{\sqrt{\pi t}(1 + e^{-2t})^p}.$$

$\boxed{\lim_{k\to+\infty} I_{k,p}.}$ *Pour tout entier* $k \geqslant 1$, *la fonction* $f_{k,p}$ *est continue sur* $]0,+\infty[$ *et, pour tout* $t \in]0,+\infty[$, *on a* $\lim_{k\to+\infty} f_{k,p}(t) = 0$. *En outre, on dispose de la domination suivante :*

$$\forall k \geqslant 1,\ \forall t \in]0,+\infty[,\ |f_{k,p}(t)| = f_{k,p}(t) \leqslant f_{1,p}(t).$$

La fonction $f_{1,p}$ *étant intégrable sur* $]0,+\infty[$ *(d'après la question 2), le théorème de convergence dominée montre que :*

$$\lim_{k\to+\infty} I_{k,p} = \lim_{k\to+\infty} \int_0^{+\infty} f_{k,p} = \int_0^{+\infty} \lim_{k\to+\infty} f_{k,p} = \int_0^{+\infty} 0 = 0.$$

$\boxed{\lim_{p\to+\infty} I_{k,p}.}$ *Pour tout entier* $p \in \mathbb{N}$, *la fonction* $f_{k,p}$ *est continue sur* $]0,+\infty[$ *et, pour tout* $t \in]0,+\infty[$, *on a* $\lim_{p\to+\infty} f_{k,p}(t) = 0$. *En outre, on dispose de la domination suivante :*

$$\forall k \geqslant 1,\ \forall t \in]0,+\infty[,\ |f_{k,p}(t)| = f_{k,p}(t) \leqslant f_{k,0}(t).$$

La fonction $f_{k,0}$ *étant intégrable sur* $]0,+\infty[$ *(d'après la question 2), le théorème de convergence dominée montre que :*

$$\lim_{p\to+\infty} I_{k,p} = \lim_{p\to+\infty} \int_0^{+\infty} f_{k,p} = \int_0^{+\infty} \lim_{p\to+\infty} f_{k,p} = \int_0^{+\infty} 0 = 0.$$

5. *Fixons* $p \in \mathbb{N}$. *On effectue le changement de variable* $u = kt$ *(qui est de classe* C^1 *sur* $\mathbb{R}_+^*$ *et réalise une bijection strictement croissante de* $\mathbb{R}_+^*$ *sur* $\mathbb{R}_+^*$*). Comme* $du = kdt$, *on obtient l'égalité suivante :*

$$\sqrt{k} I_{k,p} = \sqrt{k} \int_0^{+\infty} \frac{e^{-t}}{\sqrt{\pi \frac{t}{k}}\left(1 + e^{-2t/k}\right)^p} \frac{1}{k} dt = \int_0^{+\infty} \frac{e^{-t}}{\sqrt{\pi t}\left(1 + e^{-2t/k}\right)^p} dt.$$

Pour tout $k \in \mathbb{N}^*$, *on considère la fonction*

$$g_k : t \mapsto \frac{e^{-t}}{\sqrt{\pi t}\left(1 + e^{-2t/k}\right)^p}$$

qui est continue sur $]0,+\infty[$ *et, pour tout* $t \in]0,+\infty[$, *on a*

$$\lim_{k\to+\infty} g_k(t) = \frac{e^{-t}}{\sqrt{\pi t}(1+1)^p} = \frac{1}{2^p\sqrt{\pi}} \times \frac{e^{-t}}{\sqrt{t}}.$$

En outre, on dispose de la domination suivante :

$$\forall k \geqslant 1,\ \forall t \in]0,+\infty[,\ |g_k(t)| = g_k(t) \leqslant \frac{e^{-t}}{\sqrt{\pi t}} = f_{1,0}$$

où $f_{1,0}$ *est définie à la question 4. Comme cette dernière fonction est intégrable sur* $\mathbb{R}_+^*$, *le théorème de convergence dominée montre que :*

$$\lim_{k\to+\infty} \sqrt{k} I_{k,p} = \lim_{k\to+\infty} \int_0^{+\infty} g_k = \int_0^{+\infty} \lim_{k\to+\infty} g_k = \frac{1}{2^p\sqrt{\pi}} \int_0^{+\infty} \frac{e^{-t}}{\sqrt{t}} dt = \frac{1}{2^p}$$

(cf. les calculs de la question 3). Comme $\dfrac{1}{2^p} > 0$*, on en déduit l'équivalent attendu :*

$$I_{k,p} \underset{k\to+\infty}{\sim} \frac{1}{2^p\sqrt{k}}.$$

6. *La série* $\sum\limits_{j\geqslant 0} \dfrac{(-1)^j}{\sqrt{2j+k}}$ *est alternée, la suite*

$$\left(\left|\frac{(-1)^j}{\sqrt{2j+k}}\right|\right)_j = \left(\frac{1}{\sqrt{2j+k}}\right)_j$$

étant décroissante et tendant vers 0*, le critère spécial des séries alternées montre que la série* $\sum\limits_{j\geqslant 0} \dfrac{(-1)^j}{\sqrt{2j+k}}$ *converge.*

Par définition, on a :

$$I_{k,1} = \int_0^{+\infty} \frac{e^{-kt}}{\sqrt{\pi t}\,(1+e^{-2t})}\,dt.$$

Pour tout $t>0$, $e^{-2t} \in \,]0,1[$ *donc on peut utiliser le développement en série entière de* $z \mapsto \dfrac{1}{1-z}$*. Pour tout* $t>0$*, on peut écrire :*

$$\begin{aligned}\frac{1}{1+e^{-2t}} &= \sum_{j=0}^{+\infty} \left(-e^{-2t}\right)^j = \sum_{j=0}^{+\infty} (-1)^j\, e^{-2jt} \Rightarrow \\ I_{k,1} &= \int_0^{+\infty}\sum_{j=0}^{+\infty} (-1)^j\, \frac{e^{-2jt}e^{-kt}}{\sqrt{\pi t}}dt = \int_0^{+\infty}\sum_{j=0}^{+\infty} (-1)^j\, \frac{e^{-(k+2j)t}}{\sqrt{\pi t}}dt.\end{aligned}$$

Nous allons utiliser le théorème de convergence dominée pour les séries de fonctions (celui qui demande la domination des sommes partielles)pour permuter série et intégrale.
Pour tout $j \in \mathbb{N}$*, considérons la fonction*

$$h_j : t \mapsto (-1)^j\, \frac{e^{-(k+2j)t}}{\sqrt{\pi t}}$$

qui est continue et intégrable sur $\mathbb{R}_+^*$ *(cf. la question 3). La série* $\sum\limits_{j\geqslant 0} h_j$ *converge simplement sur* $\mathbb{R}_+^*$ *(d'après le raisonnement ci-dessus) et sa somme*

$$\sum_{j=0}^{+\infty} h_j : t \mapsto \frac{e^{-kt}}{\sqrt{\pi t}\,(1+e^{-2t})}$$

est continue sur $\mathbb{R}_+^*$*. La série* $\sum\limits_{j\geqslant 0} h_j$ *vérifiant le critère spécial des séries alternées, on dispose de la majoration suivante :*

$$\forall n \in \mathbb{N},\, \forall t \in \mathbb{R}_+^*,\, \left|\sum_{j=0}^{n} h_j\,(t)\right| \leqslant h_0\,(t)\,.$$

(une somme partielle est un reste partielle d'indice 0 *donc tous les termes sont nuls à partir du rang* $n+1$*). La fonction* h_0 *étant continue et intégrable sur* $\mathbb{R}_+^*$*, le théorème de convergence dominée montre que*

$$I_{k,1} = \int_0^{+\infty} \sum_{j=0}^{+\infty} (-1)^j \frac{e^{-(k+2j)t}}{\sqrt{\pi t}} dt = \sum_{j=0}^{+\infty} \int_0^{+\infty} (-1)^j \frac{e^{-(k+2j)t}}{\sqrt{\pi t}} dt = \sum_{j=0}^{+\infty} \frac{(-1)^j}{\sqrt{2j+k}}$$

(d'après les calculs menés à la question 3).

Commentaires 356 *Les questions informatiques sont aisées ... si le candidat s'est entrainé à utiliser le module permettant le calcul d'intégrale (pour ne pas coder à la main des méthodes naives de calculs intégrales, qui ne s'appliquent pas si le domaine est de longueur infini ou si la fonction n'est pas continue sur le segment). N'hésitez pas à manipuler ce module car il renvoie non pas l'intégrale, mais un tuple formé d'une valeur approchée de l'intégrale et de la précision.*
Les questions mathématiques sont relativement traditionnelles (convergence d'intégrales, théorème de convergence dominée, permutation série-intégrale via la version série du théorème de convergence dominée afin d'utiliser la majoration du reste par le critère spécial des séries alternées).
Au final, ce sujet de niveau standard pour ce concours et de difficulté suffisamment progressive pour cette épreuve.

19.11 Espaces vectoriels normés

Exercice 357 Soit P dans $\mathbb{C}[X]$ de degré $d \geqslant 2$. On note

$$P_0 = \text{Id} \text{ et } \forall n \geqslant 1,\ P_n = \underbrace{P \circ P \circ \ldots \circ P}_{n \text{ fois}}$$

On pose également :

$$J_P = \{z \in \mathbb{C},\ (P_n(z))_{n\in\mathbb{N}} \text{ soit bornée}\}.$$

1. Montrer que P admet au moins un point fixe. Que peut-on en déduire pour J_P ?
2. (a) Montrer l'existence de R dans $\mathbb{R}_+^*$:

$$\forall z \in \mathbb{C}, |z| \geqslant R \Rightarrow |P(z)| \geqslant 2|z|.$$

   (b) Montrer alors que z est dans J_P si et seulement si

$$\forall n \in \mathbb{N},\ |P_n(z)| \leqslant R.$$

   (c) En déduire que J_P est compact.
3. Dans cette question on pose $P = X^4 + X$.

   (a) Déterminer un réel R strictement positif tel que :

$$\forall z \in \mathbb{C}, |z| \geqslant R \Rightarrow |P(z)| \geqslant 2|z|.$$

(b) Écrire une procédure en Python qui prend comme argument $z \in \mathbb{C}$ et $N \in \mathbb{N}$ et qui revoit $0 \leqslant k \leqslant N$ tel que $|P_k(z)| > R$ et qui renvoie $N+1$ sinon.

(c) Tracer une approximation de J_P.

Solution 357 *1. Le polynôme $P(X) - X$ est un polynôme de $\mathbb{C}[X]$ de degré $d \geqslant 2$ donc, d'après le théorème d'Alembert-Gauss, il admet (au moins) une racine z_0 donc z_0 est un point fixe de P. Une récurrence immédiate montre que*

$$\forall n \in \mathbb{N}, P_n(z_0) = z_0$$

(vraie pour $n = 0$ car $P_0 = \mathrm{Id}$ et si $P_n(z_0) = z_0$ alors

$$P_{n+1}(z_0) = P(P_n(z_0)) = P(z_0) = z_0,$$

ce qui prouve l'hérédité). Ainsi, z_0 appartient à J_P car la suite $(P_n(z_0))_n$ est constante donc bornée, ce qui prouve que l'ensemble J_P est non vide.

2. (a) Il existe des complexes $(a_k)_{0 \leqslant k \leqslant d}$ avec $a_d \neq 0$ tel que

$$P(X) = \sum_{k=0}^{d} a_k X^k.$$

On peut alors écrire :

$$\forall z \in \mathbb{C}^*, \left|\frac{P(z)}{z^d}\right| = \left|a_d + \sum_{k=0}^{d-1} a_k \left(\frac{1}{z}\right)^{d-k}\right| \underset{|z| \to +\infty}{\to} |a_d| \neq 0$$

car

$$\forall k \in \{0, .., d-1\}, \left|\left(\frac{1}{z}\right)^{d-k}\right| = \frac{1}{|z|^{d-k}} \underset{|z| \to +\infty}{\to} 0.$$

Ainsi, on en déduit que

$$\frac{|P(z)|}{|z|^d} \underset{|z| \to +\infty}{\sim} |a_d| \underset{\times |z|^{d-1}}{\Rightarrow} \frac{|P(z)|}{|z|} \underset{|z| \to +\infty}{\sim} |a_d| \, |z|^{d-1} \underset{|z| \to +\infty}{\to} +\infty$$

puisque $d - 1 > 0$. Par définition des limites infinies en $+\infty$, il existe $R > 0$ tel que :

$$\forall z \in \mathbb{C}, |z| \geqslant R \Rightarrow \frac{|P(z)|}{|z|} \geqslant 2 \Leftrightarrow |P(z)| \geqslant 2|z|.$$

(b) Notons

$$K = \{z \in \mathbb{C}, \forall n \in \mathbb{N}, |P_n(z)| \leqslant R\}.$$

Soit $z \in \mathbb{C}$. Si $z \in K$, par définition de K, la suite $(P_n(z))_{n \in \mathbb{N}}$ est bornée donc $z \in J_P$, ce qui prouve l'inclusion $K \subset J_P$.
Supposons que $z \in J_P$ alors la suite $(P_n(z))_{n \in \mathbb{N}}$ est bornée. Prouvons par l'absurde que $z \in K$. Supposons qu'il existe $n_0 \in \mathbb{N}$ tel que $|P_{n_0}(z)| > R$. Prouvons par récurrence sur $n \geqslant n_0$ que

$$\forall n \geqslant n_0, (\mathcal{H}_n) : |P_n(z)| \geqslant 2^{n-n_0} R.$$

Cette inégalité $(\mathcal{H}_n)$ *est manifestement vraie pour* $n = n_0$. *Supposons que* $(\mathcal{H}_n)$ *soit vraie pour un entier* $n \geqslant n_0$ *alors,* $n - n_0 \in \mathbb{N}$ *donc* $2^{n-n_0} \geqslant 1$ *et on peut affirmer que*

$$|P_n(z)| \geqslant 2^{n-n_0} R \geqslant R.$$

D'après la question précédente, on en déduit que

$$|P_{n+1}(z)| = |P(P_n(z))| \geqslant 2|P_n(z)| \geqslant 2 \times 2^{n-n_0} R = 2^{n-n_0+1} R.$$

Ainsi, $(\mathcal{H}_{n+1})$ *est vraie, ce qui achève la récurrence.*
Comme la suite $(2^{n-n_0}R)_{n \geqslant n_0}$ *tend vers* $+\infty$, *l'inégalité* $(\mathcal{H}_n)$ *combinée au théorème d'encadrement montre que*

$$\lim_{n \to +\infty} |P_n(z)| = +\infty,$$

ce qui contredit le fait que, z *appartenant à* J_P, *la suite* $(P_n(z))_{n \in \mathbb{N}}$ *est bornée. Par conséquent, on peut affirmer que* $z \in K$. *Par suite, nous venons de prouvons l'inclusion* $J_P \subset K$ *d'où l'égalité attendue :* $J_P = K$.

(c) *Notons*

$$D = \{z \in \mathbb{C},\ |z| \leqslant R\}$$

qui est un fermé borné de $\mathbb{C}$. *Pour tout entier* n, *on note*

$$D_n = (P_n)^{-1}(D) = \{z \in \mathbb{C},\ P_n(z) \in D\} = \{z \in \mathbb{C},\ |P_n(z)| \leqslant R\}.$$

Pour chaque entier n, $z \mapsto P_n(z)$ *étant une fonction continue sur* $\mathbb{C}$ *(puisque polynomiale) et* D *étant un fermé, on peut affirmer que* D_n *est fermé. Par conséquent, l'ensemble*

$$\bigcap_{n \in \mathbb{N}} D_n = J_P$$

est un fermé de $\mathbb{C}$. *D'autre part, comme*

$$J_P = \bigcap_{n \in \mathbb{N}} D_n \subset D_0 = D,$$

on peut affirmer que J_P *est borné. Puisque* J_P *est un fermé borné de* $\mathbb{C}$ *qui est un espace vectoriel normé de dimension finie, on peut affirmer que* J_P *est un compact.*

3. (a) *D'après la seconde inégalité triangulaire, pour tout* $z \in \mathbb{C}$, *on a l'inégalité suivante :*

$$\left|z^4 + z\right| \geqslant |z|^4 - |z| = |z|^3 (|z| - 1)$$

donc, si

$$|z| \geqslant 3 \Rightarrow \begin{cases} |z| - 1 \geqslant 2 \\ |z|^3 \geqslant |z| \end{cases} \Rightarrow |P(z)| \geqslant 2|z|$$

donc $R = 3$ *convient.*

(b)

```
def appartient(z,N):
    u = z
    R = 3
    k = 0
    while k <= N and abs(u) < R:
```

```
        u  =  u**4+u
        k  =  k+1
    return(k)

print(appartient(0.55+0.1*1j,23))
24
print(appartient(0.552365+0.1*1j,23))
8
```

(c) *Si* $|z| \leqslant 3$ *alors sa partie réelle et sa partie imaginaire appartiennent à l'intervalle* $[-3,3]$. *On maille alors le carré* $[-3,3] \times [-3,3]$ *(avec un certain pas prédéfini) on ne conserve que les points* z *du disque de centre* 0 *et de rayon* 3 *puis on teste si la suite* $(P_n(z))_n$ *ne sort pas de ce disque pour les* N *premières itérations (nous testerons* 2, 20 *et* 200 *itérations avec un pas de* $0,1$ *puis de* $0,01$).

```
def approximation(nb_iteration,pas):
    X = np.arange(-3,3,pas)
    Y = np.arange(-3,3,pas)
    Z = []
    for x in X:
        for y in Y:
            if x**2+y**2 < 9:
                Z.append(x+y*1j)
    for z in Z:
        if appartient(z,nb_iteration) > nb_iteration:
            plt.plot(z.real,z.imag, marker='.',color='red
                ')
    plt.plot(0,0,label="pas de "+str(pas)+" et "+str(
        nb_iteration)+" itérations")
    plt.legend()
    plt.show()
```

Voici quelques approximations graphiques (plus le nombre d'itérations est élevé et plus le pas est petit), plus l'approximation est bonne.

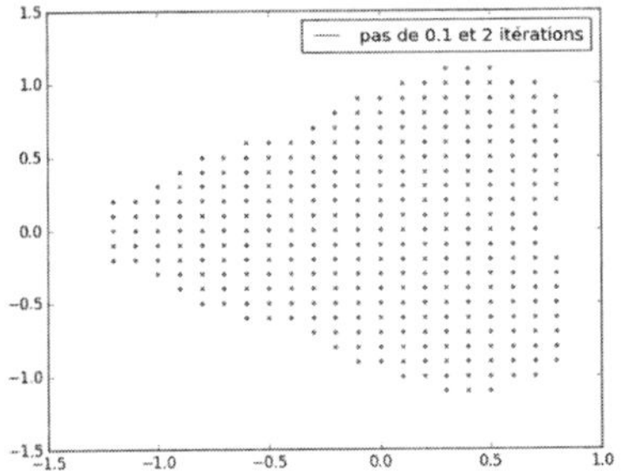

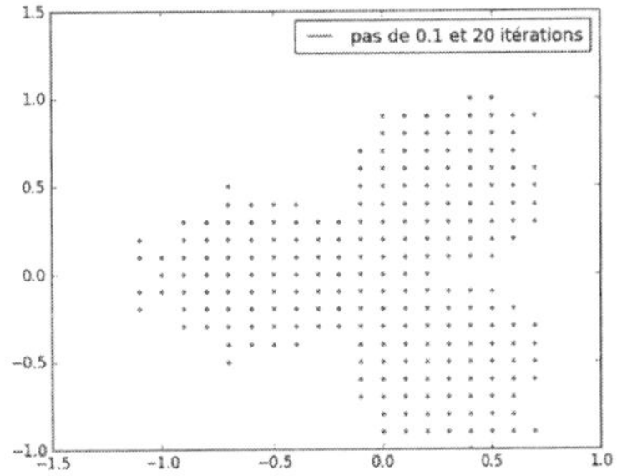

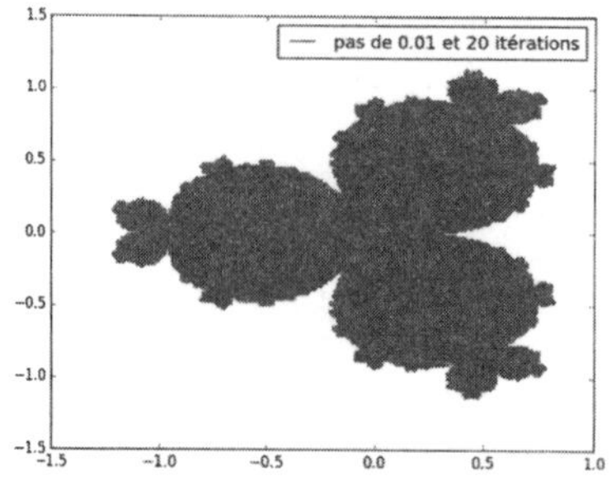

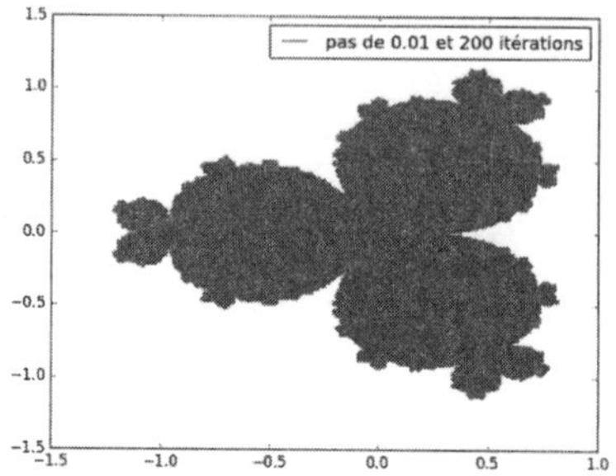

Commentaires 357 *L'exercice est assez pauvre en questions informatiques. En outre, si la détermination mathématique de R n'est pas faite, le codage informatique en est impacté. Dans ce cas, soyez pragmatique et faites des tests avec des valeurs de R plus ou moins grandes. Une subtilité est présente à la question 3.c : il s'agit de tracer des points et non des courbes (donc il faut réviser ce point :-)). L'intérêt de cet exercice est d'implémenter vos premières fractales (découvertes où il a plus d'un siècle par Gaston Julia et Pierre Fatou au début du 20e siècle puis retravailler par Benoit Mandelbrot dans la seconde moitié du 20e siècle). Il s'agit dans cet exercice d'étudier un ensemble très proche du célébrissime ensemble de Mandelbrot.*
Les questions mathématiques ont déjà été posées à plusieurs reprises à ce concours (initialement en Maths pour les questions 2).
Les questions 1 et 3.a sont élémentaires tandis que la question 2.a) est légèrement astucieuse (ou « évidente » si on raisonne en terme d'asymptotique).
La question 2.b est probablement la question la plus difficile car elle requiert une grande rigueur dans le raisonnement.
La question 2.c est très discriminante car elle demande de réinterpréter correctement la question précédente et d'avoir une bonne connaissance sur la topologie (liée à la compacité).
Pour votre culture, il existait dans la version Math 1 une question supplémentaire : montrer que $\mathbb{C}\backslash J_P$ est connexe par arcs. Cela saute aux yeux au vu des dessins, je vous laisse vous amuser à le prouver.

Exercice 358 Soient n un entier supérieur ou égal à 2, $A \in \mathfrak{M}_n(\mathbb{R})$ et $B \in \mathfrak{M}_{n,1}(\mathbb{R})$. On cherche à résoudre numériquement le système linéaire $AX = B$ selon la méthode de Jacobi. On fait l'hypothèse nécessaire (et suffisante) pour la réussite du procédé que les coefficients diagonaux de A sont non nuls. On pose

$$A = D - E - F,$$

où D est diagonale, E triangulaire strictement supérieure et F triangulaire strictement inférieure. On se donne $X_0 \in \mathfrak{M}_{n,1}(\mathbb{R})$ et on définit la suite $(X_k)_{k\geqslant 0}$ par la récurrence :

$$\forall k \in \mathbb{N}, X_{k+1} = D^{-1}(E+F)X_k + D^{-1}B.$$

1.

(a) Écrire la fonction *decomp(A)* qui renvoie D^{-1}, E et F.

(b) Écrire la fonction *Jacobi(A,B,X0,n)* qui renvoie X_n lorsque $n \in \mathbb{N}$.

(c) Tester la fonction lorsque $A = \begin{pmatrix} 2 & 3 & 1 \\ -2 & 5 & 4 \\ 0 & 1 & 8 \end{pmatrix}$, $B = \begin{pmatrix} 1 \\ 1 \\ 1 \end{pmatrix}$ et $X_0 = B$. Comparer le résultat obtenu avec celui obtenu à l'aide de *numpy.linalg.solve(A,B)*.

2. On suppose dans cette question que A est à diagonale strictement dominante, ce qui signifie que, pour tout $i \in \{1,..,n\}$, $|A_{i,i}| > \sum\limits_{j\in\{1,..,n\}\setminus\{i\}} |A_{i,j}|$.

(a) Montrer que la méthode de Jacobi peut être mise en place.

(b) Montrer que A est inversible.

(c) Soit Y l'unique solution du système $AX = B$. On pose

$$M = D^{-1}(E+F)..$$

Montrer que

$$\forall k \in \mathbb{N}, X_{k+1} - Y = M(X_k - Y).$$

(d) En déduire l'existence de $\rho \in [0,1[$ tel que

$$\forall k \in \mathbb{N}, \|X_{k+1} - Y\| \leqslant \rho \|X_k - Y\|$$

lorsque $\|X\| = \max\limits_{1\leqslant i\leqslant n} |X_i|$.

(e) Que peut-on en conclure?

Solution 358 *1.*

(a)

```
import numpy as np

def decomp(A):
    n=len(A)
    D1 = np.zeros((n,n))
    E = np.zeros((n,n))
    F = np.zeros((n,n))
    for i in range(n):
        D1[i][i] = 1/(A[i][i])
    for i in range(n):
        for j in range(n):
            if i <j:
                E[i][j] = -A[i][j]
    for i in range(n):
        for j in range(n):
            if i > j:
                F[i][j] = -A[i][j]
    return(D1,E,F)
```

(b)

```
def Jacobi(A,B,X0,n):
    D1,E,F = decomp(A)
    U = D1.dot(E+F)
    B1 = D1.dot(B)
    X = np.array([X0[i] for i in range(len(X0))])
    for i in range(n+1):
        X = U.dot(X) + B1
    return(X)
```

(c)

```
A1 = np.array([ [2,3,1],[-2,5,4],[0,1,8]])
B1 = np.array([[1],[1],[1]])

for n in range(20):
    print(Jacobi(A1,B1,B1,n))

[[-1.5]
 [-0.2]
 [ 0. ]]
[[ 0.8 ]
 [-0.4 ]
 [ 0.15]]
etc.
[[ 0.17140758]
 [ 0.18805786]
 [ 0.10187062]]
[[ 0.1669779 ]
 [ 0.18706653]
 [ 0.10149277]]

print(np.linalg.solve(A1,B1))

[[ 0.16949153]
 [ 0.18644068]
 [ 0.10169492]]
```

On constate que la suite $(X_n)_n$ *semble converger vers la solution de l'équation* $AX = B$ *c'est-à-dire vers* $A^{-1}B$.

2. (a) *La matrice* D *est* $\operatorname{diag}(A_{1,1}, .., A_{n,n})$. *Comme* A *est une matrice à diagonale dominante, pour tout* $i \in \{1, .., n\}$, *on a la minoration :*

$$\forall i \in \{1, .., n\}, |A_{i,i}| > \sum_{j \in \{1,..n\} \setminus \{i\}} |A_{i,j}| \geqslant 0 \Rightarrow |A_{i,i}| > 0$$

donc, pour tout $i \in \{1, .., n\}$, $A_{i,i}$ *n'est pas nul, ce qui permet de mettre en place la méthode de Jacobi.*

(b) *Comme A est une matrice carrée, il suffit que son noyau est réduit à $\{0_{n,1}\}$. Soit $X = (x_i)_{1\leqslant i\leqslant n} \in \mathfrak{M}_{n,1}(\mathbb{R})$ tel que*

$$\begin{aligned} AX &= 0_{n,1} \Leftrightarrow \forall i \in \{1,..,n\}, \sum_{j=1}^{n} A_{i,j}x_j = 0 \\ &\Leftrightarrow \forall i \in \{1,..,n\}, A_{i,i}x_i = -\sum_{j\in\{1,..n\}\setminus\{i\}} A_{i,j}x_j. \end{aligned}$$

On note

$$\|X\|_\infty = \max_{1\leqslant i\leqslant n} |x_i|.$$

Soit $i_0 \in \{1,..,n\}$ tel que $\|X\|_\infty = |X_{i_0}|$. D'après les équations précédentes, on a :

$$\begin{aligned} |A_{i_0,i_0}|\,\|X\|_\infty &= |A_{i_0,i_0}|\,|x_{i_0}| = \left|-\sum_{j\in\{1,..n\}\setminus\{i_0\}} A_{i_0,j}x_j.\right| = \left|\sum_{j\in\{1,..n\}\setminus\{i_0\}} A_{i_0,j}x_j.\right| \\ &\leqslant \sum_{j\in\{1,..n\}\setminus\{i_0\}} |A_{i_0,j}| \underbrace{|x_j|}_{\leqslant\|X\|_\infty} \leqslant \sum_{j\in\{1,..n\}\setminus\{i_0\}} |A_{i_0,j}|\,\|X\|_\infty. \end{aligned}$$

Autrement dit, on a prouvé l'inégalité suivante :

$$|A_{i_0,i_0}|\,\|X\|_\infty \leqslant \sum_{j\in\{1,..n\}\setminus\{i_0\}} |A_{i_0,j}|\,\|X\|_\infty \Leftrightarrow \left(|A_{i_0,i_0}| - \sum_{j\in\{1,..n\}\setminus\{i_0\}} |A_{i_0,j}|\right)\|X\|_\infty \leqslant 0.$$

En divisant par le nombre

$$|A_{i_0,i_0}| - \sum_{j\in\{1,..n\}\setminus\{i_0\}} |A_{i_0,j}|$$

qui est strictement positif d'après l'énoncé, on en déduit que :

$$\|X\|_\infty \leqslant 0 \Rightarrow \|X\|_\infty = 0 \Rightarrow X = 0_{n,1},$$

ce qui permet de conclure.

(c) *Par construction, on a*

$$\begin{aligned} &AY = B \Leftrightarrow (D-E-F)Y = B \Leftrightarrow DY = (E+F)Y + B \\ &\underset{\times D^{-1}}{\Leftrightarrow} Y = D^{-1}(E+F)Y + D^{-1}B \Leftrightarrow (\mathcal{E}_1) : Y = MY + D^{-1}B \end{aligned}$$

D'autre part, par définition de la suite $(X_k)_k$, pour tout entier k, on a :

$$(\mathcal{E}_2) : X_{k+1} = MX_k + D^{-1}B$$

En retranchant $(\mathcal{E}_1)$ à $(\mathcal{E}_2)$, on obtient la formule souhaitée.

(d) *Par construction, les coefficients de M sont définis par :*

$$\forall (i,j) \in \{1,..,n\}^2, M_{i,j} = \begin{cases} -\dfrac{A_{ij}}{A_{i,i}} & si\ i \neq j \\ 0 & si\ i = j \end{cases}$$

Ainsi, pour tout

$$Z = (Z_i)_{1\leqslant i\leqslant n} \in \mathfrak{M}_{n,1}(\mathbb{R}),$$

on a les majorations suivantes :

$$\begin{aligned}\forall i \in \{1,..,n\},\ |(MZ)_i| &= \left|\sum_{j\in\{1,..,n\}\setminus\{i\}} M_{i,j}Z_i\right| \leqslant \sum_{j\in\{1,..,n\}\setminus\{i\}} |M_{i,j}|\,|Z_i| \\ &= \sum_{j\in\{1,..,n\}\setminus\{i\}} \frac{|A_{i,j}|}{|A_{i,i}|}|Z_i| = \frac{1}{|A_{i,i}|}\sum_{j\in\{1,..,n\}\setminus\{i\}} |A_{i,j}|\,|Z_i| \\ &\leqslant \left(\frac{1}{|A_{i,i}|}\sum_{j\in\{1,..,n\}\setminus\{i\}} |A_{i,j}|\right)\|Z\|_\infty .\end{aligned}$$

On en déduit la majoration suivante :

$$\|MZ\|_\infty \leqslant \max_{1\leqslant i\leqslant n}\left(\frac{1}{|A_{i,i}|}\sum_{j\in\{1,..,n\}\setminus\{i\}} |A_{i,j}|\right)\|Z\|_\infty .$$

Si on pose

$$\rho = \max_{i\in\{1,..,n\}} \frac{1}{|A_{i,i}|}\sum_{j\in\{1,..,n\}\setminus\{i\}} |A_{i,j}| \in [0,1[$$

(car A est à diagonale strictement dominante). Pour tout entier k, en choisissant $Z = X_k - Y$, d'après la question 3.c, on a

$$\begin{aligned}X_{k+1} - Y = MZ = M(X_k - Y)\\ \Rightarrow \|X_{k+1} - Y\| = \|M(X_k - Y)\| \leqslant \rho\,\|X_k - Y\| .\end{aligned}$$

(e) *Une récurrence immédiate montre que :*

$$\forall k \in \mathbb{N},\ 0 \leqslant \|X_k - Y\| \leqslant \rho^k \|X_0 - Y\| .$$

Comme $\rho \in [0,1[$, la suite géométrique $\left(\rho^k \|X_0 - Y\|\right)_{k\in\mathbb{N}}$ converge vers 0 donc, d'après le théorème d'encadrement, on peut écrire :

$$\lim_{k\to+\infty} \|X_k - Y\| = 0 \Leftrightarrow \lim_{k\to+\infty} X_k = Y$$

c'est-à-dire que la suite $(X_k)_k$ converge vers l'unique solution de l'équation $AX = B$.

Commentaires 358 *Les questions informatiques sont tout à fait standards pour cette épreuve et ne doivent pas vous poser de difficulté. Si c'est le cas, il faut les retravailler. La question 2.a est classique et, si elle vous a bloqué, n'hésitez pas à la retravailler (elle intervient aux écrits et oraux de tous les concours de cet ouvrage). Elle sert notamment à localiser les valeurs propres des matrices (en vue d'estimations numériques). Les autres questions mathématiques sont de difficulté standards et ne doivent pas poser de difficulté insurmontable.*

19.12 Variables aléatoires

Exercice 359 Soit p dans $]0,1[$ et $n \geqslant 1$. Soient $X_1, \ldots, X_n$ des variables aléatoires discrètes indépendantes de même loi

$$P(X_1 = 1) = p \text{ et } P(X_1 = -1) = 1 - p.$$

On pose

$$X_0 = 0 \text{ et } S_n = \sum_{i=0}^{n} X_i.$$

1. Déterminer la loi de S_n.
2. (a) Sur Python, créer une fonction *marchealea* prenant 2 paramètres p dans $]0,1[$ et $n \geqslant 1$ qui simule une expérience aléatoire et renvoie une liste $[S_0(\omega), S_1(\omega), ..., S_n(\omega)]$ pour un ω dans Ω.
   (b) Créer une fonction affichant les points $(S_i(\omega), i)_{0 \leqslant i \leqslant n}$, pour n et p donnés. Ajouter les courbes de

$$\begin{aligned} n &\mapsto (2p-1)\,n + 1.01 \times \sqrt{n \ln(n)} \\ \text{et } n &\mapsto (2p-1)\,n - 1.01 \times \sqrt{n \ln(n)} \end{aligned}$$

   sur le graphique. Que peut-on conjecturer ?
3. Soit $(A_n)_{n \geqslant 0}$ une suite d'évênement. Soit $(B_m)_{m \geqslant 0}$ telle que

$$\forall m \in \mathbb{N},\ B_m = \bigcup_{n=m}^{+\infty} A_n$$

   Montrer que $(B_m)_{m \geqslant 0}$ est décroissante.
4. Si la série $\sum P(A_n)$ converge, montrer que

$$P\left(\bigcap_{m=0}^{+\infty} B_m\right) = 0.$$

5. Comparer pour x dans $\mathbb{R}$, $\operatorname{ch}(x)$ et $\exp\left(\dfrac{x^2}{2}\right)$.
6. On suppose dans les questions 6 et 7 que $p = \dfrac{1}{2}$.
   (a) Soient $a > 0$, $u > 0$ et $n \geqslant 1$. Montrer que

$$P(S_n > a) \leqslant \frac{E(\exp(uS_n))}{\exp(ua)}.$$

   (b) Montrer que

$$P(S_n > a) \leqslant \exp\left(-\frac{a^2}{2n}\right)$$

puis que

$$P(|S_n| > a) \leqslant 2\exp\left(-\frac{a^2}{2n}\right).$$

7. Rappelons que $p = \frac{1}{2}$ dans cette question. Conclure en montrant que la probabilité qu'il y ait une infinité de n tel que $|S_n|$ soit strictement plus grand que $1,01\sqrt{n\ln(n)}$ vaut 0.

Solution 359 *1. Pour tout $k \in \{1,..,n\}$, on pose*

$$Y_k = \frac{X_k + 1}{2}$$

alors Y_k suit une loi de Bernoulli de paramètre $1-p$ car

$$\begin{aligned} Y_k(\Omega) &= \left\{\frac{x+1}{2}, x \in X_k(\Omega)\right\} = \left\{\frac{-1+1}{2}, \frac{1+1}{2}\right\} = \{0,1\} \\ P(Y_k = 1) &= P\left(\frac{X_k+1}{2} = 1\right) = P(X_k = 1) = 1-p \\ P(Y_k = 0) &= 1 - P(Y_k = 1) = p. \end{aligned}$$

Comme les variables $(X_k)_{1\leqslant k\leqslant n}$ sont mutuellement indépendantes et que, pour chaque entier k, Y_k dépend uniquement de X_k, le lemme des coalitions montre que les variables $(Y_k)_{1\leqslant k\leqslant n}$ sont également mutuellement indépendantes. Comme elles suivent toutes la même loi de Bernoulli de paramètre $1-p$, le cours affirme que la variable

$$T = \sum_{k=1}^{n} Y_k$$

suit la loi binomiale $\mathcal{B}(n, 1-p)$ c'est-à-dire :

$$T(\Omega) = \{0,..,n\}, \forall k \in \{0,..,n\}, P(T = k) = \tbinom{n}{k}(1-p)^k p^{n-k}.$$

Exprimons T en fonction de S_n.

$$\begin{aligned} T &= \sum_{k=1}^{n}\left(\frac{X_k+1}{2}\right) = \frac{1}{2}\sum_{k=1}^{n} X_k + \frac{1}{2}\sum_{k=1}^{n} 1 = \frac{1}{2}S_n + \frac{n}{2} \\ &\Rightarrow S_n = 2T - n \end{aligned}$$

On en déduit la loi de S_n.

$$\begin{aligned} S_n(\Omega) &= \{2k-n, k \in \{0,..,n\}\} \text{ et } \forall s \in S_n(\Omega), \\ P(S_n = s) &= P\left(T = \frac{s+n}{2}\right) = \tbinom{n}{(s+n)/2}(1-p)^{(s+n)/2} p^{n-(s+n)/2} \\ &= \tbinom{n}{(s+n)/2}(1-p)^{(s+n)/2} p^{(n-s)/2}. \end{aligned}$$

2. (a)

```
import random as rd
```

```
def X(p):
    if rd.random()<p:
        return(1)
    else:
        return(-1)

def liste_S(n,p):
    S=[0 for k in range(n+1)]
    S[0] = X(p)
    for k in range(1,n+1):
        S[k] = X(p) + S[k-1]
    return(S)

print(liste_S(10,0.7))
[1, 2, 3, 2, 3, 4, 5, 4, 5, 6, 5]

print(liste_S(20,0.5))
[1, 2, 1, 2, 3, 2, 1, 2, 3, 2, 1, 0, 1, 2, 1, 2, 3, 4, 5,
    4, 5]
```

(b)

```
iimport matplotlib.pylab as plt
import numpy as np

def graphe(n,p):
    X = [k for k in range(n+1)]
    Y = liste_S(n,p)
    Z1 = [0 for k in range(n+1)]
    Z2 = [0 for k in range(n+1)]
    for k in range(1,n+1):
        t = +1.01*(k*np.log(k))**0.5
        Z1[k] = (2*p-1)*k-t
        Z2[k] = (2*p-1)*k+t
    plt.plot(X,Y,label = "n = "+str(n)+" et p = "+str(p),
        color='yellow')
    plt.plot(X,Z1,color='red')
    plt.plot(X,Z2,color='blue')
    plt.legend()
    plt.show()

graphe(100,0.8)
graphe(1000,0.1)
graphe(10000,0.5)
```

Voici quelques graphes associés.

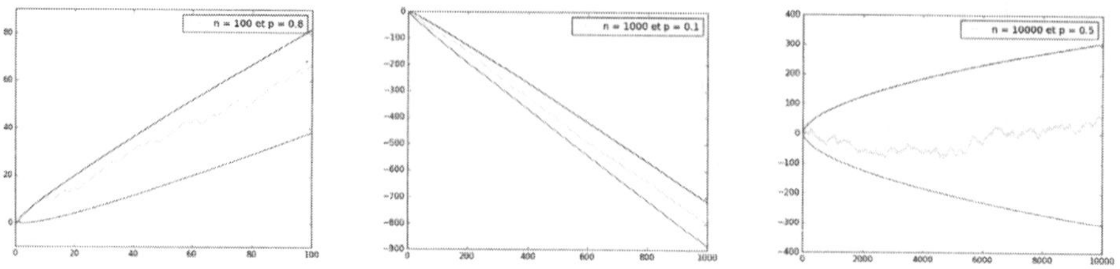

On peut conjecturer que

$$\begin{aligned}\forall \omega &\in \Omega, \forall n \in \mathbb{N},\\ (2p-1)\,n - 1.01 \times \sqrt{n \ln(n)} &\leqslant S_n(\omega) \leqslant (2p-1)\,n + 1.01 \times \sqrt{n \ln(n)}.\end{aligned}$$

En fait, cette conjecture est manifestement fausse (il suffit que $X_k = -1$ (ou $X_k = 1$) pour tout $k \in \{1,..,n\}$ pour que $S_n = -n$ (ou $S_n = n$) pour que l'encadrement soit faux). Néanmoins, nous prouvons à la fin de cet exercice que cet encadrement est presque sûr c'est-à-dire que sa probabilité de réalisation vaut 1, du moins lorsque $p = \frac{1}{2}$. Le cas général donnant un résultat identique (mais un peu plus long techniquement).

3. *Pour tout entier m, on a :*

$$\begin{aligned} B_m &= A_m \cup \left(\bigcup_{n=m+1}^{+\infty} A_n \right) = A_m \cup B_{m+1} \\ &\Rightarrow B_{m+1} \subset A_m \cup B_{m+1} = B_m \end{aligned}$$

donc la suite $(B_m)_{m\geqslant 0}$ est bien décroissante.

4. *Comme la suite $(B_m)_{m\geqslant 0}$ est décroissante, le théorème de limite monotone montre que :*

$$P\left(\bigcap_{m=0}^{+\infty} B_m \right) = \lim_{m\to+\infty} P(B_m).$$

Or, pour tout entier m, l'inégalité de Boole montre que :

$$(\mathcal{E}) : 0 \leqslant P(B_m) = P\left(\bigcup_{n=m}^{+\infty} A_n \right) \leqslant \sum_{n=m}^{+\infty} P(A_n).$$

Comme la série $\sum_n P(A_n)$ converge, la suite $\left(\sum_{n=m}^{+\infty} P(A_n) \right)_m$ converge vers 0 (suite des restes partielles d'une série convergente). En faisant tendre m vers $+\infty$ dans l'encadrement $(\mathcal{E})$, on obtient :

$$0 \leqslant \lim_{m\to+\infty} P(B_m) \leqslant 0 \Rightarrow \lim_{m\to+\infty} P(B_m) = 0 \Rightarrow P\left(\bigcap_{m=0}^{+\infty} B_m \right) = 0.$$

5. *On peut utiliser Python pour observer la position de $\operatorname{ch}(x)$ par rapport à $\exp\left(\frac{x^2}{2}\right)$.*

```
import numpy as np
import matplotlib.pylab as plt

X = np.arange(-3,3,0.01)
Y = [(np.exp(x)+np.exp(-x))/2 for x in X]
Z = [np.exp(x**2/2) for x in X]
plt.plot(X,Y,'+')
plt.plot(X,Z)
plt.show()
```

Voici le graphe associé (le tracé de $x \mapsto \exp\left(\dfrac{x^2}{2}\right)$ *est en trait fin et celui de* ch *est en trait ' + ')*

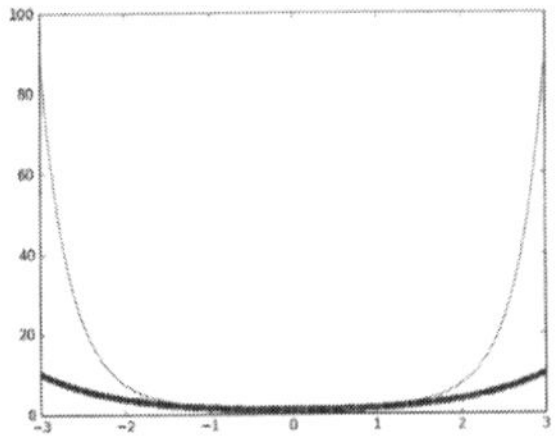

On conjecture que

$$(\mathcal{I}_1) : \forall x \in \mathbb{R},\ \mathrm{ch}\,(x) \leqslant \exp\left(\frac{x^2}{2}\right)$$

ou, ce qui est équivalent en composant par le logarithme népérien qui est strictement croissant sur $\mathbb{R}_+^*$*, à l'inéquation*

$$(\mathcal{I}_2) : \forall x \in \mathbb{R},\ \ln\left(\mathrm{ch}\,(x)\right) \leqslant \frac{x^2}{2}.$$

On considère la fonction

$$f : x \in \mathbb{R} \mapsto \ln\left(\mathrm{ch}\,(x)\right) - \frac{x^2}{2}$$

qui est C^∞ *sur* $\mathbb{R}$ *et*

$$f' : x \mapsto \frac{\mathrm{sh}\,(x)}{\mathrm{ch}\,(x)} - x,\ f'' : x \mapsto \frac{\left(\mathrm{ch}\,(x)\right)^2 - \left(\mathrm{sh}\,(x)\right)^2}{\left(\mathrm{ch}\,(x)\right)^2} - 1 = -\left(\frac{\mathrm{sh}\,(x)}{\mathrm{ch}\,(x)}\right)^2 \leqslant 0.$$

Ainsi, f' *est décroissante sur* $\mathbb{R}$ *et comme* $f'(0) = 0$*, on en déduit que* f' *est positive sur* $\mathbb{R}_-$ *et négative sur* $\mathbb{R}_+$*. Par conséquent,* f *est croissante sur* $\mathbb{R}_-$ *et décroissante sur* $\mathbb{R}_+$*. Comme* $f(0) = 0$*, on en déduit que* f *est négative sur* $\mathbb{R}$*, ce qui prouve l'inégalité* $(\mathcal{I}_2)$ *donc l'inégalité* $(\mathcal{I}_1)$*.*

6. (a) *Soient* $(a, u) \in \left(\mathbb{R}_+^*\right)^2$ *et* $n \in \mathbb{N}^*$*. Comme la fonction* $t \mapsto \exp(tu)$ *est strictement croissante sur* $\mathbb{R}$*, on a l'équivalence suivante :*

$$S_n > a \Leftrightarrow \exp(uS_n) > \exp(ua) \Rightarrow P(S_n > a) = P\left(\exp(uS_n) > \exp(ua)\right).$$

Comme la variable $\exp(uS_n)$ *ne prend qu'un nombre fini de valeurs, elle admet une espérance. En outre, cette variable aléatoire est à valeurs positifs et* $\exp(ua)$ *est strictement positif donc l'inégalité de Markov permet d'écrire :*

$$P(S_n > a) = P(\exp(uS_n) > \exp(ua)) \leqslant \frac{E(\exp(uS_n))}{\exp(ua)}.$$

(b) *Par définition de* S_n, *on peut écrire :*

$$\exp(uS_n) = \exp\left(u\sum_{k=1}^{n} X_k\right) = \exp\left(\sum_{k=1}^{n} uX_k\right) = \prod_{k=1}^{n} \exp(uX_k).$$

Les variables $(X_k)_{1\leqslant k\leqslant n}$ *étant mutuellement indépendantes, le lemme des coalitions montre que les variables* $(\exp(uX_k))_{1\leqslant k\leqslant n}$ *sont aussi mutuellement indépendantes. On peut alors écrire :*

$$E(\exp(uS_n)) = E\left(\prod_{k=1}^{n} \exp(uX_k)\right) = \prod_{k=1}^{n} E(\exp(uX_k)).$$

Grâce au théorème de transfert et comme $p = 1 - p = \frac{1}{2}$, *on peut écrire :*

$$\begin{aligned} E(\exp(uX_k)) &= \sum_{x\in X_k(\Omega)} \exp(ux)\, P(X_k = x) \\ &= \frac{1}{2}\exp(u) + \frac{1}{2}\exp(-u) = \operatorname{ch}(u). \end{aligned}$$

Ainsi, on en déduit que

$$E(\exp(uS_n)) = \prod_{k=1}^{n} \operatorname{ch}(u) = (\operatorname{ch}(u))^n \leqslant \left(\exp\left(\frac{u^2}{2}\right)\right)^n = \exp\left(\frac{nu^2}{2}\right)$$

(d'après la majoration de la question 5). La question 6.a nous fournit alors la majoration

$$(\mathcal{I}_3) : P(S_n > a) \leqslant \frac{E(\exp(uS_n))}{\exp(ua)} \leqslant \frac{\exp\left(\frac{nu^2}{2}\right)}{\exp(ua)} = \exp\left(\frac{nu^2}{2} - ua\right).$$

Afin d'optimiser cette majoration, il suffit de minimiser son membre de droite, c'est-à-dire de minimiser la fonction $u \mapsto \frac{nu^2}{2} - ua$. *Cette dernière fonciton est un trinôme qui tend vers* $-\infty$ *quand* $u \to \pm\infty$ *donc il admet un minimum au point où sa dérivée vaut* 0.

$$\frac{d}{du}\left(\frac{nu^2}{2} - ua\right) = 0 \Leftrightarrow nu = a \Leftrightarrow u = \frac{a}{n}.$$

En choisissant $u = \frac{a}{n}$ *dans l'inégalité* $(\mathcal{I}_3)$, *on obtient la majoration voulue :*

$$P(S_n > a) \leqslant \exp\left(\frac{n}{2}\left(\frac{a}{n}\right)^2 - \left(\frac{a}{n}\right)a\right) = \exp\left(-\frac{a^2}{n}\right).$$

On remarque ensuite que

$$S_n < -a \underset{\times -1<0}{\Leftrightarrow} -S_n > a.$$

En appliquant les raisonnements l'inégalité précédente à la variable $-S_n$*, ce qui revient à remplacer les variables* X_k *par* $-X_k$*. La question précédente montre que :*

$$P(S_n < -a) = P(-S_n > a) = P(\exp(u(-S_n)) > \exp(ua)) \leqslant \frac{E(\exp(u(-S_n)))}{\exp(ua)}$$

Comme X_k *et* $-X_k$ *suivent la même loi car*

$$X_k(\Omega) = -X_k(\Omega) = \{-1, 1\}, \, P(X_k = 1) = \frac{1}{2} = P(X_k = -1) = P(-X_k = 1),$$

on a :

$$E(\exp(u(-X_k))) = E(\exp(-uX_k)) = \mathrm{ch}(-u) = \mathrm{ch}(u)$$

donc le reste du raisonnement de cette question est préservé et on obtient la majoration

$$P(S_n < -a) \leqslant \exp\left(-\frac{a^2}{n}\right).$$

Pour finir, puisque :

$$(|S_n| > a) = (S_n < -a) \cup (S_n > a)$$

et que cette union est disjointe (car $S_n < -a$ *entraine que* $S_n < 0$ *et que* $S_n > a$ *entraine que* $S_n > 0$*), on peut écrire :*

$$\begin{aligned} P(|S_n| > a) &= P(S_n < -a) + P(S_n > a) \\ &\leqslant \exp\left(-\frac{a^2}{n}\right) + \exp\left(-\frac{a^2}{n}\right) = 2\exp\left(-\frac{a^2}{n}\right). \end{aligned}$$

7. *Pour tout entier* $n \geqslant 1$*, on considère l'événement*

$$A_n = \left(|S_n| > 1,01\sqrt{n \ln(n)}\right).$$

D'après la question précédente, on peut affirmer, pour tout entier $n \geqslant 1$*, que :*

$$0 \leqslant P(A_n) \leqslant 2\exp\left(-\frac{1,01^2 n \ln(n)}{n}\right) = 2\exp\left(-1,01^2 \ln(n)\right) = \frac{2}{n^{1,01^2}}$$

Comme la série $\sum_n \frac{1}{n^{1,01^2}}$ *est une série convergente (série de Riemann de paramètre* $1,01^2 > 1$*), on en déduit que la série* $\sum_n P(A_n)$ *converge. D'après la question 4, si on pose*

$$\begin{aligned} \forall m \in \mathbb{N}^*, \, B_m &= \bigcup_{n=m}^{+\infty} A_n = \left\{\omega \in \Omega, \, \exists n \geqslant m, \, |S_n(\omega)| > 1,01\sqrt{n\ln(n)}\right\} \\ \text{et } B &= \bigcap_{m=1}^{+\infty} B_m = \left\{\omega \in \Omega, \, \forall m \geqslant 1, \, \exists n \geqslant m, \, |S_n(\omega)| > 1,01\sqrt{n\ln(n)}\right\} \end{aligned}$$

alors l'événement B *est de probabilité nulle. Or, cet événement correspond au fait qu'il existe une infinité d'entiers* n *tel que* $|S_n|$ *soit strictement supérieur à* $1,01\sqrt{n\ln(n)}$*.*

Commentaires 359 *Les questions informatiques sont standards et ne doivent pas vous poser de difficulté. Si c'est le cas, il faut les retravailler car elles interviennent très souvent à Centrale Math 2.*
Les questions mathématiques sont devenues en moins de 4 ans un grand classique des probabilités (il s'agit des fameuses inégalités de concentration montrant comment les variables concentrent leurs valeurs autour de la moyenne, les inégalités étant bien plus efficaces et précises que la vague inégalité de Bienaymé-Tchebychev).
Les questions 3 et 4 sont des applications directes du cours. La question 5 est astucieuse (mais la réponse se voit immédiatement en traçant les graphes en Python, penser à être pragmatique, cela ne vous donne pas de points pour cette question mais vous permet d'en récupérer dans les questions ultérieures).
Les questions 6 sont plus discriminantes (l'idée étant la même que pour l'inégalité de Bienaymé-Tchebychev, reformuler l'inégalité $S_n > a$ en $\exp(uS_n) > \exp(ua)$ puis appliquer l'inégalité de Markov, le but étant de faire exploser, via l'exponentielle, toutes les déviations après a pour obtenir une concentration autour de a). Ces questions sont néanmoins tout à fait accessibles aux candidats ayant une bonne connaissance de leur cours.
La question 7 permet de distinguer les meilleurs candidats. Elle nécessite une formalisation mathématique précise et l'utilisation d'un lemme de Borel-Cantelli (c'est-à-dire la réponse à la question 4).

Exercice 360 On considère un pion qui se déplace sur une droite. Le i^{e} pas est donné par une variable Y_i à valeurs dans $\mathbb{N}^*$. Le pion est initialement à la case 0 et on suppose que les Y_i suivent la même loi et sont indépendantes entre elles. On pose alors

$$S_n = Y_1 + \ldots + Y_n$$

qui représente la position du pion au bout du n^{e} pas, avec $S_0 = 0$ par convention. On note

$$\forall k \in \mathbb{N}^*,\ f_k = P(Y_1 = k) \ \text{ et } \ f(t) = \sum_{k=1}^{\infty} f_k t^k.$$

1. Dans cette question, on considère que $Y_i - 1$ suit une loi de Bernoulli de paramètre p.

   (a) Écrire une fonction python qui, pour k et p donnés, itère l'avancement jusqu'à atteindre la k^{e} case au sens large . Elle renvoie 1 si le pion arrive exactement sur la k^{e} case et 0 sinon.

   (b) Pour une centaine d'essais avec une valeur de k assez grande et des valeurs de p de votre choix, calculer le rapport entre nombre de fois où le pion arrive sur la k^{e} case et le nombre total d'essais. Comparer à $\dfrac{1}{E(Y_1)}$.

2. On revient au cas général. Pour tout $k \in \mathbb{N}$, on pose

$$E_k = \bigcup_{n=0}^{\infty} (S_n = k)) \ \text{ et } \ u_k = P(E_k).$$

(a) Pour j tel que $1 \leqslant j \leqslant k$, montrer que

$$P(E_k \cap (Y_1 = j)) = f_j u_{k-j}.$$

(b) En déduire que

$$\forall k \in \mathbb{N}^*,\ u_k = u_0 f_k + \ldots + u_{k-1} f_1.$$

3. On pose

$$u : t \mapsto \sum_{k=1}^{\infty} u_k t^k.$$

Après avoir justifié que u est bien définie sur $]-1,1[$, montrer que $u = \dfrac{1}{1-f}$.

4. Donner l'expression de u et des u_k en fonction de k, ainsi que la limite des u_k quand k tend vers l'infini pour les cas suivants :

(a) Y_1 suit une loi géométrique de paramètre p ;

(b) $Y_1 - 1$ suit une loi de Bernoulli de paramètre p. Que peut-on dire de $\lim\limits_{k \to +\infty} u_k$ par rapport au nombre $E(Y_1)$?

Solution 360 *1. (a)*

```
import random as rd

def atteint(k,p):
    S = 0
    while S < k:
        if rd.random() < p:
            S = S +2
        else :
            S = S +1
    if S == k :
        return(1)
    else :
        return(0)
```

(b) Comme $Y_1 - 1$ suit la loi de Bernoulli de paramètre p, son espérance vaut p donc

$$E(Y_i) = E(Y_i - 1) + 1 = 1 + p \Rightarrow \frac{1}{E(Y_1)} = \frac{1}{1+p}.$$

```
def proba(k,p):
    S = 0
    nb=1000
    for i in range(nb):
        S = S + atteint(k,p)
    return(S/nb)

import numpy as np
```

```
k = 10**4
for p in np.arange(0.1,1,0.1):
    print("p = "+str(p)+ ", proportion = "+ str(proba(k,p
        )) + ",  1/E(Y1) = "+str( 1/(1+p)))

p = 0.1, proportion = 0.914,  1/E(Y1) = 0.909090909091
p = 0.2, proportion = 0.831,  1/E(Y1) = 0.833333333333
p = 0.3, proportion = 0.753,  1/E(Y1) = 0.769230769231
p = 0.4, proportion = 0.691,  1/E(Y1) = 0.714285714286
p = 0.5, proportion = 0.668,  1/E(Y1) = 0.666666666667
p = 0.6, proportion = 0.637,  1/E(Y1) = 0.625
p = 0.7, proportion = 0.579,  1/E(Y1) = 0.588235294118
p = 0.8, proportion = 0.563,  1/E(Y1) = 0.555555555556
p = 0.9, proportion = 0.539,  1/E(Y1) = 0.526315789474
```

Pour $k = 10^4$ et pour p variant de $0,1$ à $0,9$ avec un pas de $0,1$,On peut conjecture que la proportion de fois (ou la probabilité) où le pion arrive à k^e case est (aprproximativement) égal à $\dfrac{1}{E(Y_1)}$.

2. (a) *L'événement E_k se réalise si et seulement si, après un certain nombre de pas, le pion parvient à avancer de k cases. Ainsi, l'événement $E_k \cap (Y_1 = j)$ se réalise si et seulement si avec le premier pas, le pion avance de j cases puis qu'il parvient, après un certain nombre de pas, à avancer de $k-j$ pas. Si on note $F_{k,j}$ l'événement « après le premier pas, le pion avance de $k-j$ pas » alors on dispose de l'égalité suivante :*

$$E_k \cap (Y_1 = j) = (Y_1 = j) \cap F_{k,j}.$$

Comme l'événement $(Y_1 = j)$ ne dépend que du premier pas et l'événement $F_{k,j}$ que des pas suivants, le lemme des coalitions montre que les événements $(Y_1 = j)$ et $F_{k,j}$ sont indépendants donc :

$$\begin{aligned} P(E_k \cap (Y_1 = j)) &= P((Y_1 = j) \cap F_{k,j}) = P(Y_1 = j)\, P(F_{k,j}) \\ &= f_j u_{k-j}. \end{aligned}$$

En effet, quitte à considérer que les sauts commencent uniquement après le premier (i.e. on change l'origine des temps), l'événement $F_{k,j}$ se réalise si et seulement si les conditions nécessaires à la réalisation de E_{k-j} sont réalisées. Cela nous amène à identifier les événements $F_{k,j}$ et E_{k-j}.

(b) *La famille $(Y_1 = j)_{j\in\mathbb{N}^*}$ forme un système complet d'événements donc, d'après la formule des probabilités totales, on a la formule suivante :*

$$u_k = P(E_k) = \sum_{j=1}^{+\infty} P(E_k \cap (Y_1 = j)).$$

Si $j > k$, l'événement $E_k \cap (Y_1 = j)$ est impossible (sinon, après le premier saut, le pion s'est déplacé de j cases donc il est situé bien après la k^e case et comme il ne peut reculer, il ne pourra jamais atteindre la k^e case). La formule précédente se réécrit alors :

$$\begin{aligned} u_k &= \sum_{j=1}^{k} P(E_k \cap (Y_1 = j)) \underset{q2.a}{=} \sum_{j=1}^{k} f_j u_{k-j} \\ &= f_1 u_{k-1} + f_2 u_{k-2} + \cdots + f_k u_0. \end{aligned}$$

3. Soit $t \in \left]-1,1\right[$. *Pour tout* $k \in \mathbb{N}^*$, $u_k \in [0,1]$ *(c'est une probabilité) donc on a la majoration suivante :*

$$\left|u_k t^k\right| = u_k \left|t\right|^k \leqslant \left|t\right|^k.$$

Comme la série $\sum_k |t|^k$ *converge (série géométrique de raison* $|t| \in \left]-1,1\right[$*), le théorème de comparaison des séries à termes positifs montre que la série* $\sum_k \left|u_k t^k\right|$ *converge.*

Par conséquent, la série $\sum_k u_k t^k$ *converge, ce qui assure l'existence de* $u(t)$ *pour tout* $t \in \left]-1,1\right[$. *Si on convient de poser* $f_0 = 0$, *les séries entières* $\sum_{k \geqslant 0} u_k t^k$ *et* $\sum_{k \geqslant 0} f_k t^k$ *possèdent un rayon de convergence au moins égal à 1, le théorème du produit de Cauchy montre, pour tout* $t \in \left]-1,1\right[$, *que :*

$$(\mathcal{F}_1) : f(t)\,u(t) = \sum_{n=0}^{+\infty} f_n t^n \sum_{n=0}^{+\infty} u_n t^n = \sum_{n=0}^{+\infty} \left(\sum_{k=0}^{n} f_k u_{n-k}\right) t^n.$$

Comme $f_0 = 0$, *on peut écrire :*

$$\begin{aligned} n &= 0 : \sum_{k=0}^{0} f_k u_{0-k} = f_0 u_0 = 0 \\ n &\geqslant 1 : \sum_{k=0}^{n} f_k u_{n-k} = \sum_{k=1}^{n} f_k u_{n-k} = f_1 u_{n-1} + \cdots + f_n u_0 = u_n \end{aligned}$$

d'après la question 2.b. Par conséquent, la formule $(\mathcal{F}_1)$ *se réécrit comme suit :*

$$(\mathcal{F}_2) : f(t)\,u(t) = \sum_{n=1}^{+\infty} u_n t^n = -u_0 + \sum_{n=0}^{+\infty} u_n t^n = -1 + u(t)$$

car l'événement E_0 *est certain (le pion est initialement sur la case numéro 0 donc il l'atteint après 0 saut !). La formule* $(\mathcal{F}_2)$ *montre que :*

$$1 = u(t) - f(t)\,u(t) = (1 - f(t))\,u(t).$$

Comme le produit $(1 - f(t))\,u(t)$ *vaut 1, on est assuré que* $1 - f(t)$ *n'est pas nul donc, en divisant par* $1 - f(t)$ *cette égalité, on obtient l'égalité attendue.*

4. (a) Comme Y_1 *sur la loi géométrique de paramètre* p, *si on pose* $q = 1 - p$, *on a :*

$$Y_1(\Omega) = \mathbb{N}^*, \forall k \in \mathbb{N}^*, P(Y_1 = k) = q^{k-1} p.$$

Ainsi, pour tout $t \in \left]-1,1\right[$, *on a :*

$$\begin{aligned} f(t) &= \sum_{k=1}^{+\infty} P(Y_1 = k)\,t^k = tp \sum_{k=1}^{+\infty} (qt)^{k-1} \underset{n=k-1}{=} tp \sum_{n=0}^{+\infty} (qt)^n \\ &= tp \times \frac{1}{1-qt} = \frac{tp}{1-qt}. \end{aligned}$$

D'après la question précédente, on en déduit que :

$$\begin{aligned} u(t) &= \frac{1}{1-f(t)} = \frac{1}{1-\dfrac{tp}{1-qt}} = \frac{1}{\dfrac{1-qt-tp}{1-qt}} \\ &= \frac{1-qt}{1-t} \ (\textit{car } q+p=1) = (1-qt)\sum_{n=0}^{+\infty} t^n \\ &= \sum_{n=0}^{+\infty} t^n - \sum_{n=0}^{+\infty} qt^{n+1} \underset{k=n+1}{=} \sum_{n=0}^{+\infty} t^n - \sum_{k=1}^{+\infty} qt^k \\ &= 1+\sum_{k=1}^{+\infty}(1-q)t^k = 1+\sum_{k=1}^{+\infty} pt^k. \end{aligned}$$

Par unicité du développement en série entière, on en déduit que :

$$P(E_0) = u_0 = 1,\ \forall k \in \mathbb{N}^*,\ P(E_k) = u_k = p.$$

En particulier, on a $\lim\limits_{k\to+\infty} u_k = p$.

(b) *Comme* $Y_1 - 1$ *sur la loi de Bernoulli de paramètre* p*, son a :*

$$Y_1(\Omega) = \{1,2\},\ P(Y_1=1) = 1-p,\ P(Y_1=2) = p.$$

Ainsi, pour tout $t \in \left]-1,1\right[$*, on a :*

$$f(t) = \sum_{k\in Y_1(\Omega)} P(Y_1=k)\,t^k = (1-p)\,t + pt^2.$$

D'après la question précédente, on en déduit que :

$$u(t) = \frac{1}{1-f(t)} = \frac{1}{1-(1-p)\,t-pt^2}.$$

Le trinôme $1-(1-p)\,X-pX^2$ *s'annule en* 1*, on peut le factoriser par* $1-X$*. Par la méthode préféré du lecteur, on obtient :*

$$u(t) = \frac{1}{(1-t)(1+pt)} = \frac{1}{p+1}\left(\frac{1}{1-t}+\frac{p}{1+pt}\right)$$

(grâce à une décomposition en éléments simples selon la méthode préférée du lecteur). Le développement en série entière de $t \mapsto \dfrac{1}{1-t}$ *montre, pour tout* $t \in \left]-1,1\right[$*, que :*

$$u(t) = \frac{1}{p+1}\left(\sum_{n=0}^{+\infty} t^n + p\sum_{n=0}^{+\infty}(-p)^n t^n\right) = \sum_{n=0}^{+\infty}\frac{1+(-1)^n p^{n+1}}{1+p}t^n.$$

Par unicité du développement en série entière, on en déduit que :

$$\forall k \in \mathbb{N},\ P(E_k) = u_k = \frac{1+(-1)^k p^{k+1}}{1+p}.$$

En particulier, on a

$$\lim_{k\to+\infty} u_k = \frac{1}{1+p} = \frac{1}{E(Y_1)}.$$

Commentaires 360 *Les questions informatiques sont de difficulté standard.*
Les questions d'ordre mathématiques 2 et 3 proviennent initialement d'un sujet de Polytechnique.
La question 2.a est très discriminante car elle s'appuie sur une réinterprétation de $E_k \cap (Y_1 = j)$.
La question 2.b est classique dont on attend une preuve rigoureuse (et non « avec les mains » ou en commentant la formule) c'est-à-dire basée sur la formule des probabilités totales (ou toute forme équivalente).
La question 3 est la plus difficile du sujet car il faut songer à étudier le produit uf *(ou* $(1-f)u$*, à justifier l'utilisation du produit de Cauchy et ses simplifications.*
Les questions 4 sont quasiment des applications du cours.

Exercice 361 Soit n un entier supérieur ou égal à 2.

1. (a) On considère X et Y deux variables aléatoires indépendantes suivant la loi uniforme sur $\mathbb{Z}/n\mathbb{Z}$. Conjecturer la loi de $X+Y$.
   (b) Conjecturer la loi de $X+Y$ lorsque, X et Y étant toujours supposées indépendantes, X suit la loi uniforme sur $\mathbb{Z}/n\mathbb{Z}$ et Y est une variable aléatoire à valeurs dans $\mathbb{Z}/n\mathbb{Z}$.
   (c) Sous les hypothèses de a) , conjecturer la valeur de $P(XY=1)$.
2. Démontrer la conjecture faite en 1.a) .
   (a) Soit $(G;.)$ un groupe fini. On considère X et Y deux variables aléatoires indépendantes à valeurs dans G, X suivant la loi uniforme. Déterminer la loi de XY . Le résultat demeure-t-il sans l'hypothèse d'indépendance ?
   (b) Démontrer la conjecture faite en 1.b)
   (c) Démontrer la conjecture faite en 1.c).
3. Soient p un nombre premier, X et Y deux variables aléatoires indépendantes à valeurs dans $\mathbb{Z}/p\mathbb{Z}$, X suivant la loi uniforme. Donner la loi de XY.

Solution 361 *1. (a) On modélise* $\mathbb{Z}/n\mathbb{Z}$ *une famille de ses représentants, ici* $\{0,..,n-1\}$. *On crée un tableau* T *de taille* n *stockant le nombre de fois où une valeur de* $\mathbb{Z}/n\mathbb{Z}$ *est prise c'est-à-dire, pour tout* $k \in \{0,..,n-1\}$, $T[k]$ *compte le nombre de fois où* $X+Y$ *prendra la valeur* $\overline{k}$ *(classe de* k *dans* $\mathbb{Z}/n\mathbb{Z}$*).*
On choisit deux nombres x *et* y *selon la loi uniforme de* $\{0,..,n-1\}$ *(famille de représentants de* $\mathbb{Z}/n\mathbb{Z}$*), on les additionne* $x+y$ *et on détermine le représentant de* $\overline{x+y}$ *dans* $\mathbb{Z}/n\mathbb{Z}$*, par exemple le reste de la division de* $x+y$ *par* n *(d'où le* % n*) et on indique dans le tableau* T *que cette valeur a été prise une fois de plus. On répète cela un grand nombre de fois (ici* 10^4 *fois). A la fin, on pense à diviser les nombres obtenus par le nombre de répétitions pour avoir la fréquence d'apparition de chaque classe, que l'on assimilera à une valeur approchée de la loi de* $X+Y$.

```
import random as rd

def somme_uniformeZ(n):
    nb = 10**4
    T = [0 for k in range(n)]
    for k in range(nb):
```

```
            x = rd.randint(0,n-1)
            y = rd.randint(0,n-1)
            z = (x+y) % n
            T[z] = T[z] + 1
        for k in range(n):
            T[k] = T[k]/nb
        return(T)

print(somme_uniformeZ(5))
[0.1946, 0.2017, 0.204, 0.2022, 0.1975]
print(somme_uniformeZ(10))
[0.1009, 0.1016, 0.0978, 0.0975, 0.098, 0.098, 0.0999,
   0.1027, 0.0991, 0.1045]
print(somme_uniformeZ(7))
[0.1454, 0.1441, 0.1421, 0.1387, 0.1428, 0.1447, 0.1422]
```

On conjecture que $X+Y$ suit la loi uniforme sur $\mathbb{Z}/n\mathbb{Z}$.

(b) *Pour ne pas à implémenter des lois arbitraires (non exigibles à Bac + 2), on crée une variable aléatoire Y suivant la loi uniforme sur $\mathbb{Z}/n\mathbb{Z}$ et indépendante de X. Pour toute fonction f, la variable $Y_1 = f(Y)$ est une variable aléatoire indépendante de X et on détermine la loi de $X+Y_1$. Voici le code pour la fonction*

$$f : t \mapsto 3t^2 - 4t + 2$$

(mais il a été testé pour nombreuses autres fonctions qui doivent impérativement aller de $\{0,..,n-1\}$ dans $\{0,..,n-1\}$, quitte à passer aux classes, la priorité est que $f(t)$ soit toujours un entier relatif lorsque $t \in \{0,..,n-1\}$). J'ai ajouté la tableau des valeurs de Y_1 (première table renvoyée) pour bien observer cette loi n'est pas la loi uniforme alors que celle de $X+Y_1$ l'est (seconde table renvoyée).

```
def somme_quelconqueZ(n):
    nb = 10**4
    T = [0 for k in range(n)]
    Y= [0 for k in range(n)]
    for k in range(nb):
        x = rd.randint(0,n-1)
        y = rd.randint(0,n-1)
        y1 = (3*y**2-4*y+2)%n
        z = (x+y1) % n
        Y[y1] = Y[y1] +1
        T[z] = T[z] + 1
    for k in range(n):
        T[k] = T[k]/nb
        Y[k] = Y[k]/nb
    return(Y,T)

print(somme_quelconqueZ(5))
[0.0, 0.4053, 0.3917, 0.0, 0.203]
[0.1966, 0.1966, 0.2008, 0.202, 0.204]
print(somme_quelconqueZ(10))
```

```
[0.0, 0.1937, 0.1986, 0.0, 0.1006, 0.0, 0.2013, 0.2032,
   0.0, 0.1026]
[0.1028, 0.1011, 0.1007, 0.0988, 0.1001, 0.093, 0.1026,
   0.1001, 0.1048, 0.096]
print(somme_quelconqueZ(7))
[0.0, 0.2824, 0.2919, 0.1448, 0.0, 0.0, 0.2809]
[0.149, 0.1455, 0.1426, 0.1377, 0.1425, 0.1397, 0.143]
```

On conjecture que $X+Y$ suit la loi uniforme sur $\mathbb{Z}/n\mathbb{Z}$.

(c) On choisit, selon la loi uniforme sur $\{0,..,n-1\}$, deux nombres x et y puis on détermine si la classe $\overline{xy}$ de xy est égal à la classe de 1. On répète cela un grand nombre de fois (ici 10^4 fois) et on renvoie la proportion de fois où $\overline{1}$ est obtenue (que l'on considère comme approximation de la probabilité $P(XY)=1$).

```
def prod1(n):
    nb = 10**4
    s = 0
    for k in range(nb):
        x = rd.randint(0,n-1)
        y = rd.randint(0,n-1)
        if (x*y) % n == 1:
            s = s +1
    return(s/nb)

print([prod1(n) for n in range(1,20)])
[0.0, 0.249, 0.2262, 0.1262, 0.1561, 0.0529, 0.1279,
   0.0607, 0.0767, 0.0392, 0.0787, 0.0268, 0.0707,
   0.0319, 0.0348, 0.0298, 0.0555, 0.02, 0.049]


def pgcd(a,b):
    if b == 0:
        return(a)
    else :
        return(pgcd(b,a%b))


def indicatrice_euler(n):
    s=0
    for k in range(1,n):
        if pgcd(k,n) ==1:
            s = s+1
    return(s)

print([indicatrice_euler(n)/n**2 for n in range(1,20)])
[0.0, 0.25, 0.2222222222222222, 0.125, 0.16,
   0.05555555555555555, 0.12244897959183673, 0.0625,
   0.07407407407407407, 0.04, 0.08264462809917356,
   0.027777777777777776, 0.07100591715976332,
   0.030612244897959183, 0.035555555555555556, 0.03125,
```

```
0.05536332179930796, 0.018518518518518517,
0.04986149584487535]
```

Bien difficile de faire la moindre conjecture. En cogitant un peu, on se dit que cela revient à affirmer que la valeur prise par X est un inversible $\mathbb{Z}/n\mathbb{Z}$. Cette valeur étant prise, Y n'a alors comme choix que de valoir cet inverse. Comme il y a $\varphi(n)$ (indicatrice d'Euler) inversibles dans $\mathbb{Z}/n\mathbb{Z}$ (donc X prend $\varphi(n)$ valeurs, cette valeur étant prise, Y n'a qu'un choix soit un total de $\varphi(n)$ choix) et qu'il y a n^2 choix de couples (X, Y), la probabilité $P(XY = 1)$ doit valoir $\frac{\varphi(n)}{n^2}$. On implémente l'indicatrice d'Euler (si le candidat s'en souvient! il s'agit du nombre d'entiers $k \in \{1, .., n-1\}$ premier à n) puis les valeurs consécutives de $\frac{\varphi(n)}{n^2}$. Miracle, cela coïncide donc la conjecture est

$$P(XY = 1) = \frac{\varphi(n)}{n^2}.$$

2. *La famille $(X = k)_{k \in \mathbb{Z}/n\mathbb{Z}}$ est un système complet d'événements donc, d'après la formule des probabilités totales, pour tout $z \in \mathbb{Z}/n\mathbb{Z}$, on a la formule :*

$$\begin{aligned}
P(X + Y = z) &= \sum_{k \in \mathbb{Z}/n\mathbb{Z}} P((X = k) \cap (X + Y = z)) \\
&= \sum_{k \in \mathbb{Z}/n\mathbb{Z}} P((X = k) \cap (Y = z - k)) \; ((\mathbb{Z}/n\mathbb{Z}, +) \text{ est un groupe}) \\
&= \sum_{k \in \mathbb{Z}/n\mathbb{Z}} P(X = k) P(Y = z - k) \; (X \text{ et } Y \text{ sont indépendantes}) \\
&= \sum_{k \in \mathbb{Z}/n\mathbb{Z}} \frac{1}{n} \times \frac{1}{n} (X \text{ et } Y \text{ suivent la loi uniforme}) \\
&= \frac{1}{n^2} \operatorname{card}(\mathbb{Z}/n\mathbb{Z}) = \frac{1}{n^2} \times n = \frac{1}{n}.
\end{aligned}$$

Ainsi, $X + Y$ suit la loi uniforme sur $\mathbb{Z}/n\mathbb{Z}$.

3. (a) *Soit n le cardinal de G. La famille $(X = x)_{x \in G}$ est un système complet d'événements donc, d'après la formule des probabilités totales, pour tout $z \in G$, on a la formule :*

$$\begin{aligned}
P(XY = z) &= \sum_{x \in G} P((X = x) \cap (XY = z)) \\
&= \sum_{x \in G} P\left((X = x) \cap \left(Y = x^{-1} z\right)\right) \; (\text{car } (G, \times) \text{ est un groupe}) \\
&= \sum_{x \in G} P(X = x) P\left(Y = x^{-1} z\right) \; (\text{car } X \text{ et } Y \text{ sont indépendantes}) \\
&= \sum_{x \in G} \frac{1}{n} = \frac{1}{n^2} \operatorname{card}(G) = \frac{1}{n^2} \times n = \frac{1}{n}.
\end{aligned}$$

Ainsi, XY suit la loi uniforme sur G. Le résultat est manifestement faux. Par exemple, si $Y = X^{-1}$ (i.e. $Y(\omega)$ est l'inverse de $X(\omega)$ pour tout $\omega \in \Omega$) alors $XY = e$ donc XY ne prend qu'une seule valeurs donc XY ne suit pas la loi uniforme sur G (sauf si $\operatorname{card}(G) = 1$ mais ce cas est sans intérêt).

(b) *La famille $(X = k)_{k\in\mathbb{Z}/n\mathbb{Z}}$ est un système complet d'événements donc, d'après la formule des probabilités totales, pour tout $z \in \mathbb{Z}/n\mathbb{Z}$, on a la formule :*

$$\begin{aligned}
P(X+Y=z) &= \sum_{k\in\mathbb{Z}/n\mathbb{Z}} P((X=k)\cap(X+Y=z)) \\
&= \sum_{k\in\mathbb{Z}/n\mathbb{Z}} P((X=k)\cap(Y=z-k))\;((\mathbb{Z}/n\mathbb{Z},+)\ \textit{est un groupe}) \\
&= \sum_{k\in\mathbb{Z}/n\mathbb{Z}} P(X=k)\,P(Y=z-k)\;(X\ \textit{et}\ Y\ \textit{sont indépendantes}) \\
&= \sum_{k\in\mathbb{Z}/n\mathbb{Z}} \frac{1}{n}P(Y=z-k)\;(X\ \textit{suit la loi uniforme}) \\
&= \frac{1}{n}\sum_{k\in\mathbb{Z}/n\mathbb{Z}} \frac{1}{n}P(Y=z-k).
\end{aligned}$$

Comme $(\mathbb{Z}/n\mathbb{Z},+)$ est un groupe, l'application $g : k \mapsto z-k$ est une bijection de $\mathbb{Z}/n\mathbb{Z}$ sur lui-même de réciproque g puisque :

$$\forall k \in \mathbb{Z}/n\mathbb{Z},\ (g\circ g)(k) = g(g(k)) = g(z-k) = z-(z-k) = k = \mathrm{Id}(k).$$

En effectuant le changement de variable $s = z-k$ dans la somme précédente, on obtient :

$$P(X+Y=z) = \frac{1}{n}\sum_{s\in\mathbb{Z}/n\mathbb{Z}} \frac{1}{n}P(Y=s) = \frac{1}{n}$$

car la famille $(Y=s)_{s\in\mathbb{Z}/n\mathbb{Z}}$ est un système complet d'événements. Ainsi, la variable $X+Y$ suit la loi uniforme sur $\mathbb{Z}/n\mathbb{Z}$.

(c) *La preuve est donnée à la question 1.c, ... lors de l'élaboration de la conjecture !*

4. *Comme p est un nombre premier, $(\mathbb{Z}/p\mathbb{Z},+,\times)$ est un corps commutatif. Les valeurs prises par XY sont incluses dans $\mathbb{Z}/p\mathbb{Z}$ et, pour tout $z \in \mathbb{Z}/p\mathbb{Z}$, si X prend la valeur $\overline{1}$ et Y prend la valeur z alors XY prend la valeur z donc*

$$(XY)(\Omega) = \mathbb{Z}/p\mathbb{Z}.$$

Puisque X et Y suivent la loi uniforme sur $\mathbb{Z}/p\mathbb{Z}$, pour tout sous-ensemble A de $\mathbb{Z}/p\mathbb{Z}$, on a :

$$P(X\in A) = P(Y\in A) = \frac{\mathrm{card}(A)}{\mathrm{card}(\mathbb{Z}/p\mathbb{Z})} = \frac{\mathrm{card}(A)}{p}.$$

***Calcul de** $P\left(XY=\overline{0}\right)$. Comme $\mathbb{Z}/p\mathbb{Z}$ est un corps, l'équation $XY=\overline{0}$ est vérifiée si et seulement si $X=\overline{0}$ ou $Y=\overline{0}$. On en déduit le calcul suivant :*

$$\begin{aligned}
P\left(XY=\overline{0}\right) &= P\left(\left(X=\overline{0}\right)\cup\left(Y=\overline{0}\right)\right) \\
&= P\left(X=\overline{0}\right)+P\left(Y=\overline{0}\right)-P\left(\left(X=\overline{0}\right)\cap\left(Y=\overline{0}\right)\right) \\
&= \frac{1}{p}+\frac{1}{p}-P\left(X=\overline{0}\right)P\left(Y=\overline{0}\right)\ (\textit{car}\ X\ \textit{et}\ Y\ \textit{sont indépendantes}) \\
&= \frac{2}{p}-\frac{1}{p}\times\frac{1}{p} = \frac{2p-1}{p^2}.
\end{aligned}$$

***Calcul de** $P(XY=z)$ **lorsque** $z\in(\mathbb{Z}/p\mathbb{Z})\setminus\{\overline{0}\}$. La famille $(X=x)_{x\in\mathbb{Z}/p\mathbb{Z}}$ est un système complet d'événements donc, d'après la formule des probabilités totales, on dispose de l'égalité suivante :*

$$P(XY=z)=\sum_{x\in\mathbb{Z}/p\mathbb{Z}}P((X=x)\cap(XY=z)).$$

L'événement $(X=\overline{0})\cap(XY=z)$ *est impossible car* $X=\overline{0}$ *entraine que* $z=XY=\overline{0}$, *ce qui est absurde. Ainsi, on peut écrire :*

$$\begin{aligned}P(XY=z) &= \sum_{x\in(\mathbb{Z}/p\mathbb{Z})\setminus\{\overline{0}\}}P((X=x)\cap(XY=z))\\ &= \sum_{x\in(\mathbb{Z}/p\mathbb{Z})\setminus\{\overline{0}\}}P((X=x)\cap(xY=z))\\ &= \sum_{x\in(\mathbb{Z}/p\mathbb{Z})\setminus\{\overline{0}\}}P\left((X=x)\cap\left(Y=x^{-1}z\right)\right)\end{aligned}$$

(car $(\mathbb{Z}/p\mathbb{Z},+,\times)$ *est un corps et* $x\neq\overline{0}$*). Comme* X *et* Y *sont indépendantes, on en déduit que :*

$$\begin{aligned}P(XY=z) &= \sum_{x\in(\mathbb{Z}/p\mathbb{Z})\setminus\{\overline{0}\}}P(X=x)P\left(Y=x^{-1}z\right)=\sum_{x\in(\mathbb{Z}/p\mathbb{Z})\setminus\{\overline{0}\}}\frac{1}{p}\times\frac{1}{p}\\ &= \frac{1}{p^2}\operatorname{card}\left((\mathbb{Z}/p\mathbb{Z})\setminus\{\overline{0}\}\right)=\frac{p-1}{p^2}.\end{aligned}$$

***Conclusion** : La loi de* XY *est donnée par :*

$$\begin{aligned}(XY)(\Omega) &= \mathbb{Z}/p\mathbb{Z},\ P\left(XY=\overline{0}\right)=\frac{2p-1}{p^2}\\ \forall z &\in (\mathbb{Z}/p\mathbb{Z})\setminus\{\overline{0}\},\ P(XY=z)=\frac{p-1}{p^2}.\end{aligned}$$

Remarquons que :

$$\begin{aligned}P\left(XY=\overline{0}\right)+\sum_{z\in(\mathbb{Z}/p\mathbb{Z})\setminus\{\overline{0}\}}P(XY=z) &= \frac{2p-1}{p^2}+\frac{p-1}{p^2}\operatorname{card}\left((\mathbb{Z}/p\mathbb{Z})\setminus\{\overline{0}\}\right)\\ &= \frac{2p-1+(p-1)^2}{p^2}=1.\end{aligned}$$

Commentaires 361 *Exercice original tant sur le plan mathématique qu'informatique. Les questions sont assez ouvertes, notamment celles de la modélisation, donc elles demandent de l'autonomie aux candidats.*
Par exemple, pour la question 1.a, il est attendu du candidat qu'il pense à modéliser une classe de $\mathbb{Z}/n\mathbb{Z}$ *via un modulo au sens informatique puis qu'il fasse de nombreuses réalisations de* X *et* Y *pour en déduire une table des fréquences d'apparition des valeurs possibles de* $X+Y$ *afin d'effectuer une conjecture. De tels candidats seront fortement valorisés.*
De même, pour la question 1.b, il n'est pas mentionné de loi pour Y *donc les candidats proposant différents choix seront valorisés.*

Pour la question 1.c, je félicite les candidats posant une conjecture convenable (je crains qu'ils ne soient guère nombreux ... s'ils existent). N'hésitez pas à dire que vous n'avez aucune conjecture !
Question 2. La loi d'une somme est une question très classique dans $\mathbb{Z}$ *mais il faut s'adapter à travailler dans* $\mathbb{Z}/n\mathbb{Z}$, *ce qui amène à une loi uniforme et non triangulaire. Il est attendu d'un candidat à Centrale-SupElec qu'il connaisse la méthodologie pour la loi de* $X+Y$.
Questions 3.a et 3.b. Il s'agit de la même preuve que la question 2 mais étendu à un groupe quelconque (l'argumentaire est identique). Les candidats peuvent éventuellement être légèrement guidés par l'interrogateur (« ne peut-on pas procéder de même manière qu'à la question précédente ? »).
Question 3.c. Il s'agit de la question la plus difficile du sujet (la manipulation des inversibles de $\mathbb{Z}/n\mathbb{Z}$ *est toujours délicate pour une part importante des candidats).*
Question 4. L'argumentaire est de nouveau très proche des autres argumentaires avec de petites variations (et connaitre la structure de corps de $\mathbb{Z}/p\mathbb{Z}$ *lorsque* p *est un nombre premier).*

Achevé d'imprimer en janvier 2019
N° d'impression 1811.0137

Dépôt légal, janvier 2019
Imprimé en France